中国

城市建设统计年鉴

中华人民共和国住房和城乡建设部　编

Ministry of Housing and Urban-Rural Development, P.R.CHINA

2015

China Urban Construction Statistical Yearbook

中国统计出版社
China Statistics Press

图书在版编目（CIP）数据

中国城市建设统计年鉴. 2015：中英对照 / 中华人民共和国住房和城乡建设部编. -- 北京 ：中国统计出版社, 2016.9
ISBN 978-7-5037-7959-6

Ⅰ. ①中… Ⅱ. ①中… Ⅲ. ①城市建设－统计资料－中国－2015－年鉴－汉、英 Ⅳ. ①TU984.2-66

中国版本图书馆 CIP 数据核字(2016)第 213763 号

中国城市建设统计年鉴—2015

作　　者/中华人民共和国住房和城乡建设部
责任编辑/佘竞雄
封面设计/张　冰
出版发行/中国统计出版社
通信地址/北京市丰台区西三环南路甲 6 号　邮政编码/100073
电　　话/邮购（010）63376909　书店（010）68783171
网　　址/http://www.zgtjcbs.com/
印　　刷/河北鑫宏源印刷包装有限责任公司
经　　销/新华书店
开　　本/880mm×1230mm　1/16
字　　数/1302 千字
印　　张/41.75
版　　别/2016 年 10 月第 1 版
版　　次/2016 年 10 月第 1 次印刷
定　　价/330.00 元

本书附同版本 CD-ROM 一张，光盘内容以书面文字为准。
如有印装差错，由本社发行部调换。

《中国城市建设统计年鉴—2015》

编委会和编辑工作人员

China Urban Construction Statistical Yearbook—2015

Editorial Board and Editorial Staff

编辑说明

一、为贯彻落实科学发展观和城乡统筹精神，全面反映我国城乡市政公用设施建设与发展状况，方便国内外各界了解中国城乡建设全貌，我们编辑了《中国城乡建设统计年鉴》、《中国城市建设统计年鉴》和《中国县城建设统计年鉴》中英文对照本，每年公开出版一次，供社会广大读者作为资料性书籍使用。

二、《中国城市建设统计年鉴 2015》根据各省、自治区和直辖市建设行政主管部门上报的 2015 年及历年城市建设统计数据编辑。全书共分 14 个部分，包括城市市政公用设施水平、城市人口和建设用地、城市维护建设财政性资金收支、城市市政公用设施固定资产投资、城市供水、城市节约用水、城市燃气、城市集中供热、城市轨道交通、城市道路和桥梁、城市排水和污水处理、城市园林绿化、国家级风景名胜区、城市市容环境卫生。每部分均包含分年度、分地区、分城市数据。

三、本年鉴统计范围为设市的城市的城区：(1)街道办事处所辖地域；(2)城市公共设施、居住设施和市政公用设施等连接到的其他镇（乡）地域；（3）常住人口在 3000 人以上独立的工矿区、开发区、科研单位、大专院校等特殊区域。

四、2015 年底全国 31 个省、自治区、直辖市（不含台湾省），共有设市城市 656 个。本年鉴统计了 655 个城市、1 个特殊区域。其中，陕西省杨凌区按城市统计；黑龙江省双城市由市改区，仍按城市单独统计；另外 1 个城市，即黑龙江省东宁市属于撤县改市，仍按县城统计，没有统计在城市（城区）部分。

五、上海市县镇部分的数据含在本年鉴中。全国 13 个县（河北省邯郸县、邢台县、宣化县、沧县，山西省泽州县，辽宁省抚顺县、盘山县、铁岭县、朝阳县，河南省许昌县、安阳县，新疆乌鲁木齐县、和田县）因为和所在城市市县同城，因此县城的统计数据含在本城市年鉴中。

六、本年鉴数据不包括香港特别行政区、澳门特别行政区以及台湾省。

七、城市统计分组

分类一（按自然地理位置）：

（1）东部地区：北京、天津、河北、辽宁、上海、江苏、浙江、福建、山东、广东、广西和海南 12 个省、自治区的城市和直辖市；

（2）中部地区：山西、内蒙古、吉林、黑龙江、安徽、江西、河南、湖北和湖南 9 个省和自治区的城市；

（3）西部地区：重庆、四川、贵州、云南、西藏、陕西、甘肃、宁夏、青海和新疆 10 个省、自治区的城市和直辖市。

分类二（按区域经济带 1）：

（1）东部地区：北京、天津、河北、辽宁、上海、江苏、浙江、福建、山东、广东和海南 11 个省的城市和直辖市；

（2）中部地区：山西、吉林、黑龙江、安徽、江西、河南、湖北和湖南 8 个省的城市；

（3）西部地区：内蒙古、广西、重庆、四川、贵州、云南、西藏、陕西、甘肃、宁夏、青海和新疆 12 个省、自治区的城市和直辖市。

分类三（按区域经济带 2）：

（1）东部地区：北京、天津、河北、上海、江苏、浙江、福建、山东、广东和海南 10 个省的城市和直辖市；

（2）中部地区：山西、安徽、江西、河南、湖北和湖南 6 个省的城市；

（3）西部地区：内蒙古、广西、重庆、四川、贵州、云南、西藏、陕西、甘肃、宁夏、青海和新疆 12 个省、自治区的城市和直辖市；

（4）东北三省：辽宁、吉林、黑龙江 3 个省的城市。

八、本年鉴中“—”表示本数据不足本表最小单位数。

九、本年鉴中部分数据合计数或相对数由于单位取舍不同而产生的计算误差，均没有进行机械调整。

十、为促进中国城乡建设行业统计信息工作的发展，欢迎广大读者提出改进意见。

EDITOR'S NOTES

1. Under the guideline of the Scientific Outlook on Development and in line with the efforts to promote the coordinated urban and rural development, *China Urban-Rural Construction Statistical Yearbook*, *China Urban Construction Statistical Yearbook* and *China County Seat Construction Statistical Yearbook* are published annually in both Chinese and English languages to provide comprehensive information on urban and rural service facilities development in China. Being the source of facts, the yearbooks help to facilitate the understanding of people from all walks of life at home and abroad on China's urban and rural development.

2. *2015 China Urban Construction Statistical Yearbook* is complied based on statistical data on urban construction in year 2015 and past years that were reported by construction authorities of provinces, autonomous regions and municipalities directly under the central government. This yearbook is composed of 14 parts, including 1.Level of Urban Service Facilities, 2.Urban Population and Construction Land, 3.Revenue and Expenditure of Urban Maintenance and Construction Fund, 4. Fixed Assets Investment in Urban Service Facilities, 5.Urban Water Supply, 6.Urban Water Conservation, 7.Urban Gas, 8.Urban Central Heating, 9.Urban Rail Transit System, 10. Urban Roads and Bridges, 11.Urban drainage and Waste Water Treatment, 12.Urban landscaping, 13.State-level Scenic Spots and Historic Sites, and 14.Urban Environmental Sanitation. In each part, the data is classified by year, by region and by city.

3. Scope of the data collected from the survey covers urban area of cities, including (1) areas under the jurisdiction of neighborhood administration; (2) other towns (townships) connected to city public facilities, residential facilities and municipal utilities; (3) special areas like independent industrial and mining districts, development zones, research institutes, and universities and colleges with permanent residents of 3000 and above.

4. There were a total of 656 cities in all the 31 provinces, autonomous regions and municipalities (excluding Taiwan Province) across China by the end of 2015. In the Yearbook, data are from 655 cities, 1 special zones. Yangling District in Shaanxi Province is classified as city; Shuangcheng City in Heilongjiang Province has been reorganized to become a district, but is still classified as city in the Yearbook; Dongning City in Heilongjiang Province was a county previously which has been removed to establish city, and its data are still included in the Part of County Seats instead of the Part of Cities (Urban Districts).

5. Data from the counties and towns in Shanghai are included in the Yearbook. Data from the county seats of 13 counties including Handan, Xingtai, Xuanhua, and Cangxian County in Hebei Province, Zezhou County in Shanxi Province, Fushun, Panshan, Tieling, and Chaoyang County in Liaoning Province, Xuchang and Anyang County in Henan Province, and Urumqi and Hetian County in Xinjiang Autonomous Region are included in the Urban Construction Yearbook due to the identity of the location between the county seats and the cities administering the above 13 counties respectively.

6. This Yearbook does not include data of Hong Kong Special Administrative Region, Macao Special Administrative Region as well as Taiwan Province.

7. Grouping of cities

Group one: (by geographic location)

East China: Cities in 12 provinces, autonomous regions and municipalities, which are Beijing, Tianjin, Hebei, Liaoning, Shanghai, Jiangsu, Zhejiang, Fujian, Shandong, Guangdong, Guangxi, and Hainan

Central China: Cities in 9 provinces and autonomous regions which are Shanxi, Inner Mongolia, Jilin, Heilongjiang, Anhui, Jiangxi, Henan, Hubei, and Hunan

West China: Cities in 10 provinces, autonomous regions and municipalities which are Chongqing, Sichuan, Guizhou, Yunnan, Tibet, Shaanxi, Gansu, Ningxia, Qinghai, and Xinjiang

Group two: (by regional economic zone 1)

East China: Cities in 11 provinces and municipalities which are Beijing, Tianjin, Hebei, Liaoning, Shanghai, Jiangsu, Zhejiang, Fujian, Shandong, Guangdong, and Hainan

Central China: Cities in 8 provinces which are Shanxi, Jilin, Heilongjiang, Anhui, Jiangxi, Henan, Hubei, and Hunan

West China: Cities in 12 provinces, autonomous regions and municipalities which are Inner Mongolia, Guangxi , Chongqing, Sichuan, Guizhou, Yunnan, Tibet, Shaanxi, Gansu, Ningxia, Qinghai, and Xinjiang

Group three: (by regional economic zone 2)

East China: Cities in 10 provinces and municipalities which are Beijing, Tianjin, Hebei, Shanghai, Jiangsu, Zhejiang, Fujian, Shandong, Guangdong, and Hainan

Central China: Cities in 6 provinces which are Shanxi, Anhui, Jiangxi, Henan, Hubei, and Hunan

West China: Cities in 12 provinces, autonomous regions and municipalities which are Inner Mongolia, Guangxi , Chongqing, Sichuan, Guizhou, Yunnan, Tibet, Shaanxi, Gansu, Ningxia, Qinghai, and Xinjiang

Northeast China : Cities in 3 provinces which are Liaoning, Jilin, and Heilongjiang

8. In this yearbook, "—" indicates that the figure is not large enough to be measured with the smallest unit in the table.

9. The calculation errors of the total or relative value of some data in this Yearbook arising from the use of different measurement units have not been mechanically aligned.

10. Any comments to improve the quality of the yearbook are welcomed to promote the advancement in statistics in China's construction industry.

目　录

Contents

专业数据

Sectorial Data

2015 年城市建设统计概述

概况 2015 年末，全国设市城市 656 个，城市城区人口 3.94 亿人，暂住人口 0.66 亿人，建成区面积 5.21 万平方公里。

城市市政公用设施固定资产投资 2015 年完成城市市政公用设施固定资产投资 16204.4 亿元，占同期全社会固定资产投资总额的 2.88%。其中，道路桥梁、轨道交通、园林绿化投资分别占城市市政公用设施固定资产投资的 45.8%、22.9%和 9.8%。

城市供水和节水 2015 年，年供水总量 560.5 亿立方米，其中，生产运营用水 162.4 亿立方米，公共服务用水 77.1 亿立方米，居民家庭用水 208.9 亿立方米。用水人口 4.51 亿人，用水普及率 98.07%，人均日生活用水量 174.5 升。2015 年，城市节约用水 40.3 亿立方米，节水措施总投资 23.1 亿元。

城市燃气和集中供热 2015 年，人工煤气供气总量 47.1 亿立方米，天然气供气总量 1040.8 亿立方米，液化石油气供气总量 1039.2 万吨。用气人口 4.38 亿人，燃气普及率 95.30%。2015 年年末，城市蒸汽供热能力 8.1 万吨/小时，热水供热能力 47.3 万兆瓦，集中供热面积 67.2 亿平方米。

城市轨道交通 2015 年年末，全国有 24 个城市建成轨道交通，线路长度 3069 公里，车站数 2008 个，其中换乘站 441 个，配置车辆数 16524 辆。全国在建轨道交通线路长度 3994 公里，车站数 2547 个，其中换乘站 680 个。

城市道路桥梁 2015 年年末，城市道路长度 36.5 万公里，道路面积 71.8 亿平方米，其中人行道面积 15.8 亿平方米，人均城市道路面积 15.60 平方米。

城市排水与污水处理 2015 年末，全国城市共有污水处理厂 1944 座，污水厂日处理能力 14038 万立方米，排水管道长度 54.0 万公里。城市年污水处理总量 428.8 亿立方米，城市污水处理率 91.90%，其中污水处理厂集中处理率 87.97%。

城市园林绿化 2015 年年末，城市建成区绿化覆盖面积 210.5 万公顷，建成区绿化覆盖率 40.12%；建成区绿地面积 190.8 万公顷，建成区绿地率 36.36%；公园绿地面积 61.4 万公顷，人均公园绿地面积 13.35 平方米。

国家级风景名胜区 2015 年年末，全国共有 225 处国家级风景名胜区，风景名胜区面积 11.1 万平方公里，可游览面积 4.4 万平方公里，全年接待游人 8.4 亿人次。国家投入 70.3 亿元用于风景名胜区的维护和建设。

城市市容环境卫生 2015 年年末，全国城市道路清扫保洁面积 73.0 亿平方米，其中机械清扫面积 40.6 亿平方米，机械清扫率 55.5%。全年清运生活垃圾、粪便 2.06 亿吨。全国城市共有生活垃圾无害化处理厂（场）890 座，日处理能力 57.7 万吨，处理量 1.80 亿吨，城市生活垃圾无害化处理率 94.10%。

Overview

General situation

There were 656 cities across the country at the end of 2015 with a total population of 394 million, among which 66 million were temporary population. The urban built areas amounted to 52.1 thousand square kilometers.

The fixed assets investment in municipal service facilities

In 2015, the total fixed assets investment in the urban municipal service facilities reached 1620.44 billion yuan, accounting for 2.88% of the country's total fixed assets investment. The fixed assets investment in roads and bridges, transit system, and landscaping and greening accounted for 45.8%, 22.9%, and 9.8% of the total fixed assets investment in municipal service facilities respectively.

Urban water supply and water conservation

In 2015, the urban water supply totaled 56.05 billion cubic meters. 16.24 billion cubic meters of water was consumed in production and operation, 7.71 billion cubic meters in public service, and 20.89 billion cubic meters was for domestic use. The water supply served a population of 451 million with coverage rate of 98.07% and daily per capita consumption of domestic water being 174.5 liter. 4.03 billion cubic meters of urban water was saved in the year with total investment in water saving measures reaching 2.31 billion yuan.

Urban gas and central heating supply

In 2015, the man-made coal gas, natural gas, and LPG supply totaled 4.71 billion cubic meters, 104.08 billion cubic meters, and 10.392 million tons respectively, serving a population of 438 million and with coverage rate of 95.3 %. By the end of 2015, the supply capacity of heating from steam and hot water reached 81 thousand tons per hour and 473 thousand megawatts respectively. The centrally heated area extended to reach 6.72 billion square meters.

Urban rail transit system

By the end of 2015, 3069 kilometers rail transit lines have been built in 24 cities across the country. The number of stations totaled 2008, among which 441 were transfer stations, and the number of vehicles in service amounted to 16524. There were 3994 kilometers rail transit lines under construction. These projects involved the construction of 2547 stations, among which 680 were transitions.

Urban roads and Bridge

At the end of 2015, the country claimed a total length of urban road of 365 thousand kilometers covering an area of 7.18 billion square meters with sidewalks 1.58 billion square meters, and per capita road surface area is 15.60 square meters.

Urban drainage and wastewater treatment

At the end of 2015, there were a total of 1944 wastewater treatment plants in cities with daily treatment capacity of 140.38 million cubic meters. The length of drainage pipelines reached 540 thousand kilometers. The total quantity of urban wastewater treated within the year was 42.88 billion cubic meters with treatment rate of 91.9% and central treatment rate of 87.97%.

Urban landscaping

By the end of 2015, the area in urban built district covered by greenery totaled 2.105million hectares with coverage rate of 40.12%. The total green space in built areas amounted to 1.908million hectares with coverage rate of 36.36%. The total public green space in cities was 614 thousand hectares with per capita public green space 13.35 square meters.

State-level Scenic Spots and Historic Sites

By the end of 2015, there were 225 state-level scenic spots and historic sites in China. They covered an area of 111 thousand square kilometers with 44 thousand square kilometers open to visitation which added up to 840 million people times for the whole year. The Central Government invested 7.03 billion yuan in the development and maintenance of national parks.

The urban environmental sanitation

By the end of 2015, the total surface area of road cleaned and maintained was 7.30 billion square meters, of which mechanically cleaned area was 4.06 billion square meters with a mechanical cleaning rate of 55.5%. The yearly amount of domestic garbage and night soil cleared and transported totaled 206 million tons. There are 890 non-hazardous treatment facilities for domestic solid waste in cities across the country, handling a treatment volume of 180 million tons with daily treatment capacity of 577 thousand tons. The non-hazardous treatment rate for urban domestic solid waste is 94.1%.

综 合 数 据

General Data

一、城市市政公用设施水平
1. Level of Urban Service Facilities

简要说明

本部分反映城市市政公用设施水平，均为相对指标。主要包括人口密度、用水普及率、燃气普及率 、人均拥有道路面积、污水处理率、人均公园绿地、建成区绿地率、建成区绿化覆盖率、每万人拥有公厕等内容。

从 2006 年起，人均水平（除人均日生活用水量）和普及率水平均以城区人口和城区暂住人口合计数为分母计算。

Brief Introduction

This section demonstrates the level of urban service facilities in a comparative way. Main indicators include population density, water coverage rate, gas coverage rate, surface area of roads per capita, wastewater treatment rate, public green space per capita, green space rate of built-up areas, green coverage rate of built-up area, number of latrines owned by every 10,000 people etc.

Since 2006, figure in terms of per capita and coverage rate, excluding domestic water use per capita have been calculated based on denominator which combines both permanent and temporary residents in urban areas.

1 全国历年城市市政公用设施水平(1981−2015)
Level of National Urban Service Facilities in Past Years (1981-2015)

年 份 Year	用水普及率 (%) Water Coverage Rate (%)	燃气普及率 (%) Gas Coverage Rate (%)	每万人拥有公共交通车辆 (标台) Motor Vehicle for Public Transport Per 10,000 Persons (standard unit)	人均道路面积 (平方米) Road Surface Area Per Capita (m^2)	污水处理率 (%) Wastewater Treatment Rate (%)	园林绿化 Landscaping 人均公园绿地面积 (平方米) Public Recreational Green Space Per Capita (m^2)	建成区绿化覆盖率 (%) Green Coverage Rate of Built District (%)	建成区绿地率 (%) Green Space Rate of Built District (%)	每万人拥有公厕 (座) Number of Public Lavatories Per 10,000 Persons (unit)
1981	53.7	11.6		1.81		1.50			3.77
1982	56.7	12.6		1.96		1.65			3.99
1983	52.5	12.3		1.88		1.71			3.95
1984	49.5	13.0		1.84		1.62			3.57
1985	45.1	13.0		1.72		1.57			3.28
1986	51.3	15.2	2.5	3.05		1.84	16.90		3.61
1987	50.4	16.7	2.4	3.10		1.90	17.10		3.54
1988	47.6	16.5	2.2	3.10		1.76	17.00		3.14
1989	47.4	17.8	2.1	3.22		1.69	17.80		3.09
1990	48.0	19.1	2.2	3.13		1.78	19.20		2.97
1991	54.8	23.7	2.7	3.35	14.86	2.07	20.10		3.38
1992	56.2	26.3	3.0	3.59	17.29	2.13	21.00		3.09
1993	55.2	27.9	3.0	3.70	20.02	2.16	21.30		2.89
1994	56.0	30.4	3.0	3.84	17.10	2.29	22.10		2.69
1995	58.7	34.3	3.6	4.36	19.69	2.49	23.90		3.00
1996	60.7	38.2	3.8	4.96	23.62	2.76	24.43	19.05	3.02
1997	61.2	40.0	4.5	5.22	25.84	2.93	25.53	20.57	2.95
1998	61.9	41.8	4.6	5.51	29.56	3.22	26.56	21.81	2.89
1999	63.5	43.8	5.0	5.91	31.93	3.51	27.58	23.03	2.85
2000	63.9	45.4	5.3	6.13	34.25	3.69	28.15	23.67	2.74
2001	72.26	60.42	6.10	6.98	36.43	4.56	28.38	24.26	3.01
2002	77.85	67.17	6.73	7.87	39.97	5.36	29.75	25.80	3.15
2003	86.15	76.74	7.66	9.34	42.39	6.49	31.15	27.26	3.18
2004	88.85	81.53	8.41	10.34	45.67	7.39	31.66	27.72	3.21
2005	91.09	82.08	8.62	10.92	51.95	7.89	32.54	28.51	3.20
2006	86.07	79.11	9.05	11.04	55.67	8.30	35.11	30.92	2.88
	(97.04)	(88.58)	(10.13)	(12.36)		(9.30)			(3.22)
2007	93.83	87.40	10.23	11.43	62.87	8.98	35.29	31.30	3.04
2008	94.73	89.55	11.13	12.21	70.16	9.71	37.37	33.29	3.12
2009	96.12	91.41		12.79	75.25	10.66	38.22	34.17	3.15
2010	96.68	92.04		13.21	82.31	11.18	38.62	34.47	3.02
2011	97.04	92.41		13.75	83.63	11.80	39.22	35.27	2.95
2012	97.16	93.15		14.39	87.30	12.26	39.59	35.72	2.89
2013	97.56	94.25		14.87	89.34	12.64	39.70	35.78	2.83
2014	97.64	94.57		15.34	90.18	13.08	40.22	36.29	2.79
2015	98.07	95.30		15.60	91.90	13.35	40.12	36.36	2.75

注：1.自2006年起，人均和普及率指标按城区人口和城区暂住人口合计为分母计算，以公安部门的户籍统计和暂住人口统计为准。括号中的数据为与往年同口径数据。
2.“人均公园绿地面积”指标2005年及以前年份为“人均公共绿地面积”。
3.自2009年起，城市公共交通内容不再统计，增加城市轨道交通建设情况内容。

Note:1.Since 2006,figure in terms of per capita and coverage rate have been calculated based on denominater which combines both permanent and temporary residents in urban areas. And the population should come from statistics of police. The data in bracke

2.Since 2006, Public Green Space Per Capita is changed to be Public Recreational Green Space Per Capita.

3.Since 2009, statistics on urban public transport have been removed, and relevant information on the construction of rail transit system has been added.

1-1 2015年全国城市市政公用设施水平分组资料

地区名称 Name of Regions		人口密度 (人/平方公里) Population Density (person/ square kilometer)	人均日生活用水量 (升) Daily Water Consumption Per Capita (liter)	用 水 普及率 (%) Water Coverage Rate (%)	燃 气 普及率 (%) Gas Coverage Rate (%)	建成区供水管道密度 (公里/平方公里) Density of Water Supply Pipelines in Built District (kilometer/square kilometer)	人均道路面 积 (平方米) Road Surface Area Per Capita (m^2)
全　国	**National Total**	**2399**	**174.46**	**98.07**	**95.30**	**13.63**	**15.60**
分类一	**Group one**						
东部地区	East China	2132	188.89	99.38	98.49	16.45	16.06
中部地区	Central China	3250	149.69	96.79	92.18	10.60	15.47
西部地区	West China	2318	168.04	95.99	90.20	10.13	14.34
分类二	**Group two**						
东部地区	East China	2148	186.06	99.46	98.67	16.60	16.05
中部地区	Central China	3500	152.84	96.67	92.05	10.88	14.95
西部地区	West China	2171	171.93	96.38	91.01	10.20	15.30
分类三	**Group three**						
东部地区	East China	2229	191.29	99.52	99.07	16.71	16.32
中部地区	Central China	3358	161.85	96.97	92.80	11.63	15.27
西部地区	West China	2171	171.93	96.38	91.01	10.20	15.30
东北地区	Northeast China	2367	126.84	97.11	91.83	11.50	13.61

Level of National Urban Service Facilities (2015)

建成区排水管道密度(公里/平方公里) Density of Sewers in Built District (kilometer/square kilometer)	污 水 处理率 (%) Wastewater Treatment Rate (%)	污水处理厂集中处理率 Centralized Treatment Rate of Wastewater Treatment Plants	人均公园绿地面积(平方米) Public Recreational Green Space Per Capita (m^2)	建成区绿化覆盖率 (%) Green Coverage Rate of Built District (%)	建成区绿地率 (%) Green Space Rate of Built District (%)	生活垃圾处 理 率 (%) Domestic Garbage Treatment Rate (%)	生活垃圾无 害 化处 理 率 Domestic Garbage Harmless Treatment Rate	地区名称 Name of Regions
10.36	**91.90**	**87.97**	**13.35**	**40.12**	**36.36**	**97.95**	**94.10**	**全 国**
								分类一
11.82	92.80	88.77	14.12	42.20	38.42	98.89	95.65	东部地区
8.94	91.85	87.73	12.08	38.79	34.93	97.07	93.22	中部地区
8.31	88.25	85.02	12.99	37.65	33.98	96.21	90.35	西部地区
								分类二
11.98	92.94	89.78	14.23	42.42	38.69	98.90	95.54	东部地区
8.82	91.78	87.44	11.57	38.76	34.81	97.01	92.90	中部地区
8.51	88.84	83.00	13.41	37.80	34.10	96.58	91.75	西部地区
								分类三
12.50	92.92	89.71	14.51	42.65	38.80	99.01	95.57	东部地区
9.51	92.96	89.84	11.39	39.61	35.46	98.18	96.12	中部地区
8.51	88.84	83.00	13.41	37.80	34.10	96.58	91.75	西部地区
6.70	90.21	84.45	11.89	37.82	34.82	95.21	88.01	东北地区

1-2 2015年全国城市市政公用设施水平(按省分列)

地区名称 Name of Regions	人口密度(人/平方公里) Population Density (person/square kilometer)	人均日生活用水量(升) Daily Water Consumption Per Capita (liter)	用水普及率(%) Water Coverage Rate (%)	燃气普及率(%) Gas Coverage Rate (%)	建成区供水管道密度(公里/平方公里) Density of Water Supply Pipelines in Built District (kilometer/square kilometer)	人均道路面积(平方米) Road Surface Area Per Capita (m^2)	建成区排水管道密度(公里/平方公里) Density of Sewers in Built District (kilometer/square kilometer)
全 国	**2399**	**174.46**	**98.07**	**95.30**	**13.63**	**15.60**	**10.36**
北 京	1541	183.81	100.00	100.00	19.72	7.62	11.08
天 津	3492	119.58	100.00	100.00	18.77	16.02	22.07
河 北	2646	119.13	99.56	98.81	8.46	18.65	8.72
山 西	3920	112.44	98.85	97.31	9.54	13.52	7.00
内蒙古	1629	106.71	98.47	94.09	7.52	22.61	10.24
辽 宁	1590	135.50	98.84	94.76	15.54	13.43	6.94
吉 林	3193	122.27	93.64	92.46	8.69	14.52	7.38
黑龙江	5504	116.34	97.20	86.61	8.10	13.14	5.84
上 海	3809	190.19	100.00	100.00	36.43	4.27	16.94
江 苏	2034	210.66	99.83	99.56	18.76	24.42	16.72
浙 江	1914	196.18	99.95	99.91	21.79	18.12	14.75
安 徽	2458	168.90	98.79	97.55	12.38	20.82	12.67
福 建	2704	176.93	99.55	98.56	11.31	13.80	9.44
江 西	4822	171.28	97.55	94.83	12.06	16.60	9.25
山 东	1452	138.47	99.95	99.37	10.61	25.82	11.32
河 南	5155	111.07	93.10	86.02	8.52	12.06	8.18
湖 北	2430	205.32	98.83	94.49	13.92	16.15	10.49
湖 南	3261	207.79	97.30	92.28	13.60	14.27	8.39
广 东	3060	248.95	98.46	97.60	17.74	13.60	9.51
广 西	1823	255.65	97.50	94.46	13.30	16.28	8.30
海 南	2045	263.78	98.64	97.77	12.28	17.37	11.23
重 庆	1904	151.97	96.87	95.34	11.32	12.05	9.75
四 川	1902	204.13	93.05	92.46	13.17	13.63	9.86
贵 州	2396	163.78	95.43	84.06	12.38	11.22	7.47
云 南	2943	132.77	97.33	76.79	9.98	14.23	10.83
西 藏	1750	403.62	88.06	79.98	9.66	24.98	9.84
陕 西	4031	155.71	97.12	94.73	7.52	15.67	7.48
甘 肃	4049	132.00	97.28	85.77	6.74	15.18	6.66
青 海	2692	168.76	99.06	85.96	12.64	10.63	8.59
宁 夏	1336	171.67	96.40	87.26	5.18	22.52	3.53
新 疆	2557	170.55	98.81	97.63	7.87	17.69	5.52

注：本表中北京市的建成区绿化覆盖率和建成区绿地率均为该市调查面积内数据，全国城市建成区绿化覆盖率和建成区绿地率作适当修正。

Level of National Urban Service Facilities by Province (2015)

污　水处理率 (%) Wastewater Treatment Rate (%)	污水处理厂集中处理率 Centralized Treatment Rate of Wastewater Treatment Plants	人均公园绿地面积 (平方米) Public Recreational Green Space Per Capita (m^2)	建成区绿化覆盖率 (%) Green Coverage Rate of Built District (%)	建成区绿地率 (%) Green Space Rate of Built District (%)	生活垃圾处理率 (%) Domestic Garbage Treatment Rate (%)	生活垃圾无害化处理率 Domestic Garbage Harmless Treatment Rate	地区名称 Name of Regions
91.90	**87.97**	**13.35**	**40.12**	**36.36**	**97.95**	**94.10**	**全　国**
88.41	85.92	16.00	48.40	45.79	99.80	78.75	北　京
91.54	90.70	10.13	36.38	32.08	92.74	92.74	天　津
95.34	93.89	14.18	41.15	37.51	97.56	96.01	河　北
89.20	88.34	11.61	40.13	35.69	97.17	97.17	山　西
93.14	93.14	19.28	39.18	36.23	97.95	97.72	内蒙古
93.08	90.50	11.52	40.26	37.58	97.84	95.23	辽　宁
90.38	89.71	12.51	36.06	32.66	98.33	84.70	吉　林
84.41	68.73	11.98	35.82	32.68	87.61	78.24	黑龙江
92.85	92.21	7.62	38.50	34.00	100.00	100.00	上　海
93.92	80.37	14.55	42.83	39.47	100.00	100.00	江　苏
91.95	88.60	13.19	40.58	36.68	100.00	99.22	浙　江
96.68	91.80	13.37	41.16	37.16	99.55	99.55	安　徽
89.47	87.45	12.98	42.97	39.32	99.19	99.19	福　建
87.74	86.63	13.96	44.09	41.09	99.94	94.46	江　西
95.77	95.67	17.36	42.25	38.43	100.00	100.00	山　东
93.57	93.11	10.16	37.69	33.29	95.99	95.99	河　南
93.41	90.12	11.01	37.47	32.83	98.33	91.51	湖　北
92.74	86.22	9.99	39.69	35.67	99.80	99.80	湖　南
93.65	93.25	17.40	41.43	37.32	97.63	91.56	广　东
90.02	67.75	11.60	37.60	32.88	98.65	98.65	广　西
74.24	74.24	12.96	37.70	33.63	99.84	99.84	海　南
94.78	93.50	16.99	40.30	37.38	99.03	98.60	重　庆
88.52	82.46	11.96	38.65	34.56	97.28	96.79	四　川
95.17	95.17	12.94	35.88	33.26	93.81	93.81	贵　州
91.03	89.50	10.57	37.27	33.59	97.38	90.03	云　南
19.07	19.07	11.65	42.61	35.98	12.66		西　藏
91.55	91.52	12.57	40.57	34.38	98.02	98.02	陕　西
89.62	80.04	12.23	30.20	27.18	99.36	64.24	甘　肃
59.98	59.98	10.48	29.79	28.22	96.19	87.18	青　海
93.05	80.85	18.11	37.88	36.34	89.92	89.92	宁　夏
83.39	82.05	11.50	37.47	34.09	95.92	80.88	新　疆

Note: All of the green coverage rate and green space rate for the built-up areas of Beijing Municipality in the table refer to the data for the areas surveyed in the city. The green coverage rate and green space rate for the nationwide urban built-up area.

1-3 2015年全国城市市政公用设施水平(按城市分列)

城市名称 Name of Cities	人口密度(人/平方公里) Population Density (person/square kilometer)	人均日生活用水量(升) Daily Water Consumption Per Capita (liter)	用水普及率(%) Water Coverage Rate (%)	燃气普及率(%) Gas Coverage Rate (%)	建成区供水管道密度(公里/平方公里) Density of Water Supply Pipelines in Built District (kilometer/square kilometer)	人均道路面积(平方米) Road Surface Area Per Capita (m^2)	建成区排水管道密度(公里/平方公里) Density of Sewers in Built District (kilometer/square kilometer)
全　国	**2399**	**174.46**	**98.07**	**95.30**	**13.63**	**15.60**	**10.36**
北　京	**1541**	**183.81**	**100.00**	**100.00**	**19.72**	**7.62**	**11.08**
天　津	**3492**	**119.58**	**100.00**	**100.00**	**18.77**	**16.02**	**22.07**
河　北	**2646**	**119.13**	**99.56**	**98.81**	**8.46**	**18.65**	**8.72**
石家庄	5439	156.56	100.00	100.00	6.69	19.02	7.80
晋　州	1472	91.87	100.00	100.00	6.17	19.84	11.22
新　乐	1844	164.44	100.00	100.00	10.71	23.64	7.65
唐　山	1607	137.03	100.00	100.00	8.26	15.67	9.65
遵　化	2829	131.74	98.89	94.85	6.14	20.07	7.17
迁　安	2030	98.62	100.00	100.00	12.22	19.79	4.57
秦皇岛	4355	123.52	100.00	88.56	8.05	19.79	11.88
邯　郸	4207	117.49	100.00	100.00	9.86	19.91	13.53
武　安	2597	135.60	100.00	100.00	16.71	24.48	16.07
邢　台	8209	47.96	100.00	100.00	8.67	16.12	9.37
南　宫	2729	77.64	100.00	98.63	9.35	22.18	10.87
沙　河	2592	101.28	100.00	100.00	10.39	26.97	10.03
保　定	4565	95.15	96.45	99.00	6.49	20.66	6.71
涿　州	6651	111.89	100.00	100.00	4.85	13.59	5.22
安　国	1278	149.99	99.81	98.65	8.74	29.47	11.62
高碑店	3848	118.57	100.00	100.00	12.57	32.51	10.99
张家口	2379	82.57	100.00	99.60	10.42	15.36	7.86
承　德	792	101.73	100.00	99.89	5.40	12.90	4.06
沧　州	3169	121.66	100.00	100.00	7.03	16.70	7.93
泊　头	7682	167.87	94.08	99.88	14.29	15.14	7.99
任　丘	5153	69.56	100.00	100.00	13.39	15.47	5.33
黄　骅	990	95.61	100.00	100.00	12.80	31.21	10.23
河　间	2519	88.24	100.00	100.00	15.31	18.40	9.34
廊　坊	1849	138.32	100.00	100.00	9.83	18.28	9.42
霸　州	2013	113.52	100.00	100.00	17.50	16.15	8.30
三　河	1272	140.81	100.00	100.00	17.49	21.65	12.81
衡　水	1348	139.71	98.86	99.10	5.39	20.14	8.36
冀　州	1241	65.68	100.00	100.00	10.38	25.64	15.18
深　州	2164	96.80	100.00	100.00	9.43	20.83	8.43
辛　集	1298	274.90	99.44	98.03	4.51	22.78	6.00
定　州	7438	95.03	100.00	90.35	3.49	16.87	6.08
山　西	**3920**	**112.44**	**98.85**	**97.31**	**9.54**	**13.52**	**7.00**
太　原	3600	123.42	100.00	98.42	6.28	11.50	5.72
古　交	7414	118.75	98.50	88.96	7.08	14.95	4.41

Level of National Urban Service Facilities by City (2015)

污水处理率 (%) Wastewater Treatment Rate (%)	污水处理厂集中处理率 Centralized Treatment Rate of Wastewater Treatment Plants	人均公园绿地面积 (平方米) Public Recreational Green Space Per Capita (m^2)	建成区绿化覆盖率 (%) Green Coverage Rate of Built District (%)	建成区绿地率 (%) Green Space Rate of Built District (%)	生活垃圾处理率 (%) Domestic Garbage Treatment Rate (%)	生活垃圾无害化处理率 Domestic Garbage Harmless Treatment Rate	城市名称 Name of Cities
91.90	**87.97**	**13.35**	**40.12**	**36.36**	**97.95**	**94.10**	**全　国**
88.41	**85.92**	**16.00**	**48.40**	**45.79**	**99.80**	**78.75**	**北　京**
91.54	**90.70**	**10.13**	**36.38**	**32.08**	**92.73**	**92.73**	**天　津**
95.34	**93.89**	**14.18**	**41.15**	**37.51**	**97.56**	**96.01**	**河　北**
95.60	95.60	15.57	44.41	40.19	100.00	95.68	石家庄
97.00	97.00	10.02	37.91	33.14	95.97	95.97	晋　州
95.96	95.96	9.41	35.13	30.71	96.83	96.83	新　乐
95.00	95.00	15.08	41.17	38.66	100.00	100.00	唐　山
92.51	92.51	11.12	40.85	36.14	100.00	100.00	遵　化
100.00	100.00	20.58	41.14	40.24	100.00	100.00	迁　安
96.17	96.17	19.73	40.03	38.48	100.00	100.00	秦皇岛
97.62	97.62	18.99	46.63	42.98	100.00	100.00	邯　郸
100.00	100.00	15.32	48.62	42.69	100.00	100.00	武　安
96.35	96.35	11.69	36.12	32.91	100.00	100.00	邢　台
95.33	95.33	12.26	40.61	36.10	100.00	100.00	南　宫
90.01	90.01	14.20	30.96	30.18	100.00	100.00	沙　河
94.88	80.39	9.86	38.76	35.86	99.98	99.98	保　定
95.85	87.55	8.16	36.42	31.99	100.00	100.00	涿　州
94.12	94.12	9.28	35.27	30.27	100.00	100.00	安　国
100.00	100.00	8.16	35.09	30.06	98.52	98.52	高碑店
94.42	94.42	12.22	44.08	39.49	95.00	95.00	张家口
91.68	91.68	24.57	42.90	38.30	99.84	82.98	承　德
100.00	100.00	10.38	36.96	32.47	100.00	100.00	沧　州
98.00	98.00	9.00	37.31	33.43	98.69	98.69	泊　头
98.02	98.02	9.96	38.81	33.53	100.00	100.00	任　丘
98.16	98.16	13.37	37.98	33.68	100.00	100.00	黄　骅
100.00	100.00	13.03	39.71	35.65	100.00	100.00	河　间
92.01	92.01	13.72	45.34	41.96	58.98	58.98	廊　坊
96.03	96.03	12.77	41.94	37.58	95.55	95.55	霸　州
96.10	96.10	10.79	38.56	33.02	100.00	100.00	三　河
85.01	85.01	12.20	44.70	40.68	82.69	82.69	衡　水
100.00	100.00	13.22	38.04	36.71	100.00	100.00	冀　州
90.16	90.16	8.58	38.83	33.25	99.06	99.06	深　州
92.99	92.99	9.09	38.34	33.34	92.61	92.61	辛　集
91.46	91.46	9.51	36.65	31.51	100.00	100.00	定　州
89.20	**88.34**	**11.61**	**40.13**	**35.69**	**97.17**	**97.17**	**山　西**
86.00	86.00	10.92	40.30	36.07	99.56	99.56	太　原
88.77	88.77	7.98	39.77	35.67	100.00	100.00	古　交

1-3 续表 1

城市名称 Name of Cities	人口密度(人/平方公里) Population Density (person/square kilometer)	人均日生活用水量(升) Daily Water Consumption Per Capita (liter)	用水普及率(%) Water Coverage Rate (%)	燃气普及率(%) Gas Coverage Rate (%)	建成区供水管道密度(公里/平方公里) Density of Water Supply Pipelines in Built District (kilometer/square kilometer)	人均道路面积(平方米) Road Surface Area Per Capita (m^2)	建成区排水管道密度(公里/平方公里) Density of Sewers in Built District (kilometer/square kilometer)
大　同	9492	97.10	100.00	98.60	10.95	16.65	5.09
阳　泉	10901	127.28	100.00	97.95	20.13	13.98	7.61
长　治	9701	174.31	98.48	93.01	17.84	9.96	7.87
潞　城	693	106.64	99.02	93.01	10.35	13.07	13.51
晋　城	3158	141.86	98.00	99.50	11.66	12.01	6.44
高　平	1927	116.19	99.84	96.13	13.82	17.47	7.25
朔　州	2490	102.44	99.12	96.57	7.72	17.04	12.54
晋　中	6953	106.10	100.00	98.49	6.30	19.39	11.09
介　休	4952	53.91	100.00	93.56	4.88	11.88	7.49
运　城	7679	118.60	95.00	99.00	14.47	16.65	8.21
永　济	798	107.61	99.01	97.08	3.69	16.43	6.77
河　津	2041	83.76	92.59	95.00	5.10	23.90	7.73
忻　州	1638	70.44	100.00	95.00	13.17	19.46	11.74
原　平	1223	90.99	100.00	95.03	12.95	8.69	5.95
临　汾	10283	76.71	99.03	99.47	8.81	8.55	1.69
侯　马	7858	112.44	100.00	99.24	8.19	11.32	7.62
霍　州	7692	75.56	99.20	93.80	12.66	9.80	5.21
吕　梁	5378	96.88	95.33	94.89	8.16	12.75	10.89
孝　义	5594	72.66	91.60	95.61	9.08	18.89	8.50
汾　阳	9130	70.78	92.00	95.18	11.36	10.11	7.09
内蒙古	**1629**	**106.71**	**98.47**	**94.09**	**7.52**	**22.61**	**10.24**
呼和浩特	7096	91.05	99.96	98.86	3.12	13.32	7.68
包　头	2130	89.68	99.50	96.52	8.94	15.13	11.27
乌　海	8347	134.41	100.00	88.60	6.74	25.50	4.65
赤　峰	1754	109.39	96.28	96.66	12.21	22.14	8.00
通　辽	5963	140.44	97.58	96.23	9.44	26.36	12.04
霍林郭勒	3513	134.23	99.53	94.79	21.76	31.60	22.11
鄂尔多斯	2624	153.26	99.77	94.23	6.94	56.34	18.63
呼伦贝尔	1272	141.80	95.95	89.93	5.69	31.15	8.47
满洲里	290	93.39	98.96	89.68	17.47	36.84	10.78
牙克石	3374	120.05	97.11	89.21	5.06	23.63	5.08
扎兰屯	342	67.82	97.04	89.00	5.62	25.09	7.27
额尔古纳	45	68.69	95.04	94.21	6.35	23.48	6.69
根　河	203	105.82	93.95	85.79	1.68	15.32	1.60
巴彦淖尔	5093	87.86	97.00	90.27	9.07	24.71	23.16
乌兰察布	5322	97.25	97.02	85.78	5.62	27.78	5.30
丰　镇	5460	90.46	95.09	73.04	7.68	24.69	9.73
乌兰浩特	2931	159.29	98.53	86.57	7.29	19.37	10.18
阿尔山	3149	29.46	82.68	72.16	4.32	18.35	3.32
二连浩特	1471	99.50	100.00	91.72	6.13	39.52	6.36
锡林浩特	507	108.68	97.68	95.51	14.20	28.70	10.83

continued 1

污水处理率(%) Wastewater Treatment Rate (%)	污水处理厂集中处理率 Centralized Treatment Rate of Wastewater Treatment Plants	人均公园绿地面积(平方米) Public Recreational Green Space Per Capita (m^2)	建成区绿化覆盖率(%) Green Coverage Rate of Built District (%)	建成区绿地率(%) Green Space Rate of Built District (%)	生活垃圾处理率(%) Domestic Garbage Treatment Rate (%)	生活垃圾无害化处理率 Domestic Garbage Harmless Treatment Rate	城市名称 Name of Cities
85.20	76.58	10.97	40.02	36.45	99.73	99.73	大　同
87.98	87.98	10.77	41.50	35.78	88.84	88.84	阳　泉
92.32	92.32	12.50	46.23	41.49	100.00	100.00	长　治
80.48	80.48	7.92	45.00	36.74	100.00	100.00	潞　城
94.99	94.99	12.02	41.96	31.68	100.00	100.00	晋　城
95.55	95.55	13.76	44.55	38.37	100.00	100.00	高　平
98.07	98.07	10.91	42.89	38.22	100.00	100.00	朔　州
96.81	96.81	17.65	36.92	32.89	89.97	89.97	晋　中
98.28	98.28	8.13	31.49	27.57	100.00	100.00	介　休
90.79	90.79	10.63	40.59	37.55	100.00	100.00	运　城
90.00	90.00	14.16	41.16	34.38	100.00	100.00	永　济
91.04	91.04	15.00	35.91	35.24	90.05	90.05	河　津
95.06	95.06	12.37	34.64	30.01	19.98	19.98	忻　州
95.61	95.61	13.46	37.02	35.59	100.00	100.00	原　平
91.97	91.97	12.36	39.98	36.56	100.00	100.00	临　汾
93.73	93.73	12.76	44.86	44.51	100.00	100.00	侯　马
88.07	88.07	8.94	28.38	25.81	100.00	100.00	霍　州
91.27	91.27	13.38	38.37	33.51	100.00	100.00	吕　梁
85.99	85.99	13.12	43.80	38.11	99.81	99.81	孝　义
81.00	81.00	6.60	39.51	34.24	100.00	100.00	汾　阳
93.14	**93.14**	**19.28**	**39.18**	**36.23**	**97.96**	**97.73**	**内 蒙 古**
91.80	91.80	17.32	37.00	34.00	100.00	100.00	呼和浩特
90.23	90.23	13.23	42.85	39.84	97.04	97.04	包　头
95.47	95.47	19.69	42.20	40.20	96.03	96.03	乌　海
90.68	90.68	18.77	39.06	35.99	100.00	98.19	赤　峰
97.91	97.91	21.06	42.52	38.39	95.90	95.90	通　辽
98.32	98.32	15.81	36.04	32.49	96.06	96.06	霍林郭勒
97.53	97.53	34.97	42.26	38.80	95.80	95.80	鄂尔多斯
98.07	98.07	21.93	35.03	32.98	95.28	95.28	呼伦贝尔
92.07	92.07	12.89	35.76	31.05	93.38	93.38	满 洲 里
92.26	92.26	16.95	35.79	33.68	99.46	99.46	牙 克 石
92.00	92.00	14.35	37.80	36.62	98.61	98.61	扎 兰 屯
93.48	93.48	16.25	39.79	36.42	99.08	99.08	额尔古纳
90.26	90.26	16.74	35.12	32.15	97.69	97.69	根　河
98.68	98.68	21.45	38.79	36.80	99.81	99.81	巴彦淖尔
93.67	93.67	37.78	39.72	36.57	96.45	96.45	乌兰察布
94.55	94.55	29.60	35.70	33.96	93.80	93.80	丰　镇
90.08	90.08	19.85	38.44	34.03	98.74	98.74	乌兰浩特
91.84	91.84	28.25	35.53	32.02	97.14	97.14	阿 尔 山
95.73	95.73	19.38	36.50	32.76	100.00	100.00	二连浩特
87.48	87.48	17.93	36.10	35.35	100.00	100.00	锡林浩特

1-3 续表 2

城市名称 Name of Cities	人口密度（人/平方公里） Population Density (person/square kilometer)	人均日生活用水量（升） Daily Water Consumption Per Capita (liter)	用水普及率（%） Water Coverage Rate (%)	燃气普及率（%） Gas Coverage Rate (%)	建成区供水管道密度（公里/平方公里） Density of Water Supply Pipelines in Built District (kilometer/square kilometer)	人均道路面积（平方米） Road Surface Area Per Capita (m^2)	建成区排水管道密度（公里/平方公里） Density of Sewers in Built District (kilometer/square kilometer)
辽　宁	**1590**	**135.50**	**98.84**	**94.76**	**15.54**	**13.43**	**6.94**
沈　阳	1484	188.06	100.00	100.00	14.54	17.61	8.41
新　民	913	82.47	98.74	98.74	15.99	15.95	5.56
大　连	2820	151.52	100.00	98.53	13.82	13.80	6.94
瓦房店	2405	84.14	100.00	100.00	14.48	9.81	7.21
普兰店	611	126.50	99.38	54.07	10.54	14.43	6.42
庄　河	1422	81.25	99.82	99.38	8.93	14.37	5.58
鞍　山	2534	161.58	100.00	100.00	17.68	10.78	5.50
海　城	3895	124.07	86.40	91.83	16.08	12.80	1.94
抚　顺	2069	83.48	98.62	98.47	16.90	10.72	6.84
本　溪	602	116.69	99.56	98.94	10.41	11.40	3.32
丹　东	3237	111.89	100.00	100.00	14.97	14.43	10.18
东　港	1302	128.56	100.00	83.18	9.33	23.64	3.70
凤　城	602	104.23	87.09	80.69	25.61	5.94	3.75
锦　州	2163	118.80	100.00	99.52	21.35	11.88	6.69
凌　海	974	106.96	100.00	97.60	5.42	13.61	3.17
北　镇	2057	109.03	81.43	71.01	7.05	7.30	4.71
营　口	5149	96.51	100.00	53.92	25.14	7.62	5.03
盖　州	1549	83.55	98.80	91.52	9.04	15.18	5.85
大石桥	2650	44.14	88.05	88.96	28.10	6.01	3.27
阜　新	1741	132.76	98.96	84.62	26.67	12.40	7.80
辽　阳	1075	99.10	100.00	98.62	11.50	17.58	8.66
灯　塔	956	104.47	98.27	98.85	11.69	12.79	6.27
盘　锦	2748	124.36	100.00	100.00	14.43	13.03	8.55
铁　岭	2215	134.04	98.94	97.56	16.46	14.09	6.92
调兵山	8673	176.19	97.31	95.43	25.22	11.25	8.81
开　原	1759	128.29	100.00	100.00	23.85	15.00	9.36
朝　阳	1022	77.46	99.93	99.28	10.20	7.25	11.67
北　票	1000	84.65	93.61	75.41	16.47	13.38	5.78
凌　源	452	88.51	99.62	85.73	19.78	8.19	3.26
葫芦岛	883	132.49	100.00	100.00	13.34	11.44	7.97
兴　城	829	98.63	80.83	42.21	11.17	15.81	5.83
吉　林	**3193**	**122.27**	**93.64**	**92.46**	**8.69**	**14.52**	**7.38**
长　春	7693	144.55	99.64	98.68	5.39	19.03	10.58
榆　树	2725	60.56	80.54	99.66	10.55	13.22	5.99
德　惠	2200	89.92	88.26	50.86	47.50	9.17	4.18
吉　林	2559	124.08	98.55	98.02	6.97	12.50	5.44
蛟　河	5164	84.87	97.89	88.73	3.32	11.10	6.34
桦　甸	844	63.04	96.79	77.41	6.92	11.19	4.63
舒　兰	739	122.54	82.71	90.23	5.44	9.09	1.44
磐　石	5360	104.16	89.55	87.31	5.47	19.48	4.62
四　平	7551	98.58	72.42	93.94	19.83	10.28	3.70

continued 2

污水处理率 (%) Wastewater Treatment Rate (%)	污水处理厂集中处理率 Centralized Treatment Rate of Wastewater Treatment Plants	人均公园绿地面积 (平方米) Public Recreational Green Space Per Capita (m^2)	建成区绿化覆盖率 (%) Green Coverage Rate of Built District (%)	建成区绿地率 (%) Green Space Rate of Built District (%)	生活垃圾处理率 (%) Domestic Garbage Treatment Rate (%)	生活垃圾无害化处理率 Domestic Garbage Harmless Treatment Rate	城市名称 Name of Cities
93.08	**90.50**	**11.52**	**40.26**	**37.58**	**97.84**	**95.23**	**辽　宁**
95.11	95.11	13.06	41.78	38.33	100.00	100.00	沈　阳
83.41	83.41	9.36	19.38	17.54	100.00	100.00	新　民
98.37	89.72	11.11	44.93	43.86	100.00	100.00	大　连
96.05	96.05	13.96	39.53	32.55	100.00	100.00	瓦房店
25.33	25.33	9.09	23.81	20.84	100.00	100.00	普兰店
93.26	93.26	12.74	38.25	34.98	100.00	100.00	庄　河
86.49	86.49	12.19	40.05	39.44	100.00	100.00	鞍　山
96.16	96.16	5.98	33.96	33.00	100.00	100.00	海　城
89.30	89.30	10.56	44.88	37.40	100.00	100.00	抚　顺
97.08	95.12	10.75	48.39	47.59	86.21	86.21	本　溪
82.31	57.62	9.97	37.70	36.43	100.00	100.00	丹　东
64.33	64.33	8.65	25.49	20.51	100.00	100.00	东　港
85.01	85.01	10.42	29.95	24.03	86.49	86.49	凤　城
90.38	82.35	13.45	42.11	40.56	100.00	100.00	锦　州
100.00	60.06	11.35	25.61	19.79	100.00	100.00	凌　海
93.54	93.54	5.11	27.41	29.05	99.91	60.47	北　镇
98.16	98.16	10.86	39.88	36.63	100.00	100.00	营　口
86.84	86.84	8.77	34.19	33.31	98.15	98.15	盖　州
58.53	58.53	6.80	34.24	31.44	100.00	100.00	大石桥
93.08	93.08	12.63	43.30	38.85	100.00	100.00	阜　新
100.00	100.00	10.84	42.06	39.76	100.00	100.00	辽　阳
100.00	100.00	12.84	36.40	33.07	100.00	100.00	灯　塔
100.00	100.00	12.34	40.72	37.78	100.00	100.00	盘　锦
100.00	100.00	11.97	39.40	36.33	100.00	100.00	铁　岭
100.00	100.00	7.89	40.36	37.46	100.00	100.00	调兵山
100.00	100.00	11.30	40.57	35.84	100.00	100.00	开　原
95.22	95.22	10.71	27.09	24.46	100.00	100.00	朝　阳
100.00	100.00	8.63	30.00	28.24			北　票
94.68	94.68	8.19	29.84	29.80	83.97		凌　源
89.39	89.39	14.78	37.25	36.29	100.00	100.00	葫芦岛
70.53	70.53	11.03	48.03	40.37	100.00		兴　城
90.38	**89.71**	**12.51**	**36.06**	**32.66**	**98.33**	**84.69**	**吉　林**
95.11	93.20	14.66	38.76	34.12	99.99	99.99	长　春
99.68	99.68	5.61	28.93	27.93	100.00	100.00	榆　树
58.28	58.28	7.58	19.45	21.31	100.00	100.00	德　惠
94.27	94.27	12.04	43.72	39.52	100.00	76.06	吉　林
77.63	77.63	14.75	26.84	23.28	100.00	100.00	蛟　河
94.12	94.12	16.91	35.13	34.87	100.00	100.00	桦　甸
68.78	68.78	11.65	15.60	14.16	100.00	100.00	舒　兰
86.77	86.77	9.45	27.35	25.87	95.00		磐　石
85.14	85.14	8.35	31.57	31.12	96.00	96.00	四　平

1-3 续表 3

城市名称 Name of Cities	人口密度（人/平方公里） Population Density (person/square kilometer)	人均日生活用水量（升） Daily Water Consumption Per Capita (liter)	用水普及率（%） Water Coverage Rate (%)	燃气普及率（%） Gas Coverage Rate (%)	建成区供水管道密度（公里/平方公里） Density of Water Supply Pipelines in Built District (kilometer/square kilometer)	人均道路面积（平方米） Road Surface Area Per Capita (m^2)	建成区排水管道密度（公里/平方公里） Density of Sewers in Built District (kilometer/square kilometer)
双 辽	908	92.27	82.66	40.22	4.04	6.03	4.80
辽 源	10533	70.96	95.35	92.47	10.97	10.89	4.56
通 化	7220	88.96	93.18	98.40	10.43	8.86	3.10
集 安	1842	84.93	96.74	99.27	16.27	7.42	7.23
白 山	1017	63.92	90.19	85.50	8.05	10.80	3.40
临 江	564	70.30	94.98	94.78	9.95	7.83	9.55
松 原	6074	159.93	95.49	96.97	8.76	18.76	4.75
扶 余	7093	168.60	54.34	0.66	3.86	14.52	6.01
白 城	4197	123.95	98.31	95.31	9.26	11.49	7.71
洮 南	3056	59.43	100.00	36.36	4.78	7.48	6.21
大 安	1318	51.43	73.70	96.52	4.69	14.90	8.25
延 吉	12592	140.48	96.33	99.80	13.31	10.64	8.78
图 们	5547	130.99	48.08	92.55	11.39	8.37	6.38
敦 化	2079	96.03	95.77	99.50	7.48	14.00	7.44
珲 春	1605	239.62	82.02	80.77	7.91	15.20	10.42
龙 井	3295	95.57	99.51	99.22	9.64	9.69	6.96
和 龙	708	220.12	84.71	89.48	28.00	7.83	8.33
公主岭	2023	111.68	94.08	86.11	9.91	16.32	9.03
梅河口	2489	127.46	97.49	99.45	8.97	22.10	4.54
黑龙江	**5504**	**116.34**	**97.20**	**86.61**	**8.10**	**13.14**	**5.84**
哈尔滨	11366	135.01	100.00	100.00	5.33	13.05	7.34
双 城	3267	97.56	100.00	93.49	8.15	13.72	6.86
尚 志	884	165.25	96.06	80.36	10.44	15.31	5.10
五 常	1385	121.88	99.57	93.32	7.66	11.73	4.40
齐齐哈尔	7799	100.14	100.00	98.94	8.32	10.61	6.17
讷 河	4995	82.42	95.40	94.49	9.88	13.93	9.52
鸡 西	8968	100.61	98.52	27.25	9.29	9.05	3.97
虎 林	485	104.73	100.00	90.03	18.53	14.55	5.66
密 山	1016	115.45	99.03	95.14	10.46	21.30	5.54
鹤 岗	6498	84.85	99.15	64.37	11.09	8.28	5.90
双鸭山	4051	100.23	99.16	52.93	7.45	8.92	4.69
大 庆	4667	116.43	93.59	99.97	10.56	23.13	6.24
伊 春	4196	93.15	87.38	80.45	8.27	11.55	3.02
铁 力	5678	199.21	89.88	60.91	14.28	15.95	5.20
佳木斯	6187	112.77	95.78	93.73	6.35	9.71	5.24
同 江	4767	107.88	94.13	24.20	14.17	19.76	11.42
富 锦	6899	76.04	99.19	97.17	5.68	15.38	5.80
七台河	5985	92.53	95.43	70.59	11.05	12.05	2.57
牡丹江	7952	109.04	92.74	91.72	7.28	13.31	5.23
绥芬河	3168	131.97	100.00	100.00	5.79	19.99	4.15
海 林	4140	62.80	99.90	96.22	5.19	27.29	9.15

continued 3

污水处理率 (%) Wastewater Treatment Rate (%)	污水处理厂集中处理率 Centralized Treatment Rate of Wastewater Treatment Plants	人均公园绿地面积 (平方米) Public Recreational Green Space Per Capita (m^2)	建成区绿化覆盖率 (%) Green Coverage Rate of Built District (%)	建成区绿地率 (%) Green Space Rate of Built District (%)	生活垃圾处理率 (%) Domestic Garbage Treatment Rate (%)	生活垃圾无害化处理率 Domestic Garbage Harmless Treatment Rate	城市名称 Name of Cities
100.00	100.00	7.60	16.79	13.78	100.00		双　辽
86.43	86.43	9.25	40.05	39.23	100.00	100.00	辽　源
88.87	88.87	12.94	38.13	35.20	97.69	97.69	通　化
97.72	97.72	10.95	37.59	31.59	100.00	100.00	集　安
83.94	83.94	10.30	27.30	22.40	98.01		白　山
96.65	96.65	21.77	39.91	35.01	100.00		临　江
95.90	95.90	17.80	43.19	38.82	95.75	95.75	松　原
93.83	93.83	5.33	15.91	13.86	79.55	79.55	扶　余
72.03	72.03	12.90	31.35	27.63	96.05	96.05	白　城
88.03	88.03	9.15	30.00	27.30	90.95	90.95	洮　南
96.99	96.99	14.96	23.72	20.20	89.05	89.05	大　安
90.83	90.83	9.71	39.94	36.34	98.57	98.57	延　吉
100.00	100.00	10.94	33.28	28.83	100.00		图　们
88.19	88.19	22.01	46.82	44.42	100.00	100.00	敦　化
60.12	60.12	8.89	40.36	39.80	100.00	100.00	珲　春
93.65	93.65	12.81	39.75	35.17	100.00	100.00	龙　井
96.05	96.05	5.26	20.59	18.15	100.00	100.00	和　龙
70.31	70.31	6.44	19.55	19.09	95.04		公主岭
84.62	84.62	14.57	43.70	42.86	100.00	100.00	梅河口
84.41	**68.73**	**11.98**	**35.82**	**32.68**	**87.61**	**78.24**	**黑龙江**
90.14	90.14	9.53	35.41	32.81	91.62	91.62	哈尔滨
100.00	100.00	12.80	17.23	15.03	100.00		双　城
94.74	94.74	10.94	15.19	15.03	100.00	100.00	尚　志
99.09	99.09	14.21	17.31	15.34	100.00	100.00	五　常
80.56	72.75	10.02	38.61	37.96	68.38	68.38	齐齐哈尔
100.00	100.00	18.22	36.66	35.64	100.00	100.00	讷　河
56.63	56.63	10.80	39.50	34.84	89.14	89.14	鸡　西
100.00	100.00	15.10	39.89	29.59	100.00	100.00	虎　林
100.00	100.00	13.08	24.36	21.54	100.00	25.24	密　山
64.06	64.06	14.92	42.33	38.41	100.00		鹤　岗
84.54	84.54	14.44	43.70	36.84	92.01	92.01	双鸭山
97.59	43.60	14.50	45.64	40.63	100.00	100.00	大　庆
71.44	71.44	23.08	29.75	28.00	43.78	43.78	伊　春
93.25	93.25	15.56	38.85	38.85	90.16	90.16	铁　力
85.11	85.11	14.15	41.62	39.99	100.00	100.00	佳木斯
100.00	100.00	14.42	41.26	36.87	100.00	100.00	同　江
100.00	100.00	7.92	28.69	26.43	100.00	100.00	富　锦
38.65	38.65	12.28	43.90	39.37	98.18	98.18	七台河
77.92	31.03	10.61	20.62	19.14	91.96	91.96	牡丹江
100.00	100.00	14.32	38.47	33.05	100.00	39.45	绥芬河
100.00	100.00	13.99	32.88	26.31	100.00	100.00	海　林

1-3 续表 4

城市名称 Name of Cities	人口密度(人/平方公里) Population Density (person/ square kilometer)	人均日生活用水量(升) Daily Water Consumption Per Capita (liter)	用水普及率(%) Water Coverage Rate (%)	燃气普及率(%) Gas Coverage Rate (%)	建成区供水管道密度(公里/平方公里) Density of Water Supply Pipelines in Built District (kilometer/square kilometer)	人均道路面积(平方米) Road Surface Area Per Capita (m^2)	建成区排水管道密度(公里/平方公里) Density of Sewers in Built District (kilometer/ square kilometer)
宁　安	5556	133.33	100.00	99.33	12.81	13.38	7.32
穆　棱	7567	113.29	100.00	95.82	13.50	13.27	6.34
黑　河	5215	98.53	96.97	90.78	9.22	12.37	5.13
北　安	2361	110.89	99.33	36.95	6.12	21.57	5.33
五大连池	5120	90.01	88.28	20.12	19.01	6.72	13.41
绥　化	3827	195.19	99.77	65.35	11.32	7.15	5.51
安　达	9287	88.57	94.89	90.09	3.84	7.80	7.11
肇　东	6459	86.58	96.19	92.06	4.36	9.63	8.88
海　伦	4729	51.24	85.23	45.22	9.07	6.95	6.06
上　海	**3809**	**190.19**	**100.00**	**100.00**	**36.43**	**4.27**	**16.94**
江　苏	**2034**	**210.66**	**99.83**	**99.56**	**18.76**	**24.42**	**16.72**
南　京	1462	298.40	100.00	99.38	14.73	23.06	11.00
无　锡	1953	216.10	100.00	100.00	17.47	26.74	39.35
江　阴	1865	181.64	100.00	100.00	14.16	26.55	7.76
宜　兴	931	174.66	100.00	100.00	19.49	25.59	25.55
徐　州	3106	112.81	99.79	98.51	9.53	23.94	8.34
新　沂	2898	99.82	91.95	91.89	19.05	19.65	17.92
邳　州	2981	111.40	94.59	96.29	10.58	16.83	12.67
常　州	2399	229.77	100.00	100.00	42.68	24.76	21.98
溧　阳	1896	193.44	100.00	99.53	25.65	20.02	10.74
苏　州	1967	302.79	100.00	100.00	18.37	28.47	19.38
常　熟	1200	203.19	100.00	100.00	17.67	31.38	18.17
张家港	2355	242.62	100.00	100.00	12.80	28.53	14.53
昆　山	2893	308.13	100.00	100.00	13.12	28.56	12.78
太　仓	1685	216.25	100.00	100.00	12.95	33.08	16.58
南　通	4082	174.77	100.00	100.00	16.20	30.05	20.77
启　东	4400	121.67	100.00	100.00	27.22	18.95	17.39
如　皋	3042	182.34	100.00	100.00	25.58	21.08	17.61
海　门	4900	167.16	100.00	100.00	40.86	20.61	16.01
连云港	1463	151.93	100.00	99.82	12.55	22.71	9.21
淮　安	6461	136.37	100.00	99.63	25.89	20.29	13.11
盐　城	2232	138.56	100.00	99.45	21.30	21.30	14.16
东　台	2537	109.08	100.00	100.00	27.30	20.70	12.07
扬　州	2631	234.58	100.00	99.51	24.38	22.27	17.15
仪　征	3106	175.20	100.00	98.62	26.35	18.50	9.47
高　邮	1982	151.61	100.00	99.09	15.12	16.42	9.95
镇　江	1601	181.36	100.00	100.00	18.19	24.55	14.21
丹　阳	2319	159.53	100.00	100.00	12.05	19.46	20.78
扬　中	1751	197.02	100.00	100.00	34.42	18.70	21.53
句　容	1804	185.43	100.00	100.00	17.70	20.19	8.41
泰　州	2277	130.34	100.00	99.79	22.24	26.02	16.60

continued 4

污水处理率 (%) Wastewater Treatment Rate (%)	污水处理厂集中处理率 Centralized Treatment Rate of Wastewater Treatment Plants	人均公园绿地面积 (平方米) Public Recreational Green Space Per Capita (m^2)	建成区绿化覆盖率 (%) Green Coverage Rate of Built District (%)	建成区绿地率 (%) Green Space Rate of Built District (%)	生活垃圾处理率 (%) Domestic Garbage Treatment Rate (%)	生活垃圾无害化处理率 Domestic Garbage Harmless Treatment Rate	城市名称 Name of Cities
100.00	100.00	14.95	37.25	32.81	100.00	100.00	宁安
100.00	100.00	15.49	36.89	27.05	100.00	100.00	穆棱
92.94	92.94	13.36	40.53	35.52	100.00	100.00	黑河
99.03	99.03	13.06	23.88	21.34	36.77	36.77	北安
100.00	100.00	9.38	14.23	12.10	10.81	7.57	五大连池
48.53	48.53	8.71	30.07	24.82	85.24	85.24	绥化
100.00	100.00	3.72	14.25	13.54	100.00	100.00	安达
90.43	90.43	13.22	43.95	39.21	98.40		肇东
83.54	83.54	4.81	20.36	19.32			海伦
92.85	**92.21**	**7.62**	**38.50**	**34.00**	**100.00**	**100.00**	**上海**
93.92	**80.37**	**14.55**	**42.83**	**39.47**	**100.00**	**100.00**	**江苏**
95.67	65.49	15.10	44.47	40.35	100.00	100.00	南京
96.97	92.54	14.91	42.98	39.86	100.00	100.00	无锡
95.99	80.30	14.65	42.68	39.30	100.00	100.00	江阴
87.72	79.75	15.26	43.02	39.98	100.00	100.00	宜兴
93.03	93.03	15.29	43.73	40.93	100.00	100.00	徐州
88.60	88.60	9.46	41.25	40.25	100.00	100.00	新沂
64.92	64.92	13.85	42.47	38.50	100.00	100.00	邳州
95.42	89.96	13.85	43.08	39.08	100.00	100.00	常州
95.29	95.29	12.73	42.66	38.43	100.00	100.00	溧阳
95.96	83.16	15.14	42.37	38.25	100.00	100.00	苏州
94.02	80.25	19.65	45.43	42.26	100.00	100.00	常熟
92.09	90.01	14.48	43.75	39.70	100.00	100.00	张家港
94.44	74.97	14.22	43.86	40.35	100.00	100.00	昆山
93.06	93.06	13.31	42.97	40.42	100.00	100.00	太仓
93.50	90.00	16.98	42.77	39.92	100.00	100.00	南通
90.93	80.88	10.73	41.06	38.34	100.00	100.00	启东
88.39	88.39	13.22	41.23	38.97	100.00	100.00	如皋
92.42	84.58	10.93	40.92	38.85	100.00	100.00	海门
85.99	79.52	14.40	40.14	37.48	100.00	100.00	连云港
92.17	80.66	13.79	41.30	38.35	100.00	100.00	淮安
90.10	85.20	12.41	41.10	38.20	99.98	99.98	盐城
88.54	85.05	13.07	41.40	39.13	100.00	100.00	东台
94.17	89.33	18.35	43.71	41.43	100.00	100.00	扬州
89.40	73.25	9.84	41.20	37.91	100.00	100.00	仪征
84.80	80.67	10.01	41.43	37.29	100.00	100.00	高邮
93.54	84.36	18.90	42.78	40.15	100.00	100.00	镇江
88.15	69.04	9.91	40.81	37.95	100.00	100.00	丹阳
91.19	88.66	10.22	40.38	36.60	100.00	100.00	扬中
85.67	76.12	11.62	41.30	40.00	100.00	100.00	句容
87.70	57.56	10.03	41.43	37.80	100.00	100.00	泰州

1-3 续表 5

城市名称 Name of Cities	人口密度(人/平方公里) Population Density (person/square kilometer)	人均日生活用水量(升) Daily Water Consumption Per Capita (liter)	用水普及率(%) Water Coverage Rate (%)	燃气普及率(%) Gas Coverage Rate (%)	建成区供水管道密度(公里/平方公里) Density of Water Supply Pipelines in Built District (kilometer/square kilometer)	人均道路面积(平方米) Road Surface Area Per Capita (m^2)	建成区排水管道密度(公里/平方公里) Density of Sewers in Built District (kilometer/square kilometer)
兴　化	3375	117.36	100.00	100.00	12.06	22.69	14.69
靖　江	1686	146.25	100.00	100.00	26.95	24.67	19.81
泰　兴	3530	110.43	100.00	100.00	10.03	20.63	14.93
宿　迁	1987	140.16	100.00	100.00	17.11	27.71	17.67
浙　江	**1914**	**196.18**	**99.95**	**99.91**	**21.79**	**18.12**	**14.75**
杭　州	3527	207.89	99.90	100.00	23.87	12.49	10.61
建　德	1575	181.31	100.00	100.00	57.87	10.51	22.94
临　安	1114	161.72	100.00	100.00	89.46	9.75	37.55
宁　波	2444	333.34	100.00	100.00	11.54	16.40	14.85
余　姚	1267	152.68	100.00	100.00	44.28	23.95	16.92
慈　溪	1914	220.42	100.00	100.00	40.43	33.98	28.91
奉　化	1034	160.23	100.00	100.00	37.23	13.65	12.62
温　州	2270	180.23	100.00	100.00	12.24	15.58	13.81
瑞　安	2482	158.15	100.00	100.00	40.07	14.66	16.18
乐　清	1816	142.14	100.00	100.00	30.39	15.56	53.80
嘉　兴	3742	170.81	99.30	99.53	9.08	18.32	7.96
海　宁	1442	144.64	100.00	100.00	13.48	29.56	12.99
平　湖	2197	127.80	100.00	100.00	13.55	18.53	14.22
桐　乡	1337	171.87	100.00	100.00	18.73	20.49	13.76
湖　州	1408	160.45	100.00	100.00	31.19	26.03	19.75
绍　兴	2935	172.79	100.00	99.95	23.72	17.68	14.00
诸　暨	1023	200.48	100.00	100.00	32.91	10.86	9.73
嵊　州	1397	138.25	100.00	100.00	31.34	13.57	4.15
金　华	1720	229.98	100.00	100.00	17.95	26.40	20.86
兰　溪	1259	120.75	100.00	100.00	25.32	14.17	11.23
义　乌	1721	199.44	100.00	100.00	17.68	22.19	16.89
东　阳	1108	118.38	100.00	100.00	25.00	20.35	20.64
永　康	1759	136.48	100.00	100.00	32.41	25.90	18.20
衢　州	1790	268.31	100.00	99.02	17.27	32.07	18.13
江　山	1068	145.08	100.00	93.37	32.34	22.85	20.03
舟　山	997	116.33	100.00	99.90	23.44	20.63	15.59
台　州	1378	206.77	100.00	100.00	25.02	27.76	16.27
温　岭	2371	218.81	100.00	100.00	10.64	23.62	12.53
临　海	867	149.56	100.00	100.00	18.25	20.16	13.26
丽　水	1296	176.98	100.00	100.00	33.90	12.78	15.95
龙　泉	449	133.36	100.00	100.00	23.79	23.45	14.36
安　徽	**2458**	**168.90**	**98.79**	**97.55**	**12.38**	**20.82**	**12.67**
合　肥	3357	216.14	99.20	99.97	10.48	16.78	13.54
巢　湖	7708	191.92	99.11	89.46	10.73	14.32	15.42
芜　湖	1909	146.71	100.00	100.00	9.93	24.87	17.01

continued 5

污水处理率(%) Wastewater Treatment Rate (%)	污水处理厂集中处理率 Centralized Treatment Rate of Wastewater Treatment Plants	人均公园绿地面积(平方米) Public Recreational Green Space Per Capita (m^2)	建成区绿化覆盖率(%) Green Coverage Rate of Built District (%)	建成区绿地率(%) Green Space Rate of Built District (%)	生活垃圾处理率(%) Domestic Garbage Treatment Rate (%)	生活垃圾无害化处理率 Domestic Garbage Harmless Treatment Rate	城市名称 Name of Cities
89.19	77.09	13.33	40.78	37.94	100.00	100.00	兴　化
91.87	65.16	10.87	42.00	38.22	100.00	100.00	靖　江
90.14	82.86	10.49	41.13	37.48	100.00	100.00	泰　兴
93.99	85.16	15.13	42.62	39.61	100.00	100.00	宿　迁
91.95	**88.60**	**13.19**	**40.58**	**36.68**	**100.00**	**99.21**	**浙　江**
95.02	95.02	14.59	40.43	37.44	100.00	100.00	杭　州
88.09	88.09	12.10	36.79	33.43	100.00	100.00	建　德
90.01	90.01	10.09	39.16	37.90	100.00	100.00	临　安
94.12	76.55	11.21	38.31	35.06	100.00	100.00	宁　波
86.79	86.79	10.81	42.99	38.35	100.00	100.00	余　姚
87.00	87.00	13.01	40.00	35.32	100.00	100.00	慈　溪
84.41	84.41	12.59	41.31	37.97	100.00	100.00	奉　化
92.84	92.84	13.39	37.18	32.42	100.00	100.00	温　州
90.50	90.50	13.23	39.91	35.19	100.00	96.99	瑞　安
85.91	77.19	10.16	37.83	32.84	99.93	98.43	乐　清
88.90	88.90	14.05	43.33	40.06	100.00	100.00	嘉　兴
91.51	91.51	16.18	45.80	42.43	100.00	100.00	海　宁
91.14	91.14	13.41	36.71	31.91	100.00	100.00	平　湖
90.04	90.04	14.78	42.50	38.17	100.00	100.00	桐　乡
93.80	93.80	16.58	48.33	44.22	100.00	100.00	湖　州
91.59	91.59	13.49	42.54	36.78	100.00	100.00	绍　兴
89.89	89.89	10.54	36.09	32.11	100.00	100.00	诸　暨
85.60	85.60	10.57	36.06	31.74	100.00	100.00	嵊　州
89.42	89.42	13.03	40.12	37.74	100.00	90.99	金　华
86.48	86.48	9.76	38.17	35.11	100.00	96.97	兰　溪
91.01	91.01	12.56	40.80	35.79	99.99	99.99	义　乌
89.39	89.39	10.77	40.71	35.67	100.00	100.00	东　阳
85.20	85.20	10.37	41.11	36.13	100.00	97.00	永　康
90.26	89.97	14.55	40.69	35.57	100.00	100.00	衢　州
86.90	86.90	12.52	45.63	43.21	100.00	100.00	江　山
87.49	62.01	13.47	38.55	33.93	100.00	97.00	舟　山
92.05	92.05	12.29	42.30	38.81	99.99	96.99	台　州
89.28	89.28	13.36	42.88	37.54	100.00	100.00	温　岭
89.13	89.13	14.85	40.97	40.29	99.93	99.93	临　海
90.29	89.77	11.02	44.84	40.37	100.00	93.98	丽　水
90.59	90.59	13.11	36.66	32.48	100.00	98.48	龙　泉
96.68	**91.80**	**13.37**	**41.16**	**37.16**	**99.55**	**99.55**	**安　徽**
99.65	90.92	13.39	42.93	38.25	99.99	99.99	合　肥
89.03	89.03	11.62	38.75	37.04	100.00	100.00	巢　湖
91.63	91.04	12.34	38.48	35.65	100.00	100.00	芜　湖

1-3 续表 6

城市名称 Name of Cities	人口密度（人/平方公里） Population Density (person/square kilometer)	人均日生活用水量（升） Daily Water Consumption Per Capita (liter)	用水普及率（%） Water Coverage Rate (%)	燃气普及率（%） Gas Coverage Rate (%)	建成区供水管道密度（公里/平方公里） Density of Water Supply Pipelines in Built District (kilometer/square kilometer)	人均道路面积（平方米） Road Surface Area Per Capita (m^2)	建成区排水管道密度（公里/平方公里） Density of Sewers in Built District (kilometer/square kilometer)
蚌　埠	2599	208.94	100.00	100.00	8.75	19.96	8.65
淮　南	2213	139.62	99.46	95.57	16.10	15.00	6.83
马鞍山	4105	188.59	100.00	100.00	21.27	19.19	16.08
淮　北	3883	101.54	99.10	98.52	12.09	14.75	7.30
铜　陵	2632	210.35	100.00	100.00	19.65	11.16	17.30
安　庆	2271	114.95	100.00	98.25	11.40	16.51	12.13
桐　城	1832	121.03	95.41	91.23	8.42	19.35	9.69
黄　山	833	178.67	100.00	100.00	11.80	21.02	7.93
滁　州	1456	135.80	99.90	99.85	8.26	46.40	18.33
天　长	6152	207.74	89.66	83.60	16.17	29.79	14.36
明　光	3995	134.67	92.43	93.87	20.88	27.41	21.27
阜　阳	2290	138.12	93.93	88.20	10.90	23.73	7.50
界　首	2341	134.83	90.63	71.89	9.24	14.60	12.06
宿　州	3572	141.51	98.37	98.79	10.44	26.78	11.19
六　安	3600	129.69	99.48	98.09	5.77	23.44	7.31
亳　州	3693	156.41	98.47	94.08	16.18	46.04	19.20
池　州	1199	147.52	99.11	99.67	11.19	25.35	15.30
宣　城	2695	157.22	98.68	98.42	32.95	29.54	14.58
宁　国	554	135.81	97.86	96.40	9.91	26.55	13.08
福　建	**2704**	**176.93**	**99.55**	**98.56**	**11.31**	**13.80**	**9.44**
福　州	2322	216.49	99.99	99.53	9.85	11.70	8.60
福　清	1507	196.35	99.94	98.94	14.75	12.35	8.28
长　乐	1250	174.90	99.86	99.09	14.99	7.73	12.65
厦　门	9685	166.38	100.00	97.59	12.26	12.49	8.43
莆　田	2570	138.80	99.76	99.52	10.60	13.72	16.52
三　明	1011	205.23	99.87	99.64	13.19	16.07	5.60
永　安	561	246.88	98.34	97.98	16.42	15.62	6.14
泉　州	2410	140.81	99.10	97.44	13.90	15.06	6.74
石　狮	8250	235.89	99.85	99.52	10.20	16.64	11.51
晋　江	5583	150.33	99.34	97.19	15.78	26.01	29.72
南　安	2148	134.39	93.63	98.57	7.69	15.79	11.06
漳　州	5289	179.56	100.00	99.48	7.47	22.29	12.60
龙　海	7367	122.00	99.90	97.69	8.11	13.47	10.21
南　平	1769	178.55	100.00	99.72	12.16	11.00	5.98
邵　武	1207	166.01	100.00	99.56	7.78	14.78	5.72
武夷山	689	230.86	97.31	100.00	13.23	20.06	21.47
建　瓯	3920	144.58	99.56	100.00	6.52	10.73	5.58
龙　岩	2089	162.19	99.16	99.64	6.16	14.14	5.85
漳　平	7517	120.17	96.79	96.06	7.26	11.69	6.33
宁　德	2379	137.76	99.22	99.06	9.97	16.36	7.57
福　安	3690	202.99	99.21	98.49	9.22	8.67	13.15
福　鼎	1326	247.27	99.03	97.08	9.86	11.90	8.16

continued 6

污　水 处理率 (%) Wastewater Treatment Rate (%)	污水处理厂 集中处理率 Centralized Treatment Rate of Wastewater Treatment Plants	人均公园 绿地面积 (平方米) Public Recreational Green Space Per Capita (m^2)	建成区绿 化覆盖率 (%) Green Coverage Rate of Built District (%)	建成区 绿地率 (%) Green Space Rate of Built District (%)	生活垃圾 处 理 率 (%) Domestic Garbage Treatment Rate (%)	生活垃圾 无 害 化 处 理 率 Domestic Garbage Harmless Treatment Rate	城市名称 Name of Cities
99.50	94.28	12.89	38.88	34.19	100.00	100.00	蚌　埠
96.69	87.33	12.29	40.05	36.93	95.30	95.30	淮　南
96.04	92.71	15.26	43.94	41.29	100.00	100.00	马鞍山
97.93	90.17	15.21	44.86	43.56	100.00	100.00	淮　北
92.00	92.00	13.89	45.80	43.56	100.00	100.00	铜　陵
95.16	89.17	13.25	42.99	42.21	98.91	98.91	安　庆
85.49	80.91	13.54	33.91	31.28	100.00	100.00	桐　城
94.29	94.29	14.96	47.17	39.19	100.00	100.00	黄　山
96.64	95.49	13.58	41.77	38.41	100.00	100.00	滁　州
99.37	99.37	14.88	42.68	39.09	99.85	99.85	天　长
98.64	98.64	11.57	29.26	25.06	100.00	100.00	明　光
90.04	90.04	12.31	33.99	29.58	100.00	100.00	阜　阳
93.73	92.29	6.42	37.84	24.00	94.38	94.38	界　首
99.16	92.39	12.89	44.50	40.15	100.00	100.00	宿　州
98.29	90.29	14.82	41.32	37.55	100.00	100.00	六　安
98.12	98.12	14.04	36.51	31.07	99.89	99.89	亳　州
93.26	93.26	17.08	42.43	33.53	100.00	100.00	池　州
93.61	91.83	13.73	41.46	36.70	100.00	100.00	宣　城
94.70	94.70	13.05	41.09	34.89	100.00	100.00	宁　国
89.47	**87.45**	**12.98**	**42.97**	**39.32**	**99.19**	**99.19**	**福　建**
89.98	89.98	13.52	43.41	40.08	100.00	100.00	福　州
83.46	83.46	14.69	46.50	43.63	99.16	99.16	福　清
87.53	74.62	14.97	41.36	39.64	100.00	100.00	长　乐
93.62	93.62	11.46	41.87	37.16	100.00	100.00	厦　门
85.00	85.00	12.68	43.13	38.81	99.15	99.15	莆　田
86.01	62.58	14.56	44.03	40.53	98.52	98.52	三　明
87.59	48.09	12.07	44.42	40.52	98.51	98.51	永　安
90.58	85.99	14.10	43.16	40.27	98.68	98.68	泉　州
87.99	87.99	13.00	44.68	39.13	98.68	98.68	石　狮
87.23	87.23	11.57	43.93	39.83	98.65	98.65	晋　江
86.48	86.48	12.00	41.33	37.79	98.50	98.50	南　安
90.21	90.21	14.53	42.57	39.85	99.69	99.69	漳　州
85.09	85.09	14.88	42.73	39.99	98.45	98.45	龙　海
87.45	87.45	13.19	45.12	40.64	97.01	97.01	南　平
89.81	89.81	15.78	43.94	41.19	97.67	97.67	邵　武
89.07	89.07	13.21	39.37	37.64	98.26	98.26	武夷山
71.61	71.61	11.30	43.21	42.17	100.00	100.00	建　瓯
89.61	89.61	12.39	41.48	38.71	99.58	99.58	龙　岩
87.12	87.12	14.31	43.36	38.32	98.69	98.69	漳　平
87.32	87.32	15.60	40.62	37.74	96.47	96.47	宁　德
83.08	83.08	13.70	43.83	39.75	94.23	94.23	福　安
84.53	84.53	10.38	44.09	39.71	95.39	95.39	福　鼎

1-3 续表 7

城市名称 Name of Cities	人口密度（人/平方公里） Population Density (person/square kilometer)	人均日生活用水量（升） Daily Water Consumption Per Capita (liter)	用水普及率（%） Water Coverage Rate (%)	燃气普及率（%） Gas Coverage Rate (%)	建成区供水管道密度（公里/平方公里） Density of Water Supply Pipelines in Built District (kilometer/square kilometer)	人均道路面积（平方米） Road Surface Area Per Capita (m^2)	建成区排水管道密度（公里/平方公里） Density of Sewers in Built District (kilometer/square kilometer)
江　西	**4822**	**171.28**	**97.55**	**94.83**	**12.06**	**16.60**	**9.25**
南　昌	7536	230.86	98.88	93.23	13.44	12.75	7.50
景德镇	2522	231.69	97.46	97.80	8.85	16.14	9.26
乐　平	3487	96.32	97.61	91.61	8.47	12.57	8.01
萍　乡	5258	120.96	100.00	98.93	10.81	16.13	0.98
九　江	6055	157.59	99.29	99.47	15.64	23.22	10.99
瑞　昌	8352	158.40	100.00	95.18	11.28	22.74	11.32
共青城	4586	130.62	78.50	75.70	13.92	24.51	6.64
新　余	2041	176.21	100.00	99.45	7.10	24.14	10.78
鹰　潭	3503	135.94	95.15	98.32	6.64	13.91	5.15
贵　溪	1437	154.51	99.15	93.19	7.60	16.25	6.20
赣　州	8047	144.99	98.44	98.07	15.56	13.30	9.91
瑞　金	3335	72.97	88.84	67.10	24.50	9.38	5.80
吉　安	1898	124.03	93.72	97.64	13.84	19.11	9.98
井冈山	4955	175.30	85.26	44.22	9.87	26.51	8.52
宜　春	6517	160.51	95.33	95.12	10.35	14.52	9.15
丰　城	5848	138.48	91.81	94.51	10.75	19.86	7.23
樟　树	5684	92.66	91.80	98.63	6.04	20.34	13.92
高　安	4781	134.79	98.51	90.91	8.14	24.96	18.68
抚　州	6648	181.93	99.75	99.45	10.25	20.32	13.64
上　饶	7649	159.08	99.69	96.35	8.87	20.36	13.34
德　兴	3181	156.65	99.55	93.41	30.36	17.32	9.26
山　东	**1452**	**138.47**	**99.95**	**99.37**	**10.61**	**25.82**	**11.32**
济　南	2504	140.96	100.00	100.00	9.45	27.58	6.70
章　丘	737	136.65	100.00	100.00	7.84	22.18	17.73
青　岛	1723	201.24	100.00	100.00	10.85	23.47	12.35
胶　州	832	135.84	100.00	99.98	8.38	22.62	12.59
即　墨	913	114.89	100.00	99.89	11.96	21.89	13.07
平　度	660	123.06	100.00	99.87	9.35	19.90	14.08
莱　西	729	136.24	100.00	99.97	16.00	25.67	21.87
淄　博	2471	126.15	100.00	100.00	9.75	23.40	10.09
枣　庄	2784	131.53	99.42	99.50	11.33	25.50	8.34
滕　州	3408	156.43	100.00	99.89	17.29	22.00	8.97
东　营	617	149.13	100.00	99.96	10.53	34.76	9.45
烟　台	1962	148.51	100.00	100.00	11.42	21.32	11.85
龙　口	2756	82.14	99.97	99.72	7.96	26.53	12.63
莱　阳	1366	89.72	99.83	99.70	8.18	10.45	7.11
莱　州	1018	81.91	100.00	99.73	15.00	20.84	9.96
蓬　莱	1115	112.95	99.26	99.43	13.78	27.09	13.93

continued 7

污水处理率 (%) Wastewater Treatment Rate (%)	污水处理厂集中处理率 Centralized Treatment Rate of Wastewater Treatment Plants	人均公园绿地面积 (平方米) Public Recreational Green Space Per Capita (m^2)	建成区绿化覆盖率 (%) Green Coverage Rate of Built District (%)	建成区绿地率 (%) Green Space Rate of Built District (%)	生活垃圾处理率 (%) Domestic Garbage Treatment Rate (%)	生活垃圾无害化处理率 Domestic Garbage Harmless Treatment Rate	城市名称 Name of Cities
87.74	**86.63**	**13.96**	**44.09**	**41.09**	**99.94**	**94.46**	**江　西**
91.85	91.85	11.80	41.11	38.90	100.00	100.00	南　昌
72.51	72.51	15.18	52.02	49.87	100.00	100.00	景德镇
88.74	88.74	18.01	40.04	37.90	100.00	100.00	乐　平
85.00	85.00	10.66	41.22	39.31	100.00	100.00	萍　乡
99.47	97.67	17.77	50.14	47.84	100.00	100.00	九　江
79.67	79.67	12.66	41.76	37.64	100.00	100.00	瑞　昌
93.06	93.06	22.12	46.71	46.64	100.00	91.78	共青城
100.00	96.81	18.05	50.20	48.54	100.00	100.00	新　余
97.54	97.54	15.86	45.15	40.92	100.00	100.00	鹰　潭
82.02	82.02	14.04	37.14	33.59	100.00	100.00	贵　溪
72.67	63.44	10.37	39.97	34.94	100.00	100.00	赣　州
75.55	75.55	14.88	31.90	29.23	100.00	100.00	瑞　金
91.55	91.55	17.09	45.78	41.27	100.00	100.00	吉　安
92.77	92.77	48.68	50.56	49.10	100.00	100.00	井冈山
94.00	94.00	15.28	44.57	42.11	100.00	100.00	宜　春
82.04	82.04	13.10	45.63	41.64	100.00	100.00	丰　城
67.38	67.38	12.14	44.48	39.92	100.00		樟　树
62.51	62.51	14.81	39.78	39.01	100.00		高　安
92.50	92.50	15.85	46.46	42.65	100.00	100.00	抚　州
80.19	80.19	14.82	46.42	41.80	99.32	99.32	上　饶
70.13	70.13	20.24	50.82	46.93	100.00	100.00	德　兴
95.77	**95.67**	**17.36**	**42.25**	**38.43**	**100.00**	**100.00**	**山　东**
97.23	96.55	10.50	40.00	35.00	100.00	100.00	济　南
92.62	92.62	17.20	42.90	39.00	100.00	100.00	章　丘
95.43	95.43	14.20	39.44	37.30	100.00	100.00	青　岛
96.98	96.98	14.99	44.57	40.80	100.00	100.00	胶　州
97.00	97.00	13.27	44.05	39.90	100.00	100.00	即　墨
96.98	96.98	12.54	41.98	34.10	100.00	100.00	平　度
97.01	97.01	14.26	44.52	39.07	100.00	100.00	莱　西
96.05	96.02	18.36	44.92	39.52	100.00	100.00	淄　博
95.46	95.46	15.07	42.17	38.11	100.00	100.00	枣　庄
96.08	96.08	13.35	34.61	30.83	100.00	100.00	滕　州
95.21	95.21	24.99	44.38	41.72	100.00	100.00	东　营
95.79	95.79	21.11	40.50	39.89	99.99	99.99	烟　台
96.97	96.97	14.97	44.91	39.88	100.00	100.00	龙　口
97.00	97.00	13.06	42.76	36.81	100.00	100.00	莱　阳
96.97	96.97	14.78	42.08	38.56	100.00	100.00	莱　州
92.21	92.21	16.11	43.04	38.73	100.00	100.00	蓬　莱

1-3 续表 8

城市名称 Name of Cities	人口密度(人/平方公里) Population Density (person/square kilometer)	人均日生活用水量(升) Daily Water Consumption Per Capita (liter)	用水普及率(%) Water Coverage Rate (%)	燃气普及率(%) Gas Coverage Rate (%)	建成区供水管道密度(公里/平方公里) Density of Water Supply Pipelines in Built District (kilometer/square kilometer)	人均道路面积(平方米) Road Surface Area Per Capita (m^2)	建成区排水管道密度(公里/平方公里) Density of Sewers in Built District (kilometer/square kilometer)
招　远	1464	102.44	100.00	100.00	14.47	22.51	14.93
栖　霞	5531	107.99	98.76	100.00	6.88	8.42	10.55
海　阳	985	115.13	99.65	99.61	10.78	17.60	9.98
潍　坊	1082	125.31	100.00	100.00	12.49	28.55	12.40
青　州	1095	102.25	100.00	100.00	13.85	31.22	15.76
诸　城	939	105.46	100.00	100.00	7.06	33.18	12.03
寿　光	1043	120.95	100.00	100.00	9.52	32.60	21.06
安　丘	940	105.79	100.00	100.00	6.06	25.07	11.79
高　密	1456	133.92	100.00	100.00	4.73	29.29	9.79
昌　邑	1283	215.05	100.00	100.00	4.50	21.99	7.70
济　宁	1583	133.27	100.00	97.47	5.27	31.85	9.18
曲　阜	3242	117.40	100.00	96.96	12.10	24.55	8.91
邹　城	3187	112.68	100.00	93.04	7.81	20.35	6.98
泰　安	1658	167.65	100.00	100.00	11.77	25.85	6.87
新　泰	1041	108.39	100.00	100.00	12.06	25.68	7.79
肥　城	1940	103.82	100.00	100.00	4.68	25.83	7.03
威　海	1473	137.33	100.00	100.00	17.73	33.41	19.17
荣　成	771	110.57	100.00	100.00	17.01	31.79	19.40
乳　山	1345	105.04	100.00	100.00	16.94	32.60	20.19
日　照	1674	130.11	100.00	99.41	16.48	30.41	14.63
莱　芜	1003	101.68	100.00	99.85	8.21	29.08	9.04
临　沂	1633	177.62	100.00	95.28	9.62	23.01	14.12
德　州	1448	103.36	100.00	99.71	13.28	32.95	7.92
乐　陵	2535	109.76	99.96	99.21	2.93	27.89	6.85
禹　城	3032	120.62	98.41	97.86	4.99	23.58	6.59
聊　城	2088	123.08	99.99	99.74	11.53	27.28	13.91
临　清	1196	142.63	99.20	99.20	9.86	30.67	12.33
滨　州	1110	105.17	100.00	100.00	11.10	21.99	12.73
菏　泽	1762	138.37	100.00	99.11	2.94	22.27	8.74
河　南	**5155**	**111.07**	**93.10**	**86.02**	**8.52**	**12.06**	**8.18**
郑　州	15055	97.14	100.00	92.06	6.85	7.14	8.71
巩　义	9019	82.35	95.23	89.84	5.73	10.01	6.77
荥　阳	6162	125.00	92.96	93.85	9.68	21.49	12.27
新　密	2021	160.19	91.84	93.49	10.12	17.50	5.04
新　郑	7044	122.07	71.61	97.68	10.56	16.78	7.19
登　封	3574	80.37	86.72	49.98	5.94	17.01	9.40
开　封	5601	112.49	91.14	96.64	10.56	14.96	7.46
洛　阳	7278	116.99	97.49	76.41	8.05	9.82	7.82
偃　师	8800	102.60	94.59	80.14	10.83	7.86	5.35
平顶山	3620	108.48	97.54	90.31	16.58	13.06	7.01
舞　钢	1804	112.15	97.56	74.98	8.60	19.67	12.13

continued 8

污水处理率 (%) Wastewater Treatment Rate (%)	污水处理厂集中处理率 Centralized Treatment Rate of Wastewater Treatment Plants	人均公园绿地面积 (平方米) Public Recreational Green Space Per Capita (m^2)	建成区绿化覆盖率 (%) Green Coverage Rate of Built District (%)	建成区绿地率 (%) Green Space Rate of Built District (%)	生活垃圾处理率 (%) Domestic Garbage Treatment Rate (%)	生活垃圾无害化处理率 Domestic Garbage Harmless Treatment Rate	城市名称 Name of Cities
94.14	94.14	17.57	42.33	38.56	100.00	100.00	招远
97.05	97.05	12.15	35.61	33.33	100.00	100.00	栖霞
95.38	95.38	14.83	42.04	40.54	100.00	100.00	海阳
93.97	93.97	17.97	40.83	39.87	100.00	100.00	潍坊
96.99	96.99	25.72	44.90	43.20	100.00	100.00	青州
97.00	97.00	23.14	44.00	38.19	100.00	100.00	诸城
97.00	97.00	23.46	44.91	39.90	100.00	100.00	寿光
97.03	97.03	25.07	40.13	35.10	100.00	100.00	安丘
97.00	97.00	22.65	39.20	35.64	100.00	100.00	高密
96.99	96.99	20.79	44.92	42.19	100.00	100.00	昌邑
94.90	94.90	14.27	41.30	36.50	100.00	100.00	济宁
96.02	96.02	14.67	39.74	34.41	100.00	100.00	曲阜
97.00	97.00	14.05	36.64	35.29	100.00	100.00	邹城
96.26	96.26	20.20	45.01	38.29	100.00	100.00	泰安
96.78	96.78	19.97	44.98	44.37	100.00	100.00	新泰
92.22	92.22	19.36	41.10	37.94	100.00	100.00	肥城
95.58	95.58	26.08	46.00	44.03	100.00	100.00	威海
97.00	97.00	25.60	46.49	44.41	100.00	100.00	荣成
96.99	96.99	18.92	45.74	41.57	100.00	100.00	乳山
94.45	94.21	23.15	44.94	42.41	100.00	100.00	日照
93.68	93.68	22.68	44.93	40.80	100.00	100.00	莱芜
94.86	94.48	19.07	41.30	36.42	100.00	100.00	临沂
96.45	96.45	24.90	44.87	38.00	100.00	100.00	德州
87.91	87.91	13.88	44.59	34.71	100.00	100.00	乐陵
96.96	96.96	25.73	38.81	31.19	100.00	100.00	禹城
95.16	95.16	12.63	44.60	38.13	100.00	100.00	聊城
94.65	94.65	13.60	42.92	35.09	100.00	100.00	临清
94.05	94.05	18.87	44.68	39.03	100.00	100.00	滨州
96.01	96.01	12.57	41.87	38.60	100.00	100.00	菏泽
93.57	**93.11**	**10.16**	**37.69**	**33.29**	**95.99**	**95.99**	**河南**
96.04	96.04	7.14	40.34	35.32	100.00	100.00	郑州
84.56	84.56	14.72	41.40	37.54	100.00	100.00	巩义
85.87	85.87	11.01	37.61	29.45	100.00	100.00	荥阳
87.87	87.87	12.90	33.36	27.06	99.90	99.90	新密
90.03	90.03	11.63	36.36	31.40	100.00	100.00	新郑
90.92	90.92	11.03	38.69	34.63	90.41	90.41	登封
94.11	94.11	9.08	32.41	29.83	100.00	100.00	开封
93.75	93.75	9.23	39.29	33.27	92.35	92.35	洛阳
92.56	92.56	8.71	36.68	33.78	100.00	100.00	偃师
94.91	94.91	10.39	40.68	34.23	92.87	92.87	平顶山
91.83	50.17	12.21	40.57	36.47	100.00	100.00	舞钢

1-3 续表 9

城市名称 Name of Cities	人口密度(人/平方公里) Population Density (person/square kilometer)	人均日生活用水量(升) Daily Water Consumption Per Capita (liter)	用水普及率(%) Water Coverage Rate (%)	燃气普及率(%) Gas Coverage Rate (%)	建成区供水管道密度(公里/平方公里) Density of Water Supply Pipelines in Built District (kilometer/square kilometer)	人均道路面积(平方米) Road Surface Area Per Capita (m^2)	建成区排水管道密度(公里/平方公里) Density of Sewers in Built District (kilometer/square kilometer)
汝　州	2377	82.90	41.54	43.14	7.72	12.38	7.83
安　阳	4735	160.62	100.00	98.27	9.75	14.08	10.93
林　州	5292	108.83	97.51	99.35	10.96	14.23	9.91
鹤　壁	3602	112.02	96.53	94.30	8.24	16.07	6.62
新　乡	5473	127.82	99.06	98.54	7.08	14.49	7.39
卫　辉	3249	158.38	99.86	70.25	8.04	11.45	6.23
辉　县	1873	139.15	92.85	91.25	18.76	13.07	11.53
焦　作	5564	117.11	99.83	95.12	9.44	16.02	8.20
沁　阳	4232	65.02	93.26	91.52	8.57	26.31	12.47
孟　州	1345	85.11	98.36	91.80	13.82	19.38	15.67
濮　阳	3384	139.98	94.30	96.23	5.06	13.91	8.14
许　昌	5196	121.56	97.24	88.69	6.69	12.46	5.90
禹　州	8228	113.22	84.98	66.86	4.45	9.46	7.60
长　葛	2547	88.39	87.32	83.16	3.26	19.77	9.56
漯　河	5283	144.30	90.94	77.71	7.16	15.01	7.55
三门峡	7134	122.35	90.38	77.02	6.07	9.34	5.54
义　马	1580	70.52	89.77	89.83	4.81	16.29	3.64
灵　宝	6397	95.29	96.87	85.77	5.50	11.32	6.29
南　阳	2506	93.97	76.10	72.34	9.57	13.63	9.47
邓　州	9125	67.64	81.07	77.26	17.23	12.88	10.88
商　丘	9364	104.22	67.08	79.91	8.98	9.79	6.68
永　城	5044	133.54	91.12	79.29	7.73	15.47	10.29
信　阳	2065	143.82	98.00	90.86	14.70	16.62	3.92
周　口	3808	138.07	100.00	93.49	5.25	21.53	9.26
项　城	5025	99.23	100.00	62.95	8.42	11.71	11.20
驻马店	2539	114.67	87.18	74.41	6.73	23.81	9.72
济　源	6108	134.04	99.93	100.00	8.96	18.39	9.60
湖　北	**2430**	**205.32**	**98.83**	**94.49**	**13.92**	**16.15**	**10.49**
武　汉	4413	305.87	100.00	98.95	22.10	14.82	16.25
黄　石	3698	157.77	100.00	98.77	11.39	18.33	15.25
大　冶	1060	107.33	99.22	95.98	7.86	16.67	6.84
十　堰	1376	185.15	97.04	92.16	7.10	11.36	12.02
丹江口	687	102.08	95.96	76.47	12.70	12.23	7.18
宜　昌	1709	161.00	100.00	93.00	8.66	21.67	6.46
宜　都	771	110.35	100.00	98.36	14.35	24.86	6.16
当　阳	831	95.54	98.03	94.98	22.66	17.96	8.36
枝　江	2100	110.50	96.19	90.48	7.50	14.19	8.23
襄　阳	3099	178.66	100.00	99.49	6.66	18.08	7.08
老河口	1231	115.36	98.98	93.75	8.23	18.28	10.03
枣　阳	1235	140.37	93.40	93.40	5.94	21.89	9.29
宜　城	6829	142.55	95.19	93.88	5.64	19.52	7.75

continued 9

污水处理率 (%) Wastewater Treatment Rate (%)	污水处理厂集中处理率 Centralized Treatment Rate of Wastewater Treatment Plants	人均公园绿地面积 (平方米) Public Recreational Green Space Per Capita (m^2)	建成区绿化覆盖率 (%) Green Coverage Rate of Built District (%)	建成区绿地率 (%) Green Space Rate of Built District (%)	生活垃圾处理率 (%) Domestic Garbage Treatment Rate (%)	生活垃圾无害化处理率 Domestic Garbage Harmless Treatment Rate	城市名称 Name of Cities
99.17	99.17	14.76	36.28	31.33	92.63	92.63	汝州
97.72	97.72	10.56	40.06	34.43	100.00	100.00	安阳
90.53	90.53	10.40	38.69	34.62	100.00	100.00	林州
92.87	92.87	14.64	39.63	35.39	92.86	92.86	鹤壁
90.00	90.00	10.50	40.00	37.10	100.00	100.00	新乡
100.00	100.00	7.68	35.34	29.37	100.00	100.00	卫辉
90.00	90.00	7.13	35.39	31.18	100.00	100.00	辉县
90.24	90.24	11.07	40.00	34.72	97.53	97.53	焦作
56.13	56.13	8.20	24.69	16.79	94.14	94.14	沁阳
84.71	84.71	10.85	38.40	33.64	92.15	92.15	孟州
92.70	92.70	14.29	38.05	33.22	99.09	99.09	濮阳
97.00	97.00	10.52	38.36	33.77	96.53	96.53	许昌
99.53	99.53	7.56	30.25	25.40	66.32	66.32	禹州
99.22	99.22	14.71	34.39	27.48	91.74	91.74	长葛
96.25	96.25	14.62	36.30	29.71	97.73	97.73	漯河
73.52	73.52	11.34	29.93	27.64	90.23	90.23	三门峡
76.93	76.93	11.13	33.01	27.35	75.35	75.35	义马
91.75	91.75	10.57	36.08	31.04	98.27	98.27	灵宝
97.73	92.74	16.66	25.59	28.44	85.24	85.24	南阳
91.50	91.50	7.80	36.06	35.41	91.58	91.58	邓州
91.40	91.40	6.93	41.75	36.83	90.49	90.49	商丘
95.18	95.18	12.63	39.90	35.46	93.68	93.68	永城
90.00	90.00	14.14	42.46	36.99	97.01	97.01	信阳
93.06	93.06	11.33	39.35	32.76	98.05	98.05	周口
88.38	88.38	11.32	39.46	36.43	100.00	100.00	项城
92.50	92.50	11.07	40.40	34.46	92.52	92.52	驻马店
96.80	96.80	12.27	41.99	39.31	100.00	100.00	济源
93.41	**90.12**	**11.01**	**37.47**	**32.83**	**98.33**	**91.52**	**湖北**
97.15	95.00	11.12	39.65	34.19	100.00	100.00	武汉
93.10	90.90	11.20	38.41	36.19	100.00	100.00	黄石
93.32	93.32	8.35	29.72	26.95			大冶
86.41	86.41	8.94	33.83	32.06	100.00	100.00	十堰
100.00	100.00	10.60	39.91	36.52	100.00		丹江口
91.99	91.99	14.29	41.38	36.80	96.34	96.34	宜昌
96.71	88.50	13.10	42.90	36.21	98.02	98.02	宜都
86.59	86.59	9.32	36.12	31.04	100.00	100.00	当阳
91.31	91.31	9.81	41.18	33.45	80.58	80.58	枝江
92.00	89.33	12.65	38.03	33.29	99.56	99.56	襄阳
91.98	91.98	9.18	39.26	34.59	93.19	93.19	老河口
92.84	92.84	14.49	37.21	31.17	100.00		枣阳
92.71	92.71	11.77	36.18	31.85	100.00	100.00	宜城

1-3 续表 10

城市名称 Name of Cities	人口密度（人/平方公里）Population Density (person/square kilometer)	人均日生活用水量（升）Daily Water Consumption Per Capita (liter)	用水普及率（%）Water Coverage Rate (%)	燃气普及率（%）Gas Coverage Rate (%)	建成区供水管道密度（公里/平方公里）Density of Water Supply Pipelines in Built District (kilometer/square kilometer)	人均道路面积（平方米）Road Surface Area Per Capita (m^2)	建成区排水管道密度（公里/平方公里）Density of Sewers in Built District (kilometer/square kilometer)
鄂　州	1740	218.54	100.00	95.45	16.46	11.88	10.01
荆　门	1995	146.27	100.00	100.00	9.66	19.45	14.05
钟　祥	1517	182.35	100.00	100.00	9.79	20.43	8.26
孝　感	5553	184.18	100.00	96.61	9.52	23.10	13.73
应　城	963	219.79	96.95	84.12	10.39	14.07	6.82
安　陆	2171	158.08	100.00	70.51	2.14	23.51	8.10
汉　川	4473	122.53	93.55	39.11	9.88	9.29	8.85
荆　州	9389	190.70	99.81	99.87	21.02	13.11	6.96
石　首	6498	127.54	99.93	95.98	6.72	16.43	7.28
洪　湖	7345	91.12	93.37	96.39	19.07	8.03	7.53
松　滋	1315	146.74	97.94	95.88	18.84	13.85	15.10
黄　冈	5996	202.57	100.00	99.97	7.90	31.15	7.36
麻　城	946	154.43	98.99	97.22	11.51	28.56	7.13
武　穴	9700	176.85	99.66	79.04	11.77	20.17	3.70
咸　宁	2493	119.18	97.25	94.63	4.92	13.48	4.06
赤　壁	4859	161.36	98.47	90.31	12.12	16.64	12.04
随　州	1843	110.72	94.25	91.33	12.49	9.89	5.30
广　水	4406	120.58	96.29	55.62	11.16	11.53	4.59
恩　施	4942	197.12	99.18	81.71	10.96	8.87	5.81
利　川	1677	80.10	83.90	94.17	17.81	8.49	4.37
仙　桃	1667	209.68	100.00	100.00	14.11	20.40	10.74
潜　江	1333	153.20	100.00	99.93	16.64	16.08	8.46
天　门	928	89.30	100.00	100.00	28.89	17.45	9.14
湖　南	**3261**	**207.79**	**97.30**	**92.28**	**13.60**	**14.27**	**8.39**
长　沙	2831	329.03	99.21	95.39	11.07	12.36	6.96
浏　阳	11567	121.34	96.77	97.23	11.57	8.38	3.39
株　洲	1287	257.32	100.00	98.82	18.07	19.72	10.69
醴　陵	2209	123.48	98.76	74.19	23.11	11.41	9.64
湘　潭	4851	203.78	98.50	95.81	15.74	18.36	13.36
湘　乡	9038	105.47	100.00	90.94	29.91	12.33	13.06
韶　山	1516	104.75	100.00	82.47	18.00	18.66	25.11
衡　阳	8360	139.68	99.25	99.25	10.54	9.95	7.69
耒　阳	10413	85.60	87.81	75.03	4.87	14.29	6.23
常　宁	6120	105.21	95.74	75.74	14.11	21.79	11.02
邵　阳	9112	213.74	95.11	97.75	12.62	17.27	8.36
武　冈	6268	102.80	83.77	65.70	22.28	12.09	12.59
岳　阳	4581	185.00	100.00	100.00	9.86	13.62	13.70
汨　罗	7525	112.97	97.96	96.05	12.14	19.01	8.31
临　湘	7072	92.21	98.98	96.72	10.34	11.03	13.47
常　德	2366	161.83	91.60	93.48	14.75	17.37	5.97
津　市	1524	157.88	92.44	100.00	19.70	12.61	9.78

continued 10

污水处理率 (%) Wastewater Treatment Rate (%)	污水处理厂集中处理率 Centralized Treatment Rate of Wastewater Treatment Plants	人均公园绿地面积 (平方米) Public Recreational Green Space Per Capita (m^2)	建成区绿化覆盖率 (%) Green Coverage Rate of Built District (%)	建成区绿地率 (%) Green Space Rate of Built District (%)	生活垃圾处理率 (%) Domestic Garbage Treatment Rate (%)	生活垃圾无害化处理率 Domestic Garbage Harmless Treatment Rate	城市名称 Name of Cities
89.12	82.05	14.91	32.37	27.61	100.00	100.00	鄂州
86.42	86.42	11.62	39.66	33.80	100.00	100.00	荆门
80.43	80.43	10.88	34.45	31.45	100.00		钟祥
95.90	95.90	9.03	36.08	31.20	100.00	100.00	孝感
90.54	90.54	12.26	39.28	34.41	100.00	100.00	应城
96.24	96.24	8.51	39.79	32.03	91.67	91.67	安陆
85.53	85.53	6.49	37.30	38.17	92.47	92.47	汉川
91.06	91.06	10.11	36.21	32.38	100.00	100.00	荆州
91.73	91.73	9.21	36.43	31.66	100.00		石首
84.08	84.08	12.47	42.00	34.17	100.00		洪湖
94.02	80.61	11.78	40.16	35.07	100.00		松滋
100.00	90.07	14.15	33.55	31.48	100.00	100.00	黄冈
90.49	44.04	11.70	36.63	33.02	98.03	98.03	麻城
94.25	50.34	11.17	21.57	19.43	100.00	100.00	武穴
86.75	86.75	13.00	38.94	33.47	100.00	100.00	咸宁
94.02	94.02	9.97	38.44	34.19	100.00	100.00	赤壁
94.28	63.53	9.18	37.28	28.96	99.86	99.86	随州
85.00	85.00	10.74	17.12	15.49	100.00	100.00	广水
93.95	87.75	9.88	37.56	32.72	100.00	100.00	恩施
72.27	58.04	7.35	22.79	20.37	100.00	100.00	利川
90.01	90.01	9.29	36.61	31.71	100.00	100.00	仙桃
89.02	89.02	9.43	37.87	33.18	100.00	100.00	潜江
93.04	93.04	8.74	37.60	32.95	100.00	100.00	天门
92.74	**86.22**	**9.99**	**39.69**	**35.67**	**99.80**	**99.80**	**湖南**
97.72	97.72	10.42	39.31	33.90	100.00	100.00	长沙
92.01	92.01	5.10	34.70	31.27	100.00	100.00	浏阳
95.36	95.36	11.60	41.36	39.23	99.97	99.97	株洲
91.32	65.29	9.44	36.23	33.81	100.00	100.00	醴陵
93.14	70.93	9.14	41.32	37.55	100.00	100.00	湘潭
92.13	92.13	8.42	36.18	31.91	100.00	100.00	湘乡
91.94	91.94	18.69	45.11	40.45	100.00	100.00	韶山
84.00	84.00	9.53	40.41	37.04	100.00	100.00	衡阳
81.28	66.35	6.50	39.02	32.98	100.00	100.00	耒阳
90.03	90.03	7.18	35.10	28.94	100.00	100.00	常宁
87.55	87.55	10.97	39.20	32.55	97.99	97.99	邵阳
89.59	89.59	7.82	35.30	30.45	100.00	100.00	武冈
92.49	68.44	9.72	40.90	38.94	100.00	100.00	岳阳
88.05	88.05	7.93	36.69	33.76	94.41	94.41	汨罗
99.02	99.02	6.79	36.26	34.97	100.00	100.00	临湘
91.71	89.61	14.49	43.77	39.42	100.00	100.00	常德
90.13	90.13	9.98	41.66	37.61	100.00	100.00	津市

1-3 续表 11

城市名称 Name of Cities	人口密度 (人/平方公里) Population Density (person/ square kilometer)	人均日生活用水量 (升) Daily Water Consumption Per Capita (liter)	用水普及率 (%) Water Coverage Rate (%)	燃气普及率 (%) Gas Coverage Rate (%)	建成区供水管道密度 (公里/平方公里) Density of Water Supply Pipelines in Built District (kilometer/square kilometer)	人均道路面积 (平方米) Road Surface Area Per Capita (m^2)	建成区排水管道密度 (公里/平方公里) Density of Sewers in Built District (kilometer/ square kilometer)
张家界	1632	202.09	97.58	88.28	13.80	19.98	7.07
益阳	5632	190.97	99.36	89.14	6.28	13.40	4.84
沅江	9835	75.33	99.44	72.63	8.00	8.38	8.50
郴州	1081	175.93	100.00	95.01	17.08	14.51	4.85
资兴	5562	67.29	91.24	65.69	18.06	13.96	6.70
永州	5372	194.81	98.81	90.60	15.30	20.38	8.71
怀化	8752	161.79	93.49	75.92	16.32	8.28	5.41
洪江	4147	129.05	95.08	81.97	8.77	18.25	9.09
娄底	7814	208.51	99.40	96.54	8.30	10.15	10.05
冷水江	3707	179.91	95.00	91.83	24.24	12.15	7.41
涟源	6920	113.04	91.91	98.27	19.00	8.98	7.00
吉首	5735	234.43	92.12	87.62	21.98	25.44	10.60
广东	**3060**	**248.95**	**98.46**	**97.60**	**17.74**	**13.60**	**9.51**
广州	5940	318.71	100.00	99.75	17.71	9.01	8.25
韶关	454	263.60	97.83	85.48	18.44	11.84	5.53
乐昌	3089	159.22	98.81	91.99	10.71	6.64	0.52
南雄	4000	151.50	98.84	83.51	6.85	9.24	4.88
深圳	5697	235.97	100.00	99.99	18.36	10.40	14.51
珠海	2472	262.94	99.96	99.20	25.72	33.10	12.09
汕头	4168	178.09	100.00	99.35	10.63	9.90	6.68
佛山	2469	407.59	99.99	97.99	31.58	14.10	16.94
江门	2032	243.20	99.40	98.06	14.01	16.85	6.74
台山	5667	335.75	93.48	93.48	23.30	16.73	9.04
开平	1488	157.34	93.59	86.42	24.47	10.86	1.21
鹤山	1889	294.28	100.00	94.99	17.39	27.53	11.72
恩平	1870	200.04	95.69	95.69	35.47	14.70	5.06
湛江	7718	213.56	98.58	98.23	13.00	14.38	5.90
廉江	6686	168.13	71.69	74.46	27.78	6.94	4.41
雷州	6997	167.14	54.98	59.64	11.82	5.72	4.05
吴川	5301	202.47	94.58	75.66	38.76	11.82	5.80
茂名	4263	229.83	100.00	100.00	12.94	10.38	3.19
高州	2268	109.44	100.00	100.00	7.74	6.98	5.01
化州	4880	117.84	100.00	100.00	6.57	3.69	2.52
信宜	4705	104.44	100.00	100.00	9.04	4.64	4.76
肇庆	1507	258.34	98.44	99.64	20.27	20.24	7.73
四会	4500	290.62	99.47	99.78	5.55	18.24	9.68
惠州	1372	220.11	97.08	96.40	9.48	18.36	9.71
梅州	1191	250.51	89.29	96.83	14.14	16.52	9.79
兴宁	2126	231.99	97.20	99.07	10.36	13.98	52.83
汕尾	825	197.29	97.69	97.69	28.53	11.17	14.51
陆丰	3996	152.64	89.54	77.21	58.75	9.81	8.28

continued 11

污水处理率(%) Wastewater Treatment Rate (%)	污水处理厂集中处理率 Centralized Treatment Rate of Wastewater Treatment Plants	人均公园绿地面积(平方米) Public Recreational Green Space Per Capita (m^2)	建成区绿化覆盖率(%) Green Coverage Rate of Built District (%)	建成区绿地率(%) Green Space Rate of Built District (%)	生活垃圾处理率(%) Domestic Garbage Treatment Rate (%)	生活垃圾无害化处理率 Domestic Garbage Harmless Treatment Rate	城市名称 Name of Cities
84.32	84.32	10.73	39.47	34.55	100.00	100.00	张家界
92.35	92.35	9.00	40.02	38.86	100.00	100.00	益　阳
92.04	86.73	7.51	39.56	29.41	100.00	100.00	沅　江
93.00	93.00	11.80	44.78	40.99	100.00	100.00	郴　州
81.75	81.75	11.02	43.34	41.03	100.00	100.00	资　兴
90.68	90.68	11.97	41.09	36.92	100.00	100.00	永　州
89.81	88.27	7.86	37.69	32.16	100.00	100.00	怀　化
91.11	91.11	13.28	37.51	32.22	100.00	100.00	洪　江
88.52	88.52	9.43	40.01	34.95	100.00	100.00	娄　底
88.02	18.47	12.42	38.70	37.04	96.63	96.63	冷水江
91.19	91.19	8.38	36.01	30.71	98.71	98.71	涟　源
90.00	90.00	6.67	18.78	18.23	100.00	100.00	吉　首
93.65	**93.25**	**17.40**	**41.43**	**37.32**	**97.63**	**91.56**	**广　东**
93.22	93.22	21.82	41.60	36.06	95.24	95.24	广　州
86.17	86.17	12.50	45.92	42.90	100.00	100.00	韶　关
100.00	100.00	11.66	28.99	27.43	100.00	100.00	乐　昌
61.31	61.31	12.26	34.56	32.14	98.80		南　雄
96.63	96.63	16.91	45.10	39.21	100.00	100.00	深　圳
95.70	95.70	19.50	58.11	54.50	100.00	100.00	珠　海
90.16	90.16	15.01	43.73	40.66	92.60	92.60	汕　头
94.42	94.42	14.69	40.42	37.84	100.00	100.00	佛　山
91.62	91.62	17.75	43.71	41.75	99.98	99.98	江　门
92.04	92.04	19.22	34.88	31.14	100.00	100.00	台　山
86.66	86.66	16.99	44.77	39.92	100.00	100.00	开　平
90.03	90.03	11.62	29.11	27.62	100.00	100.00	鹤　山
90.05	71.96	17.56	40.50	35.20	100.00	100.00	恩　平
88.53	88.53	13.94	41.82	37.84	100.00	100.00	湛　江
75.18	75.18	21.67	22.14	21.96	85.59		廉　江
90.40	90.40	6.22	22.96	22.54	100.00		雷　州
75.24	75.24	13.34	24.75	23.28	100.00	100.00	吴　川
88.40	88.40	13.74	32.81	31.22	100.00	100.00	茂　名
93.03	93.03	11.04	36.61	30.95	100.00	100.00	高　州
77.27	77.27	3.38	25.77	22.35	100.00	100.00	化　州
91.35	91.35	9.41	39.64	33.27	100.00	100.00	信　宜
85.10	82.57	20.73	35.80	31.01	100.00	100.00	肇　庆
74.37	74.37	8.90	40.03	37.64	100.00	100.00	四　会
97.64	93.35	17.75	38.93	34.99	100.00	100.00	惠　州
88.56	88.56	16.70	42.93	37.07	100.00	100.00	梅　州
88.70	88.70	23.72	35.42	38.03	100.00	100.00	兴　宁
89.10	89.10	13.48	41.33	39.43	100.00	100.00	汕　尾
70.21	70.21	7.64	30.70	29.72			陆　丰

1-3 续表 12

城市名称 Name of Cities	人口密度(人/平方公里) Population Density (person/square kilometer)	人均日生活用水量(升) Daily Water Consumption Per Capita (liter)	用水普及率(%) Water Coverage Rate (%)	燃气普及率(%) Gas Coverage Rate (%)	建成区供水管道密度(公里/平方公里) Density of Water Supply Pipelines in Built District (kilometer/square kilometer)	人均道路面积(平方米) Road Surface Area Per Capita (m^2)	建成区排水管道密度(公里/平方公里) Density of Sewers in Built District (kilometer/ square kilometer)
河　源	8950	291.42	100.00	100.00	27.10	13.88	11.17
阳　江	1180	140.00	99.79	94.25	15.59	20.19	11.41
阳　春	639	162.74	94.79	95.55	31.11	13.59	4.00
清　远	1940	284.86	82.22	82.73	38.11	15.27	16.14
英　德	1517	92.79	96.91	80.59	8.78	14.20	9.28
连　州	1336	156.04	98.69	93.55	9.16	38.67	8.60
东　莞	2417	230.69	100.00	98.72	18.91	23.91	9.97
中　山	2809	146.63	99.50	99.01	11.97	15.08	7.82
潮　州	3503	131.91	92.89	92.44	10.73	8.77	5.66
揭　阳	2095	150.53	87.62	86.99	7.72	13.95	0.76
普　宁	4964	150.48	95.07	97.00	5.38	15.55	5.72
云　浮	3118	164.84	95.92	89.55	55.77	9.24	4.96
罗　定	4744	99.78	96.24	89.88	27.10	5.29	5.71
广　西	**1823**	**255.65**	**97.50**	**94.46**	**13.30**	**16.28**	**8.30**
南　宁	3411	345.60	96.47	100.00	11.87	14.31	5.16
柳　州	3517	209.83	98.17	94.88	14.13	12.02	7.15
桂　林	1535	282.29	97.14	99.99	20.42	13.45	7.35
梧　州	1253	203.41	96.32	95.30	8.69	14.04	6.00
岑　溪	5827	149.29	97.65	96.45	8.18	22.03	7.56
北　海	458	290.34	99.70	99.70	17.22	20.70	11.20
防城港	776	273.13	100.00	97.89	12.31	35.87	12.98
东　兴	706	238.48	99.89	83.60	15.35	27.14	18.12
钦　州	1022	260.00	100.00	99.92	10.27	32.89	8.81
贵　港	1407	245.81	96.09	91.96	15.92	19.22	5.82
桂　平	2697	178.71	99.55	67.71	4.54	16.66	5.99
玉　林	2246	168.18	100.00	98.89	12.28	15.25	10.89
北　流	1531	158.45	100.00	100.00	11.36	24.70	14.49
百　色	699	290.41	100.00	55.27	13.22	17.72	7.58
靖　西	4486	183.19	98.19	65.11	4.42	13.67	17.51
贺　州	3003	172.79	87.53	76.09	15.59	13.71	10.47
河　池	2806	231.13	98.00	83.74	14.21	11.67	13.01
宜　州	3545	174.39	100.00	96.79	14.00	25.35	27.99
来　宾	3177	185.44	99.93	98.97	20.76	21.63	13.20
合　山	2910	160.52	100.00	94.16	13.91	15.23	11.76
崇　左	3480	203.44	94.83	75.40	7.32	12.74	6.35
凭　祥	1940	279.54	84.54	77.32	19.22	17.67	4.74
海　南	**2045**	**263.78**	**98.64**	**97.77**	**12.28**	**17.37**	**11.23**
海　口	2916	261.30	100.00	99.57	7.16	15.72	10.52
三　亚	1946	454.02	98.93	96.17	13.12	19.03	15.84
三　沙	939	86.96	100.00		21.25	17.57	26.25

continued 12

污水处理率 (%) Wastewater Treatment Rate (%)	污水处理厂集中处理率 Centralized Treatment Rate of Wastewater Treatment Plants	人均公园绿地面积 (平方米) Public Recreational Green Space Per Capita (m^2)	建成区绿化覆盖率 (%) Green Coverage Rate of Built District (%)	建成区绿地率 (%) Green Space Rate of Built District (%)	生活垃圾处理率 (%) Domestic Garbage Treatment Rate (%)	生活垃圾无害化处理率 Domestic Garbage Harmless Treatment Rate	城市名称 Name of Cities
92.93	92.93	12.55	44.71	41.11	100.00	100.00	河　源
85.46	85.46	11.17	40.70	37.96	100.00	100.00	阳　江
79.81	79.81	10.43	35.00	28.48	100.00	100.00	阳　春
87.59	87.59	13.03	41.03	35.79	100.00	100.00	清　远
96.16	96.16	17.80	34.92	33.72	100.00	100.00	英　德
95.01	95.01	18.52	36.98	35.40	100.00	100.00	连　州
96.45	96.03	19.36	44.71	41.63	100.00	74.87	东　莞
96.00	96.00	18.39	32.16	30.03	100.00	100.00	中　山
79.68	79.68	10.57	40.11	35.48	79.28	79.28	潮　州
89.84	89.84	8.65	29.63	27.55	94.98	94.98	揭　阳
75.98	75.98	5.51	34.84	31.70	92.01		普　宁
93.07	76.73	12.70	39.22	37.06	100.00	100.00	云　浮
83.12	75.22	11.11	36.76	25.80	100.00	100.00	罗　定
90.02	**67.75**	**11.60**	**37.60**	**32.88**	**98.66**	**98.66**	**广　西**
87.82	76.55	12.77	42.95	36.98	100.00	100.00	南　宁
95.00	48.07	13.39	43.63	36.26	100.00	100.00	柳　州
90.33	88.12	11.85	40.22	36.08	100.00	100.00	桂　林
88.71	63.52	10.67	40.23	40.34	100.00	100.00	梧　州
98.85	98.85	10.05	27.45	23.35	99.81	99.81	岑　溪
90.09	90.09	10.20	40.51	34.07	100.00	100.00	北　海
76.41	43.85	7.19	31.07	26.89	100.00	100.00	防城港
93.41	93.41	10.65	24.01	23.41	85.95	85.95	东　兴
94.81	81.56	10.48	37.60	32.82	100.00	100.00	钦　州
90.01	37.46	12.31	22.89	21.66	100.00	100.00	贵　港
89.74	48.79	5.60	12.43	12.39	100.00	100.00	桂　平
99.13	99.13	9.96	37.05	32.13	100.00	100.00	玉　林
98.27	98.27	10.78	38.01	33.01	100.00	100.00	北　流
85.27	85.27	11.48	36.16	31.97	100.00	100.00	百　色
57.47	57.47	5.99	8.89	8.75	55.02	55.02	靖　西
85.06	85.06	8.28	37.05	32.38	100.00	100.00	贺　州
92.04	88.41	9.48	36.59	32.19	100.00	100.00	河　池
86.29	57.31	10.40	31.67	23.32	100.00	100.00	宜　州
83.24	83.24	10.57	33.17	32.22	100.00	100.00	来　宾
81.60	81.60	9.79	37.05	33.42	88.39	88.39	合　山
40.08	40.08	13.30	41.73	34.95	62.08	62.08	崇　左
74.96	74.96	23.01	43.36	40.49	65.40	65.40	凭　祥
74.24	**74.24**	**12.96**	**37.70**	**33.63**	**99.84**	**99.84**	**海　南**
92.65	92.65	12.86	42.90	38.10	100.00	100.00	海　口
67.89	67.89	19.61	24.99	22.94	99.67	99.67	三　亚
37.93	37.93	2.83			100.00	100.00	三　沙

1-3 续表 13

城市名称 Name of Cities	人口密度 (人/平方公里) Population Density (person/square kilometer)	人均日生活用水量 (升) Daily Water Consumption Per Capita (liter)	用水普及率 (%) Water Coverage Rate (%)	燃气普及率 (%) Gas Coverage Rate (%)	建成区供水管道密度 (公里/平方公里) Density of Water Supply Pipelines in Built District (kilometer/square kilometer)	人均道路面积 (平方米) Road Surface Area Per Capita (m^2)	建成区排水管道密度 (公里/平方公里) Density of Sewers in Built District (kilometer/square kilometer)
儋　州	1113	193.48	98.33	91.67	24.82	18.74	10.71
五指山	950	203.74	96.49	87.72	10.60	21.28	4.40
琼　海	5100	233.80	94.84	98.28	24.54	17.83	12.86
文　昌	1750	166.81	100.00	99.52	16.03	20.65	11.46
万　宁	596	102.05	93.55	92.97	21.97	11.42	5.15
东　方	3581	242.01	92.62	98.80	2.75	31.75	6.10
重　庆	**1904**	**151.97**	**96.87**	**95.34**	**11.32**	**12.05**	**9.75**
四　川	**1902**	**204.13**	**93.05**	**92.46**	**13.17**	**13.63**	**9.86**
成　都	6116	338.34	99.22	98.34	12.48	14.62	12.80
都江堰	2249	204.78	97.65	91.45	17.93	15.43	14.47
彭　州	2291	113.08	91.91	68.36	45.46	10.52	17.78
邛　崃	1613	144.75	92.24	93.33	18.05	20.85	12.35
崇　州	2523	165.60	98.75	96.88	9.17	24.32	13.14
自　贡	1557	110.91	70.16	93.00	26.12	12.93	0.35
攀枝花	2102	216.57	80.39	93.97	17.02	11.52	8.50
泸　州	2926	126.23	95.35	88.34	9.94	11.81	8.61
德　阳	2950	139.79	99.40	95.81	7.80	12.89	7.44
广　汉	1240	188.09	88.50	83.19	5.00	14.54	7.19
什　邡	1999	222.73	79.82	87.21	28.24	14.69	8.36
绵　竹	1759	186.61	91.61	94.07	6.64	18.56	16.96
绵　阳	2673	160.91	99.01	99.51	23.35	13.00	15.49
江　油	1504	127.34	100.00	88.00	17.29	20.75	11.72
广　元	2064	159.26	96.40	91.75	9.18	13.71	10.67
遂　宁	2256	98.04	88.78	88.67	12.26	29.01	10.52
内　江	2307	130.89	91.10	96.49	7.39	8.13	5.61
乐　山	1981	141.23	97.01	95.51	20.26	11.95	9.56
峨眉山	1725	251.26	89.14	80.98	11.70	13.35	3.46
南　充	2619	156.54	98.18	98.18	7.02	14.09	12.01
阆　中	1900	159.54	97.19	97.19	6.93	13.96	10.79
眉　山	1711	165.68	92.91	96.34	9.98	17.47	11.90
宜　宾	707	173.91	76.94	76.82	9.75	8.08	7.39
广　安	2106	120.00	96.75	96.75	7.50	23.17	5.45
华　蓥	1245	159.33	98.09	81.74	12.41	16.65	13.52
达　州	974	248.02	96.66	72.87	10.93	3.55	1.23
万　源	849	123.57	66.47	44.07	15.58	4.71	5.80
雅　安	1346	160.25	98.64	99.62	9.00	13.20	9.28
巴　中	2653	90.26	87.02	86.55	8.14	2.80	7.96
资　阳	1787	131.37	99.28	97.04	10.55	16.32	6.89
简　阳	3063	108.07	97.08	98.28	8.03	10.82	3.20
马尔康	77	185.91	98.25	42.81	8.51	13.46	5.17
康　定	66	273.47	70.18	91.23	16.58	12.02	8.42
西　昌	1041	209.06	84.41	78.66	14.26	13.88	8.45

continued 13

污水处理率(%) Wastewater Treatment Rate (%)	污水处理厂集中处理率 Centralized Treatment Rate of Wastewater Treatment Plants	人均公园绿地面积(平方米) Public Recreational Green Space Per Capita (m^2)	建成区绿化覆盖率(%) Green Coverage Rate of Built District (%)	建成区绿地率(%) Green Space Rate of Built District (%)	生活垃圾处理率(%) Domestic Garbage Treatment Rate (%)	生活垃圾无害化处理率 Domestic Garbage Harmless Treatment Rate	城市名称 Name of Cities
42.62	42.62	10.69	38.93	35.01	100.00	100.00	儋州
63.16	63.16	8.29	28.41	25.10	100.00	100.00	五指山
52.53	52.53	10.09	38.15	35.60	100.00	100.00	琼海
44.26	44.26	6.41	43.00	38.48	100.00	100.00	文昌
93.71	93.71	14.39	31.78	23.69	98.25	98.25	万宁
29.32	29.32	11.75	44.40	38.98	100.00	100.00	东方
94.78	**93.50**	**16.99**	**40.30**	**37.38**	**99.03**	**98.60**	**重庆**
88.52	**82.46**	**11.96**	**38.65**	**34.56**	**97.28**	**96.79**	**四川**
95.54	95.49	14.59	39.84	35.57	100.00	100.00	成都
96.45	94.04	11.81	41.63	37.46	100.00	100.00	都江堰
86.83	86.83	9.17	36.00	28.70	100.00	100.00	彭州
94.38	94.38	25.12	37.12	32.05	94.04	94.04	邛崃
63.36	63.36	12.66	41.25	38.68	100.00	100.00	崇州
96.53	96.15	9.86	40.20	35.35	100.00	100.00	自贡
93.25	33.92	10.60	39.80	36.97	99.72	99.72	攀枝花
90.19	58.91	9.50	39.89	35.32	100.00	100.00	泸州
91.50	91.50	10.63	40.12	33.96	80.27	80.27	德阳
67.93	67.93	8.30	40.80	35.00	99.36	99.36	广汉
86.99	86.99	11.83	39.41	31.35	100.00	100.00	什邡
91.57	91.57	10.34	46.00	39.20	100.00	100.00	绵竹
92.74	92.74	11.02	38.70	36.01	91.68	91.68	绵阳
88.01	88.01	11.88	38.71	33.69	100.00	100.00	江油
96.03	96.03	11.82	37.15	35.84	90.73	90.73	广元
99.11	99.11	8.32	33.64	31.39	95.22	95.22	遂宁
89.01	89.01	9.26	35.43	32.13	100.00	100.00	内江
75.46	75.46	7.20	33.12	29.17	99.58	84.04	乐山
98.18	98.18	15.23	44.56	41.46	100.00	100.00	峨眉山
86.53	86.53	12.11	43.10	37.54	99.97	99.97	南充
92.12	92.12	10.53	42.69	37.00	100.00	100.00	阆中
84.60	73.17	11.37	35.09	31.05	79.48	79.48	眉山
71.94	25.49	9.25	38.22	33.22	93.80	93.80	宜宾
96.55	96.55	20.14	39.49	34.26	100.00	100.00	广安
34.78	34.78	9.04	21.34	15.95	100.00	100.00	华蓥
48.84	48.84	16.12	29.57	26.55	88.02	88.02	达州
10.33	10.33	23.23	43.39	37.50	100.00	100.00	万源
85.15	85.15	10.26	40.80	36.81	97.89	97.89	雅安
86.79	86.79	9.86	39.11	37.74	98.08	98.08	巴中
86.58	86.58	12.22	38.67	37.39	100.00	100.00	资阳
85.03	85.03	13.56	36.73	32.10	100.00	100.00	简阳
63.24	63.24	5.61	13.83	12.85	91.67		马尔康
69.82	69.82	3.33	6.84	7.37	96.24	96.24	康定
52.26	52.26	11.37	40.34	38.98	100.00	100.00	西昌

1-3 续表 14

城市名称 Name of Cities	人口密度 (人/平方公里) Population Density (person/square kilometer)	人均日生活用水量 (升) Daily Water Consumption Per Capita (liter)	用水普及率 (%) Water Coverage Rate (%)	燃气普及率 (%) Gas Coverage Rate (%)	建成区供水管道密度 (公里/平方公里) Density of Water Supply Pipelines in Built District (kilometer/square kilometer)	人均道路面积 (平方米) Road Surface Area Per Capita (m^2)	建成区排水管道密度 (公里/平方公里) Density of Sewers in Built District (kilometer/square kilometer)
贵　州	**2396**	**163.78**	**95.43**	**84.06**	**12.38**	**11.22**	**7.47**
贵　阳	2163	200.94	96.21	96.24	14.20	9.94	11.78
清　镇	3335	167.22	95.06	89.72	11.94	11.52	4.26
六盘水	2721	146.62	91.99	91.74	20.22	16.14	1.08
遵　义	3581	153.58	96.51	79.28	4.88	7.01	3.36
赤　水	1462	94.98	90.23	69.17	8.39	11.43	6.86
仁　怀	1691	156.17	97.48	79.53	9.39	9.04	2.80
安　顺	3183	90.33	96.68	69.96	7.24	13.56	7.95
铜　仁	6240	122.53	93.21	63.14	11.75	9.06	5.97
兴　义	4823	150.57	91.44	67.80	9.47	21.98	10.80
毕　节	1726	137.86	95.99	66.62	15.01	16.80	4.79
凯　里	3504	120.36	95.09	75.22	12.46	11.53	2.49
都　匀	793	162.46	96.09	85.84	9.69	8.95	5.16
福　泉	5182	170.27	96.38	60.30	10.00	9.74	6.12
云　南	**2943**	**132.77**	**97.33**	**76.79**	**9.98**	**14.23**	**10.83**
昆　明	2170	124.05	99.68	92.16	8.87	12.91	10.46
安　宁	1117	173.86	100.00	78.07	9.91	11.93	12.48
曲　靖	8719	120.06	99.72	91.50	8.10	17.21	10.65
宣　威	8046	89.85	95.57	82.77	4.67	15.74	6.49
玉　溪	3397	130.48	99.90	59.04	11.72	22.31	9.85
保　山	4529	101.94	87.66	47.18	9.05	12.12	6.39
腾　冲	4291	164.99	89.48	59.98	7.50	13.68	9.47
昭　通	4949	96.87	97.05	69.96	8.26	13.58	6.08
丽　江	6538	251.96	98.24	89.29	21.25	10.60	23.53
普　洱	4516	178.14	98.32	78.83	10.36	9.54	18.36
临　沧	5543	176.45	85.95	56.41	16.95	10.97	12.72
楚　雄	5574	160.76	99.30	71.03	16.30	17.55	6.04
个　旧	6422	110.84	96.13	9.00	10.26	4.07	5.77
开　远	4367	138.90	99.03	40.10	12.21	8.45	7.60
蒙　自	6587	161.71	96.64	28.96	13.62	23.53	17.21
弥　勒	7133	73.44	86.50	21.00	11.91	13.03	6.38
文　山	5216	171.28	100.00	70.13	20.26	16.64	11.57
景　洪	2237	139.90	100.00	99.04	9.06	21.59	6.40
大　理	3515	203.00	97.81	63.95	7.68	18.26	15.00
瑞　丽	3142	56.63	98.38	93.17	7.40	21.97	12.67
芒　市	2866	136.45	89.67	60.71	11.25	18.43	11.72
香格里拉	2034	82.65	59.00	49.16	3.80	8.29	18.63

continued 14

污水处理率(%) Wastewater Treatment Rate (%)	污水处理厂集中处理率 Centralized Treatment Rate of Wastewater Treatment Plants	人均公园绿地面积(平方米) Public Recreational Green Space Per Capita (m^2)	建成区绿化覆盖率(%) Green Coverage Rate of Built District (%)	建成区绿地率(%) Green Space Rate of Built District (%)	生活垃圾处理率(%) Domestic Garbage Treatment Rate (%)	生活垃圾无害化处理率 Domestic Garbage Harmless Treatment Rate	城市名称 Name of Cities
95.17	**95.17**	**12.94**	**35.88**	**33.26**	**93.81**	**93.81**	**贵州**
96.50	96.50	14.22	38.57	37.17	95.10	95.10	贵阳
95.03	95.03	10.25	42.04	39.29	95.00	95.00	清镇
95.01	95.01	10.61	36.24	32.38	95.04	95.04	六盘水
96.01	96.01	15.00	44.06	40.39	94.12	94.12	遵义
97.15	97.15	12.18	36.33	33.19	95.00	95.00	赤水
91.92	91.92	14.09	27.33	23.00	94.99	94.99	仁怀
93.09	93.09	8.01	36.75	32.45	94.07	94.07	安顺
87.23	87.23	8.54	44.38	39.07	91.98	91.98	铜仁
95.93	95.93	7.34	34.60	30.62	95.02	95.02	兴义
96.88	96.88	20.23	30.54	29.15	95.08	95.08	毕节
97.45	97.45	14.90	26.23	23.62	90.32	90.32	凯里
93.80	93.80	8.73	18.14	17.76	91.19	91.19	都匀
67.58	67.58	13.57	22.02	17.91	73.53	73.53	福泉
91.03	**89.50**	**10.57**	**37.27**	**33.59**	**97.39**	**90.03**	**云南**
95.38	92.69	10.38	40.64	37.25	97.09	94.05	昆明
90.16	90.16	14.98	43.05	38.05	100.00		安宁
92.66	92.66	9.05	36.18	33.11	100.00	100.00	曲靖
83.84	83.84	9.53	35.51	32.17	100.00	100.00	宣威
95.23	95.23	10.25	42.21	36.31	100.00	100.00	玉溪
81.88	81.88	6.98	31.00	26.75	90.05	90.05	保山
80.96	80.96	9.29	37.50	35.42	99.36	99.36	腾冲
84.72	84.72	7.02	24.05	17.95	100.00		昭通
90.90	90.90	24.91	40.63	38.52	93.04	93.04	丽江
89.37	89.37	10.50	38.75	36.98	94.09	94.09	普洱
72.11	72.11	11.24	39.00	34.50	93.08	93.08	临沧
90.54	90.54	12.11	36.15	31.17	93.97	93.97	楚雄
80.57	80.57	10.66	34.64	31.50	100.00	100.00	个旧
87.86	87.86	11.78	38.76	33.63	100.00	100.00	开远
61.51	61.51	7.39	36.10	33.38	100.00	100.00	蒙自
90.22	90.22	14.63	44.53	39.53	100.00	100.00	弥勒
87.60	87.60	8.68	23.68	22.78	96.52	96.52	文山
81.02	81.02	15.55	48.84	42.56	100.00	100.00	景洪
90.51	90.51	9.39	37.11	32.16	100.00	100.00	大理
51.67	51.67	8.58	32.12	27.79	100.00	100.00	瑞丽
86.76	86.76	14.52	39.92	35.48	92.10	92.10	芒市
74.29	74.29	9.05	8.67	7.50	87.28	87.28	香格里拉

1-3 续表 15

城市名称 Name of Cities	人口密度(人/平方公里) Population Density (person/square kilometer)	人均日生活用水量(升) Daily Water Consumption Per Capita (liter)	用水普及率(%) Water Coverage Rate (%)	燃气普及率(%) Gas Coverage Rate (%)	建成区供水管道密度(公里/平方公里) Density of Water Supply Pipelines in Built District (kilometer/square kilometer)	人均道路面积(平方米) Road Surface Area Per Capita (m^2)	建成区排水管道密度(公里/平方公里) Density of Sewers in Built District (kilometer/square kilometer)
西藏	**1750**	**403.62**	**88.06**	**79.98**	**9.66**	**24.98**	**9.84**
拉萨	1422	474.73	93.38	95.16	10.12	30.83	10.62
昌都	5714	365.30	57.69	28.85	19.33	3.90	5.73
日喀则	2700	201.39	95.33	88.18	5.68	19.54	10.89
林芝	1905	121.83	80.00		9.61	22.00	5.90
陕西	**4031**	**155.71**	**97.12**	**94.73**	**7.52**	**15.67**	**7.48**
西安	7820	192.50	100.00	100.00	8.18	18.28	9.36
铜川	7336	64.42	93.43	80.00	9.09	11.54	5.89
宝鸡	5352	151.05	100.00	99.13	12.20	16.03	6.73
咸阳	2007	101.37	92.00	90.21	3.88	11.94	3.35
兴平	2854	103.15	99.90	98.44	2.34	14.52	4.13
渭南	2022	164.05	98.83	92.54	6.08	10.20	6.80
韩城	2203	114.98	97.35	87.60	10.05	13.50	7.21
华阴	1746	93.84	95.95	49.34	6.25	13.48	6.46
延安	6300	156.73	89.65	95.47	4.10	7.22	2.65
汉中	4346	151.52	82.49	90.97	7.04	7.54	3.90
榆林	2227	80.66	97.73	92.55	7.26	27.80	10.66
安康	2028	123.51	94.61	97.87	4.76	16.47	5.40
商洛	3920	116.89	100.00	63.78	4.25	11.82	3.42
杨陵区	4008	144.03	96.89	77.79	9.51	18.38	8.18
甘肃	**4049**	**132.00**	**97.28**	**85.77**	**6.74**	**15.18**	**6.66**
兰州	7540	160.58	96.03	93.50	3.80	16.11	8.59
嘉峪关	1826	181.91	100.00	100.00	11.26	18.49	5.49
金昌	3702	242.26	100.00	70.25	7.02	24.67	2.34
白银	4255	158.91	99.76	86.46	4.99	14.90	2.83
天水	11515	110.53	95.01	72.37	4.25	8.75	5.63
武威	10613	105.67	97.26	74.50	7.45	10.94	5.17
张掖	1222	122.31	100.00	100.00	6.43	27.19	5.27
平凉	1311	78.20	99.85	76.14	9.67	19.28	11.42
酒泉	1628	83.90	100.00	100.00	5.95	11.84	5.77
玉门	4927	129.76	100.00	100.00	26.61	22.06	15.73
敦煌	5831	117.11	100.00	100.00	21.14	19.08	3.91
庆阳	7559	77.26	99.17	88.30	15.80	15.96	8.44
定西	5588	47.61	98.15	75.26	8.31	13.35	5.53
陇南	4103	59.82	95.00	54.60	6.38	4.26	5.38
临夏	6853	92.80	99.91	49.54	11.74	10.77	5.27
合作	3859	88.71	75.42	83.22	5.54	16.92	3.68

continued 15

污水处理率(%) Wastewater Treatment Rate (%)	污水处理厂集中处理率 Centralized Treatment Rate of Wastewater Treatment Plants	人均公园绿地面积(平方米) Public Recreational Green Space Per Capita (m^2)	建成区绿化覆盖率(%) Green Coverage Rate of Built District (%)	建成区绿地率(%) Green Space Rate of Built District (%)	生活垃圾处理率(%) Domestic Garbage Treatment Rate (%)	生活垃圾无害化处理率 Domestic Garbage Harmless Treatment Rate	城市名称 Name of Cities
19.07	**19.07**	**11.65**	**42.61**	**35.98**	**12.67**		**西　藏**
18.24	18.24	8.17	36.14	32.43	0.29		拉　萨
85.76	85.76	5.29	7.60	12.40			昌　都
		33.25	76.49	53.19	63.44		日喀则
		10.50	36.07	36.46	96.73		林　芝
91.55	**91.52**	**12.57**	**40.57**	**34.38**	**98.02**	**98.02**	**陕　西**
92.36	92.32	11.74	42.62	34.28	100.00	100.00	西　安
85.47	85.47	11.72	43.49	38.62	90.24	90.24	铜　川
93.14	93.14	12.28	40.61	37.89	100.00	100.00	宝　鸡
93.73	93.73	15.25	40.27	34.40	100.00	100.00	咸　阳
89.63	89.63	12.96	37.00	32.10	98.91	98.91	兴　平
84.14	84.14	12.28	38.69	33.52	76.41	76.41	渭　南
86.53	86.53	9.29	38.50	33.50	96.04	96.04	韩　城
82.54	82.54	9.44	33.00	28.51	94.14	94.14	华　阴
91.31	91.31	10.41	40.78	39.21	91.52	91.52	延　安
89.65	89.65	13.20	36.66	31.64	95.16	95.16	汉　中
85.62	85.62	18.67	37.67	32.41	93.01	93.01	榆　林
88.96	88.96	13.93	43.57	39.99	100.00	100.00	安　康
91.84	91.84	10.40	21.96	18.81	90.14	90.14	商　洛
92.10	92.10	15.42	38.07	34.95	99.67	99.67	杨陵区
89.62	**80.04**	**12.23**	**30.20**	**27.18**	**99.36**	**64.24**	**甘　肃**
89.00	89.00	9.17	25.80	24.14	99.87	11.61	兰　州
92.27	23.54	37.33	39.50	38.37	100.00	100.00	嘉峪关
95.86	95.86	21.01	36.29	32.11	100.00	100.00	金　昌
86.41	41.60	9.71	35.10	31.56	95.55	95.55	白　银
91.92	91.92	9.84	38.10	33.80	100.00	97.02	天　水
96.06	96.06	14.67	23.55	22.86	99.50	99.50	武　威
87.80	87.80	38.11	30.67	24.94	100.00	100.00	张　掖
88.00	88.00	7.92	35.72	32.05	100.00	100.00	平　凉
93.63	93.63	11.53	37.42	30.76	100.00	100.00	酒　泉
85.09	85.09	23.00	37.16	34.88	100.00	100.00	玉　门
98.81	98.81	13.89	38.64	34.88	100.00	100.00	敦　煌
90.29	90.29	7.33	33.36	29.65	97.26	97.26	庆　阳
90.91	90.91	16.39	25.16	22.42	100.00	100.00	定　西
98.85	98.85	5.03	8.35	8.84	100.00		陇　南
82.63	82.63	5.10	14.35	6.89	100.00	100.00	临　夏
67.32	67.32	6.98	6.48	3.62	90.36	90.36	合　作

1-3 续表 16

城市名称 Name of Cities	人口密度(人/平方公里) Population Density (person/square kilometer)	人均日生活用水量(升) Daily Water Consumption Per Capita (liter)	用水普及率(%) Water Coverage Rate (%)	燃气普及率(%) Gas Coverage Rate (%)	建成区供水管道密度(公里/平方公里) Density of Water Supply Pipelines in Built District (kilometer/square kilometer)	人均道路面积(平方米) Road Surface Area Per Capita (m^2)	建成区排水管道密度(公里/平方公里) Density of Sewers in Built District (kilometer/square kilometer)
青　海	**2692**	**168.76**	**99.06**	**85.96**	**12.64**	**10.63**	**8.59**
西　宁	3388	187.73	99.99	95.16	12.62	7.46	9.24
海　东	1720	59.76	98.38	56.11	5.57	6.65	4.95
玉　树	5826	68.49	85.49	46.51	26.53	9.84	6.55
格尔木	1853	239.86	100.00	99.33	13.03	31.97	7.39
德令哈	1193	178.61	99.89	56.78	14.20	36.96	15.01
宁　夏	**1336**	**171.67**	**96.40**	**87.26**	**5.18**	**22.52**	**3.53**
银　川	799	173.77	98.05	99.51	4.43	13.38	4.13
灵　武	3628	232.46	91.88	90.96	6.77	36.95	7.20
石嘴山	4096	226.31	98.33	88.00	5.79	32.68	1.26
吴　忠	3772	217.29	94.83	95.01	4.61	22.90	2.81
青铜峡	4194	185.68	99.04	80.01	9.87	59.58	4.18
固　原	5676	72.19	90.34	33.67	4.35	26.39	5.67
中　卫	3167	77.11	90.58	73.50	3.88	26.46	3.04
新　疆	**2557**	**170.55**	**98.81**	**97.63**	**7.87**	**17.69**	**5.52**
乌鲁木齐	2123	144.74	99.98	99.85	4.34	10.34	4.05
克拉玛依	5185	271.31	100.00	100.00	14.79	29.24	6.29
吐鲁番	4285	249.63	99.24	95.84	17.19	27.78	8.41
哈　密	2949	291.17	99.90	93.95	18.80	21.16	9.02
昌　吉	3723	112.80	99.20	98.37	6.22	17.13	4.70
阜　康	4309	159.35	99.89	98.72	7.75	28.39	8.63
博　乐	6292	74.01	98.74	89.23	10.61	14.60	12.02
阿拉山口	752	146.85	61.58		6.79	76.50	3.61
库尔勒	3623	177.08	99.95	99.52	6.71	25.81	4.45
阿克苏	6547	161.41	96.17	99.97	7.20	14.96	5.16
阿图什	4137	203.38	100.00	100.00	5.12	25.81	4.25
喀　什	5114	270.28	100.00	96.70	5.07	24.59	2.70
和　田	2155	226.76	97.62	99.94	7.72	18.74	3.84
伊　宁	6195	139.09	99.92	96.74	18.01	21.31	14.40
奎　屯	6775	219.84	93.99	99.40	9.18	19.27	10.15
霍尔果斯	1500	200.00	66.67	54.00	3.85	41.35	1.25
乌　苏	3984	86.58	95.07	93.36	11.20	20.79	7.12
塔　城	3989	168.13	97.95	83.52	17.17	15.17	10.72
阿勒泰	638	182.78	98.87	93.62	14.61	16.43	7.53
石河子	2119	203.13	100.00	98.24	12.87	31.80	9.26
阿拉尔	2046	218.89	97.41	87.16	9.08	21.04	3.56
图木舒克	388	130.14	66.67	58.33	10.52	51.20	9.96
五家渠	1813	171.02	100.00	100.00	0.27	20.58	2.85
北　屯	1351	271.82	82.70	98.89	6.59	39.43	4.75
铁门关	911	180.89	100.00	85.37	6.97	22.32	3.47
可克达拉					19.63		9.05

continued 16

污水处理率 (%) Wastewater Treatment Rate (%)	污水处理厂集中处理率 Centralized Treatment Rate of Wastewater Treatment Plants	人均公园绿地面积 (平方米) Public Recreational Green Space Per Capita (m^2)	建成区绿化覆盖率 (%) Green Coverage Rate of Built District (%)	建成区绿地率 (%) Green Space Rate of Built District (%)	生活垃圾处理率 (%) Domestic Garbage Treatment Rate (%)	生活垃圾无害化处理率 Domestic Garbage Harmless Treatment Rate	城市名称 Name of Cities
59.98	**59.98**	**10.48**	**29.79**	**28.22**	**96.19**	**87.18**	**青　海**
73.50	73.50	12.05	38.92	37.47	95.27	95.27	西　宁
60.98	60.98	5.81	15.40	13.65	97.68	97.68	海　东
60.98	60.98	9.99	28.50	28.36	94.09		玉　树
38.50	38.50	6.91	17.51	17.17	99.36	99.36	格尔木
32.12	32.12	6.97	35.39	30.65	99.73		德令哈
93.05	**80.85**	**18.11**	**37.88**	**36.34**	**89.92**	**89.92**	**宁　夏**
94.61	94.61	17.31	40.89	40.90	79.72	79.72	银　川
92.13	92.13	26.83	33.56	32.12	100.00	100.00	灵　武
95.59	95.59	22.95	40.64	36.06	97.24	97.24	石嘴山
90.01	90.01	20.55	41.18	40.00	95.01	95.01	吴　忠
89.00	13.47	17.49	37.60	35.30	92.52	92.52	青铜峡
85.14	85.14	8.35	21.43	21.19	100.00	100.00	固　原
95.53	95.53	21.25	37.04	35.14	95.98	95.98	中　卫
83.39	**82.05**	**11.50**	**37.47**	**34.09**	**95.92**	**80.89**	**新　疆**
88.75	84.23	10.93	40.30	37.00	96.42	95.80	乌鲁木齐
95.26	95.26	11.62	43.05	38.89	100.00	98.97	克拉玛依
85.43	85.43	17.96	37.72	32.75	95.14	95.14	吐鲁番
86.04	86.04	13.34	39.74	36.26	91.43	91.43	哈　密
97.30	97.30	11.29	39.26	35.50	95.27	95.27	昌　吉
97.17	97.17	19.75	37.23	33.00	94.12	94.12	阜　康
87.11	87.11	12.53	37.34	35.65	90.00	90.00	博　乐
24.31	24.31	7.59	8.85	7.59	85.39		阿拉山口
96.88	96.88	14.54	40.14	39.52	95.53	95.53	库尔勒
99.18	99.18	11.34	33.94	33.03	91.90		阿克苏
75.81	75.81	9.87	20.07	19.82	98.20	98.20	阿图什
96.90	96.90	13.84	37.04	33.30	98.05	98.05	喀　什
85.09	85.09	6.96	13.68	9.81	91.77		和　田
72.94	72.94	9.72	39.55	35.85	100.00	100.00	伊　宁
65.46	65.46	9.19	44.10	39.37	100.00	100.00	奎　屯
35.00	35.00	9.00	17.50	14.75	98.04		霍尔果斯
81.50	81.50	8.05	37.00	32.09	96.97	96.97	乌　苏
88.42	88.42	13.41	41.89	39.24	97.02	97.02	塔　城
99.14	99.14	27.23	37.69	36.94	99.02	99.02	阿勒泰
100.00	100.00	10.36	42.02	37.30	100.00		石河子
98.18	98.18	10.64	26.44	23.25	86.44	86.44	阿拉尔
97.48	97.48	8.89	32.80	30.31	86.36	86.36	图木舒克
91.67	91.67	11.32	33.92	31.08	96.00	96.00	五家渠
100.00	100.00	7.77	50.43	35.71	96.17	96.17	北　屯
		9.32	12.84	11.18			铁门关
							可克达拉

二、城市人口和建设用地

2. Urban Population and Construction Land

简要说明

本部分主要反映城市规模，包括人口规模和用地规模。人口规模主要包括市区人口、城区人口、城区暂住人口，用地规模主要包括市区面积、城区面积、建成区面积以及各类建设用地面积、本年征用土地面积等内容。

2005 年、2009 年、2011 年全国城市建设用地面积未包含上海市。

Brief Introduction

This section is mainly about size of cities, including size of population and usable land. The size of population mainly covers urban permanent population in urban centers and urban areas as well as urban temporary population. The size of usable land mainly covers city areas, urban areas, areas of built-up districts, areas of various types of land for construction purposes, and areas of land acquired during the year.

Urban usable land for construction purpose throughout the country does not include that in Shanghai in 2005, 2009 and 2011.

2 全国历年城市数量及人口、面积情况（1978－2015）

National Changes in Number of Cities, Urban Population and Urban Area in Past Years (1978-2015)

面积计量单位：平方公里　　Area Measurement Unit: Square Kilometer

人口计量单位：万人　　Population Measurement Unit: 10,000 persons

年 份 Year	城市个数 Number of Cities	地级 City at Prefecture Level	县级 City at County Level	县及其他个数 Number of Counties	城区人口 Urban Population	非农业人口 Non-Agricultural Population	城区暂住人口 Urban Temporary Population	城区面积 Urban Area	建成区面积 Area of Built District	城市建设用地面积 Area of Urban Construction Land
1978	193	98	92	2153	7682.0					
1979	216	104	109	2153	8451.0					
1980	223	107	113	2151	8940.5					
1981	226	110	113	2144	14400.5	9243.6		206684.0	7438.0	6720.0
1982	245	109	133	2140	14281.6	9590.0		335382.3	7862.1	7150.5
1983	281	137	141	2091	15940.5	10047.2		366315.9	8156.3	7365.6
1984	300	148	149	2069	17969.1	10956.9		480733.3	9249.0	8480.4
1985	324	162	159	2046	20893.4	11751.3		458066.2	9386.2	8578.6
1986	353	166	184	2017	22906.2	12233.8		805834.0	10127.3	9201.6
1987	381	170	208	1986	25155.7	12893.1		898208.0	10816.5	9787.9
1988	434	183	248	1936	29545.2	13969.5		1052374.2	12094.6	10821.6
1989	450	185	262	1919	31205.4	14377.7		1137643.5	12462.2	11170.7
1990	467	185	279	1903	32530.2	14752.1		1165970.0	12855.7	11608.3
1991	479	187	289	1894	29589.3	14921.0		980685.0	14011.1	12907.9
1992	517	191	323	1848	30748.2	15459.4		969728.0	14958.7	13918.1
1993	570	196	371	1795	33780.9	16550.1		1038910.0	16588.3	15429.8
1994	622	206	413	1735	35833.9	17665.5		1104712.0	17939.5	20796.2
1995	640	210	427	1716	37789.9	18490.0		1171698.0	19264.2	22064.0
1996	666	218	445	1696	36234.5	18882.9		987077.9	20214.2	19001.6
1997	668	222	442	1693	36836.9	19469.9		835771.8	20791.3	19504.6
1998	668	227	437	1689	37411.8	19861.8		813585.7	21379.6	20507.6
1999	667	236	427	1682	37590.0	20161.6		812817.6	21524.5	20877.0
2000	663	259	400	1674	38823.7	20952.5		878015.0	22439.3	22113.7
2001	662	265	393	1660	35747.3	21545.5		607644.3	24026.6	24192.7
2002	660	275	381	1649	35219.6	22021.2		467369.3	25972.6	26832.6
2003	660	282	374	1642	33805.0	22986.8		399173.2	28308.0	28971.9
2004	661	283	374	1636	34147.4	23635.9		394672.5	30406.2	30781.3
2005	661	283	374	1636	35923.7	23652.0		412819.1	32520.7	29636.8
2006	656	283	369	1635	33288.7		3984.1	166533.5	33659.8	34166.7
2007	655	283	368	1635	33577.0		3474.3	176065.5	35469.7	36351.7
2008	655	283	368	1635	33471.1		3517.2	178110.3	36295.3	39140.5
2009	654	283	367	1636	34068.9		3605.4	175463.6	38107.3	38726.9
2010	657	283	370	1633	35373.5		4095.3	178691.7	40058.0	39758.4
2011	657	284	369	1627	35425.6		5476.8	183618.0	43603.2	41805.3
2012	657	285	368	1624	36989.7		5237.1	183039.4	45565.8	45750.7
2013	658	286	368	1613	37697.1		5621.1	183416.1	47855.3	47108.5
2014	653	288	361	1596	38576.5		5951.5	184098.6	49772.6	49982.7
2015	656	291	361	1568	39437.8		6561.5	191775.5	52102.3	51584.1

注：1.2005年及以前年份"城区人口"为"城市人口"，"城区面积"为"城市面积"。

2.2005年、2009年、2011年城市建设用地面积不含上海市。

Note:1.In 2005 and before, Urban Population is the population of the city proper, and Urban Area is the area of the city proper.

2.Urban usable land for construction purpose throughout the country does not include that in Shanghai in 2005,2009 and 2011.

2-1 2015年全国城市人口和建设用地分组资料

面积计量单位：平方公里
人口计量单位：万人

地区名称 Name of Regions	市区面积 Urban District Area	市区人口 Urban District Population	市区暂住人口 Urban District Temporary Population	城区面积 Urban Area	城区人口 Urban Population	城区暂住人口 Urban Temporary Population	建成区面积 Area of Built District	城市建设用地面积	
								小计 Subtotal	居住用地 Residential
全国 National Total	**2076198**	**73283.6**	**10050.4**	**191775.54**	**39437.84**	**6561.52**	**52102.31**	**51584.10**	**16282.49**
分类一 Group one									
东部地区 East China	563201	38923.4	6317.6	118103.34	21516.59	3660.68	27740.49	28480.61	8901.04
中部地区 Central China	723753	21947.8	2201.5	40201.65	11312.35	1751.70	15014.59	14406.57	4633.85
西部地区 West China	789244	12412.4	1531.3	33470.55	6608.90	1149.14	9347.23	8696.92	2747.60
分类二 Group two									
东部地区 East China	500578	36783.0	6100.5	112375.30	20668.24	3464.85	26465.33	27250.82	8526.36
中部地区 Central China	576657	20967.8	1989.3	34828.93	10624.60	1563.99	13789.38	13241.81	4292.71
西部地区 West China	998963	15532.8	1960.6	44571.31	8145.00	1532.68	11847.60	11091.47	3463.42
分类三 Group three									
东部地区 East China	434871	33749.9	5901.9	98059.00	18558.96	3297.15	24003.38	24845.58	7711.77
中部地区 Central China	284229	16758.4	1719.0	28582.30	8255.94	1342.32	10618.07	10122.80	3171.64
西部地区 West China	998963	15532.8	1960.6	44571.31	8145.00	1532.68	11847.60	11091.47	3463.42
东北地区 Northeast China	358135	7242.5	469.0	20562.93	4477.94	389.37	5633.26	5524.25	1935.66

National Urban Population and Development Land (2015)

Area Measurement Unit: Square Kilometer
Population Measurement Unit: 10,000 persons

Area of Urban Construction Land							本年征用土地面积 Area of Land Requisition This Year		
公共管理与公共服务用地 Administration and Public Services	商业服务业设施用地 Commercial and Business Facilities	工业用地 Industrial, Manufacturing	物流仓储用地 Logistics and Warehouse	道路交通设施用地 Road, Street and Transportation	公用设施用地 Municipal Utilities	绿地与广场用地 Green Space and Square		耕地 Arable Land	地区名称 Name of Regions
4848.13	**3637.65**	**10298.65**	**1585.82**	**7452.98**	**1897.50**	**5580.88**	**1548.53**	**707.86**	**全　国**
									分类一
2548.41	2017.48	6401.54	854.97	3996.18	972.12	2788.87	811.35	345.30	东部地区
1416.89	971.56	2533.95	468.40	2175.81	600.53	1605.58	444.12	229.85	中部地区
882.83	648.61	1363.16	262.45	1280.99	324.85	1186.43	293.06	132.71	西部地区
									分类二
2416.24	1949.34	6201.70	809.02	3775.42	920.68	2652.06	736.58	317.18	东部地区
1312.93	879.24	2369.58	430.29	1940.80	561.60	1454.66	424.55	218.30	中部地区
1118.96	809.07	1727.37	346.51	1736.76	415.22	1474.16	387.40	172.38	西部地区
									分类三
2239.77	1768.28	5636.66	741.31	3488.96	850.99	2407.84	668.71	275.97	东部地区
1044.47	705.33	1758.40	314.14	1489.02	445.64	1194.16	375.52	186.13	中部地区
1118.96	809.07	1727.37	346.51	1736.76	415.22	1474.16	387.40	172.38	西部地区
444.93	354.97	1176.22	183.86	738.24	185.65	504.72	116.90	73.38	东北地区

2-2 2015年全国城市人口和建设用地(按省分列)

面积计量单位：平方公里
人口计量单位：万人

地区名称 Name of Regions	市区面积 Urban District Area	市区人口 Urban District Population	市区暂住人口 Urban District Temporary Population	城区面积 Urban Area	城区人口 Urban Population	城区暂住人口 Urban Temporary Population	建成区面积 Area of Built District	城市建设用地面积 小计 Subtotal	居住用地 Residential
全　国	**2076198**	**73283.6**	**10050.4**	**191775.54**	**39437.84**	**6561.52**	**52102.31**	**51584.10**	**16282.49**
北　京	16410	2170.5		12187.00	1877.70		1401.01	1454.69	417.17
天　津	10171	941.2	297.4	2506.11	676.84	198.40	885.43	870.18	222.34
河　北	36476	3097.8	217.1	6398.70	1575.07	118.08	1944.42	1816.10	628.93
山　西	28748	1644.7	152.5	2837.08	1017.56	94.57	1123.46	1079.30	339.09
内蒙古	147096	980.0	212.2	5372.72	687.75	187.71	1225.21	1164.76	341.14
辽　宁	65707	3033.1	198.6	14316.30	2109.28	167.70	2461.95	2405.24	814.59
吉　林	106564	1983.0	141.7	3668.37	1058.08	113.29	1399.07	1330.14	486.51
黑龙江	185864	2226.4	128.6	2578.26	1310.58	108.38	1772.24	1788.87	634.56
上　海	6341	2415.3		6340.50	2415.27		998.75	2915.56	1058.89
江　苏	65667	5578.2	857.1	15110.50	2745.30	328.56	4189.17	4207.60	1269.08
浙　江	54391	3365.9	1325.4	11326.51	1547.58	620.46	2590.74	2469.74	700.45
安　徽	38397	2441.7	374.9	6059.40	1172.58	316.64	1926.36	1920.12	609.43
福　建	46371	2082.2	689.7	4368.15	869.77	311.46	1413.54	1346.58	456.66
江　西	36038	1851.2	146.8	2178.89	945.00	105.64	1295.65	1231.02	373.26
山　东	87185	5701.3	477.6	21567.91	2880.07	250.60	4609.32	4407.70	1308.03
河　南	45201	4151.7	511.1	4810.01	2038.81	440.87	2503.08	2363.14	699.13
湖　北	87043	4040.4	361.1	8114.59	1719.90	252.17	2197.00	2045.85	637.25
湖　南	48803	2628.8	172.7	4582.33	1362.09	132.43	1572.52	1483.37	513.48
广　东	94462	7799.8	1943.7	16825.74	3758.88	1390.12	5633.19	4958.73	1535.05
广　西	62623	2140.4	217.1	5728.04	848.35	195.83	1275.16	1229.79	374.68
海　南	17397	597.8	93.8	1427.88	212.48	79.47	337.81	398.70	115.17
重　庆	34519	2137.0	367.6	7026.55	1032.63	305.32	1329.45	1115.93	350.77
四　川	79353	3691.2	393.5	10777.66	1797.09	252.66	2281.64	2226.67	719.08
贵　州	25446	1071.7	151.5	2679.97	529.39	112.65	789.06	702.18	222.23
云　南	76086	1502.2	126.3	3029.44	798.76	92.91	1060.14	975.18	353.51
西　藏	27517	55.8	39.6	432.60	40.45	35.26	144.52	143.36	39.82
陕　西	32831	1612.8	80.2	2311.70	883.04	48.84	1073.36	1037.89	246.20
甘　肃	87361	886.6	145.5	1569.92	521.79	113.87	834.39	771.42	209.50
青　海	166368	222.1	21.8	688.15	166.86	18.39	194.26	173.10	75.69
宁　夏	22931	340.2	55.3	2119.18	235.47	47.68	455.05	384.45	126.65
新　疆	236832	892.8	149.9	2835.38	603.42	121.56	1185.36	1166.74	404.15

National Urban Population and Construction Land by Province (2015)

Area Measurement Unit: Square Kilometer

Population Measurement Unit: 10,000 persons

Area of Urban Construction Land							本年征用土地面积 Area of Land Requisition This Year	耕地 Arable Land	地区名称 Name of Regions
公共管理与公共服务用地 Administration and Public Services	商业服务业设施用地 Commercial and Business Facilities	工业用地 Industrial, Manufacturing	物流仓储用地 Logistics and Warehouse	道路交通设施用地 Road, Street and Transportation	公用设施用地 Municipal Utilities	绿地与广场用地 Green Space and Square			
4848.13	**3637.65**	**10298.65**	**1585.82**	**7452.98**	**1897.50**	**5580.88**	**1548.53**	**707.86**	**全 国**
173.45	133.45	263.55	51.64	269.06	32.05	114.32	8.73	2.43	北 京
64.93	47.12	208.89	62.76	154.03	23.35	86.76	22.95	10.82	天 津
172.92	123.24	279.52	60.00	251.32	88.81	211.36	38.54	16.64	河 北
127.45	70.60	176.59	39.35	138.93	81.69	105.60	24.84	15.15	山 西
103.96	92.32	164.37	38.11	235.01	38.93	150.92	19.57	11.55	内蒙古
176.47	181.06	565.04	67.71	286.46	69.69	244.22	67.87	41.21	辽 宁
101.46	87.38	260.58	41.97	190.38	53.78	108.08	34.37	25.41	吉 林
167.00	86.53	350.60	74.18	261.40	62.18	152.42	14.66	6.76	黑龙江
161.73	137.54	733.11	85.54	418.86	130.28	189.61	24.52	12.43	上 海
357.07	334.47	973.83	115.36	562.84	124.99	469.96	141.26	70.49	江 苏
212.12	212.59	562.29	61.83	354.37	94.11	271.98	99.58	52.81	浙 江
145.71	170.81	349.00	56.18	299.02	58.86	231.11	114.14	64.32	安 徽
138.03	96.83	247.46	34.34	188.15	53.79	131.32	100.22	25.23	福 建
114.53	109.47	220.45	28.33	191.46	44.62	148.90	53.07	28.98	江 西
458.04	291.22	1044.10	136.93	537.44	148.81	483.13	86.39	39.09	山 东
272.03	128.02	370.70	79.78	372.29	97.05	344.14	46.85	24.71	河 南
202.68	131.96	443.59	64.84	303.48	80.79	181.26	83.99	41.33	湖 北
182.07	94.47	198.07	45.66	183.84	82.63	183.15	52.63	11.64	湖 南
412.16	346.89	1298.28	126.66	680.25	141.00	418.44	138.68	44.92	广 东
132.17	68.14	199.84	45.95	220.76	51.44	136.81	74.77	28.12	广 西
89.32	44.93	25.63	6.25	72.64	13.80	30.96	7.84	1.11	海 南
98.38	70.07	235.96	25.88	192.59	31.10	111.18	85.36	41.39	重 庆
218.81	163.36	410.56	47.07	334.59	70.79	262.41	49.45	23.19	四 川
69.76	54.28	122.19	21.12	101.60	21.22	89.78	21.05	10.73	贵 州
104.95	83.56	106.74	30.59	126.22	31.92	137.69	18.82	9.31	云 南
32.76	20.36	13.45	4.64	17.31	6.16	8.86	5.05	2.50	西 藏
106.62	82.66	129.50	23.97	172.47	37.64	238.83	31.11	11.21	陕 西
78.43	55.06	122.61	28.05	111.26	40.23	126.28	31.90	21.73	甘 肃
14.51	8.85	13.14	19.12	16.98	6.37	18.44	6.68	0.20	青 海
50.55	17.95	38.56	13.45	65.04	14.17	58.08	5.95	4.77	宁 夏
108.06	92.46	170.45	48.56	142.93	65.25	134.88	37.69	7.68	新 疆

2-3 2015年全国城市人口和建设用地(按城市分列)

面积计量单位：平方公里

人口计量单位：万人

城市名称 Name of Cities	市区面积 Urban District Area	市区人口 Urban District Population	市区暂住人口 Urban District Temporary Population	城区面积 Urban Area	城区人口 Urban Population	城区暂住人口 Urban Temporary Population	建成区面积 Area of Built District	城市建设用地面积 小计 Subtotal	居住用地 Residential
全 国	**2076198**	**73283.6**	**10050.4**	**191775.54**	**39437.84**	**6561.52**	**52102.31**	**51584.10**	**16282.49**
北 京	**16410**	**2170.5**		**12187.00**	**1877.70**		**1401.01**	**1454.69**	**417.17**
天 津	**10171**	**941.2**	**297.4**	**2506.11**	**676.84**	**198.40**	**885.43**	**870.18**	**222.34**
河 北	**36476**	**3097.8**	**217.1**	**6398.70**	**1575.07**	**118.08**	**1944.42**	**1816.10**	**628.93**
石家庄	2194	406.1	64.7	518.81	262.86	19.31	278.05	263.58	95.51
晋 州	619	56.7	0.8	90.78	13.16	0.20	14.83	14.83	4.20
新 乐	525	51.4	0.5	49.52	8.91	0.22	13.87	13.69	2.65
唐 山	3874	304.8	4.0	1230.20	193.69	4.00	249.00	210.00	71.17
遵 化	1523	80.0	3.2	85.80	21.60	2.67	25.80	25.58	12.90
迁 安	1227	76.2	3.6	128.10	24.20	1.80	42.00	39.00	15.20
秦皇岛	2132	140.5	20.6	248.00	94.79	13.21	131.45	131.43	38.78
邯 郸	924	202.9	13.7	377.40	148.77	10.01	127.03	127.03	49.80
武 安	1806	83.7	1.5	95.00	23.96	0.71	33.42	33.42	10.46
邢 台	132	88.1	6.1	114.80	88.14	6.10	90.12	90.12	34.50
南 宫	863	50.0	1.4	53.50	13.87	0.73	15.73	15.73	4.83
沙 河	999	44.5	0.5	37.00	9.33	0.26	16.85	16.48	6.01
保 定	2565	282.2	16.9	344.69	140.68	16.67	185.70	177.08	60.48
涿 州	752	68.1	3.3	52.20	33.60	1.12	32.03	31.75	14.13
安 国	485	41.8	0.8	81.00	9.65	0.70	13.12	12.80	7.28
高碑店	674	57.9	1.1	36.80	13.76	0.40	20.58	20.26	5.99
张家口	819	91.0	7.7	376.27	86.00	3.50	86.00	85.19	20.58
承 德	1253	59.6	3.9	718.34	53.09	3.83	116.97	66.77	20.31
沧 州	183	64.0	5.0	183.00	53.50	4.50	70.54	70.54	26.08
泊 头	1007	63.4	0.1	22.00	16.80	0.10	19.80	19.80	7.26
任 丘	1012	89.2	8.3	74.40	35.12	3.22	47.15	45.53	17.14
黄 骅	2202	58.6	5.3	200.00	14.60	5.20	35.00	34.58	11.11
河 间	1322	85.6	2.6	69.40	15.79	1.69	20.90	19.37	6.98
廊 坊	960	85.1	15.9	292.00	46.60	7.40	66.28	66.28	22.83
霸 州	784	64.5	6.1	79.00	14.70	1.20	17.60	17.51	8.40
三 河	643	65.2	5.0	169.00	19.00	2.50	19.31	18.90	2.45
衡 水	592	54.3	4.8	273.40	35.56	1.29	46.40	42.58	9.90
冀 州	918	37.2	0.7	128.00	15.15	0.74	18.40	18.07	3.70
深 州	1252	57.0	3.7	83.19	17.90	0.10	19.80	19.12	4.80
辛 集	951	63.7	2.3	137.10	16.00	1.80	29.19	27.58	12.13
定 州	1284	124.4	3.0	50.00	34.29	2.90	41.50	41.50	21.37
山 西	**28748**	**1644.7**	**152.5**	**2837.08**	**1017.56**	**94.57**	**1123.46**	**1079.30**	**339.09**
太 原	1500	323.0	53.0	1000.00	307.95	52.05	340.00	331.00	68.00
古 交	1512	21.8	2.2	22.47	15.13	1.53	16.66	17.65	5.68

National Urban Population and Construction Land by City (2015)

Area Measurement Unit: Square Kilometer

Population Measurement Unit: 10,000 persons

Area of Urban Construction Land							本年征用土地面积 Area of Land Requisition This Year		城市名称 Name of Cities
公共管理与公共服务用地 Administration and Public Services	商业服务业设施用地 Commercial and Business Facilities	工业用地 Industrial, Manufacturing	物流仓储用地 Logistics and Warehouse	道路交通设施用地 Road, Street and Transportation	公用设施用地 Municipal Utilities	绿地与广场用地 Green Space and Square		耕地 Arable Land	
4848.13	**3637.65**	**10298.65**	**1585.82**	**7452.98**	**1897.50**	**5580.88**	**1548.53**	**707.86**	**全　国**
173.45	**133.45**	**263.55**	**51.64**	**269.06**	**32.05**	**114.32**	**8.73**	**2.43**	**北　京**
64.93	**47.12**	**208.89**	**62.76**	**154.03**	**23.35**	**86.76**	**22.95**	**10.82**	**天　津**
172.92	**123.24**	**279.52**	**60.00**	**251.32**	**88.81**	**211.36**	**38.54**	**16.64**	**河　北**
26.75	17.79	16.05	5.76	41.17	14.73	45.82	0.12		石家庄
1.17	1.00	2.30	0.86	3.30	0.50	1.50			晋　州
1.22	1.38	2.23	0.74	2.37	2.37	0.73			新　乐
26.99	10.00	31.31	4.36	7.58	26.88	31.71			唐　山
4.10	0.28	3.20	0.40	0.50	2.50	1.70	0.38		遵　化
3.86	2.63	2.34	0.40	6.12	2.10	6.35			迁　安
9.96	16.24	27.15	4.62	21.68	4.74	8.26	7.98	2.20	秦皇岛
17.20	10.00	15.34	11.33	12.63	3.96	6.77	0.19	0.01	邯　郸
2.45	1.41	7.65	1.45	5.85	1.04	3.11	1.90	0.73	武　安
6.45	6.15	16.37	2.01	14.81	2.06	7.77			邢　台
1.44	1.75	2.92	0.16	2.77	0.21	1.65	0.75	0.52	南　宫
1.95	1.27	3.74	0.39	0.43	1.19	1.50			沙　河
15.59	9.22	45.03	4.27	23.40	5.80	13.29	4.48	3.47	保　定
2.52	2.32	7.70	0.28	3.36	0.65	0.79	0.48	0.22	涿　州
0.71	1.55	1.27	0.20	1.28	0.09	0.42	0.80		安　国
2.35	1.80	3.02	0.30	2.80	1.40	2.60	1.62	1.43	高碑店
6.83	6.05	18.05	6.05	15.85	1.98	9.80			张家口
7.80	4.39	12.43	1.85	9.41	1.55	9.03	8.42	4.32	承　德
5.01	3.68	11.65	2.56	15.41	1.82	4.33	0.91	0.64	沧　州
1.30	0.89	5.25	0.18	2.56	0.24	2.12			泊　头
4.40	3.33	5.42	1.67	6.05	2.20	5.32	1.17	0.28	任　丘
3.64	1.57	5.00	0.90	6.50	0.56	5.30	3.16		黄　骅
0.99	0.86	1.91	0.86	3.40	2.27	2.10	0.31		河　间
3.49	2.92	7.17	2.87	11.64	2.82	12.54	1.64	0.73	廊　坊
0.79	1.18	1.62	0.30	2.33	0.80	2.09	2.50	1.37	霸　州
3.60	2.62	0.93	0.97	4.69	0.70	2.94	0.92	0.49	三　河
3.87	4.86	2.14	1.44	6.83	1.19	12.35	0.10	0.04	衡　水
0.62	0.36	3.14	0.30	4.20	0.79	4.96			冀　州
2.45	2.80	3.50	1.10	1.55	0.42	2.50			深　州
1.53	1.76	6.05	0.39	4.24	0.42	1.06	0.39	0.19	辛　集
1.89	1.18	7.64	1.03	6.61	0.83	0.95	0.32		定　州
127.45	**70.60**	**176.59**	**39.35**	**138.93**	**81.69**	**105.60**	**24.84**	**15.15**	**山　西**
43.00	26.00	80.00	12.00	23.00	44.00	35.00	13.00	12.00	太　原
3.91	0.49	4.89		2.50	0.08	0.10			古　交

2-3 续表 1

面积计量单位：平方公里

人口计量单位：万人

城市名称 Name of Cities	市区面积 Urban District Area	市区人口 Urban District Population	市区暂住人口 Urban District Temporary Population	城区面积 Urban Area	城区人口 Urban Population	城区暂住人口 Urban Temporary Population	建成区面积 Area of Built District	城市建设用地面积 小计 Subtotal	居住用地 Residential
大　同	2080	157.0	5.9	130.20	119.32	4.26	125.20	125.20	43.00
阳　泉	652	71.8	1.7	55.16	58.42	1.71	55.16	44.40	16.05
长　治	334	73.5	5.7	76.20	68.41	5.51	59.30	58.88	16.70
潞　城	630	22.5	0.1	132.00	9.05	0.10	8.00	7.73	3.35
晋　城	2164	233.0	7.2	152.00	48.00		57.00	56.60	31.00
高　平	946	48.2	1.3	63.00	11.52	0.62	17.80	16.77	6.90
朔　州	4107	67.3	6.7	159.10	34.11	5.50	41.60	40.24	12.07
晋　中	1311	62.6	3.0	71.58	47.77	2.00	71.58	63.34	19.14
介　休	744	42.7	1.6	42.00	20.00	0.80	24.00	22.50	7.84
运　城	640	65.0	42.0	56.00	39.00	4.00	46.00	41.75	17.50
永　济	1221	45.0	0.2	214.34	16.90	0.20	23.04	22.33	4.93
河　津	593	38.8	1.3	107.80	20.70	1.30	28.82	28.80	7.06
忻　州	1982	54.7	2.8	183.00	27.42	2.56	36.00	35.50	14.30
原　平	2571	50.0	2.4	148.00	15.84	2.26	15.10	14.20	5.20
临　汾	1316	88.3	7.7	60.00	56.46	5.24	54.00	51.87	21.98
侯　马	220	25.0	0.6	20.03	15.40	0.34	20.03	20.03	7.81
霍　州	765	32.1	2.6	19.50	13.37	1.63	15.40	13.86	6.40
吕　梁	1339	33.1	3.2	50.20	25.32	1.68	25.80	24.27	8.03
孝　义	946	47.6	0.3	54.50	30.23	0.26	26.80	26.33	9.35
汾　阳	1175	41.7	1.0	20.00	17.24	1.02	16.17	16.05	6.80
内 蒙 古	**147096**	**980.0**	**212.2**	**5372.72**	**687.75**	**187.71**	**1225.21**	**1164.76**	**341.14**
呼和浩特	2054	132.0	56.1	265.05	132.00	56.08	260.00	229.91	74.24
包　头	2965	223.7	61.5	885.00	143.20	45.30	195.79	195.79	58.60
乌　海	1754	51.8	12.6	67.17	44.49	11.58	62.30	41.60	10.30
赤　峰	7076	134.3	13.8	560.00	86.39	11.82	105.00	82.05	17.63
通　辽	3212	84.0	3.1	75.63	42.60	2.50	61.20	61.20	14.39
霍林郭勒	585	10.3	2.4	36.04	10.30	2.36	17.00	16.81	3.00
鄂尔多斯	2884	31.3	24.1	199.42	28.19	24.14	116.42	116.42	26.65
呼伦贝尔	1519	30.1	5.5	252.00	27.29	4.77	59.46	59.46	21.69
满 洲 里	732	17.1	4.1	732.44	17.13	4.09	27.06	27.00	8.00
牙 克 石	27590	33.9	0.0	39.00	13.16		19.00	18.98	5.13
扎 兰 屯	16800	42.1	1.7	385.00	13.05	0.13	19.20	18.25	6.27
额尔古纳	28000	8.1	0.2	804.00	3.61	0.02	10.38	10.38	6.99
根　河	19659	7.1		350.00	7.11		17.50	12.83	6.39
巴彦淖尔	2354	52.0	8.1	80.51	34.00	7.00	51.00	61.09	20.81
乌兰察布	420	31.6	5.4	60.00	26.53	5.40	60.00	52.18	17.80
丰　镇	2704	32.2	0.5	25.00	13.20	0.45	25.00	23.70	8.05
乌兰浩特	772	31.9	2.3	86.10	23.44	1.80	38.50	37.75	15.00
阿 尔 山	7409	4.9	2.0	15.40	3.35	1.50	11.40	11.40	4.90
二连浩特	4015	3.1	3.9	45.96	2.89	3.87	27.00	45.96	4.64
锡林浩特	14592	18.4	4.9	409.00	15.82	4.90	42.00	42.00	10.66

continued 1

Area Measurement Unit: Square Kilometer

Population Measurement Unit: 10,000 persons

Area of Urban Construction Land							本年征用土地面积 Area of Land Requisition This Year		城市名称 Name of Cities
公共管理与公共服务用地 Administration and Public Services	商业服务业设施用地 Commercial and Business Facilities	工业用地 Industrial, Manufacturing	物流仓储用地 Logistics and Warehouse	道路交通设施用地 Road, Street and Transportation	公用设施用地 Municipal Utilities	绿地与广场用地 Green Space and Square		耕地 Arable Land	
13.30	10.10	14.50	6.70	21.40	1.50	14.70			大　同
1.91	0.82	10.36	1.31	8.70	1.22	4.03			阳　泉
12.94	0.54	12.97	2.59	8.84	3.05	1.25	0.35		长　治
0.79	0.55	0.91	0.03	0.95	0.12	1.03	2.07	1.03	潞　城
12.00	3.20	3.60		5.80	1.00				晋　城
1.30	1.80	0.85	1.30	2.30	0.40	1.92	1.45		高　平
3.51	4.90	0.98	1.85	4.81	2.14	9.98	0.44		朔　州
4.86	5.60	8.58	2.80	9.65	11.39	1.32	1.60		晋　中
1.96	2.20	4.85	0.65	2.90	0.20	1.90			介　休
1.52	1.34	4.89	2.00	7.62	3.30	3.58			运　城
2.30	0.33	3.20	0.36	2.85	2.30	6.06			永　济
1.58	1.65	6.25	1.27	5.26	1.08	4.65			河　津
3.49	1.44	4.20	0.31	7.89	0.21	3.66			忻　州
1.08	0.62	3.14	1.91	1.76	0.39	0.10			原　平
4.61	4.12	1.30	1.53	5.28	2.73	10.32	2.15	1.31	临　汾
1.96	1.56	2.15	0.87	3.90	0.31	1.47	0.10	0.05	侯　马
1.83	0.70	2.00	0.43	1.47	0.33	0.70			霍　州
3.56	1.16	4.00	0.70	3.80	1.96	1.06	2.96	0.62	吕　梁
4.24	0.88	2.05	0.62	6.20	1.47	1.52	0.72	0.14	孝　义
1.80	0.60	0.92	0.12	2.05	2.51	1.25			汾　阳
103.96	**92.32**	**164.37**	**38.11**	**235.01**	**38.93**	**150.92**	**19.57**	**11.55**	**内 蒙 古**
22.50	25.52	18.56	8.35	42.92	4.64	33.18	10.15	7.29	呼和浩特
15.82	9.83	52.50	7.50	24.40	3.49	23.65			包　头
4.08	2.24	1.56	1.02	16.63	0.82	4.95			乌　海
7.84	0.91	15.10	1.64	23.68	6.86	8.39			赤　峰
7.34	3.64	8.16	5.29	10.98	3.35	8.05			通　辽
2.00	1.80	1.20	1.65	4.00	1.70	1.46	1.23		霍林郭勒
9.30	15.45	3.57	0.05	32.86	0.95	27.59			鄂尔多斯
3.75	3.19	10.61	1.13	9.51	2.24	7.34			呼伦贝尔
3.00	1.00	2.00	1.00	8.00	2.00	2.00			满 洲 里
1.21	1.18	2.54	0.82	3.77	0.21	4.12			牙 克 石
3.00	1.85	1.00	0.30	4.20	0.38	1.25	1.02		扎 兰 屯
0.65	0.23	0.05	0.06	1.04	0.32	1.04			额尔古纳
0.96	0.03	1.83	0.85	1.09	0.76	0.92			根　河
4.70	4.21	10.57	1.44	11.31	2.44	5.61			巴彦淖尔
4.11	2.56	6.10	1.10	9.37	1.70	9.44	4.81	3.26	乌兰察布
1.55	3.86	4.38	0.78	2.49	0.38	2.21			丰　镇
3.77	4.57	4.10	0.61	3.80	2.00	3.90	0.98	0.98	乌兰浩特
0.43	0.90	0.27	0.34	1.50	1.94	1.12			阿 尔 山
2.88	5.34	14.50	1.28	15.80	0.83	0.69			二连浩特
5.07	4.01	5.77	2.90	7.66	1.92	4.01	1.38	0.02	锡林浩特

2-3 续表 2

面积计量单位：平方公里

人口计量单位：万人

城市名称 Name of Cities	市区面积 Urban District Area	市区人口 Urban District Population	市区暂住人口 Urban District Temporary Population	城区面积 Urban Area	城区人口 Urban Population	城区暂住人口 Urban Temporary Population	建成区面积 Area of Built District	城市建设用地面积 小计 Subtotal	居住用地 Residential
辽　宁	**65707**	**3033.1**	**198.6**	**14316.30**	**2109.28**	**167.70**	**2461.95**	**2405.24**	**814.59**
沈　阳	3471	529.9	52.1	3471.00	467.45	47.76	465.00	465.00	156.40
新　民	3318	67.9	0.8	225.20	20.30	0.26	26.11	25.11	13.85
大　连	2567	304.9	25.0	1170.00	304.90	25.00	395.50	382.86	109.00
瓦房店	3794	93.7	8.6	167.50	35.30	4.98	35.80	35.20	12.50
普兰店	2896	92.2	6.5	342.00	19.55	1.35	37.00	34.95	10.14
庄　河	4086	84.6	2.9	239.00	31.86	2.12	42.20	39.96	16.62
鞍　山	792	173.0	11.0	624.29	150.10	8.10	170.90	170.90	58.52
海　城	2581	107.9	6.3	104.00	38.81	1.70	36.40	36.40	18.33
抚　顺	1410	140.6	2.4	632.60	129.30	1.60	138.03	138.03	34.52
本　溪	1518	92.5	4.0	1518.00	87.80	3.60	109.00	92.40	27.96
丹　东	874	78.0	5.4	226.11	68.96	4.23	77.14	77.14	29.22
东　港	2445	60.6	2.6	126.00	13.91	2.50	31.72	29.64	6.05
凤　城	5513	56.8	2.2	329.33	17.63	2.20	21.00	21.00	11.66
锦　州	728	94.3	10.4	436.00	83.90	10.40	77.10	77.10	34.64
凌　海	2586	51.5	1.4	136.74	12.29	1.03	20.98	19.62	9.66
北　镇	1782	53.3	1.6	78.80	14.86	1.35	14.90	14.79	5.60
营　口	702	92.8	6.2	183.72	92.79	1.80	110.00	110.00	33.45
盖　州	2930	69.9	0.6	150.00	22.96	0.28	29.45	29.45	9.10
大石桥	1610	70.3	8.7	150.00	31.08	8.67	35.00	35.00	15.59
阜　新	490	77.2	0.8	448.00	77.20	0.80	76.50	76.50	20.73
辽　阳	1111	87.2	4.4	728.19	74.27	3.99	104.87	104.87	37.46
灯　塔	1166	44.4	1.7	127.00	10.91	1.23	13.87	13.04	4.65
盘　锦	266	64.5	8.6	266.00	64.50	8.60	74.94	74.94	27.19
铁　岭	660	54.6	5.2	203.65	40.00	5.10	57.00	50.00	20.23
调兵山	263	23.5	0.3	23.97	20.49	0.30	18.95	18.95	8.51
开　原	2828	58.0	8.2	150.46	18.28	8.18	26.28	26.16	8.39
朝　阳	1171	64.1	3.8	570.00	54.53	3.71	57.08	56.21	16.68
北　票	4469	57.6	0.3	183.00	18.10	0.20	18.40	18.40	8.50
凌　源	3263	63.4	1.5	462.24	19.55	1.33	24.93	24.93	12.84
葫芦岛	2301	69.7	2.3	575.00	48.43	2.33	85.90	77.55	22.50
兴　城	2118	54.3	3.1	268.50	19.27	3.00	30.00	29.14	14.10
吉　林	**106564**	**1983.0**	**141.7**	**3668.37**	**1058.08**	**113.29**	**1399.07**	**1330.14**	**486.51**
长　春	8164	448.5	71.1	522.99	340.52	61.83	506.33	470.05	144.28
榆　树	4724	135.3	8.5	109.00	23.80	5.90	23.40	20.24	10.26
德　惠	3435	92.8	3.0	124.70	26.28	1.15	31.00	32.53	21.17
吉　林	1995	181.9	2.2	498.75	126.15	1.47	185.00	185.00	58.10
蛟　河	6429	47.0	1.4	27.50	14.10	0.10	18.50	19.91	8.95
桦　甸	6626	44.8	3.8	192.00	15.48	0.72	19.50	19.50	9.34
舒　兰	4557	67.2	3.1	180.00	11.20	2.10	25.00	24.51	16.20
磐　石	3960	55.8	0.6	25.00	12.80	0.60	23.80	21.12	7.00
四　平	1081	58.0	8.0	87.40	58.00	8.00	57.87	59.60	23.09

continued 2

Area Measurement Unit: Square Kilometer

Population Measurement Unit: 10,000 persons

Area of Urban Construction Land							本年征用土地面积 Area of Land Requisition This Year	耕地 Arable Land	城市名称 Name of Cities
公共管理与公共服务用地 Administration and Public Services	商业服务业设施用地 Commercial and Business Facilities	工业用地 Industrial, Manufacturing	物流仓储用地 Logistics and Warehouse	道路交通设施用地 Road, Street and Transportation	公用设施用地 Municipal Utilities	绿地与广场用地 Green Space and Square			
176.47	**181.06**	**565.04**	**67.71**	**286.46**	**69.69**	**244.22**	**67.87**	**41.21**	**辽　宁**
43.74	21.24	100.60	10.07	51.60	11.45	69.90	27.34	20.02	沈　阳
0.11	0.33	7.00	1.01	2.53	0.13	0.15	0.83	0.48	新　民
30.22	21.65	100.03	9.97	54.23	11.00	46.76	17.69	7.04	大　连
3.00	4.80	8.60	0.90	0.60	0.70	4.10			瓦房店
2.21	1.56	16.02	1.00	2.40	0.60	1.02			普兰店
1.32	6.61	4.38	1.37	4.89	1.25	3.52	1.19	0.55	庄　河
7.50	8.73	53.15	3.92	26.91	3.61	8.56	4.26	2.80	鞍　山
3.25	2.48	4.68	1.15	4.29	0.48	1.74	2.64	1.59	海　城
9.59	6.93	46.63	4.91	8.01	5.59	21.85	1.82	1.82	抚　顺
6.80	12.72	21.90	0.93	13.76	1.88	6.45	1.65	1.09	本　溪
5.33	3.85	19.05	1.83	10.74	1.22	5.90	4.80	3.70	丹　东
2.41	1.05	10.42	1.68	1.12	3.42	3.49			东　港
1.24	0.44	3.15	0.61	3.42	0.25	0.23	0.47	0.37	凤　城
8.37	2.65	12.85	1.71	6.96	2.74	7.18	1.07		锦　州
1.31	4.50	0.57	0.36	2.50	0.30	0.42			凌　海
2.09	1.56	1.81	0.02	1.40	0.38	1.93	0.02	0.02	北　镇
8.85	30.42	6.30	6.40	15.34	4.32	4.92			营　口
1.02	2.35	6.96	0.40	5.38	0.38	3.86			盖　州
3.95	4.74	8.93	0.44	0.45	0.45	0.45			大石桥
3.90	6.42	18.97	3.20	12.47	0.69	10.12			阜　新
3.37	8.14	27.06	7.05	14.73	2.52	4.54	2.64	1.42	辽　阳
1.38	0.08	3.35	0.31	2.23	0.33	0.71	0.22	0.02	灯　塔
6.08	4.16	20.21	1.97	9.76	1.17	4.40			盘　锦
1.70	3.60	9.40	0.10	3.80	5.92	5.25	0.36	0.29	铁　岭
1.56	3.06	0.12	0.31	1.64	0.43	3.32			调兵山
2.03	0.75	6.10	1.02	3.81	0.50	3.56	0.87		开　原
4.70	3.06	17.30	0.58	8.60	1.42	3.87			朝　阳
1.20	3.30	0.80	0.90	1.50	0.20	2.00			北　票
0.29	0.33	6.22	0.43	1.81	2.91	0.10			凌　源
3.15	6.65	19.98	2.52	8.70	3.15	10.90			葫芦岛
4.80	2.90	2.50	0.64	0.88	0.30	3.02			兴　城
101.46	**87.38**	**260.58**	**41.97**	**190.38**	**53.78**	**108.08**	**34.37**	**25.41**	**吉　林**
45.52	26.82	106.08	13.95	70.48	27.35	35.57	22.38	16.59	长　春
1.24	1.46	1.51	0.92	2.56	0.40	1.89			榆　树
0.50	2.00	0.44	1.80	2.52	0.80	3.30	1.52	1.30	德　惠
9.84	11.30	54.92	5.09	25.71	3.05	16.99			吉　林
1.68	4.26	1.66	0.70	1.58	0.47	0.61			蛟　河
1.22	0.88	3.08	0.32	2.97	0.40	1.29	0.67	0.38	桦　甸
1.20	1.00	2.30	0.10	1.21	1.00	1.50			舒　兰
1.24	1.58	4.20	0.43	3.00	0.57	3.10			磐　石
4.38	7.32	10.54		6.80	3.20	4.27	1.43	1.07	四　平

2-3 续表 3

面积计量单位：平方公里

人口计量单位：万人

城市名称 Name of Cities	市区面积 Urban District Area	市区人口 Urban District Population	市区暂住人口 Urban District Temporary Population	城区面积 Urban Area	城区人口 Urban Population	城区暂住人口 Urban Temporary Population	建成区面积 Area of Built District	城市建设用地面积 小计 Subtotal	居住用地 Residen-tial
双辽	3121	41.2	1.0	149.20	12.55	1.00	20.81	20.32	8.93
辽源	442	46.6	2.2	46.30	46.62	2.15	46.30	46.30	27.60
通化	745	44.1	2.7	64.75	44.05	2.70	53.16	52.92	18.24
集安	3341	21.9	0.3	44.89	8.02	0.25	8.71	7.21	2.76
白山	2736	57.3	3.3	388.11	36.65	2.81	47.02	41.18	19.94
临江	2989	16.2	0.5	176.73	9.61	0.36	9.17	8.68	4.56
松原	1327	59.8	3.2	81.50	46.31	3.19	50.08	49.87	15.75
扶余	4673	79.6	2.2	17.20	10.04	2.16	13.20	13.20	5.79
白城	2569	49.8	2.1	67.50	28.01	0.32	42.87	42.61	11.77
洮南	5154	53.0	1.3	54.00	16.00	0.50	23.00	22.50	9.11
大安	4879	43.1	0.8	120.00	15.15	0.67	18.97	18.97	7.21
延吉	1748	53.9	8.7	40.66	43.50	7.70	35.50	33.91	11.60
图们	1143	11.9	0.5	15.00	8.08	0.24	10.03	10.03	3.76
敦化	11957	48.4	1.4	116.00	23.14	0.98	30.80	27.30	8.51
珲春	5145	22.8	2.9	125.39	17.67	2.46	17.89	15.89	4.30
龙井	2208	18.0	0.3	31.05	10.00	0.23	12.00	10.88	4.11
和龙	5069	18.0	0.5	145.00	10.00	0.27	12.55	10.88	5.72
公主岭	4173	105.7	3.2	137.75	26.04	1.83	32.58	30.29	9.56
梅河口	2174	60.5	3.1	80.00	18.31	1.60	24.03	14.74	8.90
黑龙江	**185864**	**2226.4**	**128.6**	**2578.26**	**1310.58**	**108.38**	**1772.24**	**1788.87**	**634.56**
哈尔滨	7086	470.1	60.4	402.90	406.71	51.24	402.90	393.80	123.20
双城	3112	82.2	0.4	55.00	17.60	0.37	29.60	25.32	9.20
尚志	8825	64.1	1.0	152.00	13.18	0.26	18.30	18.30	5.10
五常	7512	99.5	0.2	100.55	13.87	0.06	26.50	16.82	7.96
齐齐哈尔	4365	136.6	2.1	139.63	108.50	0.40	139.63	139.63	44.32
讷河	6651	71.4	0.4	20.00	9.58	0.41	11.17	11.16	3.45
鸡西	2300	83.3	2.0	80.61	70.29	2.00	80.61	78.85	47.75
虎林	9334	15.4	0.2	148.90	7.12	0.10	10.78	10.78	4.14
密山	7781	35.9	0.2	91.00	9.15	0.10	19.36	17.44	8.95
鹤岗	4551	66.0	0.9	85.00	54.46	0.77	53.22	53.21	19.28
双鸭山	1760	47.8	0.8	118.00	47.00	0.80	58.00	57.21	16.05
大庆	5107	135.9	37.0	320.22	112.48	36.96	244.79	320.22	77.16
伊春	19459	81.0	1.8	182.78	75.77	0.92	156.95	156.25	68.63
铁力	6440	37.0	0.2	21.40	12.05	0.10	16.50	15.68	8.56
佳木斯	1074	77.6	0.5	96.98	59.50	0.50	96.98	83.40	27.40
同江	6300	17.7	4.1	15.00	5.62	1.53	10.30	10.81	3.12
富锦	8227	42.2	0.3	17.90	12.10	0.25	16.20	16.18	8.03
七台河	3646	57.4	4.6	67.60	37.06	3.40	67.60	67.60	40.70
牡丹江	2675	88.3	0.7	92.68	73.00	0.70	82.24	82.24	32.68
绥芬河	421	7.0	3.1	27.59	6.37	2.37	27.10	19.38	4.85
海林	8711	28.0	0.2	24.25	10.00	0.04	16.76	16.76	5.30
宁安	7924	43.5	1.0	13.50	7.20	0.30	11.22	11.22	4.90

continued 3

Area Measurement Unit: Square Kilometer

Population Measurement Unit: 10,000 persons

Area of Urban Construction Land							本年征用土地面积 Area of Land Requisition This Year		城市名称 Name of Cities
公共管理与公共服务用地 Administration and Public Services	商业服务业设施用地 Commercial and Business Facilities	工业用地 Industrial, Manufacturing	物流仓储用地 Logistics and Warehouse	道路交通设施用地 Road, Street and Transportation	公用设施用地 Municipal Utilities	绿地与广场用地 Green Space and Square		耕地 Arable Land	
1.25	1.34	5.52	0.68	1.97	0.30	0.33			双辽
1.86	0.79	8.81	0.84	3.40	1.40	1.60			辽源
4.33	10.42	5.02	1.90	6.26	1.72	5.03	0.25	0.17	通化
0.70	0.30	1.03	0.12	0.78	0.25	1.27			集安
2.45	1.51	6.28	1.07	5.18	0.92	3.83			白山
0.49	0.10	1.59	0.25	1.20	0.15	0.34			临江
3.60	1.50	6.80	1.10	9.30	1.17	10.65	1.28	0.53	松原
1.23	0.88	1.57	1.34	1.73	0.40	0.26	0.42	0.30	扶余
3.13	2.69	11.58	3.51	7.91	0.71	1.31	1.53	1.33	白城
1.15	1.78	1.79	1.23	3.69	0.75	3.00			洮南
1.35	0.29	2.86	0.80	2.36	2.42	1.68	0.14	0.14	大安
4.65	1.39	4.08	0.63	7.93	0.50	3.13	3.13	1.98	延吉
0.38	0.41	2.13	0.64	2.36	0.24	0.11			图们
2.29	3.46	5.73	1.02	3.10	1.31	1.88			敦化
1.50	1.85	0.10	1.32	3.30	0.40	3.12			珲春
1.41	0.32	1.99	0.50	1.10	0.95	0.50			龙井
0.38	0.21	1.66	0.45	2.12	0.21	0.13			和龙
2.46	1.50	6.97	0.91	5.36	2.68	0.85	1.62	1.62	公主岭
0.03	0.02	0.34	0.35	4.50	0.06	0.54			梅河口
167.00	**86.53**	**350.60**	**74.18**	**261.40**	**62.18**	**152.42**	**14.66**	**6.76**	**黑龙江**
50.60	22.80	86.30	9.70	51.00	10.70	39.50	2.32		哈尔滨
1.89	1.00	7.64	1.36	3.44	0.13	0.66	0.49	0.38	双城
1.40	0.50	7.60	0.60	2.26	0.74	0.10	0.37	0.33	尚志
1.38	1.29	1.42	0.68	1.13	0.32	2.64	0.11	0.08	五常
11.43	6.46	29.72	7.71	17.75	14.07	8.17	0.70		齐齐哈尔
0.74	0.64	1.68	0.57	2.11	0.33	1.64	0.03		讷河
2.07	2.61	9.94	1.93	8.82	1.44	4.29	0.60	0.35	鸡西
0.78	0.48	1.66	0.96	2.12	0.16	0.48			虎林
0.62	0.47	2.34	1.42	1.89	0.29	1.46	0.15	0.09	密山
1.93	3.76	11.27	1.02	9.22	1.37	5.36			鹤岗
3.35	4.13	11.56	1.95	9.15	1.95	9.07			双鸭山
33.56	13.34	74.91	21.01	68.10	10.35	21.79	2.36	0.66	大庆
14.54	8.53	18.80	4.58	15.42	7.07	18.68			伊春
0.20	0.02	1.67	0.92	1.99	0.02	2.30			铁力
15.04	4.88	17.67	3.48	8.87	2.28	3.78			佳木斯
1.02	0.82	1.12	0.68	2.63	0.17	1.25			同江
0.94	0.52	1.72	0.65	3.57	0.25	0.50			富锦
1.60	1.00	9.23	0.97	10.70	0.70	2.70	0.60	0.37	七台河
7.05	1.18	17.38	3.24	11.41	1.80	7.50	2.53	2.12	牡丹江
1.57	0.99	4.91	0.77	3.48	0.91	1.90	0.70	0.44	绥芬河
0.25	2.06	0.80	0.87	2.38	0.60	4.50	0.35	0.30	海林
0.63	0.18	2.45	0.32	0.69	1.74	0.31			宁安

2-3 续表 4

面积计量单位：平方公里

人口计量单位：万人

城市名称 Name of Cities	市区面积 Urban District Area	市区人口 Urban District Population	市区暂住人口 Urban District Temporary Population	城区面积 Urban Area	城区人口 Urban Population	城区暂住人口 Urban Temporary Population	建成区面积 Area of Built District	城市建设用地面积 小计 Subtotal	居住用地 Residential
穆　棱	6187	28.9	0.4	10.44	7.61	0.29	10.44	10.44	3.78
黑　河	14446	19.9	1.7	27.88	13.73	0.81	20.00	20.00	5.50
北　安	7194	45.2	0.4	57.31	13.37	0.16	22.61	22.61	4.77
五大连池	9874	37.0	0.5	10.00	4.60	0.52	5.62	5.62	1.36
绥　化	2743	83.5	2.0	92.77	34.00	1.50	37.00	36.00	11.56
安　达	3586	53.6	0.5	25.10	22.89	0.42	25.10	21.82	10.45
肇　东	3905	92.5	0.5	48.77	31.00	0.50	34.20	35.60	20.00
海　伦	4667	78.2	0.6	32.50	14.77	0.60	20.56	14.52	6.41
上　海	**6341**	**2415.3**		**6340.50**	**2415.27**		**998.75**	**2915.56**	**1058.89**
江　苏	**65667**	**5578.2**	**857.1**	**15110.50**	**2745.30**	**328.56**	**4189.17**	**4207.60**	**1269.08**
南　京	6589	653.4	39.6	4226.41	581.65	36.17	755.27	735.28	204.31
无　锡	1644	248.5	43.7	1261.26	211.33	34.97	329.43	286.75	87.73
江　阴	988	124.1	40.5	198.00	33.94	2.98	125.00	113.75	43.02
宜　兴	1997	108.1	25.9	542.78	47.68	2.83	78.00	78.00	24.81
徐　州	3040	333.2	25.7	603.25	170.68	16.67	255.20	239.27	58.35
新　沂	1571	112.7	4.3	120.00	31.97	2.80	35.50	35.50	14.20
邳　州	2088	187.5	3.1	124.00	34.97	2.00	45.35	45.34	19.05
常　州	2839	292.7	42.7	746.11	152.67	26.30	250.31	250.22	64.38
溧　阳	1535	79.5	5.0	113.19	21.10	0.36	28.48	27.36	8.63
苏　州	2827	341.3	99.3	1523.88	256.77	43.04	458.29	455.19	128.50
常　熟	1264	106.8	92.2	349.40	41.11	0.81	98.00	85.50	35.01
张家港	998	92.3	58.5	172.52	38.97	1.65	69.65	68.23	24.89
昆　山	928	78.7	88.3	148.30	40.31	2.60	72.00	67.64	19.65
太　仓	810	48.0	8.6	147.97	20.32	4.62	49.90	49.90	13.72
南　通	1706	213.1	61.6	398.00	113.78	48.67	204.72	237.01	72.82
启　东	1208	112.1	8.1	50.00	20.50	1.50	28.30	26.80	7.07
如　皋	1477	143.7	3.2	108.16	31.65	1.25	37.20	35.20	14.06
海　门	1149	100.0	11.8	60.00	25.89	3.51	25.43	25.43	9.59
连云港	2602	230.7	14.7	718.50	99.99	5.13	206.00	232.15	92.00
淮　安	3137	293.6	27.3	227.00	124.88	21.79	155.00	193.90	57.40
盐　城	5131	242.1	24.8	608.76	120.96	14.94	142.37	139.82	41.14
东　台	3221	112.6	8.3	128.50	29.80	2.80	35.80	35.52	8.80
扬　州	2358	228.8	22.5	415.34	95.36	13.90	140.00	139.30	42.48
仪　征	853	59.6	2.7	67.70	20.84	0.19	39.25	39.01	9.66
高　邮	1963	81.6	5.0	111.25	21.42	0.63	26.50	26.40	6.22
镇　江	1082	103.2	19.7	555.43	79.38	9.52	137.50	137.50	39.30
丹　阳	1047	81.2	23.0	154.22	30.62	5.15	33.30	33.30	6.88
扬　中	332	28.2	5.2	94.75	14.08	2.51	13.81	13.49	3.53
句　容	1387	59.1	1.2	92.80	15.60	1.14	25.79	25.79	10.49
泰　州	1567	163.6	22.0	408.74	83.08	9.99	104.70	152.74	46.50

continued 4

Area Measurement Unit: Square Kilometer

Population Measurement Unit: 10,000 persons

Area of Urban Construction Land							本年征用土地面积 Area of Land Requisition This Year	耕地 Arable Land	城市名称 Name of Cities
公共管理与公共服务用地 Administration and Public Services	商业服务业设施用地 Commercial and Business Facilities	工业用地 Industrial, Manufacturing	物流仓储用地 Logistics and Warehouse	道路交通设施用地 Road, Street and Transportation	公用设施用地 Municipal Utilities	绿地与广场用地 Green Space and Square			
0.91	0.87	0.92	0.35	1.57	0.16	1.88			穆　棱
3.94	1.36	2.13	1.15	2.12	0.89	2.91			黑　河
1.17	1.54	6.03	2.73	3.99	0.42	1.96	1.25	0.08	北　安
0.30	0.39	1.04	0.68	0.95	0.15	0.75			五大连池
2.93	1.16	10.78	1.37	6.45	0.45	1.30	1.70	1.24	绥　化
1.57	0.75	5.13	1.35	1.83	0.39	0.35			安　达
2.00	1.04	2.00	1.10	3.10	2.16	4.20	0.06		肇　东
1.59	1.76	0.78	0.06	3.26	0.17	0.49	0.34	0.32	海　伦
161.73	**137.54**	**733.11**	**85.54**	**418.86**	**130.28**	**189.61**	**24.52**	**12.43**	**上　海**
357.07	**334.47**	**973.83**	**115.36**	**562.84**	**124.99**	**469.96**	**141.26**	**70.49**	**江　苏**
86.18	51.10	159.77	17.68	106.13	18.81	91.30	32.26	13.92	南　京
19.97	26.30	68.99	6.21	41.91	3.67	31.97	11.23	5.78	无　锡
2.50	7.46	23.33	2.79	15.21	5.28	14.16	2.47	1.34	江　阴
3.83	5.69	23.73	0.70	11.14	1.55	6.55	1.93	1.10	宜　兴
30.37	7.27	27.64	21.58	13.99	21.61	58.46	7.24	5.61	徐　州
5.00	1.21	7.10	0.74	2.24	3.00	2.01			新　沂
4.07	1.56	8.55	0.32	5.01	1.55	5.23			邳　州
15.50	15.66	70.28	6.37	34.80	7.59	35.64	10.01	4.35	常　州
2.65	2.21	7.03	0.65	2.91	1.09	2.19			溧　阳
29.38	29.46	129.44	7.69	65.18	9.44	56.10	2.78	0.37	苏　州
2.86	13.65	18.37	1.06	7.25	1.70	5.60			常　熟
4.40	3.93	18.43	0.51	7.05	0.81	8.21	0.16	0.02	张家港
5.52	2.04	18.07	2.03	7.79	4.54	8.00			昆　山
1.50	3.47	12.65	1.38	6.01	1.39	9.78	2.30	1.46	太　仓
25.90	59.90	19.33	4.23	40.74	4.06	10.03	5.36	2.56	南　通
2.68	3.40	5.90	0.70	0.83	1.14	5.08	1.00	1.00	启　东
2.55	2.88	5.81	0.16	4.32	0.54	4.88	4.19	1.80	如　皋
1.27	1.87	4.42	0.33	0.30	3.56	4.09	2.06	1.00	海　门
14.93	20.20	52.23	12.01	28.67	3.79	8.32	12.44	7.32	连云港
17.50	11.00	54.00	3.80	31.10	1.50	17.60			淮　安
13.97	7.41	46.49	3.53	18.98	3.32	4.98	0.72	0.35	盐　城
3.11	6.02	1.69	2.05	5.71	0.82	7.32			东　台
10.45	10.57	34.39	1.68	24.41	2.44	12.88	1.69	0.80	扬　州
2.20	1.29	13.85	0.94	7.27	1.57	2.23	5.38	2.88	仪　征
3.60	1.88	1.93	2.81	4.30	2.18	3.48	2.27	1.21	高　邮
9.00	6.90	37.50	5.30	18.30	5.30	15.90	6.92	3.36	镇　江
5.48	6.82	7.70	0.78	0.59	4.17	0.88	1.99	1.10	丹　阳
0.90	0.87	2.64	0.42	2.37	0.61	2.15	1.09	0.59	扬　中
0.73	1.51	5.12	0.25	4.03	0.48	3.18	7.93	3.97	句　容
15.04	11.93	44.04	3.82	19.10	5.33	6.98	2.85	0.59	泰　州

2-3 续表 5

面积计量单位：平方公里

人口计量单位：万人

城市名称 Name of Cities	市区面积 Urban District Area	市区人口 Urban District Population	市区暂住人口 Urban District Temporary Population	城区面积 Urban Area	城区人口 Urban Population	城区暂住人口 Urban Temporary Population	建成区面积 Area of Built District	城市建设用地面积 小计 Subtotal	居住用地 Residential
兴化	2393	158.2	3.7	64.00	20.00	1.60	38.30	37.43	13.85
靖江	656	66.6	8.8	143.00	21.01	3.10	33.62	33.57	10.66
泰兴	1174	119.5	3.4	74.64	25.29	1.06	26.50	20.82	9.18
宿迁	2108	174.1	3.0	352.64	67.70	2.38	84.70	84.49	21.20
浙江	**54391**	**3365.9**	**1325.4**	**11326.51**	**1547.58**	**620.46**	**2590.74**	**2469.74**	**700.45**
杭州	4876	517.4	327.7	1484.96	332.09	191.71	506.09	459.48	125.85
建德	2364	50.9	4.4	85.00	11.70	1.69	10.60	10.30	3.65
临安	3124	52.9	10.8	242.00	19.10	7.86	16.70	16.70	5.02
宁波	2463	232.1	101.3	778.00	151.27	38.90	321.91	297.44	67.11
余姚	1527	83.7	10.9	355.00	38.87	6.11	49.24	47.04	14.00
慈溪	1361	104.7	40.4	270.48	41.45	10.31	45.10	42.69	20.14
奉化	1269	48.3	17.8	319.00	23.22	9.78	18.75	42.04	12.73
温州	1311	165.9	50.3	849.26	144.47	48.34	238.40	182.26	44.29
瑞安	1350	122.9	38.3	111.40	21.29	6.36	22.60	18.71	8.98
乐清	1385	128.0	61.9	287.73	33.39	18.87	22.23	33.45	10.96
嘉兴	1024	92.7	78.4	228.72	45.54	40.05	115.78	115.78	33.25
海宁	701	67.6	37.6	149.90	16.97	4.64	49.24	49.24	14.84
平湖	537	49.2	26.5	152.12	19.07	14.35	33.80	27.71	6.96
桐乡	727	68.9	37.6	189.50	22.42	2.91	42.60	40.67	11.41
湖州	1572	112.8	53.2	640.69	52.80	37.40	102.90	102.22	29.16
绍兴	2942	218.4	137.9	497.04	97.05	48.84	199.40	219.79	64.87
诸暨	2311	109.4	39.2	346.62	23.41	12.06	43.90	39.02	12.97
嵊州	1790	73.1	8.4	214.70	23.21	6.78	41.40	36.40	9.93
金华	2049	96.1	34.7	379.64	47.70	17.60	80.20	80.20	21.39
兰溪	1311	66.3	5.8	206.30	23.29	2.69	34.90	33.06	10.65
义乌	1105	76.0	70.5	419.44	43.97	28.20	103.00	102.75	32.52
东阳	1739	83.9	28.9	373.00	30.31	11.03	38.99	38.69	10.52
永康	1049	59.7	26.6	134.80	16.88	6.83	36.89	36.89	9.01
衢州	2354	84.6	10.3	200.10	29.48	6.34	71.19	70.26	15.36
江山	2019	61.1	2.3	141.25	13.09	2.00	15.80	9.90	5.28
舟山	1028	71.0	7.5	579.99	50.33	7.49	62.15	57.87	20.59
台州	1536	158.0	8.6	749.98	98.17	5.17	139.80	128.68	41.19
温岭	836	121.6	8.6	121.90	24.94	3.96	34.01	34.01	13.35
临海	2171	119.6	16.1	360.00	29.10	2.10	43.77	40.59	9.29
丽水	1502	40.1	21.7	266.13	15.38	19.10	34.90	37.21	11.42
龙泉	3059	29.1	1.2	191.86	7.62	0.99	14.50	18.69	3.76
安徽	**38397**	**2441.7**	**374.9**	**6059.40**	**1172.58**	**316.64**	**1926.36**	**1920.12**	**609.43**
合肥	1312	251.0	189.3	1126.61	209.79	168.42	438.20	420.14	115.20
巢湖	2031	96.2	2.6	48.00	35.00	2.00	48.00	47.60	16.20
芜湖	1395	146.0	35.9	721.70	102.86	34.91	165.00	159.00	35.50

continued 5

Area Measurement Unit: Square Kilometer

Population Measurement Unit: 10,000 persons

Area of Urban Construction Land							本年征用土地面积 Area of Land Requisition This Year		城市名称 Name of Cities
公共管理与公共服务用地 Administration and Public Services	商业服务业设施用地 Commercial and Business Facilities	工业用地 Industrial, Manufacturing	物流仓储用地 Logistics and Warehouse	道路交通设施用地 Road, Street and Transportation	公用设施用地 Municipal Utilities	绿地与广场用地 Green Space and Square		耕地 Arable Land	
2.47	1.92	11.40	0.28	4.42	0.51	2.58			兴化
1.21	1.35	4.92	0.85	1.45	0.21	12.92	1.76	1.30	靖江
1.65	0.74	2.80	0.31	5.33	0.23	0.58	3.73	2.29	泰兴
8.70	5.00	24.29	1.40	14.00	1.20	8.70	9.50	4.42	宿迁
212.12	**212.59**	**562.29**	**61.83**	**354.37**	**94.11**	**271.98**	**99.58**	**52.81**	**浙江**
67.31	45.77	75.81	9.28	73.28	11.16	51.02	12.95	8.29	杭州
1.12	1.26	0.08	0.06	0.47	0.21	3.45	2.74	1.65	建德
0.93	1.87	3.81	0.36	0.59	2.15	1.97	2.60		临安
21.49	19.48	108.76	14.15	46.52	4.53	15.40	1.38	0.62	宁波
3.09	3.35	12.90	0.30	10.20	0.70	2.50	2.72	1.80	余姚
2.80	2.55	9.00	0.12	4.59	0.43	3.06	3.45	2.07	慈溪
1.44	2.72	13.59	0.85	7.14	2.54	1.03	3.44	0.22	奉化
13.51	36.32	6.93	7.42	34.84	10.13	28.82	6.37	2.21	温州
1.91	1.83	0.12	0.51	3.36	0.15	1.85	1.89	1.61	瑞安
1.81	3.96	0.11	0.72	7.40	0.19	8.30	1.59	0.97	乐清
6.33	18.61	20.03	1.93	5.58	17.60	12.45	3.09	2.29	嘉兴
5.94	6.72	11.64	0.12	0.70	1.49	7.79	1.83	1.07	海宁
2.13	4.84	5.63	0.38	4.25	1.01	2.51	2.85	2.19	平湖
2.34	2.04	9.97	1.85	7.73	1.26	4.07	1.06	0.47	桐乡
8.53	8.79	29.57	1.22	8.36	2.10	14.49	3.11	2.07	湖州
12.18	13.79	64.77	3.65	19.23	9.11	32.19	12.22	7.68	绍兴
5.03	1.69	4.93	0.80	3.89	5.75	3.96	5.27	2.50	诸暨
2.39	2.10	12.51	0.32	4.90	0.89	3.36	1.96	1.28	嵊州
6.41	6.37	18.79	3.81	16.00	1.97	5.46	2.40	1.38	金华
1.99	1.03	13.07	0.18	3.46	0.28	2.40	1.19	0.60	兰溪
6.96	8.02	15.35	7.11	21.80	0.87	10.12	5.55	2.90	义乌
1.17	0.60	12.66	0.52	5.32	1.08	6.82	0.83	0.53	东阳
2.58	0.57	14.83	0.73	6.21	1.52	1.44	1.05	0.22	永康
4.74	2.90	24.16	1.89	12.50	1.92	6.79	0.22	0.10	衢州
0.57	0.17	2.66	0.22	0.85	0.06	0.09	0.72	0.32	江山
7.26	2.71	7.63	0.56	9.65	1.65	7.82	2.65	1.86	舟山
9.07	5.07	33.48	0.72	17.58	2.30	19.27	9.12	3.60	台州
1.35	2.58	7.10	0.36	5.13	1.38	2.76	1.31	0.72	温岭
2.83	1.50	14.44	1.07	5.85	1.53	4.08	0.30	0.25	临海
6.07	2.36	4.36	0.35	3.41	5.02	4.22	3.10	0.88	丽水
0.84	1.02	3.60	0.27	3.58	3.13	2.49	0.62	0.46	龙泉
145.71	**170.81**	**349.00**	**56.18**	**299.02**	**58.86**	**231.11**	**114.14**	**64.32**	**安徽**
41.30	31.30	77.70	5.00	67.50	6.10	76.04	14.22	7.62	合肥
5.40	9.20	2.40	1.60	2.60	3.00	7.20	6.60	4.00	巢湖
5.00	14.50	13.50	4.00	35.00	11.50	40.00	8.39	3.65	芜湖

2-3 续表 6

面积计量单位：平方公里

人口计量单位：万人

城市名称 Name of Cities	市区面积 Urban District Area	市区人口 Urban District Population	市区暂住人口 Urban District Temporary Population	城区面积 Urban Area	城区人口 Urban Population	城区暂住人口 Urban Temporary Population	建成区面积 Area of Built District	城市建设用地面积 小计 Subtotal	居住用地 Residential
蚌埠	957	113.6	15.2	365.48	80.84	14.14	138.00	137.59	47.65
淮南	1736	184.3	0.3	486.96	107.53	0.25	108.00	107.02	47.17
马鞍山	704	82.2	13.9	175.84	58.95	13.23	93.30	89.43	22.40
淮北	754	104.8	3.0	210.00	78.68	2.87	84.60	90.10	32.13
铜陵	438	44.8	8.0	180.60	41.50	6.03	75.88	72.89	19.98
安庆	821	73.7	18.4	311.50	65.60	5.14	85.27	93.52	31.92
桐城	1571	75.4	0.5	91.56	16.39	0.38	26.60	24.88	5.71
黄山	2361	51.4	4.8	445.80	33.51	3.63	65.14	48.65	16.59
滁州	1404	53.7	6.5	282.60	36.42	4.74	83.84	115.74	34.86
天长	1770	64.3	7.1	33.00	14.50	5.80	29.80	29.18	8.85
明光	2335	64.0	1.6	40.00	14.61	1.37	24.95	24.91	9.46
阜阳	1924	222.6	4.5	338.87	74.02	3.59	121.50	116.72	55.80
界首	667	80.2	0.5	77.95	17.82	0.43	18.35	18.32	7.85
宿州	2868	188.7	16.8	164.51	48.47	10.30	75.00	74.41	25.87
六安	3583	190.3	25.8	166.12	39.10	20.70	74.30	74.30	24.13
亳州	2226	163.2	1.6	86.90	30.52	1.57	56.00	62.61	17.48
池州	2432	66.2	3.2	252.93	27.12	3.20	36.93	37.18	13.98
宣城	2621	86.3	12.5	131.77	23.82	11.69	52.00	50.44	12.86
宁国	2487	38.6	2.9	320.70	15.53	2.25	25.70	25.49	7.84
福建	**46371**	**2082.2**	**689.7**	**4368.15**	**869.77**	**311.46**	**1413.54**	**1346.58**	**456.66**
福州	1786	200.0	62.3	1043.00	191.58	50.56	260.05	238.82	100.60
福清	2030	134.4	27.6	224.50	31.31	2.53	48.00	45.55	15.98
长乐	658	71.3	0.7	176.37	21.74	0.31	22.00	17.81	6.70
厦门	1569	211.1	282.9	317.10	168.18	138.93	317.10	317.10	85.62
莆田	2284	222.6	39.9	244.00	51.50	11.20	86.90	123.05	64.17
三明	1178	28.3	1.9	220.00	21.11	1.14	37.45	33.80	10.50
永安	2942	33.2	8.9	300.00	14.20	2.62	24.43	24.19	8.21
泉州	892	242.5	57.5	539.00	98.70	31.20	206.50	155.00	47.00
石狮	160	32.8	20.6	40.00	13.30	19.70	33.91	29.63	6.50
晋江	649	111.8	98.9	60.00	21.65	11.85	38.00	37.08	11.00
南安	2036	159.5	40.9	130.00	22.35	5.58	32.73	32.72	9.78
漳州	401	59.3	12.3	95.24	40.87	9.50	65.65	65.35	18.45
龙海	1128	82.7	5.1	27.00	18.97	0.92	21.08	19.63	5.80
南平	6045	84.9	8.2	199.51	29.43	5.87	41.24	37.98	9.70
邵武	2837	30.9	2.8	95.00	9.65	1.82	18.89	18.79	6.30
武夷山	2798	23.3	0.7	135.10	8.78	0.53	9.75	9.75	2.99
建瓯	4233	55.4	3.5	35.00	10.42	3.30	14.00	13.49	5.78
龙岩	4901	99.6	0.8	200.00	41.17	0.60	58.36	53.48	15.73
漳平	2958	29.5	2.5	14.50	8.58	2.32	14.30	12.09	3.25
宁德	1537	44.4	7.4	107.50	18.45	7.12	29.81	27.90	11.77
福安	1880	66.3	3.0	41.33	12.70	2.55	14.19	14.17	3.62
福鼎	1470	58.4	1.3	124.00	15.13	1.31	19.20	19.20	7.21

continued 6

Area Measurement Unit: Square Kilometer

Population Measurement Unit: 10,000 persons

Area of Urban Construction Land							本年征用土地面积		城市名称
公共管理与公共服务用地 Administration and Public Services	商业服务业设施用地 Commercial and Business Facilities	工业用地 Industrial, Manufacturing	物流仓储用地 Logistics and Warehouse	道路交通设施用地 Road, Street and Transportation	公用设施用地 Municipal Utilities	绿地与广场用地 Green Space and Square	Area of Land Requisition This Year	耕地 Arable Land	Name of Cities
9.67	5.67	23.14	9.92	22.09	10.46	8.99	7.61	5.11	蚌埠
8.99	6.93	16.53	3.22	16.40	1.21	6.57	4.53	3.32	淮南
6.71	4.04	31.95	2.22	13.50	0.94	7.67	2.03	1.47	马鞍山
6.53	8.70	18.53	2.92	10.85	1.55	8.89	3.13	2.09	淮北
5.73	6.26	13.23	5.23	11.07	3.74	7.65	6.18		铜陵
8.89	26.17	5.80	3.91	7.55	2.61	6.67			安庆
2.01	4.43	8.84	0.40	0.42	1.02	2.05	2.14	1.39	桐城
4.67	2.95	8.73	0.65	7.57	0.91	6.58	1.13	0.68	黄山
8.03	5.02	30.86	2.34	22.16	4.63	7.84	18.98	12.12	滁州
1.90	7.90	1.20	0.33	4.80	0.60	3.60	0.50		天长
2.50	0.90	4.95	0.59	3.86	0.45	2.20	0.89	0.34	明光
6.06	6.72	19.80	4.22	16.86	1.91	5.35	15.60	8.40	阜阳
2.80	2.53	0.30	0.69	2.39	0.41	1.35	1.20	0.42	界首
1.72	9.80	14.78	2.75	10.15	1.86	7.48	5.65	4.40	宿州
4.92	4.62	13.56	1.61	11.23	2.37	11.86	4.64	2.62	六安
4.45	6.85	12.96	2.44	12.57	1.25	4.61	6.59	5.59	亳州
3.33	2.17	4.55	1.35	7.63	0.79	3.38	0.71	0.31	池州
3.90	2.75	15.36	0.62	9.19	0.99	4.77	2.16		宣城
1.20	1.40	10.33	0.17	3.63	0.56	0.36	1.26	0.79	宁国
138.03	**96.83**	**247.46**	**34.34**	**188.15**	**53.79**	**131.32**	**100.22**	**25.23**	**福建**
30.10	11.10	36.00	1.62	32.69	4.93	21.78	8.73	2.81	福州
4.80	7.88	4.11	5.85	4.19	1.04	1.70	8.00	3.10	福清
2.15	1.19	4.46	0.33	1.71	0.60	0.67	4.03	1.66	长乐
28.39	23.42	82.02	7.68	47.41	7.49	35.07	17.04	1.41	厦门
8.75	3.16	26.53	1.65	16.76	0.86	1.17	2.80	2.00	莆田
2.63	1.10	11.35	2.00	4.25	0.96	1.01	18.90	3.74	三明
1.69	0.81	6.12	0.91	2.64	0.41	3.40	1.91	0.27	永安
19.00	26.00	6.10	5.40	20.00	12.50	19.00	2.50	0.70	泉州
4.80	2.38	4.12	0.94	5.55	2.18	3.16	1.38	0.34	石狮
3.45	2.00	9.20	0.70	2.50	6.20	2.03	9.00	2.00	晋江
1.26	3.41	2.80	0.54	4.45	5.50	4.98	2.76	1.66	南安
8.39	0.74	14.96	0.83	13.65	3.76	4.57	4.30	0.59	漳州
1.46	1.86	0.53	0.51	3.05	1.33	5.09	2.53	1.39	龙海
5.44	1.78	8.30	1.65	4.96	0.51	5.64	3.74	0.69	南平
1.43	0.42	6.50	0.86	1.78	0.45	1.05	0.97	0.19	邵武
0.76	0.65	0.89	0.11	1.92	0.53	1.90	1.25	0.42	武夷山
0.90	0.50	3.05	0.15	1.82	0.09	1.20	0.50		建瓯
6.54	3.44	7.57	1.04	8.14	1.62	9.40	6.88	0.82	龙岩
0.61	0.93	3.84	0.38	1.52	0.64	0.92			漳平
3.04	1.62	3.79	0.10	4.34	0.29	2.95	1.11	0.55	宁德
0.99	0.93	2.39	0.66	1.87	0.77	2.94	0.82		福安
1.45	1.51	2.83	0.43	2.95	1.13	1.69	1.07	0.89	福鼎

2-3 续表 7

面积计量单位：平方公里

人口计量单位：万人

城市名称 Name of Cities	市区面积 Urban District Area	市区人口 Urban District Population	市区暂住人口 Urban District Temporary Population	城区面积 Urban Area	城区人口 Urban Population	城区暂住人口 Urban Temporary Population	建成区面积 Area of Built District	城市建设用地面积 小计 Subtotal	城市建设用地面积 居住用地 Residential
江　西	**36038**	**1851.2**	**146.8**	**2178.89**	**945.00**	**105.64**	**1295.65**	**1231.02**	**373.26**
南　昌	3095	300.5	29.0	358.90	241.84	28.62	307.30	268.07	88.00
景德镇	580	49.3	2.2	198.50	48.96	1.10	78.68	76.33	20.44
乐　平	1974	90.0	0.3	49.21	16.96	0.20	23.85	24.69	6.26
萍　乡	1065	91.0	2.8	85.70	42.33	2.73	50.87	62.44	22.92
九　江	699	67.0	6.5	109.95	63.67	2.90	105.63	103.45	33.07
瑞　昌	1423	48.0	1.0	23.36	18.62	0.89	19.42	22.69	8.54
共青城	181	11.2	7.0	14.00	5.22	1.20	14.00	8.94	2.95
新　余	1789	90.1	1.9	230.00	45.10	1.84	76.00	69.58	25.75
鹰　潭	138	23.7	1.5	63.00	21.49	0.58	33.80	32.10	7.13
贵　溪	2480	64.0	1.7	90.00	12.03	0.90	31.56	31.55	7.82
赣　州	2373	164.4	49.5	162.12	95.86	34.59	141.40	129.41	37.28
瑞　金	2449	69.9	1.1	108.00	34.90	1.12	27.02	28.02	8.52
吉　安	1382	60.8	5.5	230.00	38.23	5.42	55.05	50.85	10.76
井冈山	1298	16.9	3.1	8.90	2.81	1.60	8.90	7.46	2.49
宜　春	2532	111.8	13.2	88.00	44.19	13.16	68.00	68.00	15.65
丰　城	2845	145.4	0.5	62.60	36.46	0.15	49.80	48.90	9.55
樟　树	1291	60.7	1.9	46.34	26.24	0.10	26.12	25.86	7.82
高　安	2439	87.8	4.5	52.00	23.70	1.16	30.94	29.62	6.81
抚　州	2153	119.1	2.8	85.30	53.91	2.80	59.13	59.13	18.52
上　饶	1770	145.9	10.9	92.01	65.83	4.55	77.36	73.31	29.08
德　兴	2082	33.7	0.2	21.00	6.65	0.03	10.82	10.62	3.90
山　东	**87185**	**5701.3**	**477.6**	**21567.91**	**2880.07**	**250.60**	**4609.32**	**4407.70**	**1308.03**
济　南	3257	364.5	5.2	1210.00	300.00	3.00	392.96	392.93	105.69
章　丘	1855	102.6	2.5	365.87	26.06	0.90	44.00	42.57	9.27
青　岛	3231	372.8	141.1	1963.20	298.76	39.51	566.37	469.44	133.09
胶　州	1324	82.8		504.10	41.96		53.67	53.67	13.54
即　墨	1780	114.9	5.9	612.89	54.65	1.32	58.37	56.13	23.37
平　度	3167	138.6	5.5	719.90	45.92	1.60	58.60	58.60	23.17
莱　西	1568	74.0	2.8	448.09	29.90	2.78	33.02	33.02	12.07
淄　博	2989	285.8	21.7	678.69	159.40	8.30	267.01	261.32	91.06
枣　庄	3076	237.9	6.8	349.46	92.90	4.39	149.30	136.29	53.66
滕　州	1496	169.9	2.5	107.50	35.24	1.40	55.79	52.67	25.88
东　营	3294	85.8	16.5	1099.20	64.43	3.36	118.65	116.00	38.25
烟　台	2722	185.1	35.2	912.31	144.99	33.96	323.95	317.71	60.86
龙　口	901	63.6	4.4	104.00	26.87	1.79	42.33	42.33	10.94
莱　阳	1732	86.9		265.49	36.26		42.15	42.15	18.90
莱　州	1878	85.1	5.0	368.20	32.64	4.86	43.00	43.00	13.95
蓬　莱	1129	44.9	3.4	158.60	15.95	1.73	25.53	24.45	7.52

continued 7

Area Measurement Unit: Square Kilometer

Population Measurement Unit: 10,000 persons

Area of Urban Construction Land							本年征用土地面积 Area of Land Requisition This Year	耕地 Arable Land	城市名称 Name of Cities
公共管理与公共服务用地 Administration and Public Services	商业服务业设施用地 Commercial and Business Facilities	工业用地 Industrial, Manufacturing	物流仓储用地 Logistics and Warehouse	道路交通设施用地 Road, Street and Transportation	公用设施用地 Municipal Utilities	绿地与广场用地 Green Space and Square			
114.53	**109.47**	**220.45**	**28.33**	**191.46**	**44.62**	**148.90**	**53.07**	**28.98**	**江西**
19.64	33.69	41.05	5.58	41.73	7.66	30.72	25.83	18.60	南昌
5.72	7.09	20.80	1.70	10.72	1.16	8.70	1.86	0.29	景德镇
3.04	3.26	5.53	0.95	1.96	0.88	2.81			乐平
5.57	3.87	12.41	0.70	8.67	0.50	7.80	5.93	2.38	萍乡
7.31	6.71	24.22	1.92	14.93	2.87	12.42			九江
2.13	0.84	3.16	0.56	1.59	4.44	1.43			瑞昌
1.10	1.20	0.40	0.25	1.38	0.12	1.54	2.90		共青城
8.49	1.39	14.00	0.82	11.49	1.27	6.37	0.12	0.02	新余
0.94	1.43	3.58	1.26	5.83	2.93	9.00			鹰潭
2.17	1.77	10.98	0.56	4.52	1.22	2.51	1.64	0.55	贵溪
17.02	8.20	24.40	2.46	21.36	3.82	14.87	3.78	2.02	赣州
2.36	4.46	1.59	1.32	5.89	2.02	1.86	4.80	2.85	瑞金
7.74	11.45	4.45	1.67	6.64	2.88	5.26			吉安
0.93	0.97	0.25	0.15	1.60	0.49	0.58			井冈山
5.14	6.78	9.07	3.87	11.99	3.48	12.02			宜春
3.37	3.30	18.71	1.25	6.70	1.79	4.23			丰城
3.58	4.39	1.21	0.74	4.53	0.69	2.90			樟树
4.75	1.33	7.35	0.71	4.65	1.04	2.98			高安
5.54	3.54	11.89	1.22	9.46	1.07	7.89	6.09	2.25	抚州
6.80	3.03	4.35	0.38	14.66	3.98	11.03			上饶
1.19	0.77	1.05	0.26	1.16	0.31	1.98	0.12	0.02	德兴
458.04	**291.22**	**1044.10**	**136.93**	**537.44**	**148.81**	**483.13**	**86.39**	**39.09**	**山东**
59.84	23.41	75.54	8.41	69.98	13.83	36.23	25.51	16.30	济南
13.00	3.73	9.25	1.20	1.16	0.96	4.00	1.57	0.28	章丘
29.42	19.94	157.78	23.22	54.25	8.45	43.29			青岛
4.73	2.45	17.97	2.68	5.99	2.23	4.08			胶州
2.48	3.50	14.12	0.47	8.76	0.56	2.87			即墨
4.50	2.20	17.95	0.33	6.50	0.45	3.50			平度
3.61	0.85	6.68	2.21	3.63	0.72	3.25			莱西
18.65	14.78	74.71	6.75	31.59	5.88	17.90	6.73	4.60	淄博
11.84	11.33	22.72	4.54	13.10	5.73	13.37	1.99	0.85	枣庄
5.01	4.39	10.94		1.26	3.58	1.61	3.04	2.42	滕州
15.63	14.19	21.12	2.31	4.58	8.87	11.05	2.74	1.31	东营
34.14	20.05	107.85	15.57	28.68	11.59	38.97	9.09	2.50	烟台
5.09	5.69	2.17	2.28	6.79	2.06	7.31			龙口
7.17	7.47	1.64	0.38	2.50	1.24	2.85	0.15		莱阳
12.85	0.03	10.12	1.25	0.40	0.30	4.10			莱州
4.00	4.51	0.68	1.89	3.32	0.43	2.10	0.71	0.22	蓬莱

2-3 续表 8

面积计量单位：平方公里

人口计量单位：万人

城市名称 Name of Cities	市区面积 Urban District Area	市区人口 Urban District Population	市区暂住人口 Urban District Temporary Population	城区面积 Urban Area	城区人口 Urban Population	城区暂住人口 Urban Temporary Population	建成区面积 Area of Built District	城市建设用地面积	
								小计 Subtotal	居住用地 Residential
招远	1433	56.7	1.8	138.00	19.19	1.02	32.00	31.95	9.65
栖霞	2016	61.3	6.7	32.00	13.70	4.00	17.10	16.58	4.36
海阳	1887	65.5	1.5	262.00	24.30	1.50	34.44	28.65	7.68
潍坊	2006	187.3	4.3	1186.54	124.89	3.53	178.00	176.69	61.32
青州	1569	93.7	4.3	300.00	32.13	0.72	49.70	49.20	13.60
诸城	2151	110.2	12.4	501.40	44.56	2.54	49.30	48.80	14.78
寿光	1990	107.4	13.2	328.30	31.93	2.32	39.30	39.28	9.08
安丘	1712	95.5	2.6	362.00	31.43	2.60	58.68	58.68	14.73
高密	1527	89.0	2.7	198.00	26.53	2.30	51.55	48.58	16.14
昌邑	1628	58.5	1.9	120.00	14.65	0.74	25.00	25.00	8.37
济宁	1648	182.5	20.8	883.87	125.81	14.07	193.84	184.85	50.67
曲阜	815	64.5	4.5	66.00	18.80	2.60	27.00	27.00	9.00
邹城	1616	118.5	1.7	97.86	29.54	1.65	47.10	46.78	16.69
泰安	2087	162.1	1.8	405.82	65.50	1.80	130.65	130.65	45.00
新泰	1933	141.3	1.1	496.47	50.72	0.95	69.41	69.41	16.20
肥城	1277	99.0	0.2	137.10	26.40	0.20	38.83	38.83	17.60
威海	2606	132.1	24.5	630.73	78.64	14.29	192.57	188.41	48.04
荣成	1526	66.8	13.5	491.70	34.91	3.02	51.15	51.15	13.70
乳山	1665	55.8	7.0	140.60	16.01	2.90	33.34	33.33	7.51
日照	2043	133.6	12.3	403.70	58.42	9.14	100.80	100.80	30.38
莱芜	2246	128.3	5.3	614.14	59.15	2.43	120.00	105.00	37.40
临沂	2657	281.9	32.1	1277.63	177.39	31.19	213.00	201.20	56.41
德州	1752	122.0	9.3	602.00	77.93	9.24	148.90	146.97	39.77
乐陵	1168	70.7	1.0	100.00	24.55	0.80	33.00	32.50	5.00
禹城	990	53.4	0.6	60.00	17.90	0.29	36.00	30.45	6.07
聊城	1710	123.1	13.4	412.69	73.45	12.71	98.69	92.99	28.94
临清	950	80.2	0.4	262.00	31.08	0.25	27.47	27.47	9.03
滨州	3763	107.1	17.8	799.90	76.38	12.42	138.25	135.31	36.46
菏泽	1415	158.2	0.7	389.96	68.25	0.48	99.55	98.91	33.23
河南	**45201**	**4151.7**	**511.1**	**4810.01**	**2038.81**	**440.87**	**2503.08**	**2363.14**	**699.13**
郑州	1010	549.4	278.8	439.07	382.28	278.76	437.60	393.30	100.70
巩义	1041	83.5	2.6	36.00	31.40	1.07	30.50	28.78	10.36
荥阳	908	67.8	4.5	25.35	14.31	1.31	23.45	23.34	7.53
新密	1001	88.7		78.22	15.81		25.00	23.62	6.00
新郑	887	77.9	28.8	34.30	19.95	4.21	31.60	29.07	8.99
登封	1219	72.2	9.0	58.79	14.54	6.47	23.50	21.20	5.51
开封	1837	115.7	9.5	192.25	98.46	9.22	129.09	125.12	40.56
洛阳	594	215.3	46.2	331.42	203.10	38.10	209.37	209.22	70.23
偃师	948	89.3	2.0	21.00	17.30	1.18	18.80	18.70	5.50
平顶山	443	110.9	2.5	260.03	92.22	1.90	73.40	73.40	28.50
舞钢	635	32.7	0.4	68.03	12.07	0.20	16.39	16.15	3.30

continued 8

Area Measurement Unit: Square Kilometer

Population Measurement Unit: 10,000 persons

Area of Urban Construction Land									
公共管理与公共服务用地 Administration and Public Services	商业服务业设施用地 Commercial and Business Facilities	工业用地 Industrial, Manufacturing	物流仓储用地 Logistics and Warehouse	道路交通设施用地 Road, Street and Transportation	公用设施用地 Municipal Utilities	绿地与广场用地 Green Space and Square	本年征用土地面积 Area of Land Requisition This Year	耕地 Arable Land	城市名称 Name of Cities
3.82	3.85	8.36	0.65	0.62	0.25	4.75			招远
1.34	1.98	3.74	0.60	2.46	0.24	1.86			栖霞
2.80	1.70	4.62	0.51	1.88	1.87	7.59	0.40	0.10	海阳
12.91	12.02	33.10	5.67	25.25	6.00	20.42			潍坊
3.90	4.20	6.40	0.40	10.05	1.30	9.35			青州
4.46	3.59	9.43	3.37	4.95	1.49	6.73	1.23	0.76	诸城
5.41	4.43	7.23	0.44	2.71	3.80	6.18			寿光
4.59	2.78	17.61	1.49	8.94	2.83	5.71			安丘
6.05	0.12	12.11	2.89	0.54	5.21	5.52			高密
1.78	1.24	5.68	0.50	4.19	1.54	1.70			昌邑
6.46	15.92	52.22	4.40	30.63	3.70	20.85			济宁
3.00	2.00	4.90	0.60	1.50	3.00	3.00			曲阜
7.16	2.30	7.20	1.55	6.86	1.03	3.99			邹城
14.91	9.60	31.50	0.88	18.67	1.62	8.47			泰安
4.75	12.16	1.57	2.61	7.68	4.44	20.00			新泰
1.90	2.30	4.81	0.50	5.50	1.01	5.21			肥城
13.36	19.92	54.98	3.39	27.53	5.27	15.92	2.94	0.53	威海
2.97	4.98	8.98	2.02	2.29	1.21	15.00	2.25		荣成
4.46	2.18	5.58	1.11	2.51	4.35	5.63			乳山
5.02	6.64	22.99	4.15	13.73	4.35	13.54	13.13		日照
17.00	6.34	22.94	3.78	3.89	0.98	12.67	1.30	0.68	莱芜
23.63	10.84	35.98	7.70	23.76	11.88	31.00	4.15	1.70	临沂
24.86	0.87	39.53	2.90	21.02	2.17	15.85	0.78	0.65	德州
6.50	2.00	3.80	2.10	5.30	4.10	3.70			乐陵
4.39	1.80	5.73	1.00	5.86	2.50	3.10	1.41	0.75	禹城
9.20	6.95	18.94	2.49	19.82	0.48	6.17	0.09		聊城
3.94	0.85	5.13	1.04	3.60	0.48	3.40			临清
15.41	5.52	31.52	2.71	20.09	3.38	20.22	0.79	0.17	滨州
10.10	3.62	26.28	1.99	13.12	1.45	9.12	6.39	5.27	菏泽
272.03	**128.02**	**370.70**	**79.78**	**372.29**	**97.05**	**344.14**	**46.85**	**24.71**	**河南**
57.45	14.52	35.16	15.78	72.65	15.80	81.24	9.27		郑州
2.86	1.09	2.21	0.56	5.68	0.84	5.18	1.17	0.72	巩义
2.51	0.50	6.22	0.61	3.19	0.54	2.24			荥阳
0.96	1.93	3.23	1.14	3.19	4.62	2.55			新密
4.21	3.51	3.66	0.71	4.05	0.71	3.23	5.77	4.46	新郑
0.28	0.69	1.21	0.09	3.80	3.72	5.90	1.30	0.78	登封
15.66	8.13	27.73	2.69	16.48	2.87	11.00	11.11	8.79	开封
25.09	9.24	36.78	11.35	30.97	4.79	20.77			洛阳
1.20	2.10	3.40	0.60	2.50	1.10	2.30	0.60	0.40	偃师
4.89	4.00	15.54	3.27	10.93	1.35	4.92			平顶山
1.77	0.17	3.72	0.08	2.43	0.91	3.77			舞钢

2-3 续表 9

面积计量单位：平方公里

人口计量单位：万人

城市名称 Name of Cities	市区面积 Urban District Area	市区人口 Urban District Population	市区暂住人口 Urban District Temporary Population	城区面积 Urban Area	城区人口 Urban Population	城区暂住人口 Urban Temporary Population	建成区面积 Area of Built District	城市建设用地面积 小计 Subtotal	居住用地 Residential
汝州	1573	107.7	1.3	136.50	31.25	1.20	36.08	35.86	9.50
安阳	544	114.5	1.8	153.00	72.06	0.38	81.00	80.69	25.64
林州	2046	112.6	3.0	38.00	18.30	1.81	22.90	22.40	9.98
鹤壁	679	64.0	2.2	130.42	45.30	1.68	64.12	64.06	15.09
新乡	346	114.8	0.2	140.00	76.50	0.12	114.79	107.36	31.34
卫辉	862	54.3	0.0	45.00	14.58	0.04	21.48	21.48	7.24
辉县	2007	90.3	2.7	116.50	20.22	1.60	21.86	21.32	10.52
焦作	544	94.7	4.5	140.00	77.90		111.20	111.16	40.05
沁阳	624	53.9	0.7	34.00	13.93	0.46	19.60	19.40	6.23
孟州	542	38.3	0.5	113.37	14.80	0.45	15.60	15.58	5.22
濮阳	263	68.5	2.8	153.56	49.80	2.16	56.00	55.55	19.20
许昌	97	41.5	8.9	97.00	41.50	8.90	90.00	75.00	20.00
禹州	1461	130.4	16.4	52.26	28.20	14.80	45.40	45.38	12.60
长葛	650	77.0	0.4	75.55	18.90	0.34	25.50	25.24	4.50
漯河	1020	136.8	1.6	106.82	55.80	0.63	66.00	64.49	16.30
三门峡	1948	59.4	6.2	73.00	46.80	5.28	56.00	54.71	17.20
义马	112	16.9	0.8	112.00	16.94	0.76	17.66	17.65	3.99
灵宝	3011	75.1	3.0	29.00	17.53	1.02	22.20	21.66	5.17
南阳	2145	210.6	37.1	640.77	124.72	35.87	149.45	140.75	42.04
邓州	2294	180.6	9.5	40.00	31.80	4.70	33.00	30.27	8.00
商丘	1697	155.5	3.6	103.00	96.33	0.12	63.00	62.71	11.19
永城	1994	153.0	3.8	81.29	37.90	3.10	41.60	41.20	11.60
信阳	3604	154.2	2.8	259.51	51.00	2.60	89.00	75.62	23.61
周口	269	55.0	5.3	100.00	33.96	4.12	68.13	49.89	13.74
项城	1083	135.0	0.6	60.00	30.15		32.70	29.79	9.68
驻马店	1365	83.3	4.2	185.00	43.57	3.40	75.10	70.40	17.24
济源	1899	70.7	2.9	50.00	27.63	2.91	45.01	41.62	15.08
湖北	**87043**	**4040.4**	**361.1**	**8114.59**	**1719.90**	**252.17**	**2197.00**	**2045.85**	**637.25**
武汉	8569	829.3	231.5	1452.00	474.22	166.51	566.13	462.77	160.44
黄石	234	84.6	1.8	233.80	84.63	1.83	75.00	72.21	15.00
大冶	1566	97.4	2.7	276.68	27.43	1.90	31.00	31.00	7.48
十堰	5053	118.2	13.6	587.32	68.52	12.32	105.26	105.26	32.15
丹江口	3129	46.0	1.0	299.00	19.53	1.00	28.43	28.29	7.56
宜昌	4234	128.3	2.8	541.00	89.72	2.76	165.12	158.24	43.94
宜都	1353	40.0	1.0	221.50	16.10	0.98	24.50	24.30	5.50
当阳	2150	48.4	1.1	220.30	17.17	1.14	22.12	20.14	4.19
枝江	1374	48.6	10.7	100.00	16.50	4.50	22.00	22.00	6.57
襄阳	3673	194.2	11.0	374.30	108.01	7.98	164.04	163.28	47.17
老河口	1032	53.3	0.7	208.00	24.90	0.70	27.00	26.98	9.00
枣阳	3277	114.0	3.8	260.00	30.00	2.12	41.46	41.46	11.70
宜城	2115	56.9	1.1	28.00	18.50	0.62	25.90	25.80	8.62

continued 9

Area Measurement Unit: Square Kilometer

Population Measurement Unit: 10,000 persons

Area of Urban Construction Land							本年征用土地面积		城市名称
公共管理与公共服务用地 Administration and Public Services	商业服务业设施用地 Commercial and Business Facilities	工业用地 Industrial, Manufacturing	物流仓储用地 Logistics and Warehouse	道路交通设施用地 Road, Street and Transportation	公用设施用地 Municipal Utilities	绿地与广场用地 Green Space and Square	Area of Land Requisition This Year	耕地 Arable Land	Name of Cities
1.48	2.10	6.70	1.61	4.83	1.53	8.11			汝州
10.00	2.68	13.54	3.20	14.52	2.96	8.15	0.56		安阳
2.32	0.68	1.98	0.35	3.53	0.23	3.33			林州
6.17	4.16	16.41	1.03	9.69	1.96	9.55			鹤壁
15.68	5.79	28.16	3.11	10.19	2.73	10.36			新乡
1.57	1.51	3.83	0.50	2.54	1.01	3.28	1.40	1.10	卫辉
1.42	0.40	2.95	0.60	2.89	0.41	2.13			辉县
13.51	5.53	26.09	1.55	14.17	1.56	8.70			焦作
1.40	1.35	0.50	1.21	3.90	1.44	3.37			沁阳
0.76	0.94	1.51	0.36	3.80	0.69	2.30	0.05	0.01	孟州
3.40	5.30	5.70	1.60	7.20	2.20	10.95			濮阳
6.30	4.50	10.00	4.00	12.20	7.00	11.00			许昌
5.01	2.30	10.75	2.17	6.05	0.70	5.80			禹州
2.70	0.95	4.00	0.90	5.45	0.24	6.50			长葛
4.20	2.10	5.60	2.20	11.78	7.50	14.81			漯河
8.66	6.50	2.83	1.53	7.07	1.30	9.62	1.72		三门峡
2.05	0.81	3.09	0.60	2.89	0.52	3.70	0.40	0.25	义马
3.35	0.81	4.94	0.52	2.37	1.14	3.36			灵宝
19.88	6.76	29.45	4.05	24.38	5.34	8.85	6.38	4.86	南阳
0.50	3.20	5.80	1.20	3.95	0.70	6.92			邓州
6.20	1.82	1.39	0.70	9.72	3.13	28.56			商丘
4.90	4.50	3.50	0.60	6.80	2.00	7.30	4.40	3.34	永城
11.02	2.65	14.40	2.65	13.78	0.88	6.63			信阳
5.45	4.42	4.35	2.34	9.36	3.42	6.81			周口
3.80	1.40	1.98	1.98	4.61	1.70	4.64			项城
10.07	6.67	14.78	1.22	12.13	5.63	2.66	1.00		驻马店
3.35	2.31	7.61	1.12	6.62	1.88	3.65	1.72		济源
202.68	**131.96**	**443.59**	**64.84**	**303.48**	**80.79**	**181.26**	**83.99**	**41.33**	**湖北**
66.28	25.93	100.92	13.25	62.54	9.35	24.06	30.42	16.37	武汉
8.40	0.79	18.48	2.10	15.88	3.50	8.06	6.73	4.10	黄石
2.39	1.34	4.69	0.72	4.93	1.05	8.40			大冶
12.15	4.12	32.03	3.48	8.69	3.53	9.11			十堰
1.91	2.56	6.98	1.52	2.87	2.63	2.26	0.75	0.43	丹江口
11.12	9.31	36.05	7.04	25.61	11.12	14.05			宜昌
3.00	2.09	3.15	0.71	4.30	4.80	0.75			宜都
0.31	0.51	6.97	0.47	3.31	1.24	3.14	0.97		当阳
1.03	1.90	6.07	0.51	3.00	0.80	2.12	1.22		枝江
14.89	8.44	45.90	2.59	24.34	8.08	11.87	28.89	16.73	襄阳
1.20	2.13	4.30	0.99	4.69	3.01	1.66			老河口
2.60	4.82	11.88	1.92	7.04	0.50	1.00	3.30	2.05	枣阳
1.80	1.30	4.78	0.67	4.50	0.55	3.58	0.91	0.71	宜城

2-3 续表 10

面积计量单位：平方公里

人口计量单位：万人

城市名称 Name of Cities	市区面积 Urban District Area	市区人口 Urban District Population	市区暂住人口 Urban District Temporary Population	城区面积 Urban Area	城区人口 Urban Population	城区暂住人口 Urban Temporary Population	建成区面积 Area of Built District	城市建设用地面积 小计 Subtotal	居住用地 Residential
鄂州	1596	110.3	2.4	246.22	41.72	1.13	64.26	64.26	17.88
荆门	2252	69.5	8.5	248.70	42.38	7.24	58.05	58.05	13.10
钟祥	4403	107.0	1.0	175.00	26.00	0.55	26.00	26.00	6.33
孝感	1018	90.0	2.2	90.40	49.00	1.20	50.00	50.00	15.94
应城	1096	66.0	0.5	183.78	17.40	0.30	17.04	16.28	5.30
安陆	1353	66.2	1.1	89.80	19.00	0.50	19.80	19.09	7.83
汉川	1659	114.3	1.3	84.60	36.82	1.02	26.50	27.79	8.55
荆州	1576	108.3	7.8	82.44	70.41	6.99	82.44	82.44	20.29
石首	1427	62.0	5.0	22.56	14.56	0.10	22.55	19.27	6.00
洪湖	2519	94.1	0.2	45.20	33.00	0.20	39.57	37.13	10.92
松滋	2177	83.7	0.7	96.00	12.31	0.31	15.83	15.53	6.01
黄冈	362	38.7	3.9	52.22	29.11	2.20	52.22	52.22	15.73
麻城	3604	116.7	2.0	251.27	22.56	1.20	35.68	35.24	9.03
武穴	1242	80.5	4.1	30.00	25.00	4.10	30.00	29.07	9.00
咸宁	1503	62.6	4.8	165.00	36.51	4.62	65.80	50.50	23.95
赤壁	1718	49.0	1.0	51.20	24.30	0.58	27.00	26.99	10.15
随州	1425	172.1	13.1	266.00	46.21	2.81	53.00	43.74	13.97
广水	2646	95.0	1.2	71.65	30.65	0.92	30.08	29.20	16.31
恩施	3967	82.5	2.4	52.00	23.30	2.40	36.00	35.00	10.50
利川	4606	90.9	6.8	133.00	18.70	3.60	19.00	18.90	5.20
仙桃	2519	155.0	3.5	240.00	37.70	2.30	47.97	47.97	19.50
潜江	2004	100.1	1.7	311.25	40.97	0.51	50.30	49.50	15.94
天门	2612	167.0	3.0	324.40	27.06	3.03	29.95	29.95	10.50
湖南	**48803**	**2628.8**	**172.7**	**4582.33**	**1362.09**	**132.43**	**1572.52**	**1483.37**	**513.48**
长沙	1200	339.7		1199.84	339.67		312.30	286.14	109.64
浏阳	5008	144.0	12.5	26.80	23.80	7.20	26.80	25.50	7.70
株洲	883	123.2		837.00	107.72		137.98	114.38	46.44
醴陵	2157	105.9	6.4	113.50	21.66	3.41	29.50	29.37	11.91
湘潭	658	87.8	2.9	168.21	78.71	2.89	79.81	79.80	27.24
湘乡	1967	92.9	1.8	26.00	22.50	1.00	21.40	21.15	9.22
韶山	247	12.2	0.6	32.00	4.50	0.35	4.89	4.25	0.50
衡阳	578	109.3	14.8	133.78	99.56	12.28	113.53	113.00	37.52
耒阳	2678	151.8	17.5	49.65	36.50	15.20	43.00	33.70	12.20
常宁	2660	97.0	1.5	38.40	22.00	1.50	17.01	17.01	4.55
邵阳	436	68.3	8.5	75.00	59.84	8.50	65.00	59.62	21.85
武冈	1532	76.3	5.8	40.00	19.47	5.60	18.03	16.95	5.60
岳阳	1254	100.5	3.5	155.00	69.00	2.00	97.00	92.70	25.00
汨罗	1484	68.0	4.0	20.20	12.70	2.50	17.09	16.75	5.27
临湘	1720	56.6	2.9	25.00	15.65	2.03	14.70	14.03	3.55
常德	2510	148.0	13.0	339.16	72.18	8.05	90.22	88.10	23.20
津市	558	24.1	0.7	71.19	10.52	0.33	15.28	15.26	5.11

continued 10

Area Measurement Unit: Square Kilometer

Population Measurement Unit: 10,000 persons

Area of Urban Construction Land							本年征用土地面积		城市名称
公共管理与公共服务用地 Administration and Public Services	商业服务业设施用地 Commercial and Business Facilities	工业用地 Industrial, Manufacturing	物流仓储用地 Logistics and Warehouse	道路交通设施用地 Road, Street and Transportation	公用设施用地 Municipal Utilities	绿地与广场用地 Green Space and Square	Area of Land Requisition This Year	耕地 Arable Land	Name of Cities
5.06	3.08	15.48	2.28	5.20	3.18	12.10	0.08		鄂　州
4.90	3.84	11.80	1.43	9.70	4.03	9.25			荆　门
1.52	0.78	4.95	1.87	5.43	0.35	4.77			钟　祥
3.75	1.90	14.65	0.25	12.20	0.60	0.71			孝　感
2.30	1.30	2.70	0.78	2.50	0.40	1.00			应　城
0.55	0.64	2.72	0.73	4.66	0.38	1.58	0.92	0.07	安　陆
3.92	6.73	2.60	1.40	3.70	0.42	0.47	0.63		汉　川
8.80	3.70	20.83	2.14	12.92	2.61	11.15			荆　州
1.01	5.00	1.50	0.80	2.93	0.50	1.53	0.34		石　首
0.64	4.25	7.30	3.30	4.18	4.71	1.83			洪　湖
1.63	1.14	3.90	0.12	1.86	0.18	0.69	1.60	0.58	松　滋
5.38	4.99	8.66	1.08	10.01	0.56	5.81			黄　冈
2.86	3.21	6.47	1.15	6.78	0.44	5.30	0.80		麻　城
3.93	1.10	2.00	1.57	5.87	2.00	3.60			武　穴
2.28	1.59	11.35	0.23	5.90	0.15	5.05			咸　宁
1.02	1.45	5.60	1.15	4.15	1.49	1.98			赤　壁
4.90	4.65	9.20	1.63	4.90	1.24	3.25	1.70		随　州
3.59	1.95	1.70	0.91	3.78	0.43	0.53	0.60	0.20	广　水
5.80	3.80	5.20	1.70	2.80	1.50	3.70	3.83		恩　施
1.20	1.40	2.10	1.20	1.90	1.80	4.10	0.30	0.09	利　川
3.14	2.06	10.07	1.09	8.30	1.77	2.04			仙　桃
4.82	6.12	7.71	1.88	6.85	1.32	4.86			潜　江
2.60	2.04	2.90	0.18	5.26	0.57	5.90			天　门
182.07	**94.47**	**198.07**	**45.66**	**183.84**	**82.63**	**183.15**	**52.63**	**11.64**	**湖　南**
38.82	18.88	26.82	7.92	47.87	4.19	32.00			长　沙
2.30	1.80	2.00	0.60	1.00	1.20	8.90			浏　阳
11.30	4.49	27.11	2.66	11.70	2.33	8.35	17.20		株　洲
5.10	2.30	5.90	1.04	1.90	0.03	1.19			醴　陵
10.63	0.48	14.00	4.53	13.26	4.33	5.33	6.30	4.64	湘　潭
1.50	2.40	2.61	0.95	3.03	0.28	1.16	3.12	1.80	湘　乡
0.50	0.50	0.70		1.00	0.22	0.83	0.16	0.12	韶　山
11.40	8.80	16.57	3.09	18.34	2.32	14.96	2.50	1.20	衡　阳
6.63	1.25	4.70	1.45	2.23	1.21	4.03	1.85	0.80	耒　阳
3.11	1.00	2.20	0.90	2.20	0.85	2.20	3.00		常　宁
7.62	4.43	3.73	2.26	5.26	3.70	10.77	0.45	0.25	邵　阳
2.80	2.40	0.75	0.75	1.60	1.25	1.80	0.84	0.20	武　冈
10.00	6.50	18.10	4.00	4.10	12.00	13.00	0.50		岳　阳
0.88	1.30	3.93	0.62	3.32	0.47	0.96	0.65	0.12	汨　罗
2.00	1.80	2.45	0.95	1.50	0.68	1.10	0.01		临　湘
12.36	4.65	20.67	3.17	15.16	3.57	5.32			常　德
1.37	0.41	4.00	0.74	1.71	0.56	1.36	0.88	0.46	津　市

2-3 续表 11

面积计量单位：平方公里

人口计量单位：万人

城市名称 Name of Cities	市区面积 Urban District Area	市区人口 Urban District Population	市区暂住人口 Urban District Temporary Population	城区面积 Urban Area	城区人口 Urban Population	城区暂住人口 Urban Temporary Population	建成区面积 Area of Built District	城市建设用地面积 小计 Subtotal	居住用地 Residential
张家界	2571	54.2	1.9	136.98	20.81	1.55	32.96	32.73	10.52
益阳	2032	136.3	4.9	109.00	57.10	4.29	75.00	69.40	28.00
沅江	1797	75.5	5.6	18.20	16.10	1.80	17.10	14.92	8.76
郴州	2246	79.2	10.2	580.00	55.73	6.96	77.23	72.90	25.55
资兴	2747	37.8	1.5	24.63	12.83	0.87	21.04	21.04	6.38
永州	3192	117.2	8.8	100.00	46.42	7.30	62.21	61.92	15.80
怀化	666	38.5	23.2	64.72	33.42	23.22	64.00	63.82	14.00
洪江	2174	43.6	2.5	14.71	4.90	1.20	6.80	6.59	1.57
娄底	428	54.5	7.3	62.20	43.10	5.50	47.15	47.15	16.20
冷水江	439	37.5	1.4	48.56	17.30	0.70	21.69	21.61	6.90
涟源	1895	117.8	3.6	25.00	15.30	2.00	15.00	14.78	4.90
吉首	1087	31.2	5.7	47.60	23.10	4.20	28.80	28.80	18.40
广东	**94462**	**7799.8**	**1943.7**	**16825.74**	**3758.88**	**1390.12**	**5633.19**	**4958.73**	**1535.05**
广州	7434	854.5	794.0	2099.18	615.10	631.73	1237.25	643.52	204.00
韶关	2871	73.4	1.3	1392.50	62.07	1.10	99.23	99.23	34.02
乐昌	2451	51.8	0.1	38.00	11.70	0.04	16.09	13.67	6.44
南雄	111	48.0	0.1	23.80	9.41	0.11	12.50	12.34	5.00
深圳	1997	1137.9		1997.27	1137.89		900.00	895.32	242.21
珠海	1656	112.5	71.8	745.38	112.45	71.83	123.64	123.64	44.35
汕头	1956	543.0	21.1	607.88	239.00	14.37	253.60	248.89	97.85
佛山	2894	384.6	241.6	763.16	127.98	60.44	158.05	172.43	45.62
江门	1818	140.4	26.0	566.00	92.63	22.38	150.00	38.16	9.42
台山	3286	98.2	2.7	33.00	17.48	1.22	29.80	29.01	6.92
开平	1657	68.3	13.9	152.00	18.69	3.92	33.20	41.63	17.92
鹤山	1083	37.0	8.6	81.40	11.44	3.94	26.39	26.34	9.03
恩平	1697	48.9	1.2	88.00	15.75	0.71	38.17	37.90	8.74
湛江	1703	181.7		115.50	89.14		108.95	107.73	34.22
廉江	2835	173.3	1.6	46.44	29.65	1.40	46.44	46.44	17.22
雷州	3459	174.0	10.3	39.30	19.50	8.00	28.52	28.47	9.30
吴川	859	127.1	3.7	36.90	19.20	0.36	25.80	26.45	10.35
茂名	2716	290.2	6.9	156.69	61.63	5.17	120.39	119.49	56.91
高州	3276	144.7	7.6	157.00	29.40	6.20	33.05	40.87	10.52
化州	2357	172.6	0.2	60.00	29.24	0.04	34.50	31.91	5.20
信宜	3081	172.6	6.0	64.40	25.80	4.50	25.10	25.10	9.50
肇庆	2960	135.6	19.1	473.40	61.02	10.31	117.45	109.90	36.88
四会	1163	44.9	5.5	50.00	17.50	5.00	25.67	25.58	6.88
惠州	2666	145.4	79.3	1181.65	101.31	60.79	238.89	214.44	69.80
梅州	3053	96.8	0.9	376.00	43.94	0.86	53.64	50.34	21.15
兴宁	2105	118.4	0.3	121.00	25.47	0.25	27.95	27.95	13.29
汕尾	392	52.2	0.7	283.16	22.83	0.54	16.89	16.89	7.08
陆丰	1684	170.5	8.6	56.00	20.88	1.50	20.36	20.35	4.12

continued 11

Area Measurement Unit: Square Kilometer

Population Measurement Unit: 10,000 persons

Area of Urban Construction Land							本年征用土地面积 Area of Land Requisition This Year	耕地 Arable Land	城市名称 Name of Cities
公共管理与公共服务用地 Administration and Public Services	商业服务业设施用地 Commercial and Business Facilities	工业用地 Industrial, Manufacturing	物流仓储用地 Logistics and Warehouse	道路交通设施用地 Road, Street and Transportation	公用设施用地 Municipal Utilities	绿地与广场用地 Green Space and Square			
7.11	1.42	1.51		5.00	4.96	2.21	0.98		张家界
10.00	3.00	5.00		2.00	16.00	5.40	1.40		益阳
1.10	0.10	0.40		0.37	2.38	1.81			沅江
6.45	4.83	6.50	2.03	12.00	1.55	13.99	3.86	1.43	郴州
1.43	1.62	5.60	0.42	2.64	0.28	2.67	0.55	0.24	资兴
5.07	5.74	7.68	2.70	8.60	8.02	8.31	2.22	0.25	永州
5.20	3.00	5.00	2.40	9.00	1.22	24.00			怀化
0.50	0.08	0.91	0.12	0.90	0.47	2.04	0.16	0.13	洪江
7.80	8.10	2.23	1.36	1.80	5.44	4.22			娄底
0.89	0.99	4.10		3.60	1.61	3.52			冷水江
2.70	1.90	2.20	0.40	1.25	0.61	0.82	6.00		涟源
5.50	0.30	0.70	0.60	1.50	0.90	0.90			吉首
412.16	**346.89**	**1298.28**	**126.66**	**680.25**	**141.00**	**418.44**	**138.68**	**44.92**	**广东**
76.21	52.67	180.41	18.89	77.65	7.01	26.68	19.69	4.86	广州
10.57	5.59	21.49	3.59	11.04	4.43	8.50			韶关
1.32	0.65	3.90	0.21	0.78	0.25	0.12			乐昌
0.12	0.28	3.12	0.14	0.85	0.18	2.65	0.20	0.10	南雄
59.79	50.69	316.11	18.20	131.63	20.37	56.32	2.31	0.21	深圳
14.37	13.83	15.11	5.85	9.29	7.97	12.87	0.07	0.04	珠海
24.62	33.54	26.79	14.25	33.33	7.85	10.66			汕头
15.23	13.70	43.53	9.41	24.05	3.53	17.36	5.70	1.26	佛山
2.55	1.79	12.69	0.82	6.93	0.51	3.45	6.70	1.69	江门
4.00	0.90	5.20	0.30	4.20	3.52	3.97			台山
1.98	2.58	13.41	0.13	2.88	0.40	2.33	2.06	0.85	开平
3.67	0.20	4.11	0.40	4.77	0.62	3.54	0.37	0.15	鹤山
4.25	1.76	6.08	0.62	2.41	1.34	12.70			恩平
8.95	9.57	30.24	4.40	11.08	1.19	8.08	0.31		湛江
3.94	2.37	5.87	1.42	11.02	0.33	4.27	5.75		廉江
2.91	6.60	0.66	0.75	2.18	3.34	2.73	0.60		雷州
1.75	2.05	1.95	0.85	2.32	1.35	5.83			吴川
13.26	7.33	13.79	2.74	12.97	5.24	7.25	22.35	7.02	茂名
5.06	2.15	4.19	5.00	3.25	6.00	4.70	1.74	0.70	高州
5.85	1.40	5.43	0.82	3.97	0.86	8.38	0.79		化州
0.55	1.60	2.10	0.35	1.20	3.20	6.60	0.40	0.13	信宜
10.13	5.61	31.01	1.49	16.23	1.00	7.55	2.43	0.93	肇庆
1.96	4.37	2.85	0.86	4.15	1.00	3.51	0.14		四会
24.11	15.11	39.23	5.18	25.24	7.40	28.37	10.81	0.38	惠州
5.75	5.71	2.96	0.82	7.77	0.90	5.28	1.99	0.85	梅州
2.63	2.10	0.60	1.35	4.08	3.30	0.60	3.21	1.45	兴宁
1.50	1.22	2.28	0.25	2.70	0.66	1.20	1.19	1.15	汕尾
2.60	1.92	2.13	0.43	2.20	1.50	5.45	0.74		陆丰

2-3 续表 12

面积计量单位：平方公里

人口计量单位：万人

城市名称 Name of Cities	市区面积 Urban District Area	市区人口 Urban District Population	市区暂住人口 Urban District Temporary Population	城区面积 Urban Area	城区人口 Urban Population	城区暂住人口 Urban Temporary Population	建成区面积 Area of Built District	城市建设用地面积 小计 Subtotal	居住用地 Residen-tial
河　源	364	35.2	7.7	36.11	26.86	5.46	36.11	32.07	9.35
阳　江	2269	120.0	8.2	409.93	43.27	5.09	63.52	76.19	22.20
阳　春	4065	118.0	0.8	330.00	20.90	0.20	25.00	18.92	0.10
清　远	3687	139.6	33.0	311.03	44.96	15.39	63.22	53.54	16.48
英　德	5634	110.4	1.1	168.47	25.31	0.25	33.45	33.45	7.65
连　州	2668	53.4	0.2	80.00	10.55	0.14	15.17	14.18	5.25
东　莞	2465	195.0	400.8	2465.00	195.00	400.80	932.05	1045.61	282.99
中　山	1800	158.7	128.7	257.78	42.59	29.83	138.89	115.52	38.87
潮　州	1369	158.3	14.0	241.02	77.95	6.48	77.85	76.35	29.00
揭　阳	1031	209.3	6.6	432.10	84.02	6.51	129.00	105.00	32.90
普　宁	1620	247.3	4.9	114.00	56.00	0.59	65.20	65.19	35.25
云　浮	1941	328.0	3.3	105.29	31.41	1.42	28.41	24.92	4.16
罗　定	330	128.5	1.6	70.00	31.96	1.25	23.80	23.80	6.91
广　西	**62623**	**2140.4**	**217.1**	**5728.04**	**848.35**	**195.83**	**1275.16**	**1229.79**	**374.68**
南　宁	6569	290.5	86.5	841.08	208.45	78.46	287.40	284.88	85.77
柳　州	1016	119.5	52.4	464.39	112.28	51.05	183.92	183.92	48.34
桂　林	2767	128.1	8.5	612.63	85.48	8.53	98.51	97.73	29.20
梧　州	1850	78.6	13.7	485.01	47.62	13.17	55.96	53.73	18.84
岑　溪	2783	94.4	0.7	30.00	16.88	0.60	20.80	17.17	8.10
北　海	957	64.9	7.7	957.00	36.09	7.74	73.07	70.21	25.60
防城港	2816	58.9	3.0	238.33	16.02	2.48	38.06	35.67	5.18
东　兴	549	14.5	2.7	130.40	6.91	2.30	11.00	10.91	2.24
钦　州	4767	147.7	4.2	354.38	32.92	3.31	89.63	89.02	22.78
贵　港	3533	198.3	2.4	301.50	40.84	1.59	70.52	67.42	22.20
桂　平	4074	199.6	0.4	73.50	19.72	0.10	35.50	29.06	6.95
玉　林	1251	108.9	15.4	302.04	54.33	13.52	68.20	68.11	26.25
北　流	2457	147.8	1.2	135.40	20.33	0.40	22.89	22.84	6.52
百　色	3702	35.4	5.3	362.60	20.30	5.03	44.67	41.56	14.91
靖　西	3331	64.4	2.2	35.78	14.71	1.34	16.80	15.49	7.00
贺　州	5677	114.2	1.7	78.00	22.16	1.26	31.43	27.58	9.13
河　池	2340	34.1	6.1	80.00	19.45	3.00	22.74	22.74	6.70
宜　州	3869	66.2	0.3	44.00	15.37	0.23	16.32	16.04	4.58
来　宾	4363	112.3	0.8	92.00	29.11	0.12	41.00	41.00	11.37
合　山	350	13.8	0.0	20.00	5.80	0.02	7.45	7.25	4.25
崇　左	2951	37.0	0.6	50.00	17.00	0.40	28.00	18.50	6.00
凭　祥	650	11.3	1.5	40.00	6.58	1.18	11.29	8.96	2.77
海　南	**17397**	**597.8**	**93.8**	**1427.88**	**212.48**	**79.47**	**337.81**	**398.70**	**115.17**
海　口	2510	214.1	56.0	562.40	108.00	56.00	152.40	144.16	54.50
三　亚	1921	57.3	18.6	188.00	25.44	11.15	68.48	146.74	22.86
三　沙	16	0.2	0.1	2.45	0.15	0.08	0.32	0.32	0.02

continued 12

Area Measurement Unit: Square Kilometer

Population Measurement Unit: 10,000 persons

Area of Urban Construction Land									
公共管理与公共服务用地 Administration and Public Services	商业服务业设施用地 Commercial and Business Facilities	工业用地 Industrial, Manufacturing	物流仓储用地 Logistics and Warehouse	道路交通设施用地 Road, Street and Transportation	公用设施用地 Municipal Utilities	绿地与广场用地 Green Space and Square	本年征用土地面积 Area of Land Requisition This Year	耕地 Arable Land	城市名称 Name of Cities
2.10	0.99	6.30	0.98	5.02	3.35	3.98			河源
7.56	4.26	20.42	0.86	12.21	0.85	7.83			阳江
1.00	2.00	11.00	1.40	0.90	0.21	2.31	15.00	15.00	阳春
6.42	4.03	9.51	1.92	5.96	1.25	7.97	8.06	3.00	清远
6.02	1.72	6.22	0.52	4.04	2.68	4.60	0.70	0.15	英德
0.02	0.01	0.68		4.25	0.37	3.60	0.31		连州
47.18	57.60	349.68	14.85	170.70	29.53	93.08	15.72	1.90	东莞
9.28	5.49	32.48	1.45	20.17	1.04	6.74	0.59	0.02	中山
4.23	3.28	15.73	0.62	9.03	1.03	13.43	0.79	0.16	潮州
10.80	11.10	31.80	1.80	12.10	1.80	2.70	0.16		揭阳
2.86	3.84	7.44	0.51	7.79	0.85	6.65			普宁
3.60	3.69	5.15	1.38	2.36	2.54	2.04	6.78	2.02	云浮
1.46	1.59	4.63	0.85	5.55	0.25	2.56	1.02	0.90	罗定
132.17	**68.14**	**199.84**	**45.95**	**220.76**	**51.44**	**136.81**	**74.77**	**28.12**	**广西**
40.15	15.60	29.85	7.01	53.92	9.07	43.51	30.29	12.30	南宁
17.34	11.78	41.67	8.16	33.16	3.80	19.67	7.33	2.94	柳州
10.96	2.35	17.80	3.13	12.69	6.24	15.36	2.56	1.96	桂林
5.41	2.80	8.33	2.30	10.07	2.97	3.01	3.00	0.80	梧州
1.02	0.95	1.42	0.65	3.86	0.92	0.25			岑溪
9.40	4.00	4.00	1.71	15.00	2.50	8.00	4.91		北海
3.48	0.63	13.95	1.99	6.98	1.11	2.35	0.80		防城港
1.40	1.27	1.12	0.30	2.50	0.58	1.50	1.50	0.14	东兴
7.45	5.78	21.56	8.35	14.10	1.78	7.22	7.20		钦州
5.99	2.80	15.76	2.51	12.32	2.85	2.99	1.85	0.55	贵港
2.55	2.09	6.55	1.06	6.11	0.32	3.43	0.34		桂平
9.56	9.51	2.18	2.19	10.68	2.38	5.36	0.77	0.39	玉林
0.21	0.51	2.45	0.19	5.12	0.66	7.18	0.75	0.44	北流
3.87	1.11	7.12	1.94	5.95	1.07	5.59	1.52		百色
0.65	0.20	3.40	0.10	3.00	0.35	0.79	0.11	0.11	靖西
4.39	2.15	4.36	0.50	3.24	3.76	0.05	8.06	6.85	贺州
2.75	0.64	4.66	0.62	2.74	2.67	1.96	0.45	0.45	河池
0.72	0.42	3.92	0.41	4.85	0.38	0.76	0.28	0.15	宜州
1.66	1.46	5.92	1.83	8.98	5.79	3.99	1.50	0.20	来宾
0.11	0.06	0.98	0.01	0.91	0.18	0.75	0.02		合山
2.01	0.44	2.43	0.60	3.00	1.52	2.50	0.23		崇左
1.09	1.59	0.41	0.39	1.58	0.54	0.59	1.30	0.84	凭祥
89.32	**44.93**	**25.63**	**6.25**	**72.64**	**13.80**	**30.96**	**7.84**	**1.11**	**海南**
26.01	13.37	12.31	2.85	26.00	2.47	6.65			海口
53.06	25.74	5.94	1.42	26.93	2.48	8.31	0.14		三亚
0.06	0.01			0.20	0.01	0.02			三沙

2-3 续表 13

面积计量单位：平方公里

人口计量单位：万人

城市名称 Name of Cities	市区面积 Urban District Area	市区人口 Urban District Population	市区暂住人口 Urban District Temporary Population	城区面积 Urban Area	城区人口 Urban Population	城区暂住人口 Urban Temporary Population	建成区面积 Area of Built District	城市建设用地面积 小计 Subtotal	城市建设用地面积 居住用地 Residential
儋州	3400	96.4	1.2	194.05	20.40	1.20	31.88	29.65	12.01
五指山	1127	11.3	1.0	60.00	5.00	0.70	10.00	8.53	3.40
琼海	1710	50.9	7.5	39.90	13.94	6.41	27.10	27.10	9.01
文昌	2459	59.4	3.3	84.00	12.73	1.97	15.80	14.41	2.98
万宁	1885	62.6	1.0	260.00	15.00	0.50	13.00	10.73	4.70
东方	2369	45.7	5.2	37.08	11.82	1.46	18.83	17.06	5.69
重庆	**34519**	**2137.0**	**367.6**	**7026.55**	**1032.63**	**305.32**	**1329.45**	**1115.93**	**350.77**
四川	**79353**	**3691.2**	**393.5**	**10777.66**	**1797.09**	**252.66**	**2281.64**	**2226.67**	**719.08**
成都	2173	594.2	108.8	862.19	494.41	32.90	615.71	604.07	217.12
都江堰	1208	62.1	11.6	136.33	21.59	9.07	37.45	34.57	18.06
彭州	1420	80.8	3.5	133.80	28.70	1.96	23.00	22.95	6.91
邛崃	1377	65.9	4.0	114.28	16.59	1.84	22.90	22.90	6.50
崇州	1090	66.9	7.0	63.42	12.93	3.07	31.07	31.07	8.01
自贡	1438	150.5	15.5	778.32	105.69	15.46	112.08	112.08	35.91
攀枝花	2048	67.7	16.9	342.56	55.65	16.35	74.08	73.43	20.68
泸州	2132	150.1	24.7	411.38	96.12	24.26	120.07	115.18	31.95
德阳	648	69.2	10.9	179.70	51.50	1.52	74.55	74.55	21.38
广汉	551	60.7	6.0	241.90	28.94	1.05	51.49	46.34	10.49
什邡	863	43.5	2.5	67.70	13.25	0.28	15.90	15.81	4.20
绵竹	1245	50.6	2.3	67.10	9.50	2.30	12.50	12.27	3.63
绵阳	1570	128.1	37.8	465.00	86.53	37.77	125.00	124.84	35.22
江油	2720	88.6	1.8	199.41	28.22	1.78	35.00	33.56	9.80
广元	4535	93.1	9.2	216.70	36.54	8.18	56.34	53.19	13.36
遂宁	1876	153.6	7.8	316.00	63.70	7.59	75.94	75.44	23.82
内江	1569	141.5	9.2	278.93	62.86	1.50	71.14	71.14	25.95
乐山	2514	117.1	17.4	368.42	56.75	16.23	74.34	68.52	22.35
峨眉山	1168	43.1	1.5	90.20	14.89	0.67	20.60	20.36	8.92
南充	2527	194.5	17.5	420.00	95.00	15.00	115.34	115.34	43.45
阆中	1877	86.1	3.8	150.00	25.00	3.50	29.00	29.00	8.90
眉山	1796	121.1	5.5	292.59	45.93	4.12	62.38	59.82	23.35
宜宾	2591	127.3	18.4	1268.00	71.27	18.41	87.27	74.53	20.66
广安	1536	109.9	2.0	141.81	29.11	0.76	50.05	47.74	15.55
华蓥	466	36.9	0.7	92.40	11.00	0.50	13.54	13.54	3.83
达州	3462	184.3	6.4	645.99	56.90	6.01	74.13	80.14	23.01
万源	4065	62.8	1.9	143.00	10.72	1.42	11.20	15.35	8.64
雅安	1684	62.6	1.3	196.89	25.36	1.14	33.14	30.17	7.97
巴中	2566	136.0	12.7	160.29	38.60	3.92	33.66	31.31	9.00
资阳	1633	110.5	5.5	186.87	28.15	5.24	45.20	43.63	10.83
简阳	2215	148.0	3.8	112.00	33.50	0.80	30.00	27.30	7.80
马尔康	6639	5.5	0.9	369.16	2.60	0.25	5.06	4.38	1.71
康定	11486	12.9	2.1	864.60	4.30	1.40	3.80	4.82	1.40
西昌	2665	65.7	12.6	400.72	35.29	6.41	38.71	37.33	8.72

continued 13

Area Measurement Unit: Square Kilometer

Population Measurement Unit: 10,000 persons

Area of Urban Construction Land							本年征用土地面积 Area of Land Requisition This Year		城市名称 Name of Cities
公共管理与公共服务用地 Administr-ation and Public Services	商业服务业设施用地 Commercial and Business Facilities	工业用地 Indust-rial, Manufac-turing	物流仓储用地 Logistics and Warehouse	道路交通设施用地 Road, Street and Transpo-rtation	公用设施用地 Municipal Utilities	绿地与广场用地 Green Space and Square		耕地 Arable Land	
3.31	1.37	2.45	0.48	4.05	0.86	5.12			儋州
0.62	0.30	0.60		1.61	0.80	1.20			五指山
0.78	0.23	1.34	0.52	3.77	4.42	7.03	1.71	0.88	琼海
2.91	1.65	1.58	0.23	3.95	0.36	0.75	2.34	0.02	文昌
1.10	0.60	0.75	0.04	1.91	0.18	1.45			万宁
1.47	1.66	0.66	0.71	4.22	2.22	0.43	3.65	0.21	东方
98.38	**70.07**	**235.96**	**25.88**	**192.59**	**31.10**	**111.18**	**85.36**	**41.39**	**重庆**
218.81	**163.36**	**410.56**	**47.07**	**334.59**	**70.79**	**262.41**	**49.45**	**23.19**	**四川**
61.47	54.04	81.19	6.08	100.06	10.39	73.72	12.13	5.26	成都
2.94	2.99	0.41	0.20	6.50	0.25	3.22	3.41	2.89	都江堰
2.22	6.21	1.92	0.90	2.70	1.04	1.05			彭州
1.30	0.80	8.63	0.11	3.60	0.36	1.60			邛崃
2.11	0.42	13.99	0.21	1.10	4.10	1.13			崇州
6.33	5.59	28.29	1.61	12.98	2.44	18.93			自贡
4.03	6.37	22.17	3.20	5.56	3.64	7.78	0.50	0.01	攀枝花
7.78	5.76	19.61	1.52	19.80	2.34	26.42	2.41	1.54	泸州
6.16	3.15	21.18	0.78	16.20	1.04	4.66	7.55	4.79	德阳
3.20	3.16	13.10	1.91	7.51	2.09	4.88	1.88	1.23	广汉
0.30	1.28	2.76	0.50	2.85	2.29	1.63	0.06	0.06	什邡
0.25	0.29	0.70	0.10	2.30	0.30	4.70			绵竹
19.26	7.53	30.10	1.81	19.50	2.82	8.60			绵阳
3.86	1.42	7.80	0.60	4.84	0.52	4.72	3.10	1.10	江油
6.39	2.88	10.78	1.50	7.94	2.83	7.51	0.53	0.10	广元
3.70	5.63	14.67	2.56	15.59	1.45	8.02			遂宁
5.82	2.34	17.25	1.97	11.83	1.83	4.15	3.74	2.44	内江
8.46	7.97	9.63	1.37	7.83	1.62	9.29			乐山
2.93	2.60	1.50	0.07	1.83	0.24	2.27			峨眉山
11.69	7.88	17.32	5.91	17.22	4.53	7.34	2.34	0.50	南充
2.60	2.30	5.00	1.32	3.69	0.90	4.29	1.50	0.50	阆中
4.85	8.38	6.72	1.44	8.39	3.59	3.10	1.61	0.64	眉山
7.39	3.50	19.22	1.82	13.01	2.11	6.82			宜宾
7.61	2.76	4.54	1.66	7.42	2.76	5.44			广安
1.18	0.38	2.51	0.06	0.84	1.51	3.23			华蓥
6.93	6.18	15.31	3.47	12.80	2.79	9.65	2.17	0.89	达州
0.93	1.18	0.52	0.54	1.08	0.65	1.81			万源
3.69	2.27	6.93	0.42	5.89	0.97	2.03	0.79	0.79	雅安
4.20	2.00	1.20	0.66	0.25	4.00	10.00	0.50		巴中
3.25	2.10	11.58	0.53	5.53	1.20	8.61	2.23	0.45	资阳
5.10	2.50	2.40	1.20	2.80	1.50	4.00	3.00		简阳
0.82	0.23	0.09	0.02	0.73	0.07	0.71			马尔康
0.92	0.78	0.06	0.16	0.90	0.25	0.35			康定
9.14	0.49	11.48	0.86	3.52	2.37	0.75			西昌

2-3 续表 14

面积计量单位：平方公里

人口计量单位：万人

城市名称 Name of Cities	市区面积 Urban District Area	市区人口 Urban District Population	市区暂住人口 Urban District Temporary Population	城区面积 Urban Area	城区人口 Urban Population	城区暂住人口 Urban Temporary Population	建成区面积 Area of Built District	城市建设用地面积 小计 Subtotal	居住用地 Residential
贵州	**25446**	**1071.7**	**151.5**	**2679.97**	**529.39**	**112.65**	**789.06**	**702.18**	**222.23**
贵阳	2526	237.0	88.0	1230.00	196.10	69.91	299.00	274.34	73.28
清镇	1387	51.9	6.3	51.60	15.20	2.01	19.00	17.85	6.29
六盘水	476	47.7	7.9	129.00	32.00	3.10	71.68	60.54	18.77
遵义	1316	84.1	16.9	220.00	62.64	16.14	66.00	63.83	20.90
赤水	1801	32.7	2.9	91.00	11.00	2.30	16.10	10.85	3.21
仁怀	1788	69.3	1.0	89.00	14.45	0.60	15.00	14.14	5.08
安顺	2703	118.7	7.0	145.88	41.90	4.54	66.30	58.88	18.74
铜仁	1852	47.4	4.0	53.30	30.56	2.70	34.68	33.59	15.13
兴义	2915	85.6	5.9	73.40	32.30	3.10	43.50	41.84	14.93
毕节	3412	158.5	3.4	166.09	25.87	2.80	42.50	40.36	12.00
凯里	1306	51.0	5.5	111.50	35.87	3.20	67.00	54.53	24.50
都匀	2274	50.5	1.5	300.00	22.50	1.30	32.00	17.63	5.40
福泉	1690	37.3	1.3	19.20	9.00	0.95	16.30	13.80	4.00
云南	**76086**	**1502.2**	**126.3**	**3029.44**	**798.76**	**92.91**	**1060.14**	**975.18**	**353.51**
昆明	3842	406.5	0.6	1749.00	379.00	0.61	420.50	413.78	175.03
安宁	1301	35.4	8.3	240.76	22.00	4.90	31.89	19.65	6.13
曲靖	1553	69.8	3.4	72.99	60.24	3.40	67.99	67.73	25.22
宣威	6054	154.0	7.1	35.06	25.37	2.84	35.04	35.02	9.89
玉溪	1017	50.0	13.8	88.12	21.35	8.58	30.17	29.63	6.15
保山	5011	95.0	5.8	68.00	27.70	3.10	32.00	22.43	7.20
腾冲	5845	68.2	6.0	47.40	17.40	2.94	25.20	22.82	6.12
昭通	2240	89.1	5.0	61.00	25.68	4.51	41.15	28.72	8.13
丽江	1255	15.4	6.8	26.00	10.49	6.51	23.20	20.88	4.25
普洱	3928	31.1	4.1	50.00	19.21	3.37	26.50	24.12	5.21
临沧	2557	33.3	3.2	35.18	17.75	1.75	19.85	19.62	7.60
楚雄	4433	52.1	4.7	51.22	24.07	4.48	42.43	39.27	16.73
个旧	1587	41.8	3.0	34.60	20.09	2.13	13.16	12.51	3.53
开远	1950	28.4	3.2	45.00	17.47	2.18	21.40	21.26	5.60
蒙自	2228	39.7	9.3	38.85	16.98	8.61	31.22	20.98	6.42
弥勒	4004	55.8	1.4	22.43	14.85	1.15	21.83	19.08	4.90
文山	2887	49.8	2.2	38.00	17.68	2.14	34.20	31.75	9.11
景洪	6959	41.7	15.4	83.63	9.96	8.75	27.40	27.40	8.02
大理	1815	66.2	4.0	87.20	27.02	3.63	40.55	39.29	14.43
瑞丽	1020	24.5	11.3	55.00	6.50	10.78	25.80	25.80	7.90
芒市	2987	38.4	2.8	50.00	12.28	2.05	18.66	18.66	7.94
香格里拉	11613	16.0	5.2	50.00	5.67	4.50	30.00	14.78	8.00

continued 14

Area Measurement Unit: Square Kilometer

Population Measurement Unit: 10,000 persons

Area of Urban Construction Land							本年征用土地面积 Area of Land Requisition This Year	耕地 Arable Land	城市名称 Name of Cities
公共管理与公共服务用地 Administration and Public Services	商业服务业设施用地 Commercial and Business Facilities	工业用地 Industrial, Manufacturing	物流仓储用地 Logistics and Warehouse	道路交通设施用地 Road, Street and Transportation	公用设施用地 Municipal Utilities	绿地与广场用地 Green Space and Square			
69.76	**54.28**	**122.19**	**21.12**	**101.60**	**21.22**	**89.78**	**21.05**	**10.73**	**贵州**
30.01	23.40	46.09	6.76	50.49	3.56	40.75			贵阳
1.86	2.97	3.00	0.03	3.11	0.46	0.13	3.31	1.69	清镇
7.26	1.84	14.53	1.62	7.83	4.86	3.83			六盘水
6.19	5.66	13.51	0.60	10.58	0.90	5.49	7.10	4.29	遵义
1.53	1.06	3.14	0.07	1.22	0.18	0.44			赤水
2.31	0.68	1.59	1.69	1.73	0.80	0.26	2.50	0.69	仁怀
4.28	3.92	11.30	1.43	8.55	2.80	7.86	4.08	2.89	安顺
2.51	1.11	4.18	2.15	2.48	1.77	4.26			铜仁
3.80	5.72	6.93	3.00	3.60	1.70	2.16	0.34	0.15	兴义
4.00	4.20	8.25	2.98	1.93	2.00	5.00	2.30	1.02	毕节
1.21	2.32	3.67		3.60	1.23	18.00	0.81		凯里
2.60	0.80	3.40	0.50	3.50	0.33	1.10			都匀
2.20	0.60	2.60	0.29	2.98	0.63	0.50	0.61		福泉
104.95	**83.56**	**106.74**	**30.59**	**126.22**	**31.92**	**137.69**	**18.82**	**9.31**	**云南**
43.69	34.85	52.17	11.82	41.52	8.06	46.64	2.02	0.17	昆明
1.19	0.58	4.87	0.18	3.10	0.10	3.50			安宁
4.60	8.11	7.34	1.31	10.20	0.29	10.66			曲靖
5.20	1.50	3.48	1.77	4.55	4.10	4.53	2.59	2.27	宣威
1.07	0.97	2.82	0.02	7.47	1.61	9.52			玉溪
1.00	0.60	1.00	0.80	4.00	0.50	7.33	3.89	1.50	保山
1.00	1.66	1.15	0.54	2.05	0.50	9.80			腾冲
3.40	2.10	4.94	1.00	5.10	0.63	3.42	1.55	1.55	昭通
2.33	2.10	2.00	2.08	2.52	1.58	4.02	1.01	0.40	丽江
8.02	2.54	0.49	2.30	2.40	0.51	2.65			普洱
0.95	2.90	1.70	0.41	2.99	0.97	2.10	0.50		临沧
4.38	1.36	4.67	0.90	7.33	1.34	2.56	1.87	0.79	楚雄
1.93	0.59	2.49	0.40	1.90	0.35	1.32			个旧
2.60	2.08	3.34	2.09	1.20	2.55	1.80	0.67	0.19	开远
0.69	2.52	2.27	0.19	5.45	2.68	0.76	1.84	1.32	蒙自
2.65	0.29	0.97	0.49	2.11	2.65	5.02			弥勒
4.26	4.28	2.91	2.33	4.86	0.37	3.63	1.50	0.90	文山
2.00	0.70	0.01	0.19	4.20	1.00	11.28			景洪
7.07	3.21	4.65	1.02	5.46	1.16	2.29	0.60	0.11	大理
1.50	4.97	1.80	0.30	5.30	0.13	3.90	0.08	0.01	瑞丽
2.92	2.65	1.59	0.45	1.59	0.66	0.86			芒市
2.50	3.00	0.08		0.92	0.18	0.10	0.70	0.10	香格里拉

2-3 续表 15

面积计量单位：平方公里

人口计量单位：万人

城市名称 Name of Cities	市区面积 Urban District Area	市区人口 Urban District Population	市区暂住人口 Urban District Temporary Population	城区面积 Urban Area	城区人口 Urban Population	城区暂住人口 Urban Temporary Population	建成区面积 Area of Built District	城市建设用地面积 小计 Subtotal	居住用地 Residential
西藏	**27517**	**55.8**	**39.6**	**432.60**	**40.45**	**35.26**	**144.52**	**143.36**	**39.82**
拉萨	4184	28.7	28.1	351.40	24.33	25.64	90.72	90.63	26.92
昌都	10809	9.0	4.2	18.20	6.20	4.20	7.50	6.98	0.40
日喀则	3875	12.0	5.0	42.00	6.92	4.42	28.50	27.95	7.50
林芝	8649	6.1	2.3	21.00	3.00	1.00	17.80	17.80	5.00
陕西	**32831**	**1612.8**	**80.2**	**2311.70**	**883.04**	**48.84**	**1073.36**	**1037.89**	**246.20**
西安	3874	701.1	1.0	542.00	423.14	0.72	500.59	496.13	119.06
铜川	2373	74.4	1.0	55.00	39.36	0.99	44.12	44.11	9.26
宝鸡	3625	142.3	6.6	156.30	80.57	3.08	88.73	87.80	10.24
咸阳	528	92.7	13.3	528.20	92.73	13.27	90.12	90.03	18.63
兴平	509	61.7	0.7	67.30	18.61	0.60	20.89	20.79	6.59
渭南	2390	134.3	4.8	267.00	51.22	2.78	62.70	59.87	22.92
韩城	1596	39.9	2.0	77.20	16.04	0.97	18.21	18.21	6.58
华阴	675	25.5	0.5	65.00	10.90	0.45	18.00	16.84	5.00
延安	3538	47.2	10.5	54.00	25.10	8.92	36.80	36.80	12.24
汉中	546	59.6	11.3	100.42	41.37	2.27	42.40	33.50	5.70
榆林	6797	57.0	19.5	164.00	25.44	11.08	63.60	54.70	10.50
安康	3644	100.8	1.7	160.00	30.80	1.65	40.00	39.93	13.20
商洛	2645	56.0	4.5	40.00	15.18	0.50	26.00	18.00	3.00
杨陵区	93	20.3	2.9	35.28	12.58	1.56	21.20	21.18	3.28
甘肃	**87361**	**886.6**	**145.5**	**1569.92**	**521.79**	**113.87**	**834.39**	**771.42**	**209.50**
兰州	1632	204.7	64.1	332.14	186.58	63.85	305.28	291.98	66.67
嘉峪关	1350	20.3	4.0	120.00	18.10	3.81	69.54	68.37	13.50
金昌	3019	20.8	4.3	52.30	15.76	3.60	42.17	42.17	7.81
白银	3478	51.3	11.8	99.24	36.81	5.42	61.50	60.91	17.50
天水	5861	125.4	9.1	60.00	64.27	4.82	56.00	47.52	10.20
武威	5081	104.2	2.4	31.00	32.00	0.90	31.00	30.85	20.00
张掖	4240	50.5	0.9	200.00	24.05	0.38	64.20	37.71	16.40
平凉	1936	57.0	1.9	255.00	31.54	1.90	36.00	35.86	13.33
酒泉	3386	43.2	12.5	235.00	25.81	12.45	51.50	42.38	10.45
玉门	13500	13.1	0.4	15.00	7.06	0.33	9.01	9.00	1.71
敦煌	31200	20.0	2.3	19.86	9.26	2.32	15.01	14.91	2.20
庆阳	996	39.2	12.4	25.44	18.50	0.73	24.28	23.72	7.69
定西	4225	46.7	1.6	35.88	18.56	1.49	25.00	23.50	5.47
陇南	4683	56.4	2.5	40.00	14.36	2.05	10.40	9.20	6.42
临夏	89	25.5	14.6	33.46	13.91	9.02	23.00	22.91	7.15
合作	2686	8.4	0.9	15.60	5.22	0.80	10.50	10.43	3.00

continued 15

Area Measurement Unit: Square Kilometer

Population Measurement Unit: 10,000 persons

Area of Urban Construction Land							本年征用土地面积 Area of Land Requisition This Year		城市名称 Name of Cities
公共管理与公共服务用地 Administration and Public Services	商业服务业设施用地 Commercial and Business Facilities	工业用地 Industrial, Manufacturing	物流仓储用地 Logistics and Warehouse	道路交通设施用地 Road, Street and Transportation	公用设施用地 Municipal Utilities	绿地与广场用地 Green Space and Square		耕地 Arable Land	
32.76	**20.36**	**13.45**	**4.64**	**17.31**	**6.16**	**8.86**	**5.05**	**2.50**	**西藏**
18.36	14.13	9.95	2.83	11.04	2.86	4.54	0.05		拉萨
4.90	0.33	0.60	0.01	0.52	0.10	0.12			昌都
6.50	3.30	2.50	1.50	2.75	1.70	2.20			日喀则
3.00	2.60	0.40	0.30	3.00	1.50	2.00	5.00	2.50	林芝
106.62	**82.66**	**129.50**	**23.97**	**172.47**	**37.64**	**238.83**	**31.11**	**11.21**	**陕西**
63.67	41.39	60.25	9.88	84.74	17.74	99.40	27.85	9.69	西安
2.70	0.72	8.53	0.28	7.82	1.82	12.98			铜川
7.68	10.50	15.78	2.91	13.46	4.33	22.90			宝鸡
9.20	0.78	17.37	2.45	21.26	2.89	17.45			咸阳
1.10	0.50	4.28	0.16	2.82	0.20	5.14	0.09		兴平
5.27	2.63	4.62	1.50	8.12	1.49	13.32	1.10	0.57	渭南
0.75	1.10	1.05	1.10	3.15	0.80	3.68			韩城
1.42	1.96	2.25	0.43	1.68	0.75	3.35			华阴
2.21	2.08	2.00	0.23	5.16	0.74	12.14			延安
2.60	5.10	4.40	1.35	3.30	2.00	9.05			汉中
2.70	8.37	6.40	0.50	10.16	0.84	15.23			榆林
1.84	1.17	1.31	0.25	5.40	2.56	14.20	1.70	0.65	安康
2.10	2.50	0.50	2.00	2.60	0.50	4.80			商洛
3.38	3.86	0.76	0.93	2.80	0.98	5.19	0.37	0.30	杨陵区
78.43	**55.06**	**122.61**	**28.05**	**111.26**	**40.23**	**126.28**	**31.90**	**21.73**	**甘肃**
30.52	19.27	46.13	7.55	63.38	9.77	48.69	22.99	15.43	兰州
6.50	7.50	7.20	2.84	4.93	0.80	25.10			嘉峪关
2.76	1.55	16.94	1.46	5.20	1.44	5.01	0.13	0.02	金昌
5.60	3.08	21.78	1.36	5.24	2.65	3.70	1.25		白银
3.24	2.10	10.33	5.79	6.90	4.17	4.79			天水
2.00	3.00	0.54		3.61	0.50	1.20			武威
2.91	2.77	1.92	2.43	2.42	3.92	4.94	2.50	2.30	张掖
4.90	3.32	3.48	1.87	4.90	1.03	3.03	0.52	0.52	平凉
4.00	5.05	2.70	0.90	4.60	1.08	13.60			酒泉
0.70	0.55	0.70	0.33	1.64	0.22	3.15			玉门
0.80	2.10	0.80	0.20	2.30	0.35	6.16	0.60	0.60	敦煌
5.16	0.02	3.80	0.60	0.71	3.60	2.14	2.14	2.13	庆阳
2.83	0.02	3.75	1.50	0.79	5.24	3.90	1.30	0.26	定西
0.86	0.40	0.16	0.02	0.70	0.50	0.14			陇南
4.35	3.23	0.17	0.19	2.84	4.46	0.52	0.47	0.47	临夏
1.30	1.10	2.21	1.01	1.10	0.50	0.21			合作

2-3 续表 16

面积计量单位：平方公里

人口计量单位：万人

城市名称 Name of Cities	市区面积 Urban District Area	市区人口 Urban District Population	市区暂住人口 Urban District Temporary Population	城区面积 Urban Area	城区人口 Urban Population	城区暂住人口 Urban Temporary Population	建成区面积 Area of Built District	城市建设用地面积	
								小计 Subtotal	居住用地 Residential
青　海	**166368**	**222.1**	**21.8**	**688.15**	**166.86**	**18.39**	**194.26**	**173.10**	**75.69**
西　宁	510	135.1	10.0	380.00	120.63	8.12	90.00	85.48	44.01
海　东	3571	42.3	2.3	147.00	23.00	2.29	33.78	18.68	7.39
玉　树	15413	13.8	3.0	15.50	6.80	2.23	14.00	13.89	5.16
格尔木	119174	23.2	3.7	72.75	10.48	3.00	35.48	35.47	15.13
德令哈	27700	7.7	2.8	72.90	5.95	2.75	21.00	19.58	4.00
宁　夏	**22931**	**340.2**	**55.3**	**2119.18**	**235.47**	**47.68**	**455.05**	**384.45**	**126.65**
银　川	2311	108.9	32.9	1773.50	108.91	32.87	166.82	166.82	50.85
灵　武	4009	24.6	5.9	18.00	6.10	0.43	15.24	15.24	5.50
石嘴山	2381	50.4	3.9	118.20	45.04	3.37	102.80	51.84	21.85
吴　忠	1415	41.0	0.7	60.00	22.61	0.02	53.45	50.26	17.28
青铜峡	2438	29.2	1.0	32.45	12.65	0.96	32.41	29.34	9.56
固　原	3501	45.6	8.4	52.33	21.28	8.42	52.33	43.19	12.96
中　卫	6877	40.5	2.6	64.70	18.88	1.61	32.00	27.76	8.65
新　疆	**236832**	**892.8**	**149.9**	**2835.38**	**603.42**	**121.56**	**1185.36**	**1166.74**	**404.15**
乌鲁木齐	13788	261.7	50.2	1469.20	261.70	50.20	429.96	429.96	146.89
克拉玛依	7735	29.9	10.1	72.65	28.62	9.05	72.48	67.67	23.50
吐鲁番	15729	28.4	8.9	18.53	7.14	0.80	18.53	18.53	8.89
哈　密	85035	42.9		71.17	20.99		41.39	41.39	16.96
昌　吉	7971	37.1	17.4	96.95	23.69	12.40	61.40	58.31	20.38
阜　康	11726	18.3	4.1	21.77	7.79	1.59	21.60	21.16	5.18
博　乐	7956	27.0	3.5	31.58	16.60	3.27	21.40	21.00	8.57
阿拉山口	1204	1.0	1.0	27.00	1.03	1.00	10.85	6.53	0.50
库尔勒	7267	48.7	8.3	115.00	33.37	8.30	72.85	72.85	20.65
阿克苏	18265	50.8	10.6	58.61	30.77	7.60	46.50	46.21	21.38
阿图什	16151	26.5	1.7	19.70	6.80	1.35	14.70	14.39	4.73
喀　什	1057	62.8	7.9	62.73	24.60	7.48	62.73	62.73	23.95
和　田	510	34.9	2.3	80.00	15.42	1.82	31.59	31.59	11.70
伊　宁	644	57.9	3.5	57.90	33.40	2.47	36.95	36.95	16.00
奎　屯	1110	15.8	3.0	24.56	13.69	2.95	24.56	24.06	5.66
霍尔果斯	1909	5.2	1.0	20.00	2.00	1.00	20.00	17.70	4.04
乌　苏	14290	22.5	4.1	24.95	7.86	2.08	23.35	23.35	8.50
塔　城	4356	17.1	0.4	22.06	8.70	0.10	13.80	13.80	5.26
阿勒泰	10826	17.6	1.2	110.50	6.65	0.40	16.00	16.00	4.53
石河子	460	35.2	2.1	150.00	29.73	2.06	44.29	44.29	15.20
阿拉尔	4196	19.7	2.8	37.68	6.51	1.20	27.00	27.00	2.95
图木舒克	1927	14.8	2.3	92.70	2.55	1.05	12.50	12.50	3.89
五家渠	740	6.5	0.5	37.50	6.50	0.30	19.37	19.37	8.34
北　屯	911	5.9	2.2	46.64	4.21	2.09	23.81	22.43	9.26
铁门关	1045	4.6	1.0	45.00	3.10	1.00	13.75	13.75	5.38
可克达拉	25			21.00			4.00	3.22	1.86

continued 16

Area Measurement Unit: Square Kilometer

Population Measurement Unit: 10,000 persons

Area of Urban Construction Land							本年征用土地面积 Area of Land Requisition This Year	耕地 Arable Land	城市名称 Name of Cities
公共管理与公共服务用地 Administration and Public Services	商业服务业设施用地 Commercial and Business Facilities	工业用地 Industrial, Manufacturing	物流仓储用地 Logistics and Warehouse	道路交通设施用地 Road, Street and Transportation	公用设施用地 Municipal Utilities	绿地与广场用地 Green Space and Square			
14.51	**8.85**	**13.14**	**19.12**	**16.98**	**6.37**	**18.44**	**6.68**	**0.20**	**青海**
5.31	2.35	4.20	14.21	6.47	3.53	5.40			西宁
1.95	1.27	0.98	1.60	0.83	1.14	3.52	0.86	0.20	海东
1.83	0.51	0.45	0.52	1.00	0.66	3.76			玉树
2.23	2.24	4.39	1.87	6.52	0.66	2.43			格尔木
3.19	2.48	3.12	0.92	2.16	0.38	3.33	5.82		德令哈
50.55	**17.95**	**38.56**	**13.45**	**65.04**	**14.17**	**58.08**	**5.95**	**4.77**	**宁夏**
27.71	2.74	15.81	7.12	27.31	9.09	26.19			银川
0.51	1.29	3.05	0.03	1.94	0.29	2.63			灵武
2.21	3.51	8.60	0.20	11.27	0.97	3.23			石嘴山
6.52	3.04	6.22	0.32	7.27	1.87	7.74	0.45	0.45	吴忠
5.60	2.20	2.58	2.37	3.03	0.82	3.18	0.65	0.33	青铜峡
5.67	3.00	1.51	2.81	8.26	0.52	8.46	3.07	2.66	固原
2.33	2.17	0.79	0.60	5.96	0.61	6.65	1.78	1.33	中卫
108.06	**92.46**	**170.45**	**48.56**	**142.93**	**65.25**	**134.88**	**37.69**	**7.68**	**新疆**
29.08	26.32	79.01	17.39	67.41	21.59	42.27	8.26	4.13	乌鲁木齐
10.89	5.27	3.79	0.67	10.00	3.06	10.49	1.40		克拉玛依
1.37	1.32	1.56	0.56	2.04	1.32	1.47			吐鲁番
4.65	3.28	6.45	0.96	5.42	1.00	2.67			哈密
4.28	5.77	10.02	1.05	10.06	0.77	5.98	1.86	1.66	昌吉
1.61	1.20	0.26	1.04	1.29	1.34	9.24	0.17	0.17	阜康
1.60	2.24	3.49	1.21	1.17	0.55	2.17			博乐
0.50	0.43	2.14	0.93	0.82	1.01	0.20			阿拉山口
6.50	3.80	15.35	3.21	2.90	11.10	9.34	6.30		库尔勒
5.07	4.06	3.90	0.92	4.95	1.96	3.97	0.90		阿克苏
4.30	2.58	0.40	0.26	0.30	0.53	1.29	0.25		阿图什
4.29	7.00	4.10	6.52	7.06	2.80	7.01	0.28	0.22	喀什
4.21	1.94	4.69	1.73	3.00	1.95	2.37	0.94	0.17	和田
4.90	4.30	4.22	0.55	2.50	3.32	1.16			伊宁
2.74	4.00	2.07	0.49	0.24	3.36	5.50			奎屯
1.66	1.90	5.76	1.68	2.16	0.35	0.15			霍尔果斯
1.90	1.46	4.01	1.20	1.04	0.70	4.54			乌苏
1.17	1.70	1.40	0.24	0.02	1.73	2.28			塔城
2.00	2.20	0.10	0.21	3.10	0.36	3.50			阿勒泰
5.44	2.25	4.83	1.76	7.22	1.04	6.55			石河子
3.61	1.56	8.35	2.33	0.83	3.22	4.15			阿拉尔
0.82	1.31	0.16	0.02	1.98	0.20	4.12			图木舒克
2.02	1.92	1.37	0.90	3.59	0.30	0.93			五家渠
1.32	2.48	2.48	2.73	2.44	1.04	0.68			北屯
1.71	2.14	0.25		1.04	0.38	2.85	2.33	1.33	铁门关
0.42	0.03	0.29		0.35	0.27		15.00		可克达拉

三、城市维护建设财政性资金收支

3. Revenue and Expenditure of Urban Maintenance and Construction Fund

简要说明

城市维护建设资金指用于城市维护和建设的财政性资金。本部分主要包括城市维护建设财政性资金的收入和支出两方面的内容，收入包括组成收入的各项来源，包括城市维护建设税、城市公用事业附加、中央和地方预算资金、国有土地使用权出让收入、国家和省规定收取的用于城市维护建设的行政事业性收费及其他收入，支出包括城市维护建设资金用于市政公用设施各行业的建设和维护资金。

2013 年，城市维护建设资金的收支范围和口径进行了调整。

2014 年，北京市数据未报送。

Brief Introduction

Urban maintenance and construction fund is the fund used for urban maintenance and construction. This section mainly includes two parts: one is revenue from the fund, and the other is expenditure of the fund. Revenue consists of various capital sources, including urban maintenance and construction tax, extra-charge for urban utilities, budgetary funds by central and local governments, income generated from the transfer of state-owned land-use right, administrative charges for urban maintenance and construction prescribed by the central and provincial governments and other revenues. Expenditure covers funds used for construction and maintenance of public facilities in the municipal service facilities sector.

Revenue and expenditure scope as well as definition of urban maintenance and construction fund has been adjusted in 2013.

The data of Beijing were not reported in 2014.

3 全国历年城市维护建设资金收支(1978-2015)

计量单位：万元

年 份 Year	收入合计 Completed of Revenue	城市维护建设税 Urban Maintenance and Construction Tax	城市公用事业附加 Extra-Charges for Municipal Utilities	中央财政拨款 Financial Allocation from Central Government Budget	地方财政拨款 Financial Allocation from Local Government Budget	水资源费 Water Resource Fee	国内贷款 Domestic Loan
1978							
1979							
1980	276174		92966	66212			
1981	345600		92186	65657			
1982	425957		97416	69381			
1983	408524		103142	81571			
1984	468835		118445	96120			
1985	1168293	331296	129744	143313	123963	14142	
1986	1448311	406817	157889	138944	351961	16812	31716
1987	1638197	442275	176337	152094	225498	22420	61601
1988	1845193	525452	192643	104666	181053	24396	75829
1989	1835625	603583	198409	91529	170347	24873	44494
1990	2104896	650908	226186	109126	198421	27876	88429
1991	2661198	695681	270109	99919	277595	35324	229274
1992	3934788	779701	310916	134237	576569	42506	322596
1993	5811904	980234	329620	269593	594615	48498	445658
1994	6748008	1161193	413851	213565	599378	47060	413327
1995	7743732	1409097	447388	213543	725758	51964	476654
1996	8476420	1578088	555873	103699	862641	60509	956850
1997	11103424	1906696	561217	139392	1154245	61203	1657405
1998	14333158	2153203	603965	649420	1581006	63724	3069622
1999	16271209	2191985	631558	1052000	1714628	77828	3741979
2000	19889324	2372908	541475	1150668	2081330	100590	4146988
2001	25262680	2709430	488144	895818	3237790	111087	7416589
2002	31561758	3160358	498761	759545	3927309	123825	8739016
2003	42761892	3717417	556909	771320	5329302	159757	13318273
2004	52575966	4462912	590251	526414	6657678	206883	14455465
2005	54225147	5512933	554799	621597	7958871	249990	16698914
2006	35406259	5667745	762171	566632	10748459	244522	
2007	47617452	6170604	824251	348134	12137926	279545	
2008	56164219	7442775	896248	756011	14247316	254199	
2009	67276878	7719472	980433	1066464	22311926	247971	
2010	85704996	9970340	1090649	1747961	16855095	295347	
2011	117817189	13395522	1571916	1383183	19817577	750347	
2012	119233467	14797543	1663517	2453300	27252469	413782	
2013	143227465	17070039	1874070				
2014	138005449	17843612	1819986				
2015	160735509	19421884	2255346				

注：1.自2006年起，城市维护建设资金收入仅包含财政性资金，不含社会融资。地方财政拨款中包括省、市财政专项拨款和市级以下财政资金；其他收入中包括市政公用设施配套费、市政公用设施有偿使用费、土地出让转让金、资产置换收入及其他财政性资金。
2.1978年至1984年，1988年至1990年供水支出为公用事业支出；1978年至2000年道路桥梁支出为市政工程支出，包含道路、桥梁、排水等。
3.自2006年起，城市维护建设资金支出仅包含财政性资金，不含社会融资。
4.2014年数据不含北京市。

National Revenue and Expenditure of Urban Maintenance and Construction Fund in Past Years (1978-2015)

Measurement Unit: 10,000 RMB

利用外资 Foreign Investment	企事业单位自筹资金 Self-Raised Funds by Enterprises and Institutions	其他收入 Other Revenues	支出合计 Completed of Expenditure	维护支出 Maintenance Expenditure	固定资产投资支出 Expenditure from Investment in Fixed Assets	其他支出 Other Expenditures
			163589		163589	
			256895	142593	114302	
		116996	266451	152991	112370	1090
		187757	325615	180778	144837	
		259160	369382	172902	183897	12583
		223811	426986	214709	185511	26766
		254270	462705	219226	243479	
	49362	376473	1122714	375563	721943	25208
744		343428	1343025	431595	816154	95276
748		557224	1480706	479768	895695	105243
6386		734768	644695	303420	246835	94440
10078		692312	737038	361213	249516	126309
24713		779237	814901	406025	269992	138884
107127		946169	2442190	446562	1800536	195092
73484		1694779	3841602	1086759	2529896	224947
138159		3005527	5573279	1550715	3757865	264699
183295		3716339	6583051	1721457	4514337	347257
254876		4164452	7578470	1092891	6056988	428591
558688	1194722	2605348	8827009	2029361	6272955	524693
1407194	1077986	3138088	11229697	2149827	7832004	1247866
738402	1769411	3704405	14374965	2354278	10927777	1092910
494463	2374802	3991966	16172386	2600945	12281137	1290304
847124	3332242	5315999	18960338	2699820	15400602	859916
563167	4095561	5745094	25372970	2367551	19207735	3797684
610535	6007620	7734789	31780253	3184473	24475402	4120378
681057	7696801	10531056	42479605	3840924	32807384	5831298
741815	9002038	15932510	46617124	4662527	36924771	5029826
927141	9460261	12240641	52757240	5474379	40946915	6335946
		17416730	33494964	6950298	20005661	6888341
		27856992	42473049	8689485	24649406	9134158
		32567671	50083394	10432730	30612349	9279334
		34950612	59270667	10982852	38125424	10187001
		55845604	75080799	13443275	47144531	14389306
		80898644	87390666	16790270	53139075	17461321
		72652856	101981275	20228860	63505657	18246758
			108047393			
			106589135			
			124386269			

Note: 1.Since 2006, national revenue of urban maintenance and construction fund includes the fund fiscal budget, not including social Local Financail Allocation include province and city special finacial allocation, and Other Revenues include fee f

2.Data in the water supply column from 1978 to 1984 and from 1988 to 1990 reder to expenditure of public utilities; Data in the bridge and road column reder to expenditure of municipal engineering construction projects,including roads, bridges and sewers.

3.From 2006, expenditure of Urban maintenance and construction fund includes the fund from fiscal buget, not including society fund.

4.The data of 2014 did not include those of Beijing Municipality.

3-1 2015年全国城市维护建设资金(财政性资金)收支分组资料

计量单位：万元

地区名称 Name of Regions	城市市政公用设施建设维护管理财政性资金收入 Revenue of urban Construction, Maintenance and Management of Municipal Public Utilities Facilities Fund								
	合计 Compl-eted of Revenue	中央预算资金 Central Budge-tary Fund	省级预算资金 Provin-cial Budgetary Fund	市级预算资金 City-Level Budgetary Fund					
				小计 Subtotal	城市维护建设税 Urban Mainten-ance and Construc-tion Tax	城市公用事业附加 Extra-Charges for Municipal Utilities	城市基础设施配套费 Fees for Supporting Urban Infrastr-ucture	国有土地使用权出让收入 Income Gener-ated from The Transfer of State-owned Land-use Right	市政公用设施有偿使用费 Fee for Use of Municipal Utilities
全　国　National Total	**160735509**	**3132417**	**4616060**	**143334561**	**19421884**	**2255346**	**9748759**	**87057559**	**4427311**
分类一　Group one									
东部地区 East China	100531424	652080	639223	95587034	12336591	1651443	4806641	62814933	2458033
中部地区 Central China	32428900	1165597	529952	28888361	4251495	381988	2765803	15693461	823867
西部地区 West China	27775185	1314740	3446885	18859166	2833798	221915	2176315	8549165	1145411
分类二　Group two									
东部地区 East China	95282643	524475	563380	90772522	12016953	1595616	4683550	59111207	2336150
中部地区 Central China	30347545	1140370	501650	27231640	4063843	364580	2556286	15424357	805971
西部地区 West China	35105321	1467572	3551030	25330399	3341088	295150	2508923	12521995	1285190
分类三　Group three									
东部地区 East China	90556036	392497	500432	86304609	11069715	1444592	4440649	57145420	2263522
中部地区 Central China	27131950	955335	339435	24535592	3173579	328141	2253991	14402796	735297
西部地区 West China	35105321	1467572	3551030	25330399	3341088	295150	2508923	12521995	1285190
东北地区 Northeast China	7942202	317013	225163	7163961	1837502	187463	545196	2987348	143302

National Revenue and Expenditure of Urban Maintenance and Construction Fund (Fiscal Budget) (2015)

Measurement Unit: 10,000 RMB

污水处理费 Wastewater Treatment Fee	垃圾处理费 Garbage Treatment Fee	其他财政资金 Others	城市市政公用设施建设维护管理财政性资金支出 Expenditure of urban Construction, Maintenance and Management of Municipal Public Utilities Facilities Fund: 合计 Completed of Expenditure	城乡社区规划与管理 Planning and Management of Urban and Rural Communities	市政公用行业市场监管 Market Supervision of Municipal Public Utilities Industry	市政公用设施建设维护与管理 Construction, Maintenance and Management of Municipal Public Utilities Facilities	风景名胜区规划与保护 Planning and Protection of National Parks	其他 Others	地区名称 Name of Regions
2636962	**793824**	**9652471**	**124386269**	**5734301**	**1598777**	**83245685**	**1252328**	**32555178**	**全　国**
									分类一
1764946	478766	3653087	72197641	2970940	637411	47221306	842260	20525724	东部地区
500122	173936	1844990	29136216	2161657	422558	21433989	252101	4865911	中部地区
371894	141122	4154394	23052412	601704	538808	14590390	157967	7163543	西部地区
									分类二
1670252	456563	3422266	67151723	2906145	612803	44422245	835282	18375248	东部地区
488371	167871	1473885	27407063	2095316	410682	20364222	251377	4285466	中部地区
478339	169390	4756320	29827483	732840	575292	18459218	165669	9894464	西部地区
									分类三
1609317	445221	3358498	63905689	2737152	551223	41619340	828614	18169340	东部地区
456242	156299	1301588	24779745	1720389	370894	18583055	217384	3888023	中部地区
478339	169390	4756320	29827483	732840	575292	18459218	165669	9894464	西部地区
93064	22914	236065	5873352	543920	101368	4584072	40661	603331	东北地区

3-2 2015年全国城市维护建设资金(财政性资金)收支(按省分列)

计量单位：万元

地区名称 Name of Regions	城市市政公用设施建设维护管理财政性资金收入 Revenue of urban Construction, Maintenance and Management of Municipal Public Utilities Facilities Fund								
	合计 Completed of Revenue	中央预算资金 Central Budgetary Fund	省级预算资金 Provincial Budgetary Fund	市级预算资金 City-Level Budgetary Fund					
				小计 Subtotal	城市维护建设税 Urban Maintenance and Construction Tax	城市公用事业附加 Extra-Charges for Municipal Utilities	城市基础设施配套费 Fees for Supporting Urban Infrastructure	国有土地使用权出让收入 Income Generated from The Transfer of State-owned Land-use Right	市政公用设施有偿使用费 Fee for Use of Municipal Utilities
全　国	**160735509**	**3132417**	**4616060**	**143334561**	**19421884**	**2255346**	**9748759**	**87057559**	**4427311**
北　京	21002851			21002851	2043646	206880	449609	18150065	152651
天　津	2206103	23149	22660	1785910	333232		278175	885176	
河　北	3936578	45009	141391	3722808	618111	98247	155031	2016625	141390
山　西	2431823	3882	3871	2392594	244651	23348	116169	1328324	50734
内蒙古	2081355	25227	28302	1656721	187652	17408	209517	269104	17896
辽　宁	4726607	131978	62948	4467913	947238	151024	242901	1965787	72628
吉　林	1685380	71842	90587	1507279	478579	18077	214119	684808	36367
黑龙江	1530215	113193	71628	1188769	411685	18362	88176	336753	34307
上　海	3657873	19965		3635320		277074	8975	535293	30000
江　苏	17545425	113644	126915	16586837	2453305	208348	837679	10068527	512407
浙　江	8761243	105714	96875	7253546	885450	72718	172460	4246882	389077
安　徽	7915597	86829	38285	7618674	674800	59538	351825	5633122	138536
福　建	6735656	14162	24014	6676159	707889	61776	114199	5417085	144523
江　西	4875877	632936	213934	3947949	228932	20433	745803	2304128	65028
山　东	10534867	54450	30536	10018059	1376123	190486	1395285	5924841	255694
河　南	2553620	56126	2724	2191903	450329	86965	441133	729258	111913
湖　北	5886705	49680	42559	5186024	710345	87202	183380	2926831	261462
湖　南	3468328	125882	38062	3198448	864522	50655	415681	1481133	107624
广　东	14880108	9046	20203	14421122	2518498	325310	858982	9386411	596129
广　西	5248781	127605	75843	4814512	319638	55827	123091	3703726	121883
海　南	1295332	7358	37838	1201997	133461	3753	170254	514515	41651
重　庆	5384683	41849	1880642	3418231	371117	41363	590993	1841547	53118
四　川	7613624	47504	637464	4528310	832864	53283	471417	1745719	207369
贵　州	1967186	237269	94371	1630310	303641	13723	39935	650468	45828
云　南	2137330	306249	237901	1557494	290618	2706	207561	805541	96510
西　藏	608748	322401	174452	111257	20024	80	8998	17700	1058
陕　西	5893677	120008	129151	4110144	374949	21448	538953	1720028	585851
甘　肃	570054	74072	74325	392334	71681	2009	85797	145129	43378
青　海	664297	78834	194629	389234	137503	62160	6170	117513	60491
宁　夏	551251	2929	15359	519570	51224	8855	21665	128931	12048
新　疆	2384335	83625	8591	2202282	380177	16288	204826	1376589	39760

注：北京市数据未报送。

Note:The data of Beijing were not reported.

National Revenue and Expenditure of Urban Maintenance and Construction Fund (Fiscal Budget) by Province (2015)

Measurement Unit: 10,000 RMB

			城市市政公用设施建设维护管理财政性资金支出 Expenditure of urban Construction, Maintenance and Management of Municipal Public Utilities Facilities Fund						
污水处理费 Wastewater Treatment Fee	垃圾处理费 Garbage Treatment Fee	其他财政资金 Others	合计 Completed of Expenditure	城乡社区规划与管理 Planning and Management of Urban and Rural Communities	市政公用行业市场监管 Market Supervision of Municipal Public Utilities Industry	市政公用设施建设维护与管理 Construction, Maintenance and Management of Municipal Public Utilities Facilities	风景名胜区规划与保护 Planning and Protection of National Parks	其他 Others	地区名称 Name of Regions
2636962	**793824**	**9652471**	**124386269**	**5734301**	**1598777**	**83245685**	**1252328**	**32555178**	**全国**
152367	284		15536209	113014	3579	9858195	29	5561392	北京
		374384	2283693			2279386		4307	天津
60935	9921	27370	1980683	56933	82930	1637367	9626	193827	河北
18044	18837	31476	2183414	97122	19426	1976809	8262	81795	山西
11751	6065	371105	1729153	66341	11876	1069767	724	580445	内蒙古
60935	11342	63768	3246034	168993	61580	2802905	6668	205888	辽宁
10595	6355	15672	1173123	343391	17374	706414	30525	75419	吉林
21534	5217	156625	1454195	31536	22414	1074753	3468	322024	黑龙江
		2588	1281899			219581		1062318	上海
386525	109550	718029	11364807	1528735	150392	6961333	672352	2051995	江苏
312894	40344	1305108	6525407	84163	39283	5461099	12148	928714	浙江
102005	30216	171809	7138710	189673	46178	6707977	33374	161508	安徽
105435	28839	21321	5992877	295015	30771	2626786	22165	3018140	福建
48787	6696	81058	4094343	624369	46105	1279075	85809	2058985	江西
177393	59188	431822	6363538	169047	121418	5672413	73802	326858	山东
78498	15595	302867	2219983	153429	73876	1664707	14537	313434	河南
126726	62338	608442	5750513	538138	66650	4683436	48533	413756	湖北
82182	22617	105936	3392782	117658	118659	2271051	26869	858545	湖南
385724	185444	429737	11421946	408651	57730	6701361	38474	4215730	广东
94694	22203	230821	5045918	64795	24608	2799061	6978	2150476	广西
28044	11651	48139	1154630	81594	65120	201819	18	806079	海南
25173	25167	43961	5099675	65884	9599	4059817	9568	954807	重庆
103586	40319	2400346	5343109	198263	182658	1647109	33713	3281366	四川
40245	4239	5236	247842	42004	19145	129044	756	56893	贵州
86398	8963	35686	1638290	49809	12012	393786	23830	1158853	云南
160	446	638	62845	1135	510	2775	49664	8761	西藏
47025	34831	1534374	7108004	44627	57397	5971170	11130	1023680	陕西
31033	5938	29323	517791	22463	65543	250793	10636	168356	甘肃
6958	5159	1600	650757	20366	151417	478876	98		青海
10355	1692	13393	467400	106546	5210	333274	660	21710	宁夏
20961	14368	89837	1916699	50607	35317	1323746	17912	489117	新疆

3-3 2015年全国城市维护建设资金(财政性资金)收入(按城市分列)

计量单位：万元

城市名称 Name of Cities	城市市政公用设施建设维护管理财政性资金收入 Revenue of urban Construction, Maintenance and Management of Municipal Public Utilities Facilities Fund								
	合计 Completed of Revenue	中央预算资金 Central Budgetary Fund	省级预算资金 Provincial Budgetary Fund	市级预算资金 City-Level Budgetary Fund					
				小计 Subtotal	城市维护建设税 Urban Maintenance and Construction Tax	城市公用事业附加 Extra-Charges for Municipal Utilities	城市基础设施配套费 Fees for Supporting Urban Infrastructure	国有土地使用权出让收入 Income Generated from The Transfer of State-owned Land-use Right	市政公用设施有偿使用费 Fee for Use of Municipal Utilities
全　　国	**160735509**	**3132417**	**4616060**	**143334561**	**19421884**	**2255346**	**9748759**	**87057559**	**4427311**
北　　京	**21002851**			**21002851**	**2043646**	**206880**	**449609**	**18150065**	**152651**
天　　津	**2206103**	**23149**	**22660**	**1785910**	**333232**		**278175**	**885176**	
河　　北	**3936578**	**45009**	**141391**	**3722808**	**618111**	**98247**	**155031**	**2016625**	**141390**
石 家 庄	660851	1008	41000	616243	124603	9477	51319	405704	16965
晋　　州	30630			30630	2914	1190	1354	24928	244
新　　乐	5265			5265	1844	964	120	1500	837
唐　　山	216926	7195	366	209365	69849	7646	3880	32509	
遵　　化	32880			32880	5500	910	1950	3750	1930
迁　　安	418744	1000		417744	17958	6516	503	50439	1094
秦 皇 岛	81700			81700	24621	2200	10265	4500	2400
邯　　郸	135009		45	134964	8243	34446	4221	17487	70477
武　　安	22676			22676	11936	4600	663	5062	415
邢　　台	48033			48033	22703	1981	4339	15606	3404
南　　宫	19297			19297	1426		218	17399	254
沙　　河	36898			36898	4713	1189	289	30260	447
保　　定	1145621	3000	97700	1023253	81671	5363	8908	842593	8270
涿　　州	174728		1000	173728	8143	717	3685	160399	784
安　　国	51511			51511	3023	152	2038	32487	722
高 碑 店	7012			7012	4961	745	980		326
张 家 口	82444	9034		73410	36585	2982	600		7700
承　　德	46248			43146	24562	3400	1458	2652	1900
沧　　州	76349			76349	25000	1145	9609	39395	1200
泊　　头	20124	1025		19099	3810	524	929	11540	1148
任　　丘	32761			32761	20051	995	1498	8600	1617
黄　　骅	68599			68599	9690	968	1460	6065	100
河　　间	40422			40422	3237	403	2187	34198	397
廊　　坊	120882			120882	37836	2500	10994	62273	7279
霸　　州	44885			44885	7789	2053	2121	31773	1149

National Revenue and Expendiyure of Urban Maintenance and Construction Fund (Fiscal Budget) by City (2015)

Measurement Unit: 10,000 RMB

			城市市政公用设施建设维护管理财政性资金支出 Expenditure of urban Construction, Maintenance and Management of Municipal Public Utilities Facilities Fund						
污水处理费 Wastewater Treatment Fee	垃圾处理费 Garbage Treatment Fee	其他财政资金 Others	合计 Complcted of Expendi-ture	城乡社区规划与管理 Planning and Management of Urban and Rural Communities	市政公用行业市场监管 Market Supervision of Municipal Public Utilities Industry	市政公用设施建设维护与管理 Construction, Maintenance and Management of Municipal Public Utilities Facilities	风景名胜区规划与保护 Planning and Protection of National Parks	其他 Others	城市名称 Name of Cities
2636962	**793824**	**9652471**	**124386269**	**5734301**	**1598777**	**83245685**	**1282328**	**32555178**	**全　国**
152367	**284**		**15536209**	**113014**	**3579**	**9858195**	**29**	**5561392**	**北　京**
		374384	**2283693**			**2279386**		**4307**	**天　津**
60935	**9921**	**27370**	**1980683**	**56933**	**82930**	**1637367**	**9626**	**193827**	**河　北**
16870	95	2600	508159	5539	68820	379504	900	53396	石家庄
42	202		24473	604		23869			晋　州
640	197		4881	200		4681			新　乐
			216926	500		203161	491	12774	唐　山
1520	345		43950	3900	550	39500			遵　化
591	106		25461	1319	341	23047	754		迁　安
2400			79950	1228		78244	70	408	秦皇岛
779	197		4853	607	2858	1388			邯　郸
255	160		22676	207	675	21794			武　安
3404			48033	4013		39630		4390	邢　台
254			19297	370		369		18558	南　宫
447			11141	322		10819			沙　河
8186	84	21668	231896	3402	123	170841	311	57219	保　定
596	188		59566	699		57375		1492	涿　州
722			16184	116		16068			安　国
326			5757	5757					高碑店
5150	2200		79200	8000	400	61250	7050	2500	张家口
480	1420	3102	41658	904		37591	50	3113	承　德
1200			76349	2760		73589			沧　州
1080	68								泊　头
1000	617		29725	300		29425			任　丘
68	32		66789			66789			黄　骅
317	80		3081	1087		1994			河　间
4934	2345		120882			120882			廊　坊
831	318		44885	657	2502	41726			霸　州

3-3 续表 1

计量单位：万元

城市名称 Name of Cities	城市市政公用设施建设维护管理财政性资金收入 Revenue of urban Construction, Maintenance and Management of Municipal Public Utilities Facilities Fund								
	合计 Compl-eted of Revenue	中央预算资金 Central Budge-tary Fund	省级预算资金 Provin-cial Budgetary Fund	市级预算资金 City-Level Budgetary Fund					
				小计 Subtotal	城市维护建设税 Urban Mainten-ance and Construc-tion Tax	城市公用事业附加 Extra-Charges for Municipal Utilities	城市基础设施配套费 Fees for Supporting Urban Infrastr-ucture	国有土地使用权出让收入 Income Gener-ated from The Transfer of State-owned Land-use Right	市政公用设施有偿使用费 Fee for Use of Municipal Utilities
三　河	82113	9068	1021	72024	13096	934	12676	40850	1290
衡　水	54963			54963	21009	1354	5882	22752	3966
冀　州	31001	10154		20847	2815	321	487	3804	446
深　州	38842			38842	2410	383	945	34912	192
辛　集	57040			57040	7602	1264	2527	44326	1321
定　州	52124	3525	259	48340	8511	925	6926	28862	3116
山　西	**2431823**	**3882**	**3871**	**2392594**	**244651**	**23348**	**116169**	**1328324**	**50734**
太　原	1276542			1276542	99862	7700	55698	912648	21153
古　交	17372			17372	2573	869	245	13685	
大　同	194050			194050	34721	4245	13057	136150	5877
阳　泉	36966	3380	3541	30045	13460	1406	1164	12915	1100
长　治	269294			242394	3217	1915	973	43592	15054
潞　城	20334			20203	300		19875		28
晋　城	4886			4886					
高　平	27164			27164	4378		3428		
朔　州	58615			58615	2978	690	1220		1660
晋　中	164897		310	164587	12658		5421	143206	3302
介　休	30000			30000	6908	711	611	100	1116
运　城	18039			18039	6946	646	2200	8247	
永　济	6620		20	6600	6498		102		
河　津	12360			12170	300	200	544	1211	210
忻　州	103687			103687	4942		1757	15038	
原　平	14982			14982	593		318	1315	
临　汾	57182	502		56680	13965	1373	450	33962	
侯　马	5467			5212	3298	170	959	785	
霍　州	24360			24360	16162	2364	3475	2359	
吕　梁	51859			47859	2645	494	2338		618
孝　义	19521			19521	720	320	602		540
汾　阳	17626			17626	7527	245	1732	3111	76

continued 1

Measurement Unit: 10,000 RMB

			城市市政公用设施建设维护管理财政性资金支出 Expenditure of urban Construction, Maintenance and Management of Municipal Public Utilities Facilities Fund						
污水处理费 Wastewater Treatment Fee	垃圾处理费 Garbage Treatment Fee	其他财政资金 Others	合计 Completed of Expenditure	城乡社区规划与管理 Planning and Management of Urban and Rural Communities	市政公用行业市场监管 Market Supervision of Municipal Public Utilities Industry	市政公用设施建设维护与管理 Construction, Maintenance and Management of Municipal Public Utilities Facilities	风景名胜区规划与保护 Planning and Protection of National Parks	其他 Others	城市名称 Name of Cities
930	139		73293	3493		69800			三河
3636	330		16912	900	3542	12470			衡水
376	70		2946	1367	334	1245			冀州
151	41		38837	7642	2505	28690			深州
1175	146		11905			11905			辛集
2575	541		51018	1040	280	9721		39977	定州
18044	**18837**	**31476**	**2183414**	**97122**	**19426**	**1976809**	**8262**	**81795**	**山西**
10215	9983		992643			992643			太原
			36087	73		1220		34794	古交
903	4974		237358	5328	1123	224847	6060		大同
1100			42372	1503	252	36354		4263	阳泉
1574	582	26900	269280	58646	452	183347		26835	长治
28		131	20334	75		20213		46	潞城
			4886			4886			晋城
									高平
1230	430		61365	200		60209	956		朔州
1340	1962		162987	8122	110	154755			晋中
270	846		30000	15		29985			介休
			17213	2493		6560		8160	运城
			6620		20	6505		95	永济
150	60	190	12348	1660	1610	8270		808	河津
			103687		10007	93632		48	忻州
			14982	9		10916		4057	原平
			57182	12549	252	42685	1246	450	临汾
		255	5467	304		5124		39	侯马
			24360	3000	5600	13560		2200	霍州
618		4000	48760	2040		46720			吕梁
540			18283	602		17681			孝义
76			17200	503		16697			汾阳

3-3 续表 2

计量单位：万元

城市市政公用设施建设维护管理财政性资金收入 Revenue of urban Construction, Maintenance and Management of Municipal Public Utilities Facilities Fund

城市名称 Name of Cities	合计 Completed of Revenue	中央预算资金 Central Budgetary Fund	省级预算资金 Provincial Budgetary Fund	市级预算资金 City-Level Budgetary Fund: 小计 Subtotal	城市维护建设税 Urban Maintenance and Construction Tax	城市公用事业附加 Extra-Charges for Municipal Utilities	城市基础设施配套费 Fees for Supporting Urban Infrastructure	国有土地使用权出让收入 Income Generated from The Transfer of State-owned Land-use Right	市政公用设施有偿使用费 Fee for Use of Municipal Utilities
内蒙古	**2081355**	**25227**	**28302**	**1656721**	**187652**	**17408**	**209517**	**269104**	**17896**
呼和浩特	192024			192024	8329	4235	97765	5000	5379
包　　头	257853	15438	16522	225893	85769	10152	200		150
乌　　海	327668		54	322104	16304		100	28491	1446
赤　　峰	496054	3760	3823	126919	12989		20000		1000
通　　辽	31284		100	31184	1055	400	12980	13502	3247
霍林郭勒	31557			31557	7353	750	1020	21994	440
鄂尔多斯	115309		689	114620	6665		8753		1537
呼伦贝尔	40380			40380	3987	455	34848		1090
满 洲 里	27707	2000	773	24934	6002	442	10169	7965	356
牙 克 石	16124			16124	420		3691	714	200
扎 兰 屯	57642	1580	1757	54305	1629		1376	51053	247
额尔古纳	3768		1885	1883	400		1287		158
根　　河	714			714	614		50		50
巴彦淖尔	21170			21170	300		13900		100
乌兰察布	255234			255234	10174	480	447	33274	71
丰　　镇	16081			16081	4037	60	120	10550	428
乌兰浩特	95498			95498	11112		1836	24552	748
阿 尔 山	3550			3550	435		315	2650	150
二连浩特	19810	2399	1948	15463	200		160	14921	182
锡林浩特	71928	50	751	67084	9878	434	500	54438	917
辽　　宁	**4726607**	**131978**	**62948**	**4467913**	**947238**	**151024**	**242901**	**1965787**	**72628**
沈　　阳	1499985	74892	52525	1372568	289332	23532	63538	480351	3259
新　　民	46047			46047	3024		274	41519	1230
大　　连	1078853	19785	1645	1057423	277793	18175	57348	196288	31326
瓦 房 店	27888			16828	13642		1785		1401
普 兰 店	4150			4150	821		1992	1337	
庄　　河	94987			94987	2175	276	6208	85775	553
鞍　　山	237430			237430	50264	7432	15646	159864	4224
海　　城	40495			40495	7858	3109	11325	18203	
抚　　顺	209608			205413	7147	6905	13024	174565	3772
本　　溪	55803			54603	20968	6300	1965	8110	
丹　　东	79954	26962	1875	51117	9228	1347	4830	15129	2454
东　　港	85771			85771	4281	189	2733	78042	526

continued 2

Measurement Unit: 10,000 RMB

			城市市政公用设施建设维护管理财政性资金支出 Expenditure of urban Construction, Maintenance and Management of Municipal Public Utilities Facilities Fund						
污水处理费 Wastewater Treatment Fee	垃圾处理费 Garbage Treatment Fee	其他财政资金 Others	合计 Completed of Expenditure	城乡社区规划与管理 Planning and Management of Urban and Rural Communities	市政公用行业市场监管 Market Supervision of Municipal Public Utilities Industry	市政公用设施建设维护与管理 Construction, Maintenance and Management of Municipal Public Utilities Facilities	风景名胜区规划与保护 Planning and Protection of National Parks	其他 Others	城市名称 Name of Cities
11751	**6065**	**371105**	**1729153**	**66341**	**11876**	**1069767**	**724**	**580445**	**内蒙古**
3000	2379		187762	52622		134940		200	呼和浩特
90	30		58456			58456			包头
200	1246	5510	362635	73				362562	乌海
450	500	361552	443859			443859			赤峰
2379	868		30229	734	303	7342		21850	通辽
260	180		26882	1280		25602			霍林郭勒
1467	70		110775	145		3494		107136	鄂尔多斯
1090			40380			40380			呼伦贝尔
356			64301	615	1386	62300			满洲里
200			15003		641	14362			牙克石
187	60		75914	2339		19580	724	53271	扎兰屯
53	105		3768			3768			额尔古纳
50									根河
100									巴彦淖尔
71			108803			108803			乌兰察布
350	78		14578	1450	450	12678			丰镇
525	223		95498	297	3746	56579		34876	乌兰浩特
150			3400			2850		550	阿尔山
156	26		15482	6246	5350	3886			二连浩特
617	300	4043	71428	540		70888			锡林浩特
60935	**11342**	**63768**	**3246034**	**168993**	**61580**	**2802905**	**6668**	**205888**	**辽宁**
1784	1475		1372568			1372568			沈阳
1230			4869			4869			新民
26449	4877		954194	102307		848532		3355	大连
801	600	11060	26567			15077		11490	瓦房店
			4150			4150			普兰店
553			27075	130		26945			庄河
4224			29382	500	11912	8425	476	8069	鞍山
			40495		140	2617		37738	海城
3524	248	4195	47864	700		45639	825	700	抚顺
		1200	54362	190	430	31750		21992	本溪
1570	884		80043	34490	675	40681	4119	78	丹东
526			85771	417		57067		28287	东港

3-3 续表 3

计量单位：万元

城市名称 Name of Cities	城市市政公用设施建设维护管理财政性资金收入 Revenue of urban Construction, Maintenance and Management of Municipal Public Utilities Facilities Fund								
	合计 Completed of Revenue	中央预算资金 Central Budgetary Fund	省级预算资金 Provincial Budgetary Fund	市级预算资金 City-Level Budgetary Fund					
				小计 Subtotal	城市维护建设税 Urban Maintenance and Construction Tax	城市公用事业附加 Extra-Charges for Municipal Utilities	城市基础设施配套费 Fees for Supporting Urban Infrastructure	国有土地使用权出让收入 Income Generated from The Transfer of State-owned Land-use Right	市政公用设施有偿使用费 Fee for Use of Municipal Utilities
凤城	57978			57978	3009	1141	1383	52181	264
锦州	43789			43789	27110	2497	1743	8000	4439
凌海	4179			4179	4073		106		
北镇	7851			7851	1949	120	1602		2289
营口	105982			105982	28015	68685	3587		5695
盖州	62370			62329	5955	275	189	54974	468
大石桥	29519			29519	7063		1026	21041	150
阜新	78074	600	4600	72874	17217	2070	1409	38083	2438
辽阳	199890	165	200	180399	38404	1891	9113	104502	1639
灯塔	169667			169667	5078	1919	19940	142730	
盘锦	257795			257795	54332	3645	7260	190434	2124
铁岭	16158			16158	9626	98	787	2044	1893
调兵山	16826	1240	2103	13483	4425	93	1016	7949	
开原	30173			30173	2260	325	3790	23584	214
朝阳	28122	4705		13595	7510	1000	2766	1159	1160
北票	12676			12676	11349		17	1285	25
凌源	4069			4069	3613		456		
葫芦岛	104127	3629		82174	26847		2975	28234	1036
兴城	36391			36391	2870		3068	30404	49
吉林	**1685380**	**71842**	**90587**	**1507279**	**478579**	**18077**	**214119**	**684808**	**36367**
长春	845876	5666		833643	306796	6418	144451	369499	3537
榆树	51592			51592	2163	76	729	48242	382
德惠	20285	6042	1094	13149	3234		6700	2490	725
吉林	76000			76000	22890	4449	11977	36684	
蛟河	9851			9851	1430	151	126		1265
桦甸	11178			11178	3331	150	1060		260
舒兰	8504			8504	1360		357		
磐石	11425			11425	2829	362	235	7999	
四平	143551	20549	13796	109206	19688	262	1603	87587	66
双辽	5360		3344	2016	70	80	400	860	189
辽源	65820			65820	7904	660	19210	35452	2422
通化	29346	8118	3522	17706	12545	1000	2255	1210	348

continued 3

Measurement Unit: 10,000 RMB

			城市市政公用设施建设维护管理财政性资金支出 Expenditure of urban Construction, Maintenance and Management of Municipal Public Utilities Facilities Fund						
污水处理费 Wastewater Treatment Fee	垃圾处理费 Garbage Treatment Fee	其他财政资金 Others	合计 Completed of Expenditure	城乡社区规划与管理 Planning and Management of Urban and Rural Communities	市政公用行业市场监管 Market Supervision of Municipal Public Utilities Industry	市政公用设施建设维护与管理 Construction, Maintenance and Management of Municipal Public Utilities Facilities	风景名胜区规划与保护 Planning and Protection of National Parks	其他 Others	城市名称 Name of Cities
264			6792	1747	1003	4042			凤城
2639	1800		50816	1684	12130	36360	642		锦州
			4179	80		4099			凌海
2147	82		1206			1206			北镇
5695			10637	2671		7966			营口
400	68	41	14972	165		14763		44	盖州
	150		11970			11850		120	大石桥
2022	132		27483	1000	7178	19305			阜新
1639		19126	61686	13		41869		19804	辽阳
			91514	476	212	29436		61390	灯塔
1828	296		14911			14676		235	盘锦
1229	657		16158			14912	606	640	铁岭
			16826	480		14144		2202	调兵山
141	73		30173			30173			开原
1160		9822	28122	528	270	24301		3023	朝阳
25			12676			11926		750	北票
			4084	646	257	3181			凌源
1036		18324	104127	20555	22119	55482		5971	葫芦岛
49			10362	214	5254	4894			兴城
10595	**6355**	**15672**	**1173123**	**343391**	**17374**	**706414**	**30525**	**75419**	**吉林**
337	3200	6567	550262	323982	993	224497		790	长春
382			17521	132		17389			榆树
490	235		19135		720	17215		1200	德惠
			76000	781	800	49494	24925		吉林
820	170		11709	102	320	8521		2766	蛟河
260			12560			12560			桦甸
									舒兰
									磐石
66			31255	1455	243	14430		15127	四平
172	17		5493	130	260	4337		766	双辽
172			65820			65820			辽源
348			29346	1000	3465	11256		13625	通化

3-3 续表 4

计量单位：万元

城市名称 Name of Cities	城市市政公用设施建设维护管理财政性资金收入 Revenue of urban Construction, Maintenance and Management of Municipal Public Utilities Facilities Fund								
	合计 Completed of Revenue	中央预算资金 Central Budgetary Fund	省级预算资金 Provincial Budgetary Fund	市级预算资金 City-Level Budgetary Fund					
				小计 Subtotal	城市维护建设税 Urban Maintenance and Construction Tax	城市公用事业附加 Extra-Charges for Municipal Utilities	城市基础设施配套费 Fees for Supporting Urban Infrastructure	国有土地使用权出让收入 Income Generated from The Transfer of State-owned Land-use Right	市政公用设施有偿使用费 Fee for Use of Municipal Utilities
集　　安	10785	1830	1168	7787	992				
白　　山	60633	5114	1631	45860	8393	678	985	7669	467
临　　江	1803	600	486	390	10		380		
松　　原	25691	1700	750	22491	16513		2000		2210
扶　　余	8598			8598	980	162	60		230
白　　城	112536		59680	52856	7616	408	326	42614	1298
洮　　南	7678	6277		1401	27		386		595
大　　安	10156		1146	9010	1000		6772	1015	223
延　　吉	45883	1667		44216	36695	76	561	4104	2780
图　　们	3731	2259		1472	72		260	552	386
敦　　化	29811	7547	3477	18787	4492	71	2884	10828	512
珲　　春	26618			26618	3248	218	1964	18768	1820
龙　　井	9838			9838	822		8	73	8935
和　　龙	12292	4473	493	7326	447	249	6398		
公 主 岭	18001			18001	9532	707	1206	1236	417
梅 河 口	22538			22538	3500	1900	826	7926	7300
黑 龙 江	**1530215**	**113193**	**71628**	**1188769**	**411685**	**18362**	**88176**	**336753**	**34307**
哈 尔 滨	543600			443600	178200	9100	25000	131300	
双　　城	31490			31490	6319	326	1715	23130	
尚　　志	38357			36574	1565			13197	895
五　　常	38340		2200	36140	2769	476	1498	1145	
齐齐哈尔	97845	1140		96705	19830	2531	23190	48066	3088
讷　　河	6990	342	275	6373	2288	33	346	3660	46
鸡　　西	43827	13408	4628	25791	8265	490	1183	14641	1212
虎　　林	12201			12201	2598		857	3846	280
密　　山	11797	7282	2524	1991	922	944	125		
鹤　　岗	23848	1851	4446	17360	14570		322		2277
双 鸭 山	24828	6192		18636	4868	827	137	6402	1450
大　　庆	163168	9759	22205	131204	98745		15455	16636	368
伊　　春	45983	11500	400	34083	2923	96	2946	82	4225
铁　　力	7906	3240		4666	860		1638	2168	
佳 木 斯	41652	3396	3151	35105	6554	1091	435		7638

continued 4

Measurement Unit: 10,000 RMB

污水处理费 Wastewater Treatment Fee	垃圾处理费 Garbage Treatment Fee	其他财政资金 Others	城市市政公用设施建设维护管理财政性资金支出 Expenditure of urban Construction, Maintenance and Management of Municipal Public Utilities Facilities Fund						城市名称 Name of Cities
			合计 Completed of Expenditure	城乡社区规划与管理 Planning and Management of Urban and Rural Communities	市政公用行业市场监管 Market Supervision of Municipal Public Utilities Industry	市政公用设施建设维护与管理 Construction, Maintenance and Management of Municipal Public Utilities Facilities	风景名胜区规划与保护 Planning and Protection of National Parks	其他 Others	
			11777	2191	2859	6727			集安
467		8028	49088	1561	647	44507		2373	白山
		327	1703	272		1431			临江
1768		750	6449	70	63	6316			松原
120	8								扶余
594			114056	335	1246	83174		29301	白城
350	245								洮南
143	80		10156	58	432	9666			大安
1380	1400		45883	224		45659			延吉
386			3547			1949		1598	图们
512			21521			21521			敦化
600	600		26618			22797	180	3641	珲春
142			9838	9838					龙井
			12292			12292			和龙
	400		18556			18556			公主岭
1086			22538	1260	5326	6300	5420	4232	梅河口
21534	**5217**	**156625**	**1454195**	**31536**	**22414**	**1074753**	**3468**	**322024**	**黑龙江**
		100000	443600	1723		441877			哈尔滨
			15651	876		10059		4716	双城
164		1783	44050					44050	尚志
			38340		3130	26210		9000	五常
3088			97055	1998	1053	92717	1287		齐齐哈尔
46			6990			6990			讷河
645	567		53841	265		53576			鸡西
280			12201	317		11884			虎林
			11797	103	400	11294			密山
2033	196	191	23909	179	2253	19744		1733	鹤岗
890	535		27152	328		26824			双鸭山
368			191683	4509		30928		156246	大庆
1660	2565		45983	210		44958		815	伊春
			7906	115		7791			铁力
2156	511		40654	519		34346	255	5534	佳木斯

3-3 续表 5

计量单位：万元

城市名称 Name of Cities	城市市政公用设施建设维护管理财政性资金收入 Revenue of urban Construction, Maintenance and Management of Municipal Public Utilities Facilities Fund								
	合计 Compl-eted of Revenue	中央预算资金 Central Budge-tary Fund	省级预算资金 Provin-cial Budgetary Fund	市级预算资金 City-Level Budgetary Fund					
				小计 Subtotal	城市维护建设税 Urban Mainten-ance and Construc-tion Tax	城市公用事业附加 Extra-Charges for Municipal Utilities	城市基础设施配套费 Fees for Supporting Urban Infrastr-ucture	国有土地使用权出让收入 Income Gener-ated from The Transfer of State-owned Land-use Right	市政公用设施有偿使用费 Fee for Use of Municipal Utilities
同　江	9823	369	477	8977	890	88	390		50
富　锦	29450			29450	1403		793		
七台河	55170	10000	705	44465	7638	160	1075	23929	819
牡丹江	81653	14450		43184	13000	1000	3000	2000	4112
绥芬河	33366	16950	1932	11214	1589	263	1129	5102	354
海　林	27541	2187	7277	17477	3234	160	95	7007	31
宁　安	7474		1500	5974	863		1487	2220	1092
穆　棱	19007		7780	11227	6955	143	72	4051	6
黑　河	13629	1388	2215	10026	2582		3200	3542	561
北　安	35089	600	2735	28947	1484		861	7042	180
五大连池	8188	1230	1124	5834	772		757	4146	92
绥　化	25659	2760	1047	21852	10405	250	44	9887	1266
安　达	13398	4469	1475	7454	4863		426		2165
肇　东	19724			7769	3585	384		1700	2100
海　伦	19212	680	3532	3000	1146			1854	
上　海	**3657873**	**19965**		**3635320**		**277074**	**8975**	**535293**	**30000**
江　苏	**17545425**	**113644**	**126915**	**16586837**	**2453305**	**208348**	**837679**	**10068527**	**512407**
南　京	3031885	563	203	3031119	540038	25900	342052	1829336	111411
无　锡	428743		2575	351860	87487	9621	10171	60700	37304
江　阴	137560			137560	59268	8513	7739	9655	4383
宜　兴	293826		10284	34022	5000		2000		10255
徐　州	654631		160	577622	13744	5730	44063	475650	13555
新　沂	32037			32037	18587	1800	3421	8036	193
邳　州	58151	933	1323	55895	34792	1161	2190	16530	1222
常　州	586485	55400	36097	414658	190466	20648	33394	39642	46115
溧　阳	14697		320	14377	6729		839	3116	3693
苏　州	5598418			5598418	515892	36062	73662	3222762	110490
常　熟	134149			124377	36500	19500	12500	16000	22000
张家港	145076			145076	90443	12692	15454	10478	16009
昆　山	93054			93054	45345		13564	26000	8145
太　仓	400725			400725	73045	4400	13341	296393	13546

continued 5

Measurement Unit: 10,000 RMB

			城市市政公用设施建设维护管理财政性资金支出 Expenditure of urban Construction, Maintenance and Management of Municipal Public Utilities Facilities Fund						
污水处理费 Wastewater Treatment Fee	垃圾处理费 Garbage Treatment Fee	其他财政资金 Others	合计 Completed of Expenditure	城乡社区规划与管理 Planning and Management of Urban and Rural Communities	市政公用行业市场监管 Market Supervision of Municipal Public Utilities Industry	市政公用设施建设维护与管理 Construction, Maintenance and Management of Municipal Public Utilities Facilities	风景名胜区规划与保护 Planning and Protection of National Parks	其他 Others	城市名称 Name of Cities
			9823			9823			同江
			29450			29450			富锦
819			55170	10619		35625		8926	七台河
2450	150	24019	87679	1300		35234		51145	牡丹江
164		3270	33366	92		12916		20358	绥芬河
2		600	18464	5000	10464	3000			海林
960	132		7474	602	31	6601	126	114	宁安
6			19007	333		18674			穆棱
561			13333	1205	460	9868	1800		黑河
164	16	2807	35089	246		15835		19008	北安
92			7561			7561			五大连池
1266			25006	612		24015		379	绥化
1620	545		13025		1515	11510			安达
2100		11955	19724		3108	16616			肇东
		12000	19212	385		18827			海伦
		2588	**1281899**			**219581**		**1062318**	**上海**
386525	**109550**	**718029**	**11364807**	**1528735**	**150392**	**6961333**	**672352**	**2051995**	**江苏**
77976	33435		2558589	1014867	10277	1102304	928	430213	南京
24866	12438	74308	428743	1480		407811		19452	无锡
3325	1058		137560	4958	3374	122120	4433	2675	江阴
9246	1009	249520	293826	200	150	107648		185828	宜兴
9651	3904	76849	514594	2840	9968	493046	5100	3640	徐州
85	108		22031	1763	18714	1493	61		新沂
846	376		58151	989	763	55135	1264		邳州
35999	9569	80330	470383	36814	301	285694	200	147374	常州
3068	625		13810	539		13271			溧阳
92673	17507		2027297	43496	980	1312298	561951	108572	苏州
6848	3950	9772	134149	16700		111935		5514	常熟
15500	509		120250	3867	718	103878	800	10987	张家港
7512	633		92568	9865	27	82676			昆山
9805	3741		2222	1963	259				太仓

3-3 续表 6

计量单位：万元

城市名称 Name of Cities	城市市政公用设施建设维护管理财政性资金收入 Revenue of urban Construction, Maintenance and Management of Municipal Public Utilities Facilities Fund 合计 Compl-eted of Revenue	中央预算资金 Central Budge-tary Fund	省级预算资金 Provin-cial Budgetary Fund	市级预算资金 City-Level Budgetary Fund 小计 Subtotal	城市维护建设税 Urban Mainten-ance and Construc-tion Tax	城市公用事业附加 Extra-Charges for Municipal Utilities	城市基础设施配套费 Fees for Supporting Urban Infrastr-ucture	国有土地使用权出让收入 Income Gener-ated from The Transfer of State-owned Land-use Right	市政公用设施有偿使用费 Fee for Use of Municipal Utilities
南　通	1707862		13000	1581468	123717	9477	38045	1286274	16583
启　东	83136			83136	35662	3395	13573	24500	6006
如　皋	75444	2000	400	73044	500	2154	311	66937	1571
海　门	246838			246838	37568	1500	4294	202701	775
连云港	255925		36316	219609	52716	8088	19613	103070	9541
淮　安	744031		12811	731220	154443	3072	8784	558168	6753
盐　城	305825			305825	62526	4442	21394	207068	9569
东　台	17892			17568	1000	1100	1302	9316	1710
扬　州	336963	2160	193	334255	36478	6154	17620	208478	10532
仪　征	14026			14026	1204	661	4973	1037	5356
高　邮	86985	4000	1327	21743	2955	5927	2188		4486
镇　江	855245	43100	4280	807865	83802	4614	42873	656526	17050
丹　阳	493175			493175	39166	2792	3436	444304	3477
扬　中	140635			140635	21903	912	1903	114872	1045
句　容	29292			25292	607	25	3064		2589
泰　州	236502			236502	28025	2020	13211	109174	4122
兴　化	48235		47	46686	1410	1869	37103		
靖　江	16875	1300		14775	6559	746	2323		4395
泰　兴	40179			40179	450		4481	604	2235
宿　迁	200923	4188	7579	142196	45278	3373	22798	61200	6291
浙　江	**8761243**	**105714**	**96875**	**7253546**	**885450**	**72718**	**172460**	**4246882**	**389077**
杭　州	2476819			1869080	155204	15604	36203	1308974	124202
建　德	18793			18793	12856	1000	597	3213	1127
临　安	45888	1285	46	30508	2681		120		4333
宁　波	780987			780163	70279	6264	14892	119897	5644
余　姚	127716	2370		101546	64076	6219	1432	15109	13703
慈　溪	147543			147543	55411	4045		80195	7892
奉　化	17461			17461	12448		300	3943	770
温　州	1935188			1935188	111964	1603	20257	1789323	12041
瑞　安	43361	2750	1301	38793	7599	2646	5330	5351	8140
乐　清	220507			220507	38085	1484		175061	5877
嘉　兴	133978	2970	3192	122488	28976	5028	60	50704	32392

continued 6

Measurement Unit: 10,000 RMB

			城市市政公用设施建设维护管理财政性资金支出 Expenditure of urban Construction, Maintenance and Management of Municipal Public Utilities Facilities Fund						
污水处理费 Wastewater Treatment Fee	垃圾处理费 Garbage Treatment Fee	其他财政资金 Others	合计 Completed of Expenditure	城乡社区规划与管理 Planning and Management of Urban and Rural Communities	市政公用行业市场监管 Market Supervision of Municipal Public Utilities Industry	市政公用设施建设维护与管理 Construction, Maintenance and Management of Municipal Public Utilities Facilities	风景名胜区规划与保护 Planning and Protection of National Parks	其他 Others	城市名称 Name of Cities
15721	782	113394	1424649	265825	11430	1022694	9700	115000	南通
1754	3342		83136	604	35	21062		61435	启东
1571			75444	900	700	60220	10192	3432	如皋
100	675		246838	10180	8145	67727	786	160000	海门
8076	1405		218694	1896	39071	160357	70	17300	连云港
6700	53		337350	6905	7961	322484			淮安
7325	2244		197681	3661	246	154259	30	39485	盐城
528	1182	324	17855	3000		14855			东台
10162	370	355	346832	10245	1200	249865	45998	39524	扬州
1860	3496		14026	1860	584	11582			仪征
1793	735	59915	85649	16841	19337	29555	19916		高邮
15814	1236		222113	25690	12980	162530	9623	11290	镇江
1816	1661		493175	5472	180			487523	丹阳
845	200		140635					140635	扬中
1589		4000	29292			25935		3357	句容
3892	230		243171	18528		209984		14659	泰州
		1502	40621			39941		680	兴化
3800	595	800	17633			6661		10972	靖江
2108	127		37953			37953			泰兴
3671	2355	46960	217887	16787	2992	164360	1300	32448	宿迁
312894	**40344**	**1305108**	**6525407**	**84163**	**39283**	**5461099**	**12148**	**928714**	**浙江**
96996	10598	607739	1260890	3704		1213638		43548	杭州
1068	59		11006	5740	186	4628	452		建德
870		14049	45888			40334	46	5508	临安
1090	4554	824	723010	8971	1059	656342	2950	53688	宁波
7614	789	23800	115349	2969	1400	28015		82965	余姚
5662	2230		147543	8644	5133	126952		6814	慈溪
	770		14312			12516	1796		奉化
12041			1188482	3182	1049	1184251			温州
3840	4300	517	42390	128		41657		605	瑞安
5858			220507			144507		76000	乐清
32392		5328	73725	10218	15131	48376			嘉兴

3-3 续表 7

计量单位：万元

城市名称 Name of Cities	城市市政公用设施建设维护管理财政性资金收入 Revenue of urban Construction, Maintenance and Management of Municipal Public Utilities Facilities Fund								
	合计 Completed of Revenue	中央预算资金 Central Budgetary Fund	省级预算资金 Provincial Budgetary Fund	市级预算资金 City-Level Budgetary Fund					
				小计 Subtotal	城市维护建设税 Urban Maintenance and Construction Tax	城市公用事业附加 Extra-Charges for Municipal Utilities	城市基础设施配套费 Fees for Supporting Urban Infrastructure	国有土地使用权出让收入 Income Generated from The Transfer of State-owned Land-use Right	市政公用设施有偿使用费 Fee for Use of Municipal Utilities
海　宁	81904	6873	5926	69105	38713	2724		17914	9754
平　湖	15742	2000		13742					9079
桐　乡	25876			25876	7077		13200		4806
湖　州	289034	115	54242	234677	1398	459		203207	5484
绍　兴	507910	288	1180	503033	28536	6043	4259	87158	68049
诸　暨	75487	1229	3850	70408	35077		423	26632	8276
嵊　州	16099	1000		14986	5625				7042
金　华	183711	1400	1600	136497	9645	2000	10733	74591	10477
兰　溪	25538		992	24546	14132		1107	9307	
义　乌	266224	475	2468	103281	43973	2849		46555	9904
东　阳	122077		70	119374	11460	1793	10740	52731	1988
永　康	38247		563	37684	27307		1576	5180	3621
衢　州	138988	6497	6637	114638	22845	2738	12798	69247	2000
江　山	67580		7467	60113	8548	615	26	24968	1112
舟　山	431668	70696	3764	80366	22682		12348	17920	
台　州	148956			124610	10874	9514	11287	9509	11537
温　岭	178002	4916	3442	40208	943		4094	9097	12269
临　海	26871		135	26136	4111	10	7454	1125	3194
丽　水	154001	850		153151	32465		2688	32116	3583
龙　泉	19087			19045	460	80	536	7855	781

城市名称	合计	中央预算资金	省级预算资金	小计	城市维护建设税	城市公用事业附加	城市基础设施配套费	国有土地使用权出让收入	市政公用设施有偿使用费
安　徽	**7915597**	**86829**	**38285**	**7618674**	**674800**	**59538**	**351825**	**5633122**	**138536**
合　肥	3740523			3728783	277890	14091	164926	3169524	68274
巢　湖	98000			98000	8000	1000	6500	22000	5500
芜　湖	396238			396238	55507	3499	10000	297232	10000
蚌　埠	618612	56950	541	560678	100767	1595	18628	304505	5567
淮　南	232941	6512	749	117580	13341	1580	4500	25453	7422
马鞍山	198756	2906	970	152132	29585	10849	23110	84714	3669
淮　北	189396	780	60	188556	15761	1229	6156	162868	2542
铜　陵	458344			458344	9464	2265	6834	436267	3514
安　庆	128355			128355	17825	250	12874	86952	3957
桐　城	33741	3000	1000	29566	4834		1274	22964	494
黄　山	84874	630		80644	4943	412	3444	57510	3541

continued 7

Measurement Unit: 10,000 RMB

污水处理费 Wastewater Treatment Fee	垃圾处理费 Garbage Treatment Fee	其他财政资金 Others	城市市政公用设施建设维护管理财政性资金支出 Expenditure of urban Construction, Maintenance and Management of Municipal Public Utilities Facilities Fund						城市名称 Name of Cities
			合计 Completed of Expenditure	城乡社区规划与管理 Planning and Management of Urban and Rural Communities	市政公用行业市场监管 Market Supervision of Municipal Public Utilities Industry	市政公用设施建设维护与管理 Construction, Maintenance and Management of Municipal Public Utilities Facilities	风景名胜区规划与保护 Planning and Protection of National Parks	其他 Others	
9754			71381	2800	64	42338		26179	海宁
9079			3157			3157			平湖
3355	1451		24461	972	353	23136			桐乡
2100	2960		322489	5261	463	122579	475	193711	湖州
66375	1674	3409	498045	6927	171	487764		3183	绍兴
4771	3505		76087	1384		74553	150		诸暨
4256	2786	113	14774	2672		3865		8237	嵊州
4955	663	44214	182228	350	100	181072	333	373	金华
			25538	2790		10820	150	11778	兰溪
9576	328	160000	266224	2650	61	259169		4344	义乌
207	708	2633	121804			101585		20219	东阳
3408	213		38265			36757	1508		永康
2000		11216	138243	6452	10364	113877	87	7463	衢州
1112			67580	613	611	27868	801	37687	江山
		276842	305491	20		58171		247300	舟山
10580	957	24346	157265	2805	1992	137876		14592	台州
7548	700	129436	175149	241	853	123908	3149	46998	温岭
2603	519	600	24597	2001	293	16307	81	5915	临海
3188	395		150707	2147		125346	170	23044	丽水
596	185	42	18820	522		9735		8563	龙泉
102005	**30216**	**171809**	**7138710**	**189673**	**46178**	**6707977**	**33374**	**161508**	**安徽**
51174	17100	11740	3584263	16825	1332	3557067	5000	4039	合肥
2800			243000	8000	400	230400	1200	3000	巢湖
6500	3000		305536	3200		302336			芜湖
4267	1300	443	393863	24522	1244	365861		2236	蚌埠
5922	1350	108100	208057	2790	2466	190270	9661	2870	淮南
3351	318	42748	149445	22426	2723	73374	2357	48565	马鞍山
2025	517		256934	4651	9	208978		43296	淮北
2900	614		196067	24568	951	170548			铜陵
2785	954		133575	58242	32878	24241	12757	5457	安庆
220	274	175	33247			11642		21605	桐城
2262	972	3600	86568	7455		79113			黄山

3-3 续表 8

计量单位：万元

城市名称 Name of Cities	城市市政公用设施建设维护管理财政性资金收入 Revenue of urban Construction, Maintenance and Management of Municipal Public Utilities Facilities Fund								
	合计 Completed of Revenue	中央预算资金 Central Budgetary Fund	省级预算资金 Provincial Budgetary Fund	市级预算资金 City-Level Budgetary Fund					
				小计 Subtotal	城市维护建设税 Urban Maintenance and Construction Tax	城市公用事业附加 Extra-Charges for Municipal Utilities	城市基础设施配套费 Fees for Supporting Urban Infrastructure	国有土地使用权出让收入 Income Generated from The Transfer of State-owned Land-use Right	市政公用设施有偿使用费 Fee for Use of Municipal Utilities
滁　州	173000	310	2928	169762	12343	85	7495	67824	3681
天　长	57328			57328	9687	200	5750	40841	400
明　光	89535			89535	3328	1700	3500	78807	2200
阜　阳	153117			153117	25499	700	10200	112967	3751
界　首	39070	160		38910	10132	1601	3026	23096	1055
宿　州	412517		300	407214	38909	2471	22820	338948	4066
六　安	101986	5500	663	95823	13555	1125	17944	60774	2425
亳　州	118605	2000	74	116531	11291	600	9238	92697	1620
池　州	60228	8081	30000	22147	536	370	10807	9539	895
宣　城	480000		1000	479000	1000	13390	2100	100000	3000
宁　国	50431			50431	10603	526	699	37640	963
福　建	**6735656**	**14162**	**24014**	**6676159**	**707889**	**61776**	**114199**	**5417085**	**144523**
福　州	1686960			1686960	119673	8154	2053	1531395	25685
福　清	8545		2404	6141	600	38	470	92	4941
长　乐	106438			106438	12397	1713	2392	87720	2216
厦　门	3681160			3681160	294485	12700	1853	3306630	47000
莆　田	39739	2300	112	27214	3854	3900	4636	9580	5244
三　明	36779		1968	33475	3442	1850	5813	18200	4170
永　安	24728	1000	383	23345	6064	1049	2627	11362	2243
泉　州	164981		298	161201	22057	4000	27416	82498	12020
石　狮	51860			51860	10568	4058	3337	31797	792
晋　江	100749			100749	53749	7300	15000	16000	8700
南　安	42262		4834	37428	17015	3408	4851	11000	1154
漳　州	70251			70251	46180	4350	14474		5247
龙　海	46952		1920	45032	4299	971	2739	35949	1074
南　平	181587	3550	2223	175814	13007	1288	1268	76548	3611
邵　武	14509		4320	10189	3880	600	1497	2545	1667
武夷山	24145	2000	163	21982	2103	399	1629	4566	3065
建　瓯	42300	1000	70	41230	2356	468	1972	34634	531
龙　岩	198383	92	600	191759	67766	2420	11814	94147	6616
漳　平	33349	625	4245	28479	4963	470	347	16037	662
宁　德	124423	1000	474	122949	14785	747	4651	8017	4749
福　安	45168			45168	4546	1516	1692	35278	1036
福　鼎	10388	2595		7335	100	377	1668	3090	2100

continued 8

Measurement Unit: 10,000 RMB

			城市市政公用设施建设维护管理财政性资金支出 Expenditure of urban Construction, Maintenance and Management of Municipal Public Utilities Facilities Fund						
污水处理费 Wastewater Treatment Fee	垃圾处理费 Garbage Treatment Fee	其他财政资金 Others	合计 Completed of Expenditure	城乡社区规划与管理 Planning and Management of Urban and Rural Communities	市政公用行业市场监管 Market Supervision of Municipal Public Utilities Industry	市政公用设施建设维护与管理 Construction, Maintenance and Management of Municipal Public Utilities Facilities	风景名胜区规划与保护 Planning and Protection of National Parks	其他 Others	城市名称 Name of Cities
3140	454		174655	4796	1698	160973	964	6224	滁州
400			142000			142000			天长
1100	360		53700	2300	1400	50000			明光
2200	1551		153117	598	106	152247	166		阜阳
800	200		39070	350	150	38570			界首
3906	160	5003	336134	4501		331583	50		宿州
2425			101986	1025		100961			六安
460	1092		99428	891	459	73862		24216	亳州
895			51965	1500		49546	919		池州
1510			361000	395	270	360035	300		宣城
963			35100	638	92	34370			宁国
105435	**28839**	**21321**	**5992877**	**295015**	**30771**	**2626786**	**22165**	**3018140**	**福建**
22309	3376		1518275		1000	1515124	2151		福州
3841	1100		12386	6245		6141			福清
2093	123		106074	3651		102423			长乐
34153	6250		2832402		2135			2830267	厦门
4383	861	10113	39740	3156	4383	32201			莆田
2694	1476	1336	36459	1716	3062	30526		1155	三明
1185	798		24262	1580	985	20537	1160		永安
5471	5663	3482	137169	22580	2500	94103	12986	5000	泉州
331	259		55750	500	200	800		54250	石狮
8400	253		100000	15000	1000	34000		50000	晋江
771	383		42262	2624		27067		12571	南安
3467	1780		37027	3202		25432	2958	5435	漳州
721	353		343764	2558		341206			龙海
2271	1340		225730	215052	6076	3299	1303		南平
842	825		13512	970		9550		2992	邵武
705	207		24145			24145			武夷山
352	179		37683	1892	1019	256	253	34263	建瓯
5210	1371	5932	199286	3360	3230	172751	300	19645	龙岩
634	28		32664	4103	4671	22001	200	1689	漳平
3607	1142		121951	1765	300	119886			宁德
625	342		42531	4273	190	36562	854	652	福安
1370	730	458	9805	788	20	8776		221	福鼎

3-3 续表 9

计量单位：万元

城市名称 Name of Cities	城市市政公用设施建设维护管理财政性资金收入 Revenue of urban Construction, Maintenance and Management of Municipal Public Utilities Facilities Fund								
	合计 Completed of Revenue	中央预算资金 Central Budgetary Fund	省级预算资金 Provincial Budgetary Fund	市级预算资金 City-Level Budgetary Fund					
				小计 Subtotal	城市维护建设税 Urban Maintenance and Construction Tax	城市公用事业附加 Extra-Charges for Municipal Utilities	城市基础设施配套费 Fees for Supporting Urban Infrastructure	国有土地使用权出让收入 Income Generated from The Transfer of State-owned Land-use Right	市政公用设施有偿使用费 Fee for Use of Municipal Utilities
江　西	**4875877**	**632936**	**213934**	**3947949**	**228932**	**20433**	**745803**	**2304128**	**65028**
南　昌	229150	1950	1200	188465	8447		21092	119087	397
景德镇	177856			177856	6262	972	1466	166596	2560
乐　平	75330			75330	2110		450	65200	
萍　乡	263758			263758	21097	2255	1791	236101	2514
九　江	207984			195652	11854		11090	59126	16512
瑞　昌	270390			270390	4802	957	1459	261100	2072
共青城	15834			15834	550	234	125	7955	
新　余	156085			156085	17058	910	2031	41250	3780
鹰　潭	297183		626	296557	2239	525	3844	288721	1228
贵　溪	51416			51416	15304		628	34628	856
赣　州	245498		70	245047	47349	2037	7006	182372	6274
瑞　金	1085840	620000	210000	255840	10920		3320	98120	4460
吉　安	195531		198	195333	5023	697	5187	128000	4520
井冈山	30792		271	30521	1247		557	28563	
宜　春	177312		580	176732	8610	192	3478	146000	457
丰　城	113585		500	111759	16262		2245	68830	3203
樟　树	150597	2150	489	145689	9954	1896	703	104563	1814
高　安	35237			35237	6983		639	27615	
抚　州	272588	8836		261923	16948	619	8423	157635	3643
上　饶	807452			782066	11277	9139	670046	74066	9238
德　兴	16459			16459	4636		223	8600	1500
山　东	**10534867**	**54450**	**30536**	**10018059**	**1376123**	**190486**	**1395285**	**5924841**	**255694**
济　南	1479969	28194	6670	1273783	181820	13730	393328	460000	22513
章　丘	160000	957		109043	11150	2416	10369		1378
青　岛	2452163			2452163	145766	118	123340	1962439	49118
胶　州	329368			329368	13258	906	14206	296000	1005
即　墨	472108			472108	27158	1300	20348	421177	2125
平　度	132347			132347	200	105	19130	111553	1359

continued 9

Measurement Unit: 10,000 RMB

			城市市政公用设施建设维护管理财政性资金支出 Expenditure of urban Construction, Maintenance and Management of Municipal Public Utilities Facilities Fund						
污水处理费 Wastewater Treatment Fee	垃圾处理费 Garbage Treatment Fee	其他财政资金 Others	合计 Completed of Expenditure	城乡社区规划与管理 Planning and Management of Urban and Rural Communities	市政公用行业市场监管 Market Supervision of Municipal Public Utilities Industry	市政公用设施建设维护与管理 Construction, Maintenance and Management of Municipal Public Utilities Facilities	风景名胜区规划与保护 Planning and Protection of National Parks	其他 Others	城市名称 Name of Cities
48787	**6696**	**81058**	**4094343**	**624369**	**46105**	**1279075**	**85809**	**2058985**	**江西**
	376	37535	814853	2450	520	9213	215	802455	南昌
2160	400		11390	1071	1127	9192			景德镇
			77120			76520		600	乐平
1933	581		163180	11905	21	135763	8151	7340	萍乡
16266		12332	194330	6510		132368		55452	九江
1780	292								瑞昌
			35961	25288	1774	8899			共青城
2380	150		156085	20425	960	132500	2200		新余
980	248		30809	253	69	30487			鹰潭
673	183		37344	2751		34493		100	贵溪
5817	457	381	80102	4542	3205	72355			赣州
3016	724		1085840	1752	2672	15488	3584	1062344	瑞金
1917			192098			192098			吉安
			34727	417	34	28362	5914		井冈山
457			17308	1100		15683		525	宜春
3203		1326	34314			32988	1326		丰城
1814		2269	132866	9002	7995	78945	17968	18956	樟树
			35237			17824		17413	高安
1755	1649	1829	66971	1189	8614	14081		43087	抚州
3136	1636	25386	878908	534814	15814	239716	45851	42713	上饶
1500			14900	900	3300	2100	600	8000	德兴
177393	**59188**	**431822**	**6363538**	**169047**	**121418**	**5672413**	**73802**	**326858**	**山东**
20400	2113	171322	1475851	23760	4930	1377826		69335	济南
1068	310	50000	160000	8400	6230	139000	970	5400	章丘
17289	31600		565007	4669		552076	8262		青岛
1005			86090	712	21805	63573			胶州
2125			71214	703	21320	49183		8	即墨
1118	241		23058	1010	1988	20045		15	平度

3-3 续表 10

计量单位：万元

城市名称 Name of Cities	城市市政公用设施建设维护管理财政性资金收入 Revenue of urban Construction, Maintenance and Management of Municipal Public Utilities Facilities Fund								
	合计 Completed of Revenue	中央预算资金 Central Budgetary Fund	省级预算资金 Provincial Budgetary Fund	市级预算资金 City-Level Budgetary Fund					
				小计 Subtotal	城市维护建设税 Urban Maintenance and Construction Tax	城市公用事业附加 Extra-Charges for Municipal Utilities	城市基础设施配套费 Fees for Supporting Urban Infrastructure	国有土地使用权出让收入 Income Generated from The Transfer of State-owned Land-use Right	市政公用设施有偿使用费 Fee for Use of Municipal Utilities
莱　西	14133			14133	9885	1096	1496	438	1218
淄　博	209081	575	463	208043	60061	1400	67900	31189	35117
枣　庄	107173		100	107053	12901		53781	12360	4269
滕　州	73468	1995		71473	26497	993	17470	16867	9646
东　营	394487			394487	102333	843	99367	133972	2244
烟　台	587439			587439	115916	8359	71796	375646	8229
龙　口	40054			40054	31520	2132	5288		1114
莱　阳	19258			19091	7260		3265	6714	1685
莱　州	21020			21020	3376	770	5944	10000	930
蓬　莱	148507			148507	10265	1286	3170	130187	617
招　远	36916			36916	1866	281	14232	19230	1307
栖　霞	11208			11208	2556	890	830	6701	231
海　阳	21731			21731	9610	645	7142	3535	799
潍　坊	254362			254308	29932	11636	36407	134497	19529
青　州	89319	550		88769	28686	2174	195		1000
诸　城	55381			55381	21804		29985		3592
寿　光	69044			59044	23890	181	6591	22581	5801
安　丘	151243			149509	9569	18583	1235	118300	1822
高　密	57820			57820	16120	1727	7584	30064	2325
昌　邑	31939	1879		30060	451	186			505
济　宁	163562	3078	432	144001	34418	4000	26083	52830	9780
曲　阜	30672			30672	9153		7000	13249	1270
邹　城	49049	500		48549	26857	1613	17605		1237
泰　安	528128		600	527528	34233	60873	60873	365380	6169
新　泰	126521	1250	1000	124271	13500	2400	4550	80200	1900
肥　城	81009		600	80409	12058	4423	3872	58865	1191
威　海	231317			223217	61434	1149	27565	62089	11626
荣　成	83000			83000	23799	1954	11313	36220	4422
乳　山	57817			57647	9146	656	11561	20300	804
日　照	124018		200	123817	13299	3087	38229	35809	8154
莱　芜	78827		5621	73206	26294	9772	3200	33100	840
临　沂	630482			630482	85415	8983	55219	445836	8293
德　州	134423		1200	133223	34357		45792	46952	6122

continued 10

Measurement Unit: 10,000 RMB

			城市市政公用设施建设维护管理财政性资金支出 Expenditure of urban Construction, Maintenance and Management of Municipal Public Utilities Facilities Fund						
污水处理费 Wastewater Treatment Fee	垃圾处理费 Garbage Treatment Fee	其他财政资金 Others	合计 Completed of Expenditure	城乡社区规划与管理 Planning and Management of Urban and Rural Communities	市政公用行业市场监管 Market Supervision of Municipal Public Utilities Industry	市政公用设施建设维护与管理 Construction, Maintenance and Management of Municipal Public Utilities Facilities	风景名胜区规划与保护 Planning and Protection of National Parks	其他 Others	城市名称 Name of Cities
1218			13797	693	1742	11362			莱西
22906	2631		200465	1516	1783	194318	1765	1083	淄博
3403	841	20	102426	512	2339	95994	263	3318	枣庄
8146	1500		70038	622		69416			滕州
2244			229132	1228	242	220017		7645	东营
7660	428		231458	30000	16417	171589	13402	50	烟台
1004	110		39321	1486		37835			龙口
1000	685	167	19091	305	162	18457		167	莱阳
710	220		21020	776	1368	18876			莱州
617			59197	1701		39584	5480	12432	蓬莱
907			36866	828		36038			招远
130	101		7052	332		6720			栖霞
555	244		21731	281	322	21128			海阳
15467	3156	54	205203	1156	2046	148891		53110	潍坊
728	200		89319	528		88791			青州
3368			35265	699		34566			诸城
5245	556	10000	69044			69044			寿光
1262	560	1734	64861	299		62775		1787	安丘
1953	372		57820	1114		37671		19035	高密
455	50		31939			31939			昌邑
4895	2485	16051	161320	11347	129	115634		34210	济宁
870	400		30672	340		26648		3684	曲阜
1237			41124	5575		35549			邹城
4382	1787		285580	3580	12000	235000	35000		泰安
1330	480		116826	2250	1610	112966			新泰
1191			22900	40		22860			肥城
11136	140	8100	233861	11209	11255	210337	1060		威海
2391	2031		80039	9488	309	70000	242		荣成
637	167	170	57288	16420		40868			乳山
4153	1065	1	102800	1304		101030	466		日照
840			59949	908	172	31000		27869	莱芜
5347	1246		624916	5293	2600	601775	3692	11556	临沂
6122			89584	2002		87582			德州

3-3 续表 11

计量单位：万元

城市名称 Name of Cities	城市市政公用设施建设维护管理财政性资金收入 Revenue of urban Construction, Maintenance and Management of Municipal Public Utilities Facilities Fund								
	合计 Compl-eted of Revenue	中央预算资金 Central Budge-tary Fund	省级预算资金 Provin-cial Budgetary Fund	市级预算资金 City-Level Budgetary Fund					
				小计 Subtotal	城市维护建设税 Urban Mainten-ance and Construc-tion Tax	城市公用事业附加 Extra-Charges for Municipal Utilities	城市基础设施配套费 Fees for Supporting Urban Infrastr-ucture	国有土地使用权出让收入 Income Gener-ated from The Transfer of State-owned Land-use Right	市政公用设施有偿使用费 Fee for Use of Municipal Utilities
乐　陵	32012	620		23641	2250	985	4520	8452	1149
禹　城	13495			13495	1259				2228
聊　城	148977	3690	700	84087	17071	5726	31264	26416	3610
临　清	21935			21935	7807	1835	2812	9363	118
滨　州	397836	11162	2380	382668	51292	8956	23145	283968	3423
菏　泽	182249		10570	67353	8631	2317	6283	42362	3880
河　南	**2553620**	**56126**	**2724**	**2191903**	**450329**	**86965**	**441133**	**729258**	**111913**
郑　州	543344			314729	42740	21162	224718		26109
巩　义	56122	5690	1280	49152	8809	4246	3876	31350	871
荥　阳	42327	255	14	42058	2088	60	1610	60	897
新　密	24394			24394	8384	900	13819		1291
新　郑	56853			56853	14692	1221	40525		415
登　封	12966			12966	150		233	11371	592
开　封	87744	9213	1280	77251	28456	2239	23746	20000	2810
洛　阳	77343		150	75958	35213	161	920		11405
偃　师	7634	265		7369	5997	540			832
平顶山	57761			57761	26689	9650	12500		8922
舞　钢	6439	67		6372	4660	498	382		832
汝　州	50256			50256	4210	150	1442	43964	490
安　阳	54140	8340		45800	15200	1150	8600	4800	3410
林　州	32541	2906		29635	2813	918	3034	11964	906
鹤　壁	117781	11956		105825	13216	2140	2220	74985	10219
新　乡	38401			38401	13543	3915	17041		3902
卫　辉	32287			32287	2878	737	562	27856	160
辉　县	16749			16749	7037	2052	1806	5578	276
焦　作	228387			228387	14300	5350	8000	197642	3095
沁　阳	13549			13549	806	55	10904		923
孟　州	11548			11547	2984	300	314	780	1276
濮　阳	87890			87890	8900	5500	1300	15000	1550
许　昌	52912			52912	44210	2203	3329		3170
禹　州	10099			10099	4801	1376	1028	2121	773
长　葛	6695			6695	3000	550	590	1500	710

continued 11

Measurement Unit: 10,000 RMB

污水处理费 Wastewater Treatment Fee	垃圾处理费 Garbage Treatment Fee	其他财政资金 Others	城市市政公用设施建设维护管理财政性资金支出 Expenditure of urban Construction, Maintenance and Management of Municipal Public Utilities Facilities Fund: 合计 Completed of Expenditure	城乡社区规划与管理 Planning and Management of Urban and Rural Communities	市政公用行业市场监管 Market Supervision of Municipal Public Utilities Industry	市政公用设施建设维护与管理 Construction, Maintenance and Management of Municipal Public Utilities Facilities	风景名胜区规划与保护 Planning and Protection of National Parks	其他 Others	城市名称 Name of Cities
624	525	7751	42083	10566	9621	13585		8311	乐　陵
950	1278								禹　城
2970	590	60500	135564	354		96691		38519	聊　城
118			60183	369		44210		15604	临　清
2717	696	1626	50335	1972	108	34735		13520	滨　州
3500	380	104326	182249	2700	920	175229	3200	200	菏　泽
78498	**15595**	**302867**	**2219983**	**153429**	**73876**	**1664707**	**14537**	**313434**	**河　南**
20252		228615	543344	3121		535481	4742		郑　州
335	536		88421	434	159	43009	2116	42703	巩　义
673	214								荥　阳
874	417		18825	1060		17765			新　密
354	61		25675	2946		22729			新　郑
392	200		12796			12796			登　封
2810			84203	203		30000		54000	开　封
8247	3126	1235	66637	47156		12315		7166	洛　阳
582	250		6103	109	874	5120			偃　师
8180	742		43953	2723	108	41122			平顶山
652	180		5540	160	430	4950			舞　钢
281	209		41405	511	115	40779			汝　州
2920	485		53620	1960	5860	45800			安　阳
472	434		32541	690	1950	23635	4399	1867	林　州
2118	413		117723	2985	36	4852		109850	鹤　壁
3522	380		36974	8497		28477			新　乡
49	111								卫　辉
68	170		13695	685	7621	5389			辉　县
2850	245		62181	1750	17711	42720			焦　作
456	405		13549			10790	2759		沁　阳
852	150	1	11216			11216			孟　州
1350	200		82896	600	316	81980			濮　阳
2280	890		95352	1170	82	94100			许　昌
553	220		10099	579		9420		100	禹　州
300	175		6280	2350	1450	2480			长　葛

3-3 续表 12

计量单位：万元

城市名称 Name of Cities	城市市政公用设施建设维护管理财政性资金收入 Revenue of urban Construction, Maintenance and Management of Municipal Public Utilities Facilities Fund								
	合计 Compl-eted of Revenue	中央预算资金 Central Budge-tary Fund	省级预算资金 Provin-cial Budgetary Fund	市级预算资金 City-Level Budgetary Fund 小计 Subtotal	城市维护建设税 Urban Mainten-ance and Construc-tion Tax	城市公用事业附加 Extra-Charges for Municipal Utilities	城市基础设施配套费 Fees for Supporting Urban Infrastr-ucture	国有土地使用权出让收入 Income Gener-ated from The Transfer of State-owned Land-use Right	市政公用设施有偿使用费 Fee for Use of Municipal Utilities
漯　　河	12400			12400	1500	550	800		1240
三门峡	141483			141483	9734	3501	8467	116993	2788
义　　马	31450			31450	12480	116	120	11263	358
灵　　宝	5658	473		5185	573	218	2980		1414
南　　阳	226516	2548		221916	49590	1280	15915	100293	3764
邓　　州	125730			125730	6100	950	9100	6004	1020
商　　丘	65657			65657	8752	6759	9327	13900	5156
永　　城	35786			35386	11525	900	300	21120	1541
信　　阳	44097	10923		33174	7973	2092	4347	3100	2846
周　　口	87417			16953	8930	1090	6000		933
项　　城	2590			2590	648				1246
驻马店	34332			34232	9407	1136	947	7614	1891
济　　源	14342	3490		10852	7341	1300	331		1880
湖　　北	**5886705**	**49680**	**42559**	**5186024**	**710345**	**87202**	**183380**	**2926831**	**261462**
武　　汉	1667344			1667344	362478	37800	53000	1050000	164066
黄　　石	91201	1000	480	84171	32388	852	596	17000	6858
大　　冶	97000			97000	15207		5528	74414	1851
十　　堰	276833			276770	24300	4139	8569	232564	7198
丹江口	5082			5082	1690		624		250
宜　　昌	627188	565		63238	40475		17033		5730
宜　　都	17827			17827	6870	1725	483	7413	842
当　　阳	105999		40	105959	8134		950	95405	1470
枝　　江	43769	1400	800	41569	6874	302	1253	24432	1038
襄　　阳	1061119			1061059	81367	26213	20645	907132	13560
老河口	47726			47726	3690	599	2585	38350	1251
枣　　阳	46680			45700	4200	980	3980	30665	3900
宜　　城	8837			8837	3127	800	3600		1310
鄂　　州	106781	1423	8808	96550	23550	4820	2000	34880	3200
荆　　门	125536			125536	9950	1850	4613	101402	3860
钟　　祥	36200		4600	31600	9460		2300	19300	540
孝　　感	825700			825700	8500		4600		
应　　城	17604		245	17359	4623		5399	4489	823

continued 12

Measurement Unit: 10,000 RMB

污水处理费 Wastewater Treatment Fee	垃圾处理费 Garbage Treatment Fee	其他财政资金 Others	城市市政公用设施建设维护管理财政性资金支出 Expenditure of urban Construction, Maintenance and Management of Municipal Public Utilities Facilities Fund 合计 Completed of Expenditure	城乡社区规划与管理 Planning and Management of Urban and Rural Communities	市政公用行业市场监管 Market Supervision of Municipal Public Utilities Industry	市政公用设施建设维护与管理 Construction, Maintenance and Management of Municipal Public Utilities Facilities	风景名胜区规划与保护 Planning and Protection of National Parks	其他 Others	城市名称 Name of Cities
855	385		12400	2400	1500	8500			漯河
2272	516		80023	36324	24165	19534			三门峡
255	95		25006	11034	1108	12864			义马
813	601		5658	537		5100	21		灵宝
2018	1077	2052	205590	10618	535	99656		94781	南阳
515	440		124200	1800	180	121890		330	邓州
1830	449		61395	4027	3956	51875		1537	商丘
716	825	400	51244	7000	3200	39444	500	1100	永城
2556	290		40927		2520	38407			信阳
846	87	70464	87417			87417			周口
1020	226								项城
1800	91	100	35540			35540			驻马店
1580	300		17555			17555			济源
126726	**62338**	**608442**	**5750513**	**538138**	**66650**	**4683436**	**48533**	**413756**	**湖北**
66000	41000		1667344			1667344			武汉
4360	2498	5550	91447	1585	2653	62541	9788	14880	黄石
1851			75714	3411	1315	56680	2000	12308	大冶
6261	937	63	241920	886	300	25629	1446	213659	十堰
	250		5157	500	198	3617	150	692	丹江口
5050	680	563385	627188	1255	20	625913			宜昌
667	175		17827	9502		4681		3644	宜都
920	550		105999	391		21082	200	84326	当阳
578	460		43769	890	296			42583	枝江
12200	1360	60	1051253	397637	165	653310	76	65	襄阳
871	380		47726	3412	1890	41002	624	798	老河口
895	1080	980	46680	2124	651	43905			枣阳
1310			8837	1994	130	2780		3933	宜城
2452	639		106781	14332	11220	63729	9000	8500	鄂州
2360	1500		116050	8900	6300	97250	3600		荆门
			36200	12000	2500	19000	2700		钟祥
			825700			825700			孝感
563	260								应城

3-3 续表 13

计量单位：万元

城市名称 Name of Cities	城市市政公用设施建设维护管理财政性资金收入 Revenue of urban Construction, Maintenance and Management of Municipal Public Utilities Facilities Fund 合计 Compl-eted of Revenue	中央预算资金 Central Budgetary Fund	省级预算资金 Provincial Budgetary Fund	市级预算资金 City-Level Budgetary Fund 小计 Subtotal	城市维护建设税 Urban Maintenance and Construction Tax	城市公用事业附加 Extra-Charges for Municipal Utilities	城市基础设施配套费 Fees for Supporting Urban Infrastructure	国有土地使用权出让收入 Income Generated from The Transfer of State-owned Land-use Right	市政公用设施有偿使用费 Fee for Use of Municipal Utilities
安　陆	22560			22560	856	212	527	5600	1597
汉　川	14832			12520	1437	367	1224	8021	1470
荆　州	60479		7178	46283	3201	450	1003		4245
石　首	4520			4520	610	80	1040		1093
洪　湖	19932			14921	2967	368	1020	9250	1316
松　滋	11773	1179	1946	8648	6034		796		909
黄　冈	49520			49520	8200		6900	31000	3420
麻　城	88229		96	88133	2682	405	1986	81265	1795
武　穴	43450	3000		33250	3800	550	1350	26200	
咸　宁	19720			14999	4500		6783		3716
赤　壁	30926			18784	5520		2964		6223
随　州	44460			44460	1734		222	37358	5146
广　水	51581		2846	48735	2665	9	2611	36128	3882
恩　施	32052			32052	200	500	500	250	4391
利　川	43505	6113	520	36872	5127	181	4250	25894	1420
仙　桃	75000	35000	15000	25000	5000	4000	3500	300	1200
潜　江	16660			16660	3426		1121	9499	997
天　门	49080			49080	5503		7825	18620	895
湖　南	**3468328**	**125882**	**38062**	**3198448**	**864522**	**50655**	**415681**	**1481133**	**107624**
长　沙	899874			899874	375633	9263	225290	230000	29844
浏　阳	49140			49140	7800	3600	642	29506	552
株　洲	105527			105527	29700	12422	26221		13940
醴　陵	56321			40000	10963	102	2000	4308	1840
湘　潭	238011	57398	1237	165948	18654	643	49006	86215	4237
湘　乡	20339	35	1242	13324	2965	601	1508	4900	1028
韶　山	6084	3535	650	1789	936	32	381		352
衡　阳	92272			84396	18658	3960	33722	18750	8206
耒　阳	30040			30040	1340	410	630	26310	1350
常　宁	10800	2800	1500	6500	1400	3200	500	600	800
邵　阳	185501			185501	8912	852	4513	123020	4526
武　冈	6592	2527	1500	2565	780	210	520	145	910

continued 13

Measurement Unit: 10,000 RMB

			城市市政公用设施建设维护管理财政性资金支出 Expenditure of urban Construction, Maintenance and Management of Municipal Public Utilities Facilities Fund						
污水处理费 Wastewater Treatment Fee	垃圾处理费 Garbage Treatment Fee	其他财政资金 Others	合计 Completed of Expenditure	城乡社区规划与管理 Planning and Management of Urban and Rural Communities	市政公用行业市场监管 Market Supervision of Municipal Public Utilities Industry	市政公用设施建设维护与管理 Construction, Maintenance and Management of Municipal Public Utilities Facilities	风景名胜区规划与保护 Planning and Protection of National Parks	其他 Others	城市名称 Name of Cities
840	258								安陆
720	749	2312	13395			13395			汉川
3663	582	7018	60479	1500	450	57585		944	荆州
873	120		4520	60	191	4218	36	15	石首
890	420	5011	19932	1046	463	17057	355	1011	洪湖
593	316		13557	417		13140			松滋
2060			49520	4560	2670	42290			黄冈
936	838		88229	1681	1688	84860			麻城
		7200	43450	3450	2550	34950		2500	武穴
2099	1617	4721	19720	19720					咸宁
1100	500	12142	30926	1680		20750	200	8296	赤壁
937	939		44460	9910	5860	13700	13240	1750	随州
1070	1229		51581	20831	8574	10020	3844	8312	广水
1800	2591		32052			32052			恩施
1190	230		36453	1208	10066	23365	1274	540	利川
			75000	12000	6500	51500		5000	仙桃
997			16660	1256		15404			潜江
620	180		34987			34987			天门
82182	**22617**	**105936**	**3392782**	**117658**	**118659**	**2271051**	**26869**	**858545**	**湖南**
25964	3880		899874	4216	852	650000	575	244231	长沙
	552		49340			49340			浏阳
13940			100383	500	54462	32817		12604	株洲
940	900	16321	54601	2456	2000	36000	452	13693	醴陵
4237		13428	241295	11000		174595	1200	54500	湘潭
712	316	5738	20339	650	550	12210	100	6829	湘乡
180	169	110	5936	175	8	4856	86	811	韶山
7106	1100	7876	94992	12542	7890	64980	9580		衡阳
880	470		29439	850	6033	12956		9600	耒阳
500	300		10500	1400	600	8100		400	常宁
1951	1671		183378	7620	16310	149120	1650	8678	邵阳
408	500		35811	8010	8400	16540	1621	1240	武冈

3-3 续表 14

计量单位：万元

城市名称 Name of Cities	城市市政公用设施建设维护管理财政性资金收入 Revenue of urban Construction, Maintenance and Management of Municipal Public Utilities Facilities Fund								
	合计 Compl-eted of Revenue	中央预算资金 Central Budge-tary Fund	省级预算资金 Provin-cial Budgetary Fund	市级预算资金 City-Level Budgetary Fund					
				小计 Subtotal	城市维护建设税 Urban Mainten-ance and Construc-tion Tax	城市公用事业附加 Extra-Charges for Municipal Utilities	城市基础设施配套费 Fees for Supporting Urban Infrastr-ucture	国有土地使用权出让收入 Income Gener-ated from The Transfer of State-owned Land-use Right	市政公用设施有偿使用费 Fee for Use of Municipal Utilities
岳　　阳	208650	5800	8900	168550	47490	4400	4800	88600	8340
汨　　罗	33018	500	600	23418	5703	114	462	16534	605
临　　湘	34490	850	2100	28560	2100	550	350	23560	1250
常　　德	323696	1550	1390	320756	220000		9681	87000	4075
津　　市	10862	1745	193	8916	2757	141	210	997	756
张 家 界	12882	1080	400	11402	8200	150	1350	500	1202
益　　阳	63438		323	62155	6422		7420	46276	363
沅　　江	37087		550	36537	2202	260	700	32000	1375
郴　　州	212511	29612	7477	175422	31548	4010	7360	96000	5825
资　　兴	6392			6392	3655	280	103		774
永　　州	243485			243485	23563	1752	7654	165400	7014
怀　　化	432972			432972	9077	595	22838	348435	4571
洪　　江	40252	1221		15619	1330	77	188	13758	266
娄　　底	34617	8055		26562	15462	2000	5600	2000	1500
冷 水 江	11080	5760		5320	172	10	177	4137	824
涟　　源	10670	2000		8600	3100	390	380		410
吉　　首	51725	1414	10000	39178	4000	631	1475	32182	889
广　　东	**14880108**	**9046**	**20203**	**14421122**	**2518498**	**325310**	**858982**	**9386411**	**596129**
广　　州	3276471		97	3269975	1045551	87470	325231	1662441	83299
韶　　关	191085			189522	40650	4524	17923	121548	4877
乐　　昌	3690			3690	2015		816		859
南　　雄	6574			6574	1800	434	740	2830	770
深　　圳	209419	59		209360	1				11191
珠　　海	2049542			2049542	207850	32356	1343	1790248	17745
汕　　头	663433			663433	79087	18901	24134	538964	2347
佛　　山	1837528			1833490	261468	38262	56410	1352806	124544
江　　门	484692			484692	63273	10748	7042	366823	15276
台　　山	70537			70537	13544	3143	5575	20191	2945
开　　平	46320			46320	11731	4619	12700	14610	2660
鹤　　山	119141			119141	13592	3176	4065	96355	1944
恩　　平	18134			18134	4323	2802	2862	6430	1717

continued 14

Measurement Unit: 10,000 RMB

			城市市政公用设施建设维护管理财政性资金支出 Expenditure of urban Construction, Maintenance and Management of Municipal Public Utilities Facilities Fund						
污水处理费 Wastewater Treatment Fee	垃圾处理费 Garbage Treatment Fee	其他财政资金 Others	合计 Completed of Expenditure	城乡社区规划与管理 Planning and Management of Urban and Rural Communities	市政公用行业市场监管 Market Supervision of Municipal Public Utilities Industry	市政公用设施建设维护与管理 Construction, Maintenance and Management of Municipal Public Utilities Facilities	风景名胜区规划与保护 Planning and Protection of National Parks	其他 Others	城市名称 Name of Cities
5890	2450	25400	189710	36800	8560	123800	500	20050	岳阳
480	125	8500	33018	1200	890	25500	850	4578	汨罗
580	210	2980	34320	1950	820	25840	210	5500	临湘
3675	400		323696	8500	2100	312896	200		常德
590	128	8	10574	1200		9039	33	302	津市
710	442								张家界
		960	62555	4348	320	55483		2404	益阳
227	1145		33879	1500	320	32059			沅江
3820	2005		198093	2313	1617	187263		6900	郴州
388	386		6392	144		5240		1008	资兴
2739	3669		238456	3027	4348	90350	8602	132129	永州
3592	683		389404	464	210	56952	1200	330578	怀化
159	107	23412	40252	111		40131	10		洪江
1500			34617			34617			娄底
824			11080			11080			冷水江
190	120	70	10600	1000	2000	7600			涟源
	889	1133	50248	5682	369	41687		2510	吉首
385724	**185444**	**429737**	**11421946**	**408651**	**57730**	**6701361**	**38474**	**4215730**	**广东**
52051	11342	6399	3219043	85840	9200	3045675	14693	63635	广州
3667	1210	1563	117581	7586	600	108395	1000		韶关
625	234								乐昌
509	261		6878	150	380	5300	1048		南雄
11191			511677	163681		307772		40224	深圳
15251	2494		718568	3947	769	713852			珠海
	2347		835076			835076			汕头
77889	46655	4038	1229713	8004	30	98744		1122935	佛山
13104	2172		207062	6935	24	44675		155428	江门
1264	1681		1563	358		1205			台山
2660			27202		1718	25034	450		开平
1145	799		34285	99	278	18719		15189	鹤山
770	947		9807	3374		5613	820		恩平

3-3 续表 15

计量单位：万元

城市名称 Name of Cities	城市市政公用设施建设维护管理财政性资金收入 Revenue of urban Construction, Maintenance and Management of Municipal Public Utilities Facilities Fund								
	合计 Compl-eted of Revenue	中央预算资金 Central Budge-tary Fund	省级预算资金 Provin-cial Budgetary Fund	市级预算资金 City-Level Budgetary Fund					
				小计 Subtotal	城市维护建设税 Urban Mainten-ance and Construc-tion Tax	城市公用事业附加 Extra-Charges for Municipal Utilities	城市基础设施配套费 Fees for Supporting Urban Infrastr-ucture	国有土地使用权出让收入 Income Gener-ated from The Transfer of State-owned Land-use Right	市政公用设施有偿使用费 Fee for Use of Municipal Utilities
湛江	415702	5000	1272	409430	35632	4942	26469	327645	14742
廉江	48879			48879	5736		2975	39068	1100
雷州	33149		250	32899	4864	507	1596	25000	932
吴川	8534			8534	1191		2547	2550	2246
茂名	51178			51178	24248	5612	9354	3500	8464
高州	93056			93056	4461		5600	82895	
化州	10514		80	10434	5690	2221	2259		161
信宜	42218		40	42178	3298		5027	32729	1124
肇庆	546084	336	3542	336967	30102	6032	30689	175060	13809
四会	22450			22450	7258	2488	650	5300	1410
惠州	594140		54	482384	76561	9475	130772	230879	16742
梅州	281066		1805	279261	35600	1052	30441	206692	5476
兴宁	245595		188	245407	4412		4400	236304	291
汕尾	25728			11828			11828		
陆丰	1971			900	501	16	141		121
河源	196554		5320	180112	11688	2526	12588	150933	2377
阳江	71867			71867	4654	588	10379	46799	3952
阳春	4389			4389	4389				
清远	551515	3300	6819	541396	26404	1997	54142	413093	10224
英德	40596			40596	7044				1593
连州	14206			14206	2680	783	1534	9073	136
东莞	2058155			2058155	400945	75605	14599	1208145	200130
中山	182175			182175	38719	2218	12894	21597	21282
潮州	163914		423	163491	9704		14230	130671	8886
揭阳	85504	351	313	14202	243	154	4313	7443	1512
普宁	41813			41813	17292	1730	2744	15137	4910
云浮	46960			42895	9765	929	4371	24426	2411
罗定	25630			25630	532		3599	18226	1924
广西	**5248781**	**127605**	**75843**	**4814512**	**319638**	**55827**	**123091**	**3703726**	**121883**
南宁	2289806	87496	2603	2026361	103744	7198	64210	1823509	27700
柳州	894448			893968	93511	2841	5458	773111	18567

continued 15

Measurement Unit: 10,000 RMB

			城市市政公用设施建设维护管理财政性资金支出 Expenditure of urban Construction, Maintenance and Management of Municipal Public Utilities Facilities Fund						城市名称 Name of Cities
污水处理费 Wastewater Treatment Fee	垃圾处理费 Garbage Treatment Fee	其他财政资金 Others	合计 Completed of Expenditure	城乡社区规划与管理 Planning and Management of Urban and Rural Communities	市政公用行业市场监管 Market Supervision of Municipal Public Utilities Industry	市政公用设施建设维护与管理 Construction, Maintenance and Management of Municipal Public Utilities Facilities	风景名胜区规划与保护 Planning and Protection of National Parks	其他 Others	
6667	5378		306765	3226		217931	8794	76814	湛江
1100			48879			5622		43257	廉江
660	272		31635	820	600	20175	520	9520	雷州
1438	808		8534		638	3100		4796	吴川
5714	2515		30705	428	221	29633	289	134	茂名
			94096	255		8354		85487	高州
	161		4508	503	294	3711			化州
757	367		41921	2500	5705	7672		26044	信宜
10352	3457	205239	355068	32014	105	102452	368	220129	肇庆
820			22702	2120	1732	18850			四会
6102	10604	111702	489806	32007	6589	243371	406	207433	惠州
4831	645		244982	415		243307	1260		梅州
291			15105	135		14865		105	兴宁
		13900	13900			13900			汕尾
		1071	1970	31	36	1285	18	600	陆丰
767	1600	11122	196417	1093	478	28961		165885	河源
	3952		38159	16		38143			阳江
			6064			6064			阳春
9797	427		73897	96		73051	750		清远
714	89		1240	1240					英德
136			1417	96		1321			连州
128855	71275		2058155	34703		154307		1869145	东莞
13286	7996		235782	110	6179	131973		97520	中山
5935	2951		31428	6126	45	16399	8058	800	潮州
1461	51	70638	79956	284		79672			揭阳
3340	1570		25576	829	20337	1726		2684	普宁
1792	618	4065	19194	6518		5804		6872	云浮
783	566		25630	3112	1772	19652		1094	罗定
94694	**22203**	**230821**	**5045918**	**64795**	**24608**	**2799061**	**6978**	**2150476**	**广西**
27700		173346	2112981	3708		1099710		1009563	南宁
13994	4573	480	987071	9516	3970	217158		756427	柳州

3-3 续表 16

计量单位：万元

城市名称 Name of Cities	城市市政公用设施建设维护管理财政性资金收入 Revenue of urban Construction, Maintenance and Management of Municipal Public Utilities Facilities Fund								
	合计 Compl-eted of Revenue	中央预算资金 Central Budgetary Fund	省级预算资金 Provincial Budgetary Fund	市级预算资金 City-Level Budgetary Fund					
				小计 Subtotal	城市维护建设税 Urban Maintenance and Construction Tax	城市公用事业附加 Extra-Charges for Municipal Utilities	城市基础设施配套费 Fees for Supporting Urban Infrastructure	国有土地使用权出让收入 Income Generated from The Transfer of State-owned Land-use Right	市政公用设施有偿使用费 Fee for Use of Municipal Utilities
桂　林	602422			602422	27146	33947	8142	259747	15294
梧　州	141460	9418	5667	124982	6969	5	10214	98924	5693
岑　溪	33707	1554	2265	29888	2920	445	884	13231	5108
北　海	97505	2802	3550	90515	4500	2071	5471		7329
防城港	118849	1270	1692	115887	10438	811	3324	80048	4417
东　兴	60115	6809	14667	38639	1424		1122	100	1810
钦　州	36743	2718	1552	31365	4959	1633	641	3968	3369
贵　港	64604	3671	2370	58457	3248		2899	6500	4255
桂　平	20867		914	19953	3676	460	1344	12637	1836
玉　林	178524		3100	175424	16901	925	3783	146243	7572
北　流	27762		3820	23942	3300	335	689	16753	1211
百　色	169594	7367	2500	159727	7209	350	3916	112315	3966
靖　西	28542		2505	26037	1707		4034	19506	790
贺　州	129638		6560	123078	7452	1056	2298	109668	2604
河　池	129829	3500	18920	54409	4997	1640	1957	42881	2934
宜　州	22478	1000		21435	2107	279	372	16763	1914
来　宾	116086		2098	113281	6803	1021	1239	98880	2669
合　山	2361		60	2301	70	2	78	169	328
崇　左	54890		1000	53890	5120	670	560	43000	1770
凭　祥	28551			28551	1437	138	456	25773	747
海　南	**1295332**	**7358**	**37838**	**1201997**	**133461**	**3753**	**170254**	**514515**	**41651**
海　口	107408			107408	79281	3400	8928		15799
三　亚	807557	1666	28208	729544	27590		108928	363200	20202
三　沙	6245			6245	6245				
儋　州	43390	3790	2400	37200	7846		11828	13520	1897
五指山	12132			12132	731		2464		
琼　海	14346		579	13767	3515		7155	1489	1608
文　昌	98060		6049	92011	2692		12403	75806	1110
万　宁	142625	1902	602	140121	2665	353	17189	1605	730
东　方	63569			63569	2896		1359	58895	305

continued 16

Measurement Unit: 10,000 RMB

			城市市政公用设施建设维护管理财政性资金支出 Expenditure of urban Construction, Maintenance and Management of Municipal Public Utilities Facilities Fund						
污水处理费 Wastewater Treatment Fee	垃圾处理费 Garbage Treatment Fee	其他财政资金 Others	合计 Completed of Expenditure	城乡社区规划与管理 Planning and Management of Urban and Rural Communities	市政公用行业市场监管 Market Supervision of Municipal Public Utilities Industry	市政公用设施建设维护与管理 Construction, Maintenance and Management of Municipal Public Utilities Facilities	风景名胜区规划与保护 Planning and Protection of National Parks	其他 Others	城市名称 Name of Cities
11673	3621		553216	8648	9941	531812	2815		桂　林
3653	2040	1393	137482	5534	161	122738		9049	梧　州
831	700		33707	1249	1568	30810		80	岑　溪
4988	2341	638	92981	43		90638	2300		北　海
3652	705		108535	480	610	107347		98	防城港
1230	580		59778	48		59294	436		东　兴
1007	1244	1108	34504	8560		13517		12427	钦　州
3338	773	106	60710	3189	3372	34674		19475	贵　港
1425	410		18483	2452		16031			桂　平
5733	1839		166448	1504	111	91750		73083	玉　林
754	457		23275	968	860	20220	1227		北　流
3712	254		169594	796	35	38106		130657	百　色
743	47		27031	770		26261			靖　西
2304	300		119340	11736	170	107434			贺　州
2254	680	53000	129829	3511	365	24353		101600	河　池
1440	388	43	21954	943	322	6675	200	13814	宜　州
1963	706	707	106210	356	60	88442		17352	来　宾
227	101		2942		2683	259			合　山
1560	210		53890	770	380	52740			崇　左
513	234		25957	14		19092		6851	凭　祥
28044	**11651**	**48139**	**1154630**	**81594**	**65120**	**201819**	**18**	**806079**	**海　南**
11000	4799		107228	8260	6880	92088			海　口
14512	4267	48139	670452	22262	9440			638750	三　亚
			6470	39		6431			三　沙
913	522		42331	6370		29463	18	6480	儋　州
			12132			12132			五指山
258	1350		14092	12792		1300			琼　海
1110			97114	55	45000	50544		1515	文　昌
251	408		142625	31420	102	9665		101438	万　宁
	305		62186	396	3698	196		57896	东　方

3-3 续表 17

计量单位：万元

城市名称 Name of Cities	城市市政公用设施建设维护管理财政性资金收入 Revenue of urban Construction, Maintenance and Management of Municipal Public Utilities Facilities Fund								
	合计 Completed of Revenue	中央预算资金 Central Budgetary Fund	省级预算资金 Provincial Budgetary Fund	市级预算资金 City-Level Budgetary Fund					
				小计 Subtotal	城市维护建设税 Urban Maintenance and Construction Tax	城市公用事业附加 Extra-Charges for Municipal Utilities	城市基础设施配套费 Fees for Supporting Urban Infrastructure	国有土地使用权出让收入 Income Generated from The Transfer of State-owned Land-use Right	市政公用设施有偿使用费 Fee for Use of Municipal Utilities
重 庆	**5384683**	**41849**	**1880642**	**3418231**	**371117**	**41363**	**590993**	**1841547**	**53118**
四 川	**7613624**	**47504**	**637464**	**4528310**	**832864**	**53283**	**471417**	**1745719**	**207369**
成 都	3884993			1529122	482190	14575	246621	35366	109177
都江堰	225627		845	224782	11010	1202	20938	188242	3010
彭 州	14706			11344	1021		2216	4745	
邛 崃	43520			27461	2		13738	3077	1200
崇 州	14881			14881	13656		1225		
自 贡	39501		5840	33661	6083	1620	19767		6191
攀枝花	65365	3450	4593	56997	24033	3675	2566	2958	3766
泸 州	522106			519766	37606	1909	31258	217324	11815
德 阳	72994		9580	63414	13357	1500	8028	33875	3652
广 汉	23327		14287	9040	1095	1173	454		728
什 邡	69617			69617	30682	3100	1407	34428	
绵 竹	52522			52522	8959	140	863	41449	713
绵 阳	69987		1500	67896	6443	364	24762	3419	14864
江 油	153717			153717	6274	900	826	145030	687
广 元	123873	5319	10794	101513	1061	531	922	7270	
遂 宁	105067			105067	9254	974	15111	57263	6493
内 江	59782	4990		54792	13156	3511	8786	25692	3247
乐 山	40378	75	413	39881	12938	2273	9228	8586	3874
峨眉山	41768			41768	7215	1125	2292	30343	793
南 充	195200	3500	11500	180200	9990	1590	21500	90500	4350
阆 中	56800	2300	800	53700	995	530	4300	7700	1080
眉 山	85822	2122	14856	65208	10031	1882	6520	37073	9702
宜 宾	478107		204808	272684	64716	304	2302	135362	200
广 安	251439	20930	3750	226759	3057	300	2651	218559	2192
华 蓥	44500	500	1000	43000	2366	300	500	32350	500
达 州	58719			58599	15141	7434	8984	20000	5465
万 源	2015			2015	1800		47	168	
雅 安	126919		6084	109897	10618	282	1209	96791	997
巴 中	396691		323895	72796	5698	140	4175	61535	1248

continued 17

Measurement Unit: 10,000 RMB

			城市市政公用设施建设维护管理财政性资金支出 Expenditure of urban Construction, Maintenance and Management of Municipal Public Utilities Facilities Fund						
污水处理费 Wastewater Treatment Fee	垃圾处理费 Garbage Treatment Fee	其他财政资金 Others	合计 Completed of Expendi-ture	城乡社区规划与管理 Planning and Management of Urban and Rural Communities	市政公用行业市场监管 Market Supervision of Municipal Public Utilities Industry	市政公用设施建设维护与管理 Construction, Maintenance and Management of Municipal Public Utilities Facilities	风景名胜区规划与保护 Planning and Protection of National Parks	其他 Others	城市名称 Name of Cities
25173	**25167**	**43961**	**5099675**	**65884**	**9599**	**4059817**	**9568**	**954807**	**重庆**
103586	**40319**	**2400346**	**5343109**	**198263**	**182658**	**1647109**	**33713**	**3281366**	**四川**
48513	10463	2355871	3560628	99878	210	472411		2988129	成都
2279	731		27065	273	397	20445	5950		都江堰
		3362	16224					16224	彭州
1200		16059	30213	142		29286		785	邛崃
			14881			14881			崇州
3269	2922		31006	835	375	25300		4496	自贡
3366	400	325	53943	1477		49466		3000	攀枝花
10271	1544	2340	182284	2887		133505	386	45506	泸州
3002	650		72994	869	164	6629		65332	德阳
	728		20056	147		19909			广汉
			64698	30682	271	33745			什邡
297	101		17888	560	4706	4358	28	8236	绵竹
7200	1631	591	66044	3445	5124	48087	8572	816	绵阳
687			15244	846	5420	6378	2600		江油
		6247	123282	1222	28934	91411	40	1675	广元
3091	3282		31037	123	140	17479	137	13158	遂宁
2810	437		58871	1406	600	56865			内江
2563	1311	9	36685	4754		24842		7089	乐山
658	135		41768	3485		38283			峨眉山
3480	770		215400	990	83900	124960	4000	1550	南充
560	517		66300	670	25100	40130	400		阆中
1605	2906	3636	85822	20993		61895		2934	眉山
200		615	12481	12214		15	252		宜宾
1733	459		167569	2300	21200	123361		20708	广安
156	100		44030	1300	500	42000	200	30	华蓥
3507	1958	120	16073	3751	3022	9043	132	125	达州
			2015			2015			万源
	60	10938	126919	764	176	39513	276	86190	雅安
1248			11790	1050			10740		巴中

3-3 续表 18

计量单位：万元

城市名称 Name of Cities	城市市政公用设施建设维护管理财政性资金收入 Revenue of urban Construction, Maintenance and Management of Municipal Public Utilities Facilities Fund								
	合计 Completed of Revenue	中央预算资金 Central Budgetary Fund	省级预算资金 Provincial Budgetary Fund	市级预算资金 City-Level Budgetary Fund					
				小计 Subtotal	城市维护建设税 Urban Maintenance and Construction Tax	城市公用事业附加 Extra-Charges for Municipal Utilities	城市基础设施配套费 Fees for Supporting Urban Infrastructure	国有土地使用权出让收入 Income Generated from The Transfer of State-owned Land-use Right	市政公用设施有偿使用费 Fee for Use of Municipal Utilities
资　阳	101748		21051	80697	13978	591	1772	62476	1879
简　阳	160007	988	1668	157351	7099	458	6076	143718	
马尔康	3579	3330	200	49	10				
康　定	12730			12500	80	900	200	420	320
西　昌	15617			15614	1250		173		9226
贵　州	**1967186**	**237269**	**94371**	**1630310**	**303641**	**13723**	**39935**	**650468**	**45828**
贵　阳	185975		7885	178090	129617		7771		29553
清　镇	222342			222342	4505		816	216367	654
六盘水	26194		985	25209	4063			704	444
遵　义	417186		2342	414844	51944	1250	2724	15378	3097
赤　水	8323	500		7433	6504		94		445
仁　怀	553566	190557	79879	283130	48204	1125	800	67904	1200
安　顺	110126		2130	107996	4340	7299	10152	83995	2210
铜　仁	5221	100		5121	1957	971	383	3	1307
兴　义	33601		50	28705	12417	1909	4186	10107	86
毕　节	305249	45125	800	259324	26950	97	12303	200446	1074
凯　里	17211		300	16911	8325				1780
都　匀	5892	987		4905	445	812	80		3568
福　泉	76300			76300	4370	260	626	55564	410
云　南	**2137330**	**306249**	**237901**	**1557494**	**290618**	**2706**	**207561**	**805541**	**96510**
昆　明	1098749	129886	198576	763454	114345		161833	393355	66847
安　宁	191480	97560	420	93500	13520	785		19750	
曲　靖	74111			60831	7059		9000	41588	3184
宣　威	5481			5481	2800		1900		781
玉　溪	20078			20078	4925		628	9805	3064
保　山	2705		40	2665	450		620	223	917
腾　冲	12200	4020	1380	6800	1140	400	900		821
昭　通	56592			56592	47608		7822		1162
丽　江	14403			14403	5848		21	5834	2300
普　洱	12723			12723	3315			7674	1734

continued 18

Measurement Unit: 10,000 RMB

			城市市政公用设施建设维护管理财政性资金支出 Expenditure of urban Construction, Maintenance and Management of Municipal Public Utilities Facilities Fund						
污水处理费 Wastewater Treatment Fee	垃圾处理费 Garbage Treatment Fee	其他财政资金 Others	合计 Completed of Expenditure	城乡社区规划与管理 Planning and Management of Urban and Rural Communities	市政公用行业市场监管 Market Supervision of Municipal Public Utilities Industry	市政公用设施建设维护与管理 Construction, Maintenance and Management of Municipal Public Utilities Facilities	风景名胜区规划与保护 Planning and Protection of National Parks	其他 Others	城市名称 Name of Cities
1879			102127		1879	99868		380	资阳
									简阳
			4961			3861		1100	马尔康
		230	6940	1200	540	5200			康定
12	9214	3	15871			1968		13903	西昌
40245	**4239**	**5236**	**247842**	**42004**	**19145**	**129044**	**756**	**56893**	**贵州**
29553			40485	31926		4881		3678	贵阳
406	248		12159	94		10765		1300	清镇
442	2		6119	20		6099			六盘水
2863	234		23242	305				22937	遵义
290	155	390	6828	309		6519			赤水
618			37597			37597			仁怀
1022	506		21691	3162	510	4972	576	12471	安顺
870	435		7103	250	196	6357	180	120	铜仁
	86	4846	33601	542		33059			兴义
366	708		32396	4960	343	17348		9745	毕节
1592	172		16911		16911				凯里
2040	1528		1062	75		987			都匀
183	165		8648	361	1185	460		6642	福泉
86398	**8963**	**35686**	**1638290**	**49809**	**12012**	**393786**	**23830**	**1158853**	**云南**
65734	1113	6833	1007329	2870	1961	57991		944507	昆明
									安宁
2614	570	13280	52917	927		51990			曲靖
625	156		4700		3790	870	40		宣威
2445	619		24912	19839		2556		2517	玉溪
516	401		3952	40		507		3405	保山
200	600		3320	800	500	2000	20		腾冲
1162			38775			38775			昭通
2296			34201	228		27852		6121	丽江
1194	540		7407	249	300	6858			普洱

3-3 续表 19

计量单位：万元

城市名称 Name of Cities	城市市政公用设施建设维护管理财政性资金收入 Revenue of urban Construction, Maintenance and Management of Municipal Public Utilities Facilities Fund								
	合计 Compl-eted of Revenue	中央预算资金 Central Budgetary Fund	省级预算资金 Provincial Budgetary Fund	市级预算资金 City-Level Budgetary Fund					
				小计 Subtotal	城市维护建设税 Urban Maintenance and Construction Tax	城市公用事业附加 Extra-Charges for Municipal Utilities	城市基础设施配套费 Fees for Supporting Urban Infrastructure	国有土地使用权出让收入 Income Generated from The Transfer of State-owned Land-use Right	市政公用设施有偿使用费 Fee for Use of Municipal Utilities
临　　沧	61231	10231	5400	45600	2100	260	2500	38000	1200
楚　　雄	99595	17002	70	82523	25095			52814	2603
个　　旧	38320	700	163	37457	4849		2621	28752	1235
开　　远	26633	4660	1260	15822	4639		754	2353	1836
蒙　　自	59637			59637	5958		1603	50205	1871
弥　　勒	8903		750	8153	6924		550		679
文　　山	59409	20412	3572	35425	300		6710	4277	1086
景　　洪	37542			37542	3806		4000	27407	2329
大　　理	176130	12060	16020	148050	29510		2935	95020	2345
瑞　　丽	38071		200	29305	2488		642	23401	156
芒　　市	11007	2718	50	6123	2012		422	100	
香格里拉	32330	7000	10000	15330	1927	1261	2100	4983	360
西　　藏	**608748**	**322401**	**174452**	**111257**	**20024**	**80**	**8998**	**17700**	**1058**
拉　　萨	607028	322401	174452	110107	19799		8748	17534	882
昌　　都	220			220	200	20			
日 喀 则	350			330	10	60	50	100	110
林　　芝	1150			600	15		200	66	66
陕　　西	**5893677**	**120008**	**129151**	**4110144**	**374949**	**21448**	**538953**	**1720028**	**585851**
西　　安	4888828	43967	75328	3396415	214426	15771	445480	1488815	551854
铜　　川	11412	1120	280	10012	3211	40	4	1047	5710
宝　　鸡	92184	8342	1390	82452	39856	1000	9700	25000	5948
咸　　阳	100568		10072	86896	17071	588	55033	8413	4791
兴　　平	26869	5236	6571	15062	2846	770	995	8241	2210
渭　　南	70419	2760	500	49849	7449	756	6361	19791	865
韩　　城	39643	5000	3500	31143	26976	280	1320		712
华　　阴	11120	1600	850	8670	428	42	520		550
延　　安	33130			33130	1375	10	4092		1096
汉　　中	38446		1060	37386	7846	100	780	26990	1450
榆　　林	170669			170669	40000	500	752	17364	2161
安　　康	299361	22000	3500	138861	7998	1200	12966	112197	4500
商　　洛	29127	12148		16979	3380	318	530	12170	581
杨 陵 区	81901	17835	26100	32620	2087	73	420		3423

continued 19

Measurement Unit: 10,000 RMB

			城市市政公用设施建设维护管理财政性资金支出 Expenditure of urban Construction, Maintenance and Management of Municipal Public Utilities Facilities Fund						
污水处理费 Wastewater Treatment Fee	垃圾处理费 Garbage Treatment Fee	其他财政资金 Others	合计 Completed of Expenditure	城乡社区规划与管理 Planning and Management of Urban and Rural Communities	市政公用行业市场监管 Market Supervision of Municipal Public Utilities Industry	市政公用设施建设维护与管理 Construction, Maintenance and Management of Municipal Public Utilities Facilities	风景名胜区规划与保护 Planning and Protection of National Parks	其他 Others	城市名称 Name of Cities
240	520		12120	50	220	2150		9700	临沧
1676	927		101236	5546	2761	11580		81349	楚雄
610	625		42400	326		27435		14639	个旧
833	419	4891	26603			14709		11894	开远
1240	631		30112	408		29704			蒙自
637	42		81	81					弥勒
1086			1086					1086	文山
1135	1194		4556			4556			景洪
1895	350		163262	1522	2015	83005	3210	73510	大理
	156	8566	43381	13955		23593		5833	瑞丽
		2116	11007	70		6645		4292	芒市
260	100		24933	2898	465	1010	20560		香格里拉
160	**446**	**638**	**62845**	**1135**	**510**	**2775**	**49664**	**8761**	**西藏**
120	310	68	29415	25		478	21191	7721	拉萨
			32273	600	200	2000	28473	1000	昌都
40	70	20	740	450	30	240		20	日喀则
	66	550	417	60	280	57		20	林芝
47025	**34831**	**1534374**	**7108004**	**44627**	**57397**	**5971170**	**11130**	**1023680**	**陕西**
28958	23452	1373118	4896817	15491	37525	4064229		779572	西安
60	3400		208847	1321	5176	183194		19156	铜川
3348	2600		84210	5658	1161	32430		44961	宝鸡
4200	591	3600	811378	5300	6700	791008		8370	咸阳
1530	450		32346	2345	2160	23966		3875	兴平
585	280	17310	141734	380	1420	128423		11511	渭南
407	305		125838	1000		101428		23410	韩城
230	300		21675	330	1500	13950	200	5695	华阴
1096			37931	4251		11831		21849	延安
1450			154847	296	303	153748	500		汉中
1380	773		160521	100	50	160371			榆林
2000	2500	135000	298161	2860	800	187505	10430	96566	安康
581			40583	3495	40	36584		464	商洛
1200	180	5346	93116	1800	562	82503		8251	杨陵区

3-3 续表 20

计量单位：万元

城市名称 Name of Cities	城市市政公用设施建设维护管理财政性资金收入 Revenue of urban Construction, Maintenance and Management of Municipal Public Utilities Facilities Fund								
	合计 Compl-eted of Revenue	中央预算资金 Central Budge-tary Fund	省级预算资金 Provin-cial Budgetary Fund	市级预算资金 City-Level Budgetary Fund					
				小计 Subtotal	城市维护建设税 Urban Mainten-ance and Construc-tion Tax	城市公用事业附加 Extra-Charges for Municipal Utilities	城市基础设施配套费 Fees for Supporting Urban Infrastr-ucture	国有土地使用权出让收入 Income Gener-ated from The Transfer of State-owned Land-use Right	市政公用设施有偿使用费 Fee for Use of Municipal Utilities
甘　肃	**570054**	**74072**	**74325**	**392334**	**71681**	**2009**	**85797**	**145129**	**43378**
兰　州	255783	11372	45014	179513	36594	1646	50430	78273	12570
嘉峪关	44237	2145	3113	38979	15563	46	5108	16292	1970
金　昌	10738		297	10441	6000	1	3000		1440
白　银	46571	30582	2020	13969	5859		3940		4170
天　水	47620	11975	4405	31240	1033	202	6000	10230	2650
武　威	15326			15326	948		4682	4263	4788
张　掖	21308			21308	1033		6223	11250	1068
平　凉	28218		1533	26685	210		395	14180	11900
酒　泉	5351		853	4498	136		1739	1669	320
玉　门	5137	133	180	4316	154		614		305
敦　煌	10991	3154	1021	6816	752	31	1815		267
庆　阳	10150	207		9943	300		843	8000	710
定　西	26236	4800	6200	14555	41	60	100		320
陇　南	11210		150	2810	32	15	420		428
临　夏	27705	6359	9539	11807	2980		416	972	472
合　作	3473	3345		128	46	8	72		
青　海	**664297**	**78834**	**194629**	**389234**	**137503**	**62160**	**6170**	**117513**	**60491**
西　宁	493537	17600	181824	294113	124563	60124	3523	48642	57261
海　东	97925	21075	6547	70303	3364	1830	2116	61942	918
玉　树	4897	4697		200	50	31	21		42
格尔木	44236	27852	2292	12492	5595	105	190		1544
德令哈	23702	7610	3966	12126	3931	70	320	6929	726
宁　夏	**551251**	**2929**	**15359**	**519570**	**51224**	**8855**	**21665**	**128931**	**12048**
银　川	307967		1164	296076	1		3619		5267
灵　武	66650			66650	12102	5016		49532	
石嘴山	52966			52966	15562	1499	12466	18613	3130

continued 20

Measurement Unit: 10,000 RMB

			城市市政公用设施建设维护管理财政性资金支出 Expenditure of urban Construction, Maintenance and Management of Municipal Public Utilities Facilities Fund						
污水处理费 Wastewater Treatment Fee	垃圾处理费 Garbage Treatment Fee	其他财政资金 Others	合计 Completed of Expenditure	城乡社区规划与管理 Planning and Management of Urban and Rural Communities	市政公用行业市场监管 Market Supervision of Municipal Public Utilities Industry	市政公用设施建设维护与管理 Construction, Maintenance and Management of Municipal Public Utilities Facilities	风景名胜区规划与保护 Planning and Protection of National Parks	其他 Others	城市名称 Name of Cities
31033	**5938**	**29323**	**517791**	**22463**	**65543**	**250793**	**10636**	**168356**	**甘肃**
11716	854	19884	261313	5191	33695	102963		119464	兰州
1456	445		39576	553	354	4517		34152	嘉峪关
1110	330		10407			10407			金昌
2150	2020		2250	300		1640		310	白银
982	481		45848		28756	8230	8862		天水
	145		14230			14230			武威
807	261		11058			10416		642	张掖
11200	700		33563			32259	1254	50	平凉
			5562	4402		1160			酒泉
95	90	508	5137	686	72	785		3594	玉门
201	66		10991	3154	1021	6816			敦煌
424	264		11857	4342	1589	5689	92	145	庆阳
220	100	681	26236			16450		9786	定西
200	182	8250	11212	324	56	10191	428	213	陇南
472			25206	166		25040			临夏
			3345	3345					合作
6958	**5159**	**1600**	**650757**	**20366**	**151417**	**478876**	**98**		**青海**
4875	4012		493537	12540	68953	412044			西宁
460	458		97925	7050	82264	8611			海东
31	11		4820	23	100	4697			玉树
994	550	1600	30773	653	46	30074			格尔木
598	128		23702	100	54	23450	98		德令哈
10355	**1692**	**13393**	**467400**	**106546**	**5210**	**333274**	**660**	**21710**	**宁夏**
5267		10727	316360	96042		213788	660	5870	银川
			80630	1702	80	67138		11710	灵武
3130			15611	827		14784			石嘴山

3-3 续表 21

计量单位：万元

城市名称 Name of Cities	城市市政公用设施建设维护管理财政性资金收入 Revenue of urban Construction, Maintenance and Management of Municipal Public Utilities Facilities Fund								
	合计 Compl-eted of Revenue	中央预算资金 Central Budge-tary Fund	省级预算资金 Provin-cial Budgetary Fund	市级预算资金 City-Level Budgetary Fund					
				小计 Subtotal	城市维护建设税 Urban Mainten-ance and Construc-tion Tax	城市公用事业附加 Extra-Charges for Municipal Utilities	城市基础设施配套费 Fees for Supporting Urban Infrastr-ucture	国有土地使用权出让收入 Income Gener-ated from The Transfer of State-owned Land-use Right	市政公用设施有偿使用费 Fee for Use of Municipal Utilities
吴忠	20484	2079	55	18350	9204	220	4284	2856	1786
青铜峡	20332		4600	15732	4576	1120	1296	8238	502
固原	24644	850	9540	11588	4563				213
中卫	58208			58208	5216	1000		49692	1150
新疆	**2384335**	**83625**	**8591**	**2202282**	**380177**	**16288**	**204826**	**1376589**	**39760**
乌鲁木齐	1077681			1077681	184126	10733	93010	771409	18403
克拉玛依	166234			166234	89498		9766	56118	605
吐鲁番	54508			54508	3452		965	49594	497
哈密	23475			23446	15124		6784		1538
昌吉	135565			135565	10577		6106	118882	
阜康	56045			56045	2802	1022	33709	18119	393
博乐	33500			23000	4000	500	2000		
阿拉山口	1719		30	1586	983		11	435	157
库尔勒	262783	43632		219151	16183		16647	186321	
阿克苏	25317			25317	7463	388	2939	14527	
阿图什	27910		5475	8768	1255		1500	5573	440
喀什	135479		1944	128994	7445	319	2117	11792	3614
和田	39106	1100		35206	2629		1329	30555	693
伊宁	35936	971		34965	4924	1188	7145	3362	3671
奎屯	34343			20512	765	388	4757	4377	3919
霍尔果斯	1582			1582	239	1104	239		
乌苏	7279			7279	2506		370	3666	737
塔城	17589		842	16747	237		2021	13978	511
阿勒泰	52876	6300	100	31257	2152	28	929		547
石河子	59815			59815	13201	617	5298	37285	3413
阿拉尔	42513			34602	8815		146	25536	105
图木舒克	42768	18800	200	6142	450		2000	2224	
五家渠	5815			5815	1		5038		
北屯	43398	12822		26966	1123			22836	517
铁门关	1099			1099	227	1			

continued 21

Measurement Unit: 10,000 RMB

			城市市政公用设施建设维护管理财政性资金支出 Expenditure of urban Construction, Maintenance and Management of Municipal Public Utilities Facilities Fund						
污水处理费 Wastewater Treatment Fee	垃圾处理费 Garbage Treatment Fee	其他财政资金 Others	合计 Completed of Expenditure	城乡社区规划与管理 Planning and Management of Urban and Rural Communities	市政公用行业市场监管 Market Supervision of Municipal Public Utilities Industry	市政公用设施建设维护与管理 Construction, Maintenance and Management of Municipal Public Utilities Facilities	风景名胜区规划与保护 Planning and Protection of National Parks	其他 Others	城市名称 Name of Cities
1160	625		20484	7455	4114	8915			吴　忠
248	254		2697	66		2631			青铜峡
	213	2666	23611			19481		4130	固　原
550	600		8007	454	1016	6537			中　卫
20961	**14368**	**89837**	**1916699**	**50607**	**35317**	**1323746**	**17912**	**489117**	**新　疆**
8982	9421		1077681	3863	17897	657998	5450	392473	乌鲁木齐
605			113877	96		113781			克拉玛依
337	160		54508	4284	17414	24010		8800	吐鲁番
900	638	29	23475	8298		15177			哈　密
			10339	3097		7242			昌　吉
299	94		73585	5078		56045	12462		阜　康
		10500	23000					23000	博　乐
		103	430			238		192	阿拉山口
									库尔勒
			25304	304		25000			阿克苏
300	140	13667	27910	168		18582		9160	阿图什
2186	1428	4541	135645	166		135479			喀　什
484	209	2800	34370			34370			和　田
2928	573		35936	8855		25775		1306	伊　宁
381	538	13831	34343			34343			奎　屯
			1582			1582			霍尔果斯
364	373		7279	758		2466		4055	乌　苏
204	307		14256	206		7200		6850	塔　城
321	226	15219	52877			52414		463	阿勒泰
2209	104		59814	2000		57814			石河子
101		7911	25685	158		25527			阿拉尔
		17626	42868	100				42768	图木舒克
			5878			5878			五家渠
360	157	3610	34503	12768		21735			北　屯
			1554	408	6	1090		50	铁门关

四、城市市政公用设施建设固定资产投资

4. Fixed Assets Investment in Urban Service Facilities

简要说明

本部分包含城市市政公用设施建设各行业的固定资产投资完成额，投资的资金来源和投资产生的能力或效益。行业包括城市供水、燃气、集中供热、轨道交通、道路和桥梁、排水和污水处理、园林绿化、市容环卫行业，不含住宅投资。

自 2009 年开始，全国城市市政公用设施建设固定资产投资中不再包括城市公共交通固定资产投资，仅包括其中的轨道交通建设固定资产投资。

自 2013 年开始，全国城市市政公用设施建设固定资产投资中不再包括城市防洪固定资产投资。

Brief Introduction

This section includes investment in different utilities facilities, investment sources, and the capacity or benefit produced by the investment. The sectors covered are urban water supply, urban gas supply, central heating, public transit, roads and bridges, water drainage and wastewater treatment, landscaping, and urban environmental sanitation. The investment in housing development is not included.

Starting from 2009, the national fixed assets investment in the construction of municipal public utilities facilities has no longer included the fixed assets investment in urban public transport facilities, expect for the fixed assets investment in urban rail transit system.

Starting from 2013, the national fixed assets investment in the construction of municipal public utilities facilities has not included the fixed assets investment in urban flood prevention.

4 全国历年城市市政公用设施建设固定资产投资(1978–2015)
National Fixed Assets Investment in Urban Service Facilities in Past Years (1978-2015)

计量单位：亿元 Measurement Unit:100 Million RMB

年份 Year	国内生产总值 Gross Domestic Product		财政收入 Government Revenue		全社会固定资产投资 Tatol Investment in Fixed Assets		城市市政公用设施建设固定资产投资 Fixed Assets Investment in Urban Service Facilities			
	国内生产总值 GDP	增长速度 Growth Rate	财政收入 Government Revenue	环比增长率 Growth Rate	投资完成额 Completed Volume of Investment	环比增长率 Growth Rate	投资完成额 Completed Volume of Investment	环比增长率 Growth Rate	占同期全社会固定资产投资比重 Percentage in Total Investment in Fixed Assets During The Same Period	占同期国内生产总值的比重 Percentage in GDP of The Same Period
1978	3645.2	11.7	1132.2	29.5	669.0		12.0		1.79	0.33
1979	4062.6	7.6	1146.4	1.2	699.0	4.5	14.2	18.02	2.02	0.35
1980	4545.6	7.8	1159.9	1.2	911.0	30.3	14.4	1.77	1.58	0.32
1981	4891.6	5.2	1175.8	1.4	961.0	5.5	19.5	43.81	2.03	0.40
1982	5323.4	9.1	1212.3	3.1	1230.4	28.0	27.2	39.07	2.21	0.51
1983	5962.7	10.9	1367.0	12.8	1430.1	16.2	28.2	3.72	1.97	0.47
1984	7208.1	15.2	1642.9	20.2	1832.9	28.2	41.7	47.89	2.27	0.58
1985	9016.0	13.5	2004.8	22.0	2543.2	38.8	64.0	53.60	2.52	0.71
1986	10275.2	8.8	2122.0	5.8	3120.6	22.7	80.1	25.13	2.57	0.78
1987	12058.6	11.6	2199.4	3.6	3791.7	21.5	90.3	12.79	2.38	0.75
1988	15042.8	11.3	2357.2	7.2	4753.8	25.4	113.2	25.39	2.38	0.75
1989	16992.3	4.1	2664.9	13.1	4410.4	-7.2	107.0	-5.54	2.43	0.63
1990	18667.8	3.8	2937.1	10.2	4517.0	2.4	121.2	13.30	2.68	0.65
1991	21781.5	9.2	3149.5	7.2	5594.5	23.9	170.9	40.99	3.05	0.78
1992	26923.5	14.2	3483.4	10.6	8080.1	44.4	283.2	65.71	3.50	1.05
1993	35333.9	14.0	4349.0	24.8	13072.3	61.8	521.8	84.28	3.99	1.48
1994	48197.9	13.1	5218.1	20.0	17042.1	30.4	666.0	27.64	3.91	1.38
1995	60793.7	10.9	6242.2	19.6	20019.3	17.5	807.6	21.26	4.03	1.33
1996	71176.6	10.0	7408.0	18.7	22974.0	14.8	948.6	17.46	4.13	1.33
1997	78973.0	9.3	8651.1	16.8	24941.1	8.8	1142.7	20.45	4.58	1.45
1998	84402.3	7.8	9876.0	14.2	28406.2	13.9	1477.6	29.31	5.20	1.75
1999	89677.1	7.6	11444.1	15.9	29854.7	5.1	1590.8	7.66	5.33	1.77
2000	99214.6	8.4	13395.2	17.0	32917.7	10.3	1890.7	18.85	5.74	1.91
2001	109655.2	8.3	16386.0	22.3	37213.5	13.0	2351.9	24.40	6.32	2.14
2002	120332.7	9.1	18903.6	15.4	43499.9	16.9	3123.2	32.79	7.18	2.60
2003	135822.8	10.0	21715.3	14.9	55566.6	27.7	4462.4	42.88	8.03	3.29
2004	159878.3	10.1	26396.5	21.6	70477.4	26.6	4762.2	6.72	6.76	2.98
2005	184937.4	10.4	31649.3	19.9	88773.6	26.0	5602.2	17.64	6.31	3.03
2006	216314.4	12.7	38760.2	22.5	109998.2	23.9	5765.1	2.91	5.25	2.67
2007	265810.3	14.2	51321.8	32.4	137323.9	24.8	6418.9	11.34	4.68	2.41
2008	314045.4	9.6	61330.4	19.5	172828.4	25.9	7368.2	14.79	4.26	2.35
2009	340902.8	9.2	68518.3	11.7	224598.8	30.0	10641.5	44.42	4.70	3.12
2010	401512.8	10.4	83101.5	21.3	278121.9	23.8	13363.9	25.58	4.81	3.33
2011	473104.0	9.3	103874.4	25.0	311485.1	23.8	13934.2	4.27	4.48	2.95
2012	519470.1	7.8	117253.5	12.9	374694.7	20.3	15296.4	9.78	4.08	2.95
2013	588018.8	7.7	129209.6	10.2	446294.1	19.1	16349.8	6.89	3.66	2.87
2014	635910.2	7.3	140370.0	8.6	512020.7	15.2	16245.0	-0.63	3.17	2.55
2015	676707.8	6.9	152216.7	8.4	561999.8	9.8	16204.4	-0.25	2.88	2.39

注：1.1978年、1979年全社会固定资产投资仅为基本建设与更新改造投资额。
　　2.本表数据除国内生产总值增长速度按可比价格计算外，其余均按当年价格统计。

Note: 1.Total investment in fixed assets only refers to investment in basic construction and renovation in 1978 and 1979.
　　2.Data in this table are calculated at current prices(expect GDP Growth Rate).

4-1 按行业分全国历年城市市政公用设施建设固定资产投资（1978-2015）

National Fixed Assets Investment in Urban Sevice Facilities by Industry in Past Years (1978-2015)

计量单位：亿元 Measurement Unit：100 million RMB

年份 Year	本年固定资产投资总额 Completed Investment of This Year	供水 Water Supply	燃气 Gas Supply	集中供热 Central Heating	轨道交通 Rail Transit System	道路桥梁 Road and Bridge	排水 Sewerage	污水处理及其再生利用 Waste-water Treat-ment and Reuse	防洪 Flood Control	园林绿化 Landscaping	市容环境卫生 Environmental Sanitation	垃圾处理 Garbage Treat-ment	其他 Other
1978	12.0	4.7				2.9							4.4
1979	14.2	3.4	0.6		1.8	3.1	1.2		0.1	0.4	0.1		3.4
1980	14.4	6.7				7.0							0.7
1981	19.5	4.2	1.8		2.6	4.0	2.0		0.2	0.9	0.7		3.2
1982	27.2	5.6	2.0		3.1	5.4	2.8		0.3	1.1	0.9		5.9
1983	28.2	5.2	3.2		2.8	6.5	3.3		0.4	1.2	0.9		4.7
1984	41.7	6.3	4.8		4.7	12.2	4.3		0.5	2.0	0.9		5.9
1985	64.0	8.1	8.2		6.0	18.6	5.6		0.9	3.3	2.0		11.3
1986	80.1	14.3	12.5	1.6	5.6	20.5	6.0		1.6	3.4	2.8		11.9
1987	90.3	17.2	10.9	2.1	5.5	27.1	8.8		1.4	3.4	2.1		11.9
1988	113.2	23.1	11.2	2.8	6.0	35.6	10.0		1.6	3.4	2.6		16.9
1989	107.0	22.2	12.3	3.3	7.7	30.1	9.7		1.2	2.8	2.8		14.8
1990	121.2	24.8	19.4	4.5	9.1	31.3	9.6		1.3	2.9	2.9		15.4
1991	170.9	30.2	24.8	6.4	9.8	51.8	16.1		2.1	4.9	3.6		21.3
1992	283.2	47.7	25.9	11.0	14.9	90.6	20.9		2.9	7.2	6.5		55.6
1993	521.8	69.9	34.8	10.7	22.1	191.8	37.0		5.9	13.2	10.6		125.8
1994	666.0	90.3	32.5	13.4	25.1	279.8	38.3		8.0	18.2	10.9		149.7
1995	807.6	112.4	32.9	13.8	30.9	291.6	48.0		9.5	22.5	13.6		232.5
1996	948.6	126.1	48.3	15.7	38.8	354.2	66.8		9.1	27.5	12.5		249.7
1997	1142.7	128.3	76.0	25.1	43.2	432.4	90.1		15.5	45.1	20.9		266.1
1998	1477.6	161.0	82.0	37.3	86.1	616.2	154.5		35.8	78.4	36.7		189.6
1999	1590.8	146.7	72.1	53.6	103.1	660.1	142.0		43.0	107.1	37.1		226.0
2000	1890.7	142.4	70.9	67.8	155.7	737.7	149.3		41.9	143.2	84.3		297.5
2001	2351.9	169.4	75.5	82.0	194.9	856.4	224.5	116.4	70.5	163.2	50.6	23.5	466.6
2002	3123.2	170.9	88.4	121.4	293.8	1182.2	275.0	144.1	135.1	239.5	64.8	29.7	551.0
2003	4462.4	181.8	133.5	145.8	281.9	2041.4	375.2	198.8	124.5	321.9	96.0	35.3	760.4
2004	4762.2	225.1	148.3	173.4	328.5	2128.7	352.3	174.5	100.3	359.5	107.8	53.0	838.4
2005	5602.2	225.6	142.4	220.2	476.7	2543.2	368.0	191.4	120.0	411.3	147.8	56.7	947.0
2006	5765.1	205.1	155.0	223.6	604.0	2999.9	331.5	151.7	87.1	429.0	175.8	51.8	554.3
2007	6418.9	233.0	160.1	230.0	852.4	2989.0	410.0	212.2	141.4	525.6	141.8	53.0	735.6
2008	7368.2	295.4	163.5	269.7	1037.2	3584.1	496.0	264.7	119.6	649.8	222.0	50.6	530.8
2009	10641.5	368.8	182.2	368.7	1737.6	4950.6	729.8	418.6	148.6	914.9	316.5	84.6	923.9
2010	13363.9	426.8	290.8	433.2	1812.6	6695.7	901.6	521.4	194.4	1355.1	301.6	127.4	952.2
2011	13934.2	431.8	331.4	437.6	1937.1	7079.1	770.1	303.1	243.8	1546.2	384.1	199.2	773.1
2012	15296.4	410.4	414.5	630.3	2064.5	7402.5	704.5	279.4	249.2	1798.7	296.5	110.9	1325.5
2013	16349.8	524.7	425.6	596.0	2455.1	8355.6	778.9	353.7		1647.4	408.4	125.9	1158.0
2014	16245.0	475.3	416.0	575.4	3221.2	7643.9	900.0	404.2		1817.6	494.8	130.6	700.9
2015	16204.4	619.9	350.5	516.8	3707.1	7414.0	982.7	512.6		1594.7	398.0	157.0	620.7

注：1.2008年及以前年份，"轨道交通"投资为"公共交通"，2009年以后仅包含轨道交通建设投资。

2.自2013年开始，全国城市市政公用设施建设固定资产投资中不再包括城市防洪固定资产投资。

Note: 1.For the year 2008 and before, there was data about investment in public transport.Starting from 2009, the data has only included investment in rail transport construction.

2.Starting from 2013, the national fixed assets investment in the construction of municipal public utilities facilities has not included the fixed assets investment in urban flood prevention.

4-1-1 2015年按行业分全国城市市政公用设施建设固定资产投资分组资料

计量单位：万元

地区名称 Name of Regions	本年完成投资 Completed Investment of This Year	供水 Water Supply	燃气 Gas Supply	集中供热 Central Heating	轨道交通 Urban Rail Trainsit System	道路桥梁 Road and Bridge	排水 Sewerage
全　国 National Total	**162044401**	**6199335**	**3504671**	**5168328**	**37071463**	**74140045**	**9826842**
分类一 Group one							
东部地区 East China	82910567	3081103	2001227	2312554	23357889	32830313	5608472
中部地区 Central China	45427924	1813846	905125	2124122	7647126	22193549	2821474
西部地区 West China	33705910	1304386	598319	731652	6066448	19116183	1396896
分类二 Group two							
东部地区 East China	77148526	2933708	1914853	2312554	22408793	29338725	5221460
中部地区 Central China	40438179	1502333	700828	1569852	7647126	20129622	2443154
西部地区 West China	44457696	1763294	888990	1285922	7015544	24671698	2162228
分类三 Group three							
东部地区 East China	74000012	2752845	1821346	1837616	21599701	28121737	5137189
中部地区 Central China	36269753	1085891	561393	887614	6759478	18944842	2113375
西部地区 West China	44457696	1763294	888990	1285922	7015544	24671698	2162228
东北地区 Northeast China	7316940	597305	232942	1157176	1696740	2401768	414050

National Fixed Assets Investment in Urban Service Facilities by Indurstry (2015)

Measurement Unit: 10,000RMB

污水处理 Wastewater Treatment	污泥处置 Sludge Disposal	再生水利用 Wastewater Recycled and Reused	园林绿化 Landscaping	市容环境卫生 Environmental Sanitation	垃圾处理 Domestic Garbage Treatment	其他 Other	本年新增固定资产 Newly Added Fixed Assets of This Year	地区名称 Name of Regions
3785039	**188623**	**1340923**	**15946541**	**3980393**	**1569834**	**6206783**	**102570410**	**全　国**
								分类一
1809919	139132	139132	7938203	2519818	1078515	3260988	46091203	东部地区
1524187	36148	36148	5396587	973488	298140	1552607	35313964	中部地区
450933	13343	13343	2611751	487087	193179	1393188	21165243	西部地区
								分类二
1686953	134649	1062780	7296074	2465421	1049599	3256938	43602170	东部地区
1394400	29806	22050	4147994	799068	287589	1498202	31047745	中部地区
703686	24168	256093	4502473	715904	232646	1451643	27920495	西部地区
								分类三
1658750	134569	1062780	7125040	2395466	1023424	3209072	41675164	东部地区
1121268	29707	14811	3832447	653211	210148	1431502	28137973	中部地区
703686	24168	256093	4502473	715904	232646	1451643	27920495	西部地区
301335	179	7239	486581	215812	103616	114566	4836778	东北地区

4-1-2 2015年按行业分全国城市市政公用设施建设固定资产投资(按省分列)

计量单位：万元

地区名称 Name of Regions	本年完成投资 Completed Investment of This Year	供水 Water Supply	燃气 Gas Supply	集中供热 Central Heating	轨道交通 Urban Rail Trainsit System	道路桥梁 Road and Bridge	排水 Sewerage
全　国	**162044401**	**6199335**	**3504671**	**5168328**	**37071463**	**74140045**	**9826842**
北　京	10215405	569714	280908	397765	3559098	1460356	1489182
天　津	4548928	17683	363637	11761	1240588	2208205	164808
河　北	3738577	130175	132275	495832	660019	1538339	201583
山　西	2375634	109651	62658	547565		1203984	245324
内蒙古	4989745	311513	204297	554270		2063927	378320
辽　宁	3148514	180863	93507	474938	809092	1216988	84271
吉　林	2377965	339170	71552	158395	722844	588301	197636
黑龙江	1790461	77272	67883	523843	164804	596479	132143
上　海	6583404	455936	144078		2959246	1731030	84236
江　苏	14853651	424910	246037	350	4120230	5978148	1233404
浙　江	9376203	331623	184223	2115	2510178	4677155	653121
安　徽	6324122	173678	158247	55164	582264	3340719	466515
福　建	6485406	435599	101746		984429	3524341	302962
江　西	4874121	104708	39997		491755	3219824	191042
山　东	8610951	290861	245872	929793	1194009	3093927	692349
河　南	4606411	150949	129078	284885	958167	2096765	244412
湖　北	10827794	328605	109387		3112908	5251137	511357
湖　南	7261671	218300	62026		1614384	3832413	454725
广　东	8496440	74290	117418		4371904	3034333	253136
广　西	5762041	147395	86374		949096	3491588	387012
海　南	1091047	22054	5152			875903	62408
重　庆	6524147	204551	141110		2275772	3146054	58782
四　川	7360790	342683	114080		1963654	3574396	269771
贵　州	5528630	46499	32203	4468	688752	4074884	207214
云　南	2636462	56995	8277		806770	1090327	124968
西　藏	208258	4925				110203	51327
陕　西	3759642	74720	123684	138830		2736904	153874
甘　肃	3093449	205805	31081	220814	331500	1889317	139324
青　海	648225	18632	19329	500		494729	36579
宁　夏	338736	7912	3852	72563		77463	15806
新　疆	3607571	341664	124703	294477		1921906	339251

National Fixed Assets Investment in Urban Service Facilities by Industry (by Province in Column) (2015)

Measurement Unit: 10,000RMB

污水处理 Wastewater Treatment	污泥处置 Sludge Disposal	再生水利用 Wastewater Recycled and Reused	园林绿化 Landscaping	市容环境卫生 Environmental Sanitation	垃圾处理 Domestic Garbage Treatment	其他 Other	本年新增固定资产 Newly Added Fixed Assets of This Year	地区名称 Name of Regions
3785039	**188623**	**1340923**	**15946541**	**3980393**	**1569834**	**6206783**	**102570410**	**全 国**
138960	41547	1015118	996539	669182	161681	792661	3275026	北 京
49725	9684	9404	259163	14869	1813	268214	2199016	天 津
44581		2850	302232	104103	12071	174019	2848573	河 北
195218		407	143721	45731	20620	17000	2109369	山 西
129787	6342	24203	1248593	174420	10551	54405	4266219	内蒙古
28203	80		171034	69955	26175	47866	1927006	辽 宁
170617			257406	24961	1229	17700	1498963	吉 林
102515	99	7239	58141	120896	76212	49000	1410809	黑龙江
25974	9463		574111	285577	280802	349190	399803	上 海
447964	47176	22770	2219972	506206	227094	124394	14450222	江 苏
398782	17009	3722	728576	210375	46079	78837	7121697	浙 江
148069	1522	4680	1329214	165838	87915	52483	4115453	安 徽
185884	646		511158	89560	34524	535611	2794024	福 建
93690	1475		490477	100327	18100	235991	4472737	江 西
170653	9044	3668	1293530	320802	153209	549808	6847832	山 东
135990	1200	9724	654183	61069	3030	26903	3725710	河 南
262993	500		631924	116729	12510	765747	10459941	湖 北
285308	25010		582928	163517	67973	333378	3254763	湖 南
177237		735	127455	181566	104169	336338	1220513	广 东
122966	4483		642129	54397	28916	4050	2489033	广 西
18990		4513	112304	13226	1982		518458	海 南
26367		1098	598251	33305	13708	66322	4086323	重 庆
128496			431576	79921	50358	584709	4429091	四 川
58547	5843	3600	294829	30682	18603	149099	1832959	贵 州
26562		3700	214697	16697	3888	317731	1655954	云 南
42625			4900	13060	13060	23843	13471	西 藏
86766	3000	10330	346312	130008	36064	55310	3055094	陕 西
43653	4500	9764	177664	64491	51046	33453	1904784	甘 肃
8502			39506	35230	1740	3720	638046	青 海
392			150794	998	556	9348	343998	宁 夏
29023		203398	353222	82695	4156	149653	3205523	新 疆

4-1-3 2015年按行业分全国城市市政公用设施建设固定资产投资(按城市分列)

计量单位：万元

城市名称 Name of Cities	本年完成投资 Completed Investment of This Year	供水 Water Supply	燃气 Gas Supply	集中供热 Central Heating	轨道交通 Urban Rail Trainsit System	道路桥梁 Road and Bridge	排水 Sewerage
全　国	**162044401**	**6199335**	**3504671**	**5168328**	**37071463**	**74140045**	**9826842**
北　京	**10215405**	**569714**	**280908**	**397765**	**3559098**	**1460356**	**1489182**
天　津	**4548928**	**17683**	**363637**	**11761**	**1240588**	**2208205**	**164808**
河　北	**3738577**	**130175**	**132275**	**495832**	**660019**	**1538339**	**201583**
石家庄	1304236	21749	18303	22980	660019	412476	22605
晋　州	17343		980			761	14496
新　乐	18382	710		13500		850	420
唐　山	469716	1200	19364	46037		337059	1793
遵　化	15236	3326				7360	
迁　安	25661	600	3000	6040		9200	1811
秦皇岛	170834	702		7889		85347	58620
邯　郸	451269	11129	10000	8700		315860	16580
武　安	66036	8510	14013	7000		33226	2357
邢　台	42702					33810	577
南　宫	15766	8000		400		3551	3265
沙　河	20240	11861	1130	1050		4383	
保　定	67238	1270	2585	26467		19706	367
涿　州	192106		41	160050		24759	7114
安　国	16068		1200			6510	
高碑店	30255	40	679	3300		19117	2134
张家口	77474		11047	40783		9319	2210
承　德	47901	3062	2998	11655		17770	6416
沧　州	151028	4685	3279	58282		17032	6197
泊　头	13974	1289	1500	7500		810	1925
任　丘	74137	5691	90	4000		56504	2650
黄　骅	136890	8600	12000	22000		25960	8690
河　间	40422	4530		7000		3464	21721
廊　坊	88467	14767	22976	19167		16944	
霸　州	18086		485	1050		11451	400
三　河	22268					14261	
衡　水	42310	8684	1548	8255		17203	6113
冀　州	33488	650	3707	380		9694	11460
深　州	21992		600			8420	1662
辛　集	9112	120	750	3204		2203	
定　州	37940	9000		9143		13329	
山　西	**2375634**	**109651**	**62658**	**547565**		**1203984**	**245324**
太　原	973200	28300		301200		492900	150800
古　交	15648	984		13000			
大　同	27000			20000			7000
阳　泉	110983	30636	518	14303		35341	13777

National Fixed Assets Investment in Urban Service Facilities by Industry (by City in Column) (2015)

Measurement Unit: 10,000RMB

污水处理 Wastewater Treatment	污泥处置 Sludge Disposal	再生水利用 Wastewater Recycled and Reused	园林绿化 Landscaping	市容环境卫生 Environmental Sanitation	垃圾处理 Domestic Garbage Treatment	其他 Other	本年新增固定资产 Newly Added Fixed Assets of This Year	城市名称 Name of Cities
3785039	**188623**	**1340923**	**15946541**	**3980393**	**1569834**	**6206783**	**102570410**	**全　国**
138960	**41547**	**1015118**	**996539**	**669182**	**161681**	**792661**	**3275026**	**北　京**
49725	**9684**	**9404**	**259163**	**14869**	**1813**	**268214**	**2199016**	**天　津**
44581		**2850**	**302232**	**104103**	**12071**	**174019**	**2848573**	**河　北**
3900		2800	77499	40418	9100	28187	1304236	石家庄
9500			794			312	17343	晋　州
			2208	694			18382	新　乐
750			4411	701		59151	15097	唐　山
			4550				4550	遵　化
			5000	10			25661	迁　安
			16126	2150			146396	秦皇岛
3580			6500	5500		77000	143466	邯　郸
1777			900	30			64428	武　安
527		50	8315				41119	邢　台
				120		430	15766	南　宫
			1816				20240	沙　河
			15996	589	589	258	123692	保　定
7114			142				192106	涿　州
			8358				16068	安　国
			4985				28514	高碑店
860			13915	200			77474	张家口
4000			4954	724	322	322	30404	承　德
			18885	40529		2139	72482	沧　州
			950				12003	泊　头
			4800	402	85		68446	任　丘
			53040	6600			136890	黄　骅
			3240	64		403	32394	河　间
			11945	2668			66502	廊　坊
			4700				9625	霸　州
			6241	1766	1766		22268	三　河
6113				313	209	194	45278	衡　水
6460			1659	315		5623	33488	冀　州
			11000	310			21992	深　州
			2835				9112	辛　集
			6468				33151	定　州
195218		**407**	**143721**	**45731**	**20620**	**17000**	**2109369**	**山　西**
143100							917600	太　原
			673	991			13673	古　交
7000							27000	大　同
13200			11100	5308			110983	阳　泉

4-1-3 续表 1

计量单位：万元

城市名称 Name of Cities	本年完成投资 Completed Investment of This Year	供水 Water Supply	燃气 Gas Supply	集中供热 Central Heating	轨道交通 Urban Rail Trainsit System	道路桥梁 Road and Bridge	排水 Sewerage
长　治	280957	13857	897	47563		200406	4700
潞　城	6153	600	93	1900		1650	1380
晋　城	173006					151732	
高　平	17330		1000	8500		1100	
朔　州	109581	2890	12702	46690		27059	16980
晋　中	258746	727	13300	10000		148987	
介　休	3327		821	1546		960	
运　城	18191					12125	
永　济	21827		1000	5000		7010	
河　津	10270	551	2000			4646	1907
忻　州	34902	550	260	5669		18107	5817
原　平	17020	640		7826		1841	3248
侯　马	30653		3500	14961		5548	3871
霍　州	29901	637	3044	6756		13903	5088
吕　梁	101829	27780	3500	14311		44071	7352
孝　义	95563	1463	16923	11340		34500	9381
汾　阳	39547	36	3100	17000		2098	14023
内蒙古	**4989745**	**311513**	**204297**	**554270**		**2063927**	**378320**
呼和浩特	1440823	113466	71120	59825		702486	140611
包　头	1199404	61000	8520	96100		512664	83831
乌　海	264885	59510	653	13056		107916	14343
赤　峰	444045	4000	3878	128012		227947	49755
通　辽	222903	5425	68261	26811		57758	8896
霍林郭勒	24165	1423	5787	2860		4610	5249
鄂尔多斯	97683	684	1186	1350		36869	361
呼伦贝尔	312752	16770	6050	37209		132596	25080
满洲里	69648	1000	498	10866		30705	7620
牙克石	155870	6100	12800	39500		33270	4200
扎兰屯	61257	9934	6500	6500		24623	3800
额尔古纳	9871			930		5764	2000
根　河	20273	2005		6709		8524	735
巴彦淖尔	171175	17770	1794	30782		15695	18168
乌兰察布	160277	4270	1000	28441		60269	3800
丰　镇	70198	623	15000	10000		23954	7871
乌兰浩特	99844	4000		28296		14458	
阿尔山	51413	480		1800		10633	
二连浩特	15400	300		1308		7278	
锡林浩特	97859	2753	1250	23915		45908	2000
辽　宁	**3148514**	**180863**	**93507**	**474938**	**809092**	**1216988**	**84271**
沈　阳	1402088	3800	540	203490	457192	580661	27245
新　民	26182			3500		15667	4000
大　连	796583	122835	786	74600	351900	226206	4038
瓦房店	17825	1000	738	8707		4612	1192

continued 1

Measurement Unit: 10,000RMB

污水处理 Wastewater Treatment	污泥处置 Sludge Disposal	再生水利用 Wastewater Recycled and Reused	园林绿化 Landscaping	市容环境卫生 Environmental Sanitation	垃圾处理 Domestic Garbage Treatment	其他 Other	本年新增固定资产 Newly Added Fixed Assets of This Year	城市名称 Name of Cities
2800			13534				174156	长　治
1380			530				3995	潞　城
			4274			17000	173006	晋　城
			6730					高　平
16980			660	2600	2600		54087	朔　州
			76978	8754			258746	晋　中
							7912	介　休
			6066				6066	运　城
			357	8460	8460			永　济
		407	908	258				河　津
			4109	390	390			忻　州
320			3465					原　平
2700			2773					侯　马
4538			473					霍　州
			1815	3000	3000			吕　梁
3200			9156	12800	3000			孝　义
			120	3170	3170			汾　阳
129787	**6342**	**24203**	**1248593**	**174420**	**10551**	**54405**		**内蒙古**
56979			333115	20200				呼和浩特
7100	700		289859	94430	4300	53000		包　头
6160			63512	5883	959	12		乌　海
23033		22653	29967	486				赤　峰
			42999	12753				通　辽
			4236					霍林郭勒
			56766	467	100			鄂尔多斯
18420	5642		94397	650				呼伦贝尔
5800			17947	1012	1012			满洲里
			60000					牙克石
3800			9400	500				扎兰屯
1700			437	740				额尔古纳
735			2300					根　河
			61126	25840				巴彦淖尔
		1550	57716	3398	1180	1383		乌兰察布
6060			9740	3000	3000	10		丰　镇
			53090					乌兰浩特
			38500					阿尔山
			6246	268				二连浩特
			17240	4793				锡林浩特
28203	**80**		**171034**	**69955**	**26175**	**47866**		**辽　宁**
2272			45613	38189	18669	45358		沈　阳
			3015					新　民
3352			11748	1962		2508		大　连
1192			1516	60				瓦房店

4-1-3 续表 2

计量单位：万元

城市名称 Name of Cities	本年完成投资 Completed Investment of This Year	供水 Water Supply	燃气 Gas Supply	集中供热 Central Heating	轨道交通 Urban Rail Trainsit System	道路桥梁 Road and Bridge	排水 Sewerage
普兰店	7710	1840	560	3000		1230	100
庄河	25945	2860	1130	3125		8470	1455
鞍山	184871	11202	13900	22406		93753	3000
海城	21653	50	3613	8835		8527	315
抚顺	51543	1450	2289	16427		26875	2439
本溪	24834		7821	5315		9099	1317
丹东	46043	1854	5697	26900		5220	92
东港	15360	482	676	1500		4861	4544
凤城	5968	2000		38		909	258
锦州	82811	4337	7280	9981		41686	6605
凌海	3453		118	1500		525	182
北镇	7745					3670	
营口	4795					2600	
盖州	13518	102		670		7054	3727
大石桥	11670	571		8500		1119	
阜新	32890	1756	4700	6500		10664	620
辽阳	63143	9708	2505	4666		22289	4673
灯塔	5650	54	340			319	2133
盘锦	15137	461	2347	6310		3505	623
铁岭	60949	2020	32198	20869		1540	366
调兵山	12668	13	2427	492		4435	2298
开原	30796	28	2524	3700		22152	785
朝阳	87689	490		2300		84411	
北票	10008		158	7730		554	692
凌源	10169		400	8600		925	244
葫芦岛	41135	11828	610	9700		10387	5060
兴城	27683	122	150	5577		13063	6268
吉林	**2377965**	**339170**	**71552**	**158395**	**722844**	**588301**	**197636**
长春	1547649	219417	30646	63818	722844	226107	98655
榆树	15603	1491	1408	2958		4898	524
德惠	7593		120			3373	2300
吉林	208672	37931	1395	29422		113013	13095
蛟河	10901	120		2700		3503	4301
桦甸	13500	4700	800	8000			
舒兰	1435	463				972	
磐石	5950		540			1549	
四平	20096		1893			10774	7429
双辽	10000					10000	
辽源	36760	8304		2600		12510	
通化	50905	21660	6181			14627	7760
集安	1519					1098	
白山	45481	7010	15800	2000		14008	15
临江	3985	1940				1560	140
松原	39274	435	3023	3800		14964	17052

continued 2

Measurement Unit: 10,000RMB

污水处理 Wastewater Treatment	污泥处置 Sludge Disposal	再生水利用 Wastewater Recycled and Reused	园林绿化 Landscaping	市容环境卫生 Environmental Sanitation	垃圾处理 Domestic Garbage Treatment	其他 Other	本年新增固定资产 Newly Added Fixed Assets of This Year	城市名称 Name of Cities
			980					普兰店
	80		8303	602				庄河
			40610					鞍山
			313					海城
1789			2063					抚顺
			617	665				本溪
			6050	230				丹东
			3282	15				东港
			2180	583				凤城
3325			5822	7100	7000			锦州
			924	204				凌海
			3735	340				北镇
				2195				营口
350			356	1609				盖州
			1366	114				大石桥
			7350	1300				阜新
2414			8980	10322				辽阳
2000			2400	404				灯塔
			1891					盘锦
			1188	2768				铁岭
1711			2575	428	415			调兵山
			1607					开原
				488	91			朝阳
			850	24				北票
								凌源
3998			3350	200				葫芦岛
5800			2350	153				兴城
170617			**257406**	**24961**	**1229**	**17700**		**吉林**
92383			186162					长春
			4324					榆树
			1800					德惠
13095			5030	8786				吉林
150			227	50				蛟河
								桦甸
								舒兰
			3861					磐石
7429								四平
								双辽
			1710	1536		10100		辽源
7760			677					通化
				421				集安
15			314	234		6100		白山
				345				临江
10452								松原

4-1-3 续表 3

计量单位：万元

城市名称 Name of Cities	本年完成投资 Completed Investment of This Year	供水 Water Supply	燃气 Gas Supply	集中供热 Central Heating	轨道交通 Urban Rail Trainsit System	道路桥梁 Road and Bridge	排水 Sewerage
扶余	8598					8598	
白城	50853	8297	3600	2400		18663	13768
洮南	31812	468		4318		6893	9115
大安	9481		144	4424		3698	315
延吉	21500	2000	2500	4000		8000	
图们	4838						4838
敦化	86160	9935				47160	14790
珲春	26618	2143	3014	4841		4020	
龙井	9064	243	440	926		2445	600
和龙	12292	3553				8266	
公主岭	20328		48			10752	2939
梅河口	77098	9060		22188		36850	
黑龙江	**1790461**	**77272**	**67883**	**523843**	**164804**	**596479**	**132143**
哈尔滨	831079		22174	182027	164804	356337	620
双城	41590		12	14980			17598
尚志	35058	2915	2040	22400		4740	1483
五常	9494	2570		3000		2209	1200
齐齐哈尔	66008	3246	1721	16142		38117	3541
讷河	9640	1249	500	1900		1715	2620
鸡西	93444	21289	946	14320		12575	26497
虎林	16494	585	7700	6950			1259
密山	7628	663	1240	1680		2184	340
鹤岗	32794	569	2150	16974		8465	51
双鸭山	80470	11751		16551		36048	15194
大庆	67926	6178	5253	42710		2596	5239
伊春	42547	6707		13488		8932	12348
铁力	3126	450	200	1053		1198	155
佳木斯	53396	988	4000	14000		15727	4521
同江	26553	540	910	9600		6220	829
富锦	41097	764	3100	21551		8500	1380
七台河	45625	10000	921	8302		1530	2688
牡丹江	74510		4666	10153		54291	5400
绥芬河	13228			8683		2421	
海林	14564	1157	500	5000		1500	4977
宁安	19470	265		12920		5000	
穆棱	12915	60		12003		114	
黑河	9588	1100	50	4750		960	1000
北安	23513	2326		1952		13817	1910
五大连池	3909			500			2735
绥化	65662	1250	4800	41404		2048	10610
安达	10196		3000			627	6449
肇东	19724	324	2000	3850		6140	760
海伦	19213	326		15000		2468	739

continued 3

Measurement Unit: 10,000RMB

			园林绿化 Landscaping	市容环境卫生 Environmental Sanitation		其他 Other	本年新增固定资产 Newly Added Fixed Assets of This Year	城市名称 Name of Cities
污水处理 Wastewater Treatment	污泥处置 Sludge Disposal	再生水利用 Wastewater Recycled and Reused			垃圾处理 Domestic Garbage Treatment			
								扶　余
13768			2062	563	463	1500		白　城
7374			11000	18				洮　南
			900					大　安
				5000				延　吉
2801								图　们
14790			8000	6275				敦　化
			12600					珲　春
600			4410					龙　井
			406	67				和　龙
			5823	766	766			公主岭
			8100	900				梅河口
102515	**99**	**7239**	**58141**	**120896**	**76212**	**49000**		**黑龙江**
			24370	31747	21632	49000		哈尔滨
17598				9000	9000			双　城
980			666	814	60			尚　志
			515					五　常
3446				3241	2140			齐齐哈尔
600			556	1100	850			讷　河
26497				17817	17817			鸡　西
1259								虎　林
			364	1157	940			密　山
51			2416	2169	2169			鹤　岗
13194		2000	926					双鸭山
		5239	5250	700	700			大　庆
6667				1072	200			伊　春
				70				铁　力
			2780	11380	11380			佳木斯
			8454					同　江
			850	4952	4952			富　锦
2589	99		684	21500				七台河
5400								牡丹江
			1644	480	455			绥芬河
4977			500	930				海　林
			1000	285				宁　安
			388	350				穆　棱
1000			1200	528				黑　河
			2148	1360	505			北　安
2735				674	232			五大连池
10400			1210	4340	2500			绥　化
5122			120					安　达
			2100	4550				肇　东
				680	680			海　伦

4-1-3 续表 4

计量单位：万元

城市名称 Name of Cities	本年完成投资 Completed Investment of This Year	供水 Water Supply	燃气 Gas Supply	集中供热 Central Heating	轨道交通 Urban Rail Trainsit System	道路桥梁 Road and Bridge	排水 Sewerage
上　海	**6583404**	**455936**	**144078**		**2959246**	**1731030**	**84236**
江　苏	**14853651**	**424910**	**246037**	**350**	**4120230**	**5978148**	**1233404**
南　京	4326437	19755	22935		2146415	1226720	223672
无　锡	546864	24000	3829		355885	105783	4722
江　阴	158343	25600	28500			46123	12400
宜　兴	32268	5000	61			2000	15493
徐　州	134988	14359	2700		24	33300	13002
新　沂	50371	1600				25520	1760
邳　州	31951	1220				5798	480
常　州	948987	23451	57823		433155	307068	38525
溧　阳	50172	9930	4000			27771	1243
苏　州	2103290	25955	8697		1113132	894452	26709
常　熟	134149	7788	13114			57533	16994
张家港	68424	3161	19500			19833	2900
昆　山	61653	456	13514			21939	25107
太　仓	18219	118	2068			6864	
南　通	1974118	98626	15781	350	1619	1193647	355051
启　东	133079	7075	394			100000	5550
如　皋	84260	3021				55257	5660
海　门	41369	3400	565			4491	12228
连云港	216091	17505	4660			112403	7713
淮　安	152563		3500		70000	36800	1192
盐　城	511743	56380	2940			326752	24500
东　台	29191	2605	1370			9937	6171
扬　州	692527	3906	14910			259393	255905
仪　征	12097	3000	1458			1788	680
高　邮	16511		1480			3225	4530
镇　江	1512753	26496	7268			677344	110133
丹　阳	34115	6014	974			17916	6211
扬　中	64919	6163	1982			33470	6600
句　容	39550	150	320			14358	
泰　州	370783	11338	5393			253118	24497
兴　化	48174	367	2000			26631	5846
靖　江	19789	700	778			13559	1800
泰　兴	38381	271	169			13329	16130
宿　迁	195522	15500	3354			44026	
浙　江	**9376203**	**331623**	**184223**	**2115**	**2510178**	**4677155**	**653121**
杭　州	3029584	36297	53457		1239026	1413108	44975
建　德	19678	8000	1179			3150	2100
临　安	87175	2260	755			28699	33188
宁　波	1955963	2850	33371		1016770	811050	12499
余　姚	140323	12523	2242			48115	56587
慈　溪	127552	1400	622			82749	2536

continued 4

Measurement Unit: 10,000RMB

污水处理 Wastewater Treatment	污泥处置 Sludge Disposal	再生水利用 Wastewater Recycled and Reused	园林绿化 Landscaping	市容环境卫生 Environmental Sanitation	垃圾处理 Domestic Garbage Treatment	其他 Other	本年新增固定资产 Newly Added Fixed Assets of This Year	城市名称 Name of Cities
25974	**9463**		**574111**	**285577**	**280802**	**349190**		**上海**
447964	**47176**	**22770**	**2219972**	**506206**	**227094**	**124394**		**江苏**
154323	27314	7956	508144	178796	169028			南京
2466		174	45435	7210	7210			无锡
			45600	120				江阴
4100			6860	2854				宜兴
6410			66303	5300				徐州
			19491			2000		新沂
			24453					邳州
33342		4667	43900	45065	1411			常州
100			6695	533				溧阳
14959			33152	1193				苏州
8620		13	20511	17081		1128		常熟
			22700	330				张家港
25107			637					昆山
			9069	100				太仓
27615	9862	9860	295859	11835	3945	1350		南通
			19960	100				启东
			19940	382				如皋
7600			20540	145				海门
7513			67620	390		5800		连云港
		100	40511	560				淮安
20400			99021	2150				盐城
5371			8924	184				东台
16000			102612	20189	18918	35612		扬州
300			4988	183				仪征
150			7060	216				高邮
74880	10000		443389	172055		76068		镇江
6211			3000					丹阳
6000			12600	3050		1054		扬中
				24722	24105			句容
11697			74885	1552				泰州
			11089	2241				兴化
1800			875	2077	2077			靖江
13000			7956	526				泰兴
			126193	5067	400	1382		宿迁
398782	**17009**	**3722**	**728576**	**210375**	**46079**	**78837**		**浙江**
22562			147927	89802		4992		杭州
1100			5203	46				建德
29938			13133	422		8718		临安
11872			61177	16526	16502	1720		宁波
39287			4746	660		15450		余姚
			10045	30200				慈溪

4-1-3 续表 5

计量单位：万元

城市名称 Name of Cities	本年完成投资 Completed Investment of This Year	供水 Water Supply	燃气 Gas Supply	集中供热 Central Heating	轨道交通 Urban Rail Trainsit System	道路桥梁 Road and Bridge	排水 Sewerage
奉化	51897	7434	3015			27112	11736
温州	1213586	21342	16373	2000	254382	675205	102894
瑞安	31415	8333	594			11377	1512
乐清	81055	2313	1013			19900	40378
嘉兴	193582	7280	12278			128243	14419
海宁	82820	1095	412			39009	2740
平湖	20530					18197	483
桐乡	29866	800	1283			15769	6973
湖州	111890	68765	100			31411	1500
绍兴	683541	59198	26393			314750	186319
诸暨	51739	23170	4000			783	7443
嵊州	26179	1720		115		18494	2421
金华	266797	1534	4664			211925	4913
兰溪	110422	12000	593			93899	
义乌	255881	13490	6717			190202	4675
东阳	43365	235	925			27795	12127
永康	34192	2436	938			13200	9450
衢州	72632	1200	2000			57074	590
江山	12408	8043	935			380	3050
舟山	189330	11446	3207			116760	29369
台州	173944	11629	3414			92821	25084
温岭	64365		650			38007	9239
临海	35226	1520	168			11225	9306
丽水	152011	2271	1713			118284	11508
龙泉	27255	1039	1212			18462	3107
安徽	**6324122**	**173678**	**158247**	**55164**	**582264**	**3340719**	**466515**
合肥	1749639	43023	24396	24027	582264	612277	124455
巢湖	227050	15600	15800			118250	29200
芜湖	380797	4219	11878			244359	19380
蚌埠	356451	6636	29276			240604	2396
淮南	320948	5120	12721	55		227765	34662
马鞍山	355527	16037	2209			231879	89045
淮北	287922	10020	3100			132740	16400
铜陵	170548	16500	5458			49905	33550
安庆	243741	6147				237594	
桐城	29321	855	2000			7106	589
黄山	95575	735	4545			69275	4990
滁州	250140	4005	4288	26300		129798	13336
天长	142000	6500	12000			60000	34200
明光	183148	6989	3660			132895	8416
阜阳	456746	10947	8200	3282		315000	11547
界首	39140	360	1890			23910	1250
宿州	333083	2734	453	1300		229927	9948
六安	103186	4855	1799			54209	11865

continued 5

Measurement Unit: 10,000RMB

污水处理 Wastewater Treatment	污泥处置 Sludge Disposal	再生水利用 Wastewater Recycled and Reused	园林绿化 Landscaping	市容环境卫生 Environmental Sanitation	垃圾处理 Domestic Garbage Treatment	其他 Other	本年新增固定资产 Newly Added Fixed Assets of This Year	城市名称 Name of Cities
11501			2056	544				奉　化
32685	4018	2400	126408	14982	13600			温　州
			7594	811		1194		瑞　安
			10555	6896				乐　清
7735			10644	14912	7502	5806		嘉　兴
1000			39254	300		10		海　宁
		483	1850					平　湖
6973			4241			800		桐　乡
1500			6044	4070				湖　州
182704	2523		78511	1989	1462	16381		绍　兴
5185			15191	1152				诸　暨
308			540	1874	1690	1015		嵊　州
2050			38565	4322		874		金　华
			3885	45				兰　溪
		330	39662	1135				义　乌
6127			1664	389		230		东　阳
			6006	2162				永　康
			6975	1434	700	3359		衢　州
1750	800							江　山
15223	9668	509	7039	3526	2773	17983		舟　山
18046			39120	1876	250			台　州
			7531	8938	1340			温　岭
100			12375	632				临　海
550			17975	260	260			丽　水
586			2660	470		305		龙　泉
148069	**1522**	**4680**	**1329214**	**165838**	**87915**	**52483**		**安　徽**
91966			304488	34709	23593			合　肥
			27700	20500				巢　湖
			53953	7008	7008	40000		芜　湖
			77539					蚌　埠
4192			33845	6780	4630			淮　南
2111			9376	6181	2864	800		马鞍山
16400			119110	3752	240	2800		淮　北
			61731	1640		1764		铜　陵
								安　庆
			1259	17512				桐　城
4990			12605	3425	3240			黄　山
90			63633	8780	7000			滁　州
			25000	4300				天　长
			31013	175				明　光
10025	1522		100000	7673	7653	97		阜　阳
1250			10536	1194	551			界　首
268		4680	86978	1743				宿　州
9338			23170	7288				六　安

4-1-3 续表 6

计量单位：万元

城市名称 Name of Cities	本年完成投资 Completed Investment of This Year	供水 Water Supply	燃气 Gas Supply	集中供热 Central Heating	轨道交通 Urban Rail Trainsit System	道路桥梁 Road and Bridge	排水 Sewerage
亳　州	91642	4011	1834			22417	400
池　州	60064	2000	6088	200		22577	14603
宣　城	423760	6100	4392			160417	6283
宁　国	23694	285	2260			17815	
福　建	**6485406**	**435599**	**101746**		**984429**	**3524341**	**302962**
福　州	1530052	196217	6483		310220	724232	46173
福　清	108504	2000	1189			74790	28025
长　乐	10421		860			8899	
厦　门	1624310	143247	19930		674209	484130	67763
莆　田	752490					717581	30000
三　明	78008	16252	1850			37350	4834
永　安	48470	3283	2210			22871	8918
泉　州	438734	16970	43725			290794	11302
石　狮	13025		325			10900	1800
晋　江	91466	5680	1897			41938	20335
南　安	25045					20780	1200
漳　州	348980	5149	2085			258899	58077
龙　海	702694	1795	12035			310545	3034
南　平	206400	38034	2940			155705	500
邵　武	6881		1050			3459	
武夷山	24875	200	1020			17655	1900
建　瓯	143385	1131				86002	
龙　岩	223094	887	4147			181265	5150
漳　平	17591	2000				4319	4016
宁　德	32254	1442				28812	
福　安	51671	1312				37377	9493
福　鼎	7056					6038	442
江　西	**4874121**	**104708**	**39997**		**491755**	**3219824**	**191042**
南　昌	2150147	29621			491755	1354935	12490
景德镇	46006	4453				20356	20497
乐　平	4621					2931	1200
萍　乡	156905	764	2500			115661	
九　江	411469	17900	4294			311253	38300
瑞　昌	19671	710	1400			9164	4154
共青城	23300	300	100			21400	500
新　余	78942	1566	1381			51558	9787
鹰　潭	14760		1214			4280	7095
贵　溪	4081	500	385			854	1800
赣　州	346245	3446	13917			202837	12283
瑞　金	98320	1100	820			86000	2000
吉　安	201240	3870	1741			94922	8504
井冈山	4076	206				1310	
宜　春	491098	1000	2832			422799	30849

continued 6

Measurement Unit: 10,000RMB

污水处理 Wastewater Treatment	污泥处置 Sludge Disposal	再生水利用 Wastewater Recycled and Reused	园林绿化 Landscaping	市容环境卫生 Environmental Sanitation	垃圾处理 Domestic Garbage Treatment	其他 Other	本年新增固定资产 Newly Added Fixed Assets of This Year	城市名称 Name of Cities
			33206	29774	28388			亳州
2056			4374	3200	2700	7022		池州
5383			246483	85				宣城
			3215	119	48			宁国
185884	**646**		**511158**	**89560**	**34524**	**535611**		**福建**
34673			171403	11198	7698	64126		福州
27000			2500					福清
			662					长乐
44794	646		93592	57005	25520	84434		厦门
				4909				莆田
4034			17039	683	500			三明
			11188					永安
375			74520	1423				泉州
								石狮
9000			5254	10524		5838		晋江
			1140	275		1650		南安
51565			23468	642		660		漳州
			27773			347512		龙海
			8256	845		120		南平
			950	42		1380		邵武
1900			3100	1000	800			武夷山
			25880	650		29722		建瓯
5050			31400	245				龙岩
			7250	6	6			漳平
			2000					宁德
7493			3283	37		169		福安
			500	76				福鼎
93690	**1475**		**490477**	**100327**	**18100**	**235991**		**江西**
			202490	51803		7053		南昌
7840				700	700			景德镇
						490		乐平
			9380			28600		萍乡
33550			30988	6284	3850	2450		九江
			3765	478				瑞昌
500			1000					共青城
472	1355		3950	700	700	10000		新余
5000			2000			171		鹰潭
			530	12				贵溪
3888			26307	11896		75559		赣州
2000			8000	400	400			瑞金
7630	120		24628	15284		52291		吉安
			2560					井冈山
30779			33318			300		宜春

4-1-3 续表 7

计量单位：万元

城市名称 Name of Cities	本年完成投资 Completed Investment of This Year	供水 Water Supply	燃气 Gas Supply	集中供热 Central Heating	轨道交通 Urban Rail Trainsit System	道路桥梁 Road and Bridge	排水 Sewerage
丰　城	17332	578	900			10863	2857
樟　树	64376	150	200			63161	676
高　安	53182	5045				39658	666
抚　州	568613	18800	2256			346266	29460
上　饶	101158	5699	6057			57750	7669
德　兴	18579	9000				1866	255
山　东	**8610951**	**290861**	**245872**	**929793**	**1194009**	**3093927**	**692349**
济　南	1576915	55561	66380	292585	80370	674114	308051
章　丘	139883	1500	1732	2766		14500	2879
青　岛	1601970	40070	21241	37236	1113639	221013	43181
胶　州	75426	1250	1100	9500		20365	7500
即　墨	113218	8005	8191	14896		31116	20138
平　度	41810	2400	3636	3643		9986	1999
莱　西	37919	760	2407	4100		17659	1622
淄　博	272542	5169	15604	35711		75464	6671
枣　庄	164522	3631	2671	12349		59486	3130
滕　州	74490	3580	8600	3700		22538	2423
东　营	234383	14700	1200	1510		94997	29200
烟　台	937551	1670	900	4190		708960	20286
龙　口	19203	90	2479	500		9764	221
莱　阳	30705	2990		8200		9410	4180
莱　州	9410			3500		4510	
蓬　莱	28398	268	1240	4200		7288	1207
招　远	17971	755	1820	160		2134	137
栖　霞	11413	1139	3848	1970		3134	517
海　阳	21814	1500	2980	10030		2741	718
潍　坊	190951	675	870	182		61801	1420
青　州	89319	6003	1480	1757		37971	3660
诸　城	26972	4326	1370	700		4118	6090
寿　光	88667	900	1200	2100		15692	11919
安　丘	46867	9316	982	12950		8986	360
高　密	22149	3550	1600	1964		2545	3525
昌　邑	33424	620	500	11000		17082	1787
济　宁	91704	1770	12114	10686		37165	5242
曲　阜	53595	500				1000	4000
邹　城	29648	1026	2738	10700		8196	2823
泰　安	392851	26215	19736	134019		90172	17739
新　泰	90485		3000	9560		53545	760
肥　城	33807	1583	800	22520		1964	1827
威　海	371570	21250	8117	86332		110912	34282
荣　成	113131	2320	4800	13320		71680	7400
乳　山	57313	1510	1262	21642		14384	5635
日　照	343675	14252	12600	8600		96087	7790
莱　芜	113813	9617	2920	9940		49308	4169

continued 7

Measurement Unit: 10,000RMB

污水处理 Wastewater Treatment	污泥处置 Sludge Disposal	再生水利用 Wastewater Recycled and Reused	园林绿化 Landscaping	市容环境卫生 Environmental Sanitation	垃圾处理 Domestic Garbage Treatment	其他 Other	本年新增固定资产 Newly Added Fixed Assets of This Year	城市名称 Name of Cities
			1897	237				丰城
576			189					樟树
			1736			6077		高安
1200			106381	12450	12450	53000		抚州
			23900	83				上饶
255			7458					德兴
170653	**9044**	**3668**	**1293530**	**320802**	**153209**	**549808**		**山东**
18632	951		64560	13354		21940		济南
			106000	1025		9481		章丘
3411		218	87316	12582	553	25692		青岛
			33000	2711				胶州
9500	553		18986	11886	11200			即墨
400			19400	746				平度
			9651	1285		435		莱西
1000	800		66217	17296		50410		淄博
			42538	30029	26600	10688		枣庄
			26766	883		6000		滕州
20000			33387	6050	5300	53339		东营
8650			41508	1050	1050	158987		烟台
			3470	1623	1360	1056		龙口
2260			4700	930		295		莱阳
			1400					莱州
657			3791	10404	10145			蓬莱
			1140	11825				招远
			556	249	249			栖霞
			2600	1245				海阳
			92682	32360	29200	961		潍坊
		1000	16018	15630		6800		青州
	4840		8868	1500	1500			诸城
5800			34190	2666		20000		寿光
			14036	237				安丘
			225	240	240	8500		高密
			2435					昌邑
			16380	5447	2340	2900		济宁
			13000	3095		32000		曲阜
			2935	1230				邹城
2000			63715	20629	1692	20626		泰安
			19990	2610	2603	1020		新泰
1552			4005	1108				肥城
15547		2450	66742	10361	5512	33574		威海
2000			13021	590				荣成
5316			11625	1055		200		乳山
7790			76717	49531	21842	78098		日照
			37559			300		莱芜

4-1-3 续表 8

计量单位：万元

城市名称 Name of Cities	本年完成投资 Completed Investment of This Year	供水 Water Supply	燃气 Gas Supply	集中供热 Central Heating	轨道交通 Urban Rail Trainsit System	道路桥梁 Road and Bridge	排水 Sewerage
临　沂	402198	23002	5421	48250		250736	26474
德　州	123115	3000	2700	5100		22119	23558
乐　陵	11022	10	12	3500		2900	2600
禹　城	4304	234		3125		120	
聊　城	181771	4364	8021	24270		80136	19105
临　清	37340	4580	5600	1160		11150	9000
滨　州	140571	4940	440	12270		33529	34424
菏　泽	111146	260	1560	23400		21450	2700
河　南	**4606411**	**150949**	**129078**	**284885**	**958167**	**2096765**	**244412**
郑　州	2993453	52581	29440	65500	958167	1449865	57375
巩　义	9881	116	1111	116		6570	
荥　阳	17932	580	1240	3745		9676	1558
新　密	26448		2000	3200		19465	
新　郑	44610	4700	466			4514	
登　封	21367	734	857	6129		1077	
开　封	176828	1380	9683	30000		103154	32240
洛　阳	31906	1098		7289		14513	2491
偃　师	6728	109	45	2325		3610	
平顶山	55249	2336		7600		37565	1848
舞　钢	3737	45	460			684	1659
汝　州	80761	2159	351			31891	15750
安　阳	80603	300	15168	20064		28470	8184
林　州	13101	588	120	1579		3386	36
鹤　壁	54691	1078	804	31485		12963	1194
新　乡	30423	144	2199	5329		7401	
卫　辉	1400					1400	
辉　县	7325	600	2895	720		2600	75
焦　作	95310	1414	2899	75426			13013
沁　阳	11790	850	1500			9260	180
孟　州	2613	15	588			300	350
濮　阳	77708	16400	1600			32600	19000
许　昌	42750	2580	9332			20108	4280
禹　州	4842	450	70	60		3672	264
长　葛	28452	14319				1129	8379
漯　河	16599					15999	600
三门峡	10583	289	880	1380		5927	819
义　马	3788					1968	
灵　宝	12820	110	8000			1280	
南　阳	189282	3302	2475	2300		98315	25492
邓　州	95753	711	5687			64094	13087
商　丘	54230		7900	3700		23530	
永　城	41444	6800	4000	4000		7748	7849
信　阳	22411	550	5118			10525	1520

continued 8

Measurement Unit: 10,000RMB

污水处理 Wastewater Treatment	污泥处置 Sludge Disposal	再生水利用 Wastewater Recycled and Reused	园林绿化 Landscaping	市容环境卫生 Environmental Sanitation	垃圾处理 Domestic Garbage Treatment	其他 Other	本年新增固定资产 Newly Added Fixed Assets of This Year	城市名称 Name of Cities
16455			40474	7841	983			临　沂
21148			34500	28538	26000	3600		德　州
	1900		1000	1000				乐　陵
			825					禹　城
9241			41023	1946	140	2906		聊　城
6500			5400	450				临　清
12794			52103	2865				滨　州
			57076	4700	4700			菏　泽
135990	**1200**	**9724**	**654183**	**61069**	**3030**	**26903**		**河　南**
52250		5125	347426	33099				郑　州
			1968					巩　义
				1133				荥　阳
			1067	716				新　密
			34930					新　郑
			12570					登　封
32240				371	200			开　封
			6515					洛　阳
			349	290				偃　师
1848			5500	400				平顶山
30			889					舞　钢
9050			29716	894				汝　州
4600			7600	817				安　阳
36			7127	265				林　州
100			6917	250				鹤　壁
			15350					新　乡
								卫　辉
			435					辉　县
13013			1347	1211				焦　作
								沁　阳
			1360					孟　州
15000			8108					濮　阳
	1200		6274	176				许　昌
14			279	47				禹　州
			4505			120		长　葛
								漯　河
			998	290				三门峡
			1200	620				义　马
			3430					灵　宝
2775			16224	14391	2800	26783		南　阳
			10304	1870	30			邓　州
			19100					商　丘
		4599	10497	550				永　城
1000			3573	1125				信　阳

4-1-3 续表 9

计量单位：万元

城市名称 Name of Cities	本年完成投资 Completed Investment of This Year	供水 Water Supply	燃气 Gas Supply	集中供热 Central Heating	轨道交通 Urban Rail Trainsit System	道路桥梁 Road and Bridge	排水 Sewerage
周　口	87417	21693				43849	8597
项　城	39054	330	690				34
驻马店	71477	5908	5000	2028		12774	9634
济　源	41645	6680	6500	10910		4883	8904
湖　北	**10827794**	**328605**	**109387**		**3112908**	**5251137**	**511357**
武　汉	8861396	242003			3112908	4019058	354530
黄　石	131459	3066	1933			68874	37568
大　冶	43363		2028			15004	500
十　堰	80664	981	6063			48258	12378
丹江口	3892	2120				1772	
宜　昌	563385	3567	6830			469487	12918
宜　都	18282	1950	3000			5151	276
当　阳	22701	2101	2788			5059	5853
枝　江	44040	3053	3087			29600	8300
襄　阳	99553	4029	20575			69786	5163
老河口	35370	2980	5710			15900	6260
枣　阳	48047	187	1302			38888	2337
宜　城	2064					964	1100
鄂　州	122430	5000	3200			94539	6050
荆　门	81944	550	2100			54380	
钟　祥	27362					20973	
孝　感	10200	1000				2700	3800
应　城	4624	1061				3563	
安　陆	1088					1088	
汉　川	917					270	
荆　州	42537	3980	4699			13258	1901
石　首	25646	750	947			11600	1060
洪　湖	10956					5870	4030
松　滋	15569	4558	2027			959	4900
黄　冈	52393	700	4550			28600	17843
麻　城	71600	7200	4800			21600	
武　穴	40550					22850	200
咸　宁	44930	20000	1724			16566	6400
赤　壁	30926	1800	1951			16330	3000
随　州	4656					594	846
广　水	14014	1000	2850			6316	848
恩　施	38220	6357	5800			16788	7866
利　川	50028	300	5900			42545	607
仙　桃	115000	8000	12000			45000	
潜　江	34660					16660	
天　门	33328	312	3523			20287	4823

continued 9

Measurement Unit: 10,000RMB

污水处理 Wastewater Treatment	污泥处置 Sludge Disposal	再生水利用 Wastewater Recycled and Reused	园林绿化 Landscaping	市容环境卫生 Environmental Sanitation	垃圾处理 Domestic Garbage Treatment	其他 Other	本年新增固定资产 Newly Added Fixed Assets of This Year	城市名称 Name of Cities
			11204	2074				周口
34			38000					项城
			36133					驻马店
4000			3288	480				济源
262993	**500**		**631924**	**116729**	**12510**	**765747**		**湖北**
190224			350449	69460		712988		武汉
16406			12791	5087		2140		黄石
			25396	435	200			大冶
6000	500		6304	6432	4800	248		十堰
								丹江口
12000			44706	7123	3760	18754		宜昌
			3952	2003		1950		宜都
5824			5800	1100				当阳
8300								枝江
454								襄阳
			3870	650				老河口
2337			4617	716				枣阳
								宜城
			9491	4150				鄂州
			18153	741		6020		荆门
			6389					钟祥
3800			2700					孝感
								应城
								安陆
						647		汉川
			17109	1590				荆州
			11000	289				石首
			1056					洪湖
			3000	125				松滋
			700					黄冈
			36000	2000				麻城
			10000	7500				武穴
4400			240					咸宁
			7045	800				赤壁
			3216					随州
848			3000					广水
6970			840	569				恩施
607				676	250			利川
			22000	5000	3500	23000		仙桃
			18000					潜江
4823			4100	283				天门

4-1-3 续表 10

计量单位：万元

城市名称 Name of Cities	本年完成投资 Completed Investment of This Year	供水 Water Supply	燃气 Gas Supply	集中供热 Central Heating	轨道交通 Urban Rail Trainsit System	道路桥梁 Road and Bridge	排水 Sewerage
湖南	**7261671**	**218300**	**62026**		**1614384**	**3832413**	**454725**
长沙	2605260	18600			1614384	473028	120122
浏阳	7673					6776	
株洲	635426	18938	4176			550015	6400
醴陵	29100					24100	5000
湘潭	275788	1000				255418	18959
湘乡	93820	14900	4000			62270	5500
韶山	30073	470	410			28695	
衡阳	1192449	37317				1043664	5820
耒阳	72000					46000	22000
常宁	35754	1770	3000			25754	3490
邵阳	162117					136932	
武冈	11300					11300	
岳阳	269718	823	5500			150297	79298
汨罗	18618	550	680			5946	10992
临湘	9352	495	1500			950	3827
常德	80054					63705	13395
津市	7475					4873	1680
张家界	111300	3000				84800	8500
益阳	17511					16672	150
沅江	33209	1666				12060	8519
郴州	644737	94035	30000			229137	33604
资兴	36133					26871	20
永州	245995	4868	3460			177470	2173
怀化	143912	8083				57452	20311
洪江	34070	2070	2000			30000	
娄底	371405	2345	7300			238950	80420
冷水江	18807	4000				9807	
涟源	40800					37100	3200
吉首	27815	3370				22371	1345
广东	**8496440**	**74290**	**117418**		**4371904**	**3034333**	**253136**
广州	3495151	17764	22322		1694899	1374177	107668
韶关	40390	6840				20000	13550
乐昌	689					571	45
南雄	1414					418	
深圳	2882198		65118		2256311	539293	
珠海	333571	17075			26539	213593	49952
佛山	164762	395	5000			99993	4879
江门	38299	7001	6934			19731	
台山	3500					2800	
鹤山	9460	2000	1050			2562	3100
恩平	2109					2109	
湛江	79748					65467	2081
廉江	10693					10693	

continued 10

Measurement Unit: 10,000RMB

污水处理 Wastewater Treatment	污泥处置 Sludge Disposal	再生水利用 Wastewater Recycled and Reused	园林绿化 Landscaping	市容环境卫生 Environmental Sanitation	垃圾处理 Domestic Garbage Treatment	其他 Other	本年新增固定资产 Newly Added Fixed Assets of This Year	城市名称 Name of Cities
285308	**25010**		**582928**	**163517**	**67973**	**333378**		**湖　南**
120122			115946	21000	21000	242180		长　沙
			897					浏　阳
5000			55897					株　洲
5000								醴　陵
18959			120	291				湘　潭
			7150					湘　乡
						498		韶　山
5820			65320	34328	34020	6000		衡　阳
22000			4000					耒　阳
3490			1230	510	510			常　宁
			9800	11685		3700		邵　阳
								武　冈
25534			20600	5700	4500	7500		岳　阳
			450					汨　罗
			2580					临　湘
9355			120	2834				常　德
			922					津　市
			15000					张家界
			689					益　阳
3500			3614	1150	400	6200		沅　江
28553			187343	68118	342	2500		郴　州
			9242					资　兴
			52513	5511	3201			永　州
5300	4000		7266			50800		怀　化
								洪　江
28130	21010		17990	10400	2500	14000		娄　底
			4000	1000	1000			冷水江
3200				500	500			涟　源
1345			239	490				吉　首
177237		**735**	**127455**	**181566**	**104169**	**336338**		**广　东**
106839			39564	9370		229387		广　州
8000								韶　关
			73					乐　昌
			122			874		南　雄
			3695	16290		1491		深　圳
10500			8934	250		17228		珠　海
			5038	42008	41904	7449		佛　山
			4633					江　门
			700					台　山
			414	334				鹤　山
								恩　平
1315		615	12200					湛　江
								廉　江

4-1-3 续表 11

计量单位：万元

城市名称 Name of Cities	本年完成投资 Completed Investment of This Year	供水 Water Supply	燃气 Gas Supply	集中供热 Central Heating	轨道交通 Urban Rail Trainsit System	道路桥梁 Road and Bridge	排水 Sewerage
雷　州	12103					1093	520
吴　川	4310					4310	
茂　名	16400	1100	2200			13100	
高　州	14891	3509	800			10420	
化　州	299					100	
信　宜	23400	450	3000			19110	
肇　庆	302772	6145	1542		194031	83453	15673
四　会	2670	150	20			2500	
惠　州	294700					172672	10800
梅　州	28242					19682	
兴　宁	190						
汕　尾	13900						2300
陆　丰	2507					2277	230
河　源	12817	1309	708			10800	
阳　江	27285					27285	
阳　春	680						
清　远	270829	6617	5437			250784	
英　德	13105					13105	
连　州							
东　莞	229181	118			200124	2805	7853
中　山	138899	3630	2332			27991	32350
潮　州	4731	187				2463	1984
揭　阳	14955		355			14600	
普　宁	1663					1662	1
云　浮	1481		600			881	
罗　定	2446					1833	150
广　西	**5762041**	**147395**	**86374**		**949096**	**3491588**	**387012**
南　宁	3494530	64860	18768		949096	1861272	158987
柳　州	265380	20968	8776			191400	41853
桂　林	422691	9629	3470			309135	18499
梧　州	113083	1206	1613			54797	5767
岑　溪	30810					20332	7478
北　海	94856	2460				58494	33529
防城港	235559	320	5274			211661	11255
东　兴	68235	7543	7500			49954	569
钦　州	160001	13082	3564			129641	9552
贵　港	96578	2792	862			65353	15411
桂　平	31333	215	1500			26220	1485
玉　林	303428	8114	5482			235584	21734
北　流	99464	600	8424			70332	10032
百　色	34966	6446	5600			10204	6333
靖　西	26261	290				23261	2215
贺　州	28485		1345			216	24532

continued 11

Measurement Unit: 10,000RMB

污水处理 Wastewater Treatment	污泥处置 Sludge Disposal	再生水利用 Wastewater Recycled and Reused	园林绿化 Landscaping	市容环境卫生 Environmental Sanitation	垃圾处理 Domestic Garbage Treatment	其他 Other	本年新增固定资产 Newly Added Fixed Assets of This Year	城市名称 Name of Cities
200		120	490	10000	10000			雷　州
								吴　川
								茂　名
			162					高　州
						199		化　州
			640	200				信　宜
13657			562	1166	387	200		肇　庆
								四　会
			31482	64714	25435	15032		惠　州
			7760	800				梅　州
				190				兴　宁
				11600	11600			汕　尾
230								陆　丰
								河　源
								阳　江
						680		阳　春
			6667	1324				清　远
								英　德
								连　州
6663			1226	16280	7843	775		东　莞
29832			3093	7040	7000	62463		中　山
						97		潮　州
								揭　阳
1								普　宁
								云　浮
						463		罗　定
122966	**4483**		**642129**	**54397**	**28916**	**4050**		**广　西**
66213			416027	21470	11725	4050		南　宁
5968			830	1553				柳　州
			80322	1636				桂　林
4486			49143	557	460			梧　州
			3000					岑　溪
6544				373				北　海
1375	950		376	6673	5950			防城港
420			2669					东　兴
4889			3908	254				钦　州
15411			1073	11087	10281			贵　港
1485			1799	114				桂　平
			26022	6492	392			玉　林
2635			10076					北　流
1143			5273	1110				百　色
			220	275				靖　西
7245	2327		660	1732	108			贺　州

4-1-3 续表 12

计量单位：万元

城市名称 Name of Cities	本年完成投资 Completed Investment of This Year	供水 Water Supply	燃气 Gas Supply	集中供热 Central Heating	轨道交通 Urban Rail Trainsit System	道路桥梁 Road and Bridge	排水 Sewerage
河　池	47586		4500			39501	3206
宜　州	9487	205	555			3964	4763
来　宾	59336	2568	4257			49778	1073
合　山	4087	1002	1404			981	
崇　左	113843	3050	3480			61544	6949
凭　祥	22042	2045				17964	1790
海　南	**1091047**	**22054**	**5152**			**875903**	**62408**
海　口	858835	10826	1700			760873	8902
三　亚	93629	10661	2773			15083	29525
三　沙	3086						3086
儋　州	20257					20257	
五指山	12131					5207	4513
琼　海	23374					6899	14801
文　昌	35288					26449	
万　宁	1612					420	1192
东　方	42835	567	679			40715	389
重　庆	**6524147**	**204551**	**141110**		**2275772**	**3146054**	**58782**
四　川	**7360790**	**342683**	**114080**		**1963654**	**3574396**	**269771**
成　都	3504082	72092	20591		1963654	1236596	48534
都江堰	1512		60			324	311
彭　州	28763	106	4764			19000	2500
邛　崃	31803	2000	1801			24070	3479
崇　州	140383					140383	
自　贡	497764	4397	285			180453	16446
攀枝花	103807	8070	7044			60228	2058
泸　州	447885	18970	2234			270287	70042
德　阳	55330					49045	4323
广　汉	23397	212	588			22479	
什　邡	56197					27151	
绵　竹	578					516	62
绵　阳	562572	201839	52487			264816	14384
江　油	66214	50	600			51101	660
广　元	196661	1413	1031			159509	10596
遂　宁	62528	2087	858			45796	1329
内　江	192708	2027	1187			159894	1690
乐　山	46033	859	762			6868	12315
峨眉山	27035	3200	560			4850	9860
南　充	206400	2000	2100			141050	31200
阆　中	64300	1500	1600			40500	13200
眉　山	135071	4000	6500			95323	520
宜　宾	121114					19252	

continued 12

Measurement Unit: 10,000RMB

污水处理 Wastewater Treatment	污泥处置 Sludge Disposal	再生水利用 Wastewater Recycled and Reused	园林绿化 Landscaping	市容环境卫生 Environmental Sanitation	垃圾处理 Domestic Garbage Treatment	其他 Other	本年新增固定资产 Newly Added Fixed Assets of This Year	城市名称 Name of Cities
	1206		213	166				河池
3500								宜州
353			1660					来宾
			700					合山
1299			38000	820				崇左
			158	85				凭祥
18990		**4513**	**112304**	**13226**	**1982**			**海南**
4741			66131	10403				海口
			35587					三亚
3086								三沙
								儋州
		4513	73	2338	1982			五指山
9971			1674					琼海
			8839					文昌
1192								万宁
				485				东方
26367		**1098**	**598251**	**33305**	**13708**	**66322**		**重庆**
128496			**431576**	**79921**	**50358**	**584709**		**四川**
26529			60923	3152	171	98540		成都
			307	140		370		都江堰
			2100			293		彭州
			453					邛崃
								崇州
11055			17462	1954	1919	276767		自贡
1948			7686	160		18561		攀枝花
15599			42762	33905	33698	9685		泸州
2522			1962					德阳
				118				广汉
			28400			646		什邡
								绵竹
10400			24653	727		3666		绵阳
660			1500			12303		江油
4591			20756	244		3112		广元
787			1862			10596		遂宁
1690			22219	2613	250	3078		内江
12195			17370	385	120	7474		乐山
			8565					峨眉山
8000			24050	6000	2000			南充
8200			5000	2500	1200			阆中
520			23435	1293		4000		眉山
						101862		宜宾

4-1-3 续表 13

计量单位：万元

城市名称 Name of Cities	本年完成投资 Completed Investment of This Year	供水 Water Supply	燃气 Gas Supply	集中供热 Central Heating	轨道交通 Urban Rail Trainsit System	道路桥梁 Road and Bridge	排水 Sewerage
广　安	96278	1159	4030			74409	700
华　蓥	33100					25100	
达　州	18218	1044	1049			8833	
万　源	2015					1800	
雅　安	212152					170563	
巴　中	243275	2707				196169	2625
资　阳	18429		3949				14480
简　阳	97828					32828	
马尔康	1030					280	400
康　定	20663					20663	
西　昌	45665	12951				24260	8057
贵　州	**5528630**	**46499**	**32203**	**4468**	**688752**	**4074884**	**207214**
贵　阳	3297887	11969	28503		688752	2498090	42164
清　镇	27297					27297	
六盘水	703890	22209		4468		500025	117753
遵　义	26458					10024	7499
赤　水	40167		3500			600	
仁　怀	3360					280	1800
安　顺	761739					563473	5136
铜　仁	30600						
兴　义	80274					80274	
毕　节	361659	7561				299951	15288
凯　里	102799	4760	200			14370	17574
都　匀	2500					2500	
福　泉	90000					78000	
云　南	**2636462**	**56995**	**8277**		**806770**	**1090327**	**124968**
昆　明	1334083	18326	2910		741770	483023	4310
安　宁	90473					11852	7392
曲　靖	217205	9706				59609	
宣　威	46250					46250	
玉　溪	9256		960			8296	
保　山	85084					15263	
腾　冲	15556					13620	
昭　通	86690	8507	1100			19003	2769
丽　江	4652					4652	
普　洱	11922					7642	2942
临　沧	14453					13143	420
楚　雄	23689		627			20437	
个　旧	3950					917	2723
开　远	10616	642				8303	
蒙　自	163515	2700			65000	85600	7532
弥　勒	29556					29456	

continued 13

Measurement Unit: 10,000RMB

污水处理 Wastewater Treatment	污泥处置 Sludge Disposal	再生水利用 Wastewater Recycled and Reused	园林绿化 Landscaping	市容环境卫生 Environmental Sanitation	垃圾处理 Domestic Garbage Treatment	其他 Other	本年新增固定资产 Newly Added Fixed Assets of This Year	城市名称 Name of Cities
			406	15574				广安
			8000					华蓥
			528	35		6729		达州
						215		万源
			41589					雅安
2343			4588	11000	11000	26186		巴中
13000								资阳
			65000					简阳
400						350		马尔康
								康定
8057				121		276		西昌
58547	**5843**	**3600**	**294829**	**30682**	**18603**	**149099**		**贵州**
16422			23444	4965	4965			贵阳
								清镇
21787			53420	3015	1778	3000		六盘水
	2643			8935	7260			遵义
			22600	6017		7450		赤水
1800			1200	80				仁怀
5000			63830			129300		安顺
			30600					铜仁
								兴义
13538			29000	7670	4600	2189		毕节
	3200	3600	58735			7160		凯里
								都匀
			12000					福泉
26562		**3700**	**214697**	**16697**	**3888**	**317731**		**云南**
		3650	16929	600	600	66215		昆明
7392			9700			61529		安宁
			147890					曲靖
								宣威
								玉溪
			14109			55712		保山
			1936					腾冲
			14456	8759		32096		昭通
								丽江
			1338					普洱
			890					临沧
			2625					楚雄
2723				310				个旧
				1246		425		开远
			820	1863				蒙自
				100				弥勒

4-1-3 续表 14

计量单位：万元

城市名称 Name of Cities	本年完成投资 Completed Investment of This Year	供水 Water Supply	燃气 Gas Supply	集中供热 Central Heating	轨道交通 Urban Rail Trainsit System	道路桥梁 Road and Bridge	排水 Sewerage
文山	107107					101003	6104
景洪	156912		2560			50819	631
大理	111756	7646				22779	79500
瑞丽	88247	5638				75599	5259
芒市	19800	1961	120			11790	2836
香格里拉	5690	1869				1271	2550
西藏	**208258**	**4925**				**110203**	**51327**
拉萨	202993	4925				110203	46062
日喀则	5265						5265
陕西	**3759642**	**74720**	**123684**	**138830**		**2736904**	**153874**
西安	1893128	15759	33936	50491		1580869	56938
铜川	201818	6747				141455	18086
宝鸡	99129	11000	24200			23000	13200
咸阳	790308	1935	22608	32356		591346	7154
兴平	23966			7346		8370	2000
渭南	129233	23166	6300	2800		44207	14400
韩城	131654	2750	13000	23000		54688	3366
华阴	14155		1000	1500		5123	1700
延安	33020	2813	3990			23575	1110
汉中	26350					22055	3920
榆林	163230	1000	6000	700		134804	
安康	167257	7000	8000			61240	26000
商洛	6525	1500	150			350	3500
杨陵区	79869	1050	4500	20637		45822	2500
甘肃	**3093449**	**205805**	**31081**	**220814**	**331500**	**1889317**	**139324**
兰州	2605362	170177	18288	106457	331500	1710259	104781
嘉峪关	15385	192	868	6286		4947	429
金昌	24842		730	2554		5217	12078
白银	88631	720		42300		9000	3900
天水	84242	12406	2380	4364		43702	80
武威	17318	1578	5200			6030	4510
张掖	81306	6025	350	26500		30023	10208
平凉	44111	6500	1700	5000		23701	2600
酒泉	36570	5000	1350	9199		14930	
玉门	4011					650	260
敦煌	25890			11900		7990	
庆阳	5525	200	45			3800	450
定西	8379	11		1000		4940	28
陇南	19286	996	60			3088	
临夏	27770	2000	110	5254		16219	
合作	4821					4821	

continued 14

Measurement Unit: 10,000RMB

污水处理 Wastewater Treatment	污泥处置 Sludge Disposal	再生水利用 Wastewater Recycled and Reused	园林绿化 Landscaping	市容环境卫生 Environmental Sanitation	垃圾处理 Domestic Garbage Treatment	其他 Other	本年新增固定资产 Newly Added Fixed Assets of This Year	城市名称 Name of Cities
								文山
631				1688	1688	101214		景洪
8000			1831					大理
5259			680	531		540		瑞丽
2557			1493	1600	1600			芒市
		50						香格里拉
42625			**4900**	**13060**	**13060**	**23843**		**西藏**
37360			4900	13060	13060	23843		拉萨
5265								日喀则
86766	**3000**	**10330**	**346312**	**130008**	**36064**	**55310**		**陕西**
47248		7930	142227	8108	2935	4800		西安
			21113	14417				铜川
			10000	17729	8229			宝鸡
6268			66399	18000	18000	50510		咸阳
			3500	2750				兴平
3800		2400	22780	15580	6100			渭南
			34500	350				韩城
1000			3802	1030	800			华阴
950			791	741				延安
				375				汉中
			19618	1108				榆林
23000	3000		15427	49590				安康
2000			825	200				商洛
2500			5330	30				杨陵区
43653	**4500**	**9764**	**177664**	**64491**	**51046**	**33453**		**甘肃**
24210	4300	500	116466	47434	40300			兰州
			2663					嘉峪关
12043			2780	1483	986			金昌
	200	3700	750			31961		白银
			21310					天水
		4510						武威
7300		1054		8200	8200			张掖
			4610					平凉
			1943	3856		292		酒泉
			2141	960	960			玉门
			5000	1000				敦煌
100			1030					庆阳
			1200			1200		定西
			14660	482				陇南
			3111	1076	600			临夏
								合作

4-1-3 续表 15

计量单位：万元

城市名称 Name of Cities	本年完成投资 Completed Investment of This Year	供水 Water Supply	燃气 Gas Supply	集中供热 Central Heating	轨道交通 Urban Rail Trainsit System	道路桥梁 Road and Bridge	排水 Sewerage
青　海	**648225**	**18632**	**19329**	**500**		**494729**	**36579**
西　宁	493537	9500	4500	500		418765	7305
海　东	101305	1000	10186			66303	6136
玉　树	4697					445	4252
格尔木	29422	3739	736			4211	14936
德令哈	19264	4393	3907			5005	3950
宁　夏	**338736**	**7912**	**3852**	**72563**		**77463**	**15806**
银　川	237054		1327	47688		48080	11273
灵　武	21848	14	1240	15000		2140	
石嘴山	26710	7211		1210		10111	3408
吴　忠	23934		1195	7885		4114	
青铜峡	4557	180		780		2261	460
固　原	13119	432				6154	665
中　卫	11514	75	90			4603	
新　疆	**3607571**	**341664**	**124703**	**294477**		**1921906**	**339251**
乌鲁木齐	2298575	269921	83826	188549		1336362	233105
克拉玛依	98373	215	3594	8465		52372	4408
吐鲁番	18834	6226	679			8975	1754
哈　密	45834	2098	2500	10600		21683	1090
昌　吉	102348	6986	300			37575	3622
阜　康	56045	420	3252	3918		18478	85
博　乐	23000	720		6109		3395	208
阿拉山口	3310					1794	
库尔勒	22176		11			21750	415
阿克苏	47228	3000	2400	12500		25610	
阿图什	20828			750		8910	5389
喀　什	140802	7155	6500	4985		74062	24886
和　田	34370	357	2800			3200	7560
伊　宁	164404	5379	8800	4254		99070	3126
奎　屯	28568	1487	114	6576		10837	840
霍尔果斯	12512			1320		2628	
乌　苏	14324	2900		2367		3810	1525
塔　城	6774	1454	720	2600		1200	680
阿勒泰	68142	10139	1030	10526		12761	17388
石河子	93220	4230	6477	11475		27297	1737
阿拉尔	14069	3040		3111		7918	
图木舒克	37768			5076		10620	7072
五家渠	17609	2697				14743	
北　屯	43084	6610	1700	3096		19990	1981
可克达拉	195374	6630		8200		96866	22380

continued 15

Measurement Unit: 10,000RMB

污水处理 Wastewater Treatment	污泥处置 Sludge Disposal	再生水利用 Wastewater Recycled and Reused	园林绿化 Landscaping	市容环境卫生 Environmental Sanitation	垃圾处理 Domestic Garbage Treatment	其他 Other	本年新增固定资产 Newly Added Fixed Assets of This Year	城市名称 Name of Cities
8502			**39506**	**35230**	**1740**	**3720**		**青海**
			22167	30800				西宁
			14980			2700		海东
4252								玉树
300			1410	4390	1700			格尔木
3950			949	40	40	1020		德令哈
392			**150794**	**998**	**556**	**9348**		**宁夏**
			124698			3988		银川
			3454					灵武
			4374	221		175		石嘴山
			10184	556	556			吴忠
			876					青铜峡
392			3029	221		2618		固原
			4179			2567		中卫
29023		**203398**	**353222**	**82695**	**4156**	**149653**		**新疆**
		190705	133798	53014				乌鲁木齐
3273			22772	6258	2256	289		克拉玛依
				1200				吐鲁番
240			4177	831		2855		哈密
			40657	5409		7799		昌吉
			11785	4395		13712		阜康
			12568					博乐
			1473			43		阿拉山口
								库尔勒
			3718					阿克苏
			4208			1571		阿图什
6711		8693	23214					喀什
7158			8690	352		11411		和田
			29796	5654		8325		伊宁
			3372	994		4348		奎屯
			1256			7308		霍尔果斯
1525			3722					乌苏
						120		塔城
			4299	2047	1900	9952		阿勒泰
1556			7970	2191		31843		石河子
								阿拉尔
			10940			4060		图木舒克
			120			49		五家渠
			9137	350		220		北屯
8560		4000	15550			45748		可克达拉

4-2 按资金来源分全国历年城市市政公用设施建设固定资产投资(1978-2015)

计量单位：亿元

年 份 Year	本年资金来源合计 Completed Investment of This Year	上年末结余资金 The Balance of The Previous Year	本年资金来源	
			小计 Subtotal	中央财政拨款 Financial Allocation from Central Government Budget
1978	12.0		6.4	6.4
1979	14.0			
1980	14.4		14.4	6.1
1981	20.0		20.0	5.3
1982	27.2		27.2	8.6
1983	28.2		28.2	8.2
1984	41.7		41.7	11.8
1985	63.8		63.8	13.9
1986	79.8		79.8	13.2
1987	90.0		90.0	13.4
1988	112.6		112.6	10.2
1989	106.8		106.8	9.7
1990	121.2		121.2	7.4
1991	169.9		169.9	8.6
1992	265.4		265.4	9.9
1993	521.6		521.6	15.9
1994	665.5		665.5	27.9
1995	837.0		807.5	24.2
1996	939.1	68.0	871.1	34.8
1997	1105.6	49.0	1056.6	43.0
1998	1404.4	58.0	1346.4	100.2
1999	1534.2	81.0	1453.2	173.8
2000	1849.5	109.0	1740.5	222.0
2001	2351.9	109.0	2112.8	104.9
2002	3123.2	111.0	2705.9	96.3
2003	4264.1	120.7	4143.4	118.9
2004	4650.9	267.9	4383.0	63.0
2005	5505.5	229.0	5276.6	63.9
2006	5800.6	365.4	5435.2	89.2
2007	6283.5	369.5	5914.0	77.3
2008	7277.4	386.9	6890.4	72.7
2009	10938.1	460.4	10477.6	112.9
2010	13351.7	659.3	12692.4	206.0
2011	14158.1	648.9	13509.1	166.3
2012	15264.2	595.4	14668.9	171.1
2013	16121.9	987.5	15134.3	147.5
2014	16054.0	954.0	15100.0	102.2
2015	16570.7	1295.0	15275.8	202.1

注：1.自2013年起，"本年资金来源合计"为"本年实际到位资金合计"。
2.自2013年起，"中央财政拨款"为"中央预算资金"，"地方财政拨款"为除"中央预算资金"外的"国家预算资金"合计。

National Fixed Assets Investment in Urban Service Facilities by Capital Source in Past Years (1978-2015)

Measurement Unit: 100 million RMB

Sources of Fund					
地方财政拨款 Financial Allocation from Local Government Budget	国内贷款 Domestic Loan	债券 Securities	利用外资 Foreign Investment	自筹资金 Self-Raised Funds	其他资金 Other Funds
	0.1			8.2	
	0.4		—	13.8	0.5
	1.0		—	16.5	1.1
	0.6			17.2	2.2
	2.1		—	25.5	2.3
	3.1		0.1	40.9	5.8
	3.1		0.1	57.4	6.0
	6.2		1.3	61.4	7.7
	7.1		1.6	78.0	15.7
	6.0		1.5	72.9	16.7
	11.0		2.2	82.2	18.4
	25.3		6.0	108.1	21.9
	42.9		10.3	180.4	38.9
	72.8		20.8	304.5	107.6
	58.3		64.2	397.1	118.0
	65.1		84.9	493.3	140.0
	122.2	4.9	105.6	486.1	117.5
	165.3	3.1	129.5	554.3	161.4
	284.8	40.3	110.1	600.4	210.6
	357.8	55.9	68.6	595.2	201.9
	428.6	29.0	76.7	682.7	301.5
379.1	603.4	16.8	97.8	636.4	274.5
516.9	743.8	7.3	109.6	866.3	365.7
733.4	1435.4	17.4	90.0	1350.2	398.0
938.4	1468.0	8.5	87.2	1372.9	445.0
1050.6	1805.9	5.2	170.0	1728.0	453.0
1339.0	1880.5	16.4	92.9	1638.1	379.2
1925.7	1763.7	29.5	73.1	1635.7	409.0
2143.9	2037.0	27.8	91.2	1980.1	537.6
2705.1	4034.8	120.8	66.1	2487.1	950.7
3523.6	4615.6	49.1	113.8	3058.9	1125.3
4555.6	3992.8	111.6	100.3	3478.6	1103.9
4446.6	4366.7	26.8	150.8	3740.5	1766.4
3573.2	4218.0	41.5	62.2	4714.1	2377.7
4135.2	4383.1	96.0	42.0	4294.7	2046.7
4406.4	3986.3	189.1	46.6	4258.0	2187.3

Note: 1.Since 2013, Completed Investment of This Year is changed to be The Total Funds Actually Available for The Reported Year.
2.Since 2013, Financial Allocation from Central Government Budget is changed to be Central Budgetary Fund, and Financial Allocation from Local Government Budget is State Budgetary Fund excluding Central Budgetary Fund.

4-2-1 2015年按资金来源分全国城市市政公用设施建设固定资产投资分组资料

计量单位:万元

地区名称 Name of Regions		本年实际到位资金合计 The Total Funds Actually Available for The Reported Year	上年末结余资金 The Balance of The Previous Year	本年资金来源			
				小计 Subtotal	国家预算资金 State Budgetary Fund	中央预算资金 Central Budgetary Fund	国内贷款 Domestic Loan
全国	**National Total**	**165707374**	**12949744**	**152757630**	**46084600**	**2020619**	**39863161**
分类一	**Group one**						
东部地区	East China	82448659	7688725	74759934	23287500	378313	17741930
中部地区	Central China	43619529	2340996	41278533	13706292	1237041	8955486
西部地区	West China	39639186	2920023	36719163	9090808	405265	13165745
分类二	**Group two**						
东部地区	East China	76435420	7463023	68972397	22385165	348184	15757242
中部地区	Central China	38372892	2270579	36102313	12696980	1230653	8118432
西部地区	West China	50899062	3216142	47682920	11002455	441782	15987487
分类三	**Group three**						
东部地区	East China	73420874	7333270	66087604	21066779	320561	14987347
中部地区	Central China	33928414	1694520	32233894	12005819	1103431	7346645
西部地区	West China	50899062	3216142	47682920	11002455	441782	15987487
东北地区	Northeast China	7459024	705812	6753212	2009547	154845	1541682

National Fixed Assets Investment in Urban Service Facilities by Capital Source(by Group in Column)(2015)

Measurement Unit: 10,000RMB

Sources of Fund						各项应付款 Sum Payable This Year	地区名称 Name of Regions
债券 Securities	利用外资 Foreign Investment	外商直接投资 Foreign Direct Investment	自筹资金 Self-Raised Funds	单位自有资金 Self-Owned Funds	其他资金 Other Funds		
1890914	**465923**	**122667**	**42580254**	**7807748**	**21872778**	**20834390**	**全 国**
							分类一
812105	192599	48937	22735793	4473875	9990007	11375908	东部地区
434281	174567	63320	10617667	1910507	7390240	3524411	中部地区
644528	98757	10410	9226794	1423366	4492531	5934071	西部地区
							分类二
802376	176578	48937	20131524	3829625	9719512	9413715	东部地区
434281	117645	63320	7591640	1575754	7143335	2336905	中部地区
654257	171700	10410	14857090	2402369	5009931	9083770	西部地区
							分类三
801876	148161	40437	19507796	3612907	9575645	8944448	东部地区
403069	111632	60520	6116267	1333624	6250462	1716817	中部地区
654257	171700	10410	14857090	2402369	5009931	9083770	西部地区
31712	34430	11300	2099101	458848	1036740	1089355	东北地区

4-2-2 2015年按资金来源分全国城市市政公用设施建设固定资产投资(按省分列)

计量单位：万元

地区名称 Name of Regions	本年实际到位资金合计 The Total Funds Actually Available for The Reported Year	上年末结余资金 The Balance of The Previous Year	本年资金来源			
			小计 Subtotal	国家预算资金 State Budgetary Fund	中央预算资金 Central Budgetary Fund	国内贷款 Domestic Loan
全国	165707374	12949744	152757630	46084600	2020619	39863161
北京	11433787	2731440	8702347	3833445	82661	1520035
天津	4677478	91548	4585930	354559	32249	3273738
河北	3087790	189377	2898413	466620	22256	131006
山西	2178237	1713	2176524	673420		32000
内蒙古	5246637	70417	5176220	1009312	6388	837054
辽宁	3014546	129753	2884793	1318386	27623	769895
吉林	2539548	410589	2128959	272338	31602	548249
黑龙江	1904930	165470	1739460	418823	95620	223538
上海	5740997	884402	4856595	2406624	24662	767898
江苏	15448348	1066482	14381866	2742682	34070	5170301
浙江	9628071	847242	8780829	2947580	32789	1703376
安徽	5908587	154247	5754340	4091485	22248	496491
福建	5966347	342848	5623499	2258710	7946	1021952
江西	6442947	1289046	5153901	1581476	70759	559807
山东	8176255	421164	7755091	4025938	8640	493728
河南	4632048	189852	4442196	3553924	15154	299634
湖北	6849065	18754	6830311	322736	40049	4716264
湖南	7917530	40908	7876622	1782778	955221	1242449
广东	8374861	630327	7744534	1962443	66150	481538
广西	6013239	225702	5787537	902335	30129	1984688
海南	886940	128440	758500	68178	9138	423775
重庆	5964976	248043	5716933	3450911		1122942
四川	6919139	367072	6552067	1343099	153588	1661118
贵州	13324991	1655200	11669791	842599	4060	6127446
云南	1777169	151823	1625346	76584	15800	264666
西藏	80044	697	79347	56841	6000	
陕西	4245437	401498	3843939	2103882	7750	838394
甘肃	3107519	26743	3080776	192316	28715	1480773
青海	708449	50250	658199	279323	78834	343622
宁夏	266303	6609	259694	39837	6497	9872
新疆	3245159	12088	3233071	705416	104021	1316912

National Fixed Assets Investment in Urban Service Facilities by Capital Source (by Province in Column)(2015)

Measurement Unit: 10,000RMB

Sources of Fund						各项应付款	地区名称
债券 Securities	利用外资 Foreign Investment	外商直接投资 Foreign Direct Investment	自筹资金 Self-Raised Funds	单位自有资金 Self-Owned Funds	其他资金 Other Funds	Sum Payable This Year	Name of Regions
1890914	**465923**	**122667**	**42580254**	**7807748**	**21872778**	**20834390**	**全国**
148	13627		1155267	781955	2179825	2410095	北京
			726271	91028	231362	1275107	天津
23920	3345		1866714	129079	406808	80467	河北
13469			431233	104814	1026402	346391	山西
	56922		3026027	334753	246905	1187506	内蒙古
500	28417	8500	623728	216718	143867	469267	辽宁
7236			701701	73283	599435	469401	吉林
23976	6013	2800	773672	168847	293438	150687	黑龙江
	29084		1072486	275544	580503	1739152	上海
574172	27586	19586	5194993	1345967	672132	890504	江苏
69995	2038	938	3446848	400566	610992	619252	浙江
3600	33914		623485	192488	505365	692976	安徽
25600	2462	2462	879657	49595	1435118	409652	福建
360000	11950	7100	548928	31274	2091740	260660	江西
7965	69479	17451	2180574	294817	977407	1060498	山东
	595		569898	123465	18145	80966	河南
4200	9253		1120994	39011	656864	129272	湖北
21800	55920	53420	2821729	842572	1951946	206552	湖南
95443			2932169	238853	2272941	398975	广东
9729	16021		2604269	644250	270495	1962193	广西
4633	540		52817	5503	208557	60746	海南
			726821	170757	416259	1280516	重庆
57888	5983		1718194	267320	1765785	933549	四川
200978	8600	8600	3625355	175773	864813	1909977	贵州
10340	30227		604811	17454	638718	601146	云南
			22506				西藏
2700	16700		746337	320936	135926	134973	陕西
371320	12928		932103	103251	91336	606140	甘肃
1302			33952	1086		73884	青海
	15978		174063	4445	19944	167906	宁夏
	8341	1810	642652	362344	559750	225980	新疆

4-2-3 2015年按资金来源分全国城市市政公用设施建设固定资产投资(按城市分列)

计量单位：万元

城市名称 Name of Cities	本年实际到位资金合计 The Total Funds Actually Available for The Reported Year	上年末结余资金 The Balance of The Previous Year	本年资金来源 小计 Subtotal	国家预算资金 State Budgetary Fund	中央预算资金 Central Budgetary Fund	国内贷款 Domestic Loan
全　国	**165707374**	**12949744**	**152757630**	**46084600**	**2020619**	**39863161**
北　京	**11433787**	**2731440**	**8702347**	**3833445**	**82661**	**1520035**
天　津	**4677478**	**91548**	**4585930**	**354559**	**32249**	**3273738**
河　北	**3087790**	**189377**	**2898413**	**466620**	**22256**	**131006**
石家庄	1292167		1292167	60649	900	
晋　州	17343		17343	16363		
新　乐	18382		18382	4172		
唐　山	120815		120815	4066		62663
遵　化	13186		13186			
迁　安	25661		25661	16621	16011	
秦皇岛	71187		71187	28450	2150	
邯　郸	294833	1000	293833	1200	1200	
武　安	66836		66836	600	600	6000
邢　台	2276		2276	2276		
南　宫	15766		15766			
沙　河	20240		20240	6199		7656
保　定	67516	589	66927	18611		
涿　州	198289	184910	13379	6265		
安　国	16068		16068			
高碑店	30255		30255	24157		
张家口	77474		77474			
承　德	47901		47901	28059		
沧　州	151028		151028	25539		40087
泊　头	14374	1289	13085			6000
任　丘	74137		74137	5202		
黄　骅	137090		137090	94290		8600
河　间	40422		40422	24401		
廊　坊	88467		88467	49628		
霸　州	18086		18086	16551		
三　河	22268		22268	22268		
衡　水	43607	1090	42517			
冀　州	38507		38507	10653	995	
深　州	21992		21992			
辛　集	9112		9112			
定　州	32505	499	32006	400	400	

National Fixed Assets Investment in Urban Service Facilities by Capital Source (by City in Column)(2015)

Measurement Unit: 10,000RMB

Sources of Fund						各项应付款 Sum Payable This Year	城市名称 Name of Cities
债　券 Securities	利用外资 Foreign Investment	外商直接投　资 Foreign Direct Investment	自筹资金 Self-Raised Funds	单位自有资　金 Self-Owned Funds	其他资金 Other Funds		
1890914	**465923**	**122667**	**42580254**	**7807748**	**21872778**	**20834390**	**全　国**
148	**13627**		**1155267**	**781955**	**2179825**	**2410095**	**北　京**
			726271	**91028**	**231362**	**1275107**	**天　津**
23920	**3345**		**1866714**	**129079**	**406808**	**80467**	**河　北**
			1228918	6265	2600		石家庄
			980				晋　州
			14210				新　乐
			49982	400	4104	1827	唐　山
			10686		2500		遵　化
			9040	3640			迁　安
21920			4281	1970	16536	16601	秦皇岛
			33126	6126	259507		邯　郸
			60236	13608			武　安
							邢　台
			15766			3265	南　宫
			6385				沙　河
			36532	16777	11784	6436	保　定
			7114	7114			涿　州
			16068				安　国
			6098				高碑店
			77474				张家口
			15955		3887		承　德
			85402	7250			沧　州
			7085	1500			泊　头
			9781		59154		任　丘
			34200	34200			黄　骅
			2630		13391	40422	河　间
			38839				廊　坊
			1535				霸　州
							三　河
			12514		30003	5982	衡　水
2000	345		24334	7312	1175		冀　州
			21682	15082	310		深　州
			7255		1857		辛　集
	3000		28606	7835		5934	定　州

4-2-3 续表 1

计量单位：万元

城市名称 Name of Cities	本年实际到位资金合计 The Total Funds Actually Available for The Reported Year	上年末结余资金 The Balance of The Previous Year	本年资金来源 小计 Subtotal	国家预算资金 State Budgetary Fund	中央预算资金 Central Budgetary Fund	国内贷款 Domestic Loan
山　西	**2178237**	**1713**	**2176524**	**673420**		**32000**
太　原	973200		973200			
古　交	14661		14661	1542		12000
大　同	27000		27000			
阳　泉	40353		40353			
长　治	247447		247447	210989		
潞　城	6153		6153	6153		
晋　城	173006		173006	173006		
朔　州	105581		105581			
晋　中	263246		263246	177177		
介　休	3327		3327	960		
运　城	17683		17683	6560		
永　济	17927		17927	3467		
河　津	10270		10270	8270		
忻　州	34902		34902			
原　平	17020		17020			
侯　马	30653	1713	28940			
霍　州	29901		29901	29901		
吕　梁	80861		80861	29581		20000
孝　义	50820		50820	14894		
汾　阳	34226		34226	10920		
内蒙古	**5246637**	**70417**	**5176220**	**1009312**	**6388**	**837054**
呼和浩特	1610785	141	1610644	675774		563988
包　头	1199404		1199404			
乌　海	258434	70276	188158			
赤　峰	496054		496054	4488	4488	151518
通　辽	222903		222903	222903		
霍林郭勒	24355		24355	18465		
鄂尔多斯	61090		61090			1350
呼伦贝尔	307560		307560			
满洲里	69648		69648			
牙克石	95300		95300			
扎兰屯	61257		61257			
额尔古纳	9461		9461			
根　河	19122		19122	400	400	

continued 1

Measurement Unit: 10,000RMB

Sources of Fund						各项应付款 Sum Payable This Year	城市名称 Name of Cities
债券 Securities	利用外资 Foreign Investment	外商直接投资 Foreign Direct Investment	自筹资金 Self-Raised Funds	单位自有资金 Self-Owned Funds	其他资金 Other Funds		
13469			**431233**	**104814**	**1026402**	**346391**	**山　西**
					973200		太　原
					1119	987	古　交
			27000				大　同
			22332	10939	18021	70630	阳　泉
			36458			33210	长　治
							潞　城
						173006	晋　城
			105581	77422		6398	朔　州
			81569		4500		晋　中
			2367	821			介　休
			2678		8445	508	运　城
			14460	6000		3900	永　济
			2000	2000			河　津
			34902	5669			忻　州
			12307	375	4713		原　平
			12536	1588	16404		侯　马
							霍　州
13469			17811			7688	吕　梁
			35926			44743	孝　义
			23306			5321	汾　阳
	56922		**3026027**	**334753**	**246905**	**1187506**	**内蒙古**
			312639	74830	58243	129061	呼和浩特
			1199404			963404	包　头
			186846		1312	1312	乌　海
			340048				赤　峰
							通　辽
			5890				霍林郭勒
			29283		30457	36395	鄂尔多斯
			307560	213123		2534	呼伦贝尔
			498		69150		满洲里
			95300	46800		54800	牙克石
			61257				扎兰屯
			9461				额尔古纳
			18722				根　河

4-2-3 续表 2

计量单位：万元

城市名称 Name of Cities	本年实际到位资金合计 The Total Funds Actually Available for The Reported Year	上年末结余资金 The Balance of The Previous Year	本年资金来源			
			小　计 Subtotal	国家预算资金 State Budgetary Fund	中央预算资金 Central Budgetary Fund	国内贷款 Domestic Loan
巴彦淖尔	352400		352400	85782		50000
乌兰察布	161077		161077	1500	1500	
丰　　镇	70198		70198			70198
乌兰浩特	99844		99844			
阿 尔 山	48413		48413			
二连浩特	15400		15400			
锡林浩特	63932		63932			
辽　　宁	**3014546**	**129753**	**2884793**	**1318386**	**27623**	**769895**
沈　　阳	1285933	300	1285633	613170	19725	456866
新　　民	26182		26182	1320		
大　　连	940454	120167	820287	475959		289512
瓦 房 店	17825		17825			
普 兰 店	7710		7710	4150		
庄　　河	25945		25945	21380		
鞍　　山	45422		45422	31355		
海　　城	21586		21586			
抚　　顺	55951	9286	46665	22341	5389	
本　　溪	20481		20481	7345		
丹　　东	40681		40681	6610		
东　　港	15360		15360	737		
凤　　城	5968		5968	2543	109	
锦　　州	82507		82507	42009		4495
凌　　海	3453		3453	1235		
北　　镇	7745		7745	268		
营　　口	3742		3742	1882		
盖　　州	14156		14156			
大 石 桥	11670		11670			
阜　　新	32890		32890	16724		
辽　　阳	63143		63143	17092		
灯　　塔	5650		5650	3256		2000
盘　　锦	15137		15137	6019		
铁　　岭	57330		57330	4384		
调 兵 山	12668		12668			
开　　原	30796		30796	24544		
朝　　阳	75266		75266	524		
北　　票	9908		9908	2750		
凌　　源	10169		10169	2769	1600	
葫 芦 岛	41135		41135	8020	800	17022
兴　　城	27683		27683			

continued 2

Measurement Unit: 10,000RMB

Sources of Fund						各项应付款 Sum Payable This Year	城市名称 Name of Cities
债 券 Securities	利用外资 Foreign Investment	外商直接投资 Foreign Direct Investment	自筹资金 Self-Raised Funds	单位自有资金 Self-Owned Funds	其他资金 Other Funds		
	56922		122587		37109		巴彦淖尔
			108943		50634		乌兰察布
							丰 镇
			99844				乌兰浩特
			48413				阿 尔 山
			15400				二连浩特
			63932				锡林浩特
500	**28417**	**8500**	**623728**	**216718**	**143867**	**469267**	**辽 宁**
			125564	25104	90033	311897	沈 阳
	12300	8500	12562	12562			新 民
			54816				大 连
			16325	8945	1500		瓦 房 店
			3560	3560			普 兰 店
			4565				庄 河
			13804	841	263	139949	鞍 山
					21586		海 城
500			12036	6209	11788	3984	抚 顺
	6673		6463	5983		6132	本 溪
			31192	4237	2879		丹 东
	3844		10779	1500			东 港
			3425				凤 城
			33703	28727	2300	1972	锦 州
			2218	118			凌 海
			7477				北 镇
			1860			1053	营 口
			13478		678		盖 州
			11670	10312			大 石 桥
			16166				阜 新
			38133	19825	7918		辽 阳
			394				灯 塔
			9118	2808		461	盘 锦
			52946			3619	铁 岭
			8536	480	4132		调 兵 山
			6252	3728			开 原
			74252	74252	490		朝 阳
			7158				北 票
	5600		1800	1800			凌 源
			15793		300	200	葫 芦 岛
			27683	5727			兴 城

4-2-3 续表 3

计量单位：万元

城市名称 Name of Cities	本年实际到位资金合计 The Total Funds Actually Available for The Reported Year	上年末结余资金 The Balance of The Previous Year	本年资金来源			
			小计 Subtotal	国家预算资金 State Budgetary Fund	中央预算资金 Central Budgetary Fund	国内贷款 Domestic Loan
吉　林	**2539548**	**410589**	**2128959**	**272338**	**31602**	**548249**
长　春	1796901	409860	1387041	79843	2671	421118
榆　树	15142		15142	11713		
德　惠	8313		8313	8193	3274	
吉　林	188565		188565	53691		119768
蛟　河	10901		10901	1500		
桦　甸	13500		13500			
舒　兰	1435		1435			
磐　石	5798		5798			
四　平	20689	486	20203	1600		
双　辽	10000		10000			
辽　源	36660		36660	12864	12864	5000
通　化	44570	243	44327	9717	2611	
集　安	1519		1519			
白　山	43397		43397	4390	1706	
临　江	1531		1531	600	600	
松　原	39274		39274	39274		
扶　余	8598		8598			
白　城	50853		50853	24747		2363
洮　南	31812		31812	2770	2770	
大　安	9481		9481	4913		
延　吉	21500		21500	1667	1667	
图　们	2577		2577	540	540	
敦　化	44676		44676	2899	2899	
珲　春	26618		26618			
龙　井	9064		9064			
和　龙	12292		12292	5917		
公主岭	5784		5784	5500		
梅河口	78098		78098			
黑龙江	**1904930**	**165470**	**1739460**	**418823**	**95620**	**223538**
哈尔滨	931830	134440	797390	147541	28700	195585
双　城	41590		41590			

continued 3

Measurement Unit: 10,000RMB

Sources of Fund						各项应付款 Sum Payable This Year	城市名称 Name of Cities
债　券 Securities	利用外资 Foreign Investment	外商直接投资 Foreign Direct Investment	自筹资金 Self-Raised Funds	单位自有资金 Self-Owned Funds	其他资金 Other Funds		
7236			**701701**	**73283**	**599435**	**469401**	**吉　林**
7000			339668	36977	539412	129169	长　春
			1124		2305	1077	榆　树
			120	120			德　惠
			15106			223074	吉　林
			9401				蛟　河
			11581	10781	1919	13500	桦　甸
			1435				舒　兰
			5798				磐　石
			18603	100		971	四　平
			10000				双　辽
			10646	2000	8150		辽　源
			3282		31328	595	通　化
			1519				集　安
			23517	14563	15490	2434	白　山
			100		831	2454	临　江
						39274	松　原
			8598	8598			扶　余
			23743				白　城
			29042				洮　南
			4568	144			大　安
			19833				延　吉
			2037				图　们
			41777			41667	敦　化
			26618				珲　春
			9064				龙　井
			6375				和　龙
236			48			15186	公主岭
			78098				梅河口
23976	**6013**	**2800**	**773672**	**168847**	**293438**	**150687**	**黑龙江**
15085	3213		219052	71710	216914	109489	哈尔滨
			41590				双　城

4-2-3 续表 4

计量单位：万元

城市名称 Name of Cities	本年实际到位资金合计 The Total Funds Actually Available for The Reported Year	上年末结余资金 The Balance of The Previous Year	本年资金来源			
			小计 Subtotal	国家预算资金 State Budgetary Fund	中央预算资金 Central Budgetary Fund	国内贷款 Domestic Loan
尚　志	52485	300	52185	8775		
五　常	9494		9494	3924		
齐齐哈尔	50510	1442	49068	42622	1140	
讷　河	9640		9640	6990	617	
鸡　西	105527	12083	93444	37950	10760	2840
虎　林	16494		16494			
密　山	7628		7628	4708		
鹤　岗	36028	1247	34781	1851	1800	3800
双鸭山	80470		80470	40907	9282	14423
大　庆	67926		67926	17954		6178
伊　春	42547		42547	14490	2085	
铁　力	3126		3126	870	870	
佳木斯	52291		52291	17938	536	
同　江	26553		26553	369	369	
富　锦	42040		42040	5664		
七台河	67095	15158	51937	13135	10000	
牡丹江	50206		50206	14450	14450	
绥芬河	13228		13228	9603	9603	
海　林	16464		16464	10834	2187	
宁　安	19470		19470			
穆　棱	9683		9683			712
黑　河	9588		9588	3788		
北　安	23513		23513	3335	600	
五大连池	3909		3909	2354	1611	
绥　化	65662		65662	1228		
安　达	10196		10196			
肇　东	20524	800	19724	330	330	
海　伦	19213		19213	7213	680	
上　海	**5740997**	**884402**	**4856595**	**2406624**	**24662**	**767898**
江　苏	**15448348**	**1066482**	**14381866**	**2742682**	**34070**	**5170301**
南　京	4653042	393791	4259251	512117		1852922
无　锡	771136	333401	437735	69632		138409
江　阴	158343		158343			
宜　兴	29268		29268			
徐　州	313745		313745	179959		8508

continued 4

Measurement Unit: 10,000RMB

Sources of Fund						各项应付款 Sum Payable This Year	城市名称 Name of Cities
债 券 Securities	利用外资 Foreign Investment	外商直接投资 Foreign Direct Investment	自筹资金 Self-Raised Funds	单位自有资金 Self-Owned Funds	其他资金 Other Funds		
	2800	2800	40610	39700			尚　志
			5570				五　常
			6446	2446		17968	齐齐哈尔
			2650	2400			讷　河
6391			46263				鸡　西
			1844		14650		虎　林
			2920	2920			密　山
			16595	24	12535	1561	鹤　岗
			25118	1559	22		双鸭山
			43794	2147			大　庆
			25717	290	2340		伊　春
500			1756	553			铁　力
			33402	9537	951	1105	佳木斯
			26184	10510			同　江
			21551	21551	14825		富　锦
			38218		584		七台河
			34085	3500	1671	17332	牡丹江
			3109		516		绥芬河
			5500		130		海　林
			5285		14185		宁　安
2000			4811		2160	3232	穆　棱
			5800				黑　河
			20178				北　安
					1555		五大连池
			64434				绥　化
			10196				安　达
			8994		10400		肇　东
			12000				海　伦
	29084		**1072486**	**275544**	**580503**	**1739152**	**上　海**
574172	**27586**	**19586**	**5194993**	**1345967**	**672132**	**890504**	**江　苏**
			1742492	647139	151720	238870	南　京
			217383	37330	12311	7121	无　锡
			158343	158343			江　阴
			29268				宜　兴
			112864	95813	12414	1	徐　州

4-2-3 续表 5

计量单位：万元

城市名称 Name of Cities	本年实际到位资金合计 The Total Funds Actually Available for The Reported Year	上年末结余资金 The Balance of The Previous Year	本年资金来源 小计 Subtotal	国家预算资金 State Budgetary Fund	中央预算资金 Central Budgetary Fund	国内贷款 Domestic Loan
新沂	50371		50371	19560		
邳州	31951		31951			
常州	910420	125429	784991	28805	14780	389203
溧阳	50172		50172	1471		26871
苏州	1973766	209387	1764379	621165		587794
常熟	134149		134149	114174		
张家港	68424		68424			
昆山	61671		61671			
太仓	17101		17101			
南通	1992155		1992155	431716		593662
启东	133079		133079			6500
如皋	84260		84260			31000
海门	41378	1400	39978	16723		
连云港	155557		155557	3690		19000
淮安	360563		360563	338799	237	
盐城	513963		513963			
东台	22451		22451	5039		7524
扬州	644274	1934	642340	89774	4200	32854
仪征	12097		12097			
高邮	16510		16510			
镇江	1512676		1512676	34551	14853	1428915
丹阳	33225		33225	6735		
扬中	64919		64919	100		
句容	47584		47584	6000		32139
泰州	288233		288233	182393		15000
兴化	48174		48174	44328		
靖江	19789		19789	15636		
泰兴	38381		38381			
宿迁	195521	1140	194381	20315		
浙江	**9628071**	**847242**	**8780829**	**2947580**	**32789**	**1703376**
杭州	3140690	344145	2796545	1840105		198838
建德	19678		19678	9399		
临安	64628	5703	58925	16233		8200
宁波	2160028	235400	1924628	171442		946796
余姚	141073	126	140947			101714
慈溪	118630		118630	75985		679

continued 5

Measurement Unit: 10,000RMB

Sources of Fund						各项应付款 Sum Payable This Year	城市名称 Name of Cities
债　券 Securities	利用外资 Foreign Investment	外商直接投资 Foreign Direct Investment	自筹资金 Self-Raised Funds	单位自有资金 Self-Owned Funds	其他资金 Other Funds		
			30811				新　沂
					31951		邳　州
			269862	102207	97121	82858	常　州
			21620	21620	210		溧　阳
	8834	8834	491431	71015	55155	1688	苏　州
			19975				常　熟
			57187		11237		张家港
			61671				昆　山
					17101	1118	太　仓
557572	10000	5000	349205	88407	50000		南　通
			106044		20535		启　东
15000			38260				如　皋
			19855	12643	3400	565	海　门
			91075	10165	41792	64384	连云港
			21764			360563	淮　安
			513963	810			盐　城
			9888			6076	东　台
1600	3000		411127	12803	103985	4039	扬　州
			12097				仪　征
					16510		高　邮
			49210	49210		77	镇　江
			14590	8574	11900		丹　阳
			64819				扬　中
			9445	150			句　容
			90840	5430		103355	泰　州
	2330	2330	1516				兴　化
			4153	4153		19789	靖　江
	3422	3422	169	169	34790		泰　兴
			174066	19986			宿　迁
69995	**2038**	**938**	**3446848**	**400566**	**610992**	**619252**	**浙　江**
			756102	139023	1500	150756	杭　州
	1100		9179	1179			建　德
			34492	2579		22337	临　安
			552028		254362	179052	宁　波
			38987		246	4800	余　姚
			41966	2042			慈　溪

4-2-3 续表 6

计量单位：万元

城市名称 Name of Cities	本年实际到位资金合计 The Total Funds Actually Available for The Reported Year	上年末结余资金 The Balance of The Previous Year	本年资金来源 小计 Subtotal	国家预算资金 State Budgetary Fund	中央预算资金 Central Budgetary Fund	国内贷款 Domestic Loan
奉　化	51948		51948	6924		5097
温　州	1296419	209469	1086950	159875	21200	29284
瑞　安	27151		27151	10971	1225	
乐　清	67263	1441	65822	45069		
嘉　兴	246068	1368	244700	77198	2970	84890
海　宁	65652		65652	21689	1000	26432
平　湖	26675		26675	1850		24192
桐　乡	31378		31378	88		5500
湖　州	109307	6888	102419	4378		37049
绍　兴	678051	23026	655025	104704		75065
诸　暨	51739		51739	19230		
嵊　州	26179	60	26119	184		19784
金　华	224596	12612	211984	70055	694	61663
兰　溪	110422		110422			
义　乌	263594		263594			
东　阳	36347		36347	389		
永　康	34192		34192	30818		
衢　州	51634	796	50838	7284		
江　山	12378	244	12134			
舟　山	129322	5964	123358	35790	4500	2606
台　州	167707		167707	31851	1000	48816
温　岭	64365		64365	56117		
临　海	35286		35286	23008	200	
丽　水	148961		148961	108595		23871
龙　泉	26710		26710	18349		2900
安　徽	**5908587**	**154247**	**5754340**	**4091485**	**22248**	**496491**
合　肥	1635331	102335	1532996	1001478	160	
巢　湖	227050		227050	76150		150900
芜　湖	380050		380050	358493		
蚌　埠	383385		383385	383385		
淮　南	253829	7070	246759	218851		2000
马鞍山	432360	16440	415920	56357		110404
淮　北	283922		283922	267050		
铜　陵	143885		143885	122370	2000	
安　庆	150896		150896	83812		
桐　城	29321		29321	18943	3000	8378

continued 6

Measurement Unit: 10,000RMB

Sources of Fund						各项应付款 Sum Payable This Year	城市名称 Name of Cities
债　券 Securities	利用外资 Foreign Investment	外商直接投　资 Foreign Direct Investment	自筹资金 Self-Raised Funds	单位自有资　金 Self-Owned Funds	其他资金 Other Funds		
			931		38996		奉　化
69995			635575	57712	192221	18105	温　州
			14719	5928	1461		瑞　安
			20753			17843	乐　清
			82612	50161		3864	嘉　兴
			17531	3479		17941	海　宁
			633	483			平　湖
			25790				桐　乡
			22198	50	38794	3936	湖　州
			450506	77284	24750	84975	绍　兴
			32509				诸　暨
			6151	2443			嵊　州
			78856	7638	1410	55833	金　华
			91700		18722		兰　溪
			263594				义　乌
			35778		180	6938	东　阳
	938	938	2436	2436			永　康
			41554	9153	2000	5578	衢　州
			10823	1000	1311	972	江　山
			83971	11399	991	23481	舟　山
			71913	9842	15127	19246	台　州
			650		7598		温　岭
			4688	3200	7590		临　海
			14224	13015	2271	3050	丽　水
			3999	520	1462	545	龙　泉
3600	**33914**		**623485**	**192488**	**505365**	**692976**	**安　徽**
	23433		105889	33283	402196	7647	合　肥
						204050	巢　湖
			21557	4219			芜　湖
							蚌　埠
	2981		22927	21516		90414	淮　南
			232127	37125	17032	3164	马鞍山
			13120		3752		淮　北
			21515	21515		26663	铜　陵
			6147		60937	92579	安　庆
			2000				桐　城

4-2-3 续表 7

计量单位：万元

城市名称 Name of Cities	本年实际到位资金合计 The Total Funds Actually Available for The Reported Year	上年末结余资金 The Balance of The Previous Year	本年资金来源			
			小 计 Subtotal	国家预算资金 State Budgetary Fund	中央预算资金 Central Budgetary Fund	国内贷款 Domestic Loan
黄 山	86370		86370	62165	630	
滁 州	245686		245686	146153		49155
天 长	137700		137700	119200		
明 光	183532		183532	167566		
阜 阳	350058	3048	347010	152863		163807
界 首	38640		38640	36750	327	
宿 州	322968	2160	320808	317849		
六 安	123152	23194	99958	85379	4718	300
亳 州	82555		82555	30736		11547
池 州	65201		65201	49268	11391	
宣 城	328704		328704	318966	22	
宁 国	23992		23992	17701		
福 建	**5966347**	**342848**	**5623499**	**2258710**	**7946**	**1021952**
福 州	1722691	283638	1439053	752456	1900	420294
福 清	31214		31214	975	25	
长 乐	662		662	662		
厦 门	1628402		1628402	978544		491931
莆 田	743790		743790	2000	2000	
三 明	78008		78008	30526		
永 安	48470		48470	21073		
泉 州	437734		437734	4443		6500
石 狮	11025		11025			
晋 江	91596		91596	3000		
南 安	25045		25045	1200	1200	
漳 州	336612	3107	333505	135081		
龙 海	129944		129944	31577	1421	1997
南 平	204520		204520	201621		
邵 武	9748	3106	6642	5842		
武夷山	24875		24875	2000		
建 瓯	105580		105580	1630		
龙 岩	271541	52997	218544	25610	100	101230
漳 平	17591		17591	17031	200	
宁 德	33754		33754	33754	1000	
福 安	6489		6489	3615	100	
福 鼎	7056		7056	6070		

continued 7

Measurement Unit: 10,000RMB

Sources of Fund							
债　券 Securities	利用外资 Foreign Investment	外商直接投资 Foreign Direct Investment	自筹资金 Self-Raised Funds	单位自有资金 Self-Owned Funds	其他资金 Other Funds	各项应付款 Sum Payable This Year	城市名称 Name of Cities
3600			10940	3320	9665	9930	黄　山
			50378	10830		14988	滁　州
			18500				天　长
			15966	2929			明　光
			21307	21307	9033	106688	阜　阳
			1890	1890			界　首
			2959	1248		15252	宿　州
	7500		4029	2029	2750	9028	六　安
			40272	25838		13680	亳　州
			15933			6474	池　州
			9738			92419	宣　城
			6291	5439			宁　国
25600	**2462**	**2462**	**879657**	**49595**	**1435118**	**409652**	**福　建**
			228558	6483	37745	140000	福　州
			30189	27000	50		福　清
							长　乐
			157927	14718		4	厦　门
					741790		莆　田
			47482				三　明
			27397				永　安
					426791	1000	泉　州
					11025	2000	石　狮
					88596		晋　江
			19985	1220	3860		南　安
			137452		60972		漳　州
10600			85770			16845	龙　海
					2899		南　平
			800			2300	邵　武
					22875	22875	武夷山
			103950				建　瓯
15000			39885		36819	224068	龙　岩
					560	560	漳　平
							宁　德
	2462	2462	262	174	150		福　安
					986		福　鼎

4-2-3 续表 8

计量单位：万元

城市名称 Name of Cities	本年实际到位资金合计 The Total Funds Actually Available for The Reported Year	上年末结余资金 The Balance of The Previous Year	本年资金来源：小计 Subtotal	本年资金来源：国家预算资金 State Budgetary Fund	本年资金来源：国家预算资金：中央预算资金 Central Budgetary Fund	本年资金来源：国内贷款 Domestic Loan
江　西	**6442947**	**1289046**	**5153901**	**1581476**	**70759**	**559807**
南　昌	4057677	1275851	2781826	37700		468700
景德镇	46006	6840	39166			
乐　平	4621		4621			
萍　乡	158015		158015	15730		6400
九　江	416522		416522	390651		20221
瑞　昌	6957		6957			
共青城	23300		23300	23300	22600	
新　余	78825		78825	53339		10500
鹰　潭	19346	364	18982	5346		5700
贵　溪	4081		4081			
赣　州	220683	45	220638	566		
瑞　金	88350		88350	30000	30000	46000
吉　安	32307	2965	29342	17477	6583	
井冈山	4076		4076			
宜　春	494580	2318	492262	487691		2286
丰　城	7384		7384	1030		
樟　树	64876	500	64376	2159		
高　安	57690		57690	6576	6576	
抚　州	515613		515613	478699	5000	
上　饶	105981	163	105818	31212		
德　兴	36057		36057			
山　东	**8176255**	**421164**	**7755091**	**4025938**	**8640**	**493728**
济　南	1594827	20970	1573857	1187910		233
章　丘	134883		134883			
青　岛	1424070	165811	1258259	485985	4016	328439
胶　州	75426		75426	68006		
即　墨	113218		113218	47646	1800	
平　度	29318		29318	18262		4000
莱　西	37919		37919	26543		760
淄　博	173662	7702	165960	50299	444	18800
枣　庄	105351	200	105151	48470		
滕　州	73568	1424	72144	31297		
东　营	238403		238403	214873		
烟　台	1016261	78552	937709	284069		55759
龙　口	19203		19203	16224		

continued 8

Measurement Unit: 10,000RMB

Sources of Fund						各项应付款 Sum Payable This Year	城市名称 Name of Cities
债　券 Securities	利用外资 Foreign Investment	外商直接投资 Foreign Direct Investment	自筹资金 Self-Raised Funds	单位自有资金 Self-Owned Funds	其他资金 Other Funds		
360000	**11950**	**7100**	**548928**	**31274**	**2091740**	**260660**	**江　西**
360000			72713	9855	1842713	17630	南　昌
			34729		4437		景德镇
			4621				乐　平
			135885				萍　乡
	2800		2850	2850			九　江
			6957			13328	瑞　昌
						23800	共青城
			14086	54	900	10039	新　余
	3800	3800	4136			3575	鹰　潭
			4081				贵　溪
			200	200	219872	170294	赣　州
			8350	6000	4000	2000	瑞　金
	150		11715	11415			吉　安
			4076			4076	井冈山
			1828		457	187	宜　春
			900	900	5454	15731	丰　城
			62217				樟　树
	4000	2100	47114				高　安
	1200	1200	24556		11158		抚　州
			71857		2749		上　饶
			36057				德　兴
7965	**69479**	**17451**	**2180574**	**294817**	**977407**	**1060498**	**山　东**
			384789	4229	925	19574	济　南
			89883		45000		章　丘
			332436		111399	342731	青　岛
			7420	7420			胶　州
			65572				即　墨
			7056				平　度
			5929	1562	4687		莱　西
4842			88419	32707	3600	105173	淄　博
	4521	1971	34495	1495	17665	50484	枣　庄
			40441	25869	406	4846	滕　州
	2330		21200				东　营
					597881	4718	烟　台
			2979				龙　口

4-2-3 续表 9

计量单位：万元

城市名称 Name of Cities	本年实际到位资金合计 The Total Funds Actually Available for The Reported Year	上年末结余资金 The Balance of The Previous Year	本年资金来源 小 计 Subtotal	国家预算资金 State Budgetary Fund	中央预算资金 Central Budgetary Fund	国内贷款 Domestic Loan
莱　阳	21715		21715	12655		
莱　州	9410		9410	5910		
蓬　莱	29418		29418	11157		2000
招　远	12784		12784			
栖　霞	11413		11413	5595		
海　阳	21814		21814	7304		
潍　坊	190914		190914	188568		
青　州	89319		89319	89319		
诸　城	26972		26972	4703		
寿　光	122857		122857	77667		
安　丘	46607		46607	2982		8045
高　密	22149		22149	16999		
昌　邑	32424		32424	20304		
济　宁	88986	784	88202	13769		
曲　阜	53595		53595			
邹　城	29648		29648			
泰　安	396671		396671	202501		64492
新　泰	86817		86817	55100		
肥　城	33807		33807			
威　海	286783	8358	278425	152530		11200
荣　成	102518		102518	76608		
乳　山	54168		54168	17249		
日　照	257834	173	257661	147283		
莱　芜	96539		96539			
临　沂	441794	137190	304604	226029		
德　州	123115		123115	74703	420	
乐　陵	11022		11022	11022	620	
禹　城						
聊　城	146920		146920	24751	800	
临　清	37340		37340	350	350	
滨　州	140671		140671	56982	190	
菏　泽	114122		114122	44314		
河　南	**4632048**	**189852**	**4442196**	**3553924**	**15154**	**299634**
郑　州	3041482	183034	2858448	2644745	7790	143520
巩　义	9881		9881	8538		
荥　阳	17932		17932	12367		

continued 9

Measurement Unit: 10,000RMB

Sources of Fund						各项应付款 Sum Payable This Year	城市名称 Name of Cities
债券 Securities	利用外资 Foreign Investment	外商直接投资 Foreign Direct Investment	自筹资金 Self-Raised Funds	单位自有资金 Self-Owned Funds	其他资金 Other Funds		
			8380		680	8130	莱阳
			3500	3500			莱州
			16261			5136	蓬莱
			12784	12784		5187	招远
			5818	5818			栖霞
			14510				海阳
			1824		522	6334	潍坊
							青州
			20769	7805	1500		诸城
			45190			69044	寿光
			33898	4162	1682		安丘
			5150				高密
			12120				昌邑
			53295	25723	21138	10790	济宁
			11500		42095		曲阜
			29648				邹城
			129678	65335			泰安
			31717			35185	新泰
			33807	800			肥城
			114695	47751		45644	威海
			25910			10613	荣成
			36919	250		3535	乳山
	15480	15480	94898	35046		85923	日照
			15205		81334		莱芜
			78243	8266	332	195986	临沂
	47148		215		1049	635	德州
							乐陵
						4304	禹城
3123			110446	115	8600	46526	聊城
			36990				临清
			83689	3920			滨州
			32896	260	36912		菏泽
	595		**569898**	**123465**	**18145**	**80966**	**河南**
			70183				郑州
			1343				巩义
			5565			1800	荥阳

4-2-3 续表 10

计量单位：万元

城市名称 Name of Cities	本年实际到位资金合计 The Total Funds Actually Available for The Reported Year	上年末结余资金 The Balance of The Previous Year	本年资金来源 小计 Subtotal	国家预算资金 State Budgetary Fund	中央预算资金 Central Budgetary Fund	国内贷款 Domestic Loan
新密	26448		26448	24448		
新郑	44610		44610	43444		
登封	17538	1300	16238	10947		
开封	176828		176828	103765		
洛阳	28843	3391	25452	9669		1460
偃师	4387		4387	1909		
平顶山	68236		68236	45400		7500
舞钢	3737		3737	3277	67	
汝州	72941		72941	40303		27856
安阳	75496		75496	35083	3340	9000
林州	12484		12484	10197	1834	
鹤壁	48991		48991	22196	453	8147
新乡	33960	1000	32960	22301		
卫辉	1400		1400	1400		
辉县	7325		7325	2810		
焦作	95310		95310	2558		
沁阳	11790		11790	10440		
孟州	2613		2613	2010		
濮阳	77708		77708	38308		
许昌	42750		42750	32218		
禹州	4842		4842	4712		
长葛	28452		28452	13555		
漯河	16599		16599	16599		
三门峡	9883		9883	7604		719
义马	3846		3846	3188		130
灵宝	12820		12820	1390		
南阳	180265	394	179871	69799	190	76894
邓州	95753		95753	90066		
商丘	54230		54230	37130		
永城	41444		41444	33444	1480	
信阳	21631		21631	14813		
周口	87417		87417	77417		
项城	39054		39054			
驻马店	71477	733	70744	38319		24408
济源	41645		41645	17555		

continued 10

Measurement Unit: 10,000RMB

Sources of Fund							
债券 Securities	利用外资 Foreign Investment	外商直接投资 Foreign Direct Investment	自筹资金 Self-Raised Funds	单位自有资金 Self-Owned Funds	其他资金 Other Funds	各项应付款 Sum Payable This Year	城市名称 Name of Cities
			2000				新密
			1166				新郑
			5291			1407	登封
			73063				开封
			14323	7289		5035	洛阳
			2478	54		2340	偃师
			14836	12500	500	43328	平顶山
			460	460			舞钢
			3974		808		汝州
			31413	26532		3007	安阳
			2287	2287		617	林州
			18648	18648		9100	鹤壁
			10209	4107	450	2972	新乡
							卫辉
			4215		300		辉县
			92752	4313			焦作
			1350				沁阳
			603	603			孟州
			39400	6400			濮阳
			10532				许昌
			130				禹州
			14897				长葛
							漯河
			1560			700	三门峡
			470		58	39	义马
			1030	1030	10400		灵宝
	595		31488	6674	1095	5421	南阳
			5687				邓州
			17100	17100			商丘
			8000				永城
			6818	5318		2280	信阳
			10000	10000			周口
			35020		4034		项城
			7517	150	500		驻马店
			24090			2920	济源

4-2-3 续表 11

计量单位：万元

城市名称 Name of Cities	本年实际到位资金合计 The Total Funds Actually Available for The Reported Year	上年末结余资金 The Balance of The Previous Year	本年资金来源			
			小计 Subtotal	国家预算资金 State Budgetary Fund	中央预算资金 Central Budgetary Fund	国内贷款 Domestic Loan
湖　北	**6849065**	**18754**	**6830311**	**322736**	**40049**	**4716264**
武　汉	4991707		4991707			4646863
黄　石	136176		136176	83777	1800	19635
大　冶	43363		43363	30835	235	
十　堰	50884	16868	34016	6245		
丹江口	3972		3972			
宜　昌	569444		569444	3620	1814	1200
宜　都	18282		18282	2146		9766
当　阳	22701		22701			
枝　江	44040		44040	42040		
襄　阳	99553		99553			
老河口	35370		35370			
枣　阳	47900		47900	4617		
宜　城						
鄂　州	104065		104065			
荆　门	64670		64670	15555		5000
钟　祥	27362		27362			
孝　感	10200		10200			
应　城	2673		2673	2673		
安　陆	473	39	434			
汉　川	868		868			
荆　州	42537	300	42237	4210	1200	
石　首	25646		25646	3400		
洪　湖	10956		10956	8376		
松　滋	15569		15569			
黄　冈	52393		52393			
麻　城	71600		71600			
武　穴	40550		40550			
咸　宁	38430		38430			
赤　壁	30926		30926			
随　州	4656		4656			
广　水	16414		16414			
恩　施	35897	1547	34350			
利　川	6800		6800	900		
仙　桃	115000		115000	75000	35000	33800
潜　江	34660		34660	14360		
天　门	33328		33328	24982		

continued 11

Measurement Unit: 10,000RMB

Sources of Fund							
债 券 Securities	利用外资 Foreign Investment	外商直接投资 Foreign Direct Investment	自筹资金 Self-Raised Funds	单位自有资金 Self-Owned Funds	其他资金 Other Funds	各项应付款 Sum Payable This Year	城市名称 Name of Cities
4200	**9253**		**1120994**	**39011**	**656864**	**129272**	**湖　北**
					344844		武　汉
300	8192		16012	560	8260		黄　石
			1728	1728	10800		大　冶
			21769	620	6002	28433	十　堰
			2905		1067		丹江口
			564624	19538		192	宜　昌
			4950		1420		宜　都
			22701				当　阳
			2000				枝　江
			98793		760		襄　阳
			32920		2450		老河口
			2058	1342	41225	776	枣　阳
						964	宜　城
			104065			18365	鄂　州
3900	1061		944		38210	10	荆　门
			27362				钟　祥
			300		9900		孝　感
							应　城
					434		安　陆
			868			101	汉　川
			24343		13684		荆　州
			22246	11000			石　首
			2580				洪　湖
			467		15102		松　滋
			43393	700	9000		黄　冈
			30800		40800		麻　城
			200		40350		武　穴
					38430		咸　宁
					30926		赤　壁
			4656			2366	随　州
			16414			16264	广　水
			34350			2323	恩　施
			5900			43228	利　川
			3000		3200		仙　桃
			20300			16250	潜　江
			8346	3523			天　门

4-2-3 续表 12

计量单位：万元

城市名称 Name of Cities	本年实际到位资金合计 The Total Funds Actually Available for The Reported Year	上年末结余资金 The Balance of The Previous Year	本年资金来源			
			小计 Subtotal	国家预算资金 State Budgetary Fund	中央预算资金 Central Budgetary Fund	国内贷款 Domestic Loan
湖南	**7917530**	**40908**	**7876622**	**1782778**	**955221**	**1242449**
长沙	3332859		3332859	1388489	949285	238496
浏阳	7673		7673	1902		5462
株洲	644602	40578	604024	63229		357498
醴陵	29100		29100	2100		8000
湘潭	264769		264769	28942	545	151450
湘乡	93820		93820			
韶山	31173		31173	30293	1100	
衡阳	1190779	330	1190449			15625
耒阳	36000		36000	19000		11000
常宁	35244		35244	11064		18200
邵阳	154177		154177	200		
武冈	35300		35300			
岳阳	259718		259718	65198	745	21580
汨罗	18618		18618	450		
临湘	9352		9352	5357	345	800
常德	78674		78674			
津市	7475		7475	6447		
张家界	106300		106300	52800		27000
益阳	15861		15861	75		
沅江	33229		33229			
郴州	644737		644737	4461	300	
资兴	36133		36133	35007	200	
永州	245995		245995			222418
怀化	116017		116017	15140	400	32000
洪江	34070		34070			
娄底	371405		371405	45010		127420
冷水江	18807		18807	4200		1800
涟源	35200		35200	500		
吉首	30443		30443	2914	2301	3700
广东	**8374861**	**630327**	**7744534**	**1962443**	**66150**	**481538**
广州	3699858	119701	3580157	1136100	51958	243489
韶关	26300		26300			
乐昌	689		689			
南雄	1414		1414	874		
深圳	2971955	209833	2762122	439665		128

continued 12

Measurement Unit: 10,000RMB

Sources of Fund						各项应付款 Sum Payable This Year	城市名称 Name of Cities
债券 Securities	利用外资 Foreign Investment	外商直接投资 Foreign Direct Investment	自筹资金 Self-Raised Funds	单位自有资金 Self-Owned Funds	其他资金 Other Funds		
21800	**55920**	**53420**	**2821729**	**842572**	**1951946**	**206552**	**湖　南**
			1705874	620673			长　沙
			309				浏　阳
			169676	2676	13621	8511	株　洲
			15000		4000		醴　陵
			84377				湘　潭
			93820				湘　乡
			750	470	130		韶　山
800	5220	5220	102101		1066703		衡　阳
			6000			36000	耒　阳
			5980			510	常　宁
			146156	137471	7821	800	邵　阳
			35300				武　冈
3400	49200	48200	107024	42855	13316	10000	岳　阳
			18168				汨　罗
	1500		1695				临　湘
					78674	2400	常　德
					1028		津　市
			14500		12000	5000	张家界
			5931	4156	9855	2339	益　阳
					33229	416	沅　江
			49864		590412		郴　州
			212		914		资　兴
7600			15977	1908		90981	永　州
			23999	10103	44878	26893	怀　化
			34070				洪　江
10000			115045		73930		娄　底
			12807				冷水江
			34700			1600	涟　源
			22394	22260	1435	21102	吉　首
95443			**2932169**	**238853**	**2272941**	**398975**	**广　东**
95443			131492	28293	1973633	50788	广　州
			26300			4500	韶　关
			689				乐　昌
			540			403	南　雄
			2322329	66018		7	深　圳

4-2-3 续表 13

计量单位：万元

城市名称 Name of Cities	本年实际到位资金合计 The Total Funds Actually Available for The Reported Year	上年末结余资金 The Balance of The Previous Year	本年资金来源 小计 Subtotal	国家预算资金 State Budgetary Fund	中央预算资金 Central Budgetary Fund	国内贷款 Domestic Loan
珠海	379318	224858	154460	95649		24771
佛山	175780	3790	171990	365		33276
江门	36176	233	35943	89		
台山						
鹤山	9176	45	9131	1500		
雷州	12103		12103			
吴川	4312		4312			
茂名	6705	3186	3519	300	300	
高州	6890	3300	3590	1790		
化州	318	100	218			
信宜	22180		22180			
肇庆	389578	42118	347460	86483	336	11353
四会	2670		2670			
惠州	97146	597	96549	23383		
梅州	24702		24702	20942	10556	
兴宁	1653		1653			
汕尾	13900		13900			
陆丰	817		817			
河源	14619	1800	12819	1800		
阳江	19574		19574	19574		
清远	16130	26	16104			10000
英德	9437	8557	880	880		
连州	2209		2209	2209		
东莞	276213	10062	266151	1623		157940
中山	138954	1490	137464	128658	3000	581
潮州	4712		4712	559		
揭阳	5711		5711			
普宁	1660		1660			
云浮	2002	631	1371			
广西	**6013239**	**225702**	**5787537**	**902335**	**30129**	**1984688**
南宁	3455882	37620	3418262	294675	4075	1182328
柳州	406755	150493	256262	51301	2223	51799
桂林	414042	7543	406499	95688		188959
梧州	150094	22587	127507	59144	1446	35319
岑溪	30810		30810	9310		
北海	98320	5082	93238	72504	2802	3972

continued 13

Measurement Unit: 10,000RMB

Sources of Fund						各项应付款 Sum Payable This Year	城市名称 Name of Cities
债　券 Securities	利用外资 Foreign Investment	外商直接投　资 Foreign Direct Investment	自筹资金 Self-Raised Funds	单位自有资　金 Self-Owned Funds	其他资金 Other Funds		
			32440	65	1600	31768	珠　海
			131302	104190	7047	9433	佛　山
			26650		9204	13440	江　门
						700	台　山
			3129	1050	4502	1334	鹤　山
			10020	10020	2083	12103	雷　州
					4312		吴　川
			3219	1019			茂　名
			500	500	1300	6938	高　州
			218	218		1023	化　州
			13680	150	8500		信　宜
			14322	947	235302	371	肇　庆
			2670	150			四　会
			72668		498	83452	惠　州
			2960		800		梅　州
					1653		兴　宁
			11600	11600	2300		汕　尾
			817	817		817	陆　丰
			2019	2019	9000	9000	河　源
							阳　江
			6104	5074		4332	清　远
						13105	英　德
						2209	连　州
			106224	36	364	143593	东　莞
			7328	4228	897	97	中　山
			2104	2104	2049	3325	潮　州
			355	355	5356	5356	揭　阳
					1660		普　宁
			490		881	881	云　浮
9729	**16021**		**2604269**	**644250**	**270495**	**1962193**	**广　西**
			1884760	558335	56499	1801440	南　宁
			76807	28802	76355	27139	柳　州
			89799	8878	32053	50556	桂　林
			21142	13092	11902	6796	梧　州
			9000		12500		岑　溪
1471			1161	1161	14130	19723	北　海

4-2-3 续表 14

计量单位：万元

城市名称 Name of Cities	本年实际到位资金合计 The Total Funds Actually Available for The Reported Year	上年末结余资金 The Balance of The Previous Year	本年资金来源 小计 Subtotal	国家预算资金 State Budgetary Fund	中央预算资金 Central Budgetary Fund	国内贷款 Domestic Loan
防城港	235559		235559	91398	1270	136830
东兴	69514		69514	16972	6834	
钦州	117518		117518	9307	3408	48731
贵港	98420		98420	46431	3000	11100
桂平	23868		23868	14374		
玉林	394697		394697	1500		162924
北流	102985		102985	9200		14343
百色	34966		34966	6356		15454
靖西	26261		26261	26261		
贺州	29077	1595	27482	18982	371	
河池	60335	782	59553	32747	2700	22306
宜州	9487		9487	5227	1000	
来宾	61451		61451	4365		359
合山	4087		4087	2683		
崇左	167069		167069	12504	1000	110264
凭祥	22042		22042	21406		
海南	**886940**	**128440**	**758500**	**68178**	**9138**	**423775**
海口	606208	82121	524087	43986	5484	365672
三亚	114108		114108	12021	3000	22815
三沙	13657	13657				
儋州	20257		20257			
五指山	41542	32052	9490	1010	654	
琼海	11161		11161	11161		
文昌	35288		35288			35288
万宁	1884	610	1274			
东方	42835		42835			
重庆	**5964976**	**248043**	**5716933**	**3450911**		**1122942**
四川	**6919139**	**367072**	**6552067**	**1343099**	**153588**	**1661118**
成都	3181742	12967	3168775	261502		1292623
都江堰	1259		1259	140		
彭州	28763		28763			
邛崃	35152		35152	201		
崇州	77900		77900			
自贡	283588	1206	282382	127348	5471	

continued 14

Measurement Unit: 10,000RMB

Sources of Fund							
债 券 Securities	利用外资 Foreign Investment	外商直接投资 Foreign Direct Investment	自筹资金 Self-Raised Funds	单位自有资金 Self-Owned Funds	其他资金 Other Funds	各项应付款 Sum Payable This Year	城市名称 Name of Cities
			7331	671			防城港
			45239	7500	7303		东 兴
8008			43139		8333	46901	钦 州
			10889	10027	30000		贵 港
			9289		205	8060	桂 平
			230273	4235			玉 林
			79442				北 流
			13156				百 色
							靖 西
			8194	2570	306	1303	贺 州
			4500				河 池
			4260				宜 州
			35818	6825	20909	275	来 宾
			1404	1404			合 山
	16021		28280	750			崇 左
250			386				凭 祥
4633	**540**		**52817**	**5503**	**208557**	**60746**	**海 南**
1059	540		50749	4385	62081	42752	海 口
			2068	1118	77204	17994	三 亚
							三 沙
					20257		儋 州
2300					6180		五指山
							琼 海
							文 昌
1274							万 宁
					42835		东 方
			726821	**170757**	**416259**	**1280516**	**重 庆**
57888	**5983**		**1718194**	**267320**	**1765785**	**933549**	**四 川**
34300			469176	60912	1111174	88771	成 都
			594	60	525	253	都江堰
			28763				彭 州
			20881	1180	14070	7807	邛 崃
					77900	62483	崇 州
173			130253	3830	24608	116780	自 贡

4-2-3 续表 15

计量单位：万元

城市名称 Name of Cities	本年实际到位资金合计 The Total Funds Actually Available for The Reported Year	上年末结余资金 The Balance of The Previous Year	本年资金来源 小计 Subtotal	国家预算资金 State Budgetary Fund	中央预算资金 Central Budgetary Fund	国内贷款 Domestic Loan
攀枝花	99061	5851	93210	23517	5250	50400
泸州	460044		460044	10937	2280	315
德阳	55444		55444	5007		25535
广汉	23397		23397	20307		
什邡	23664		23664			22050
绵竹	578		578	578		
绵阳	1021657	322833	698824	261720	63880	152531
江油	66214		66214			
广元	119130		119130	111050	5993	
遂宁	34800	3885	30915	1651	1651	
内江	41654		41654	18091	2190	
乐山	50088	10877	39211	12245		
峨眉山	21425		21425	12300		
南充	206400		206400	175700	3500	21600
阆中	64300		64300	52200	2300	9000
眉山	218843	1087	217756	32463		
宜宾	55534	6440	49094	45684	29773	
广安	81082	1080	80002	200		18864
华蓥	33100		33100			
达州	23573		23573	12000		6800
万源	2015		2015			
雅安	227007		227007	124280		60000
巴中	191775		191775	30000	30000	
资阳	19449	500	18949			
简阳	113874		113874	1300		
马尔康	1480		1480	1480	1300	
康定	26273		26273			
西昌	28874	346	28528	1198		1400
贵州	**13324991**	**1655200**	**11669791**	**842599**	**4060**	**6127446**
贵阳	11200849	1654029	9546820	771060	1160	6016310
清镇	27297		27297			
六盘水	703890		703890	444		356
遵义	16885		16885	11985	2900	900
赤水	40167	600	39567			
仁怀	4100		4100			
安顺	975727	500	975227	57053		

continued 15

Measurement Unit: 10,000RMB

Sources of Fund							
债券 Securities	利用外资 Foreign Investment	外商直接投资 Foreign Direct Investment	自筹资金 Self-Raised Funds	单位自有资金 Self-Owned Funds	其他资金 Other Funds	各项应付款 Sum Payable This Year	城市名称 Name of Cities
			6432	4606	12861	77732	攀枝花
			351718	132164	97074	15928	泸州
			24902			8180	德阳
			3090				广汉
			968		646		什邡
							绵竹
550			253037	21654	30986	146315	绵阳
			55064		11150		江油
	5827		1831	821	422	77531	广元
5778	156		21080		2250	17311	遂宁
17087			6471	2864	5	151251	内江
			19966	8772	7000	16420	乐山
			9125	9125		5610	峨眉山
			9100	9100		13250	南充
			3100	3100		4290	阆中
			86305		98988	32781	眉山
			3410	410		29300	宜宾
			60938			4030	广安
			33100				华蓥
			4773	4773		4125	达州
					2015		万源
					42727	13250	雅安
			138		161637	27116	巴中
			18949	3949			资阳
			82300		30274		简阳
						2111	马尔康
					26273		康定
			12730		13200	10924	西昌
200978	**8600**	**8600**	**3625355**	**175773**	**864813**	**1909977**	**贵州**
200000			1988141	22503	571309	1505358	贵阳
			1500		25797		清镇
978			702112				六盘水
			4000			12344	遵义
	8600	8600	6367	2000	24600		赤水
			4100			2760	仁怀
			688261		229913		安顺

4-2-3 续表 16

计量单位：万元

城市名称 Name of Cities	本年实际到位资金合计 The Total Funds Actually Available for The Reported Year	上年末结余资金 The Balance of The Previous Year	本年资金来源 小计 Subtotal	国家预算资金 State Budgetary Fund	中央预算资金 Central Budgetary Fund	国内贷款 Domestic Loan
铜　仁	19600		19600			
兴　义	57015		57015			29880
毕　节	173590	71	173519	2057		6000
凯　里	13671		13671			
都　匀	2200		2200			2000
福　泉	90000		90000			72000
云　南	**1777169**	**151823**	**1625346**	**76584**	**15800**	**264666**
昆　明	497614	64279	433335			42066
安　宁	85171		85171			
曲　靖	475215	83000	392215			152140
宣　威	46250		46250	5600		37700
玉　溪	8740		8740	780		
保　山	106098		106098			
腾　冲	1936		1936			
昭　通	94602		94602			
丽　江	1649		1649			
普　洱	7188		7188	5000	3000	
临　沧	424		424	424		
楚　雄	21683		21683	21056		
个　旧	5845	654	5191	3569	1500	
开　远	700		700			
蒙　自	140207	2600	137607	17855		5200
弥　勒	29556		29556			
文　山	107410		107410			
景　洪	37084		37084			
大　理	101660	1200	100460	16000	5000	27560
瑞　丽	620	90	530			
芒　市	1217		1217			
香格里拉	6300		6300	6300	6300	
西　藏	**80044**	**697**	**79347**	**56841**	**6000**	
拉　萨	74044	697	73347	50841		
日喀则	6000		6000	6000	6000	

continued 16

Measurement Unit: 10,000RMB

Sources of Fund								
债　券 Securities	利用外资 Foreign Investment	外商直接投　资 Foreign Direct Investment	自筹资金 Self-Raised Funds	单位自有资　金 Self-Owned Funds	其他资金 Other Funds	各项应付款 Sum Payable This Year	城市名称 Name of Cities
			19600				铜　仁
			27135				兴　义
			165251	151270	211	360470	毕　节
			688		12983	28745	凯　里
			200			300	都　匀
			18000				福　泉
10340	**30227**		**604811**	**17454**	**638718**	**601146**	**云　南**
			33626	17454	357643	325751	昆　明
					85171		安　宁
			126116		113959		曲　靖
					2950		宣　威
			960		7000		玉　溪
			106098				保　山
			1936			78346	腾　冲
	30227				64375	15103	昭　通
			1649				丽　江
					2188		普　洱
						14033	临　沧
			627			11038	楚　雄
					1622		个　旧
			700			7644	开　远
10000			104322		230	40802	蒙　自
			29556				弥　勒
			107410				文　山
			33934		3150		景　洪
			56900			1630	大　理
340			90		100	87716	瑞　丽
			887		330	18583	芒　市
						500	香格里拉
			22506				**西　藏**
			22506				拉　萨
							日 喀 则

4-2-3 续表 17

计量单位：万元

城市名称 Name of Cities	本年实际到位资金合计 The Total Funds Actually Available for The Reported Year	上年末结余资金 The Balance of The Previous Year	本年资金来源			
			小计 Subtotal	国家预算资金 State Budgetary Fund	中央预算资金 Central Budgetary Fund	国内贷款 Domestic Loan
陕　　西	**4245437**	**401498**	**3843939**	**2103882**	**7750**	**838394**
西　　安	2406151	401498	2004653	465603	3650	805878
铜　　川	201818		201818	196205		
宝　　鸡	88929		88929	32429		3500
咸　　阳	791008		791008	791008		
兴　　平	23966		23966	23966		
渭　　南	128423		128423	85237	1200	29016
韩　　城	101428		101428	101428	1000	
华　　阴	13955		13955	13955	200	
延　　安	46003		46003	20512	1700	
汉　　中	27550		27550	21130		
榆　　林	163230		163230	157230		
安　　康	167257		167257	111160		
商　　洛	5700		5700	4000		
杨 陵 区	80019		80019	80019		
甘　　肃	**3107519**	**26743**	**3080776**	**192316**	**28715**	**1480773**
兰　　州	2659566	12581	2646985	162175	7294	1391315
嘉 峪 关	13535		13535	1212	1212	
金　　昌	18381	1816	16565	9545	9545	
白　　银	51500		51500			
天　　水	93488		93488	1580		67804
武　　威	17318	12118	5200			
张　　掖	58746		58746	1200	1200	7808
平　　凉	44111		44111			
酒　　泉	43384		43384	2500	2500	10346
玉　　门	4011		4011	576	576	
敦　　煌	18156		18156			
庆　　阳	5525		5525			
定　　西	8379		8379	7140		
陇　　南	19286		19286			
临　　夏	45517		45517			3500
合　　作	6616	228	6388	6388	6388	
青　　海	**708449**	**50250**	**658199**	**279323**	**78834**	**343622**
西　　宁	542737	49200	493537	176824	17600	297413
海　　东	101305		101305	41530	21075	46209
玉　　树	4697		4697	4697	4697	
格 尔 木	39570	1050	38520	36834	27852	
德 令 哈	20140		20140	19438	7610	

continued 17

Measurement Unit: 10,000RMB

Sources of Fund						各项应付款	城市名称
债券 Securities	利用外资 Foreign Investment	外商直接投资 Foreign Direct Investment	自筹资金 Self-Raised Funds	单位自有资金 Self-Owned Funds	其他资金 Other Funds	Sum Payable This Year	Name of Cities
2700	**16700**		**746337**	**320936**	**135926**	**134973**	**陕西**
2700	16700		653461	283073	60311	73935	西安
			5613				铜川
			53000	24800		14900	宝鸡
							咸阳
							兴平
			14170			318	渭南
						27201	韩城
						14155	华阴
			6913	6913	18578	4464	延安
			5680		740		汉中
			6000	6000			榆林
					56097		安康
			1500	150	200		商洛
							杨陵区
371320	**12928**		**932103**	**103251**	**91336**	**606140**	**甘肃**
355900			728521	40334	9074	506793	兰州
8320			2105	225	1898	1702	嘉峪关
			2440	730	4580	24787	金昌
			51500	42500			白银
4100	9128		8626	5364	2250	51780	天水
			5200	5200			武威
3000			46313		425	8933	张掖
			15931		28180	4588	平凉
			6149	6149	24389		酒泉
			3435				玉门
					18156		敦煌
	3800		830		895	5275	庆阳
					1239		定西
			19286				陇南
			41767	2749	250	2282	临夏
							合作
1302			**33952**	**1086**		**73884**	**青海**
			19300			69523	西宁
			13566				海东
							玉树
950			736	736		4361	格尔木
352			350	350			德令哈

4-2-3 续表 18

计量单位：万元

城市名称 Name of Cities	本年实际到位资金合计 The Total Funds Actually Available for The Reported Year	上年末结余资金 The Balance of The Previous Year	本年资金来源 小计 Subtotal	国家预算资金 State Budgetary Fund	中央预算资金 Central Budgetary Fund	国内贷款 Domestic Loan
宁　夏	**266303**	**6609**	**259694**	**39837**	**6497**	**9872**
银　川	175878	2703	173175	17771	538	8200
灵　武	16458		16458	1500		600
石嘴山	38533	3906	34627	11955		236
吴　忠	19776		19776	7370	5879	836
青铜峡	3852		3852	171		
固　原	8628		8628	80	80	
中　卫	3178		3178	990		
新　疆	**3245159**	**12088**	**3233071**	**705416**	**104021**	**1316912**
乌鲁木齐	2300684	400	2300284	349623	44543	1197203
克拉玛依	99949		99949	43865		8404
吐鲁番	20004		20004	26	26	7370
哈　密	18140		18140	8140		
昌　吉	102348		102348	102348		
阜　康						
博　乐	23000		23000	23000		
阿拉山口	3310		3310	2710	528	
库尔勒	27942		27942			
阿克苏	48678		48678	6573		8722
阿图什	20828		20828	5475	5475	
喀　什	68557		68557	1700		
和　田	28087		28087	1100	1100	
伊　宁	105186		105186	13314	971	1100
奎　屯	26954		26954	21422		4350
乌　苏	14324		14324			
塔　城	6774		6774	2134	1454	
阿勒泰	39871		39871	18864	5000	11920
石河子	70846	470	70376	35770	2238	11658
阿拉尔	12878		12878	186	186	
图木舒克	37768		37768	18800	6000	
五家渠	17609		17609	247		
北　屯	39397		39397	18337	6000	2160
可克达拉	112025	11218	100807	31782	30500	64025

continued 18

Measurement Unit: 10,000RMB

Sources of Fund							
债　券 Securities	利用外资 Foreign Investment	外商直接投资 Foreign Direct Investment	自筹资金 Self-Raised Funds	单位自有资金 Self-Owned Funds	其他资金 Other Funds	各项应付款 Sum Payable This Year	城市名称 Name of Cities
	15978		**174063**	**4445**	**19944**	**167906**	**宁　夏**
			140975	2436	6229	143195	银　川
			6058		8300	8440	灵　武
	15978		2958		3500	1031	石嘴山
			11370	1029	200	4391	吴　忠
			3681	960		876	青铜峡
			6923		1625	4383	固　原
			2098	20	90	5590	中　卫
	8341	**1810**	**642652**	**362344**	**559750**	**225980**	**新　疆**
			364579	309465	388879	5541	乌鲁木齐
			5100	1982	42580	973	克拉玛依
			6542		6066		吐鲁番
			10000	10000		26894	哈　密
							昌　吉
						56045	阜　康
							博　乐
			600			2710	阿拉山口
			27942				库尔勒
			33383	3000		15972	阿克苏
			15088		265		阿图什
			66857	9172		55825	喀　什
			2800	2800	24187		和　田
	8341	1810	12603	12029	69828	6728	伊　宁
			845	53	337		奎　屯
			14324				乌　苏
			4640	3320		6774	塔　城
			1518	1518	7569	21047	阿勒泰
			9359	7305	13589	13366	石河子
			12692			6418	阿拉尔
			18968				图木舒克
			17362				五家渠
			17450	1700	1450	7687	北　屯
					5000		可克达拉

4-3　2015年全国城市市政公用设施建设施工规模和新增生产能力(或效益)

指标名称	Index	计量单位	Measurement Unit
1.供水综合生产能力	1.Integrated Water Production Capacity	万立方米/日	10,000 m^3/day
2.供水管道长度	2.Length of Water Pipelines	公里	Kilometer
3.人工煤气生产能力	3.Production Capacity of Man-made Coal Gas	万立方米/日	10,000 m^3/day
4.人工煤气储气能力	4.Storage Capacity of Man-made Coal Gas	万立方米	10,000 m^3
5.人工煤气供气管道长度	5.Length of Man-made Gas Pipelines	公里	Kilometer
6.天然气储气能力	6.Storage Capacity of Natural Gas	万立方米	10,000 m^3
7.天然气供气管道长度	7.Length of Natural Gas Pipelines	公里	Kilometer
8.液化石油气储气能力	8.LPG Storage Capacity	吨	Ton
9.液化石油气供气管道长度	9.Length of LPG Pipelines	公里	Kilometer
10.集中供热能力：蒸汽	10.Central Heating Capacity (Steam)	吨/小时	Ton/Hour
11.集中供热能力：热水	11.Central Heating Capacity (Hot Water)	兆瓦	Mega Watts
12.集中供热管道长度：蒸汽	12.Length of Central Heating Pipelines (Steam)	公里	Kilometer
13.集中供热管道长度：热水	13.Length of Central Heating Pipelines (Hot Water)	公里	Kilometer
14.轨道交通运营线路长度	14.Length of Operational Lines for Rail Transit	公里	Kilometer
15.桥梁座数	15.Number of Bridges	座	Unit
16.道路新建、扩建长度	16.Length of Extension of Roads and New Roads	公里	Kilometer
17.道路新建、扩建面积	17.Surface Area of Extension of Roads and New Roads	万平方米	10,000 m^2
18.排水管道长度	18.Length of Sewerage Piplines	公里	Kilometer
19.污水处理厂处理能力	19.Wastewater Treatment Capacity	万立方米/日	10,000 m^3/day
20.再生水管道长度	20.Length of Recycled Water Piplinnes	公里	Kilometer
21.再生水生产能力	21.Recycled Water Production Capacity	万立方米/日	10,000 m^3/day
22.绿地面积	22.Area of Green Space	公顷	Hectare
23.垃圾无害化处理能力	23.Garbage Treatment Capacity	吨/日	Ton/day

National Urban Service Facilities Construction Scale and Newly Added Production Capacity (or Benefits)(2015)

建设规模 Construction Scale	本年施工规模 Construction Scale This Year	本年新开工 Newly Started This Year	累计新增生产能力(或效益) Accumulative Newly Added Production Capacity (or Benefits)	本年新增 Newly Added This Year
6702	6150	5759	5788	561
30620	23829	21766	22736	19384
5				
1673	673	306	599	187
51908	26621	26446	1524	1473
50627	29615	28072	43510	27762
4199	4091	4091	4091	4091
386	188	184	306	128
6059	4696	3260	4336	4336
34838	28299	27781	26028	22668
1154	990	954	741	737
11585	9919	9423	8650	8332
1082	837	110	374	164
2460	2055	1714	1529	1350
26925	16204	13057	11320	10349
50340	29526	24898	23707	21794
92027	30651	22784	54358	47509
1648	1323	993	938	886
851	447	369	479	439
238	212	159	183	181
101406	55606	47947	64008	53721
165932	52874	36364	26600	25366

专 业 数 据

Sectorial Data

五、城市供水

5. Urban Water Supply

简要说明

城市供水指通过供水设施向单位和居民的生活、生产和其他各项建设提供符合国家标准用水的活动，包括公共供水和自建设施供水。

本部分主要包括城市供水的生产能力、供应量、服务情况等内容，并按公共供水企业和自建设施供水单位分别统计。

Brief Introduction

Urban water supply refers to supplying water that meets national quality standard to institutions and urban residents through water supply facilities. It includes water supply by public suppliers and by suppliers with self-built facilities.

This section covers such indicators as production capacity, total quantity of water supplied and relevant service etc. Statistics on urban water supply by water suppliers and by suppliers with self-built facilities is separately presented.

5 全国历年城市供水情况(1978-2015)
National Urban Water Supply in Past Years (1978-2015)

年 份 Year	综合生产能力 (万立方米/日) Integrated Production Capacity (10,000 m^3/day)	供水管道长度 (公里) Length of Water Supply Pipelines (km)	供水总量 (万立方米) Total Quantity of Water Supply (10,000 m^3)	生活用量 Residential Use	用水人口 (万人) Population with Access to Water Supply (10,000 persons)	人均日生活用水量 (升) Daily Water Consumption Per Capita (liter)	用水普及率 (%) Water Coverage Rate (%)
1978	2530.4	35984	787507	275854	6267.1	120.6	81.6
1979	2714.0	39406	832201	309206	6951.0	121.8	82.3
1980	2979.0	42859	883427	339130	7278.0	127.6	81.4
1981	3258.0	46966	969943	367823	7729.3	130.4	53.7
1982	3424.9	51513	1011319	391422	8102.2	132.4	56.7
1983	3539.0	56852	1065956	421968	8370.9	138.1	52.5
1984	3960.9	62892	1176474	465651	8900.7	143.3	49.5
1985	4019.7	67350	1280238	519493	9424.3	151.0	45.1
1986	10407.9	72557	2773921	706971	11757.9	161.9	51.3
1987	11363.6	77864	2984697	759702	12684.6	164.1	50.4
1988	12715.8	86231	3385847	873800	14049.9	170.4	47.6
1989	12821.1	92281	3936648	930619	14786.3	172.4	47.4
1990	14220.3	97183	3823425	1001021	15611.1	175.7	48.0
1991	14584.0	102299	4085073	1159929	16213.2	196.0	54.8
1992	16036.4	111780	4298437	1172919	17280.8	186.0	56.2
1993	16927.9	123007	4502341	1282543	18636.4	188.6	55.2
1994	18215.1	131052	4894620	1422453	20083.0	194.0	56.0
1995	19250.4	138701	4815653	1581451	22165.7	195.4	58.7
1996	19990.0	202613	4660652	1670673	21997.0	208.1	60.7
1997	20565.8	215587	4767788	1757157	22550.1	213.5	61.2
1998	20991.8	225361	4704732	1810355	23169.1	214.1	61.9
1999	21551.9	238001	4675076	1896225	23885.7	217.5	63.5
2000	21842.0	254561	4689838	1999960	24809.2	220.2	63.9
2001	22900.0	289338	4661194	2036492	25832.8	216.0	72.26
2002	23546.0	312605	4664574	2131919	27419.9	213.0	77.85
2003	23967.1	333289	4752548	2246665	29124.5	210.9	86.15
2004	24753.0	358410	4902755	2334625	30339.7	210.8	88.85
2005	24719.8	379332	5020601	2437374	32723.4	204.1	91.09
2006	26965.6	430426	5405246	2220459	32304.1	188.3	86.67(97.04)
2007	25708.4	447229	5019488	2263676	34766.5	178.4	93.83
2008	26604.1	480084	5000762	2274266	35086.7	178.2	94.73
2009	27046.8	510399	4967467	2334082	36214.2	176.6	96.12
2010	27601.5	539778	5078745	2371488	38156.7	171.4	96.68
2011	26668.7	573774	5134222	2476520	39691.3	170.9	97.04
2012	27177.3	591872	5230326	2572473	41026.5	171.8	97.16
2013	28373.4	646413	5373022	2676463	42261.4	173.5	97.56
2014	28673.3	676727	5466613	2756911	43476.3	173.7	97.64
2015	29678.3	710206	5604728	2872695	45112.6	174.5	98.07

注：1.1978年至1985年综合供水生产能力为系统内数；1978年至1995年供水管道长度为系统内数。

2.自2006年起，用水普及率指标按城区人口和城区暂住人口合计为分母计算，括号中的数据为往年同口径数据。

Note:1.Integrated production capacity from 1978 to 1985 is limited to the statistical figure in building secter; Length of water supply pipelines from 1978 to 1995 is limited to the statistical figure in building secter.

2.Since 2006,water coverage rate has been calculated based on denominator which combines both permanent and temporary residents in urban areas, and the datas of brackets are the same index but calculated by the method of past years.

5-1 2015年全国城市供水分组资料

地区名称 Name of Regions		综合生产能力(万立方米/日) Integrated Production Capacity (10,000 m^3/day)	地下水 Underground Water	供水管道长度(公里) Length of Water Supply Pipelines (km)	供水总量(万立方米) Total Quantity of Water Supply (10,000m^3)	生产运营用水 The Quantity of Water for Production and Operation	公共服务用水 The Quantity of Water for Public Service
全　国	**National Total**	**29678.26**	**6961.72**	**710206.39**	**5604728.43**	**1624334.92**	**771215.90**
分类一	**Group one**						
东部地区	East China	18378.18	4333.20	456297.94	3431111.80	1043291.98	511882.03
中部地区	Central China	7473.48	1695.75	159221.17	1371222.17	386793.54	168845.53
西部地区	West China	3826.60	932.77	94687.28	802394.46	194249.40	90488.34
分类二	**Group two**						
东部地区	East China	17702.15	4277.48	439340.15	3257846.08	988101.47	492547.68
中部地区	Central China	7063.29	1416.12	150007.38	1296433.15	360649.73	157645.51
西部地区	West China	4912.82	1268.12	120858.86	1050449.20	275583.72	121022.71
分类三	**Group three**						
东部地区	East China	16412.83	3790.35	401075.59	3006781.62	900693.07	452643.91
中部地区	Central China	5581.42	993.74	123496.97	1041378.75	276441.45	115633.83
西部地区	West China	4912.82	1268.12	120858.86	1050449.20	275583.72	121022.71
东北地区	Northeast China	2771.19	909.51	64774.97	506118.86	171616.68	81915.45

National Urban Water Supply (2015)

居民家庭用　水 The Quantity of Water for Household Use	其他用水 The Quantity of Water for Other Purposes	用水户数（户） Number of Households with Access to Water Supply (unit)	家庭用户 Household User	用水人口（万人） Population with Access to Water Supply (10,000 persons)	地区名称 Name of Regions
2088815.35	**268689.38**	**137202405**	**125157477**	**45112.62**	**全　国**
					分类一
1207788.78	178837.50	80042542	73551568	25020.70	东部地区
517037.40	52742.52	37535825	33707141	12645.15	中部地区
363989.17	37109.36	19624038	17898768	7446.77	西部地区
					分类二
1133254.24	176673.93	77569332	71251103	24002.64	东部地区
494711.20	48818.09	34559895	31091180	11783.08	中部地区
460849.91	43197.36	25073178	22815194	9326.90	西部地区
					分类三
1062388.07	170295.47	67596157	61831723	21752.05	东部地区
429735.27	40748.97	24200005	21596484	9306.98	中部地区
460849.91	43197.36	25073178	22815194	9326.90	西部地区
135842.10	14447.58	20333065	18914076	4726.69	东北地区

5-2 2015年按省分列的城市供水

地区名称 Name of Regions	综合生产能力(万立方米/日) Integrated Production Capacity (10,000 m³/day)	地下水 Underground Water	供水管道长度(公里) Length of Water Supply Pipelines (km)	供水总量(万立方米) Total Quantity of Water Supply (10,000m³)	生产运营用水 The Quantity of Water for Production and Operation
全　国	**29678.26**	**6961.72**	**710206.39**	**5604728.43**	**1624334.92**
北　京	2496.71	2192.03	27622.83	182517.27	27934.59
天　津	456.55	84.75	16619.57	85260.36	30983.10
河　北	855.56	604.61	16445.03	179177.51	64087.80
山　西	460.07	234.31	10714.95	83613.59	30694.27
内蒙古	410.19	279.63	9213.79	74789.02	26143.81
辽　宁	1289.32	487.13	38264.56	251064.46	87408.40
吉　林	653.46	97.12	12155.11	106201.81	26025.11
黑龙江	828.41	325.26	14355.30	148852.59	58183.17
上　海	1137.00	0.74	36383.22	312224.42	51642.38
江　苏	3104.12	108.43	78585.06	506719.39	193679.44
浙　江	1794.03	8.42	56455.66	327216.70	122715.92
安　徽	1094.78	98.51	23842.15	174263.44	50110.26
福　建	710.03	17.40	15981.91	161598.18	34353.54
江　西	473.05	9.45	15629.69	110874.42	17966.24
山　东	1776.71	688.46	48910.91	355902.59	147924.68
河　南	1121.39	544.28	21338.15	196709.96	66671.60
湖　北	1393.78	26.94	30578.98	277995.25	72111.69
湖　南	1038.35	80.25	21393.05	197922.09	38887.39
广　东	3913.77	47.06	99921.47	852512.28	222695.48
广　西	676.03	55.72	16957.79	173265.72	55190.51
海　南	168.35	38.45	4149.93	43652.92	4676.14
重　庆	529.92	2.26	15054.31	121493.80	28393.87
四　川	969.96	102.78	30058.17	220009.50	38172.45
贵　州	257.63	11.02	9765.93	60111.79	8881.54
云　南	381.42	20.57	10577.76	81874.96	19636.46
西　藏	56.50	46.80	1396.44	15606.70	2495.71
陕　西	404.99	182.10	8068.13	97663.52	30994.80
甘　肃	392.05	119.90	5625.34	55844.10	19119.20
青　海	98.45	42.40	2455.51	25674.16	9639.41
宁　夏	161.42	135.52	2355.49	31870.57	10236.67
新　疆	574.26	269.42	9330.20	92245.36	26679.29

Urban Water Supply by Province (2015)

公共服务用水 The Quantity of Water for Public Service	居民家庭用水 The Quantity of Water for Household Use	其他用水 The Quantity of Water for Other Purposes	用水户数(户) Number of Households with Access to Water Supply (unit)	家庭用户 Household User	用水人口(万人) Population with Access to Water Supply (10,000 persons)	地区名称 Name of Regions
771215.90	**2088815.35**	**268689.38**	**137202405**	**125157477**	**45112.62**	**全 国**
56206.21	69680.49	8239.00	6085494	5909030	1877.70	北 京
10516.68	27685.79	5102.64	4045850	3905497	875.24	天 津
23184.83	50055.06	21966.93	4241141	3859773	1685.76	河 北
7146.45	37790.85	2082.96	1546586	1427429	1099.39	山 西
11200.02	22326.20	3924.43	2975930	2615961	862.07	内蒙古
39903.77	70866.17	6378.46	9973175	9419380	2250.59	辽 宁
17608.83	31118.01	2809.35	4448606	4035431	1096.84	吉 林
24402.85	33857.92	5259.77	5911284	5459265	1379.26	黑龙江
68821.03	98848.49	26453.17	8317198	7889271	2415.27	上 海
63130.51	170504.80	18954.90	13228389	12022897	3068.64	江 苏
34427.50	120669.47	8637.94	7197777	6547056	2166.92	浙 江
22194.30	68319.02	4266.05	5203890	4838208	1471.13	安 徽
14412.98	61407.69	15521.54	3266773	2957766	1175.97	福 建
15291.92	48400.36	9683.51	3034209	2609243	1024.85	江 西
43723.05	113702.28	11814.06	9215467	8602215	3129.04	山 东
19715.42	73181.69	7300.93	5173865	4747597	2308.57	河 南
33467.46	112261.77	6818.06	5675311	5168771	1948.92	湖 北
17818.28	89781.58	10597.46	3566144	2805236	1454.12	湖 南
130139.60	330219.87	50486.42	11723479	9915646	5069.54	广 东
19334.35	74534.54	2163.57	2473210	2300465	1018.06	广 西
8081.52	19614.13	3118.87	274589	222572	287.97	海 南
13557.29	58128.16	5783.99	3940725	3624217	1296.13	重 庆
30066.48	111798.23	6714.56	5346222	4726246	1907.23	四 川
6122.91	30392.86	3614.33	1535946	1381538	612.67	贵 州
5808.55	36005.07	3233.65	2305176	2111446	867.87	云 南
4595.64	5093.29	581.01	160649	150675	66.67	西 藏
5632.56	45523.08	4750.33	2266728	2194354	905.01	陕 西
7521.42	22229.43	2284.06	1043182	972242	618.38	甘 肃
1851.41	8976.04	1712.64	196442	171904	183.51	青 海
4624.79	12346.42	1927.09	736063	625485	272.95	宁 夏
10707.29	33496.59	6507.70	2092905	1940661	716.35	新 疆

5-3 2015年按省分列的城市供水(公共供水)

地区名称 Name of Regions	综合生产能力(万立方米/日) Integrated Production Capacity (10,000m³/day)	地下水 Underground Water	水厂个数(个) Number of Water Plants (unit)	地下水 Underground Water	供水管道长度(公里) Length of Water Supply Pipelines (km)	供水总量(万立方米) 合计 Total	售水量 小计 Subtotal	生产运营用水 The Quantity of Water for Production and Operation	公共服务用水 The Quantity of Water for Public Service
全国	**23100.91**	**3053.93**	**2849**	**1014**	**661409.29**	**4849741.43**	**3998068.55**	**1089635.80**	**701678.43**
北京	506.06	201.38	69	57	15421.30	124407.44	103950.46	12831.34	39004.65
天津	383.65	15.65	29	10	16481.30	76480.49	65508.34	25779.00	7231.82
河北	565.76	350.06	118	99	14308.00	108803.80	88920.91	24060.23	17066.76
山西	316.29	180.66	79	66	8564.46	59344.17	53445.11	14645.01	5619.17
内蒙古	321.28	196.14	82	73	8507.29	58659.03	47464.47	13908.71	9107.82
辽宁	930.09	272.04	136	65	31866.49	188795.44	142287.78	38844.46	32967.10
吉林	350.53	45.07	78	31	9975.02	88004.13	59363.62	13578.81	15491.23
黑龙江	594.80	189.68	116	79	13238.94	111744.13	84595.25	27584.95	21301.46
上海	1137.00	0.74	37	2	36383.22	312224.42	245765.07	51642.38	68821.03
江苏	2507.06	32.86	131	13	76745.00	419686.02	359236.28	114320.99	61655.74
浙江	1637.77	0.80	129	3	55430.92	310261.33	269495.46	107504.54	34307.02
安徽	679.86	41.04	69	10	22170.57	146952.08	117578.27	29820.86	18519.90
福建	695.90	12.40	76	8	15798.19	157401.81	121499.38	31653.79	14114.57
江西	457.10	5.40	65	8	15465.42	108804.75	89272.36	16999.37	15205.05
山东	1343.22	405.56	284	133	44051.03	263652.68	224914.16	85509.17	35206.36
河南	839.36	319.95	127	78	19754.86	149192.74	119352.42	30320.83	15300.68
湖北	1232.42	1.50	125	4	29091.72	253378.34	200042.07	55916.75	32813.51
湖南	839.43	10.02	87	10	20659.94	178994.81	138157.43	25310.63	17098.19
广东	3870.42	42.00	302	32	99128.03	845888.62	726917.71	217470.27	129769.33
广西	511.92	43.20	72	10	15711.24	135419.67	113376.92	20040.01	19091.11
海南	166.75	38.45	31	10	4146.93	43592.92	35430.66	4676.14	8081.52
重庆	450.95	0.56	86	5	13803.80	110559.72	94929.23	19275.62	13145.84
四川	813.65	71.62	167	36	28611.34	200084.66	166826.88	23155.97	28963.91
贵州	248.33	8.11	51	7	9527.84	57724.80	46624.65	7432.10	5848.43
云南	353.10	12.63	76	16	10148.06	75214.89	58023.66	15659.25	5670.92
西藏	49.50	40.00	10	5	1378.74	15553.68	12712.63	2494.81	4593.50
陕西	321.24	107.89	63	44	7306.53	78465.68	67702.93	17976.04	3934.83
甘肃	305.87	88.44	46	31	4909.45	47088.90	42398.91	12926.70	6115.64
青海	65.08	21.10	13	5	2153.94	16941.05	13446.39	2908.45	1704.92
宁夏	97.37	83.67	24	20	1796.29	21429.57	18693.97	2672.02	3908.29
新疆	509.15	215.31	71	44	8873.43	84989.66	70135.17	22716.60	10018.13

Urban Water Supply by Province (Public Water Suppliers) (2015)

Total Quantity of Water Supply(10,000m³)					用水户数(户) Number of Households with Access to Water Supply (unit)		用水人口(万人) Population with Access to Water Supply (10,000 persons)	地区名称 Name of Regions
Water Sold		免费供水量 The Quantitiy of Free Water Supply		漏损水量 The Lossed Water		家庭用户 Household User		
居民家庭用水 The Quantity of Water for Household Use	其他用水 The Quantity of Water for Other Purposes		生活用水 Domestic Water Use					
1985645.86	**221108.46**	**113874.94**	**12663.78**	**737797.94**	**131017942**	**119575783**	**42844.54**	**全　国**
50901.91	1212.56	585.82	92.11	19871.16	5010102	4850762	1351.94	北　京
27394.88	5102.64	563.81		10408.34	4045839	3905492	861.43	天　津
43777.99	4015.93	2387.14	60.96	17495.75	3726404	3379299	1454.71	河　北
32722.18	458.75	342.99	183.16	5556.07	1164125	1098938	961.98	山　西
20861.44	3586.50	890.80	51.10	10303.76	2858240	2526097	839.64	内蒙古
65175.66	5300.56	6558.62	540.00	39949.04	9620267	9077012	2119.95	辽　宁
28278.68	2014.90	1524.73	224.05	27115.78	4261124	3877554	1032.47	吉　林
31047.82	4661.02	1866.90	310.60	25281.98	5325897	4904932	1289.85	黑龙江
98848.49	26453.17	16997.37		49461.98	8317198	7889271	2415.27	上　海
166887.31	16372.24	8290.06	2316.63	52159.68	13108361	11919474	3041.44	江　苏
119609.26	8074.64	5058.25	63.02	35707.62	7112807	6465084	2138.99	浙　江
65144.59	4092.92	3661.87	178.30	25711.94	4986810	4646141	1399.58	安　徽
60367.00	15364.02	1514.44	123.52	34387.99	3247295	2940610	1166.73	福　建
47519.55	9548.39	1936.78	376.71	17595.61	2998730	2575685	1012.12	江　西
98168.79	6029.84	5527.77	726.09	33210.75	8513340	8003087	2862.34	山　东
67684.27	6046.64	3447.76	697.40	26392.56	4843511	4452461	2180.29	河　南
106937.17	4374.64	12705.64	324.80	40630.63	5432422	4972774	1878.55	湖　北
85537.04	10211.57	8845.47	2685.14	31991.91	3460418	2706639	1391.88	湖　南
329487.32	50190.79	6578.51	296.13	112392.40	11688119	9882144	5053.94	广　东
72156.46	2089.34	3759.18	1129.65	18283.57	2447101	2277804	967.51	广　西
19554.13	3118.87	206.08	29.61	7956.18	268089	216072	286.73	海　南
57157.69	5350.08	1507.96	211.12	14122.53	3870921	3561284	1261.66	重　庆
108283.71	6423.29	2400.24	238.70	30857.54	5103485	4533234	1835.36	四　川
29816.75	3527.37	2923.03	109.80	8177.12	1513687	1366661	604.18	贵　州
33739.45	2954.04	6727.57	244.38	10463.66	2222373	2039325	836.12	云　南
5048.32	576.00	173.00	133.00	2668.05	155996	147776	65.72	西　藏
41999.11	3792.95	846.89	278.86	9915.86	2022279	1969868	819.34	陕　西
21177.51	2179.06	812.88	41.60	3877.11	928634	870750	591.12	甘　肃
7427.82	1405.20	739.58	476.10	2755.08	160611	138009	170.90	青　海
11408.82	704.84	319.40	132.14	2416.20	686244	580103	255.43	宁　夏
31524.74	5875.70	4174.40	389.10	10680.09	1917513	1801441	697.37	新　疆

5-4 2015年按省分列的城市供水(自建设施供水)

地区名称 Name of Regions	综合生产能力(万立方米/日) Integrated Production Capacity (10,000 m^3/day)	地下水 Underground Water	供水管道长度(公里) Length of Water Supply Pipelines (km)	供水总量(万立方米) 合计 Total	生产运营用水 The Quantity of Water for Production and Operation
全国	**6577.35**	**3907.79**	**48797.10**	**754987.00**	**534699.12**
北京	1990.65	1990.65	12201.53	58109.83	15103.25
天津	72.90	69.10	138.27	8779.87	5204.10
河北	289.80	254.55	2137.03	70373.71	40027.57
山西	143.78	53.65	2150.49	24269.42	16049.26
内蒙古	88.91	83.49	706.50	16129.99	12235.10
辽宁	359.23	215.09	6398.07	62269.02	48563.94
吉林	302.93	52.05	2180.09	18197.68	12446.30
黑龙江	233.61	135.58	1116.36	37108.46	30598.22
江苏	597.06	75.57	1840.06	87033.37	79358.45
浙江	156.26	7.62	1024.74	16955.37	15211.38
安徽	414.92	57.47	1671.58	27311.36	20289.40
福建	14.13	5.00	183.72	4196.37	2699.75
江西	15.95	4.05	164.27	2069.67	966.87
山东	433.49	282.90	4859.88	92249.91	62415.51
河南	282.03	224.33	1583.29	47517.22	36350.77
湖北	161.36	25.44	1487.26	24616.91	16194.94
湖南	198.92	70.23	733.11	18927.28	13576.76
广东	43.35	5.06	793.44	6623.66	5225.21
广西	164.11	12.52	1246.55	37846.05	35150.50
海南	1.60		3.00	60.00	
重庆	78.97	1.70	1250.51	10934.08	9118.25
四川	156.31	31.16	1446.83	19924.84	15016.48
贵州	9.30	2.91	238.09	2386.99	1449.44
云南	28.32	7.94	429.70	6660.07	3977.21
西藏	7.00	6.80	17.70	53.02	0.90
陕西	83.75	74.21	761.60	19197.84	13018.76
甘肃	86.18	31.46	715.89	8755.20	6192.50
青海	33.37	21.3	301.57	8733.11	6730.96
宁夏	64.05	51.85	559.20	10441.00	7564.65
新疆	65.11	54.11	456.77	7255.70	3962.69

Urban Water Supply by Province (Suppliers with Self-Built Facilities) (2015)

Total Quantity of Water Supply(10,000m³)			用水户数(户) Number of Households with Access to Water Supply (unit)		用水人口(万人) Population with Access to Water Supply (10,000 persons)	地区名称 Name of Regions
公共服务用水 The Quantity of Water for Public Service	居民家庭用水 The Quantity of Water for Household Use	其他用水 The Quantity of Water for Other Purposes		家庭用户 Household User		
69537.47	**103169.49**	**47580.92**	**6184463**	**5581694**	**2268.08**	**全　国**
17201.56	18778.58	7026.44	1075392	1058268	525.76	北　京
3284.86	290.91		11	5	13.81	天　津
6118.07	6277.07	17951.00	514737	480474	231.05	河　北
1527.28	5068.67	1624.21	382461	328491	137.41	山　西
2092.20	1464.76	337.93	117690	89864	22.43	内蒙古
6936.67	5690.51	1077.90	352908	342368	130.64	辽　宁
2117.60	2839.33	794.45	187482	157877	64.37	吉　林
3101.39	2810.10	598.75	585387	554333	89.41	黑龙江
1474.77	3617.49	2582.66	120028	103423	27.20	江　苏
120.48	1060.21	563.30	84970	81972	27.93	浙　江
3674.40	3174.43	173.13	217080	192067	71.55	安　徽
298.41	1040.69	157.52	19478	17156	9.24	福　建
86.87	880.81	135.12	35479	33558	12.73	江　西
8516.69	15533.49	5784.22	702127	599128	266.70	山　东
4414.74	5497.42	1254.29	330354	295136	128.28	河　南
653.95	5324.60	2443.42	242889	195997	70.37	湖　北
720.09	4244.54	385.89	105726	98597	62.24	湖　南
370.27	732.55	295.63	35360	33502	15.60	广　东
243.24	2378.08	74.23	26109	22661	50.55	广　西
	60.00		6500	6500	1.24	海　南
411.45	970.47	433.91	69804	62933	34.47	重　庆
1102.57	3514.52	291.27	242737	193012	71.87	四　川
274.48	576.11	86.96	22259	14877	8.49	贵　州
137.63	2265.62	279.61	82803	72121	31.75	云　南
2.14	44.97	5.01	4653	2899	0.95	西　藏
1697.73	3523.97	957.38	244449	224486	85.67	陕　西
1405.78	1051.92	105	114548	101492	27.26	甘　肃
146.49	1548.22	307.44	35831	33895	12.61	青　海
716.50	937.60	1222.25	49819	45382	17.52	宁　夏
689.16	1971.85	632.00	175392	139220	18.98	新　疆

5-5 2015年按城市分列的城市供水

城市名称 Name of Cities	综合生产能力(万立方米/日) Integrated Production Capacity (10,000m³/day)	地下水 Underground Water	供水管道长度(公里) Length of Water Supply Pipelines (km)	供水总量(万立方米)			
				合计 Total	售水量		
					小计 Subtotal	生产运营用水 The Quantity of Water for Production and Operation	公共服务用水 The Quantity of Water for Public Service
全　国	**29678.26**	**6961.72**	**710206.39**	**5604728.43**	**4753055.55**	**1624334.92**	**771215.90**
北　京	**2496.71**	**2192.03**	**27622.83**	**182517.27**	**162060.29**	**27934.59**	**56206.21**
天　津	**456.55**	**84.75**	**16619.57**	**85260.36**	**74288.21**	**30983.10**	**10516.68**
河　北	**855.56**	**604.61**	**16445.03**	**179177.51**	**159294.62**	**64087.80**	**23184.83**
石家庄	166.03	126.03	1860.93	49410.45	45168.97	11553.21	6965.23
晋　州	9.00	9.00	91.45	2255.00	2205.00	1757.00	55.00
新　乐	5.75	5.75	148.60	1623.00	1523.00	960.00	130.00
唐　山	130.00	87.60	2056.81	28840.51	26254.37	15050.39	3628.24
遵　化	19.00	19.00	158.38	1695.00	1539.00	300.00	352.00
迁　安	9.01	9.01	513.10	2787.40	2635.20	1697.30	249.40
秦皇岛	40.00		1058.40	10659.00	8328.99	3424.18	1946.44
邯　郸	93.50	48.50	1252.60	15050.00	13093.00	6278.00	1184.00
武　安	8.00	2.00	558.50	2287.00	2089.00	868.00	599.99
邢　台	22.44	16.30	781.57	4583.00	3549.54	624.00	0.27
南　宫	6.46	6.46	147.00	693.04	651.20	230.86	49.75
沙　河	2.50	2.50	175.00	448.00	387.00	29.00	130.00
保　定	42.79	16.79	1205.68	10471.57	9299.90	3907.30	1136.16
涿　州	27.80	17.69	155.44	3275.50	3123.50	1694.00	209.00
安　国	13.10	13.10	114.70	1361.00	1281.40	693.00	112.00
高碑店	4.04	4.04	258.60	1286.80	1142.80	406.00	187.00
张家口	75.30	75.30	896.00	8351.91	7475.54	4672.25	469.50
承　德	30.63	30.63	631.75	6031.79	4406.28	1920.84	364.77
沧　州	25.00	5.00	496.07	3782.47	3120.96	541.86	980.81
泊　头	5.00	2.00	283.00	1480.20	1275.64	292.16	248.84
任　丘	6.07	6.07	631.57	1667.26	1584.05	493.02	312.00
黄　骅	6.00		448.00	1020.00	917.00	224.00	99.00
河　间	5.00	5.00	320.00	1182.00	1051.00	367.00	83.00
廊　坊	22.88	22.88	651.37	4514.62	3942.72	1216.34	802.64
霸　州	4.42	4.42	308.00	1564.00	1472.00	797.00	173.00
三　河	18.30	18.30	337.70	2613.00	2483.00	878.00	466.00
衡　水	8.25	8.25	250.30	2663.91	2089.54	223.92	602.82
冀　州	2.39	2.39	191.00	748.08	701.02	310.17	133.97
深　州	10.30	4.00	186.80	1057.00	965.00	329.00	94.00
辛　集	13.10	13.10	131.71	3512.00	3404.00	1528.00	1246.00
定　州	23.50	23.50	145.00	2263.00	2135.00	822.00	174.00

National Urban Water Supply by City (2015)

Total Quantity of Water Supply(10,000m^3)				用水户数（户） Number of Households with Access to Water Supply (unit)		用水人口（万人） Population with Access to Water Supply (10,000 persons)	城市名称 Name of Cities
Water Sold		免 费 供水量 The Quantitiy of Free Water Supply	生活用水 Domestic Water Use		家庭用户 Household User		
居民家庭用 水 The Quantity of Water for Household Use	其他用水 The Quantity of Water for Other Purposes						
2088815.35	**268689.38**	**113874.94**	**12663.78**	**137202405**	**125157477**	**45112.62**	**全　国**
69680.49	**8239.00**	**585.82**	**92.11**	**6085494**	**5909030**	**1877.70**	**北　京**
27685.79	**5102.64**	**563.81**		**4045850**	**3905497**	**875.24**	**天　津**
50055.06	**21966.93**	**2387.14**	**60.96**	**4241141**	**3859773**	**1685.76**	**河　北**
9124.80	17525.73	45.39	34.32	395033	324463	282.17	石家庄
393.00				23684	22955	13.36	晋　州
418.00	15.00			21322	19940	9.13	新　乐
6259.41	1316.33	432.48		656751	598755	197.69	唐　山
802.00	85.00	81.00		59842	59295	24.00	遵　化
686.50	2.00			99524	73610	26.00	迁　安
2896.37	62.00	263.71	26.21	477929	456263	108.00	秦皇岛
5625.00	6.00	663.00		294493	281080	158.78	邯　郸
621.01		15.00		36163	32723	24.67	武　安
1649.56	1275.71	66.55		296182	275930	94.24	邢　台
363.99	6.60	4.77		35890	31311	14.60	南　宫
224.50	3.50			31319	29153	9.59	沙　河
4134.59	121.85			158941	141920	151.77	保　定
1209.00	11.50			63211	59022	34.72	涿　州
453.40	23.00	1.60	0.12	29172	28884	10.33	安　国
425.80	124.00	44.00		41622	40221	14.16	高碑店
2227.79	106.00	55.15		273729	226521	89.50	张家口
1748.74	371.93	613.93		214996	203546	56.92	承　德
1594.77	3.52	6.29		224285	208781	58.00	沧　州
725.37	9.27	10.00		44685	37386	15.90	泊　头
661.23	117.80	0.20	0.20	113710	110035	38.34	任　丘
592.00	2.00	1.00		57633	52960	19.80	黄　骅
480.00	121.00	11.00		52970	48570	17.48	河　间
1923.74				44980	32300	54.00	廊　坊
485.80	16.20	9.00		43382	38066	15.90	霸　州
639.00	500.00			38394	32920	21.50	三　河
1254.85	7.95			146953	134425	36.43	衡　水
246.84	10.04	14.07	0.11	38587	37132	15.89	冀　州
542.00		5.00		29330	29080	18.00	深　州
530.00	100.00			65570	63500	17.70	辛　集
1116.00	23.00	44.00		130859	129026	37.19	定　州

5-5 续表 1

城市名称 Name of Cities	综合生产能力(万立方米/日) Integrated Production Capacity (10,000m³/day)	地下水 Underground Water	供水管道长度(公里) Length of Water Supply Pipelines (km)	供水总量(万立方米) 合计 Total	售水量 小计 Subtotal	生产运营用水 The Quantity of Water for Production and Operation	公共服务用水 The Quantity of Water for Public Service
山　西	**460.07**	**234.31**	**10714.95**	**83613.59**	**77714.53**	**30694.27**	**7146.45**
太　原	197.33	60.00	2135.10	32331.23	31042.89	14769.62	1588.38
古　交	5.55	0.50	118.00	1670.38	1617.75	855.85	275.91
大　同	63.00	47.00	1371.18	8719.50	7988.25	3561.42	884.60
阳　泉	28.28	3.73	1110.54	5337.94	4687.82	1896.26	400.16
长　治	28.81	28.81	1057.70	7633.76	7147.76	1664.18	687.30
潞　城	3.00	3.00	82.80	517.58	481.58	120.33	86.19
晋　城	17.00	9.38	664.80	3923.79	3606.66	953.20	790.36
高　平	5.00	1.00	246.00	620.70	569.70	40.00	166.00
朔　州	18.00	9.50	321.20	2481.20	2276.20	823.00	213.00
晋　中	20.41	16.40	450.97	5240.32	4826.26	2490.72	295.76
介　休	7.54	7.54	117.11	894.00	747.55	298.98	80.57
运　城	10.00	0.50	665.62	2315.47	2078.06	304.23	256.16
永　济	4.90	4.90	85.00	980.00	931.00	251.00	98.00
河　津	4.00	4.00	147.10	1352.00	1206.00	583.52	30.20
忻　州	6.55	6.55	474.05	1410.94	1230.51	500.15	86.65
原　平	8.80	8.80	195.56	1235.00	1145.40	565.14	171.02
临　汾	12.30	4.00	475.60	2378.93	2135.93	419.20	306.58
侯　马	3.90	3.90	164.00	1067.62	955.62	219.62	21.00
霍　州	4.80	4.80	195.00	559.23	479.23		140.20
吕　梁	4.50	4.50	210.50	1203.00	1105.00	191.33	258.20
孝　义	4.00	4.00	243.35	1204.00	1011.36	176.52	102.21
汾　阳	2.40	1.50	183.77	537.00	444.00	10.00	208.00
内蒙古	**410.19**	**279.63**	**9213.79**	**74789.02**	**63594.46**	**26143.81**	**11200.02**
呼和浩特	56.60	36.50	811.16	13082.00	10280.00	3661.00	2435.00
包　头	99.50	11.50	1750.17	17908.76	15428.87	8345.02	2300.58
乌　海	30.18	30.18	420.00	5260.15	4076.25	578.55	980.50
赤　峰	43.57	42.15	1282.50	11397.42	10689.42	6493.00	934.00
通　辽	45.80	45.80	577.86	5231.35	4487.42	1667.84	1143.42
霍林郭勒	7.10	7.10	370.00	805.00	723.00	70.00	100.00
鄂尔多斯	19.80	16.40	807.96	3773.72	3348.98	350.00	830.70
呼伦贝尔	10.00	10.00	338.28	2572.00	2183.00	571.00	380.00
满洲里	9.50	4.50	472.85	1174.24	934.24	218.44	165.80
牙克石	3.60	3.60	96.20	1201.00	1147.00	558.00	198.00
扎兰屯	8.20	3.20	107.92	2242.00	2175.80	1686.20	115.10
额尔古纳	1.00	1.00	65.93	105.00	93.50	7.00	10.00
根　河	7.10	5.80	29.45	315.48	299.90	43.00	37.96
巴彦淖尔	14.40	8.06	462.63	2252.00	1853.00	311.93	164.00
乌兰察布	8.76	8.76	337.00	1746.02	1441.41	238.77	313.71

continued 1

Total Quantity of Water Supply($10,000m^3$)				用水户数(户) Number of Households with Access to Water Supply (unit)		用水人口(万人) Population with Access to Water Supply (10,000 persons)	城市名称 Name of Cities
Water Sold		免费供水量 The Quantitiy of Free Water Supply					
居民家庭用水 The Quantity of Water for Household Use	其他用水 The Quantity of Water for Other Purposes		生活用水 Domestic Water Use		家庭用户 Household User		
37790.85	**2082.96**	**342.99**	**183.16**	**1546586**	**1427429**	**1099.39**	**山　西**
14628.56	56.33			350526	335196	360.00	太　原
435.38	50.61			30325	29262	16.41	古　交
3495.17	47.06	80.95		216001	212424	123.58	大　同
2378.56	12.84	14.80	14.80	192837	145575	60.13	阳　泉
3944.43	851.85			167495	159255	72.80	长　治
261.45	13.61	5.00	5.00	14546	13925	9.06	潞　城
1645.30	217.80			146848	144614	47.04	晋　城
348.00	15.70			35237	34020	12.12	高　平
1227.00	13.20	50.00	28.00	107594	95157	39.26	朔　州
1631.67	408.11			14251	12095	49.77	晋　中
293.00	75.00	70.07	35.72	52913	50830	20.80	介　休
1506.05	11.62	6.21	6.21	24494	18991	40.85	运　城
567.00	15.00			8547	7571	16.93	永　济
590.28	2.00	10.80	2.27	9306	7240	20.37	河　津
624.58	19.13	59.56	59.56	22707	21408	29.98	忻　州
398.53	10.71	31.60	31.60	10615	8616	18.10	原　平
1404.19	5.96			43860	40309	61.10	临　汾
625.00	90.00	2.00		25966	24883	15.74	侯　马
270.20	68.83			37643	35524	14.88	霍　州
651.97	3.50			7554	5892	25.74	吕　梁
638.53	94.10			19444	17121	27.93	孝　义
226.00		12.00		7877	7521	16.80	汾　阳
22326.20	**3924.43**	**890.80**	**51.10**	**2975930**	**2615961**	**862.07**	**内蒙古**
3813.00	371.00	55.00		507079	455336	188.00	呼和浩特
3838.53	944.74			691415	632391	187.55	包　头
1720.20	797.00	536.90	50.00	164148	128608	56.07	乌　海
2841.42	421.00			405203	355151	94.56	赤　峰
1112.60	563.56	80.95		208952	180113	44.01	通　辽
517.33	35.67	2.00		46483	43800	12.60	霍林郭勒
2089.90	78.38	65.57		132173	103644	52.21	鄂尔多斯
1212.00	20.00			148915	126069	30.76	呼伦贝尔
550.00				85438	67993	21.00	满洲里
362.00	29.00	4.00		51668	48200	12.78	牙克石
201.50	173.00	0.50		43633	36032	12.79	扎兰屯
76.50				9366	8500	3.45	额尔古纳
218.94		1.88	1.10	19140	18091	6.68	根　河
1111.45	265.62	40.00		152123	144161	39.77	巴彦淖尔
785.97	102.96			55643	45752	30.98	乌兰察布

5-5 续表 2

城市名称 Name of Cities	综合生产能力(万立方米/日) Integrated Production Capacity (10,000m³/day)	地下水 Underground Water	供水管道长度(公里) Length of Water Supply Pipelines (km)	供水总量(万立方米) 合计 Total	售水量 小计 Subtotal	生产运营用水 The Quantity of Water for Production and Operation	公共服务用水 The Quantity of Water for Public Service
丰镇	7.98	7.98	191.92	898.70	751.59	260.00	84.25
乌兰浩特	21.50	21.50	280.80	2643.00	2114.00	663.00	627.00
阿尔山	2.15	2.15	49.20	64.18	50.18	7.06	9.00
二连浩特	5.00	5.00	165.56	499.00	405.00	129.00	128.50
锡林浩特	8.45	8.45	596.40	1618.00	1111.90	285.00	242.50
辽宁	**1289.32**	**487.13**	**38264.56**	**251064.46**	**204556.80**	**87408.40**	**39903.77**
沈阳	189.00	128.00	6761.97	57166.65	43670.33	8305.70	12797.73
新民	5.30	5.30	417.60	1508.02	1238.45	627.38	479.79
大连	163.00		5465.20	36743.66	28976.70	8483.00	5671.20
瓦房店	15.80	3.80	518.40	2980.80	2637.00	959.00	573.00
普兰店	15.50		390.00	1987.40	1344.00	410.00	335.00
庄河	10.00		377.02	1574.00	1255.00	249.00	120.00
鞍山	170.00	90.50	3021.70	29129.40	25939.00	16609.00	5384.00
海城	11.00	11.00	585.20	3220.50	1880.50	712.00	414.00
抚顺	129.00		2332.70	18242.30	15053.67	9702.77	1242.68
本溪	117.58	4.93	1134.20	25191.74	23775.14	19691.48	1969.17
丹东	48.29	0.95	1154.91	6251.00	4672.00	1653.00	1039.00
东港	12.50		296.00	1771.80	1287.00	478.00	235.00
凤城	5.00	1.00	537.87	1007.00	728.00	71.00	142.00
锦州	79.90	79.90	1646.00	13595.80	10560.00	6471.00	1680.00
凌海	13.50	13.50	113.80	1138.00	1048.00	528.00	130.00
北镇	4.77	4.20	105.00	799.11	647.33	96.70	248.00
营口	55.70	9.60	2765.00	6563.40	5060.00	1468.00	1342.00
盖州	8.10	8.10	266.16	1018.77	815.85	50.62	198.13
大石桥	4.43	1.19	983.64	1058.32	778.81	97.78	131.97
阜新	35.00	15.00	2040.00	7342.70	6055.40	2315.00	689.30
辽阳	44.30	29.30	1206.24	6078.17	4779.19	1948.28	930.67
灯塔	5.24	5.00	162.10	855.40	608.80	153.90	121.10
盘锦	29.55	12.05	1081.50	6061.37	5433.97	2101.97	1342.00
铁岭	22.10	10.25	938.14	3427.98	2352.98	141.69	849.32
调兵山	6.00	4.85	477.94	1442.30	1368.00	48.00	126.00
开原	7.09	7.09	626.90	2269.48	2101.63	722.62	320.05
朝阳	24.45	21.17	582.40	4004.17	3391.59	794.71	622.59
北票	3.70	3.40	303.00	1041.56	810.30	235.00	210.87
凌源	11.00	11.00	493.00	1373.00	1223.00	415.00	223.00
葫芦岛	38.02	4.55	1145.97	5098.66	4352.16	1823.80	201.20
兴城	4.50	1.50	335.00	1122.00	713.00	45.00	135.00

continued 2

Total Quantity of Water Supply($10,000m^3$)				用水户数(户) Number of Households with Access to Water Supply (unit)		用水人口(万人) Population with Access to Water Supply (10,000 persons)	城市名称 Name of Cities
Water Sold: 居民家庭用水 The Quantity of Water for Household Use	其他用水 The Quantity of Water for Other Purposes	免费供水量 The Quantitiy of Free Water Supply	生活用水 Domestic Water Use		家庭用户 Household User		
344.34	63.00	59.00		43557	40150	12.98	丰　镇
819.00	5.00			129698	110336	24.87	乌兰浩特
34.12		6.00		8292	7280	4.01	阿尔山
117.00	30.50	39.00		31303	23834	6.76	二连浩特
560.40	24.00			41701	40520	20.24	锡林浩特
70866.17	**6378.46**	**6558.62**	**540.00**	**9973175**	**9419380**	**2250.59**	**辽　宁**
22566.90		2695.00		2292064	2174311	515.21	沈　阳
131.28				65303	60735	20.30	新　民
12573.30	2249.20			1914155	1820853	329.90	大　连
664.00	441.00			138973	131138	40.28	瓦房店
584.00	15.00	72.00	40.00	118015	112366	20.77	普兰店
886.00				95975	90373	33.92	庄　河
3946.00		356.00		635803	611885	158.20	鞍　山
671.00	83.50	800.00	500.00	128000	117150	35.00	海　城
2690.89	1417.33	139.00		638831	609875	129.09	抚　顺
1906.75	207.74			441841	423932	91.00	本　溪
1950.00	30.00	700.00		231415	219447	73.19	丹　东
535.00	39.00	60.00		72781	66427	16.41	东　港
515.00		90.00		62085	57100	17.27	凤　城
2409.00		1134.00		335561	314042	94.30	锦　州
390.00				53114	52461	13.32	凌　海
277.33	25.30	5.30		37145	34435	13.20	北　镇
1990.00	260.00	7.00		374983	340535	94.59	营　口
502.06	65.04	7.50		60386	56905	22.96	盖　州
431.96	117.10	0.10		105070	91903	35.00	大石桥
3051.10				386099	366640	77.19	阜　新
1900.24				278391	256847	78.26	辽　阳
333.80		15.00		38764	35385	11.93	灯　塔
1976.00	14.00			322192	302974	73.10	盘　锦
1333.76	28.21	225.00		205041	186392	44.62	铁　岭
1175.00	19.00	10.00		83552	80404	20.23	调兵山
918.96	140.00	25.52		97582	92253	26.46	开　原
1022.91	951.38			227085	205953	58.20	朝　阳
318.43	46.00	14.00		61104	58970	17.13	北　票
449.00	136.00			96292	78830	20.80	凌　源
2253.50	73.66	34.20		286573	284859	50.76	葫芦岛
513.00	20.00	169.00		89000	84000	18.00	兴　城

5-5 续表 3

城市名称 Name of Cities	综合生产能力(万立方米/日) Integrated Production Capacity (10,000m³/day)	地下水 Underground Water	供水管道长度(公里) Length of Water Supply Pipelines (km)	供水总量(万立方米) 合计 Total	售水量 小计 Subtotal	生产运营用水 The Quantity of Water for Production and Operation	公共服务用水 The Quantity of Water for Public Service
吉　林	**653.46**	**97.12**	**12155.11**	**106201.81**	**77561.30**	**26025.11**	**17608.83**
长　春	136.97	11.47	2728.89	37595.73	26064.23	4730.80	11011.80
榆　树	3.23	3.23	246.95	1141.41	890.51	29.58	90.40
德　惠	8.33	4.13	1472.43	1847.50	1603.90	749.32	121.33
吉　林	288.00	3.00	1288.86	20947.00	17069.00	10884.00	920.00
蛟　河	3.00	0.40	61.50	915.46	510.46	35.96	108.33
桦　甸	6.72	0.72	135.00	838.80	583.80	210.00	102.00
舒　兰	4.00		135.99	1075.80	945.80	440.00	63.00
磐　石	2.00	2.00	130.10	730.00	540.00	75.00	70.00
四　平	18.99	3.47	1147.78	3720.83	3434.93	1103.01	572.00
双　辽	2.05	2.05	84.05	678.50	636.00	242.30	147.20
辽　源	21.23	5.23	508.00	2924.04	2121.04	886.73	521.31
通　化	15.79	0.40	554.48	4150.84	2082.43	665.00	50.32
集　安	3.00		141.74	939.70	395.00	135.00	103.00
白　山	12.70	1.90	378.71	2639.53	1532.33	701.94	72.80
临　江	3.10	0.30	91.22	508.00	360.00	52.00	37.00
松　原	19.00	12.50	438.50	5369.38	4779.38	1635.02	600.36
扶　余	2.49	2.49	51.00	555.00	503.00	88.00	140.00
白　城	11.00	11.00	397.00	2110.00	1640.00	330.00	380.00
洮　南	2.05	2.05	110.00	451.90	418.40	60.50	55.60
大　安	2.10	2.10	89.00	507.90	287.40	68.50	7.00
延　吉	19.00	3.11	472.39	5205.10	2655.10	116.24	906.86
图　们	1.51	0.06	114.27	439.00	267.75	39.98	39.74
敦　化	21.17	3.78	230.38	2249.00	1977.65	1126.00	195.55
珲　春	7.40		141.50	2102.20	1922.20	478.20	625.90
龙　井	4.50	1.00	115.73	822.60	590.40	212.84	66.42
和　龙	5.70		351.40	875.00	772.00	69.00	53.00
公主岭	20.01	13.01	322.81	3297.59	1711.59	561.19	218.91
梅河口	8.42	7.72	215.43	1564.00	1267.00	299.00	329.00
黑龙江	**828.41**	**325.26**	**14355.30**	**148852.59**	**121703.71**	**58183.17**	**24402.85**
哈尔滨	179.10	57.30	2146.50	38750.08	28540.37	5829.05	13051.19
双　城	3.91	3.91	241.34	897.51	821.51	151.89	100.15
尚　志	3.60	3.00	191.02	1134.50	1022.90	243.10	241.00
五　常	8.80	4.00	203.00	942.00	802.00	129.00	96.00
齐齐哈尔	40.90	30.90	1161.97	9493.70	7277.47	2162.55	1518.34
讷　河	2.82	2.82	110.40	391.91	308.00	0.95	36.33
鸡　西	21.65	5.92	748.92	5767.25	5024.35	2262.75	998.40
虎　林	2.30	2.30	199.78	479.00	367.00	91.00	69.00
密　山	3.50	3.50	202.50	620.00	547.00	161.00	80.00
鹤　岗	19.67	7.07	590.14	4023.57	3152.87	1426.57	614.80

continued 3

Total Quantity of Water Supply(10,000m^3)				用水户数(户) Number of Households with Access to Water Supply (unit)		用水人口(万人) Population with Access to Water Supply (10,000 persons)	城市名称 Name of Cities
Water Sold		免费供水量 The Quantitiy of Free Water Supply	生活用水 Domestic Water Use		家庭用户 Household User		
居民家庭用水 The Quantity of Water for Household Use	其他用水 The Quantity of Water for Other Purposes						
31118.01	**2809.35**	**1524.73**	**224.05**	**4448606**	**4035431**	**1096.84**	**吉林**
10116.00	205.63	35.00	23.00	1454330	1330614	400.89	长春
438.38	332.15	46.00		97145	86194	23.92	榆树
673.25	60.00			63510	57740	24.21	德惠
4776.00	489.00	328.00		742469	673768	125.77	吉林
322.25	43.92			67292	60230	13.90	蛟河
258.80	13.00	12.00		69778	61013	15.68	桦甸
429.00	13.80			36500	36250	11.00	舒兰
382.00	13.00	7.00	4.20	59920	53700	12.00	磐石
1148.00	611.92			141123	126308	47.80	四平
230.00	16.50	12.00		38046	37200	11.20	双辽
683.00	30.00	69.00		175135	155000	46.50	辽源
1364.04	3.07	383.00		181410	166802	43.56	通化
145.00	12.00	19.35		33302	29878	8.00	集安
757.59		105.33		153079	140632	35.59	白山
148.00	123.00	78.00	58.00	32830	26882	9.47	临江
2159.00	385.00			166718	158623	47.27	松原
268.00	7.00	14.00		22332	21000	6.63	扶余
840.00	90.00	240.00	40.00	90394	79350	27.85	白城
297.80	4.50	4.50	4.50	59575	59362	16.50	洮南
211.90				51539	41862	11.66	大安
1607.00	25.00	17.00	15.00	299438	273984	49.32	延吉
151.51	36.52	36.00		22576	20784	4.00	图们
614.00	42.10	1.35	0.15	100761	86460	23.10	敦化
818.10		10.00		48656	42250	16.51	珲春
286.50	24.64	2.20	2.20	37624	35100	10.18	龙井
646.00	4.00	28.00		34000	29700	8.70	和龙
849.89	81.60			93539	83736	26.22	公主岭
497.00	142.00	77.00	77.00	75585	61009	19.41	梅河口
33857.92	**5259.77**	**1866.90**	**310.60**	**5911284**	**5459265**	**1379.26**	**黑龙江**
9321.09	339.04	813.58	195.00	2075005	1933232	457.95	哈尔滨
539.77	29.70			83325	71817	17.97	双城
537.70	1.10	0.10		43517	34287	12.91	尚志
521.00	56.00			69030	57236	13.87	五常
2461.88	1134.70	91.00		527921	498828	108.90	齐齐哈尔
250.38	20.34	7.46		30362	26770	9.53	讷河
1617.00	146.20	271.60		246351	243162	71.22	鸡西
207.00		1.00		29755	22469	7.22	虎林
306.00		9.00		36511	35041	9.16	密山
1081.13	30.37	9.91		232266	219300	54.76	鹤岗

5-5 续表 4

城市名称 Name of Cities	综合生产能力(万立方米/日) Integrated Production Capacity (10,000m³/day)	地下水 Underground Water	供水管道长度(公里) Length of Water Supply Pipelines (km)	供水总量(万立方米) 合计 Total	售水量 小计 Subtotal	生产运营用水 The Quantity of Water for Production and Operation	公共服务用水 The Quantity of Water for Public Service
双鸭山	33.50	22.40	432.15	2822.10	2442.00	678.00	566.00
大庆	206.00	76.04	2584.27	28651.95	25491.26	18029.86	2306.54
伊春	33.23	25.44	1298.16	4511.00	4120.16	1498.41	553.47
铁力	5.20	2.10	235.70	1027.00	871.00	72.00	10.00
佳木斯	35.40	35.40	616.19	6039.61	3950.00	1499.73	707.66
同江	1.00	1.00	146.00	350.00	302.00	37.00	75.00
富锦	6.50	6.50	92.06	781.30	726.00	315.00	161.00
七台河	31.91	6.20	747.11	5626.51	4526.51	2930.45	371.76
牡丹江	123.00	0.50	599.00	23196.89	19458.12	16325.90	911.00
绥芬河	8.70	0.79	156.95	935.00	799.00	300.00	180.00
海林	3.29	0.14	87.00	607.13	555.13	317.23	51.90
宁安	3.00		143.71	775.00	697.00	274.00	50.00
穆棱	2.40	0.20	140.97	465.18	398.66	50.43	77.91
黑河	7.46	0.26	184.40	1013.00	707.50	196.40	145.90
北安	5.35	0.35	138.35	934.00	813.00	161.00	133.00
五大连池	0.62	0.62	106.82	187.00	168.00	4.50	8.50
绥化	13.00	13.00	418.91	4047.40	3736.90	1112.90	927.00
安达	6.20	5.70	96.50	1003.00	918.00	197.50	31.00
肇东	9.00	4.00	149.00	2845.00	2675.00	1583.00	291.00
海伦	7.40	3.90	186.48	535.00	485.00	142.00	39.00
上海	**1137.00**	**0.74**	**36383.22**	**312224.42**	**245765.07**	**51642.38**	**68821.03**
江苏	**3104.12**	**108.43**	**78585.06**	**506719.39**	**446269.65**	**193679.44**	**63130.51**
南京	645.38		11122.37	125255.12	112296.77	42996.94	26245.79
无锡	280.00		5755.00	42493.22	36602.40	16878.06	4437.08
江阴	120.00		1770.54	7982.36	7191.24	3755.22	612.43
宜兴	30.00		1520.00	6315.00	5479.00	1891.00	786.00
徐州	111.90	39.90	2432.85	24350.23	20673.74	10101.53	1277.48
新沂	20.60	15.60	676.30	2648.00	2200.00	902.00	380.00
邳州	24.86	14.86	480.00	2972.10	2825.10	1396.70	360.70
常州	202.00	0.35	10683.84	29537.33	26372.15	11334.21	4037.67
溧阳	25.00		730.56	2856.31	2489.16	973.97	464.61
苏州	417.35	0.20	8420.93	74924.52	69230.22	35716.70	8725.78
常熟	87.50		1732.00	7792.00	6910.00	3801.00	814.00
张家港	65.00		891.19	6007.62	5357.62	1028.00	1090.08
昆山	150.00		944.86	14672.00	13561.02	7337.00	975.02
太仓	70.86	0.17	645.98	5252.94	4684.79	2716.28	281.69
南通	201.70	14.20	3315.60	28149.74	23109.98	11802.90	281.42
启东	24.50		770.40	2820.00	2139.00	950.00	290.00

continued 4

Total Quantity of Water Supply(10,000m³)				用水户数(户) Number of Households with Access to Water Supply (unit)	家庭用户 Household User	用水人口(万人) Population with Access to Water Supply (10,000 persons)	城市名称 Name of Cities
Water Sold		免费供水量 The Quantitiy of Free Water Supply	生活用水 Domestic Water Use				
居民家庭用水 The Quantity of Water for Household Use	其他用水 The Quantity of Water for Other Purposes						
1088.00	110.00	110.10	80.00	116455	111421	47.40	双鸭山
3637.25	1517.61	0.15		842432	775703	139.86	大庆
1698.30	369.98	60.10	26.60	257740	221802	67.01	伊春
784.00	5.00			40563	34970	10.92	铁力
1657.94	84.67	282.00		246326	226236	57.47	佳木斯
190.00		12.00		20361	19890	6.73	同江
179.00	71.00	9.70		35681	32179	12.25	富锦
923.20	301.10	12.00	9.00	116586	102647	38.61	七台河
1809.22	412.00	23.20		314769	289959	68.35	牡丹江
241.00	78.00	61.00		23562	20860	8.74	绥芬河
178.00	8.00	2.00		32409	29416	10.03	海林
315.00	58.00			26750	22900	7.50	宁安
248.76	21.56	6.00		26787	25851	7.90	穆棱
361.20	4.00			66048	57350	14.10	黑河
411.00	108.00	40.00		54764	48705	13.44	北安
140.00	15.00			10685	10650	4.52	五大连池
1596.50	100.50	20.00		118500	114500	35.42	绥化
684.10	5.40	25.00		61507	55644	22.12	安达
666.50	134.50			81116	74000	30.30	肇东
206.00	98.00			44200	42440	13.10	海伦
98848.49	**26453.17**	**16997.37**		**8317198**	**7889271**	**2415.27**	**上海**
170504.80	**18954.90**	**8290.06**	**2316.63**	**13228389**	**12022897**	**3068.64**	**江苏**
39143.39	3910.65	2636.23	1898.43	2772594	2433887	617.79	南京
14990.13	297.13	1579.57		1475753	1382186	246.30	无锡
1835.27	988.32	75.00		145359	120260	36.92	江阴
2429.00	373.00	16.00	5.00	291058	278268	50.51	宜兴
6331.11	2963.62	120.20	89.30	577719	550962	186.96	徐州
784.80	133.20			88935	78782	31.97	新沂
1061.20	6.50			70718	65789	34.97	邳州
10971.73	28.54	526.07		743832	664484	178.97	常州
1050.58		11.31		83397	74008	21.46	溧阳
24192.27	595.47	348.00	216.00	1558135	1450719	299.81	苏州
2295.00		4.00		235324	214438	41.92	常熟
2507.02	732.52	40.00		85519	83185	40.62	张家港
3851.00	1398.00	337.51		311150	279000	42.91	昆山
1686.82				123477	99760	24.94	太仓
10076.35	949.31	283.65	5.22	634525	528145	162.45	南通
687.00	212.00			110887	100115	22.00	启东

5-5 续表 5

城市名称 Name of Cities	综合生产能力(万立方米/日) Integrated Production Capacity (10,000m³/day)	地下水 Underground Water	供水管道长度(公里) Length of Water Supply Pipelines (km)	供水总量(万立方米) 合计 Total	售水量 小计 Subtotal	生产运营用水 The Quantity of Water for Production and Operation	公共服务用水 The Quantity of Water for Public Service
如皋	42.50	1.50	951.54	3924.88	3435.56	1245.90	424.86
海门	10.00		1039.15	3516.70	2831.79	971.31	110.37
连云港	55.10		2585.21	12984.22	10779.70	4553.76	1823.11
淮安	66.00	12.00	4012.67	16106.81	14866.50	7349.62	1824.80
盐城	59.80	2.30	3032.36	10861.78	9572.36	1929.79	1390.63
东台	20.37	0.05	977.35	2148.80	1852.65	552.20	130.81
扬州	110.22	4.30	3412.72	19050.93	16500.29	4972.60	1519.41
仪征	14.88		1034.09	4252.60	3812.10	1806.50	150.60
高邮	10.60		400.70	2270.90	1922.90	686.80	240.00
镇江	59.00		2501.18	17297.14	15179.00	8234.00	1451.00
丹阳	35.00		401.32	3624.64	3225.94	1010.07	1046.07
扬中	10.00		475.32	1533.00	1343.00	150.00	35.00
句容	10.00		456.60	2417.00	1518.00	382.00	338.80
泰州	42.00		2329.04	9343.34	7287.43	2324.54	509.13
兴化	10.00		462.00	1168.00	1006.30	81.00	25.40
靖江	21.00		906.00	2665.00	2025.00	683.00	200.00
泰兴	20.00		265.86	2166.91	1474.67	379.84	85.02
宿迁	31.00	3.00	1449.53	7358.25	6514.27	2785.00	765.75
浙江	**1794.03**	**8.42**	**56455.66**	**327216.70**	**286450.83**	**122715.92**	**34427.50**
杭州	380.00		12080.84	66759.90	56477.60	14902.41	13544.13
建德	8.00		613.40	1382.10	1158.24	268.12	39.79
临安	16.70		1494.01	4221.03	3726.83	1066.33	411.98
宁波	225.00		3714.91	55022.09	46504.69	23336.25	4739.72
余姚	40.50		2180.28	4969.09	4601.83	2074.39	278.48
慈溪	44.00		1823.40	10137.57	9034.87	4114.57	214.19
奉化	18.70		698.00	3341.00	2806.00	868.00	563.00
温州	141.00		2917.71	27522.29	23493.65	10793.31	82.00
瑞安	22.00		905.49	2463.73	2151.97	554.58	129.18
乐清	13.46		675.54	3927.31	3164.31	437.00	172.10
嘉兴	75.50		1050.97	11049.77	9636.66	3221.71	2172.42
海宁	34.30		663.74	4991.71	4710.10	3555.39	175.87
平湖	12.00		457.84	3059.45	2597.17	1015.44	519.60
桐乡	45.00		798.00	3224.26	2862.06	1236.00	114.00
湖州	47.35	0.80	3209.69	9019.15	7945.95	2131.68	1350.78
绍兴	287.60		4729.81	38029.31	36437.31	26533.43	2754.88
诸暨	28.00		1444.90	5337.69	4654.91	1616.17	655.05
嵊州	16.00		1297.62	3496.40	3051.76	1488.47	166.88
金华	36.75	1.12	1439.76	8279.44	7041.08	1536.55	1489.17
兰溪	16.00		883.70	1982.00	1801.00	633.00	71.00

continued 5

Total Quantity of Water Supply(10,000m³)				用水户数(户) Number of Households with Access to Water Supply (unit)		用水人口(万人) Population with Access to Water Supply (10,000 persons)	城市名称 Name of Cities
Water Sold		免费供水量 The Quantitiy of Free Water Supply	生活用水 Domestic Water Use		家庭用户 Household User		
居民家庭用水 The Quantity of Water for Household Use	其他用水 The Quantity of Water for Other Purposes						
1764.80		81.00		99731	99020	32.90	如皋
1683.47	66.64	106.00		138504	124437	29.40	海门
4006.19	396.64	24.76		383901	349735	105.12	连云港
5464.10	227.98	12.48	11.81	490767	462257	146.67	淮安
5463.34	788.60	71.42	18.96	498956	472764	135.90	盐城
1161.64	8.00	37.52	5.50	80733	76803	32.60	东台
7835.45	2172.83	503.88		555015	506389	109.26	扬州
1194.20	660.80	73.00		71475	64837	21.03	仪征
980.20	15.90	31.00		79319	69055	22.05	高邮
4434.00	1060.00	27.14		373931	339379	88.90	镇江
1007.80	162.00	34.16	29.00	127567	116250	35.77	丹阳
1158.00				52447	48587	16.59	扬中
794.20	3.00			62935	57461	16.74	句容
3907.01	546.75	735.22	11.65	360087	337599	93.07	泰州
899.90		44.80		99356	90061	21.60	兴化
1087.00	55.00	100.00		51508	45938	24.11	靖江
973.78	36.03	315.19	3.30	116751	107768	26.35	泰兴
2797.05	166.47	114.95	22.46	277024	250569	70.08	宿迁
120669.47	**8637.94**	**5058.25**	**63.02**	**7197777**	**6547056**	**2166.92**	**浙江**
26161.68	1869.38	2432.19		1121904	1032192	523.28	杭州
846.33	4.00	79.00		58476	52289	13.39	建德
1179.44	1069.08	4.41		101833	89834	26.96	临安
18397.95	30.77	455.00		1240408	1145661	190.17	宁波
2225.12	23.84	15.00	3.00	216978	195629	44.98	余姚
3949.99	756.12	14.00		46846	44809	51.76	慈溪
1365.00	10.00	51.00	2.00	135109	123791	33.00	奉化
12599.09	19.25	986.85	3.00	555878	508752	192.81	温州
1465.93	2.28	16.27	0.94	91848	80483	27.65	瑞安
2538.21	17.00	154.00	1.00	110872	107517	52.26	乐清
3126.40	1116.13	70.23		380138	348969	84.99	嘉兴
963.74	15.10	1.25	1.25	95198	85862	21.61	海宁
1039.40	22.73			68469	62357	33.42	平湖
1475.06	37.00	9.20		86717	71352	25.33	桐乡
3924.79	538.70	79.84	7.00	287211	251788	90.20	湖州
6434.00	715.00	23.00	12.30	588530	538522	145.89	绍兴
1939.95	443.74	79.36	0.46	130437	119999	35.47	诸暨
1346.49	49.92	95.00		96806	92417	29.99	嵊州
3988.88	26.48	265.08	3.50	213343	180590	65.30	金华
1074.00	23.00			88600	81033	25.98	兰溪

5-5 续表 6

城市名称 Name of Cities	综合生产能力(万立方米/日) Integrated Production Capacity (10,000m³/day)	地下水 Underground Water	供水管道长度(公里) Length of Water Supply Pipelines (km)	供水总量(万立方米) 合计 Total	售水量 小计 Subtotal	生产运营用水 The Quantity of Water for Production and Operation	公共服务用水 The Quantity of Water for Public Service
义乌	32.96	0.96	1821.16	11707.51	10444.62	4388.49	393.44
东阳	11.34	0.46	974.84	3003.50	2647.82	755.60	498.63
永康	20.45		1195.69	3114.59	2667.67	1474.84	30.12
衢州	84.00	5.00	1229.36	7872.00	7208.00	3596.00	1171.00
江山	12.00	0.08	510.95	1930.40	1774.40	967.00	198.10
舟山	31.60		1457.00	4757.00	4400.00	1528.00	516.00
台州	49.32		3498.07	15159.00	13486.00	5598.00	789.00
温岭	10.00		362.00	3239.33	2888.83	493.99	517.09
临海	11.00		799.00	3249.90	2641.90	900.00	218.20
丽水	20.00		1183.00	4105.30	3655.00	1428.00	387.00
龙泉	3.50		344.98	862.88	778.60	203.20	64.70
安徽	**1094.78**	**98.51**	**23842.15**	**174263.44**	**144889.63**	**50110.26**	**22194.30**
合肥	175.00		4591.79	43567.80	36295.40	6697.10	8647.80
巢湖	12.00		515.00	3850.00	3268.70	420.00	400.00
芜湖	115.95		1638.75	18360.85	13895.49	6518.00	792.05
蚌埠	76.00	1.00	1207.00	17252.16	16105.11	8833.54	2683.28
淮南	48.09		1738.46	9565.61	7230.91	1393.24	1046.70
马鞍山	113.49		1984.50	14652.06	12843.32	7665.53	951.02
淮北	41.80	24.30	1022.50	5535.00	5073.00	2031.50	323.90
铜陵	210.09		1490.75	6555.67	5535.70	1539.78	742.16
安庆	66.50		971.95	9849.67	7863.85	3495.45	587.59
桐城	5.70		224.01	1250.00	911.00	155.60	201.00
黄山	21.18	0.04	768.94	4283.20	3417.12	995.91	629.59
滁州	30.00	1.00	692.63	6158.17	4333.03	1821.76	748.00
天长	8.62		482.00	1861.00	1646.00	170.00	350.00
明光	5.15	1.65	520.98	1795.00	1631.00	862.00	89.00
阜阳	45.50	25.50	1324.36	7280.46	6306.00	2607.11	1517.26
界首	5.20	5.20	169.63	1264.30	1160.30	339.00	95.00
宿州	27.00	27.00	782.80	4684.39	4308.87	1250.63	558.18
六安	21.50		428.45	5547.77	4106.77	887.17	631.00
亳州	14.70	11.30	906.03	3416.50	2679.50	875.50	353.00
池州	16.00		413.25	2861.68	2215.68	422.00	258.00
宣城	22.11	1.52	1713.59	3018.65	2584.58	513.64	552.27
宁国	13.20		254.78	1653.50	1478.30	615.80	37.50
福建	**710.03**	**17.40**	**15981.91**	**161598.18**	**125695.75**	**34353.54**	**14412.98**
福州	169.50		2561.17	40236.66	25334.71	1699.66	5330.46
福清	18.86		708.00	6930.96	5646.07	2666.79	507.56
长乐	27.40		329.83	2197.05	1969.75	406.00	223.75

continued 6

Total Quantity of Water Supply(10,000m³) Water Sold 居民家庭用水 The Quantity of Water for Household Use	其他用水 The Quantity of Water for Other Purposes	免费供水量 The Quantitiy of Free Water Supply	生活用水 Domestic Water Use	用水户数(户) Number of Households with Access to Water Supply (unit)	家庭用户 Household User	用水人口(万人) Population with Access to Water Supply (10,000 persons)	城市名称 Name of Cities
4857.18	805.51	3.00	3.00	135713	124514	72.17	义　乌
1287.65	105.94			127181	103105	41.34	东　阳
1136.41	26.30	14.57	14.57	62022	53899	23.71	永　康
2337.00	104.00	33.00		200025	179661	35.82	衢　州
597.00	12.30	22.00	4.00	91116	81970	15.09	江　山
1936.00	420.00	4.00	3.00	248372	228676	57.82	舟　山
7010.00	89.00	147.00		406420	372107	103.34	台　州
1791.08	86.67			50196	44537	28.90	温　岭
1485.00	38.70			102126	93364	31.20	临　海
1840.00		0.30	0.30	11460	10271	34.48	丽　水
350.70	160.00	3.70	3.70	47545	41106	8.61	龙　泉
68319.02	**4266.05**	**3661.87**	**178.30**	**5203890**	**4838208**	**1471.13**	**安　徽**
20950.50		1527.80		1394859	1367820	375.18	合　肥
2168.70	280.00	1.30		108000	105850	36.67	巢　湖
6585.44				355653	325409	137.77	芜　湖
4560.29	28.00			312598	290946	94.98	蚌　埠
4408.08	382.89	210.00	8.20	368601	350640	107.20	淮　南
4017.52	209.25	49.00		281612	264485	72.18	马鞍山
2671.50	46.10			312927	301056	80.82	淮　北
2907.01	346.75	89.81		190205	167153	47.53	铜　陵
2380.37	1400.44	35.39		278571	248624	70.74	安　庆
505.80	48.60			85501	74000	16.00	桐　城
1622.39	169.23	304.88	170.10	160526	140371	37.14	黄　山
1290.27	473.00	158.00		165829	151010	41.12	滁　州
1030.00	96.00			63965	56500	18.20	天　长
637.00	43.00	37.00		49460	45839	14.77	明　光
2157.99	23.64			255686	217144	72.90	阜　阳
719.00	7.30			51537	48428	16.54	界　首
2427.69	72.37			179004	165948	57.81	宿　州
2185.00	403.60	718.00		167919	148457	59.49	六　安
1451.00		305.00		102099	101248	31.60	亳　州
1360.00	175.68	210.00		130471	101200	30.05	池　州
1458.47	60.20	15.69		111832	101619	35.04	宣　城
825.00				77035	64461	17.40	宁　国
61407.69	**15521.54**	**1514.44**	**123.52**	**3266773**	**2957766**	**1175.97**	**福　建**
13801.88	4502.71	982.80		838023	793361	242.12	福　州
1916.26	555.46	60.03		185077	168128	33.82	福　清
1182.00	158.00	1.30		59756	55528	22.02	长　乐

5-5 续表 7

城市名称 Name of Cities	综合生产能力(万立方米/日) Integrated Production Capacity (10,000m³/day)	地下水 Underground Water	供水管道长度(公里) Length of Water Supply Pipelines (km)	供水总量(万立方米) 合计 Total	售水量 小计 Subtotal	生产运营用水 The Quantity of Water for Production and Operation	公共服务用水 The Quantity of Water for Public Service
厦门	154.90		3888.42	40729.78	33814.00	8998.00	3038.00
莆田	32.00		921.00	10211.00	8069.00	4900.00	926.00
三明	23.00		494.11	3401.07	3043.10	1378.66	273.52
永安	16.50		401.16	4092.94	3864.50	2316.00	469.80
泉州	45.00		2870.05	12607.00	9945.00	1604.00	144.00
石狮	44.00		346.00	5075.90	4075.00	1170.00	318.00
晋江	25.00		599.50	5479.00	4479.00	2100.00	300.00
南安	10.00		251.63	1967.49	1765.44	482.75	160.69
漳州	31.50		490.60	5125.36	4596.27	1295.00	645.00
龙海	12.00		170.89	1054.00	933.30	48.49	202.83
南平	19.00		501.37	3693.43	2990.80	654.26	650.10
邵武	7.50		147.00	1121.00	905.00	210.00	167.00
武夷山	4.00		128.98	937.44	774.44	11.00	211.48
建瓯	4.00		91.32	908.37	808.71	66.80	204.80
龙岩	31.90	17.40	359.71	8487.00	6995.00	3533.00	560.00
漳平	4.00		103.80	979.82	779.20	266.85	10.15
宁德	13.70		297.13	2252.49	1744.03	83.20	38.50
福安	8.27		130.90	1788.27	1314.59	87.19	30.34
福鼎	8.00		189.34	2322.15	1848.84	375.89	1.00
江西	**473.05**	**9.45**	**15629.69**	**110874.42**	**91342.03**	**17966.24**	**15291.92**
南昌	150.00		4130.93	39829.23	33125.27	3728.61	8203.72
景德镇	20.90	0.33	696.00	5886.20	4739.73	573.47	1030.43
乐平	13.20	1.06	202.00	1367.43	1140.43	480.33	65.52
萍乡	23.50		550.00	3533.42	2496.61	113.39	324.10
九江	34.00		1652.40	7903.00	6277.00	2336.00	29.00
瑞昌	8.00	4.00	219.00	1456.00	1282.00	154.00	51.00
共青城	2.65	0.03	194.81	452.10	405.75	149.90	72.55
新余	20.50		539.88	6066.00	5081.00	2027.00	620.00
鹰潭	10.00		224.48	2082.00	1593.00	221.00	300.00
贵溪	6.00		240.00	1268.00	977.00	136.00	121.00
赣州	47.00		2199.74	10982.01	9847.00	2434.40	1604.15
瑞金	5.00		662.00	1311.90	1104.30	149.00	167.00
吉安	21.00		762.00	3272.00	2562.00	730.00	425.00
井冈山	3.50	0.20	87.80	294.64	255.95	9.19	132.20
宜春	16.40		703.51	5105.80	4437.66	1208.70	271.46
丰城	16.00		535.41	2369.91	1980.91	282.08	19.44
樟树	12.30	1.03	157.68	1301.33	1088.77	268.95	178.60
高安	10.00	2.70	251.86	3380.00	3090.00	1866.00	162.00
抚州	21.00		605.85	5762.00	4725.00	447.00	548.00
上饶	29.10	0.10	685.88	6485.30	4529.30	431.22	910.73
德兴	3.00		328.46	766.15	603.35	220.00	56.02

continued 7

Total Quantity of Water Supply(10,000m³)				用水户数(户) Number of Households with Access to Water Supply (unit)	家庭用户 Household User	用水人口(万人) Population with Access to Water Supply (10,000 persons)	城市名称 Name of Cities
Water Sold		免费供水量 The Quantitiy of Free Water Supply	生活用水 Domestic Water Use				
居民家庭用水 The Quantity of Water for Household Use	其他用水 The Quantity of Water for Other Purposes						
15612.00	6166.00			555190	482609	307.11	厦　门
2243.00		100.00		170370	141520	62.55	莆　田
1390.92		3.30		70426	67855	22.22	三　明
1017.32	61.38	3.49	3.31	81804	68585	16.54	永　安
6452.00	1745.00	112.00	20.00	335118	293944	128.73	泉　州
2519.00	68.00			45632	30169	32.95	石　狮
1526.13	552.87			93138	86120	33.28	晋　江
1122.00				77402	69149	26.15	南　安
2656.27		10.00		141251	128271	50.37	漳　州
681.98				61700	60883	19.87	龙　海
1650.44	36.00	13.76		143482	127811	35.30	南　平
528.00		33.00		37395	34650	11.47	邵　武
551.96		11.00		32536	31487	9.06	武夷山
516.07	21.04	5.66		42965	38842	13.66	建　瓯
1792.00	1110.00	105.00	100.00	97248	87016	41.42	龙　岩
452.58	49.62	5.00		26961	24651	10.55	漳　平
1237.12	385.21	63.10		75259	73921	25.37	宁　德
1090.44	106.62	5.00	0.21	49522	47281	15.13	福　安
1468.32	3.63			46518	45985	16.28	福　鼎
48400.36	**9683.51**	**1936.78**	**376.71**	**3034209**	**2609243**	**1024.85**	**江　西**
14230.57	6962.37	364.20	100.00	943352	741720	267.42	南　昌
3095.66	40.17	0.98		142222	127042	48.79	景德镇
512.30	82.28	108.00	11.05	27322	25818	16.75	乐　平
1665.29	393.83			127578	117312	45.06	萍　乡
3713.00	199.00	240.00	60.00	293963	269828	66.10	九　江
1077.00		15.00		58647	55743	19.51	瑞　昌
163.04	20.26	5.49	4.69	12659	10453	5.04	共青城
2399.00	35.00			142421	132581	46.94	新　余
742.00	330.00	199.00		66992	54639	21.00	鹰　潭
602.00	118.00	80.00		36879	33021	12.82	贵　溪
5192.18	616.27	23.01		235094	181481	128.42	赣　州
685.30	103.00	60.60		57624	55140	32.00	瑞　金
1297.00	110.00	130.00	130.00	157919	144835	40.91	吉　安
108.38	6.18	10.30		12719	11648	3.76	井冈山
2871.00	86.50	68.00	60.35	186517	168990	54.67	宜　春
1679.39				87119	83089	33.61	丰　城
633.03	8.19	6.40	6.20	47556	43168	24.18	樟　树
1042.87	19.13			35470	32612	24.49	高　安
3207.00	523.00	4.00	1.50	140650	128907	56.57	抚　州
3162.35	25.00	619.00	0.72	180470	155448	70.16	上　饶
322.00	5.33	2.80	2.20	41036	35768	6.65	德　兴

5-5 续表 8

城市名称 Name of Cities	综合生产能力(万立方米/日) Integrated Production Capacity (10,000m³/day)	地下水 Underground Water	供水管道长度(公里) Length of Water Supply Pipelines (km)	供水总量(万立方米) 合计 Total	售水量 小计 Subtotal	生产运营用水 The Quantity of Water for Production and Operation	公共服务用水 The Quantity of Water for Public Service
山　东	**1776.71**	**688.46**	**48910.91**	**355902.59**	**317164.07**	**147924.68**	**43723.05**
济　南	194.70	102.70	3711.73	34753.52	29093.17	12164.68	3584.95
章　丘	19.50	19.50	345.00	2724.86	2359.86	995.18	115.00
青　岛	183.83	14.60	6142.38	46203.00	40202.48	14400.32	9367.28
胶　州	14.00	4.00	449.60	3936.00	3607.00	1494.00	706.00
即　墨	35.00	3.20	698.30	6668.20	6177.70	3820.70	163.70
平　度	13.50	8.70	547.65	3660.50	3245.50	1010.00	404.00
莱　西	15.50	2.00	528.45	3184.71	2941.71	1210.52	372.16
淄　博	177.28	116.08	2602.58	26611.15	24518.95	16164.68	1516.45
枣　庄	54.45	44.55	1690.97	10540.80	8923.00	3707.50	993.30
滕　州	21.00	20.00	964.50	6809.20	5515.20	3025.00	327.00
东　营	84.50		1248.83	9717.56	8226.75	2979.19	975.27
烟　台	113.70	19.00	3700.16	18789.05	16229.09	6494.12	3234.90
龙　口	15.85	1.85	337.00	1710.00	1524.00	573.00	212.00
莱　阳	16.20	6.20	344.59	3450.00	2943.00	1757.50	350.00
莱　州	15.50	0.50	645.00	1594.10	1426.60	295.52	402.73
蓬　莱	10.50	1.80	351.69	1418.80	1294.80	504.10	246.50
招　远	6.00	3.50	463.00	2127.50	1989.30	1211.64	305.10
栖　霞	4.30	1.30	117.60	797.02	752.02	59.00	267.00
海　阳	10.40		371.20	1630.60	1468.50	368.59	147.28
潍　坊	73.07	23.19	2223.52	14727.94	13671.60	7652.50	2020.00
青　州	18.80	15.80	688.30	3324.00	3022.00	1802.00	310.00
诸　城	23.00		347.91	6507.00	6028.00	3858.00	319.00
寿　光	18.61	15.90	374.00	5775.00	5424.00	3912.00	189.00
安　丘	17.20	11.60	355.50	3718.80	3604.80	2160.10	409.62
高　密	31.10	9.63	243.90	6617.64	6227.32	4571.82	263.24
昌　邑	16.80	16.80	112.42	4849.00	4668.00	3460.00	241.00
济　宁	76.00	76.00	1020.98	14955.29	12744.29	5934.00	304.53
曲　阜	10.00	9.00	326.73	2923.72	2729.72	1256.00	380.00
邹　城	15.00	15.00	367.90	3923.88	3533.92	2280.00	276.82
泰　安	30.00	9.00	1538.00	7515.29	6390.29	2202.00	1862.00
新　泰	17.50	1.10	837.30	3069.60	2770.60	577.00	308.00
肥　城	6.10	6.10	181.90	1965.00	1816.00	779.00	198.00
威　海	51.92	4.88	3413.61	10493.00	9445.00	4638.20	2185.35
荣　成	27.00	4.80	870.00	2982.20	2873.00	1326.00	805.00
乳　山	16.50	4.50	564.94	1522.00	1362.00	614.00	315.00
日　照	33.92	11.95	1661.17	7293.12	6392.71	3098.49	828.56

continued 8

Total Quantity of Water Supply(10,000m³)				用水户数(户) Number of Households with Access to Water Supply (unit)	家庭用户 Household User	用水人口(万人) Population with Access to Water Supply (10,000 persons)	城市名称 Name of Cities
Water Sold		免费供水量 The Quantitiy of Free Water Supply	生活用水 Domestic Water Use				
居民家庭用水 The Quantity of Water for Household Use	其他用水 The Quantity of Water for Other Purposes						
113702.28	**11814.06**	**5527.77**	**726.09**	**9215467**	**8602215**	**3129.04**	**山东**
12004.89	1338.65	2543.08		776339	757323	303.00	济南
1229.68	20.00	55.00		82748	81696	26.96	章丘
15381.40	1053.48	426.70	97.66	1424688	1349219	338.27	青岛
1372.00	35.00	8.00	2.40	88888	77141	41.96	胶州
2183.40	9.90	3.00		101470	92597	55.97	即墨
1730.50	101.00	53.00		149535	148411	47.52	平度
1252.94	106.09			114549	113708	32.68	莱西
6147.81	690.01	219.23	57.47	526586	505363	167.70	淄博
3644.50	577.70	16.20	6.00	231077	210215	96.73	枣庄
1765.00	398.20			134089	120646	36.64	滕州
2714.69	1557.60	178.10		240898	229446	67.79	东营
6465.49	34.58	43.28		560500	529897	178.95	烟台
647.00	92.00			76267	75227	28.65	龙口
835.50				102429	100957	36.20	莱阳
718.35	10.00	0.10		106487	103643	37.50	莱州
477.00	67.20	2.00		48446	45750	17.55	蓬莱
450.56	22.00	8.20		75867	72931	20.21	招远
414.02	12.00	10.00	8.00	49839	39409	17.48	栖霞
933.12	19.51	7.00		89529	88400	25.71	海阳
3853.90	145.20	6.00		370384	345903	128.42	潍坊
910.00		32.00	6.00	83079	82360	32.85	青州
1494.00	357.00	81.00		137280	133452	47.10	诸城
1323.00		29.00		97857	97420	34.25	寿光
904.40	130.68			101272	95168	34.03	安丘
1145.99	246.27	6.70		64315	56212	28.83	高密
967.00				19156	17032	15.39	昌邑
6019.76	486.00	808.00	480.00	449669	374202	139.88	济宁
537.00	556.72			57610	54360	21.40	曲阜
967.10	10.00	38.89	38.89	73922	69737	31.19	邹城
2256.29	70.00	338.00		229931	211800	67.30	泰安
1720.60	165.00	18.00	15.50	144648	134833	51.67	新泰
810.00	29.00	1.00		80723	80009	26.60	肥城
2472.85	148.60	31.00		398282	356098	92.93	威海
725.80	16.20	18.20		115550	113172	37.93	荣成
410.00	23.00	15.00		60526	59636	18.91	乳山
2379.94	85.72			191368	97634	67.56	日照

5-5 续表 9

城市名称 Name of Cities	综合生产能力(万立方米/日) Integrated Production Capacity (10,000m³/day)	地下水 Underground Water	供水管道长度(公里) Length of Water Supply Pipelines (km)	供水总量(万立方米) 合计 Total	售水量 小计 Subtotal	生产运营用水 The Quantity of Water for Production and Operation	公共服务用水 The Quantity of Water for Public Service
莱芜	23.20	7.10	984.64	4767.26	4115.39	1754.00	512.80
临沂	66.08	11.73	2048.12	21715.69	20022.78	4553.12	3302.87
德州	54.00	2.00	1977.83	12076.32	11399.04	7693.15	773.21
乐陵	9.20	6.10	96.60	1265.00	1138.50	114.10	356.60
禹城	11.00	9.50	179.53	2553.56	2423.56	1531.50	166.50
聊城	25.80	22.80	1138.30	6944.48	6544.88	2426.64	1218.53
临清	16.00	15.00	270.76	2618.00	2443.00	675.00	284.00
滨州	58.70		1534.12	8226.93	7180.74	3607.82	592.80
菏泽	24.50	9.50	292.70	7246.30	6754.30	3213.00	1610.00
河南	**1121.39**	**544.28**	**21338.15**	**196709.96**	**166869.64**	**66671.60**	**19715.42**
郑州	187.42	42.42	2997.24	35181.24	29626.67	3876.92	5757.13
巩义	12.00	10.50	174.88	1736.20	1363.51	425.70	337.44
荥阳	4.40	4.40	227.10	1224.42	1124.42	456.00	118.00
新密	10.50	7.00	253.00	1309.00	1132.00	184.00	290.00
新郑	6.13	6.13	333.60	1099.36	917.36	146.56	176.80
登封	3.70	1.20	139.60	1082.85	973.85	313.15	256.00
开封	63.60	13.60	1362.80	10594.46	8479.09	4074.22	810.34
洛阳	85.70	73.00	1684.78	16167.97	14321.67	4193.05	3094.20
偃师	7.55	7.55	203.64	1050.90	914.40	207.10	58.80
平顶山	60.92	2.32	1216.65	10190.25	8301.25	4144.99	174.00
舞钢	13.70	1.50	140.96	1558.30	1498.50	974.00	90.00
汝州	8.62	8.62	278.54	1052.18	898.28	487.00	104.50
安阳	76.00	52.00	789.80	9995.00	8945.00	4304.00	1069.00
林州	6.00	3.00	250.90	1187.00	916.00	108.00	97.00
鹤壁	27.90	9.15	528.42	4147.00	3541.31	1697.00	24.42
新乡	62.00	29.00	812.84	13392.11	10652.41	7058.35	
卫辉	6.00	3.00	172.60	1917.00	1772.00	820.00	233.00
辉县	10.00	10.00	410.20	2032.00	1955.00	727.00	381.00
焦作	57.30	52.50	1049.55	8271.64	6806.94	3302.66	593.91
沁阳	7.60	7.60	167.95	605.66	529.37	131.56	59.16
孟州	7.30	7.30	215.60	987.80	912.80	418.80	193.00
濮阳	35.60	20.80	283.49	5863.21	5327.13	2750.22	551.92
许昌	39.00	18.55	601.72	5034.49	4259.73	1847.16	396.73
禹州	7.70	1.70	202.00	2194.00	2032.00	461.00	90.00
长葛	14.00	9.50	83.07	1443.00	1168.00	440.00	180.00
漯河	33.40	6.73	472.87	9948.00	8655.00	5699.00	816.00
三门峡	19.20	10.50	339.95	3286.00	2847.00	707.00	135.00
义马	14.80	3.80	85.00	1550.60	1432.60	1020.00	43.00
灵宝	8.20	8.20	122.20	2230.00	2105.00	1435.00	141.00

continued 9

Total Quantity of Water Supply(10,000m³)				用水户数(户) Number of Households with Access to Water Supply (unit)	家庭用户 Household User	用水人口(万人) Population with Access to Water Supply (10,000 persons)	城市名称 Name of Cities
Water Sold		免费供水量 The Quantitiy of Free Water Supply	生活用水 Domestic Water Use				
居民家庭用水 The Quantity of Water for Household Use	其他用水 The Quantity of Water for Other Purposes						
1758.50	90.09	33.17	14.17	165879	159761	61.58	莱　芜
10219.87	1946.92	204.77		522569	511889	208.58	临　沂
2515.27	417.41			229984	205774	87.17	德　州
658.60	9.20			92375	90802	25.34	乐　陵
621.60	103.96			52211	47276	17.90	禹　城
2651.59	248.12	30.05		183845	175382	86.15	聊　城
1334.00	150.00	12.00		82975	81496	31.08	临　清
2816.07	164.05	232.10		181876	174199	88.80	滨　州
1861.30	70.00	20.00		47950	34629	68.73	菏　泽
73181.69	**7300.93**	**3447.76**	**697.40**	**5173865**	**4747597**	**2308.57**	**河　南**
17380.63	2611.99	325.21	300.01	1201115	1123350	661.04	郑　州
567.47	32.90	35.17	24.50	66513	65672	30.92	巩　义
544.50	5.92	5.00		36582	31196	14.52	荥　阳
559.00	99.00			34221	31650	14.52	新　密
594.00				36789	29300	17.30	新　郑
278.50	126.20	19.00		34090	29840	18.22	登　封
3219.21	375.32	200.00		239717	216575	98.14	开　封
6941.80	92.62	20.50	4.90	349585	294031	235.14	洛　阳
595.80	52.70	14.50		51229	50465	17.48	偃　师
3460.91	521.35	134.00		141642	129840	91.80	平顶山
400.00	34.50	0.80		57909	31000	11.97	舞　钢
303.40	3.38	5.90		39102	34716	13.48	汝　州
3178.00	394.00	7.00		203941	189748	72.44	安　阳
682.00	29.00	25.00		42011	39602	19.61	林　州
1819.89		10.00	10.00	130702	84854	45.35	鹤　壁
3541.15	52.91	800.00		242802	224074	75.90	新　乡
611.00	108.00	5.00		31551	30093	14.60	卫　辉
648.00	199.00			57079	56263	20.26	辉　县
2708.02	202.35	48.40	22.40	201291	190731	77.77	焦　作
259.32	79.33	3.99		39885	39746	13.42	沁　阳
273.00	28.00			26033	23000	15.00	孟　州
1951.54	73.45	0.08	0.08	167820	159213	49.00	濮　阳
1777.89	237.95			168722	156981	49.01	许　昌
1420.00	61.00			91057	90560	36.54	禹　州
361.00	187.00	125.00	1.00	45415	41100	16.80	长　葛
1687.00	453.00	225.00	200.00	173855	169602	51.32	漯　河
1967.00	38.00			97942	88462	47.07	三门峡
366.00	3.60			39350	38596	15.89	义　马
484.00	45.00	31.00		49121	48877	17.97	灵　宝

5-5 续表 10

城市名称 Name of Cities	综合生产能力(万立方米/日) Integrated Production Capacity (10,000m³/day)	地下水 Underground Water	供水管道长度(公里) Length of Water Supply Pipelines (km)	供水总量(万立方米) 合计 Total	售水量 小计 Subtotal	生产运营用水 The Quantity of Water for Production and Operation	公共服务用水 The Quantity of Water for Public Service
南阳	72.35	47.91	1430.75	9793.17	8271.01	4033.22	1235.05
邓州	13.80	9.40	568.58	1411.50	1276.50	428.00	202.50
商丘	37.30	10.50	566.00	4334.58	3438.29	948.68	138.15
永城	14.00	14.00	321.70	3261.00	3033.00	1163.00	295.00
信阳	26.80	0.80	1308.48	4279.00	3752.00	927.00	382.00
周口	19.00	10.20	357.70	4309.00	2935.48	572.99	519.17
项城	8.50	8.50	275.41	2966.00	2688.00	1477.00	122.00
驻马店	23.20	1.20	505.18	6605.00	5054.00	3265.00	201.00
济源	10.20	10.20	403.40	3419.07	3013.07	1447.27	349.20
湖北	**1393.78**	**26.94**	**30578.98**	**277995.25**	**224658.98**	**72111.69**	**33467.46**
武汉	505.90	6.30	12512.32	134814.10	108182.78	35042.59	20991.50
黄石	72.73		854.15	11320.72	10266.19	4038.46	726.66
大冶	13.00		243.52	2799.00	2290.00	1060.00	205.00
十堰	55.22		747.75	11873.02	9878.08	4010.56	408.00
丹江口	11.50		361.19	1066.45	904.90	102.34	84.32
宜昌	76.20		1430.56	11276.21	9085.27	2936.42	832.54
宜都	12.00		351.48	1910.80	1648.84	960.00	104.00
当阳	12.90		501.15	1594.75	1437.85	816.80	2.10
枝江	9.00		165.00	1753.20	1450.70	636.00	190.70
襄阳	121.68	12.58	1092.42	17174.24	11970.65	4368.78	1563.88
老河口	17.80	0.80	222.20	1866.00	1669.00	542.00	86.00
枣阳	12.00		246.39	2246.00	1736.00	235.00	477.00
宜城	10.00	2.81	146.15	1371.00	1265.70	292.50	93.00
鄂州	23.00		1058.00	4853.00	4268.00	715.00	484.00
荆门	46.00		561.00	7204.97	5974.39	3363.52	197.02
钟祥	10.00		254.66	2290.00	2051.00	223.90	170.00
孝感	24.70	1.70	475.84	5319.87	4489.03	1009.63	715.42
应城	11.60	1.60	177.00	1782.68	1631.02	254.27	73.15
安陆	11.60	0.80	42.42	1934.84	1737.34	602.00	352.00
汉川	13.00		261.83	2760.67	2220.67	604.15	603.17
荆州	56.60		1732.60	8722.48	7093.89	1506.92	1338.97
石首	10.00		151.64	1692.80	1081.00	300.00	165.00
洪湖	16.00		754.50	1752.00	1455.00	406.00	141.00
松滋	10.51		298.30	1170.00	770.00	71.00	37.00
黄冈	23.00		412.50	3177.00	2836.00	413.00	671.00
麻城	13.00		410.56	3065.30	2419.33	1045.65	206.35
武穴	13.00		353.00	3405.00	3044.00	1151.00	802.00
咸宁	16.00		324.00	3320.00	2670.00	300.00	140.00
赤壁	20.00		327.30	2602.00	1643.00	190.00	113.00

continued 10

Total Quantity of Water Supply(10,000m³)				用水户数(户) Number of Households with Access to Water Supply (unit)		用水人口(万人) Population with Access to Water Supply (10,000 persons)	城市名称 Name of Cities
Water Sold		免费供水量 The Quantitiy of Free Water Supply	生活用水 Domestic Water Use		家庭用户 Household User		
居民家庭用水 The Quantity of Water for Household Use	其他用水 The Quantity of Water for Other Purposes						
2836.82	165.92	362.71	120.00	181832	175286	122.21	南阳
528.00	118.00	37.00		70743	67944	29.59	邓州
2318.46	33.00	21.00	4.51	160548	145071	64.70	商丘
1516.00	59.00	28.00	10.00	102690	99880	37.36	永城
2375.50	67.50			158691	145439	52.53	信阳
1399.88	443.44	832.50		112214	106614	38.08	周口
970.00	119.00	66.00		73039	55605	30.15	项城
1513.00	75.00			134091	131146	40.95	驻马店
1144.00	72.60	60.00		82946	81475	30.52	济源
112261.77	**6818.06**	**12705.64**	**324.80**	**5675311**	**5168771**	**1948.92**	**湖北**
50455.64	1693.05	9857.37	85.00	2117518	2012768	640.73	武汉
4252.23	1248.84	135.14		235716	218485	86.46	黄石
935.00	90.00			105000	98111	29.10	大冶
4893.63	565.89	19.00		58828	55244	78.45	十堰
649.69	68.55			72929	70005	19.70	丹江口
4589.18	727.13	672.00	12.90	210525	197875	92.48	宜昌
583.04	1.80	3.00	0.90	27434	25978	17.08	宜都
618.95		4.90	4.90	56382	51479	17.95	当阳
624.00		2.50		29927	27083	20.20	枝江
5998.99	39.00	1.00	1.00	237478	212144	115.99	襄阳
981.00	60.00	43.00		128738	65615	25.34	老河口
1010.00	14.00	50.00	50.00	75436	73999	30.00	枣阳
851.20	29.00	5.30	2.76	62827	50964	18.20	宜城
2934.00	135.00			121732	120797	42.85	鄂州
2393.13	20.72	58.99	58.99	270160	249176	49.62	荆门
1597.10	60.00	10.00		74536	72923	26.55	钟祥
2597.84	166.14	61.40	61.40	64069	61253	50.20	孝感
1297.48	6.12	8.10	6.00	43285	41774	17.16	应城
764.34	19.00	12.50	8.80	53247	52120	19.50	安陆
980.10	33.25			63427	46640	35.40	汉川
4038.00	210.00	113.02		229098	217199	77.25	荆州
516.00	100.00	10.80	1.00	54079	52693	14.65	石首
890.00	18.00	34.00		116642	89610	31.00	洪湖
625.00	37.00	100.00		36570	36092	12.36	松滋
1617.00	135.00	27.00	27.00	87876	84504	31.31	黄冈
1115.23	52.10	33.62	4.15	67253	59168	23.52	麻城
1070.00	21.00	20.00		81730	80192	29.00	武穴
1600.00	630.00			107184	96795	40.00	咸宁
1330.00	10.00	400.00		76566	73593	24.50	赤壁

5-5 续表 11

城市名称 Name of Cities	综合生产能力(万立方米/日) Integrated Production Capacity (10,000m³/day)	地下水 Underground Water	供水管道长度(公里) Length of Water Supply Pipelines (km)	供水总量(万立方米) 合计 Total	售水量 小计 Subtotal	生产运营用水 The Quantity of Water for Production and Operation	公共服务用水 The Quantity of Water for Public Service
随州	26.00		662.00	3879.00	2738.00	810.00	219.00
广水	28.81		335.78	1928.10	1566.30	139.30	225.00
恩施	11.30		394.40	3478.00	2624.00	765.00	37.00
利川	6.70		338.40	1605.00	825.00	278.00	55.00
仙桃	30.20		676.79	5299.60	4804.60	1582.54	458.99
潜江	27.48		836.78	3676.20	3440.20	828.90	434.30
天门	15.35	0.35	865.40	2011.25	1491.25	510.46	64.39
湖南	**1038.35**	**80.25**	**21393.05**	**197922.09**	**157084.71**	**38887.39**	**17818.28**
长沙	215.00		3457.07	57651.58	49514.22	2985.29	7750.02
浏阳	11.50	1.50	310.10	2179.55	1828.72	500.00	61.10
株洲	103.50		2492.63	17412.99	14044.61	3993.77	2486.90
醴陵	6.50	0.50	681.71	1971.19	1561.19	371.19	106.60
湘潭	55.39	6.74	1255.92	12385.80	9058.20	1452.20	1804.50
湘乡	10.00		640.00	1596.45	1084.92	182.90	61.52
韶山	3.90	0.30	88.00	474.78	415.41	76.65	27.40
衡阳	66.50	1.50	1196.17	16220.20	8924.20	3265.00	80.70
耒阳	10.87	0.87	209.50	2010.91	1787.91	290.31	441.20
常宁	11.00		240.00	1182.00	1107.00	147.00	208.00
邵阳	51.50		820.34	8590.00	5342.00	942.00	643.00
武冈	7.20		401.78	1567.00	1355.00	450.00	220.00
岳阳	105.00	0.70	956.24	14340.48	11967.42	7028.67	66.45
汨罗	5.29		207.40	1210.00	960.00	300.00	90.00
临湘	5.20		152.00	1249.98	1058.00	430.00	125.00
常德	43.48	4.32	1330.84	7355.02	5447.72	2169.25	49.41
津市	10.60		301.00	1186.00	737.00	110.00	110.00
张家界	13.50		455.00	2763.50	1938.00	95.00	403.00
益阳	64.00		471.00	7477.00	6527.00	2254.00	111.00
沅江	3.70		136.72	743.40	566.40	90.00	92.00
郴州	33.50	4.30	1318.90	6632.21	5709.10	1689.25	586.77
资兴	5.50		380.00	777.00	505.00	200.00	49.00
永州	51.70	0.45	951.51	9074.96	6778.04	2663.91	396.09
怀化	39.00	0.05	1044.50	5229.63	4209.63	931.85	496.00
洪江	3.02	0.02	59.65	399.20	313.20	33.00	58.20
娄底	18.50		391.25	5297.66	4224.13	226.46	459.42
冷水江	68.00	57.00	525.74	7267.52	7002.61	5794.61	128.00
涟源	5.00	2.00	285.00	1150.00	938.00	215.00	73.00
吉首	10.50		633.08	2526.08	2180.08	0.08	634.00

continued 11

Total Quantity of Water Supply(10,000m^3)				用水户数(户) Number of Households with Access to Water Supply (unit)	家庭用户 Household User	用水人口(万人) Population with Access to Water Supply (10,000 persons)	城市名称 Name of Cities
Water Sold		免费供水量 The Quantitiy of Free Water Supply	生活用水 Domestic Water Use				
居民家庭用水 The Quantity of Water for Household Use	其他用水 The Quantity of Water for Other Purposes						
1648.00	61.00	161.00		85244	74013	46.20	随　州
1113.00	89.00			165275	72769	30.40	广　水
1797.00	25.00	262.00		86070	74600	25.49	恩　施
492.00		600.00		28500	25300	18.71	利　川
2602.40	160.67			122507	113459	40.00	仙　桃
1885.20	291.80			152506	149873	41.48	潜　江
916.40				69017	64478	30.09	天　门
89781.58	**10597.46**	**8845.47**	**2685.14**	**3566144**	**2805236**	**1454.12**	**湖　南**
32656.05	6122.86	66.36	66.36	422752	386563	337.00	长　沙
1267.62		23.90		107650	95000	30.00	浏　阳
7563.94		563.38	66.37	349997	325906	107.72	株　洲
973.30	110.10	100.00	36.00	73832	72455	24.76	醴　陵
4107.00	1694.50	574.60	67.00	243489	221535	80.38	湘　潭
824.80	15.70	68.38	18.38	59693	53473	23.50	湘　乡
157.40	153.96	0.64	0.64	11934	11341	4.85	韶　山
5578.50		2313.00		308307	284234	111.00	衡　阳
977.20	79.20			89639	84770	45.40	耒　阳
656.00	96.00			54037	7814	22.50	常　宁
3757.00		671.00	671.00	186445	166599	65.00	邵　阳
550.00	135.00	37.00	18.00	35077	32150	21.00	武　冈
4691.07	181.23	1233.80	36.88	263293	58765	71.00	岳　阳
520.00	50.00	83.14	4.00	33546	28350	14.89	汨　罗
444.00	59.00	33.00	20.00	41795	37450	17.50	临　湘
3196.06	33.00	1095.30	1095.30	219385	1804	73.49	常　德
457.00	60.00	148.00	11.00	44071	42380	10.03	津　市
1095.00	345.00	321.50	111.50	63816	53751	21.82	张家界
4141.00	21.00	50.00		140691	133910	61.00	益　阳
370.40	14.00	27.00	27.00	59318	49764	17.80	沅　江
3369.61	63.47	132.00	69.15	187088	134381	62.69	郴　州
232.00	24.00	54.00	26.00	61171	56706	12.50	资　兴
3368.50	349.54	319.12	9.66	158209	152483	53.08	永　州
2610.78	171.00	300.00	20.00	57786	51266	52.95	怀　化
206.00	16.00	24.00	9.00	22448	18274	5.80	洪　江
2950.35	587.90	451.35	267.00	108574	98365	48.31	娄　底
972.00	108.00	95.00	22.90	59413	57255	17.10	冷水江
581.00	69.00	50.00	2.00	35920	31842	15.90	涟　源
1508.00	38.00	10.00	10.00	66768	56650	25.15	吉　首

5-5 续表 12

城市名称 Name of Cities	综合生产能力(万立方米/日) Integrated Production Capacity (10,000m³/day)	地下水 Underground Water	供水管道长度(公里) Length of Water Supply Pipelines (km)	供水总量(万立方米) 合计 Total	售水量 小计 Subtotal	生产运营用水 The Quantity of Water for Production and Operation	公共服务用水 The Quantity of Water for Public Service
广东	**3913.77**	**47.06**	**99921.47**	**852512.28**	**733541.37**	**222695.48**	**130139.60**
广州	759.80	0.70	21915.59	221543.03	188192.27	35856.99	39543.24
韶关	36.50		1829.82	9289.00	8133.00	1465.00	1166.00
乐昌	5.00		172.26	962.43	865.75	59.05	68.66
南雄	4.21	0.07	85.60	1127.87	1073.96	417.00	48.03
深圳	674.00		16523.00	169698.00	147584.00	47168.00	38547.00
珠海	107.00		3179.75	34164.00	32380.00	14069.00	6475.00
汕头	120.40		2695.79	28050.51	22346.84	5586.71	3352.03
佛山	337.80		4991.90	44792.30	40869.31	11571.52	10075.56
江门	115.47		2101.30	26235.32	23269.78	8974.51	2859.24
台山	12.00		694.26	3344.26	2814.26	632.00	709.16
开平	32.16		812.36	4394.45	3992.56	2681.03	130.55
鹤山	17.00		459.00	2922.60	2595.00	519.00	608.00
恩平	6.01		1353.88	2193.00	1851.00	660.00	
湛江	46.40	23.90	1416.48	13296.55	11423.03	4523.58	267.00
廉江	15.00		1290.00	2198.00	1600.00	103.00	371.00
雷州	5.36	0.36	337.00	1324.00	1045.00	116.70	99.20
吴川	12.00		1000.00	1890.00	1848.00	463.00	657.00
茂名	26.03		1557.54	6303.20	6263.45	589.14	1681.66
高州	9.00		255.92	1866.00	1670.00	113.00	384.00
化州	5.50		226.62	1460.39	1424.99	70.00	217.80
信宜	8.00		227.00	1460.00	1420.00	235.00	105.00
肇庆	63.93	1.00	2381.07	12990.10	11083.73	4396.59	2331.24
四会	15.00	13.00	142.50	4887.00	3387.00	865.00	850.00
惠州	137.00		2264.23	29341.00	24573.74	11904.44	1921.43
梅州	19.00		758.60	5966.52	5233.39	1585.96	781.30
兴宁	12.00		289.46	3147.46	2557.54	292.68	315.28
汕尾	16.50		481.90	3801.00	2808.00	1095.00	193.00
陆丰	9.00		1196.19	1792.80	1613.30	446.80	216.50
河源	20.00		978.57	6580.64	5849.31	1951.13	642.01
阳江	44.00		990.00	5755.00	4511.00	845.00	278.00
阳春	9.00		777.71	1989.00	1449.00	261.00	143.00
清远	31.00		2409.31	7223.87	6297.53	712.67	2433.74
英德	11.00		293.67	2373.00	1305.00	455.10	119.00
连州	6.00		138.95	1045.26	929.66	318.93	39.80
东莞	676.70		17620.55	144604.75	123950.78	55282.19	10076.76
中山	26.80	0.03	1662.08	15660.87	14107.89	1948.98	1126.39
潮州	58.00		835.68	8779.00	6944.90	1331.77	607.58
揭阳	45.70		995.40	8131.50	6193.50	1445.00	172.20
普宁	36.50	8.00	351.00	3721.00	3322.00	265.00	175.00
云浮	314.00		1584.55	3689.60	3063.90	1127.01	275.24
罗定	8.00		644.98	2518.00	1698.00	292.00	77.00

continued 12

Total Quantity of Water Supply(10,000m³)				用水户数(户) Number of Households with Access to Water Supply (unit)	家庭用户 Household User	用水人口(万人) Population with Access to Water Supply (10,000 persons)	城市名称 Name of Cities
Water Sold		免费供水量 The Quantitiy of Free Water Supply	生活用水 Domestic Water Use				
居民家庭用水 The Quantity of Water for Household Use	其他用水 The Quantity of Water for Other Purposes						
330219.87	**50486.42**	**6578.51**	**296.13**	**11723479**	**9915646**	**5069.54**	**广东**
105493.45	7298.59	4844.78	7.52	2705107	2446620	1246.83	广州
4780.00	722.00	19.00		167567	138970	61.80	韶关
603.81	134.23	1.68	1.68	48569	38774	11.60	乐昌
463.12	145.81	9.90	9.20	36250	29750	9.41	南雄
59459.00	2410.00	308.00		1136679	700000	1137.89	深圳
11189.00	647.00	545.00	14.00	648356	577449	184.20	珠海
13067.29	340.81	50.33	50.33	654563	577564	253.37	汕头
17931.71	1290.52	58.53	22.68	895603	773458	188.41	佛山
7288.57	4147.46	105.81		553654	485197	114.32	江门
1433.00	40.10			114935	104906	17.48	台山
1084.63	96.35			75641	65400	21.16	开平
1044.00	424.00			78896	64989	15.38	鹤山
1150.00	41.00			70171	61682	15.75	恩平
6582.45	50.00			200787	187349	87.87	湛江
981.00	145.00	14.00	14.00	31522	30676	22.26	廉江
823.20	5.90	6.00		53158	52335	15.12	雷州
710.18	17.82			104070	90000	18.50	吴川
3921.95	70.70			171124	150774	66.80	茂名
1038.00	135.00			96257	86363	35.60	高州
1041.59	95.60			55225	50424	29.28	化州
1050.00	30.00			55400	47500	30.30	信宜
4286.90	69.00	56.48	3.18	270314	244173	70.22	肇庆
1524.00	148.00			98244	83870	22.38	四会
10578.67	169.20	203.51	142.00	417055	373636	157.36	惠州
2866.13		10.05	10.05	216645	178437	40.00	梅州
1801.63	147.95	26.25		131106	117748	25.00	兴宁
1451.00	69.00	128.00		65060	61256	22.83	汕尾
900.00	50.00			41915	39420	20.04	陆丰
2795.87	460.30			143279	118492	32.32	河源
2173.00	1215.00	24.00	15.00	144440	126215	48.26	阳江
1045.00				62717	57716	20.00	阳春
2724.51	426.61	0.89	0.89	247035	206663	49.62	清远
719.90	11.00			61933	45430	24.77	英德
561.08	9.85			33777	27242	10.55	连州
40088.18	18503.65	47.60	2.60	937872	683939	595.80	东莞
2730.20	8302.32			201119	171005	72.06	中山
3168.50	1837.05			259684	224452	78.43	潮州
4186.00	390.30	97.00		164922	142329	79.32	揭阳
2780.00	102.00			151471	148800	53.80	普宁
1616.35	45.30	3.70	3.00	68665	59019	31.49	云浮
1087.00	242.00	18.00		52692	45624	31.96	罗定

5-5 续表 13

城市名称 Name of Cities	综合生产能力(万立方米/日) Integrated Production Capacity (10,000m³/day)	地下水 Underground Water	供水管道长度(公里) Length of Water Supply Pipelines (km)	供水总量(万立方米) 合计 Total	售水量 小计 Subtotal	生产运营用水 The Quantity of Water for Production and Operation	公共服务用水 The Quantity of Water for Public Service
广　西	**676.03**	**55.72**	**16957.79**	**173265.72**	**151222.97**	**55190.51**	**19334.35**
南　宁	153.90	10.20	3410.64	50892.06	42664.35	7625.37	6766.69
柳　州	150.65	4.11	2598.63	44142.87	40397.09	28120.60	2829.54
桂　林	46.60	2.06	2011.38	13227.88	11445.26	1945.40	2576.76
梧　州	45.30		486.17	7028.99	6290.91	1944.23	1432.02
岑　溪	5.52	1.20	170.13	1449.35	1313.15	383.00	160.15
北　海	32.50	17.50	1258.48	6623.46	6083.42	1449.28	1317.98
防城港	17.60		468.46	4147.38	3611.40	1608.35	304.53
东　兴	10.00		168.81	1336.29	1237.33	7.85	69.56
钦　州	31.38	0.01	920.07	5507.02	4527.40	1083.29	622.13
贵　港	35.08	2.04	1123.00	11205.01	9706.71	6048.37	164.09
桂　平	20.00	0.20	161.18	2895.28	2730.57	1440.50	362.50
玉　林	18.50		837.50	6155.00	5275.00	1074.00	726.00
北　流	10.00	2.50	260.00	1849.60	1689.60	468.10	105.70
百　色	15.00		590.43	3404.00	2883.00	198.00	687.00
靖　西	4.50		74.24	1307.86	1125.65	71.89	54.89
贺　州	8.00		490.11	2378.60	1538.30	180.20	52.90
河　池	18.50	15.00	323.24	2486.00	2240.00	399.00	162.00
宜　州	16.10		228.48	1994.00	1832.00	828.00	190.00
来　宾	20.20		851.30	2446.10	2142.10	74.07	113.96
合　山	5.00		103.60	480.00	430.00	84.00	12.00
崇　左	5.00		205.00	1496.60	1340.40	110.00	432.00
凭　祥	6.70	0.90	216.94	812.37	719.33	47.01	191.95
海　南	**168.35**	**38.45**	**4149.93**	**43652.92**	**35490.66**	**4676.14**	**8081.52**
海　口	80.69	26.80	1091.64	21862.67	17408.87	1578.21	4529.22
三　亚	41.20		898.62	11516.10	9289.00	1119.00	2021.00
三　沙	0.03	0.03	6.80	7.30	7.30		
儋　州	11.60		791.30	2388.20	1980.00	180.00	400.00
五指山	3.00		106.00	542.00	449.00		50.00
琼　海	9.00		665.00	2587.00	2241.00	365.00	596.00
文　昌	4.80		253.22	1352.00	1149.00	177.00	240.00
万　宁	8.00	2.00	285.60	787.00	626.00	86.00	127.00
东　方	10.03	9.62	51.75	2610.65	2340.49	1170.93	118.30
重　庆	**529.92**	**2.26**	**15054.31**	**121493.80**	**105863.31**	**28393.87**	**13557.29**

continued 13

Total Quantity of Water Supply(10,000m³)				用水户数(户) Number of Households with Access to Water Supply (unit)	家庭用户 Household User	用水人口(万人) Population with Access to Water Supply (10,000 persons)	城市名称 Name of Cities
Water Sold		免费供水量 The Quantitiy of Free Water Supply	生活用水 Domestic Water Use				
居民家庭用水 The Quantity of Water for Household Use	其他用水 The Quantity of Water for Other Purposes						
74534.54	**2163.57**	**3759.18**	**1129.65**	**2473210**	**2300465**	**1018.06**	**广西**
27093.65	1178.64	2524.89	1055.00	585864	565900	276.79	南宁
9436.95	10.00	63.81	13.60	347659	316510	160.34	柳州
6832.43	90.67	82.62		423807	389238	91.32	桂林
2912.93	1.73	2.18	2.18	189570	174411	58.55	梧州
770.00		1.20		47332	39468	17.07	岑溪
3313.16	3.00			108039	102493	43.70	北海
1535.67	162.85	40.98	4.12	43728	39084	18.50	防城港
724.81	435.11	9.76	6.43	19455	14440	9.20	东兴
2815.98	6.00	0.12	0.12	89043	84960	36.23	钦州
3493.85	0.40	455.00		129365	126232	40.77	贵港
924.50	3.07	3.21		37873	35708	19.73	桂平
3439.00	36.00	1.00		106867	89542	67.85	玉林
1093.20	22.60	5.00		39621	36975	20.73	北流
1998.00				27604	24214	25.33	百色
998.87		51.21		32672	31964	15.76	靖西
1220.00	85.20	490.00	20.00	40029	35125	20.50	贺州
1679.00		15.00	15.00	28586	26340	22.00	河池
803.00	11.00			24654	23963	15.60	宜州
1863.17	90.90			82117	78944	29.21	来宾
329.00	5.00			14985	14885	5.82	合山
780.00	18.40	13.20	13.20	35712	32400	16.50	崇左
477.37	3.00			18628	17669	6.56	凭祥
19614.13	**3118.87**	**206.08**	**29.61**	**274589**	**222572**	**287.97**	**海南**
11092.62	208.82	126.98	19.51	106292	83085	164.00	海口
3978.00	2171.00	58.10		26053	16346	36.20	三亚
7.30				15	15	0.23	三沙
1100.00	300.00			42060	35450	21.24	儋州
359.00	40.00	2.00		15129	14779	5.50	五指山
1050.00	230.00	1.00	1.00	41094	33803	19.30	琼海
651.00	81.00	7.00	4.00	16020	12174	14.70	文昌
408.00	5.00	11.00	5.10	14065	13215	14.50	万宁
968.21	83.05			13861	13705	12.30	东方
58128.16	**5783.99**	**1507.96**	**211.12**	**3940725**	**3624217**	**1296.13**	**重庆**

5-5 续表 14

城市名称 Name of Cities	综合生产能力(万立方米/日) Integrated Production Capacity (10,000m³/day)		供水管道长度(公里) Length of Water Supply Pipelines (km)	供水总量(万立方米)			
		地下水 Underground Water		合计 Total	售水量		
					小计 Subtotal	生产运营用水 The Quantity of Water for Production and Operation	公共服务用水 The Quantity of Water for Public Service
四　川	**969.96**	**102.78**	**30058.17**	**220009.50**	**186751.72**	**38172.45**	**30066.48**
成　都	301.76	18.30	7684.98	86841.38	74496.02	8570.67	16394.84
都江堰	18.54	5.54	671.50	2898.09	2658.23	55.35	337.97
彭　州	18.34	0.34	1045.68	2217.44	1567.44	184.33	171.07
邛　崃	5.19	3.19	413.36	1542.38	1219.88	193.73	173.65
崇　州	7.00	7.00	285.00	1605.00	1570.00	609.00	120.00
自　贡	26.50		2927.47	5947.55	4555.30	914.71	654.67
攀枝花	58.66	0.05	1260.71	12761.63	12055.08	7405.44	1207.70
泸　州	82.17	0.80	1193.86	7965.60	7244.30	1993.60	976.40
德　阳	32.90	16.90	581.22	5977.00	5199.00	2403.00	200.00
广　汉	17.06	17.06	257.20	3800.00	3375.50	1548.48	212.50
什　邡	7.31	6.10	449.00	1932.00	1348.00	330.00	308.00
绵　竹	9.50	9.50	83.00	1221.26	1113.26	319.80	220.30
绵　阳	53.08	10.08	2919.04	10356.65	9177.70	1889.75	1346.04
江　油	15.00		605.00	1842.40	1660.00		
广　元	17.50	5.80	517.00	3897.71	3090.72	148.01	243.22
遂　宁	26.93		930.78	5807.54	3767.71	1346.49	161.18
内　江	19.71		525.75	4497.70	3639.30	681.20	292.40
乐　山	23.47		1505.96	5112.47	4455.24	438.90	501.93
峨眉山	11.70		241.00	1907.00	1473.00	149.00	169.00
南　充	30.60		810.00	8550.00	7570.00	1410.00	1910.00
阆　中	11.00		201.00	2420.00	2139.00	530.00	538.00
眉　山	14.82	0.12	622.71	4488.38	3687.38	664.88	357.00
宜　宾	31.30		850.65	9068.70	7650.80	2860.40	1032.00
广　安	9.75		375.29	2470.18	1720.50	367.90	60.00
华　蓥	7.90	1.50	168.00	1344.50	1320.50	640.00	160.00
达　州	32.80		810.50	7814.00	6816.00	310.00	644.00
万　源	3.50		174.50	630.18	585.67	157.60	108.20
雅　安	14.30	0.50	298.29	2511.00	2160.00	583.00	252.00
巴　中	9.50		274.00	2695.00	1974.00	587.00	
资　阳	29.30		476.87	2487.44	2047.44	424.20	350.69
简　阳	7.00		240.79	1897.32	1644.75	132.01	121.72
马尔康	1.50		43.04	260.00	215.00		15.00
康　定	1.29		63.00	470.00	414.00	10.00	356.00
西　昌	13.08		552.02	4772.00	3141.00	314.00	471.00
贵　州	**257.63**	**11.02**	**9765.93**	**60111.79**	**49011.64**	**8881.54**	**6122.91**
贵　阳	120.44	5.80	4246.40	30872.28	24168.14	3617.32	4370.50
清　镇	6.00		226.80	1434.35	1334.35	290.00	36.60
六盘水	10.00		1449.12	3237.00	2671.00	930.00	
遵　义	30.00		322.00	6159.00	5539.00	687.00	350.00

continued 14

Total Quantity of Water Supply(10,000m^3)				用水户数(户) Number of Households with Access to Water Supply (unit)	家庭用户 Household User	用水人口(万人) Population with Access to Water Supply (10,000 persons)	城市名称 Name of Cities
Water Sold		免费供水量 The Quantitiy of Free Water Supply	生活用水 Domestic Water Use				
居民家庭用水 The Quantity of Water for Household Use	其他用水 The Quantity of Water for Other Purposes						
111798.23	**6714.56**	**2400.24**	**238.70**	**5346222**	**4726246**	**1907.23**	**四　川**
48215.25	1315.26	340.39		827389	745375	523.18	成　都
1899.91	365.00	14.26		136200	118360	29.94	都江堰
992.04	220.00	30.00		79928	70894	28.18	彭　州
724.50	128.00	4.50		58805	50400	17.00	邛　崃
835.00	6.00	20.00		28036	26968	15.80	崇　州
2786.28	199.64	66.87		240455	221756	85.00	自　贡
3356.78	85.16	20.60	10.78	212373	184867	57.88	攀枝花
4266.80	7.50	124.57	45.30	306531	269890	114.78	泸　州
2489.00	107.00			193265	186136	52.70	德　阳
1609.52	5.00	184.20		101292	76849	26.54	广　汉
570.00	140.00	417.00		46024	41873	10.80	什　邡
516.00	57.16			15662	13707	10.81	绵　竹
5852.23	89.68	40.08	29.76	457062	424314	123.07	绵　阳
1394.40	265.60			14	12	30.00	江　油
2262.82	436.67			89191	84268	43.11	广　元
2103.64	156.40	23.45		174761	162690	63.29	遂　宁
2508.70	157.00			166550	149815	58.63	内　江
3147.77	366.64	98.42		269195	250613	70.80	乐　山
1103.00	52.00	28.00		68613	55480	13.87	峨眉山
4250.00		15.00	11.00	384480	337250	108.00	南　充
1071.00		6:00	4.00	116074	99325	27.70	阆　中
2455.00	210.50	17.00		203725	176963	46.50	眉　山
3338.40	420.00	251.90	9.60	183395	158810	69.00	宜　宾
1173.80	118.80	50.00	32.00	126162	115083	28.90	广　安
496.00	24.50	19.00		30009	29300	11.28	华　蓥
4861.00	1001.00	225.00		375324	274528	60.81	达　州
255.77	64.10			21244	20356	8.07	万　源
1276.00	49.00	99.00	1.00	76671	66880	26.14	雅　安
1219.00	168.00	100.00		127494	113675	37.00	巴　中
1148.80	123.75	90.00	90.00	77110	69424	33.15	资　阳
1191.82	199.20			82882	71974	33.30	简　阳
175.00	25.00	5.00		9270	8300	2.80	马尔康
38.00	10.00	10.00	5.26	2557	112	4.00	康　定
2215.00	141.00	100.00		58479	49999	35.20	西　昌
30392.86	**3614.33**	**2923.03**	**109.80**	**1535946**	**1381538**	**612.67**	**贵　州**
14324.56	1855.76	2586.63	75.00	771866	724724	255.92	贵　阳
961.95	45.80	4.00		50825	42935	16.36	清　镇
1728.00	13.00			42881	27739	32.29	六盘水
3912.00	590.00			107602	100000	76.03	遵　义

5-5 续表 15

城市名称 Name of Cities	综合生产能力(万立方米/日) Integrated Production Capacity (10,000m³/day)	地下水 Underground Water	供水管道长度(公里) Length of Water Supply Pipelines (km)	供水总量(万立方米) 合计 Total	售水量 小计 Subtotal	生产运营用水 The Quantity of Water for Production and Operation	公共服务用水 The Quantity of Water for Public Service
赤　水	4.00		135.00	651.00	585.00	83.00	56.00
仁　怀	7.50		140.86	1128.83	997.43	130.69	80.12
安　顺	12.87	1.32	480.20	3401.48	2707.48	1157.35	132.63
铜　仁	17.20	0.90	407.39	2655.30	2197.50	683.80	
兴　义	12.50		412.00	2737.00	2321.00	462.00	179.00
毕　节	12.00		638.10	2316.00	1596.00	48.00	400.00
凯　里	10.40		835.00	2650.00	2375.00	265.00	31.00
都　匀	12.08	1.60	310.06	1994.55	1784.74	391.38	451.06
福　泉	2.64	1.40	163.00	875.00	735.00	136.00	36.00
云　南	**381.42**	**20.57**	**10577.76**	**81874.96**	**64683.73**	**19636.46**	**5808.55**
昆　明	195.98	7.62	3730.87	41523.99	30936.78	12153.49	1816.65
安　宁	11.50		316.00	2265.00	1926.00	112.00	245.00
曲　靖	23.40	1.00	551.00	4581.00	3780.00	999.00	390.00
宣　威	11.30	1.70	163.51	1414.20	1254.20	329.00	28.20
玉　溪	12.10	0.60	353.50	2727.12	2486.92	1022.58	
保　山	8.10	1.10	289.63	1868.41	1625.41	393.04	235.55
腾　冲	4.00	1.50	189.00	1427.88	1147.84	84.00	81.04
昭　通	5.00		340.00	1607.00	1351.00	310.00	
丽　江	7.70	0.01	493.00	2112.90	1560.90	24.07	930.83
普　洱	7.67		274.62	1798.45	1548.45	73.00	420.00
临　沧	9.00		336.37	1319.34	1228.04	91.00	76.20
楚　雄	11.80		691.46	2253.80	1997.80	326.00	432.88
个　旧	7.10	3.30	135.00	1285.61	1051.29	186.06	78.33
开　远	4.77	2.27	261.20	1465.72	1260.04	209.30	67.10
蒙　自	14.83	0.33	425.21	2404.69	1964.91	477.21	130.60
弥　勒	3.00		260.00	628.00	510.00	139.00	106.00
文　山	6.77	0.04	692.98	2469.76	1707.49	454.29	48.00
景　洪	8.00		248.17	2537.00	2032.42	888.41	190.01
大　理	18.00	0.50	311.36	3387.58	3058.64	355.01	487.16
瑞　丽	5.00		190.88	1600.00	1246.60	887.00	9.00
芒　市	4.30		210.00	950.00	798.00	102.00	
香格里拉	2.10	0.60	114.00	247.51	211.00	21.00	36.00
西　藏	**56.50**	**46.80**	**1396.44**	**15606.70**	**12765.65**	**2495.71**	**4595.64**
拉　萨	38.00	36.00	918.46	13585.00	10774.00	2297.00	4205.00
昌　都	6.00	4.00	145.00	977.50	952.50	150.00	300.00
日喀则	10.50	6.80	161.98	890.35	885.35	45.71	78.14
林　芝	2.00		171.00	153.85	153.80	3.00	12.50

continued 15

Total Quantity of Water Supply(10,000m³)				用水户数（户）Number of Households with Access to Water Supply (unit)	家庭用户 Household User	用水人口（万人）Population with Access to Water Supply (10,000 persons)	城市名称 Name of Cities
Water Sold		免费供水量 The Quantitiy of Free Water Supply	生活用水 Domestic Water Use				
居民家庭用水 The Quantity of Water for Household Use	其他用水 The Quantity of Water for Other Purposes						
360.00	86.00			37705	32450	12.00	赤　水
756.08	30.54	12.40		40538	40120	14.67	仁　怀
1347.80	69.70			128716	111639	44.90	安　顺
1386.40	127.30			105867	84176	31.00	铜　仁
1600.00	80.00			81739	77557	32.37	兴　义
980.00	168.00	280.00	4.80	61292	53362	27.52	毕　节
1601.00	478.00			58647	48361	37.15	凯　里
905.07	37.23			29179	19911	22.87	都　匀
530.00	33.00	40.00	30.00	19089	18564	9.59	福　泉
36005.07	**3233.65**	**6727.57**	**244.38**	**2305176**	**2111446**	**867.87**	**云　南**
15316.62	1650.02	5665.01		1099332	996147	378.39	昆　明
1462.00	107.00			63822	63760	26.90	安　宁
2391.00				123092	121140	63.46	曲　靖
856.00	41.00	80.00		68713	54168	26.96	宣　威
1419.77	44.57	5.28	4.20	46720	41529	29.90	玉　溪
769.11	227.71	43.00		40394	28009	27.00	保　山
880.00	102.80	135.02	135.02	26414	22250	18.20	腾　冲
1036.00	5.00			44185	41961	29.30	昭　通
605.00	1.00	289.00		78926	77191	16.70	丽　江
1023.45	32.00			64900	62881	22.20	普　洱
1000.00	60.84	15.30	3.20	65759	65150	16.76	临　沧
1230.58	8.34	3.00		74738	68488	28.35	楚　雄
780.78	6.12	32.83	5.02	37212	33590	21.36	个　旧
883.33	100.31	36.14	36.14	50111	44763	19.46	开　远
1329.10	28.00			71318	62104	24.73	蒙　自
265.00		56.00		39410	38713	13.84	弥　勒
1191.07	14.13	109.50		65724	60699	19.82	文　山
708.00	246.00	247.58	57.40	55329	54781	18.71	景　洪
1734.26	482.21			126487	122500	29.98	大　理
341.00	9.60	1.40	1.40	26186	17694	17.00	瑞　丽
640.00	56.00			25924	24378	12.85	芒　市
143.00	11.00	8.51	2.00	10480	9550	6.00	香格里拉
5093.29	**581.01**	**173.00**	**133.00**	**160649**	**150675**	**66.67**	**西　藏**
3747.00	525.00	173.00	133.00	112058	109040	46.66	拉　萨
500.00	2.50			22960	21000	6.00	昌　都
716.49	45.01			23548	18730	10.81	日喀则
129.80	8.50			2083	1905	3.20	林　芝

5-5 续表 16

城市名称 Name of Cities	综合生产能力(万立方米/日) Integrated Production Capacity (10,000m³/day)	地下水 Underground Water	供水管道长度(公里) Length of Water Supply Pipelines (km)	供水总量(万立方米) 合计 Total	售水量 小计 Subtotal	生产运营用水 The Quantity of Water for Production and Operation	公共服务用水 The Quantity of Water for Public Service
陕　西	**404.99**	**182.10**	**8068.13**	**97663.52**	**86900.77**	**30994.80**	**5632.56**
西　安	201.40	57.41	4095.65	53237.00	46839.85	15599.52	642.57
铜　川	14.40	1.20	400.88	1732.00	1391.00	98.80	135.20
宝　鸡	30.96	12.30	1082.34	7127.00	6321.00	1430.00	1066.00
咸　阳	46.80	41.30	350.11	12587.30	12122.20	7297.80	443.37
兴　平	11.50	11.50	48.95	3482.03	3407.11	2317.60	30.50
渭　南	25.80	17.40	381.09	6290.20	5683.70	2442.50	1089.70
韩　城	10.00	5.00	183.00	962.30	847.30	133.00	113.00
华　阴	8.45	8.45	112.50	669.00	607.00	208.00	78.00
延　安	7.00		151.00	2207.51	1768.33	10.00	776.12
汉　中	10.00	10.00	298.32	2735.00	2146.00	77.00	627.00
榆　林	10.00	5.00	461.67	2621.40	2050.50	797.00	26.90
安　康	10.49		190.44	1884.00	1736.00	298.00	322.00
商　洛	6.10	6.10	110.60	1024.00	935.00	105.00	79.00
杨 陵 区	12.09	6.44	201.58	1104.78	1045.78	180.58	203.20
甘　肃	**392.05**	**119.90**	**5625.34**	**55844.10**	**51154.11**	**19119.20**	**7521.42**
兰　州	161.02	11.60	1160.52	26768.15	25097.62	10916.38	3380.18
嘉 峪 关	51.56	36.56	782.93	3746.20	3643.20	2143.40	690.20
金　昌	30.00		296.06	2747.60	2489.50	295.90	802.70
白　银	48.40	1.50	306.66	6305.40	5610.60	2480.50	130.10
天　水	13.00	13.00	237.86	3265.00	2938.40	290.30	850.20
武　威	20.00	10.00	231.00	1860.90	1624.83	385.32	355.58
张　掖	15.70	15.70	412.56	2349.25	2172.26	631.00	168.16
平　凉	4.45	4.44	348.21	1649.00	1475.00	494.00	161.00
酒　泉	14.40	7.90	306.46	1971.70	1717.00	472.90	311.90
玉　门	8.00	3.00	239.80	711.00	639.00	280.00	56.00
敦　煌	7.00	7.00	317.36	785.00	710.00	145.00	165.00
庆　阳	5.32	1.00	383.60	744.50	659.30	93.50	110.00
定　西	5.00	5.00	207.84	643.00	598.00	125.00	101.00
陇　南	1.67	1.67	66.30	481.40	440.40	61.00	83.40
临　夏	5.00		270.00	1450.00	1021.00	145.00	131.00
合　作	1.53	1.53	58.18	366.00	318.00	160.00	25.00
青　海	**98.45**	**42.40**	**2455.51**	**25674.16**	**22179.50**	**9639.41**	**1851.41**
西　宁	50.39		1135.70	15491.21	12969.52	4146.80	1197.45
海　东	6.48	2.90	188.00	929.31	824.16	269.00	74.25
玉　树	2.08		371.40	230.00	212.00	17.00	8.00
格 尔 木	24.30	24.30	462.20	4845.00	4502.00	2415.61	408.29
德 令 哈	15.20	15.20	298.21	4178.64	3671.82	2791.00	163.42

continued 16

Total Quantity of Water Supply(10,000m³)				用水户数(户) Number of Households with Access to Water Supply (unit)	家庭用户 Household User	用水人口(万人) Population with Access to Water Supply (10,000 persons)	城市名称 Name of Cities
Water Sold		免费供水量 The Quantitiy of Free Water Supply	生活用水 Domestic Water Use				
居民家庭用水 The Quantity of Water for Household Use	其他用水 The Quantity of Water for Other Purposes						
45523.08	**4750.33**	**846.89**	**278.86**	**2266728**	**2194354**	**905.01**	**陕　西**
29138.38	1459.38	104.17	0.86	968578	952223	423.86	西　安
751.30	405.70	63.50		89307	87178	37.70	铜　川
3500.00	325.00	188.00	46.00	253179	249063	83.65	宝　鸡
3164.90	1216.13			266851	256986	97.52	咸　阳
692.00	367.01	11.82		45095	43910	19.19	兴　平
1891.00	260.50	289.50	215.00	136394	134419	53.37	渭　南
582.00	19.30			50522	39910	16.56	韩　城
295.00	26.00	9.00		29764	26140	10.89	华　阴
968.70	13.51			78445	76898	30.50	延　安
1347.00	95.00	48.00	17.00	93722	88793	36.00	汉　中
1023.80	202.80	132.90		91591	89225	35.69	榆　林
1062.00	54.00			90972	87047	30.70	安　康
590.00	161.00			30311	29766	15.68	商　洛
517.00	145.00			41997	32796	13.70	杨陵区
22229.43	**2284.06**	**812.88**	**41.60**	**1043182**	**972242**	**618.38**	**甘　肃**
10716.06	85.00	462.68		75488	63321	240.50	兰　州
764.60	45.00			113187	107187	21.91	嘉峪关
909.20	481.70			66970	64069	19.36	金　昌
2308.00	692.00	46.30	5.60	69000	62380	42.13	白　银
1797.90				132976	117860	65.64	天　水
878.66	5.27	40.00		103341	101359	32.00	武　威
922.51	450.59			58668	52136	24.43	张　掖
790.00	30.00	3.00	2.00	66710	65639	33.39	平　凉
836.00	96.20	82.70	23.70	99238	89068	38.26	酒　泉
294.00	9.00	2.00		25249	24633	7.39	玉　门
330.00	70.00			31972	31198	11.58	敦　煌
418.50	37.30	26.20	9.30	38912	38135	19.07	庆　阳
241.00	131.00			48581	46853	19.68	定　西
256.00	40.00	1.00	1.00	32319	32085	15.59	陇　南
645.00	100.00	138.00		68211	65021	22.91	临　夏
122.00	11.00	11.00		12360	11298	4.54	合　作
8976.04	**1712.64**	**739.58**	**476.10**	**196442**	**171904**	**183.51**	**青　海**
7148.77	476.50	718.24	475.00	57454	44390	128.74	西　宁
468.41	12.50	20.15		43811	41587	24.88	海　东
185.00	2.00			28357	23999	7.72	玉　树
771.86	906.24			46808	45420	13.48	格尔木
402.00	315.40	1.19	1.10	20012	16508	8.69	德令哈

5-5 续表 17

城市名称 Name of Cities	综合生产能力(万立方米/日) Integrated Production Capacity (10,000m³/day)	地下水 Underground Water	供水管道长度(公里) Length of Water Supply Pipelines (km)	供水总量(万立方米) 合计 Total	售水量 小计 Subtotal	生产运营用水 The Quantity of Water for Production and Operation	公共服务用水 The Quantity of Water for Public Service
宁　夏	**161.42**	**135.52**	**2355.49**	**31870.57**	**29134.97**	**10236.67**	**4624.79**
银　川	51.67	51.67	738.70	13413.90	11963.44	2529.00	2099.90
灵　武	2.54	2.54	103.25	917.03	826.59	146.61	133.88
石嘴山	67.70	46.90	595.60	7870.70	7417.70	2886.70	1292.50
吴　忠	11.85	11.85	246.49	3161.00	2775.00	842.00	586.00
青铜峡	17.80	16.40	319.91	4495.14	4420.44	3434.99	273.73
固　原	5.10	1.40	227.50	990.00	796.00	111.00	190.00
中　卫	4.76	4.76	124.04	1022.80	935.80	286.37	48.78
新　疆	**574.26**	**269.42**	**9330.20**	**92245.36**	**77390.87**	**26679.29**	**10707.29**
乌鲁木齐	147.48	45.48	1867.60	29804.90	24004.90	6439.00	2554.90
克拉玛依	104.50	0.16	1071.64	13216.78	12827.08	8710.84	1897.00
吐鲁番	6.00		318.60	1087.00	931.00	112.00	172.00
哈　密	24.24	17.24	777.94	3866.60	3206.60	977.94	1123.66
昌　吉	33.65	12.65	381.63	2569.00	2359.00	235.00	113.00
阜　康	3.74	3.74	167.50	832.90	752.60	146.60	221.90
博　乐	4.70	4.70	227.03	818.71	736.00	110.00	72.00
阿拉山口	7.00	7.00	73.68	96.10	73.00	6.00	15.00
库尔勒	29.80	29.80	488.87	6369.00	5218.00	1626.60	1031.00
阿克苏	20.00	20.00	335.00	2932.00	2569.00	395.00	262.00
阿图什	3.20	3.20	75.25	750.00	675.00	20.00	26.00
喀　什	27.20	27.20	317.80	4142.79	3724.79	78.00	823.00
和　田	8.00	8.00	243.98	1675.00	1447.00	60.00	442.00
伊　宁	18.60	18.60	665.65	5001.00	2962.90	182.00	285.00
奎　屯	9.87	9.87	225.43	2621.00	2063.00	908.00	300.00
霍尔果斯	1.00	1.00	77.00	285.00	255.00	64.00	77.00
乌　苏	8.00	3.20	261.50	1559.78	961.78	318.15	62.15
塔　城	2.71	2.71	236.97	795.00	715.00	102.00	190.00
阿勒泰	3.20		233.82	584.00	508.00	43.00	62.00
石河子	63.00	48.00	570.12	8501.00	7474.00	4487.00	410.00
阿拉尔	25.00		245.25	2339.00	2071.00	1441.00	118.00
图木舒克	11.50		131.54	227.00	204.00	80.00	18.00
五家渠	4.70	4.70	5.19	991.00	769.80	42.56	90.28
北　屯	2.50		156.86	752.00	544.00	27.10	190.90
铁门关	4.67	2.17	95.84	428.80	338.42	67.50	150.50
可克达拉			78.51				

continued 17

Total Quantity of Water Supply(10,000m³)				用水户数(户) Number of Households with Access to Water Supply (unit)	家庭用户 Household User	用水人口(万人) Population with Access to Water Supply (10,000 persons)	城市名称 Name of Cities
Water Sold		免费供水量 The Quantitiy of Free Water Supply	生活用水 Domestic Water Use				
居民家庭用水 The Quantity of Water for Household Use	其他用水 The Quantity of Water for Other Purposes						
12346.42	**1927.09**	**319.40**	**132.14**	**736063**	**625485**	**272.95**	**宁　夏**
6717.54	617.00			378283	325354	139.02	银　川
375.21	170.89			35912	33104	6.00	灵　武
2639.40	599.10	130.00		116388	104144	47.60	石嘴山
1084.00	263.00	86.00	32.00	45720	25464	21.46	吴　忠
639.69	72.03	3.40	0.14	35798	30006	13.48	青铜峡
417.00	78.00	100.00	100.00	44195	40020	26.83	固　原
473.58	127.07			79767	67393	18.56	中　卫
33496.59	**6507.70**	**4174.40**	**389.10**	**2092905**	**1940661**	**716.35**	**新　疆**
13820.00	1191.00	3000.00	100.00	573384	528517	311.85	乌鲁木齐
1833.43	385.81	1.19		145513	141840	37.67	克拉玛依
546.00	101.00			19694	18614	7.88	吐鲁番
1105.00				156261	145932	20.97	哈　密
1361.00	650.00			153253	135174	35.80	昌　吉
323.10	61.00			36564	35198	9.37	阜　康
458.00	96.00	0.83		62524	55744	19.62	博　乐
52.00		1.00		2099	820	1.25	阿拉山口
1501.00	1059.40	160.00	160.00	150039	145193	41.65	库尔勒
1912.00		69.00		129736	125805	36.90	阿克苏
579.00	50.00			2886	2730	8.15	阿图什
2341.79	482.00			90536	86854	32.08	喀　什
937.00	8.00	14.00	14.00	28785	27795	16.83	和　田
1534.50	961.40	296.00		121052	110000	35.84	伊　宁
855.00		100.00	100.00	59469	58014	15.64	奎　屯
69.00	45.00			7175	6714	2.00	霍尔果斯
236.48	345.00	402.00		26577	25890	9.45	乌　苏
339.00	84.00			41525	40315	8.62	塔　城
403.00				25219	23900	6.97	阿勒泰
1932.00	645.00	16.00	15.00	149046	122686	31.79	石河子
482.00	30.00			13404	13244	7.51	阿拉尔
96.00	10.00			7015	5930	2.40	图木舒克
334.19	302.77	114.20		32002	29482	6.80	五家渠
326.00				40079	36070	5.21	北　屯
120.10	0.32	0.18	0.10	19068	18200	4.10	铁门关
							可克达拉

5-6 2015年按城市分列的城市供水(公共供水)

城市名称 Name of Cities	综合生产能力(万立方米/日) Integrated Production Capacity (10,000m³/day)	地下水 Underground Water	水厂个数(个) Number of Water Plants (unit)	地下水 Underground Water	供水管道长度(公里) Length of Water Supply Pipelines (km)	供水总量(万立方米) 合计 Total	售水量 小计 Subtotal	生产运营用水 The Quantity of Water for Production and Operation	公共服务用水 The Quantity of Water for Public Service
全　国	**23100.91**	**3053.93**	**2849**	**1014**	**661409.29**	**4849741.43**	**3998068.55**	**1089635.80**	**701678.43**
北　京	**506.06**	**201.38**	**69**	**57**	**15421.30**	**124407.44**	**103950.46**	**12831.34**	**39004.65**
天　津	**383.65**	**15.65**	**29**	**10**	**16481.30**	**76480.49**	**65508.34**	**25779.00**	**7231.82**
河　北	**565.76**	**350.06**	**118**	**99**	**14308.00**	**108803.80**	**88920.91**	**24060.23**	**17066.76**
石家庄	70.94	30.94	14	13	1732.23	19725.20	15483.72	1580.80	5271.50
晋　州	4.00	4.00	1	1	90.45	430.00	380.00	30.00	25.00
新　乐	3.75	3.75	2	2	148.60	923.00	823.00	260.00	130.00
唐　山	99.99	57.59	16	16	1739.81	18436.97	15850.83	5906.55	2368.54
遵　化	6.00	6.00	2	2	136.38	740.00	584.00	80.00	77.00
迁　安	4.00	4.00	2	2	504.60	1086.60	934.40	115.00	140.40
秦皇岛	40.00		7		1058.40	10659.00	8328.99	3424.18	1946.44
邯　郸	70.50	44.50	6	4	982.60	9240.00	7283.00	1658.00	1184.00
武　安	6.50	0.50	3	1	457.50	1815.00	1617.00	473.00	523.00
邢　台	14.40	14.40	3	3	781.57	3890.00	2856.54		0.27
南　宫	4.86	4.86	1	1	112.00	323.00	281.16	52.86	18.35
沙　河	2.50	2.50	1	1	175.00	448.00	387.00	29.00	130.00
保　定	39.40	13.40	6	5	1133.15	9494.91	8323.24	3264.12	1013.55
涿　州	3.00	3.00	2	2	70.44	898.50	746.50	198.00	46.00
安　国	4.00	4.00	1	1	99.70	496.00	416.40	12.00	79.00
高碑店	2.92	2.92	1	1	236.60	987.00	843.00	155.00	187.00
张家口	64.30	64.30	5	5	887.00	5280.22	4403.85	1712.25	441.50
承　德	25.88	25.88	15	15	621.75	5002.79	3377.28	984.84	271.77
沧　州	25.00	5.00	3	1	496.07	3782.47	3120.96	541.86	980.81
泊　头	5.00	2.00	2	1	283.00	1480.20	1275.64	292.16	248.84
任　丘	3.00	3.00	1	1	358.57	585.21	502.00	110.00	23.00
黄　骅	6.00		1		448.00	1020.00	917.00	224.00	99.00
河　间	5.00	5.00	1	1	320.00	1182.00	1051.00	367.00	83.00
廊　坊	16.90	16.90	5	5	311.37	4048.06	3476.16	1116.34	682.64
霸　州	2.50	2.50	1	1	193.00	870.00	778.00	366.00	93.00
三　河	14.00	14.00	3	3	214.70	1103.00	973.00	420.00	120.00
衡　水	7.92	7.92	7	7	250.30	2543.91	1969.54	180.42	543.82
冀　州	0.90	0.90	1	1	132.50	327.76	280.70	120.85	40.33
深　州	6.30		2		111.00	830.00	738.00	259.00	74.00
辛　集	3.10	3.10	1	1	101.71	673.00	565.00	1.00	169.00
定　州	3.20	3.20	2	2	120.00	482.00	354.00	126.00	56.00

Urban Water Supply by City (Public Water Surpliers)(2015)

Total Quantity of Water Supply($10,000m^3$)					用水户数(户) Number of Households with Access to Water Supply (unit)		用水人口(万人) Population with Access to Water Supply (10,000 persons)	城市名称 Name of Cities
Water Sold		免费供水量 The Quantitiy of Free Water Supply		漏损水量 The Lossed Water		家庭用户 Household User		
居民家庭用水 The Quantity of Water for Household Use	其他用水 The Quantity of Water for Other Purposes		生活用水 Domestic Water Use					
1985645.86	**221108.46**	**113874.94**	**12663.78**	**737797.94**	**131017942**	**119575783**	**42844.54**	**全　国**
50901.91	**1212.56**	**585.82**	**92.11**	**19871.16**	**5010102**	**4850762**	**1351.94**	**北　京**
27394.88	**5102.64**	**563.81**		**10408.34**	**4045839**	**3905492**	**861.43**	**天　津**
43777.99	**4015.93**	**2387.14**	**60.96**	**17495.75**	**3726404**	**3379299**	**1454.71**	**河　北**
8368.80	262.62	45.39	34.32	4196.09	323275	256942	199.48	石家庄
325.00				50.00	23087	22900	10.59	晋　州
418.00	15.00			100.00	21312	19940	9.13	新　乐
6259.41	1316.33	432.48		2153.66	648891	598755	197.69	唐　山
362.00	65.00	81.00		75.00	35262	34735	14.00	遵　化
677.00	2.00			152.20	89800	67260	24.50	迁　安
2896.37	62.00	263.71	26.21	2066.30	477929	456263	108.00	秦皇岛
4435.00	6.00	663.00		1294.00	279343	266030	150.18	邯　郸
621.00		15.00		183.00	36137	32722	22.88	武　安
1580.56	1275.71	66.55		966.91	265182	245930	85.24	邢　台
209.95		4.77		37.07	33100	29100	10.95	南　宫
224.50	3.50			61.00	31319	29153	9.59	沙　河
3941.52	104.05			1171.67	134099	119228	146.29	保　定
496.00	6.50			152.00	14168	13038	12.35	涿　州
325.40		1.60	0.12	78.00	21180	21090	7.83	安　国
377.00	124.00	44.00		100.00	36868	36216	12.26	高碑店
2156.10	94.00	55.15		821.22	269704	222553	88.50	张家口
1748.74	371.93	613.93		1011.58	214750	203546	56.92	承　德
1594.77	3.52	6.29		655.22	224285	208781	58.00	沧　州
725.37	9.27	10.00		194.56	44685	37386	15.90	泊　头
368.70	0.30	0.20	0.20	83.01	59640	56035	26.10	任　丘
592.00	2.00	1.00		102.00	57633	52960	19.80	黄　骅
480.00	121.00	11.00		120.00	52970	48570	17.48	河　间
1677.18				571.90	28580	16300	47.00	廊　坊
310.00	9.00	9.00		83.00	28396	25442	11.20	霸　州
283.00	150.00			130.00	28074	25900	17.70	三　河
1245.25	0.05			574.37	145553	133055	35.80	衡　水
112.37	7.15	14.07	0.11	32.99	16639	16269	8.05	冀　州
405.00		5.00		87.00	18540	18400	10.40	深　州
395.00				108.00	50870	50000	14.50	辛　集
167.00	5.00	44.00		84.00	15133	14800	6.40	定　州

5-6 续表 1

城市名称 Name of Cities	综合生产能力(万立方米/日) Integrated Production Capacity (10,000m³/day)	地下水 Underground Water	水厂个数(个) Number of Water Plants (unit)	地下水 Underground Water	供水管道长度(公里) Length of Water Supply Pipelines (km)	供水总量(万立方米) 合计 Total	售水量 小计 Subtotal	生产运营用水 The Quantity of Water for Production and Operation	公共服务用水 The Quantity of Water for Public Service
山　西	**316.29**	**180.66**	**79**	**66**	**8564.46**	**59344.17**	**53445.11**	**14645.01**	**5619.17**
太　原	120.33	60.00	8	8	1919.10	21743.23	20454.89	6987.62	1588.38
古　交	1.70	0.50	2	2	81.00	423.27	370.64	99.65	30.26
大　同	49.00	35.00	13	11	850.18	6748.94	6017.69	2308.42	551.60
阳　泉	20.48	3.20	5	1	582.85	4161.63	3511.51	1066.26	353.85
长　治	17.28	17.28	2	2	707.70	4859.37	4373.37	335.18	490.30
潞　城	1.80	1.80	1	1	77.00	305.58	269.58	24.33	34.19
晋　城	13.00	5.38	3	1	487.80	3045.79	2728.66	671.20	651.36
高　平	4.00		2	2	192.00	384.70	333.70	40.00	81.00
朔　州	15.00	6.50	5	5	318.70	1818.20	1613.20	283.00	185.00
晋　中	12.90	8.90	4	3	400.97	2712.32	2298.26	590.72	190.76
介　休	4.80	4.80	2	2	106.11	614.00	467.55	98.98	80.57
运　城	10.00	0.50	4	1	665.62	2315.47	2078.06	304.23	256.16
永　济	2.20	2.20	2	2	85.00	494.00	445.00	63.00	54.00
河　津	4.00	4.00	8	8	147.10	1352.00	1206.00	583.52	30.20
忻　州	3.80	3.80	3	3	418.05	1184.83	1004.40	341.15	52.60
原　平	6.00	6.00	1	1	148.56	566.68	477.08	94.52	1.00
临　汾	12.30	4.00	2	1	475.60	2378.93	2135.93	419.20	306.58
侯　马	3.50	3.50	3	3	164.00	959.00	847.00	122.00	10.00
霍　州	4.80	4.80	2	2	195.00	559.23	479.23		140.20
吕　梁	3.00	3.00	2	2	115.00	976.00	878.00	25.51	220.95
孝　义	4.00	4.00	3	3	243.35	1204.00	1011.36	176.52	102.21
汾　阳	2.40	1.50	2	2	183.77	537.00	444.00	10.00	208.00
内蒙古	**321.28**	**196.14**	**82**	**73**	**8507.29**	**58659.03**	**47464.47**	**13908.71**	**9107.82**
呼和浩特	53.85	33.75	11	10	791.16	12079.97	9277.97	2989.00	2123.00
包　头	91.30	3.30	6	2	1730.17	16963.06	14483.17	7602.92	2100.88
乌　海	30.18	30.18	4	4	420.00	5260.15	4076.25	578.55	980.50
赤　峰	22.40	21.00	9	9	968.80	4580.42	3872.42	630.00	714.00
通　辽	29.00	29.00	6	6	527.86	3231.35	2487.42	367.84	543.42
霍林郭勒	5.50	5.50	3	3	300.00	800.00	718.00	70.00	100.00
鄂尔多斯	17.30	14.30	11	10	802.96	3650.72	3225.98	340.00	749.70
呼伦贝尔	5.00	5.00	1	1	259.48	1769.00	1380.00	24.00	280.00
满洲里	9.50	4.50	4	3	472.85	1174.24	934.24	218.44	165.80
牙克石	1.60	1.60	1	1	86.20	478.00	424.00	28.00	125.00
扎兰屯	3.20	3.20	2	2	107.92	438.00	371.80	97.20	70.10
额尔古纳	1.00	1.00	2	2	65.93	105.00	93.50	7.00	10.00
根　河	4.30	3.00	2	1	29.45	128.72	113.14		16.96
巴彦淖尔	14.40	8.06	2	1	462.63	2252.00	1853.00	311.93	164.00
乌兰察布	8.22	8.22	6	6	287.00	1549.52	1244.91	132.77	223.21

continued 1

Total Quantity of Water Supply($10,000m^3$)					用水户数(户) Number of Households with Access to Water Supply (unit)	家庭用户 Household User	用水人口(万人) Population with Access to Water Supply (10,000 persons)	城市名称 Name of Cities
Water Sold		免费供水量 The Quantitiy of Free Water Supply	生活用水 Domestic Water Use	漏损水量 The Lossed Water				
居民家庭用水 The Quantity of Water for Household Use	其他用水 The Quantity of Water for Other Purposes							
32722.18	**458.75**	**342.99**	**183.16**	**5556.07**	**1164125**	**1098938**	**961.98**	**山　西**
11822.56	56.33			1288.34	330488	318130	317.26	太　原
235.47	5.26			52.63	16257	15664	9.26	古　交
3126.61	31.06	80.95		650.30	52673	50012	87.93	大　同
2078.56	12.84	14.80	14.80	635.32	120551	114419	44.63	阳　泉
3542.43	5.46			486.00	121503	119024	67.94	长　治
207.45	3.61	5.00	5.00	31.00	14219	13699	8.20	潞　城
1394.30	11.80			317.13	128128	125904	40.00	晋　城
208.00	4.70			51.00	30937	30120	10.79	高　平
1132.00	13.20	50.00	28.00	155.00	99214	86857	36.32	朔　州
1511.67	5.11			414.06	14051	11995	48.00	晋　中
263.00	25.00	70.07	35.72	76.38	26980	25024	11.80	介　休
1506.05	11.62	6.21	6.21	231.20	24494	18991	40.85	运　城
328.00				49.00	8500	7551	14.00	永　济
590.28	2.00	10.80	2.27	135.20	9306	7240	20.37	河　津
609.65	1.00	59.56	59.56	120.87	20507	19373	27.60	忻　州
373.19	8.37	31.60	31.60	58.00	7425	5571	15.73	原　平
1404.19	5.96			243.00	43860	40309	61.10	临　汾
625.00	90.00	2.00		110.00	25566	24883	15.74	侯　马
270.20	68.83			80.00	37643	35524	14.88	霍　州
629.04	2.50			98.00	4502	4006	24.85	吕　梁
638.53	94.10			192.64	19444	17121	27.93	孝　义
226.00		12.00		81.00	7877	7521	16.80	汾　阳
20861.44	**3586.50**	**890.80**	**51.10**	**10303.76**	**2858240**	**2526097**	**839.64**	**内蒙古**
3795.00	370.97	55.00		2747.00	494801	448636	186.00	呼和浩特
3838.53	940.84			2479.89	691035	632391	187.55	包　头
1720.20	797.00	536.90	50.00	647.00	164148	128608	56.07	乌　海
2180.42	348.00			708.00	343651	309619	87.01	赤　峰
1032.60	543.56	80.95		662.98	207052	178413	43.21	通　辽
512.33	35.67	2.00		80.00	45683	43000	12.30	霍林郭勒
2059.90	76.38	65.57		359.17	129083	100644	51.71	鄂尔多斯
1076.00				389.00	138581	116069	27.21	呼伦贝尔
550.00				240.00	85438	67993	21.00	满洲里
267.00	4.00	4.00		50.00	43168	39800	10.38	牙克石
201.50	3.00	0.50		65.70	43533	36032	12.79	扎兰屯
76.50				11.50	9366	8500	3.45	额尔古纳
96.18		1.88	1.10	13.70	10623	9626	3.29	根　河
1111.45	265.62	40.00		359.00	152123	144161	39.77	巴彦淖尔
785.97	102.96			304.61	55535	45752	30.98	乌兰察布

5-6 续表 2

城市名称 Name of Cities	综合生产能力(万立方米/日) Integrated Production Capacity (10,000m³/day)	地下水 Under-ground Water	水厂个数(个) Number of Water Plants (unit)	地下水 Under-ground Water	供水管道长度(公里) Length of Water Supply Pipelines (km)	供水总量(万立方米) 合计 Total	售水量 小计 Subtotal	生产运营用水 The Quantity of Water for Production and Operation	公共服务用水 The Quantity of Water for Public Service
丰　　镇	2.38	2.38	2	2	183.92	868.70	721.59	230.00	84.25
乌兰浩特	8.50	8.50	3	3	280.80	1358.00	829.00	33.00	277.00
阿 尔 山	2.15	2.15	2	2	49.20	64.18	50.18	7.06	9.00
二连浩特	5.00	5.00	2	2	165.56	499.00	405.00	129.00	128.50
锡林浩特	6.50	6.50	3	3	515.40	1409.00	902.90	112.00	242.50
辽　　宁	**930.09**	**272.04**	**136**	**65**	**31866.49**	**188795.44**	**142287.78**	**38844.46**	**32967.10**
沈　　阳	170.80	109.80	10	9	3542.00	53166.72	39670.40	7019.40	11468.30
新　　民	4.20	4.20	1	1	407.10	1232.26	962.69	467.96	414.22
大　　连	163.00		14		5465.20	36743.66	28976.70	8483.00	5671.20
瓦 房 店	12.00		1		497.40	1610.80	1267.00	309.00	173.00
普 兰 店	15.50		3		390.00	1987.40	1344.00	410.00	335.00
庄　　河	10.00		1		377.02	1574.00	1255.00	249.00	120.00
鞍　　山	58.00	8.00	8	3	2663.70	12620.40	9430.00	3769.00	2004.00
海　　城	8.50	8.50	3	3	427.20	2554.50	1214.50	312.00	300.00
抚　　顺	111.00		9		2290.70	12432.30	9243.67	3892.77	1242.68
本　　溪	43.00		7		961.00	6485.64	5069.04	1449.72	1945.33
丹　　东	32.09		7		855.91	5505.00	3926.00	1190.00	917.00
东　　港	12.50		2		296.00	1771.80	1287.00	478.00	235.00
凤　　城	4.00		1		314.87	872.00	593.00	71.00	142.00
锦　　州	41.90	41.90	6	6	1501.00	9311.80	6276.00	3027.00	1060.00
凌　　海	2.50	2.50	2	2	96.80	565.00	475.00	165.00	80.00
北　　镇	3.50	3.50	5	5	88.00	613.88	462.10	88.00	139.00
营　　口	53.40	7.30	10	5	2714.00	6426.40	4923.00	1423.00	1294.00
盖　　州	7.50	7.50	2	2	266.16	845.15	642.23	37.12	152.13
大 石 桥	4.43	1.19	1	1	983.64	1058.32	778.81	97.78	131.97
阜　　新	35.00	15.00	7	4	2040.00	7342.70	6055.40	2315.00	689.30
辽　　阳	29.80	14.80	4	2	871.24	5337.95	4038.97	1276.90	861.83
灯　　塔	5.00	5.00	2	2	110.10	829.60	583.00	153.00	121.00
盘　　锦	11.00		2		551.00	2497.40	1870.00		1013.00
铁　　岭	22.10	10.25	6	4	938.14	3427.98	2352.98	141.69	849.32
调 兵 山	1.30	1.30	1	1	168.04	372.30	298.00	3.00	90.00
开　　原	3.80	3.80	4	4	426.90	1142.48	974.63	18.12	238.05
朝　　阳	15.10	15.10	3	3	465.40	2667.78	2055.20	39.20	516.70
北　　票	3.70	3.40	4	3	303.00	1041.56	810.30	235.00	210.87
凌　　源	7.50	7.50	3	3	459.00	1058.00	908.00	215.00	216.00
葫 芦 岛	33.47		5		1060.97	4578.66	3832.16	1463.80	201.20
兴　　城	4.50	1.50	2	2	335.00	1122.00	713.00	45.00	135.00

continued 2

Total Quantity of Water Supply(10,000m³)					用水户数(户) Number of Households with Access to Water Supply (unit)		用水人口(万人) Population with Access to Water Supply (10,000 persons)	城市名称 Name of Cities
Water Sold		免费供水量 The Quantitiy of Free Water Supply		漏损水量 The Lossed Water		家庭用户 Household User		
居民家庭用水 The Quantity of Water for Household Use	其他用水 The Quantity of Water for Other Purposes		生活用水 Domestic Water Use					
344.34	63.00	59.00		88.11	43547	40150	12.98	丰镇
514.00	5.00			529.00	121155	106589	23.46	乌兰浩特
34.12		6.00		8.00	8292	7280	4.01	阿尔山
117.00	30.50	39.00		55.00	31303	23834	6.76	二连浩特
548.40				506.10	40123	39000	19.71	锡林浩特
65175.66	**5300.56**	**6558.62**	**540.00**	**39949.04**	**9620267**	**9077012**	**2119.95**	**辽宁**
21182.70		2695.00		10801.32	2290979	2173528	477.20	沈阳
80.51				269.57	64270	59890	19.91	新民
12573.30	2249.20			7766.96	1914155	1820853	329.90	大连
664.00	121.00			343.80	138579	131138	40.28	瓦房店
584.00	15.00	72.00	40.00	571.40	118015	112366	20.77	普兰店
886.00				319.00	95975	90373	33.92	庄河
3657.00		356.00		2834.40	613203	589693	152.93	鞍山
595.00	7.50	800.00	500.00	540.00	115000	105750	31.50	海城
2690.89	1417.33	139.00		3049.63	638822	609875	129.09	抚顺
1576.65	97.34			1416.60	421406	403932	88.00	本溪
1789.00	30.00	700.00		879.00	229002	217115	72.54	丹东
535.00	39.00	60.00		424.80	72781	66427	16.41	东港
380.00		90.00		189.00	49985	45000	13.55	凤城
2189.00		1134.00		1901.80	312546	291042	87.20	锦州
230.00				90.00	37326	36970	9.31	凌海
224.50	10.60	5.30		146.48	31530	28850	11.20	北镇
1946.00	260.00	7.00		1496.40	365733	333779	93.36	营口
397.06	55.92	7.50		195.42	60091	56629	22.87	盖州
431.96	117.10	0.10		279.41	105070	91903	35.00	大石桥
3051.10				1287.30	386099	366640	77.19	阜新
1900.24				1298.98	278312	256847	78.26	辽阳
309.00		15.00		231.60	30207	26845	8.89	灯塔
843.00	14.00			627.40	205588	186402	40.10	盘锦
1333.76	28.21	225.00		850.00	205041	186392	44.62	铁岭
200.00	5.00	10.00		64.30	29032	26055	7.03	调兵山
718.46		25.52		142.33	92138	87077	24.32	开原
853.60	645.70			612.58	208137	190642	54.00	朝阳
318.43	46.00	14.00		217.26	61104	58970	17.13	北票
429.00	48.00			150.00	95470	78022	20.50	凌源
2093.50	73.66	34.20		712.30	265671	264007	44.97	葫芦岛
513.00	20.00	169.00		240.00	89000	84000	18.00	兴城

5-6 续表 3

城市名称 Name of Cities	综合生产能力(万立方米/日) Integrated Production Capacity (10,000m³/day)	地下水 Underground Water	水厂个数(个) Number of Water Plants (unit)	地下水 Underground Water	供水管道长度(公里) Length of Water Supply Pipelines (km)	供水总量(万立方米) 合计 Total	售水量 小计 Subtotal	生产运营用水 The Quantity of Water for Production and Operation	公共服务用水 The Quantity of Water for Public Service
吉　林	**350.53**	**45.07**	**78**	**31**	**9975.02**	**88004.13**	**59363.62**	**13578.81**	**15491.23**
长　春	129.10	3.60	9	3	2728.89	36297.73	24766.23	4474.00	10185.00
榆　树	2.30	2.30	2	2	203.95	819.00	568.10	13.00	48.10
德　惠	4.20		2	1	532.43	839.60	596.00	126.00	40.00
吉　林	50.00		5		1148.86	12727.00	8849.00	2690.00	920.00
蛟　河	2.50		2		59.00	900.00	495.00	34.65	99.68
桦　甸	6.00		3		130.00	576.00	321.00	10.00	52.00
舒　兰	4.00		1		135.99	1075.80	945.80	440.00	63.00
磐　石	2.00	2.00	1	1	130.10	730.00	540.00	75.00	70.00
四　平	14.60	0.47	4	1	606.87	2666.27	2380.37	989.45	420.00
双　辽	1.00	1.00	1	1	84.05	316.00	273.50	21.00	23.00
辽　源	16.00		5		508.00	2678.00	1875.00	739.00	478.00
通　化	15.79	0.40	7	3	554.48	4150.84	2082.43	665.00	50.32
集　安	3.00		2		141.74	939.70	395.00	135.00	103.00
白　山	12.20	1.50	4	3	363.71	2565.01	1457.81	678.37	54.66
临　江	2.00		1		60.22	399.00	251.00	24.00	37.00
松　原	19.00	12.50	5	3	438.50	5369.38	4779.38	1635.02	600.36
扶　余	1.30	1.30	3	3	48.00	399.00	347.00		140.00
白　城	7.00	7.00	2	2	322.00	1900.00	1430.00	160.00	340.00
洮　南	1.50	1.50	1	1	90.00	256.90	223.40	22.50	39.60
大　安	2.00	2.00	1	1	85.00	473.50	253.00	60.00	6.00
延　吉	15.00		2		472.39	5082.00	2532.00	54.00	849.00
图　们	1.45		1		114.27	423.00	251.75	29.98	33.74
敦　化	14.59	2.10	5	2	140.58	1105.00	833.65	196.00	123.55
珲　春	5.40		2		120.50	1417.00	1237.00	140.00	446.00
龙　井	3.50		1		98.73	468.90	236.70	0.84	33.22
和　龙	3.30		2		179.33	505.00	402.00	35.00	27.00
公主岭	5.80	1.80	1	1	298.00	2018.50	432.50	21.00	80.00
梅河口	6.00	5.60	3	3	179.43	906.00	609.00	110.00	129.00
黑龙江	**594.80**	**189.68**	**116**	**79**	**13238.94**	**111744.13**	**84595.25**	**27584.95**	**21301.46**
哈尔滨	145.60	24.30	11	8	2004.50	35142.58	24932.87	3627.55	11981.69
双　城	3.00	3.00	1	1	241.34	582.74	506.74	103.99	68.75
尚　志	3.60	3.00	2	1	191.02	1134.50	1022.90	243.10	241.00
五　常	8.80	4.00	2	1	203.00	942.00	802.00	129.00	96.00
齐齐哈尔	28.62	18.62	9	8	941.77	7013.50	4797.27	140.55	1497.14
讷　河	2.50	2.50	2	2	92.40	355.56	271.65	0.95	32.33
鸡　西	19.20	3.47	4	1	472.34	4873.00	4130.10	1368.50	998.40
虎　林	2.00	2.00	1	1	182.78	425.00	313.00	60.00	53.00
密　山	3.50	3.50	3	3	202.50	620.00	547.00	161.00	80.00
鹤　岗	15.60	3.00	3	1	590.14	2873.57	2002.87	546.57	344.80

continued 3

Total Quantity of Water Supply(10,000m^3)					用水户数(户) Number of Households with Access to Water Supply (unit)		用水人口(万人) Population with Access to Water Supply (10,000 persons)	城市名称 Name of Cities
Water Sold		免费供水量 The Quantitiy of Free Water Supply		漏损水量 The Lossed Water		家庭用户 Household User		
居民家庭用水 The Quantity of Water for Household Use	其他用水 The Quantity of Water for Other Purposes		生活用水 Domestic Water Use					
28278.68	**2014.90**	**1524.73**	**224.05**	**27115.78**	**4261124**	**3877554**	**1032.47**	**吉　林**
10041.00	66.23	35.00	23.00	11496.50	1447493	1324914	398.89	长　春
437.80	69.20	46.00		204.90	97053	86188	22.50	榆　树
380.00	50.00			243.60	62812	57060	22.00	德　惠
4750.00	489.00	328.00		3550.00	738636	669949	124.80	吉　林
321.75	38.92			405.00	62092	55230	12.10	蛟　河
246.00	13.00	12.00		243.00	68998	60413	15.48	桦　甸
429.00	13.80			130.00	36500	36250	11.00	舒　兰
382.00	13.00	7.00	4.20	183.00	59920	53700	12.00	磐　石
539.00	431.92			285.90	141036	126286	44.80	四　平
220.00	9.50	12.00		30.50	34346	34000	10.00	双　辽
628.00	30.00	69.00		734.00	170000	150000	44.00	辽　源
1364.04	3.07	383.00		1685.41	181410	166802	43.56	通　化
145.00	12.00	19.35		525.35	33302	29878	8.00	集　安
724.78		105.33		1001.87	150354	138007	34.85	白　山
148.00	42.00	78.00	58.00	70.00	30940	26882	9.47	临　江
2159.00	385.00			590.00	166718	158623	47.27	松　原
200.00	7.00	14.00		38.00	17820	16500	5.50	扶　余
840.00	90.00	240.00	40.00	230.00	88194	79350	27.85	白　城
156.80	4.50	4.50	4.50	29.00	41415	41292	8.00	洮　南
187.00				220.50	48949	39672	10.90	大　安
1604.00	25.00	17.00	15.00	2533.00	298533	273374	49.00	延　吉
151.51	36.52	36.00		135.25	22568	20784	4.00	图　们
482.00	32.10	1.35	0.15	270.00	66332	60460	15.60	敦　化
651.00		10.00		170.00	37497	32299	12.26	珲　春
200.00	2.64	2.20	2.20	230.00	33324	31000	9.00	龙　井
338.00	2.00	28.00		75.00	17000	15000	5.00	和　龙
303.00	28.50			1586.00	53207	46641	10.64	公主岭
250.00	120.00	77.00	77.00	220.00	54675	47000	14.00	梅河口
31047.82	**4661.02**	**1866.90**	**310.60**	**25281.98**	**5325897**	**4904932**	**1289.85**	**黑龙江**
9036.59	287.04	813.58	195.00	9396.13	2025954	1885079	445.25	哈尔滨
320.00	14.00			76.00	72125	61313	15.57	双　城
537.70	1.10	0.10		111.50	43517	34287	12.91	尚　志
521.00	56.00			140.00	69030	57236	13.87	五　常
2024.88	1134.70	91.00		2125.23	485611	456868	98.90	齐齐哈尔
222.75	15.62	7.46		76.45	28570	25199	8.86	讷　河
1617.00	146.20	271.60		471.30	246162	243162	71.22	鸡　西
200.00		1.00		111.00	27405	21497	6.22	虎　林
306.00		9.00		64.00	36511	35041	9.16	密　山
1081.13	30.37	9.91		860.79	232109	219300	54.76	鹤　岗

5-6 续表 4

城市名称 Name of Cities	综合生产能力(万立方米/日) Integrated Production Capacity (10,000m³/day)	地下水 Under-ground Water	水厂个数(个) Number of Water Plants (unit)	地下水 Under-ground Water	供水管道长度(公里) Length of Water Supply Pipelines (km)	供水总量(万立方米) 合计 Total	售水量 小计 Subtotal	生产运营用水 The Quantity of Water for Production and Operation	公共服务用水 The Quantity of Water for Public Service
双鸭山	28.40	17.30	9	8	400.15	2539.10	2159.00	465.00	509.00
大庆	163.00	33.04	20	12	2574.97	25082.35	21921.66	14920.86	2023.54
伊春	24.36	22.54	18	17	1264.96	3386.00	2995.16	689.64	470.74
铁力	5.10	2.00	2	1	210.70	993.00	837.00	44.00	10.00
佳木斯	30.00	30.00	3	3	520.39	4543.16	2453.55	425.51	468.86
同江	1.00	1.00	1	1	146.00	350.00	302.00	37.00	75.00
富锦	4.00	4.00	2	2	91.56	431.30	376.00	55.00	85.00
七台河	21.60		2		701.11	3790.50	2690.50	1397.00	195.50
牡丹江	36.00		4		483.00	6876.89	3138.12	940.90	731.00
绥芬河	8.00	0.09	2	1	146.95	685.00	549.00	158.00	90.00
海林	2.60		1		86.00	356.00	304.00	91.00	34.00
宁安	3.00		1		143.71	775.00	697.00	274.00	50.00
穆棱	2.20		1		133.97	392.88	326.36	50.43	71.81
黑河	7.00	0.20	3	1	179.40	937.00	631.50	144.40	121.90
北安	5.00		1		134.35	814.00	693.00	141.00	113.00
五大连池	0.62	0.62	1	1	106.82	187.00	168.00	4.50	8.50
绥化	8.00	8.00	3	3	371.63	2445.50	2135.00	302.00	506.50
安达	2.00	1.50	2	1	91.50	600.00	515.00	58.50	31.00
肇东	7.00	2.00	1	1	149.00	2195.00	2025.00	933.00	291.00
海伦	3.50		1		180.98	402.00	352.00	72.00	22.00
上海	**1137.00**	**0.74**	**37**	**2**	**36383.22**	**312224.42**	**245765.07**	**51642.38**	**68821.03**
江苏	**2507.06**	**32.86**	**131**	**13**	**76745.00**	**419686.02**	**359236.28**	**114320.99**	**61655.74**
南京	383.20		15		10168.50	95693.69	82735.34	17999.03	26117.44
无锡	245.00		6		5705.00	36168.22	30277.40	10553.06	4437.08
江阴	116.00		4		1733.54	6947.36	6156.24	2831.22	612.43
宜兴	30.00		2		1520.00	6315.00	5479.00	1891.00	786.00
徐州	70.70	28.70	13	9	2392.85	16707.48	13030.99	3000.95	1045.31
新沂	5.00		4	3	616.30	1450.00	1002.00	16.00	130.00
邳州	4.16	4.16	1	1	412.00	1294.00	1147.00		303.30
常州	172.00		9		10666.44	25047.83	21882.65	6844.71	4037.67
溧阳	25.00		3		730.56	2856.31	2489.16	973.97	464.61
苏州	352.50		12		8420.93	63043.01	57348.71	23879.13	8681.84
常熟	87.50		3		1732.00	7792.00	6910.00	3801.00	814.00
张家港	65.00		3		891.19	6007.62	5357.62	1028.00	1090.08
昆山	150.00		3		944.86	14672.00	13561.02	7337.00	975.02
太仓	70.00		2		645.98	5005.65	4437.50	2468.99	281.69
南通	167.50		4		3315.60	23465.22	18425.46	7118.38	281.42
启东	24.50		1		770.40	2820.00	2139.00	950.00	290.00

continued 4

Total Quantity of Water Supply(10,000m³)					用水户数(户) Number of Households with Access to Water Supply (unit)		用水人口(万人) Population with Access to Water Supply (10,000 persons)	城市名称 Name of Cities
Water Sold		免费供水量 The Quantitiy of Free Water Supply		漏损水量 The Lossed Water		家庭用户 Household User		
居民家庭用水 The Quantity of Water for Household Use	其他用水 The Quantity of Water for Other Purposes		生活用水 Domestic Water Use					
1075.00	110.00	110.10	80.00	270.00	116210	111200	38.20	双鸭山
3565.45	1411.81	0.15		3160.54	513017	460787	138.23	大庆
1563.30	271.48	60.10	26.60	330.74	237860	208071	60.71	伊春
778.00	5.00			156.00	38373	32796	10.18	铁力
1532.94	26.24	282.00		1807.61	235856	215846	51.87	佳木斯
190.00		12.00		36.00	20361	19890	6.73	同江
170.00	66.00	9.70		45.60	35121	31679	12.05	富锦
830.00	268.00	12.00	9.00	1088.00	103307	93521	34.45	七台河
1139.22	327.00	23.20		3715.57	275167	250847	54.50	牡丹江
223.00	78.00	61.00		75.00	22752	20180	8.54	绥芬河
171.00	8.00	2.00		50.00	31739	28776	9.33	海林
315.00	58.00			78.00	26750	22900	7.50	宁安
182.56	21.56	6.00		60.52	25112	24198	7.31	穆棱
361.20	4.00			305.50	66022	57350	14.10	黑河
371.00	68.00	40.00		81.00	49364	43705	12.20	北安
140.00	15.00			19.00	10685	10650	4.52	五大连池
1326.50		20.00		290.50	93500	90000	27.72	绥化
420.10	5.40	25.00		60.00	41407	35614	14.59	安达
666.50	134.50			170.00	81100	74000	30.30	肇东
160.00	98.00			50.00	35200	33940	10.10	海伦
98848.49	**26453.17**	**16997.37**		**49461.98**	**8317198**	**7889271**	**2415.27**	**上海**
166887.31	**16372.24**	**8290.06**	**2316.63**	**52159.68**	**13108361**	**11919474**	**3041.44**	**江苏**
36396.58	2222.29	2636.23	1898.43	10322.12	2681707	2345746	595.39	南京
14990.13	297.13	1579.57		4311.25	1475743	1382186	246.30	无锡
1835.27	877.32	75.00		716.12	145331	120260	36.92	江阴
2429.00	373.00	16.00	5.00	820.00	291058	278268	50.51	宜兴
6331.11	2653.62	120.20	89.30	3556.29	577362	550962	186.96	徐州
770.80	85.20			448.00	79465	78000	31.82	新沂
843.70				147.00	69990	65072	34.73	邳州
10971.73	28.54	526.07		2639.11	743736	664484	178.97	常州
1050.58		11.31		355.84	83397	74008	21.46	溧阳
24192.27	595.47	348.00	216.00	5346.30	1557859	1450719	299.81	苏州
2295.00		4.00		878.00	235324	214438	41.92	常熟
2507.02	732.52	40.00		610.00	85519	83185	40.62	张家港
3851.00	1398.00	337.51		773.47	311150	279000	42.91	昆山
1686.82				568.15	123452	99760	24.94	太仓
10076.35	949.31	283.65	5.22	4756.11	633937	528145	162.45	南通
687.00	212.00			681.00	110887	100115	22.00	启东

5-6 续表 5

城市名称 Name of Cities	综合生产能力(万立方米/日) Integrated Production Capacity (10,000m³/day)	地下水 Underground Water	水厂个数(个) Number of Water Plants (unit)	地下水 Underground Water	供水管道长度(公里) Length of Water Supply Pipelines (km)	供水总量(万立方米) 合计 Total	售水量 小计 Subtotal	生产运营用水 The Quantity of Water for Production and Operation	公共服务用水 The Quantity of Water for Public Service
如皋	40.00		2		943.54	3546.18	3056.86	867.20	424.86
海门	10.00		1		1039.15	3516.70	2831.79	971.31	110.37
连云港	46.00		5		2451.33	11023.22	8818.70	2667.76	1823.11
淮安	29.00		3		3914.67	10272.99	9032.68	2603.80	1214.80
盐城	53.50		3		2955.86	9662.51	8373.09	1078.61	1305.72
东台	20.00		1		976.90	1884.46	1588.31	287.86	130.81
扬州	99.00		8		3412.26	16364.93	13814.29	2286.60	1519.41
仪征	10.00		1		872.59	2958.00	2517.50	800.50	82.60
高邮	9.50		2		367.70	1949.90	1601.90	387.00	240.00
镇江	50.00		2		2489.18	14197.14	12079.00	5134.00	1451.00
丹阳	35.00		3		401.32	3624.64	3225.94	1010.07	1046.07
扬中	10.00		1		475.32	1533.00	1343.00	150.00	35.00
句容	10.00		1		456.60	2417.00	1518.00	382.00	338.80
泰州	42.00		5		2329.04	9343.34	7287.43	2324.54	509.13
兴化	10.00		2		462.00	1168.00	1006.30	81.00	25.40
靖江	21.00		1		906.00	2665.00	2025.00	683.00	200.00
泰兴	20.00		2		265.86	2166.91	1474.67	379.84	85.02
宿迁	24.00		3		1359.53	6106.71	5262.73	1533.46	765.75
浙江	**1637.77**	**0.80**	**129**	**3**	**55430.92**	**310261.33**	**269495.46**	**107504.54**	**34307.02**
杭州	380.00		18		12080.84	66759.90	56477.60	14902.41	13544.13
建德	8.00		1		613.40	1382.10	1158.24	268.12	39.79
临安	16.70		3		1494.01	4221.03	3726.83	1066.33	411.98
宁波	215.00		5		3656.68	54196.09	45678.69	22510.25	4739.72
余姚	40.50		5		2180.28	4969.09	4601.83	2074.39	278.48
慈溪	41.00		4		1665.67	9586.57	8483.87	3907.57	214.19
奉化	18.70		4	2	698.00	3341.00	2806.00	868.00	563.00
温州	141.00		12		2917.71	27522.29	23493.65	10793.31	82.00
瑞安	22.00		3		905.49	2463.73	2151.97	554.58	129.18
乐清	13.00		3		564.64	3763.00	3000.00	437.00	154.00
嘉兴	75.50		6		1050.97	11049.77	9636.66	3221.71	2172.42
海宁	30.00		1		663.74	3423.71	3142.10	1987.39	175.87
平湖	12.00		1		457.84	3059.45	2597.17	1015.44	519.60
桐乡	45.00		3		798.00	3224.26	2862.06	1236.00	114.00
湖州	47.35	0.80	10	1	3209.69	9019.15	7945.95	2131.68	1350.78
绍兴	216.60		12		4362.81	28601.00	27009.00	17672.00	2748.00
诸暨	26.00		1		1401.90	4726.34	4043.56	1004.82	655.05
嵊州	16.00		2		1297.62	3496.40	3051.76	1488.47	166.88
金华	35.00		2		1429.76	8223.44	6985.08	1481.55	1489.17
兰溪	16.00		4		883.70	1982.00	1801.00	633.00	71.00

continued 5

Total Quantity of Water Supply($10,000m^3$)					用水户数(户) Number of Households with Access to Water Supply (unit)		用水人口(万人) Population with Access to Water Supply (10,000 persons)	城市名称 Name of Cities
Water Sold		免费供水量 The Quantitiy of Free Water Supply		漏损水量 The Lossed Water		家庭用户 Household User		
居民家庭用水 The Quantity of Water for Household Use	其他用水 The Quantity of Water for Other Purposes		生活用水 Domestic Water Use					
1764.80		81.00		408.32	99696	99020	32.90	如皋
1683.47	66.64	106.00		578.91	138504	124437	29.40	海门
3931.19	396.64	24.76		2179.76	380795	347458	104.62	连云港
5044.10	169.98	12.48	11.81	1227.83	488667	461447	145.65	淮安
5456.16	532.60	71.42	18.96	1218.00	498120	471956	135.72	盐城
1161.64	8.00	37.52	5.50	258.63	80729	76803	32.60	东台
7835.45	2172.83	503.88		2046.76	554953	506389	109.26	扬州
1078.40	556.00	73.00		367.50	60130	54965	18.39	仪征
959.00	15.90	31.00		317.00	79282	69039	21.98	高邮
4434.00	1060.00	27.14		2091.00	373921	339379	88.90	镇江
1007.80	162.00	34.16	29.00	364.54	127567	116250	35.77	丹阳
1158.00				190.00	52447	48587	16.59	扬中
794.20	3.00			899.00	62935	57461	16.74	句容
3907.01	546.75	735.22	11.65	1320.69	360087	337599	93.07	泰州
899.90		44.80		116.90	99356	90061	21.60	兴化
1087.00	55.00	100.00		540.00	51508	45938	24.11	靖江
973.78	36.03	315.19	3.30	377.05	116751	107768	26.35	泰兴
2797.05	166.47	114.95	22.46	729.03	276996	250569	70.08	宿迁
119609.26	**8074.64**	**5058.25**	**63.02**	**35707.62**	**7112807**	**6465084**	**2138.99**	**浙江**
26161.68	1869.38	2432.19		7850.11	1121904	1032192	523.28	杭州
846.33	4.00	79.00		144.86	58476	52289	13.39	建德
1179.44	1069.08	4.41		489.79	101833	89834	26.96	临安
18397.95	30.77	455.00		8062.40	1240373	1145661	190.17	宁波
2225.12	23.84	15.00	3.00	352.26	216978	195629	44.98	余姚
3605.99	756.12	14.00		1088.70	14274	12608	41.94	慈溪
1365.00	10.00	51.00	2.00	484.00	135109	123791	33.00	奉化
12599.09	19.25	986.85	3.00	3041.79	555878	508752	192.81	温州
1465.93	2.28	16.27	0.94	295.49	91848	80483	27.65	瑞安
2392.00	17.00	154.00	1.00	609.00	101412	98897	49.07	乐清
3126.40	1116.13	70.23		1342.88	380138	348969	84.99	嘉兴
963.74	15.10	1.25	1.25	280.36	95166	85862	21.61	海宁
1039.40	22.73			462.28	68469	62357	33.42	平湖
1475.06	37.00	9.20		353.00	86717	71352	25.33	桐乡
3924.79	538.70	79.84	7.00	993.36	287211	251788	90.20	湖州
6434.00	155.00	23.00	12.30	1569.00	588176	538522	145.89	绍兴
1939.95	443.74	79.36	0.46	603.42	130427	119999	35.47	诸暨
1346.49	49.92	95.00		349.64	96806	92417	29.99	嵊州
3988.88	25.48	265.08	3.50	973.28	213323	180590	65.30	金华
1074.00	23.00			181.00	88600	81033	25.98	兰溪

5-6 续表 6

城市名称 Name of Cities	综合生产能力(万立方米/日) Integrated Production Capacity (10,000m³/day)		水厂个数(个) Number of Water Plants (unit)		供水管道长度(公里) Length of Water Supply Pipelines (km)	供水总量(万立方米)			
		地下水 Underground Water		地下水 Underground Water		合计 Total	售水量		
							小计 Subtotal	生产运营用水 The Quantity of Water for Production and Operation	公共服务用水 The Quantity of Water for Public Service
义乌	32.00		4		1821.16	11402.51	10139.62	4103.49	393.44
东阳	10.00		1		972.84	2670.50	2314.82	572.00	489.23
永康	20.00		1		1178.69	2988.59	2541.67	1368.84	30.12
衢州	25.00		3		992.48	5581.00	4917.00	1695.00	1171.00
江山	10.00		1		488.95	1235.00	1079.00	360.00	112.00
舟山	31.60		6		1457.00	4757.00	4400.00	1528.00	516.00
台州	49.32		8		3498.07	15159.00	13486.00	5598.00	789.00
温岭	10.00		1		362.00	3239.33	2888.83	493.99	517.09
临海	11.00		1		799.00	3249.90	2641.90	900.00	218.20
丽水	20.00		2		1183.00	4105.30	3655.00	1428.00	387.00
龙泉	3.50		1		344.98	862.88	778.60	203.20	64.70
安徽	**679.86**	**41.04**	**69**	**10**	**22170.57**	**146952.08**	**117578.27**	**29820.86**	**18519.90**
合肥	175.00		6		4591.79	43567.80	36295.40	6697.10	8647.80
巢湖	12.00		2		515.00	3850.00	3268.70	420.00	400.00
芜湖	90.00		5		1568.75	18205.85	13740.49	6383.00	792.05
蚌埠	41.00		3		1187.00	8434.16	7287.11	2843.54	533.28
淮南	47.00		6		1738.46	9367.88	7033.18	1211.40	1046.70
马鞍山	35.00		2		1089.50	9280.66	7471.92	2294.13	951.02
淮北	17.50		1	1	766.00	3120.00	2658.00	753.00	251.60
铜陵	29.50		3		1319.75	6555.67	5535.70	1539.78	742.16
安庆	42.50		3		882.95	7362.21	5376.39	1007.99	587.59
桐城	5.70		2		224.01	1250.00	911.00	155.60	201.00
黄山	21.00		4		767.66	4235.57	3369.49	991.38	586.49
滁州	28.00		4		684.63	5876.17	4051.03	1539.76	748.00
天长	8.62		2	1	482.00	1861.00	1646.00	170.00	350.00
明光	3.50		1		518.90	1271.00	1107.00	443.00	85.00
阜阳	22.50	12.50	2	1	1297.86	3991.89	3017.43	441.11	489.26
界首	2.94	2.94	1	1	156.41	996.00	892.00	162.00	93.00
宿州	15.00	15.00	3	3	688.80	2427.39	2051.87	452.63	244.18
六安	19.50		3		422.25	5208.00	3767.00	598.00	631.00
亳州	12.40	9.10	2	2	905.23	2577.00	1840.00	176.00	292.00
池州	16.00		2		413.25	2861.68	2215.68	422.00	258.00
宣城	22.00	1.50	8	1	1695.59	2998.65	2564.58	503.64	552.27
宁国	13.20		4		254.78	1653.50	1478.30	615.80	37.50
福建	**695.90**	**12.40**	**76**	**8**	**15798.19**	**157401.81**	**121499.38**	**31653.79**	**14114.57**
福州	169.50		8		2561.17	40236.66	25334.71	1699.66	5330.46
福清	18.50		4		708.00	6805.17	5520.28	2541.00	507.56
长乐	26.40		3		296.98	2094.30	1867.00	406.00	223.00

continued 6

Total Quantity of Water Supply(10,000m³)					用水户数(户) Number of Households with Access to Water Supply (unit)		用水人口(万人) Population with Access to Water Supply (10,000 persons)	城市名称 Name of Cities
Water Sold		免费供水量 The Quantitiy of Free Water Supply		漏损水量 The Lossed Water		家庭用户 Household User		
居民家庭用水 The Quantity of Water for Household Use	其他用水 The Quantity of Water for Other Purposes		生活用水 Domestic Water Use					
4837.18	805.51	3.00	3.00	1259.89	135649	124500	71.72	义　乌
1147.65	105.94			355.68	105681	81705	31.79	东　阳
1116.41	26.30	14.57	14.57	432.35	60894	53725	23.45	永　康
1947.00	104.00	33.00		631.00	180288	160098	31.16	衢　州
597.00	10.00	22.00	4.00	134.00	91058	81970	15.09	江　山
1936.00	420.00	4.00	3.00	353.00	248372	228676	57.82	舟　山
7010.00	89.00	147.00		1526.00	406420	372107	103.34	台　州
1791.08	86.67			350.50	50196	44537	28.90	温　岭
1485.00	38.70			608.00	102126	93364	31.20	临　海
1840.00		0.30	0.30	450.00	11460	10271	34.48	丽　水
350.70	160.00	3.70	3.70	80.58	47545	41106	8.61	龙　泉
65144.59	**4092.92**	**3661.87**	**178.30**	**25711.94**	**4986810**	**4646141**	**1399.58**	**安　徽**
20950.50		1527.80		5744.60	1394859	1367820	375.18	合　肥
2168.70	280.00	1.30		580.00	108000	105850	36.67	巢　湖
6565.44				4465.36	354203	324709	137.57	芜　湖
3910.29				1147.05	307598	286946	87.45	蚌　埠
4408.08	367.00	210.00	8.20	2124.70	368600	350640	107.20	淮　南
4017.52	209.25	49.00		1759.74	281611	264485	72.18	马鞍山
1646.00	7.40			462.00	198977	189256	41.00	淮　北
2907.01	346.75	89.81		930.16	190205	167153	47.53	铜　陵
2380.37	1400.44	35.39		1950.43	278570	248624	70.74	安　庆
505.80	48.60			339.00	85501	74000	16.00	桐　城
1622.39	169.23	304.88	170.10	561.20	160523	140371	37.14	黄　山
1290.27	473.00	158.00		1667.14	165826	151010	41.12	滁　州
1030.00	96.00			215.00	63965	56500	18.20	天　长
541.00	38.00	37.00		127.00	46110	42502	13.60	明　光
2087.06				974.46	211486	192544	65.52	阜　阳
631.00	6.00			104.00	45149	42305	14.50	界　首
1282.69	72.37			375.52	138046	125689	45.00	宿　州
2185.00	353.00	718.00		723.00	167908	148457	59.49	六　安
1372.00		305.00		432.00	100540	100000	31.00	亳　州
1360.00	175.68	210.00		436.00	130471	101200	30.05	池　州
1458.47	50.20	15.69		418.38	111627	101619	35.04	宣　城
825.00				175.20	77035	64461	17.40	宁　国
60367.00	**15364.02**	**1514.44**	**123.52**	**34387.99**	**3247295**	**2940610**	**1166.73**	**福　建**
13801.88	4502.71	982.80		13919.15	838023	793361	242.12	福　州
1916.26	555.46	60.03		1224.86	185047	168128	33.82	福　清
1080.00	158.00	1.30		226.00	56631	53228	21.29	长　乐

5-6 续表 7

城市名称 Name of Cities	综合生产能力(万立方米/日) Integrated Production Capacity (10,000m³/day)	地下水 Underground Water	水厂个数(个) Number of Water Plants (unit)	地下水 Underground Water	供水管道长度(公里) Length of Water Supply Pipelines (km)	供水总量(万立方米) 合计 Total	售水量 小计 Subtotal	生产运营用水 The Quantity of Water for Production and Operation	公共服务用水 The Quantity of Water for Public Service
厦门	154.90		10		3888.42	40729.78	33814.00	8998.00	3038.00
莆田	32.00		3		921.00	10211.00	8069.00	4900.00	926.00
三明	23.00		4		494.11	3401.07	3043.10	1378.66	273.52
永安	10.00		2		275.16	2009.70	1781.26	662.00	289.50
泉州	45.00		4		2870.05	12607.00	9945.00	1604.00	144.00
石狮	44.00		1		346.00	5075.90	4075.00	1170.00	318.00
晋江	25.00		1		599.50	5479.00	4479.00	2100.00	300.00
南安	10.00		1		251.63	1967.49	1765.44	482.75	160.69
漳州	31.50		4		490.60	5125.36	4596.27	1295.00	645.00
龙海	12.00		1		170.89	1054.00	933.30	48.49	202.83
南平	19.00		3		501.37	3693.43	2990.80	654.26	650.10
邵武	7.50		2		147.00	1121.00	905.00	210.00	167.00
武夷山	4.00		1		128.98	937.44	774.44	11.00	211.48
建瓯	4.00		3		91.32	908.37	808.71	66.80	204.80
龙岩	26.90	12.40	13	8	347.06	6764.00	5272.00	2688.00	455.00
漳平	3.00		1		97.00	864.82	664.20	196.85	2.15
宁德	13.70		4		297.13	2252.49	1744.03	83.20	38.50
福安	8.00		2		125.48	1741.68	1268.00	82.23	25.98
福鼎	8.00		1		189.34	2322.15	1848.84	375.89	1.00
江西	**457.10**	**5.40**	**65**	**8**	**15465.42**	**108804.75**	**89272.36**	**16999.37**	**15205.05**
南昌	150.00		11		4130.93	39829.23	33125.27	3728.61	8203.72
景德镇	20.00		4		672.00	5620.77	4474.30	392.19	999.43
乐平	4.10		1		161.00	718.93	491.93	79.33	63.00
萍乡	23.50		4	1	550.00	3533.42	2496.61	113.39	324.10
九江	34.00		3		1652.40	7903.00	6277.00	2336.00	29.00
瑞昌	8.00	4.00	2	1	219.00	1456.00	1282.00	154.00	51.00
共青城	2.50		1		191.30	399.09	352.74	108.20	64.00
新余	20.50		2	2	539.88	6066.00	5081.00	2027.00	620.00
鹰潭	10.00		1		224.48	2082.00	1593.00	221.00	300.00
贵溪	6.00		2		240.00	1268.00	977.00	136.00	121.00
赣州	47.00		4		2199.74	10982.01	9847.00	2434.40	1604.15
瑞金	5.00		1		662.00	1311.90	1104.30	149.00	167.00
吉安	21.00		4		762.00	3272.00	2562.00	730.00	425.00
井冈山	3.50	0.20	3	1	87.80	294.64	255.95	9.19	132.20
宜春	16.00		3		681.21	4999.40	4331.26	1208.70	260.66
丰城	16.00		4	1	535.41	2369.91	1980.91	282.08	19.44
樟树	10.00		2		109.88	1246.00	1033.44	222.06	178.60
高安	8.00	1.20	3	1	244.10	2835.00	2545.00	1596.00	150.00
抚州	21.00		5		605.85	5762.00	4725.00	447.00	548.00
上饶	28.00		4	1	667.98	6089.30	4133.30	405.22	888.73
德兴	3.00		1		328.46	766.15	603.35	220.00	56.02

continued 7

Total Quantity of Water Supply(10,000m^3) Water Sold 居民家庭用水 The Quantity of Water for Household Use	其他用水 The Quantity of Water for Other Purposes	免费供水量 The Quantitiy of Free Water Supply	生活用水 Domestic Water Use	漏损水量 The Lossed Water	用水户数（户） Number of Households with Access to Water Supply (unit)	家庭用户 Household User	用水人口（万人） Population with Access to Water Supply (10,000 persons)	城市名称 Name of Cities
15612.00	6166.00			6915.78	555190	482609	307.11	厦门
2243.00		100.00		2042.00	170370	141520	62.55	莆田
1390.92		3.30		354.67	70426	67855	22.22	三明
781.92	47.84	3.49	3.31	224.95	76153	63899	14.23	永安
6452.00	1745.00	112.00	20.00	2550.00	335118	293944	128.73	泉州
2519.00	68.00			1000.90	45632	30169	32.95	石狮
1526.13	552.87			1000.00	93138	86120	33.28	晋江
1122.00				202.05	77402	69149	26.15	南安
2656.27		10.00		519.09	141251	128271	50.37	漳州
681.98				120.70	61700	60883	19.87	龙海
1650.44	36.00	13.76		688.87	143482	127811	35.30	南平
528.00		33.00		183.00	37395	34650	11.47	邵武
551.96		11.00		152.00	32536	31487	9.06	武夷山
516.07	21.04	5.66		94.00	42965	38842	13.66	建瓯
1149.00	980.00	105.00	100.00	1387.00	88903	78996	36.42	龙岩
415.58	49.62	5.00		195.62	25203	23043	9.55	漳平
1237.12	385.21	63.10		445.36	75259	73921	25.37	宁德
1067.15	92.64	5.00	0.21	468.68	48953	46739	14.93	福安
1468.32	3.63			473.31	46518	45985	16.28	福鼎
47519.55	**9548.39**	**1936.78**	**376.71**	**17595.61**	**2998730**	**2575685**	**1012.12**	**江西**
14230.57	6962.37	364.20	100.00	6339.76	943352	741720	267.42	南昌
3082.66	0.02	0.98		1145.49	141560	126427	48.29	景德镇
348.00	1.60	108.00	11.05	119.00	23254	22650	16.16	乐平
1665.29	393.83			1036.81	127578	117312	45.06	萍乡
3713.00	199.00	240.00	60.00	1386.00	293963	269828	66.10	九江
1077.00		15.00		159.00	58647	55743	19.51	瑞昌
161.34	19.20	5.49	4.69	40.86	12610	10412	5.03	共青城
2399.00	35.00			985.00	142421	132581	46.94	新余
742.00	330.00	199.00		290.00	66992	54639	21.00	鹰潭
602.00	118.00	80.00		211.00	36879	33021	12.82	贵溪
5192.18	616.27	23.01		1112.00	235094	181481	128.42	赣州
685.30	103.00	60.60		147.00	57624	55140	32.00	瑞金
1297.00	110.00	130.00	130.00	580.00	157919	144835	40.91	吉安
108.38	6.18	10.30		28.39	12719	11648	3.76	井冈山
2775.40	86.50	68.00	60.35	600.14	177299	159884	51.82	宜春
1679.39				389.00	87119	83089	33.61	丰城
627.82	4.96	6.40	6.20	206.16	43811	40143	21.54	樟树
789.87	9.13			290.00	27772	24946	22.19	高安
3207.00	523.00	4.00	1.50	1033.00	140650	128907	56.57	抚州
2814.35	25.00	619.00	0.72	1337.00	170431	145511	66.32	上饶
322.00	5.33	2.80	2.20	160.00	41036	35768	6.65	德兴

5-6 续表 8

城市名称 Name of Cities	综合生产能力(万立方米/日) Integrated Production Capacity (10,000m³/day)	地下水 Underground Water	水厂个数(个) Number of Water Plants (unit)	地下水 Underground Water	供水管道长度(公里) Length of Water Supply Pipelines (km)	供水总量(万立方米) 合计 Total	售水量 小计 Subtotal	生产运营用水 The Quantity of Water for Production and Operation	公共服务用水 The Quantity of Water for Public Service
山　东	**1343.22**	**405.56**	**284**	**133**	**44051.03**	**263652.68**	**224914.16**	**85509.17**	**35206.36**
济　南	172.70	80.70	12	7	3671.73	26963.10	21302.75	5774.26	3384.95
章　丘	19.50	19.50	5	5	345.00	2724.86	2359.86	995.18	115.00
青　岛	168.27	11.00	32	8	5941.38	43087.20	37086.68	12838.62	9268.18
胶　州	8.00		2		407.60	2110.00	1781.00	793.00	205.00
即　墨	25.50	3.20	16	4	651.30	3883.20	3392.70	1753.70	163.70
平　度	7.50	2.70	3	2	512.65	2051.00	1636.00	504.00	119.00
莱　西	10.50		1		496.45	1653.12	1410.12	532.61	131.54
淄　博	127.55	73.75	25	23	2136.23	19821.72	17729.52	10850.42	1133.93
枣　庄	32.65	27.65	10	9	1558.97	7300.20	5682.40	1649.60	630.20
滕　州	14.00	14.00	8	8	950.00	4538.00	3244.00	895.00	252.00
东　营	84.50		5		1248.83	9717.56	8226.75	2979.19	975.27
烟　台	91.40	14.00	21	6	3304.46	15147.05	12587.09	4019.69	3030.40
龙　口	14.00		3	2	332.00	1649.00	1463.00	512.00	212.00
莱　阳	12.00	2.00	3	2	326.59	2538.00	2031.00	1307.50	
莱　州	10.50		4		624.00	1394.10	1226.60	245.52	342.73
蓬　莱	9.50	0.80	5	2	301.69	1292.00	1168.00	436.00	214.00
招　远	4.50	2.00	3	2	380.00	1637.00	1498.80	759.30	287.00
栖　霞	3.00		2		117.60	337.02	292.02	30.00	76.00
海　阳	9.60		4		365.20	1515.60	1353.50	253.59	147.28
潍　坊	51.00	8.60	11	4	2060.52	12062.34	11006.00	5646.00	1642.00
青　州	13.50	10.50	4	3	651.30	2834.00	2532.00	1312.00	310.00
诸　城	15.00		2		347.91	3977.00	3498.00	1858.00	233.00
寿　光	11.60	11.60	3	3	302.00	3217.00	2866.00	1900.00	142.00
安　丘	10.00	6.00	3	1	321.50	1108.00	994.00	228.00	52.00
高　密	19.10	0.63	6	2	171.80	3358.79	2968.47	2027.19	20.03
昌　邑	8.00	8.00	2	2	91.12	1716.00	1535.00	539.00	52.00
济　宁	37.00	37.00	6	6	880.98	8052.00	5841.00	2391.00	84.00
曲　阜	5.00	5.00	1	1	281.73	1163.00	969.00	436.00	
邹　城	10.00	10.00	6	6	214.90	3069.68	2679.72	1723.90	262.82
泰　安	25.00	4.00	3	2	1488.00	6926.29	5801.29	1799.00	1693.00
新　泰	13.50		2		621.30	2824.60	2525.60	465.00	280.00
肥　城	5.30	5.30	2	2	166.90	1750.00	1601.00	564.00	198.00
威　海	41.00	1.00	7	2	3120.81	9675.00	8627.00	4026.70	1996.30
荣　成	12.00		4		573.00	2122.70	2013.50	726.00	560.00
乳　山	14.00	3.00	2	1	558.74	1358.00	1198.00	479.00	305.00
日　照	33.50	11.53	14	7	1574.97	7264.77	6364.36	3074.02	824.68

continued 8

Total Quantity of Water Supply($10,000m^3$)					用水户数(户) Number of Households with Access to Water Supply (unit)		用水人口(万人) Population with Access to Water Supply (10,000 persons)	城市名称 Name of Cities
Water Sold		免费供水量 The Quantitiy of Free Water Supply		漏损水量 The Lossed Water		家庭用户 Household User		
居民家庭用水 The Quantity of Water for Household Use	其他用水 The Quantity of Water for Other Purposes		生活用水 Domestic Water Use					
98168.79	**6029.84**	**5527.77**	**726.09**	**33210.75**	**8513340**	**8003087**	**2862.34**	**山　东**
10804.89	1338.65	2543.08		3117.27	764339	745423	291.70	济　南
1229.68	20.00	55.00		310.00	82748	81696	26.96	章　丘
14657.40	322.48	426.70	97.66	5573.82	1400837	1327385	323.06	青　岛
748.00	35.00	8.00	2.40	321.00	82733	71143	28.90	胶　州
1465.40	9.90	3.00		487.50	76738	71364	49.60	即　墨
912.00	101.00	53.00		362.00	66135	65151	22.50	平　度
639.88	106.09			243.00	98989	98208	28.79	莱　西
5493.99	251.18	219.23	57.47	1872.97	508587	490941	164.11	淄　博
3266.90	135.70	16.20	6.00	1601.60	207728	192658	90.14	枣　庄
1765.00	332.00			1294.00	134056	120646	36.64	滕　州
2714.69	1557.60	178.10		1312.71	240898	229446	67.79	东　营
5506.01	30.99	43.28		2516.68	484509	455185	154.71	烟　台
647.00	92.00			186.00	76254	75227	28.65	龙　口
723.50				507.00	96829	95857	34.95	莱　阳
638.35		0.10		167.40	92916	91326	32.64	莱　州
477.00	41.00	2.00		122.00	48394	45750	17.55	蓬　莱
430.50	22.00	8.20		130.00	71852	69281	19.19	招　远
174.02	12.00	10.00	8.00	35.00	30306	23789	10.33	栖　霞
933.12	19.51	7.00		155.10	89369	88400	25.71	海　阳
3710.30	7.70	6.00		1050.34	361707	339689	125.83	潍　坊
910.00		32.00	6.00	270.00	82994	82360	32.85	青　州
1303.00	104.00	81.00		398.00	107050	105647	36.91	诸　城
824.00		29.00		322.00	71800	71385	25.13	寿　光
713.00	1.00			114.00	94547	92186	31.34	安　丘
888.43	32.82	6.70		383.62	61328	54317	28.02	高　密
944.00				181.00	2123	890	10.28	昌　邑
3173.00	193.00	808.00	480.00	1403.00	412299	368670	125.93	济　宁
533.00				194.00	55325	54000	20.60	曲　阜
683.00	10.00	38.89	38.89	351.07	70665	67502	29.20	邹　城
2239.29	70.00	338.00		787.00	225821	208500	65.00	泰　安
1625.60	155.00	18.00	15.50	281.00	136100	126400	48.67	新　泰
810.00	29.00	1.00		148.00	80712	80009	26.60	肥　城
2460.00	144.00	31.00		1017.00	393639	353882	92.22	威　海
718.30	9.20	18.20		91.00	112939	111772	37.47	荣　成
395.00	19.00	15.00		145.00	57685	57050	18.11	乳　山
2379.94	85.72			900.41	191318	97634	67.56	日　照

5-6 续表 9

城市名称 Name of Cities	综合生产能力(万立方米/日) Integrated Production Capacity (10,000m³/day)	地下水 Underground Water	水厂个数(个) Number of Water Plants (unit)	地下水 Underground Water	供水管道长度(公里) Length of Water Supply Pipelines (km)	供水总量(万立方米) 合计 Total	售水量 小计 Subtotal	生产运营用水 The Quantity of Water for Production and Operation	公共服务用水 The Quantity of Water for Public Service
莱芜	19.30	5.00	6	2	814.64	3740.17	3088.30	1034.00	468.30
临沂	42.35		11	1	1120.35	14523.12	12830.21	1746.57	1908.81
德州	24.00		5		1962.23	3898.32	3221.04	768.15	323.21
乐陵	7.70	5.10	3	2	90.50	1210.40	1083.90	101.50	341.20
禹城	4.50	3.00	2	1	163.00	796.06	666.06	21.50	26.50
聊城	16.00	13.00	4	3	852.30	3385.48	2985.88	835.64	531.53
临清	6.00	6.00	2	2	160.03	1335.00	1160.00	95.00	201.00
滨州	58.70		8		1534.12	8226.93	7180.74	3607.82	592.80
菏泽	15.00		1		254.70	4698.30	4206.30	975.00	1470.00
河南	**839.36**	**319.95**	**127**	**78**	**19754.86**	**149192.74**	**119352.42**	**30320.83**	**15300.68**
郑州	179.00	34.00	9	3	2937.94	33411.24	27856.67	2607.92	5649.13
巩义	6.00	4.50	3	1	166.88	1156.20	783.51	8.70	272.44
荥阳	2.40	2.40	2	2	174.10	844.70	744.70	252.00	62.00
新密	7.00	3.50	5	4	244.00	1159.00	982.00	34.00	290.00
新郑	2.90	2.90	1	1	288.60	890.00	708.00		131.00
登封	3.20	0.70	5	2	124.60	914.25	805.25	243.55	207.00
开封	57.50	7.50	3	2	1358.30	9076.34	6960.97	3316.89	535.22
洛阳	76.40	63.70	4	3	1665.78	13069.49	11223.19	2490.27	2107.50
偃师	6.50	6.50	2	2	171.14	806.50	670.00	85.00	46.00
平顶山	60.10	1.50	7	2	1206.65	9932.18	8043.18	3886.92	174.00
舞钢	4.00	0.50	1	1	102.96	483.30	423.50	39.00	30.00
汝州	2.52	2.52	2	2	263.54	545.18	391.28	47.00	49.50
安阳	42.00	32.00	5	4	699.80	5602.00	4552.00	468.00	688.00
林州	5.00	2.00	4	2	240.90	1033.00	762.00	25.00	45.00
鹤壁	15.65	0.65	3	1	528.42	3445.00	2839.31	995.00	24.42
新乡	44.00	11.00	3	1	812.84	8313.11	5573.41	1979.35	
卫辉	3.00		2		167.10	1095.00	950.00	223.00	115.00
辉县	5.00	5.00	2	2	323.70	643.00	566.00	22.00	51.00
焦作	27.30	22.50	5	4	907.55	5615.64	4150.94	646.66	593.91
沁阳	1.60	1.60	1	1	132.95	449.33	373.04	35.23	23.16
孟州	3.80	3.80	2	2	196.40	397.80	322.80	13.80	21.00
濮阳	22.00	8.00	3	1	238.49	5531.46	4995.38	2639.86	479.55
许昌	24.00	14.00	3	2	371.72	3238.49	2463.73	277.16	326.73
禹州	6.20	0.20	1	1	197.00	1647.00	1485.00	110.00	37.00
长葛	6.00	3.00	2	1	83.07	960.00	685.00	160.00	80.00
漯河	17.40	2.73	4	1	350.87	4109.00	2816.00	862.00	645.00
三门峡	14.30	5.80	5	4	280.95	2581.00	2142.00	322.00	112.00
义马	13.30	2.30	1	1	55.00	1212.60	1094.60	838.00	38.00
灵宝	4.00	4.00	1	1	94.10	760.00	635.00	115.00	118.00

continued 9

Total Quantity of Water Supply(10,000m³) Water Sold 居民家庭用水 The Quantity of Water for Household Use	其他用水 The Quantity of Water for Other Purposes	免费供水量 The Quantitiy of Free Water Supply	生活用水 Domestic Water Use	漏损水量 The Lossed Water	用水户数（户） Number of Households with Access to Water Supply (unit)	家庭用户 Household User	用水人口（万人） Population with Access to Water Supply (10,000 persons)	城市名称 Name of Cities
1496.00	90.00	33.17	14.17	618.70	142719	140885	55.17	莱 芜
8970.47	204.36	204.77		1488.14	431782	424768	163.61	临 沂
2075.27	54.41			677.28	211164	192359	82.08	德 州
634.70	6.50			126.50	90362	88915	24.31	乐 陵
541.20	76.86			130.00	45328	41195	16.23	禹 城
1610.59	8.12	30.05		369.55	156945	153602	72.99	聊 城
796.00	68.00	12.00		163.00	59045	57746	21.18	临 清
2816.07	164.05	232.10		814.09	181876	174199	88.80	滨 州
1691.30	70.00	20.00		472.00	21850	18649	62.33	菏 泽
67684.27	**6046.64**	**3447.76**	**697.40**	**26392.56**	**4843511**	**4452461**	**2180.29**	**河 南**
17126.63	2472.99	325.21	300.01	5229.36	1195989	1118372	655.02	郑 州
469.47	32.90	35.17	24.50	337.52	59283	58490	27.90	巩 义
425.00	5.70	5.00		95.00	34182	29116	13.67	荥 阳
559.00	99.00			177.00	34165	31650	14.52	新 密
577.00				182.00	36189	28950	16.80	新 郑
228.50	126.20	19.00		90.00	31145	27340	17.00	登 封
2736.01	372.85	200.00		1915.37	233997	211027	95.00	开 封
6547.80	77.62	20.50	4.90	1825.80	313029	278194	230.40	洛 阳
491.00	48.00	14.50		122.00	37263	36580	12.78	偃 师
3460.91	521.35	134.00		1755.00	141573	129840	91.80	平顶山
350.00	4.50	0.80		59.00	53839	26950	10.42	舞 钢
291.40	3.38	5.90		148.00	37472	33208	12.60	汝 州
3002.00	394.00	7.00		1043.00	187941	175188	67.73	安 阳
663.00	29.00	25.00		246.00	39260	36960	18.83	林 州
1819.89		10.00	10.00	595.69	130653	84854	45.35	鹤 壁
3541.15	52.91	800.00		1939.70	242721	224074	75.90	新 乡
539.00	73.00	5.00		140.00	29211	28073	14.00	卫 辉
478.00	15.00			77.00	41745	40988	14.61	辉 县
2708.02	202.35	48.40	22.40	1416.30	201213	190731	77.77	焦 作
243.32	71.33	3.99		72.30	38204	38092	12.81	沁 阳
273.00	15.00			75.00	26000	23000	15.00	孟 州
1802.52	73.45	0.08	0.08	536.00	161120	152714	47.00	濮 阳
1657.89	201.95			774.76	146491	135000	42.00	许 昌
1300.00	38.00			162.00	79897	79520	32.38	禹 州
290.00	155.00	125.00	1.00	150.00	43365	39200	16.00	长 葛
1170.00	139.00	225.00	200.00	1068.00	146005	142750	43.00	漯 河
1685.00	23.00			439.00	86153	76918	42.80	三门峡
215.00	3.60			118.00	17065	16331	8.17	义 马
357.00	45.00	31.00		94.00	37090	37039	13.59	灵 宝

5-6 续表 10

城市名称 Name of Cities	综合生产能力（万立方米/日）Integrated Production Capacity (10,000m³/day)	地下水 Under-ground Water	水厂个数（个）Number of Water Plants (unit)	地下水 Under-ground Water	供水管道长度（公里）Length of Water Supply Pipelines (km)	供水总量(万立方米) 合计 Total	售水量 小计 Subtotal	生产运营用水 The Quantity of Water for Production and Operation	公共服务用水 The Quantity of Water for Public Service
南　阳	52.49	32.95	12	7	1181.76	6179.28	4657.12	1226.83	881.40
邓　州	8.50	4.50	2	1	553.58	970.00	835.00	83.00	175.00
商　丘	31.80	6.00	6	5	556.00	3310.58	2414.29	596.68	26.15
永　城	8.50	8.50	3	3	309.70	1896.00	1668.00	320.00	170.00
信　阳	26.00		2		1278.48	3989.00	3462.00	797.00	285.00
周　口	14.00	5.20	4	3	349.20	2989.00	1615.48	47.94	363.57
项　城	6.00	6.00	3	3	248.41	2113.00	1835.00	766.00	84.00
驻马店	22.00		2		492.18	6205.00	4654.00	3011.00	77.00
济　源	8.00	8.00	2	2	400.20	2619.07	2213.07	729.07	287.00
湖　北	**1232.42**	**1.50**	**125**	**4**	**29091.72**	**253378.34**	**200042.07**	**55916.75**	**32813.51**
武　汉	478.20	0.70	21	1	12273.62	126233.90	99602.58	27119.59	20991.50
黄　石	48.00		3		772.15	7359.18	6304.65	1645.77	726.66
大　冶	13.00		2		243.52	2799.00	2290.00	1060.00	205.00
十　堰	55.22		10		747.75	11873.02	9878.08	4010.56	408.00
丹江口	11.50		3		361.19	1066.45	904.90	102.34	84.32
宜　昌	64.20		9		1371.56	10121.02	7930.08	2155.23	832.54
宜　都	12.00		4		351.48	1910.80	1648.84	960.00	104.00
当　阳	10.00		1		442.25	1517.00	1360.10	761.00	2.10
枝　江	6.00		1		155.00	1209.20	906.70	310.00	128.70
襄　阳	103.50		6		873.62	14390.24	9186.65	3180.78	1523.88
老河口	17.00		3		220.20	1574.00	1377.00	411.00	86.00
枣　阳	12.00		2		246.39	2246.00	1736.00	235.00	477.00
宜　城	5.00		1		143.21	1161.00	1055.70	82.50	93.00
鄂　州	19.00		4		951.00	4018.00	3433.00	603.00	392.00
荆　门	20.00		3		471.00	4814.97	3584.39	1328.52	142.02
钟　祥	10.00		1		254.66	2290.00	2051.00	223.90	170.00
孝　感	23.00		2		447.84	4699.37	3868.53	759.23	715.42
应　城	10.80	0.80	2	1	162.00	1661.85	1510.19	213.81	69.50
安　陆	10.80		1		28.40	1754.84	1557.34	580.00	350.00
汉　川	13.00		2		261.83	2760.67	2220.67	604.15	603.17
荆　州	55.00		3		1732.60	8462.48	6833.89	1506.92	1338.97
石　首	10.00		1		151.64	1692.80	1081.00	300.00	165.00
洪　湖	16.00		2		754.50	1752.00	1455.00	406.00	141.00
松　滋	10.00		2		286.30	1150.00	750.00	71.00	37.00
黄　冈	23.00		2		412.50	3177.00	2836.00	413.00	671.00
麻　城	13.00		3	2	410.56	3065.30	2419.33	1045.65	206.35
武　穴	13.00		6		353.00	3405.00	3044.00	1151.00	802.00
咸　宁	16.00		4		324.00	3320.00	2670.00	300.00	140.00
赤　壁	20.00		3		327.30	2602.00	1643.00	190.00	113.00

continued 10

Total Quantity of Water Supply(10,000m³)					用水户数（户）Number of Households with Access to Water Supply (unit)		用水人口（万人）Population with Access to Water Supply (10,000 persons)	城市名称 Name of Cities
Water Sold		免费供水量 The Quantitiy of Free Water Supply		漏损水量 The Lossed Water		家庭用户 Household User		
居民家庭用水 The Quantity of Water for Household Use	其他用水 The Quantity of Water for Other Purposes		生活用水 Domestic Water Use					
2439.57	109.32	362.71	120.00	1159.45	161772	155869	98.58	南　阳
469.00	108.00	37.00		98.00	65833	63594	28.16	邓　州
1791.46		21.00	4.51	875.29	136011	120700	55.00	商　丘
1136.00	42.00	28.00	10.00	200.00	89730	88230	31.40	永　城
2323.00	57.00			527.00	153691	142439	51.43	信　阳
990.73	213.24	832.50		541.02	100419	94877	34.15	周　口
910.00	75.00	66.00		212.00	67146	51715	28.60	项　城
1491.00	75.00			1551.00	128123	125746	38.70	驻马店
1126.00	71.00	60.00		346.00	78526	78142	29.42	济　源
106937.17	**4374.64**	**12705.64**	**324.80**	**40630.63**	**5432422**	**4972774**	**1878.55**	**湖　北**
50455.64	1035.85	9857.37	85.00	16773.95	2117417	2012768	640.73	武　汉
3561.38	370.84	135.14		919.39	222019	206499	81.39	黄　石
935.00	90.00			509.00	105000	98111	29.10	大　冶
4893.63	565.89	19.00		1975.94	58828	55244	78.45	十　堰
649.69	68.55			161.55	72929	70005	19.70	丹江口
4446.18	496.13	672.00	12.90	1518.94	202725	190375	89.78	宜　昌
583.04	1.80	3.00	0.90	258.96	27434	25978	17.08	宜　都
597.00		4.90	4.90	152.00	55600	50710	16.36	当　阳
468.00		2.50		300.00	28839	26133	17.10	枝　江
4477.99	4.00	1.00	1.00	5202.59	208335	184434	102.09	襄　阳
820.00	60.00	43.00		154.00	127156	64040	24.90	老河口
1010.00	14.00	50.00	50.00	460.00	75436	73999	30.00	枣　阳
851.20	29.00	5.30	2.76	100.00	62820	50964	18.20	宜　城
2386.00	52.00			585.00	101392	100810	35.86	鄂　州
2093.13	20.72	58.99	58.99	1171.59	255080	234286	44.51	荆　门
1597.10	60.00	10.00		229.00	74536	72923	26.55	钟　祥
2277.34	116.54	61.40	61.40	769.44	48839	46503	47.50	孝　感
1222.38	4.50	8.10	6.00	143.56	40277	38785	16.00	应　城
609.34	18.00	12.50	8.80	185.00	51187	50115	19.00	安　陆
980.10	33.25			540.00	63427	46640	35.40	汉　川
3988.00		113.02		1515.57	223961	212462	75.75	荆　州
516.00	100.00	10.80	1.00	601.00	54079	52693	14.65	石　首
890.00	18.00	34.00		263.00	116642	89610	31.00	洪　湖
605.00	37.00	100.00		300.00	36070	35592	12.06	松　滋
1617.00	135.00	27.00	27.00	314.00	87876	84504	31.31	黄　冈
1115.23	52.10	33.62	4.15	612.35	67253	59168	23.52	麻　城
1070.00	21.00	20.00		341.00	81730	80192	29.00	武　穴
1600.00	630.00			650.00	107184	96795	40.00	咸　宁
1330.00	10.00	400.00		559.00	76566	73593	24.50	赤　壁

5-6 续表 11

城市名称 Name of Cities	综合生产能力(万立方米/日) Integrated Production Capacity (10,000m³/day)	地下水 Under-ground Water	水厂个数(个) Number of Water Plants (unit)	地下水 Under-ground Water	供水管道长度(公里) Length of Water Supply Pipelines (km)	供水总量(万立方米) 合计 Total	售水量 小计 Subtotal	生产运营用水 The Quantity of Water for Production and Operation	公共服务用水 The Quantity of Water for Public Service
随州	26.00		3		662.00	3879.00	2738.00	810.00	219.00
广水	18.00		3		188.88	1186.80	825.00	90.00	100.00
恩施	11.30		4		394.40	3478.00	2624.00	765.00	37.00
利川	6.70		2		338.40	1605.00	825.00	278.00	55.00
仙桃	25.20		3		506.79	4884.60	4389.60	1442.54	438.99
潜江	12.00		1		616.78	2356.60	2120.60	400.80	180.00
天门	15.00		2		853.40	1901.25	1381.25	400.46	64.39
湖南	**839.43**	**10.02**	**87**	**10**	**20659.94**	**178994.81**	**138157.43**	**25310.63**	**17098.19**
长沙	215.00		7		3457.07	57651.58	49514.22	2985.29	7750.02
浏阳	11.50	1.50	3	2	310.10	2179.55	1828.72	500.00	61.10
株洲	100.00		4		2414.63	17002.99	13634.61	3893.77	2486.90
醴陵	6.00		1		653.31	1862.79	1452.79	292.89	101.90
湘潭	48.44	1.52	5	1	957.47	10064.80	6737.20	378.20	1262.50
湘乡	10.00		1		640.00	1596.45	1084.92	182.90	61.52
韶山	3.50		2		88.00	365.28	305.91		
衡阳	65.00		4		1166.17	15672.70	8376.70	3265.00	80.70
耒阳	10.00		2		170.80	1780.11	1557.11	246.51	402.00
常宁	5.50		2		156.00	741.00	666.00	132.00	170.00
邵阳	51.50		4		820.34	8590.00	5342.00	942.00	643.00
武冈	7.20		2		401.78	1567.00	1355.00	450.00	220.00
岳阳	43.00	0.70	4	1	956.24	8900.48	6527.42	1928.67	46.45
汨罗	5.29		1		207.40	1210.00	960.00	300.00	90.00
临湘	5.20		2		152.00	1249.98	1058.00	430.00	125.00
常德	37.50		3		1295.84	6862.71	4955.41	1812.00	49.41
津市	10.60		4		301.00	1186.00	737.00	110.00	110.00
张家界	13.50		2		455.00	2763.50	1938.00	95.00	403.00
益阳	32.00		2		471.00	4841.00	3891.00	1154.00	94.00
沅江	3.00		2	2	116.92	650.00	473.00	60.00	64.00
郴州	33.50	4.30	9	3	1318.90	6632.21	5709.10	1689.25	586.77
资兴	5.50		2		380.00	777.00	505.00	200.00	49.00
永州	42.70		5		915.30	8763.42	6466.50	2547.00	393.50
怀化	26.00		4		967.00	5015.00	3995.00	847.00	496.00
洪江	3.00		1		59.60	398.00	312.00	33.00	57.00
娄底	18.50		3		391.25	5297.66	4224.13	226.46	459.42
冷水江	11.00		2		518.74	1697.52	1432.61	394.61	128.00
涟源	5.00	2.00	2	1	285.00	1150.00	938.00	215.00	73.00
吉首	10.50		2		633.08	2526.08	2180.08	0.08	634.00

continued 11

Total Quantity of Water Supply(10,000m³)					用水户数(户) Number of Households with Access to Water Supply (unit)		用水人口(万人) Population with Access to Water Supply (10,000 persons)	城市名称 Name of Cities
Water Sold		免费供水量 The Quantitiy of Free Water Supply		漏损水量 The Lossed Water		家庭用户 Household User		
居民家庭用水 The Quantity of Water for Household Use	其他用水 The Quantity of Water for Other Purposes		生活用水 Domestic Water Use					
1648.00	61.00	161.00		980.00	85244	74013	46.20	随州
586.00	49.00			361.80	91430	38793	16.80	广水
1797.00	25.00	262.00		592.00	86070	74600	25.49	恩施
492.00		600.00		180.00	28500	25300	18.71	利川
2362.40	145.67			495.00	109507	100759	36.50	仙桃
1490.00	49.80			236.00	112020	110900	33.27	潜江
916.40				520.00	69014	64478	30.09	天门
85537.04	**10211.57**	**8845.47**	**2685.14**	**31991.91**	**3460418**	**2706639**	**1391.88**	**湖南**
32656.05	6122.86	66.36	66.36	8071.00	422752	386563	337.00	长沙
1267.62		23.90		326.93	107650	95000	30.00	浏阳
7253.94		563.38	66.37	2805.00	340097	316906	104.00	株洲
953.00	105.00	100.00	36.00	310.00	72372	71065	24.35	醴陵
3678.00	1418.50	574.60	67.00	2753.00	200177	178845	58.20	湘潭
824.80	15.70	68.38	18.38	443.15	59693	53473	23.50	湘乡
157.40	148.51	0.64	0.64	58.73	11928	11341	4.85	韶山
5031.00		2313.00		4983.00	298307	274234	108.00	衡阳
841.20	67.40			223.00	88359	83820	40.00	耒阳
322.00	42.00			75.00	47537	1514	17.00	常宁
3757.00		671.00	671.00	2577.00	186445	166599	65.00	邵阳
550.00	135.00	37.00	18.00	175.00	35077	32150	21.00	武冈
4381.07	171.23	1233.80	36.88	1139.26	257293	52965	65.20	岳阳
520.00	50.00	83.14	4.00	166.86	33546	28350	14.89	汨罗
444.00	59.00	33.00	20.00	158.98	41795	37450	17.50	临湘
3061.00	33.00	1095.30	1095.30	812.00	217030	291	72.80	常德
457.00	60.00	148.00	11.00	301.00	44071	42380	10.03	津市
1095.00	345.00	321.50	111.50	504.00	63816	53751	21.82	张家界
2631.00	12.00	50.00		900.00	129434	123200	51.00	益阳
345.00	4.00	27.00	27.00	150.00	56249	49266	16.30	沅江
3369.61	63.47	132.00	69.15	791.11	187088	134381	62.69	郴州
232.00	24.00	54.00	26.00	218.00	61171	56706	12.50	资兴
3178.00	348.00	319.12	9.66	1977.80	155529	150423	50.39	永州
2484.00	168.00	300.00	20.00	720.00	51880	45500	52.00	怀化
206.00	16.00	24.00	9.00	62.00	22447	18274	5.80	洪江
2950.35	587.90	451.35	267.00	622.18	108574	98365	48.31	娄底
802.00	108.00	95.00	22.90	169.91	57413	55335	16.70	冷水江
581.00	69.00	50.00	2.00	162.00	35920	31842	15.90	涟源
1508.00	38.00	10.00	10.00	336.00	66768	56650	25.15	吉首

5-6 续表 12

城市名称 Name of Cities	综合生产能力(万立方米/日) Integrated Production Capacity (10,000m³/day)	地下水 Underground Water	水厂个数(个) Number of Water Plants (unit)	地下水 Underground Water	供水管道长度(公里) Length of Water Supply Pipelines (km)	供水总量(万立方米) 合计 Total	售水量 小计 Subtotal	生产运营用水 The Quantity of Water for Production and Operation	公共服务用水 The Quantity of Water for Public Service
广　东	**3870.42**	**42.00**	**302**	**32**	**99128.03**	**845888.62**	**726917.71**	**217470.27**	**129769.33**
广　州	759.80	0.70	51	2	21915.59	221543.03	188192.27	35856.99	39543.24
韶　关	36.50		6		1829.82	9289.00	8133.00	1465.00	1166.00
乐　昌	5.00		2		172.26	962.43	865.75	59.05	68.66
南　雄	3.00		1		85.60	792.84	738.93	90.00	40.00
深　圳	674.00		50		16523.00	169698.00	147584.00	47168.00	38547.00
珠　海	107.00		15	15	3179.75	34164.00	32380.00	14069.00	6475.00
汕　头	120.40		16		2695.79	28050.51	22346.84	5586.71	3352.03
佛　山	330.40		12		4988.80	44676.45	40753.46	11455.67	10075.56
江　门	105.00		8		2101.30	24182.77	21217.23	6921.96	2859.24
台　山	12.00		1		694.26	3344.26	2814.26	632.00	709.16
开　平	27.00		3		812.36	2511.80	2109.91	892.51	130.55
鹤　山	17.00		2		459.00	2922.60	2595.00	519.00	608.00
恩　平	6.01		1		1353.88	2193.00	1851.00	660.00	
湛　江	42.80	20.30	14	12	1386.48	12497.25	10623.73	4206.58	
廉　江	15.00		1		1290.00	2198.00	1600.00	103.00	371.00
雷　州	5.00		1		303.00	1196.00	917.00	98.00	97.00
吴　川	12.00		2		1000.00	1890.00	1848.00	463.00	657.00
茂　名	26.03		5		1557.54	6303.20	6263.45	589.14	1681.66
高　州	9.00		1		255.92	1866.00	1670.00	113.00	384.00
化　州	5.50		1		226.62	1460.39	1424.99	70.00	217.80
信　宜	8.00		1		227.00	1460.00	1420.00	235.00	105.00
肇　庆	61.58		7		2299.07	12699.60	10793.23	4275.79	2296.24
四　会	15.00	13.00	2	2	142.50	4887.00	3387.00	865.00	850.00
惠　州	137.00		9		2264.23	29341.00	24573.74	11904.44	1921.43
梅　州	19.00		3		758.60	5966.52	5233.39	1585.96	781.30
兴　宁	10.00		2		215.46	2732.46	2142.54	276.68	289.28
汕　尾	16.50		3		481.90	3801.00	2808.00	1095.00	193.00
陆　丰	9.00		1		1196.19	1792.80	1613.30	446.80	216.50
河　源	20.00		2		978.57	6580.64	5849.31	1951.13	642.01
阳　江	44.00		2		990.00	5755.00	4511.00	845.00	278.00
阳　春	9.00		1		777.71	1989.00	1449.00	261.00	143.00
清　远	31.00		3		2409.31	7223.87	6297.53	712.67	2433.74
英　德	11.00		1		293.67	2373.00	1305.00	455.10	119.00
连　州	6.00		1		138.95	1045.26	929.66	318.93	39.80
东　莞	676.70		54		17620.55	144604.75	123950.78	55282.19	10076.76
中　山	20.00		1		1662.08	15324.99	13772.01	1613.10	1126.39
潮　州	58.00		5		835.68	8779.00	6944.90	1331.77	607.58
揭　阳	45.70		3		995.40	8131.50	6193.50	1445.00	172.20
普　宁	36.50	8.00	4	1	351.00	3721.00	3322.00	265.00	175.00
云　浮	310.00		2		1014.21	3420.70	2795.00	994.10	243.20
罗　定	8.00		2		644.98	2518.00	1698.00	292.00	77.00

continued 12

Total Quantity of Water Supply($10,000m^3$)					用水户数(户) Number of Households with Access to Water Supply (unit)	家庭用户 Household User	用水人口(万人) Population with Access to Water Supply (10,000 persons)	城市名称 Name of Cities
Water Sold		免费供水量 The Quantitiy of Free Water Supply	生活用水 Domestic Water Use	漏损水量 The Lossed Water				
居民家庭用水 The Quantity of Water for Household Use	其他用水 The Quantity of Water for Other Purposes							
329487.32	**50190.79**	**6578.51**	**296.13**	**112392.40**	**11688119**	**9882144**	**5053.94**	**广　东**
105493.45	7298.59	4844.78	7.52	28505.98	2705107	2446620	1246.83	广　州
4780.00	722.00	19.00		1137.00	167567	138970	61.80	韶　关
603.81	134.23	1.68	1.68	95.00	48569	38774	11.60	乐　昌
463.12	145.81	9.90	9.20	44.01	36246	29750	9.41	南　雄
59459.00	2410.00	308.00		21806.00	1136679	700000	1137.89	深　圳
11189.00	647.00	545.00	14.00	1239.00	648356	577449	184.20	珠　海
13067.29	340.81	50.33	50.33	5653.34	654563	577564	253.37	汕　头
17931.71	1290.52	58.53	22.68	3864.46	895588	773458	188.41	佛　山
7288.57	4147.46	105.81		2859.73	553615	485197	114.32	江　门
1433.00	40.10			530.00	114935	104906	17.48	台　山
1084.63	2.22			401.89	75624	65400	21.16	开　平
1044.00	424.00			327.60	78896	64989	15.38	鹤　山
1150.00	41.00			342.00	70171	61682	15.75	恩　平
6417.15				1873.52	191628	178248	84.45	湛　江
981.00	145.00	14.00	14.00	584.00	31522	30676	22.26	廉　江
722.00		6.00		273.00	49994	49355	13.63	雷　州
710.18	17.82			42.00	104070	90000	18.50	吴　川
3921.95	70.70			39.75	171124	150774	66.80	茂　名
1038.00	135.00			196.00	96257	86363	35.60	高　州
1041.59	95.60			35.40	55225	50424	29.28	化　州
1050.00	30.00			40.00	55400	47500	30.30	信　宜
4193.20	28.00	56.48	3.18	1849.89	265544	239506	68.82	肇　庆
1524.00	148.00			1500.00	98244	83870	22.38	四　会
10578.67	169.20	203.51	142.00	4563.75	417055	373636	157.36	惠　州
2866.13		10.05	10.05	723.08	216645	178437	40.00	梅　州
1491.63	84.95	26.25		563.67	115843	102728	19.00	兴　宁
1451.00	69.00	128.00		865.00	65060	61256	22.83	汕　尾
900.00	50.00			179.50	41915	39420	20.04	陆　丰
2795.87	460.30			731.33	143279	118492	32.32	河　源
2173.00	1215.00	24.00	15.00	1220.00	144440	126215	48.26	阳　江
1045.00				540.00	62717	57716	20.00	阳　春
2724.51	426.61	0.89	0.89	925.45	247035	206663	49.62	清　远
719.90	11.00			1068.00	61933	45430	24.77	英　德
561.08	9.85			115.60	33777	27242	10.55	连　州
40088.18	18503.65	47.60	2.60	20606.37	937872	683939	595.80	东　莞
2730.20	8302.32			1552.98	201092	171005	72.06	中　山
3168.50	1837.05			1834.10	259684	224452	78.43	潮　州
4186.00	390.30	97.00		1841.00	164922	142329	79.32	揭　阳
2780.00	102.00			399.00	151471	148800	53.80	普　宁
1554.00	3.70	3.70	3.00	622.00	65763	57285	28.20	云　浮
1087.00	242.00	18.00		802.00	52692	45624	31.96	罗　定

5-6 续表 13

城市名称 Name of Cities	综合生产能力(万立方米/日) Integrated Production Capacity (10,000m^3/day)	地下水 Underground Water	水厂个数(个) Number of Water Plants (unit)	地下水 Underground Water	供水管道长度(公里) Length of Water Supply Pipelines (km)	供水总量(万立方米) 合计 Total	售水量 小计 Subtotal	生产运营用水 The Quantity of Water for Production and Operation	公共服务用水 The Quantity of Water for Public Service
广　西	**511.92**	**43.20**	**72**	**10**	**15711.24**	**135419.67**	**113376.92**	**20040.01**	**19091.11**
南　宁	145.07	10.20	11	2	3298.75	49909.62	41681.91	6810.93	6598.69
柳　州	55.65	1.00	7	2	1836.63	17236.79	13491.01	2876.70	2829.54
桂　林	44.00		4		1917.88	12848.75	11066.13	1721.57	2576.76
梧　州	40.50		6		468.17	6532.74	5794.66	1488.76	1432.02
岑　溪	4.20		2		165.08	1092.20	956.00	78.00	155.00
北　海	32.00	17.00	3	2	1240.48	6547.46	6007.42	1441.28	1312.98
防城港	17.60		4		468.46	4147.38	3611.40	1608.35	304.53
东　兴	10.00		2		168.81	1336.29	1237.33	7.85	69.56
钦　州	30.00		3		920.07	5469.37	4489.75	1045.64	622.13
贵　港	17.50		3		993.00	5115.16	3616.86	349.73	102.00
桂　平	8.00		2		129.68	1590.28	1425.57	215.50	362.50
玉　林	18.50		3		837.50	6155.00	5275.00	1074.00	726.00
北　流	7.50		2		252.00	1564.60	1404.60	189.60	105.70
百　色	15.00		3		590.43	3404.00	2883.00	198.00	687.00
靖　西	4.50		1		74.24	1307.86	1125.65	71.89	54.89
贺　州	8.00		2		490.11	2378.60	1538.30	180.20	52.90
河　池	15.00	15.00	4	4	285.24	2221.00	1975.00	134.00	162.00
宜　州	6.00		3		228.47	1487.00	1325.00	321.00	190.00
来　宾	19.20		3		845.70	2435.60	2131.60	65.00	113.96
合　山	3.00		1		83.60	368.00	318.00	5.00	9.00
崇　左	5.00		1		205.00	1496.60	1340.40	110.00	432.00
凭　祥	5.70		2		211.94	775.37	682.33	47.01	191.95
海　南	**166.75**	**38.45**	**31**	**10**	**4146.93**	**43592.92**	**35430.66**	**4676.14**	**8081.52**
海　口	80.69	26.80	6	1	1091.64	21862.67	17408.87	1578.21	4529.22
三　亚	41.20		5		898.62	11516.10	9289.00	1119.00	2021.00
三　沙	0.03	0.03	7	7	6.80	7.30	7.30		
儋　州	10.00		1		788.30	2328.20	1920.00	180.00	400.00
五指山	3.00		2		106.00	542.00	449.00		50.00
琼　海	9.00		2		665.00	2587.00	2241.00	365.00	596.00
文　昌	4.80		2		253.22	1352.00	1149.00	177.00	240.00
万　宁	8.00	2.00	3	1	285.60	787.00	626.00	86.00	127.00
东　方	10.03	9.62	3	1	51.75	2610.65	2340.49	1170.93	118.30
重　庆	**450.95**	**0.56**	**86**	**5**	**13803.80**	**110559.72**	**94929.23**	**19275.62**	**13145.84**

continued 13

Total Quantity of Water Supply($10,000m^3$)					用水户数(户) Number of Households with Access to Water Supply (unit)		用水人口(万人) Population with Access to Water Supply (10,000 persons)	城市名称 Name of Cities
Water Sold		免费供水量 The Quantitiy of Free Water Supply		漏损水量 The Lossed Water		家庭用户 Household User		
居民家庭用水 The Quantity of Water for Household Use	其他用水 The Quantity of Water for Other Purposes		生活用水 Domestic Water Use					
72156.46	**2089.34**	**3759.18**	**1129.65**	**18283.57**	**2447101**	**2277804**	**967.51**	**广　西**
27093.65	1178.64	2524.89	1055.00	5702.82	585861	565900	276.79	南　宁
7774.77	10.00	63.81	13.60	3681.97	347523	316470	118.34	柳　州
6738.61	29.19	82.62		1700.00	423306	388808	91.06	桂　林
2873.88		2.18	2.18	735.90	188969	173841	58.35	梧　州
723.00		1.20		135.00	43200	35654	15.12	岑　溪
3253.16				540.04	105039	99523	42.80	北　海
1535.67	162.85	40.98	4.12	495.00	43728	39084	18.50	防城港
724.81	435.11	9.76	6.43	89.20	19455	14440	9.20	东　兴
2815.98	6.00	0.12	0.12	979.50	89038	84960	36.23	钦　州
3164.75	0.38	455.00		1043.30	119210	116557	38.35	贵　港
844.50	3.07	3.21		161.50	35517	33510	18.26	桂　平
3439.00	36.00	1.00		879.00	106867	89542	67.85	玉　林
1086.70	22.60	5.00		155.00	36626	35745	20.12	北　流
1998.00				521.00	27604	24214	25.33	百　色
998.87		51.21		131.00	32672	31964	15.76	靖　西
1220.00	85.20	490.00	20.00	350.30	40029	35125	20.50	贺　州
1679.00		15.00	15.00	231.00	28580	26340	22.00	河　池
803.00	11.00			162.00	24653	23963	15.60	宜　州
1861.74	90.90			304.00	81549	78830	28.94	来　宾
304.00				50.00	13985	13905	5.61	合　山
780.00	18.40	13.20	13.20	143.00	35712	32400	16.50	崇　左
443.37				93.04	17978	17029	6.30	凭　祥
19554.13	**3118.87**	**206.08**	**29.61**	**7956.18**	**268089**	**216072**	**286.73**	**海　南**
11092.62	208.82	126.98	19.51	4326.82	106292	83085	164.00	海　口
3978.00	2171.00	58.10		2169.00	26053	16346	36.20	三　亚
7.30					15	15	0.23	三　沙
1040.00	300.00			408.20	35560	28950	20.00	儋　州
359.00	40.00	2.00		91.00	15129	14779	5.50	五指山
1050.00	230.00	1.00	1.00	345.00	41094	33803	19.30	琼　海
651.00	81.00	7.00	4.00	196.00	16020	12174	14.70	文　昌
408.00	5.00	11.00	5.10	150.00	14065	13215	14.50	万　宁
968.21	83.05			270.16	13861	13705	12.30	东　方
57157.69	**5350.08**	**1507.96**	**211.12**	**14122.53**	**3870921**	**3561284**	**1261.66**	**重　庆**

5-6 续表 14

城市名称 Name of Cities	综合生产能力(万立方米/日) Integrated Production Capacity (10,000m³/day)	地下水 Underground Water	水厂个数(个) Number of Water Plants (unit)	地下水 Underground Water	供水管道长度(公里) Length of Water Supply Pipelines (km)	供水总量(万立方米) 合计 Total	售水量 小计 Subtotal	生产运营用水 The Quantity of Water for Production and Operation	公共服务用水 The Quantity of Water for Public Service
四　川	**813.65**	**71.62**	**167**	**36**	**28611.34**	**200084.66**	**166826.88**	**23155.97**	**28963.91**
成　都	295.96	12.50	13	4	7629.98	86076.38	73731.02	8152.67	16241.84
都江堰	17.86	4.86	6	4	431.50	2650.77	2410.91	46.24	99.76
彭　州	18.00		1		1043.49	2180.00	1530.00	160.00	168.00
邛　崃	5.00	3.00	2	1	413.36	1477.00	1154.50	132.00	170.00
崇　州	4.70	4.70	2	2	285.00	1074.00	1039.00	184.00	95.00
自　贡	26.50		3		2927.47	5947.55	4555.30	914.71	654.67
攀枝花	32.10		9		890.71	7300.94	6594.39	2918.32	1159.35
泸　州	24.67	0.80	8	1	990.06	5898.80	5177.50	650.00	851.00
德　阳	23.00	7.00	4	3	463.22	4197.00	3419.00	823.00	150.00
广　汉	10.56	10.56	5	3	249.90	2006.40	1581.90	316.78	110.70
什　邡	5.71	4.50	2	1	408.00	1514.00	930.00	37.00	280.00
绵　竹	9.00	9.00	1	1	78.00	1129.00	1021.00	238.00	210.00
绵　阳	49.85	8.70	16	8	2919.04	9282.07	8103.12	1002.20	1341.25
江　油	15.00		3		605.00	1842.40	1660.00		
广　元	16.60	5.50	8	2	484.23	3748.49	2941.50	120.51	195.12
遂　宁	26.10		7		920.78	5555.04	3515.21	1104.99	161.18
内　江	17.85		6		507.85	3914.44	3056.04	455.14	280.00
乐　山	23.47		12		1505.96	5112.47	4455.24	438.90	501.93
峨眉山	8.00		2		207.00	1776.00	1342.00	64.00	148.00
南　充	30.60		4		810.00	8550.00	7570.00	1410.00	1910.00
阆　中	11.00		2		201.00	2420.00	2139.00	530.00	538.00
眉　山	13.50		3		587.71	4106.00	3305.00	464.00	292.00
宜　宾	24.00		12		850.65	6429.30	5011.40	221.00	1032.00
广　安	9.75		4		375.29	2470.18	1720.50	367.90	60.00
华　蓥	4.50		3		127.00	722.00	698.00	140.00	117.00
达　州	22.90		4		750.00	7520.00	6522.00	177.00	642.00
万　源	2.50		2		106.50	453.17	408.66	74.60	38.20
雅　安	14.30	0.50	6	1	298.29	2511.00	2160.00	583.00	252.00
巴　中	9.50		2		274.00	2695.00	1974.00	587.00	
资　阳	20.30		2		416.50	2389.94	1949.94	407.00	321.19
简　阳	5.00		1		195.79	1633.32	1380.75	112.01	101.72
马尔康	1.50		3		43.04	260.00	215.00		15.00
康　定	1.29		4		63.00	470.00	414.00	10.00	356.00
西　昌	13.08		5	5	552.02	4772.00	3141.00	314.00	471.00
贵　州	**248.33**	**8.11**	**51**	**7**	**9527.84**	**57724.80**	**46624.65**	**7432.10**	**5848.43**
贵　阳	115.64	4.60	8	1	4064.56	29633.97	22929.83	2592.00	4240.92
清　镇	3.50		2		207.80	951.60	851.60	170.00	24.60
六盘水	10.00		2		1449.12	3237.00	2671.00	930.00	
遵　义	30.00		3		322.00	6159.00	5539.00	687.00	350.00

continued 14

Total Quantity of Water Supply($10,000m^3$)					用水户数（户） Number of Households with Access to Water Supply (unit)		用水人口（万人） Population with Access to Water Supply (10,000 persons)	城市名称 Name of Cities
Water Sold		免费供水量 The Quantitiy of Free Water Supply		漏损水量 The Lossed Water		家庭用户 Household User		
居民家庭用水 The Quantity of Water for Household Use	其他用水 The Quantity of Water for Other Purposes		生活用水 Domestic Water Use					
108283.71	**6423.29**	**2400.24**	**238.70**	**30857.54**	**5103485**	**4533234**	**1835.36**	**四　川**
48072.25	1264.26	340.39		12004.97	823156	741644	522.04	成　都
1899.91	365.00	14.26		225.60	136200	118360	29.94	都江堰
982.00	220.00	30.00		620.00	79332	70306	28.00	彭　州
724.50	128.00	4.50		318.00	58800	50400	17.00	邛　崃
760.00		20.00		15.00	25436	25168	14.80	崇　州
2786.28	199.64	66.87		1325.38	240455	221756	85.00	自　贡
2516.72		20.60	10.78	685.95	142894	134832	40.96	攀枝花
3669.00	7.50	124.57	45.30	596.73	293844	261188	110.26	泸　州
2364.00	82.00			778.00	172065	165436	47.20	德　阳
1152.42	2.00	184.20		240.30	50903	32475	13.35	广　汉
478.00	135.00	417.00		167.00	35994	31908	9.00	什　邡
516.00	57.00			108.00	15627	13707	10.81	绵　竹
5671.74	87.93	40.08	29.76	1138.87	453303	421401	121.27	绵　阳
1394.40	265.60			182.40	14	12	30.00	江　油
2194.40	431.47			806.99	84396	79747	39.90	广　元
2092.64	156.40	23.45		2016.38	173726	161660	62.99	遂　宁
2163.90	157.00			858.40	150712	137372	53.80	内　江
3147.77	366.64	98.42		558.81	269195	250613	70.80	乐　山
1082.00	48.00	28.00		406.00	67288	54240	13.56	峨眉山
4250.00		15.00	11.00	965.00	384480	337250	108.00	南　充
1071.00		6.00	4.00	275.00	116074	99325	27.70	阆　中
2345.00	204.00	17.00		784.00	196510	176378	44.20	眉　山
3338.40	420.00	251.90	9.60	1166.00	183393	158810	69.00	宜　宾
1173.80	118.80	50.00	32.00	699.68	126162	115083	28.90	广　安
426.00	15.00	19.00		5.00	26809	26300	10.30	华　蓥
4751.00	952.00	225.00		773.00	368533	267925	58.30	达　州
252.76	43.10			44.51	20971	20094	7.99	万　源
1276.00	49.00	99.00	1.00	252.00	76671	66880	26.14	雅　安
1219.00	168.00	100.00		621.00	127494	113675	37.00	巴　中
1113.00	108.75	90.00	90.00	350.00	64360	59904	25.15	资　阳
971.82	195.20			252.57	68382	60974	30.00	简　阳
175.00	25.00	5.00		40.00	9270	8300	2.80	马尔康
38.00	10.00	10.00	5.26	46.00	2557	112	4.00	康　定
2215.00	141.00	100.00		1531.00	58479	49999	35.20	西　昌
29816.75	**3527.37**	**2923.03**	**109.80**	**8177.12**	**1513687**	**1366661**	**604.18**	**贵　州**
14257.41	1839.50	2586.63	75.00	4117.51	771805	724713	252.84	贵　阳
651.00	6.00	4.00		96.00	45705	38015	15.16	清　镇
1728.00	13.00			566.00	42881	27739	32.29	六盘水
3912.00	590.00			620.00	107602	100000	76.03	遵　义

5-6 续表 15

城市名称 Name of Cities	综合生产能力(万立方米/日) Integrated Production Capacity (10,000m³/day)	地下水 Underground Water	水厂个数(个) Number of Water Plants (unit)	地下水 Underground Water	供水管道长度(公里) Length of Water Supply Pipelines (km)	供水总量(万立方米) 合计 Total	售水量 小计 Subtotal	生产运营用水 The Quantity of Water for Production and Operation	公共服务用水 The Quantity of Water for Public Service
赤　水	4.00		1		135.00	651.00	585.00	83.00	56.00
仁　怀	7.50		7		140.86	1128.83	997.43	130.69	80.12
安　顺	11.95	0.40	6	1	466.70	3121.58	2427.58	1063.35	76.13
铜　仁	17.20	0.90	7	3	407.39	2655.30	2197.50	683.80	
兴　义	12.50		4		412.00	2737.00	2321.00	462.00	179.00
毕　节	12.00		2		638.10	2316.00	1596.00	48.00	400.00
凯　里	10.40		5		835.00	2650.00	2375.00	265.00	31.00
都　匀	11.00	0.81	2	1	286.31	1608.52	1398.71	181.26	374.66
福　泉	2.64	1.40	2	1	163.00	875.00	735.00	136.00	36.00
云　南	**353.10**	**12.63**	**76**	**16**	**10148.06**	**75214.89**	**58023.66**	**15659.25**	**5670.92**
昆　明	183.10	3.63	14	5	3583.87	36823.74	26236.53	8732.38	1816.65
安　宁	11.50		3		316.00	2265.00	1926.00	112.00	245.00
曲　靖	22.40		4		519.00	4310.00	3509.00	921.00	383.00
宣　威	4.00		2	1	148.31	781.50	621.50	46.00	20.50
玉　溪	11.50		3		353.50	2647.47	2407.27	996.25	
保　山	8.10	1.10	3	2	289.63	1868.41	1625.41	393.04	235.55
腾　冲	4.00	1.50	2	2	189.00	1427.88	1147.84	84.00	81.04
昭　通	5.00		2	1	340.00	1607.00	1351.00	310.00	
丽　江	7.50		3		493.00	2078.00	1526.00	22.00	898.00
普　洱	7.00		3		274.62	1660.00	1410.00	73.00	420.00
临　沧	4.50		3		180.00	723.19	631.89	36.00	15.20
楚　雄	11.80		3		691.46	2253.80	1997.80	326.00	432.88
个　旧	7.10	3.30	7	2	135.00	1285.61	1051.29	186.06	78.33
开　远	4.00	2.00	2	1	204.87	1402.01	1196.33	200.00	58.00
蒙　自	14.50		2		408.81	2285.69	1845.91	395.21	110.60
弥　勒	3.00		1		260.00	628.00	510.00	139.00	106.00
文　山	6.70		3		686.58	2445.50	1683.23	433.89	48.00
景　洪	8.00		2		248.17	2537.00	2032.42	888.41	190.01
大　理	18.00	0.50	10	1	311.36	3387.58	3058.64	355.01	487.16
瑞　丽	5.00		1		190.88	1600.00	1246.60	887.00	9.00
芒　市	4.30		1		210.00	950.00	798.00	102.00	
香格里拉	2.10	0.60	2	1	114.00	247.51	211.00	21.00	36.00
西　藏	**49.50**	**40.00**	**10**	**5**	**1378.74**	**15553.68**	**12712.63**	**2494.81**	**4593.50**
拉　萨	38.00	36.00	5	4	918.46	13585.00	10774.00	2297.00	4205.00
昌　都	6.00	4.00	2	1	145.00	977.50	952.50	150.00	300.00
日喀则	3.50		2		144.28	837.33	832.33	44.81	76.00
林　芝	2.00		1		171.00	153.85	153.80	3.00	12.50

continued 15

Total Quantity of Water Supply(10,000m³)					用水户数(户) Number of Households with Access to Water Supply (unit)	家庭用户 Household User	用水人口(万人) Population with Access to Water Supply (10,000 persons)	城市名称 Name of Cities
Water Sold		免费供水量 The Quantitiy of Free Water Supply	生活用水 Domestic Water Use	漏损水量 The Lossed Water				
居民家庭用水 The Quantity of Water for Household Use	其他用水 The Quantity of Water for Other Purposes							
360.00	86.00			66.00	37705	32450	12.00	赤　水
756.08	30.54	12.40		119.00	40538	40120	14.67	仁　怀
1249.30	38.80			694.00	121095	104324	43.50	安　顺
1386.40	127.30			457.80	105867	84176	31.00	铜　仁
1600.00	80.00			416.00	81739	77557	32.37	兴　义
980.00	168.00	280.00	4.80	440.00	61292	53362	27.52	毕　节
1601.00	478.00			275.00	58647	48361	37.15	凯　里
805.56	37.23			209.81	19722	17280	20.06	都　匀
530.00	33.00	40.00	30.00	100.00	19089	18564	9.59	福　泉
33739.45	**2954.04**	**6727.57**	**244.38**	**10463.66**	**2222373**	**2039325**	**836.12**	**云　南**
14239.48	1448.02	5665.01		4922.20	1091714	988764	370.32	昆　明
1462.00	107.00			339.00	63822	63760	26.90	安　宁
2205.00				801.00	119367	117751	61.00	曲　靖
520.00	35.00	80.00		80.00	46893	40368	17.56	宣　威
1397.60	13.42	5.28	4.20	234.92	46691	41525	29.70	玉　溪
769.11	227.71	43.00		200.00	40394	28009	27.00	保　山
880.00	102.80	135.02	135.02	145.02	26414	22250	18.20	腾　冲
1036.00	5.00			256.00	44185	41961	29.30	昭　通
605.00	1.00	289.00		263.00	78915	77191	16.70	丽　江
885.00	32.00			250.00	58000	55981	19.00	普　洱
560.00	20.69	15.30	3.20	76.00	32891	32569	11.60	临　沧
1230.58	8.34	3.00		253.00	74738	68488	28.35	楚　雄
780.78	6.12	32.83	5.02	201.49	37212	33590	21.36	个　旧
838.33	100.00	36.14	36.14	169.54	43061	38013	17.47	开　远
1312.10	28.00			439.78	70337	61153	24.00	蒙　自
265.00		56.00		62.00	39410	38713	13.84	弥　勒
1187.21	14.13	109.50		652.77	63923	60336	19.28	文　山
708.00	246.00	247.58	57.40	257.00	55329	54781	18.71	景　洪
1734.26	482.21			328.94	126487	122500	29.98	大　理
341.00	9.60	1.40	1.40	352.00	26186	17694	17.00	瑞　丽
640.00	56.00			152.00	25924	24378	12.85	芒　市
143.00	11.00	8.51	2.00	28.00	10480	9550	6.00	香格里拉
5048.32	**576.00**	**173.00**	**133.00**	**2668.05**	**155996**	**147776**	**65.72**	**西　藏**
3747.00	525.00	173.00	133.00	2638.00	112058	109040	46.66	拉　萨
500.00	2.50			25.00	22960	21000	6.00	昌　都
671.52	40.00			5.00	18895	15831	9.86	日喀则
129.80	8.50			0.05	2083	1905	3.20	林　芝

5-6 续表 16

城市名称 Name of Cities	综合生产能力(万立方米/日) Integrated Production Capacity (10,000m³/day)	地下水 Underground Water	水厂个数(个) Number of Water Plants (unit)	地下水 Underground Water	供水管道长度(公里) Length of Water Supply Pipelines (km)	供水总量(万立方米) 合计 Total	售水量 小计 Subtotal	生产运营用水 The Quantity of Water for Production and Operation	公共服务用水 The Quantity of Water for Public Service
陕　西	**321.24**	**107.89**	**63**	**44**	**7306.53**	**78465.68**	**67702.93**	**17976.04**	**3934.83**
西　安	191.40	49.40	15	11	3896.81	52312.06	45914.91	15232.26	461.44
铜　川	14.40	1.20	7	2	400.88	1732.00	1391.00	98.80	135.20
宝　鸡	23.40	4.80	5	3	837.34	5057.00	4251.00	640.00	836.00
咸　阳	17.50	12.00	5	5	303.79	4624.30	4159.20	414.80	201.37
兴　平	1.50	1.50	2	2	46.25	370.03	295.11	8.60	22.50
渭　南	11.70	6.30	7	6	325.59	2893.10	2286.60	244.00	473.10
韩　城	5.00	3.00	2	1	115.00	685.50	570.50	31.00	83.00
华　阴	5.45	5.45	3	3	71.50	366.00	304.00	38.00	46.00
延　安	7.00		1		151.00	2207.51	1768.33	10.00	776.12
汉　中	10.00	10.00	2	2	298.32	2735.00	2146.00	77.00	627.00
榆　林	10.00	5.00	5	4	461.67	2621.40	2050.50	797.00	26.90
安　康	9.00		3		181.20	1397.00	1249.00	208.00	112.00
商　洛	5.00	5.00	2	2	105.60	894.00	805.00	30.00	79.00
杨 陵 区	9.89	4.24	4	3	111.58	570.78	511.78	146.58	55.20
甘　肃	**305.87**	**88.44**	**46**	**31**	**4909.45**	**47088.90**	**42398.91**	**12926.70**	**6115.64**
兰　州	150.00	10.00	6	2	1066.68	23765.55	22095.02	8844.88	2802.80
嘉 峪 关	8.46	8.46	2	2	401.58	1091.00	988.00	253.40	360.20
金　昌	10.00		1		257.56	2036.60	1778.50	295.90	348.70
白　银	38.10	1.50	6	1	155.66	4482.40	3787.60	665.50	130.10
天　水	13.00	13.00	3	3	237.86	3265.00	2938.40	290.30	850.20
武　威	20.00	10.00	2	1	231.00	1860.90	1624.83	385.32	355.58
张　掖	14.00	14.00	3	3	367.26	1807.25	1630.26	230.00	129.16
平　凉	4.45	4.44	5	5	348.21	1649.00	1475.00	494.00	161.00
酒　泉	14.40	7.90	5	4	306.46	1971.70	1717.00	472.90	311.90
玉　门	8.00	3.00	2	1	239.80	711.00	639.00	280.00	56.00
敦　煌	7.00	7.00	2	2	317.36	785.00	710.00	145.00	165.00
庆　阳	5.32	1.00	2	1	383.60	744.50	659.30	93.50	110.00
定　西	5.00	5.00	2	2	207.84	643.00	598.00	125.00	101.00
陇　南	1.61	1.61	3	3	60.40	460.00	419.00	46.00	78.00
临　夏	5.00		1		270.00	1450.00	1021.00	145.00	131.00
合　作	1.53	1.53	1	1	58.18	366.00	318.00	160.00	25.00
青　海	**65.08**	**21.10**	**13**	**5**	**2153.94**	**16941.05**	**13446.39**	**2908.45**	**1704.92**
西　宁	38.50		7		1030.50	11365.00	8843.31	1308.45	1197.45
海　东	4.68	1.10	2	2	162.00	780.91	675.76	202.00	74.25
玉　树	1.90		1		339.00	170.00	152.00	17.00	3.00
格 尔 木	10.00	10.00	1	1	345.23	2187.50	1844.50	195.00	286.80
德 令 哈	10.00	10.00	2	2	277.21	2437.64	1930.82	1186.00	143.42

continued 16

Total Quantity of Water Supply($10{,}000m^3$)					用水户数(户) Number of Households with Access to Water Supply (unit)		用水人口(万人) Population with Access to Water Supply (10,000 persons)	城市名称 Name of Cities
Water Sold		免费供水量 The Quantitiy of Free Water Supply		漏损水量 The Lossed Water		家庭用户 Household User		
居民家庭用水 The Quantity of Water for Household Use	其他用水 The Quantity of Water for Other Purposes		生活用水 Domestic Water Use					
41999.11	**3792.95**	**846.89**	**278.86**	**9915.86**	**2022279**	**1969868**	**819.34**	**陕　西**
28770.41	1450.80	104.17	0.86	6292.98	958398	942296	420.54	西　安
751.30	405.70	63.50		277.50	89307	87178	37.70	铜　川
2620.00	155.00	188.00	46.00	618.00	217847	215052	69.71	宝　鸡
2536.90	1006.13			465.10	175790	170910	65.00	咸　阳
197.00	67.01	11.82		63.10	14115	12950	6.12	兴　平
1494.00	75.50	289.50	215.00	317.00	114473	113169	43.61	渭　南
450.00	6.50			115.00	36437	29150	12.47	韩　城
215.00	5.00	9.00		53.00	23914	20790	8.62	华　阴
968.70	13.51			439.18	78445	76898	30.50	延　安
1347.00	95.00	48.00	17.00	541.00	93722	88793	36.00	汉　中
1023.80	202.80	132.90		438.00	91591	89225	35.69	榆　林
925.00	4.00			148.00	70807	68167	27.50	安　康
535.00	161.00			89.00	29548	29034	15.38	商　洛
165.00	145.00			59.00	27885	26256	10.50	杨陵区
21177.51	**2179.06**	**812.88**	**41.60**	**3877.11**	**928634**	**870750**	**591.12**	**甘　肃**
10422.34	25.00	462.68		1207.85	28924	21616	229.35	兰　州
374.40				103.00	69136	63203	12.87	嘉峪关
652.20	481.70			258.10	55070	52236	15.64	金　昌
2300.00	692.00	46.30	5.60	648.50	65990	61550	41.76	白　银
1797.90				326.60	132976	117860	65.64	天　水
878.66	5.27	40.00		196.07	103341	101359	32.00	武　威
820.51	450.59			176.99	49747	49080	21.58	张　掖
790.00	30.00	3.00	2.00	171.00	66710	65639	33.39	平　凉
836.00	96.20	82.70	23.70	172.00	99238	89068	38.26	酒　泉
294.00	9.00	2.00		70.00	25249	24633	7.39	玉　门
330.00	70.00			75.00	31972	31198	11.58	敦　煌
418.50	37.30	26.20	9.30	59.00	38912	38135	19.07	庆　阳
241.00	131.00			45.00	48581	46853	19.68	定　西
255.00	40.00	1.00	1.00	40.00	32217	32001	15.46	陇　南
645.00	100.00	138.00		291.00	68211	65021	22.91	临　夏
122.00	11.00	11.00		37.00	12360	11298	4.54	合　作
7427.82	**1405.20**	**739.58**	**476.10**	**2755.08**	**160611**	**138009**	**170.90**	**青　海**
5860.91	476.50	718.24	475.00	1803.45	46408	33578	123.98	西　宁
388.41	11.10	20.15		85.00	36811	34987	23.65	海　东
130.00	2.00			18.00	17337	14134	3.20	玉　树
704.50	658.20			343.00	40772	39520	11.68	格尔木
344.00	257.40	1.19	1.10	505.63	19283	15790	8.39	德令哈

5-6 续表 17

城市名称 Name of Cities	综合生产能力(万立方米/日) Integrated Production Capacity (10,000m³/day)	地下水 Underground Water	水厂个数(个) Number of Water Plants (unit)	地下水 Underground Water	供水管道长度(公里) Length of Water Supply Pipelines (km)	供水总量(万立方米) 合计 Total	售水量 小计 Subtotal	生产运营用水 The Quantity of Water for Production and Operation	公共服务用水 The Quantity of Water for Public Service
宁　夏	**97.37**	**83.67**	**24**	**20**	**1796.29**	**21429.57**	**18693.97**	**2672.02**	**3908.29**
银　川	44.57	44.57	7	7	738.70	10823.90	9373.44	649.00	1989.90
灵　武	2.50	2.50	1	1	93.25	902.43	811.99	135.26	133.88
石嘴山	28.50	18.50	5	4	254.60	4283.00	3830.00	843.00	919.00
吴　忠	10.00	10.00	3	3	241.49	2961.00	2575.00	668.00	586.00
青铜峡	3.90	3.90	4	4	134.51	746.24	671.54	88.99	66.73
固　原	3.70		3		220.00	893.00	699.00	97.00	164.00
中　卫	4.20	4.20	1	1	113.74	820.00	733.00	190.77	48.78
新　疆	**509.15**	**215.31**	**71**	**44**	**8873.43**	**84989.66**	**70135.17**	**22716.60**	**10018.13**
乌鲁木齐	142.30	40.30	11	5	1867.60	28719.00	22919.00	6029.00	2554.00
克拉玛依	104.34		9	3	1058.64	13171.08	12781.38	8693.64	1885.50
吐鲁番	6.00		1		318.60	1087.00	931.00	112.00	172.00
哈　密	22.50	15.50	4	3	679.07	3477.00	2817.00	899.00	1088.00
昌　吉	10.00		2		254.63	2095.00	1885.00	90.00	83.00
阜　康	3.24	3.24	3	3	160.50	772.40	692.10	143.30	221.90
博　乐	4.70	4.70	3	3	227.03	818.71	736.00	110.00	72.00
阿拉山口	7.00	7.00	1	1	73.68	96.10	73.00	6.00	15.00
库尔勒	23.00	23.00	1	1	392.87	5661.00	4510.00	1521.60	965.00
阿克苏	20.00	20.00	2	2	335.00	2932.00	2569.00	395.00	262.00
阿图什	3.20	3.20	1	1	75.25	750.00	675.00	20.00	26.00
喀　什	14.20	14.20	3	3	317.80	4005.79	3587.79	12.00	755.00
和　田	8.00	8.00	2	2	243.98	1675.00	1447.00	60.00	442.00
伊　宁	18.60	18.60	4	4	665.65	5001.00	2962.90	182.00	285.00
奎　屯	8.00	8.00	2	2	225.43	1941.00	1383.00	308.00	220.00
霍尔果斯	1.00	1.00	1	1	77.00	285.00	255.00	64.00	77.00
乌　苏	8.00	3.20	3	2	261.50	1559.78	961.78	318.15	62.15
塔　城	2.00	2.00	2	2	219.97	688.00	608.00	62.00	136.00
阿勒泰	3.20		2		233.82	584.00	508.00	43.00	62.00
石河子	52.00	37.00	3	2	509.12	5043.00	4016.00	1997.00	140.00
阿拉尔	25.00		2		245.25	2339.00	2071.00	1441.00	118.00
图木舒克	11.50		2		131.54	227.00	204.00	80.00	18.00
五家渠	4.70	4.70	1	1	5.19	991.00	769.80	42.56	90.28
北　屯	2.50		2		156.86	752.00	544.00	27.10	190.90
铁门关	4.17	1.67	4	3	58.94	318.80	228.42	60.25	77.40
可克达拉					78.51				

continued 17

Total Quantity of Water Supply($10,000m^3$)					用水户数(户) Number of Households with Access to Water Supply (unit)		用水人口(万人) Population with Access to Water Supply (10,000 persons)	城市名称 Name of Cities
Water Sold		免费供水量 The Quantitiy of Free Water Supply		漏损水量 The Lossed Water				
居民家庭用水 The Quantity of Water for Household Use	其他用水 The Quantity of Water for Other Purposes		生活用水 Domestic Water Use			家庭用户 Household User		
11408.82	**704.84**	**319.40**	**132.14**	**2416.20**	**686244**	**580103**	**255.43**	**宁　夏**
6717.54	17.00			1450.46	378161	325354	139.02	银　川
375.21	167.64			90.44	35908	33104	6.00	灵　武
2068.00		130.00		323.00	87038	75198	41.00	石嘴山
1058.00	263.00	86.00	32.00	300.00	44109	25014	20.66	吴　忠
455.69	60.13	3.40	0.14	71.30	26386	21540	7.60	青铜峡
368.00	70.00	100.00	100.00	94.00	40895	37000	25.23	固　原
366.38	127.07			87.00	73747	62893	15.92	中　卫
31524.74	**5875.70**	**4174.40**	**389.10**	**10680.09**	**1917513**	**1801441**	**697.37**	**新　疆**
13210.00	1126.00	3000.00	100.00	2800.00	564884	523017	309.45	乌鲁木齐
1817.43	384.81	1.19		388.51	144511	140890	37.36	克拉玛依
546.00	101.00			156.00	19694	18614	7.88	吐鲁番
830.00				660.00	136450	127121	18.92	哈　密
1076.00	636.00			210.00	54899	51105	31.10	昌　吉
265.90	61.00			80.30	33226	32441	8.07	阜　康
458.00	96.00	0.83		81.88	62524	55744	19.62	博　乐
52.00		1.00		22.10	2099	820	1.25	阿拉山口
1450.00	573.40	160.00	160.00	991.00	139059	134258	38.90	库尔勒
1912.00		69.00		294.00	129736	125805	36.90	阿克苏
579.00	50.00			75.00	2886	2730	8.15	阿图什
2341.79	479.00			418.00	90504	86854	32.08	喀　什
937.00	8.00	14.00	14.00	214.00	28785	27795	16.83	和　田
1534.50	961.40	296.00		1742.10	121052	110000	35.84	伊　宁
855.00		100.00	100.00	458.00	59422	58014	15.64	奎　屯
69.00	45.00			30.00	7175	6714	2.00	霍尔果斯
236.48	345.00	402.00		196.00	26577	25890	9.45	乌　苏
330.00	80.00			80.00	40625	39865	8.40	塔　城
403.00				76.00	25219	23900	6.97	阿勒泰
1293.00	586.00	16.00	15.00	1011.00	120596	110538	27.64	石河子
482.00	30.00			268.00	13404	13244	7.51	阿拉尔
96.00	10.00			23.00	7015	5930	2.40	图木舒克
334.19	302.77	114.20		107.00	32002	29482	6.80	五家渠
326.00				208.00	40079	36070	5.21	北　屯
90.45	0.32	0.18	0.10	90.20	15090	14600	3.00	铁门关
								可克达拉

5-7 2015年按城市分列的城市供水(自建设施供水)

城市名称 Name of Cities	综合生产能力(万立方米/日) Integrated Production Capacity (10,000m³/day)	地下水 Underground Water	供水管道长度(公里) Length of Water Supply Pipelines (km)	供水总量(万立方米) 合计 Total	生产运营用水 The Quantity of Water for Production and Operation	公共服务用水 The Quantity of Water for Public Service
全　国	**6577.35**	**3907.79**	**48797.10**	**754987.00**	**534699.12**	**69537.47**
北　京	**1990.65**	**1990.65**	**12201.53**	**58109.83**	**15103.25**	**17201.56**
天　津	**72.90**	**69.10**	**138.27**	**8779.87**	**5204.10**	**3284.86**
河　北	**289.80**	**254.55**	**2137.03**	**70373.71**	**40027.57**	**6118.07**
石家庄	95.09	95.09	128.70	29685.25	9972.41	1693.73
晋　州	5.00	5.00	1.00	1825.00	1727.00	30.00
新　乐	2.00	2.00		700.00	700.00	
唐　山	30.01	30.01	317.00	10403.54	9143.84	1259.70
遵　化	13.00	13.00	22.00	955.00	220.00	275.00
迁　安	5.01	5.01	8.50	1700.80	1582.30	109.00
邯　郸	23.00	4.00	270.00	5810.00	4620.00	
武　安	1.50	1.50	101.00	472.00	395.00	76.99
邢　台	8.04	1.90		693.00	624.00	
南　宫	1.60	1.60	35.00	370.04	178.00	31.40
保　定	3.39	3.39	72.53	976.66	643.18	122.61
涿　州	24.80	14.69	85.00	2377.00	1496.00	163.00
安　国	9.10	9.10	15.00	865.00	681.00	33.00
高碑店	1.12	1.12	22.00	299.80	251.00	
张家口	11.00	11.00	9.00	3071.69	2960.00	28.00
承　德	4.75	4.75	10.00	1029.00	936.00	93.00
任　丘	3.07	3.07	273.00	1082.05	383.02	289.00
廊　坊	5.98	5.98	340.00	466.56	100.00	120.00
霸　州	1.92	1.92	115.00	694.00	431.00	80.00
三　河	4.30	4.30	123.00	1510.00	458.00	346.00
衡　水	0.33	0.33		120.00	43.50	59.00
冀　州	1.49	1.49	58.50	420.32	189.32	93.64
深　州	4.00	4.00	75.80	227.00	70.00	20.00
辛　集	10.00	10.00	30.00	2839.00	1527.00	1077.00
定　州	20.30	20.30	25.00	1781.00	696.00	118.00
山　西	**143.78**	**53.65**	**2150.49**	**24269.42**	**16049.26**	**1527.28**
太　原	77.00		216.00	10588.00	7782.00	
古　交	3.85		37.00	1247.11	756.20	245.65
大　同	14.00	12.00	521.00	1970.56	1253.00	333.00
阳　泉	7.80	0.53	527.69	1176.31	830.00	46.31
长　治	11.53	11.53	350.00	2774.39	1329.00	197.00
潞　城	1.20	1.20	5.80	212.00	96.00	52.00
晋　城	4.00	4.00	177.00	878.00	282.00	139.00
高　平	1.00	1.00	54.00	236.00		85.00
朔　州	3.00	3.00	2.50	663.00	540.00	28.00

Urban Water Supply by City (Surpliers with Self-Built Facilities) (2015)

Total Quantity of Water Supply(10,000m³)		用水户数(户) Number of Households with Access to Water Supply (unit)		用水人口(万人) Population with Access to Water Supply (10,000 persons)	城市名称 Name of Cities
居民家庭用水 The Quantity of Water for Household Use	其他用水 The Quantity of Water for Other Purposes		家庭用户 Household User		
103169.49	**47580.92**	**6184463**	**5581694**	**2268.08**	**全国**
18778.58	**7026.44**	**1075392**	**1058268**	**525.76**	**北京**
290.91		**11**	**5**	**13.81**	**天津**
6277.07	**17951.00**	**514737**	**480474**	**231.05**	**河北**
756.00	17263.11	71758	67521	82.69	石家庄
68.00		597	55	2.77	晋州
		10			新乐
		7860			唐山
440.00	20.00	24580	24560	10.00	遵化
9.50		9724	6350	1.50	迁安
1190.00		15150	15050	8.60	邯郸
0.01		26	1	1.79	武安
69.00		31000	30000	9.00	邢台
154.04	6.60	2790	2211	3.65	南宫
193.07	17.80	24842	22692	5.48	保定
713.00	5.00	49043	45984	22.37	涿州
128.00	23.00	7992	7794	2.50	安国
48.80		4754	4005	1.90	高碑店
71.69	12.00	4025	3968	1.00	张家口
		246			承德
292.53	117.50	54070	54000	12.24	任丘
246.56		16400	16000	7.00	廊坊
175.80	7.20	14986	12624	4.70	霸州
356.00	350.00	10320	7020	3.80	三河
9.60	7.90	1400	1370	0.63	衡水
134.47	2.89	21948	20863	7.84	冀州
137.00		10790	10680	7.60	深州
135.00	100.00	14700	13500	3.20	辛集
949.00	18.00	115726	114226	30.79	定州
5068.67	**1624.21**	**382461**	**328491**	**137.41**	**山西**
2806.00		20038	17066	42.74	太原
199.91	45.35	14068	13598	7.15	古交
368.56	16.00	163328	162412	35.65	大同
300.00		72286	31156	15.50	阳泉
402.00	846.39	45992	40231	4.86	长治
54.00	10.00	327	226	0.86	潞城
251.00	206.00	18720	18710	7.04	晋城
140.00	11.00	4300	3900	1.33	高平
95.00		8380	8300	2.94	朔州

5-7 续表 1

城市名称 Name of Cities	综合生产能力(万立方米/日) Integrated Production Capacity (10,000m³/day)	地下水 Underground Water	供水管道长度(公里) Length of Water Supply Pipelines (km)	供水总量(万立方米) 合计 Total	生产运营用水 The Quantity of Water for Production and Operation	公共服务用水 The Quantity of Water for Public Service
晋　　中	7.51	7.50	50.00	2528.00	1900.00	105.00
介　　休	2.74	2.74	11.00	280.00	200.00	
永　　济	2.70	2.70		486.00	188.00	44.00
忻　　州	2.75	2.75	56.00	226.11	159.00	34.05
原　　平	2.80	2.80	47.00	668.32	470.62	170.02
侯　　马	0.40	0.40		108.62	97.62	11.00
吕　　梁	1.50	1.50	95.50	227.00	165.82	37.25
内 蒙 古	**88.91**	**83.49**	**706.50**	**16129.99**	**12235.10**	**2092.20**
呼和浩特	2.75	2.75	20.00	1002.03	672.00	312.00
包　　头	8.20	8.20	20.00	945.70	742.10	199.70
赤　　峰	21.17	21.15	313.70	6817.00	5863.00	220.00
通　　辽	16.80	16.80	50.00	2000.00	1300.00	600.00
霍林郭勒	1.60	1.60	70.00	5.00		
鄂尔多斯	2.50	2.10	5.00	123.00	10.00	81.00
呼伦贝尔	5.00	5.00	78.80	803.00	547.00	100.00
牙 克 石	2.00	2.00	10.00	723.00	530.00	73.00
扎 兰 屯	5.00			1804.00	1589.00	45.00
根　　河	2.80	2.80		186.76	43.00	21.00
乌兰察布	0.54	0.54	50.00	196.50	106.00	90.50
丰　　镇	5.60	5.60	8.00	30.00	30.00	
乌兰浩特	13.00	13.00		1285.00	630.00	350.00
锡林浩特	1.95	1.95	81.00	209.00	173.00	
辽　　宁	**359.23**	**215.09**	**6398.07**	**62269.02**	**48563.94**	**6936.67**
沈　　阳	18.20	18.20	3219.97	3999.93	1286.30	1329.43
新　　民	1.10	1.10	10.50	275.76	159.42	65.57
瓦 房 店	3.80	3.80	21.00	1370.00	650.00	400.00
鞍　　山	112.00	82.50	358.00	16509.00	12840.00	3380.00
海　　城	2.50	2.50	158.00	666.00	400.00	114.00
抚　　顺	18.00		42.00	5810.00	5810.00	
本　　溪	74.58	4.93	173.20	18706.10	18241.76	23.84
丹　　东	16.20	0.95	299.00	746.00	463.00	122.00
凤　　城	1.00	1.00	223.00	135.00		
锦　　州	38.00	38.00	145.00	4284.00	3444.00	620.00
凌　　海	11.00	11.00	17.00	573.00	363.00	50.00
北　　镇	1.27	0.70	17.00	185.23	8.70	109.00
营　　口	2.30	2.30	51.00	137.00	45.00	48.00
盖　　州	0.60	0.60		173.62	13.50	46.00
辽　　阳	14.50	14.50	335.00	740.22	671.38	68.84
灯　　塔	0.24		52.00	25.80	0.90	0.10
盘　　锦	18.55	12.05	530.50	3563.97	2101.97	329.00

continued 1

Total Quantity of Water Supply(10,000m^3)		用水户数（户）Number of Households with Access to Water Supply (unit)		用水人口（万人）Population with Access to Water Supply (10,000 persons)	城市名称 Name of Cities
居民家庭用水 The Quantity of Water for Household Use	其他用水 The Quantity of Water for Other Purposes		家庭用户 Household User		
120.00	403.00	200	100	1.77	晋中
30.00	50.00	25933	25806	9.00	介休
239.00	15.00	47	20	2.93	永济
14.93	18.13	2200	2035	2.38	忻州
25.34	2.34	3190	3045	2.37	原平
		400			侯马
22.93	1.00	3052	1886	0.89	吕梁
1464.76	**337.93**	**117690**	**89864**	**22.43**	**内蒙古**
18.00	0.03	12278	6700	2.00	呼和浩特
	3.90	380			包头
661.00	73.00	61552	45532	7.55	赤峰
80.00	20.00	1900	1700	0.80	通辽
5.00		800	800	0.30	霍林郭勒
30.00	2.00	3090	3000	0.50	鄂尔多斯
136.00	20.00	10334	10000	3.55	呼伦贝尔
95.00	25.00	8500	8400	2.40	牙克石
	170.00	100			扎兰屯
122.76		8517	8465	3.39	根河
		108			乌兰察布
		10			丰镇
305.00		8543	3747	1.41	乌兰浩特
12.00	24.00	1578	1520	0.53	锡林浩特
5690.51	**1077.90**	**352908**	**342368**	**130.64**	**辽宁**
1384.20		1085	783	38.01	沈阳
50.77		1033	845	0.39	新民
	320.00	394			瓦房店
289.00		22600	22192	5.27	鞍山
76.00	76.00	13000	11400	3.50	海城
		9			抚顺
330.10	110.40	20435	20000	3.00	本溪
161.00		2413	2332	0.65	丹东
135.00		12100	12100	3.72	凤城
220.00		23015	23000	7.10	锦州
160.00		15788	15491	4.01	凌海
52.83	14.70	5615	5585	2.00	北镇
44.00		9250	6756	1.23	营口
105.00	9.12	295	276	0.09	盖州
		79			辽阳
24.80		8557	8540	3.04	灯塔
1133.00		116604	116572	33.00	盘锦

5-7 续表 2

城市名称 Name of Cities	综合生产能力(万立方米/日) Integrated Production Capacity (10,000m³/day)	地下水 Underground Water	供水管道长度(公里) Length of Water Supply Pipelines (km)	供水总量(万立方米) 合计 Total	生产运营用水 The Quantity of Water for Production and Operation	公共服务用水 The Quantity of Water for Public Service
调兵山	4.70	3.55	309.90	1070.00	45.00	36.00
开原	3.29	3.29	200.00	1127.00	704.50	82.00
朝阳	9.35	6.07	117.00	1336.39	755.51	105.89
凌源	3.50	3.50	34.00	315.00	200.00	7.00
葫芦岛	4.55	4.55	85.00	520.00	360.00	
吉林	**302.93**	**52.05**	**2180.09**	**18197.68**	**12446.30**	**2117.60**
长春	7.87	7.87		1298.00	256.80	826.80
榆树	0.93	0.93	43.00	322.41	16.58	42.30
德惠	4.13	4.13	940.00	1007.90	623.32	81.33
吉林	238.00	3.00	140.00	8220.00	8194.00	
蛟河	0.50	0.40	2.50	15.46	1.31	8.65
桦甸	0.72	0.72	5.00	262.80	200.00	50.00
四平	4.39	3.00	540.91	1054.56	113.56	152.00
双辽	1.05	1.05		362.50	221.30	124.20
辽源	5.23	5.23		246.04	147.73	43.31
白山	0.50	0.40	15.00	74.52	23.57	18.14
临江	1.10	0.30	31.00	109.00	28.00	
扶余	1.19	1.19	3.00	156.00	88.00	
白城	4.00	4.00	75.00	210.00	170.00	40.00
洮南	0.55	0.55	20.00	195.00	38.00	16.00
大安	0.10	0.10	4.00	34.40	8.50	1.00
延吉	4.00	3.11		123.10	62.24	57.86
图们	0.06	0.06		16.00	10.00	6.00
敦化	6.58	1.68	89.80	1144.00	930.00	72.00
珲春	2.00		21.00	685.20	338.20	179.90
龙井	1.00	1.00	17.00	353.70	212.00	33.20
和龙	2.40		172.07	370.00	34.00	26.00
公主岭	14.21	11.21	24.81	1279.09	540.19	138.91
梅河口	2.42	2.12	36.00	658.00	189.00	200.00
黑龙江	**233.61**	**135.58**	**1116.36**	**37108.46**	**30598.22**	**3101.39**
哈尔滨	33.50	33.00	142.00	3607.50	2201.50	1069.50
双城	0.91	0.91		314.77	47.90	31.40
齐齐哈尔	12.28	12.28	220.20	2480.20	2022.00	21.20
讷河	0.32	0.32	18.00	36.35		4.00
鸡西	2.45	2.45	276.58	894.25	894.25	
虎林	0.30	0.30	17.00	54.00	31.00	16.00
鹤岗	4.07	4.07		1150.00	880.00	270.00
双鸭山	5.10	5.10	32.00	283.00	213.00	57.00
大庆	43.00	43.00	9.30	3569.60	3109.00	283.00
伊春	8.87	2.90	33.20	1125.00	808.77	82.73

continued 2

Total Quantity of Water Supply(10,000m³)		用水户数(户) Number of Households with Access to Water Supply (unit)		用水人口(万人) Population with Access to Water Supply (10,000 persons)	城市名称 Name of Cities
居民家庭用水 The Quantity of Water for Household Use	其他用水 The Quantity of Water for Other Purposes		家庭用户 Household User		
975.00	14.00	54520	54349	13.20	调兵山
200.50	140.00	5444	5176	2.14	开原
169.31	305.68	18948	15311	4.20	朝阳
20.00	88.00	822	808	0.30	凌源
160.00		20902	20852	5.79	葫芦岛
2839.33	**794.45**	**187482**	**157877**	**64.37**	**吉林**
75.00	139.40	6837	5700	2.00	长春
0.58	262.95	92	6	1.42	榆树
293.25	10.00	698	680	2.21	德惠
26.00		3833	3819	0.97	吉林
0.50	5.00	5200	5000	1.80	蛟河
12.80		780	600	0.20	桦甸
609.00	180.00	87	22	3.00	四平
10.00	7.00	3700	3200	1.20	双辽
55.00		5135	5000	2.50	辽源
32.81		2725	2625	0.74	白山
	81.00	1890			临江
68.00		4512	4500	1.13	扶余
		2200			白城
141.00		18160	18070	8.50	洮南
24.90		2590	2190	0.76	大安
3.00		905	610	0.32	延吉
		8			图们
132.00	10.00	34429	26000	7.50	敦化
167.10		11159	9951	4.25	珲春
86.50	22.00	4300	4100	1.18	龙井
308.00	2.00	17000	14700	3.70	和龙
546.89	53.10	40332	37095	15.58	公主岭
247.00	22.00	20910	14009	5.41	梅河口
2810.10	**598.75**	**585387**	**554333**	**89.41**	**黑龙江**
284.50	52.00	49051	48153	12.70	哈尔滨
219.77	15.70	11200	10504	2.40	双城
437.00		42310	41960	10.00	齐齐哈尔
27.63	4.72	1792	1571	0.67	讷河
		189			鸡西
7.00		2350	972	1.00	虎林
		157			鹤岗
13.00		245	221	9.20	双鸭山
71.80	105.80	329415	314916	1.63	大庆
135.00	98.50	19880	13731	6.30	伊春

5-7 续表 3

城市名称 Name of Cities	综合生产能力(万立方米/日) Integrated Production Capacity ($10,000m^3$/day)	地下水 Underground Water	供水管道长度(公里) Length of Water Supply Pipelines (km)	供水总量(万立方米) 合计 Total	生产运营用水 The Quantity of Water for Production and Operation	公共服务用水 The Quantity of Water for Public Service
铁力	0.10	0.10	25.00	34.00	28.00	
佳木斯	5.40	5.40	95.80	1496.45	1074.22	238.80
富锦	2.50	2.50	0.50	350.00	260.00	76.00
七台河	10.31	6.20	46.00	1836.01	1533.45	176.26
牡丹江	87.00	0.50	116.00	16320.00	15385.00	180.00
绥芬河	0.70	0.70	10.00	250.00	142.00	90.00
海林	0.69	0.14	1.00	251.13	226.23	17.90
穆棱	0.20	0.20	7.00	72.30		6.10
黑河	0.46	0.06	5.00	76.00	52.00	24.00
北安	0.35	0.35	4.00	120.00	20.00	20.00
绥化	5.00	5.00	47.28	1601.90	810.90	420.50
安达	4.20	4.20	5.00	403.00	139.00	
肇东	2.00	2.00		650.00	650.00	
海伦	3.90	3.90	5.50	133.00	70.00	17.00
江苏	**597.06**	**75.57**	**1840.06**	**87033.37**	**79358.45**	**1474.77**
南京	262.18		953.87	29561.43	24997.91	128.35
无锡	35.00		50.00	6325.00	6325.00	
江阴	4.00		37.00	1035.00	924.00	
徐州	41.20	11.20	40.00	7642.75	7100.58	232.17
新沂	15.60	15.60	60.00	1198.00	886.00	250.00
邳州	20.70	10.70	68.00	1678.10	1396.70	57.40
常州	30.00	0.35	17.40	4489.50	4489.50	
苏州	64.85	0.20		11881.51	11837.57	43.94
太仓	0.86	0.17		247.29	247.29	
南通	34.20	14.20		4684.52	4684.52	
如皋	2.50	1.50	8.00	378.70	378.70	
连云港	9.10		133.88	1961.00	1886.00	
淮安	37.00	12.00	98.00	5833.82	4745.82	610.00
盐城	6.30	2.30	76.50	1199.27	851.18	84.91
东台	0.37	0.05	0.45	264.34	264.34	
扬州	11.22	4.30	0.46	2686.00	2686.00	
仪征	4.88		161.50	1294.60	1006.00	68.00
高邮	1.10		33.00	321.00	299.80	
镇江	9.00		12.00	3100.00	3100.00	
宿迁	7.00	3.00	90.00	1251.54	1251.54	
浙江	**156.26**	**7.62**	**1024.74**	**16955.37**	**15211.38**	**120.48**
宁波	10.00		58.23	826.00	826.00	
慈溪	3.00		157.73	551.00	207.00	
乐清	0.46		110.90	164.31		18.10
海宁	4.30			1568.00	1568.00	

continued 3

Total Quantity of Water Supply(10,000m³)		用水户数(户) Number of Households with Access to Water Supply (unit)		用水人口(万人) Population with Access to Water Supply (10,000 persons)	城市名称 Name of Cities
居民家庭用水 The Quantity of Water for Household Use	其他用水 The Quantity of Water for Other Purposes		家庭用户 Household User		
6.00		2190	2174	0.74	铁力
125.00	58.43	10470	10390	5.60	佳木斯
9.00	5.00	560	500	0.20	富锦
93.20	33.10	13279	9126	4.16	七台河
670.00	85.00	39602	39112	13.85	牡丹江
18.00		810	680	0.20	绥芬河
7.00		670	640	0.70	海林
66.20		1675	1653	0.59	穆棱
		26			黑河
40.00	40.00	5400	5000	1.24	北安
270.00	100.50	25000	24500	7.70	绥化
264.00		20100	20030	7.53	安达
		16			肇东
46.00		9000	8500	3.00	海伦
3617.49	**2582.66**	**120028**	**103423**	**27.20**	**江苏**
2746.81	1688.36	90887	88141	22.40	南京
		10			无锡
	111.00	28			江阴
	310.00	357			徐州
14.00	48.00	9470	782	0.15	新沂
217.50	6.50	728	717	0.24	邳州
		96			常州
		276			苏州
		25			太仓
		588			南通
		35			如皋
75.00		3106	2277	0.50	连云港
420.00	58.00	2100	810	1.02	淮安
7.18	256.00	836	808	0.18	盐城
		4			东台
		62			扬州
115.80	104.80	11345	9872	2.64	仪征
21.20		37	16	0.07	高邮
		10			镇江
		28			宿迁
1060.21	**563.30**	**84970**	**81972**	**27.93**	**浙江**
		35			宁波
344.00		32572	32201	9.82	慈溪
146.21		9460	8620	3.19	乐清
		32			海宁

5-7 续表 4

城市名称 Name of Cities	综合生产能力(万立方米/日) Integrated Production Capacity (10,000m³/day)	地下水 Underground Water	供水管道长度(公里) Length of Water Supply Pipelines (km)	供水总量(万立方米) 合计 Total	生产运营用水 The Quantity of Water for Production and Operation	公共服务用水 The Quantity of Water for Public Service
绍 兴	71.00		367.00	9428.31	8861.43	6.88
诸 暨	2.00		43.00	611.35	611.35	
金 华	1.75	1.12	10.00	56.00	55.00	
义 乌	0.96	0.96		305.00	285.00	
东 阳	1.34	0.46	2.00	333.00	183.60	9.40
永 康	0.45		17.00	126.00	106.00	
衢 州	59.00	5.00	236.88	2291.00	1901.00	
江 山	2.00	0.08	22.00	695.40	607.00	86.10
安 徽	**414.92**	**57.47**	**1671.58**	**27311.36**	**20289.40**	**3674.40**
芜 湖	25.95		70.00	155.00	135.00	
蚌 埠	35.00	1.00	20.00	8818.00	5990.00	2150.00
淮 南	1.09			197.73	181.84	
马鞍山	78.49		895.00	5371.40	5371.40	
淮 北	24.30	24.30	256.50	2415.00	1278.50	72.30
铜 陵	180.59		171.00			
安 庆	24.00		89.00	2487.46	2487.46	
黄 山	0.18	0.04	1.28	47.63	4.53	43.10
滁 州	2.00	1.00	8.00	282.00	282.00	
明 光	1.65	1.65	2.08	524.00	419.00	4.00
阜 阳	23.00	13.00	26.50	3288.57	2166.00	1028.00
界 首	2.26	2.26	13.22	268.30	177.00	2.00
宿 州	12.00	12.00	94.00	2257.00	798.00	314.00
六 安	2.00		6.20	339.77	289.17	
亳 州	2.30	2.20	0.80	839.50	699.50	61.00
宣 城	0.11	0.02	18.00	20.00	10.00	
福 建	**14.13**	**5.00**	**183.72**	**4196.37**	**2699.75**	**298.41**
福 清	0.36			125.79	125.79	
长 乐	1.00		32.85	102.75		0.75
永 安	6.50		126.00	2083.24	1654.00	180.30
龙 岩	5.00	5.00	12.65	1723.00	845.00	105.00
漳 平	1.00		6.80	115.00	70.00	8.00
福 安	0.27		5.42	46.59	4.96	4.36
江 西	**15.95**	**4.05**	**164.27**	**2069.67**	**966.87**	**86.87**
景德镇	0.90	0.33	24.00	265.43	181.28	31.00
乐 平	9.10	1.06	41.00	648.50	401.00	2.52
共青城	0.15	0.03	3.51	53.01	41.70	8.55
宜 春	0.40		22.30	106.40		10.80
樟 树	2.30	1.03	47.80	55.33	46.89	
高 安	2.00	1.50	7.76	545.00	270.00	12.00
上 饶	1.10	0.10	17.90	396.00	26.00	22.00

continued 4

Total Quantity of Water Supply(10,000m³)		用水户数(户) Number of Households with Access to Water Supply (unit)		用水人口(万人) Population with Access to Water Supply (10,000 persons)	城市名称 Name of Cities
居民家庭用水 The Quantity of Water for Household Use	其他用水 The Quantity of Water for Other Purposes		家庭用户 Household User		
	560.00	354			绍　兴
		10			诸　暨
	1.00	20			金　华
20.00		64	14	0.45	义　乌
140.00		21500	21400	9.55	东　阳
20.00		1128	174	0.26	永　康
390.00		19737	19563	4.66	衢　州
	2.30	58			江　山
3174.43	**173.13**	**217080**	**192067**	**71.55**	**安　徽**
20.00		1450	700	0.20	芜　湖
650.00	28.00	5000	4000	7.53	蚌　埠
	15.89	1			淮　南
		1			马鞍山
1025.50	38.70	113950	111800	39.82	淮　北
					铜　陵
		1			安　庆
		3			黄　山
		3			滁　州
96.00	5.00	3350	3337	1.17	明　光
70.93	23.64	44200	24600	7.38	阜　阳
88.00	1.30	6388	6123	2.04	界　首
1145.00		40958	40259	12.81	宿　州
	50.60	11			六　安
79.00		1559	1248	0.60	亳　州
	10.00	205			宣　城
1040.69	**157.52**	**19478**	**17156**	**9.24**	**福　建**
		30			福　清
102.00		3125	2300	0.73	长　乐
235.40	13.54	5651	4686	2.31	永　安
643.00	130.00	8345	8020	5.00	龙　岩
37.00		1758	1608	1.00	漳　平
23.29	13.98	569	542	0.20	福　安
880.81	**135.12**	**35479**	**33558**	**12.73**	**江　西**
13.00	40.15	662	615	0.50	景德镇
164.30	80.68	4068	3168	0.59	乐　平
1.70	1.06	49	41	0.01	共青城
95.60		9218	9106	2.85	宜　春
5.21	3.23	3745	3025	2.64	樟　树
253.00	10.00	7698	7666	2.30	高　安
348.00		10039	9937	3.84	上　饶

5-7 续表 5

城市名称 Name of Cities	综合生产能力(万立方米/日) Integrated Production Capacity (10,000m³/day)		供水管道长度(公里) Length of Water Supply Pipelines (km)	供水总量(万立方米)		
		地下水 Underground Water		合计 Total	生产运营用水 The Quantity of Water for Production and Operation	公共服务用水 The Quantity of Water for Public Service
山　东	**433.49**	**282.90**	**4859.88**	**92249.91**	**62415.51**	**8516.69**
济　南	22.00	22.00	40.00	7790.42	6390.42	200.00
青　岛	15.56	3.60	201.00	3115.80	1561.70	99.10
胶　州	6.00	4.00	42.00	1826.00	701.00	501.00
即　墨	9.50		47.00	2785.00	2067.00	
平　度	6.00	6.00	35.00	1609.50	506.00	285.00
莱　西	5.00	2.00	32.00	1531.59	677.91	240.62
淄　博	49.73	42.33	466.35	6789.43	5314.26	382.52
枣　庄	21.80	16.90	132.00	3240.60	2057.90	363.10
滕　州	7.00	6.00	14.50	2271.20	2130.00	75.00
烟　台	22.30	5.00	395.70	3642.00	2474.43	204.50
龙　口	1.85	1.85	5.00	61.00	61.00	
莱　阳	4.20	4.20	18.00	912.00	450.00	350.00
莱　州	5.00	0.50	21.00	200.00	50.00	60.00
蓬　莱	1.00	1.00	50.00	126.80	68.10	32.50
招　远	1.50	1.50	83.00	490.50	452.34	18.10
栖　霞	1.30	1.30		460.00	29.00	191.00
海　阳	0.80		6.00	115.00	115.00	
潍　坊	22.07	14.59	163.00	2665.60	2006.50	378.00
青　州	5.30	5.30	37.00	490.00	490.00	
诸　城	8.00			2530.00	2000.00	86.00
寿　光	7.01	4.30	72.00	2558.00	2012.00	47.00
安　丘	7.20	5.60	34.00	2610.80	1932.10	357.62
高　密	12.00	9.00	72.10	3258.85	2544.63	243.21
昌　邑	8.80	8.80	21.30	3133.00	2921.00	189.00
济　宁	39.00	39.00	140.00	6903.29	3543.00	220.53
曲　阜	5.00	4.00	45.00	1760.72	820.00	380.00
邹　城	5.00	5.00	153.00	854.20	556.10	14.00
泰　安	5.00	5.00	50.00	589.00	403.00	169.00
新　泰	4.00	1.10	216.00	245.00	112.00	28.00
肥　城	0.80	0.80	15.00	215.00	215.00	
威　海	10.92	3.88	292.80	818.00	611.50	189.05
荣　成	15.00	4.80	297.00	859.50	600.00	245.00
乳　山	2.50	1.50	6.20	164.00	135.00	10.00
日　照	0.42	0.42	86.20	28.35	24.47	3.88
莱　芜	3.90	2.10	170.00	1027.09	720.00	44.50
临　沂	23.73	11.73	927.77	7192.57	2806.55	1394.06
德　州	30.00	2.00	15.60	8178.00	6925.00	450.00
乐　陵	1.50	1.00	6.10	54.60	12.60	15.40
禹　城	6.50	6.50	16.53	1757.50	1510.00	140.00
聊　城	9.80	9.80	286.00	3559.00	1591.00	687.00
临　清	10.00	9.00	110.73	1283.00	580.00	83.00
菏　泽	9.50	9.50	38.00	2548.00	2238.00	140.00

continued 5

Total Quantity of Water Supply(10,000m³)		用水户数（户）Number of Households with Access to Water Supply (unit)		用水人口（万人）Population with Access to Water Supply (10,000 persons)	城市名称 Name of Cities
居民家庭用水 The Quantity of Water for Household Use	其他用水 The Quantity of Water for Other Purposes		家庭用户 Household User		
15533.49	**5784.22**	**702127**	**599128**	**266.70**	**山东**
1200.00		12000	11900	11.30	济南
724.00	731.00	23851	21834	15.21	青岛
624.00		6155	5998	13.06	胶州
718.00		24732	21233	6.37	即墨
818.50		83400	83260	25.02	平度
613.06		15560	15500	3.89	莱西
653.82	438.83	17999	14422	3.59	淄博
377.60	442.00	23349	17557	6.59	枣庄
	66.20	33			滕州
959.48	3.59	75991	74712	24.24	烟台
		13			龙口
112.00		5600	5100	1.25	莱阳
80.00	10.00	13571	12317	4.86	莱州
	26.20	52			蓬莱
20.06		4015	3650	1.02	招远
240.00		19533	15620	7.15	栖霞
		160			海阳
143.60	137.50	8677	6214	2.59	潍坊
		85			青州
191.00	253.00	30230	27805	10.19	诸城
499.00		26057	26035	9.12	寿光
191.40	129.68	6725	2982	2.69	安丘
257.56	213.45	2987	1895	0.81	高密
23.00		17033	16142	5.11	昌邑
2846.76	293.00	37370	5532	13.95	济宁
4.00	556.72	2285	360	0.80	曲阜
284.10		3257	2235	1.99	邹城
17.00		4110	3300	2.30	泰安
95.00	10.00	8548	8433	3.00	新泰
		11			肥城
12.85	4.60	4643	2216	0.71	威海
7.50	7.00	2611	1400	0.46	荣成
15.00	4.00	2841	2586	0.80	乳山
		50			日照
262.50	0.09	23160	18876	6.41	莱芜
1249.40	1742.56	90787	87121	44.97	临沂
440.00	363.00	18820	13415	5.09	德州
23.90	2.70	2013	1887	1.03	乐陵
80.40	27.10	6883	6081	1.67	禹城
1041.00	240.00	26900	21780	13.16	聊城
538.00	82.00	23930	23750	9.90	临清
170.00		26100	15980	6.40	菏泽

5-7 续表 6

城市名称 Name of Cities	综合生产能力(万立方米/日) Integrated Production Capacity (10,000m³/day)		供水管道长度(公里) Length of Water Supply Pipelines (km)	供水总量(万立方米)		
		地下水 Underground Water		合计 Total	生产运营用水 The Quantity of Water for Production and Operation	公共服务用水 The Quantity of Water for Public Service
河　南	**282.03**	**224.33**	**1583.29**	**47517.22**	**36350.77**	**4414.74**
郑　州	8.42	8.42	59.30	1770.00	1269.00	108.00
巩　义	6.00	6.00	8.00	580.00	417.00	65.00
荥　阳	2.00	2.00	53.00	379.72	204.00	56.00
新　密	3.50	3.50	9.00	150.00	150.00	
新　郑	3.23	3.23	45.00	209.36	146.56	45.80
登　封	0.50	0.50	15.00	168.60	69.60	49.00
开　封	6.10	6.10	4.50	1518.12	757.33	275.12
洛　阳	9.30	9.30	19.00	3098.48	1702.78	986.70
偃　师	1.05	1.05	32.50	244.40	122.10	12.80
平顶山	0.82	0.82	10.00	258.07	258.07	
舞　钢	9.70	1.00	38.00	1075.00	935.00	60.00
汝　州	6.10	6.10	15.00	507.00	440.00	55.00
安　阳	34.00	20.00	90.00	4393.00	3836.00	381.00
林　州	1.00	1.00	10.00	154.00	83.00	52.00
鹤　壁	12.25	8.50		702.00	702.00	
新　乡	18.00	18.00		5079.00	5079.00	
卫　辉	3.00	3.00	5.50	822.00	597.00	118.00
辉　县	5.00	5.00	86.50	1389.00	705.00	330.00
焦　作	30.00	30.00	142.00	2656.00	2656.00	
沁　阳	6.00	6.00	35.00	156.33	96.33	36.00
孟　州	3.50	3.50	19.20	590.00	405.00	172.00
濮　阳	13.60	12.80	45.00	331.75	110.36	72.37
许　昌	15.00	4.55	230.00	1796.00	1570.00	70.00
禹　州	1.50	1.50	5.00	547.00	351.00	53.00
长　葛	8.00	6.50		483.00	280.00	100.00
漯　河	16.00	4.00	122.00	5839.00	4837.00	171.00
三门峡	4.90	4.70	59.00	705.00	385.00	23.00
义　马	1.50	1.50	30.00	338.00	182.00	5.00
灵　宝	4.20	4.20	28.10	1470.00	1320.00	23.00
南　阳	19.86	14.96	248.99	3613.89	2806.39	353.65
邓　州	5.30	4.90	15.00	441.50	345.00	27.50
商　丘	5.50	4.50	10.00	1024.00	352.00	112.00
永　城	5.50	5.50	12.00	1365.00	843.00	125.00
信　阳	0.80	0.80	30.00	290.00	130.00	97.00
周　口	5.00	5.00	8.50	1320.00	525.05	155.60
项　城	2.50	2.50	27.00	853.00	711.00	38.00
驻马店	1.20	1.20	13.00	400.00	254.00	124.00
济　源	2.20	2.20	3.20	800.00	718.20	62.20

continued 6

Total Quantity of Water Supply(10,000m³)		用水户数(户) Number of Households with Access to Water Supply (unit)		用水人口(万人) Population with Access to Water Supply (10,000 persons)	城市名称 Name of Cities
居民家庭用水 The Quantity of Water for Household Use	其他用水 The Quantity of Water for Other Purposes		家庭用户 Household User		
5497.42	**1254.29**	**330354**	**295136**	**128.28**	**河　南**
254.00	139.00	5126	4978	6.02	郑　州
98.00		7230	7182	3.02	巩　义
119.50	0.22	2400	2080	0.85	荥　阳
		56			新　密
17.00		600	350	0.50	新　郑
50.00		2945	2500	1.22	登　封
483.20	2.47	5720	5548	3.14	开　封
394.00	15.00	36556	15837	4.74	洛　阳
104.80	4.70	13966	13885	4.70	偃　师
		69			平顶山
50.00	30.00	4070	4050	1.55	舞　钢
12.00		1630	1508	0.88	汝　州
176.00		16000	14560	4.71	安　阳
19.00		2751	2642	0.78	林　州
		49			鹤　壁
		81			新　乡
72.00	35.00	2340	2020	0.60	卫　辉
170.00	184.00	15334	15275	5.65	辉　县
		78			焦　作
16.00	8.00	1681	1654	0.61	沁　阳
	13.00	33			孟　州
149.02		6700	6499	2.00	濮　阳
120.00	36.00	22231	21981	7.01	许　昌
120.00	23.00	11160	11040	4.16	禹　州
71.00	32.00	2050	1900	0.80	长　葛
517.00	314.00	27850	26852	8.32	漯　河
282.00	15.00	11789	11544	4.27	三门峡
151.00		22285	22265	7.72	义　马
127.00		12031	11838	4.38	灵　宝
397.25	56.60	20060	19417	23.63	南　阳
59.00	10.00	4910	4350	1.43	邓　州
527.00	33.00	24537	24371	9.70	商　丘
380.00	17.00	12960	11650	5.96	永　城
52.50	10.50	5000	3000	1.10	信　阳
409.15	230.20	11795	11737	3.93	周　口
60.00	44.00	5893	3890	1.55	项　城
22.00		5968	5400	2.25	驻马店
18.00	1.60	4420	3333	1.10	济　源

5-7 续表 7

城市名称 Name of Cities	综合生产能力(万立方米/日) Integrated Production Capacity (10,000m³/day)	地下水 Underground Water	供水管道长度(公里) Length of Water Supply Pipelines (km)	供水总量(万立方米) 合计 Total	生产运营用水 The Quantity of Water for Production and Operation	公共服务用水 The Quantity of Water for Public Service
湖　北	**161.36**	**25.44**	**1487.26**	**24616.91**	**16194.94**	**653.95**
武　汉	27.70	5.60	238.70	8580.20	7923.00	
黄　石	24.73		82.00	3961.54	2392.69	
宜　昌	12.00		59.00	1155.19	781.19	
当　阳	2.90		58.90	77.75	55.80	
枝　江	3.00		10.00	544.00	326.00	62.00
襄　阳	18.18	12.58	218.80	2784.00	1188.00	40.00
老河口	0.80	0.80	2.00	292.00	131.00	
宜　城	5.00	2.81	2.94	210.00	210.00	
鄂　州	4.00		107.00	835.00	112.00	92.00
荆　门	26.00		90.00	2390.00	2035.00	55.00
孝　感	1.70	1.70	28.00	620.50	250.40	
应　城	0.80	0.80	15.00	120.83	40.46	3.65
安　陆	0.80	0.80	14.02	180.00	22.00	2.00
荆　州	1.60			260.00		
松　滋	0.51		12.00	20.00		
广　水	10.81		146.90	741.30	49.30	125.00
仙　桃	5.00		170.00	415.00	140.00	20.00
潜　江	15.48		220.00	1319.60	428.10	254.30
天　门	0.35	0.35	12.00	110.00	110.00	
湖　南	**198.92**	**70.23**	**733.11**	**18927.28**	**13576.76**	**720.09**
株　洲	3.50		78.00	410.00	100.00	
醴　陵	0.50	0.50	28.40	108.40	78.30	4.70
湘　潭	6.95	5.22	298.45	2321.00	1074.00	542.00
韶　山	0.40	0.30		109.50	76.65	27.40
衡　阳	1.50	1.50	30.00	547.50		
耒　阳	0.87	0.87	38.70	230.80	43.80	39.20
常　宁	5.50		84.00	441.00	15.00	38.00
岳　阳	62.00			5440.00	5100.00	20.00
常　德	5.98	4.32	35.00	492.31	357.25	
益　阳	32.00			2636.00	1100.00	17.00
沅　江	0.70		19.80	93.40	30.00	28.00
永　州	9.00	0.45	36.21	311.54	116.91	2.59
怀　化	13.00	0.05	77.50	214.63	84.85	
洪　江	0.02	0.02	0.05	1.20		1.20
冷水江	57.00	57.00	7.00	5570.00	5400.00	

continued 7

Total Quantity of Water Supply(10,000m³)		用水户数(户) Number of Households with Access to Water Supply (unit)		用水人口(万人) Population with Access to Water Supply (10,000 persons)	城市名称 Name of Cities
居民家庭用水 The Quantity of Water for Household Use	其他用水 The Quantity of Water for Other Purposes		家庭用户 Household User		
5324.60	**2443.42**	**242889**	**195997**	**70.37**	**湖　北**
	657.20	101			武　汉
690.85	878.00	13697	11986	5.07	黄　石
143.00	231.00	7800	7500	2.70	宜　昌
21.95		782	769	1.59	当　阳
156.00		1088	950	3.10	枝　江
1521.00	35.00	29143	27710	13.90	襄　阳
161.00		1582	1575	0.44	老 河 口
		7			宜　城
548.00	83.00	20340	19987	6.99	鄂　州
300.00		15080	14890	5.11	荆　门
320.50	49.60	15230	14750	2.70	孝　感
75.10	1.62	3008	2989	1.16	应　城
155.00	1.00	2060	2005	0.50	安　陆
50.00	210.00	5137	4737	1.50	荆　州
20.00		500	500	0.30	松　滋
527.00	40.00	73845	33976	13.60	广　水
240.00	15.00	13000	12700	3.50	仙　桃
395.20	242.00	40486	38973	8.21	潜　江
		3			天　门
4244.54	**385.89**	**105726**	**98597**	**62.24**	**湖　南**
310.00		9900	9000	3.72	株　洲
20.30	5.10	1460	1390	0.41	醴　陵
429.00	276.00	43312	42690	22.18	湘　潭
	5.45	6			韶　山
547.50		10000	10000	3.00	衡　阳
136.00	11.80	1280	950	5.40	耒　阳
334.00	54.00	6500	6300	5.50	常　宁
310.00	10.00	6000	5800	5.80	岳　阳
135.06		2355	1513	0.69	常　德
1510.00	9.00	11257	10710	10.00	益　阳
25.40	10.00	3069	498	1.50	沅　江
190.50	1.54	2680	2060	2.69	永　州
126.78	3.00	5906	5766	0.95	怀　化
		1			洪　江
170.00		2000	1920	0.40	冷 水 江

5-7 续表 8

城市名称 Name of Cities	综合生产能力(万立方米/日) Integrated Production Capacity (10,000m³/day)	地下水 Underground Water	供水管道长度(公里) Length of Water Supply Pipelines (km)	供水总量(万立方米) 合计 Total	生产运营用水 The Quantity of Water for Production and Operation	公共服务用水 The Quantity of Water for Public Service
广 东	**43.35**	**5.06**	**793.44**	**6623.66**	**5225.21**	**370.27**
南 雄	1.21	0.07		335.03	327.00	8.03
佛 山	7.40		3.10	115.85	115.85	
江 门	10.47			2052.55	2052.55	
开 平	5.16			1882.65	1788.52	
湛 江	3.60	3.60	30.00	799.30	317.00	267.00
雷 州	0.36	0.36	34.00	128.00	18.70	2.20
肇 庆	2.35	1.00	82.00	290.50	120.80	35.00
兴 宁	2.00		74.00	415.00	16.00	26.00
中 山	6.80	0.03		335.88	335.88	
云 浮	4.00		570.34	268.90	132.91	32.04
广 西	**164.11**	**12.52**	**1246.55**	**37846.05**	**35150.50**	**243.24**
南 宁	8.83		111.89	982.44	814.44	168.00
柳 州	95.00	95.00	762.00	26906.08	25243.90	
桂 林	2.60	2.06	93.50	379.13	223.83	
梧 州	4.80		18.00	496.25	455.47	
岑 溪	1.32	1.20	5.05	357.15	305.00	5.15
北 海	0.50	0.50	18.00	76.00	8.00	5.00
钦 州	1.38	0.01		37.65	37.65	
贵 港	17.58	2.04	130.00	6089.85	5698.64	62.09
桂 平	12.00	0.20	31.50	1305.00	1225.00	
北 流	2.50	2.50	8.00	285.00	278.50	
河 池	3.50		38.00	265.00	265.00	
宜 州	10.10		0.01	507.00	507.00	
来 宾	1.00		5.60	10.50	9.07	
合 山	2.00		20.00	112.00	79.00	3.00
凭 祥	1.00	0.90	5.00	37.00		
海 南	**1.60**		**3.00**	**60.00**		
儋 州	1.60		3.00	60.00		
重 庆	**78.97**	**1.70**	**1250.51**	**10934.08**	**9118.25**	**411.45**
四 川	**156.31**	**31.16**	**1446.83**	**19924.84**	**15016.48**	**1102.57**
成 都	5.80	5.80	55.00	765.00	418.00	153.00
都 江 堰	0.68	0.68	240.00	247.32	9.11	238.21
彭 州	0.34	0.34	2.19	37.44	24.33	3.07
邛 崃	0.19	0.19		65.38	61.73	3.65
崇 州	2.30	2.30		531.00	425.00	25.00
攀 枝 花	26.56	0.05	370.00	5460.69	4487.12	48.35
泸 州	57.50		203.80	2066.80	1343.60	125.40
德 阳	9.90	9.90	118.00	1780.00	1580.00	50.00
广 汉	6.50	6.50	7.30	1793.60	1231.70	101.80
什 邡	1.60	1.60	41.00	418.00	293.00	28.00

continued 8

Total Quantity of Water Supply(10,000m³)		用水户数（户）Number of Households with Access to Water Supply (unit)		用水人口（万人）Population with Access to Water Supply (10,000 persons)	城市名称 Name of Cities
居民家庭用水 The Quantity of Water for Household Use	其他用水 The Quantity of Water for Other Purposes		家庭用户 Household User		
732.55	**295.63**	**35360**	**33502**	**15.60**	**广　东**
		4			南　雄
		15			佛　山
		39			江　门
	94.13	17			开　平
165.30	50.00	9159	9101	3.42	湛　江
101.20	5.90	3164	2980	1.49	雷　州
93.70	41.00	4770	4667	1.40	肇　庆
310.00	63.00	15263	15020	6.00	兴　宁
		27			中　山
62.35	41.60	2902	1734	3.29	云　浮
2378.08	**74.23**	**26109**	**22661**	**50.55**	**广　西**
		3			南　宁
1662.18		136	40	42.00	柳　州
93.82	61.48	501	430	0.26	桂　林
39.05	1.73	601	570	0.20	梧　州
47.00		4132	3814	1.95	岑　溪
60.00	3.00	3000	2970	0.90	北　海
		5			钦　州
329.10	0.02	10155	9675	2.42	贵　港
80.00		2356	2198	1.47	桂　平
6.50		2995	1230	0.61	北　流
		6			河　池
		1			宜　州
1.43		568	114	0.27	来　宾
25.00	5.00	1000	980	0.21	合　山
34.00	3.00	650	640	0.26	凭　祥
60.00		**6500**	**6500**	**1.24**	**海　南**
60.00		6500	6500	1.24	儋　州
970.47	**433.91**	**69804**	**62933**	**34.47**	**重　庆**
3514.52	**291.27**	**242737**	**193012**	**71.87**	**四　川**
143.00	51.00	4233	3731	1.14	成　都
					都江堰
10.04		596	588	0.18	彭　州
		5			邛　崃
75.00	6.00	2600	1800	1.00	崇　州
840.06	85.16	69479	50035	16.92	攀枝花
597.80		12687	8702	4.52	泸　州
125.00	25.00	21200	20700	5.50	德　阳
457.10	3.00	50389	44374	13.19	广　汉
92.00	5.00	10030	9965	1.80	什　邡

5-7 续表 9

城市名称 Name of Cities	综合生产能力(万立方米/日) Integrated Production Capacity (10,000m³/day)	地下水 Underground Water	供水管道长度(公里) Length of Water Supply Pipelines (km)	供水总量(万立方米) 合计 Total	生产运营用水 The Quantity of Water for Production and Operation	公共服务用水 The Quantity of Water for Public Service
绵　竹	0.50	0.50	5.00	92.26	81.80	10.30
绵　阳	3.23	1.38		1074.58	887.55	4.79
广　元	0.90	0.30	32.77	149.22	27.50	48.10
遂　宁	0.83		10.00	252.50	241.50	
内　江	1.86		17.90	583.26	226.06	12.40
峨眉山	3.70		34.00	131.00	85.00	21.00
眉　山	1.32	0.12	35.00	382.38	200.88	65.00
宜　宾	7.30			2639.40	2639.40	
华　蓥	3.40	1.50	41.00	622.50	500.00	43.00
达　州	9.90		60.50	294.00	133.00	2.00
万　源	1.00		68.00	177.01	83.00	70.00
资　阳	9.00		60.37	97.50	17.20	29.50
简　阳	2.00		45.00	264.00	20.00	20.00
贵　州	**9.30**	**2.91**	**238.09**	**2386.99**	**1449.44**	**274.48**
贵　阳	4.80	1.20	181.84	1238.31	1025.32	129.58
清　镇	2.50		19.00	482.75	120.00	12.00
安　顺	0.92	0.92	13.50	279.90	94.00	56.50
都　匀	1.08	0.79	23.75	386.03	210.12	76.40
云　南	**28.32**	**7.94**	**429.70**	**6660.07**	**3977.21**	**137.63**
昆　明	12.88	3.99	147.00	4700.25	3421.11	
曲　靖	1.00	1.00	32.00	271.00	78.00	7.00
宣　威	7.30	1.70	15.20	632.70	283.00	7.70
玉　溪	0.60	0.60		79.65	26.33	
丽　江	0.20	0.01		34.90	2.07	32.83
普　洱	0.67			138.45		
临　沧	4.50		156.37	596.15	55.00	61.00
开　远	0.77	0.27	56.33	63.71	9.30	9.10
蒙　自	0.33	0.33	16.40	119.00	82.00	20.00
文　山	0.07	0.04	6.40	24.26	20.40	
西　藏	**7.00**	**6.80**	**17.70**	**53.02**	**0.90**	**2.14**
日喀则	7.00	6.80	17.70	53.02	0.90	2.14
陕　西	**83.75**	**74.21**	**761.60**	**19197.84**	**13018.76**	**1697.73**
西　安	10.00	8.01	198.84	924.94	367.26	181.13
宝　鸡	7.56	7.50	245.00	2070.00	790.00	230.00
咸　阳	29.30	29.30	46.32	7963.00	6883.00	242.00
兴　平	10.00	10.00	2.70	3112.00	2309.00	8.00
渭　南	14.10	11.10	55.50	3397.10	2198.50	616.60
韩　城	5.00	2.00	68.00	276.80	102.00	30.00

continued 9

Total Quantity of Water Supply(10,000m³)		用水户数 (户) Number of Households with Access to Water Supply (unit)		用水人口 (万人) Population with Access to Water Supply (10,000 persons)	城市名称 Name of Cities
居民家庭用水 The Quantity of Water for Household Use	其他用水 The Quantity of Water for Other Purposes		家庭用户 Household User		
	0.16	35			绵　竹
180.49	1.75	3759	2913	1.80	绵　阳
68.42	5.20	4795	4521	3.21	广　元
11.00		1035	1030	0.30	遂　宁
344.80		15838	12443	4.83	内　江
21.00	4.00	1325	1240	0.31	峨眉山
110.00	6.50	7215	585	2.30	眉　山
		2			宜　宾
70.00	9.50	3200	3000	0.98	华　蓥
110.00	49.00	6791	6603	2.51	达　州
3.01	21.00	273	262	0.08	万　源
35.80	15.00	12750	9520	8.00	资　阳
220.00	4.00	14500	11000	3.30	简　阳
576.11	**86.96**	**22259**	**14877**	**8.49**	**贵　州**
67.15	16.26	61	11	3.08	贵　阳
310.95	39.80	5120	4920	1.20	清　镇
98.50	30.90	7621	7315	1.40	安　顺
99.51		9457	2631	2.81	都　匀
2265.62	**279.61**	**82803**	**72121**	**31.75**	**云　南**
1077.14	202.00	7618	7383	8.07	昆　明
186.00		3725	3389	2.46	曲　靖
336.00	6.00	21820	13800	9.40	宣　威
22.17	31.15	29	4	0.20	玉　溪
		11			丽　江
138.45		6900	6900	3.20	普　洱
440.00	40.15	32868	32581	5.16	临　沧
45.00	0.31	7050	6750	1.99	开　远
17.00		981	951	0.73	蒙　自
3.86		1801	363	0.54	文　山
44.97	**5.01**	**4653**	**2899**	**0.95**	**西　藏**
44.97	5.01	4653	2899	0.95	日喀则
3523.97	**957.38**	**244449**	**224486**	**85.67**	**陕　西**
367.97	8.58	10180	9927	3.32	西　安
880.00	170.00	35332	34011	13.94	宝　鸡
628.00	210.00	91061	86076	32.52	咸　阳
495.00	300.00	30980	30960	13.07	兴　平
397.00	185.00	21921	21250	9.76	渭　南
132.00	12.80	14085	10760	4.09	韩　城

5-7 续表 10

城市名称 Name of Cities	综合生产能力(万立方米/日) Integrated Production Capacity (10,000m³/day)	地下水 Underground Water	供水管道长度(公里) Length of Water Supply Pipelines (km)	供水总量(万立方米) 合计 Total	生产运营用水 The Quantity of Water for Production and Operation	公共服务用水 The Quantity of Water for Public Service
华阴	3.00	3.00	41.00	303.00	170.00	32.00
安康	1.49		9.24	487.00	90.00	210.00
商洛	1.10	1.10	5.00	130.00	75.00	
杨陵区	2.20	2.20	90.00	534.00	34.00	148.00
甘肃	**86.18**	**31.46**	**715.89**	**8755.20**	**6192.50**	**1405.78**
兰州	11.02	1.60	93.84	3002.60	2071.50	577.38
嘉峪关	43.10	28.10	381.35	2655.20	1890.00	330.00
金昌	20.00		38.50	711.00		454.00
白银	10.30		151.00	1823.00	1815.00	
张掖	1.70	1.70	45.30	542.00	401.00	39.00
陇南	0.06	0.06	5.90	21.40	15.00	5.40
青海	**33.37**	**21.30**	**301.57**	**8733.11**	**6730.96**	**146.49**
西宁	11.89		105.20	4126.21	2838.35	
海东	1.80	1.80	26.00	148.40	67.00	
玉树	0.18		32.40	60.00		5.00
格尔木	14.30	14.30	116.97	2657.50	2220.61	121.49
德令哈	5.20	5.20	21.00	1741.00	1605.00	20.00
宁夏	**64.05**	**51.85**	**559.20**	**10441.00**	**7564.65**	**716.50**
银川	7.10	7.10		2590.00	1880.00	110.00
灵武	0.04	0.04	10.00	14.60	11.35	
石嘴山	39.20	28.40	341.00	3587.70	2043.70	373.50
吴忠	1.85	1.85	5.00	200.00	174.00	
青铜峡	13.90	12.50	185.40	3748.90	3346.00	207.00
固原	1.40	1.40	7.50	97.00	14.00	26.00
中卫	0.56	0.56	10.30	202.80	95.60	
新疆	**65.11**	**54.11**	**456.77**	**7255.70**	**3962.69**	**689.16**
乌鲁木齐	5.18	5.18		1085.90	410.00	0.90
克拉玛依	0.16	0.16	13.00	45.70	17.20	11.50
哈密	1.74	1.74	98.87	389.60	78.94	35.66
昌吉	23.65	12.65	127.00	474.00	145.00	30.00
阜康	0.50	0.50	7.00	60.50	3.30	
库尔勒	6.80	6.80	96.00	708.00	105.00	66.00
喀什	13.00	13.00		137.00	66.00	68.00
奎屯	1.87	1.87		680.00	600.00	80.00
塔城	0.71	0.71	17.00	107.00	40.00	54.00
石河子	11.00	11.00	61.00	3458.00	2490.00	270.00
铁门关	0.50	0.50	36.90	110.00	7.25	73.10

continued 10

Total Quantity of Water Supply(10,000m³)		用水户数(户) Number of Households with Access to Water Supply (unit)		用水人口(万人) Population with Access to Water Supply (10,000 persons)	城市名称 Name of Cities
居民家庭用水 The Quantity of Water for Household Use	其他用水 The Quantity of Water for Other Purposes		家庭用户 Household User		
80.00	21.00	5850	5350	2.27	华　阴
137.00	50.00	20165	18880	3.20	安　康
55.00		763	732	0.30	商　洛
352.00		14112	6540	3.20	杨陵区
1051.92	**105.00**	**114548**	**101492**	**27.26**	**甘　肃**
293.72	60.00	46564	41705	11.15	兰　州
390.20	45.00	44051	43984	9.04	嘉峪关
257.00		11900	11833	3.72	金　昌
8.00		3010	830	0.37	白　银
102.00		8921	3056	2.85	张　掖
1.00		102	84	0.13	陇　南
1548.22	**307.44**	**35831**	**33895**	**12.61**	**青　海**
1287.86		11046	10812	4.76	西　宁
80.00	1.40	7000	6600	1.23	海　东
55.00		11020	9865	4.52	玉　树
67.36	248.04	6036	5900	1.80	格尔木
58.00	58.00	729	718	0.30	德令哈
937.60	**1222.25**	**49819**	**45382**	**17.52**	**宁　夏**
	600.00	122			银　川
	3.25	4			灵　武
571.40	599.10	29350	28946	6.60	石嘴山
26.00		1611	450	0.80	吴　忠
184.00	11.90	9412	8466	5.88	青铜峡
49.00	8.00	3300	3020	1.60	固　原
107.20		6020	4500	2.64	中　卫
1971.85	**632.00**	**175392**	**139220**	**18.98**	**新　疆**
610.00	65.00	8500	5500	2.40	乌鲁木齐
16.00	1.00	1002	950	0.31	克拉玛依
275.00		19811	18811	2.05	哈　密
285.00	14.00	98354	84069	4.70	昌　吉
57.20		3338	2757	1.30	阜　康
51.00	486.00	10980	10935	2.75	库尔勒
	3.00	32			喀　什
		47			奎　屯
9.00	4.00	900	450	0.22	塔　城
639.00	59.00	28450	12148	4.15	石河子
29.65		3978	3600	1.10	铁门关

六、城市节约用水

6. Urban Water Conservation

简要说明

本部分主要反映城市节约用水情况，只统计设有节约用水管理机构的城市，汇总量均不代表全社会。主要包括设有节约用水管理机构城市的计划用水量、实际用水量、节约用水量等内容。

Brief Introduction

This section mainly demonstrates status of urban water conservation. Statistics only covers cities with water conservation authorities, therefore the data does not represent the situation of the whole society. Main indicators include planned households supplied, actual quantity of water used, quantity of water saved, etc..

6 全国历年城市节约用水情况(1991-2015)
National Urban Water Conservation in Past Years (1991-2015)

年 份 Year	计划用水量 (万立方米) Planned Quantity of Water Use (10,000 m^3)	新水取用量 (万立方米) Fresh Water Used (10,000 m^3)	工业用水重复利用量 (万立方米) Quantity of Industrial Water Recycled (10,000 m^3)	节约用水量 (万立方米) Water Saved (10,000 m^3)
1991	1977024	1921307	1985326	211259
1992	2077092	1939390	2843918	205087
1993	2076928	2004922	3000109	218317
1994	2299596	2497236	3375652	276241
1995	2123215	1930610	3626086	235113
1996	6285246	2166806	3345351	235194
1997	2004412	1875974	4429175	260885
1998	2490390	2343370	3978967	278835
1999	2409254	2223035	3966355	287284
2000	2153979	2071731	3811945	353569
2001	2504134	2126401	3881683	377733
2002	2463717	2091365	4849164	372352
2003	2353286	2015528	4572711	338758
2004	2441914	2048488	4183937	393426
2005	2676425	2300332	5670096	376093
2006		2356268	5535492	415755
2007		2295192	6026048	454794
2008		2121034	6547258	659114
2009		2064014	6130645	628692
2010		2161262	6872928	407152
2011		1694727	6334101	406578
2012		1838306	7388185	400806
2013		1876372	6526517	382760
2014		1950107	6930588	405234
2015		1922051	7160130	403133

注：自2006年起，不统计计划用水量指标。
Note: From 2006, "Planned Quantity of Water Use" has not been counted.

6-1 2015年全国城市节约用水分组资料

计量单位：万立方米

地区名称	Name of Regions	计划用水户数(户) Planned Water Consumers (unit)	自备水计划用水户数 Planned Self-produced Water Consumers	计划用水户实际用水量 合计 Total	工业 Industry	新水取用量 Fresh Water Used	工业 Industry
全国	**National Total**	**3554767**	**301480**	**9585736**	**7987563**	**1922051**	**827433**
分类一	**Group one**						
东部地区	East China	2236536	45080	6744660	5537027	1357652	557620
中部地区	Central China	889728	239883	2045997	1812285	386652	203958
西部地区	West China	428503	16517	795079	638251	177747	65855
分类二	**Group two**						
东部地区	East China	2230889	44879	6338768	5193138	1278707	535612
中部地区	Central China	836375	239427	1839969	1628226	343441	177576
西部地区	West China	487503	17174	1406999	1166199	299903	114245
分类三	**Group three**						
东部地区	East China	2073889	44162	4979885	3884803	1160117	456979
中部地区	Central China	601486	29257	1529846	1365878	240227	119263
西部地区	West China	487503	17174	1406999	1166199	299903	114245
东北地区	Northeast China	391889	210887	1669006	1570683	221804	136946

National Urban Water Conservation (2015)

Measurement Unit: 10,000m^3

Actual Quantity of Water Used: 重复利用量 Water Reused	工业 Industry	超计划定额用水量 Water Quantity Consumed in Excess of Quota	重复利用率(%) Reuse Rate (%)	工业 Industry	节约用水量 Water Saved	工业 Industry	节水措施投资总额(万元) Total Investment in Water-Saving Measures (10,000 RMB)	地区名称 Name of Regions
7663685	**7160130**	**18795**	**79.95**	**89.64**	**403133**	**286657**	**230792**	**全　国**
								分类一
5387008	4979407	14759	79.87	89.93	226915	164032	169575	东部地区
1659345	1608327	2420	81.10	88.75	101020	72935	40466	中部地区
617332	572396	1616	77.64	89.68	75198	49690	20751	西部地区
								分类二
5060061	4657526	12493	79.83	89.69	213267	155426	165445	东部地区
1496528	1450650	2350	81.33	89.09	87561	64156	40442	中部地区
1107096	1051954	3952	78.68	90.20	102305	67075	24905	西部地区
								分类三
3819768	3427824	10309	76.70	88.24	184851	137394	144848	东部地区
1289619	1246615	1902	84.30	91.27	63288	43731	34933	中部地区
1107096	1051954	3952	78.68	90.20	102305	67075	24905	西部地区
1447202	1433737	2632	86.71	91.28	52689	38457	26106	东北地区

6-2 2015年按省分列的全国城市节约用水

计量单位：万立方米

地区名称 Name of Regions	计划用水户数（户） Planned Water Consumers (unit)	自备水计划用水户数 Planned Self-produced Water Consumers	计划用水户实际用水量 合计 Total	工业 Industry	新水取用量 Fresh Water Used	工业 Industry	重复利用量 Water Reused
全国	**3554767**	**301480**	**9585736**	**7987563**	**1922051**	**827433**	**7663685**
北京	27732	5634	277668	27670	227170	25411	50498
天津	9043	2080	532681	518933	42748	30779	489933
河北	7819	5830	378609	337540	58111	20232	320498
山西	26633	525	129618	100755	24842	10665	104776
内蒙古	53353	456	206028	184059	43211	26382	162817
辽宁	157000	717	1358883	1308335	118590	78633	1240293
吉林	6370	844	172496	150960	52696	31560	119800
黑龙江	228519	209326	137627	111388	50518	26753	87109
上海	34336		90422	33887	90422	33887	
江苏	35525	1318	1774715	1406721	296008	167759	1478707
浙江	1358796	532	436845	347594	126335	68547	310510
安徽	3406	193	328195	306430	32177	12800	296018
福建	17418	345	122802	62400	67018	7807	55784
江西	51399	2659	26819	10395	15508	4421	11311
山东	317242	24601	1170290	1002914	195281	91069	975009
河南	69907	10545	598142	558129	57333	29108	540809
湖北	431254	15299	408713	360195	85849	45257	322864
湖南	18887	36	38359	29974	24518	17012	13841
广东	251761	114	195523	146899	56868	11390	138655
广西	5647	201	405892	343889	78945	22008	326947
海南	14217	3708	330	245	156	98	174
重庆	200		747	132	555	91	192
四川	160448	4581	81768	41643	42700	9670	39068
贵州	3389	109	25483	17823	10562	3890	14921
云南	134843	101	64887	57555	15247	8545	49640
西藏	1300	88	38		38		
陕西	57080	5439	224352	194830	42754	19308	181598
甘肃	2649	791	245073	225733	31722	14032	213351
青海	5	5	3165	975	1697	486	1468
宁夏	41028	1934	134280	96475	18486	7337	115794
新疆	27561	3469	15286	3085	13986	2496	1300

Urban Water Conservation by Province (2015)

Measurement Unit: 10,000m³

Actual Quantity of Water Used				节约用水量			
工业 Industry	超计划定额用水量 Water Quantity Consumed in Excess of Quota	重复利用率(%) Reuse Rate (%)	工业 Industry	Water Saved	工业 Industry	节水措施投资总额(万元) Total Investment in Water-Saving Measures (10,000 RMB)	地区名称 Name of Regions
7160130	**18795**	**79.95**	**89.64**	**403133**	**286657**	**230792**	**全国**
2259	2816	18.19	8.16	6324	330	17436	北京
488154	250	91.97	94.07	876	876	524	天津
317308		84.65	94.01	7459	7353	147	河北
90090	314	80.83	89.41	12172	8735	5074	山西
157677	70	79.03	85.67	13459	8779	24	内蒙古
1229702	2184	91.27	93.99	28416	18032	20597	辽宁
119400	434	69.45	79.09	14629	12816	2748	吉林
84635	14	63.29	75.98	9644	7609	2761	黑龙江
				16348	13313	9420	上海
1238962	2345	83.32	88.07	42752	31623	38082	江苏
279047	609	71.08	80.28	16015	10725	24161	浙江
293630	559	90.20	95.82	18454	14204	10862	安徽
54593	588	45.43	87.49	6030	3480	120	福建
5974	42	42.18	57.47	1093	740	595	江西
911845	3046	83.31	90.92	77751	67237	53343	山东
529021	144	90.41	94.78	14133	8095	7512	河南
314938		79.00	87.44	10308	6274	6760	湖北
12962	843	36.08	43.24	7128	5683	4130	湖南
135509	639	70.91	92.25	11155	2318	190	广东
321881	2266	80.55	93.60	13648	8606	4130	广西
147	16	52.73	60	141	139	1425	海南
41		25.70	31.06	144	26		重庆
31973	627	47.78	76.78	8214	3426	1469	四川
13933	248	58.55	78.17	2054	1675	2066	贵州
49010	624	76.50	85.15	3499	192	1276	云南
				45			西藏
175522	47	80.94	90.09	45509	40779	3980	陕西
211701		87.06	93.78	7730	1221	2132	甘肃
489		46.38	50.15	216	216	48	青海
89138		86.23	92.39	2135	1240	9653	宁夏
589	70	8.50	19.09	5652	915	127	新疆

6-3 2015年按城市分列的全国城市节约用水

计量单位：万立方米

城市名称 Name of Cities	计划用水户数(户) Planned Water Consumers (unit)	自备水计划用水户数 Planned Self-produced Water Consumers	计划用水户实际用水量				
			合计 Total	工业 Industry	新水取用量 Fresh Water Used	工业 Industry	重复利用量 Water Reused
全　　国	**3554767**	**301480**	**9585736**	**7987563**	**1922051**	**827433**	**7663685**
北　　京	**27732**	**5634**	**277668**	**27670**	**227170**	**25411**	**50498**
天　　津	**9043**	**2080**	**532681**	**518933**	**42748**	**30779**	**489933**
河　　北	**7819**	**5830**	**378609**	**337540**	**58111**	**20232**	**320498**
石 家 庄	495	290	43512	12547	35722	4757	7790
唐　　山	773	44	205200	202964	5834	3598	199366
邢　　台	12		693	624	693	624	
保　　定	1100	170	76660	71270	5300	3100	71360
涿　　州	1100	1100	2383	2185	1785	1587	598
张 家 口	4000	4000	17472	16231	6110	4869	11362
承　　德	95	95	9989	9962	899	872	9090
任　　丘	14	13	21352	20966	652	266	20700
衡　　水	30	30	150	68	120	38	30
辛　　集	112		475		475		
定　　州	88	88	723	723	521	521	202
山　　西	**26633**	**525**	**129618**	**100755**	**24842**	**10665**	**104776**
大　　同	2455	189	71488	57428	8626	3602	62862
阳　　泉	363	6	16959	14771	4564	2376	12395
长　　治	276	132	908		454		454
晋　　城	872	10	11904	8189	2007	683	9897
高　　平	195		312	61	312	61	
朔　　州	862	69	2803	2449	1324	970	1479
晋　　中	305	2	2364	868	591	191	1773
介　　休	15	15	380	180	280	140	100
运　　城	470		4055	1985	1765	1235	2290
河　　津	133		505	153	430	78	75
忻　　州	272	5	335	69	293	43	42
原　　平	379	62	3722	3528	350	156	3372
侯　　马	412	14	6549	5800	1149	400	5400
霍　　州	420	21	5200	4640	900	340	4300
吕　　梁	364		1087	115	1005	74	82
孝　　义	18840		1047	519	792	316	255
内 蒙 古	**53353**	**456**	**206028**	**184059**	**43211**	**26382**	**162817**
包　　头	2740	368	176728	167568	27760	18600	148968
乌　　海	1150		17835	11300	9410	5520	8425
赤　　峰	49265		1170	415	430	185	740
鄂尔多斯	110		5647	1149	3030	517	2617
乌兰浩特	88	88	4648	3627	2581	1560	2067

Urban Water Conservation by City (2015)

Measurement Unit: 10,000m^3

Actual Quantity of Water Used				节约用水量		节水措施投资总额（万元）	城市名称
工业 Industry	超计划定额用水量 Water Quantity Consumed in Excess of Quota	重复利用率(%) Reuse Rate (%)	工业 Industry	Water Saved	工业 Industry	Total Investment in Water-Saving Measures (10,000 RMB)	Name of Cities
7160130	**18795**	**79.95**	**89.64**	**403133**	**286657**	**230792**	**全　国**
2259	**2816**	**18.19**	**8.16**	**6324**	**330**	**17436**	**北　京**
488154	**250**	**91.97**	**94.07**	**876**	**876**	**524**	**天　津**
317308		**84.65**	**94.01**	**7459**	**7353**	**147**	**河　北**
7790		17.90	62.09	3690	3690		石家庄
199366		97.16	98.23	11	8	87	唐　山
							邢　台
68170		93.09	95.65	1620	1620	60	保　定
598		25.09	27.37	870	870		涿　州
11362		65.03	70.00	829	752		张家口
9090		91.00	91.25				承　德
20700		96.95	98.73	12	12		任　丘
30		20.00	44.12	56	30		衡　水
							辛　集
202		27.94	27.94	371	371		定　州
90090	**314**	**80.83**	**89.41**	**12172**	**8735**	**5074**	**山　西**
53826	260	87.93	93.73	6911	5796	763	大　同
12395		73.09	83.91	514	356	340	阳　泉
		50.00		360			长　治
7506	1	83.14	91.66	304	276	107	晋　城
				61			高　平
1479		52.76	60.39	800	750		朔　州
677	2	75.00	78.00	1773	677	1	晋　中
40	15	26.32	22.22	100	40	1	介　休
750	19	56.47	37.78	410	305		运　城
75		14.85	49.02	75	42		河　津
26	1	12.54	37.68	72	54	30	忻　州
3372		90.60	95.58				原　平
5400		82.46	93.10	300	227	3340	侯　马
4300		82.69	92.67	250	150	350	霍　州
41		7.54	35.65	92	7		吕　梁
203	16	24.36	39.11	150	55	142	孝　义
157677	**70**	**79.03**	**85.67**	**13459**	**8779**	**24**	**内蒙古**
148968	50	84.29	88.90	350	300		包　头
5780	20	47.24	51.15	8425	5780		乌　海
230		63.25	55.42				赤　峰
632		46.34	55.00	2617	632	24	鄂尔多斯
2067		44.47	56.99	2067	2067		乌兰浩特

6-3 续表 1

计量单位：万立方米

城市名称 Name of Cities	计划用水户数（户） Planned Water Consumers (unit)	自备水计划用水户数 Planned Self-produced Water Consumers	计划用水户实际用水量 合计 Total	工 业 Industry	新水取用量 Fresh Water Used	工 业 Industry	重复利用量 Water Reused
辽 宁	**157000**	**717**	**1358883**	**1308335**	**118590**	**78633**	**1240293**
沈 阳	4879		48470	42269	6353	2087	42117
大 连	1797	187	121724	117400	6798	2869	114926
瓦房店	1423	3	382	382	222	222	160
庄 河	1000		668	368	546	258	122
鞍 山	3852		344480	341986	18402	15908	326078
海 城	2987		2218	201	1963	141	255
抚 顺	780	9	146230	144000	14980	13550	131250
本 溪	1100	24	286567	283079	23445	19957	263122
丹 东	269	84	6751	2360	6181	1790	570
锦 州	525	15	125397	125241	6013	5857	119384
凌 海	20	20	106	106	21	21	85
北 镇	2030		161	44	128	44	33
营 口	2972	2	40289	35231	5279	2466	35010
盖 州	442	36	884	70	442	35	442
大石桥	105070		2894	1384	2794	1294	100
阜 新	680		37296	33556	6056	2316	31240
辽 阳	210	79	956	732	956	732	
盘 锦	164	3	106618	100722	3834	1968	102784
铁 岭	17487		2018	370	1840	267	178
调兵山	210		780	350	140		640
朝 阳	5302	48	20030	17719	3067	756	16963
北 票	181	181	4633	4633	695	695	3938
凌 源	20	20	830	490	800	460	30
葫芦岛	3600	6	58501	55642	7635	4940	50866
吉 林	**6370**	**844**	**172496**	**150960**	**52696**	**31560**	**119800**
长 春	1219		36559	26588	16338	6371	20221
榆 树	1990	92	650		628		22
德 惠	205	70	270	140	120	80	150
吉 林	524	36	89852	88647	20666	19461	69186
桦 甸	300	167	4		2		2
四 平	187	87	15626	11110	5356	840	10270
辽 源	635	135	428	428	174	174	254
通 化	283		12806	10721	2173	336	10633
临 江	101		245	103	185	43	60
松 原	98		1867	1409	1400	970	467

continued 1

Measurement Unit: 10,000m^3

Actual Quantity of Water Used				节约用水量 Water Saved		节水措施投资总额(万元) Total Investment in Water-Saving Measures (10,000 RMB)	城市名称 Name of Cities
工业 Industry	超计划定额用水量 Water Quantity Consumed in Excess of Quota	重复利用率(%) Reuse Rate (%)	工业 Industry		工业 Industry		
1229702	**2184**	**91.27**	**93.99**	**28416**	**18032**	**20597**	**辽　宁**
40182		86.89	95.06	11280	5073	191	沈　阳
114531		94.42	97.56				大　连
160		41.88	41.88	216	86		瓦房店
110		18.26	29.89	100	72		庄　河
326078		94.66	95.35	3655	2953		鞍　山
60	51	11.50	29.85	102	60	69	海　城
130450		89.76	90.59	4000	2500	18080	抚　顺
263122		91.82	92.95				本　溪
570		8.44	24.15	730	620	10	丹　东
119384		95.20	95.32	1550	1532		锦　州
85		80.19	80.19	21	21		凌　海
		20.50		36	18		北　镇
32765		86.90	93.00	1085	805		营　口
35		50.00	50.00	442	35	950	盖　州
90		3.46	6.50	100	90		大石桥
31240		83.76	93.10	970	790		阜　新
				93	12		辽　阳
98754	12	96.40	98.05	420	404	100	盘　锦
103		8.82	27.84	447	127	5	铁　岭
350		82.05	100.00	160	78		调兵山
16963		84.69	95.73	703	489	285	朝　阳
3938		85.00	85.00	1305	1305	7	北　票
30		3.61	6.12	50	50		凌　源
50702	2121	86.95	91.12	951	912	900	葫芦岛
119400	**434**	**69.45**	**79.09**	**14629**	**12816**	**2748**	**吉　林**
20217	177	55.31	76.04	702	371	2090	长　春
		3.38		25	10		榆　树
60		55.56	42.86	60	40		德　惠
69186		77.00	78.05	6949	6399		吉　林
		50.00		4	1		桦　甸
10270	2	65.72	92.44	185			四　平
254		59.35	59.35	102	102		辽　源
10385	51	83.03	96.87	4522	4401	100	通　化
60		24.49	58.25	64	55		临　江
439	198	25.01	31.16	439	439	513	松　原

6-3 续表 2

计量单位：万立方米

城市名称 Name of Cities	计划用水户数(户) Planned Water Consumers (unit)	自备水计划用水户数 Planned Self-produced Water Consumers	计划用水户实际用水量 合计 Total	工业 Industry	新水取用量 Fresh Water Used	工业 Industry	重复利用量 Water Reused
白城	116	58	495	241	324	70	171
延吉	158	10	430	68	398	38	32
图们	26	8	86		85		1
敦化	87	7	509	492	210	196	299
珲春	120		1433	773	1112	452	321
龙井	45		418	308	320	210	98
公主岭	174	174	8343	7968	805	430	7538
梅河口	102		2475	1964	2400	1889	75
黑龙江	**228519**	**209326**	**137627**	**111388**	**50518**	**26753**	**87109**
哈尔滨	1998	630	57483	47617	18853	9117	38630
齐齐哈尔	51	33	3895	3694	1885	1684	2010
大庆	198000	198000	58460	48500	22460	12500	36000
伊春	16750		4170	2354	3138	1337	1032
七台河	11399	10404	7726	5882	3567	1723	4159
牡丹江	132	70	5709	3178	486	278	5223
绥化	189	189	184	163	129	114	55
上海	**34336**		**90422**	**33887**	**90422**	**33887**	
江苏	**35525**	**1318**	**1774715**	**1406721**	**296008**	**167759**	**1478707**
南京	5172	9	503771	230353	103688	41924	400083
无锡	986		45286	36254	17794	9016	27492
江阴	161		23594	22578	4429	3421	19165
宜兴	2510		3320	2030	2780	1520	540
徐州	9729	67	110252	105177	14315	9408	95937
新沂	40	25	35952	35952	1625	1625	34327
邳州	13	12	19052	17927	1609	1510	17443
常州	1389	67	142309	139089	16401	13687	125908
苏州	4698	178	217148	197173	32088	24252	185060
常熟	709		49009	43567	3849	2020	45160
张家港	360		12254	9699	1274	414	10980
昆山	365		58144	50291	14294	7035	43850
太仓	447	25	12953	11274	2101	1637	10852
南通	2653	588	96966	93595	13846	10909	83120
启东	73		2962	2583	764	620	2198
如皋	338		1363		1363		
海门	20		4969	2999	2952	982	2017
连云港	1232	13	161203	155838	11353	6863	149850
淮安	610	80	42963	39174	6500	3900	36463
盐城	531	28	22317	18591	6328	4402	15989

continued 2

Measurement Unit: 10,000m^3

Actual Quantity of Water Used				节约用水量 Water Saved		节水措施投资总额(万元) Total Investment in Water-Saving Measures (10,000 RMB)	城市名称 Name of Cities
工业 Industry	超计划定额用水量 Water Quantity Consumed in Excess of Quota	重复利用率(%) Reuse Rate (%)	工业 Industry		工业 Industry		
171		34.55	70.95	338	132		白城
30	6	7.44	44.12	83	19	5	延吉
		1.16		5		35	图们
296		58.74	60.16	312	92	5	敦化
321		22.40	41.53	462	462		珲春
98		23.44	31.82	98	98		龙井
7538		90.35	94.60	161	86		公主岭
75		3.03	3.82	118	109		梅河口
84635	**14**	**63.29**	**75.98**	**9644**	**7609**	**2761**	**黑龙江**
38500	5	67.20	80.85	2858	1467	230	哈尔滨
2010		51.60	54.41	970	691		齐齐哈尔
36000		61.58	74.23	1280	1280	2220	大庆
1017		24.75	43.20	521	350		伊春
4159		53.83	70.71	3189	3189	11	七台河
2900		91.49	91.25	815	624	300	牡丹江
49	9	29.89	30.06	11	8		绥化
				16348	**13313**	**9420**	**上海**
1238962	**2345**	**83.32**	**88.07**	**42752**	**31623**	**38082**	**江苏**
188429		79.42	81.80	4217	1409	860	南京
27238	16	60.71	75.13	2412	1643	2265	无锡
19157		81.23	84.85	375	341	217	江阴
510		16.27	25.12	300		320	宜兴
95769	28	87.02	91.06	6525	4985	4391	徐州
34327		95.48	95.48	485	485	270	新沂
16417		91.55	91.58	1651	1651	450	邳州
125402	4	88.48	90.16	1315	1240	5503	常州
172921	20	85.22	87.70	4624	3366	6292	苏州
41547		92.15	95.36	1630	1120	13	常熟
9285	159	89.60	95.73	49	7		张家港
43256	8	75.42	86.01	582	491	512	昆山
9637		83.78	85.48	986	813	652	太仓
82686		85.72	88.34	967	925	1327	南通
1963		74.21	76.00	184	153	65	启东
						600	如皋
2017		40.59	67.26	85	85	215	海门
148975	2110	92.96	95.60	2106	1777	2337	连云港
35274		84.87	90.04	5100	4300	500	淮安
14189		71.64	76.32	1800	1100	6000	盐城

6-3 续表 3

计量单位：万立方米

城市名称 Name of Cities	计划用水户数（户） Planned Water Consumers (unit)	自备水计划用水户数 Planned Self-produced Water Consumers	计划用水户实际用水量 合计 Total		新水取用量 Fresh Water Used		重复利用量 Water Reused
				工业 Industry		工业 Industry	
东台	107	4	2382	2250	562	430	1820
扬州	1519	62	26698	26438	5053	4803	21645
仪征	68	68	25314	21512	6658	2856	18656
高邮	55	33	1415	1087	897	569	518
镇江	999	10	109130	106619	10913	8402	98217
丹阳	192		1871	1584	956	669	915
扬中	65		625	605	140	130	485
句容	69		447	298	369	220	78
泰州	57	21	8205	7279	1923	997	6282
兴化	116		5440		3907		1533
靖江	30		1870	660	1592	532	278
宿迁	212	28	25531	24245	3685	3006	21846
浙江	**1358796**	**532**	**436845**	**347594**	**126335**	**68547**	**310510**
杭州	1336485	306	180905	120437	66272	27920	114633
建德	23		12	12	6	6	6
宁波	2460		118242	108855	24691	20628	93551
慈溪	9043		1214	203	1214	203	
奉化	274		1460		1460		
温州	258	3	1782	852	1344	524	438
嘉兴	791		15475	14342	2529	1396	12946
海宁	18		34	34	28	28	6
湖州	580		4160	4000	660	500	3500
绍兴	1347	101	64661	61468	9932	8136	54729
诸暨	245	9	10690	9653	1457	921	9233
金华	1049		7770	6367	2215	812	5555
义乌	636		5750	3220	4750	2660	1000
东阳	451	10	3020	2076	1670	726	1350
永康	72		429	266	309	146	120
衢州							
舟山	986	2	10529	8431	2635	1600	7894
台州	2305	23	5440	3922	2631	1286	2809
温岭	1106	78	783	227	492	133	291
丽水	667		4489	3229	2040	922	2449
安徽	**3406**	**193**	**328195**	**306430**	**32177**	**12800**	**296018**
合肥	1025		52435	41226	12625	1620	39810
淮南	228		1739	692	1541	494	198
马鞍山	1	1	241689	241689	5371	5371	236318
淮北	160	110	5184	2126	1912	356	3272
安庆	1000	1	346		198		148

continued 3

Measurement Unit: 10,000m^3

Actual Quantity of Water Used				节约用水量 Water Saved		节水措施投资总额(万元) Total Investment in Water-Saving Measures (10,000 RMB)	城市名称 Name of Cities
工业 Industry	超计划定额用水量 Water Quantity Consumed in Excess of Quota	重复利用率(%) Reuse Rate (%)	工业 Industry		工业 Industry		
1820		76.41	80.89	40	20		东台
21635		81.07	81.83	2900	2845	1800	扬州
18656		73.70	86.72	160	145	146	仪征
518		36.61	47.65	268	237	45	高邮
98217		90.00	92.12	2701	1665		镇江
915		48.90	57.77	193	135	12	丹阳
475		77.60	78.51	90	80	290	扬中
78		17.45	26.17	93	34		句容
6282		76.56	86.30				泰州
		28.18					兴化
128		14.87	19.39	369	98		靖江
21239		85.57	87.60	545	473	3000	宿迁
279047	**609**	**71.08**	**80.28**	**16015**	**10725**	**24161**	**浙江**
92517	120	63.37	76.82	1684	1350	1004	杭州
6		50.00	50.00	108	89	492	建德
88227	10	79.12	81.05	3240	2464		宁波
	8			410		15	慈溪
	10			250		4	奉化
328	65	24.58	38.50	168	95	132	温州
12946	28	83.66	90.27	1237	751	35	嘉兴
6		17.65	17.65	13	13	5	海宁
3500		84.13	87.50	445	400		湖州
53332	20	84.64	86.76	1137	811	3494	绍兴
8732	13	86.37	90.46	750	620	1500	诸暨
5555	45	71.49	87.25	2110	1092	4590	金华
560		17.39	17.39	1200	620	5014	义乌
1350		44.70	65.03	615	493	410	东阳
120	36	27.97	45.11	75	75	780	永康
						3182	衢州
6831	72	74.97	81.02	358	302	545	舟山
2636	161	51.64	67.21	1579	1326	1325	台州
94	20	37.16	41.41	575	181	534	温岭
2307	1	54.56	71.45	61	43	1100	丽水
293630	**559**	**90.20**	**95.82**	**18454**	**14204**	**10862**	**安徽**
39606	537	75.92	96.07	1038		568	合肥
198		11.39	28.61	680	300		淮南
236318		97.78	97.78	510	510	640	马鞍山
1770		63.12	83.25	3272	1770	520	淮北
		42.77		304			安庆

6-3 续表 4

计量单位：万立方米

城市名称 Name of Cities	计划用水户数(户) Planned Water Consumers (unit)	自备水计划用水户数 Planned Self-produced Water Consumers	计划用水户实际用水量 合计 Total		新水取用量 Fresh Water Used		重复利用量 Water Reused
				工业 Industry		工业 Industry	
黄山	636		5828	4465	1367	530	4461
天长	16		19	12	12	6	7
阜阳	54	54	14205	10366	6880	3048	7325
界首	32	16	600	545	400	345	200
六安	254	11	6150	5309	1871	1030	4279
福建	**17418**	**345**	**122802**	**62400**	**67018**	**7807**	**55784**
福州	3367		9436	5230	5906	1700	3530
厦门	6616		51344		51260		84
莆田	478		96	17	59	5	37
三明	2483		56051	54033	5761	3743	50290
泉州	3307		4618	2844	2864	2087	1754
龙岩	600	345	945	214	865	214	80
漳平	115		24	8	18	6	6
福安	452		288	54	285	52	3
江西	**51399**	**2659**	**26819**	**10395**	**15508**	**4421**	**11311**
南昌	1160	3	16865	5397	10119	3204	6746
景德镇	107	3	2380	2200	100	20	2280
萍乡	50078	2653	2390	495	2100	230	290
赣州	54		5184	2303	3189	967	1995
山东	**317242**	**24601**	**1170290**	**1002914**	**195281**	**91069**	**975009**
济南	3318	140	269627	244119	30290	9276	239337
章丘	10		16740	14050	2010	590	14730
青岛	13803	231	141659	106490	38043	13305	103616
胶州	610		6126	4329	2110	793	4016
即墨	3712		10281	7384	3389	1403	6892
平度	781	125	5173	3556	2051	623	3122
莱西	1040	150	4836	3783	1113	656	3723
淄博	1766	946	196102	184308	15235	8315	180867
枣庄	15793	4478	4640	2866	3167	1557	1473
滕州	3400	31	2080	1165	1100	700	980
东营	5363		91925	85310	7228	4454	84697
烟台	791	29	23992	9638	5987	1875	18005
龙口	159	13	5808	4236	1544	593	4264
莱阳			2472	1661	781	362	1691
蓬莱	485	52	5135	4024	1420	504	3715
招远	210		3540	3540	724	724	2816
栖霞	124	109	659	79	250	28	409
海阳	175		1820	1645	405	325	1415

continued 4

Measurement Unit: 10,000m^3

Actual Quantity of Water Used				节约用水量			
工业 Industry	超计划定额用水量 Water Quantity Consumed in Excess of Quota	重复利用率(%) Reuse Rate (%)	工业 Industry	Water Saved	工业 Industry	节水措施投资总额(万元) Total Investment in Water-Saving Measures (10,000 RMB)	城市名称 Name of Cities
3935		76.54	88.13	4865	3992	625	黄山
6		36.84	50.00	7	6		天长
7318		51.57	70.60	7325	7318	7899	阜阳
200		33.33	36.70	180	180	200	界首
4279	22	69.58	80.60	273	128	410	六安
54593	**588**	**45.43**	**87.49**	**6030**	**3480**	**120**	**福建**
3530		37.41	67.50	1548	480		福州
	571	0.16		581	232	20	厦门
12		38.54	70.59	65	22		莆田
50290		89.72	93.07	993	645		三明
757		37.98	26.62	2672	2058	100	泉州
		8.47		141	38		龙岩
2		25.00	25.00	10	2		漳平
2	17	1.04	3.70	20	3		福安
5974	**42**	**42.18**	**57.47**	**1093**	**740**	**595**	**江西**
2193		40.00	40.63				南昌
2180	2	95.80	99.09	495	445	450	景德镇
265	40	12.13	53.54	380	130	100	萍乡
1336		38.48	58.01	218	165	45	赣州
911845	**3046**	**83.31**	**90.92**	**77751**	**67237**	**53343**	**山东**
234843	360	88.77	96.20	2500	1010	7237	济南
13460		87.99	95.80	49	24	350	章丘
93185	733	73.14	87.51	10728	8199	111	青岛
3536		65.56	81.68	350	245	9142	胶州
5981		67.04	81.00	780	630	100	即墨
2933		60.35	82.48	782	75		平度
3127	65	76.99	82.66	103	85	95	莱西
175993	99	92.23	95.49	1556	1229	1076	淄博
1309	214	31.75	45.67	1729	1266	585	枣庄
465	300	47.12	39.91	320	300	70	滕州
80856		92.14	94.78	2847	2430	1895	东营
7763	1	75.05	80.55	2298	1351		烟台
3643		73.42	86.00	276	224	3692	龙口
1299		68.41	78.21	1126	623		莱阳
3520		72.35	87.48	135	110	140	蓬莱
2816		79.55	79.55	830	830	462	招远
51		62.06	64.56	44	20	69	栖霞
1320		77.75	80.24	290	255	360	海阳

6-3 续表 5

计量单位：万立方米

城市名称 Name of Cities	计划用水户数（户） Planned Water Consumers (unit)	自备水计划用水户数 Planned Self-produced Water Consumers	计划用水户实际用水量 合计 Total	 工业 Industry	 新水取用量 Fresh Water Used	 工业 Industry	 重复利用量 Water Reused
潍　坊	4311	156	53546	44426	7243	3673	46303
青　州	500	85	13000	11702	3100	1802	9900
诸　城	2150		6002	3028	1614	454	4388
寿　光	814	78	30205	24125	3278	2010	26927
安　丘	2103	59	2244	1364	1795	915	449
高　密	3256	2987	752	584	540	500	212
昌　邑	238	238	1128	1128	836	836	292
济　宁	260	260	20125	19326	6205	5406	13920
曲　阜	400		6390	5730	1430	870	4960
邹　城	7	7	463	62	463	62	
泰　安	896	36	11591	10674	2611	2062	8980
新　泰	520	15	11150	3308	2850	465	8300
肥　城	586	11	8416	7081	1965	630	6451
威　海	627	177	42222	39149	5918	3541	36304
荣　成	159	31	4490	3219	1105	451	3385
乳　山	129	21	4260	3140	1240	440	3020
日　照	2230	50	76226	71124	9642	5689	66584
莱　芜	721	13	3363	2042	296	60	3067
临　沂	82618	13	40433	36905	6497	3095	33936
德　州	27722	13850	18126	14549	11822	8344	6304
禹　城	400	150	7000	6000	1500	1000	5500
滨　州	133564		6833	3820	2958	620	3875
菏　泽	1491	60	9710	8245	3526	2061	6184
河　南	**69907**	**10545**	**598142**	**558129**	**57333**	**29108**	**540809**
郑　州	2135	312	149485	132078	11258	4236	138227
巩　义	209	13	243		124		119
荥　阳	42	36	1061	665	671	321	390
新　密	450		920	85	760	30	160
新　郑	71		293	222	234	187	59
登　封	22		442	112	410	82	32
平顶山	569		8993	6744	4985	2876	4008
舞　钢	4	4	3130	2420	2030	1320	1100
汝　州	80	19	3365	2300	955		2410
安　阳	244	180	16505	16305	4500	4300	12005
林　州	37498	2695	1794	104	1748	63	46
鹤　壁	232	49	101707	100869	4188	3350	97519
新　乡	422		64900	62423	4500	2023	60400
濮　阳	268	60	134362	132667	5357	3662	129005
许　昌	411	185	807	227	501	137	306

continued 5

Measurement Unit: 10,000m^3

Actual Quantity of Water Used				节约用水量		节水措施投资总额(万元)	
工 业 Industry	超计划定额用水量 Water Quantity Consumed in Excess of Quota	重 复利用率 (%) Reuse Rate (%)	工 业 Industry	Water Saved	工 业 Industry	Total Investment in Water-Saving Measures (10,000 RMB)	城市名称 Name of Cities
40753	21	86.47	91.73	1473	853		潍 坊
9900		76.15	84.60	520	500		青 州
2574		73.11	85.01	440	440	7020	诸 城
22115	850	89.15	91.67	387	355	914	寿 光
449		20.01	32.92	449	449	8959	安 丘
84		28.19	14.38	274		200	高 密
292		25.89	25.89	232	232	70	昌 邑
13920	318	69.17	72.03	365	326	44	济 宁
4860		77.62	84.82	4960	4860		曲 阜
	1			10	10	85	邹 城
8612	10	77.47	80.68	2240	1960	750	泰 安
2843	30	74.44	85.94	435	261	450	新 泰
6451		76.65	91.10	227	182	663	肥 城
35608	33	85.98	90.96	1087	962	1203	威 海
2768	1	75.39	85.99	446	331	634	荣 成
2700	10	70.89	85.99	165	96	150	乳 山
65435		87.35	92.00	564	385	2010	日 照
1982		91.20	97.06	950	650	1589	莱 芜
33810		83.93	91.61	33936	33810	1098	临 沂
6205		34.78	42.65	973	919		德 州
5000		78.57	83.33	100	80	500	禹 城
3200		56.71	83.77	655	560	420	滨 州
6184		63.69	75.00	120	110	1200	菏 泽
529021	**144**	**90.41**	**94.78**	**14133**	**8095**	**7512**	**河 南**
127842	126	92.47	96.79	6426	2339	3350	郑 州
		48.97		65			巩 义
344		36.76	51.73	760	690		荥 阳
55	15	17.39	64.71	26	15	7	新 密
35		20.14	15.77	115	57		新 郑
30		7.24	26.79	116	58		登 封
3868		44.57	57.35	846	804		平 顶 山
1100		35.14	45.45	54	53		舞 钢
2300		71.62	100.00	110	78		汝 州
12005		72.74	73.63	1400	1400		安 阳
41		2.56	39.42	52			林 州
97519		95.88	96.68	182	117		鹤 壁
60400		93.07	96.76	1113	313	10	新 乡
129005		96.01	97.24	860	801		濮 阳
90	3	37.92	39.65	190	150	12	许 昌

6-3 续表 6

计量单位：万立方米

城市名称 Name of Cities	计划用水户数（户） Planned Water Consumers (unit)	自备水计划用水户数 Planned Self-produced Water Consumers	计划用水户实际用水量 合计 Total	工业 Industry	新水取用量 Fresh Water Used	工业 Industry	重复利用量 Water Reused
三门峡	25871	6311	4447	3317	1185	245	3262
南阳	822	328	86366	84786	4604	3024	81762
邓州	155	155	1631	1478	465	410	1166
周口	180	121	2298	459	1734	48	564
驻马店	130	70	12570	8166	6659	2450	5911
济源	92	7	2823	2702	465	344	2358
湖北	**431254**	**15299**	**408713**	**360195**	**85849**	**45257**	**322864**
武汉	14965	101	337561	310119	57728	35043	279833
黄石	4377	2	36793	34143	5543	4378	31250
宜昌	1342	8	2419	2397	57	57	2362
襄阳	390		8480	1290	7190		1290
老河口	844		954	338	837	226	117
宜城	46175	7	1121	312	991	276	130
荆门	270160	15080	12441	7504	7386	3862	5055
孝感	100	100	613		538		75
荆州	800		4709	3576	2220	1087	2489
随州	1000		1631	62	1594	54	37
广水	91100		838	61	799	53	39
潜江	1	1	1153	393	966	221	187
湖南	**18887**	**36**	**38359**	**29974**	**24518**	**17012**	**13841**
长沙	2009		418	418	120	120	298
株洲	600		12500	9800	8500	5800	4000
岳阳	16000	10	16800	15400	9800	8900	7000
常德	278	26	8641	4356	6098	2192	2543
广东	**251761**	**114**	**195523**	**146899**	**56868**	**11390**	**138655**
广州	4434		162755	141239	27516	6000	135239
珠海	32	27	5733	2944	5733	2944	
佛山	15		5165		2039		3126
湛江	98	60	12940	743	12700	503	240
肇庆	180395		6877	1519	6877	1519	
阳春	59600		1287	63	1287	63	
中山	27	27	336	261	336	261	
云浮	7160		430	130	380	100	50
广西	**5647**	**201**	**405892**	**343889**	**78945**	**22008**	**326947**
南宁	3139	3	34061	9544	27160	2643	6901
柳州	753	110	299963	276230	32962	12268	267001
桂林	925	72	22395	10868	11445	1945	10950
北海	814		43278	41572	3278	1572	40000
贵港	16	16	6195	5675	4100	3580	2095

continued 6

Measurement Unit: 10,000m^3

Actual Quantity of Water Used				节约用水量 Water Saved		节水措施投资总额(万元) Total Investment in Water-Saving Measures (10,000 RMB)	城市名称 Name of Cities
工业 Industry	超计划定额用水量 Water Quantity Consumed in Excess of Quota	重复利用率(%) Reuse Rate (%)	工业 Industry		工业 Industry		
3072		73.35	92.61	637	314	106	三门峡
81762		94.67	96.43	193	193	3951	南阳
1068		71.49	72.26	175	130	60	邓州
411		24.54	89.54	209	44	16	周口
5716		47.02	70.00	495	430		驻马店
2358		83.53	87.27	109	109		济源
314938		**79.00**	**87.44**	**10308**	**6274**	**6760**	**湖北**
275076		82.90	88.70	6788	3869	2732	武汉
29765		84.93	87.18	455	359		黄石
2340		97.64	97.62	232	232	3330	宜昌
1290		15.21	100.00	340	340		襄阳
112		12.26	33.14	89	67	15	老河口
36		11.60	11.54	130	32	283	宜城
3642		40.63	48.53	980	860	400	荆门
		12.23					孝感
2489		52.86	69.60	1093	470		荆州
8		2.27	12.90	7			随州
8		4.65	13.11	3			广水
172		16.22	43.77	191	45		潜江
12962	**843**	**36.08**	**43.24**	**7128**	**5683**	**4130**	**湖南**
298		71.29	71.29	200	200	1000	长沙
4000	150	32.00	40.82	1000	600		株洲
6500		41.67	42.21	2500	2100	2300	岳阳
2164	693	29.43	49.68	3428	2783	830	常德
135509	**639**	**70.91**	**92.25**	**11155**	**2318**	**190**	**广东**
135239	568	83.09	95.75	10845	2058		广州
							珠海
		60.52					佛山
240		1.85	32.30	260	260	190	湛江
	52						肇庆
							阳春
	9						中山
30	10	11.63	23.08	50			云浮
321881	**2266**	**80.55**	**93.60**	**13648**	**8606**	**4130**	**广西**
6901	1390	20.26	72.31	3801	76	973	南宁
263962	821	89.01	95.56	6326	5504	837	柳州
8923		48.89	82.10	1060	790	800	桂林
40000		92.43	96.22	366	141	590	北海
2095	55	33.82	36.92	2095	2095	930	贵港

6-3 续表 7

计量单位：万立方米

城市名称 Name of Cities	计划用水户数(户) Planned Water Consumers (unit)	自备水计划用水户数 Planned Self-produced Water Consumers	计划用水户实际用水量 合计 Total	工业 Industry	新水取用量 Fresh Water Used	工业 Industry	重复利用量 Water Reused
海　南	**14217**	**3708**	**330**	**245**	**156**	**98**	**174**
儋　州	202		202	202	66	66	136
万　宁	14015	3708	128	43	90	32	38
重　庆	**200**		**747**	**132**	**555**	**91**	**192**
四　川	**160448**	**4581**	**81768**	**41643**	**42700**	**9670**	**39068**
成　都	8422	179	40921	19087	20272	3887	20649
都江堰	30	20	228	17	220	9	8
彭　州	40		2161	641	1966	446	195
崇　州	17	15	900	220	850	170	50
自　贡	266		5928	3348	3074	498	2854
泸　州	4951		1231	1057	1158	984	73
德　阳	720	355	595	595	150	150	445
广　汉	90	90	715	590	302	177	413
绵　阳	227		16700	8900	7800	1400	8900
广　元	78	1	18	17	3	2	15
遂　宁	230	5	5118	4632	1192	746	3926
内　江	234	5	1770	479	1567	276	203
乐　山	447		628		628		
南　充	19		1215	1100	300	290	915
眉　山	130	7	1110	440	870	260	240
达　州	135527	3904	2215	500	2048	360	167
马尔康	9020		315	20	300	15	15
贵　州	**3389**	**109**	**25483**	**17823**	**10562**	**3890**	**14921**
贵　阳	2890	56	21032	15412	7252	2498	13780
清　镇	340	53	4330	2358	3200	1350	1130
毕　节	159		121	53	110	42	11
云　南	**134843**	**101**	**64887**	**57555**	**15247**	**8545**	**49640**
昆　明	13371	53	56280	52513	10231	7092	46049
安　宁	201		1020	412	650	42	370
曲　靖	118975	13	3278	955	3278	955	
玉　溪	385	29	4159	3540	1004	385	3155
临　沧	1905		22	7	20	7	2
文　山	6	6	128	128	64	64	64

continued 7

Measurement Unit: 10,000m^3

Actual Quantity of Water Used				节约用水量 Water Saved		节水措施投资总额(万元) Total Investment in Water-Saving Measures (10,000 RMB)	城市名称 Name of Cities
工业 Industry	超计划定额用水量 Water Quantity Consumed in Excess of Quota	重复利用率(%) Reuse Rate (%)	工业 Industry		工业 Industry		
147	**16**	**52.73**	**60.00**	**141**	**139**	**1425**	**海　南**
136		67.33	67.33	136	136	220	儋　州
11	16	29.69	25.58	5	3	1205	万　宁
41		**25.70**	**31.06**	**144**	**26**		**重　庆**
31973	**627**	**47.78**	**76.78**	**8214**	**3426**	**1469**	**四　川**
15200	559	50.46	79.64	4593	561		成　都
8		3.51	47.06				都江堰
195		9.02	30.42	195	195		彭　州
50		5.56	22.73	50	50		崇　州
2850	2	48.14	85.13	615	383	398	自　贡
73		5.93	6.91	78	78	32	泸　州
445		74.79	74.79	335	150	145	德　阳
413		57.76	70.00	413	413		广　汉
7500		53.29	84.27				绵　阳
15		83.33	88.24	15	15	6	广　元
3886	23	76.71	83.89	164	115	320	遂　宁
203		11.47	42.38	280	243	48	内　江
	43			45		17	乐　山
810		75.31	73.64	915	810	170	南　充
180		21.62	40.91	286	200		眉　山
140		7.54	28.00	215	208	323	达　州
5		4.76	25.00	15	5	10	马尔康
13933	**248**	**58.55**	**78.17**	**2054**	**1675**	**2066**	**贵　州**
12914	152	65.52	83.79	686	554	1266	贵　阳
1008	28	26.10	42.75	1320	1116	800	清　镇
11	68	9.09	20.75	48	5		毕　节
49010	**624**	**76.50**	**85.15**	**3499**	**192**	**1276**	**云　南**
45421	455	81.82	86.49	3244			昆　明
370	115	36.27	89.81				安　宁
	54						曲　靖
3155		75.86	89.12	191	128	1208	玉　溪
		9.09					临　沧
64		50.00	50.00	64	64	68	文　山

6-3 续表 8

计量单位：万立方米

城市名称 Name of Cities	计划用水户数（户） Planned Water Consumers (unit)	自备水计划用水户数 Planned Self-produced Water Consumers	计划用水户实际用水量				
			合计 Total	工业 Industry	新水取用量 Fresh Water Used	工业 Industry	重复利用量 Water Reused
西　　藏	**1300**	**88**	**38**		**38**		
日 喀 则	1300	88	38		38		
陕　　西	**57080**	**5439**	**224352**	**194830**	**42754**	**19308**	**181598**
西　　安	17965	91	52827	35959	17890	5304	34937
宝　　鸡	240	32	14981	10699	5987	1887	8994
咸　　阳	11674		119055	112287	12588	7133	106467
渭　　南	17381	5296	36909	35850	5959	4951	30950
韩　　城	300	20	450	5	210	3	240
杨 陵 区	9520		130	30	120	30	10
甘　　肃	**2649**	**791**	**245073**	**225733**	**31722**	**14032**	**213351**
兰　　州	1847		174724	161685	21992	8953	152732
金　　昌	2	1	66299	64048	7330	5079	58969
白　　银	800	790	4050		2400		1650
青　　海	**5**	**5**	**3165**	**975**	**1697**	**486**	**1468**
西　　宁	5	5	3165	975	1697	486	1468
宁　　夏	**41028**	**1934**	**134280**	**96475**	**18486**	**7337**	**115794**
银　　川	142	122	115711	82450	9210	2150	106501
石 嘴 山	167	167	16064	12825	7711	4472	8353
吴　　忠	40683	1611	2170	865	1550	700	620
青 铜 峡	36	34	335	335	15	15	320
新　　疆	**27561**	**3469**	**15286**	**3085**	**13986**	**2496**	**1300**
乌鲁木齐	1985		6952	937	6365	487	587
吐 鲁 番	152		860	55	835	30	25
哈　　密	326		407		396		11
昌　　吉	685	121	526	121	505	121	21
阜　　康	22450	3338	740	6	370	6	370
阿拉山口	1		1856	1300	1756	1300	100
喀　　什	175		717	283	621	187	96
和　　田	741		1000		990		10
伊　　宁	548	10	220	78	200	60	20
奎　　屯	245		1923	305	1873	305	50
霍尔果斯	253		85		75		10

continued 8

Measurement Unit: 10,000m^3

Actual Quantity of Water Used				节约用水量			
工业 Industry	超计划定额用水量 Water Quantity Consumed in Excess of Quota	重复利用率(%) Reuse Rate (%)	工业 Industry	Water Saved	工业 Industry	节水措施投资总额(万元) Total Investment in Water-Saving Measures (10,000 RMB)	城市名称 Name of Cities
				45			**西藏**
				45			日喀则
175522	**47**	**80.94**	**90.09**	**45509**	**40779**	**3980**	**陕西**
30655	47	66.13	85.25	8878	5656	3450	西安
8812		60.04	82.36	292	194	370	宝鸡
105154		89.43	93.65	5410	4062		咸阳
30899		83.85	86.19	30867	30867	160	渭南
2		53.33	40.00	8			韩城
		7.69		54			杨陵区
211701		**87.06**	**93.78**	**7730**	**1221**	**2132**	**甘肃**
152732		87.41	94.46	6628	649		兰州
58969		88.94	92.07	532	532	2060	金昌
		40.74		570	40	72	白银
489		**46.38**	**50.15**	**216**	**216**	**48**	**青海**
489		46.38	50.15	216	216	48	西宁
89138		**86.23**	**92.39**	**2135**	**1240**	**9653**	**宁夏**
80300		92.04	97.39	233	233	7350	银川
8353		52.00	65.13	1399	811	78	石嘴山
165		28.57	19.08	307		25	吴忠
320		95.52	95.52	196	196	2200	青铜峡
589	**70**	**8.50**	**19.09**	**5652**	**915**	**127**	**新疆**
450		8.44	48.03	5050	700	84	乌鲁木齐
25		2.91	45.45	26	10		吐鲁番
		2.70		84		43	哈密
	29	3.99		236	192		昌吉
		50.00					阜康
		5.39					阿拉山口
96		13.39	33.92	29	10		喀什
		1.00		22			和田
18	41	9.09	23.08	28	3		伊宁
		2.60		177			奎屯
		11.76					霍尔果斯

七、城市燃气

7. Urban Gas

简要说明

城市燃气指符合《城镇燃气设计规范》的规定，供城市生产和生活作燃料使用的人工煤气、天然气和液化石油气等气体能源。

本部分分人工煤气、天然气和液化石油气三部分，主要包括城市燃气的供应能力、供应量、服务情况等内容。

Brief Introduction

Urban gas is a general designation describing gaseous energy such as man-made coal gas, natural gas and LPG, which is provided for urban production and domestic use according to Urban Gas Design Code.

This section includes three parts: statistics on man-made coal gas, statistics on natural gas and statistics on LPG. Indicators such as supply capacity, quantity of gas supplied, service, etc. are used.

7 全国历年城市燃气情况(1978-2015)

年 份 Year	人工煤气 Man-Made Coal Gas 供气总量(万立方米) Total Gas Supplied (10,000 m³)	家庭用量 Domestic Consumption	用气人口(万人) Population with Access to Gas (10,000 persons)	管道长度(公里) Length of Gas Supply Pipeline (km)	天然气 供气总量(万立方米) Total Gas Supplied (10,000 m³)	家庭用量 Domestic Consumption
1978	172541	66593	450	4157	69078	4103
1979	182748	73557	500	4446	68489	9833
1980	195491	83281	561	4698	58937	4893
1981	199466	90326	594	4830	93970	8575
1982	208819	94896	630	5258	90421	8938
1983	214009	89012	703	5967	49071	9443
1984	231351	96228	768	7353	168568	38258
1985	244754	107060	911	8255	162099	43268
1986	337745	139374	951	7990	435887	65262
1987	686518	170887	1177	11650	501093	77719
1988	667927	171376	1357	13028	573983	73305
1989	841297	204709	1498	14448	591169	91770
1990	1747065	274127	1674	16312	642289	115662
1991	1258088	311430	1867	18181	754616	154302
1992	1495531	305325	2181	20931	628914	152015
1993	1304130	345180	2490	23952	637207	139297
1994	1262712	416453	2889	27716	752436	146938
1995	1266894	456585	3253	33890	673354	163788
1996	1348076	472904	3490	38486	637832	138018
1997	1268944	535412	3735	41475	663001	177121
1998	1675571	480734	3746	42725	688255	195778
1999	1320925	494001	3918	45856	800556	215006
2000	1523615	630937	3944	48384	821476	247580
2001	1369144	494191	4349	50114	995197	247543
2002	1989196	490258	4541	53383	1259334	350479
2003	2020883	583884	4792	57017	1416415	374986
2004	2137225	512026	4654	56419	1693364	454248
2005	2558343	458538	4369	51404	2104951	521389
2006	2964500	381518	4067	50524	2447742	573441
2007	3223512	373522	4022	48630	3086365	662198
2008	3558287	353162	3370	45172	3680393	779917
2009	3615507	307134	2971	40447	4050996	913386
2010	2799380	268764	2802	38877	4875808	1171596
2011	847256	238876	2676	37100	6787997	1301190
2012	769686	215069	2442	33538	7950377	1558311
2013	627989	167886	1943	30467	8882417	1726620
2014	559513	145773	1757	29043	9643783	1968878
2015	471378	108306	1322	21292	10407906	2080061

注：自2006年起，燃气普及率指标按城区人口和城区暂住人口合计为分母计算，括号中的数据为与往年同口径数据。

Note: Since 2006, gas coverage rate has been calculated based on denominator which combines both permanent and temporary residents in urban areas, and the datas in brackets are the same index but calculated by the method of past years.

National Urban Gas in Past Years(1978-2015)

Natural Gas		液化石油气 LPG				燃气普及率 (%) Gas Coverage Rate (%)
用气人口 (万人) Population with Access to Gas (10,000 persons)	管道长度 (公里) Length of Gas Supply Pipeline (km)	供气总量 (吨) Total Gas Supplied (ton)	家庭用量 Domestic Consumption	用气人口 (万人) Population with Access to Gas (10,000 persons)	管道长度 (公里) Length of Gas Supply Pipeline (km)	
24	560	194533	175744	635		14.4
76	751	243576	218797	788		16.1
80	921	290460	269502	924		17.3
83	1059	330987	308028	995		11.6
93	1098	388596	342828	1076		12.6
91	1149	456192	414635	1159		12.3
135	1965	535289	424318	1435		13.0
281	2312	601803	540761	1534		13.0
492	2409	1011308	763590	2041		15.2
634	5465	1049116	954534	2399		16.7
748	6186	1730261	1136883	2764		16.5
896	6849	1898003	1259349	3156		17.8
972	7316	2190334	1428058	3579		19.1
1072	8054	2423988	1694399	4084		23.7
1119	8487	2996699	2019620	4796		26.3
1180	8889	3150296	2316129	5770		27.9
1273	9566	3664948	2817702	6745		30.4
1349	10110	4886528	3701504	8355		34.3
1470	18752	5758374	3943604	8864	2762	38.2
1656	22203	5786023	4370979	9350	4086	40.0
1908	25429	7972947	5478535	9995	4458	41.8
2225	29510	7612684	4990363	10336	6116	43.8
2581	33655	10537147	5322828	11107	7419	45.4
3127	39556	9818313	5583497	13875	10809	60.42
3686	47652	11363884	6561738	15431	12788	67.17
4320	57845	11263475	7817094	16834	15349	76.74
5628	71411	11267120	7041351	17559	20119	81.53
7104	92043	12220151	7065214	18013	18662	82.08
8319	121498	12636613	6936513	17100	17469	79.11(88.58)
10190	155271	14667692	7280415	18172	17202	87.40
12167	184084	13291072	6292713	17632	28590	89.55
14544	218778	13400303	6887600	16924	14236	91.41
17021	256429	12680054	6338523	16503	13374	92.04
19028	298972	11658326	6329164	16094	12893	92.41
21208	342752	11148032	6081312	15683	12651	93.15
23783	388466	11097298	6130639	15102	13437	94.25
25973	434571	10828490	5862125	14378	10986	94.57
28561	498087	10392169	5871062	13955	9009	95.30

7-1-1 2015年全国城市人工煤气分组资料

地区名称	Name of Regions	生产能力(万立方米/日) Production Capacity (10,000 m^3/day)	储气能力(万立方米) Gas Storage Capacity (10,000 m^3)	供气管道长度(公里) Length of Gas Supply Pipeline (km)	自制气量(万立方米) Self-Produced Gas (10,000 m^3)	供气总量 合计 Total
全　国	**National Total**	**1519.08**	**552.31**	**21291.58**	**341262.68**	**471378.01**
分类一	**Group one**					
东部地区	East China	425.50	199.78	9526.54	61497.66	124227.24
中部地区	Central China	509.78	238.33	6822.99	96606.52	138651.33
西部地区	West China	583.80	114.20	4942.05	183158.50	208499.44
分类二	**Group two**					
东部地区	East China	414.90	181.58	9063.16	57802.16	119788.66
中部地区	Central China	509.78	223.33	6322.99	96606.52	135561.33
西部地区	West China	594.40	147.40	5905.43	186854.00	216028.02
分类三	**Group three**					
东部地区	East China	97.90	74.18	3635.25	11951.25	62394.45
中部地区	Central China	386.66	188.43	5467.36	71194.00	120414.39
西部地区	West China	594.40	147.40	5905.43	186854.00	216028.02
东北地区	Northeast China	440.12	142.30	6283.54	71263.43	72541.15

National Urban Man-made Coal Gas (2015)

(万立方米) Total Gas Supplied(10,000 m^3)			用气户数 (户) Number of Household with Access to Gas (unit)		用气人口 (万人) Population with Access to Gas (10,000 persons)	地区名称 Name of Regions
销售气量 Quantity Sold	居民家庭 Households	燃气损失量 Loss Amount		家庭用户 Household User		
453841.93	**108305.68**	**17536.08**	**4661664**	**4611544**	**1321.73**	**全　国**
						分类一
116035.56	58559.75	8191.68	2788370	2750286	758.67	东部地区
133239.36	21727.37	5411.97	774520	767426	267.14	中部地区
204567.01	28018.56	3932.43	1098774	1093832	295.92	西部地区
						分类二
111637.08	54888.67	8151.58	2662862	2625229	715.94	东部地区
130239.36	19487.37	5321.97	635328	628632	227.74	中部地区
211965.49	33929.64	4062.53	1363474	1357683	378.05	西部地区
						分类三
57170.09	17009.34	5224.36	621237	618175	185.07	东部地区
115267.33	9829.55	5147.06	312795	309174	129.47	中部地区
211965.49	33929.64	4062.53	1363474	1357683	378.05	西部地区
69439.02	47537.15	3102.13	2364158	2326512	629.14	东北地区

7-1-2 2015年按省分列的城市人工煤气

地区名称 Name of Regions	生产能力(万立方米/日) Production Capacity (10,000 m³/day)	储气能力(万立方米) Gas Storage Capacity (10,000 m³)	供气管道长度(公里) Length of Gas Supply Pipeline (km)	自制气量(万立方米) Self-Produced Gas (10,000 m³)	供气总量 合计 Total
全　国	**1519.08**	**552.31**	**21291.58**	**341262.68**	**471378.01**
河　北	88.10	67.30	3179.54	8588.25	53538.26
山　西	10.00	111.23	3424.95		39450.37
内蒙古		15.00	500.00		3090.00
辽　宁	317.00	107.40	5427.91	45850.91	57394.21
吉　林	8.12	8.60	341.22	9862.52	7944.79
黑龙江	115.00	26.30	514.41	15550.00	7202.15
上　海					5309.20
浙　江	1.80	1.88	112.21	650.00	488.00
福　建	8.00	5.00	334.50	2713.00	3000.00
江　西	49.00	38.00	1068.50	15018.00	25097.28
山　东			9.00		58.99
河　南	327.66	34.20	533.13	56176.00	53100.00
湖　南		5.00	440.78		2766.74
广　西	10.60	18.20	463.38	3695.50	4438.58
四　川	511.00	35.00	612.61	164983.50	165604.34
贵　州	6.00	13.50	770.95		5539.74
云　南	10.00	46.70	3098.41		33959.20
甘　肃	10.80	17.00	399.58	1750.00	1644.16
新　疆	46.00	2.00	60.50	16425.00	1752.00

Urban Man-made Coal Gas by Province(2015)

(万立方米) Total Gas Supplied(10,000 m^3)			用气户数(户) Number of Household with Access to Gas (unit)		用气人口(万人) Population with Access to Gas (10,000 persons)	地区名称 Name of Regions
销售气量 Quantity Sold	居民家庭 Households	燃气损失量 Loss Amount		家庭用户 Household User		
453841.93	**108305.68**	**17536.08**	**4661664**	**4611544**	**1321.73**	**全　国**
48398.50	12271.94	5139.76	541451	539065	159.39	河　北
37258.91	4839.95	2191.46	127929	126718	66.23	山　西
3000.00	2240.00	90.00	139192	138794	39.40	内蒙古
54466.99	37879.33	2927.22	2041625	2007054	530.87	辽　宁
8064.08	6055.42	-119.29	130000	129494	41.00	吉　林
6907.95	3602.40	294.20	192533	189964	57.27	黑龙江
5231.60	1978.40	77.60				上　海
488.00	454.00		14915	14765	4.30	浙　江
2993.00	2305.00	7.00	64500	64345	21.38	福　建
22415.54	1224.54	2681.74	56893	56106	14.78	江　西
58.99			371			山　东
53019.00	1553.00	81.00	47973	47300	15.04	河　南
2573.88	2212.06	192.86	80000	79050	33.42	湖　南
4398.48	3671.08	40.10	125508	125057	42.73	广　西
164416.17	6014.62	1188.17	174507	173517	51.85	四　川
4891.00	2820.00	648.74	109536	107836	31.00	贵　州
31937.84	15921.94	2021.36	713879	711869	193.06	云　南
1570.00	1510.00	74.16	75852	75610	15.01	甘　肃
1752.00	1752.00		25000	25000	5.00	新　疆

7-1-3 2015年按城市分列的城市人工煤气

城市名称 Name of Cities	生产能力 (万立方米/日) Production Capacity (10,000 m^3/day)	储气能力 (万立方米) Gas Storage Capacity (10,000 m^3)	供气管道长度 (公里) Length of Gas Supply Pipeline (km)	自制气量 (万立方米) Self-Produced Gas (10,000 m^3)	供气总量 合计 Total
全 国	**1519.08**	**552.31**	**21291.58**	**341262.68**	**471378.01**
河 北	**88.10**	**67.30**	**3179.54**	**8588.25**	**53538.26**
石家庄	6.00	2.50	9.80		5524.00
唐 山			340.70		24609.17
邯 郸		23.00	755.00		6416.51
武 安	20.00	6.00	390.00	4300.00	1709.80
邢 台		15.00	235.02		5426.00
张家口	0.10	11.00	1194.49	19.00	5583.53
承 德	62.00	9.80	254.53	4269.25	4269.25
山 西	**10.00**	**111.23**	**3424.95**		**39450.37**
太 原		87.83	2683.00		22826.90
古 交	10.00	4.00	219.00		1681.00
晋 中		4.40	57.50		3320.16
介 休		5.00	299.00		1673.10
忻 州		10.00	111.66		423.00
临 汾			54.79		9526.21
内蒙古		**15.00**	**500.00**		**3090.00**
包 头		15.00	500.00		3090.00
辽 宁	**317.00**	**107.40**	**5427.91**	**45850.91**	**57394.21**
大 连	140.00	58.00	2173.14	30944.91	25197.15
鞍 山	26.00	26.00	1809.60		19595.00
丹 东	61.00	10.50	522.24	5438.00	4169.64
锦 州	60.00	11.40	910.93	9318.00	8333.17
凌 源	30.00	1.50	12.00	150.00	99.25

Urban Man-made Coal Gas by City (2015)

(万立方米) Total Gas Supplied(10,000 m³)			用气户数(户) Number of Household with Access to Gas (unit)		用气人口(万人) Population with Access to Gas (10,000 persons)	城市名称 Name of Cities
销售气量 Quantity Sold	居民家庭 Households	燃气损失量 Loss Amount		家庭用户 Household User		
453841.93	**108305.68**	**17536.08**	**4661664**	**4611544**	**1321.73**	**全　国**
48398.50	**12271.94**	**5139.76**	**541451**	**539065**	**159.39**	**河　北**
5212.00	453.00	312.00	17415	17313	3.97	石家庄
21596.60	103.00	3012.57	10595	10573	3.10	唐　山
6416.51	5162.66		250812	250600	73.16	邯　郸
1685.00	1208.00	24.80	40603	40440	17.84	武　安
4626.00	176.00	800.00	7691	7646	2.90	邢　台
5233.53	3500.00	350.00	152362	151010	43.20	张家口
3628.86	1669.28	640.39	61973	61483	15.22	承　德
37258.91	**4839.95**	**2191.46**	**127929**	**126718**	**66.23**	**山　西**
22162.10	640.31	664.80	25931	25789	11.26	太　原
1423.00	1056.00	258.00	36254	35641	13.19	古　交
3219.20	279.50	100.96	9808	9749	4.00	晋　中
1593.10	979.86	80.00	48730	48729	17.01	介　休
408.00	279.00	15.00	3666	3300	1.10	忻　州
8453.51	1605.28	1072.70	3540	3510	19.67	临　汾
3000.00	**2240.00**	**90.00**	**139192**	**138794**	**39.40**	**内蒙古**
3000.00	2240.00	90.00	139192	138794	39.40	包　头
54466.99	**37879.33**	**2927.22**	**2041625**	**2007054**	**530.87**	**辽　宁**
23902.00	18285.00	1295.15	823853	817696	231.85	大　连
18651.00	9420.00	944.00	599815	593298	146.20	鞍　山
3949.84	3536.74	219.80	237920	232300	62.72	丹　东
7870.15	6543.59	463.02	374137	357860	88.30	锦　州
94.00	94.00	5.25	5900	5900	1.80	凌　源

7-1-3 续表 1

城市名称 Name of Cities	生产能力（万立方米/日）Production Capacity (10,000 m^3/day)	储气能力（万立方米）Gas Storage Capacity (10,000 m^3)	供气管道长度（公里）Length of Gas Supply Pipeline (km)	自制气量（万立方米）Self-Produced Gas (10,000 m^3)	供气总量 合计 Total
吉　林	**8.12**	**8.60**	**341.22**	**9862.52**	**7944.79**
长　春				9862.52	4192.79
通　化	8.12	8.60	341.22		3752.00
黑龙江	**115.00**	**26.30**	**514.41**	**15550.00**	**7202.15**
双鸭山	13.00	5.50	77.20		975.00
七台河	90.00	10.00	223.65	15550.00	3568.00
牡丹江	12.00	10.80	213.56		2659.15
上　海					**5309.20**
浙　江	**1.80**	**1.88**	**112.21**	**650.00**	**488.00**
衢　州	1.80	1.88	112.21	650.00	488.00
福　建	**8.00**	**5.00**	**334.50**	**2713.00**	**3000.00**
三　明	8.00	5.00	334.50	2713.00	3000.00
江　西	**49.00**	**38.00**	**1068.50**	**15018.00**	**25097.28**
景德镇		20.00	363.31		12861.19
萍　乡	37.00	7.00	448.00	13000.00	11150.00
新　余	12.00	11.00	257.19	2018.00	1086.09
山　东			**9.00**		**58.99**
济　南			9.00		58.99
河　南	**327.66**	**34.20**	**533.13**	**56176.00**	**53100.00**
汝　州	88.00	3.20	288.04	1834.00	1653.00
安　阳	160.00	15.00	6.00	38000.00	38000.00
辉　县	0.16	0.20	3.95	58.00	58.00
南　阳	49.50	5.00	0.13	11570.00	8675.00
济　源	30.00	10.80	235.01	4714.00	4714.00

continued 1

（万立方米） Total Gas Supplied(10,000 m^3)			用气户数（户） Number of Household with Access to Gas (unit)		用气人口（万人） Population with Access to Gas (10,000 persons)	城市名称 Name of Cities
销售气量 Quantity Sold	居民家庭 Households	燃气损失量 Loss Amount		家庭用户 Household User		
8064.08	**6055.42**	**-119.29**	**130000**	**129494**	**41.00**	**吉　林**
4462.08	3480.42	-269.29				长　春
3602.00	2575.00	150.00	130000	129494	41.00	通　化
6907.95	**3602.40**	**294.20**	**192533**	**189964**	**57.27**	**黑龙江**
940.00	740.00	35.00	41371	40908	11.40	双鸭山
3400.00	1728.00	168.00	78682	76806	22.67	七台河
2567.95	1134.40	91.20	72480	72250	23.20	牡丹江
5231.60	**1978.40**	**77.60**				**上　海**
488.00	**454.00**		**14915**	**14765**	**4.30**	**浙　江**
488.00	454.00		14915	14765	4.30	衢　州
2993.00	**2305.00**	**7.00**	**64500**	**64345**	**21.38**	**福　建**
2993.00	2305.00	7.00	64500	64345	21.38	三　明
22415.54	**1224.54**	**2681.74**	**56893**	**56106**	**14.78**	**江　西**
10842.45	382.45	2018.74	30093	29506	8.70	景德镇
10950.00	219.00	200.00	6200	6000	2.28	萍　乡
623.09	623.09	463.00	20600	20600	3.80	新　余
58.99			**371**			**山　东**
58.99			371			济　南
53019.00	**1553.00**	**81.00**	**47973**	**47300**	**15.04**	**河　南**
1634.00	1000.00	19.00	35985	35484	11.00	汝　州
37965.00	415.00	35.00	10008	9850	3.36	安　阳
58.00	58.00		560	560	0.19	辉　县
8675.00			1			南　阳
4687.00	80.00	27.00	1419	1406	0.49	济　源

7-1-3 续表 2

城市名称 Name of Cities	生产能力 (万立方米/日) Production Capacity (10,000 m^3/day)	储气能力 (万立方米) Gas Storage Capacity (10,000 m^3)	供气管道长度 (公里) Length of Gas Supply Pipeline (km)	自制气量 (万立方米) Self-Produced Gas (10,000 m^3)	供气总量 合计 Total
湖　　南		**5.00**	**440.78**		**2766.74**
娄　　底		5.00	440.78		2766.74
广　　西	**10.60**	**18.20**	**463.38**	**3695.50**	**4438.58**
柳　　州	9.60	18.20	460.38	3500.00	4243.08
河　　池	1.00		3.00	195.50	195.50
四　　川	**511.00**	**35.00**	**612.61**	**164983.50**	**165604.34**
攀 枝 花	511.00	35.00	612.61	164983.50	165604.34
贵　　州	**6.00**	**13.50**	**770.95**		**5539.74**
六 盘 水	6.00	13.50	770.95		5539.74
云　　南	**10.00**	**46.70**	**3098.41**		**33959.20**
昆　　明		36.50	2730.03		26777.20
安　　宁	10.00	10.00	275.50		7110.00
开　　远		0.20	92.88		72.00
甘　　肃	**10.80**	**17.00**	**399.58**	**1750.00**	**1644.16**
嘉 峪 关	10.80	17.00	399.58	1750.00	1644.16
新　　疆	**46.00**	**2.00**	**60.50**	**16425.00**	**1752.00**
乌鲁木齐	46.00	2.00	60.50	16425.00	1752.00

continued 2

(万立方米) Total Gas Supplied(10,000 m³)			用气户数(户) Number of Household with Access to Gas (unit)		用气人口(万人) Population with Access to Gas (10,000 persons)	城市名称 Name of Cities
销售气量 Quantity Sold	居民家庭 Households	燃气损失量 Loss Amount		家庭用户 Household User		
2573.88	**2212.06**	**192.86**	**80000**	**79050**	**33.42**	**湖　南**
2573.88	2212.06	192.86	80000	79050	33.42	娄　底
4398.48	**3671.08**	**40.10**	**125508**	**125057**	**42.73**	**广　西**
4203.08	3564.58	40.00	123650	123305	42.04	柳　州
195.40	106.50	0.10	1858	1752	0.69	河　池
164416.17	**6014.62**	**1188.17**	**174507**	**173517**	**51.85**	**四　川**
164416.17	6014.62	1188.17	174507	173517	51.85	攀枝花
4891.00	**2820.00**	**648.74**	**109536**	**107836**	**31.00**	**贵　州**
4891.00	2820.00	648.74	109536	107836	31.00	六盘水
31937.84	**15921.94**	**2021.36**	**713879**	**711869**	**193.06**	**云　南**
25076.84	14711.94	1700.36	646755	645046	170.94	昆　明
6789.00	1138.00	321.00	46124	45823	21.00	安　宁
72.00	72.00		21000	21000	1.12	开　远
1570.00	**1510.00**	**74.16**	**75852**	**75610**	**15.01**	**甘　肃**
1570.00	1510.00	74.16	75852	75610	15.01	嘉峪关
1752.00	**1752.00**		**25000**	**25000**	**5.00**	**新　疆**
1752.00	1752.00		25000	25000	5.00	乌鲁木齐

7-2-1 2015年全国城市天然气分组资料

地区名称 Name of Regions		储气能力(万立方米) Gas Storage Capacity (10,000 m^3)	供气管道长度(公里) Length of Gas Supply Pipeline (km)	供气总量(万立方米)			
				合计 Total	销售气量 Quantity Sold	居民家庭 Households	集中供热 Central Heating
全 国	**National Total**	**57933.09**	**498087.02**	**10407906.20**	**10184061.13**	**2080060.91**	**1063149.30**
分类一	**Group one**						
东部地区	East China	48492.83	278471.72	6343532.78	6210912.50	962613.40	555386.93
中部地区	Central China	6955.55	119601.13	1792130.30	1742545.61	466814.38	50460.62
西部地区	West China	2484.71	100014.17	2272243.12	2230603.02	650633.13	457301.75
分类二	**Group two**						
东部地区	East China	48000.97	274252.08	6304743.99	6172427.41	946887.32	555386.93
中部地区	Central China	6706.40	111453.35	1658922.96	1611313.16	444219.04	22607.62
西部地区	West China	3225.72	112381.59	2444239.25	2400320.56	688954.55	485154.75
分类三	**Group three**						
东部地区	East China	47260.64	259234.33	6134309.68	6007658.03	902657.84	553730.47
中部地区	Central China	5577.01	95300.38	1434245.21	1393926.59	383912.44	15938.23
西部地区	West China	3225.72	112381.59	2444239.25	2400320.56	688954.55	485154.75
东北地区	Northeast China	1869.72	31170.72	395112.06	382155.95	104536.08	8325.85

National Urban Natural Gas (2015)

Total Gas Supplied(10,000 m³) 燃气汽车 Gas-Powered Automobiles	燃气损失量 Loss Amount	用气户数 (户) Number of Household with Access to Gas (unit)	家庭用户 Household User	用气人口 (万人) Population with Access to Gas (10,000 persons)	天然气汽车加气站 (座) Gas Stations for CNG-Fueled Motor Vehicles (unit)	地区名称 Name of Regions
1084356.81	**223845.07**	**107756061**	**105081345**	**28561.47**	**3031**	**全　国**
						分类一
450021.95	132620.28	55660737	54714077	14793.54	1280	东部地区
279586.50	49584.69	27913950	27086945	8269.11	863	中部地区
354748.36	41640.10	24181374	23280323	5498.82	888	西部地区
						分类二
442185.55	132316.58	54566865	53631117	14446.02	1247	东部地区
247851.53	47609.80	26199663	25496582	7732.70	783	中部地区
394319.73	43918.69	26989533	25953646	6382.75	1001	西部地区
						分类三
424008.38	126651.65	50279246	49368168	13378.05	1180	东部地区
193909.68	40318.62	20934421	20309361	6309.06	602	中部地区
394319.73	43918.69	26989533	25953646	6382.75	1001	西部地区
72119.02	12956.11	9552861	9450170	2491.61	248	东北地区

7-2-2 2015年按省分列的城市天然气

地区名称 Name of Regions	储气能力(万立方米) Gas Storage Capacity (10,000 m^3)	供气管道长度(公里) Length of Gas Supply Pipeline (km)	供气总量(万立方米)			
			合计 Total	销售气量 Quantity Sold	居民家庭 Households	集中供热 Central Heating
全 国	**57933.09**	**498087.02**	**10407906.20**	**10184061.13**	**2080060.91**	**1063149.30**
北 京	81.28	21817.69	1444924.26	1427807.50	137198.55	396284.02
天 津	792.47	19356.02	306629.99	297416.28	36694.79	55156.02
河 北	397.58	17665.04	314236.94	306375.14	67491.89	35898.03
山 西	202.34	11416.83	247396.56	234337.91	46230.37	2546.55
内蒙古	249.15	8147.78	133207.34	131232.45	22595.34	27853.00
辽 宁	740.33	15017.75	170434.31	164769.38	44229.48	1656.46
吉 林	792.26	8414.03	111432.31	108363.18	33220.18	1293.39
黑龙江	337.13	7738.94	113245.44	109023.39	27086.42	5376.00
上 海	36935.00	28601.18	734776.22	697287.00	135038.37	
江 苏	3035.09	61125.37	969799.09	951997.48	173195.82	
浙 江	561.48	28519.65	319276.49	315965.01	57651.24	2873.00
安 徽	1818.70	19684.09	234584.99	228695.81	71772.93	1540.00
福 建	408.27	7928.98	148807.42	148134.32	11466.85	
江 西	624.76	9429.75	73570.14	71117.46	22195.70	17.62
山 东	1193.50	44092.57	633917.47	610393.69	161691.54	47776.01
河 南	497.49	19732.29	332808.06	324349.28	109378.43	9317.06
湖 北	434.34	22502.54	330397.04	323610.83	72600.61	1492.00
湖 南	1999.38	12534.88	215488.42	211815.30	61734.40	1025.00
广 东	3775.91	27656.35	1232937.64	1223287.82	110220.79	15743.39
广 西	491.86	4219.64	38788.79	38485.09	15726.08	
海 南	80.06	2471.48	29004.16	28993.79	12008.00	
重 庆	182.65	20051.24	349377.81	336130.11	131561.61	4014.78
四 川	228.43	39839.20	627975.71	614262.03	228633.18	3456.09
贵 州	549.34	3549.41	32906.33	32718.72	13869.95	
云 南	190.70	1817.04	7345.45	7144.81	2634.45	
西 藏	100.00	1677.00	1346.05	1278.75	449.76	773.41
陕 西	482.19	12234.07	311286.44	303070.64	99801.24	88577.84
甘 肃	286.93	2308.99	161907.39	161645.91	29897.46	61073.80
青 海	70.50	1234.22	133021.99	130132.82	20517.60	69212.91
宁 夏	22.02	4470.16	199278.62	198941.72	30670.63	26001.44
新 疆	371.95	12832.84	447797.33	445277.51	92597.25	204191.48

Urban Natural Gas by Province (2015)

Total Gas Supplied(10,000 m^3)		用气户数（户）Number of Household with Access to Gas (unit)		用气人口（万人）Population with Access to Gas (10,000 persons)	天然气汽车加气站（座）Gas Stations for CNG-Fueled Motor Vehicles (unit)	地区名称 Name of Regions
燃气汽车 Gas-Powered Automobiles	燃气损失量 Loss Amount		家庭用户 Household User			
1084356.81	**223845.07**	**107756061**	**105081345**	**28561.47**	**3031**	**全 国**
11829.91	17116.76	5949434	5887642	1445.82	23	北 京
12222.83	9213.71	3711560	3674178	847.38	43	天 津
63607.07	7861.80	4532305	4484594	1213.98	151	河 北
13386.70	13058.65	2894632	2794383	897.20	51	山 西
31734.97	1974.89	1714287	1590363	536.41	80	内蒙古
18177.17	5664.93	4287619	4262949	1067.97	67	辽 宁
22328.39	3069.13	2336434	2285966	676.79	88	吉 林
31613.46	4222.05	2928808	2901255	746.85	93	黑龙江
5963.18	37489.22	6607801	6513219	1594.18	23	上 海
76101.33	17801.61	9081417	8936225	2345.70	236	江 苏
35800.39	3311.48	3622349	3534129	1004.56	81	浙 江
39846.93	5889.18	4322508	4259067	1183.62	164	安 徽
22856.50	673.10	1302300	1295508	438.16	51	福 建
5406.93	2452.68	1602663	1592762	503.36	25	江 西
130582.52	23523.78	8902607	8769105	2454.21	420	山 东
55294.24	8458.78	5084417	4939374	1590.52	130	河 南
51692.11	6786.21	4028224	3886537	1282.51	157	湖 北
28282.77	3673.12	3001977	2837238	851.85	75	湖 南
53206.50	9649.82	6092923	5822821	1885.40	118	广 东
7836.40	303.70	1093872	1082960	347.52	33	广 西
11838.15	10.37	476550	450747	148.66	34	海 南
42229.33	13247.70	4983397	4728290	1180.56	88	重 庆
84335.63	13713.68	8346092	7971082	1702.89	174	四 川
5386.82	187.61	936982	923294	247.98	15	贵 州
1361.69	200.64	471224	463266	169.20	18	云 南
	67.30	64972	64826	23.99		西 藏
32977.21	8215.80	3666224	3535151	811.98	119	陕 西
27077.96	261.48	1338579	1292893	371.64	74	甘 肃
31911.00	2889.17	471912	467639	138.67	25	青 海
29512.72	336.90	886140	876500	204.08	77	宁 夏
99956.00	2519.82	3015852	2957382	647.83	298	新 疆

7-2-3 2015年按城市分列的城市天然气

城市名称 Name of Cities	储气能力(万立方米) Gas Storage Capacity (10,000 m³)	供气管道长度(公里) Length of Gas Supply Pipeline (km)	供气总量(万立方米)			
			合计 Total	销售气量 Quantity Sold	居民家庭 Households	集中供热 Central Heating
全　国	**57933.09**	**498087.02**	**10407906.20**	**10184061.13**	**2080060.91**	**1063149.30**
北　京	**81.28**	**21817.69**	**1444924.26**	**1427807.50**	**137198.55**	**396284.02**
天　津	**792.47**	**19356.02**	**306629.99**	**297416.28**	**36694.79**	**55156.02**
河　北	**397.58**	**17665.04**	**314236.94**	**306375.14**	**67491.89**	**35898.03**
石家庄	63.58	4280.65	94609.31	91226.58	12941.87	22661.05
晋　州		128.56	446.61	442.00	310.54	3.97
新　乐		150.00	1205.00	1200.00	485.00	
唐　山	41.50	2784.40	25836.00	24719.00	6372.09	1460.00
遵　化	20.00	84.50	460.10	455.00	265.00	
迁　安		443.53	1559.00	1544.00	273.51	17.70
秦皇岛	20.25	2114.30	36591.13	35899.83	2883.45	
邯　郸		854.12	14542.47	13328.63	2312.99	
武　安	11.00	84.56	722.38	722.38	93.38	76.27
邢　台	2.00	785.14	15504.00	14771.00	3193.00	2689.00
南　宫	1.40	39.00	265.00	256.20	105.00	
沙　河		467.38	19487.00	19487.00	1560.00	
保　定	5.50	1167.30	20589.39	20426.62	8956.31	3777.86
涿　州	1.85	236.00	8114.90	8108.30	2810.00	3603.00
安　国	2.00	23.90	120.04	120.00	120.00	
高碑店		118.12	1305.20	1301.00	880.50	305.50
张家口	3.70	152.00	120.75	120.00	105.00	
承　德		101.79	1262.20	1228.20	94.00	169.00
沧　州	3.00	140.00	8172.00	8172.00	1226.00	
泊　头		198.70	1981.75	1844.75	601.70	406.88
任　丘	99.80	306.60	8133.97	8131.30	2796.50	550.80
黄　骅	31.00	210.00	7941.00	7941.00	2159.00	
河　间	1.00	80.98	3969.00	3969.00	1580.00	
廊　坊	54.00	1268.70	25884.00	25884.00	6883.00	
霸　州	7.00	253.40	5827.00	5662.00	4247.00	
三　河	1.20	198.50	875.00	840.00	320.00	
衡　水	4.00	337.57	3259.16	3210.27	361.05	
冀　州	10.60	114.07	2478.58	2474.08	1592.00	96.00
深　州	1.20	41.00	129.00	125.00	125.00	
辛　集	12.00	120.00	817.00	817.00	270.00	
定　州		380.27	2029.00	1949.00	1569.00	81.00
山　西	**202.34**	**11416.83**	**247396.56**	**234337.91**	**46230.37**	**2546.55**
太　原	27.00	2818.34	56753.09	51417.41	10817.88	
大　同	58.00	784.13	12815.11	12176.19	4104.71	
阳　泉	38.00	556.82	80254.00	76266.00	4855.00	
长　治	1.35	580.27	5894.54	5806.52	1705.33	

Urban Natural Gas by City (2015)

Total Gas Supplied(10,000 m³)		用气户数 (户) Number of Household with Access to Gas (unit)	家庭用户 Household User	用气人口 (万人) Population with Access to Gas (10,000 persons)	天然气汽车加气站 (座) Gas Stations for CNG-Fueled Motor Vehicles (unit)	城市名称 Name of Cities
燃气汽车 Gas-Powered Automobiles	燃气损失量 Loss Amount					
1084356.81	**223845.07**	**107756061**	**105081345**	**28561.47**	**3031**	**全　国**
11829.91	**17116.76**	**5949434**	**5887642**	**1445.82**	**23**	**北　京**
12222.83	**9213.71**	**3711560**	**3674178**	**847.38**	**43**	**天　津**
63607.07	**7861.80**	**4532305**	**4484594**	**1213.98**	**151**	**河　北**
31775.15	3382.73	1270403	1268501	228.56	56	石家庄
126.56	4.61	14993	14963	5.76	2	晋　州
400.00	5.00	22942	22742	7.96	3	新　乐
6636.83	1117.00	606911	603569	186.59	15	唐　山
	5.10	32550	30600	14.00		遵　化
342.00	15.00	42193	41989	13.50	1	迁　安
3510.41	691.30	473268	472414	86.50	9	秦皇岛
252.00	1213.84	253247	252374	81.86	1	邯　郸
552.73		4995	4991	2.00	3	武　安
3990.00	733.00	230000	210000	83.34	11	邢　台
1.30	8.80	16988	16900	8.40	2	南　宫
222.00		20918	20914	7.31	1	沙　河
2129.37	162.77	458762	454939	128.09	4	保　定
69.30	6.60	80171	80066	25.80	3	涿　州
	0.04	17069	17069	4.31		安　国
115.00	4.20	34500	32000	11.16	1	高碑店
2.00	0.75	17635	15233	36.94	1	张家口
649.20	34.00	12723	12588	4.95	3	承　德
2563.00		155950	155532	45.00	2	沧　州
502.44	137.00	40433	39545	12.13	1	泊　头
1113.70	2.67	100017	99567	33.33	3	任　丘
820.00		46710	46000	15.90	1	黄　骅
498.00		40260	40080	14.09	1	河　间
3014.00		256493	253000	51.20	9	廊　坊
1250.00	165.00	29584	27367	13.20	2	霸　州
196.00	35.00	32550	32400	20.40	1	三　河
1318.00	48.89	75292	75141	22.54	8	衡　水
786.08	4.50	10736	10705	4.06	3	冀　州
	4.00	4000	4000	7.00		深　州
547.00		39450	39405	9.50	2	辛　集
225.00	80.00	90562	90000	28.60	2	定　州
13386.70	**13058.65**	**2894632**	**2794383**	**897.20**	**51**	**山　西**
1013.75	5335.68	937001	932983	301.50	2	太　原
1416.44	638.92	458706	412797	120.22	16	大　同
	3988.00	242091	240645	57.90		阳　泉
2067.95	88.02	140956	140629	55.85	8	长　治

7-2-3 续表 1

城市名称 Name of Cities	储气能力(万立方米) Gas Storage Capacity (10,000 m^3)	供气管道长度(公里) Length of Gas Supply Pipeline (km)	供气总量(万立方米)			
			合计 Total	销售气量 Quantity Sold	居民家庭 Households	集中供热 Central Heating
潞　城		400.56	383.18	364.18	295.16	
晋　城	16.48	820.91	11774.05	11454.05	2532.50	926.55
高　平		74.00	404.00	400.00	182.00	
朔　州		507.79	5150.50	4830.00	2176.35	
晋　中	20.00	925.02	7082.62	6887.62	1614.48	
介　休	2.90	7.68	781.00	777.90	67.20	
运　城		909.00	8301.00	8127.00	2982.00	
永　济		95.00	1500.00	1480.00	300.00	
河　津	4.50	185.00	2410.00	2400.00	1600.00	
忻　州		300.04	3685.00	3675.00	1843.00	1120.00
原　平		143.82	25781.80	24543.60	2145.70	
临　汾		506.47	2542.57	2529.57	1173.45	
侯　马		650.08	3382.00	3346.47	2253.31	500.00
霍　州		518.40	1106.10	1078.40	720.30	
吕　梁	8.20	235.00	1822.00	1732.00	1288.00	
孝　义	22.91	128.20	10319.00	9827.00	2382.00	
汾　阳	3.00	270.30	5255.00	5219.00	1192.00	
内 蒙 古	**249.15**	**8147.78**	**133207.34**	**131232.45**	**22595.34**	**27853.00**
呼和浩特	12.00	2580.00	50728.00	49327.00	6385.50	22000.00
包　头		1799.85	51000.00	51000.00	6843.00	5573.00
乌　海	68.40	846.54	4297.80	4297.80	1847.20	
赤　峰	51.50	351.80	2313.00	2279.00	1515.00	
通　辽	12.00	688.40	1967.37	1889.51	682.62	
鄂尔多斯	3.50	1043.97	11131.39	10732.21	2941.84	
呼伦贝尔	11.00	10.00	523.60	497.00	388.00	
满 洲 里	11.25	176.30	298.62	292.76	137.27	
牙 克 石	10.00	16.00	100.50	95.00	65.00	
扎 兰 屯	11.50	58.00	322.90	322.50	140.00	
巴彦淖尔	5.30	96.98	3686.47	3686.47	905.21	280.00
乌兰察布	5.00	280.00	2970.00	2968.00	350.00	
丰　镇	10.00	7.80	443.88	435.20	252.70	
乌兰浩特	5.20	75.17	1003.20	1000.00	52.00	
二连浩特	10.50		510.61	510.00		
锡林浩特	22.00	116.97	1910.00	1900.00	90.00	
辽　宁	**740.33**	**15017.75**	**170434.31**	**164769.38**	**44229.48**	**1656.46**
沈　阳	343.00	6018.00	54846.50	52071.00	18972.00	433.00
新　民	8.60	303.12	8809.00	8808.00	99.16	
大　连		10.50				
瓦 房 店	9.00	246.48	510.25	483.92	387.39	
普 兰 店	0.02	81.74	408.05	408.02	98.00	
庄　河	16.80	103.50	442.30	437.80	298.80	15.50
鞍　山	16.20	83.00	288.00	287.00	287.00	
海　城	39.60	150.17	3505.00	3501.50	99.91	

continued 1

Total Gas Supplied(10,000 m^3)		用气户数（户）Number of Household with Access to Gas (unit)	家庭用户 Household User	用气人口（万人）Population with Access to Gas (10,000 persons)	天然气汽车加气站（座）Gas Stations for CNG-Fueled Motor Vehicles (unit)	城市名称 Name of Cities
燃气汽车 Gas-Powered Automobiles	燃气损失量 Loss Amount					
	19.00	19979	19878	7.00		潞　城
4640.00	320.00	157861	155204	41.56	11	晋　城
	4.00	4550	4540	2.40		高　平
831.00	320.50	92043	91914	35.78	1	朔　州
	195.00	132840	131908	39.85		晋　中
	3.10	2804	2722	0.95		介　休
1667.00	174.00	170038	167197	42.57	5	运　城
	20.00	9000	8800	4.50		永　济
150.00	10.00	42469	42212	20.90	2	河　津
673.00	10.00	105754	89000	20.18	2	忻　州
	1238.20	45550	45216	15.83		原　平
	13.00	110188	109230	32.77		临　汾
593.16	35.53	69294	54191	15.48	3	侯　马
334.40	27.70	27648	27647	9.81	1	霍　州
	90.00	38749	38725	25.62		吕　梁
	492.00	60257	52849	29.15		孝　义
	36.00	26854	26096	17.38		汾　阳
31734.97	**1974.89**	**1714287**	**1590363**	**536.41**	**80**	**内蒙古**
8595.00	1401.00	573244	563035	185.93	12	呼和浩特
8740.00		430000	421749	123.90	18	包　头
2450.60		218412	137095	49.68	5	乌　海
732.00	34.00	65330	53744	18.57	5	赤　峰
687.59	77.86	104869	104655	38.40	2	通　辽
2073.22	399.18	130790	130382	43.31	8	鄂尔多斯
	26.60	28020	28000	6.20		呼伦贝尔
153.30	5.86	5748	5706	1.02	2	满洲里
19.00	5.50	10031	10000	1.98	1	牙克石
182.50	0.40	4015	3715	1.17	1	扎兰屯
2501.26		63346	63345	37.01	3	巴彦淖尔
2618.00	2.00	44450	36300	15.76	9	乌兰察布
182.50	8.68	16601	14103	6.97	2	丰　镇
850.00	3.20	5091	5034	2.01	5	乌兰浩特
510.00	0.61	340			2	二连浩特
1440.00	10.00	14000	13500	4.50	5	锡林浩特
18177.17	**5664.93**	**4287619**	**4262949**	**1067.97**	**67**	**辽　宁**
4936.00	2775.50	2082699	2078900	462.71	17	沈　阳
136.00	1.00	16625	16526	4.90	1	新　民
						大　连
	26.33	39890	39741	12.00		瓦房店
	0.03	15171	15137	3.10		普兰店
71.30	4.50	39042	38617	15.76	1	庄　河
	1.00	6000	6000	3.00		鞍　山
1301.00	3.50	15030	15000	4.20	8	海　城

7-2-3 续表 2

城市名称 Name of Cities	储气能力(万立方米) Gas Storage Capacity (10,000 m^3)	供气管道长度(公里) Length of Gas Supply Pipeline (km)	供气总量(万立方米) 合计 Total	销售气量 Quantity Sold	居民家庭 Households	集中供热 Central Heating
抚　顺	17.00	812.38	43488.91	42614.00	6197.72	629.71
本　溪	30.00	822.50	4058.76	3851.00	1662.41	
丹　东	78.00	314.50	1249.00	1247.00	234.00	172.00
东　港	12.00	207.66	766.39	762.60	214.86	
凤　城		22.00				
锦　州		179.97	910.80	897.54	158.86	
北　镇	1.00	16.50	84.33	80.00	11.12	
营　口	13.00	736.00	2372.05	2250.00	1588.00	
盖　州	14.21	89.65	389.98	389.84	174.50	
大石桥	8.40	147.61	5901.20	5900.20	300.00	
阜　新	10.00	372.76	4769.65	4525.00	1718.00	
辽　阳	57.50	705.39	8221.75	8067.25	1218.47	
灯　塔	0.45	167.61	381.00	380.00	200.00	
盘　锦		576.86	2472.10	2345.00	2345.00	
铁　岭	15.50	828.58	4448.10	4219.10	2537.90	
调兵山	21.25	266.76	10646.12	10111.21	1894.05	
开　原	8.80	149.88	1151.00	1129.00	376.00	
朝　阳		357.39	1122.75	1064.00	888.00	
北　票	12.00	119.70	107.85	106.85	100.00	
葫芦岛	6.50	924.74	8845.21	8595.21	1955.33	406.25
兴　城	1.50	202.80	238.26	237.34	213.00	
吉　林	**792.26**	**8414.03**	**111432.31**	**108363.18**	**33220.18**	**1293.39**
长　春	635.00	4449.27	45881.91	43683.87	20545.27	128.39
榆　树	0.65	133.29	1086.72	1018.70	518.70	
德　惠	4.30	103.16	2163.06	2162.00	390.00	
吉　林	15.00	1009.59	34327.70	34014.70	4228.30	
蛟　河	0.80	8.76	252.16	252.00		
桦　甸	13.72	17.65	89.18	78.16	14.60	
磐　石	0.80	60.44	561.88	561.88	170.14	
四　平	2.00	626.00	3154.00	2956.00	2310.00	
双　辽	15.00	136.79	3775.77	3765.67	134.00	
辽　源	18.00	113.00	1507.00	1507.00	39.76	
集　安		2.00	10.00	10.00	10.00	
白　山	0.50	209.96	498.00	497.00	240.00	
松　原	2.41	339.70	8030.00	8030.00	2204.00	1165.00
扶　余	0.40	8.00	395.00	395.00	0.38	
白　城	11.50	121.00	2200.50	2200.00	200.00	
洮　南	0.32		516.00	483.00		
大　安	0.60	68.16	1700.00	1600.00	329.00	
延　吉	32.00	326.00	3302.00	3202.00	890.00	
图　们	12.00	77.00	185.47	184.80	180.00	
敦　化	0.80	66.02	75.00	72.00	70.00	
珲　春	20.00	20.40	28.40	28.40	7.00	
龙　井	0.53	48.00	85.54	85.00	74.00	
和　龙	0.30	32.20	47.02	47.00	28.03	
公主岭	5.00	286.33	1048.00	1019.00	487.00	
梅河口	0.63	151.31	512.00	510.00	150.00	

continued 2

Total Gas Supplied(10,000 m^3)		用气户数（户）Number of Household with Access to Gas (unit)		用气人口（万人）Population with Access to Gas (10,000 persons)	天然气汽车加气站（座）Gas Stations for CNG-Fueled Motor Vehicles (unit)	城市名称 Name of Cities
燃气汽车 Gas-Powered Automobiles	燃气损失量 Loss Amount		家庭用户 Household User			
	874.91	301034	300361	72.90		抚　顺
1150.00	207.76	245500	240700	79.43	6	本　溪
841.00	2.00	39000	38954	7.57	1	丹　东
410.00	3.79	22156	22106	6.65	3	东　港
						凤　城
	13.26	23340	23000	4.55		锦　州
68.88	4.33	1927	842	0.51	1	北　镇
	122.05	182897	181568	51.00		营　口
215.20	0.14	28245	28123	11.03	1	盖　州
2315.20	1.00	15767	15725	5.36	1	大石桥
1800.00	244.65	162420	162127	49.00	12	阜　新
1713.38	154.50	164519	164110	41.73	6	辽　阳
180.00	1.00	30500	23834	9.00	1	灯　塔
	127.10	196898	196898	54.10		盘　锦
	229.00	191531	190355	34.00		铁　岭
1235.36	534.91	64446	62929	17.84	2	调兵山
562.00	22.00	30873	30088	9.00	2	开　原
	58.75	148679	147974	47.82		朝　阳
6.85	1.00	14650	14613	5.20	1	北　票
1235.00	250.00	176169	176160	46.21	3	葫芦岛
	0.92	32611	32561	9.40		兴　城
22328.39	**3069.13**	**2336434**	**2285966**	**676.79**	**88**	**吉　林**
3761.13	2198.04	1227397	1215811	365.33	6	长　春
500.00	68.02	48077	45000	13.50	3	榆　树
1772.00	1.06	13100	12900	4.95	3	德　惠
2526.48	313.00	405035	404203	111.54	12	吉　林
252.00	0.16	327			2	蛟　河
63.56	11.02	1475	1024	0.44	2	桦　甸
391.74		24318	24150	6.90	1	磐　石
646.00	198.00	150000	147000	50.64	7	四　平
220.00	10.10	7110	7100	2.35	2	双　辽
497.35		45592	45532	11.40	7	辽　源
		700	700	0.21		集　安
186.00	1.00	34592	34533	10.40	3	白　山
4661.00		130197	124200	34.30	19	松　原
394.62		680	180	0.08	1	扶　余
2000.00	0.50	23510	20000	6.00	5	白　城
483.00	33.00	600			2	洮　南
1260.00	100.00	34000	17069	7.79	1	大　安
2312.00	100.00	67480	67000	17.00	4	延　吉
	0.67	17588	17123	3.40		图　们
2.00	3.00	7577	7573	3.00	1	敦　化
21.40		700	690	0.22	1	珲　春
0.11	0.54	4670	4620	1.35	1	龙　井
18.00	0.02	4580	4430	1.19	1	和　龙
	29.00	63629	62128	19.00		公主岭
360.00	2.00	23500	23000	5.80	4	梅河口

7-2-3 续表 3

城市名称 Name of Cities	储气能力(万立方米) Gas Storage Capacity (10,000 m^3)	供气管道长度(公里) Length of Gas Supply Pipeline (km)	供气总量(万立方米) 合计 Total	销售气量 Quantity Sold	居民家庭 Households	集中供热 Central Heating
黑 龙 江	**337.13**	**7738.94**	**113245.44**	**109023.39**	**27086.42**	**5376.00**
哈 尔 滨	66.70	3225.13	58427.00	55066.50	12674.00	
双　　城		55.00				
尚　　志	1.44	13.00				
齐齐哈尔	15.00	1269.01	20421.24	20125.67	3626.48	
讷　　河	2.15	55.75	419.63	419.23	60.23	
鸡　　西	12.00	140.91	35.03	33.68	30.65	
密　　山	3.00	32.50	372.50	356.00	175.00	
鹤　　岗	19.50	156.93	1016.70	998.97	998.97	
大　　庆	2.00	1830.00	27574.00	27345.70	7694.00	5376.00
伊　　春	1.82	43.50	0.90	0.90		
铁　　力	8.20	14.00	3.10	3.10	2.00	
佳 木 斯	21.20	684.67	4300.00	4000.00	1550.00	
同　　江	0.70	29.60	24.00	24.00	9.00	
七 台 河	1.12	13.71	35.00	34.00	34.00	
牡 丹 江	13.80	44.33	60.09	59.79	47.19	
海　　林	3.00	35.00	17.00	17.00	17.00	
穆　　棱	6.00	10.50	69.75	69.35	69.35	
绥　　化	50.00	62.00	360.00	360.00	98.55	
安　　达		12.00				
肇　　东	109.50		109.50	109.50		
海　　伦		11.40				
上　　海	**36935.00**	**28601.18**	**734776.22**	**697287.00**	**135038.37**	
江　　苏	**3035.09**	**61125.37**	**969799.09**	**951997.48**	**173195.82**	
南　　京	1004.70	6365.85	104381.95	100310.94	31802.75	
无　　锡	166.00	2474.63	69963.40	68245.08	16091.47	
江　　阴	88.00	1936.14	56442.00	54319.00	2974.00	
宜　　兴	90.00	1514.44	37172.00	35311.00	1804.00	
徐　　州	108.04	1889.59	26582.36	24913.70	7256.18	
新　　沂	11.00	173.80	1694.00	1688.50	330.00	
邳　　州	3.80	397.00	1085.00	1055.00	289.00	
常　　州	197.00	6170.50	77577.63	76045.18	10447.20	
溧　　阳	5.00	453.06	8615.00	8600.00	2572.00	
苏　　州	264.00	7088.84	200918.15	200450.35	23225.13	
常　　熟	36.00	1781.00	31755.55	31749.00	1523.00	
张 家 港	7.80	1326.66	46480.00	46237.00	2339.00	
昆　　山	98.00	3367.32	65962.27	65652.27	14611.00	
太　　仓	10.00	1145.64	21200.48	20802.38	1891.45	
南　　通	133.00	2275.13	23414.92	22828.10	4645.33	

continued 3

Total Gas Supplied(10,000 m³)		用气户数(户) Number of Household with Access to Gas (unit)		用气人口(万人) Population with Access to Gas (10,000 persons)	天然气汽车加气站(座) Gas Stations for CNG-Fueled Motor Vehicles (unit)	城市名称 Name of Cities
燃气汽车 Gas-Powered Automobiles	燃气损失量 Loss Amount		家庭用户 Household User			
31613.46	**4222.05**	**2928808**	**2901255**	**746.85**	**93**	**黑龙江**
19781.30	3360.50	1655246	1641915	418.00	35	哈尔滨
						双城
						尚志
369.68	295.57	415933	411934	105.03	7	齐齐哈尔
359.00	0.40	10270	9266	3.44	2	讷河
3.03	1.35	4996	4993	1.20	1	鸡西
175.00	16.50	10110	6090	3.08	1	密山
	17.73	59998	59998	16.21		鹤岗
9425.00	228.30	519002	517742	136.40	32	大庆
0.90					1	伊春
1.00		1530	1500	0.40	1	铁力
1100.00	300.00	206195	204310	50.24	6	佳木斯
15.00		1100	1080	0.43	1	同江
	1.00	4200	4200	0.89		七台河
12.60	0.30	12287	12286	3.40	1	牡丹江
		1895	1895	0.66		海林
	0.40	9046	9046	2.97		穆棱
261.45		17000	15000	4.50	3	绥化
						安达
109.50					2	肇东
						海伦
5963.18	**37489.22**	**6607801**	**6513219**	**1594.18**	**23**	**上海**
76101.33	**17801.61**	**9081417**	**8936225**	**2345.70**	**236**	**江苏**
20232.67	4071.01	1886095	1878391	464.70	41	南京
4760.59	1718.32	1019825	1016174	223.99	18	无锡
420.00	2123.00	121786	108175	33.21	9	江阴
	1861.00	123161	121363	35.91		宜兴
5319.36	1668.66	448305	446716	139.53	17	徐州
550.00	5.50	18700	17960	8.25	2	新沂
47.00	30.00	19500	19230	10.30	1	邳州
6280.05	1532.45	623853	613106	174.31	18	常州
565.00	15.00	62994	61944	18.57	4	溧阳
3312.73	467.80	1101909	1094230	280.53	15	苏州
712.00	6.55	135229	134521	24.98	4	常熟
4283.00	243.00	118595	117825	35.34	3	张家港
2193.00	310.00	429053	427345	38.81	8	昆山
419.58	398.10	69279	69245	18.82	6	太仓
1764.00	586.82	418057	416034	129.33	10	南通

7-2-3 续表 4

城市名称 Name of Cities	储气能力(万立方米) Gas Storage Capacity (10,000 m^3)	供气管道长度(公里) Length of Gas Supply Pipeline (km)	供气总量(万立方米) 合计 Total	销售气量 Quantity Sold	居民家庭 Households	集中供热 Central Heating
启　东	33.05	622.34	1765.30	1763.85	770.81	
如　皋	300.00	971.00	13845.00	13385.00	9369.00	
海　门	50.00	354.00	1502.00	1500.00	780.00	
连云港	56.64	1410.79	12565.22	11803.00	5735.00	
淮　安	20.00	2088.00	21042.00	20508.00	8265.00	
盐　城	31.00	2025.35	14459.00	14419.00	4191.00	
东　台	4.86	205.00	1368.62	1366.12	277.92	
扬　州	86.50	3528.32	18812.00	18582.00	6544.00	
仪　征	0.60	433.92	10600.00	10536.78	793.71	
高　邮	9.80	636.00	2763.00	2682.00	1150.00	
镇　江		2636.46	34581.12	34581.12	4296.00	
丹　阳	15.00	667.87	11473.00	11389.00	1147.00	
扬　中		769.85	2825.00	2816.70	584.96	
句　容	1.10	182.96	942.10	930.00	380.00	
泰　州	30.00	2950.33	20362.63	20326.72	3096.23	
兴　化	12.00	488.79	1467.00	1446.00	615.00	
靖　江	100.00	743.79	4170.00	3960.00	882.00	
泰　兴	35.00	704.00	7235.00	7022.00	791.00	
宿　迁	27.20	1347.00	14776.39	14772.69	1725.68	
浙　江	**561.48**	**28519.65**	**319276.49**	**315965.01**	**57651.24**	**2873.00**
杭　州	2.10	10944.98	77841.73	76329.69	20659.01	
建　德	24.00	202.00	987.41	987.36	444.31	
临　安		58.40	122.00	122.00	122.00	
宁　波		4368.09	68376.70	68365.30	9862.03	
余　姚	3.00	682.74	3983.00	3861.00	774.00	
慈　溪	3.00	481.00	8053.00	8053.00	954.00	
奉　化	0.99	135.73	1241.78	1233.50	51.91	
温　州	30.00	288.02	3946.64	3871.31	173.42	
乐　清	12.00	133.06	509.96	508.62	58.72	
嘉　兴	55.00	806.37	18455.60	18188.73	4314.23	
海　宁	10.51	317.48	5448.60	5448.04	835.18	
平　湖		122.20	1928.00	1916.00	344.00	
桐　乡	24.00	635.04	6880.37	6880.37	552.45	
湖　州	13.70	1251.69	18210.10	18206.75	1785.00	
绍　兴	77.20	3024.34	61813.77	61119.52	10982.35	
诸　暨	1.50	994.47	3103.11	3051.78	869.61	
嵊　州	10.90	245.00	643.32	642.00	189.73	
金　华	53.12	145.06	5564.67	5525.67	473.89	
兰　溪	10.00	239.72	3085.00	3023.00	150.00	2873.00
义　乌	6.00	216.40	1281.70	1281.70	301.08	
永　康	30.00	228.00	7870.00	7800.00	312.00	
衢　州	15.74	691.55	8316.27	8103.86	608.43	
江　山	12.00	98.05	110.00	105.00	12.82	

continued 4

Total Gas Supplied(10,000 m³)		用气户数(户) Number of Household with Access to Gas (unit)		用气人口(万人) Population with Access to Gas (10,000 persons)	天然气汽车加气站(座) Gas Stations for CNG-Fueled Motor Vehicles (unit)	城市名称 Name of Cities
燃气汽车 Gas-Powered Automobiles	燃气损失量 Loss Amount		家庭用户 Household User			
467.00	1.45	70689	70404	22.00	1	启　东
2000.00	460.00	99696	99572	32.90	9	如　皋
100.00	2.00	39132	39090	15.64	3	海　门
1846.00	762.22	244968	244071	75.01	4	连云港
5795.00	534.00	320660	319553	95.86	12	淮　安
2486.00	40.00	306032	295725	101.10	7	盐　城
191.00	2.50	25316	25235	10.00	1	东　台
4939.00	230.00	375710	369000	89.82	12	扬　州
130.00	63.22	48534	48471	14.54	5	仪　征
1270.00	81.00	38748	38120	11.60	2	高　邮
1228.75		262677	200123	62.82	9	镇　江
	84.00	95385	94650	26.97		丹　阳
360.90	8.30	38700	37930	11.00	1	扬　中
4.10	12.10	23340	22300	7.01	1	句　容
849.60	35.91	195419	193162	45.92	5	泰　州
474.00	21.00	66000	65100	15.10	1	兴　化
446.00	210.00	43206	42597	5.41	2	靖　江
906.00	213.00	72980	72630	22.25	2	泰　兴
1749.00	3.70	117884	116233	44.17	3	宿　迁
35800.39	**3311.48**	**3622349**	**3534129**	**1004.56**	**81**	**浙　江**
9820.09	1512.04	1306850	1289425	409.14	18	杭　州
255.00	0.05	20112	20032	7.55	1	建　德
		1400	1400	0.50		临　安
16220.83	11.40	663091	658842	98.83	27	宁　波
5.00	122.00	69489	68952	20.00	1	余　姚
		36998	36703	12.09		慈　溪
	8.28	13872	13783	8.43		奉　化
	75.33	22239	21975	9.00		温　州
	1.34	8082	8010	2.40		乐　清
643.04	266.87	271574	270397	78.14	3	嘉　兴
122.00	0.56	50580	50194	17.11	1	海　宁
	12.00	28754	28575	8.86		平　湖
		60126	28903	10.31		桐　乡
3407.00	3.35	130391	129480	31.20	11	湖　州
1994.31	694.25	315249	310615	84.51	7	绍　兴
70.00	51.33	53000	52000	22.42	2	诸　暨
	1.32	13290	13195	3.91		嵊　州
564.00	39.00	47256	47004	14.09	3	金　华
	62.00	39127	23560	8.29		兰　溪
		50302	50200	17.60		义　乌
	70.00	17729	11120	9.95		永　康
1676.01	212.41	76697	76256	22.88	4	衢　州
	5.00	1592	1557	1.00		江　山

7-2-3 续表 5

城市名称 Name of Cities	储气能力(万立方米) Gas Storage Capacity ($10,000\ m^3$)	供气管道长度(公里) Length of Gas Supply Pipeline (km)	供气总量(万立方米) 合计 Total	销售气量 Quantity Sold	居民家庭 Households	集中供热 Central Heating
舟　山	0.18	981.41	2922.64	2809.92	1504.27	
台　州	52.20	734.97	5821.86	5771.63	589.00	
温　岭	21.60	324.00	676.50	676.50	650.00	
临　海	17.14	155.18	1617.76	1617.76	62.80	
丽　水	0.60					
龙　泉	75.00	14.70	465.00	465.00	15.00	
安　徽	**1818.70**	**19684.09**	**234584.99**	**228695.81**	**71772.93**	**1540.00**
合　肥	1031.00	5012.43	52333.00	51403.00	20930.00	
巢　湖	100.00	761.00	10200.80	10200.00	6000.00	
芜　湖	310.00	1510.90	32568.35	31109.29	6448.60	
蚌　埠	16.00	1959.72	27660.00	27200.00	8930.00	
淮　南	20.50	1252.25	8868.51	8440.51	3888.37	
马鞍山	54.00	1097.96	22236.92	21631.00	4408.00	
淮　北	41.00	916.59	8108.00	7690.00	2257.00	
铜　陵	30.00	903.14	16836.03	16705.65	2130.79	
安　庆		518.00	6058.00	5800.00	1310.00	
桐　城	1.50	226.00	963.00	938.00	500.00	
黄　山	54.00	201.90	1061.98	1050.03	164.00	
滁　州	15.00	887.61	14133.37	13615.73	1942.25	
天　长	6.00	120.00	816.00	816.00	800.00	
明　光	3.20	180.06	430.00	425.00	300.00	
阜　阳	30.00	585.36	7040.00	6840.00	2828.00	1540.00
界　首	4.00	120.78	839.70	801.00	345.00	
宿　州	39.00	752.99	4663.92	4533.87	1961.94	
六　安	11.03	602.51	6162.00	6080.00	965.70	
亳　州	10.07	836.04	4306.20	4225.20	1839.00	
池　州	6.00	638.99	2300.00	2300.00	2056.00	
宣　城	3.70	406.86	5641.21	5572.53	1195.48	
宁　国	32.70	193.00	1358.00	1319.00	572.80	
福　建	**408.27**	**7928.98**	**148807.42**	**148134.32**	**11466.85**	
福　州	24.00	2006.07	18924.54	18687.08	5246.34	
福　清	99.99	151.14	12561.10	12561.10	147.04	
长　乐	8.20	20.00	1542.00	1539.00	4.50	
厦　门	20.00	2033.41	25041.83	24878.90	3246.98	
莆　田	12.37	769.06	7283.71	7223.98	510.22	
永　安	12.00	152.78	607.78	607.78	239.18	
泉　州	78.50	933.12	5967.00	5800.00	554.00	
石　狮	15.00	182.00	2387.70	2360.00	135.00	
晋　江	24.00	345.74	58584.68	58584.68	250.32	
南　安	14.00	202.00	10500.00	10500.00	98.00	
漳　州	10.00	622.07	3446.17	3437.57	455.45	
龙　海	0.70	50.00	90.55	90.15	32.00	

continued 5

Total Gas Supplied(10,000 m³)		用气户数 (户) Number of Household with Access to Gas (unit)		用气人口 (万人) Population with Access to Gas (10,000 persons)	天然气汽车加气站 (座) Gas Stations for CNG-Fueled Motor Vehicles (unit)	城市名称 Name of Cities
燃气汽车 Gas-Powered Automobiles	燃气损失量 Loss Amount		家庭用户 Household User			
690.00	112.72	197501	196008	50.07	2	舟　山
333.11	50.23	73571	72800	38.69	1	台　州
		45185	45000	14.49		温　岭
		8005	7863	3.00		临　海
						丽　水
		287	280	0.10		龙　泉
39846.93	**5889.18**	**4322508**	**4259067**	**1183.62**	**164**	**安　徽**
4075.00	930.00	1445786	1440448	354.52	63	合　肥
4200.00	0.80	130000	125000	31.60	5	巢　湖
2236.17	1459.06	511101	508342	129.07	12	芜　湖
5073.00	460.00	259884	259400	80.98	10	蚌　埠
3423.33	428.00	250008	248960	73.50	15	淮　南
2151.00	605.92	292771	289589	72.18	3	马鞍山
2578.00	418.00	180236	179526	63.62	5	淮　北
1804.20	130.38	223216	213419	47.40	4	铜　陵
1480.00	258.00	162698	160501	66.50	3	安　庆
438.00	25.00	38000	33000	8.30	1	桐　城
	11.95	15836	15381	4.94		黄　山
2954.73	517.64	133422	125828	36.49	7	滁　州
16.00		32000	30800	9.92	1	天　长
120.00	5.00	32000	31000	11.20	1	明　光
2472.00	200.00	155000	149000	49.45	7	阜　阳
321.00	38.70	16000	15800	5.44	2	界　首
1209.00	130.05	117595	117560	35.26	5	宿　州
2280.00	82.00	89000	88900	29.70	5	六　安
1812.00	81.00	55811	55481	22.19	5	亳　州
244.00		95341	88302	24.32	1	池　州
782.50	68.68	56998	54515	16.60	6	宣　城
177.00	39.00	29805	28315	10.44	3	宁　国
22856.50	**673.10**	**1302300**	**1295508**	**438.16**	**51**	**福　建**
7146.00	237.46	509652	508327	168.08	11	福　州
		14751	14719	7.55		福　清
	3.00	720	717	0.50		长　乐
9100.00	162.93	437240	435813	130.70	17	厦　门
717.16	59.73	48617	48218	16.88	2	莆　田
		26527	26317	10.48		永　安
3484.00	167.00	70977	70164	28.07	12	泉　州
560.00	27.70	14434	14200	4.64	1	石　狮
263.50		37183	36070	24.06	1	晋　江
		15179	15011	2.53		南　安
1003.47	8.60	68322	67703	16.11	3	漳　州
	0.40	4899	4875	1.96		龙　海

7-2-3 续表 6

城市名称 Name of Cities	储气能力(万立方米) Gas Storage Capacity (10,000 m^3)	供气管道长度(公里) Length of Gas Supply Pipeline (km)	供气总量(万立方米) 合计 Total	销售气量 Quantity Sold	居民家庭 Households	集中供热 Central Heating
南　平	13.00	12.84	11.50	11.50	1.50	
龙　岩	46.00	214.61	522.90	522.00	268.00	
漳　平	0.01	0.30	425.50	425.00		
宁　德	10.50	124.00	603.38	599.00	198.00	
福　鼎	20.00	109.84	307.08	306.58	80.32	
江　西	**624.76**	**9429.75**	**73570.14**	**71117.46**	**22195.70**	**17.62**
南　昌	156.20	2616.37	23932.07	22919.23	7487.27	
景德镇	60.00	567.06	8537.84	7986.00	603.18	
萍　乡	53.00	347.00	7685.00	7685.00	3750.00	
九　江	24.00	1020.19	8079.17	8042.41	1834.21	
瑞　昌	3.00	153.55	200.00	200.00	50.00	
共青城		17.59	20.80	20.80	4.70	
新　余	11.00	576.05	3856.97	3483.00	1856.75	
鹰　潭	34.60	143.89	418.76	410.00	410.00	
贵　溪	36.92	91.59	1253.01	1237.24	204.82	
赣　州	64.89	1125.06	6910.31	6810.28	1819.67	17.62
瑞　金	7.00	72.96	215.42	215.30	108.50	
吉　安	37.00	652.00	1536.00	1498.00	1056.00	
井冈山	0.20	4.80	1.65	1.65	1.65	
宜　春	28.00	687.73	5798.84	5734.16	1002.71	
丰　城	3.00	250.66	662.25	527.10	527.10	
樟　树	16.75	141.35	325.50	320.00	231.00	
抚　州	50.00	416.32	2874.85	2844.49	428.34	
上　饶	38.70	468.78	1260.90	1182.00	819.00	
德　兴	0.50	76.80	0.80	0.80	0.80	
山　东	**1193.50**	**44092.57**	**633917.47**	**610393.69**	**161691.54**	**47776.01**
济　南	100.00	3980.00	60793.00	50731.00	15243.00	8550.00
章　丘	0.70	408.15	2850.00	2850.00	1082.00	
青　岛	117.00	5587.04	70311.00	65888.19	18630.53	3698.09
胶　州	5.00	908.00	7911.00	7813.00	1589.00	585.00
即　墨	36.00	870.41	6552.00	6123.00	3051.00	
平　度	11.60	743.40	4171.00	3993.00	978.00	
莱　西	10.00	763.04	4700.82	4465.82	385.00	
淄　博	77.79	2624.92	84547.37	83650.06	16860.83	7983.36
枣　庄	17.60	1713.63	9841.00	8414.00	3554.50	650.00
滕　州	8.83	721.55	9955.73	9851.46	1287.11	
东　营	100.00	1076.22	27931.26	27631.00	13116.45	115.00
烟　台	70.00	1814.21	25572.35	24571.50	6684.00	10.50
龙　口	107.40	1067.12	36656.24	35894.24	2532.00	
莱　阳	30.00	428.57	2576.00	2568.00	610.00	
莱　州	5.20	72.00	1775.00	1720.00	630.00	
蓬　莱		157.30	3428.22	3426.18	525.37	

continued 6

Total Gas Supplied(10,000 m^3)		用气户数(户) Number of Household with Access to Gas (unit)		用气人口(万人) Population with Access to Gas (10,000 persons)	天然气汽车加气站(座) Gas Stations for CNG-Fueled Motor Vehicles (unit)	城市名称 Name of Cities
燃气汽车 Gas-Powered Automobiles	燃气损失量 Loss Amount		家庭用户 Household User			
10.00		1463	1462	0.44	1	南　平
	0.90	23368	23242	9.30		龙　岩
425.00	0.50				1	漳　平
144.00	4.38	19800	19670	12.70	1	宁　德
3.37	0.50	9168	9000	4.16	1	福　鼎
5406.93	**2452.68**	**1602663**	**1592762**	**503.36**	**25**	**江　西**
1606.00	1012.84	631618	628956	177.35	12	南　昌
	551.84	92892	92380	27.00		景德镇
820.00		83222	83000	29.00	3	萍　乡
509.72	36.76	122795	122238	30.22	2	九　江
		2930	2920	0.86		瑞　昌
		613	605	0.18		共青城
485.00	373.97	165855	165255	42.20	2	新　余
	8.76	11000	11000	4.20		鹰　潭
	15.77	9701	9642	2.05		贵　溪
1060.73	100.03	146608	146127	63.86	2	赣　州
	0.12	7802	7756	3.17		瑞　金
100.00	38.00	83170	82883	29.31	1	吉　安
		273	273	0.07		井冈山
825.48	64.68	84281	80650	25.15	3	宜　春
	135.15	33588	33588	18.48		丰　城
	5.50	28978	28756	10.50		樟　树
	30.36	49102	48860	23.00		抚　州
	78.90	48125	47763	16.72		上　饶
		110	110	0.04		德　兴
130582.52	**23523.78**	**8902607**	**8769105**	**2454.21**	**420**	**山　东**
26899.00	10062.00	1136670	1132839	226.00	55	济　南
107.00		78000	77000	23.36	1	章　丘
12588.89	4422.81	1464222	1456332	309.34	56	青　岛
1038.00	98.00	171202	171020	34.24	3	胶　州
	429.00	134452	134328	40.28		即　墨
580.13	178.00	79300	79060	27.42	5	平　度
260.00	235.00	52196	52127	16.67	1	莱　西
5084.81	897.31	499773	494772	150.48	46	淄　博
1080.25	1427.00	279930	276105	85.18	4	枣　庄
1651.33	104.27	159185	158497	36.60	3	滕　州
8968.41	300.26	177560	168370	57.96	26	东　营
3193.19	1000.85	439315	436591	161.89	7	烟　台
1348.24	762.00	87030	84083	26.78	3	龙　口
998.00	8.00	58229	57834	21.85	3	莱　阳
350.00	55.00	54000	52500	17.40	2	莱　州
511.02	2.04	50141	49921	13.98	2	蓬　莱

7-2-3 续表 7

城市名称 Name of Cities	储气能力(万立方米) Gas Storage Capacity (10,000 m^3)	供气管道长度(公里) Length of Gas Supply Pipeline (km)	供气总量(万立方米) 合计 Total	销售气量 Quantity Sold	居民家庭 Households	集中供热 Central Heating
招　远	0.42	313.50	1580.00	1495.00	407.00	
栖　霞	2.00	267.00	1427.80	1410.00	581.00	
海　阳	16.00	732.00	842.40	842.40	371.00	
潍　坊	8.00	1494.97	23772.00	23392.00	4350.00	3910.00
青　州		604.60	3911.36	3870.00	801.42	
诸　城	8.50	666.18	6320.00	6300.00	1006.00	121.00
寿　光	24.00	287.00	9620.00	9600.00	1200.00	310.00
安　丘	2.50	264.72	3861.10	3838.00	503.00	
高　密		447.55	3622.20	3615.40	1822.90	786.80
昌　邑	1.00	234.50	1853.00	1741.00	1228.00	163.00
济　宁	21.00	1301.65	20929.93	20451.70	2958.21	
曲　阜	6.00	301.43	3219.00	3192.00	839.00	
邹　城	3.50	542.28	2703.00	2703.00	1004.00	
泰　安	200.00	1768.84	21273.19	20655.18	8293.32	2564.00
新　泰	15.00	129.48	2390.00	2388.00	360.00	
肥　城	20.00	300.00	3800.00	3796.00	2850.00	
威　海	72.00	2242.51	10333.00	10092.00	2826.00	
荣　成	10.00	529.20	1020.00	1018.00	496.00	
乳　山	5.26	340.17	1199.50	1192.00	682.00	
日　照	36.00	657.50	14348.00	14300.00	5820.00	
莱　芜	5.00	480.00	9241.42	9241.00	1463.00	
临　沂		3350.91	52301.66	51832.95	16182.03	2839.66
德　州	18.00	1692.57	20387.18	20193.60	4592.79	697.77
乐　陵	2.00	51.40	2174.50	2168.60	1670.60	
禹　城	0.70	333.40	6172.91	6172.00	2530.00	
聊　城	1.00	1136.76	13702.50	13253.80	3018.66	806.45
临　清	3.00	74.30	3684.00	3684.00	1451.00	284.00
滨　州	14.20	400.29	13075.83	12885.61	3425.82	421.38
菏　泽	1.30	212.30	15580.00	15480.00	2200.00	13280.00
河　南	**497.49**	**19732.29**	**332808.06**	**324349.28**	**109378.43**	**9317.06**
郑　州	240.00	5495.00	106894.56	103144.45	34280.31	4642.00
巩　义		120.37	6864.00	6780.00	2460.80	
荥　阳		179.00	1325.05	1314.00	682.00	
新　密	11.20	249.01	2890.20	2860.00	1310.00	
新　郑	0.91	219.94	4386.00	4320.00	1483.00	869.00
登　封	1.50	106.65	2768.50	2750.00	172.00	
开　封	34.00	1359.57	11694.86	11648.68	3430.98	1045.86
洛　阳		333.03	22306.00	22146.00	3606.00	960.00
偃　师		32.64	1375.70	1370.00	1270.00	
平顶山	20.00	399.44	9321.00	9321.00	3000.00	
舞　钢	2.00	49.40	892.03	892.00	472.00	
安　阳	3.00	1683.00	23477.00	22419.00	6158.00	
林　州	8.00	566.37	2343.00	2226.00	1941.00	

continued 7

Total Gas Supplied(10,000 m^3) 燃气汽车 Gas-Powered Automobiles	燃气损失量 Loss Amount	用气户数(户) Number of Household with Access to Gas (unit)	家庭用户 Household User	用气人口(万人) Population with Access to Gas (10,000 persons)	天然气汽车加气站(座) Gas Stations for CNG-Fueled Motor Vehicles (unit)	城市名称 Name of Cities
320.00	85.00	55292	55097	15.49	2	招　远
120.00	17.80	36497	36436	12.60	1	栖　霞
240.00		62710	62630	17.80	5	海　阳
4745.00	380.00	398840	397650	104.72	23	潍　坊
2500.00	41.36	92330	92130	31.00	5	青　州
2110.00	20.00	81056	79788	25.33	3	诸　城
8090.00	20.00	58428	58370	20.45	11	寿　光
1908.00	23.10	85033	83401	25.90	5	安　丘
847.25	6.80	63158	60242	23.90	4	高　密
350.00	112.00	51500	51000	12.59	4	昌　邑
1226.90	478.23	379186	378146	127.60	7	济　宁
428.80	27.00	52374	52167	18.13	1	曲　阜
660.00		100138	99556	28.12	2	邹　城
3628.00	618.01	290175	248916	65.20	9	泰　安
2020.00	2.00	46220	45330	21.00	3	新　泰
845.00	4.00	80039	79685	26.60	2	肥　城
1702.00	241.00	411680	405207	90.18	8	威　海
	2.00	78052	76470	25.78		荣　成
58.00	7.50	85770	75640	18.91	1	乳　山
4746.00	48.00	122679	121378	38.44	12	日　照
5632.00	0.42	106952	103403	30.60	23	莱　芜
10301.88	468.71	403156	394800	140.13	15	临　沂
5907.46	193.58	300040	297433	82.95	25	德　州
498.00	5.90	52954	49865	13.05	4	乐　陵
490.00	0.91	51280	51000	16.80	4	禹　城
2206.89	448.70	188831	186849	76.44	6	聊　城
1380.00		32113	30423	17.38	3	临　清
2963.07	190.22	167969	167814	63.85	15	滨　州
	100.00	46950	46900	13.84		菏　泽
55294.24	**8458.78**	**5084417**	**4939374**	**1590.52**	**130**	**河　南**
18177.98	3750.11	1691182	1685810	513.43	14	郑　州
	84.00	55117	53935	23.14		巩　义
0.68	11.05	33680	33380	10.10	1	荥　阳
1027.31	30.20	35268	35100	11.98	2	新　密
1968.00	66.00	41000	31000	16.00	3	新　郑
1330.00	18.50	14700	13300	6.50	2	登　封
3033.55	46.18	260652	259616	79.76	16	开　封
1635.00	160.00	456219	455126	153.10	10	洛　阳
99.96	5.70	29461	29460	10.35	1	偃　师
2179.00		220589	220004	85.00	10	平顶山
420.00	0.03	25100	25040	9.20	2	舞　钢
523.00	1058.00	245000	200450	60.65	3	安　阳
285.00	117.00	60354	60121	16.98	2	林　州

7-2-3 续表 8

城市名称 Name of Cities	储气能力(万立方米) Gas Storage Capacity ($10,000\ m^3$)	供气管道长度(公里) Length of Gas Supply Pipeline (km)	供气总量(万立方米)			
			合计 Total	销售气量 Quantity Sold	居民家庭 Households	集中供热 Central Heating
鹤　壁	2.00	349.60	3832.00	3720.00	2095.00	
新　乡		1269.40	14891.00	14069.00	9145.00	
卫　辉		71.41	1069.10	1059.00	720.00	
辉　县		185.00	4280.00	4280.00	1328.00	
焦　作	35.90	1479.49	17922.00	17477.00	6135.00	
沁　阳		303.30	1656.00	1656.00	367.00	
孟　州		170.00	1202.20	1198.70	1198.70	
濮　阳		387.99	6251.60	6250.00	4100.00	
许　昌	7.00	218.24	6236.00	5910.00	3330.00	
禹　州		133.85	4110.00	4060.00	1490.00	1600.00
长　葛		76.02	9250.00	9200.00	370.00	
漯　河		311.60	2468.00	2450.00	1538.00	
三门峡	22.56	204.86	11265.35	11207.05	517.00	
义　马		92.00	549.01	532.54	373.01	
灵　宝	1.40	81.00	161.30	159.78	159.78	
南　阳	23.80	411.58	6991.00	6811.00	3279.00	
邓　州	2.20	20.53	284.22	284.00	191.00	
商　丘	20.00	721.89	6971.30	6727.30	1380.50	
永　城	24.50	232.00	1208.90	1168.90	521.80	200.20
信　阳	25.00	597.47	10995.00	10835.00	3977.00	
周　口	6.00	495.29	7518.00	7518.00	1254.00	
项　城	0.52	218.35	1190.13	1188.87	684.23	
驻马店		591.00	6016.05	5612.01	2747.32	
济　源	6.00	317.00	9952.00	9784.00	2211.00	
湖　北	**434.34**	**22502.54**	**330397.04**	**323610.83**	**72600.61**	**1492.00**
武　汉	80.00	8040.00	156560.00	152000.00	27360.00	
黄　石	16.50	829.16	20726.51	20675.19	1526.00	
大　冶	6.47	420.98	15713.07	15581.96	551.87	
十　堰	5.00	445.90	3664.00	3590.00	1565.29	1492.00
丹江口	6.00	258.53	1968.70	1949.93	227.72	
宜　昌	9.50	1418.27	16000.92	15610.92	4548.00	
宜　都	2.70	558.67	3046.00	2930.00	1330.00	
当　阳	9.00	289.55	2285.28	2283.00	340.00	
枝　江	1.54	137.30	1309.00	1289.00	345.00	
襄　阳	55.00	987.00	19830.49	19821.37	5925.00	
老河口	4.20	154.60	974.50	965.00	675.00	
枣　阳	3.00	267.70	971.00	962.00	265.00	
宜　城	4.00	274.36	2180.00	2105.00	1094.00	
鄂　州		557.00	3935.00	3870.00	1700.00	
荆　门	0.91	968.33	10540.59	10360.59	2167.56	
钟　祥	60.00	230.00	1865.00	1855.00	1195.00	
孝　感	42.00	178.00	5800.00	5800.00	1200.00	

continued 8

Total Gas Supplied(10,000 m³)		用气户数(户) Number of Household with Access to Gas (unit)	家庭用户 Household User	用气人口(万人) Population with Access to Gas (10,000 persons)	天然气汽车加气站(座) Gas Stations for CNG-Fueled Motor Vehicles (unit)	城市名称 Name of Cities
燃气汽车 Gas-Powered Automobiles	燃气损失量 Loss Amount					
	112.00	129980	129550	40.00		鹤　壁
2814.00	822.00	295047	263089	72.30	8	新　乡
36.00	10.10	21234	21195	6.87	2	卫　辉
680.00		27890	27724	9.98	3	辉　县
	445.00	218870	218121	74.10		焦　作
		14972	14900	5.00		沁　阳
	3.50	30000	30000	14.00		孟　州
	1.60	152456	145640	50.00		濮　阳
2400.00	326.00	93210	90100	27.40	4	许　昌
640.00	50.00	33400	31500	9.80	2	禹　州
315.00	50.00	17180	16900	6.00	2	长　葛
6.80	18.00	60300	58202	20.30	3	漯　河
2.02	58.30	74546	63560	22.20	3	三门峡
	16.47	36301	36215	10.90		义　马
	1.52	20263	20263	7.50		灵　宝
2252.00	180.00	194492	193834	59.30	10	南　阳
93.00	0.22	7265	7202	3.60	4	邓　州
1407.40	244.00	85922	85476	30.07	5	商　丘
446.90	40.00	39259	39152	14.91	2	永　城
5995.00	160.00	96985	95179	28.22	8	信　阳
6264.00		46542	44935	19.42	4	周　口
504.64	1.26	29466	29000	8.98	1	项　城
	404.04	94204	79843	23.95		驻马店
758.00	168.00	96311	95452	29.53	3	济　源
51692.11	**6786.21**	**4028224**	**3886537**	**1282.51**	**157**	**湖　北**
21250.00	4560.00	1656051	1622930	520.00	63	武　汉
2808.44	51.32	130084	127826	42.69	7	黄　石
591.00	131.11	33526	33302	13.32	2	大　冶
404.30	74.00	184184	183745	54.30	3	十　堰
124.78	18.77	22950	22283	7.80	1	丹江口
5239.04	390.00	231030	213000	77.01	11	宜　昌
27.00	116.00	31668	27720	13.80	1	宜　都
263.00	2.28	26401	25706	8.89	2	当　阳
	20.00	26510	25050	9.50		枝　江
4364.65	9.12	277435	240213	99.90	9	襄　阳
130.00	9.50	56910	56213	20.00	1	老河口
312.00	9.00	25479	25194	6.00	1	枣　阳
416.00	75.00	24600	24450	8.50	1	宜　城
890.00	65.00	39542	38296	13.51	2	鄂　州
1608.04	180.00	165466	164592	36.00	5	荆　门
660.00	10.00	33976	30740	9.55	1	钟　祥
900.00		79140	74000	19.50	5	孝　感

7-2-3 续表 9

城市名称 Name of Cities	储气能力(万立方米) Gas Storage Capacity (10,000 m^3)	供气管道长度(公里) Length of Gas Supply Pipeline (km)	供气总量(万立方米)			
			合计 Total	销售气量 Quantity Sold	居民家庭 Households	集中供热 Central Heating
应　城	3.80		987.86	978.56	476.78	
安　陆	3.00	121.00	1690.00	1650.00	260.00	
汉　川	5.50	174.28	3350.00	3300.00	309.50	
荆　州		1175.50	15601.80	15163.80	3366.80	
石　首	1.37	62.68	392.01	392.00	119.00	
洪　湖	10.00	132.50	280.30	267.30	245.30	
松　滋	0.65	280.69	812.00	801.00	801.00	
黄　冈	6.30	453.83	2720.00	2668.00	1428.00	
麻　城	3.70	225.57	1205.40	1200.00	650.00	
武　穴	2.00	608.00	821.50	817.00	745.00	
咸　宁	34.00	452.00	10390.50	10369.00	1907.00	
赤　壁	4.50	43.81	368.90	365.30	29.50	
随　州	2.20	71.80	2384.90	2341.00	794.57	
广　水	1.80	47.00	352.75	347.35	233.02	
恩　施	10.00	723.23	5676.00	5555.00	1899.00	
利　川	2.00	502.50	3710.00	3570.00	2657.00	
仙　桃	12.00	269.00	5110.00	5076.00	1200.00	
潜　江	20.40	785.65	5553.06	5512.56	2210.38	
天　门	5.30	358.15	1620.00	1588.00	1253.32	
湖　南	**1999.38**	**12534.88**	**215488.42**	**211815.30**	**61734.40**	**1025.00**
长　沙	1280.00	1358.00	72731.00	70179.00	23057.00	
浏　阳	7.00	46.16	1227.14	1227.14	536.91	
株　洲	15.00	1473.87	22101.62	21739.62	6662.68	
醴　陵	5.00	519.10	21844.00	21844.00	843.00	
湘　潭	5.00	1505.00	15006.00	15003.00	3665.00	
湘　乡	2.00	189.00	373.00	359.60	197.00	
韶　山	6.00	84.07	125.00	125.00	125.00	
衡　阳	25.00	2277.00	14856.19	14856.19	4518.80	
耒　阳	0.55	15.98	9.78	9.62	9.62	
常　宁		350.00	33.00	33.00	33.00	
邵　阳	432.00	550.00	2912.00	2802.00	2139.00	
武　冈	13.00	153.48	409.00	401.00	253.00	
岳　阳	10.40	992.30	16297.00	16080.00	4300.00	1025.00
汨　罗	0.35	122.73	1774.00	1770.00	224.00	
临　湘	2.00	33.50	981.50	980.00	245.00	
常　德	40.00	1470.73	30864.00	30686.00	9100.00	
津　市	8.00	130.00	310.20	310.00	220.00	
张家界	23.12	208.80	1095.37	1063.51	437.00	
益　阳	3.80	237.00	6118.13	6002.93	1853.00	
沅　江	12.00	102.30	1624.00	1620.00	1200.00	
郴　州	54.00	355.00	3043.50	2985.80	890.00	
资　兴	18.00	56.00	281.00	266.00	266.00	
永　州	21.00	90.00	336.50	336.50	326.50	

continued 9

Total Gas Supplied(10,000 m^3)		用气户数 (户) Number of Household with Access to Gas (unit)	家庭用户 Household User	用气人口 (万人) Population with Access to Gas (10,000 persons)	天然气汽车加气站 (座) Gas Stations for CNG-Fueled Motor Vehicles (unit)	城市名称 Name of Cities
燃气汽车 Gas-Powered Automobiles	燃气损失量 Loss Amount					
240.41	9.30	13830	13605	3.89	2	应城
280.00	40.00	22802	21440	4.70	1	安陆
66.10	50.00	29760	29230	14.80	1	汉川
6160.00	438.00	169611	167964	55.30	8	荆州
140.00	0.01	9010	8934	3.60	1	石首
5.10	13.00	44578	40576	14.03	1	洪湖
	11.00	28756	28756	8.40		松滋
1100.53	52.00	74974	74217	21.00	4	黄冈
400.00	5.40	15710	15065	5.80	2	麻城
	4.50	31914	31451	13.40		武穴
296.00	21.50	62147	61785	16.33	5	咸宁
1.19	3.60	4678	4180	0.52	1	赤壁
644.20	43.90	49275	48959	44.77	2	随州
114.33	5.40	8524	8000	2.56	1	广水
21.00	121.00	88801	87186	19.20	1	恩施
387.00	140.00	59852	58852	18.40	2	利川
785.00	34.00	85000	84500	25.00	6	仙桃
728.32	40.50	128400	111299	36.85	2	潜江
334.68	32.00	55650	55278	13.69	2	天门
28282.77	**3673.12**	**3001977**	**2837238**	**851.85**	**75**	**湖南**
10345.00	2552.00	1015879	1011474	260.00	23	长沙
		39619	38569	14.69		浏阳
2049.00	362.00	346121	343514	103.06	4	株洲
539.00		37811	37745	12.60	1	醴陵
4745.00	3.00	180247	180236	58.18	7	湘潭
	13.40	28991	28874	8.70		湘乡
		3088	3088	1.00		韶山
3004.00		320494	317629	91.00	5	衡阳
	0.16	950	950	0.29		耒阳
		4800	4800	1.90		常宁
663.00	110.00	100000	99700	40.00	2	邵阳
	8.00	15330	15000	5.47		武冈
1900.00	217.00	194000	191430	59.50	4	岳阳
167.00	4.00	11448	11034	6.68	1	汨罗
230.00	1.50	13250	11480	8.90	2	临湘
1975.00	178.00	231000	210000	69.50	4	常德
90.00	0.20	16369	15969	5.33	1	津市
161.97	31.86	21097	19197	4.40	2	张家界
1583.80	115.20	150900	150000	48.29	3	益阳
324.00	4.00	30000	29400	9.00	2	沅江
	57.70	56112	55733	22.29		郴州
	15.00	6000	6000	4.00		资兴
6.00		9973	9918	3.39	1	永州

7-2-3 续表 10

城市名称 Name of Cities	储气能力(万立方米) Gas Storage Capacity (10,000 m^3)	供气管道长度(公里) Length of Gas Supply Pipeline (km)	供气总量(万立方米) 合计 Total	销售气量 Quantity Sold	居民家庭 Households	集中供热 Central Heating
怀　化		165.26	473.00	473.00	365.50	
娄　底			395.00	395.00		
冷水江	0.16	10.50	3.19	3.11	3.11	
涟　源		18.00	15.02	15.00	15.00	
吉　首	16.00	21.10	249.28	249.28	249.28	
广　东	**3775.91**	**27656.35**	**1232937.64**	**1223287.82**	**110220.79**	**15743.39**
广　州	664.42	8598.62	174628.92	168742.21	28785.15	11392.17
韶　关	39.00	619.80	2748.00	2698.00	1436.00	40.00
乐　昌	6.44	28.57	80.00	80.00	56.00	
南　雄	13.50	60.16	57.70	57.00	52.00	
深　圳	285.39	5391.00	775224.70	772997.99	27150.30	
珠　海	76.92	575.15	12275.00	12275.00	5895.00	
汕　头	42.00	96.30	2496.67	2496.67	270.58	
佛　山	58.36	3157.16	95778.44	95649.91	8140.96	
江　门	65.40	488.04	10664.39	10555.86	386.80	2238.63
台　山	2.70	5.00	2.20	2.20		
开　平	1.00	38.21	964.22	963.82	6.75	
鹤　山	6.36	6.70	66.34	65.59	10.34	
湛　江	72.00	581.30	9838.45	9838.45	1596.47	
茂　名	36.00	120.20	1438.90	1418.90	574.30	
高　州		20.00				
化　州	0.65	6.22	1.82	1.82	0.71	
信　宜		10.00				
肇　庆	93.00	353.84	10473.61	10464.05	1001.20	
四　会	51.90	53.50	238.00	238.00	75.00	
惠　州	0.13	1359.66	11658.70	11636.34	4995.28	
梅　州	39.00	336.29	979.35	979.13	676.10	
兴　宁	0.20	17.60	0.89	0.89	0.89	
汕　尾	5.20	35.56	172.97	172.89	81.55	
陆　丰		18.00	9.61	9.61	9.61	
河　源	30.00	169.70	1301.15	1296.06	578.45	
阳　江	24.00		1384.92	1375.29	1375.29	
阳　春	12.00	47.40	230.90	230.00	230.00	
清　远	45.60	509.77	6384.61	6383.61	1274.61	
英　德	16.74	49.47	376.10	376.10	70.35	
连　州	11.00	23.00	547.03	547.00	3.00	
东　莞	1845.80	3477.26	73856.91	73758.83	19563.51	1734.19
中　山	54.00	781.44	10714.40	10578.26	2725.76	
潮　州	103.20	163.53	24383.00	23511.00		
揭　阳	50.00	116.00	2856.00	2795.00	2511.00	
普　宁	12.00	102.80	564.00	561.20	392.80	168.40
云　浮	6.00	201.00	468.60	460.00	289.00	170.00
罗　定	6.00	38.10	71.14	71.14	6.03	

continued 10

Total Gas Supplied(10,000 m^3)		用气户数（户）Number of Household with Access to Gas (unit)		用气人口（万人）Population with Access to Gas (10,000 persons)	天然气汽车加气站（座）Gas Stations for CNG-Fueled Motor Vehicles (unit)	城市名称 Name of Cities
燃气汽车 Gas-Powered Automobiles	燃气损失量 Loss Amount		家庭用户 Household User			
105.00		160000	37000	11.00	11	怀化
395.00					2	娄底
	0.08	438	438	0.18		冷水江
	0.02	2300	2300	1.00		涟源
		5760	5760	1.50		吉首
53206.50	**9649.82**	**6092923**	**5822821**	**1885.40**	**118**	**广东**
10206.19	5886.71	2035193	2022062	608.17	16	广州
60.00	50.00	102465	101699	26.00	1	韶关
		5210	5169	1.30		乐昌
	0.70	6157	6096	1.95		南雄
7466.77	2226.71	1601300	1590855	556.80	22	深圳
6380.00		180500	180000	46.80	10	珠海
443.95		22315	22146	8.73	1	汕头
10033.89	128.53	529304	310103	87.32	17	佛山
2184.05	108.53	66692	65896	22.67	5	江门
2.10		2			1	台山
	0.40	1828	1764	0.54		开平
55.25	0.75	2167	2016	0.65	1	鹤山
3053.00		120961	120383	53.91	7	湛江
405.00	20.00	65948	65697	24.20	1	茂名
						高州
		1814	1738	0.61		化州
						信宜
2560.00	9.56	66867	66374	23.28	6	肇庆
		12887	11946	3.80		四会
3746.00	22.36	272003	261932	83.23	6	惠州
302.70	0.22	30715	30623	12.25	1	梅州
		522	522	0.21		兴宁
	0.08	6373	6325	2.53		汕尾
		536	536	0.27		陆丰
	5.09	38652	38413	16.24		河源
	9.63	37600	37600	13.16		阳江
	0.90	2858	2858	1.16		阳春
	1.00	80988	80568	21.20		清远
69.85		3014	2969	1.20	2	英德
	0.03	660	650	0.20		连州
3835.70	98.08	594731	586339	193.86	15	东莞
2116.37	136.14	150294	148314	51.91	4	中山
	872.00	1952	946			潮州
284.00	61.00	15455	15427	4.93	1	揭阳
	2.80	11856	11775	5.89		普宁
	8.60	22101	22100	10.00		云浮
1.68		1003	980	0.43	1	罗定

7-2-3 续表 11

城市名称 Name of Cities	储气能力(万立方米) Gas Storage Capacity ($10,000\ m^3$)	供气管道长度(公里) Length of Gas Supply Pipeline (km)	供气总量(万立方米) 合计 Total	销售气量 Quantity Sold	居民家庭 Households	集中供热 Central Heating
广　西	**491.86**	**4219.64**	**38788.79**	**38485.09**	**15726.08**	
南　宁	120.00	629.29	18744.73	18744.65	6656.39	
柳　州	74.83	819.98	5809.56	5689.56	2811.32	
桂　林	78.00	350.66	4075.00	3936.00	1657.00	
梧　州	0.04	198.67	1319.33	1316.83	563.57	
岑　溪		11.67	19.78	19.20	19.20	
北　海	56.80	567.80	2940.79	2940.76	1095.40	
防城港	8.00	215.00	445.88	444.56	319.76	
东　兴	12.00	30.24	110.63	108.00	27.00	
钦　州	18.00	249.07	952.19	940.45	554.22	
贵　港	22.00	226.67	803.77	803.00	466.20	
桂　平	6.50	60.00	46.56	46.00	46.00	
玉　林	24.00	319.62	2175.99	2163.99	1075.00	
北　流	60.00	244.20	844.90	836.00	118.00	
百　色	3.60	98.74	110.30	109.40	40.50	
贺　州		30.13	12.73	12.11	5.31	
河　池	1.68	17.00	4.34	4.32	4.32	
宜　州		19.00	14.13	13.50	13.50	
来　宾	6.00	64.36	323.86	322.87	219.50	
合　山	0.03	32.00	5.78	5.77	5.77	
崇　左	0.38	35.54	28.54	28.12	28.12	
海　南	**80.06**	**2471.48**	**29004.16**	**28993.79**	**12008.00**	
海　口	22.00	1313.59	19013.00	19013.00	9800.00	
三　亚	26.00	913.86	7633.70	7633.70	944.91	
儋　州	6.00	29.00	350.00	350.00	150.00	
琼　海	1.30	64.00	1104.50	1104.00	550.00	
文　昌	0.40	59.00	328.22	326.35	315.35	
万　宁	9.05	40.80	359.00	351.00	32.00	
东　方	15.31	51.23	215.74	215.74	215.74	
重　庆	**182.65**	**20051.24**	**349377.81**	**336130.11**	**131561.61**	**4014.78**
四　川	**228.43**	**39839.20**	**627975.71**	**614262.03**	**228633.18**	**3456.09**
成　都	56.60	12471.79	227091.90	222766.30	99126.84	
都江堰	7.20	1400.00	6439.00	6439.00	3128.00	
彭　州		1710.00	12923.51	12923.51	3927.77	
邛　崃		660.00	5252.00	4732.00	3220.00	
崇　州		450.00	5017.00	5017.00	2840.00	
自　贡	16.40	4110.78	23145.96	22783.24	10903.70	
攀枝花	13.76	82.18	153.01	152.97	139.00	
泸　州	4.00	958.58	80524.38	79496.16	10835.39	
德　阳	9.96	1061.53	52238.00	51831.00	5540.00	

continued 11

Total Gas Supplied(10,000 m³) 燃气汽车 Gas-Powered Automobiles	燃气损失量 Loss Amount	用气户数 (户) Number of Household with Access to Gas (unit)	家庭用户 Household User	用气人口 (万人) Population with Access to Gas (10,000 persons)	天然气汽车加气站 (座) Gas Stations for CNG-Fueled Motor Vehicles (unit)	城市名称 Name of Cities
7836.40	**303.70**	**1093872**	**1082960**	**347.52**	**33**	**广 西**
5348.89	0.08	478844	477120	155.54	13	南 宁
609.55	120.00	185933	185591	50.03	2	柳 州
1061.00	139.00	121695	121375	37.40	4	桂 林
77.56	2.50	37557	37269	13.04	1	梧 州
	0.58	1428	1428	0.50		岑 溪
85.00	0.03	50000	48000	11.70	2	北 海
124.80	1.32	14950	14855	4.10	2	防 城 港
	2.63	3000	2918	0.90		东 兴
	11.74	48348	43912	14.38		钦 州
74.40	0.77	41479	41320	11.92	3	贵 港
	0.56	4600	4600	1.90		桂 平
320.00	12.00	49000	48800	19.60	2	玉 林
	8.90	29608	29505	17.70		北 流
35.20	0.90	6000	5940	1.50	2	百 色
	0.62	605	604	0.23		贺 州
	0.02	360	360	0.11		河 池
	0.63	1850	1850	0.75		宜 州
100.00	0.99	14747	13645	5.05	2	来 宾
	0.01	125	125	0.05		合 山
	0.42	3743	3743	1.12		崇 左
11838.15	**10.37**	**476550**	**450747**	**148.66**	**34**	**海 南**
8200.00		288299	267079	108.00	20	海 口
2926.85		125906	125073	28.00	6	三 亚
200.00		11500	10000	1.90	1	儋 州
500.50	0.50	22000	21000	6.00	4	琼 海
10.00	1.87	22463	21463	1.23	1	文 昌
0.80	8.00	1653	1403	1.41	2	万 宁
		4729	4729	2.12		东 方
42229.33	**13247.70**	**4983397**	**4728290**	**1180.56**	**88**	**重 庆**
84335.63	**13713.68**	**8346092**	**7971082**	**1702.89**	**174**	**四 川**
33814.22	4325.60	3409547	3346390	488.63	64	成 都
1088.00		128928	125277	27.50	4	都 江 堰
827.95		168830	154434	17.96	3	彭 州
1156.00	520.00	78181	77758	16.00	1	邛 崃
951.00		37980	35780	12.60	2	崇 州
1806.35	362.72	391799	376188	112.67	10	自 贡
13.97	0.04	4102	4100	1.23	2	攀 枝 花
5204.67	1028.22	250822	210250	103.69	6	泸 州
3237.50	407.00	280068	231566	48.00	13	德 阳

7-2-3 续表 12

城市名称 Name of Cities	储气能力(万立方米) Gas Storage Capacity (10,000 m^3)	供气管道长度(公里) Length of Gas Supply Pipeline (km)	供气总量(万立方米) 合计 Total	销售气量 Quantity Sold	居民家庭 Households	集中供热 Central Heating
广　汉		453.37	6624.91	6518.27	3144.81	
什　邡	0.40	330.26	5950.00	5950.00	1500.00	
绵　竹		386.00	9035.30	9026.00	2006.00	
绵　阳	10.00	2281.02	39936.28	39010.95	13259.11	
江　油	4.00	425.70	6075.04	5495.04	3205.80	
广　元		569.33	9503.23	9138.86	4555.23	
遂　宁	12.71	2099.90	14254.15	13837.27	7061.47	2990.09
内　江	11.00	1026.29	11567.60	11116.60	4108.00	244.00
乐　山	2.50	849.56	22801.63	22574.56	6593.67	
峨眉山		350.81	3682.00	3230.00	1286.00	
南　充	8.00	812.00	17320.00	16520.00	7567.00	
阆　中	6.00	352.00	3356.00	3196.00	1962.00	
眉　山		813.48	8826.44	8638.32	4634.89	
宜　宾	10.00	967.08	13934.50	13607.45	5551.19	
广　安	2.40	900.42	7152.88	6766.44	3796.60	
华　蓥	0.80	380.00	1256.00	1250.00	880.00	
达　州	30.00	1055.00	8641.00	8327.00	5147.00	
万　源	2.50	16.80	146.20	139.40	110.10	
雅　安		698.04	5298.00	4914.00	3389.00	
巴　中	3.20	600.00	8774.00	8073.00	4585.00	
资　阳		660.00	4867.00	4700.00	2050.00	
简　阳		793.60	5090.99	5039.89	2112.81	
马尔康	3.00	32.00	30.00	30.00	30.00	
康　定	1.00	15.00	52.80	52.80	52.80	
西　昌	13.00	66.68	1015.00	969.00	384.00	222.00
贵　州	**549.34**	**3549.41**	**32906.33**	**32718.72**	**13869.95**	
贵　阳	347.00	2272.35	20999.56	20999.56	8808.12	
清　镇	0.03	20.32	357.00	357.00	127.00	
遵　义	52.00	225.00	5719.01	5631.40	1722.78	
赤　水	2.00	457.00	1244.00	1183.00	609.00	
仁　怀	28.00	30.40	932.50	931.80	480.00	
安　顺	21.00	151.38	1692.15	1670.15	1150.94	
兴　义	13.00	60.36	239.10	239.10	134.80	
毕　节	26.50	125.57	620.00	620.00	290.00	
凯　里	48.00	103.70	906.00	902.50	504.70	
都　匀	11.81	103.33	197.01	184.21	42.61	
云　南	**190.70**	**1817.04**	**7345.45**	**7144.81**	**2634.45**	
昆　明	36.00	439.03	3765.17	3599.58	1563.99	
曲　靖	42.40	256.08	1481.85	1481.85	113.92	
宣　威	23.00	41.00	169.62	148.46	1.09	
玉　溪	10.00	119.10	438.14	438.14	8.76	
保　山	11.00	137.30	530.90	520.00	380.23	

continued 12

Total Gas Supplied(10,000 m³)		用气户数(户) Number of Household with Access to Gas (unit)		用气人口(万人) Population with Access to Gas (10,000 persons)	天然气汽车加气站(座) Gas Stations for CNG-Fueled Motor Vehicles (unit)	城市名称 Name of Cities
燃气汽车 Gas-Powered Automobiles	燃气损失量 Loss Amount		家庭用户 Household User			
1250.00	106.64	67262	65509	17.75	2	广　汉
850.00		58999	56567	10.60	2	什　邡
30.00	9.30	60368	50137	10.10	1	绵　竹
5599.19	925.33	595901	583283	118.69	9	绵　阳
577.60	580.00	88026	87274	26.40	4	江　油
2291.00	364.37	282604	271060	36.90	4	广　元
3782.16	416.88	242785	237449	63.21	6	遂　宁
4023.60	451.00	177342	175349	56.20	4	内　江
3007.31	227.07	288539	284558	69.60	6	乐　山
379.00	452.00	52250	51018	12.60	2	峨眉山
4780.00	800.00	376910	332270	103.00	8	南　充
765.00	160.00	101150	88919	26.70	3	阆　中
2373.31	188.12	181931	176877	46.44	2	眉　山
351.00	327.05	202280	156757	67.65	1	宜　宾
	386.44	171435	168320	28.90		广　安
	6.00	25600	24500	8.50		华　蓥
1068.05	314.00	210546	206264	45.84	5	达　州
	6.80	3198	2910	2.30		万　源
300.00	384.00	86634	83863	26.40	1	雅　安
2389.00	701.00	110000	108500	35.00	3	巴　中
1408.00	167.00	80146	68780	23.20	3	资　阳
717.40	51.10	106090	103387	30.71	2	简　阳
		1200	1200	0.22		马尔康
		2400	2400	0.90		康　定
294.35	46.00	22239	22188	6.80	1	西　昌
5386.82	**187.61**	**936982**	**923294**	**247.98**	**15**	**贵　州**
		729800	728120	184.00		贵　阳
		31000	27860	10.24		清　镇
3434.49	87.61	42828	42329	13.46	3	遵　义
121.00	61.00	18342	17933	6.30	2	赤　水
351.00	0.70	19201	13101	5.20	4	仁　怀
519.21	22.00	58657	58289	17.49	2	安　顺
104.30		2930	2858	1.00	1	兴　义
328.20		7083	6936	2.20	1	毕　节
395.30	3.50	22451	21345	6.29	1	凯　里
133.32	12.80	4690	4523	1.80	1	都　匀
1361.69	**200.64**	**471224**	**463266**	**169.20**	**18**	**云　南**
448.43	165.59	288453	288100	70.95	3	昆　明
566.25		103800	103621	55.12	7	曲　靖
138.37	21.16	1000	176	0.35	2	宣　威
		3066	3041	0.37		玉　溪
118.64	10.90	15353	15300	10.03	2	保　山

7-2-3 续表 13

城市名称 Name of Cities	储气能力(万立方米) Gas Storage Capacity (10,000 m^3)	供气管道长度(公里) Length of Gas Supply Pipeline (km)	供气总量(万立方米) 合计 Total	销售气量 Quantity Sold	居民家庭 Households	集中供热 Central Heating
昭通	19.00	126.00	295.00	295.00	165.00	
丽江	0.20	26.00	80.65	80.50	80.50	
楚雄	12.00	352.00	232.55	230.32	113.40	
蒙自	0.21	31.30	2.20	2.20	2.20	
弥勒	12.00	52.13	6.70	6.70	6.60	
文山	12.00	114.50	70.40	70.00	39.00	
景洪	2.80	54.00	63.80	63.80	63.80	
大理	3.00	12.00	8.20	8.00	8.00	
芒市	7.09	56.60	200.27	200.26	87.96	
西藏	**100.00**	**1677.00**	**1346.05**	**1278.75**	**449.76**	**773.41**
拉萨	100.00	1677.00	1346.05	1278.75	449.76	773.41
陕西	**482.19**	**12234.07**	**311286.44**	**303070.64**	**99801.24**	**88577.84**
西安	336.34	7262.53	193039.28	185281.21	63052.81	62484.91
铜川		23.90	12856.00	12851.00	3271.00	5979.00
宝鸡	26.15	1193.76	20743.51	20613.51	5379.09	
咸阳	15.00	686.40	18040.30	18040.00	4997.00	2521.00
兴平		216.10	2230.01	2230.00	1075.00	
渭南	5.20	379.60	12789.64	12622.02	4710.34	2416.93
韩城	2.25	106.04	3886.40	3842.90	1125.00	
华阴		20.10	337.00	329.00	39.00	10.00
延安	0.25	526.45	14044.00	13988.00	5642.00	
汉中	90.00	109.83	3666.80	3666.00	1261.00	1047.00
榆林		1177.36	24820.00	24791.00	8112.00	13367.00
安康	6.00	127.00	922.00	910.00	411.00	
商洛	1.00	113.00	891.00	888.00	124.00	
杨陵区		292.00	3020.50	3018.00	602.00	752.00
甘肃	**286.93**	**2308.99**	**161907.39**	**161645.91**	**29897.46**	**61073.80**
兰州	64.60	916.42	136786.17	136720.37	22137.34	59544.07
嘉峪关	6.00	29.00	156.55	156.00	150.00	
金昌	1.47	72.06	1669.96	1668.30	166.10	
白银	14.30	395.20	6270.00	6206.30	1531.30	
天水	37.50	134.12	2409.56	2409.42	511.52	145.86
武威	0.80	77.25	2515.92	2510.92	419.40	
张掖	32.00	91.45	1460.24	1459.60	1017.00	189.04
平凉	10.25	46.27	790.00	790.00	218.00	
酒泉	30.00	181.06	2009.55	1973.00	322.00	571.83
玉门	12.00	35.00	122.34	122.00	52.80	
敦煌	37.00	187.36	2120.00	2120.00	1758.00	
庆阳	35.00	51.50	1648.00	1647.00	125.00	
定西	0.01		67.00	65.00	1.00	
陇南	6.00	21.00	206.10	205.00	195.00	
临夏		71.30	3676.00	3593.00	1293.00	623.00

continued 13

Total Gas Supplied(10,000 m^3)		用气户数（户）Number of Household with Access to Gas (unit)	家庭用户 Household User	用气人口（万人）Population with Access to Gas (10,000 persons)	天然气汽车加气站（座）Gas Stations for CNG-Fueled Motor Vehicles (unit)	城市名称 Name of Cities
燃气汽车 Gas-Powered Automobiles	燃气损失量 Loss Amount					
		24751	24174	17.83		昭　通
	0.15	5681	5681	3.00		丽　江
54.00	2.23	15687	13181	7.10	1	楚　雄
		365	365	0.11		蒙　自
		1114	1095	0.36		弥　勒
31.00	0.40	2928	2905	0.90	1	文　山
		2068	2068	0.58		景　洪
	0.20	258	258	0.10		大　理
5.00	0.01	6700	3301	2.40	2	芒　市
	67.30	**64972**	**64826**	**23.99**		**西　藏**
	67.30	64972	64826	23.99		拉　萨
32977.21	**8215.80**	**3666224**	**3535151**	**811.98**	**119**	**陕　西**
16038.87	7758.07	2117671	2108160	421.86	54	西　安
2171.00	5.00	120995	118320	32.28	5	铜　川
6400.58	130.00	384754	381929	81.52	20	宝　鸡
3404.00	0.30	291592	272407	89.89	7	咸　阳
420.00	0.01	38550	38330	13.41	1	兴　平
925.76	167.62	151251	119344	41.18	4	渭　南
425.00	43.50	26415	24285	8.50	3	韩　城
280.00	8.00	2560	2333	0.70	1	华　阴
416.00	56.00	119313	117545	32.48	10	延　安
1358.00	0.80	86070	65919	14.60	4	汉　中
45.00	29.00	208518	169000	33.80	7	榆　林
469.00	12.00	67874	67186	20.76	1	安　康
4.00	3.00	20539	20393	10.00	1	商　洛
620.00	2.50	30122	30000	11.00	1	杨 陵 区
27077.96	**261.48**	**1338579**	**1292893**	**371.64**	**74**	**甘　肃**
18124.78	65.80	929301	891467	215.91	28	兰　州
6.00	0.55	19560	19457	6.00	4	嘉 峪 关
280.00	1.66	22981	22797	7.80	1	金　昌
2410.20	63.70	55844	55444	24.82	7	白　银
979.95	0.14	82736	82481	23.00	2	天　水
1462.85	5.00	46000	45912	14.61	6	武　威
253.56	0.64	37011	36945	18.98	1	张　掖
365.00		20464	18480	14.13	1	平　凉
1042.62	36.55	36252	35984	18.26	6	酒　泉
69.00	0.34	7964	6870	3.39	4	玉　门
362.00		39760	37620	11.38	6	敦　煌
300.00	1.00	3780	3332	0.81	2	庆　阳
2.00	2.00	936	367	0.31	2	定　西
10.00	1.10	7121	7021	2.36	1	陇　南
1410.00	83.00	28869	28716	9.88	3	临　夏

7-2-3 续表 14

城市名称 Name of Cities	储气能力(万立方米) Gas Storage Capacity (10,000 m^3)	供气管道长度(公里) Length of Gas Supply Pipeline (km)	供气总量(万立方米) 合计 Total	销售气量 Quantity Sold	居民家庭 Households	集中供热 Central Heating
青　海	**70.50**	**1234.22**	**133021.99**	**130132.82**	**20517.60**	**69212.91**
西　宁	16.00	486.72	113871.00	111037.00	16383.00	61564.00
海　东	30.00	182.24	7382.00	7334.97	3297.00	558.00
格尔木	24.50	495.82	9504.80	9504.00	786.00	5366.00
德令哈		69.44	2264.19	2256.85	51.60	1724.91
宁　夏	**22.02**	**4470.16**	**199278.62**	**198941.72**	**30670.63**	**26001.44**
银　川		2542.10	162000.00	162000.00	19785.24	25515.44
灵　武		249.50	4952.00	4952.00	3975.00	
石嘴山		1001.00	12110.96	12110.96	4157.19	
吴　忠	1.32	223.30	5422.00	5319.00	2079.00	
青铜峡	4.10	117.86	4954.20	4941.00	110.40	486.00
固　原	3.60	30.68	240.70	240.00		
中　卫	13.00	305.72	9598.76	9378.76	563.80	
新　疆	**371.95**	**12832.84**	**447797.33**	**445277.51**	**92597.25**	**204191.48**
乌鲁木齐	30.00	5478.05	277415.80	277415.80	36000.00	184000.00
克拉玛依	2.50	542.75	28964.68	28646.83	3524.37	7743.01
吐鲁番	0.90	295.65	3089.64	3073.64	616.82	489.20
哈　密	28.10	985.65	4520.27	4512.97	1740.00	
昌　吉	7.12	101.05	10399.00	10200.00	3651.00	462.00
阜　康	2.12	583.37	2020.20	2016.80	879.00	
博　乐	9.40	127.29	2333.60	2328.60	858.69	
库尔勒		933.61	25447.25	24959.85	14763.45	900.00
阿克苏	57.00	309.01	8000.00	8000.00	2170.00	
阿图什		77.00	8080.00	8000.00	923.00	1904.00
喀　什	40.00	1003.98	17558.09	17018.54	10551.49	3457.82
和　田		472.50	13917.56	13797.56	5803.34	5000.00
伊　宁	64.56	126.25	7530.00	7382.40	2466.75	130.00
奎　屯	2.00	262.29	3705.00	3675.00	1593.60	
霍尔果斯	0.80	3.50	1.80	1.80	1.50	
乌　苏		141.00	2418.13	2416.00	401.00	
塔　城	29.00	36.00	634.00	618.00	298.00	
阿勒泰	12.00	47.18	938.46	937.95	247.57	
石河子	14.40	704.11	22366.69	21849.11	4194.46	
阿拉尔	60.00	426.10	2814.30	2783.80	858.80	0.60
图木舒克		18.83	202.50	202.50	103.27	
五家渠	1.05	66.00	3184.60	3184.60	674.94	104.85
北　屯	9.00	22.35	1281.00	1281.00	111.00	
铁门关	2.00	19.62	974.76	974.76	165.20	
可克达拉		49.70				

continued 14

Total Gas Supplied(10,000 m³)		用气户数（户） Number of Household with Access to Gas (unit)	家庭用户 Household User	用气人口（万人） Population with Access to Gas (10,000 persons)	天然气汽车加气站（座） Gas Stations for CNG-Fueled Motor Vehicles (unit)	城市名称 Name of Cities
燃气汽车 Gas-Powered Automobiles	燃气损失量 Loss Amount					
31911.00	**2889.17**	**471912**	**467639**	**138.67**	**25**	**青　海**
28641.00	2834.00	362145	360500	110.98	14	西　宁
1075.00	47.03	69475	67750	13.19	4	海　东
1722.00	0.80	35134	34330	10.66	6	格尔木
473.00	7.34	5158	5059	3.84	1	德令哈
29512.72	**336.90**	**886140**	**876500**	**204.08**	**77**	**宁　夏**
19880.16		522531	520000	127.58	46	银　川
977.00		62000	61814	5.90	1	灵　武
3426.00		210740	207978	41.60	19	石嘴山
3240.00	103.00	44530	43332	13.00	7	吴　忠
756.60	13.20	10731	9655	3.69	1	青铜峡
	0.70	731				固　原
1232.96	220.00	34877	33721	12.31	3	中　卫
99956.00	**2519.82**	**3015852**	**2957382**	**647.83**	**298**	**新　疆**
31411.00		1242713	1229238	291.93	107	乌鲁木齐
7513.05	317.85	137373	136331	34.40	15	克拉玛依
1951.82	16.00	23520	17047	6.50	10	吐鲁番
2772.97	7.30	136941	136900	19.00	9	哈　密
6087.00	199.00	176996	175780	34.00	13	昌　吉
1137.80	3.40	30910	29376	8.17	3	阜　康
1464.91	5.00	36285	36207	13.03	7	博　乐
8809.00	487.40	303768	298627	40.42	17	库尔勒
5830.00		90800	90100	27.03	11	阿克苏
1668.00	80.00	25500	25000	8.01	4	阿图什
3009.23	539.55	233805	230000	31.02	12	喀　什
2428.36	120.00	72840	69580	17.13	6	和　田
4785.65	147.60	110000	100000	33.50	11	伊　宁
1490.00	30.00	72400	71000	15.74	3	奎　屯
0.30		280	250	0.12	1	霍尔果斯
1563.00	2.13	24164	22684	7.60	4	乌　苏
320.00	16.00	20382	20378	3.85	3	塔　城
647.92	0.51	19411	19400	6.00	2	阿勒泰
12308.75	517.58	182406	176498	31.23	38	石河子
1356.90	30.50	21514	20328	4.12	11	阿拉尔
99.23		7085	7072	2.10	1	图木舒克
1321.71		30270	29500	6.80	5	五家渠
1170.00		10055	9753	2.63	3	北　屯
809.40		6434	6333	3.50	2	铁门关
						可克达拉

7-3-1 2015年全国城市液化石油气分组资料

地区名称 Name of Regions		储气能力(吨) Gas Storage Capacity (ton)	供气管道长度(公里) Length of Gas Supply Pipeline (km)	供气总量(吨) Total Gas Supplied (ton)			
				合计 Total	销售气量 Quantity Sold	居民家庭 Households	燃气汽车 Gas-Powered Automobiles
全 国	**National Total**	**1617816.24**	**9009.34**	**10392168.92**	**10315423.18**	**5871062.30**	**573732.88**
分类一	**Group one**						
东部地区	East China	1248231.18	7012.91	7314206.15	7251532.85	4231926.94	476651.55
中部地区	Central China	171181.73	1252.38	2268608.17	2257951.46	1154365.65	82044.68
西部地区	West China	198403.33	744.05	809354.60	805938.87	484769.71	15036.65
分类二	**Group two**						
东部地区	East China	1181526.51	7012.91	7051893.16	6990167.30	4019818.95	476651.55
中部地区	Central China	162876.73	1168.86	2210658.12	2200837.11	1100610.46	79842.00
西部地区	West China	273413.00	827.57	1129617.64	1124418.77	750632.89	17239.33
分类三	**Group three**						
东部地区	East China	1136005.51	6347.29	6583003.79	6521699.10	3810056.87	441597.55
中部地区	Central China	126888.08	1057.51	1842414.54	1833812.10	886604.04	52875.50
西部地区	West China	273413.00	827.57	1129617.64	1124418.77	750632.89	17239.33
东北地区	Northeast China	81509.65	776.97	837132.95	835493.21	423768.50	62020.50

National Urban LPG Supply (2015)

燃气损失量 Loss Amount	用气户数（户） Number of Household with Access to Gas (unit)	家庭用户 Household User	用气人口（万人） Population with Access to Gas (10,000 persons)	液化石油气汽车加气站（座） Gas Stations for LPG-Fueled Motor Vehicles (unit)	地区名称 Name of Regions
76745.74	**48927534**	**44315791**	**13955.06**	**401**	**全　国**
					分类一
62673.30	34890489	31879318	9245.47	200	东部地区
10656.71	10478294	9355643	3506.53	155	中部地区
3415.73	3558751	3080830	1203.06	46	西部地区
					分类二
61725.86	32949269	30012821	8649.37	200	东部地区
9821.01	9711993	8654708	3258.59	145	中部地区
5198.87	6266272	5648262	2047.10	56	西部地区
					分类三
61304.69	30793994	28111465	8090.48	155	东部地区
8602.44	7311517	6474613	2468.48	73	中部地区
5198.87	6266272	5648262	2047.10	56	西部地区
1639.74	4555751	4081451	1349.00	117	东北地区

7-3-2 2015年按省分列的城市液化石油气

地区名称 Name of Regions	储气能力(吨) Gas Storage Capacity (ton)	供气管道长度(公里) Length of Gas Supply Pipeline (km)	供气总量(吨) Total Gas Supplied (ton)			
			合计 Total	销售气量 Quantity Sold	居民家庭 Households	燃气汽车 Gas-Powered Automobiles
全　国	**1617816.24**	**9009.34**	**10392168.92**	**10315423.18**	**5871062.30**	**573732.88**
北　京	37057.50	459.67	576305.56	523391.42	189188.34	
天　津	4957.47		50494.38	50494.38	28844.04	
河　北	18709.10	271.86	166370.14	165731.83	92279.16	132.00
山　西	5876.32	382.05	66167.57	65532.00	53545.00	
内蒙古	8305.00	83.52	57950.05	57114.35	53755.19	2202.68
辽　宁	45521.00	665.62	468889.37	468468.20	209762.08	35054.00
吉　林	19724.45	82.98	157751.75	157246.75	91247.50	7129.10
黑龙江	16264.20	28.37	210491.83	209778.26	122758.92	19837.40
上　海	21130.00	516.23	424111.67	424111.67	252346.69	53787.57
江　苏	99908.00	520.38	593576.92	591151.68	358044.61	9727.00
浙　江	325119.17	2847.18	695946.90	694860.05	476731.84	8127.14
安　徽	31894.26	264.97	736312.24	735521.21	104258.93	
福　建	25181.76	204.91	286906.36	286350.70	187892.49	50.77
江　西	18194.50	101.11	228911.97	226119.30	192294.00	
山　东	53014.28	367.22	366749.95	366064.67	227863.27	27283.00
河　南	12044.00	11.70	217381.87	215896.32	179751.68	7621.00
湖　北	35701.00	297.68	352112.22	350069.17	167235.83	25000.00
湖　南	23178.00		241528.67	240674.10	189518.60	20254.50
广　东	543787.00	1158.84	3340352.77	3337415.54	1922874.43	337432.07
广　西	66704.67		262312.99	261365.55	212107.99	
海　南	7141.23	1.00	82189.14	82127.16	73992.00	5058.00
重　庆	7363.00		76434.50	76047.00	32805.13	
四　川	21437.60	434.77	173651.97	172456.22	98066.68	1568.00
贵　州	9477.08	124.08	88669.59	88202.53	80663.21	
云　南	18925.05	109.44	210095.04	210007.80	75036.30	
西　藏	26341.00	0.50	66660.50	66100.30	39600.30	9882.65
陕　西	7671.00	0.35	28795.70	28550.58	17565.00	
甘　肃	96254.00		85327.48	85096.50	77984.50	54.00
青　海	2584.00		6352.94	6339.49	6329.49	
宁　夏	3322.60	0.30	13192.72	13184.02	10039.33	1440.00
新　疆	5028.00	74.61	60174.16	59954.43	46679.77	2092.00

Urban LPG Supply by Province (2015)

燃气损失量 Loss Amount	用气户数(户) Number of Household with Access to Gas (unit)	家庭用户 Household User	用气人口(万人) Population with Access to Gas (10,000 persons)	液化石油气汽车加气站(座) Gas Stations for LPG-Fueled Motor Vehicles (unit)	地区名称 Name of Regions
76745.74	**48927534**	**44315791**	**13955.06**	**401**	**全 国**
52914.14	2999094	2969023	431.88	1	北 京
	126494	123632	27.86		天 津
638.31	1083616	1023415	299.55	5	河 北
635.57	378756	353581	118.83		山 西
835.70	766301	700935	247.94	10	内蒙古
421.17	2155275	1901356	558.89	45	辽 宁
505.00	1126177	1023015	365.21	28	吉 林
713.57	1274299	1157080	424.90	44	黑龙江
	3394523	3354653	821.09	44	上 海
2425.24	2648166	2415984	714.55	11	江 苏
1086.85	4461871	3957372	1157.29	4	浙 江
791.03	874710	812807	269.16		安 徽
555.66	1911284	1758681	704.63	1	福 建
2792.67	1270370	1171268	478.19		江 西
685.28	1907440	1742605	656.65	35	山 东
1485.55	1498511	1340071	527.43	12	河 南
2043.05	1650460	1296037	580.93	9	湖 北
854.57	1638710	1500849	493.94	52	湖 南
2937.23	11717598	10483449	3140.19	44	广 东
947.44	1941220	1866497	596.10		广 西
61.98	543908	282651	136.79	10	海 南
387.50	309181	220700	95.05		重 庆
1195.75	512950	448184	140.39	1	四 川
467.06	686432	585287	260.70		贵 州
87.24	1002386	887374	322.44		云 南
560.20	67397	62648	36.56	38	西 藏
245.12	195227	181723	70.82		陕 西
230.98	328354	314382	158.55	2	甘 肃
13.45	58531	58228	20.57		青 海
8.7	187841	171702	42.99	2	宁 夏
219.73	210452	150602	54.99	3	新 疆

7-3-3 2015年按城市分列的城市液化石油气

城市名称 Name of Cities	储气能力(吨) Gas Storage Capacity (ton)	供气管道长度(公里) Length of Gas Supply Pipeline (km)	供气总量(吨) Total Gas Supplied (ton)			
			合计 Total	销售气量 Quantity Sold	居民家庭 Households	燃气汽车 Gas-Powered Automobiles
全　国	**1617816.24**	**9009.34**	**10392168.92**	**10315423.18**	**5871062.30**	**573732.88**
北　京	**37057.50**	**459.67**	**576305.56**	**523391.42**	**189188.34**	
天　津	**4957.47**		**50494.38**	**50494.38**	**28844.04**	
河　北	**18709.10**	**271.86**	**166370.14**	**165731.83**	**92279.16**	**132.00**
石家庄	1960.00	17.50	41694.51	41691.00	8375.80	100.00
晋　州			1489.00	1489.00	1450.00	
新　乐			597.00	595.00	500.00	
唐　山	2500.00		10087.00	10087.00	7921.00	
遵　化	60.00		4600.00	4600.00	4500.00	
迁　安	320.00		3750.00	3730.00	3730.00	
秦皇岛	158.00		1912.24	1592.24	1482.24	
邯　郸	530.00	7.91	670.68	666.14	666.14	
武　安			3007.00	3007.00	2817.00	
邢　台	455.00		5677.00	5677.00	5597.00	
南　宫	3400.00	2.08	3360.00	3360.00	3200.00	
沙　河	376.00		4160.10	4099.00	4099.00	
保　定	832.50	1.23	8425.56	8326.25	8193.98	
涿　州	52.00	1.04	1331.20	1330.00	1298.00	32.00
安　国	12.50		2168.00	2168.00	2059.00	
高碑店			500.00	500.00	388.00	
张家口	443.00	110.00	3134.00	3134.00	3134.00	
承　德	685.00	61.00	3806.35	3782.20	3579.00	
沧　州	503.00		3236.00	3236.00	3236.00	
泊　头	125.00		2563.00	2561.00	2561.00	
任　丘	5000.00		41057.00	41057.00	4975.00	
黄　骅	160.00		648.00	648.00	640.00	
河　间	180.00		900.00	900.00	900.00	
廊　坊	160.00		2650.00	2650.00	2650.00	
霸　州	188.60		2388.00	2388.00	2388.00	
三　河	130.00		1130.00	1130.00	1000.00	
衡　水			2850.00	2850.00	2850.00	
冀　州	21.50		696.00	695.00	695.00	
深　州	225.00		3014.50	3014.00	3014.00	
辛　集	232.00	60.50	3147.00	3067.00	2754.00	
定　州		10.60	1721.00	1702.00	1626.00	
山　西	**5876.32**	**382.05**	**66167.57**	**65532.00**	**53545.00**	
太　原	1442.32	141.05	30317.00	30264.00	30223.00	
古　交	100.00		148.00	140.00	130.00	

Urban LPG Supply by City (2015)

燃气损失量 Loss Amount	用气户数(户) Number of Household with Access to Gas (unit)	家庭用户 Household User	用气人口(万人) Population with Access to Gas (10,000 persons)	液化石油气汽车加气站(座) Gas Stations for LPG-Fueled Motor Vehicles (unit)	城市名称 Name of Cities
76745.74	**48927534**	**44315791**	**13955.06**	**401**	**全　国**
52914.14	**2999094**	**2969023**	**431.88**	**1**	**北　京**
	126494	**123632**	**27.86**		**天　津**
638.31	**1083616**	**1023415**	**299.55**	**5**	**河　北**
3.51	390487	381035	49.64	2	石家庄
	16300	15398	7.60		晋　州
2.00	6979	6718	1.17		新　乐
	33000	30600	8.00		唐　山
	22990	22890	9.02		遵　化
20.00	36112	36112	12.50		迁　安
320.00	13336	12736	9.14		秦皇岛
4.54	8324	8324	3.76		邯　郸
	14645	14200	4.83		武　安
	27566	27466	8.00		邢　台
	15900	15800	6.00		南　宫
61.10	25000	25000	2.28		沙　河
99.31	90178	80663	27.69		保　定
1.20	5674	5000	8.92	3	涿　州
	17363	17352	5.90		安　国
	3376	3187	3.00		高碑店
	8955	8955	9.00		张家口
24.15	85300	80670	36.69		承　德
	44374	44374	13.00		沧　州
2.00	17783	17783	4.75		泊　头
	13979	13829	5.01		任　丘
	10700	1788	3.90		黄　骅
	9942	9942	3.39		河　间
	11800	11800	2.80		廊　坊
	11145	11145	2.70		霸　州
	8350	6850	1.10		三　河
	32500	32500	13.98		衡　水
1.00	9198	9198	11.83		冀　州
0.50	32500	32500	11.00		深　州
80.00	33600	27250	7.95		辛　集
19.00	26260	12350	5.00		定　州
635.57	**378756**	**353581**	**118.83**		**山　西**
53.00	169987	160053	41.55		太　原
8.00	2000	1900	1.63		古　交

7-3-3 续表 1

城市名称 Name of Cities	储气能力(吨) Gas Storage Capacity (ton)	供气管道长度(公里) Length of Gas Supply Pipeline (km)	供气总量(吨) Total Gas Supplied (ton)			
			合计 Total	销售气量 Quantity Sold	居民家庭 Households	燃气汽车 Gas-Powered Automobiles
大　同	800.00	145.00	9157.07	9146.00	2833.00	
阳　泉	100.00		750.00	740.00	110.00	
长　治	470.00		3774.00	3650.00	3650.00	
潞　城	504.00		504.00	500.00	500.00	
晋　城	120.00		1942.00	1932.00	1260.00	
高　平	80.00		1636.50	1625.00	1620.00	
朔　州	200.00		1300.00	1300.00	680.00	
晋　中	1200.00		1993.00	1900.00	950.00	
介　休	100.00	96.00	2203.00	2200.00	500.00	
永　济			1750.00	1700.00	1700.00	
忻　州	390.00		3650.00	3600.00	3600.00	
原　平	50.00		600.00	595.00	329.00	
临　汾	220.00		4200.00	4080.00	3600.00	
侯　马	100.00		750.00	700.00	500.00	
霍　州			1493.00	1460.00	1360.00	
内蒙古	**8305.00**	**83.52**	**57950.05**	**57114.35**	**53755.19**	**2202.68**
包　头	667.00		6775.00	6763.00	6763.00	
赤　峰	2353.00	63.26	15816.00	15710.00	14230.00	1364.00
通　辽	900.00		576.00	576.00	460.80	115.20
霍林郭勒	579.00	12.26	3160.90	3160.00	2600.00	560.00
鄂尔多斯	1000.00		650.00	650.00	650.00	
呼伦贝尔	800.00		4120.00	4100.00	4100.00	
满洲里	677.00		6437.77	6331.57	6168.09	163.48
牙克石	175.00		1833.00	1829.00	1638.00	
扎兰屯	60.00		2888.00	2410.00	2295.00	
额尔古纳	100.00		741.60	740.00	740.00	
根　河	100.00		981.78	981.78	902.30	
乌兰察布	46.00	8.00	3700.00	3615.00	3515.00	
丰　镇	192.00		952.00	930.00	655.00	
乌兰浩特	326.00		5328.00	5328.00	5328.00	
阿尔山	100.00		80.00	80.00	80.00	
二连浩特	50.00		910.00	910.00	830.00	
锡林浩特	180.00		3000.00	3000.00	2800.00	
辽　宁	**45521.00**	**665.62**	**468889.37**	**468468.20**	**209762.08**	**35054.00**
沈　阳	2946.00		127590.00	127590.00	20400.00	
新　民	771.00	8.00	3482.00	3482.00	2470.00	1008.00
大　连	9180.00	415.50	157912.00	157817.00	52580.00	18320.00
瓦房店	720.00	6.80	7390.00	7370.00	7150.00	
普兰店	2030.00	54.35	4676.00	4626.00	4326.00	300.00
庄　河	945.00	53.00	7075.00	7068.00	6232.00	251.00
鞍　山	1200.00		5100.00	5100.00	5100.00	

continued 1

燃气损失量 Loss Amount	用气户数(户) Number of Household with Access to Gas (unit)	家庭用户 Household User	用气人口(万人) Population with Access to Gas (10,000 persons)	液化石油气汽车加气站(座) Gas Stations for LPG-Fueled Motor Vehicles (unit)	城市名称 Name of Cities
11.07	13264	12264	1.63		大　同
10.00	650	540	1.00		阳　泉
124.00	30000	30000	12.90		长　治
4.00	3084	3084	1.51		潞　城
10.00	22000	21860	6.20		晋　城
11.50	23850	22870	9.27		高　平
	7360	7310	2.47		朔　州
93.00	20000	15000	5.17		晋　中
3.00	7500	1600	1.50		介　休
50.00	12680	12680	12.10		永　济
50.00	24200	24200	7.20		忻　州
5.00	2378	2120	1.37		原　平
120.00	26000	24600	8.93		临　汾
50.00	1800	1500	0.14		侯　马
33.00	12003	12000	4.26		霍　州
835.70	**766301**	**700935**	**247.94**	**10**	**内蒙古**
12.00	52368	52368	18.64		包　头
106.00	255020	234500	76.36	2	赤　峰
	20000	16000	5.00	4	通　辽
0.90	20180	19730	12.00	2	霍林郭勒
	20000	20000	6.00		鄂尔多斯
20.00	75433	75433	22.63		呼伦贝尔
106.20	73605	73368	18.01	2	满洲里
4.00	25850	18360	9.76		牙克石
478.00	26970	24533	10.56		扎兰屯
1.60	9600	9600	3.42		额尔古纳
	15680	9036	6.10		根　河
85.00	28104	18554	11.63		乌兰察布
22.00	10728	7190	3.00		丰　镇
	62583	62583	19.84		乌兰浩特
	6480	6480	3.50		阿尔山
	8700	8200	6.20		二连浩特
	55000	45000	15.29		锡林浩特
421.17	**2155275**	**1901356**	**558.89**	**45**	**辽　宁**
	245000	208000	52.50		沈　阳
	45213	26998	15.40	1	新　民
95.00	480208	324727	93.20	18	大　连
20.00	68100	64000	28.28		瓦房店
50.00	33355	33351	8.20	1	普兰店
7.00	61802	61264	18.01	1	庄　河
	31071	31071	9.00		鞍　山

7-3-3 续表 2

城市名称 Name of Cities	储气能力(吨) Gas Storage Capacity (ton)	供气管道长度(公里) Length of Gas Supply Pipeline (km)	供气总量(吨) Total Gas Supplied (ton)			
			合计 Total	销售气量 Quantity Sold	居民家庭 Households	燃气汽车 Gas-Powered Automobiles
海 城	1150.00		9170.00	9170.00	8500.00	670.00
抚 顺	6381.00		38374.00	38315.00	24461.00	
本 溪	1280.00		4358.00	4350.00	2170.00	860.00
丹 东	1520.00		13680.00	13680.00	4666.00	2890.00
东 港	114.00	2.50	2976.00	2970.00	1417.00	1520.00
凤 城	260.00		3600.30	3600.00	3000.00	370.00
锦 州	1600.00	13.86	12.20	12.20	12.20	
凌 海	450.00	36.00	4410.00	4410.00	4410.00	
北 镇	473.00		3975.00	3975.00	3975.00	
盖 州	186.00		3677.00	3655.00	3580.00	75.00
大石桥	1665.00		6000.00	6000.00	5100.00	900.00
阜 新	200.00		5221.00	5221.00	4850.00	290.00
辽 阳	2030.00	2.80	11315.00	11315.00	11315.00	
灯 塔	245.00		710.00	710.00	693.00	
盘 锦	3404.00	10.00	13503.00	13478.00	13421.88	
铁 岭	590.00	0.30	2850.00	2845.00	1365.00	
调兵山	93.00		560.00	560.00	370.00	
开 原	325.00		6793.00	6793.00	6242.00	
朝 阳	1150.00		5674.00	5600.00	3800.00	
北 票	1075.00		2757.87	2756.00	2756.00	
凌 源	750.00	62.51	3383.00	3350.00	3350.00	
葫芦岛	2788.00		12665.00	12650.00	2050.00	7600.00
吉 林	**19724.45**	**82.98**	**157751.75**	**157246.75**	**91247.50**	**7129.10**
长 春	6065.00		37743.25	37743.25	7634.00	396.00
榆 树	800.00	2.20	4620.00	4620.00	4380.00	240.00
德 惠	675.00	1.00	4120.00	4040.00	3200.00	660.00
吉 林	4200.00		32913.00	32913.00	6800.00	2080.00
蛟 河	269.15	8.00	4998.00	4968.00	4150.00	600.00
桦 甸	402.00		3404.70	3400.00	2950.00	450.00
舒 兰	60.00	4.00	1152.00	1152.00	1122.00	
磐 石	150.00		590.00	590.00	590.00	
四 平	350.00	5.64	2230.00	2230.00	2130.00	100.00
双 辽	171.80	1.50	792.50	792.50	792.50	
辽 源	345.00		2064.00	2064.00	1002.00	
通 化	400.00		2037.00	2037.00	1300.00	737.00
集 安	286.00		1007.20	990.00	700.00	
白 山	60.00	17.00	4215.00	4210.00	3585.00	
临 江	253.00		1290.00	1280.00	1070.00	
松 原	1150.00		6434.00	6434.00	6434.00	
白 城	320.00		5004.00	5000.00	5000.00	
洮 南	585.00		1300.00	1300.00	1300.00	
大 安	290.00		1928.00	1928.00	1928.00	

continued 2

燃气损失量 Loss Amount	用气户数(户) Number of Household with Access to Gas (unit)	家庭用户 Household User	用气人口(万人) Population with Access to Gas (10,000 persons)	液化石油气汽车加气站(座) Gas Stations for LPG-Fueled Motor Vehicles (unit)	城市名称 Name of Cities
	96300	93000	33.00	3	海　城
59.00	245462	243271	56.00		抚　顺
8.00	49360	45270	11.00	4	本　溪
	38321	35360	2.90	6	丹　东
6.00	21398	20118	7.00	3	东　港
0.30	51000	50000	16.00	2	凤　城
	2030	2030	1.00		锦　州
	41342	41342	13.00		凌　海
	29280	29280	11.00		北　镇
22.00	37560	33720	10.24	1	盖　州
	45300	43250	30.00	1	大石桥
	50625	50215	17.00	2	阜　新
	120060	120060	35.45		辽　阳
	11000	10968	3.00		灯　塔
25.00	122585	121585	19.00		盘　锦
5.00	28077	19870	10.00		铁　岭
	5400	3900	2.00		调兵山
	65669	62165	17.46		开　原
74.00	27564	24367	10.00		朝　阳
1.87	29877	29877	8.60		北　票
33.00	42300	42300	16.10		凌　源
15.00	30016	29997	4.55	2	葫芦岛
505.00	**1126177**	**1023015**	**365.21**	**28**	**吉　林**
	116843	73833	31.69	1	长　春
	19783	18261	16.10	1	榆　树
80.00	20000	18000	9.00	3	德　惠
	52840	48916	13.55	6	吉　林
30.00	44000	42000	12.60	1	蛟　河
4.70	59570	50000	12.10	1	桦　甸
	28507	27589	12.00		舒　兰
	8500	8500	4.80		磐　石
	35500	35499	11.36	3	四　平
	6600	6600	3.10		双　辽
	133201	131100	33.70		辽　源
	9000	8400	5.00	3	通　化
17.20	24500	15900	8.00		集　安
5.00	47454	46254	23.34		白　山
10.00	13210	13170	9.45		临　江
	42200	42200	13.70		松　原
4.00	79700	79700	21.00		白　城
	20000	20000	6.00		洮　南
	19700	19700	7.48		大　安

7-3-3 续表 3

城市名称 Name of Cities	储气能力(吨) Gas Storage Capacity (ton)	供气管道长度(公里) Length of Gas Supply Pipeline (km)	供气总量(吨) Total Gas Supplied (ton)			
			合计 Total	销售气量 Quantity Sold	居民家庭 Households	燃气汽车 Gas-Powered Automobiles
延　　吉	575.00		19388.00	19088.00	19088.00	
图　　们	270.00	0.50	918.00	918.00	664.00	254.00
敦　　化	877.50	4.64	6811.10	6809.00	6289.00	520.00
珲　　春	300.00		4620.00	4620.00	4620.00	
龙　　井	110.00		862.00	850.00	849.00	0.10
和　　龙	180.00		1660.00	1660.00	860.00	2.00
公 主 岭	180.00	0.50	2150.00	2110.00	210.00	190.00
梅 河 口	400.00	38.00	3500.00	3500.00	2600.00	900.00
黑 龙 江	**16264.20**	**28.37**	**210491.83**	**209778.26**	**122758.92**	**19837.40**
哈 尔 滨	2245.70		72000.00	72000.00	21000.00	
双　　城	100.00		6261.32	6200.00	5400.00	5.50
尚　　志	480.00		5100.00	5100.00	4300.00	300.00
五　　常	580.00	1.00	6650.00	6650.00	5150.00	50.00
齐齐哈尔	1065.00		4700.00	4700.00	3000.00	1700.00
讷　　河	150.00		1502.00	1487.00	1487.00	
鸡　　西	1452.00		5851.86	5847.00	4638.00	213.00
虎　　林	65.00		1350.00	1350.00	1080.00	
密　　山	93.00		980.00	980.00	980.00	
鹤　　岗	242.00		7781.53	7741.25	6304.89	
双 鸭 山	450.00		3250.00	3250.00	3250.00	
大　　庆	1800.00	8.37	7593.20	7480.00	6357.02	1040.00
伊　　春	1065.00		14614.00	14612.00	11614.00	500.00
铁　　力	100.00		2645.00	2205.00	2016.00	
佳 木 斯	645.00		6000.00	6000.00	2000.00	3500.00
同　　江	30.00		320.00	320.00	260.00	
富　　锦	600.00		4900.00	4900.00	4050.00	
七 台 河	180.00		1311.00	1311.00	1286.00	
牡 丹 江	1001.50		17841.30	17836.00	10564.00	4500.00
绥 芬 河	160.00		1180.00	1180.00	1045.00	135.00
海　　林	205.00		2730.00	2700.00	2700.00	
宁　　安	120.00		1590.00	1590.00	1430.00	
穆　　棱	55.00		1185.72	1185.01	1185.01	
黑　　河	230.00		2400.00	2400.00	2270.00	130.00
北　　安	150.00		1750.00	1750.00	1120.00	190.00
五大连池	30.00		240.00	240.00	221.00	5.30
绥　　化	500.00		12000.00	12000.00	5000.00	7000.00
安　　达	140.00		7093.90	7093.00	4900.00	48.60
肇　　东	2200.00	19.00	7800.00	7800.00	6800.00	
海　　伦	130.00		1871.00	1871.00	1351.00	520.00

continued 3

燃气损失量 Loss Amount	用气户数(户) Number of Household with Access to Gas (unit)	家庭用户 Household User	用气人口(万人) Population with Access to Gas (10,000 persons)	液化石油气汽车加气站(座) Gas Stations for LPG-Fueled Motor Vehicles (unit)	城市名称 Name of Cities
300.00	103456	103456	34.10		延　吉
	8000	7300	4.30	1	图　们
2.10	75981	69455	21.00	3	敦　化
	51882	51882	16.04		珲　春
12.00	29200	29100	8.80	1	龙　井
	10050	9000	8.00	2	和　龙
40.00	16500	2200	5.00	1	公主岭
	50000	45000	14.00	1	梅河口
713.57	**1274299**	**1157080**	**424.90**	**44**	**黑龙江**
	117100	94700	39.95		哈尔滨
61.32	40950	39500	16.80	2	双　城
	35792	29827	10.80	1	尚　志
	45000	41000	13.00	1	五　常
	10000	8500	2.72	3	齐齐哈尔
15.00	13273	13273	6.00		讷　河
4.86	47365	43852	18.50	5	鸡　西
	18000	14500	6.50		虎　林
	16300	16300	5.72		密　山
40.28	74758	69059	19.34		鹤　岗
	33000	33000	13.90		双鸭山
113.20	40257	40123	13.00	6	大　庆
2.00	187430	170194	61.70	1	伊　春
440.00	19615	19080	7.00		铁　力
	21300	20300	6.00	5	佳木斯
	3650	3550	1.30		同　江
	32820	27650	12.00		富　锦
	16552	12055	5.00		七台河
5.30	132410	122100	41.00	5	牡丹江
	14500	13500	8.74	1	绥芬河
30.00	30000	30000	9.00		海　林
	17875	17085	7.45		宁　安
0.71	13212	13212	4.60		穆　棱
	44000	37100	13.20	2	黑　河
	14500	11500	5.00	1	北　安
	3700	3620	1.03	1	五大连池
	51000	50000	18.70	4	绥　化
0.90	78790	73400	21.00	4	安　达
	73900	73700	29.00		肇　东
	27250	15400	6.95	2	海　伦

7-3-3 续表 4

城市名称 Name of Cities	储气能力(吨) Gas Storage Capacity (ton)	供气管道长度(公里) Length of Gas Supply Pipeline (km)	供气总量(吨) Total Gas Supplied (ton)			
			合计 Total	销售气量 Quantity Sold	居民家庭 Households	燃气汽车 Gas-Powered Automobiles
上　海	**21130.00**	**516.23**	**424111.67**	**424111.67**	**252346.69**	**53787.57**
江　苏	**99908.00**	**520.38**	**593576.92**	**591151.68**	**358044.61**	**9727.00**
南　京	520.00	149.00	88285.31	87663.37	50481.15	
无　锡	12590.00		39995.00	39995.00	20753.00	
江　阴	3310.00		4212.00	4212.00	1275.00	
宜　兴	580.00		6048.00	6048.00	6048.00	
徐　州	4983.00	65.00	26856.26	26856.26	19714.26	
新　沂	1500.00	36.00	9001.00	8982.00	8100.00	
邳　州	1248.00		4611.00	4575.00	3940.00	571.00
常　州	2220.00		11069.00	10984.00	3460.00	
溧　阳	200.00		1419.12	1419.12	1419.12	
苏　州	2470.00		87258.64	87018.64	17243.64	
常　熟	1020.00		12614.80	12601.00	11433.00	
张家港	34750.00		35750.00	35700.00	20680.00	4400.00
昆　山	7194.00		33960.00	33578.00	17081.00	2156.00
太　仓	1885.00		16997.00	16997.00	7070.00	
南　通	2270.00	5.00	23129.00	23129.00	13279.00	2200.00
海　门	370.00	180.00	4985.00	4983.00	4983.00	
连云港	915.00	0.39	11881.50	11612.00	9432.00	
淮　安	4976.00		28156.00	28156.00	23985.00	
盐　城	1760.00	81.70	27188.00	27188.00	21020.00	400.00
东　台	295.00	3.29	2500.00	2500.00	2400.00	
扬　州	2740.00		19333.29	19331.29	16863.44	
仪　征	920.00		11041.00	11006.00	7877.00	
高　邮	498.00		3834.00	3834.00	3834.00	
镇　江	3580.00		15916.00	15754.00	10842.00	
丹　阳	400.00		7050.00	6978.00	3223.00	
扬　中	250.00		4600.00	4600.00	3643.00	
句　容	1015.00		7241.50	7230.00	6850.00	
泰　州	2621.00		21283.50	20943.00	18117.00	
兴　化	320.00		3100.00	3095.00	2800.00	
靖　江	600.00		13714.00	13700.00	10700.00	
泰　兴	808.00		2300.00	2296.00	2052.00	
宿　迁	1100.00		8247.00	8187.00	7446.00	
浙　江	**325119.17**	**2847.18**	**695946.90**	**694860.05**	**476731.84**	**8127.14**
杭　州	5227.00		123762.07	123744.82	60811.81	1482.14
建　德	225.00		3121.00	3120.00	2950.00	
临　安	740.65	370.25	18539.87	18521.00	8173.20	
宁　波	289247.50	185.00	110059.46	109789.36	57424.26	
余　姚	200.00		5068.30	5068.30	3765.00	
慈　溪	338.00		29920.00	29920.00	28620.00	

continued 4

燃气损失量 Loss Amount	用气户数（户） Number of Household with Access to Gas (unit)	家庭用户 Household User	用气人口（万人） Population with Access to Gas (10,000 persons)	液化石油气汽车加气站（座） Gas Stations for LPG-Fueled Motor Vehicles (unit)	城市名称 Name of Cities
	3394523	**3354653**	**821.09**	**44**	**上 海**
2425.24	**2648166**	**2415984**	**714.55**	**11**	**江 苏**
621.94	487890	470867	149.30		南 京
	123224	101399	22.31		无 锡
	17249	12085	3.71		江 阴
	51800	51800	14.60		宜 兴
	129538	127966	45.02		徐 州
19.00	189000	124614	23.70		新 沂
36.00	52375	51335	25.30	4	邳 州
85.00	28016	18967	4.66		常 州
	8091	8091	2.79		溧 阳
240.00	56322	56022	19.28		苏 州
13.80	54419	52661	16.94		常 熟
50.00	73250	72310	5.28	1	张 家 港
382.00	74054	49970	4.10	2	昆 山
	26813	21481	6.12		太 仓
	36495	34275	33.12	3	南 通
2.00	17876	17876	13.76		海 门
269.50	69831	68380	29.92		连 云 港
	181616	177113	50.27		淮 安
	158858	145555	34.05	1	盐 城
	63000	39500	22.60		东 台
2.00	71250	70450	18.91		扬 州
35.00	23860	22690	6.20		仪 征
	37888	37888	10.25		高 邮
162.00	74635	74387	26.08		镇 江
72.00	29660	29300	8.80		丹 阳
	18700	13975	5.59		扬 中
11.50	39595	37633	9.73		句 容
340.50	168461	154882	46.95		泰 州
5.00	45500	45300	6.50		兴 化
14.00	154000	144500	18.70		靖 江
4.00	14450	13700	4.10		泰 兴
60.00	70450	69012	25.91		宿 迁
1086.85	**4461871**	**3957372**	**1157.29**	**4**	**浙 江**
17.25	722197	660485	114.66	2	杭 州
1.00	14438	13925	5.84		建 德
18.87	69154	69054	26.46		临 安
270.10	577317	486819	91.34		宁 波
	38850	23310	24.98		余 姚
	221392	217123	39.67		慈 溪

7-3-3 续表 5

城市名称 Name of Cities	储气能力(吨) Gas Storage Capacity (ton)	供气管道长度(公里) Length of Gas Supply Pipeline (km)	供气总量(吨) Total Gas Supplied (ton)			
			合计 Total	销售气量 Quantity Sold	居民家庭 Households	燃气汽车 Gas-Powered Automobiles
奉　化	210.92	24.86	944.72	925.68	758.00	
温　州	2686.00	752.68	44773.41	44773.41	30083.72	
瑞　安	65.00	52.10	13200.00	13200.00	8958.00	
乐　清	1240.00		8254.00	8164.00	7174.00	
嘉　兴	1412.80		28570.00	28561.00	12634.00	
海　宁	900.00		4980.00	4980.00	3200.00	
平　湖	740.00		6369.00	6369.00	4247.00	
桐　乡	1400.00		7105.00	7105.00	4270.00	
湖　州	800.00	29.55	4831.00	4831.00	3149.00	
绍　兴	2475.00	13.12	30104.03	30047.93	23728.66	
诸　暨	4050.00		16730.00	16200.00	13000.00	
嵊　州	640.00	110.00	8357.99	8356.89	8356.89	
金　华	1162.00	542.17	27991.63	27990.63	23695.01	
兰　溪	940.00	8.30	7552.50	7550.00	7415.00	
义　乌	515.00		19066.00	19066.00	17944.00	
东　阳	190.00	81.92	17485.00	17485.00	15544.00	
永　康	430.00		13641.00	13625.00	12754.00	
衢　州	475.00	7.00	5475.00	5475.00	5002.00	
江　山	300.00	59.78	6542.00	6512.00	6512.00	
舟　山	1937.30		27158.25	27158.25	27158.25	
台　州	1963.00	129.80	66600.80	66600.80	47115.80	4345.00
温　岭	1105.00	80.00	10272.00	10257.00	7957.00	2300.00
临　海	2537.00	95.29	8435.38	8435.33	7141.39	
丽　水	730.00	305.36	15256.69	15248.65	14145.85	
龙　泉	237.00		5780.80	5779.00	3044.00	
安　徽	**31894.26**	**264.97**	**736312.24**	**735521.21**	**104258.93**	
合　肥	1850.00	3.17	30000.00	30000.00	15000.00	
巢　湖	1400.00		800.70	800.00	500.00	
芜　湖	2113.00		17348.52	17348.52	10464.67	
蚌　埠	450.00	13.00	2000.00	2000.00	2000.00	
淮　南	5372.26		10980.00	10980.00	10620.00	
淮　北	1200.00		9865.00	9865.00	9505.00	
铜　陵	1000.00		134.29	134.29	34.62	
安　庆	8200.00	94.90	597844.00	597844.00	1366.00	
桐　城	120.00	40.00	7700.00	7500.00	2500.00	
黄　山	565.00	34.50	11374.00	11374.00	11034.00	
滁　州	745.00		4524.00	4464.00	3179.00	
天　长	1560.00		4680.00	4500.00	4000.00	
明　光	320.00		2071.00	2000.00	2000.00	
阜　阳	1450.00		5415.34	5406.51	3911.04	
界　首	280.00		2348.00	2345.00	2345.00	

continued 5

燃气损失量 Loss Amount	用气户数(户) Number of Household with Access to Gas (unit)	家庭用户 Household User	用气人口(万人) Population with Access to Gas (10,000 persons)	液化石油气汽车加气站(座) Gas Stations for LPG-Fueled Motor Vehicles (unit)	城市名称 Name of Cities
19.04	85227	79175	24.57		奉　化
	404643	343805	183.81		温　州
	82880	62791	27.65		瑞　安
90.00	93884	90884	49.86		乐　清
9.00	120982	35290	7.05		嘉　兴
	16600	15800	4.50		海　宁
	79465	79226	24.56		平　湖
	76172	43790	15.02		桐　乡
	70289	32346	59.00		湖　州
56.10	217336	208900	61.30		绍　兴
530.00	37135	36112	13.05		诸　暨
1.10	82218	82218	26.08		嵊　州
1.00	219197	193684	51.21		金　华
2.50	66260	63285	17.69		兰　溪
	268967	249026	54.57		义　乌
	89152	82133	41.34		东　阳
16.00	70412	69194	13.76		永　康
	27837	27633	8.29		衢　州
30.00	40045	40045	13.09		江　山
	76768	76768	7.69		舟　山
	297853	290727	64.65	1	台　州
15.00	46355	43555	14.41	1	温　岭
0.05	87098	82747	28.20		临　海
8.04	106893	106783	34.48		丽　水
1.80	54855	50739	8.51		龙　泉
791.03	**874710**	**812807**	**269.16**		**安　徽**
	100000	98000	23.56		合　肥
0.70	5000	2400	1.50		巢　湖
	43000	39000	8.70		芜　湖
	16000	16000	14.00		蚌　埠
	106600	104500	29.50		淮　南
	55012	51206	16.72		淮　北
	495	420	0.13		铜　陵
	11200	11100	3.00		安　庆
200.00	25000	24500	7.00		桐　城
	96702	93502	32.20		黄　山
60.00	21351	15897	4.61		滁　州
180.00	35000	22000	7.05		天　长
71.00	12660	12660	3.80		明　光
8.83	54020	52189	19.00		阜　阳
3.00	21212	21212	7.68		界　首

7-3-3 续表 6

城市名称 Name of Cities	储气能力(吨) Gas Storage Capacity (ton)	供气管道长度(公里) Length of Gas Supply Pipeline (km)	供气总量(吨) Total Gas Supplied (ton)			
			合计 Total	销售气量 Quantity Sold	居民家庭 Households	燃气汽车 Gas-Powered Automobiles
宿　州	2485.00		6000.00	6000.00	6000.00	
六　安	1089.00		6700.00	6700.00	6700.00	
亳　州	610.00		3915.00	3750.00	2260.00	
池　州	100.00		2755.29	2734.29	1914.00	
宣　城	400.00	3.00	3680.00	3600.00	2750.00	
宁　国	585.00	76.40	6177.10	6175.60	6175.60	
福　建	**25181.76**	**204.91**	**286906.36**	**286350.70**	**187892.49**	**50.77**
福　州	6290.00	13.54	54509.00	54329.00	19547.00	
福　清	223.76		3704.40	3704.40	3704.40	
长　乐	200.00	73.13	3111.42	3100.00	3100.00	
厦　门	3100.00		83869.41	83869.41	32048.32	50.77
莆　田	764.00		16057.50	15997.00	13797.00	
三　明	250.00		1505.01	1505.00	1461.00	
永　安	300.00		1214.88	1194.44	1194.44	
泉　州	5840.00		30955.00	30955.00	30955.00	
石　狮	300.00		5800.00	5800.00	5800.00	
晋　江	135.00		1646.00	1634.00	1429.00	
南　安	550.00		12500.00	12400.00	10000.00	
漳　州	500.00		15494.60	15490.00	12392.00	
龙　海	500.00	50.74	5858.39	5823.45	4650.33	
南　平	1065.00	66.00	8480.00	8470.00	8280.00	
邵　武	1160.00		2295.00	2260.00	1745.00	
武夷山	450.00		1733.00	1733.00	1733.00	
建　瓯	340.00		2980.00	2980.00	2480.00	
龙　岩	1154.00	1.50	10001.75	9995.00	9600.00	
漳　平	50.00		1708.00	1706.00	1706.00	
宁　德	250.00		5720.00	5657.00	5657.00	
福　安	1175.00		7265.00	7265.00	6130.00	
福　鼎	585.00		10498.00	10483.00	10483.00	
江　西	**18194.50**	**101.11**	**228911.97**	**226119.30**	**192294.00**	
南　昌	1101.00	8.20	46283.00	46283.00	41359.00	
景德镇	650.00		8360.00	8360.00	6120.00	
乐　平	335.00		1763.10	1761.00	1751.00	
萍　乡	1200.00		17322.00	17300.00	13800.00	
九　江	4530.00		15000.00	14950.00	10000.00	
瑞　昌	560.00		6204.00	6195.00	6195.00	
共青城	35.00		1061.35	1056.00	1047.00	
新　余	1230.00		1104.00	1090.00	1090.00	
鹰　潭	382.00	48.59	6314.52	6307.30	4000.00	
贵　溪	110.00		4380.00	4308.00	4100.00	

continued 6

燃气损失量 Loss Amount	用气户数(户) Number of Household with Access to Gas (unit)	家庭用户 Household User	用气人口(万人) Population with Access to Gas (10,000 persons)	液化石油气汽车加气站(座) Gas Stations for LPG-Fueled Motor Vehicles (unit)	城市名称 Name of Cities
	68000	68000	22.80		宿州
	70572	70572	28.96		六安
165.00	24480	21000	8.00		亳州
21.00	20152	19654	5.90		池州
80.00	64259	45000	18.35		宣城
1.50	23995	23995	6.70		宁国
555.66	**1911284**	**1758681**	**704.63**	**1**	**福建**
180.00	182725	165892	72.92		福州
	54832	54832	25.93		福清
11.42	46800	46800	21.35		长乐
	571206	544562	169.00	1	厦门
60.50	134420	132530	45.52		莆田
0.01	6233	6020	0.79		三明
20.44	12900	12900	6.00		永安
	143900	143900	98.50		泉州
	38100	38100	28.20		石狮
12.00	15700	14900	8.50		晋江
100.00	207000	112100	25.00		南安
4.60	107820	105480	34.00		漳州
34.94	41366	38225	17.47		龙海
10.00	71040	69360	34.76		南平
35.00	19922	19430	11.42		邵武
	15000	15000	9.31		武夷山
	25885	24990	13.72		建瓯
6.75	84650	82862	32.32		龙岩
2.00	18014	18014	10.47		漳平
63.00	34950	34950	12.63		宁德
	46154	45167	15.02		福安
15.00	32667	32667	11.80		福鼎
2792.67	**1270370**	**1171268**	**478.19**		**江西**
	199146	186548	74.79		南昌
	58700	49700	13.26		景德镇
2.10	15911	15358	15.72		乐平
22.00	35772	35000	13.30		萍乡
50.00	120000	110600	36.00		九江
9.00	38567	38567	17.71		瑞昌
5.35	11569	10458	4.68		共青城
14.00	3600	3600	0.68		新余
7.22	40738	34120	17.50		鹰潭
72.00	28133	26133	10.00		贵溪

7-3-3 续表 7

城市名称 Name of Cities	储气能力(吨) Gas Storage Capacity (ton)	供气管道长度(公里) Length of Gas Supply Pipeline (km)	供气总量(吨) Total Gas Supplied (ton)			
			合计 Total	销售气量 Quantity Sold	居民家庭 Households	燃气汽车 Gas-Powered Automobiles
赣　州	2289.00		15330.00	15230.00	15016.00	
瑞　金	250.00		6571.00	6517.00	6463.00	
吉　安	888.40		14090.00	14090.00	9892.00	
井冈山	87.00		429.00	429.00	345.00	
宜　春	338.00		20558.00	19106.00	12865.00	
丰　城	1000.00		6565.00	6565.00	6565.00	
樟　树	100.10		2546.00	2546.00	2045.00	
高　安	1200.00	44.32	7555.00	7500.00	7500.00	
抚　州	637.00		23356.00	23356.00	23356.00	
上　饶	912.00		20400.00	19450.00	15285.00	
德　兴	360.00		3720.00	3720.00	3500.00	
山　东	**53014.28**	**367.22**	**366749.95**	**366064.67**	**227863.27**	**27283.00**
济　南			39200.00	39200.00	14470.00	
章　丘	364.00		4233.00	4230.00	4165.00	65.00
青　岛	7429.50		35255.30	35240.51	16384.81	800.00
胶　州	595.00		2315.00	2315.00	2315.00	
即　墨	650.00		5628.40	5628.40	5628.40	
平　度	1600.00		8447.00	8447.00	7052.00	
莱　西	510.00		6110.00	6110.00	4410.00	1700.00
淄　博	2277.28		36494.55	36459.66	16121.66	
枣　庄	641.00	16.00	6045.00	5995.00	4710.00	
东　营	7030.00	0.38	9274.20	9192.00	8767.00	
烟　台	1803.00	65.10	27812.71	27585.00	7419.00	14698.00
龙　口	496.00		2516.00	2516.00	2324.00	
莱　阳	900.00		4950.00	4950.00	4600.00	
莱　州	330.00		3100.00	3100.00	1800.00	50.00
蓬　莱	600.00		1800.00	1800.00	1540.00	
招　远	300.00		2458.35	2456.50	1606.50	650.00
栖　霞	323.00		2730.00	2730.00	2420.00	310.00
海　阳	30.00		2750.00	2750.00	2425.00	320.00
潍　坊	950.00		8590.00	8590.00	8590.00	
青　州	1000.00		1000.00	1000.00	300.00	
诸　城	1700.00		7605.00	7596.00	7400.00	
寿　光	2490.00		2380.00	2380.00	2380.00	
安　丘	498.00		5845.50	5836.00	4789.00	
高　密	960.50		1954.80	1950.00	1950.00	
昌　邑	430.00		1370.00	1370.00	1280.00	
济　宁	480.00	2.00	6390.00	6390.00	6388.00	
曲　阜	455.00	1.08	2100.00	2100.00	1900.00	
邹　城	180.00	0.66	980.00	980.00	372.00	
泰　安	100.00		2813.00	2800.00	1600.00	

continued 7

燃气损失量 Loss Amount	用气户数(户) Number of Household with Access to Gas (unit)	家庭用户 Household User	用气人口(万人) Population with Access to Gas (10,000 persons)	液化石油气汽车加气站(座) Gas Stations for LPG-Fueled Motor Vehicles (unit)	城市名称 Name of Cities
100.00	156413	156239	64.07		赣　州
54.00	44099	44034	21.00		瑞　金
	32618	31680	13.31		吉　安
	2789	2300	1.88		井冈山
1452.00	73765	72659	29.40		宜　春
	54137	54137	16.12		丰　城
	39998	20987	15.48		樟　树
55.00	71325	71325	22.60		高　安
	65500	65500	33.40		抚　州
950.00	158490	126543	51.09		上　饶
	19100	15780	6.20		德　兴
685.28	**1907440**	**1742605**	**656.65**	**35**	**山　东**
	43600	43000	77.00		济　南
3.00	11800	11700	3.60	1	章　丘
14.79	173460	171944	28.93	2	青　岛
	25613	25613	7.71		胶　州
	52115	52115	15.63		即　墨
	60025	58500	20.04		平　度
	46700	46600	16.00	2	莱　西
34.89	60014	58121	17.22		淄　博
50.00	35514	31898	11.62		枣　庄
82.20	49130	49100	9.80		东　营
227.71	91952	87667	17.06	6	烟　台
	9211	7923	1.80		龙　口
	55600	54200	14.30		莱　阳
	61800	19800	20.00	1	莱　州
	14500	14285	3.60		蓬　莱
1.85	15400	14184	4.72	3	招　远
	22120	21614	5.10	2	栖　霞
	27360	26400	7.90	1	海　阳
	71090	71090	23.70		潍　坊
	5000	4500	1.85		青　州
9.00	82000	81600	21.77		诸　城
	39428	39428	13.80		寿　光
9.50	19826	18955	8.13		安　丘
4.80	14175	14175	4.93		高　密
	11143	10510	2.80		昌　邑
	18000	17800	8.74		济　宁
	7000	6800	2.62		曲　阜
	7000	6200	0.90		邹　城
13.00	6800	6300	2.10		泰　安

7-3-3 续表 8

城市名称 Name of Cities	储气能力(吨) Gas Storage Capacity (ton)	供气管道长度(公里) Length of Gas Supply Pipeline (km)	供气总量(吨) Total Gas Supplied (ton)			
			合计 Total	销售气量 Quantity Sold	居民家庭 Households	燃气汽车 Gas-Powered Automobiles
新　泰	820.00	48.00	3460.00	3440.00	3440.00	
威　海	475.00		9440.00	9400.00	1000.00	7300.00
荣　成	350.00	157.00	7604.00	7590.00	2750.00	1250.00
乳　山	80.00	30.00	142.20	140.00		140.00
日　照	2308.00	47.00	12416.00	12378.00	10263.00	
莱　芜	927.00		13353.00	13350.00	9873.00	
临　沂	2802.00		40753.80	40730.00	32407.50	
德　州	600.00		6680.00	6660.00	6640.00	
乐　陵	335.00		3545.14	3541.60	2752.40	
禹　城	5.00		500.00	500.00	500.00	
聊　城	200.00		1400.00	1400.00	1120.00	
临　清	470.00		521.00	521.00	521.00	
滨　州	1520.00		4812.00	4800.00	4800.00	
菏　泽	7000.00		19975.00	19917.00	6689.00	
河　南	**12044.00**	**11.70**	**217381.87**	**215896.32**	**179751.68**	**7621.00**
郑　州	970.00		61615.00	61078.00	43166.00	5101.00
巩　义	90.00		3504.00	3500.00	1850.00	
荥　阳	200.00		2049.00	2039.00	1632.00	
新　密	270.00		722.70	717.00	717.00	
新　郑	240.00		2460.20	2455.00	1745.00	
登　封	45.00		1354.10	1340.00	1110.00	
开　封	600.00		11100.00	10750.00	10095.00	
洛　阳	356.00		20316.10	20300.00	18200.00	
偃　师	50.00		1148.80	1145.00	1145.00	
汝　州	205.00		2717.00	2710.00	710.00	2000.00
安　阳	670.00	10.00	6890.00	6885.00	3250.00	
林　州	50.00		1252.00	1250.00	1245.00	
鹤　壁	100.00		1436.00	1436.00	1436.00	
新　乡	540.00		1100.00	1100.00	1100.00	
卫　辉	60.00		961.90	959.00	959.00	
辉　县	200.00		3257.00	3248.00	3248.00	
沁　阳	100.00		2015.00	2015.00	2015.00	
许　昌	465.00		6943.00	6910.00	6910.00	
禹　州	563.00		5642.00	5630.00	5156.00	
长　葛	100.00		5440.00	5200.00	4100.00	
漯　河	400.00		8500.00	8500.00	8500.00	
三门峡	280.00		3322.60	3308.00	3018.00	
义　马	120.00		2594.56	2589.00	2583.44	
灵　宝	250.00		1650.00	1560.00	1560.00	
南　阳	1560.00		17757.94	17722.96	17722.96	
邓　州	1200.00		4121.40	4118.20	3997.00	

continued 8

燃气损失量 Loss Amount	用气户数 (户) Number of Household with Access to Gas (unit)	家庭用户 Household User	用气人口 (万人) Population with Access to Gas (10,000 persons)	液化石油气汽车加气站 (座) Gas Stations for LPG-Fueled Motor Vehicles (unit)	城市名称 Name of Cities
20.00	52800	52800	30.67		新　泰
40.00	10000	7300	2.75	8	威　海
14.00	58570	35300	12.15	4	荣　成
2.20	210			5	乳　山
38.00	84567	84071	28.72		日　照
3.00	122147	118000	30.89		莱　芜
23.80	183460	157851	58.60		临　沂
20.00	25136	25118	3.97		德　州
3.54	31308	20719	12.10		乐　陵
	3021	3021	1.00		禹　城
	15000	8000	9.50		聊　城
	6120	6120	13.70		临　清
12.00	54225	54225	24.95		滨　州
58.00	123500	98058	54.28		菏　泽
1485.55	**1498511**	**1340071**	**527.43**	**12**	**河　南**
537.00	310478	209601	95.12	7	郑　州
4.00	14786	12633	6.03		巩　义
10.00	16603	14250	4.56		荥　阳
5.70	7100	7100	2.80		新　密
5.20	16000	11200	7.60		新　郑
14.10	13580	9900	4.00		登　封
350.00	54980	54370	24.30		开　封
16.10	92490	88960	31.20		洛　阳
3.80	12970	12970	4.46		偃　师
7.00	7360	6473	3.00	3	汝　州
5.00	34500	23380	7.18		安　阳
2.00	13010	12008	3.00		林　州
	10200	10200	4.30		鹤　壁
	12000	12000	3.20		新　乡
2.90	9997	9997	3.40		卫　辉
9.00	27860	27860	9.74		辉　县
	20333	20333	8.17		沁　阳
33.00	57310	57310	17.30		许　昌
12.00	43610	43600	18.95		禹　州
240.00	26400	26100	10.00		长　葛
	73100	73100	23.55		漯　河
14.60	42956	33986	17.91		三门峡
5.56	13501	13452	5.00		义　马
90.00	22724	22724	8.41		灵　宝
34.98	165775	165775	56.87		南　阳
3.20	57200	53900	24.60		邓　州

7-3-3 续表 9

城市名称 Name of Cities	储气能力(吨) Gas Storage Capacity (ton)	供气管道长度(公里) Length of Gas Supply Pipeline (km)	供气总量(吨) Total Gas Supplied (ton)			
			合计 Total	销售气量 Quantity Sold	居民家庭 Households	燃气汽车 Gas-Powered Automobiles
商　丘	800.00		14036.47	14031.16	11981.28	
永　城	140.00		3930.00	3890.00	3370.00	520.00
信　阳	300.00		9540.00	9520.00	7490.00	
周　口	500.00	1.70	4000.10	4000.00	4000.00	
项　城	360.00		2385.00	2380.00	2130.00	
驻马店	200.00		3270.00	3260.00	3260.00	
济　源	60.00		350.00	350.00	350.00	
湖　北	**35701.00**	**297.68**	**352112.22**	**350069.17**	**167235.83**	**25000.00**
武　汉	14000.00	129.60	181891.00	181000.00	29700.00	25000.00
黄　石	2560.00	3.00	33821.80	33819.00	8710.00	
大　冶	1609.00		9270.00	9255.00	9255.00	
十　堰	1200.00	113.00	9609.50	9370.00	9370.00	
丹江口	660.00	40.80	1235.00	1230.00	1210.00	
宜　昌	700.00		4316.60	4316.60	4316.60	
宜　都	190.00		1370.00	1370.00	1360.00	
当　阳	183.00		2832.23	2832.23	1837.54	
枝　江	220.00		2200.00	2200.00	2200.00	
襄　阳	2555.00		12626.13	12626.00	11316.00	
老河口	268.00		1946.00	1935.00	1855.00	
枣　阳	250.00		3202.00	3200.00	3200.00	
宜　城	650.00		3616.00	3596.00	3596.00	
鄂　州	580.00		7110.00	7000.00	5800.00	
荆　门	1600.00	5.18	5808.00	5773.00	5773.00	
钟　祥	300.00		5766.00	5706.00	5706.00	
孝　感	292.00		9072.00	9072.00	9072.00	
应　城	450.00		5916.00	5873.00	5780.00	
安　陆	210.00		3002.00	2980.00	2980.00	
荆　州	1817.00		5918.86	5910.00	5910.00	
石　首	480.00		3521.00	3516.00	3256.00	
洪　湖	300.00		2917.20	2917.19	2917.19	
松　滋	500.00		802.10	800.00	800.00	
黄　冈	520.00		3138.00	3130.00	2835.00	
麻　城	660.00	6.10	5008.00	5001.65	3803.00	
武　穴	400.00		3600.00	3420.00	3420.00	
咸　宁	425.00		5131.00	5108.00	4800.00	
赤　壁	520.00		3450.00	3300.00	3199.00	
广　水	120.00		2695.00	2605.00	2201.00	
恩　施	380.00		868.00	850.00	750.00	
利　川	70.00		336.00	334.50	334.50	
仙　桃	617.00		6050.00	6000.00	5950.00	
潜　江	225.00		2033.80	2013.00	2013.00	
天　门	190.00		2033.00	2010.00	2010.00	

continued 9

燃气损失量 Loss Amount	用气户数（户） Number of Household with Access to Gas (unit)	家庭用户 Household User	用气人口（万人） Population with Access to Gas (10,000 persons)	液化石油气汽车加气站（座） Gas Stations for LPG-Fueled Motor Vehicles (unit)	城市名称 Name of Cities
5.31	109362	98733	47.00		商　丘
40.00	34260	31570	17.60	2	永　城
20.00	70400	69920	20.48		信　阳
0.10	46266	46266	16.18		周　口
5.00	23800	22800	10.00		项　城
10.00	36000	36000	11.00		驻马店
	1600	1600	0.52		济　源
2043.05	**1650460**	**1296037**	**580.93**	**9**	**湖　北**
891.00	363478	96000	114.00	9	武　汉
2.80	128103	127883	42.71		黄　石
15.00	66000	66000	14.83		大　冶
239.50	41802	41802	20.20		十　堰
5.00	22188	15188	7.90		丹江口
	27065	27065	9.00		宜　昌
	10965	9058	3.00		宜　都
	23987	16738	8.50		当　阳
	17500	17500	9.50		枝　江
0.13	78821	76921	15.50		襄　阳
11.00	13000	12570	4.00		老河口
2.00	34179	34179	24.00		枣　阳
20.00	31000	31000	9.45		宜　城
110.00	86972	85527	27.39		鄂　州
35.00	36335	36335	13.62		荆　门
60.00	45802	45802	17.00		钟　祥
	82630	82630	29.00		孝　感
43.00	29876	29675	11.00		应　城
22.00	26800	26800	9.05		安　陆
8.86	70300	70300	22.00		荆　州
5.00	29865	29004	10.47		石　首
0.01	35575	35575	17.97		洪　湖
2.10	11000	11000	3.70		松　滋
8.00	26250	20900	10.30		黄　冈
6.35	51621	45610	17.30		麻　城
180.00	31981	31981	9.60		武　穴
23.00	50285	48965	22.59		咸　宁
150.00	46890	34950	21.95		赤　壁
90.00	65170	25000	15.00		广　水
18.00	7200	6300	1.80		恩　施
1.50	3500	3500	2.60		利　川
50.00	29000	28959	15.00		仙　桃
20.80	12500	12500	4.60		潜　江
23.00	12820	12820	16.40		天　门

7-3-3 续表 10

城市名称 Name of Cities	储气能力(吨) Gas Storage Capacity (ton)	供气管道长度(公里) Length of Gas Supply Pipeline (km)	供气总量(吨) Total Gas Supplied (ton) 合计 Total	销售气量 Quantity Sold	居民家庭 Households	燃气汽车 Gas-Powered Automobiles
湖　　南	**23178.00**		**241528.67**	**240674.10**	**189518.60**	**20254.50**
长　　沙	3770.00		60876.00	60876.00	49667.00	
浏　　阳	1005.00		6478.00	6478.00	6478.00	
株　　洲	168.00		4200.00	4200.00	3300.00	
醴　　陵	395.00		2435.70	2435.70	1200.00	
湘　　潭	1207.00		9765.00	9765.00	9320.00	413.00
湘　　乡	350.00		2267.00	2262.00	2262.00	
韶　　山			1589.00	1589.00	1200.00	
衡　　阳	2010.00		12800.00	12800.00	7600.00	5200.00
耒　　阳	113.00		6500.00	6500.00	6500.00	
常　　宁	250.00		2837.14	2760.00	2160.00	
邵　　阳	220.00		4700.00	4660.00	4100.00	
武　　冈	50.00		1050.00	1050.00	1050.00	
岳　　阳	670.00		4124.50	4120.00	3670.00	
汨　　罗	1780.00		2180.00	2172.00	2172.00	
临　　湘	1345.00		3101.00	3100.00	3100.00	
常　　德	1780.00		4154.20	4154.20	4154.20	
津　　市	600.00		2122.07	2122.00	2122.00	
张 家 界	1029.00		10106.27	10004.70	9992.40	
益　　阳	750.00		16500.00	16000.00	5460.00	300.00
沅　　江	600.00		1240.00	1200.00	710.00	
郴　　州	1390.00		18000.00	18000.00	18000.00	
资　　兴	500.00		1500.00	1500.00	1500.00	
永　　州	2200.00		10418.29	10417.00	9317.00	
怀　　化			37299.00	37299.00	22598.00	14071.00
洪　　江	110.00		782.00	762.00	762.00	
娄　　底	411.00		6269.50	6213.50	2950.00	210.50
冷 水 江	85.00		2450.00	2450.00	2450.00	
涟　　源	290.00		2960.00	2960.00	2900.00	60.00
吉　　首	100.00		2824.00	2824.00	2824.00	
广　　东	**543787.00**	**1158.84**	**3340352.77**	**3337415.54**	**1922874.43**	**337432.07**
广　　州	40992.49	12.44	970633.99	970581.46	468498.98	332957.07
韶　　关	120.00		10800.00	10800.00	10800.00	
乐　　昌	272.00		2609.00	2609.00	2609.00	
南　　雄	274.20		2227.00	2227.00	2083.00	
深　　圳	83895.00		808861.57	808861.57	264811.08	
珠　　海	224300.00	21.35	120000.00	120000.00	100000.00	
汕　　头	114500.00	209.00	195720.00	195720.00	151215.00	
佛　　山	13894.35		107686.86	106986.86	60282.12	

continued 10

燃气损失量 Loss Amount	用气户数(户) Number of Household with Access to Gas (unit)	家庭用户 Household User	用气人口(万人) Population with Access to Gas (10,000 persons)	液化石油气汽车加气站(座) Gas Stations for LPG-Fueled Motor Vehicles (unit)	城市名称 Name of Cities
854.57	**1638710**	**1500849**	**493.94**	**52**	**湖　南**
	400000	285000	64.00		长　沙
	51125	51125	15.45		浏　阳
	11400	11320	3.39		株　洲
	19678	19568	6.00		醴　陵
	66540	64536	20.00	1	湘　潭
5.00	36620	36620	12.67		湘　乡
	8670	7890	3.00		韶　山
	55000	50000	20.00	1	衡　阳
	99980	99980	38.50		耒　阳
77.14	28012	28000	15.90		常　宁
40.00	72000	67000	26.80		邵　阳
	16150	16150	11.00		武　冈
4.50	42100	41600	11.50		岳　阳
8.00	24266	24266	7.92		汨　罗
1.00	31450	31450	8.20		临　湘
	12890	12890	5.50		常　德
0.07	22400	22400	5.52		津　市
101.57	60680	60430	15.34		张家界
500.00	20100	20000	6.43	4	益　阳
40.00	2082	1980	4.00		沅　江
	106486	106486	37.27		郴　州
	12000	12000	5.00		资　兴
1.29	137290	137265	45.28		永　州
	178356	169700	32.00	43	怀　化
20.00	12585	12585	5.00		洪　江
56.00	24150	24058	13.50	2	娄　底
	30550	30550	16.35		冷水江
	30150	30000	16.00	1	涟　源
	26000	26000	22.42		吉　首
2937.23	**11717598**	**10483449**	**3140.19**	**44**	**广　东**
52.53	3703881	3007761	635.54	40	广　州
	91700	91700	28.00		韶　关
	34958	34958	9.50		乐　昌
	16764	16653	6.00		南　雄
	2591801	2503719	581.00		深　圳
	520000	510000	136.00		珠　海
	609291	600185	243.00		汕　头
700.00	503159	383669	97.31		佛　山

7-3-3 续表 11

城市名称 Name of Cities	储气能力(吨) Gas Storage Capacity (ton)	供气管道长度(公里) Length of Gas Supply Pipeline (km)	供气总量(吨) Total Gas Supplied (ton)			
			合计 Total	销售气量 Quantity Sold	居民家庭 Households	燃气汽车 Gas-Powered Automobiles
江　门	3775.00	3.19	64490.33	64485.33	37547.05	
台　山	550.00	6.00	26646.30	26646.00	24136.00	2510.00
开　平	1177.00		14700.00	14700.00	14700.00	
鹤　山	419.90	58.70	8067.05	8066.30	5008.33	
恩　平	200.00	28.69	844.68	844.68	844.68	
湛　江	3400.00		40100.00	40000.00	35000.00	
廉　江	1040.00	26.80	14346.00	13620.00	13620.00	
雷　州	235.00		2991.80	2965.00	2938.00	
吴　川	800.00		7252.00	7247.00	7237.00	
茂　名	4431.00	15.40	41415.00	41370.00	15683.00	
高　州	1000.00	22.50	16348.00	16330.00	16330.00	
化　州	925.00		8717.00	8717.00	7307.00	
信　宜	790.00		13700.00	13650.00	13650.00	
肇　庆	1954.63	26.53	19590.00	19590.00	13891.00	
四　会	740.00	0.76	6940.02	6930.00	6857.00	
惠　州	2458.00		68839.50	68668.00	54510.60	
梅　州	574.00		20011.75	20009.45	20009.45	
兴　宁	651.87	6.24	20644.00	20644.00	20644.00	
汕　尾	205.00		10075.00	10075.00	10075.00	
陆　丰	531.63	1.00	6754.20	6754.20	5096.10	
河　源	1580.00		31562.00	31554.00	31025.00	529.00
阳　江	7403.00	29.31	128574.00	128525.00	128525.00	
阳　春	6628.40		12821.00	11958.00	11958.00	
清　远	5046.00	326.13	19975.01	19958.01	14191.01	
英　德	738.00	5.40	5088.35	5088.35	4070.00	
连　州	595.00		4613.43	4613.43	4209.57	
东　莞	9724.53	104.60	289409.89	289348.46	218408.06	1435.00
中　山	2845.00		35925.94	35925.94	20092.00	
潮　州	2455.00	254.80	96076.00	96065.00	30922.00	
揭　阳	310.00		19225.50	19212.00	14849.00	
普　宁	406.00		51003.00	51003.00	47180.00	
云　浮	1150.00		5817.60	5816.50	3412.40	1.00
罗　定	800.00		9250.00	9250.00	8649.00	
广　西	**66704.67**		**262312.99**	**261365.55**	**212107.99**	
南　宁	2827.00		53061.27	52958.91	42337.14	
柳　州	4175.00		46831.60	46826.60	19867.00	
桂　林	1505.00		20879.20	20877.00	19459.00	
梧　州	680.00		8409.03	8370.00	8370.00	
岑　溪	208.00		6520.00	6500.00	6130.00	
北　海	6468.80		19501.50	19500.00	14500.00	
防城港	2618.00		10428.00	10247.00	9626.00	

continued 11

燃气损失量 Loss Amount	用气户数(户) Number of Household with Access to Gas (unit)	家庭用户 Household User	用气人口(万人) Population with Access to Gas (10,000 persons)	液化石油气汽车加气站(座) Gas Stations for LPG-Fueled Motor Vehicles (unit)	城市名称 Name of Cities
5.00	229205	220479	90.11		江门
0.30	56497	46893	17.48	1	台山
	48500	48500	19.00		开平
0.75	35335	27997	13.96		鹤山
	3841	3841	15.75		恩平
100.00	11600	10600	33.65		湛江
726.00	71240	71240	23.12		廉江
26.80	41514	32033	16.40		雷州
5.00	33760	33742	14.80		吴川
45.00	124310	120455	42.60		茂名
18.00	71245	71245	35.60		高州
	55036	52715	28.67		化州
50.00	44300	44300	30.30		信宜
	103597	96997	47.79		肇庆
10.02	58760	58135	18.65		四会
171.50	216303	188893	73.03		惠州
2.30	106820	106820	31.13		梅州
	104297	104297	25.27		兴宁
	75431	75431	20.30		汕尾
	32359	31856	17.01		陆丰
8.00	93072	92866	16.08	1	河源
49.00	60876	60876	32.42		阳江
863.00	11956	11956	19.00		阳春
17.00	180237	113628	28.73		清远
	48500	34500	19.40		英德
	80000	33400	9.80		连州
61.43	896427	853945	394.31	1	东莞
	59042	56543	19.79		中山
11.00	250604	227691	78.05		潮州
13.50	140750	135500	73.82		揭阳
	173032	167956	49.00		普宁
1.10	47656	34721	19.40	1	云浮
	79942	64753	29.42		罗定
947.44	**1941220**	**1866497**	**596.10**		**广西**
102.36	525627	485666	131.37		南宁
5.00	190893	172513	62.90		柳州
2.20	181912	181512	56.60		桂林
39.03	139355	139355	44.89		梧州
20.00	45710	45253	16.36		岑溪
1.50	106000	105800	32.00		北海
181.00	37628	36879	14.01		防城港

7-3-3 续表 12

城市名称 Name of Cities	储气能力(吨) Gas Storage Capacity (ton)	供气管道长度(公里) Length of Gas Supply Pipeline (km)	供气总量(吨) Total Gas Supplied (ton)			
			合计 Total	销售气量 Quantity Sold	居民家庭 Households	燃气汽车 Gas-Powered Automobiles
东 兴	70.00		1980.00	1972.00	1800.00	
钦 州	42373.12		11023.00	10880.00	10670.00	
贵 港	980.00		12605.00	12600.00	12600.00	
桂 平	186.00		5843.90	5842.00	5842.00	
玉 林	672.00		29350.50	29350.00	26350.00	
北 流	126.00		1533.30	1509.20	1509.20	
百 色	638.00		5200.00	5150.00	5150.00	
靖 西	157.00		1536.83	1490.71	1490.71	
贺 州	680.00		6850.41	6700.41	6566.22	
河 池	710.00		5020.00	5017.00	4405.00	
宜 州	308.50		4713.24	4712.60	4712.60	
来 宾	600.00		4353.97	4229.97	4229.97	
合 山	200.00		1027.00	1003.00	864.00	
崇 左	437.25		3399.04	3398.00	3398.00	
凭 祥	85.00		2246.20	2231.15	2231.15	
海 南	**7141.23**	**1.00**	**82189.14**	**82127.16**	**73992.00**	**5058.00**
海 口	2848.00		52041.00	52000.00	52000.00	
三 亚			7650.00	7650.00	1152.00	5056.00
儋 州	250.00		4415.80	4415.00	4415.00	
五指山	72.00		1360.30	1360.00	1360.00	
琼 海	330.00	1.00	6271.00	6270.00	5310.00	
文 昌	2800.00		4503.00	4500.00	4455.00	
万 宁	432.00		3120.03	3105.00	2502.00	2.00
东 方	409.23		2828.01	2827.16	2798.00	
重 庆	**7363.00**		**76434.50**	**76047.00**	**32805.13**	
四 川	**21437.60**	**434.77**	**173651.97**	**172456.22**	**98066.68**	**1568.00**
成 都	1272.00		104422.00	104368.00	48345.00	
都江堰	167.60		370.54	369.00	184.00	
彭 州	40.00		980.00	980.00	920.00	
邛 崃			255.00	255.00	153.00	
崇 州	3000.00		2781.00	2776.00	1800.00	
攀枝花	560.00	48.80	6649.40	6517.00	5513.78	
泸 州	500.00		2148.80	2135.30	1594.00	
德 阳	700.00		2590.00	2578.00	2025.00	
广 汉	1950.00		5023.62	5023.62	4727.10	
什 邡	460.00		695.00	690.00	320.00	
绵 竹			1190.30	1186.00	1161.00	
绵 阳	1215.00	1.27	4158.00	4150.00	3250.00	
广 元			1415.00	1415.00	1220.00	

continued 12

燃气损失量 Loss Amount	用气户数(户) Number of Household with Access to Gas (unit)	家庭用户 Household User	用气人口(万人) Population with Access to Gas (10,000 persons)	液化石油气汽车加气站(座) Gas Stations for LPG-Fueled Motor Vehicles (unit)	城市名称 Name of Cities
8.00	19000	16300	6.80		东兴
143.00	121524	120275	21.82		钦州
5.00	96660	96660	27.10		贵港
1.90	27432	27432	11.52		桂平
0.50	125000	122000	47.50		玉林
24.10	8035	8035	3.03		北流
50.00	32000	32000	12.50		百色
46.12	26803	26803	10.45		靖西
150.00	46402	40897	17.59		贺州
3.00	42021	40129	18.00		河池
0.64	42710	42710	14.35		宜州
124.00	64541	64541	23.88		来宾
24.00	13805	13575	5.43		合山
1.04	33990	33990	12.00		崇左
15.05	14172	14172	6.00		凭祥
61.98	**543908**	**282651**	**136.79**	**10**	**海南**
41.00	148621	148621	55.30		海口
	9719	6277	7.19	5	三亚
0.80	28620	28620	17.90		儋州
0.30	14779	14779	5.00		五指山
1.00	34780	32205	14.00		琼海
3.00	16830	15250	13.40		文昌
15.03	8103	8002	13.00	5	万宁
0.85	282456	28897	11.00		东方
387.50	**309181**	**220700**	**95.05**		**重庆**
1195.75	**512950**	**448184**	**140.39**	**1**	**四川**
54.00	125659	110464	29.92		成都
1.54	3385	1792	0.54		都江堰
	16642	10224	3.00		彭州
	3700	2214	1.20		邛崃
5.00	11200	9800	2.90		崇州
132.40	48346	46592	14.58		攀枝花
13.50	8247	7200	2.65		泸州
12.00	13700	12628	2.80		德阳
	27393	26371	7.20		广汉
5.00	1300	980	1.20		什邡
4.30	4803	4051	1.00		绵竹
8.00	18500	18055	5.00		绵阳
	12288	11216	4.13		广元

7-3-3 续表 13

城市名称 Name of Cities	储气能力(吨) Gas Storage Capacity (ton)	供气管道长度(公里) Length of Gas Supply Pipeline (km)	供气总量(吨) Total Gas Supplied (ton)			
			合计 Total	销售气量 Quantity Sold	居民家庭 Households	燃气汽车 Gas-Powered Automobiles
内　江	1050.00		15360.00	14770.00	6834.00	
乐　山	63.00	14.00	120.00	120.00	13.10	
峨眉山	690.00		1568.00	1568.00		1568.00
南　充	880.00	1.00	5825.00	5560.00	4750.00	
阆　中	85.00	1.00	1389.00	1330.00	785.00	
眉　山	890.00		1237.26	1221.50	1202.90	
宜　宾	100.00	300.00	408.10	408.00	272.00	
华　蓥	100.00		145.00	145.00	110.00	
万　源	1288.00		1011.40	1001.80	1001.80	
巴　中	420.00		400.00	400.00	400.00	
资　阳			3909.00	3909.00	2500.00	
简　阳	3100.00		1180.00	1180.00	890.00	
马尔康	50.00		560.55	560.00	265.00	
康　定	1895.00		1895.00	1895.00	1895.00	
西　昌	962.00	68.70	5965.00	5945.00	5935.00	
贵　州	**9477.08**	**124.08**	**88669.59**	**88202.53**	**80663.21**	
贵　阳	1547.00		42000.00	42000.00	42000.00	
清　镇			1216.20	1185.70	1155.20	
六盘水	52.08		3000.00	2968.80	2968.80	
遵　义	1289.00		11720.00	11500.00	11500.00	
赤　水	40.00		266.10	264.00	264.00	
仁　怀	80.00		840.00	800.00	700.00	
安　顺	614.00		10651.00	10651.00	6180.00	
铜　仁	230.00	92.55	2105.40	2100.00	1910.00	
兴　义	675.00		3166.00	3070.00	3070.00	
毕　节			2218.30	2210.00	2210.00	
凯　里	2943.00		8213.00	8213.00	5845.00	
都　匀	502.00	31.53	1842.85	1810.03	1432.21	
福　泉	1505.00		1430.74	1430.00	1428.00	
云　南	**18925.05**	**109.44**	**210095.04**	**210007.80**	**75036.30**	
昆　明	4523.10		167386.00	167386.00	36631.00	
曲　靖	1700.00		4100.00	4100.00	4100.00	
宣　威	2682.00	0.83	2621.10	2620.00	2114.00	
玉　溪	480.00	30.00	4575.07	4575.00	3730.00	
保　山	2150.00		2119.30	2105.00	2000.00	
腾　冲	650.00		1162.00	1160.00	1100.00	
昭　通	260.00		285.00	285.00	285.00	
丽　江	600.00	5.00	2996.00	2995.00	2995.00	
普　洱	160.00	18.91	1507.20	1507.20	1507.20	
临　沧	2600.00		4120.00	4120.00	4120.00	

continued 13

燃气损失量 Loss Amount	用气户数(户) Number of Household with Access to Gas (unit)	家庭用户 Household User	用气人口(万人) Population with Access to Gas (10,000 persons)	液化石油气汽车加气站(座) Gas Stations for LPG-Fueled Motor Vehicles (unit)	城市名称 Name of Cities
590.00	27695	23750	5.90		内　江
	154	143	0.10		乐　山
	500			1	峨眉山
265.00	16030	15060	5.00		南　充
59.00	3265	3060	1.00		阆　中
15.76	5819	5131	1.78		眉　山
0.10	4144	3640	1.24		宜　宾
	1800	1450	0.90		华　蓥
9.60	8998	8998	3.05		万　源
	7000	7000	1.80		巴　中
	34149	32617	9.20		资　阳
	11620	10980	3.00		简　阳
0.55	3300	3120	1.00		马尔康
	6653	6653	4.30		康　定
20.00	86660	64995	26.00		西　昌
467.06	**686432**	**585287**	**260.70**		**贵　州**
	205000	205000	72.00		贵　阳
30.50	24600	15450	5.20		清　镇
31.20	20834	20834	1.20		六盘水
220.00	130900	130900	49.00		遵　义
2.10	2660	2660	2.90		赤　水
40.00	8600	7800	6.77		仁　怀
	46030	41770	15.00		安　顺
5.40	20670	16690	21.00		铜　仁
96.00	13450	13450	23.00		兴　义
8.30	22015	22015	16.90		毕　节
	118337	86712	23.10		凯　里
32.82	55831	5006	18.63		都　匀
0.74	17505	17000	6.00		福　泉
87.24	**1002386**	**887374**	**322.44**		**云　南**
	416863	359896	107.97		昆　明
	10632	10632	3.11		曲　靖
1.10	42390	35198	23.00		宣　威
0.07	48240	48130	17.30		玉　溪
14.30	7800	5600	4.50		保　山
2.00	10255	10155	12.20		腾　冲
	3950	3950	3.29		昭　通
1.00	65200	65200	12.18		丽　江
	65287	65287	17.80		普　洱
	41300	41300	11.00		临　沧

7-3-3 续表 14

城市名称 Name of Cities	储气能力(吨) Gas Storage Capacity (ton)	供气管道长度(公里) Length of Gas Supply Pipeline (km)	供气总量(吨) Total Gas Supplied (ton)			
			合计 Total	销售气量 Quantity Sold	居民家庭 Households	燃气汽车 Gas-Powered Automobiles
楚　雄	400.00		2122.17	2120.00	1861.00	
个　旧	62.00		860.50	829.00	396.00	
开　远	300.00		313.00	313.00	313.00	
蒙　自	148.55		2919.10	2916.00	1845.00	
弥　勒	130.00		951.00	950.00	600.00	
文　山	164.00	2.50	1700.00	1698.20	1698.20	
景　洪	710.00		3986.60	3982.40	3434.90	
大　理	750.00		3145.00	3120.00	3080.00	
瑞　丽	156.50	37.00	1764.00	1764.00	1764.00	
芒　市	298.90	15.20	662.00	662.00	662.00	
香格里拉			800.00	800.00	800.00	
西　藏	**26341.00**	**0.50**	**66660.50**	**66100.30**	**39600.30**	**9882.65**
拉　萨	25896.00		44500.30	44300.30	34500.30	9645.00
昌　都			15600.00	15300.00	300.00	25.00
日喀则	445.00	0.50	6560.20	6500.00	4800.00	212.65
陕　西	**7671.00**	**0.35**	**28795.70**	**28550.58**	**17565.00**	
西　安	330.00	0.35	1974.60	1945.00	1198.00	
宝　鸡	180.00		200.00	190.00	175.00	
咸　阳	204.00		8659.00	8650.00	4921.00	
兴　平	85.00		910.02	910.00	910.00	
渭　南	2438.00		3180.00	3170.00	2710.00	
韩　城	90.00		793.00	790.00	768.00	
华　阴	90.00		605.00	600.00	588.00	
延　安	252.00		6009.08	6000.58		
汉　中	3500.00		4000.00	3895.00	3895.00	
安　康	502.00		2465.00	2400.00	2400.00	
甘　肃	**96254.00**		**85327.48**	**85096.50**	**77984.50**	**54.00**
兰　州	91030.00		52448.72	52381.50	52181.50	
嘉峪关			46.00	45.00	17.00	
金　昌	420.00		315.00	300.00	108.00	
白　银	1100.00		1850.00	1850.00	1850.00	
天　水			6219.00	6169.00	6169.00	
武　威	450.00		3608.00	3585.00	1350.00	
张　掖	710.00		3071.00	3071.00	2848.00	
平　凉	590.00		3207.90	3200.00	2840.00	
酒　泉	220.00		1500.00	1500.00	1500.00	
玉　门	500.00		362.00	350.00	350.00	
敦　煌	75.00		663.00	660.00	660.00	
庆　阳	14.50		8262.00	8240.00	4622.00	

continued 14

燃气损失量 Loss Amount	用气户数(户) Number of Household with Access to Gas (unit)	家庭用户 Household User	用气人口(万人) Population with Access to Gas (10,000 persons)	液化石油气汽车加气站(座) Gas Stations for LPG-Fueled Motor Vehicles (unit)	城市名称 Name of Cities
2.17	28000	26000	13.18		楚　雄
31.50	6072	3950	2.00		个　旧
	17500	17500	6.76		开　远
3.10	22583	19227	7.30		蒙　自
1.00	10400	8595	3.00		弥　勒
1.80	21905	21905	13.00		文　山
4.20	48000	43150	17.95		景　洪
25.00	85560	51250	19.50		大　理
	24100	24100	16.10		瑞　丽
	20500	20500	6.30		芒　市
	5849	5849	5.00		香格里拉
560.20	**67397**	**62648**	**36.56**	**38**	**西　藏**
200.00	36007	32003	23.56	26	拉　萨
300.00	12890	12370	3.00	3	昌　都
60.20	18500	18275	10.00	9	日喀则
245.12	**195227**	**181723**	**70.82**		**陕　西**
29.60	7021	6973	2.00		西　安
10.00	4912	2910	1.40		宝　鸡
9.00	18804	18750	5.73		咸　阳
0.02	13880	13880	5.50		兴　平
10.00	33160	25660	8.79		渭　南
3.00	13000	12800	6.40		韩　城
5.00	13500	9800	4.90		华　阴
8.50					延　安
105.00	58950	58950	25.10		汉　中
65.00	32000	32000	11.00		安　康
230.98	**328354**	**314382**	**158.55**	**2**	**甘　肃**
67.22	62480	61980	18.24		兰　州
1.00	535	210	0.90		嘉峪关
15.00	3000	1800	5.80		金　昌
	11873	11873	11.69		白　银
50.00	50229	50229	27.00		天　水
23.00	21900	21610	9.90		武　威
	30454	29451	5.45		张　掖
7.90	39650	32535	11.33		平　凉
	21200	21200	20.00		酒　泉
12.00	4000	4000	4.00		玉　门
3.00	1882	1882	0.20		敦　煌
22.00	36828	35540	16.17		庆　阳

7-3-3 续表 15

城市名称 Name of Cities	储气能力(吨) Gas Storage Capacity (ton)	供气管道长度(公里) Length of Gas Supply Pipeline (km)	供气总量(吨) Total Gas Supplied (ton)			
			合计 Total	销售气量 Quantity Sold	居民家庭 Households	燃气汽车 Gas-Powered Automobiles
定　西	116.00		648.00	637.00	568.00	54.00
陇　南	650.00		947.66	940.00	920.00	
临　夏	280.00		759.20	758.00	591.00	
合　作	98.50		1420.00	1410.00	1410.00	
青　海	**2584.00**		**6352.94**	**6339.49**	**6329.49**	
西　宁	615.00		3880.50	3875.00	3875.00	
海　东	60.00		108.00	106.00	106.00	
玉　树	479.00		963.20	960.00	960.00	
格尔木	1088.00		1173.49	1173.49	1173.49	
德令哈	342.00		227.75	225.00	215.00	
宁　夏	**3322.60**	**0.30**	**13192.72**	**13184.02**	**10039.33**	**1440.00**
银　川	960.60		6570.00	6570.00	5528.41	
灵　武	1200.00		160.00	160.00	27.00	
石嘴山	40.00		210.92	210.92	210.92	
吴　忠	250.00		2833.00	2830.00	1300.00	1440.00
青铜峡	225.00		1164.70	1159.00	1098.00	
固　原	555.00		843.00	843.00	730.00	
中　卫	92.00	0.30	1411.10	1411.10	1145.00	
新　疆	**5028.00**	**74.61**	**60174.16**	**59954.43**	**46679.77**	**2092.00**
乌鲁木齐	2385.00		35562.51	35559.51	31711.80	
克拉玛依	62.00	0.80	2673.92	2668.92	1385.47	
吐鲁番	60.00		649.30	640.00	640.00	
哈　密	730.00	73.81	3696.00	3683.00	2714.00	200.00
昌　吉	51.00		1444.00	1441.00	1441.00	
阜　康	50.00		482.00	480.00	460.00	
博　乐	230.00		318.50	308.00	308.00	
库尔勒	50.00		3002.00	3000.00	1000.00	1280.00
阿克苏	153.00		5316.00	5202.00	1000.00	
阿图什	220.00		878.00	852.00	139.50	612.00
和　田			95.00	95.00	90.00	
伊　宁	93.00		1875.00	1875.00	1875.00	
奎　屯	54.00		172.35	171.00	171.00	
霍尔果斯	100.00		540.00	540.00	450.00	
乌　苏	230.00		553.38	548.00	548.00	
塔　城	110.00		572.00	550.00	405.00	
阿勒泰	100.00		314.20	311.00	311.00	
阿拉尔	150.00		630.00	630.00	630.00	
北　屯	200.00		1400.00	1400.00	1400.00	

continued 15

燃气损失量 Loss Amount	用气户数(户) Number of Household with Access to Gas (unit)	家庭用户 Household User	用气人口(万人) Population with Access to Gas (10,000 persons)	液化石油气汽车加气站(座) Gas Stations for LPG-Fueled Motor Vehicles (unit)	城市名称 Name of Cities
11.00	15694	14172	14.78	2	定西
7.66	12701	12572	6.60		陇南
1.20	5300	4700	1.48		临夏
10.00	10628	10628	5.01		合作
13.45	**58531**	**58228**	**20.57**		**青海**
5.50	38000	38000	11.54		西宁
2.00	1280	1280	1.00		海东
3.20	9800	9800	4.20		玉树
	6588	6588	2.73		格尔木
2.75	2863	2560	1.10		德令哈
8.70	**187841**	**171702**	**42.99**	**2**	**宁夏**
	90000	80000	13.50		银川
	150	120	0.04		灵武
	25610	25610	1.00		石嘴山
3.00	21940	21340	8.50	2	吴忠
5.70	18901	18004	7.20		青铜峡
	24300	20100	10.00		固原
	6940	6528	2.75		中卫
219.73	**210452**	**150602**	**54.99**	**3**	**新疆**
3.00	77387	65615	14.50		乌鲁木齐
5.00	12997	8500	3.27		克拉玛依
9.30	4400	4400	1.11		吐鲁番
13.00	14000	10000	0.72	1	哈密
3.00	4100	4100	1.50		昌吉
2.00	3633	3433	1.09		阜康
10.50	2140	2140	4.70		博乐
2.00	5120	3689	1.05	1	库尔勒
114.00	36500	3150	11.33		阿克苏
26.00	750	400	0.14	1	阿图什
	750	700	0.10		和田
	3575	3575	1.20		伊宁
1.35	900	900	0.80		奎屯
	5600	5000	1.50		霍尔果斯
5.38	4500	4500	1.68		乌苏
22.00	9000	5400	3.50		塔城
3.20	3500	3500	0.60		阿勒泰
	4600	4600	2.60		阿拉尔
	17000	17000	3.60		北屯

八、城市集中供热
8.Urban Central Heating

简要说明

城市供热指向热用户供应热能的活动，可分为集中供热和分散供热。本部分只包括集中供热，集中供热指从一个或多个热源通过热网向城市的热用户供给生产和生活热能的方式，要求具有一定的规模。

Brief Introduction

Urban heating is to supply heat energy to urban users in two ways: central heating and individual heating. This section is only about central heating, which is to deliver heat from one or more heat sources through network to urban end-users for industrial and domestic purposes.

8 全国历年城市集中供热情况(1981−2015)
National Urban Central Heating in Past Years (1981-2015)

年 份 Year	供热能力 Heating Capacity		供热总量 Total Heat Supplied		管道长度(公里) Length of Pipelines (km)		集中供热面积 (万平方米) Heated Area (10,000 m^2)
	蒸 汽 (吨/小时) Steam (ton/hour)	热 水 (兆瓦) Hot Water (mega watts)	蒸 汽 (万吉焦) Steam (10,000 gigajoules)	热 水 (万吉焦) Hot Water (10,000 gigajoules)	蒸 汽 Steam	热 水 Hot Water	
1981	754	440	641	183	79	280	1167
1982	883	718	627	241	37	491	1451
1983	965	987	650	332	67	586	1841
1984	1421	1222	996	454	71	761	2445
1985	1406	1360	896	521	76	954	2742
1986	9630	36103	3467	2704	183	1335	9907
1987	16258	27601	6669	3650	163	1576	15282
1988	18550	32746	5978	4848	209	2193	13883
1989	20177	25987	6782	4334	401	2678	19386
1990	20341	20128	7117	21658	157	3100	21263
1991	21495	29663	8195	21065	656	3952	27651
1992	25491	45386	9267	26670	362	4230	32832
1993	31079	48437	10633	29036	532	5161	44164
1994	34848	52466	10335	32056	670	6399	50992
1995	67601	117286	16414	75161	909	8456	64645
1996	62316	103960	17615	56307	9577	24012	73433
1997	65207	69539	20604	62661	7054	25446	80755
1998	66427	71720	17463	64684	6933	27375	86540
1999	70146	80591	22169	69771	7733	30506	96775
2000	74148	97417	23828	83321	7963	35819	110766
2001	72242	126249	37655	100192	9183	43926	146329
2002	83346	148579	57438	122728	10139	48601	155567
2003	92590	171472	59136	128950	11939	58028	188956
2004	98262	174442	69447	125194	12775	64263	216266
2005	106723	197976	71493	139542	14772	71338	252056
2006	95204	217699	67794	148011	14012	79943	265853
2007	94009	224660	66374	158641	14116	88870	300591
2008	94454	305695	69082	187467	16045	104551	348948
2009	93193	286106	63137	200051	14317	110490	379574
2010	105084	315717	66397	224716	15122	124051	435668
2011	85273	338742	51777	229245	13381	133957	473784
2012	86452	365278	51609	243818	12690	147390	518368
2013	84362	403542	53242	266462	12259	165877	571677
2014	84664	447068	55614	276546	12476	174708	611246
2015	80699	472556	49703	302110	11692	192721	672205

注：1981年至1995年热水供热能力计量单位为兆瓦/小时；1981年至2000年蒸汽供热总量计量单位为万吨。

Note: Heating capacity through hot water from 1981 to 1995 is measured with the unit of maga watts/hour;Heating capacity through steam from 1981 to 2000 is measured with the unit of 10,000 tons.

8-1 2015年全国城市集中供热分组资料

地区名称 Name of Regions		蒸汽 Steam						
		供热能力(吨/小时) Heating Capacity (ton/hour)	热电厂供热 Heating by Co-Generation	锅炉房供热 Heating by Boilers	供热总量(万吉焦) Total Heat Supplied (10,000 gcal)	热电厂供热 Heating by Co-Generation	锅炉房供热 Heating by Boilers	管道长度(公里) Length of Pipelines (km)
全　国	**National Total**	**80699**	**66790**	**13519**	**49703**	**42460**	**7037**	**11692**
分类一	**Group one**							
东部地区	East China	51858	45057	6801	32982	29349	3633	6721
中部地区	Central China	21068	17190	3518	12282	10058	2021	3734
西部地区	West China	7773	4543	3200	4439	3053	1383	1238
分类二	**Group two**							
东部地区	East China	51858	45057	6801	32982	29349	3633	6721
中部地区	Central China	20727	17075	3292	12097	9972	1923	3706
西部地区	West China	8114	4658	3426	4624	3139	1481	1265
分类三	**Group three**							
东部地区	East China	38925	34197	4728	25774	23569	2205	5160
中部地区	Central China	14751	12094	2297	9026	7421	1403	2621
西部地区	West China	8114	4658	3426	4624	3139	1481	1265
东北地区	Northeast China	18909	15841	3068	10279	8332	1948	2646

National Urban Central Heating (2015)

热水 Hot Water							供热面积（万平方米） Heated Area (10,000 m²)		地区名称 Name of Regions
供热能力（兆瓦） Heating Capacity (mega watts)	热电厂供热 Heating by Co-Generation	锅炉房供热 Heating by Boilers	供热总量（万吉焦） Total Heat Supplied (10,000 gcal)	热电厂供热 Heating by Co-Generation	锅炉房供热 Heating by Boilers	管道长度（公里） Length of Pipelines (km)		住宅 Housing	
472556	**212477**	**258008**	**302110**	**130582**	**170282**	**192721**	**672205**	**494771**	**全　国**
									分类一
217099	87785	128786	145689	53305	91731	112178	354016	262707	东部地区
178299	96477	81123	119655	64914	54264	61502	236831	169322	中部地区
77158	28216	48099	36766	12363	24287	19041	81358	62742	西部地区
									分类二
217099	87785	128786	145689	53305	91731	112178	354016	262707	东部地区
132616	72384	60133	86944	48200	38540	50546	191962	139419	中部地区
122841	52309	69089	69477	29077	40012	29997	126227	92645	西部地区
									分类三
145265	64796	79996	96684	39092	56989	77881	249473	184666	东部地区
43254	32338	10870	25396	17086	8115	14422	81514	62632	中部地区
122841	52309	69089	69477	29077	40012	29997	126227	92645	西部地区
161196	63034	98054	110553	45327	65166	70421	214991	154827	东北地区

8-2 2015年按省分列的城市集中供热

地区名称 Name of Regions	蒸汽 Steam						
	供热能力(吨/小时) Heating Capacity (ton/hour)	热电厂供热 Heating by Co-Generation	锅炉房供热 Heating by Boilers	供热总量(万吉焦) Total Heat Supplied (10,000 gcal)	热电厂供热 Heating by Co-Generation	锅炉房供热 Heating by Boilers	管道长度(公里) Length of Pipelines (km)
全　国	**80699**	**66790**	**13519**	**49703**	**42460**	**7037**	**11692**
北　京	300	300		166	166		44
天　津	3568	2773	795	1329	998	331	331
河　北	7539	6430	1109	5154	4750	404	1053
山　西	1385	840	545	1104	546	558	245
内蒙古	341	115	226	185	86	99	28
辽　宁	12933	10860	2073	7208	5780	1428	1561
吉　林	1403	1252	151	828	708	120	723
黑龙江	4574	3730	844	2243	1844	400	362
浙　江	3145	3090	55	5469	4965	504	534
安　徽	4593	4573	20	2951	2945	6	611
山　东	24373	21604	2769	13656	12690	966	3198
河　南	6093	4829	904	3242	2601	438	1421
湖　北	2680	1852	828	1729	1329	401	343
西　藏	14		14	140		140	34
陕　西	3728	1030	2668	2099	1118	977	323
甘　肃	26	26		8	8		24
青　海							
宁　夏	1795	1467	328	935	850	85	740
新　疆	2210	2020	190	1257	1077	180	117

Urban Central Heating by Province (2015)

热水 Hot Water							供热面积（万平方米） Heated Area (10,000 m²)		地区名称 Name of Regions
供热能力（兆瓦） Heating Capacity (mega watts)	热电厂供热 Heating by Co-Generation	锅炉房供热 Heating by Boilers	供热总量（万吉焦） Total Heat Supplied (10,000 gcal)	热电厂供热 Heating by Co-Generation	锅炉房供热 Heating by Boilers	管道长度（公里） Length of Pipelines (km)		住宅 Housing	
472556	**212477**	**258008**	**302110**	**130582**	**170282**	**192721**	**672205**	**494771**	**全　国**
41451	7590	33861	35857	5551	30306	12207	58465	39031	北　京
24261	6767	17494	12304	2989	9315	20714	37678	28485	天　津
32035	18353	13338	21180	12511	8315	10936	58751	43228	河　北
30991	23050	7913	19174	12024	7072	10566	54059	42506	山　西
45683	24093	20990	32711	16714	15725	10956	44869	29903	内蒙古
71834	22988	48791	49005	14213	34742	34298	104543	78041	辽　宁
42760	17829	24929	24609	12102	12500	18587	47990	34037	吉　林
46602	22217	24334	36939	19012	17924	17536	62457	42750	黑龙江
30	30						4429	29	浙　江
142		142	36		36	15	2684	1040	安　徽
47487	32056	15303	27342	18040	9054	34023	90150	73893	山　东
11644	8888	2737	6131	5040	973	3831	22375	17396	河　南
478	400	78	56	22	34	10	2396	1691	湖　北
							22		西　藏
22023	10430	11593	7136	1666	5471	1906	24030	20650	陕　西
14331	5187	9021	9152	3631	5488	4405	16137	11940	甘　肃
348		348	290		290	179	461	347	青　海
7848	1550	5578	4159	1166	2911	2913	9979	7905	宁　夏
32608	11049	21559	16028	5900	10128	9637	30728	21901	新　疆

8-3 2015年按城市分列的城市集中供热

城市名称 Name of Cities	蒸汽 Steam						
	供热能力(吨/小时) Heating Capacity (ton/hour)	热电厂供热 Heating by Co-Generation	锅炉房供热 Heating by Boilers	供热总量(万吉焦) Total Heat Supplied (10,000 gcal)	热电厂供热 Heating by Co-Generation	锅炉房供热 Heating by Boilers	管道长度(公里) Length of Pipelines (km)
全　国	**80699**	**66790**	**13519**	**49703**	**42460**	**7037**	**11692**
北　京	**300**	**300**		**166**	**166**		**44**
天　津	**3568**	**2773**	**795**	**1329**	**998**	**331**	**331**
河　北	**7539**	**6430**	**1109**	**5154**	**4750**	**404**	**1053**
石家庄	3068	2998	70	2819	2759	60	482
晋　州							
新　乐	225	225		78	78		52
唐　山							
遵　化							
迁　安	200	200		110	110		30
秦皇岛	191	70	121	75	16	59	27
邯　郸	606	606		245	245		31
武　安	410	410		203	203		12
邢　台	330	330		316	316		41
南　宫							
沙　河							
保　定	650	650		516	516		81
涿　州	256	256		65	65		36
安　国	18		18	7		7	4
高碑店							
张家口							
承　德	425	425		394	394		126
沧　州							
泊　头							
任　丘							
黄　骅							
河　间							
廊　坊	575		575	183		183	60
霸　州							
三　河	325		325	95		95	46
衡　水							
冀　州							
深　州							
辛　集	260	260		48	48		25
定　州							

Urban Central Heating by City(2015)

热水 Hot Water							供热面积(万平方米) Heated Area (10,000 m^2)		城市名称 Name of Cities
供热能力(兆瓦) Heating Capacity (mega watts)	热电厂供热 Heating by Co-Generation	锅炉房供热 Heating by Boilers	供热总量(万吉焦) Total Heat Supplied (10,000 gcal)	热电厂供热 Heating by Co-Generation	锅炉房供热 Heating by Boilers	管道长度(公里) Length of Pipelines (km)		住宅 Housing	
472556	**212477**	**258008**	**302110**	**130582**	**170282**	**192721**	**672205**	**494771**	**全　国**
41451	**7590**	**33861**	**35857**	**5551**	**30306**	**12207**	**58465**	**39031**	**北　京**
24261	**6767**	**17494**	**12304**	**2989**	**9315**	**20714**	**37678**	**28485**	**天　津**
32035	**18353**	**13338**	**21180**	**12511**	**8315**	**10936**	**58751**	**43228**	**河　北**
5548	2655	2893	5349	2978	2371	1256	15841	10716	石家庄
106	60	46	75	60	15	35	162	157	晋　州
300	300		58	58		25	329	291	新　乐
6243	5471	772	3239	2896	343	1906	6642	5213	唐　山
543		543	247		247	110	550	490	遵　化
441	435	6	400	397	3	421	1294	989	迁　安
3025	1568	1457	2126	1184	942	1260	5803	4298	秦皇岛
1706	1346	360	1078	888	190	669	3827	2609	邯　郸
110	110		68	68		341	787	606	武　安
659	659		518	518		255	2110	1470	邢　台
78	78		85	85		125	224	172	南　宫
66	66		60	60		92	118	95	沙　河
1348	1080	210	800	553	92	425	4667	3828	保　定
134		134	90		90	33	330	255	涿　州
996		996	445		445	60	663	328	安　国
198		198	60		60	62	327	260	高碑店
2372	50	2322	1381	200	1181	220	2568	2064	张家口
1021	718	303	752	622	130	318	2008	1443	承　德
1398	1050	348	957	594	363	552	2100	1500	沧　州
116		116	73		73	63	183	151	泊　头
746	726	20	496	481	15	116	1064	763	任　丘
401		401	540		540	320	791	690	黄　骅
180		180	238		238	42	340	304	河　间
1350		1350	525		525	924	2148	1444	廊　坊
86		86	61		61	60	126	118	霸　州
460		460	320		320	329	723	562	三　河
1435	1435		544	544		491	1288	1030	衡　水
235	235		90	90		190	200	181	冀　州
176			117			32	185	90	深　州
329	182	37	271	156	32	101	973	759	辛　集
230	130	100	119	79	40	102	380	353	定　州

8-3 续表 1

城市名称 Name of Cities	蒸汽 Steam						
	供热能力(吨/小时) Heating Capacity (ton/hour)	热电厂供热 Heating by Co-Generation	锅炉房供热 Heating by Boilers	供热总量(万吉焦) Total Heat Supplied (10,000 gcal)	热电厂供热 Heating by Co-Generation	锅炉房供热 Heating by Boilers	管道长度(公里) Length of Pipelines (km)
山　西	**1385**	**840**	**545**	**1104**	**546**	**558**	**245**
太　原							
古　交	355	355		147	147		135
大　同							
阳　泉	140		140	127		127	19
长　治							
潞　城							
晋　城	130	130		130	130		0.03
高　平	180	180		172	172		0.14
朔　州							
晋　中	30		30	9		9	25
介　休	375		375	422		422	62
运　城							
永　济							
河　津							
忻　州							
原　平							
临　汾							
侯　马	175	175		97	97		4
霍　州							
吕　梁							
孝　义							
汾　阳							
内蒙古	**341**	**115**	**226**	**185**	**86**	**99**	**28**
呼和浩特							
包　头							
乌　海							
赤　峰	271	115	156	148	86	62	8
通　辽							
霍林郭勒							
鄂尔多斯							
呼伦贝尔							
满洲里							
牙克石							
扎兰屯							
额尔古纳							
根　河							0
巴彦淖尔							
乌兰察布							

continued 1

热水 Hot Water							供热面积(万平方米) Heated Area (10,000 m²)	住宅 Housing	城市名称 Name of Cities
供热能力(兆瓦) Heating Capacity (mega watts)	热电厂供热 Heating by Co-Generation	锅炉房供热 Heating by Boilers	供热总量(万吉焦) Total Heat Supplied (10,000 gcal)	热电厂供热 Heating by Co-Generation	锅炉房供热 Heating by Boilers	管道长度(公里) Length of Pipelines (km)			
30991	**23050**	**7913**	**19174**	**12024**	**7072**	**10566**	**54059**	**42506**	**山　西**
12334	9776	2558	6625	4371	2254	3207	21217	18404	太　原
						176	400	351	古　交
3287	3175	112	2117	1898	219	828	6651	4327	大　同
2013	1929	84	1694	1586	108	1341	2719	2166	阳　泉
1196	887	309	1354	752	602	186	3387	2727	长　治
200	200		100	100		148	333	207	潞　城
1449	669	752	924	428	419	715	2359	1701	晋　城
10		10	3		3	333	349	248	高　平
2886	2000	886	646	300	346	666	2872	1831	朔　州
2161	1396	765	1033	667	366	600	2925	2157	晋　中
116		116	100		100	100	755	572	介　休
654	448	206	647	289	358	168	1843	1490	运　城
368	368		126	126		135	330	233	永　济
150		150	375		375	29	548	548	河　津
830	598	232	450	397	53	678	990	797	忻　州
457		457	371		371	175	711	575	原　平
920	600	320	791	451	341	93	1696	1265	临　汾
349	349		150	150		125	675	457	侯　马
210		210	80		80	50	450	391	霍　州
604	322	282	594	295	299	441	1260	870	吕　梁
464		464	780		780	250	1180	850	孝　义
332	332		214	214		124	410	340	汾　阳
45683	**24093**	**20990**	**32711**	**16714**	**15725**	**10956**	**44869**	**29903**	**内蒙古**
14161	3640	10521	12008	3618	8390	2873	10386	7200	呼和浩特
8014	8014		3697	3697		865	8014	5610	包　头
2020	1690	330	1201	1002	199	426	2110	1360	乌　海
3612	2502	509	2408	1931	204	1583	4298	2554	赤　峰
1260	595	665	930	492	438	585	2455	1627	通　辽
170	128	42	362	343	19	108	517	373	霍林郭勒
5100	700	4400	3700	600	3100	1045	5319	2799	鄂尔多斯
1915	1548	367	1588	1326	262	348	1588	1039	呼伦贝尔
946	659	288	793	615	178	370	1229	790	满洲里
457	331	126	562	514	48	200	630	460	牙克石
261	87	174	357	67	290	79	466	293	扎兰屯
221	105	116	159	123	36	43	173	108	额尔古纳
130	130		299	299		33	152	112	根　河
1311	625	686	1140	350	790	926	1680	1325	巴彦淖尔
2073	665	1408	1041	340	701	253	1786	1406	乌兰察布

8-3 续表 2

城市名称 Name of Cities	蒸汽 Steam						
	供热能力（吨/小时） Heating Capacity (ton/hour)	热电厂供热 Heating by Co-Generation	锅炉房供热 Heating by Boilers	供热总量（万吉焦） Total Heat Supplied (10,000 gcal)	热电厂供热 Heating by Co-Generation	锅炉房供热 Heating by Boilers	管道长度（公里） Length of Pipelines (km)
丰　镇							
乌兰浩特							
阿尔山	70		70	37		37	20
二连浩特							
锡林浩特							
辽　宁	**12933**	**10860**	**2073**	**7208**	**5780**	**1428**	**1561**
沈　阳	774	117	657	218	56	162	220
新　民							
大　连	5346	4276	1070	3097	2080	1017	302
瓦房店	250	182	68	141	132	9	11
普兰店	396	396		251	251		161
庄　河							
鞍　山	180	180		165	165		12
海　城							
抚　顺	865	664	201	254	153	101	5
本　溪							
丹　东	2592	2592		1388	1388		185
东　港							
凤　城							
锦　州	1020	1020		83	83		289
凌　海	17	17		6	6		12
北　镇							
营　口	341	341		275	275		8
盖　州							
大石桥							
阜　新							
辽　阳							
灯　塔	230	230		180	180		234
盘　锦							
铁　岭							
调兵山							
开　原							
朝　阳							
北　票							
凌　源	225	225		203	203		72
葫芦岛	697	620	77	947	808	139	50
兴　城							

continued 2

热水 Hot Water							供热面积(万平方米) Heated Area (10,000 m²)		城市名称 Name of Cities
供热能力(兆瓦) Heating Capacity (mega watts)	热电厂供热 Heating by Co-Generation	锅炉房供热 Heating by Boilers	供热总量(万吉焦) Total Heat Supplied (10,000 gcal)	热电厂供热 Heating by Co-Generation	锅炉房供热 Heating by Boilers	管道长度(公里) Length of Pipelines (km)		住宅 Housing	
428	428		370	370		62	736	694	丰　　镇
1679	1386	293	621	420	201	563	1148	810	乌兰浩特
90		90	47		47	55	108	79	阿 尔 山
366		366	269		269	256	490	235	二连浩特
1469	860	609	1159	607	552	282	1585	1030	锡林浩特
71834	**22988**	**48791**	**49005**	**14213**	**34742**	**34298**	**104543**	**78041**	**辽　　宁**
17030	4940	12090	12494	3760	8734	9516	28000	21300	沈　　阳
745		745	391		391	270	565	514	新　　民
12759	3747	9012	6637	1260	5377	3545	20089	14370	大　　连
661		661	416		416	513	1215	955	瓦 房 店
503		503	348		348	158	978	749	普 兰 店
907		907	610		610	258	1011	835	庄　　河
4955	349	4606	3975	420	3555	2550	6460	5400	鞍　　山
905	294	611	473	216	256	419	1255	933	海　　城
6508	3926	2582	2600	1178	1422	1280	4836	3900	抚　　顺
2496	985	1512	1289	508	781	1564	2887	2317	本　　溪
1680		1680	836		836	1540	3312	2589	丹　　东
720	700	20	330	315	15	193	750	650	东　　港
360	182	178	187	134	53	289	370	306	凤　　城
2696	1558	1138	2160	1051	1109	1409	3659	2756	锦　　州
184		184	197		197	174	400	287	凌　　海
332		332	243		243	102	397	345	北　　镇
2665	1345	1265	2596	1336	1210	2510	4102	2195	营　　口
730		730	470		470	208	773	629	盖　　州
669		669	458		458	432	732	585	大 石 桥
2680	1716	964	1847	1250	597	1573	3631	3060	阜　　新
2059	1010	1049	2572	1439	1133	1136	3675	2691	辽　　阳
							430	299	灯　　塔
1896		1896	1507		1507	952	3099	2325	盘　　锦
1838	685	1153	1219	609	610	812	2006	1407	铁　　岭
943	562	381	309	157	152	407	758	573	调 兵 山
585		585	365		365	403	725	558	开　　原
1662	660	1002	2040	380	1660	835	2914	2098	朝　　阳
538	330	208	318	200	118	113	486	361	北　　票
467		467	240		240	61	820	705	凌　　源
1233		1233	1614		1614	718	3659	1980	葫 芦 岛
429		429	264		264	356	548	370	兴　　城

8-3 续表 3

城市名称 Name of Cities	蒸汽 Steam						
	供热能力（吨/小时）Heating Capacity (ton/hour)	热电厂供热 Heating by Co-Generation	锅炉房供热 Heating by Boilers	供热总量（万吉焦）Total Heat Supplied (10,000 gcal)	热电厂供热 Heating by Co-Generation	锅炉房供热 Heating by Boilers	管道长度（公里）Length of Pipelines (km)
吉　林	**1403**	**1252**	**151**	**828**	**708**	**120**	**723**
长　春	116	25	91	113	33	80	35
榆　树							
德　惠							
吉　林	594	594		44	44		2
蛟　河							
桦　甸							
舒　兰							
磐　石							
四　平							
双　辽							
辽　源	210	150	60	412	372	40	9
通　化							450
集　安							
白　山							
临　江							
松　原							
扶　余							
白　城							
洮　南	333	333		235	235		190
大　安							
延　吉							
图　们							
敦　化	150	150		23	23		38
珲　春							
龙　井							
和　龙							
公主岭							
梅河口							
黑龙江	**4574**	**3730**	**844**	**2243**	**1844**	**400**	**362**
哈尔滨	2659	2145	514	1366	1055	311	151
双　城							
尚　志							
五　常							
齐齐哈尔	150	150		136	136		10
讷　河							
鸡　西	200		200	66		66	93
虎　林							

continued 3

热水 Hot Water							供热面积(万平方米) Heated Area (10,000 m^2)		城市名称 Name of Cities
供热能力(兆瓦) Heating Capacity (mega watts)	热电厂供热 Heating by Co-Generation	锅炉房供热 Heating by Boilers	供热总量(万吉焦) Total Heat Supplied (10,000 gcal)	热电厂供热 Heating by Co-Generation	锅炉房供热 Heating by Boilers	管道长度(公里) Length of Pipelines (km)		住宅 Housing	
42760	**17829**	**24929**	**24609**	**12102**	**12500**	**18587**	**47990**	**34037**	**吉　　林**
18450	7872	10578	9177	4096	5081	5574	18663	12555	长　　春
827		827	569		569	207	1124	892	榆　　树
992		992	480		480	756	712	616	德　　惠
3499	2876	623	3713	3570	143	2390	6379	5244	吉　　林
631	172	459	298	82	216	277	633	487	蛟　　河
489	94	395	359	124	235	337	519	390	桦　　甸
239		239	140		140	231	321	286	舒　　兰
665		665	378		378	98	538	400	磐　　石
860	500	360	559	549	10	914	1781	1349	四　　平
1129	1025	104	197	115	82	63	393	306	双　　辽
1470	660	810	784	475	310	1558	1834		辽　　源
1430	960	470	1010	789	221	1277	1725	1390	通　　化
396		396	176		176	187	316	221	集　　安
1830	1460	370	981	603	378	652	1680	1206	白　　山
417		417	300		300	129	433	306	临　　江
1828	920	908	1102	403	699	737	1670	1125	松　　原
195		195	168		168	175	260	190	扶　　余
1450	99	1351	668	300	368	610	1335	935	白　　城
18	18		15	15		73	420	340	洮　　南
583		583	98		98	90	325	266	大　　安
2336	420	1916	1395	249	1147	1203	3303	2552	延　　吉
535		535	205		205	140	334	260	图　　们
574		574	316		316	148	892	719	敦　　化
279	259	20	295	271	24	180	557	550	珲　　春
278	80	198	138	32	106	148	253	203	龙　　井
160	160		140	140		58	220	154	和　　龙
844		844	564		564	259	820	738	公 主 岭
356	254	100	385	290	88	117	551	358	梅 河 口
46602	**22217**	**24334**	**36939**	**19012**	**17924**	**17536**	**62457**	**42750**	**黑 龙 江**
15689	8379	7310	14309	7919	6390	3030	22100	13642	哈 尔 滨
415		415	208		208	103	621	375	双　　城
434		434	226		226	175	512	426	尚　　志
693		693	253		253	76	663	455	五　　常
3933	906	3027	2515	748	1767	1347	4752	3542	齐齐哈尔
405		405	198		198	72	366	289	讷　　河
1215	806	358	897	523	372	586	1681	1330	鸡　　西
249	249		220	220		183	320	223	虎　　林

8-3 续表 4

城市名称 Name of Cities	蒸汽 Steam						
	供热能力(吨/小时) Heating Capacity (ton/hour)	热电厂供热 Heating by Co-Generation	锅炉房供热 Heating by Boilers	供热总量(万吉焦) Total Heat Supplied (10,000 gcal)	热电厂供热 Heating by Co-Generation	锅炉房供热 Heating by Boilers	管道长度(公里) Length of Pipelines (km)
密　山	152	152		161	161		47
鹤　岗							
双鸭山							
大　庆							
伊　春	130		130	23		23	11
铁　力	240	240		116	116		15
佳木斯							
同　江							
富　锦							
七台河							
牡丹江	885	885		286	286		30
绥芬河							
海　林							
宁　安							
穆　棱							
黑　河							
北　安							
五大连池							
绥　化							
安　达							
肇　东							
海　伦	158	158		90	90		5
浙　江	**3145**	**3090**	**55**	**5469**	**4965**	**504**	**534**
宁　波	2945	2890	55	5378	4874	504	503
金　华	200	200		91	91		31
安　徽	**4593**	**4573**	**20**	**2951**	**2945**	**6**	**611**
合　肥	2065	2065		871	871		400
淮　南	90	90		111	111		36
淮　北	128	128		8	8		6
安　庆	1520	1500	20	1412	1406	6	24
滁　州	180	180		150	150		44
阜　阳	345	345		172	172		40
宿　州	260	260		218	218		51
池　州	5	5		8	8		11

continued 4

热水 Hot Water							供热面积（万平方米） Heated Area (10,000 m²)	住宅 Housing	城市名称 Name of Cities
供热能力（兆瓦） Heating Capacity (mega watts)	热电厂供热 Heating by Co-Generation	锅炉房供热 Heating by Boilers	供热总量（万吉焦） Total Heat Supplied (10,000 gcal)	热电厂供热 Heating by Co-Generation	锅炉房供热 Heating by Boilers	管道长度（公里） Length of Pipelines (km)			
174		174	91		91	102	385	248	密　山
1437	752	685	1244	662	582	700	1933	1484	鹤　岗
1290	1213	77	700	623	77	244	2181	1347	双鸭山
6368	2620	3748	6307	2667	3640	6449	8818	5535	大　庆
1886	982	904	1291	757	535	901	2157	1665	伊　春
147	130	17	150	61	89	119	445	375	铁　力
1746	1046	700	1350	780	570	512	2900	2150	佳木斯
232	232		193	193		75	283	260	同　江
287		287	385		385	15	569	465	富　锦
925	875	50	950	915	35	317	1383	1020	七台河
2882	1340	1542	1845	1439	406	535	3415	2595	牡丹江
699		699	386		386	261	570	347	绥芬河
377		377	274		274	166	480	400	海　林
254		254	170		170	88	339	237	宁　安
282	209	74	225	149	76	135	325	273	穆　棱
990	990		620	620		363	930	580	黑　河
810	660	150	370	342	28	308	565	339	北　安
244		244	123		123	120	295	200	五大连池
1348	828	520	644	396	249	220	1758	1423	绥　化
214		214	142		142	91	409	350	安　达
474		474	420		420	112	658	610	肇　东
504		504	233		233	134	647	566	海　伦
30	**30**						**4429**	**29**	**浙　江**
30	30						4320	8	宁　波
							109	21	金　华
142		**142**	**36**		**36**	**15**	**2684**	**1040**	**安　徽**
							2100	950	合　肥
							165	31	淮　南
142		142	36		36	15	72	36	淮　北
							3		安　庆
							18		滁　州
							2		阜　阳
							320	20	宿　州
							4		池　州

8-3 续表 5

城市名称 Name of Cities	蒸汽 Steam 供热能力(吨/小时) Heating Capacity (ton/hour)	热电厂供热 Heating by Co-Generation	锅炉房供热 Heating by Boilers	供热总量(万吉焦) Total Heat Supplied (10,000 gcal)	热电厂供热 Heating by Co-Generation	锅炉房供热 Heating by Boilers	管道长度(公里) Length of Pipelines (km)
山　东	**24373**	**21604**	**2769**	**13656**	**12690**	**966**	**3198**
济　南	4371	3670	701	1585	1473	112	123
章　丘							
青　岛	4975	4383	592	3177	2952	225	420
胶　州	330	175	155	269	149	120	22
即　墨	400	320	80	112	66	46	60
平　度	270	270		185	185		32
莱　西	435	435		305	305		40
淄　博	2426	2252	174	1780	1745	35	266
枣　庄	83	83		44	44		53
滕　州							
东　营							
烟　台	1402	1279	123	310	271	39	151
龙　口	110	110		81	81		21
莱　阳	138		138	9		9	5
莱　州							
蓬　莱	120	120		7	7		6
招　远							
栖　霞							
海　阳	30	30		151	151		4
潍　坊	1641	955	686	972	612	360	406
青　州	365	365		185	185		35
诸　城	880	880		782	782		184
寿　光	220	220		150	150		65
安　丘	565	565		424	424		118
高　密							
昌　邑	293	293		263	263		20
济　宁	351	351		569	569		193
曲　阜	30		30	18		18	12
邹　城							
泰　安	1527	1437	90	193	191	2	27
新　泰	101	101		57	57		65
肥　城							
威　海	1470	1470		973	973		426
荣　成							
乳　山	150	150		50	50		15
日　照	160	160		10	10		175
莱　芜							
临　沂	610	610		570	570		89
德　州	100	100		32	32		34
乐　陵							

continued 5

热水 Hot Water							供热面积 (万平方米)		城市名称
供热能力 (兆瓦) Heating Capacity (mega watts)	热电厂供热 Heating by Co-Generation	锅炉房供热 Heating by Boilers	供热总量 (万吉焦) Total Heat Supplied (10,000 gcal)	热电厂供热 Heating by Co-Generation	锅炉房供热 Heating by Boilers	管道长度 (公里) Length of Pipelines (km)	Heated Area (10,000 m²)	住宅 Housing	Name of Cities
47487	**32056**	**15303**	**27342**	**18040**	**9054**	**34023**	**90150**	**73893**	**山　东**
2954	1934	1020	2873	1934	939	2450	12822	10131	济　南
594	594		597	597		310	964	728	章　丘
5233	1926	3307	2773	1245	1528	6848	12327	10597	青　岛
493		493	300		300	389	1241	1095	胶　州
496	450	46	163	118	45	220	1171	1058	即　墨
227		227	103		103	312	1054	959	平　度
171		171	155		155	437	511	478	莱　西
4856	3855	1001	1453	865	588	2575	5678	5051	淄　博
1827	1343	364	709	402	67	384	2112	1842	枣　庄
485	485		310	310		103	1026	975	滕　州
3289	1040	2249	2416	800	1616	2410	3675	2502	东　营
3618	1583	2035	2508	1259	1248	3491	4770	3266	烟　台
422	422		391	391		202	977	853	龙　口
880	360	520	231	130	101	417	493	436	莱　阳
476	347	130	370	248	122	136	726	577	莱　州
473	170	303	322	64	258	370	489	395	蓬　莱
240	240		266	266		671	541	457	招　远
125	125		58	58		160	160	149	栖　霞
353	144	209	359	150	209	609	590	560	海　阳
849	536	313	632	418	214	686	3536	2863	潍　坊
314	162	152	299	179	120	198	923	834	青　州
115	115		51	51		35	1240	940	诸　城
600	120	480	260	60	200	189	804	710	寿　光
						57	620	454	安　丘
485	485		183	183		210	496	256	高　密
151	27	124	81	34	48	49	572	513	昌　邑
2550	2550		1019	1019		637	3854	3412	济　宁
290	174	116	225	120	105	123	504	447	曲　阜
769	769		290	290		83	960	920	邹　城
248	80	168	211	185	26	812	1922	1472	泰　安
441	441		355	355		105	675	540	新　泰
976	765	211	195	160	35	181	580	455	肥　城
1707	1707		1583	1583		3488	4877	3855	威　海
736	309	427	425	175	250	890	850	660	荣　成
435	435		248	248		312	475	360	乳　山
1626	850	776	910	860	50	455	1510	1150	日　照
1500	1500		360	360		208	1368	1134	莱　芜
1751	1496	255	796	623	173	746	4379	4041	临　沂
1152	1012	140	1174	628	545	826	3096	2189	德　州
215	150	66	78	70	9	78	161	150	乐　陵

8-3 续表 6

城市名称 Name of Cities	蒸汽 Steam						
	供热能力(吨/小时) Heating Capacity (ton/hour)	热电厂供热 Heating by Co-Generation	锅炉房供热 Heating by Boilers	供热总量(万吉焦) Total Heat Supplied (10,000 gcal)	热电厂供热 Heating by Co-Generation	锅炉房供热 Heating by Boilers	管道长度(公里) Length of Pipelines (km)
禹　城	120	120		7	7		5
聊　城	310	310		121	121		78
临　清	310	310		185	185		35
滨　州	80	80		80	80		14
菏　泽							
河　南	**6093**	**4829**	**904**	**3242**	**2601**	**438**	**1421**
郑　州	550		550	117		117	91
巩　义							
荥　阳							
新　密							
新　郑	256	256		56	56		168
登　封							
开　封	145		145	59		59	86
洛　阳	500	360	140	488	343	145	94
偃　师	230	230		130	130		81
平顶山	975	975		472	472		179
安　阳							
林　州							
鹤　壁							
新　乡	500	500		166	166		12
辉　县							
焦　作	45		45	93		93	21
濮　阳	113	113		56	56		37
许　昌	430	430		331	331		161
禹　州	475	475		193	193		89
长　葛	70	70		12	12		8
漯　河	80	80		70	70		50
三门峡							
义　马	190	190		190	190		13
南　阳	104	80	24	84	60	24	33
商　丘							
永　城	310	310		160	160		81
驻马店	400	400		196	196		66
济　源	720	360		370	168		152
湖　北	**2680**	**1852**	**828**	**1729**	**1329**	**401**	**343**
黄　石	436	392	44	436	392	44	27
十　堰	1460	1460		937	937		284
襄　阳	390		390	188		188	25
潜　江	394		394	169		169	7

continued 6

热水 Hot Water							供热面积(万平方米) Heated Area (10,000 m²)	住宅 Housing	城市名称 Name of Cities
供热能力(兆瓦) Heating Capacity (mega watts)	热电厂供热 Heating by Co-Generation	锅炉房供热 Heating by Boilers	供热总量(万吉焦) Total Heat Supplied (10,000 gcal)	热电厂供热 Heating by Co-Generation	锅炉房供热 Heating by Boilers	管道长度(公里) Length of Pipelines (km)			
140	140		119	119		172	320	271	禹　城
1078	1069		320	311		209	2004	1624	聊　城
110	110		108	108		182	629	460	临　清
1239	1239		822	822		427	1686	1385	滨　州
800	800		243	243		172	784	689	菏　泽
11644	**8888**	**2737**	**6131**	**5040**	**973**	**3831**	**22375**	**17396**	**河　南**
4023	2747	1276	1599	1347	251	1190	5270	4370	郑　州
300	300		116	116		36	372	255	巩　义
126		126	90		90	105	190	170	荥　阳
80		80	37		37	55	115		新　密
							135	110	新　郑
120	120		23	23		49	64	39	登　封
145		145	61		61	40	1300	1187	开　封
997	331	666	1425	1308	117	267	3290	2683	洛　阳
							204	154	偃　师
							689	510	平顶山
290	290		500	500		350	1540	1210	安　阳
700	700		122	122		78	290	264	林　州
192	192		194	194		175	500	449	鹤　壁
983	983		350	350		158	977		新　乡
110	110		80	80		30	253	214	辉　县
874	816	58	146	131	15	162	1856	1704	焦　作
366	192	155	496	198	180	320	825	604	濮　阳
							803	750	许　昌
							320	216	禹　州
							18	16	长　葛
16	16		32	32		13	152	103	漯　河
168	168		302	302		164	705	583	三门峡
							331	224	义　马
249	18	231	262	40	222	234	528	344	南　阳
1200	1200		185	185		251	342	239	商　丘
79	79		60	60		131	320	210	永　城
626	626		53	53		23	221	177	驻马店
							766	611	济　源
478	**400**	**78**	**56**	**22**	**34**	**10**	**2396**	**1691**	**湖　北**
							29	2	黄　石
400	400		22	22		0	1500	1208	十　堰
							368	68	襄　阳
78		78	34		34	10	499	413	潜　江

8-3 续表 7

城市名称 Name of Cities	蒸汽 Steam						
	供热能力(吨/小时) Heating Capacity (ton/hour)	热电厂供热 Heating by Co-Generation	锅炉房供热 Heating by Boilers	供热总量(万吉焦) Total Heat Supplied (10,000 gcal)	热电厂供热 Heating by Co-Generation	锅炉房供热 Heating by Boilers	管道长度(公里) Length of Pipelines (km)
西　　藏	**14**		**14**	**140**		**140**	**34**
拉　　萨	14		14	140		140	34
陕　　西	**3728**	**1030**	**2668**	**2099**	**1118**	**977**	**323**
西　　安	2583	680	1903	1626	959	667	214
铜　　川							
宝　　鸡							
咸　　阳	855	130	725	373	72	300	73
渭　　南	60	60		50	50		8
韩　　城							
华　　阴	30			3			10
延　　安							
榆　　林							
杨 陵 区	200	160	40	47	37	10	19
甘　　肃	**26**	**26**		**8**	**8**		**24**
兰　　州							
嘉 峪 关							
金　　昌							
白　　银							
天　　水							
武　　威							
张　　掖							
平　　凉							
酒　　泉							
玉　　门	26	26		8	8		24
敦　　煌							
庆　　阳							
定　　西							
陇　　南							
临　　夏							
合　　作							
青　　海							
西　　宁							
海　　东							
玉　　树							
格 尔 木							
德 令 哈							

continued 7

热水 Hot Water							供热面积(万平方米) Heated Area (10,000 m²)		城市名称 Name of Cities
供热能力(兆瓦) Heating Capacity (mega watts)	热电厂供热 Heating by Co-Generation	锅炉房供热 Heating by Boilers	供热总量(万吉焦) Total Heat Supplied (10,000 gcal)	热电厂供热 Heating by Co-Generation	锅炉房供热 Heating by Boilers	管道长度(公里) Length of Pipelines (km)		住宅 Housing	
							22		**西 藏**
							22		拉 萨
22023	**10430**	**11593**	**7136**	**1666**	**5471**	**1906**	**24030**	**20650**	**陕 西**
17192	8728	8464	4241	532	3710	819	16626	14665	西 安
14	14		14	14		14	46	43	铜 川
1808	400	1408	1023	283	740	509	2620	2254	宝 鸡
347	47	300	69	33	37	56	1468	1300	咸 阳
235		235	118		118	16	350	278	渭 南
70		70	70		70	40	105	96	韩 城
20	20		12	12		17	45	35	华 阴
391	153	238	264	118	147	105	494	421	延 安
1947	1068	879	1325	675	650	330	2162	1460	榆 林
							114	97	杨 陵 区
14331	**5187**	**9021**	**9152**	**3631**	**5488**	**4405**	**16137**	**11940**	**甘 肃**
4987	2096	2891	3205	1280	1926	691	6125	4307	兰 州
1322	1109	101	804	762	11	541	1251	905	嘉 峪 关
660	660		460	460		321	895	701	金 昌
1144	238	906	797	351	446	884	1602	1160	白 银
380		380	384		384	120	680	550	天 水
1553		1553	360		360	170	810	650	武 威
659		659	310		310	76	600	465	张 掖
725	544	170	550	378	170	646	830	780	平 凉
840	540	300	672	400	272	348	1042	752	酒 泉
127		127	50		50	112	186	127	玉 门
600		600	322		322	286	480	211	敦 煌
360		360	411		411	39	512	400	庆 阳
460		460	550		550	56	568	454	定 西
50		50	13		13	13	16	16	陇 南
348		348	184		184	49	416	382	临 夏
116		116	80		80	54	125	80	合 作
348		**348**	**290**		**290**	**179**	**461**	**347**	**青 海**
75		75	95		95	16	138	92	西 宁
17		17	7		7	15	10	1	海 东
53		53	67		67	15	102	73	玉 树
99		99	56		56	86	102	96	格 尔 木
105		105	65		65	47	110	85	德 令 哈

8-3 续表 8

城市名称 Name of Cities	蒸汽 Steam						
	供热能力(吨/小时) Heating Capacity (ton/hour)	热电厂供热 Heating by Co-Generation	锅炉房供热 Heating by Boilers	供热总量(万吉焦) Total Heat Supplied (10,000 gcal)	热电厂供热 Heating by Co-Generation	锅炉房供热 Heating by Boilers	管道长度(公里) Length of Pipelines (km)
宁　夏	**1795**	**1467**	**328**	**935**	**850**	**85**	**740**
银　川	294	140	154	44	31	13	9
灵　武							
石嘴山	1320	1320		812	812		715
吴　忠							
青铜峡	181	7	174	79	7	72	16
固　原							
中　卫							
新　疆	**2210**	**2020**	**190**	**1257**	**1077**	**180**	**117**
乌鲁木齐	40		40	43		43	6
克拉玛依							
吐鲁番							
哈　密							
昌　吉							
阜　康							
博　乐							
阿拉山口							
库尔勒							
阿克苏							
阿图什							
喀　什							
和　田							
伊　宁							
奎　屯							
霍尔果斯							
乌　苏	600	600		205	205		10
塔　城							
阿勒泰	20	20		7	7		6
石河子	1240	1240		864	864		77
阿拉尔	160	160		0	0		14
图木舒克							
五家渠							
北　屯	20		20	7		7	1
铁门关	130		130	130		130	3
可克达拉							

continued 8

热水 Hot Water							供热面积(万平方米)		城市名称 Name of Cities
供热能力(兆瓦) Heating Capacity (mega watts)	热电厂供热 Heating by Co-Generation	锅炉房供热 Heating by Boilers	供热总量(万吉焦) Total Heat Supplied (10,000 gcal)	热电厂供热 Heating by Co-Generation	锅炉房供热 Heating by Boilers	管道长度(公里) Length of Pipelines (km)	Heated Area ($10,000\ m^2$)	住宅 Housing	
7848	**1550**	**5578**	**4159**	**1166**	**2911**	**2913**	**9979**	**7905**	**宁　夏**
4028	1027	3001	2255	732	1522	1673	4663	3699	银　川
175	175		130	130		99	350	320	灵　武
29		29	64		64	25	1668	1360	石嘴山
1551		1551	824		824	281	1289	856	吴　忠
333		333	123		123	320	410	306	青铜峡
1068	348		386	304		361	980	869	固　原
664		664	378		378	155	619	495	中　卫
32608	**11049**	**21559**	**16028**	**5900**	**10128**	**9637**	**30728**	**21901**	**新　疆**
16553	4551	12002	5899	1933	3966	3149	12088	8734	乌鲁木齐
2317	490	1827	1686	323	1363	1258	2292	1362	克拉玛依
220		220	107		107	192	218	169	吐鲁番
1461	540	920	706	295	411	723	1713	1284	哈　密
1470	873	597	1310	720	590	484	2349	1641	昌　吉
540	540		311	311		224	489	335	阜　康
459		459	225		225	226	453	287	博　乐
48		48	22		22	8	33	13	阿拉山口
1110		1110	650		650	510	1123	828	库尔勒
281	281		99	99		47	330	281	阿克苏
391		391	85		85	114	275	192	阿图什
700	100	600	478	194	284	442	1119	794	喀　什
120		120	44		44	89	62	39	和　田
1258	609	649	729	481	248	243	2364	1712	伊　宁
995	420	575	778	340	438	367	876	697	奎　屯
162		162	85		85	72	250	100	霍尔果斯
87		87	205		205	227	640	380	乌　苏
428		428	303		303	110	440	324	塔　城
344		344	412		412	124	385	247	阿勒泰
2360	2360		995	995		673	1799	1437	石河子
235	235		171	171		46	245	174	阿拉尔
50	50		37	37		73	195	115	图木舒克
401		401	284		284	72	544	430	五家渠
360		360	183		183	49	319.5	228	北　屯
258		258	224		224	65	127	100	铁门关
						51			可克达拉

九、城市轨道交通

9. Urban Rail Transit System

简要说明

城市轨道交通指采用轨道结构进行承重和导向的车辆运输系统，依据城市交通总体规划的要求，设置全封闭或部分封闭的专用轨道线路，以列车或单车形式，运送相当规模客流量的公共交通方式。包括地铁系统、轻轨系统、单轨系统、有轨电车、磁浮系统、自动导向轨道系统和市域快速轨道系统。

本部分共分城市轨道交通（建成）和城市轨道交通（在建）两部分，主要包括城市轨道交通已建成和正在建设的线路条数、长度、车站数等内容。

Brief Introduction

Urban rail transit system is a vehicular transit system supported and guided by rails. It is a public transit mode for transporting large volume of passengers, and it operates singly or in multi-car trains on fixed rails in closed or semi-closed right-of-way in accordance with urban transport master plan. It includes subway, light rail, monorail, cable car, maglev, automated guideway transit, and intracity rapid rail systems.

This section is divided into two parts: urban rail transit system(completed) and urban rail transit system (under construction). The section mainly includes such items as number and total length of transit lines, number of stations, etc., both completed and under construction.

9 全国历年城市轨道交通情况(1978−2015)
National Urban Rail Transit System in Past Years (1978-2015)

年 份 Year	建成轨道交通的城市个数(个) Number of Cities with Completed Rail Transport Lines (unit)	建成轨道交通线路长度(公里) The Length of Completed Rail Transport Lines (km)	正在建设轨道交通的城市个数(个) Number of Cities with Rail Transport Lines under Construction (unit)	正在建设轨道交通线路长度(公里) The Length of Rail Transport Lines under Construction (km)
1978	1	23		
1979	1	23		
1980	1	23		
1981	1	23		
1982	1	23		
1983	1	23		
1984	2	47		
1985	2	47		
1986	2	47		
1987	2	47		
1988	2	47		
1989	2	47		
1990	2	47		
1991	2	47		
1992	2	47		
1993	2	47		
1994	2	47		
1995	3	63		
1996	3	63		
1997	3	63		
1998	4	81		
1999	4	81		
2000	4	117		
2001	5	172		
2002	5	200		
2003	5	347		
2004	7	400		
2005	10	444		
2006	10	621		
2007	10	775		
2008	10	855		
2009	10	838.88	28	1991.36
2010	12	1428.87	28	1741.07
2011	12	1672.42	28	1891.29
2012	16	2005.53	29	2060.43
2013	16	2213.28	35	2760.38
2014	22	2714.79	36	3004.37
2015	24	3069.23	38	3994.15

注：1.2000年及以前年份，大连、鞍山、长春、哈尔滨的有轨电车没有统计在内。

2.截至2015年底，在国务院已批复轨道交通建设规划的39个城市中，除太原、呼和浩特、无锡、南通等4个城市外，已经全部开始建设或建成轨道交通线路。未含在39个城市名单中的昆山市、温州市、肇庆市等3个城市的上海地铁11号线北段昆山路段、温州市域铁路S1线、佛肇城际铁路城区内线路也按城市轨道交通统计在内。

Note: 1.For the year 2000 and before, the streetcar systems in Dalian, Anshan, Changchun and Harbin City were not included when collecting data on the number of cities with completed rail transport lines and the length of lines.

2.By the end of 2015, construction of rail transit lines in 39 cities whose rail transit construction plans have been approved by the State Council except the cities of Taiyuan, Hohhot, Wuxi and Nantong has either started or completed. Data on the Kunshan Section of the north part of Line 11 of Shanghai Subway, Line S1 of Wenzhou City-wide Railway, and the intra-city part of the Foshan-Zhaoqing Inter-city Railway, respectively located in Kunshan, Wenzhou and Zhaoqing which are not on the list of the 39 cities, are included in the urban rail transit statistics.

9-1-1 2015年全国城市轨道交通(建成)分组资料

地区名称 Name of Regions		线路长度(公里) Length of Lines (kilometer)								
		合计 Total	地铁 Subway	轻轨 Light Rail	单轨 Monorail	有轨 Cable Car	磁浮 Maglev	按敷设方式 by Ways of Laying		
								地面线 Surface Lines	地下线 Underground Lines	高架线 Elevated Lines
全 国	**National Total**	**3069.23**	**2606.24**	**246.56**	**68.55**	**117.98**	**29.90**	**254.75**	**1967.21**	**847.27**
分类一	**Group one**									
东部地区	East China	2412.96	2114.09	150.99		117.98	29.90	228.24	1533.71	651.01
中部地区	Central China	254.55	178.7	75.85				19.93	174.40	60.22
西部地区	West China	401.72	313.45	19.72	68.55			6.58	259.10	136.04
分类二	**Group two**									
东部地区	East China	2412.96	2114.09	150.99		117.98	29.9	228.24	1533.71	651.01
中部地区	Central China	254.55	178.70	75.85				19.93	174.40	60.22
西部地区	West China	401.72	313.45	19.72	68.55			6.58	259.10	136.04
分类三	**Group three**									
东部地区	East China	2276.33	2064.23	127.51		54.69	29.9	173.73	1483.85	618.75
中部地区	Central China	207.38	178.7	28.68				0.30	169.80	37.28
西部地区	West China	401.72	313.45	19.72	68.55			6.58	259.10	136.04
东北地区	Northeast China	183.80	49.86	70.65		63.29		74.14	54.46	55.20

National Urban Rail Transit System (complted) (2015)

车站数(个) Number of Stations (unit)				换乘站数(个) Number of Transfer Stations (unit)	配置车辆数(辆) Number of Vehicles in Service (unit)						地区名称 Name of Regions
合计 Total	地面站 Surface Lines	地下站 Underground Lines	高架站 Elevated Lines		合计 Total	地铁 Subway	轻轨 Light Rail	单轨 Monorail	有轨 Cable Car	磁浮 Maglev	
2008	**223**	**1279**	**506**	**441**	**16524**	**15251**	**738**	**426**	**95**	**14**	**全　国**
											分类一
1525	198	948	379	321	13626	13079	438		95	14	东部地区
217	19	144	54	52	1059	859	200				中部地区
266	6	187	73	68	1839	1313	100	426			西部地区
											分类二
1525	198	948	379	321	13626	13079	438		95	14	东部地区
217	19	144	54	52	1059	859	200				中部地区
266	6	187	73	68	1839	1313	100	426			西部地区
											分类三
1418	153	907	358	319	13216	12779	364		59	14	东部地区
168		138	30	50	991	859	132				中部地区
266	6	187	73	68	1839	1313	100	426			西部地区
156	64	47	45	4	478	300	142		36		东北地区

9-1-2 2015年按省分列的城市轨道交通(建成)

地区名称 Name of Regions	线路长度(公里) Length of Lines (kilometer)									车站数(个)	
	合计 Total	地铁 Subway	轻轨 Light Rail	单轨 Monorail	有轨 Cable Car	磁浮 Maglev	按敷设方式 by Ways of Laying 地面线 Surface Lines	地下线 Underground Lines	高架线 Elevated Lines	合计 Total	地面站 Surface Lines
全 国	**3069.23**	**2606.24**	**246.56**	**68.55**	**117.98**	**29.90**	**254.75**	**1967.21**	**847.27**	**2008**	**223**
北 京	554.00	554.00					50.00	388.00	116.00	334	21
天 津	147.14	93.93	45.41		7.80		16.56	70.04	60.54	101	19
河 北											
山 西											
内蒙古											
辽 宁	136.63	49.86	23.48		63.29		54.51	49.86	32.26	107	45
吉 林	47.17		47.17				19.63	4.60	22.94	49	19
黑龙江											
上 海	614.23	584.33				29.90	18.20	368.69	227.34	358	37
江 苏	370.47	280.05	52.3		38.12		41.48	222.55	106.44	249	36
浙 江	133.80	133.8					0.2	97.1	36.50	62	
安 徽											
福 建											
江 西	28.75	28.75						28.75		24	
山 东	8.77				8.77		8.77			22	22
河 南	26.20	26.20						26.20		20	
湖 北	125.64	96.96	28.68				0.3	88.06	37.28	101	
湖 南	26.79	26.79						26.79		23	
广 东	447.92	418.12	29.8				38.52	337.47	71.93	292	18
广 西											
海 南											
重 庆	201.87	113.60	19.72	68.55			4.31	89.34	108.22	121	4
四 川	88.12	88.12						80.03	8.09	70	
贵 州											
云 南	60.07	60.07					2.27	38.07	19.73	35	2
西 藏											
陕 西	51.66	51.66						51.66		40	
甘 肃											
青 海											
宁 夏											
新 疆											

Urban Rail Transit System (completed) by Province(2015)

Number of Stations (unit)		换乘站数(个) Number of Transfer Stations (unit)	配置车辆数(辆) Number of Vehicles in Service (unit)						地区名称 Name of Regions
地下站 Underground Lines	高架站 Elevated Lines		合计 Total	地铁 Subway	轻轨 Light Rail	单轨 Monorail	有轨 Cable Car	磁浮 Maglev	
1279	**506**	**441**	**16524**	**15251**	**738**	**426**	**95**	**14**	**全　国**
264	49	53	5024	5024					北　京
53	29	14	576	416	152		8		天　津
									河　北
									山　西
									内蒙古
41	21	2	410	300	74		36		辽　宁
6	24	2	68		68				吉　林
									黑龙江
136	185	134	4045	4031				14	上　海
164	49	41	1622	1366	212		44		江　苏
47	15	7	234	234					浙　江
									安　徽
									福　建
24		7	6	6					江　西
			7				7		山　东
20		6	18	18					河　南
71	30	32	733	601	132				湖　北
23		5	234	234					湖　南
243	31	70	1708	1708					广　东
									广　西
									海　南
55	62	35	1084	558	100	426			重　庆
66	4	7	648	648					四　川
									贵　州
26	7	16	53	53					云　南
									西　藏
40		10	54	54					陕　西
									甘　肃
									青　海
									宁　夏
									新　疆

9-1-3 2015年按城市分列的城市轨道交通(建成)

城市名称 Name of Cities	线路长度(公里) Length of Lines (kilometer)									车站数(个)	
							按敷设方式 by Ways of Laying				
	合计 Total	地铁 Subway	轻轨 Light Rail	单轨 Monorail	有轨 Cable Car	磁浮 Maglev	地面线 Surface Lines	地下线 Underground Lines	高架线 Elevated Lines	合计 Total	地面站 Surface Lines
全　国	**3069.23**	**2606.24**	**246.56**	**68.55**	**117.98**	**29.90**	**254.75**	**1967.21**	**847.27**	**2008**	**223**
北　京	**554.00**	**554.00**					**50.00**	**388.00**	**116.00**	**334**	**21**
天　津	**147.14**	**93.93**	**45.41**		**7.80**		**16.56**	**70.04**	**60.54**	**101**	**19**
辽　宁	**136.63**	**49.86**	**23.48**		**63.29**		**54.51**	**49.86**	**32.26**	**107**	**45**
沈　阳	49.86	49.86						49.86		41	
大　连	86.77		23.48		63.29		54.51		32.26	66	45
吉　林	**47.17**		**47.17**				**19.63**	**4.60**	**22.94**	**49**	**19**
长　春	47.17		47.17				19.63	4.60	22.94	49	19
上　海	**614.23**	**584.33**				**29.90**	**18.20**	**368.69**	**227.34**	**358**	**37**
江　苏	**370.47**	**280.05**	**52.30**		**38.12**		**41.48**	**222.55**	**106.44**	**249**	**36**
南　京	224.33	224.33					4.48	136.37	83.48	121	
无　锡	55.72	55.72					0.10	41.73	13.89	46	
苏　州	70.35		52.30		18.05		16.83	44.45	9.07	59	13
淮　安	20.07				20.07		20.07			23	23
浙　江	**133.80**	**133.80**					**0.20**	**97.10**	**36.50**	**62**	
杭　州	82.00	82.00					0.20	74.20	7.60	31	
宁　波	51.80	51.80						22.90	28.90	31	
江　西	**28.75**	**28.75**						**28.75**		**24**	
南　昌	28.75	28.75						28.75		24	
山　东	**8.77**				**8.77**		**8.77**			**22**	**22**
青　岛	8.77				8.77		8.77			22	22
河　南	**26.20**	**26.20**						**26.20**		**20**	
郑　州	26.20	26.20						26.20		20	
湖　北	**125.64**	**96.96**	**28.68**				**0.30**	**88.06**	**37.28**	**101**	
武　汉	125.64	96.96	28.68				0.30	88.06	37.28	101	
湖　南	**26.79**	**26.79**						**26.79**		**23**	
长　沙	26.79	26.79						26.79		23	
广　东	**447.92**	**418.12**	**29.80**				**38.52**	**337.47**	**71.93**	**292**	**18**
广　州	239.26	239.26					34.14	203.22	1.90	156	17
深　圳	178.86	178.86					4.38	134.25	40.23	131	1
佛　山	29.80		29.80						29.80	5	
重　庆	**201.87**	**113.60**	**19.72**	**68.55**			**4.31**	**89.34**	**108.22**	**121**	**4**
四　川	**88.12**	**88.12**						**80.03**	**8.09**	**70**	
成　都	88.12	88.12						80.03	8.09	70	
云　南	**60.07**	**60.07**					**2.27**	**38.07**	**19.73**	**35**	**2**
昆　明	60.07	60.07					2.27	38.07	19.73	35	2
陕　西	**51.66**	**51.66**						**51.66**		**40**	
西　安	51.66	51.66						51.66		40	

Urban Rail Transit System (completed) by City (2015)

Number of Stations (unit)		换乘站数(个) Number of Transfer Stations (unit)	配置车辆数(辆) Number of Vehicles in Service (unit)						城市名称 Name of Cities
地下站 Underground Lines	高架站 Elevated Lines		合计 Total	地铁 Subway	轻轨 Light Rail	单轨 Monorail	有轨 Cable Car	磁浮 Maglev	
1279	**506**	**441**	**16524**	**15251**	**738**	**426**	**95**	**14**	**全国**
264	**49**	**53**	**5024**	**5024**					**北京**
53	**29**	**14**	**576**	**416**	**152**		**8**		**天津**
41	**21**	**2**	**410**	**300**	**74**		**36**		**辽宁**
41		2	300	300					沈阳
	21		110		74		36		大连
6	**24**	**2**	**68**		**68**				**吉林**
6	24	2	68		68				长春
136	**185**	**134**	**4045**	**4031**				**14**	**上海**
164	**49**	**41**	**1622**	**1366**	**212**		**44**		**江苏**
86	35	21	1090	1090					南京
37	9	9	276	276					无锡
41	5	11	230		212		18		苏州
			26				26		淮安
47	**15**	**7**	**234**	**234**					**浙江**
28	3								杭州
19	12	7	234	234					宁波
24		**7**	**6**	**6**					**江西**
24		7	6	6					南昌
			7				**7**		**山东**
			7				7		青岛
20		**6**	**18**	**18**					**河南**
20		6	18	18					郑州
71	**30**	**32**	**733**	**601**	**132**				**湖北**
71	30	32	733	601	132				武汉
23		**5**	**234**	**234**					**湖南**
23		5	234	234					长沙
243	**31**	**70**	**1708**	**1708**					**广东**
139		36	324	324					广州
104	26	34	1384	1384					深圳
	5								佛山
55	**62**	**35**	**1084**	**558**	**100**	**426**			**重庆**
66	**4**	**7**	**648**	**648**					**四川**
66	4	7	648	648					成都
26	**7**	**16**	**53**	**53**					**云南**
26	7	16	53	53					昆明
40		**10**	**54**	**54**					**陕西**
40		10	54	54					西安

9-2-1 2015年全国城市轨道交通(在建)分组资料

地区名称 Name of Regions		线路长度(公里) Length of Lines (kilometer)								
		合计 Total	地铁 Subway	轻轨 Light Rail	单轨 Monorail	有轨 Cable Car	磁浮 Maglev	按敷设方式 by Ways of Laying		
								地面线 Surface Lines	地下线 Underground Lines	高架线 Elevated Lines
全　国	**National Total**	**3994.15**	**3460.63**	**401.97**	**9.97**	**103.04**	**18.54**	**176.85**	**3169.73**	**647.57**
分类一	**Group one**									
东部地区	East China	2615.47	2123.86	388.57		103.04		125.86	1987.10	502.51
中部地区	Central China	713.60	681.66	13.40			18.54	19.54	629.30	64.76
西部地区	West China	665.08	655.11		9.97			31.45	553.33	80.30
分类二	**Group two**									
东部地区	East China	2509.81	2123.86	282.91		103.04		125.86	1881.44	502.51
中部地区	Central China	713.60	681.66	13.40			18.54	19.54	629.30	64.76
西部地区	West China	770.74	655.11	105.66	9.97			31.45	658.99	80.30
分类三	**Group three**									
东部地区	East China	2270.35	1967.54	199.77		103.04		104.24	1716.81	449.30
中部地区	Central China	584.03	565.49				18.54	19.54	513.13	51.36
西部地区	West China	770.74	655.11	105.66	9.97			31.45	658.99	80.30
东北地区	Northeast China	369.03	272.49	96.54				21.62	280.80	66.61

National Urban Rail Transit System (under construction)(2015)

车站数(个) Number of Stations (unit)				换乘站数(个) Number of Transfer Stations (unit)	配置车辆数(辆) Number of Vehicles in Service (unit)						地区名称 Name of Regions
合计 Total	地面站 Surface Lines	地下站 Underground Lines	高架站 Elevated Lines		合计 Total	地铁 Subway	轻轨 Light Rail	单轨 Monorail	有轨 Cable Car	磁浮 Maglev	
2547	**80**	**2212**	**255**	**680**	**17770**	**16609**	**889**	**66**	**201**	**5**	**全　国**
											分类一
1555	54	1322	179	387	11870	10780	889		201		东部地区
512	5	471	36	138	2933	2928				5	中部地区
480	21	419	40	155	2967	2901		66			西部地区
											分类二
1470	54	1237	179	364	11280	10780	299		201		东部地区
512	5	471	36	138	2933	2928				5	中部地区
565	21	504	40	178	3557	2901	590	66			西部地区
											分类三
1334	49	1120	165	353	11212	10732	279		201		东部地区
406	5	378	23	109	2199	2194				5	中部地区
565	21	504	40	178	3557	2901	590	66			西部地区
242	5	210	27	40	802	782	20				东北地区

9-2-2 2015年按省分列的城市轨道交通(在建)

地区名称 Name of Regions	线路长度(公里) Length of Lines (kilometer)									车站数(个)	
							按敷设方式 by Ways of Laying				
	合计 Total	地铁 Subway	轻轨 Light Rail	单轨 Monorail	有轨 Cable Car	磁浮 Maglev	地面线 Surface Lines	地下线 Underground Lines	高架线 Elevated Lines	合计 Total	地面站 Surface Lines
全　国	**3994.15**	**3460.63**	**401.97**	**9.97**	**103.04**	**18.54**	**176.85**	**3169.73**	**647.57**	**2547**	**80**
北　京	287.48	278.62			8.86		6.72	235.26	45.5	145	6
天　津	145.12	145.12					2.41	141.99	0.72	121	1
河　北	43.19	43.19						43.19		37	
山　西											
内蒙古											
辽　宁	239.46	156.32	83.14				21.62	164.63	53.21	136	5
吉　林	54.39	40.99	13.4					40.99	13.4	47	
黑龙江	75.18	75.18						75.18		59	
上　海	230.07	230.07						184.39	45.68	147	
江　苏	344.47	205.79	109.72		28.96		25.46	218.55	100.46	207	16
浙　江	247.15	193.65			53.5		3.02	169.97	74.16	148	2
安　徽	90.04	90.04						90.04		79	
福　建	132.13	132.13					25.1	104.23	2.8	103	
江　西	60.18	60.18						60.18		49	
山　东	163.21	163.21					1.86	93.17	68.18	93	
河　南	106.25	106.25						90.55	15.7	72	
湖　北	192.85	192.85					1	157.19	34.66	114	
湖　南	134.71	116.17				18.54	18.54	115.17	1	92	5
广　东	677.53	575.76	90.05		11.72		39.67	526.06	111.8	333	24
广　西	105.66		105.66					105.66		85	
海　南											
重　庆	150.46	140.49		9.97			0.5	112.96	37	92	2
四　川	185.09	185.09						172.87	12.22	141	
贵　州	61.9	61.9					29	32.9		48	19
云　南	67.08	67.08					0.3	47.27	19.51	46	
西　藏											
陕　西	99.71	99.71					1.65	86.49	11.57	76	
甘　肃	51.82	51.82						51.82		40	
青　海											
宁　夏											
新　疆	49.02	49.02						49.02		37	

Urban Rail Transit System by Province (under construction) by Province (2015)

Number of Stations (unit)		换乘站数(个)	配置车辆数(辆) Number of Vehicles in Service (unit)						地区名称
地下站 Underground Lines	高架站 Elevated Lines	Number of Transfer Stations (unit)	合计 Total	地铁 Subway	轻轨 Light Rail	单轨 Monorail	有轨 Cable Car	磁浮 Maglev	Name of Regions
2212	**255**	**680**	**17770**	**16609**	**889**	**66**	**201**	**5**	**全　国**
121	18	71	3165	3134			31		北　京
119	1	22	416	416					天　津
37		11	50	50					河　北
									山　西
									内蒙古
117	14	11	68	48	20				辽　宁
34	13	13	44	44					吉　林
59		16	690	690					黑龙江
126	21	41	1910	1910					上　海
165	26	49	1188	890	271		27		江　苏
114	32	13	626	498			128		浙　江
79		12	324	324					安　徽
102	1	26	1206	1206					福　建
49		12	38	38					江　西
59	34	30	638	638					山　东
65	7	20							河　南
99	15	45	1210	1210					湖　北
86	1	20	627	622				5	湖　南
277	32	90	2013	1990	8		15		广　东
85		23	590		590				广　西
									海　南
73	17	37	828	762		66			重　庆
133	8	53	1392	1392					四　川
29		10	372	372					贵　州
39	7	12	36	36					云　南
									西　藏
68	8	26							陕　西
40		10	312	312					甘　肃
									青　海
									宁　夏
37		7	27	27					新　疆

9-2-3 2015年按城市分列的城市轨道交通(在建)

城市名称 Name of Cities	线路长度(公里) Length of Lines (kilometer)									车站数(个)	
	合计 Total	地铁 Subway	轻轨 Light Rail	单轨 Monorail	有轨 Cable Car	磁浮 Maglev	按敷设方式 by Ways of Laying			合计 Total	地面站 Surface Lines
							地面线 Surface Lines	地下线 Underground Lines	高架线 Elevated Lines		
全　国	**3994.15**	**3460.63**	**401.97**	**9.97**	**103.04**	**18.54**	**176.85**	**3169.73**	**647.57**	**2547**	**80**
北　京	**287.48**	**278.62**			**8.86**		**6.72**	**235.26**	**45.50**	**145**	**6**
天　津	**145.12**	**145.12**					**2.41**	**141.99**	**0.72**	**121**	**1**
河　北	**43.19**	**43.19**						**43.19**		**37**	
石家庄	43.19	43.19						43.19		37	
辽　宁	**239.46**	**156.32**	**83.14**				**21.62**	**164.63**	**53.21**	**136**	**5**
沈　阳	90.52	90.52						90.52		67	
大　连	148.94	65.80	83.14				21.62	74.11	53.21	69	5
吉　林	**54.39**	**40.99**	**13.40**					**40.99**	**13.40**	**47**	
长　春	54.39	40.99	13.40					40.99	13.40	47	
黑龙江	**75.18**	**75.18**						**75.18**		**59**	
哈尔滨	75.18	75.18						75.18		59	
上　海	**230.07**	**230.07**						**184.39**	**45.68**	**147**	
江　苏	**344.47**	**205.79**	**109.72**		**28.96**		**25.46**	**218.55**	**100.46**	**207**	**16**
南　京	119.46	119.46					6.71	28.55	84.20	33	
徐　州	46.13	46.13					0.06	45.48	0.59	38	
常　州	34.20	34.20					0.40	31.60	2.20	29	
苏　州	138.68		109.72		28.96		18.29	112.92	7.47	104	16
昆　山	6.00	6.00							6.00	3	
浙　江	**247.15**	**193.65**			**53.50**		**3.02**	**169.97**	**74.16**	**148**	**2**
杭　州	110.87	110.87						110.87		74	
宁　波	82.78	82.78						47.73	35.05	54	
温　州	53.50				53.50		3.02	11.37	39.11	20	2
安　徽	**90.04**	**90.04**						**90.04**		**79**	
合　肥	90.04	90.04						90.04		79	
福　建	**132.13**	**132.13**					**25.10**	**104.23**	**2.80**	**103**	
福　州	60.23	60.23						60.23		47	
厦　门	71.90	71.90					25.10	44.00	2.80	56	
江　西	**60.18**	**60.18**						**60.18**		**49**	
南　昌	60.18	60.18						60.18		49	

Urban Rail Transit System by City (under construction) by City (2015)

Number of Stations (unit)		换乘站数(个) Number of Transfer Stations (unit)	配置车辆数(辆) Number of Vehicles in Service (unit)						城市名称 Name of Cities
地下站 Underground Lines	高架站 Elevated Lines		合计 Total	地铁 Subway	轻轨 Light Rail	单轨 Monorail	有轨 Cable Car	磁浮 Maglev	
2212	**255**	**680**	**17770**	**16609**	**889**	**66**	**201**	**5**	**全　国**
121	**18**	**71**	**3165**	**3134**			**31**		**北　京**
119	**1**	**22**	**416**	**416**					**天　津**
37		**11**	**50**	**50**					**河　北**
37		11	50	50					石家庄
117	**14**	**11**	**68**	**48**	**20**				**辽　宁**
67									沈　阳
50	14	11	68	48	20				大　连
34	**13**	**13**	**44**	**44**					**吉　林**
34	13	13	44	44					长　春
59		**16**	**690**	**690**					**黑龙江**
59		16	690	690					哈尔滨
126	**21**	**41**	**1910**	**1910**					**上　海**
165	**26**	**49**	**1188**	**890**	**271**		**27**		**江　苏**
16	17	6	248	248					南　京
37	1	11	420	420					徐　州
27	2	8	216	216					常　州
85	3	24	298		271		27		苏　州
	3		6	6					昆　山
114	**32**	**13**	**626**	**498**			**128**		**浙　江**
74									杭　州
37	17	13	498	498					宁　波
3	15		128				128		温　州
79		**12**	**324**	**324**					**安　徽**
79		12	324	324					合　肥
102	**1**	**26**	**1206**	**1206**					**福　建**
47		11	708	708					福　州
55	1	15	498	498					厦　门
49		**12**	**38**	**38**					**江　西**
49		12	38	38					南　昌

9-2-3 续表

城市名称 Name of Cities	线路长度(公里) Length of Lines (kilometer)									车站数(个)	
	合计 Total	地铁 Subway	轻轨 Light Rail	单轨 Monorail	有轨 Cable Car	磁浮 Maglev	按敷设方式 by Ways of Laying			合计 Total	地面站 Surface Lines
							地面线 Surface Lines	地下线 Underground Lines	高架线 Elevated Lines		
山　东	**163.21**	**163.21**					**1.86**	**93.17**	**68.18**	**93**	
济　南	26.10	26.10					0.20	16.20	9.70	11	
青　岛	137.11	137.11					1.66	76.97	58.48	82	
河　南	**106.25**	**106.25**						**90.55**	**15.70**	**72**	
郑　州	106.25	106.25						90.55	15.70	72	
湖　北	**192.85**	**192.85**					**1.00**	**157.19**	**34.66**	**114**	
武　汉	192.85	192.85					1.00	157.19	34.66	114	
湖　南	**134.71**	**116.17**				**18.54**	**18.54**	**115.17**	**1.00**	**92**	**5**
长　沙	134.71	116.17				18.54	18.54	115.17	1.00	92	5
广　东	**677.53**	**575.76**	**90.05**		**11.72**		**39.67**	**526.06**	**111.80**	**333**	**24**
广　州	306.36	290.36	16.00				21.90	277.86	6.60	129	4
深　圳	204.61	192.89			11.72		14.21	154.91	35.49	148	20
佛　山	74.22	54.77	19.45					57.29	16.93	35	
肇　庆	54.60		54.60				3.15	2.27	49.18	6	
东　莞	37.74	37.74					0.41	33.73	3.60	15	
广　西	**105.66**		**105.66**					**105.66**		**85**	
南　宁	105.66		105.66					105.66		85	
重　庆	**150.46**	**140.49**		**9.97**			**0.50**	**112.96**	**37.00**	**92**	**2**
四　川	**185.09**	**185.09**						**172.87**	**12.22**	**141**	
成　都	185.09	185.09						172.87	12.22	141	
贵　州	**61.90**	**61.90**					**29.00**	**32.90**		**48**	**19**
贵　阳	61.90	61.90					29.00	32.90		48	19
云　南	**67.08**	**67.08**					**0.30**	**47.27**	**19.51**	**46**	
昆　明	67.08	67.08					0.30	47.27	19.51	46	
陕　西	**99.71**	**99.71**					**1.65**	**86.49**	**11.57**	**76**	
西　安	99.71	99.71					1.65	86.49	11.57	76	
甘　肃	**51.82**	**51.82**						**51.82**		**40**	
兰　州	51.82	51.82						51.82		40	
新　疆	**49.02**	**49.02**						**49.02**		**37**	
乌鲁木齐	49.02	49.02						49.02		37	

continued

Number of Stations (unit)		换乘站数(个) Number of Transfer Stations (unit)	配置车辆数(辆) Number of Vehicles in Service (unit)						城市名称 Name of Cities
地下站 Underground Lines	高架站 Elevated Lines		合计 Total	地铁 Subway	轻轨 Light Rail	单轨 Monorail	有轨 Cable Car	磁浮 Maglev	
59	**34**	**30**	**638**	**638**					**山　东**
4	7	3	96	96					济　南
55	27	27	542	542					青　岛
65	**7**	**20**							**河　南**
65	7	20							郑　州
99	**15**	**45**	**1210**	**1210**					**湖　北**
99	15	45	1210	1210					武　汉
86	**1**	**20**	**627**	**622**				**5**	**湖　南**
86	1	20	627	622				5	长　沙
277	**32**	**90**	**2013**	**1990**	**8**		**15**		**广　东**
125		25	27	27					广　州
106	22	54	1809	1794			15		深　圳
32	3	7	49	49					佛　山
	6		8		8				肇　庆
14	1	4	120	120					东　莞
85		**23**	**590**		**590**				**广　西**
85		23	590		590				南　宁
73	**17**	**37**	**828**	**762**		**66**			**重　庆**
133	**8**	**53**	**1392**	**1392**					**四　川**
133	8	53	1392	1392					成　都
29		**10**	**372**	**372**					**贵　州**
29		10	372	372					贵　阳
39	**7**	**12**	**36**	**36**					**云　南**
39	7	12	36	36					昆　明
68	**8**	**26**							**陕　西**
68	8	26							西　安
40		**10**	**312**	**312**					**甘　肃**
40		10	312	312					兰　州
37		**7**	**27**	**27**					**新　疆**
37		7	27	27					乌鲁木齐

十、城市道路和桥梁

10.Urban Road and Bridge

简要说明

城市道路指城市供车辆、行人通行的，具备一定技术条件的道路、桥梁、隧道及其附属设施。城市道路由车行道和人行道等组成。在统计时只统计路面宽度在 3.5 米（含 3.5 米）以上的各种铺装道路，包括开放型工业区和住宅区道路在内。

本部分包括城市道路、桥梁和防洪，主要包括道路长度和面积、防洪堤长度等内容。

北京市的城市道路分为两部分：北京市城内八区、亦庄开发区以及按照北京市总体规划划定的五环内高速公路里程，以及 10 个远郊区城区范围内道路。

Brief Introduction

Urban roads refer to roads, bridges, tunnels and auxiliary facilities that are provided for vehicles and passengers for transportation. Urban roads consist of drive lanes and sidewalks. Only paved roads with width above 3.5m , including roads within open industrial parks and residential communities are included in statistics.

This section includes statistics on roads, bridges and flood control, employing such indicators as length of roads, surface area of roads, length of flood control dikes, etc..

Urban roads in Beijing are composed of two parts: 1. Freeways within 8 urban districts, Yizhuang Economic Development Zone; and the areas within the 5th Ring Road; 2.Roads within the county seats of 10 counties in the suburb.

10 全国历年城市道路和桥梁情况(1978–2015)
National Urban Road and Bridge in Past Years (1978-2015)

年份 Year	道路长度 (公里) Length of Roads (km)	道路面积 (万平方米) Surface Area of Roads (10,000 m^2)	防洪堤长度 (公里) Length of Flood Control Dikes (km)	人均城市道路面积 (平方米) Urban Road Surface Area Per Capita (m^2)
1978	26966	22539	3443	2.93
1979	28391	24069	3670	2.85
1980	29485	25255	4342	2.82
1981	30277	26022	4446	1.81
1982	31934	27976	5201	1.96
1983	33934	29962	5577	1.88
1984	36410	33019	6170	1.84
1985	38282	35872	5998	1.72
1986	71886	69856	9952	3.05
1987	78453	77885	10732	3.10
1988	88634	91355	12894	3.10
1989	96078	100591	14506	3.22
1990	94820	101721	15500	3.13
1991	88791	99135	13892	3.35
1992	96689	110526	16015	3.59
1993	104897	124866	16729	3.70
1994	111058	137602	16575	3.84
1995	130308	164886	18885	4.36
1996	132583	179871	18475	4.96
1997	138610	192165	18880	5.22
1998	145163	206136	19550	5.51
1999	152385	222158	19842	5.91
2000	159617	237849	20981	6.13
2001	176016	249431	23798	6.98
2002	191399	277179	25503	7.87
2003	208052	315645	29426	9.34
2004	222964	352955	29515	10.34
2005	247015	392166	41269	10.92
2006	241351	411449	38820	11.04(12.36)
2007	246172	423662	32274	11.43
2008	259740	452433	33147	12.21
2009	269141	481947	34698	12.79
2010	294443	521322	36153	13.21
2011	308897	562523	35051	13.75
2012	327081	607449	33926	14.39
2013	336304	644155		14.87
2014	352333	683028		15.34
2015	364978	717675		15.60

注：1.自2006年起，人均城市道路面积按城区人口和城区暂住人口合计为分母计算，括号内为与往年同口径数据。
2.自2013年起,不再统计防洪堤长度数据。

Note: 1.Since 2006, urban road surface per capita has been calculated based on denominator which combines both permanent and temporary residents in urban areas, and the data in brackets are the same index calculated by the method of past years.
2.Starting from 2013, the data on the length of flood prevention dyke has been unavailable.

10-1 2015年全国城市道路和桥梁分组资料
National Urban Road and Bridge (2015)

地区名称 Name of Regions		道路长度(公里) Length of Roads (km)	道路面积(万平方米) Surface Area of Roads (10,000 m^2)	人行道面积 Surface Area of Sidewalks	桥梁数(座) Number of Bridges (unit)	大桥及特大桥 Great Bridge and Grand Bridge	立交桥 Intersection	道路照明灯盏数(盏) Number of Road Lamps (unit)	安装路灯道路长度(公里) Length of The Road with Street Lamp (km)
全　国	**National Total**	**364978**	**717675**	**157930**	**64512**	**5886**	**4666**	**24225203**	**275940**
分类一	**Group one**								
东部地区	East China	210541	404364	82431	48053	3701	2579	13906236	165784
中部地区	Central China	101057	202038	46553	9447	1282	1267	5983565	69660
西部地区	West China	53379	111273	28945	7012	903	820	4335402	40496
分类二	**Group two**								
东部地区	East China	202355	387361	79031	47221	3610	2476	13279194	159245
中部地区	Central China	91776	182245	41676	9098	1250	1163	5261912	63668
西部地区	West China	70847	148069	37222	8193	1026	1027	5684097	53026
分类三	**Group three**								
东部地区	East China	185441	356776	72264	45584	3393	2222	11698427	148863
中部地区	Central China	70558	146584	34524	7257	975	818	4123544	49476
西部地区	West China	70847	148069	37222	8193	1026	1027	5684097	53026
东北地区	Northeast China	38132	66246	13920	3478	492	599	2719135	24575

10-2 2015年按省分列的城市道路和桥梁
Urban Road and Bridge by Province (2015)

地区名称 Name of Regions	道路长度(公里) Length of Roads (km)	道路面积(万平方米) Surface Area of Roads (10,000 m^2)	人行道面积 Surface Area of Sidewalks	桥梁数(座) Number of Bridges (unit)	大桥及特大桥 Great Bridge and Grand Bridge	立交桥 Intersection	道路照明灯盏数(盏) Number of Road Lamps (unit)	安装路灯道路长度(公里) Length of The Road with Street Lamp (km)
全　国	**364978**	**717675**	**157930**	**64512**	**5886**	**4666**	**24225203**	**275940**
北　京	8104	14302	2390	2271	519	438	239840	6500
天　津	7636	14019	3300	953	149	115	350682	5883
河　北	13402	31570	7183	1410	112	254	660167	9207
山　西	7323	15039	3617	657	56	142	548263	4429
内蒙古	9281	19793	4877	349	32	104	721653	5992
辽　宁	16914	30585	6767	1637	217	254	1580767	10383
吉　林	8854	17010	3411	776	100	138	502560	5944
黑龙江	12364	18651	3741	1065	175	207	635808	8249
上　海	4989	10317	2603	2524	3	54	532032	4989
江　苏	40749	75052	11753	14630	411	381	3391262	33946
浙　江	20475	39293	8176	10283	454	182	1458067	18405
安　徽	13375	31010	6940	1620	171	240	848632	10474
福　建	8415	16303	3800	1816	224	75	718378	6362
江　西	8185	17436	3625	827	132	88	649981	6088
山　东	40426	80847	16862	5212	354	251	1864921	31195
河　南	12318	29915	7295	1374	56	127	863653	9856
湖　北	17920	31852	7723	1952	322	146	530996	9195
湖　南	11437	21333	5324	827	238	75	682019	9432
广　东	38894	70003	14986	6259	1153	464	2301867	30215
广　西	8187	17003	3400	832	91	103	627042	6538
海　南	2350	5070	1211	226	14	8	181211	2162
重　庆	7712	16128	4706	1433	230	270	511560	5971
四　川	13378	27937	7727	2081	265	192	984428	10401
贵　州	3538	7201	2149	683	76	41	421684	2302
云　南	6166	12690	3411	693	57	47	473939	4902
西　藏	1037	1891	422	18	8	1	59648	587
陕　西	6508	14602	4180	743	115	149	638418	5000
甘　肃	4489	9650	2335	540	74	46	296520	3017
青　海	987	1970	567	144		4	120010	774
宁　夏	2146	6376	1190	188	2	4	266358	2010
新　疆	7418	12827	2259	489	76	66	562837	5533

10-3 2015年按城市分列的城市道路和桥梁
Urban Road and Bridge by City (2015)

城市名称 Name of Cities	道路长度(公里) Length of Roads (km)	道路面积(万平方米) Surface Area of Roads (10,000 m^2)		桥梁数(座) Number of Bridges (unit)			道路照明灯盏数(盏) Number of Road Lamps (unit)	安装路灯道路长度(公里) Length of The Road with Street Lamp (km)
			人行道面积 Surface Area of Sidewalks		大桥及特大桥 Great Bridge and Grand Bridge	立交桥 Intersection		
全　国	**364978**	**717675**	**157930**	**64512**	**5886**	**4666**	**24225203**	**275940**
北　京	**8104**	**14302**	**2390**	**2271**	**519**	**438**	**239840**	**6500**
天　津	**7636**	**14019**	**3300**	**953**	**149**	**115**	**350682**	**5883**
河　北	**13402**	**31570**	**7183**	**1410**	**112**	**254**	**660167**	**9207**
石家庄	1993	5366	931	162	29	118	18048	301
晋　州	128	265	58	15			6027	104
新　乐	133	216	35	4		4	6670	42
唐　山	1612	3098	479	136		32	116451	1353
遵　化	187	487	157	61			4700	180
迁　安	174	515	126	8	2		24933	164
秦皇岛	850	2137	560	158		36	47025	800
邯　郸	1096	3161	853	109	14	11	54861	953
武　安	321	604	144	13		1	44231	315
邢　台	515	1519	202	99	39	10	40314	271
南　宫	120	324	110				7206	116
沙　河	180	259	73	8			11384	124
保　定	1248	3250	1034	166	1	18	46635	1069
涿　州	261	472	146				9327	128
安　国	113	305	88	6			6882	101
高碑店	129	460	84	3	1	1	2942	113
张家口	552	1375	363	79	4		22469	275
承　德	527	734	97	95	14		24209	441
沧　州	368	968	245	21		7	37267	287
泊　头	115	256	68	13			8426	109
任　丘	444	593	124	26			10169	114
黄　骅	244	618	130	29		3	9656	238
河　间	144	322	88	10			5912	110
廊　坊	504	987	173	48			34425	500
霸　州	165	257	45	6			8402	64
三　河	186	466	89	16			6000	97
衡　水	363	742	164	57	8	5	18365	230
冀　州	220	407	88	23			7645	173
深　州	141	375	100	10			4406	115
辛　集	166	405	115	15		5	6486	139
定　州	207	627	215	14		3	8694	180
山　西	**7323**	**15039**	**3617**	**657**	**56**	**142**	**548263**	**4429**
太　原	2088	4140	940	179	15	36	97731	503
古　交	297	249	88	23			6329	83

10-3 续表 1 continued 1

城市名称 Name of Cities	道路长度（公里） Length of Roads (km)	道路面积（万平方米） Surface Area of Roads (10,000 m^2)	人行道面积 Surface Area of Sidewalks	桥梁数（座） Number of Bridges (unit)	大桥及特大桥 Great Bridge and Grand Bridge	立交桥 Intersection	道路照明灯盏数（盏） Number of Road Lamps (unit)	安装路灯道路长度（公里） Length of The Road with Street Lamp (km)
大　同	958	2058	489	87		12	48265	922
阳　泉	645	840	198	74	7	2	17618	234
长　治	386	736	123	69	13	9	20074	378
潞　城	62	120	28	5	3		4763	57
晋　城	218	577	107	31	1	4	16260	170
高　平	147	212	32				14500	50
朔　州	243	675	230	12		4	26667	236
晋　中	339	965	318	52		28	91239	330
介　休	150	247	39	4	2	4	18157	145
运　城	256	716	204	7		6	17265	166
永　济	121	281	102	14		5	8852	60
河　津	178	526	175	8			12050	131
忻　州	230	583	114	11	4	6	19323	168
原　平	65	157	36	4		4	4144	47
临　汾	232	527	116	18		9	66630	203
侯　马	120	178	46	12		11	7869	46
霍　州	91	147	35				9256	36
吕　梁	175	344	82	32	6		17403	175
孝　义	213	576	83	9	2		18052	201
汾　阳	112	185	34	6	3	2	5816	88
内蒙古	**9281**	**19793**	**4877**	**349**	**32**	**104**	**721653**	**5992**
呼和浩特	898	2506	433	80	3	59	233000	760
包　头	1516	2852	894	40		2	102653	1233
乌　海	1002	1430	329	10	4	3	17350	199
赤　峰	731	2175	537	41			30332	451
通　辽	515	1189	200	15	5	5	53354	335
霍林郭勒	130	400	80	13	3	2	5288	85
鄂尔多斯	1202	2948	962	17	12	1	67825	775
呼伦贝尔	372	999	171	10	1	1	20456	294
满洲里	452	782	178	11		8	26022	411
牙克石	92	311	63	3		2	5450	53
扎兰屯	164	331	135	29			16225	122
额尔古纳	83	85	3	3			2410	69
根　河	46	109	18	6			1153	40
巴彦淖尔	629	1013	379	9		3	21707	210
乌兰察布	411	887	113	18		7	49813	315
丰　镇	234	337	55	18	1	3	6700	130
乌兰浩特	263	489	101	9	3	6	15770	149
阿尔山	77	89	4	10			1876	30
二连浩特	158	267	74	2		2	12320	132
锡林浩特	308	595	147	5			31949	200

10-3 续表 2 continued 2

城市名称 Name of Cities	道路长度(公里) Length of Roads (km)	道路面积(万平方米) Surface Area of Roads (10,000 m^2)	人行道面积 Surface Area of Sidewalks	桥梁数(座) Number of Bridges (unit)	大桥及特大桥 Great Bridge and Grand Bridge	立交桥 Intersection	道路照明灯盏数(盏) Number of Road Lamps (unit)	安装路灯道路长度(公里) Length of The Road with Street Lamp (km)
辽　宁	**16914**	**30585**	**6767**	**1637**	**217**	**254**	**1580767**	**10383**
沈　阳	3826	9071	1802	352	44	95	247590	1281
新　民	160	328	50				6318	114
大　连	3059	4553	1201	220	2	80	329375	2469
瓦房店	190	395	131	24		5	76312	177
普兰店	146	302	118	30		3	9916	114
庄　河	257	488	77	12			22660	181
鞍　山	677	1705	428	45		6	65905	185
海　城	251	518	68	2			7123	124
抚　顺	871	1403	424	92	67	9	27749	549
本　溪	744	1042	210	187	36	6	29463	472
丹　东	499	1056	184	123	6	8	28433	291
东　港	158	388	70	6	3		7582	139
凤　城	78	118	11	10		1	3743	64
锦　州	577	1120	248	46	9	9	28765	482
凌　海	96	181	18	16			14348	34
北　镇	98	118	22				3904	42
营　口	547	720	111	36		2	316101	301
盖　州	530	353	37	50	18	3	6388	400
大石桥	104	239	80	12	12		18848	82
阜　新	494	967	216	39		3	23090	387
辽　阳	1091	1376	271	121	3	2	80184	608
灯　塔	145	155	24	4		2	14982	87
盘　锦	479	952	291	58	3	7	53539	426
铁　岭	287	635	160	27		5	44318	278
调兵山	178	234	40	7		1	13205	169
开　原	175	397	85	19		1	30169	162
朝　阳	282	422	87	14	13	1	21178	282
北　票	133	245	62	22			20731	115
凌　源	103	171	45	4			5770	100
葫芦岛	421	580	141	45		5	19092	192
兴　城	257	352	57	14	1		3986	76
吉　林	**8854**	**17010**	**3411**	**776**	**100**	**138**	**502560**	**5944**
长　春	3374	7655	1306	295	17	71	138417	2472
榆　树	168	393	98	5			2400	80
德　惠	200	252		3		2	5626	87
吉　林	1066	1595	305	67	19	9	43144	643
蛟　河	169	158	27	16			7825	153
桦　甸	77	181	53	14			7482	53
舒　兰	121	121	26	31		2	8008	75
磐　石	94	261	98				5668	93
四　平	361	678	128	11	4	7	14502	142

10-3 续表 3 continued 3

城市名称 Name of Cities	道路长度 (公里) Length of Roads (km)	道路面积 (万平方米) Surface Area of Roads (10,000 m²)		桥梁数 (座) Number of Bridges (unit)			道路照明灯盏数 (盏) Number of Road Lamps (unit)	安装路灯道路长度 (公里) Length of The Road with Street Lamp (km)
			人行道面积 Surface Area of Sidewalks		大桥及特大桥 Great Bridge and Grand Bridge	立交桥 Intersection		
双　辽	84	82	16	3	2	1	2536	37
辽　源	223	531	98	50	8	6	19395	223
通　化	298	414	117	62	8	3	82593	228
集　安	29	61	26	4			1475	28
白　山	326	426	137	35	14	3	15707	89
临　江	56	78	27	14			6278	56
松　原	274	928	247	8	2	3	28957	151
扶　余	87	177	30	6		1	3392	50
白　城	210	326	57	10		3	10005	150
洮　南	135	124	62	3		1	6105	124
大　安	129	236	28	1		1	4274	118
延　吉	207	545	149	19	17	2	10939	199
图　们	41	70	13	13		1	4006	27
敦　化	257	338	84	9			12821	244
珲　春	253	306	45	8	1		9565	184
龙　井	87	99	25	5			6081	79
和　龙	50	80	13	12			11501	18
公主岭	288	455	33	49	1	14	13198	98
梅河口	191	440	166	23	7	8	20660	44
黑龙江	**12364**	**18651**	**3741**	**1065**	**175**	**207**	**635808**	**8249**
哈尔滨	2823	5977	1379	378	100	94	112124	2129
双　城	133	247	25	7		1	10370	8
尚　志	147	206	26	14		2	2925	98
五　常	119	163	30	5		1	4190	94
齐齐哈尔	594	1156	183	37	11	3	52846	506
讷　河	80	139	20	5			4463	50
鸡　西	403	654	118	78		6	33623	250
虎　林	77	105	23				6300	48
密　山	200	197	25	5		2	3246	93
鹤　岗	391	457	55	29		3	46542	141
双鸭山	400	426	70	25	4	4	11249	137
大　庆	2482	3456	645	190	47	50	79794	1945
伊　春	883	886	139	80	9		27965	566
铁　力	231	194	40	14			5761	72
佳木斯	323	582	107	28			48500	323
同　江	91	141	25				3163	48
富　锦	206	190	12				2976	137
七台河	532	487	107	14		5	35714	195
牡丹江	805	981	251	68		2	60081	652
绥芬河	110	175	31	17		2	12246	102
海　林	189	274	61	12		12	8295	135
宁　安	84	100	23	4	4	3	3208	38

10-3 续表 4 continued 4

城市名称 Name of Cities	道路长度（公里） Length of Roads (km)	道路面积（万平方米） Surface Area of Roads (10,000 m^2)	人行道面积 Surface Area of Sidewalks	桥梁数（座） Number of Bridges (unit)	大桥及特大桥 Great Bridge and Grand Bridge	立交桥 Intersection	道路照明灯盏数（盏） Number of Road Lamps (unit)	安装路灯道路长度（公里） Length of The Road with Street Lamp (km)
穆　棱	148	105	10	19		2	7706	33
黑　河	83	180	57	3			14183	79
北　安	124	292	108	15		4	6644	105
五大连池	42	34	4	1			2486	21
绥　化	186	254	36	1		1	11130	73
安　达	181	182	49	3		2	2415	63
肇　东	219	303	63	11		8	3590	59
海　伦	79	107	20	2			12073	49
上　海	**4989**	**10317**	**2603**	**2524**	**3**	**54**	**532032**	**4989**
江　苏	**40749**	**75052**	**11753**	**14630**	**411**	**381**	**3391262**	**33946**
南　京	7771	14248	1751	2055	174	165	472315	5529
无　锡	3687	6586	703	2857	9	91	324526	3687
江　阴	434	980	161	91	2	2	22956	431
宜　兴	924	1293	183	230			37045	703
徐　州	2722	4484	759	305	37	23	294770	1921
新　沂	340	683	88	59	7	4	30026	334
邳　州	392	622	165	41	2	5	46320	382
常　州	2444	4432	608	1222	44	4	239081	2335
溧　阳	240	430	105	56			11007	239
苏　州	3875	8534	1267	2762	10	30	403338	2517
常　熟	673	1315	166	333		3	48286	615
张家港	473	1159	184	71			28941	473
昆　山	726	1226	208	188	1	2	40941	724
太　仓	361	825	158	318		2	40896	344
南　通	2678	4882	851	1344	50	37	210844	2023
启　东	213	417	78	58			44859	212
如　皋	336	694	94	89	5		37620	333
海　门	195	606	81	60	3		26841	171
连云港	1357	2388	470	188	4	4	93919	1352
淮　安	1765	2977	636	227			106900	1408
盐　城	1261	2895	636	481	27	3	235428	1143
东　台	324	675	201	272			35209	324
扬　州	1567	2433	484	349	9		126788	1372
仪　征	267	389	66	29	1	1	22289	254
高　邮	284	362	57	56			14163	284
镇　江	1366	2183	321	120		2	98018	1261
丹　阳	536	696	99	75			33204	530
扬　中	100	310	99	30			14531	91
句　容	241	338	99				17986	220
泰　州	1198	2421	408	314	22		120132	1105

10-3 续表 5 continued 5

城市名称 Name of Cities	道路长度(公里) Length of Roads (km)	道路面积(万平方米) Surface Area of Roads (10,000 m²)	人行道面积 Surface Area of Sidewalks	桥梁数(座) Number of Bridges (unit)	大桥及特大桥 Great Bridge and Grand Bridge	立交桥 Intersection	道路照明灯盏数(盏) Number of Road Lamps (unit)	安装路灯道路长度(公里) Length of The Road with Street Lamp (km)
兴　化	345	490	118	84			19178	276
靖　江	476	595	69	86			13545	354
泰　兴	299	543	106	92	4	1	17048	289
宿　迁	879	1942	275	88		2	62312	711
浙　江	**20475**	**39293**	**8176**	**10283**	**454**	**182**	**1458067**	**18405**
杭　州	2991	6540	1312	1337	113	73	262205	3014
建　德	111	141	37	28		3	20153	99
临　安	126	263	80	29			21883	99
宁　波	1650	3119	586	986	37	21	129669	1650
余　姚	673	1077	112	285	10	9	51566	664
慈　溪	834	1759	295	674			39820	796
奉　化	306	450	95	44			17622	298
温　州	1543	3003	605	1284	56	5	128227	1444
瑞　安	256	405	129	211			14962	256
乐　清	791	813	100	408			6056	106
嘉　兴	846	1568	297	525	5	8	60292	823
海　宁	285	639	126	207			38411	265
平　湖	380	619	89	343			19576	246
桐　乡	324	519	109	187			29645	324
湖　州	717	2348	830	483	79		51557	653
绍　兴	1290	2579	540	932	32	7	86950	1020
诸　暨	207	385	95	23		4	8250	207
嵊　州	257	407	124	31	9		28766	256
金　华	710	1724	313	103	24	7	61538	618
兰　溪	174	368	120	13	7	6	17538	161
义　乌	587	1602	303	121		19	96880	578
东　阳	427	841	205	70	12		23458	360
永　康	339	614	180	73	13	4	28080	339
衢　州	590	1149	279	85	16	4	29085	582
江　山	146	345	60	54	6	1	8255	141
舟　山	586	1193	240	314	3		26120	379
台　州	2261	2868	499	997		1	86173	2104
温　岭	297	683	178	278	25	1	14873	256
临　海	410	629	91	109	3	9	15692	409
丽　水	175	441	131	49	4		27436	168
龙　泉	187	202	16				7329	90
安　徽	**13375**	**31010**	**6940**	**1620**	**171**	**240**	**848632**	**10474**
合　肥	2206	6348	1335	501	74	146	189106	2200
巢　湖	242	530	158	26	4	22	21150	230
芜　湖	1470	3426	946	96	5	14	78121	1297

10-3 续表 6 continued 6

城市名称 Name of Cities	道路长度(公里) Length of Roads (km)	道路面积(万平方米) Surface Area of Roads (10,000 m^2)	人行道面积 Surface Area of Sidewalks	桥梁数(座) Number of Bridges (unit)	大桥及特大桥 Great Bridge and Grand Bridge	立交桥 Intersection	道路照明灯盏数(盏) Number of Road Lamps (unit)	安装路灯道路长度(公里) Length of The Road with Street Lamp (km)
蚌　　埠	867	1896	521	78	7	13	42000	620
淮　　南	768	1616	298	49	1	11	26377	376
马 鞍 山	475	1385	334	67	3	1	38635	475
淮　　北	674	1203	190	30		1	21857	210
铜　　陵	304	530	125	30		4	17601	296
安　　庆	620	1168	253	78		6	36993	329
桐　　城	116	324	81	11			9000	116
黄　　山	415	781	129	39	10		50303	316
滁　　州	624	1910	426	74	11	7	35405	486
天　　长	361	605	152	32	22		11850	202
明　　光	199	438	84	11		1	14679	164
阜　　阳	767	1842	195	118	2	7	39583	528
界　　首	116	267	59	29	4		17610	116
宿　　州	763	1574	327	60	8	5	49456	531
六　　安	507	1402	282	23	11		22464	227
亳　　州	842	1477	536	133	3		30201	796
池　　州	429	769	127	29	1		57568	403
宣　　城	404	1049	283	62	5	2	21443	382
宁　　国	205	472	100	44			17230	174
福　　建	**8415**	**16303**	**3800**	**1816**	**224**	**75**	**718378**	**6362**
福　　州	1256	2834	788	427	77	8	91954	1016
福　　清	189	418	84	29		1	6392	182
长　　乐	121	170	25	98			16840	102
厦　　门	1828	3835	841	469	84	49	225600	1470
莆　　田	850	860	205	93		1	52332	551
三　　明	290	358	92	45	13	3	5517	126
永　　安	155	263	71	27		2	8480	129
泉　　州	887	1957	563	142	23	6	41852	331
石　　狮	171	549	67	54			36782	154
晋　　江	316	871	231	34			52151	307
南　　安	242	441	99	38			15460	215
漳　　州	356	1123	169	78	1	1	24793	299
龙　　海	147	268	76	29	2		12253	117
南　　平	321	388	61	38	13	2	20917	173
邵　　武	117	170	44	36			8700	115
武 夷 山	123	187	42	14			11507	108
建　　瓯	121	147	41	7			13074	109
龙　　岩	430	591	105	70	6	2	31174	402
漳　　平	73	127	36	6			8965	71
宁　　德	192	418	95	20			13866	169
福　　安	125	132	30	17	5		6640	114
福　　鼎	105	196	36	45			13129	103

10-3 续表 7 continued 7

城市名称 Name of Cities	道路长度 (公里) Length of Roads (km)	道路面积 (万平方米) Surface Area of Roads (10,000 m^2)	人行道面积 Surface Area of Sidewalks	桥梁数 (座) Number of Bridges (unit)	大桥及特大桥 Great Bridge and Grand Bridge	立交桥 Intersection	道路照明灯盏数 (盏) Number of Road Lamps (unit)	安装路灯道路长度 (公里) Length of The Road with Street Lamp (km)
江　西	**8185**	**17436**	**3625**	**827**	**132**	**88**	**649981**	**6088**
南　昌	1659	3448	640	332	39	42	136012	1411
景德镇	402	808	107	28	26		58124	338
乐　平	192	216	58	3		1	7050	106
萍　乡	259	727	185	33	1	1	40300	183
九　江	866	1546	294	83		19	36139	527
瑞　昌	312	444	86	43			9297	100
共青城	81	157	44	2		1	4126	39
新　余	473	1133	359	30	5	7	65855	245
鹰　潭	133	307	82	24	9		10870	103
贵　溪	113	210	48	11	3	5	10580	113
赣　州	664	1735	345	52	15	3	32803	486
瑞　金	179	338	59	11	1		12563	77
吉　安	388	834	206	14			22998	388
井冈山	45	117	43	18			12678	38
宜　春	376	833	143	25		1	31318	376
丰　城	320	727	143	11	4	2	11431	226
樟　树	234	536	152	25	1		7951	150
高　安	283	621	131	17	2	3	14253	176
抚　州	457	1152	289	27	17	3	61687	442
上　饶	681	1433	195	28			53575	512
德　兴	67	116	17	10	9		10371	53
山　东	**40426**	**80847**	**16862**	**5212**	**354**	**251**	**1864921**	**31195**
济　南	4854	8358	1786	773	16	70	122766	2919
章　丘	243	598	155	34		7	28403	216
青　岛	4375	7941	1819	634	50	39	151907	3615
胶　州	655	949	147	72			17550	352
即　墨	856	1225	327	56		1	18774	446
平　度	683	946	226	132			18868	568
莱　西	518	839	148	54			18611	279
淄　博	1610	3924	752	269	2	10	73569	1071
枣　庄	1177	2481	638	109	24	5	56810	990
滕　州	580	806	225	31	13	12	22705	373
东　营	862	2357	275	138			39702	689
烟　台	1761	3815	769	115	1	5	133130	1029
龙　口	330	760	217	33	1		17592	320
莱　阳	191	379	106	35			8879	99
莱　州	211	782	116	13		1	28607	120
蓬　莱	283	479	106	43		2	19214	252

10-3 续表 8 continued 8

城市名称 Name of Cities	道路长度（公里） Length of Roads (km)	道路面积（万平方米） Surface Area of Roads (10,000 m²)		桥梁数（座） Number of Bridges (unit)			道路照明灯盏数（盏） Number of Road Lamps (unit)	安装路灯道路长度（公里） Length of The Road with Street Lamp (km)
			人行道面积 Surface Area of Sidewalks		大桥及特大桥 Great Bridge and Grand Bridge	立交桥 Intersection		
招　　远	289	455	98	56	4	1	9986	198
栖　　霞	100	149	34	27			10379	98
海　　阳	208	454	163	34	6	1	8874	197
潍　　坊	1756	3666	986	85	6	1	96457	1362
青　　州	601	1026	245	24		1	46811	592
诸　　城	738	1563	400	31			26440	656
寿　　光	723	1116	217	7	5		42972	723
安　　丘	433	853	118	72	2		17375	399
高　　密	531	844	251	83		4	16873	526
昌　　邑	163	338	87	29	3		8487	161
济　　宁	1421	4456	864	163	7	28	60889	1141
曲　　阜	302	525	96	32			51186	296
邹　　城	617	635	202	42		8	18532	434
泰　　安	843	1739	379	158	6	8	39811	574
新　　泰	548	1327	155	37	10	6	13600	450
肥　　城	214	687	72	36	35		20063	173
威　　海	1342	3105	604	385		4	71758	1177
荣　　成	584	1206	181	99			29950	557
乳　　山	338	617	107	86	3		19049	310
日　　照	1495	2054	413	87	67	14	54099	1474
莱　　芜	972	1791	361	104		7	39198	832
临　　沂	2550	4799	717	148	10	6	169118	2131
德　　州	1040	2872	519	138	24		59119	906
乐　　陵	360	707	186	25			5880	334
禹　　城	211	429	56	65		4	8166	211
聊　　城	691	2351	504	133	3		48410	370
临　　清	432	961	303	30			9018	244
滨　　州	1060	1953	399	284	56		43419	793
菏　　泽	673	1531	330	171		6	41915	537
河　　南	**12318**	**29915**	**7295**	**1374**	**56**	**127**	**863653**	**9856**
郑　　州	1809	4720	979	226		57	93551	1675
巩　　义	110	325	91	4		4	15440	83
荥　　阳	149	336	120	9		4	9533	133
新　　密	103	277	58	2			11508	102
新　　郑	126	405	123	17	4	1	8703	116
登　　封	170	357	113	20			14540	131
开　　封	596	1611	413	98	2	15	35551	448
洛　　阳	741	2370	452	92	3	6	74906	640
偃　　师	89	145	44	1		1	7660	75
平 顶 山	334	1230	214	59	12	4	45890	308
舞　　钢	124	241	75	5		1	3296	70

10-3 续表 9 continued 9

城市名称 Name of Cities	道路长度(公里) Length of Roads (km)	道路面积(万平方米) Surface Area of Roads (10,000 m^2)	人行道面积 Surface Area of Sidewalks	桥梁数(座) Number of Bridges (unit)	大桥及特大桥 Great Bridge and Grand Bridge	立交桥 Intersection	道路照明灯盏数(盏) Number of Road Lamps (unit)	安装路灯道路长度(公里) Length of The Road with Street Lamp (km)
汝　　州	166	402	98	14			8363	137
安　　阳	459	1020	248	61		7	29712	459
林　　州	155	286	72	10			19997	153
鹤　　壁	334	755	150	34		3	19630	321
新　　乡	465	1110	303	36	1	1	30273	424
卫　　辉	87	167	34	8			7821	71
辉　　县	127	285	52	12			8966	91
焦　　作	444	1248	454	98			23119	417
沁　　阳	177	379	62	5			8254	108
孟　　州	90	296	77	6			14127	86
濮　　阳	272	723	194	29			21631	271
许　　昌	308	628	201	36		4	38497	290
禹　　州	139	407	113	17			21905	130
长　　葛	177	380	122	15		3	10121	154
漯　　河	361	847	261	20	13	7	23291	321
三 门 峡	248	487	124	13	2		28355	222
义　　马	135	288	64	5			3853	55
灵　　宝	85	210	56	5			5036	80
南　　阳	1469	2189	565	198	11	5	33428	469
邓　　州	201	470	68	57	1		18947	148
商　　丘	401	944	228	33			35436	336
永　　城	253	634	177	53			11200	232
信　　阳	420	891	227	12		4	28397	395
周　　口	251	820	161	11	6		35165	248
项　　城	173	353	94	1	1		5312	112
驻 马 店	350	1118	219	24			23239	130
济　　源	221	562	188	28			29000	215
湖　　北	**17920**	**31852**	**7723**	**1952**	**322**	**146**	**530996**	**9195**
武　　汉	5354	9495	2671	644	265	117		
黄　　石	771	1585	270	29		3	32633	257
大　　冶	177	489	124	12	3		10508	23
十　　堰	822	919	151	262		9	31729	364
丹 江 口	234	251	57	32	3	1	11305	155
宜　　昌	1187	2004	431	97	1	2	27336	1185
宜　　都	211	425	61	23			4392	187
当　　阳	236	329	109	10	2		2413	103
枝　　江	193	298	51				4659	192
襄　　阳	1022	2097	424	76	22	1	98300	945
老 河 口	384	468	65				4377	120
枣　　阳	201	703	197	5			11165	201
宜　　城	219	373	74	14			8100	195

10-3 续表 10 continued 10

城市名称 Name of Cities	道路长度 (公里) Length of Roads (km)	道路面积 (万平方米) Surface Area of Roads (10,000 m^2)	人行道面积 Surface Area of Sidewalks	桥梁数 (座) Number of Bridges (unit)	大桥及特大桥 Great Bridge and Grand Bridge	立交桥 Intersection	道路照明灯盏数 (盏) Number of Road Lamps (unit)	安装路灯道路长度 (公里) Length of The Road with Street Lamp (km)
鄂　州	292	509	120	35		4	8422	228
荆　门	501	965	300	92			21710	468
钟　祥	232	543	86	23			15535	152
孝　感	508	1160	240	34			14468	305
应　城	232	249	61				2467	186
安　陆	135	458	44				5600	109
汉　川	257	352	54				3408	213
荆　州	859	1015	193	99			57697	841
石　首	120	241	54	3			3788	118
洪　湖	99	267	27	5			4346	94
松　滋	145	175	62	1		1	5694	129
黄　冈	448	975	214	8			11826	304
麻　城	435	679	196	55	1	1	3533	131
武　穴	291	587	139	14			5625	238
咸　宁	258	554	166	21			14781	248
赤　壁	294	414	67	7			4920	109
随　州	224	485	152	73		1	13741	85
广　水	171	364	160	112			10060	171
恩　施	179	228	56	30	5	4	16074	168
利　川	134	189	41	28		1	11057	134
仙　桃	649	816	232	44			30972	535
潜　江	300	667	238	43		1	8716	168
天　门	146	525	136	21	20		9639	134
湖　南	**11437**	**21333**	**5324**	**827**	**238**	**75**	**682019**	**9432**
长　沙	2300	4200	925	186	71	25	103400	2300
浏　阳	106	260	65	34	2		14420	96
株　洲	1626	2124	453	96	20	20	69484	1223
醴　陵	208	286	61	44		3	9885	145
湘　潭	590	1499	365	18	7		21756	590
湘　乡	192	290	85	8			8611	128
韶　山	25	90	23	2	1		1645	22
衡　阳	419	1113	300	63	16	14	77140	418
耒　阳	286	739	263				7950	154
常　宁	335	512	120	14	12	1	6800	82
邵　阳	520	1180	388	20		2	60750	485
武　冈	125	303	68	18			6290	88
岳　阳	730	967	228	26	8	3	42800	650
汨　罗	88	289	101	8			6327	75
临　湘	138	195	70	3			2634	92
常　德	649	1393	356	63	18		51010	590
津　市	131	137	42	4	1		7863	100

10-3 续表 11 continued 11

城市名称 Name of Cities	道路长度（公里）Length of Roads (km)	道路面积（万平方米）Surface Area of Roads (10,000 m^2)	人行道面积 Surface Area of Sidewalks	桥梁数（座）Number of Bridges (unit)	大桥及特大桥 Great Bridge and Grand Bridge	立交桥 Intersection	道路照明灯盏数（盏）Number of Road Lamps (unit)	安装路灯道路长度（公里）Length of The Road with Street Lamp (km)
张家界	311	447	69	18	5		10283	117
益阳	443	823	313	4	3		22777	395
沅江	120	150	42	1	1		1830	61
郴州	318	910	116	51	32	2	29998	189
资兴	89	191	51	6	1		6360	89
永州	457	1095	294	18	4	5	22865	324
怀化	278	469	127	41	14		15000	167
洪江	50	111	35	5	5		6305	49
娄底	261	493	113	8			41250	260
冷水江	137	219	60	7	1		8629	70
涟源	123	155	32	25			5860	120
吉首	383	694	160	36	16		12097	354
广东	**38894**	**70003**	**14986**	**6259**	**1153**	**464**	**2301867**	**30215**
广州	7462	11230	2161	1400	471	189	282632	4860
韶关	577	748	146	56	12	3	47124	264
乐昌	67	78	37	6	3	2	4498	67
南雄	65	88	21	8			4021	49
深圳	6447	11838	2549	2299	379	213	305062	7000
珠海	2663	6099	877	480	98	4	151139	1916
汕头	1333	2508	274	142		5	58334	1333
佛山	1631	2656	620	214	17	5	235896	1609
江门	1252	1937	341	106	8	2	40488	390
台山	269	313	44	15	5		12180	271
开平	137	246	95	19	9		17579	136
鹤山	261	423	176	20	5		17793	210
恩平	290	242	49	10			7399	357
湛江	585	1282	363	51			36161	580
廉江	380	216	80	17			24260	254
雷州	100	157	55	17			4319	53
吴川	556	231	68	14			8393	199
茂名	448	693	154	35		2	24673	221
高州	108	249	52	15			7706	105
化州	98	108	39	7	7		125	2
信宜	104	141	20	17			7100	95
肇庆	790	1444	423	63	4	5	56024	532
四会	229	410	125				23916	39
惠州	1427	2977	657	104	14	5	126206	1164
梅州	506	740	150	41	5	1	56275	506
兴宁	456	360	96	5			7500	214
汕尾	197	261	63	10			15000	197
陆丰	85	220	54	24			6290	29

10-3 续表 12 continued 12

城市名称 Name of Cities	道路长度（公里） Length of Roads (km)	道路面积（万平方米） Surface Area of Roads (10,000 m^2)	人行道面积 Surface Area of Sidewalks	桥梁数（座） Number of Bridges (unit)	大桥及特大桥 Great Bridge and Grand Bridge	立交桥 Intersection	道路照明灯盏数（盏） Number of Road Lamps (unit)	安装路灯道路长度（公里） Length of The Road with Street Lamp (km)
河　源	151	449	188	30			27600	151
阳　江	528	976	204	12			40369	469
阳　春	82	287	115				16279	1
清　远	339	921	295	16	5		43940	879
英　德	204	363	127	10	1		26680	204
连　州	263	413	111	5	3	1	9562	197
东　莞	6563	14244	3237	746	70	13	345686	4528
中　山	438	1092	287	140	23	14	24328	437
潮　州	554	741	150	30			26561	235
揭　阳	600	1263	228				91413	210
普　宁	414	880	145	48			27592	79
云　浮	187	303	68	27	14		23738	132
罗　定	50	176	46				10026	40
广　西	**8187**	**17003**	**3400**	**832**	**91**	**103**	**627042**	**6538**
南　宁	1562	4105	819	281	36	53	76737	1169
柳　州	1031	1963	327	71	14	10	68990	994
桂　林	658	1265	225	101		8	66766	522
梧　州	453	854	199	16	3	3	61800	312
岑　溪	165	385	107	7			9500	115
北　海	424	907	211	13			31003	418
防城港	308	664	85	22		2	18702	153
东　兴	164	250	45	11	3		7664	86
钦　州	468	1192	239	57	6	4	25202	450
贵　港	355	815	134	39		13	8503	335
桂　平	160	330	57	13			8558	124
玉　林	583	1035	215	32	9	6	31709	469
北　流	409	512	155	13			16379	333
百　色	198	449	85	14			28307	155
靖　西	89	219	39	10			8771	87
贺　州	173	321	45	22	6		17565	173
河　池	157	262	73	38	6	1	17670	120
宜　州	266	395	98	10			12423	179
来　宾	195	632	168	28	8		92025	191
合　山	71	89	15	2			3076	50
崇　左	184	222	17	19		2	9138	47
凭　祥	114	137	41	13		1	6554	57
海　南	**2350**	**5070**	**1211**	**226**	**14**	**8**	**181211**	**2162**
海　口	1162	2579	477	111	11	7	77936	1160
三　亚	354	696	230	54			30401	351
三　沙	8	4					176	7
儋　州	231	405	87	10			24266	213

10-3 续表 13 continued 13

城市名称 Name of Cities	道路长度(公里) Length of Roads (km)	道路面积(万平方米) Surface Area of Roads (10,000 m^2)	人行道面积 Surface Area of Sidewalks	桥梁数(座) Number of Bridges (unit)	大桥及特大桥 Great Bridge and Grand Bridge	立交桥 Intersection	道路照明灯盏数(盏) Number of Road Lamps (unit)	安装路灯道路长度(公里) Length of The Road with Street Lamp (km)
五指山	65	121	25	9			10600	38
琼海	164	363	118	6			19574	155
文昌	167	304	129	19	1		5941	105
万宁	76	177	35	7	1	1	4005	36
东方	125	422	109	10	1		8312	97
重庆	**7712**	**16128**	**4706**	**1433**	**230**	**270**	**511560**	**5971**
四川	**13378**	**27937**	**7727**	**2081**	**265**	**192**	**984428**	**10401**
成都	2739	7710	1849	661	73	102	204559	2625
都江堰	279	473	127	101	10	1	20057	200
彭州	128	323	109	8			6804	96
邛崃	116	384	45	1			10729	54
崇州	141	389	147	10			22404	93
自贡	1387	1566	256	125	22	6	44468	988
攀枝花	735	829	193	130	40	7	23559	378
泸州	726	1422	451	41	3	2	56323	504
德阳	315	684	105	39	2	6	32038	303
广汉	222	436	105	22		1	17930	199
什邡	123	199	60	37			10020	110
绵竹	170	219	56	22		2	13661	153
绵阳	834	1616	488	119	26	11	56144	780
江油	216	622	277	27	3	12	20826	206
广元	391	613	160	117	46	10	30896	311
遂宁	787	2068	820	38	2	1	11064	145
内江	239	523	163	61	7	20	30190	201
乐山	632	872	165	57		3	35803	582
峨眉山	78	208	53	21			28873	76
南充	500	1550	465	52	7	1	32800	480
阆中	155	398	126	24	1		10112	152
眉山	459	874	207	39			76260	459
宜宾	355	725	249	28	9	5	49346	106
广安	325	692	215	18	6		29133	306
华蓥	102	192	90	22	1		8600	94
达州	110	224	81	11			11088	109
万源	47	57	10	59			2138	47
雅安	209	350	117	24	1		26991	116
巴中	124	119	54	33			6557	93
资阳	221	545	153	41			11469	116
简阳	131	371	173	19	6	2	7475	91
马尔康	39	38	7	18			1010	25
康定	86	69	27	12			2080	18
西昌	260	579	123	44			33021	188

10-3 续表 14 continued 14

城市名称 Name of Cities	道路长度(公里) Length of Roads (km)	道路面积(万平方米) Surface Area of Roads (10,000 m^2)	人行道面积 Surface Area of Sidewalks	桥梁数(座) Number of Bridges (unit)	大桥及特大桥 Great Bridge and Grand Bridge	立交桥 Intersection	道路照明灯盏数(盏) Number of Road Lamps (unit)	安装路灯道路长度(公里) Length of The Road with Street Lamp (km)
贵　州	**3538**	**7201**	**2149**	**683**	**76**	**41**	**421684**	**2302**
贵　阳	1307	2645	862	375	58	26	225713	808
清　镇	67	198	48	2			4066	37
六盘水	230	566	126	38		3	25480	144
遵　义	276	552	138	39		2	34125	256
赤　水	64	152	56	2			6221	61
仁　怀	42	136	45	5	2		8252	42
安　顺	325	630	169	49		3	21240	302
铜　仁	272	302	111	26			7311	88
兴　义	324	778	225	26		2	19042	75
毕　节	231	482	153	40	3	2	6383	147
凯　里	211	451	112	28	4		47903	195
都　匀	109	213	79	47	9	3	13711	108
福　泉	81	97	27	6			2237	40
云　南	**6166**	**12690**	**3411**	**693**	**57**	**47**	**473939**	**4902**
昆　明	2222	4902	1234	391	9	30	124201	1746
安　宁	115	321	124				14560	109
曲　靖	330	1095	355	32			31214	221
宣　威	242	444	95	2			15833	167
玉　溪	274	668	214	19	5	2	27315	207
保　山	177	373	93	5		1	15100	140
腾　冲	129	278	49	7			17840	120
昭　通	154	410	83				11546	150
丽　江	117	180	50	7			15674	117
普　洱	112	216	88	4		3	8780	88
临　沧	113	214	47	15		1	9596	113
楚　雄	245	501	101	28		2	14198	226
个　旧	92	90	19	3			4055	88
开　远	94	166	51	10		3	40335	93
蒙　自	369	602	110	38			18762	155
弥　勒	85	209	69				7628	82
文　山	212	330	76	34	31	1	16138	205
景　洪	185	404	134	9		2	13698	183
大　理	351	560	203	65		2	20428	291
瑞　丽	335	380	137	5	2		27699	190
芒　市	110	264	70				14739	108
香格里拉	105	84	11	19	10		4600	102

10-3 续表 15 continued 15

城市名称 Name of Cities	道路长度（公里）Length of Roads (km)	道路面积（万平方米）Surface Area of Roads (10,000 m^2)	人行道面积 Surface Area of Sidewalks	桥梁数（座）Number of Bridges (unit)	大桥及特大桥 Great Bridge and Grand Bridge	立交桥 Intersection	道路照明灯盏数（盏）Number of Road Lamps (unit)	安装路灯道路长度（公里）Length of The Road with Street Lamp (km)
西　藏	**1037**	**1891**	**422**	**18**	**8**	**1**	**59648**	**587**
拉　萨	751	1541	365	11	2	1	49798	476
昌　都	64	41	5	6	5			
日喀则	147	222	36	1	1		7800	46
林　芝	74	88	16				2050	65
陕　西	**6508**	**14602**	**4180**	**743**	**115**	**149**	**638418**	**5000**
西　安	3323	7747	2185	427	70	103	327729	2382
铜　川	297	466	118	32		4	20380	169
宝　鸡	526	1341	512	53		1	61781	487
咸　阳	363	1266	353	38	1	16	55678	326
兴　平	181	279	101	12	2	3	11743	70
渭　南	367	551	168	9	1	4	25653	343
韩　城	120	230	42				4036	69
华　阴	80	153	62	21			5820	52
延　安	140	245	69	29	12		18885	117
汉　中	208	329	82	9	3	1	14506	200
榆　林	430	1015	267	39	10	7	57130	388
安　康	227	535	127	24	11		23996	195
商　洛	136	185	37	25	3	1	6801	100
杨陵区	110	260	57	25	2	9	4280	102
甘　肃	**4489**	**9650**	**2335**	**540**	**74**	**46**	**296520**	**3017**
兰　州	1584	4035	938	330	40	26	97803	588
嘉峪关	336	405	96	9		9	26700	315
金　昌	173	478	166	16		1	23356	128
白　银	415	629	167	25	5	5	12903	350
天　水	306	604	216	40	2	3	12526	235
武　威	157	360	84	9			12545	155
张　掖	209	664	107	1			19072	134
平　凉	207	645	91	33			19033	141
酒　泉	285	453	114	7	6		15006	285
玉　门	141	163	6	1		1	2620	141
敦　煌	207	221	91	1			5575	202
庆　阳	165	307	126	3			8000	117
定　西	100	268	38	10	3		5923	38
陇　南	45	70	8	18	12	1	3052	45
临　夏	123	247	49	24	6		30091	123
合　作	35	102	39	13			2315	20

10-3 续表 16 continued 16

城市名称 Name of Cities	道路长度(公里) Length of Roads (km)	道路面积(万平方米) Surface Area of Roads (10,000 m²)	人行道面积 Surface Area of Sidewalks	桥梁数(座) Number of Bridges (unit)	大桥及特大桥 Great Bridge and Grand Bridge	立交桥 Intersection	道路照明灯盏数(盏) Number of Road Lamps (unit)	安装路灯道路长度(公里) Length of The Road with Street Lamp (km)
青　海	**987**	**1970**	**567**	**144**		**4**	**120010**	**774**
西　宁	512	960	268	77		4	85327	440
海　东	91	168	50	28			6431	39
玉　树	60	89	12	19			713	43
格尔木	185	431	138	5			21565	116
德令哈	140	322	98	15			5974	136
宁　夏	**2146**	**6376**	**1190**	**188**	**2**	**4**	**266358**	**2010**
银　川	616	1898	447	86	1		143534	616
灵　武	128	241	58				5366	110
石嘴山	589	1582	176	3	1		37437	502
吴　忠	178	518	126	14			37703	177
青铜峡	234	811	147	48			8100	217
固　原	250	784	118	17			13663	235
中　卫	152	542	118	20		4	20555	152
新　疆	**7418**	**12827**	**2259**	**489**	**76**	**66**	**562837**	**5533**
乌鲁木齐	2237	3224	485	174		58	129090	1915
克拉玛依	471	1101	193	17			38839	443
吐鲁番	106	221	66				8098	64
哈　密	231	444	80	13			21504	193
昌　吉	323	618	151	18			21684	233
阜　康	106	266	59	5	4		5750	80
博　乐	151	290	44	9	9		9791	109
阿拉山口	65	155	5				1680	35
库尔勒	552	1076	204	63	41		32443	505
阿克苏	259	574	111	16	9	4	19732	97
阿图什	71	210	51	1			6239	64
喀　什	406	789	153	33			47663	317
和　田	136	323	58	8	2		62159	118
伊　宁	438	764	92	22	2	2	43701	421
奎　屯	185	321	67	17			16866	132
霍尔果斯	89	124	38				1857	15
乌　苏	134	207	39	7			12750	106
塔　城	90	134	30	24			4521	56
阿勒泰	91	116	27	30			5739	77
石河子	730.44	1011.07	117.51	11	1	2	49058	280.33
阿拉尔	87.38	162.2	32.95	1			6100	38
图木舒克	97.68	184.32	47.03				6976	84
五家渠	112	139.97	32.12	7			5876	87
北　屯	121.63	248.44	54.22				4100	40.16
铁门关	55.86	91.51	19.04	11	6		621	25
可克达拉	73.82	32.8	4.6	2	2			

十一、城市排水和污水处理

11. Urban Drainage and Wastewater Treatment

简要说明

城市排水指由城市排水系统收集、输送、处理和排放城市污水（生活污水、工业废水）和雨水的方式。

城市污水处理指对城市污水通过排水系统集中于一个或几个处所，并利用污水处理设施进行净化处理，最终使处理后的污水和污泥达到规定要求后排放水体或再利用。

城市污水处理设施包括两类，一是污水处理厂，二是污水处理装置。

Brief Introduction

Urban drainage refers to the collection, delivery, treatment and discharge of wastewater (domestic wastewater and industrial wastewater) and rainwater through urban drainage system.

Urban wastewater treatment refers to purifying centralized wastewater through wastewater treatment facilities to make wastewater and sludge meet discharge or recycling standards.

Urban wastewater treatment facilities include wastewater treatment plants and wastewater treatment devices.

11 全国历年城市排水和污水处理情况(1978-2015)
National Urban Drainage and Wastewater Treatment in Past Years (1978-2015)

年 份 Year	排水管道长度(公里) Length of Drainage Pipelines (km)	污水年排放量(万立方米) Annual Quantity of Wastewater Discharged (10,000 m³)	污水处理厂 Wastewater Treatment Plant		污水年处理量(万立方米) Annual Treatment Capacity (10,000 m³)	污水处理率(%) Wastewater Treatment Rate (%)
			座数(座) Number (unit)	处理能力(万立方米/日) Treatment Capacity (10,000 m³/day)		
1978	19556	1494493	37	64		
1979	20432	1633266	36	66		
1980	21860	1950925	35	70		
1981	23183	1826460	39	85		
1982	24638	1852740	39	76		
1983	26448	2097290	39	90		
1984	28775	2253145	43	146		
1985	31556	2318480	51	154		
1986	42549	963965	64	177		
1987	47107	2490249	73	198		
1988	50678	2614897	69	197		
1989	54510	2611283	72	230		
1990	57787	2938980	80	277		
1991	61601	2997034	87	317	445355	14.86
1992	67672	3017731	100	366	521623	17.29
1993	75207	3113420	108	449	623163	20.02
1994	83647	3030082	139	540	518013	17.10
1995	110293	3502553	141	714	689686	19.69
1996	112812	3528472	309	1153	833446	23.62
1997	119739	3514011	307	1292	907928	25.84
1998	125943	3562912	398	1583	1053342	29.56
1999	134486	3556821	402	1767	1135532	31.93
2000	141758	3317957	427	2158	1135608	34.25
2001	158128	3285850	452	3106	1196960	36.43
2002	173042	3375959	537	3578	1349377	39.97
2003	198645	3491616	612	4254	1479932	42.39
2004	218881	3564601	708	4912	1627966	45.67
2005	241056	3595162	792	5725	1867615	51.95
2006	261379	3625281	815	6366	2026224	55.67
2007	291933	3610118	883	7146	2269847	62.87
2008	315220	3648782	1018	8106	2560041	70.16
2009	343892	3712129	1214	9052	2793457	75.25
2010	369553	3786983	1444	10436	3117032	82.31
2011	414074	4037022	1588	11303	3376104	83.63
2012	439080	4167602	1670	11733	3437868	87.30
2013	464878	4274525	1736	12454	3818948	89.34
2014	511179	4453428	1807	13087	4016198	90.18
2015	539567	4666210	1944	14038	4288251	91.90

注：1978年至1995年污水处理厂座数及处理能力均为系统内数。

Note: Number of wastewater treatment plants and treatment capacity from 1978 to 1995 are limited to the statistical figure in the building sector.

11-1 2015年全国城市排水和污水处理分组资料

地区名称 Name of Regions		污水排放量(万立方米) Annual Quantity of Wastewater Discharged (10,000 m³)	排水管道长度(公里) Length of Drainage Piplines (km)	污水管道 Sewers	雨水管道 Rainwater Drainage Pipeline	雨污合流管道 Combined Drainage Pipeline	污水处理厂 座数(座) Number of Wastewater Treatment Plant (unit)	二、三级处理 Secondary and Tertiary Treatment	处理能力(万立方米/日) Treatment Capacity (10,000 m³/day)	二、三级处理 Secondary and Tertiary Treatment
全　国	**National Total**	**4666210**	**539567**	**226239**	**205563**	**107765**	**1944**	**1666**	**14038.4**	**12374.0**
分类一	**Group one**									
东部地区	East China	2836268	327772	137839	132287	57646	1128	1019	8544.5	7836.7
中部地区	Central China	1143546	134155	52134	46392	35629	498	396	3521.0	2947.5
西部地区	West China	686396	77639	36266	26884	14489	318	251	1972.9	1589.8
分类二	**Group two**									
东部地区	East China	2705821	317184	134732	128770	53682	1087	985	8241.1	7550.3
中部地区	Central China	1084494	121613	45256	41851	34506	457	361	3309.0	2758.0
西部地区	West China	875895	100770	46252	34941	19576	400	320	2488.3	2065.7
分类三	**Group three**									
东部地区	East China	2462293	300110	130838	124227	45045	994	910	7454.0	6908.2
中部地区	Central China	875409	100949	37948	35062	27939	353	301	2631.6	2289.9
西部地区	West China	875895	100770	46252	34941	19576	400	320	2488.3	2065.7
东北地区	Northeast China	452613	37739	11201	11332	15205	197	135	1464.5	1110.2

National Urban Drainage and Wastwater Treatment (2015)

Wastewater Treatment Plant				其他污水处理设施 Other Wastewater Treatment Facilities		污水处理总量(万立方米)	再生水 Recycled Water			
处理量(万立方米) Quantity of Wastewater Treated (10,000 m³)	二、三级处理 Secondary and Tertiary Treated	干污泥产生量(吨) Quantity of Dry Sludge Produced (ton)	干污泥处置量(吨) Quantity of Dry Sludge Treated (ton)	处理能力(万立方米/日) Treatment Capacity (10,000 m³/day)	处理量(万立方米) Quantity of Wastewater Treated (10,000 m³)	Total Quantity of Wastewater Treated (10,000 m³)	生产能力(万立方米/日) Recycled Water Production Capacity (10,000 m³/day)	利用量(万立方米) Annual Quantity of Wastewater Recycled and Reused (10,000 m³)	管道长度(公里) Length of Piplines (km)	地区名称 Name of Regions
4104646	**3664894**	**7462862**	**7087960**	**2027.0**	**183605**	**4288251**	**2316.7**	**444943**	**8499**	**全　国**
										分类一
2517774	2320015	5284551	5152562	1081.8	114342	2632116	1493.2	311264	5544	东部地区
1003278	866933	1360710	1214646	818.9	47105	1050383	448.1	52364	1734	中部地区
583594	477946	817601	720752	126.3	22158	605752	375.4	81315	1220	西部地区
										分类二
2429400	2235782	5208786	5076849	695.6	85290	2514690	1493.0	311264	5543	东部地区
948275	816206	1269029	1151565	818.9	47105	995380	371.0	43763	1069	中部地区
726971	612906	985047	859546	512.5	51210	778181	452.7	89916	1886	西部地区
										分类三
2209015	2053984	4794157	4721030	651.3	78990	2288005	1367.8	288766	5068	东部地区
786445	696870	1012059	947006	424.9	27297	813742	312.6	37364	965	中部地区
726971	612906	985047	859546	512.5	51210	778181	452.7	89916	1886	西部地区
382215	301134	671599	560378	438.3	26108	408323	183.6	28897	580	东北地区

11-2 2015年按省分列的城市排水和污水处理

地区名称 Name of Regions	污水排放量(万立方米) Annual Quantity of Wastewater Discharged (10,000 m^3)	排水管道长度(公里) Length of Drainage Piplines (km)				污水处理厂				
			污水管道 Sewers	雨水管道 Rainwater Drainage Pipeline	雨污合流管道 Combined Drainage Pipeline	座数(座) Number of Wastewater Treatment Plant (unit)	二、三级处理 Secondary and Tertiary Treatment	处理能力(万立方米/日) Treatment Capacity (10,000 m^3/day)	二、三级处理 Secondary and Tertiary Treatment	处理量(万立方米) Quantity of Wastewater Treated (10,000 m^3)
全 国	**4666210**	**539567**	**226239**	**205563**	**107765**	**1944**	**1666**	**14038.4**	**12374.0**	**4104646**
北 京	164231	15528	7157	6139	2232	51	51	442.5	442.5	141105
天 津	93979	19543	9492	8333	1718	49	49	283.3	283.3	85235
河 北	167057	16964	6841	6951	3173	76	57	551.6	431.4	156851
山 西	72746	7860	2496	1712	3651	38	22	240.2	149.8	64265
内蒙古	59052	12542	6879	4540	1123	41	35	212.0	189.5	55003
辽 宁	243528	17074	3894	4543	8637	93	75	787.1	642.1	220385
吉 林	86386	10319	3798	3949	2572	41	21	330.0	211.8	77493
黑龙江	122699	10345	3510	2840	3996	63	39	347.4	256.3	84337
上 海	230423	16920	7459	8276	1185	49	49	785.0	785.0	212474
江 苏	412277	70048	34248	26234	9566	196	162	1165.3	985.3	331363
浙 江	269386	38203	18659	16472	3072	83	74	823.7	777.9	238675
安 徽	150642	24399	9506	11155	3738	67	59	440.4	402.9	138293
福 建	119392	13340	6839	5156	1345	50	50	353.6	353.6	104407
江 西	88945	11983	4640	4467	2876	39	37	254.9	253.9	77054
山 东	302131	52183	21236	24371	6576	161	161	994.1	994.1	289050
河 南	194710	20467	8070	7633	4764	72	55	643.3	480.2	181296
湖 北	203363	23042	7033	6753	9256	77	67	585.4	535.7	183266
湖 南	165003	13199	6203	3341	3654	61	61	467.4	467.4	142271
广 东	671363	53587	17308	20586	15693	254	238	1961.5	1828.8	626057
广 西	130447	10588	3107	3517	3964	41	34	303.4	286.4	88374
海 南	32054	3792	1597	1710	485	25	19	93.4	26.3	23798
重 庆	96951	12961	6576	4305	2079	46	43	268.9	258.4	90650
四 川	186332	22486	9774	9861	2851	82	63	498.6	327.0	153647
贵 州	49075	5895	2697	2275	923	31	27	144.0	129.0	46706
云 南	85425	11477	5372	4271	1834	34	29	233.9	208.4	76454
西 藏	12991	1422	376	289	757	3	2	7.4	2.4	2478
陕 西	96977	8026	3748	3141	1138	37	23	335.5	263.0	88756
甘 肃	41331	5558	2267	1661	1629	22	17	136.4	119.1	33083
青 海	18579	1668	880	690	97	11	10	41.9	41.3	11143
宁 夏	27751	1608	444	142	1022	13	9	71.0	52.5	22436
新 疆	70984	6538	4131	248	2159	39	28	235.3	188.7	58241

Urban Drainage and Wastewater Treatment by Province (2015)

Wastewater Treatment Plant			其他污水处理设施 Other Wastewater Treatment Facilities		污水处理总量（万立方米）	再生水 Recycled Water			
二、三级处理 Secondary and Tertiary Treated	干污泥产生量（吨） Quantity of Dry Sludge Produced (ton)	干污泥处置量（吨） Quantity of Dry Sludge Treated (ton)	处理能力（万立方米/日） Treatment Capacity (10,000 m^3/day)	处理量（万立方米） Quantity of Wastewater Treated (10,000 m^3)	Total Quantity of Wastewater Treated (10,000 m^3)	生产能力（万立方米/日） Recycled Water Production Capacity (10,000 m^3/day)	利用量（万立方米） Annual Quantity of Wastewater Recycled and Reused (10,000 m^3)	管道长度（公里） Length of Piplines (km)	地区名称 Name of Regions
3664894	**7462862**	**7087960**	**2027.0**	**183605**	**4288251**	**2316.7**	**444943**	**8499**	**全　国**
141105	1158152	1149475	19.2	4084	145189	226.3	95714	1484	北　京
85235	91448	91439	2.6	795	86030	30.3	2146	1091	天　津
123517	327909	324636	12.8	2423	159274	194.7	36443	564	河　北
43050	90220	80897	4.7	626	64891	90.8	8038	375	山　西
50727	91681	63081			55003	77.1	8601	665	内蒙古
181798	414629	355819	44.3	6300	226685	125.2	22498	476	辽　宁
54693	124733	73756	4.5	579	78072	30.0	821	45	吉　林
64643	132237	130803	389.5	19229	103566	28.4	5578	59	黑龙江
212474	312808	312808		1472	213946				上　海
279720	473105	468703	507.9	55844	387207	319.7	65305	471	江　苏
226398	480176	479854	58.4	9020	247695	65.7	8180	62	浙　江
128327	168696	148052	205.8	7341	145634	38.0	1467	55	安　徽
104407	183036	175582	27.2	2412	106819	11.0	117	71	福　建
76770	76038	74382	18.0	987	78041	2.8	796	125	江　西
289050	476823	473933	10.1	291	289341	430.5	72154	1178	山　东
139326	287987	265410	6.5	898	182194	118.5	10429	285	河　南
167126	213179	208363	70.6	6691	189957	47.7	15197	12	湖　北
142271	175939	169902	119.3	10754	153025	14.8	1437	114	湖　南
586742	1215576	1169971	13.1	2649	628706	77.4	7447	11	广　东
84233	75765	75713	386.2	29052	117426	0.2		0	广　西
5336	75124	74629			23798	12.2	1260	138	海　南
88322	130235	128765	4.9	1237	91887	14.6	854	94	重　庆
101100	204905	189877	67.3	11291	164938	17.2	5562	14	四　川
41041	52566	51456			46706	69.0	23061	16	贵　州
69936	93074	90716	11.3	1309	77763	86.8	29689	168	云　南
846	973	973			2478				西　藏
72965	140737	129490	2.0	23	88779	71.5	8618	180	陕　西
28271	82618	66689	23.8	3957	37040	24.0	2782	108	甘　肃
10924	12389	12323			11143	2.6	701	57	青　海
17531	25478	12466	11.0	3386	25822	20.3	1400	289	宁　夏
47010	74626	37997	6.0	955	59196	69.4	8648	295	新　疆

11-3 2015年按城市分列的城市排水和污水处理

城市名称 Name of Cities	污水排放量(万立方米) Annual Quantity of Wastewater Discharged (10,000 m^3)	排水管道长度(公里) Length of Drainage Piplines (km)				污水处理厂				
			污水管道 Sewers	雨水管道 Rainwater Drainage Pipeline	雨污合流管道 Combined Drainage Pipeline	座数(座) Number of Wastewater Treatment Plant (unit)	二、三级处理 Secondary and Tertiary Treatment	处理能力(万立方米/日) Treatment Capacity (10,000 m^3/day)	二、三级处理 Secondary and Tertiary Treatment	处理量(万立方米) Quantity of Wastewater Treated (10,000 m^3)
全　国	**4666210**	**539567**	**226239**	**205563**	**107765**	**1944**	**1666**	**14038.4**	**12374.0**	**4104646**
北　京	**164231**	**15528**	**7157**	**6139**	**2232**	**51**	**51**	**442.5**	**442.5**	**141105**
天　津	**93979**	**19543**	**9492**	**8333**	**1718**	**49**	**49**	**283.3**	**283.3**	**85235**
河　北	**167057**	**16964**	**6841**	**6951**	**3173**	**76**	**57**	**551.6**	**431.4**	**156851**
石家庄	44777	2168	793	1160	214	10	10	139.0	139.0	42807
晋　州	2234	166	73	70	23	1	1	6.0	6.0	2167
新　乐	1460	106	28	17	61	1	1	4.0	4.0	1401
唐　山	22784	2402	1226	1143	33	9	9	76.3	76.3	21645
遵　化	1535	185	85	25	75	1	1	8.0	8.0	1420
迁　安	2210	192	93	62	37	1		8.0		2210
秦皇岛	12084	1561	810	732	19	7	3	40.8	23.0	11621
邯　郸	12700	1718	833	885		7	4	43.6	17.6	12398
武　安	1929	537	337	200		1		6.6		1929
邢　台	3258	845	365	437	42	2	2	15.0	15.0	3139
南　宫	706	171	72	99		1	1	3.0	3.0	673
沙　河	3562	169	6	16	147	2	2	10.0	10.0	3206
保　定	14661	1246	607	533	105	6	6	42.0	42.0	11786
涿　州	3589	167	47	22	98	1	1	10.0	10.0	3142
安　国	1157	152	27	21	104	1	1	3.0	3.0	1089
高碑店	1599	226	138	17	72	1		4.0		1599
张家口	6736	676	128		548	2		24.5		6360
承　德	4866	475	207	215	53	3	3	22.0	22.0	4461
沧　州	4070	560	148	162	249	2	2	16.0	16.0	4070
泊　头	1350	158	13	14	131	2	2	4.0	4.0	1323
任　丘	1417	251	63	43	145	1	1	5.0	5.0	1389
黄　骅	759	358	31	286	41	1	1	2.5	2.5	745
河　间	1119	195	76	81	39	1	1	4.0	4.0	1119
廊　坊	3342	624	236	254	134	2	2	11.0	11.0	3075
霸　州	1260	146	38	27	81	1	1	4.0	4.0	1210

Urban Drainage and Wastewater Treatment by City (2015)

Wastewater Treatment Plant			其他污水处理设施 Other Wastewater Treatment Facilities		污水处理总量(万立方米)	再生水 Recycled Water			城市名称
二、三级处理 Secondary and Tertiary Treated	干污泥产生量(吨) Quantity of Dry Sludge Produced (ton)	干污泥处置量(吨) Quantity of Dry Sludge Treated (ton)	处理能力(万立方米/日) Treatment Capacity ($10,000\ m^3$/day)	处理量(万立方米) Quantity of Wastewater Treated ($10,000\ m^3$)	Total Quantity of Wastewater Treated ($10,000\ m^3$)	生产能力(万立方米/日) Recycled Water Production Capacity ($10,000\ m^3$/day)	利用量(万立方米) Annual Quantity of Wastewater Recycled and Reused ($10,000\ m^3$)	管道长度(公里) Length of Piplines (km)	Name of Cities
3664894	**7462862**	**7087960**	**2027.0**	**183605**	**4288251**	**2316.7**	**444943**	**8499**	**全　国**
141105	**1158152**	**1149475**	**19.2**	**4084**	**145189**	**226.3**	**95714**	**1484**	**北　京**
85235	**91448**	**91439**	**2.6**	**795**	**86030**	**30.3**	**2146**	**1091**	**天　津**
123517	**327909**	**324636**	**12.8**	**2423**	**159274**	**194.7**	**36443**	**564**	**河　北**
42807	81529	81439			42807	30.0	8220	27	石家庄
2167	3960	3960			2167				晋　州
1401	2802	2802			1401				新　乐
21645	76055	76055			21645	30.0	8072	44	唐　山
1420	1780	1780			1420				遵　化
	2865	2865			2210	4.0	654	12	迁　安
6881	17559	17559			11621	7.5	2471	19	秦皇岛
4874	20004	20004			12398	19.0	4648	10	邯　郸
	1935	1935			1929	6.5	1730	14	武　安
3139	2941	2941			3139	16.0	2114	96	邢　台
673	902	902			673				南　宫
3206	4005	833			3206				沙　河
11786	29527	29527	10.5	2125	13911	11.7	1557	28	保　定
3142	4426	4426	2.3	298	3440	7.9	8	145	涿　州
1089	2035	2035			1089	2.9	331	2	安　国
	2759	2759			1599				高碑店
	9753	9753			6360	7.0	1998	37	张家口
4461	4093	4093			4461	5.0	978	9	承　德
4070	21297	21297			4070	15.9	977	36	沧　州
1323	1392	1392			1323	2.0	317	0	泊　头
1389	2084	2084			1389	5.0	559	2	任　丘
745	1099	1099			745	1.5	237	6	黄　骅
1119	2038	2038			1119	3.2	290	42	河　间
3075	6402	6402			3075	7.0	759	23	廊　坊
1210	2410	2399			1210	3.8	262	0	霸　州

11-3 续表 1

城市名称 Name of Cities	污水排放量(万立方米) Annual Quantity of Wastewater Discharged (10,000 m^3)	排水管道长度(公里) Length of Drainage Piplines (km)	污水管道 Sewers	雨水管道 Rainwater Drainage Pipeline	雨污合流管道 Combined Drainage Pipeline	污水处理厂 座数(座) Number of Wastewater Treatment Plant (unit)	二、三级处理 Secondary and Tertiary Treatment	处理能力(万立方米/日) Treatment Capacity (10,000 m^3/day)	二、三级处理 Secondary and Tertiary Treatment	处理量(万立方米) Quantity of Wastewater Treated (10,000 m^3)
三　河	2050	247	49	177	22	3		7.8		1970
衡　水	2936	388	13	27	348	1		10.0		2496
冀　州	525	279	84	15	180	1		3.0		525
深　州	945	167	145	22		1		2.5		852
辛　集	3365	175	21	146	9	1		10.0		3129
定　州	2072	252	47	42	164	2	2	6.0	6.0	1895
山　西	**72746**	**7860**	**2496**	**1712**	**3651**	**38**	**22**	**240.2**	**149.8**	**64265**
太　原	28415	1946	193	287	1466	6	6	77.0	77.0	24437
古　交	1389	73	28	46		1	1	4.0	4.0	1233
大　同	7262	638	273	205	160	5	5	21.4	21.4	5561
阳　泉	4285	420	220	22	178	3	2	12.5	10.0	3770
长　治	7048	467	110	133	224	2		27.5		6507
潞　城	461	108	69	39		1		2.0		371
晋　城	3873	367	182	161	24	1		12.0		3679
高　平	539	129	48	31	50	1	1	1.5	1.5	515
朔　州	1867	522	238	169	115	2		7.0		1831
晋　中	4233	794	255	18	521	2	2	15.5	15.5	4098
介　休	640	180	76	36	69	1		3.0		629
运　城	1997	378	148	108	122	2		9.0		1813
永　济	900	156	28		128	1	1	4.5	4.5	810
河　津	1082	223	91	79	52	2	2	4.4	4.4	985
忻　州	1803	423	193	149	81	1	1	6.5	6.5	1714
原　平	865	90	34	9	46	1	1	5.0	5.0	827
临　汾	2565	91	8	27	56	1		11.0		2359
侯　马	750	153	41	30	82	1		4.0		703
霍　州	612	80	22	12	47	1		2.0		539
吕　梁	882	281	115	95	71	1		3.5		805
孝　义	878	228	92	47	89	1		5.4		755
汾　阳	400	115	32	12	71	1		1.5		324

continued 1

Wastewater Treatment Plant			其他污水处理设施 Other Wastewater Treatment Facilities		污水处理总量（万立方米） Total Quantity of Wastewater Treated (10,000 m^3)	再生水 Recycled Water			城市名称 Name of Cities
二、三级处理 Secondary and Tertiary Treated	干污泥产生量（吨） Quantity of Dry Sludge Produced (ton)	干污泥处置量（吨） Quantity of Dry Sludge Treated (ton)	处理能力（万立方米/日） Treatment Capacity (10,000 m^3/day)	处理量（万立方米） Quantity of Wastewater Treated (10,000 m^3)		生产能力（万立方米/日） Recycled Water Production Capacity (10,000 m^3/day)	利用量（万立方米） Annual Quantity of Wastewater Recycled and Reused (10,000 m^3)	管道长度（公里） Length of Piplines (km)	
	1900	1900			1970				三　河
	2046	2046			2496				衡　水
	1050	1050			525	2.9	260	10	冀　州
	1686	1686			852				深　州
	12000	12000			3129				辛　集
1895	3575	3575			1895	5.9	1	2	定　州
43050	**90220**	**80897**	**4.7**	**626**	**64891**	**90.8**	**8038**	**375**	**山　西**
24437	41617	33764			24437	26.3	750	29	太　原
1233	1820	1820			1233	0.5	162	13	古　交
5561	7671	7341	4.7	626	6187	2.0	400	116	大　同
2870	5225	5225			3770	6.5	900	14	阳　泉
	3634	3634			6507	10.0	2098	35	长　治
	204	204			371	1.8		21	潞　城
	6382	6382			3679	9.3	1542	11	晋　城
515	917	917			515				高　平
	1090	1090			1831	4.0	590	20	朔　州
4098	6012	6012			4098	10.0	346	63	晋　中
	1200	1200			629				介　休
	3116	3116			1813	1.8		14	运　城
810	810	810			810				永　济
985	1574	1154			985	4.2	300	4	河　津
1714	1355	1355			1714	6.4	442	7	忻　州
827	836	836			827	3.0	281	15	原　平
	2807	2087			2359				临　汾
	780	780			703				侯　马
	787	787			539				霍　州
	833	833			805	1.0	81	4	吕　梁
	1118	1118			755	3.0	55	8	孝　义
	432	432			324	1.0	91	2	汾　阳

11-3 续表 2

城市名称 Name of Cities	污水排放量(万立方米) Annual Quantity of Wastewater Discharged (10,000 m³)	排水管道长度(公里) Length of Drainage Piplines (km)	污水管道 Sewers	雨水管道 Rainwater Drainage Pipeline	雨污合流管道 Combined Drainage Pipeline	污水处理厂 座数(座) Number of Wastewater Treatment Plant (unit)	二、三级处理 Secondary and Tertiary Treatment	处理能力(万立方米/日) Treatment Capacity (10,000 m³/day)	二、三级处理 Secondary and Tertiary Treatment	处理量(万立方米) Quantity of Wastewater Treated (10,000 m³)
内蒙古	**59052**	**12542**	**6879**	**4540**	**1123**	**41**	**35**	**212.0**	**189.5**	**55003**
呼和浩特	10465	1996	986	918	92	4	3	30.0	26.0	9607
包头	10657	2207	1559	546	102	7	7	45.2	45.2	9616
乌海	4218	290	149	3	138	3	3	8.5	8.5	4027
赤峰	9379	840	153	288	399	3	3	26.6	26.6	8505
通辽	5828	737	408	268	60	3	2	20.0	15.0	5706
霍林郭勒	1310	376	336	40		1	1	5.0	5.0	1288
鄂尔多斯	3119	2169	1029	991	150	3	3	15.5	15.5	3042
呼伦贝尔	2586	504	184	320		1	1	10.0	10.0	2536
满洲里	769	292	146	117	28	1	1	2.0	2.0	708
牙克石	995	97	80		17	1	1	3.4	3.4	918
扎兰屯	1601	140	122	18		1	1	4.0	4.0	1473
额尔古纳	92	69	64	5		1		1.0		86
根河	267	28	20		8	1		1.5		241
巴彦淖尔	2045	1181	721	411	49	2	1	17.0	7.0	2018
乌兰察布	1564	318	232	81	5	3	3	7.8	7.8	1465
丰镇	697	243	153	73	17	1	1	2.0	2.0	659
乌兰浩特	1926	392	159	191	42	2	2	6.0	6.0	1735
阿尔山	49	38	20	17		1		1.0		45
二连浩特	351	172	156		16	1	1	1.5	1.5	336
锡林浩特	1134	455	200	254		1	1	4.0	4.0	992
辽宁	**243528**	**17074**	**3894**	**4543**	**8637**	**93**	**75**	**787.1**	**642.1**	**220385**
沈阳	59689	3909	990	1159	1760	18	18	218.6	218.6	56770
新民	1676	145	34	5	106	1		5.0		1398
大连	38460	2744	650	1053	1041	18	16	110.0	99.0	34508
瓦房店	2306	258	32	28	198	1	1	6.0	6.0	2215
普兰店	2353	238	91	147		1		2.0		596
庄河	1201	235	16		220	1	1	3.0	3.0	1120
鞍山	21479	940	62	185	693	8	5	66.0	41.0	18577
海城	3050	71	17		54	1	1	8.1	8.1	2933
抚顺	20586	945	426	229	289	4	3	60.0	56.0	18383
本溪	19434	362	62	47	253	5	4	65.0	52.0	18486
丹东	4901	785	156	321	309	1	1	10.0	10.0	2824
东港	1497	117	52	8	57	1	1	3.0	3.0	963

continued 2

Wastewater Treatment Plant			其他污水处理设施 Other Wastewater Treatment Facilities		污水处理总量	再生水 Recycled Water			
二、三级处理 Secondary and Tertiary Treated	干污泥产生量（吨） Quantity of Dry Sludge Produced (ton)	干污泥处置量（吨） Quantity of Dry Sludge Treated (ton)	处理能力（万立方米/日） Treatment Capacity (10,000 m^3/day)	处理量（万立方米） Quantity of Wastewater Treated (10,000 m^3)	（万立方米） Total Quantity of Wastewater Treated (10,000 m^3)	生产能力（万立方米/日） Recycled Water Production Capacity (10,000 m^3/day)	利用量（万立方米） Annual Quantity of Wastewater Recycled and Reused (10,000 m^3)	管道长度（公里） Length of Piplines (km)	城市名称 Name of Cities
50727	**91681**	**63081**			**55003**	**77.1**	**8601**	**665**	**内蒙古**
8329	23575				9607	14.2	1898	154	呼和浩特
9616	17774	17774			9616	25.0	2032	76	包　头
4027	4303	4303			4027	0.1	36	23	乌　海
8505	10432	10432			8505	5.0	512	80	赤　峰
4403	8835	8835			5706	3.0	151	3	通　辽
1288	1396	1396			1288	3.0	365	19	霍林郭勒
3042	5453	5453			3042	14.5	2066	228	鄂尔多斯
2536					2536	5.0	548	3	呼伦贝尔
708	1900	1900			708	1.9	410	22	满洲里
918	1685	1685			918				牙克石
1473	1500	1500			1473				扎兰屯
	140	140			86				额尔古纳
	439	439			241				根　河
695	5515	5515			2018				巴彦淖尔
1465	3426				1465				乌兰察布
659	989				659				丰　镇
1735	2704	2704			1735	2.0	368	8	乌兰浩特
	50				45				阿尔山
336	560				336	1.4	140	40	二连浩特
992	1005	1005			992	2.0	75	11	锡林浩特
181798	**414629**	**355819**	**44.3**	**6300**	**226685**	**125.2**	**22498**	**476**	**辽　宁**
56770	70482	69404			56770	16.0	4068	325	沈　阳
	1680	1680			1398	3.0	537	3	新　民
31498	85116	61950	26.8	3325	37833	44.0	15330	44	大　连
2215	2215	2215			2215	2.0			瓦房店
	941	941			596				普兰店
1120	1811	1811			1120				庄　河
11597	28793	28793			18577				鞍　山
2933	3123	3123			2933				海　城
17712	68958	68958			18383	4.0	280	7	抚　顺
14726	52720	20058	1.5	381	18867				本　溪
2824	3058	3058	5.4	1210	4034				丹　东
963	1000	1000			963	2.9	3	1	东　港

11-3 续表 3

城市名称 Name of Cities	污水排放量(万立方米) Annual Quantity of Wastewater Discharged (10,000 m³)	排水管道长度(公里) Length of Drainage Piplines (km)				污水处理厂				
			污水管道 Sewers	雨水管道 Rainwater Drainage Pipeline	雨污合流管道 Combined Drainage Pipeline	座数(座) Number of Wastewater Treatment Plant (unit)	二、三级处理 Secondary and Tertiary Treatment	处理能力(万立方米/日) Treatment Capacity (10,000 m³/day)	二、三级处理 Secondary and Tertiary Treatment	处理量(万立方米) Quantity of Wastewater Treated (10,000 m³)
凤　城	894	79	10	13	56	1	1	3.0	3.0	760
锦　州	12071	516	61	2	452	2	1	34.0	4.0	9941
凌　海	1039	67	1		66	1		2.0		624
北　镇	805	70	2	26	42	2		4.0		753
营　口	5431	553	5		548	2	2	20.0	20.0	5331
盖　州	1056	172	40	82	49	1	1	5.0	5.0	917
大石桥	1085	114	16	18	80	1		3.0		635
阜　新	6315	597	117	67	413	2	2	20.0	20.0	5878
辽　阳	8710	909	237	148	523	6	5	39.6	19.6	8710
灯　塔	1128	87	33	20	34	1		6.0		1128
盘　锦	6877	640	60	157	423	2	2	20.0	20.0	6877
铁　岭	3416	395	97	91	207	1		15.0		3416
调兵山	1144	167	115	49	3	1	1	3.0	3.0	1144
开　原	2668	246	27	42	177	1	1	8.0	8.0	2668
朝　阳	5277	666	217	287	162	2	2	16.0	16.0	5025
北　票	946	106			106	1	1	5.0	5.0	946
凌　源	1278	81	4	2	76	1		5.0		1210
葫芦岛	4686	685	205	314	165	4	4	15.8	15.8	4189
兴　城	2070	175	58	41	76	1	1	6.0	6.0	1460
吉　林	**86386**	**10319**	**3798**	**3949**	**2572**	**41**	**21**	**330.0**	**211.8**	**77493**
长　春	30331	5358	2149	2459	750	12	8	161.3	92.3	28269
榆　树	934	140	42	51	48	1		3.0		931
德　惠	1316	130	11	2	116	1		2.1		767
吉　林	15300	1007	396	580	31	2	2	54.0	54.0	14424
蛟　河	800	117	28	19	70	1	1	1.5	1.5	621
桦　甸	850	90	25	23	42	1		3.0		800
舒　兰	836	36	4		32	1		2.0		575
磐　石	975	110	62	10	38	1		3.0		846
四　平	3566	214	26	8	180	1	1	9.0	9.0	3036
双　辽	634	100	2		98	1	1	2.5	2.5	634
辽　源	3670	211	29	52	130	1	1	10.0	10.0	3172
通　化	2085	165	35	15	115	1		5.1		1853

continued 3

Wastewater Treatment Plant			其他污水处理设施 Other Wastewater Treatment Facilities		污水处理总量(万立方米) Total Quantity of Wastewater Treated (10,000 m³)	再生水 Recycled Water			城市名称 Name of Cities
二、三级处理 Secondary and Tertiary Treated	干污泥产生量(吨) Quantity of Dry Sludge Produced (ton)	干污泥处置量(吨) Quantity of Dry Sludge Treated (ton)	处理能力(万立方米/日) Treatment Capacity (10,000 m³/day)	处理量(万立方米) Quantity of Wastewater Treated (10,000 m³)		生产能力(万立方米/日) Recycled Water Production Capacity (10,000 m³/day)	利用量(万立方米) Annual Quantity of Wastewater Recycled and Reused (10,000 m³)	管道长度(公里) Length of Piplines (km)	
760	840	840			760				凤　城
730	10855	10855	5.6	969	10910	10.0		4	锦　州
	624	624	5.0	415	1039				凌　海
	1316	1301			753				北　镇
5331	5659	5659			5331	5.0	654	24	营　口
917	1789	1789			917				盖　州
	405	405			635				大石桥
5878	11425	11425			5878	7.0	340	14	阜　新
3515	14028	14028			8710	5.0	900	2	辽　阳
	2000	2000			1128				灯　塔
6877	7258	7258			6877				盘　锦
	6832	6832			3416	5.0	144	4	铁　岭
1144	1229	1229			1144	2.7	70	7	调兵山
2668	3399	3399			2668				开　原
5025	13508	13508			5025	12.7	97	35	朝　阳
946	1889				946				北　票
	1800	1800			1210				凌　源
4189	7566	7566			4189				葫芦岛
1460	2310	2310			1460	5.9	75	6	兴　城
54693	**124733**	**73756**	**4.5**	**579**	**78072**	**30.0**	**821**	**45**	**吉　林**
19008	50219	2378	4.5	579	28848	15.0	751	30	长　春
	1392	1392			931				榆　树
	843	843			767				德　惠
14424	32803	32803			14424				吉　林
621	631	631			621				蛟　河
	900	150			800				桦　甸
	1102	1102			575				舒　兰
	1095	1095			846				磐　石
3036	5193	5193			3036				四　平
634	581	581			634				双　辽
3172	3664	3664			3172	8.0	10	11	辽　源
	2256	2256			1853				通　化

11-3 续表 4

城市名称 Name of Cities	污水排放量(万立方米) Annual Quantity of Wastewater Discharged (10,000 m^3)	排水管道长度(公里) Length of Drainage Piplines (km)				污水处理厂				
			污水管道 Sewers	雨水管道 Rainwater Drainage Pipeline	雨污合流管道 Combined Drainage Pipeline	座数(座) Number of Wastewater Treatment Plant (unit)	二、三级处理 Secondary and Tertiary Treatment	处理能力(万立方米/日) Treatment Capacity (10,000 m^3/day)	二、三级处理 Secondary and Tertiary Treatment	处理量(万立方米) Quantity of Wastewater Treated (10,000 m^3)
集　　安	657	63	32	30	1	1	1	2.0	2.0	642
白　　山	2466	160	90	69	2	2	1	7.0	5.0	2070
临　　江	388	88	15	72		1		2.5		375
松　　原	4948	238	119	71	48	1	1	15.0	15.0	4745
扶　　余	405	79	30		49	1		3.0		380
白　　城	1927	331	180	137	14	1		5.0		1388
洮　　南	618	143	32		111	1		3.0		544
大　　安	631	157	76	80		1	1	2.0	2.0	612
延　　吉	3938	312	103	33	176	1	1	10.0	10.0	3577
图　　们	440	64	24	32	8	1		2.0		440
敦　　化	2041	229	103	75	51	1		5.0		1800
珲　　春	1680	187	12	54	120	1		3.0		1010
龙　　井	598	84	6		78	1		1.5		560
和　　龙	684	105	43	6	56	1		4.0		657
公 主 岭	2368	294	94	15	185	1	1	5.0	5.0	1665
梅 河 口	1300	109	30	57	23	1	1	3.5	3.5	1100
黑 龙 江	**122699**	**10345**	**3510**	**2840**	**3996**	**63**	**39**	**347.4**	**256.3**	**84337**
哈 尔 滨	40910	2956	456	934	1566	10	7	129.0	112.0	36875
双　　城	1277	203	189	14		1	1	6.0	6.0	1277
尚　　志	798	93	25	14	55	1	1	4.0	4.0	756
五　　常	660	117	48	11	58	1	1	3.0	3.0	654
齐齐哈尔	7299	861	362	459	40	4	2	31.5	11.5	5310
讷　　河	356	106	20	14	73	1	1	2.0	2.0	356
鸡　　西	4040	320	59	245	16	6	1	12.0	2.0	2288
虎　　林	350	61	6		56	1	1	2.0	2.0	350
密　　山	500	107	4	7	96	1		1.5		500
鹤　　岗	3219	314	219		95	2	1	8.0	5.0	2062
双 鸭 山	2076	272	49	213	10	1		5.0		1755
大　　庆	20057	1528	1109	419		7	7	42.5	42.5	8745
伊　　春	3277	474	155	70	249	8	6	10.6	9.5	2341
铁　　力	770	86	30	9	47	1	1	3.0	3.0	718
佳 木 斯	4230	509	58	77	374	2	1	16.3	6.3	3600

continued 4

Wastewater Treatment Plant			其他污水处理设施 Other Wastewater Treatment Facilities		污水处理总量(万立方米)	再生水 Recycled Water			
二、三级处理 Secondary and Tertiary Treated	干污泥产生量(吨) Quantity of Dry Sludge Produced (ton)	干污泥处置量(吨) Quantity of Dry Sludge Treated (ton)	处理能力(万立方米/日) Treatment Capacity (10,000 m^3/day)	处理量(万立方米) Quantity of Wastewater Treated (10,000 m^3)	Total Quantity of Wastewater Treated (10,000 m^3)	生产能力(万立方米/日) Recycled Water Production Capacity (10,000 m^3/day)	利用量(万立方米) Annual Quantity of Wastewater Recycled and Reused (10,000 m^3)	管道长度(公里) Length of Piplines (km)	城市名称 Name of Cities
642	545	545			642				集　安
1457	2619	2556			2070				白　山
	321				375				临　江
4745	5766	5766			4745				松　原
	870	870			380				扶　余
	1207	1207			1388	2.0			白　城
	232	232			544				洮　南
612	1224	1224			612				大　安
3577	3220	3220			3577	5.0	60	4	延　吉
	740				440				图　们
	2560	1320			1800				敦　化
	2000	2000			1010				珲　春
	560	560			560				龙　井
	680	680			657				和　龙
1665	334	334			1665				公主岭
1100	1176	1154			1100				梅河口
64643	**132237**	**130803**	**389.5**	**19229**	**103566**	**28.4**	**5578**	**59**	**黑龙江**
33358	73740	73740			36875				哈尔滨
1277	1277	1277			1277				双　城
756	1289	1289			756				尚　志
654	785	785			654				五　常
882	5724	5724	25.0	570	5880				齐齐哈尔
356	521	521			356				讷　河
115	3284	2826			2288				鸡　西
350	528				350				虎　林
	575	575			500				密　山
1674	2272	2272			2062				鹤　岗
	2568	2568			1755				双鸭山
8745	5334	5334	333.5	10828	19573	24.4	5100	49	大　庆
2178	1388	1388			2341				伊　春
718	1000	1000			718				铁　力
2288	5372	5372			3600				佳木斯

11-3 续表 5

城市名称 Name of Cities	污水排放量(万立方米) Annual Quantity of Wastewater Discharged (10,000 m^3)	排水管道长度(公里) Length of Drainage Piplines (km)				污水处理厂				
			污水管道 Sewers	雨水管道 Rainwater Drainage Pipeline	雨污合流管道 Combined Drainage Pipeline	座数(座) Number of Wastewater Treatment Plant (unit)	二、三级处理 Secondary and Tertiary Treatment	处理能力(万立方米/日) Treatment Capacity (10,000 m^3/day)	二、三级处理 Secondary and Tertiary Treatment	处理量(万立方米) Quantity of Wastewater Treated (10,000 m^3)
同　江	300	118	88		30	1	1	2.0	2.0	300
富　锦	547	94	35	20	39	1		1.5		547
七台河	3940	174	79	38	57	2	1	9.0	5.0	1523
牡丹江	16700	430	86	171	173	1	1	20.0	20.0	5182
绥芬河	741	113	25	18	69	1	1	2.0	2.0	741
海　林	500	153	49	2	102	1	1	2.0	2.0	500
宁　安	730	82	34	13	35	1		2.0		730
穆　棱	427	66	44	1	22	1		2.0		427
黑　河	892	103	29	32	41	1		5.0		829
北　安	828	121	17	13	90	1		3.0		820
五大连池	168	75	44		32	1		1.0		168
绥　化	3600	204	40	21	143	1	1	10.0	10.0	1747
安　达	1020	178	55	6	118	1	1	4.5	4.5	1020
肇　东	2007	304	48	10	246	1		5.0		1815
海　伦	480	125	49	9	67	1	1	2.0	2.0	401
上　海	**230423**	**16920**	**7459**	**8276**	**1185**	**49**	**49**	**785.0**	**785.0**	**212474**
江　苏	**412277**	**70048**	**34248**	**26234**	**9566**	**196**	**162**	**1165.3**	**985.3**	**331363**
南　京	95019	8308	2828	2641	2840	24	24	193.4	193.4	62232
无　锡	36120	12963	9158	3375	430	14	14	129.9	129.9	33427
江　阴	7365	970	365	605		2		18.0		5914
宜　兴	5081	1993	1500	493		3	3	14.5	14.5	4052
徐　州	21571	2129	1008	573	548	12	11	58.5	56.5	20067
新　沂	2245	636	196	332	108	1	1	9.0	9.0	1989
邳　州	2380	575	58	30	487	3	3	5.0	5.0	1545
常　州	23800	5503	2478	2476	548	15	15	96.3	96.3	21411
溧　阳	2060	306	160	146		1	1	5.0	5.0	1963
苏　州	62559	8883	4572	3807	504	30	14	186.8	86.8	52021
常　熟	6172	1781	826	666	289	4	2	22.0	18.0	4953
张家港	4806	1012	547	453	12	6	5	19.5	18.5	4326
昆　山	14085	920	530	189	201	5	5	31.5	31.5	10559
太　仓	4465	827	364	448	15	5	3	16.0	8.0	4155

continued 5

Wastewater Treatment Plant			其他污水处理设施 Other Wastewater Treatment Facilities		污水处理总量(万立方米) Total Quantity of Wastewater Treated (10,000 m³)	再生水 Recycled Water			城市名称 Name of Cities
二、三级处理 Secondary and Tertiary Treated	干污泥产生量(吨) Quantity of Dry Sludge Produced (ton)	干污泥处置量(吨) Quantity of Dry Sludge Treated (ton)	处理能力(万立方米/日) Treatment Capacity (10,000 m³/day)	处理量(万立方米) Quantity of Wastewater Treated (10,000 m³)		生产能力(万立方米/日) Recycled Water Production Capacity (10,000 m³/day)	利用量(万立方米) Annual Quantity of Wastewater Recycled and Reused (10,000 m³)	管道长度(公里) Length of Piplines (km)	
300	300	300			300				同　江
	730	730			547				富　锦
1401	2327	2141			1523	4.0	478	10	七台河
5182	7300	7038	31.0	7831	13013				牡丹江
741	1280	1280			741				绥芬河
500	616	616			500				海　林
	1400	1400			730				宁　安
	810	810			427				穆　棱
	1500	1500			829				黑　河
	1640	1640			820				北　安
	268	268			168				五大连池
1747	3020	3020			1747				绥　化
1020	1965	1965			1020				安　达
	3020	3020			1815				肇　东
401	404	404			401				海　伦
212474	**312808**	**312808**		**1472**	**213946**				**上　海**
279720	**473105**	**468703**	**507.9**	**55844**	**387207**	**319.7**	**65305**	**471**	**江　苏**
62232	37333	37333	271.4	28672	90904	2.5	304	3	南　京
33427	46843	46843	24.7	1598	35025	40.0	12129	104	无　锡
	10908	10908	6.0	1156	7070	9.5	2133	18	江　阴
4052	6775	6775	3.2	405	4457				宜　兴
19273	20203	20203			20067	6.0	1379	10	徐　州
1989	835	835			1989				新　沂
1545	2607	2607			1545				邳　州
21411	44113	44113	12.0	1298	22709	31.5	8000	15	常　州
1963	3405	3405			1963	4.9	924	4	溧　阳
23999	92621	92621	81.7	8011	60032	61.6	20352	16	苏　州
4648	11807	11807	4.0	850	5803	6.0	2157	6	常　熟
4094	5657	5657	4.6	100	4426	4.0	870	4	张家港
10559	14897	14897	23.3	2743	13302	15.0	3395	3	昆　山
2325	5973	5973			4155				太　仓

11-3 续表 6

城市名称 Name of Cities	污水排放量(万立方米) Annual Quantity of Wastewater Discharged (10,000 m³)	排水管道长度(公里) Length of Drainage Piplines (km)	污水管道 Sewers	雨水管道 Rainwater Drainage Pipeline	雨污合流管道 Combined Drainage Pipeline	污水处理厂 座数(座) Number of Wastewater Treatment Plant (unit)	二、三级处理 Secondary and Tertiary Treatment	处理能力(万立方米/日) Treatment Capacity (10,000 m³/day)	二、三级处理 Secondary and Tertiary Treatment	处理量(万立方米) Quantity of Wastewater Treated (10,000 m³)
南　通	22680	4253	1661	2533	59	6	5	66.4	46.4	20413
启　东	2260	492	140	242	110	1	1	5.0	5.0	1828
如　皋	3257	655	234	337	84	3	2	10.0	5.0	2879
海　门	3165	407	200	135	72	1	1	12.0	12.0	2677
连云港	10508	1897	680	1096	121	9	6	30.8	25.8	8356
淮　安	13031	2033	844	988	201	5	5	32.5	32.5	10511
盐　城	8690	2016	849	918	250	7	4	31.4	24.4	7404
东　台	1719	432	73	116	244	2	2	6.3	6.3	1462
扬　州	15275	2400	1237	847	316	3	3	41.0	41.0	13645
仪　征	3406	372	74	57	241	2	1	9.0	4.0	2495
高　邮	1868	264	110		154	1		5.0		1507
镇　江	13837	1954	906	579	469	9	9	36.5	36.5	11673
丹　阳	3214	692	253	143	296	3	3	9.0	9.0	2219
扬　中	1226	297	149	130	18	2	2	3.5	3.5	1087
句　容	1905	217	93	77	47	1	1	5.0	5.0	1450
泰　州	7474	1738	702	705	331	6	6	21.5	21.5	4302
兴　化	934	563	116	115	331	1	1	2.0	2.0	720
靖　江	2164	666	477	189		1	1	6.0	6.0	1410
泰　兴	2059	396	117	136	143	1	1	8.0	8.0	1706
宿　迁	5877	1497	743	657	97	7	7	19.0	19.0	5005
浙　江	**269386**	**38203**	**18659**	**16472**	**3072**	**83**	**74**	**823.7**	**777.9**	**238675**
杭　州	56974	5370	2585	2715	70	7	5	162.5	151.5	54137
建　德	1175	243	140	99	4	1	1	3.0	3.0	1035
临　安	2914	627	466	153	8	2	2	8.0	8.0	2623
宁　波	44018	4782	1961	2536	284	9	9	104.0	104.0	33697
余　姚	4036	833	381	412	40	1		15.0		3503
慈　溪	7883	1304	775	479	50	3	3	24.0	24.0	6858
奉　化	2630	237	92	143	2	1	1	6.0	6.0	2220
温　州	21605	3292	1247	1759	286	10	8	54.1	49.3	20058
瑞　安	2000	366	173	84	108	1	1	14.0	14.0	1810
乐　清	3244	1196	809	307	80	2	2	9.8	9.8	2504
嘉　兴	8839	921	765	156		1	1	60.0	60.0	7858

continued 6

Wastewater Treatment Plant 二、三级处理 Secondary and Tertiary Treated	Wastewater Treatment Plant 干污泥产生量(吨) Quantity of Dry Sludge Produced (ton)	Wastewater Treatment Plant 干污泥处置量(吨) Quantity of Dry Sludge Treated (ton)	其他污水处理设施 Other Wastewater Treatment Facilities 处理能力(万立方米/日) Treatment Capacity (10,000 m^3/day)	其他污水处理设施 Other Wastewater Treatment Facilities 处理量(万立方米) Quantity of Wastewater Treated (10,000 m^3)	污水处理总量(万立方米) Total Quantity of Wastewater Treated (10,000 m^3)	再生水 Recycled Water 生产能力(万立方米/日) Recycled Water Production Capacity (10,000 m^3/day)	再生水 Recycled Water 利用量(万立方米) Annual Quantity of Wastewater Recycled and Reused (10,000 m^3)	再生水 Recycled Water 管道长度(公里) Length of Piplines (km)	城市名称 Name of Cities
13357	50615	50615	3.4	793	21206	57.3	4363	81	南 通
1828	1963	1963	1.4	227	2055	4.9	339	10	启 东
1203	3170	3170			2879	9.0	440	10	如 皋
2677	8820	8820	1.0	248	2925	11.0	362	9	海 门
7769	12142	12142	4.0	680	9036	3.1	692	42	连 云 港
10511	13247	13247	5.6	1500	12011	2.1	217	83	淮 安
5294	10463	10463	6.8	426	7830	1.2	80	1	盐 城
1462	1946	1946	3.5	60	1522	5.0	522	1	东 台
13645	15497	15497	7.3	740	14385	7.0	955	9	扬 州
885	4778	4778	2.0	550	3045				仪 征
	2648	2648	2.6	77	1584	3.4	12	1	高 邮
11673	12776	12776	9.5	1270	12943	21.5	3700	8	镇 江
2219	8704	8704	4.9	614	2833	1.6	475	4	丹 阳
1087	1099	1099	0.3	31	1118				扬 中
1450	2047	2047	0.5	182	1632				句 容
4302	6195	1793	13.5	2253	6555	0.1			泰 州
720	1266	1266	0.5	113	833				兴 化
1410	2164	2164	3.0	578	1988				靖 江
1706	1800	1800	3.0	150	1856				泰 兴
5005	7788	7788	4.2	519	5524	11.5	1505	30	宿 迁
226398	**480176**	**479854**	**58.4**	**9020**	**247695**	**65.7**	**8180**	**62**	**浙 江**
50525	92903	92903			54137	23.6			杭 州
1035	709	709			1035				建 德
2623	1062	1062			2623				临 安
33697	110687	110388	50.0	7732	41429	22.0	3050	18	宁 波
	7552	7552			3503	1.0	56	6	余 姚
6858	7858	7858			6858	2.1	51	2	慈 溪
2220	3225	3225			2220				奉 化
18894	23336	23336			20058				温 州
1810	5314	5314			1810				瑞 安
2504	2680	2680	1.8	283	2787				乐 清
7858	41561	41561			7858				嘉 兴

11-3 续表 7

城市名称 Name of Cities	污水排放量(万立方米) Annual Quantity of Wastewater Discharged (10,000 m³)	排水管道长度(公里) Length of Drainage Piplines (km)	污水管道 Sewers	雨水管道 Rainwater Drainage Pipeline	雨污合流管道 Combined Drainage Pipeline	污水处理厂 座数(座) Number of Wastewater Treatment Plant (unit)	二、三级处理 Secondary and Tertiary Treatment	处理能力(万立方米/日) Treatment Capacity (10,000 m³/day)	二、三级处理 Secondary and Tertiary Treatment	处理量(万立方米) Quantity of Wastewater Treated (10,000 m³)
海　宁	3993	640	367	273		1	1	15.0	15.0	3654
平　湖	2448	481	382	99						2231
桐　乡	2560	586	225	334	27	2	2	15.0	15.0	2305
湖　州	8000	2033	738	361	933	7	5	27.0	16.0	7504
绍　兴	31811	2792	1253	1314	226	2	2	106.9	106.9	29137
诸　暨	4175	427	212	189	27	2	2	18.0	18.0	3753
嵊　州	3146	172	96	45	31	1	1	15.0	15.0	2693
金　华	6955	1673	750	746	177	4	3	24.0	22.0	6219
兰　溪	1546	392	178	200	15	1	1	4.0	4.0	1337
义　乌	10744	1740	791	849	100	4	4	32.0	32.0	9778
东　阳	2704	805	368	431	5	1	1	8.9	8.9	2417
永　康	2790	671	295	304	72	1	1	8.0	8.0	2377
衢　州	6162	1290	732	559		6	6	18.1	18.1	5544
江　山	1641	316	170	131	16	1	1	4.0	4.0	1426
舟　山	3806	969	568	401		3	3	8.0	8.0	2360
台　州	12378	2274	1399	631	243	4	3	34.0	32.0	11394
温　岭	2594	426	184	134	108	1	1	7.0	7.0	2316
临　海	2640	580	213	236	131	1	1	6.6	6.6	2353
丽　水	3284	557	222	318	17	2	2	10.0	10.0	2948
龙　泉	691	208	120	75	13	1	1	1.8	1.8	626
安　徽	**150642**	**24399**	**9506**	**11155**	**3738**	**67**	**59**	**440.4**	**402.9**	**138293**
合　肥	44433	5935	2542	3312	81	10	10	102.5	102.5	40397
巢　湖	3044	740	445	290	5	1		9.0		2710
芜　湖	13976	2807	851	1512	444	6	6	50.0	50.0	12724
蚌　埠	14558	1193	458	530	205	4	4	40.0	40.0	13725
淮　南	7000	738	232	299	207	3	2	22.0	20.0	6113
马鞍山	11722	1501	504	699	298	7	5	37.3	25.3	10868
淮　北	4637	618	252	325	41	3	3	14.0	14.0	4181
铜　陵	4877	1313	462	508	343	2	2	14.0	14.0	4487
安　庆	6895	1035	366	387	282	4	4	18.7	18.7	6148
桐　城	875	258	94	35	129	1	1	2.0	2.0	708
黄　山	3115	517	347	170		4	4	8.7	8.7	2937

continued 7

Wastewater Treatment Plant			其他污水处理设施 Other Wastewater Treatment Facilities		污水处理总量(万立方米)	再生水 Recycled Water			城市名称
二、三级处理 Secondary and Tertiary Treated	干污泥产生量(吨) Quantity of Dry Sludge Produced (ton)	干污泥处置量(吨) Quantity of Dry Sludge Treated (ton)	处理能力(万立方米/日) Treatment Capacity (10,000 m^3/day)	处理量(万立方米) Quantity of Wastewater Treated (10,000 m^3)	Total Quantity of Wastewater Treated (10,000 m^3)	生产能力(万立方米/日) Recycled Water Production Capacity (10,000 m^3/day)	利用量(万立方米) Annual Quantity of Wastewater Recycled and Reused (10,000 m^3)	管道长度(公里) Length of Piplines (km)	Name of Cities
3654	7021	7021			3654				海宁
2231					2231				平湖
2305	2766	2766			2305				桐乡
4664	36011	35988			7504	1.0	300	5	湖州
29137	58414	58414			29137				绍兴
3753	10217	10217			3753				诸暨
2693	10703	10703			2693				嵊州
5683	5741	5741			6219		623	5	金华
1337	1368	1368			1337				兰溪
9778	13533	13533			9778	10.0	3468	20	义乌
2417	1452	1452			2417				东阳
2377	3329	3329			2377				永康
5544	6010	6010	0.1	18	5562				衢州
1426	1500	1500	1.0		1426				江山
2360	2877	2877	5.2	970	3330	4.0	632	5	舟山
10772	11729	11729			11394	2.0			台州
2316	1509	1509			2316				温岭
2353	3040	3040			2353				临海
2948	5446	5446	0.3	17	2965				丽水
626	623	623			626				龙泉
128327	**168696**	**148052**	**205.8**	**7341**	**145634**	**38.0**	**1467**	**55**	**安徽**
40397	43219	43219	164.8	3879	44276	16.0	1347	15	合肥
	2500	2500			2710				巢湖
12724	12155	12155	1.1	82	12806				芜湖
13725	16733		8.1	760	14485				蚌埠
5484	6473	4278	2.3	655	6768				淮南
7853	13680	13680	10.0	390	11258				马鞍山
4181	4244	4244	8.6	360	4541				淮北
4487	13150	13150			4487	1.0	120	5	铜陵
6148	11177	11177	3.5	413	6561				安庆
708	645	645	0.6	40	748				桐城
2937	4526	4526			2937				黄山

11-3 续表 8

城市名称 Name of Cities	污水排放量(万立方米) Annual Quantity of Wastewater Discharged (10,000 m³)	排水管道长度(公里) Length of Drainage Piplines (km)	污水管道 Sewers	雨水管道 Rainwater Drainage Pipeline	雨污合流管道 Combined Drainage Pipeline	污水处理厂 座数(座) Number of Wastewater Treatment Plant (unit)	二、三级处理 Secondary and Tertiary Treatment	处理能力(万立方米/日) Treatment Capacity (10,000 m³/day)	二、三级处理 Secondary and Tertiary Treatment	处理量(万立方米) Quantity of Wastewater Treated (10,000 m³)
滁　州	6093	1537	611	679	247	3	3	16.0	16.0	5818
天　长	1900	428	154	153	121	1	1	6.0	6.0	1888
明　光	1616	531	223	228	80	1	1	5.5	5.5	1594
阜　阳	5694	911	372	187	353	4	4	26.0	26.0	5127
界　首	1037	221	66	57	98	1	1	5.0	5.0	957
宿　州	4430	839	148	545	146	1	1	16.0	16.0	4093
六　安	4211	543	327	216		3	3	14.0	14.0	3802
亳　州	4316	1075	407	380	288	3	1	13.0	8.5	4235
池　州	2640	565	241	199	125	2		10.0		2462
宣　城	2253	758	268	296	194	2	2	6.7	6.7	2069
宁　国	1320	336	136	149	51	1	1	4.0	4.0	1250
福　建	**119392**	**13340**	**6839**	**5156**	**1345**	**50**	**50**	**353.6**	**353.6**	**104407**
福　州	28500	2238	1047	1005	186	8	8	93.0	93.0	25643
福　清	4872	397	193	55	150	1	1	12.0	12.0	4066
长　乐	1860	278	106	67	106	1	1	3.8	3.8	1388
厦　门	28885	2674	1165	1504	5	8	8	88.5	88.5	27042
莆　田	8274	1436	1036	291	108	4	4	27.8	27.8	7033
三　明	2381	210	91	113	6	2	2	5.5	5.5	1490
永　安	2884	150	55	21	74	1	1	4.0	4.0	1387
泉　州	10334	1391	901	444	47	5	5	29.0	29.0	8886
石　狮	4188	390	194	196		1	1	10.0	10.0	3685
晋　江	3836	1129	620	421	88	2	2	14.0	14.0	3346
南　安	1398	362	198	43	121	1	1	5.0	5.0	1209
漳　州	4147	827	395	399	33	2	2	12.0	12.0	3741
龙　海	738	215	67	71	78	1	1	2.5	2.5	628
南　平	2598	247	172	29	46	3	3	9.5	9.5	2272
邵　武	785	108	16	31	61	1	1	2.0	2.0	705
武夷山	750	209	100	93	16	2	2	2.5	2.5	668
建　瓯	641	78	47	13	18	1	1	1.5	1.5	459
龙　岩	6005	342	184	70	87	2	2	16.0	16.0	5381
漳　平	784	91	29	29	33	1	1	2.0	2.0	683
宁　德	1577	226	119	104	3	1	1	4.0	4.0	1377
福　安	1732	187	58	51	78	1	1	5.0	5.0	1439
福　鼎	2223	157	49	107		1	1	4.0	4.0	1879

continued 8

Wastewater Treatment Plant			其他污水处理设施 Other Wastewater Treatment Facilities		污水处理总量(万立方米)	再生水 Recycled Water			
二、三级处理 Secondary and Tertiary Treated	干污泥产生量(吨) Quantity of Dry Sludge Produced (ton)	干污泥处置量(吨) Quantity of Dry Sludge Treated (ton)	处理能力(万立方米/日) Treatment Capacity (10,000 m^3/day)	处理量(万立方米) Quantity of Wastewater Treated (10,000 m^3)	Total Quantity of Wastewater Treated (10,000 m^3)	生产能力(万立方米/日) Recycled Water Production Capacity (10,000 m^3/day)	利用量(万立方米) Annual Quantity of Wastewater Recycled and Reused (10,000 m^3)	管道长度(公里) Length of Piplines (km)	城市名称 Name of Cities
5818	4822	4822	2.5	70	5888				滁 州
1888	2100	2100			1888				天 长
1594	1643	1643			1594				明 光
5127	7994	7994			5127	5.0		22	阜 阳
957	1065	1065	1.3	15	972				界 首
4093	6142	6142	1.8	300	4393	6.0		10	宿 州
3802	5608	5312	1.0	337	4139				六 安
3085	4879	4879			4235	10.0		3	亳 州
	2255	2255			2462				池 州
2069	2266	2266	0.2	40	2109				宣 城
1250	1420				1250				宁 国
104407	**183036**	**175582**	**27.2**	**2412**	**106819**	**11.0**	**117**	**71**	**福 建**
25643	51916	51877			25643	9.0	28	4	福 州
4066	4977	4977			4066				福 清
1388	1666	1666	3.0	240	1628				长 乐
27042	32751	32749			27042	2.0	89	67	厦 门
7033	35523	35523			7033				莆 田
1490	2126		10.2	558	2048				三 明
1387	1387	1387	12.0	1139	2526				永 安
8886	14345	14037	2.0	475	9361				泉 州
3685	7000	7000			3685				石 狮
3346	2710	2710			3346				晋 江
1209	2371	2371			1209				南 安
3741	5713	5713			3741				漳 州
628	1248	1248			628				龙 海
2272	2799				2272				南 平
705	1140				705				邵 武
668	640	500			668				武 夷 山
459	900				459				建 瓯
5381	5728	5728			5381				龙 岩
683	1360	1360			683				漳 平
1377	2451	2451			1377				宁 德
1439	1667	1667			1439				福 安
1879	2618	2618			1879				福 鼎

11-3 续表 9

城市名称 Name of Cities	污水排放量(万立方米) Annual Quantity of Wastewater Discharged (10,000 m^3)	排水管道长度(公里) Length of Drainage Piplines (km)	污水管道 Sewers	雨水管道 Rainwater Drainage Pipeline	雨污合流管道 Combined Drainage Pipeline	污水处理厂 座数(座) Number of Wastewater Treatment Plant (unit)	二、三级处理 Secondary and Tertiary Treatment	处理能力(万立方米/日) Treatment Capacity (10,000 m^3/day)	二、三级处理 Secondary and Tertiary Treatment	处理量(万立方米) Quantity of Wastewater Treated (10,000 m^3)
江　西	**88945**	**11983**	**4640**	**4467**	**2876**	**38**	**37**	**254.9**	**253.9**	**77054**
南　昌	34447	2305	900	886	518	8	8	101.5	101.5	31641
景德镇	4121	728	442	143	144	1	1	8.0	8.0	2988
乐　平	959	191	78	24	89	1	1	2.0	2.0	851
萍　乡	3067	50	36	7	7	1	1	8.0	8.0	2607
九　江	6082	1161	409	549	203	2	2	16.0	16.0	5940
瑞　昌	1092	220	32	52	135	1	1	2.5	2.5	870
共青城	346	93	18	70	5	1	1	1.0	1.0	322
新　余	4915	819	271	343	205	2	2	16.0	16.0	4758
鹰　潭	1831	174	60	58	57	1	1	6.0	6.0	1786
贵　溪	890	196	75	81	40	1	1	2.0	2.0	730
赣　州	7798	1402	391	559	451	3	3	18.0	18.0	4947
瑞　金	1092	157	52	38	67	1	1	4.0	4.0	825
吉　安	3017	549	366	145	39	2	1	9.0	8.0	2762
井冈山	235	76	64	12		2	2	1.1	1.1	218
宜　春	3849	622	283	301	38	2	2	13.0	13.0	3618
丰　城	1999	360	175	139	46	2	2	5.0	5.0	1640
樟　树	987	364	133	155	76	1	1	2.0	2.0	665
高　安	2366	578	215	279	84	1	1	4.0	4.0	1479
抚　州	4559	806	211	221	374	2	2	12.8	12.8	4217
上　饶	4754	1032	393	377	262	2	2	22.0	22.0	3812
德　兴	539	100	37	27	36	1	1	1.0	1.0	378
山　东	**302131**	**52183**	**21236**	**24371**	**6576**	**161**	**161**	**994.1**	**994.1**	**289050**
济　南	29540	2634	1385	1091	158	6	6	78.5	78.5	28521
章　丘	2316	780	105	571	104	2	2	8.0	8.0	2145
青　岛	39273	6993	3335	3427	231	15	15	128.0	128.0	37478
胶　州	3346	676	304	370	1	2	2	12.0	12.0	3245
即　墨	5668	763	397	348	18	3	3	21.0	21.0	5498
平　度	3112	825	260	95	471	1	1	11.0	11.0	3018

continued 9

Wastewater Treatment Plant			其他污水处理设施 Other Wastewater Treatment Facilities		污水处理总量(万立方米)	再生水 Recycled Water			
二、三级处理 Secondary and Tertiary Treated	干污泥产生量(吨) Quantity of Dry Sludge Produced (ton)	干污泥处置量(吨) Quantity of Dry Sludge Treated (ton)	处理能力(万立方米/日) Treatment Capacity (10,000 m^3/day)	处理量(万立方米) Quantity of Wastewater Treated (10,000 m^3)	Total Quantity of Wastewater Treated (10,000 m^3)	生产能力(万立方米/日) Recycled Water Production Capacity (10,000 m^3/day)	利用量(万立方米) Annual Quantity of Wastewater Recycled and Reused (10,000 m^3)	管道长度(公里) Length of Piplines (km)	城市名称 Name of Cities
76770	**76038**	**74382**	**18.0**	**987**	**78041**	**2.8**	**796**	**125**	**江　西**
31641	20828	20828			31641				南　昌
2988	2792	2792			2988				景德镇
851	1192	1192			851				乐　平
2607	1610	1610			2607				萍　乡
5940	6128	6128	12.0	110	6050				九　江
870	1460	1460			870				瑞　昌
322	342	342			322				共青城
4758	5611	5611	4.0	157	4915	2.8	796	125	新　余
1786	375	375			1786				鹰　潭
730	1413	1413			730				贵　溪
4947	9339	7956	2.0	720	5667				赣　州
825	3650	3650			825				瑞　金
2478	3789	3789			2762				吉　安
218	362	362			218				井冈山
3618	3618	3618			3618				宜　春
1640	1640	1640			1640				丰　城
665	1267	1267			665				樟　树
1479	1736	1463			1479				高　安
4217	4217	4217			4217				抚　州
3812	4274	4274			3812				上　饶
378	395	395			378				德　兴
289050	**476823**	**473933**	**10.1**	**291**	**289341**	**430.5**	**72154**	**1178**	**山　东**
28521	46713	46492	9.8	200	28721	94.0	4109	153	济　南
2145	2738	1750			2145	2.0	440	5	章　丘
37478	84178	84178			37478	55.9	12864	250	青　岛
3245	5416	5416			3245				胶　州
5498	16272	16272			5498				即　墨
3018	11403	11403			3018	2.5			平　度

11-3 续表 10

城市名称 Name of Cities	污水排放量(万立方米) Annual Quantity of Wastewater Discharged (10,000 m³)	排水管道长度(公里) Length of Drainage Piplines (km)	污水管道 Sewers	雨水管道 Rainwater Drainage Pipeline	雨污合流管道 Combined Drainage Pipeline	污水处理厂 座数(座) Number of Wastewater Treatment Plant (unit)	二、三级处理 Secondary and Tertiary Treatment	处理能力(万立方米/日) Treatment Capacity (10,000 m³/day)	二、三级处理 Secondary and Tertiary Treatment	处理量(万立方米) Quantity of Wastewater Treated (10,000 m³)
莱　西	2707	722	458	264		1	1	8.0	8.0	2626
淄　博	22620	2695	1061	1188	446	10	10	73.0	73.0	21720
枣　庄	8960	1245	393	631	221	7	7	27.0	27.0	8553
滕　州	5788	500	166	249	86	3	3	20.0	20.0	5561
东　营	7871	1122	531	584	7	4	4	27.0	27.0	7494
烟　台	15971	3837	2387	1098	353	5	5	58.0	58.0	15299
龙　口	1454	535	154	293	88	3	3	6.5	6.5	1410
莱　阳	2933	300	62	155	84	1	1	10.0	10.0	2845
莱　州	1355	428	77	255	97	1	1	5.0	5.0	1314
蓬　莱	1207	356	125	223	8	1	1	4.0	4.0	1113
招　远	1808	478	121	276	80	1	1	5.0	5.0	1702
栖　霞	677	180	86	55	40	1	1	2.0	2.0	657
海　阳	1386	344	157	187		2	2	5.0	5.0	1322
潍　坊	12519	2208	901	1156	151	6	6	34.0	34.0	11764
青　州	2826	783	346	237	200	3	3	10.0	10.0	2741
诸　城	5531	593	271	314	8	2	2	18.6	18.6	5365
寿　光	4908	828	211	487	129	1	1	23.0	23.0	4761
安　丘	3161	692	212	410	70	1	1	12.0	12.0	3067
高　密	5625	505	130	255	120	3	3	18.5	18.5	5456
昌　邑	4122	193	42	62	88	2	2	14.0	14.0	3998
济　宁	12712	1780	460	932	388	7	7	48.5	48.5	12064
曲　阜	2485	241	93	96	52	2	2	7.0	7.0	2386
邹　城	3335	329	151	61	117	1	1	13.0	13.0	3235
泰　安	6388	898	300	440	158	3	3	21.0	21.0	6149
新　泰	2609	541	165	195	181	2	2	8.0	8.0	2525
肥　城	1670	273	94	101	78	1	1	4.0	4.0	1540
威　海	8919	3691	1728	1963		7	7	24.0	24.0	8525
荣　成	2535	992	709	283		1	1	12.0	12.0	2459
乳　山	1294	673	260	62	351	2	2	6.0	6.0	1255
日　照	6199	1475	297	893	285	8	8	20.8	20.8	5840
莱　芜	4052	1085	248	835	2	4	4	11.5	11.5	3796
临　沂	18458	3007	1001	1154	852	9	9	51.0	51.0	17439
德　州	10265	1179	532	601	47	9	9	39.5	39.5	9901

continued 10

Wastewater Treatment Plant			其他污水处理设施 Other Wastewater Treatment Facilities		污水处理总量(万立方米)	再生水 Recycled Water			城市名称
二、三级处理 Secondary and Tertiary Treated	干污泥产生量(吨) Quantity of Dry Sludge Produced (ton)	干污泥处置量(吨) Quantity of Dry Sludge Treated (ton)	处理能力(万立方米/日) Treatment Capacity (10,000 m^3/day)	处理量(万立方米) Quantity of Wastewater Treated (10,000 m^3)	Total Quantity of Wastewater Treated (10,000 m^3)	生产能力(万立方米/日) Recycled Water Production Capacity (10,000 m^3/day)	利用量(万立方米) Annual Quantity of Wastewater Recycled and Reused (10,000 m^3)	管道长度(公里) Length of Piplines (km)	Name of Cities
2626	3628	3628			2626				莱西
21720	41431	41431	0.1	6	21726	28.8	7872	33	淄博
8553	8842	8842			8553	18.0	2042	57	枣庄
5561	8902	8902			5561	16.0	1250	3	滕州
7494	5980	5980			7494	13.5	3894	3	东营
15299	22936	22936			15299	9.0	1258	54	烟台
1410	1678	1678			1410	2.0	472	10	龙口
2845	3024	3024			2845				莱阳
1314	1825	1825			1314	2.0	254	36	莱州
1113	1018	1018			1113	0.8	220	2	蓬莱
1702	1962	1962			1702				招远
657	630	630			657	1.0	120	7	栖霞
1322	1418	1418			1322	0.6	115	4	海阳
11764	19339	19249			11764	12.4	4429	3	潍坊
2741	3522	3522			2741	3.0	930	1	青州
5365	8940	8940			5365				诸城
4761	9112	9112			4761	4.6	1678	6	寿光
3067	9693	9693			3067	11.9	3160	1	安丘
5456	10513	10513			5456	9.0	1996	11	高密
3998	7431	7431			3998	4.0	1443	1	昌邑
12064	20891	19904			12064	29.0	2429	175	济宁
2386	2871	2727			2386	4.0	340	7	曲阜
3235	4600	4140			3235	5.0	1422	8	邹城
6149	6256	6256			6149	3.5	1144	110	泰安
2525	2616	2616			2525	4.0	447	56	新泰
1540	1703	1703			1540	3.0	296	15	肥城
8525	14241	14241			8525	6.2	1255	15	威海
2459	4131	4131			2459	2.6	770	2	荣成
1255	1626	1626			1255	2.2	198	4	乳山
5840	8198	8198		15	5855	14.5	2601	20	日照
3796	5717	5717			3796	5.0	969	9	莱芜
17439	24220	24220	0.2	70	17509	20.6	5160	32	临沂
9901	9037	9037			9901	12.1	2180	25	德州

11-3 续表 11

城市名称 Name of Cities	污水排放量（万立方米） Annual Quantity of Wastewater Discharged (10,000 m³)	排水管道长度（公里） Length of Drainage Piplines (km)				污水处理厂				
			污水管道 Sewers	雨水管道 Rainwater Drainage Pipeline	雨污合流管道 Combined Drainage Pipeline	座数（座） Number of Wastewater Treatment Plant (unit)	二、三级处理 Secondary and Tertiary Treatment	处理能力（万立方米/日） Treatment Capacity (10,000 m³/day)	二、三级处理 Secondary and Tertiary Treatment	处理量（万立方米） Quantity of Wastewater Treated (10,000 m³)
乐　陵	1075	226	93	96	37	2	2	3.2	3.2	945
禹　城	2171	237	67	61	110	2	2	11.0	11.0	2105
聊　城	5903	1372	297	836	239	5	5	24.0	24.0	5617
临　清	2225	339	100	111	127	1	1	10.0	10.0	2106
滨　州	6993	1760	561	940	259	5	5	24.5	24.5	6577
菏　泽	6159	870	403	428	40	3	3	16.0	16.0	5913
河　南	**194710**	**20467**	**8070**	**7633**	**4764**	**72**	**55**	**643.3**	**480.2**	**181296**
郑　州	48077	3812	1954	1858		5	5	139.4	139.4	46173
巩　义	1218	207	97	41	68	1	1	5.0	5.0	1030
荥　阳	1224	288	56	49	182	1		3.0		1051
新　密	1113	126	49	49	28	1	1	5.0	5.0	978
新　郑	2107	227	55	50	122	2	2	6.0	6.0	1897
登　封	991	221	28	37	156	1		3.0		901
开　封	9369	963	333	362	267	4	3	37.0	27.0	8817
洛　阳	15979	1637	664	973		4	4	51.0	51.0	14981
偃　师	900	101	46	55		2	2	3.0	3.0	833
平顶山	9795	514	176	131	207	2		41.6		9296
舞　钢	1200	199	143	46	10	1	1	2.0	2.0	602
汝　州	1083	283	116	69	98	2		6.0		1074
安　阳	7050	886	446	351	88	3	3	30.0	30.0	6889
林　州	929	227	90	47	90	1	1	2.5	2.5	841
鹤　壁	2903	424	116	32	276	3	3	13.5	13.5	2696
新　乡	10714	848	361	487		2	1	30.0	15.0	9643
卫　辉	1594	134	55	10	68	1	1	5.0	5.0	1594
辉　县	2021	252	92	43	117	1	1	10.0	10.0	1819
焦　作	10052	912	301	359	252	3	2	30.0	15.0	9071
沁　阳	424	244	45	27	173	1	1	2.0	2.0	238
孟　州	850	244	33	28	183	1	1	2.5	2.5	720
濮　阳	5480	456	223	233		1	1	14.0	14.0	5080
许　昌	4027	531	317	214		2	2	18.0	18.0	3906
禹　州	1909	345	138	207		2	2	8.0	8.0	1900
长　葛	1290	244	80	93	70	1	1	4.5	4.5	1280

continued 11

Wastewater Treatment Plant			其他污水处理设施 Other Wastewater Treatment Facilities		污水处理总量(万立方米) Total Quantity of Wastewater Treated (10,000 m³)	再生水 Recycled Water			城市名称 Name of Cities
二、三级处理 Secondary and Tertiary Treated	干污泥产生量(吨) Quantity of Dry Sludge Produced (ton)	干污泥处置量(吨) Quantity of Dry Sludge Treated (ton)	处理能力(万立方米/日) Treatment Capacity (10,000 m³/day)	处理量(万立方米) Quantity of Wastewater Treated (10,000 m³)		生产能力(万立方米/日) Recycled Water Production Capacity (10,000 m³/day)	利用量(万立方米) Annual Quantity of Wastewater Recycled and Reused (10,000 m³)	管道长度(公里) Length of Piplines (km)	
945	1105	1105			945	2.0	713	3	乐　陵
2105	3619	3619			2105	1.0	168	1	禹　城
5617	5232	5232			5617	18.0	1285	10	聊　城
2106	2580	2580			2106				临　清
6577	10953	10953			6577	3.8	1247	41	滨　州
5913	8683	8683			5913	3.0	984	6	菏　泽
139326	**287987**	**265410**	**6.5**	**898**	**182194**	**118.5**	**10429**	**285**	**河　南**
46173	107214	107214			46173	64.0	5291	128	郑　州
1030	1422	1422			1030				巩　义
	1540	1540			1051				荥　阳
978	1455	1455			978				新　密
1897	3719	3719			1897	1.0	300	3	新　郑
	1230	15			901				登　封
7660	13168	13168			8817				开　封
14981	21848	21848			14981	17.9	1210	71	洛　阳
833	1039	1039			833				偃　师
	11254	11254			9296	5.0	442	15	平顶山
602	798	798	4.0	500	1102				舞　钢
	1800	1692			1074	2.5		6	汝　州
6889	11294	11294			6889				安　阳
841	908	908			841				林　州
2696	3157	3152			2696				鹤　壁
4783	10788	10001			9643				新　乡
1594	2074	1964			1594				卫　辉
1819	3502	3502			1819				辉　县
5384	11012	11012			9071				焦　作
238	390	390			238				沁　阳
720	1339	1339			720	2.1	334	15	孟　州
5080	6064	6064			5080				濮　阳
3906	6893	6000			3906	5.0	674	3	许　昌
1900	2470	2470			1900				禹　州
1280	1633	1633			1280				长　葛

11-3 续表 12

城市名称 Name of Cities	污水排放量（万立方米） Annual Quantity of Wastewater Discharged (10,000 m³)	排水管道长度（公里） Length of Drainage Piplines (km)	污水管道 Sewers	雨水管道 Rainwater Drainage Pipeline	雨污合流管道 Combined Drainage Pipeline	污水处理厂 座数（座） Number of Wastewater Treatment Plant (unit)	二、三级处理 Secondary and Tertiary Treatment	处理能力（万立方米/日） Treatment Capacity (10,000 m³/day)	二、三级处理 Secondary and Tertiary Treatment	处理量（万立方米） Quantity of Wastewater Treated (10,000 m³)
漯　河	7200	499	29	20	450	1	1	19.0	19.0	6930
三门峡	2946	311	152	85	73	1		8.0		2166
义　马	1088	64	15	1	48	1	1	2.5	2.5	837
灵　宝	1818	140	33	34	72	2	2	6.0	6.0	1668
南　阳	7974	1415	379	429	607	2	2	30.0	30.0	7395
邓　州	1035	359	161	100	98	1	1	3.0	3.0	947
商　丘	8135	421	157	117	147	2		21.0		7435
永　城	3130	428	192	132	104	6	6	9.3	9.3	2979
信　阳	3930	349	42	50	257	1	1	20.0	20.0	3537
周　口	3835	631	375	224	31	2		17.0		3569
项　城	2298	366	175	90	101	2	1	8.0	2.0	2031
驻马店	5614	730	192	430	108	2		17.5		5193
济　源	3408	432	154	65	213	1	1	10.0	10.0	3299
湖　北	**203363**	**23042**	**7033**	**6753**	**9256**	**77**	**67**	**585.4**	**535.7**	**183266**
武　汉	83243	9202	2014	2636	4552	19	19	256.4	256.4	79081
黄　石	8714	1144	508	592	44	6		26.5		7921
大　冶	1960	212	59	79	75	1		5.5		1829
十　堰	13097	1265	856	374	35	5	5	31.5	31.5	11317
丹江口	1723	204	204			1	1	6.0	6.0	1723
宜　昌	9585	1067	374	365	329	5	5	27.2	27.2	8817
宜　都	1339	151	21	1	129	2	2	3.5	3.5	1185
当　阳	1335	185	67	26	91	1	1	3.0	3.0	1156
枝　江	1381	181	3	3	175	1	1	3.5	3.5	1261
襄　阳	15969	1161	330	196	635	2	2	40.0	40.0	14265
老河口	1310	271	62	21	188	1	1	6.0	6.0	1205
枣　阳	1885	385	122	80	183	1	1	9.0	9.0	1750
宜　城	960	201	69	33	99	1	1	2.5	2.5	890
鄂　州	3565	643	89	385	169	1	1	9.0	9.0	2925
荆　门	5433	816	403	97	315	2	2	15.0	15.0	4695
钟　祥	2182	215	46	21	147	1	1	5.5	5.5	1755
孝　感	4609	686	159	186	341	1	1	14.0	14.0	4420
应　城	1248	116	7	8	101	1	1	3.0	3.0	1130

continued 12

Wastewater Treatment Plant			其他污水处理设施 Other Wastewater Treatment Facilities		污水处理总量(万立方米)	再生水 Recycled Water			城市名称
二、三级处理 Secondary and Tertiary Treated	干污泥产生量(吨) Quantity of Dry Sludge Produced (ton)	干污泥处置量(吨) Quantity of Dry Sludge Treated (ton)	处理能力(万立方米/日) Treatment Capacity (10,000 m^3/day)	处理量(万立方米) Quantity of Wastewater Treated (10,000 m^3)	Total Quantity of Wastewater Treated (10,000 m^3)	生产能力(万立方米/日) Recycled Water Production Capacity (10,000 m^3/day)	利用量(万立方米) Annual Quantity of Wastewater Recycled and Reused (10,000 m^3)	管道长度(公里) Length of Piplines (km)	Name of Cities
6930	6930				6930				漯　河
	2766	2766			2166				三门峡
837	1598	1598			837				义　马
1668	2373				1668				灵　宝
7395	4619	4587	2.5	398	7793	4.0	19	15	南　阳
947	1890	1890			947	0.2	73	1	邓　州
	9649	9649			7435				商　丘
2979	3300	3270			2979	3.8		8	永　城
3537	4355				3537	8.0	700	1	信　阳
	6303	6303			3569				周　口
450	3507	3027			2031				项　城
	7427	7427			5193				驻马店
3299	5259				3299	5.0	1386	19	济　源
167126	**213179**	**208363**	**70.6**	**6691**	**189957**	**47.7**	**15197**	**12**	**湖　北**
79081	87359	87359	4.9	1788	80869	42.0	15044	10	武　汉
	12812	12812	36.0	192	8113				黄　石
	1489	1489			1829				大　冶
11317	9287	9287			11317				十　堰
1723	1303	1303			1723	2.0		1	丹江口
8817	16756	16756			8817				宜　昌
1185	1817	1817	0.5	110	1295				宜　都
1156	1170	1170			1156				当　阳
1261	2510	2510			1261				枝　江
14265	15390	15390	2.0	426	14691				襄　阳
1205	1575				1205				老河口
1750	3431	3431			1750				枣　阳
890	1357	1357			890				宜　城
2925	7288	7288	1.0	252	3177				鄂　州
4695	4094	4094			4695				荆　门
1755	1755	1755			1755				钟　祥
4420	2733	2733			4420				孝　感
1130	1119	1119			1130	0.1		0	应　城

11-3 续表 13

城市名称 Name of Cities	污水排放量（万立方米） Annual Quantity of Wastewater Discharged (10,000 m³)	排水管道长度（公里） Length of Drainage Piplines (km)	污水管道 Sewers	雨水管道 Rainwater Drainage Pipeline	雨污合流管道 Combined Drainage Pipeline	污水处理厂 座数（座） Number of Wastewater Treatment Plant (unit)	二、三级处理 Secondary and Tertiary Treatment	处理能力（万立方米/日） Treatment Capacity (10,000 m³/day)	二、三级处理 Secondary and Tertiary Treatment	处理量（万立方米） Quantity of Wastewater Treated (10,000 m³)
安　陆	2208	160	48	104	8	1		6.0		2125
汉　川	2432	235	95	140		1		5.7		2080
荆　州	6977	574	163	221	189	3	3	18.0	18.0	6353
石　首	1343	164	1		163	2	2	3.1	3.1	1232
洪　湖	1401	298	160	138		1	1	7.0	7.0	1178
松　滋	820	239	124	7	108	1	1	2.0	2.0	661
黄　冈	2426	384	66		318	1		6.0		2185
麻　城	2230	254	86	6	162	1	1	3.0	3.0	982
武　穴	2523	111	28		83	1	1	3.5	3.5	1270
咸　宁	2514	267	187	36	44	2	2	9.0	9.0	2181
赤　壁	1822	325	114	40	171	1	1	4.0	4.0	1713
随　州	3603	281	132	112	36	1	1	10.0	10.0	2289
广　水	1760	138	72	35	31	2	2	5.0	5.0	1496
恩　施	2580	209	54	62	93	2	2	9.0	9.0	2264
利　川	1125	83	35	5	43	1	1	2.0	2.0	653
仙　桃	3875	515	96	389	30	1	1	12.0	12.0	3488
潜　江	2577	425	50	297	79	2	2	8.0	8.0	2294
天　门	1609	274	128	57	89	1	1	5.0	5.0	1497
湖　南	**165003**	**13199**	**6203**	**3341**	**3654**	**61**	**61**	**467.4**	**467.4**	**142271**
长　沙	48018	2172	2172			9	9	132.7	132.7	46922
浏　阳	1551	91	29	32	29	1	1	6.0	6.0	1427
株　洲	14701	1475	422	632	421	6	6	50.2	50.2	14019
醴　陵	1383	285	130	70	85	1	1	3.0	3.0	903
湘　潭	14468	1067	421	352	294	2	2	35.0	35.0	10262
湘　乡	1424	280	99	88	93	1	1	5.0	5.0	1312
韶　山	620	123	59	44	21	1	1	2.0	2.0	570
衡　阳	11356	873	437	271	165	3	3	35.5	35.5	9539
耒　阳	1474	268	85	49	134	1	1	10.0	10.0	978
常　宁	973	187	74	70	43	1	1	4.0	4.0	876
邵　阳	7018	544	121	303	120	3	3	20.0	20.0	6144
武　冈	1480	227	79	32	116	1	1	3.0	3.0	1326
岳　阳	11401	1329	570	362	397	5	5	28.0	28.0	7803

continued 13

Wastewater Treatment Plant			其他污水处理设施 Other Wastewater Treatment Facilities		污水处理总量(万立方米)	再生水 Recycled Water			
二、三级处理 Secondary and Tertiary Treated	干污泥产生量(吨) Quantity of Dry Sludge Produced (ton)	干污泥处置量(吨) Quantity of Dry Sludge Treated (ton)	处理能力(万立方米／日) Treatment Capacity (10,000 m³/day)	处理量(万立方米) Quantity of Wastewater Treated (10,000 m³)	Total Quantity of Wastewater Treated (10,000 m³)	生产能力(万立方米／日) Recycled Water Production Capacity (10,000 m³/day)	利用量(万立方米) Annual Quantity of Wastewater Recycled and Reused (10,000 m³)	管道长度(公里) Length of Piplines (km)	城市名称 Name of Cities
	3187	1354			2125	2.6	24		安　陆
	2800	2600			2080				汉　川
6353	2977	2977			6353				荆　州
1232	1592	1592			1232				石　首
1178	1178				1178				洪　湖
661	670	670	0.5	110	771				松　滋
	3377	3377	7.5	241	2426				黄　冈
982	1221	1221	3.0	1036	2018				麻　城
1270	1428	1428	4.2	1108	2378				武　穴
2181	4182	4182			2181				咸　宁
1713	2301	2301			1713				赤　壁
2289	2326	2326	10.0	1108	3397				随　州
1496	1515	1515			1496				广　水
2264	2479	2449	0.5	160	2424				恩　施
653	842	842	0.5	160	813				利　川
3488	4020	4020			3488				仙　桃
2294	2721	2721			2294				潜　江
1497	1118	1118			1497	1.0	129		天　门
142271	**175939**	**169902**	**119.3**	**10754**	**153025**	**14.8**	**1437**	**114**	**湖　南**
46922	54823	54823			46922	4.0	1042	100	长　沙
1427	1570	1570			1427				浏　阳
14019	15772	15772			14019	4.0	245	11	株　洲
903	1286		1.0	360	1263				醴　陵
10262	11289	6672	55.9	3213	13475				湘　潭
1312	2409	2409			1312	3.0			湘　乡
570	627	627			570				韶　山
9539	11895	11895			9539				衡　阳
978	978	978	0.7	220	1198				耒　阳
876	876	876			876				常　宁
6144	10900	10806			6144				邵　阳
1326	1700	1660			1326				武　冈
7803	13436	13436	20.0	2742	10545	3.0	150	3	岳　阳

11-3 续表 14

城市名称 Name of Cities	污水排放量(万立方米) Annual Quantity of Wastewater Discharged (10,000 m^3)	排水管道长度(公里) Length of Drainage Piplines (km)				污水处理厂				
			污水管道 Sewers	雨水管道 Rainwater Drainage Pipeline	雨污合流管道 Combined Drainage Pipeline	座数(座) Number of Wastewater Treatment Plant (unit)	二、三级处理 Secondary and Tertiary Treatment	处理能力(万立方米/日) Treatment Capacity (10,000 m^3/day)	二、三级处理 Secondary and Tertiary Treatment	处理量(万立方米) Quantity of Wastewater Treated (10,000 m^3)
汨　罗	820	142	51	48	43	1	1	2.5	2.5	722
临　湘	1020	198	64	71	63	1	1	3.0	3.0	1010
常　德	5237	539	425	6	108	3	3	16.5	16.5	4693
津　市	831	149	68	13	68	1	1	2.0	2.0	749
张家界	2270	233	100	87	46	3	3	5.5	5.5	1914
益　阳	5973	363	110	112	141	3	3	17.0	17.0	5516
沅　江	980	145	108	17	21	1	1	2.0	2.0	850
郴　州	6389	374	37	7	331	2	2	16.5	16.5	5942
资　兴	767	141	37	64	40	1	1	3.0	3.0	627
永　州	6344	542	205	231	106	2	2	25.0	25.0	5753
怀　化	3700	346	90	221	35	1	1	10.0	10.0	3266
洪　江	371	62	25	2	35	1	1	1.0	1.0	338
娄　底	5146	474	60	63	351	2	2	15.0	15.0	4555
冷水江	5751	161	44	32	85	1	1	3.0	3.0	1062
涟　源	806	105			105	1	1	4.0	4.0	735
吉　首	2731	305	82	64	159	2	2	7.0	7.0	2458
广　东	**671363**	**53587**	**17308**	**20586**	**15693**	**254**	**238**	**1961.5**	**1828.8**	**626057**
广　州	149182	10204	4566	3610	2028	46	45	469.0	459.0	139070
韶　关	7253	548	23	47	479	4	3	21.1	17.5	6250
乐　昌	910	8			8	1	1	2.5	2.5	910
南　雄	1052	61	38	17	6	1	1	3.5	3.5	645
深　圳	168019	13060	4471	6741	1849	31	29	479.5	437.5	162359
珠　海	23966	1495	855	640		17	17	73.7	73.7	22936
汕　头	21121	1693	328	1177	189	8	8	70.1	70.1	19042
佛　山	36361	2678	430	848	1400	15	15	120.4	120.4	34333
江　门	19346	1011	267	269	476	5	3	55.1	20.0	17725
台　山	2675	269	243	4	23	1		8.0		2462
开　平	2009	40	40			1	1	5.0	5.0	1741
鹤　山	2338	309	18		291	2	2	8.8	8.8	2105
恩　平	1216	193			193	1	1	2.0	2.0	875
湛　江	15049	643	133	135	374	5	5	42.9	42.9	13323

continued 14

Wastewater Treatment Plant			其他污水处理设施 Other Wastewater Treatment Facilities		污水处理总量（万立方米） Total Quantity of Wastewater Treated (10,000 m^3)	再生水 Recycled Water			城市名称 Name of Cities
二、三级处理 Secondary and Tertiary Treated	干污泥产生量（吨） Quantity of Dry Sludge Produced (ton)	干污泥处置量（吨） Quantity of Dry Sludge Treated (ton)	处理能力（万立方米/日） Treatment Capacity (10,000 m^3/day)	处理量（万立方米） Quantity of Wastewater Treated (10,000 m^3)		生产能力（万立方米/日） Recycled Water Production Capacity (10,000 m^3/day)	利用量（万立方米） Annual Quantity of Wastewater Recycled and Reused (10,000 m^3)	管道长度（公里） Length of Piplines (km)	
722	1400	1400			722				汨　罗
1010	1855	1855			1010				临　湘
4693	4925	4925	1.0	110	4803				常　德
749	1100	1100			749				津　市
1914	2106	2106			1914				张家界
5516	6068	6068			5516				益　阳
850	923	923	1.5	52	902				沅　江
5942	6536	6536			5942				郴　州
627	693	693			627				资　兴
5753	9345	9345			5753				永　州
3266	3592	3592	0.3	57	3323	0.8			怀　化
338	390	390			338				洪　江
4555	5010	5010			4555				娄　底
1062	1168	1168	38.9	4000	5062				冷水江
735	809	809			735				涟　源
2458	2458	2458			2458				吉　首
586742	**1215576**	**1169971**	**13.1**	**2649**	**628706**	**77.4**	**7447**	**11**	**广　东**
135740	405514	394766			139070				广　州
5041	8053	8053			6250				韶　关
910	1009	1009			910				乐　昌
645	645	645			645				南　雄
149572	418244	389145			162359	0.2			深　圳
22936	29298	29298			22936	23.5	7425	1	珠　海
19042	46804	46804			19042				汕　头
34333	63459	63459			34333				佛　山
7736	29527	29527			17725	9.2	9	1	江　门
	3945	3945			2462				台　山
1741	1756	1756			1741				开　平
2105	1541	1541			2105				鹤　山
875	1501	1501	1.0	220	1095				恩　平
13323	8728	8728			13323				湛　江

11-3 续表 15

城市名称 Name of Cities	污水排放量(万立方米) Annual Quantity of Wastewater Discharged (10,000 m³)	排水管道长度(公里) Length of Drainage Piplines (km)	污水管道 Sewers	雨水管道 Rainwater Drainage Pipeline	雨污合流管道 Combined Drainage Pipeline	污水处理厂 座数(座) Number of Wastewater Treatment Plant (unit)	二、三级处理 Secondary and Tertiary Treatment	处理能力(万立方米/日) Treatment Capacity (10,000 m³/day)	二、三级处理 Secondary and Tertiary Treatment	处理量(万立方米) Quantity of Wastewater Treated (10,000 m³)
廉　江	1539	205			205	3	3	4.8	4.8	1157
雷　州	927	115	29	23	64	1	1	2.0	2.0	838
吴　川	1365	150	6	12	132	1	1	4.0	4.0	1027
茂　名	5043	384	207	156	21	2	2	12.3	12.3	4458
高　州	1493	166	105	39	22	1	1	5.0	5.0	1389
化　州	959	87	2		85	1	1	5.0	5.0	741
信　宜	1168	120	15		105	1	1	3.0	3.0	1067
肇　庆	9726	908	227	220	462	6	6	33.0	33.0	8031
四　会	3909	249	4	34	210	2	2	8.0	8.0	2907
惠　州	26036	2321	991	1219	110	15	13	69.2	67.2	24305
梅　州	4773	525	33	23	470	2	2	15.0	15.0	4227
兴　宁	2186	1477	739	652	85	1		5.0		1939
汕　尾	2661	245	100	39	107	2	2	9.0	9.0	2371
陆　丰	1460	169	81	51	38	1	1	5.0	5.0	1025
河　源	3917	404	182	206	15	2	2	11.0	11.0	3640
阳　江	5103	724	258	234	232	7	7	13.5	13.5	4361
阳　春	1392	100	30	60	10	1		6.0		1111
清　远	8169	1020	402	428	191	9	6	24.0	18.0	7155
英　德	1668	310	104	139	67	2	2	7.0	7.0	1604
连　州	782	130	38	20	72	1	1	2.0	2.0	743
东　莞	105113	9290	1913	3319	4057	38	38	268.5	268.5	100937
中　山	12260	1086	247	68	772	3	2	35.0	30.0	11770
潮　州	6379	441	57	56	328	2	2	16.0	16.0	5083
揭　阳	4578	99	45		54	6	6	15.0	15.0	4113
普　宁	3431	373	18	48	307	1		10.0		2607
云　浮	2815	141	43	38	60	2	2	7.2	7.2	2160
罗　定	2014	136	21	16	99	3	3	4.4	4.4	1515
广　西	**130447**	**10588**	**3107**	**3517**	**3964**	**41**	**34**	**303.4**	**286.4**	**88374**
南　宁	36896	1482	244	1074	165	2	2	78.0	78.0	28244
柳　州	33413	1316	76	49	1190	3	3	51.5	51.5	16062
桂　林	10185	724	363	354	7	5	5	41.5	41.5	8975

continued 15

Wastewater Treatment Plant			其他污水处理设施 Other Wastewater Treatment Facilities		污水处理总量(万立方米) Total Quantity of Wastewater Treated (10,000 m^3)	再生水 Recycled Water			城市名称 Name of Cities
二、三级处理 Secondary and Tertiary Treated	干污泥产生量(吨) Quantity of Dry Sludge Produced (ton)	干污泥处置量(吨) Quantity of Dry Sludge Treated (ton)	处理能力(万立方米/日) Treatment Capacity (10,000 m^3/day)	处理量(万立方米) Quantity of Wastewater Treated (10,000 m^3)		生产能力(万立方米/日) Recycled Water Production Capacity (10,000 m^3/day)	利用量(万立方米) Annual Quantity of Wastewater Recycled and Reused (10,000 m^3)	管道长度(公里) Length of Piplines (km)	
1157	697	697			1157				廉江
838	430	430			838				雷州
1027	833	833			1027				吴川
4458	3015	2523			4458				茂名
1389	1254				1389				高州
741	721				741				化州
1067	3980	3980			1067				信宜
8031	6220	4179	2.0	246	8277				肇庆
2907	1420	1420			2907				四会
24138	41664	41664	5.5	1117	25422				惠州
4227	3184	3184			4227	15.0			梅州
	4278	4278			1939				兴宁
2371	2608	2608			2371				汕尾
1025	1024	948			1025				陆丰
3640	11346	11346			3640				河源
4361	3110	2144			4361				阳江
	1				1111	6.0			阳春
5261	17942	17942			7155				清远
1604	2844	2844			1604				英德
743	1489	1489			743				连州
100937	46564	46564	1.5	447	101384	23.5	13	8	东莞
9950	26499	26499			11770				中山
5083	3508	3508			5083				潮州
4113	2292	2292			4113				揭阳
	5147	5147			2607				普宁
2160	2214	2007	1.2	460	2620				云浮
1515	1268	1268	1.9	159	1674				罗定
84233	**75765**	**75713**	**386.2**	**29052**	**117426**	**0.2**			**广西**
28244	32510	32510	32.5	4157	32401				南宁
16062	13363	13363	294.3	15681	31743				柳州
8975	9381	9381	1.6	225	9200				桂林

11-3 续表 16

城市名称 Name of Cities	污水排放量(万立方米) Annual Quantity of Wastewater Discharged (10,000 m^3)	排水管道长度(公里) Length of Drainage Piplines (km)	污水管道 Sewers	雨水管道 Rainwater Drainage Pipeline	雨污合流管道 Combined Drainage Pipeline	污水处理厂 座数(座) Number of Wastewater Treatment Plant (unit)	二、三级处理 Secondary and Tertiary Treatment	处理能力(万立方米/日) Treatment Capacity (10,000 m^3/day)	二、三级处理 Secondary and Tertiary Treatment	处理量(万立方米) Quantity of Wastewater Treated (10,000 m^3)
梧州	5623	336	91	39	206	4	4	10.5	10.5	3572
岑溪	1040	157	41	21	95	1	1	3.0	3.0	1028
北海	5299	819	372	400	47	1	1	20.0	20.0	4774
防城港	3056	494	174	179	141	1	1	4.0	4.0	1340
东兴	1002	199	48	27	124	1		3.0		936
钦州	3871	790	344	245	200	3	3	17.5	17.5	3157
贵港	8642	411	166	136	108	4	4	12.4	12.4	3237
桂平	2320	213	85	49	78	2	1	4.0	3.5	1132
玉林	5175	743	205	59	479	1	1	20.0	20.0	5130
北流	1444	332	28	181	123	1	1	4.0	4.0	1419
百色	2553	339	123	95	121	1	1	6.0	6.0	2177
靖西	917	294	119	89	86	1	1	1.5	1.5	527
贺州	1680	329	113	41	175	3	3	5.0	5.0	1429
河池	1821	296	86	76	134	1	1	5.0	5.0	1610
宜州	1750	457	82	18	357	2		4.5		1003
来宾	1742	541	212	207	122	1		5.0		1450
合山	375	88	24	64		1		2.0		306
崇左	1048	178	90	81	7	1	1	3.0	3.0	420
凭祥	595	53	21	31	1	1		2.0		446
海南	**32054**	**3792**	**1597**	**1710**	**485**	**25**	**19**	**93.4**	**26.3**	**23798**
海口	15370	1603	637	842	123	8	5	58.8	3.8	14240
三亚	8400	1085	543	542		9	7	17.4	7.9	5703
三沙	29	8	8			1	1	0.2	0.2	11
儋州	1680	341	75	104	162	2	2	4.5	4.5	716
五指山	380	44	44			1	1	1.0	1.0	240
琼海	1835	348	151	95	102.23	1	1	3.0	3.0	964
文昌	1925	181	53	95	33	1	1	3.0	3.0	852
万宁	556	67	55	12		1		2.6		521
东方	1879	115	30	20	64	1	1	2.9	2.9	551

continued 16

Wastewater Treatment Plant			其他污水处理设施 Other Wastewater Treatment Facilities		污水处理总量(万立方米)	再生水 Recycled Water			
二、三级处理 Secondary and Tertiary Treated	干污泥产生量(吨) Quantity of Dry Sludge Produced (ton)	干污泥处置量(吨) Quantity of Dry Sludge Treated (ton)	处理能力(万立方米/日) Treatment Capacity (10,000 m³/day)	处理量(万立方米) Quantity of Wastewater Treated (10,000 m³)	Total Quantity of Wastewater Treated (10,000 m³)	生产能力(万立方米/日) Recycled Water Production Capacity (10,000 m³/day)	利用量(万立方米) Annual Quantity of Wastewater Recycled and Reused (10,000 m³)	管道长度(公里) Length of Piplines (km)	城市名称 Name of Cities
3572	3129	3129	6.8	1416	4988				梧　州
1028	215	215			1028				岑　溪
4774	3741	3741			4774	0.2			北　海
1340	266	266	3.0	995	2335				防城港
	385	385			936				东　兴
3157	2000	2000	3.7	513	3670				钦　州
3237	1038	1038	33.7	4542	7779				贵　港
1132	319	319	3.1	950	2082				桂　平
5130	3912	3912			5130				玉　林
1419	1250	1250			1419				北　流
2177	288	288			2177				百　色
527	301	301			527				靖　西
1429	652	600			1429				贺　州
1610	960	960	1.0	66	1676				河　池
	589	589	6.5	507	1510				宜　州
	868	868			1450				来　宾
	88	88			306				合　山
420	224	224			420				崇　左
	286	286			446				凭　祥
5336	**75124**	**74629**			**23798**	**12.2**	**1260**	**138**	**海　南**
472	49566	49087			14240				海　口
1530	21565	21565			5703	12.2	1260	138	三　亚
11	18	18			11				三　沙
716	753	753			716				儋　州
240	270	270			240				五指山
964	978	978			964				琼　海
852	900	900			852				文　昌
	523	507			521				万　宁
551	551	551			551				东　方

11-3 续表 17

城市名称 Name of Cities	污水排放量(万立方米) Annual Quantity of Wastewater Discharged (10,000 m^3)	排水管道长度(公里) Length of Drainage Piplines (km)				污水处理厂				
			污水管道 Sewers	雨水管道 Rainwater Drainage Pipeline	雨污合流管道 Combined Drainage Pipeline	座数(座) Number of Wastewater Treatment Plant (unit)	二、三级处理 Secondary and Tertiary Treatment	处理能力(万立方米/日) Treatment Capacity (10,000 m^3/day)	二、三级处理 Secondary and Tertiary Treatment	处理量(万立方米) Quantity of Wastewater Treated (10,000 m^3)
重　　庆	**96951**	**12961**	**6576**	**4305**	**2079**	**46**	**43**	**268.9**	**258.4**	**90650**
四　　川	**186332**	**22486**	**9774**	**9861**	**2851**	**82**	**63**	**498.6**	**327.0**	**153647**
成　　都	82301	7878	3630	4060	188	19	13	239.4	121.4	78592
都 江 堰	2618	542	212	291	38	2	2	7.0	7.0	2462
彭　　州	1564	409	143	266		1	1	4.6	4.6	1358
邛　　崃	1193	283	94	143	45	1	1	4.0	4.0	1126
崇　　州	1190	408	183	194	31	1	1	4.0	4.0	754
自　　贡	5008	39	39			4	4	13.5	13.5	4815
攀 枝 花	8934	630	477	152	1	6	6	16.4	16.4	3030
泸　　州	5607	1034	400	429	204	3		12.0		3303
德　　阳	5014	555	241	314		1	1	15.0	15.0	4588
广　　汉	2660	370	123	175	73	2	2	10.0	10.0	1807
什　　邡	1360	133	38	52	43	1	1	3.0	3.0	1183
绵　　竹	1079	212	162	50		1	1	2.5	2.5	988
绵　　阳	8449	1936	797	1106	34	3	2	29.0	21.0	7836
江　　油	1976	410	205	205		1	1	5.0	5.0	1739
广　　元	3754	601	326	246	29	4	3	11.3	11.0	3605
遂　　宁	4370	799	385	363	50	3	2	13.5	13.0	4331
内　　江	3203	399	118	107	174	1	1	10.0	10.0	2851
乐　　山	3949	711	159	95	456	6	4	15.1	4.1	2980
峨 眉 山	1485	71	34		37	1	1	4.0	4.0	1458
南　　充	6280	1385	526	471	388	2	2	15.0	15.0	5434
阆　　中	1839	313	121	106	86	1	1	6.0	6.0	1694
眉　　山	3429	743	225	414	104	2	1	10.0	2.0	2509
宜　　宾	8023	645	311	159	175	2	1	6.2	1.2	2045
广　　安	1740	273	210	53	10	2	2	5.5	5.5	1680
华　　蓥	1035	183	93	77	13	1	1	1.0	1.0	360
达　　州	5686	91	41	50		1	1	8.0	8.0	2777
万　　源	1626	65	3	19	43	1	1	1.2	1.2	168
雅　　安	1784	308	94	39	174	2	2	7.0	7.0	1519
巴　　中	1960	268	128	140		1	1	4.0	4.0	1701
资　　阳	1870	312	111	40	161	1		5.0		1619

continued 17

Wastewater Treatment Plant			其他污水处理设施 Other Wastewater Treatment Facilities		污水处理总量(万立方米)	再生水 Recycled Water			
二、三级处理 Secondary and Tertiary Treated	干污泥产生量(吨) Quantity of Dry Sludge Produced (ton)	干污泥处置量(吨) Quantity of Dry Sludge Treated (ton)	处理能力(万立方米/日) Treatment Capacity (10,000 m^3/day)	处理量(万立方米) Quantity of Wastewater Treated (10,000 m^3)	Total Quantity of Wastewater Treated (10,000 m^3)	生产能力(万立方米/日) Recycled Water Production Capacity (10,000 m^3/day)	利用量(万立方米) Annual Quantity of Wastewater Recycled and Reused (10,000 m^3)	管道长度(公里) Length of Piplines (km)	城市名称 Name of Cities
88322	**130235**	**128765**	**4.9**	**1237**	**91887**	**14.6**	**854**	**94**	**重　庆**
101100	**204905**	**189877**	**67.3**	**11291**	**164938**	**17.2**	**5562**	**14**	**四　川**
39435	103251	100165	0.1	35	78627				成　都
2462	4452	3997	0.2	63	2525				都江堰
1358	1680				1358				彭　州
1126	1066				1126				邛　崃
754	368	368			754				崇　州
4815	6926	6726	20.6	19	4834	12.8	4641	1	自　贡
3030	2848	2848	19.6	5301	8331			2	攀枝花
	5215	5215	13.9	1754	5057				泸　州
4588	8037	8037			4588				德　阳
1807	4319	4319			1807				广　汉
1183	1232	1232			1183				什　邡
988	991	974			988				绵　竹
6962	7902	7902			7836				绵　阳
1739	1497	1497			1739				江　油
3546	4890	4890			3605				广　元
4313	9515	9043			4331			4	遂　宁
2851	3209	3209			2851	0.2	6	2	内　江
507	2225	2225			2980				乐　山
1458	2075	2075			1458				峨眉山
5434	5630	5630			5434	4.1	915	1	南　充
1694	1966	1966			1694				阆　中
336	2725	538	1.5	392	2901				眉　山
421	3264	3264	11.4	3727	5772				宜　宾
1680	2229	2229			1680				广　安
360	340	340			360				华　蓥
2777	3524	3524			2777				达　州
168	131	131			168				万　源
1519	1705				1519				雅　安
1701	2150				1701	0.1		5	巴　中
	1410	1410			1619				资　阳

11-3 续表 18

城市名称 Name of Cities	污水排放量(万立方米) Annual Quantity of Wastewater Discharged (10,000 m^3)	排水管道长度(公里) Length of Drainage Piplines (km)				污水处理厂				
			污水管道 Sewers	雨水管道 Rainwater Drainage Pipeline	雨污合流管道 Combined Drainage Pipeline	座数(座) Number of Wastewater Treatment Plant (unit)	二、三级处理 Secondary and Tertiary Treatment	处理能力(万立方米/日) Treatment Capacity (10,000 m^3/day)	二、三级处理 Secondary and Tertiary Treatment	处理量(万立方米) Quantity of Wastewater Treated (10,000 m^3)
简　　阳	1329	96	26	39	31	1		2.8		1130
马 尔 康	185	26	17	5	4	1		1.0		117
康　　定	487	32	20		12	1	1	1.0	1.0	340
西　　昌	3345	327	80		247	2	2	5.6	5.6	1748
贵　　州	**49075**	**5895**	**2697**	**2275**	**923**	**31**	**27**	**144.0**	**129.0**	**46706**
贵　　阳	23276	3523	1625	1666	232	7	6	64.0	56.0	22462
清　　镇	1872	81	32	49		1	1	5.0	5.0	1779
六 盘 水	1904	78	31		46	2	2	6.5	6.5	1809
遵　　义	5132	222	61		161	3	3	21.0	21.0	4927
赤　　水	456	110	45	33	32	1		2.0		443
仁　　怀	903	42	32		10	1	1	3.0	3.0	830
安　　顺	2502	527	229	171	127	2	2	6.5	6.5	2329
铜　　仁	2216	207	102	75	30	3	3	5.4	5.4	1933
兴　　义	2209	470	235	224	10	3	1	5.5	0.5	2119
毕　　节	3200	203	152	28	23	1	1	8.0	8.0	3100
凯　　里	2390	167	80		87	4	4	9.4	9.4	2329
都　　匀	2321	165	33		132	1	1	6.2	6.2	2177
福　　泉	694	100	39	29	32	2	2	1.5	1.5	469
云　　南	**85425**	**11477**	**5372**	**4271**	**1834**	**34**	**29**	**233.9**	**208.4**	**76454**
昆　　明	48678	4398	2022	2252	124	9	9	114.0	114.0	45122
安　　宁	1697	398	204	97	97	1	1	8.0	8.0	1530
曲　　靖	3939	724	443	186	95	2	1	11.0	3.0	3650
宣　　威	990	227	78	56	93	1	1	6.0	6.0	830
玉　　溪	2640	297	50	49	198	1	1	10.0	10.0	2514
保　　山	1832	204	112	76	16	1	1	5.5	5.5	1500
腾　　冲	1040	239	120	84	35	1	1	2.5	2.5	842
昭　　通	2742	250	73		177	1	1	8.0	8.0	2323
丽　　江	1913	546	516	31		1	1	5.0	5.0	1739
普　　洱	1336	487	113	210	164	1	1	5.0	5.0	1194
临　　沧	1054	253	162	61	30	1	1	2.5	2.5	760

continued 18

Wastewater Treatment Plant			其他污水处理设施 Other Wastewater Treatment Facilities		污水处理总量（万立方米） Total Quantity of Wastewater Treated (10,000 m³)	再生水 Recycled Water			城市名称 Name of Cities
二、三级处理 Secondary and Tertiary Treated	干污泥产生量（吨） Quantity of Dry Sludge Produced (ton)	干污泥处置量（吨） Quantity of Dry Sludge Treated (ton)	处理能力（万立方米/日） Treatment Capacity (10,000 m³/day)	处理量（万立方米） Quantity of Wastewater Treated (10,000 m³)		生产能力（万立方米/日） Recycled Water Production Capacity (10,000 m³/day)	利用量（万立方米） Annual Quantity of Wastewater Recycled and Reused (10,000 m³)	管道长度（公里） Length of Piplines (km)	
	5778	5778			1130				简　阳
	120				117				马尔康
340	345	345			340				康　定
1748	1890				1748				西　昌
41041	**52566**	**51456**			**46706**	**69.0**	**23061**	**16**	**贵　州**
19228	20655	20655			22462	64.0	22462	1	贵　阳
1779	2065	2065			1779				清　镇
1809	2178	2178			1809				六盘水
4927	5309	5309			4927				遵　义
	550	550			443				赤　水
830	842	842			830				仁　怀
2329	2562	2562			2329	5.0	599	15	安　顺
1933	3460	2350			1933				铜　仁
131	3988	3988			2119				兴　义
3100	5500	5500			3100				毕　节
2329	2655	2655			2329				凯　里
2177	2272	2272			2177				都　匀
469	530	530			469				福　泉
69936	**93074**	**90716**	**11.3**	**1309**	**77763**	**86.8**	**29689**	**168**	**云　南**
45122	47927	47927	11.3	1309	46431	80.5	29382	95	昆　明
1530	1786	1786			1530	5.0	181	25	安　宁
750	5788	5788			3650				曲　靖
830	850	850			830	1.0	70	5	宣　威
2514	3315	3315			2514				玉　溪
1500	2554	2554			1500				保　山
842	900	900			842				腾　冲
2323	2323				2323				昭　通
1739	2081	2081			1739				丽　江
1194	1081	1081			1194				普　洱
760	1156	1156			760				临　沧

11-3 续表 19

城市名称 Name of Cities	污水排放量（万立方米）Annual Quantity of Wastewater Discharged (10,000 m³)	排水管道长度（公里）Length of Drainage Piplines (km)	污水管道 Sewers	雨水管道 Rainwater Drainage Pipeline	雨污合流管道 Combined Drainage Pipeline	污水处理厂 座数（座）Number of Wastewater Treatment Plant (unit)	二、三级处理 Secondary and Tertiary Treatment	处理能力（万立方米/日）Treatment Capacity (10,000 m³/day)	二、三级处理 Secondary and Tertiary Treatment	处理量（万立方米）Quantity of Wastewater Treated (10,000 m³)
楚　雄	2908	256	119	91	46	2	2	8.0	8.0	2633
个　旧	1503	76	72		4	1	1	5.0	5.0	1211
开　远	1359	163	54	53	55	1	1	6.0	6.0	1194
蒙　自	1707	537	240	194	103	1	1	4.0	4.0	1050
弥　勒	818	139	41	29	70	1	1	2.5	2.5	738
文　山	1976	396	206	178	12	1	1	5.5	5.5	1731
景　洪	1928	175	37	71	67	1		5.0		1562
大　理	3182	608	285	249	74	3	2	13.4	5.9	2880
瑞　丽	1200	327	121	184	21	1		2.0		620
芒　市	808	219	95	6	118	1		3.0		701
香格里拉	175	559	209	115	235	1	1	2.0	2.0	130
西　藏	**12991**	**1422**	**376**	**289**	**757**	**3**	**2**	**7.4**	**2.4**	**2478**
拉　萨	10353	964	246	165	552	2	1	5.7	0.7	1888
昌　都	688	43	10	10	23	1	1	1.7	1.7	590
日喀则	1850	310	80	49	182					
林　芝	100	105	40	65						
陕　西	**96977**	**8026**	**3748**	**3141**	**1138**	**37**	**23**	**335.5**	**263.0**	**88756**
西　安	59956	4688	2193	2156	339	13	10	195.0	178.5	55354
铜　川	1273	260	223	11	26	2		6.0		1088
宝　鸡	6651	597	321	235	41	3		22.0		6195
咸　阳	9381	302	44	44	214	4	4	37.0	37.0	8793
兴　平	2439	86	11	11	64	1		10.0		2186
渭　南	5045	427	172	152	102	4	4	20.5	20.5	4245
韩　城	683	131	67	48	16	1	1	2.5	2.5	591
华　阴	504	116	28	21	67	1		2.0		416
延　安	1784	98	97	1		1	1	5.0	5.0	1629
汉　中	3584	165	120	46		1	1	10.0	10.0	3213
榆　林	1836	678	253	279	146	2		11.0		1572
安　康	1948	216	98	24	94	2	1	8.0	6.0	1733
商　洛	931	89	37	32	20	1		3.0		855
杨陵区	962	173	84	81	9	1	1	3.5	3.5	886

continued 19

Wastewater Treatment Plant			其他污水处理设施 Other Wastewater Treatment Facilities		污水处理总量(万立方米)	再生水 Recycled Water			
二、三级处理 Secondary and Tertiary Treated	干污泥产生量(吨) Quantity of Dry Sludge Produced (ton)	干污泥处置量(吨) Quantity of Dry Sludge Treated (ton)	处理能力(万立方米/日) Treatment Capacity ($10,000\ m^3$/day)	处理量(万立方米) Quantity of Wastewater Treated ($10,000\ m^3$)	Total Quantity of Wastewater Treated ($10,000\ m^3$)	生产能力(万立方米/日) Recycled Water Production Capacity ($10,000\ m^3$/day)	利用量(万立方米) Annual Quantity of Wastewater Recycled and Reused ($10,000\ m^3$)	管道长度(公里) Length of Piplines (km)	城市名称 Name of Cities
2633	3709	3709			2633				楚　雄
1211	1593	1593			1211	0.3	56	43	个　旧
1194	1539	1539			1194				开　远
1050	2500	2500			1050				蒙　自
738	740	740			738				弥　勒
1731	1870	1870			1731				文　山
	1562	1562			1562				景　洪
2145	5417	5417			2880				大　理
	629	629			620				瑞　丽
	3574	3574			701				芒　市
130	180	145			130				香格里拉
846	**973**	**973**			**2478**				**西　藏**
256	973	973			1888				拉　萨
590					590				昌　都
									日喀则
									林　芝
72965	**140737**	**129490**	**2.0**	**23**	**88779**	**71.5**	**8618**	**180**	**陕　西**
52410	85380	85380	2.0	23	55377	43.6	5365	131	西　安
	1984	1984			1088	3.0		1	铜　川
	9747				6195	6.0	2190	13	宝　鸡
8793	13424	13424			8793	6.0	787	21	咸　阳
	4133	4133			2186	5.0	36	1	兴　平
4245	6377	4877			4245	7.9	240	12	渭　南
591	650	650			591				韩　城
	765	765			416				华　阴
1629	2842	2842			1629				延　安
3213	6279	6279			3213			1	汉　中
	2842	2842			1572				榆　林
1198	3222	3222			1733				安　康
	1570	1570			855				商　洛
886	1522	1522			886				杨陵区

11-3 续表 20

城市名称 Name of Cities	污水排放量（万立方米） Annual Quantity of Wastewater Discharged (10,000 m^3)	排水管道长度（公里） Length of Drainage Piplines (km)				污水处理厂				
			污水管道 Sewers	雨水管道 Rainwater Drainage Pipeline	雨污合流管道 Combined Drainage Pipeline	座数（座） Number of Wastewater Treatment Plant (unit)	二、三级处理 Secondary and Tertiary Treatment	处理能力（万立方米/日） Treatment Capacity (10,000 m^3/day)	二、三级处理 Secondary and Tertiary Treatment	处理量（万立方米） Quantity of Wastewater Treated (10,000 m^3)
甘　　肃	**41331**	**5558**	**2267**	**1661**	**1629**	**22**	**17**	**136.4**	**119.1**	**33083**
兰　　州	19439	2622	1056	1327	240	5	5	71.9	71.9	17300
嘉 峪 关	2846	382	382			1		2.4		670
金　　昌	1981	99	94	4		1	1	8.0	8.0	1899
白　　银	4466	174	42	28	104	2	1	6.6	4.0	1858
天　　水	2401	315	58		258	2	2	12.0	12.0	2207
武　　威	1321	160	60		100	1		4.3		1269
张　　掖	1648	338	36	28	274	1	1	8.0	8.0	1447
平　　凉	1475	411	272	96	43	1		5.0		1298
酒　　泉	1571	297			297	1	1	4.0	4.0	1471
玉　　门	530	142	26		116	1	1	1.0	1.0	451
敦　　煌	588	59			59	1	1	3.0	3.0	581
庆　　阳	587	205	62	58	86	1	1	2.0	2.0	530
定　　西	451	138	80	53	5	1	1	3.0	3.0	410
陇　　南	348	56	17	23	16	1	1	1.5	1.5	344
临　　夏	1422	121	58	40	24	1		3.0		1175
合　　作	257	39	24	5	10	1	1	0.7	0.7	173
青　　海	**18579**	**1668**	**880**	**690**	**97**	**11**	**10**	**41.9**	**41.3**	**11143**
西　　宁	11417	831	482	329	20	6	6	31.1	31.1	8391
海　　东	651	167	57	88	22	2	1	1.1	0.5	397
玉　　树	164	92	50	42		1	1	2.7	2.7	100
格 尔 木	3392	262	255	7	0	1	1	5.0	5.0	1306
德 令 哈	2955	315	36	225	55	1	1	2.0	2.0	949
宁　　夏	**27751**	**1608**	**444**	**142**	**1022**	**13**	**9**	**71.0**	**52.5**	**22436**
银　　川	15664	689	13	33	642	6	4	37.5	30.0	14819
灵　　武	890	110	10	10	89	1	1	3.5	3.5	820
石 嘴 山	2583	130	113		17	2		11.0		2469
吴　　忠	2722	150	150			1	1	10.0	10.0	2450
青 铜 峡	4483	136	40	48	48	1	1	3.0	3.0	604
固　　原	693	297	118	50	129	1	1	2.0	2.0	590
中　　卫	716	97			97	1	1	4.0	4.0	684

continued 20

Wastewater Treatment Plant			其他污水处理设施 Other Wastewater Treatment Facilities		污水处理总量(万立方米)	再生水 Recycled Water			城市名称
二、三级处理 Secondary and Tertiary Treated	干污泥产生量(吨) Quantity of Dry Sludge Produced (ton)	干污泥处置量(吨) Quantity of Dry Sludge Treated (ton)	处理能力(万立方米/日) Treatment Capacity (10,000 m^3/day)	处理量(万立方米) Quantity of Wastewater Treated (10,000 m^3)	Total Quantity of Wastewater Treated (10,000 m^3)	生产能力(万立方米/日) Recycled Water Production Capacity (10,000 m^3/day)	利用量(万立方米) Annual Quantity of Wastewater Recycled and Reused (10,000 m^3)	管道长度(公里) Length of Piplines (km)	Name of Cities
28271	**82618**	**66689**	**23.8**	**3957**	**37040**	**24.0**	**2782**	**108**	**甘　肃**
17300	61653	47034			17300				兰　州
	713	713	16.0	1956	2626	2.0	605	8	嘉峪关
1899	1899	1899			1899	6.4	830	16	金　昌
1458	2150	2150	7.8	2001	3859				白　银
2207	3421	3421			2207				天　水
	2284	2284			1269	4.0	108	13	武　威
1447	1548	1548			1447	4.0	573	26	张　掖
	1305				1298	1.1	395	3	平　凉
1471	2610	2610			1471	4.0	92	7	酒　泉
451	626	626			451				玉　门
581	690	690			581				敦　煌
530	1055	1055			530	2.0	7	33	庆　阳
410	685	685			410				定　西
344	475	470			344				陇　南
	1178	1178			1175				临　夏
173	326	326			173	0.5	172	3	合　作
10924	**12389**	**12323**			**11143**	**2.6**	**701**	**57**	**青　海**
8391	9368	9325			8391	0.3	10	3	西　宁
178	518	502			397				海　东
100	169	167			100				玉　树
1306	1180	1178			1306	2.3	691	54	格尔木
949	1154	1151			949				德令哈
17531	**25478**	**12466**	**11.0**	**3386**	**25822**	**20.3**	**1400**	**289**	**宁　夏**
12383	15058	2096			14819			6	银　川
820	1589	1589			820	3.0	161	6	灵　武
	1876	1875			2469	7.0	520	10	石嘴山
2450	4160	4160			2450	3.0	144	28	吴　忠
604	743	743	11.0	3386	3990	2.8	220	21	青铜峡
590	978	978			590	1.5	107	9	固　原
684	1074	1025			684	3.0	248	209	中　卫

11-3 续表 21

城市名称 Name of Cities	污水排放量（万立方米） Annual Quantity of Wastewater Discharged (10,000 m^3)	排水管道长度（公里） Length of Drainage Piplines (km)				污水处理厂				
			污水管道 Sewers	雨水管道 Rainwater Drainage Pipeline	雨污合流管道 Combined Drainage Pipeline	座数（座） Number of Wastewater Treatment Plant (unit)	二、三级处理 Secondary and Tertiary Treatment	处理能力（万立方米/日） Treatment Capacity (10,000 m^3/day)	二、三级处理 Secondary and Tertiary Treatment	处理量（万立方米） Quantity of Wastewater Treated (10,000 m^3)
新　　疆	**70984**	**6538**	**4131**	**248**	**2159**	**39**	**28**	**235.3**	**188.7**	**58241**
乌鲁木齐	21129	1740	1530	210		8	7	73.1	63.1	17798
克拉玛依	7277	456	25	17	414	6	5	27.1	26.5	6932
吐 鲁 番	700	156	30		126	1	1	4.0	4.0	598
哈　　密	1318	373	373			1	1	10.0	10.0	1134
昌　　吉	1850	288	24		264	1	1	10.0	10.0	1800
阜　　康	600	186	186			2	2	2.1	2.1	583
博　　乐	574	257	257			1		1.5		500
阿拉山口	1728	39	39			1		1.0		420
库 尔 勒	6314	325			325	2	1	22.5	15.0	6117
阿 克 苏	2450	240			240	1		9.0		2430
阿 图 什	620	63	55		7	1	1	1.0	1.0	470
喀　　什	2900	170			170	1	1	8.0	8.0	2810
和　　田	1422	121	121			1		4.0		1210
伊　　宁	3880	532	150		382	1	1	13.0	13.0	2830
奎　　屯	1604	249	249			1	1	4.0	4.0	1050
霍尔果斯	200	25	25			1		2.0		70
乌　　苏	1108	166	166			1	1	3.0	3.0	903
塔　　城	622	148	148			1	1	2.0	2.0	550
阿 勒 泰	584	120	120			1	1	3.0	3.0	579
石 河 子	6295	410	378		32	1	1	20.0	20.0	6295
阿 拉 尔	1647	96	36		61	2		8.0		1617
图木舒克	159	125	125			1	1	2.0	2.0	155
五 家 渠	720	55			55	1		3.0		660
北　　屯	730	113	66		47	1	1	2.0	2.0	730
铁 门 关	4553	48	27	21						
可克达拉		36			36					

continued 21

Wastewater Treatment Plant			其他污水处理设施 Other Wastewater Treatment Facilities		污水处理总量(万立方米) Total Quantity of Wastewater Treated (10,000 m³)	再生水 Recycled Water			城市名称 Name of Cities
二、三级处理 Secondary and Tertiary Treated	干污泥产生量(吨) Quantity of Dry Sludge Produced (ton)	干污泥处置量(吨) Quantity of Dry Sludge Treated (ton)	处理能力(万立方米/日) Treatment Capacity (10,000 m³/day)	处理量(万立方米) Quantity of Wastewater Treated (10,000 m³)		生产能力(万立方米/日) Recycled Water Production Capacity (10,000 m³/day)	利用量(万立方米) Annual Quantity of Wastewater Recycled and Reused (10,000 m³)	管道长度(公里) Length of Piplines (km)	
47010	**74626**	**37997**	**6.0**	**955**	**59196**	**69.4**	**8648**	**295**	**新　　疆**
15084	30306		6.0	955	18753	46.5	5110	170	乌鲁木齐
6882	4258	4258			6932	6.4	1138	44	克拉玛依
598	598				598				吐 鲁 番
1134	1650	1650			1134	5.0	304	6	哈　　密
1800	2500	2500			1800			8	昌　　吉
583	760	760			583				阜　　康
	500	500			500	1.2	132	14	博　　乐
	420	418			420				阿拉山口
4557	6455	1560			6117	7.5	1460	12	库 尔 勒
	2000	2000			2430				阿 克 苏
470	470	368			470				阿 图 什
2810	2800	2800			2810				喀　　什
	611				1210				和　　田
2830	4753	4753			2830				伊　　宁
1050	1050	1050			1050				奎　　屯
	70				70				霍尔果斯
903	903	903			903				乌　　苏
550	600	555			550				塔　　城
579	860	860			579	2.8	504	22	阿 勒 泰
6295	9532	9532			6295			3	石 河 子
	1920	1920			1617				阿 拉 尔
155	200	200			155				图木舒克
	660	660			660				五 家 渠
730	750	750			730				北　　屯
								17	铁 门 关
									可克达拉

十二、城市园林绿化

12. Urban Landscaping

简要说明

城市绿地指以自然植被和人工植被为主要存在形态的城市用地。它包含两个层次的内容：一是城市建设用地范围内用于绿化的土地；二是城市建设用地之外，对城市生态、景观和居民休闲生活具有积极作用、绿化环境较好的区域。

本部分主要反映城市的园林绿化情况，如绿化覆盖面积、园林绿地面积、公园面积等。

从 2006 年起，根据最新的《城市绿地分类标准》，不再统计公共绿地面积指标，改为公园绿地面积，比原公共绿地面积范围略大。

Brief Introduction

Urban green land refers to urban useable land covered by natural or planted vegetation. It has two implications: one refers to urban construction land specifically designated for landscaping, the other refers to green areas, which are non-construction land and play an active role in protecting urban ecology, and landscape and provide comfortable environment for the people.

This section includes main indicators such as green coverage area, area of green space, and area of park, etc..

Since 2006, according to the latest Standard on Category of Urban Green Space, area of public recreational green space instead of area of public green space is included in statistics.

12 全国历年城市园林绿化情况(1981–2015)
National Urban Landscaping in Past Years(1981-2015)

计量单位：公顷 Measurement Unit: Hectare

年 份 Year	建成区绿化覆盖面积 Built District Green Coverage Area	建成区绿地面积 Built District Area of Parks and Green Space	公园绿地面积 Area of Public Recreational Green Space	公园面积 Park Area	人均公园绿地面积(平方米) Public Recreational Green Space Per Capita (m^2)	建成区绿化覆盖率(%) Green Coverage Rate of Built District (%)	建成区绿地率(%) Green Space Rate of Built District (%)
1981		110037	21637	14739	1.50		
1982		121433	23619	15769	1.65		
1983		135304	27188	18373	1.71		
1984		146625	29037	20455	1.62		
1985		159291	32766	21896	1.57		
1986		153235	42255	30740	1.84	16.9	
1987		161444	47752	32001	1.90	17.1	
1988		180144	52047	36260	1.76	17.0	
1989		196256	52604	38313	1.69	17.8	
1990	246829		57863	39084	1.78	19.2	
1991	282280		61233	41532	2.07	20.1	
1992	313284		65512	45741	2.13	21.0	
1993	354127		73052	48621	2.16	21.3	
1994	396595		82060	55468	2.29	22.1	
1995	461319		93985	72857	2.49	23.9	
1996	493915	385056	99945	68055	2.76	24.43	19.05
1997	530877	427766	107800	68933	2.93	25.53	20.57
1998	567837	466197	120326	73198	3.22	26.56	21.81
1999	593698	495696	131930	77137	3.51	27.58	23.03
2000	631767	531088	143146	82090	3.69	28.15	23.67
2001	681914	582952	163023	90621	4.56	28.38	24.26
2002	772749	670131	188826	100037	5.36	29.75	25.80
2003	881675	771730	219514	113462	6.49	31.15	27.26
2004	962517	842865	252286	133846	7.39	31.66	27.72
2005	1058381	927064	283263	157713	7.89	32.54	28.51
2006	1181762	1040823	309544	208056	8.3(9.3)	35.11	30.92
2007	1251573	1110330	332654	202244	8.98	35.29	31.30
2008	1356467	1208448	359468	218260	9.71	37.37	33.29
2009	1494486	1338133	401584	235825	10.66	38.22	34.17
2010	1612458	1443663	441276	258177	11.18	38.62	34.47
2011	1718924	1545985	482620	285751	11.80	39.22	35.27
2012	1812488	1635240	517815	306245	12.26	39.59	35.72
2013	1907490	1719361	547356	329842	12.64	39.70	35.78
2014	2017348	1819960	582392	367926	13.08	40.22	36.29
2015	2105136	1907862	614090	383805	13.35	40.12	36.36

注：1.自2006年起，"公共绿地"统计为"公园绿地"。
2.自2006年起，"人均公共绿地面积"统计为以城区人口和城区暂住人口合计为分母计算的"人均公园绿地面积"，括号内数据约为与往年同口径数据。

Note: 1.Since 2006,Public Green Space is changed to Public Recreatinal Green Space.
2.Since 2006,Public recreational green space per capita has been calculated based on denominator which combines both permanent and temporary resiclents in urban areas, and the datas in brackets are the same index but calculated by the method of past years

12-1 2015年全国城市园林绿化分组资料
National Urban Landscaping (2015)

计量单位：公顷 Measurement Unit: Hectare

地区名称 Name of Regions		绿化覆盖面积 Green Coverage Area	建成区 Built District	绿地面积 Area of Parks and Green Space	建成区 Built District	公园绿地面积 Area of Public Recreational Green Space	公园个数（个）Number of Parks (unit)	公园面积 Park Area
全　国	**National Total**	**3074461**	**2105136**	**2669567**	**1907862**	**614090**	**13834**	**383805**
分类一	**Group one**							
东部地区	East China	1931116	1170727	1668315	1065771	355475	8714	229606
中部地区	Central China	702126	582486	606428	524466	157859	2757	95103
西部地区	West China	441219	351924	394823	317625	100757	2363	59095
分类二	**Group two**							
东部地区	East China	1841453	1122774	1585933	1023838	343363	8498	221027
中部地区	Central China	634804	534487	543338	480073	140983	2503	81378
西部地区	West China	598203	447875	540295	403951	129744	2833	81399
分类三	**Group three**							
东部地区	East China	1643240	1023644	1461740	931314	317130	8119	207399
中部地区	Central China	494662	420564	419586	376464	109337	1967	65155
西部地区	West China	598203	447875	540295	403951	129744	2833	81399
东北地区	Northeast China	338356	213053	247945	196133	57879	915	29852

12-2 2015年按省分列的城市园林绿化
Urban Landscaping by Province(2015)

计量单位：公顷　　Measurement Unit: Hectare

地区名称 Name of Regions	绿化覆盖面积 Green Coverage Area	建成区 Built District	绿地面积 Area of Parks and Green Space	建成区 Built District	公园绿地面积 Area of Public Recreational Green Space	公园个数（个） Number of Parks (unit)	公园面积 Park Area
全 国	**3074461**	**2105136**	**2669567**	**1907862**	**614090**	**13834**	**383805**
北 京	86809	86809	81305	81305	29503	287	29448
天 津	32208	32208	28406	28406	8865	102	2299
河 北	90724	80022	81346	72944	24014	502	17339
山 西	48150	45088	42033	40100	12910	271	9552
内蒙古	67322	47999	63090	44393	16876	254	13725
辽 宁	198213	99130	124193	92525	26233	379	13629
吉 林	54180	50444	47251	45690	14650	191	6446
黑龙江	85963	63479	76501	57918	16997	345	9777
上 海	138810	38452	127332	33958	18395	165	2407
江 苏	307000	179411	274071	165334	44713	942	25935
浙 江	155192	105130	138039	95041	28593	1171	16655
安 徽	112303	79285	93786	71582	19913	374	12043
福 建	72093	60736	64466	55576	15327	555	11913
江 西	58510	57120	54147	53241	14663	356	8764
山 东	240024	194763	213517	177151	54345	828	34112
河 南	102700	94345	89952	83326	25201	327	12653
湖 北	104844	82311	80309	72127	21719	352	11997
湖 南	68156	62415	59359	56089	14930	287	10145
广 东	503411	233376	438376	210240	89591	3512	65318
广 西	89662	47952	82382	41933	12111	216	8579
海 南	16968	12737	14883	11359	3784	55	1972
重 庆	61327	53579	55934	49698	22733	349	11502
四 川	96795	88180	87096	78858	24512	508	13343
贵 州	40698	28309	36739	26248	8308	114	7021
云 南	43608	39514	39416	35613	9427	683	7558
西 藏	6334	6158	5332	5200	882	81	978
陕 西	67334	43551	56108	36898	11714	209	5877
甘 肃	27708	25196	23560	22680	7773	123	4335
青 海	6011	5787	5732	5483	1942	41	1350
宁 夏	25923	17237	24132	16534	5126	77	2411
新 疆	65480	44414	60775	40413	8338	178	4721

注：本表中北京市的各项绿化数据均为该市调查面积内数据。
Note: All the greening-related data for Beijing Municipality in the Table are those for the areas surveyed in the city.

12-3 2015年按城市分列的城市园林绿化
Urban Landscaping by City(2015)

计量单位：公顷 Measurement Unit: Hectare

城市名称 Name of Cities	绿化覆盖面积 Green Coverage Area	建成区 Built District	绿地面积 Area of Parks and Green Space	建成区 Built District	公园绿地面积 Area of Public Recreational Green Space	公园个数(个) Number of Parks (unit)	公园面积 Park Area
全　国	**3074461**	**2105136**	**2669567**	**1907862**	**614090**	**13834**	**383805**
北　京	**86809**	**86809**	**81305**	**81305**	**29503**	**287**	**29448**
天　津	**32208**	**32208**	**28406**	**28406**	**8865**	**102**	**2299**
河　北	**90724**	**80022**	**81346**	**72944**	**24014**	**502**	**17339**
石家庄	13659	12350	12115	11173	4393	88	4198
晋　州	680	562	594	492	134	6	47
新　乐	607	487	493	426	86	9	74
唐　山	10251	10251	9627	9627	2981	56	1779
遵　化	1426	1054	1259	933	270	8	230
迁　安	1989	1728	1835	1690	535	17	496
秦皇岛	5970	5262	5766	5058	2131	35	1130
邯　郸	9343	5923	8159	5460	3015	28	2398
武　安	1625	1625	1427	1427	378	7	285
邢　台	3255	3255	2966	2966	1102	13	1215
南　宫	639	639	568	568	179	10	161
沙　河	730	522	707	509	136	5	56
保　定	7360	7198	6668	6659	1552	41	968
涿　州	1386	1167	1061	1025	283	6	96
安　国	483	463	397	397	96	4	58
高碑店	722	722	619	619	116	1	30
张家口	3891	3791	3456	3396	1094	27	848
承　德	5074	5018	4556	4481	1399	48	1297
沧　州	2608	2607	2292	2291	602	14	192
泊　头	739	739	662	662	152	3	55
任　丘	2129	1830	1617	1581	382	5	69
黄　骅	1810	1329	1435	1179	265	5	103
河　间	917	830	842	745	228	11	261
廊　坊	4707	3005	4484	2781	741	7	285
霸　州	743	738	664	661	203	3	111
三　河	760	745	643	638	232	6	65
衡　水	2074	2074	1887	1887	449	12	362
冀　州	1526	700	1294	675	210	5	250
深　州	805	769	832	658	155	6	63
辛　集	1211	1119	1065	973	162	8	71
定　州	1608	1521	1358	1308	354	8	87

12-3 续表 1 continued 1

计量单位：公顷 Measurement Unit: Hectare

城市名称 Name of Cities	绿化覆盖面积 Green Coverage Area	建成区 Built District	绿地面积 Area of Parks and Green Space	建成区 Built District	公园绿地面积 Area of Public Recreational Green Space	公园个数(个) Number of Parks (unit)	公园面积 Park Area
山　西	**48150**	**45088**	**42033**	**40100**	**12910**	**271**	**9552**
太　原	13702	13702	12264	12264	3930	52	3352
古　交	696	663	594	594	133	2	86
大　同	5016	5011	4568	4563	1356	14	1349
阳　泉	3944	2289	2272	1974	648	18	541
长　治	3523	2742	3162	2460	924	4	127
潞　城	370	360	302	294	72	3	24
晋　城	2642	2392	2642	1806	577	63	577
高　平	793	793	727	683	167	5	112
朔　州	1937	1784	1600	1590	432	8	334
晋　中	2643	2643	2354	2354	878	10	655
介　休	756	756	662	662	169	6	169
运　城	1877	1867	1738	1727	457	10	426
永　济	961	948	795	792	242	7	242
河　津	1056	1035	1023	1016	330	2	11
忻　州	1247	1247	1080	1080	371	5	371
原　平	560	559	538	537	244		
临　汾	2159	2159	1974	1974	763	8	335
侯　马	899	899	892	892	201	9	72
霍　州	441	437	397	397	134	2	100
吕　梁	993	990	867	865	361	10	312
孝　义	1286	1174	1025	1021	400	5	245
汾　阳	651	639	557	554	121	28	112
内蒙古	**67322**	**47999**	**63090**	**44393**	**16876**	**254**	**13725**
呼和浩特	14856	9620	14077	8841	3258	31	2783
包　头	8777	8390	8009	7801	2493	28	2681
乌　海	2659	2629	2572	2504	1104	19	683
赤　峰	4101	4101	3785	3778	1844	35	528
通　辽	2624	2602	2456	2350	950	7	788
霍林郭勒	752	613	716	552	200	6	135
鄂尔多斯	12008	4920	11577	4517	1830	56	1466
呼伦贝尔	2083	2083	1961	1961	703	7	518
满洲里	969	968	843	840	274	4	48
牙克石	697	680	693	640	223	1	5
扎兰屯	2406	726	2382	703	189	1	68
额尔古纳	479	413	430	378	59	3	23
根　河	616	615	563	563	119	1	73
巴彦淖尔	2168	1978	2136	1877	879	7	211
乌兰察布	6753	2383	5868	2194	1206	17	2227

12-3 续表 2 continued 2

计量单位：公顷 Measurement Unit: Hectare

城市名称 Name of Cities	绿化覆盖面积 Green Coverage Area	建成区 Built District	绿地面积 Area of Parks and Green Space	建成区 Built District	公园绿地面积 Area of Public Recreational Green Space	公园个数（个）Number of Parks (unit)	公园面积 Park Area
丰　镇	926	893	878	849	404	6	167
乌兰浩特	1482	1480	1312	1310	501	9	500
阿尔山	459	405	430	365	137	5	130
二连浩特	989	986	900	884	131	5	239
锡林浩特	1518	1516	1500	1485	372	6	452
辽　宁	**198213**	**99130**	**124193**	**92525**	**26233**	**379**	**13629**
沈　阳	29482	19427	28828	17824	6729	66	3138
新　民	506	506	459	458	193	5	70
大　连	18796	17770	18378	17347	3666	91	2121
瓦房店	1559	1415	1482	1165	562	6	428
普兰店	1486	881	1020	771	190	6	171
庄　河	1634	1614	1500	1476	433	9	269
鞍　山	6844	6844	6741	6741	1929	11	501
海　城	1541	1236	1392	1201	242	5	242
抚　顺	7122	6195	5162	5162	1382	16	842
本　溪	87007	5274	23191	5188	982	13	437
丹　东	3356	2908	3001	2810	730	11	662
东　港	828	809	653	651	142	2	34
凤　城	884	629	505	505	207	1	45
锦　州	4462	3246	3145	3127	1268	19	378
凌　海	624	537	415	415	151	4	111
北　镇	466	408	451	433	83	4	57.8
营　口	4503	4386	4146	4029	1027	13	654
盖　州	1008	1007	982	981	204	3	203
大石桥	1198	1198	1100	1100	270	4	206
阜　新	3550	3312	3160	2972	985	18	661
辽　阳	4410	4410	4169	4169	848	11	215
灯　塔	686	505	637	459	156	3	111
盘　锦	3051	3051	2831	2831	902	8	400
铁　岭	2246	2246	2071	2071	540	11	318
调兵山	934	765	710	710	164	4	108
开　原	1122	1066	968	942	299	4	153
朝　阳	2865	1546	1406	1396	624	8	269
北　票	636	552	520	520	158	1	60
凌　源	765	744	762	743	171	3	171
葫芦岛	3200	3200	3117	3117	750	12	444
兴　城	1441	1441	1291	1211	246	7	149

12-3 续表 3 continued 3

计量单位：公顷 Measurement Unit: Hectare

城市名称 Name of Cities	绿化覆盖面积 Green Coverage Area	建成区 Built District	绿地面积 Area of Parks and Green Space	建成区 Built District	公园绿地面积 Area of Public Recreational Green Space	公园个数(个) Number of Parks (unit)	公园面积 Park Area
吉　林	**54180**	**50444**	**47251**	**45690**	**14650**	**191**	**6446**
长　春	20545	19624	18079	17277	5897	55	1813
榆　树	696	677	673	654	167	2	32
德　惠	680	603	680	661	208	4	65
吉　林	8588	8088	7311	7311	1537	8	489
蛟　河	497	497	431	431	209	6	175
桦　甸	685	685	680	680	274	3	17
舒　兰	412	390	396	354	155	1	14
磐　石	651	651	616	616	127	2	127
四　平	1842	1827	1801	1801	551	7	424
双　辽	358	349	292	287	103	1	97
辽　源	1854	1854	1816	1816	451	11	382
通　化	2027	2027	1871	1871	605	8	556
集　安	1689	327	275	275	91	7	86
白　山	1307	1284	1079	1053	406	9	147
临　江	395	366	328	321	217	4	137
松　原	2189	2163	2066	1944	881	13	413
扶　余	210	210	183	183	65	1	21
白　城	1377	1344	1260	1185	366	5	234
洮　南	700	690	642	628	151	2	61
大　安	480	450	388	383	237	3	174
延　吉	1507	1418	1378	1290	497	4	148
图　们	334	334	290	289	91	4	73
敦　化	1618	1442	1368	1368	531	12	330
珲　春	825	722	784	712	179	2	150
龙　井	509	477	431	422	131	7	8
和　龙	259	258	228	228	54	2	10
公主岭	647	637	633	622	180	2	35
梅河口	1300	1050	1272	1030	290	6	230
黑龙江	**85963**	**63479**	**76501**	**57918**	**16997**	**345**	**9777**
哈尔滨	14535	14268	13514	13221	4364	90	1868
双　城	1385	510	445	445	230	1	47
尚　志	293	278	275	275	147	3	112
五　常	1056	459	407	407	198	4	184
齐齐哈尔	6187	5391	6097	5301	1091	19	615
讷　河	410	410	399	398	182	1	180
鸡　西	3184	3184	2808	2808	780	8	539
虎　林	431	430	319	319	109	7	60
密　山	695	472	511	417	121	3	114
鹤　岗	3105	2253	2897	2044	824	7	652

12-3 续表 4 continued 4

计量单位：公顷 Measurement Unit: Hectare

城市名称 Name of Cities	绿化覆盖面积 Green Coverage Area	建成区 Built District	绿地面积 Area of Parks and Green Space	建成区 Built District	公园绿地面积 Area of Public Recreational Green Space	公园个数(个) Number of Parks (unit)	公园面积 Park Area
双鸭山	2745	2535	2319	2137	690	17	284
大　庆	25542	11172	22410	9945	2167	13	599
伊　春	4823	4669	4397	4395	1770	43	1412
铁　力	669	641	641	641	189	6	72
佳木斯	4036	4036	3878	3878	849	19	830
同　江	445	425	380	380	103	4	103
富　锦	538	465	428	428	98	2	5
七台河	2986	2968	2679	2661	497	17	368
牡丹江	5298	1696	5155	1574	782	19	619
绥芬河	1043	1043	896	896	125	18	157
海　林	610	551	530	441	141	14	120
宁　安	418	418	368	368	112	3	63
穆　棱	385	385	282	282	122	6	73
黑　河	811	811	719	710	194	7	202
北　安	540	540	483	483	177	2	84
五大连池	80	80	68	68	48	1	45
绥　化	1179	1113	1000	919	309	3	126
安　达	428	358	354	340	87	4	23
肇　东	1690	1503	1445	1341	417	3	200
海　伦	419	419	397	397	74	1	21
上　海	**138810**	**38452**	**127332**	**33958**	**18395**	**165**	**2407**
江　苏	**307000**	**179411**	**274071**	**165334**	**44713**	**942**	**25935**
南　京	96874	33588	88910	30472	9328	127	7122
无　锡	19503	14159	18723	13132	3672	54	3814
江　阴	5556	5335	4988	4913	541	16	276.75
宜　兴	4706	3356	4351	3119	771	17	1262.3
徐　州	16231	11160	15727	10446	2865	73	1804
新　沂	2327	1464	2124	1429	329	11	87.93
邳　州	2374	1926	1837	1746	512	5	398
常　州	11856	10783	10768	9782	2479	38	1063
溧　阳	1513	1215	1337	1095	273	8	154
苏　州	27443	19419	22133	17529	4540	167	2110
常　熟	4813	4452	4510	4142	824	13	546
张家港	3347	3047	2851	2765	588	8	313
昆　山	3783	3158	3430	2905	610	127	846
太　仓	3552	2144	2684	2017	332	4	256
南　通	9996	8755	8993	8173	2758	34	553
启　东	1205	1162	1125	1085	236	8	134

12-3 续表 5 continued 5

计量单位：公顷 Measurement Unit: Hectare

城市名称 Name of Cities	绿化覆盖面积 Green Coverage Area	建成区 Built District	绿地面积 Area of Parks and Green Space	建成区 Built District	公园绿地面积 Area of Public Recreational Green Space	公园个数(个) Number of Parks (unit)	公园面积 Park Area
如皋	2459	1534	2100	1450	435	7	210
海门	1216	1041	1162	988	321	6	43
连云港	22670	8269	22120	7721	1514	25	620
淮安	9239	6402	6856	5944	2022	9	289
盐城	6740	5851	6450	5439	1687	55	1173
东台	2091	1482	1917	1401	426	5	214
扬州	8474	6120	7133	5801	2005	12	350
仪征	1666	1617	1488	1488	207	5	119
高邮	1144	1098	1015	988	221	3	23
镇江	8482	5882	8194	5521	1680	24	627
丹阳	1834	1359	1685	1264	354	4	49
扬中	1094	558	1081	505	169	6	107
句容	1115	1065	1095	1032	195	4	116
泰州	8517	4337	4047	3958	933	19	446
兴化	1815	1562	1686	1453	288	19	150
靖江	1617	1412	1500	1285	262	6	84
泰兴	1175	1090	1120	993	276	4	36
宿迁	10572	3610	8931	3355	1060	19	541
浙江	**155192**	**105130**	**138039**	**95041**	**28593**	**1171**	**16655**
杭州	36113	20464	33015	18949	7640	217	2488
建德	427	390	391	354	162	16	76
临安	10395	654	9576	633	272	12	138
宁波	12915	12333	11865	11286	2132	133	1126
余姚	2409	2117	2134	1888	486	29	430
慈溪	2316	1804	1933	1593	673	39	166
奉化	955	775	991	712	416	29	155
温州	9127	8865	7976	7729	2582	69	1858
瑞安	921	902	811	795	366	8	245
乐清	1434	841	1351	730	531	25	129
嘉兴	5896	5016	5486	4638	1202	63	936
海宁	2964	2255	2967	2089	350	15	164
平湖	2529	1241	2325	1079	448	25	149
桐乡	2066	1810	1877	1626	374	5	66
湖州	5374	4973	4624	4550	1496	43	814
绍兴	10771	8483	7478	7335	1968	76	2382
诸暨	2753	1584	2235	1410	374	15	235
嵊州	1685	1493	1482	1314	317	7	304
金华	3236	3218	3042	3027	851	34	405
兰溪	1636	1332	1456	1225	253	16	155

12-3 续表 6 continued 6

计量单位：公顷 Measurement Unit: Hectare

城市名称 Name of Cities	绿化覆盖面积 Green Coverage Area	建成区 Built District	绿地面积 Area of Parks and Green Space	建成区 Built District	公园绿地面积 Area of Public Recreational Green Space	公园个数(个) Number of Parks (unit)	公园面积 Park Area
义　乌	4233	4202	3714	3687	907	34	533
东　阳	1598	1587	1393	1391	445	21	355
永　康	1535	1516	1369	1333	246	9	58
衢　州	2935	2897	2583	2532	521	58	496
江　山	768	721	693	683	189	4	35
舟　山	15571	2396	13605	2109	779	32	557
台　州	6250	5914	5776	5425	1270	70	1083
温　岭	1848	1458	1624	1277	386	25	298
临　海	1805	1793	1773	1763	463	17	378
丽　水	1593	1565	1458	1409	380	15	338
龙　泉	1135	532	1036	471	113	10	105
安　徽	**112303**	**79285**	**93786**	**71582**	**19913**	**374**	**12043**
合　肥	19072	18814	17264	16761	5063	51	2361
巢　湖	1900	1860	1850	1778	430	27	276
芜　湖	6630	6350	6427	5882	1700	22	1105
蚌　埠	6215	5365	4798	4718	1224	17	983
淮　南	4827	4326	4579	3988	1325	10	574
马鞍山	6005	4100	5706	3852	1101	15	358
淮　北	4386	3795	4418	3685	1240	9	1045
铜　陵	5667	3475	5449	3305	660	7	486
安　庆	11621	3666	3664	3599	937	10	247
桐　城	922	902	832	832	227	7	224
黄　山	14262	3072	13264	2553	556	28	401
滁　州	4781	3502	4175	3220	559	21	278
天　长	1419	1272	1343	1165	302	8	292
明　光	772	730	662	625	185	21	185
阜　阳	5228	4130	4676	3594	955	9	304
界　首	1344	694	451	440	117	2	110
宿　州	4122	3338	3125	3012	758	32	516
六　安	3440	3070	3090	2790	886	22	570
亳　州	2700	2044	1961	1740	450	14	654
池　州	1915	1567	1419	1238	518	8	370
宣　城	3953	2156	3705	1908	488	18	488
宁　国	1121	1056	929	897	232	16	218
福　建	**72093**	**60736**	**64466**	**55576**	**15327**	**555**	**11913**
福　州	11975	11288	11310	10422	3273	95	3223
福　清	2349	2232	2391	2094	497	34	443
长　乐	1115	910	966	872	330	33	330

12-3 续表 7 continued 7

计量单位：公顷 Measurement Unit: Hectare

城市名称 Name of Cities	绿化覆盖面积 Green Coverage Area	建成区 Built District	绿地面积 Area of Parks and Green Space	建成区 Built District	公园绿地面积 Area of Public Recreational Green Space	公园个数（个） Number of Parks (unit)	公园面积 Park Area
厦　门	20373	13278	18861	11785	3518	110	2500
莆　田	3748	3748	3373	3373	795	29	455
三　明	1908	1649	1693	1518	324	6	154
永　安	1104	1085	1008	990	203	8	155
泉　州	8914	8913	8317	8316	1831	37	825
石　狮	1515	1515	1336	1327	429	9	325
晋　江	1670	1669	1648	1513	388	10	388
南　安	1353	1353	1237	1237	335	14	318
漳　州	2802	2795	2659	2616	732	33	636
龙　海	943	901	857	843	296	14	266
南　平	1883	1861	1710	1676	466	16	348
邵　武	928	830	786	778	181	10	172
武夷山	2839	384	423	367	123	22	120
建　瓯	613	605	599	590	155	14	133
龙　岩	2668	2421	2259	2259	517	28	311
漳　平	676	620	566	548	156	5	136
宁　德	1246	1211	1127	1125	399	9	376
福　安	624	622	577	564	209	15	149
福　鼎	847	847	762	762	171	4	150
江　西	**58510**	**57120**	**54147**	**53241**	**14663**	**356**	**8764**
南　昌	12635	12633	11963	11954	3192	58	763
景德镇	4093	4093	3924	3924	760	12	481
乐　平	1015	955	1009	904	309	9	179
萍　乡	2097	2097	2000	2000	480	15	351
九　江	5297	5297	5053	5053	1183	19	680
瑞　昌	855	811	752	731	247	6	86
共青城	679	654	673	653	142	3	96
新　余	3846	3815	3720	3689	847	29	822
鹰　潭	1526	1526	1383	1383	350	16	271
贵　溪	1255	1172	1221	1060	182	13	154
赣　州	5884	5652	5151	4941	1353	35	1086
瑞　金	897	862	815	790	536	6	488
吉　安	3176	2520	2445	2272	746	10	586
井冈山	457	450	438	437	215	5	192
宜　春	3031	3031	2864	2864	876	14	418
丰　城	2272	2272	2074	2074	480	22	368
樟　树	1273	1162	1098	1043	320	15	136
高　安	1267	1231	1243	1207	368	2	65
抚　州	2748	2747	2525	2522	899	26	854
上　饶	3657	3591	3289	3234	1043	30	628
德　兴	550	550	508	508	135	11	62

12-3 续表 8 continued 8

计量单位：公顷　　Measurement Unit: Hectare

城市名称 Name of Cities	绿化覆盖面积 Green Coverage Area	建成区 Built District	绿地面积 Area of Parks and Green Space	建成区 Built District	公园绿地面积 Area of Public Recreational Green Space	公园个数（个） Number of Parks (unit)	公园面积 Park Area
山　东	**240024**	**194763**	**213517**	**177151**	**54345**	**828**	**34112**
济　南	15720	15720	13755	13755	3183	39	2590
章　丘	1889	1888	1717	1716	464	7	220
青　岛	30201	22339	29117	21127	4803	87	3163
胶　州	2575	2392	2338	2190	629	7	175
即　墨	2762	2571	2472	2329	743	9	321
平　度	2660	2460	2212	1998	596	9	115
莱　西	1649	1470	1371	1290	466	9	327
淄　博	18269	11995	17827	10551	3078	38	1016
枣　庄	9050	6295	7179	5690	1466	43	1662
滕　州	2037	1931	1924	1720	489	19	364
东　营	7696	5266	7367	4951	1694	40	2301
烟　台	15761	13120	13787	12921	3778	35	767
龙　口	2481	1901	1689	1688	429	10	223
莱　阳	1816	1802	1551	1551	473	1	73
莱　州	1837	1809	1681	1658	554	31	230
蓬　莱	1470	1099	1148	989	285	10	109
招　远	1384	1354	1236	1234	355	9	348
栖　霞	623	609	580	570	215	4	41
海　阳	1557	1448	1421	1396	383	6	380
潍　坊	10440	7268	10047	7097	2308	22	897
青　州	2577	2232	2475	2147	845	16	148
诸　城	3891	2169	3038	1883	1090	13	592
寿　光	3383	1765	2990	1568	803	11	606
安　丘	2587	2355	2254	2060	853	5	709
高　密	2322	2021	1882	1837	653	5	175
昌　邑	1521	1123	1132	1055	320	3	280
济　宁	8972	8006	7500	7076	1996	30	2196
曲　阜	1106	1073	966	929	314	25	379
邹　城	1797	1726	1734	1662	438	12	317
泰　安	6150	5881	5435	5003	1359	12	627
新　泰	3122	3122	3080	3080	1032	17	971
肥　城	1854	1596	1629	1473	515	5	454
威　海	9933	8859	9005	8479	2424	34	1068
荣　成	2565	2378	2358	2272	971	13	661
乳　山	1753	1525	1533	1386	358	8	101
日　照	4596	4530	4323	4274	1564	30	1063

12-3 续表 9 continued 9

计量单位：公顷　　　　Measurement Unit: Hectare

城市名称 Name of Cities	绿化覆盖面积 Green Coverage Area	建成区 Built District	绿地面积 Area of Parks and Green Space	建成区 Built District	公园绿地面积 Area of Public Recreational Green Space	公园个数(个) Number of Parks (unit)	公园面积 Park Area
莱　芜	6785	5391	6592	4896	1397	24	1234
临　沂	12780	8798	11039	7757	3978	38	4044
德　州	7533	6681	6388	5658	2171	25	387
乐　陵	1534	1472	1172	1145	352	5	240
禹　城	1816	1397	1527	1123	468	9	168
聊　城	6366	4402	3818	3763	1088	16	802
临　清	1412	1179	1183	964	426	7	192
滨　州	7017	6177	6050	5397	1676	20	906
菏　泽	4776	4169	3993	3843	864	10	472
河　南	**102700**	**94345**	**89952**	**83326**	**25201**	**327**	**12653**
郑　州	19374	17654	16369	15457	4720	83	2466
巩　义	1300	1263	1178	1145	478	2	118
荥　阳	883	882	691	691	172	3	100
新　密	838	834	685	676	204	2	110
新　郑	1150	1149	1002	992	281	5	198
登　封	930	909	824	814	232	9	98
开　封	5169	4184	4569	3850	978	14	256
洛　阳	8239	8226	6971	6967	2227	14	767
偃　师	695	690	648	635	161	4	153
平顶山	3213	2986	2679	2513	978	14	393
舞　钢	706	665	626	598	150	2	76
汝　州	1310	1309	1131	1130	479	11	446
安　阳	3291	3245	2796	2789	765	11	156
林　州	926	886	833	793	209	2	99
鹤　壁	2542	2541	2280	2269	688	9	380
新　乡	4593	4592	4261	4259	805	16	131
卫　辉	761	759	632	631	112	1	19
辉　县	784	774	691	682	156	5	71
焦　作	4449	4448	3862	3861	862	14	727
沁　阳	489	484	330	329	118	3	25
孟　州	601	599	527	525	166	2	125
濮　阳	2223	2131	2067	1860	743	9	598
许　昌	3457	3452	3148	3039	530	5	150
禹　州	1516	1373	1238	1153	325	4	238
长　葛	887	877	717	701	283	3	137
漯　河	2520	2396	1962	1961	825	13	191
三门峡	1686	1676	1555	1548	591	7	479
义　马	613	583	502	483	197	4	195
灵　宝	801	801	705	689	196	1	74

12-3 续表 10 continued 10

计量单位：公顷 Measurement Unit: Hectare

城市名称 Name of Cities	绿化覆盖面积 Green Coverage Area	建成区 Built District	绿地面积 Area of Parks and Green Space	建成区 Built District	公园绿地面积 Area of Public Recreational Green Space	公园个数(个) Number of Parks (unit)	公园面积 Park Area
南　阳	6390	3825	6439	4251	2675	9	2139
邓　州	1529	1190	1350	1169	285	3	197
商　丘	2654	2630	2332	2320	669	9	337
永　城	1759	1660	1526	1475	518	9	403
信　阳	5065	3779	4481	3292	758	5	118
周　口	3013	2681	2716	2232	432	5	201
项　城	1310	1290	1192	1191	341	3	96
驻马店	3045	3034	2639	2588	520	4	74
济　源	1990	1890	1799	1769	375	8	112
湖　北	**104844**	**82311**	**80309**	**72127**	**21719**	**352**	**11997**
武　汉	22445	22445	19356	19356	7124	75	3153
黄　石	2934	2881	2767	2714	968	16	567
大　冶	931	921	845	835	245	3	87
十　堰	12954	3561	3477	3375	723	18	461
丹江口	1677	1135	1884	1038	218	5	218
宜　昌	6833	6833	6076	6076	1322	37	907
宜　都	1299	1051	945	887	224	4	121
当　阳	871	799	798	687	171	5	144
枝　江	906	906	736	736	206	2	158
襄　阳	7403	6239	5561	5460	1468	14	624
老河口	1330	1060	1087	934	235	6	152
枣　阳	1779	1543	1596	1292	465	3	47
宜　城	976	937	867	825	225	2	59
鄂　州	2086	2080	1780	1774	639	5	235
荆　门	2302	2302	1962	1962	576	7	309
钟　祥	911	896	835	818	289	4	232
孝　感	1804	1804	1560	1560	453	10	430
应　城	864	669	887	586	217	4	90
安　陆	888	788	803	634	166	5	166
汉　川	1136	988	1019	1011	246	4	248
荆　州	2985	2985	2669	2669	782	24	760
石　首	832	822	720	714	135	5	120
洪　湖	1894	1662	1789	1352	414	6	30
松　滋	636	636	555	555	149	2	50
黄　冈	1897	1752	1668	1644	443	3	298
麻　城	1340	1307	1200	1178	278	4	262
武　穴	676	647	585	583	325	4	54
咸　宁	4054	2562	3852	2203	535	9	482
赤　壁	1136	1038	1021	923	248	13	248

12-3 续表 11 continued 11

计量单位：公顷　　Measurement Unit: Hectare

城市名称 Name of Cities	绿化覆盖面积 Green Coverage Area	建成区 Built District	绿地面积 Area of Parks and Green Space	建成区 Built District	公园绿地面积 Area of Public Recreational Green Space	公园个数(个) Number of Parks (unit)	公园面积 Park Area
随　州	4801	1976	4610	1535	450	6	216
广　水	635	515	477	466	339	4	213
恩　施	1856	1352	1729	1178	254	5	193
利　川	450	433	388	387	164	4	34
仙　桃	2760	1756	1547	1521	372	5	182
潜　江	1905	1905	1669	1669	391	5	185
天　门	4659	1126	987	987	263	24	263
湖　南	**68156**	**62415**	**59359**	**56089**	**14930**	**287**	**10145**
长　沙	12278	12278	10586	10586	3538	27	1809
浏　阳	930	930	838	838	158	6	70
株　洲	5707	5707	5413	5413	1249	19	1249
醴　陵	1122	1069	1067	997	237	5	163
湘　潭	5006	3298	3027	2997	746	10	168
湘　乡	774	774	683	683	198	2	143
韶　山	318	221	298	198	91	6	88
衡　阳	4588	4588	4205	4205	1066	27	857
耒　阳	1678	1678	1418	1418	336	2	58
常　宁	620	597	492	492	169	8	140
邵　阳	3125	2548	2406	2116	750	8	630
武　冈	943	636	657	549	196	6	186
岳　阳	4610	3967	4580	3777	690	9	465
汨　罗	627	627	577	577	121	3	121
临　湘	638	533	556	514	120	1	89
常　德	3949	3949	3949	3557	1163	14	786
津　市	664	637	604	575	108	8	105
张家界	1576	1301	1390	1139	240	7	95
益　阳	3002	3002	2914	2914	553	36	504
沅　江	691	676	547	503	135	5	128
郴　州	3458	3458	3166	3166	740	28	699
资　兴	912	912	863	863	151	1	80
永　州	2744	2556	2455	2297	643	8	380
怀　化	2434	2412	2105	2058	445	6	299
洪　江	255	255	219	219	81	5	81
娄　底	2785	1886	2046	1648	458	14	313
冷水江	1065	840	937	803	224	6	224
涟　源	920	540	712	461	145	5	119
吉　首	739	541	648	525	182	5	98

12-3 续表 12 continued 12

计量单位：公顷 Measurement Unit: Hectare

城市名称 Name of Cities	绿化覆盖面积 Green Coverage Area	建成区 Built District	绿地面积 Area of Parks and Green Space	建成区 Built District	公园绿地面积 Area of Public Recreational Green Space	公园个数（个） Number of Parks (unit)	公园面积 Park Area
广　东	**503411**	**233376**	**438376**	**210240**	**89591**	**3512**	**65318**
广　州	152942	51464	141041	44611	27200	246	5193
韶　关	4557	4557	4257	4257	790	25	789.63
乐　昌	466	466	441	441	137	7	137
南　雄	557	432	402	402	117	6	117
深　圳	99841	40590	97850	35289	19241	911	21955
珠　海	33662	7185	10238	6739	3594	197	2792
汕　头	11091	11091	10311	10311	3802	36	1198
佛　山	9733	6388	9344	5981	2768	202	2033
江　门	12340	6557	12008	6263	2041	93	2004
台　山	1669	1040	1808	928	359	14	258
开　平	1486	1486	1325	1325	384	11	295
鹤　山	787	768	738	729	179	10	159
恩　平	1591	1546	1552	1344	289	13	283
湛　江	5956	4556	4186	4123	1243	32	1243
廉　江	1042	1028	1030	1020	673	5	668
雷　州	655	655	643	643	171	6	143
吴　川	916	638	612	601	261	7	207
茂　名	4354	3950	3781	3759	918	27	732
高　州	1860	1210	1023	1023	393	11	338
化　州	892	889	773	771	99	5	127
信　宜	2710	995	2420	835	285	7	285
肇　庆	11920	4205	9770	3642	1479	17	297
四　会	1028	1028	966	966	200	5	121
惠　州	9299	9299	8358	8358	2878	74	2078
梅　州	2601	2303	2213	1988	748	15	448
兴　宁	2193	990	2165	1063	610	8	499
汕　尾	698	698	666	666	315	13	315
陆　丰	1906	625	756	605	171	1	3
河　源	1615	1615	1485	1485	406	24	406
阳　江	2759	2585	2600	2411	540	28	541
阳　春	960	875	862	712	220	6	338
清　远	2594	2594	2263	2263	787	29	679
英　德	1168	1168	1128	1128	455	23	452
连　州	561	561	537	537	198	14	198
东　莞	96606	41667	82750	38802	11536	1223	14493
中　山	4467	4467	4255	4171	1332	57	976
潮　州	3767	3123	3002	2762	893	28	822
揭　阳	4428	3822	3931	3554	783	31	712
普　宁	2680	2272	2250	2067	312	15	198
云　浮	1531	1114	1344	1053	417	26	417
罗　定	1524	875	1291	614	369	4	370

12-3 续表 13 continued 13

计量单位：公顷 Measurement Unit: Hectare

城市名称 Name of Cities	绿化覆盖面积 Green Coverage Area	建成区 Built District	绿地面积 Area of Parks and Green Space	建成区 Built District	公园绿地面积 Area of Public Recreational Green Space	公园个数(个) Number of Parks (unit)	公园面积 Park Area
广　西	**89662**	**47952**	**82382**	**41933**	**12111**	**216**	**8579**
南　宁	40782	12344	39068	10629	3663	28	2828
柳　州	8922	8024	7746	6669	2187	32	1416
桂　林	4185	3962	3755	3554	1114	15	605
梧　州	3199	2251	3192	2257	649	15	608
岑　溪	697	571	573	486	176	4	174
北　海	2960	2960	2490	2490	447	16	414
防城港	1242	1183	1042	1024	133	4	79
东　兴	265	264	260	258	98	3	30
钦　州	12634	3370	10990	2942	380	14	344
贵　港	1678	1614	1570	1528	522	4	196
桂　平	479	441	477	440	111	3	12
玉　林	2812	2527	2641	2191	676	15	631
北　流	1380	870	1237	756	224	13	186
百　色	1817	1615	1658	1428	291	6	161
靖　西	164	149	161	147	96	4	88
贺　州	1282	1165	1131	1018	194	8	183
河　池	908	832	808	732	213	9	213
宜　州	540	517	393	381	162	6	38
来　宾	1360	1360	1321	1321	309	4	47
合　山	433	276	251	249	57	3	39
崇　左	1169	1169	979	979	232	5	153
凭　祥	757	490	641	457	179	5	135
海　南	**16968**	**12737**	**14883**	**11359**	**3784**	**55**	**1972**
海　口	6538	6538	5806	5806	2109	19	853
三　亚	1711	1711	1571	1571	718	7	489
三　沙	112		2		1		
儋　州	4753	1241	4545	1116	231	10	191
五指山	287	284	252	251	47	4	34
琼　海	1122	1034	972	965	205	5	205
文　昌	1151	679	644	608	94	2	42
万　宁	413	413	308	308	223	5	48
东　方	881	836	783	734	156	3	110
重　庆	**61327**	**53579**	**55934**	**49698**	**22733**	**349**	**11502**

12-3 续表 14 continued 14

计量单位：公顷 Measurement Unit: Hectare

城市名称 Name of Cities	绿化覆盖面积 Green Coverage Area	建成区 Built District	绿地面积 Area of Parks and Green Space	建成区 Built District	公园绿地面积 Area of Public Recreational Green Space	公园个数(个) Number of Parks (unit)	公园面积 Park Area
四　川	**96795**	**88180**	**87096**	**78858**	**24512**	**508**	**13343**
成　都	24530	24530	21902	21902	7695	87	2607
都江堰	1559	1559	1403	1403	362	4	126
彭　州	828	828	660	660	281	1	13
邛　崃	850	850	734	734	463	5	463
崇　州	1282	1282	1202	1202	203	1	3
自　贡	4613	4506	4070	3962	1195	17	574
攀枝花	3001	2948	2798	2739	763	19	496
泸　州	5471	4789	4893	4241	1144	36	1000
德　阳	2991	2991	2532	2532	564	11	358
广　汉	2103	2101	1807	1802	249	18	232
什　邡	627	627	499	499	160	3	8
绵　竹	605	575	490	490	122	3	18
绵　阳	4838	4838	4501	4501	1370	12	468
江　油	1368	1355	1234	1179	356	4	138
广　元	2113	2093	2019	2019	529	14	351
遂　宁	5938	2554	5967	2384	593	24	408
内　江	2854	2521	2549	2286	596	4	80
乐　山	3496	2462	3120	2168	525	69	451
峨眉山	918	918	854	854	237	9	140
南　充	5281	4971	4464	4330	1332	22	1205
阆　中	1258	1238	1107	1073	300	8	235
眉　山	2423	2189	2132	1937	569	11	179
宜　宾	3955	3336	3774	2899	830	11	513
广　安	2054	1977	1768	1715	602	12	214
华　蓥	310	289	305	216	104	3	101
达　州	2782	2192	2849	1968	1014	14	1043
万　源	486	486	420	420	282	5	3
雅　安	2204	1352	1238	1220	272	20	197
巴　中	1510	1317	1501	1270	419	11	361
资　阳	1748	1748	1690	1690	408	6	202
简　阳	1125	1102	1012	963	465	8	625
马尔康	72	70	67	65	16		
康　定	26	26	28	28	19	1	16
西　昌	1578	1562	1509	1509	474	35	515
贵　州	**40698**	**28309**	**36739**	**26248**	**8308**	**114**	**7021**
贵　阳	17146	11533	16615	11115	3783	16	2999
清　镇	799	799	746	746	176	3	88
六盘水	3594	2598	3402	2321	372	13	335
遵　义	2908	2908	2666	2666	1182	6	997

12-3 续表 15 continued 15

计量单位：公顷 Measurement Unit: Hectare

城市名称 Name of Cities	绿化覆盖面积 Green Coverage Area	建成区 Built District	绿地面积 Area of Parks and Green Space	建成区 Built District	公园绿地面积 Area of Public Recreational Green Space	公园个数（个） Number of Parks (unit)	公园面积 Park Area
赤　水	585	585	534	534	162	8	122
仁　怀	525	410	436	345	212	1	2
安　顺	4996	2437	4721	2151	372	22	360
铜　仁	1600	1539	1439	1355	284	10	350
兴　义	1975	1505	1802	1332	260	8	280
毕　节	1320	1298	1310	1239	580	7	487
凯　里	4208	1757	2119	1583	582	11	786
都　匀	623	580	629	568	208	6	136
福　泉	419	359	320	292	135	3	78
云　南	**43608**	**39514**	**39416**	**35613**	**9427**	**683**	**7558**
昆　明	17553	17088	16077	15665	3941	463	3206
安　宁	1373	1373	1235	1213	403	6	118
曲　靖	2642	2460	2286	2251	576	15	510
宣　威	1310	1244	1225	1127	269	3	156
玉　溪	1274	1274	1095	1095	307	7	222
保　山	1043	992	881	856	215	3	107
腾　冲	995	945	940	893	189	15	140
昭　通	1169	990	765	739	212	6	140
丽　江	989	943	962	894	424	48	397
普　洱	1032	1027	985	980	237	3	233
临　沧	774	774	685	685	219	13	181
楚　雄	1776	1534	1454	1323	346	6	527
个　旧	615	456	481	415	237	2	163
开　远	925	829	816	720	231	20	231
蒙　自	3398	1127	3530	1042	189	13	161
弥　勒	986	972	904	863	234	4	187
文　山	880	810	799	779	172	5	191
景　洪	1338	1338	1168	1166	291	5	145
大　理	1505	1505	1304	1304	288	17	267
瑞　丽	986	829	865	717	148	15	148
芒　市	745	745	662	662	208	7	76
香格里拉	300	260	297	225	92	7	50
西　藏	**6334**	**6158**	**5332**	**5200**	**882**	**81**	**978**
拉　萨	3379	3279	2946	2942	408	76	486
昌　都	57	57	93	93	55		
日喀则	2180	2180	1567	1516	377	3	460
林　芝	718	642	726	649	42	2	32

12-3 续表 16 continued 16

计量单位：公顷 Measurement Unit: Hectare

城市名称 Name of Cities	绿化覆盖面积 Green Coverage Area	建成区 Built District	绿地面积 Area of Parks and Green Space	建成区 Built District	公园绿地面积 Area of Public Recreational Green Space	公园个数(个) Number of Parks (unit)	公园面积 Park Area
陕　西	**67334**	**43551**	**56108**	**36898**	**11714**	**209**	**5877**
西　安	23824	21334	19047	17162	4974	85	2489
铜　川	2076	1919	1893	1704	473	14	70
宝　鸡	4701	3603	4017	3362	1027	26	852
咸　阳	21017	3629	18760	3100	1617	5	490
兴　平	844	773	672	671	249	2	143
渭　南	2921	2426	2228	2102	663	6	461
韩　城	924	701	682	610	158	7	36
华　阴	708	594	514	513	107	8	49
延　安	1510	1501	1444	1443	354	12	259
汉　中	2157	1554	1667	1341	576	3	78
榆　林	2779	2396	2199	2061	682	5	531
安　康	2101	1743	1622	1600	452	25	301
商　洛	753	571	521	489	163	6	109
杨 陵 区	1019	807	843	741	218	5	9
甘　肃	**27708**	**25196**	**23560**	**22680**	**7773**	**123**	**4335**
兰　州	7891	7877	7429	7369	2297	23	1548
嘉 峪 关	2781	2747	2672	2668	818	8	531
金　昌	1531	1530	1355	1354	407	3	248
白　银	2179	2158	1955	1941	410	14	401
天　水	2142	2134	1916	1893	680	22	384
武　威	737	730	732	709	483	5	96
张　掖	2478	1969	1623	1601	931	3	108
平　凉	2138	1286	1581	1154	265	6	133
酒　泉	1937	1927	1629	1584	441	7	292
玉　门	430	335	380	314	170	4	155
敦　煌	610	580	558	524	161	9	67
庆　阳	820	810	726	720	141	2	23
定　西	631	629	566	560	329	3	164
陇　南	991	87	167	92	83	9	58
临　夏	342	330	171	158	117	3	110
合　作	72	68	100	38	42	2	17
青　海	**6011**	**5787**	**5732**	**5482.78**	**1942**	**41**	**1350**
西　宁	3647	3503	3515	3372	1551	29	1131
海　东	526	520	473	461	147	5	67
玉　树	410	399	399	397	90	2	87
格 尔 木	684	621	672	609	93	3	33
德 令 哈	744	743	672	644	61	2	32

12-3 续表 17 continued 17

计量单位：公顷 Measurement Unit: Hectare

城市名称 Name of Cities	绿化覆盖面积 Green Coverage Area	建成区 Built District	绿地面积 Area of Parks and Green Space	建成区 Built District	公园绿地面积 Area of Public Recreational Green Space	公园个数(个) Number of Parks (unit)	公园面积 Park Area
宁　夏	**25923**	**17237**	**24132**	**16534**	**5126**	**77**	**2411**
银　川	9209	6821	9023	6823	2454	20	660
灵　武	1484	511	1429	489	175	3	94
石嘴山	8649	4178	6889	3707	1111	10	459
吴　忠	2725	2201	2833	2138	465	16	396
青铜峡	1226	1219	1299	1144	238	5	121
固　原	1121	1121	1109	1109	248	6	93
中　卫	1509	1185	1550	1124	435	17	588
新　疆	**65480**	**44414**	**60775**	**40413**	**8338**	**178**	**4721**
乌鲁木齐	28712	17329	27679	15910	3409	28	1080
克拉玛依	5148	3120	4682	2819	438	31	383
吐鲁番	760	699	650	607	143	7	140
哈　密	1770	1645	1630	1501	280	4	44
昌　吉	2450	2411	2180	2180	408	11	352
阜　康	810	804	713	713	185	5	142
博　乐	823	799	786	763	249	2	185
阿拉山口	97	96	98	82	15	2	5
库尔勒	7740	2924	7454	2879	606	7	300
阿克苏	1609	1578	1567	1536	435	5	267
阿图什	605	295	291	291	80	4	80
喀　什	2323	2323	2089	2089	444	7	317
和　田	489	432	366	310	120	4	120
伊　宁	1572	1461	1402	1325	349	8	229
奎　屯	1391	1083	1026	967	153	4	149
霍尔果斯	492	350	427	295	27		
乌　苏	1202	864	979	749	80	5	95
塔　城	830	578	798	542	118	7	118
阿勒泰	1251	603	1238	591	192	7	101
石河子	2228	1861	2019	1652	329	14	286
阿拉尔	714	714	667	628	82	2	79
图木舒克	410	410	379	379	32	4	81
五家渠	677	657	622	602	77	3	54
北　屯	1201	1201	850	850	49	5	69
铁门关	176.55	176.55	183.55	153.75	38.2	2	45

十三、国家级风景名胜区

13. State-Level Scenic Spots and Historic Sites

简要说明

本部分主要反映经国务院审定公布的国家级风景名胜区的资料，包括风景名胜区的面积，游人量，经营收支，固定资产投资等内容。

2015 年底，全国国家级风景名胜区共有 225 处。下列风景名胜区因分由多个地区管理，故分别填报，如八达岭—十三陵按八达岭、十三陵分别填报，壶口瀑布由山西省和陕西省分报，长江三峡由重庆市和湖北省分报，王屋山—云台山按王屋山、云台山分别填报，岳阳楼洞庭湖风景区中福寿山—汨罗江单独填报，黄龙寺—九寨沟分别按黄龙、九寨沟填报。

Brief Introduction

This section mainly includes information about state-level scenic spots and historic sites approved and announced the state council, and covers indicators such as area, number of tourists, income revenue, expenditure, investment in fixed assets etc..

By the end of 2015, there were a total of 225 national scenic spots across the country. Some of the scenic spots are administered by multiple regions, therefore, data have been reported by the administering regions respectively. For instance, data of Badaling-Ming Tomb has been reported by Badaling and Ming Tomb respectively, data of Hukou Falls has been reported by Shanxi and Shaanxi Province respectively, data of the Three Gorges of Yangtze River has been reported by Chongqing Municipality and Hubei Province respectively, data of Mount Wangwu-Mount Yuntai has been reported by Mount Wangwu and Mount Yuntai respectively, data of Fushou Mountain-Miluo River within the Yueyang Tower-Dongting Lake Scenic Spot has been presented independently, and data of Huanglong Temple-Jiuzhaigou has been reported by Huanglong and Jiuzhaigou respectively.

13 2015年全国国家级风景名胜区

风景名胜区名称 Name of Scenic Spots	风景名胜区面积(平方公里) Area of Scenic Spots (km²)	供游览面积 Tourism-Only Area	游人量(万人次) Number of Visits (10,000 person-times)	境外游人 Visits by Foreign Tourists	景区资金收入合计(万元) Total Revenues of Scenic Spots (10,000 RMB)	国家拨款 Financial Allocation from Central Government
全国	**110831**	**44029**	**84112**	**2949**	**6770749**	**702851**
北京	**263**	**46**	**1385.90**	**34.70**	**61789**	**5823**
八达岭	55	3	832.50	30.50	27455	316
十三陵	123	3	483.40	4.20	25034	4941
石花洞	85	40	70.00		9300	566
天津	**106**	**10**	**156.60**	**1.00**	**10179**	**990**
盘山	106	10	156.60	1.00	10179	990
河北	**4043**	**3078**	**3896.50**	**46.70**	**247212**	**3748**
苍岩山	63	10	54.00	0.50	3000	80
嶂石岩	120	39	8.00		315	190
西柏坡——天桂山	256	205	780.00	0.70	92000	
秦皇岛北戴河	366	160	1790.00	26.00	44260	
响堂山	35	2	20.00		160	
娲皇宫	132	56	410.00	4.50	5489	2905
太行大峡谷	17	6	10.00		513	141
崆山白云洞	161	23	66.50		2475	222
野三坡	499	499	360.00	5.50	15000	
承德避暑山庄外八庙	2394	2078	398.00	9.50	84000	210
山西	**1384**	**314**	**727.10**	**3.30**	**522508**	**2065**
恒山	148	91	125.00		7000	
五老峰	300	30	16.00		990	440
五台山	593	56	475.70	0.30	508203	
黄河壶口瀑布(山西段)	110	25	35.00	2.30	3280	500
碛口	145	60	15.20	0.30	1125	1125
北武当山	88	52	60.20	0.40	1910	
内蒙古	**489**	**100**	**35.20**	**0.10**	**350**	**350**
扎兰屯	489	100	35.20	0.10	350	350
辽宁	**1744**	**1212**	**2436.30**	**35.10**	**216915**	**604**
大连海滨——旅顺口	232	78	812.00	6.30	14931	
金石滩	39	13	500.00	10.30	150000	
鞍山千山	126	72	140.00	5.00	6326	156
本溪水洞	45	19	85.80		6570	
鸭绿江	824	824	263.00	11.90	7018	
青山沟	150	82	16.70		2130	
凤凰山	217	60	72.00	1.00	7300	
医巫闾山	64	59	430.00	0.40	22000	
兴城海滨	47	5	116.80	0.20	640	448

State-Level Scenic Spots and Historic Sites across The Country (2015)

经营收入 Operational Income (10,000 RMB)	门　票 Ticket Fees	景区资金支出合计(万元) Total Expenditure of Scenic Spots (10,000 RMB)	经营支出 Operational Expenditure	固定资产投资完成额 Completed Investment in Fixed Assets	维护支出 Maintenance Expenditure	风景名胜区名称 Name of Scenic Spots
5499667	**2396133**	**5177129**	**2204354**	**2233684**	**574126**	**全国**
46407	**43428**	**65191**	**10182**	**43040**	**6437**	**北京**
27094	26007	32384	7046	15704	259	八达岭
18113	16221	27707	36	26286	5288	十三陵
1200	1200	5100	3100	1050	890	石花洞
9189	**4782**	**10527**	**486**	**10041**	**664**	**天津**
9189	4782	10527	486	10041	664	盘山
169437	**106922**	**215316**	**142846**	**62356**	**27276**	**河北**
2920	920	3600	1000	2600	300	苍岩山
125	125	1300	800	300	200	嶂石岩
67000	25000	108500	95000	13500	9500	西柏坡——天桂山
44260	30870	15210	6200	9010	6815	秦皇岛北戴河
160	160	570	500	70	25	响堂山
2584	2357	8396	4923	3473	1188	娲皇宫
372	372	1624	1455	169	63	太行大峡谷
2253	2118	1956	577	1234	520	崆山白云洞
15000	15000	30560	30560			野三坡
34763	30000	43600	1831	32000	8665	承德避暑山庄外八庙
519573	**40078**	**9344**	**1711**	**2260**	**866**	**山西**
7000	7000	5569		726	726	恒山
550	511	1576	952	624	80	五老峰
508203	29277					五台山
2600	2600	90	30	60	60	黄河壶口瀑布(山西段)
		729	729			碛口
1220	690	1380		850		北武当山
		350		**350**	**50**	**内蒙古**
		350		350	50	扎兰屯
210374	**92141**	**57887**	**17705**	**36860**	**9438**	**辽宁**
14931	6870	14726	5821	7643	645	大连海滨——旅顺口
150000	60000	12097	7441	4656	3520	金石滩
6170	4162	7160	1280	5880	669	鞍山千山
6570	6570	5296	52	5244	790	本溪水洞
6081	3904	4297	1561	2724	1084	鸭绿江
2130	1335	1871	750	1073	48	青山沟
7300	4300	6800	800	6000	800	凤凰山
17000	5000	5000		3000	1500	医巫闾山
192		640		640	382	兴城海滨

13 续表 1

风景名胜区名称 Name of Scenic Spots	风景名胜区面积(平方公里) Area of Scenic Spots (km^2)	供游览面积 Tourism-Only Area	游人量(万人次) Number of Visits (10,000 person-times)	境外游人 Visits by Foreign Tourists	景区资金收入合计(万元) Total Revenues of Scenic Spots (10,000 RMB)	国家拨款 Financial Allocation from Central Government
吉林	**828**	**158**	**225.50**	**9.20**	**23403**	**400**
"八大部"——净月潭	96	9	150.00	6.50	4200	400
松花湖	550	127	63.50	0.70	19000	
防川	139	7	11.00	2.00	163	
仙景台	43	15	1.00		40	
黑龙江	**2874**	**1322**	**357.80**	**12.80**	**126570**	**57993**
太阳岛	88	88	165.00		10342	
镜泊湖	1726	514	54.80		11528	1793
五大连池	1060	720	138.00	12.80	104700	56200
江苏	**3328**	**302**	**10322.70**	**197.70**	**496197**	**28163**
南京钟山	41	41	3002.40	16.00	48186	18474
太湖	3091	108	6038.30	153.30	405927	3696
云台山	167	145	336.00	12.00	9046	120
蜀冈——瘦西湖	12	6	407.00	2.60	28370	4800
三山	17	2	539.00	13.80	4668	1073
浙江	**4371**	**1532**	**12471.10**	**382.10**	**406679**	**136087**
富春江——新安江	1423	413	3658.80	7.60	105720	5305
杭州西湖	59	38	2726.00	278.00	147259	99747
雪窦山	55	17	413.00	23.80	12358	
楠溪江	671	328	620.30	4.00	10404	6302
雁荡山	448	111	866.50	6.70	14521	3954
百丈漈——飞云湖	560	82	86.60	17.90	6500	2600
莫干山	43	10	50.00	4.00	7200	1000
天姥山	143	48	307.60	7.00	7350	
浣江——五泄	74	45	320.00	5.30	12700	150
双龙	80	60	110.10	6.20	3865	434
大红岩	51	51	52.00	0.20	3232	2690
方岩	153	88	59.00	1.70	4427	395
江郎山	51				2218	720
普陀山	41	41	1222.20	4.90	46616	12092
嵊泗列岛	37	3	428.00	1.20	3006	
天台山	132	95	880.00	5.50	4650	330
仙居	158	32	264.00	5.50	8597	218
方山——长屿硐天	26	26	189.00	0.30	2979	150
仙都	166	44	218.00	2.30	3077	
安徽	**2229**	**1517**	**1858.80**	**74.80**	**488751**	**22737**
巢湖	1196	900	160.00	1.20	6000	
采石	64	40	56.80		2078	1061

continued 1

经营收入 Operational Income (10,000 RMB)	门　票 Ticket Fees	景区资金支出合计（万元） Total Expenditure of Scenic Spots (10,000 RMB)	经营支出 Operational Expenditure	固定资产投资完成额 Completed Investment in Fixed Assets	维护支出 Maintenance Expenditure	风景名胜区名称 Name of Scenic Spots
22603	**1322**	**7360**	**4601**	**2757**	**667**	**吉林**
3400	400	4000	1900	2100	600	“八大部”——净月潭
19000	726	570		570		松花湖
163	163	2750	2693	55	51	防川
40	33	40	8	32	16	仙景台
64813	**14561**	**110387**	**38616**	**64457**	**26529**	**黑龙江**
10278	8053	9206	1116	3621	1711	太阳岛
9735	2808	14581	1000	13581	2318	镜泊湖
44800	3700	86600	36500	47255	22500	五大连池
457149	**120793**	**139156**	**22337**	**98930**	**27449**	**江苏**
22648	11073	51868	7294	35375	7678	南京钟山
398410	78549	39350	4915	25745	8289	太湖
8926	8436	8200	1670	6530	5879	云台山
23570	20607	34230	8458	25772	1993	蜀冈——瘦西湖
3595	2128	5508		5508	3610	三山
270301	**185459**	**442850**	**196766**	**244319**	**72576**	**浙江**
100240	57715	104339	63148	40810	12672	富春江——新安江
47512	30286	137064	31780	105284	39687	杭州西湖
12358	8286	42825	24767	18058	373	雪窦山
4102	4102	6322	6302	20	20	楠溪江
10567	9692	18893	2451	16442	7271	雁荡山
3900	3704	9280	8150	1130	558	百丈漈——飞云湖
6200	2900	6100	1200	4900	500	莫干山
7285	6871	6822	3675	3055	2050	天姥山
12550	11950	20000	17000	2000	1000	浣江——五泄
3431	3183	7928	4903	3025	1704	双龙
542	525	3093	2650	440	22	大红岩
4032	2491	3888	146	3741	1508	方岩
1498	1336	3754	2606	1148	874	江郎山
34473	28033	55916	21780	33878	1251	普陀山
3006	3006	2000	1200	800	600	嵊泗列岛
4320	771	765	62	673	30	天台山
8379	4774	6107	1353	4754	837	仙居
2829	2757	3149	493	2656	114	方山——长屿硐天
3077	3077	4605	3100	1505	1505	仙都
431552	**128811**	**545308**	**177931**	**354673**	**14667**	**安徽**
6000	6000	6000	1500	3000	1500	巢湖
1017	968	2336	538	1798	368	采石

13 续表 2

风景名胜区名称 Name of Scenic Spots	风景名胜区面积(平方公里) Area of Scenic Spots (km^2)	供游览面积 Tourism-Only Area	游人量(万人次) Number of Visits (10,000 person-times)	境外游人 Visits by Foreign Tourists	景区资金收入合计(万元) Total Revenues of Scenic Spots (10,000 RMB)	国家拨款 Financial Allocation from Central Government
天柱山	102	102	86.00	7.10	140000	2480
花亭湖	258	169	45.00	5.00	14000	1700
花山谜窟——渐江	81	7	23.10	1.30	1524	
黄山	161	60	318.30	16.00	256213	3686
齐云山	110	60	39.30	2.00	4660	2000
琅琊山	115	37	104.00		8603	7021
九华山	120	120	971.30	35.00	50673	4789
太极洞	22	22	55.00	7.20	5000	
福建	**1272**	**695**	**4181.80**	**412.40**	**116179**	**36860**
鼓山	50	28	883.00	265.00	2297	2042
十八重溪	51	17	16.00	0.10	195	30
青云山	53	30	34.80	1.20	3485	
鼓浪屿——万石山	104	22	1610.00	56.00	51823	21295
湄洲岛	49	49	430.00	30.00	15000	4500
玉华洞	43	10	188.50	2.70	1610	
泰宁	137	137	81.80	22.90	3512	
桃源洞——鳞隐石林	29	29	25.00	2.00	802	
清源山	62	25	86.60	5.60	5070	2915
灵通山	52	30	49.40	0.40	1620	100
宝山	85	43	2.20		2	
佛子山	56	11	6.00		910	910
武夷山	77	75	213.00	14.20	5062	398
冠豸山	123	65	27.70	0.40	1859	
鸳鸯溪	66	22	135.20	2.50	8100	50
福安白云山	69	22	52.00	0.20	2403	
太姥山	75	55	108.00	5.70	7133	
海坛	91	25	232.60	3.50	5296	4620
江西	**3105**	**1420**	**5932.70**	**412.50**	**611671**	**47531**
梅岭——滕王阁	144	105	545.40	2.30	6442	1414
高岭——瑶里	95	46	354.00	1.80	16518	193
武功山	310	201	173.70	9.50	18451	2410
云居山—柘林湖	655	349	668.40	34.20	54128	2760
庐山	330	129	330.00	15.00	186000	3600
仙女湖	195	94	204.20	0.60	74000	
龙虎山	220	40	1324.40	250.00	66898	14560
三百山	197	94	37.10	0.30	2506	
井冈山	333	114	885.20	5.90	56027	
三清山	230	76	1079.20	61.60	103136	5936

continued 2

经营收入 Operational Income (10,000 RMB)	门票 Ticket Fees	景区资金支出合计(万元) Total Expenditure of Scenic Spots (10,000 RMB)	经营支出 Operational Expenditure	固定资产投资完成额 Completed Investment in Fixed Assets	维护支出 Maintenance Expenditure	风景名胜区名称 Name of Scenic Spots
110500	6000	169954	48698	116945	1144	天柱山
7000	900	14000	7000	1600	800	花亭湖
1524	1114	1776	18	1343	52	花山谜窟——渐江
252527	61265	300215	85251	214964	8552	黄山
1360	1300	1100	500	600	240	齐云山
1582	1475	16290	9795	6495	113	琅琊山
45884	45884	29287	22031	6478	778	九华山
4158	3905	4350	2600	1450	1120	太极洞
68975	**60451**	**139691**	**62897**	**42262**	**20586**	**福建**
255	255	2151	1231	920	250	鼓山
165	160	102		90	10	十八重溪
3485	696	3200	600	2300	200	青云山
20833	20531	46777	7724	10882	7311	鼓浪屿——万石山
10500	10500	48360	40300	8060	2015	湄洲岛
1521	1514	2442	1370	1072	52	玉华洞
3512	3512	5126				泰宁
802	802	1487	742	655	90	桃源洞——鳞隐石林
2155	2056	2519	6	2513	1141	清源山
1520	580	1500	284	1216	300	灵通山
2		197		197		宝山
		2000	2000			佛子山
4664	4631	6369	687	5682	3363	武夷山
1827	1827	1613	830	642	141	冠豸山
8050	5300	4400	2100	2300	650	鸳鸯溪
2000	403	1795	370	733	502	福安白云山
7008	7008	6822	2653	4169	4169	太姥山
676	676	2831	2000	831	392	海坛
433999	**198172**	**915681**	**685201**	**223957**	**47359**	**江西**
5028	4928	21629	13112	3417	600	梅岭——滕王阁
16325	6050	5850	1580	4270	2120	高岭——瑶里
13290	7029	10615	6310	4305	325	武功山
25400	25400	300020	300020			云居山—柘林湖
153950	29620	160340		159920	29720	庐山
20400	20400					仙女湖
52338	51860	53195	30700	22495	692	龙虎山
2506	999	13680	10340	3340	1120	三百山
56027	28945	19180	9419	9143	7756	井冈山
79798	14420	295109	285477	9632	1485	三清山

13 续表 3

风景名胜区名称 Name of Scenic Spots	风景名胜区面积(平方公里) Area of Scenic Spots (km²)	供游览面积 Tourism-Only Area	游人量(万人次) Number of Visits (10,000 person-times)	境外游人 Visits by Foreign Tourists	景区资金收入合计(万元) Total Revenues of Scenic Spots (10,000 RMB)	国家拨款 Financial Allocation from Central Government
龟峰	97	39	150.10	29.50	7595	1758
灵山	102	39	78.00		15700	14500
神农源	43	11	23.00	1.80	2270	400
大茅山	154	83	80.00		2000	
山东	**884**	**458**	**4151.40**	**70.30**	**238935**	**13927**
泰山	171	131	514.50	25.10	51538	3867
青岛崂山	489	173	1746	22	37814	3038
博山	73	73	500.00	0.90	5200	490
胶东半岛海滨	92	26	1347.50	19.70	140370	4050
青州	59	55	43.60	3.10	4013	2482
河南	**1395**	**1015**	**2923.30**	**62.80**	**140382**	**5326**
郑州黄河	20	17	52.00	1.30	8093	2698
嵩山	152	38	289.50	5.50	23063	
洛阳龙门	9	3	349.00	11.00	36257	1330
石人山	268	268	62.00	6.00	1516	
林虑山	310	100	278.80	11.50	10681	1298
云台山	55	45	530.00	23.40	39085	
青天河	91	80	335.00	1.50	12210	
神农山	90	90	61.40	0.50	3210	
桐柏山——淮源	108	82	82.00	0.80	1500	
鸡公山	27	27	33.60	0.10	2107	
王屋山	265	265	850.00	1.20	2660	
湖北	**1590**	**748**	**1973**	**104**	**473281**	**119506**
武汉东湖	62	62	552.00	6.10	22001	9846
武当山	312	170	660.10	36.30	360000	90000
长江三峡(湖北段)	180	155	145.00	48.00	18200	800
隆中	209	14	77.60		20614	16960
大洪山	499	207	419	11	49446	750
九宫山	210	60	65.00	1.00	1300	500
陆水	118	80	54.00	2.10	1720	650
湖南	**3009**	**1336**	**5124.70**	**158.10**	**673558**	**71726**
岳麓山	35	7	815.00	45.00	13728	10459
沩山	190	120	75.00	0.40	26880	15000
炎帝陵	112	5	18.10	0.50	1873	1000
韶山	70	25	1682.00	13.10	477051	
衡山	101	52	469.80	13.60	61600	23500
白水洞	125	26	27.20		170	20
虎形山——花瑶	118	118	10.00			

continued 3

经营收入 Operational Income (10,000 RMB)	门票 Ticket Fees	景区资金支出合计(万元) Total Expenditure of Scenic Spots (10,000 RMB)	经营支出 Operational Expenditure	固定资产投资完成额 Completed Investment in Fixed Assets	维护支出 Maintenance Expenditure	风景名胜区名称 Name of Scenic Spots
5837	5721	15500	11000	4500	3000	龟峰
		16123	13423	2700	476	灵山
1600	1500	540	260	205	40	神农源
1500	1300	3900	3560	30	25	大茅山
223311	**165574**	**154110**	**28710**	**115944**	**53964**	**山东**
47284	45784	51220	3920	47300	46312	泰山
34776	13415	21993	9730	12263	1479	青岛崂山
4000	2100	5500	1500	3000	1000	博山
135720	102763	71399	11978	50965	4246	胶东半岛海滨
1531	1512	3998	1582	2416	927	青州
129588	**101702**	**190343**	**100613**	**83125**	**30850**	**河南**
2881	2514	2839	526	2313	128	郑州黄河
23063	20050	19615	855	18760	11407	嵩山
34927	30600	102483	82500	19983	14594	洛阳龙门
1516	802	7350	6300	366	304	石人山
7112	6116	14057	5093	6252	1025	林虑山
38853	21552	34845	2973	30897	975	云台山
12210	12210	1750	860	890		青天河
2759	2759	2759	726	1312	721	神农山
1500	1300	1000	780	170	110	桐柏山——淮源
2107	1139	2215		752	156	鸡公山
2660	2660	1430		1430	1430	王屋山
218602	**135732**	**188598**	**103416**	**58984**	**27490**	**湖北**
12155	5758	22001	268	21733	3159	武汉东湖
142000	113000	71660	37011	16000	15400	武当山
17400	7900	8600	2284	6316	2960	长江三峡(湖北段)
3654	3124	37467	33862	2796	1821	隆中
41534	4091	46120	29691	10129	3700	大洪山
800	800	1300	300	900	100	九宫山
1059	1059	1450		1110	350	陆水
580265	**104558**	**412808**	**48622**	**86312**	**46974**	**湖南**
2955		11695	29	2955	2955	岳麓山
9375	3750	27600	18020	5500	2080	沩山
873	816	1293	185	1012	96	炎帝陵
469507	7544	165000	15000	15000	8000	韶山
31600	31600	136500		26855	26855	衡山
150	150	96	26	70	8	白水洞
		2800	2000	400	400	虎形山——花瑶

13 续表 4

风景名胜区名称 Name of Scenic Spots	风景名胜区面积（平方公里） Area of Scenic Spots (km^2)	供游览面积 Tourism-Only Area	游人量（万人次） Number of Visits (10,000 person-times)	境外游人 Visits by Foreign Tourists	景区资金收入合计（万元） Total Revenues of Scenic Spots (10,000 RMB)	国家拨款 Financial Allocation from Central Government
崀山	108	93	335.00	24.00	8660	100
南山	187	22	9.50		300	
岳阳楼洞庭湖	333	265	245.00	26.50	6980	500
福寿山——汨罗江	166	29	39.60	0.10	600	600
桃花源	158	29	49.20	0.80	5455	1704
武陵源	398	133	388.50	22.50	21224	4444
苏仙岭——万华岩	17	2	100.30	0.10	5936	3219
东江湖	290	200	44.80	1.40	4051	160
万佛山——侗寨	166	91	220.00		11917	500
紫鹊界梯田——梅山龙宫	10	10	118.00	3.80	11012	10000
凤凰	91	2	22.60	2.00	920	
猛洞河	226	82	70.20	0.80	6318	520
德夯	108	25	384.90	3.50	8883	
广东	**713**	**290**	**5703.50**	**20.30**	**109086**	**25941**
白云山	22	18	2028.30	9.30	21483	6658
丹霞山	292	60	273.00	1.30	8196	
梧桐山	32	11	1501.00		14985	11492
西樵山	13		120.00		4538	
湖光岩	5	2	112.00	0.90	6063	3583
肇庆星湖	20	13	311.30		8595	
惠州西湖	21	18	1092.90		5426	4208
罗浮山	308	168	265.00	8.80	39800	
广西	**5560**	**1382**	**4063.00**	**218.20**	**65786**	**626**
桂林漓江	1159	959	3902.00	210.00	62800	
桂平西山	1400	408	101.00	4.50	2956	626
花山	3001	15	60.00	3.70	30	
海南	**71**	**14**	**1197.00**	**37.60**	**123866**	
三亚热带海滨	71	14	1197.00	37.60	123866	
重庆	**2500**	**912**	**939.50**	**56.00**	**197812**	**3770**
潭獐峡	80	62	1.60		125	65
缙云山	170	14	15.90	0.30	1551	1305
四面山	213	106	89.90	5.60	54388	2315
金佛山	441	220	58.00	1.00	8552	60
长江三峡(重庆段)	1095	403	484	45	101934	25
天坑地缝	400	21	148	4	24330	
芙蓉江	101	86	142.00	0.40	6932	
四川	**16933**	**5206**	**4079.80**	**62.10**	**670430**	**25418**
西岭雪山	375	108	61.30		27767	

continued 4

经营收入 Operational Income (10,000 RMB)	门　票 Ticket Fees	景区资金支出合计(万元) Total Expenditure of Scenic Spots (10,000 RMB)	经营支出 Operational Expenditure	固定资产投资完成额 Completed Investment in Fixed Assets	维护支出 Maintenance Expenditure	风景名胜区名称 Name of Scenic Spots
8560	7439	6952	100	6852	160	崀山
300	300	800	375	425	281	南山
6480	5800	2450	1100	980	650	岳阳楼洞庭湖
		1251	1051	200	200	福寿山——汨罗江
3751	2613	4789	1286	3503	2830	桃花源
13894	13894	21085	1604	542	542	武陵源
2717	1740	4850	1473	3377	126	苏仙岭——万华岩
3891	3863	5534	980	4428	126	东江湖
9600	9600	1842	1743	99	30	万佛山——侗寨
1011	989	1076	256	820	178	紫鹊界梯田——梅山龙宫
920	920	920		920	920	凤凰
5798	5757	7275	2394	4874	37	猛洞河
8883	7783	9000	1000	7500	500	德夯
68985	**32053**	**113395**	**32737**	**74520**	**31916**	**广东**
14825	6929	20964	1405	19559	2654	白云山
7169	6010	7387	909	6478	84	丹霞山
3493	3493	14942	1220	13722	13722	梧桐山
4538	4538	5974	321	5653	3650	西樵山
2480	1900	6572	288	2600	322	湖光岩
6662	6662	8403	660	6905	6905	肇庆星湖
1218		5203	199	4990	3607	惠州西湖
28600	2521	43950	27735	14613	972	罗浮山
38060	**15266**	**52638**	**7605**	**36383**	**25922**	**广西**
35700	13760	48700	5800	34250	25380	桂林漓江
2330	1506	3909	1799	2110	542	桂平西山
30		29	6	23		花山
104545	**70583**	**99791**	**15223**	**82752**	**3696**	**海南**
104545	70583	99791	15223	82752	3696	三亚热带海滨
194004	**77897**	**270640**	**169566**	**99266**	**22368**	**重庆**
57		665	205	460	388	潭獐峡
246	246	1418		269	209	缙云山
52073	4382	164867	137639	27228	7251	四面山
8492	2104	22140	13000	9140	1150	金佛山
101874	47058	65183	12975	51878	11297	长江三峡(重庆段)
24330	17175	12650	4564	7759	1562	天坑地缝
6932	6932	3717	1183	2532	511	芙蓉江
637570	**238343**	**572379**	**131905**	**189826**	**30099**	**四川**
27767	6455	45345	16998	24158	1384	西岭雪山

13 续表 5

风景名胜区名称 Name of Scenic Spots	风景名胜区面积(平方公里) Area of Scenic Spots (km²)	供游览面积 Tourism-Only Area	游人量(万人次) Number of Visits (10,000 person-times)	境外游人 Visits by Foreign Tourists	景区资金收入合计(万元) Total Revenues of Scenic Spots (10,000 RMB)	国家拨款 Financial Allocation from Central Government
青城山——都江堰	150	49	642.30	5.50	44858	752
龙门山	81	35	20.00		110	110
天台山	110	45	50.00	0.30	3000	
剑门蜀道	685	328	784.10	3.20	23907	428
白龙湖	416	317	6.20		7	
峨眉山	172	97	1438.00	15.70	394505	2686
蜀南竹海	103	44	140.00	6.00	6800	
石海洞乡	94	69	35.00	0.80	3477	
光雾山——诺水河	456	310	56.00	0.30	15000	2500
黄龙	1340	700	258.30	2.90	60776	17812
九寨沟	720	55	509.70	16.00	83880	
四姑娘山	560	560	13.60	0.60	3972	800
贡嘎山	11055	2354	50.20	10.80	1578	
邛海——螺髻山	616	135	15.10		793	330
贵州	**3503**	**1600**	**3675.80**	**29.70**	**105989**	**8025**
红枫湖	200	180	11.80		404	
赤水	328	217	224.00	0.50	13857	
龙宫	60	11	311.70	9.40	8495	1800
黄果树	163	47	2026.30	1.20	49153	100
紫云格凸河穿洞	57	12	62.60	1.50	1522	55
九龙洞	56	16	9.50			
石阡温泉群	54	28	57.20		30	30
沿河乌江山峡	102	45	106.00		1800	1800
马岭河峡谷	450	74	38.40	2.20	1811	
九洞天	86	86	2.30		168	
织金洞	307	23	168.40	0.40	10208	2600
㵲阳河	625	425	23.30	0.20	1008	
黎平侗乡	156	104	215.60	4.30	9103	1560
榕江苗山侗水	168	52	66.00	10.00	14	
荔波樟江	119	119	265.00		7884	
瓮安江界河	134	18	69.30			
平塘	350	55	14.20		252	
都匀斗篷山——剑江	88	88	4.20		280	80
云南	**13456**	**1295**	**2638.70**	**252.50**	**323596**	**25118**
昆明滇池	355	55	75.20	11.00	2725	
九乡	167	37	123.00	2.30	10401	
路南石林	350	12	400.00	13.20	68260	2508
腾冲热地火山	115	52	150.00	148.00	15672	

continued 5

经营收入 Operational Income (10,000 RMB)	门票 Ticket Fees	景区资金支出合计(万元) Total Expenditure of Scenic Spots (10,000 RMB)	经营支出 Operational Expenditure	固定资产投资完成额 Completed Investment in Fixed Assets	维护支出 Maintenance Expenditure	风景名胜区名称 Name of Scenic Spots
44106	33506	50869	5513	45356	424	青城山——都江堰
		110		110	60	龙门山
3000	2035	27175	24170	3005	2115	天台山
23479	19445	7345	1246	6099	963	剑门蜀道
7	7	30	10	15	10	白龙湖
391819	34881	397522	72977	78091	18168	峨眉山
6800	6800	6710	10	6700	852	蜀南竹海
3477	3207	3101	156	2945	84	石海洞乡
7000	2400	10740	5012	5728	3500	光雾山——诺水河
42964	42964	19263	5000	14263	2489	黄龙
83880	83880					九寨沟
1230	1080	2350	800	1550	30	四姑娘山
1578	1220	1150		1150		贡嘎山
463	463	669	13	656	20	邛海——螺髻山
95819	**76531**	**112355**	**45680**	**57707**	**6016**	**贵州**
404	404	597	16	580	479	红枫湖
13452	12971	17747	15739	1853	45	赤水
6695	6500	9182	3010	3096	259	龙宫
49053	37706	58655	13617	45038	1552	黄果树
150	103	1318	145	79	23	紫云格凸河穿洞
						九龙洞
		30	30			石阡温泉群
		1800				沿河乌江山峡
1811	1811	565	4	561	101	马岭河峡谷
168	168	64		64	10	九洞天
7608	7520	13497	6322	4365	2810	织金洞
585	585	144	13	131	6	㵲阳河
7543	503	4306	4005	300	180	黎平侗乡
14	14	1118	1100	18	16	榕江苗山侗水
7884	7884	1996	517	1448	366	荔波樟江
		240	200	40	40	瓮安江界河
252	252	850	850			平塘
200	110	246	112	134	129	都匀斗篷山——剑江
253484	**155583**	**224389**	**107949**	**104926**	**32358**	**云南**
2632	2598	2718	131	798	91	昆明滇池
10401	10185	9421	47	9374		九乡
65752	65129	78748	44211	32758	15011	路南石林
15672	7427	26647	10569	10611	1185	腾冲热地火山

13 续表 6

风景名胜区名称 Name of Scenic Spots	风景名胜区面积（平方公里）Area of Scenic Spots (km²)	供游览面积 Tourism-Only Area	游人量（万人次）Number of Visits (10,000 person-times)	境外游人 Visits by Foreign Tourists	景区资金收入合计（万元）Total Revenues of Scenic Spots (10,000 RMB)	国家拨款 Financial Allocation from Central Government
丽江玉龙雪山	360	180	336.00	48.00	132000	
建水	152	20	448.90	2.80	3661	
阿庐	13	2	31.40	0.20	3256	1315
普者黑	145	145	35.00		7756	56
西双版纳	1147	23	558.30	13.90	39216	
大理	201	138	202.00	5.60	7542	569
三江并流	10117	448	27.60	4.00	33107	20670
瑞丽江——大盈江	334	183	251.30	3.50		
西藏	**18222**	**6252**	**88.90**	**0.20**	**7685**	
纳木措——念青唐古拉山	3084	3084	88.30		7522	
土林-古格	6220	920	0.60	0.20	163	
雅砻河	920	920				
唐古拉山——怒江源	7998	1328				
陕西	**760**	**359**	**2253.10**	**188.30**	**179573**	**3098**
临潼骊山	120	91	1738.00	180.00	138500	
宝鸡天台山	134	40	6.00		280	160
合阳洽川	177	165	75.10		2820	1420
华山	148	50	230.00	1.80	24000	
黄河壶口瀑布	178	12	113.00	6.50	8778	1518
黄帝陵	3	1	91.00		5195	
甘肃	**1099**	**250**	**596.40**	**60.40**	**28396**	**3801**
麦积山	215	215	188.60	9.20	6180	633
崆峒山	84	20	277.00	48.60	10730	2918
鸣沙山	800	15	130.80	2.60	11486	250
青海	**7578**	**7578**	**165.20**	**1.20**	**22313**	
青海湖	7578	7578	165.20	1.20	22313	
宁夏	**109**	**93**	**131.90**	**3.80**	**24364**	**17021**
西夏王陵	86	86	107.90	1.10	24088	16921
须弥山石窟	23	7	24.00	2.70	276	100
新疆	**7413**	**3535**	**418.20**	**0.60**	**57294**	**36197**
库木塔格沙漠	1880	250	27.00	0.10	1128	498
天山天池	548	236	190.60	0.20	10367	
赛里木湖	1301	1301	60.20	0.10	33648	32127
罗布人村寨	134	85	29.10		782	10
博斯腾湖	3550	1663	111.30	0.20	11369	3562

continued 6

经营收入 Operational Income (10,000 RMB)	门 票 Ticket Fees	景区资金支出合计(万元) Total Expenditure of Scenic Spots (10,000 RMB)	经营支出 Operational Expenditure	固定资产投资完成额 Completed Investment in Fixed Assets	维护支出 Maintenance Expenditure	风景名胜区名称 Name of Scenic Spots
87500	32870	11400	8700	2300	400	丽江玉龙雪山
3661	3012	2517	96	2421	184	建水
1941	1856	2130	105	1928	34	阿庐
7700	1050	7936	850	7086	300	普者黑
38827	25390	47990	22997	23682	12300	西双版纳
6961	3042	12307	5820	5816	405	大理
12437	3024	22249	14097	8152	2448	三江并流
		326	326			瑞丽江——大盈江
7685	**7571**	**6984**	**205**	**6754**	**25**	**西藏**
7522	7408	6984	205	6754	25	纳木措——念青唐古拉山
163	163					土林-古格
						雅砻河
						唐古拉山——怒江源
170059	**167715**	**24924**	**9789**	**13001**	**2315**	**陕西**
138500	138500					临潼骊山
120	100	250	80	120	40	宝鸡天台山
1380	730	8160	7210	560	250	合阳洽川
18550	16980	9700	2300	6700	700	华山
7260	7260	1518	74	1444	855	黄河壶口瀑布
4249	4145	5296	125	4177	470	黄帝陵
24575	**17763**	**22474**	**7297**	**15177**	**4166**	**甘肃**
5527	3288	5960	3500	2460	780	麦积山
7812	3605	11131	3565	7566	1254	崆峒山
11236	10870	5383	232	5151	2132	鸣沙山
22313	**12791**	**32337**	**15730**	**16607**	**830**	**青海**
22313	12791	32337	15730	16607	830	青海湖
5333	**5285**	**12025**	**3119**	**2918**	**188**	**宁夏**
5157	5109	11749	3119	2742	88	西夏王陵
176	176	276		176	100	须弥山石窟
21097	**14266**	**27891**	**14909**	**3220**	**385**	**新疆**
630	600	970	518	452	106	库木塔格沙漠
10367	10367	14345	4583			天山天池
1521	1446	5870	5008	862	11	赛里木湖
772	662	3036	2300	736	180	罗布人村寨
7807	1191	3670	2500	1170	88	博斯腾湖

十四、城市市容环境卫生

14. Urban Environmental Sanitation

简要说明

本部分主要包括道路清扫保洁，生活垃圾、粪便的清运、处理等内容。

Brief Introduction

This section mainly includes such indicators as the cleaning and maintenance of roads, the transfer and treatment of domestic garbage, night soil, etc..

14 全国历年城市市容环境卫生情况(1979-2015)
National Urban Environmental Sanitation in Past Years (1979-2015)

年份 Year	生活垃圾 Domestic Garbage 清运量 (万吨) Quantity of Collected and Transported (10,000 ton)	无害化处理场(厂)座数 (座) Number of Harmless Treatment Plants/Grounds (unit)	无害化处理能力 (吨/日) Harmless Treatment Capacity (ton/day)	无害化处理量 (万吨) Quantity of Harmlessly Treated (10,000 ton)	粪便清运量 (万吨) Volume of Soil Collected and Transported (10,000 ton)	公厕数量 (座) Number of Latrine (unit)	市容环卫专用车辆设备总数 (台) Number of Vehicles and Equipment Designated for Municipal Environmental Sanitation (unit)	每万人拥有公厕 (座) Number of Latrine per 10,000 Population (unit)
1979	2508	12	1937		2156	54180	5316	
1980	3132	17	2107	215	1643	61927	6792	
1981	2606	30	3260	162	1547	54280	7917	3.77
1982	3125	27	2847	190	1689	56929	9570	3.99
1983	3452	28	3247	243	1641	62904	10836	3.95
1984	3757	24	1578	188	1538	64178	11633	3.57
1985	4477	14	2071	232	1748	68631	13103	3.28
1986	5009	23	2396	70	2710	82746	19832	3.61
1987	5398	23	2426	54	2422	88949	21418	3.54
1988	5751	29	3254	75	2353	92823	22793	3.14
1989	6292	37	4378	111	2603	96536	25076	3.09
1990	6767	66	7010	212	2385	96677	25658	2.97
1991	7636	169	29731	1239	2764	99972	27854	3.38
1992	8262	371	71502	2829	3002	95136	30026	3.09
1993	8791	499	124508	3945	3168	97653	32835	2.89
1994	9952	609	130832	4782	3395	96234	34398	2.69
1995	10671	932	183732	6014	3066	113461	39218	3.00
1996	10825	574	155826	5568	2931	109570	40256	3.02
1997	10982	635	180081	6292	2845	108812	41538	2.95
1998	11302	655	201281	6783	2915	107947	42975	2.89
1999	11415	696	237393	7232	2844	107064	44238	2.85
2000	11819	660	210175	7255	2829	106471	44846	2.74
2001	13470	741	224736	7840	2990	107656	50467	3.01
2002	13650	651	215511	7404	3160	110836	52752	3.15
2003	14857	575	219607	7545	3475	107949	56068	3.18
2004	15509	559	238519	8089	3576	109629	60238	3.21
2005	15577	471	256312	8051	3805	114917	64205	3.20
2006	14841	419	258048	7873	2131	107331	66020	2.88(3.22)
2007	15215	458	279309	9438	2506	112604	71609	3.04
2008	15438	509	315153	10307	2331	115306	76400	3.12
2009	15734	567	356130	11220	2141	118525	83756	3.15
2010	15805	628	387607	12318	1951	119327	90414	3.02
2011	16395	677	409119	13090	1963	120459	100340	2.95
2012	17081	701	446268	14490	1812	121941	112157	2.89
2013	17239	765	492300	15394	1682	122541	126552	2.83
2014	17860	818	533455	16394	1552	124410	141431	2.79
2015	19142	890	576894	18013	1437	126344	165725	2.75

注：1.1980年至1995年生活垃圾无害化处理量为生活垃圾与粪便的合计量。

2.自2006年起，生活垃圾填埋场的统计采用新的认定标准，生活垃圾无害化处理数据与往年不可比。

Note: 1.Quantity of garbage disposed harmlessly from 1980 to 1995 consists of quantity of garbage and soil.

2.Since 2006, treatment of domestic garbage through sanitary landfill has adopted new certification standard,so the datas of harmless treatmented garbage are not compared with the past years.

14-1 2015年全国城市市容环境卫生分组资料

地区名称 Name of Regions	道路清扫保洁面积(万平方米) Surface Area of Roads Cleaned and Maintained (10,000 m^2)	机械化 Mechanization	生活垃圾 清运量(万吨) Collected and Transported (10,000 ton)	密闭车(箱)清运量 Quantity of Garbage Transported by Airtight Vehicle	处理量(万吨) Volume of Treated (10,000 ton)	无害化处理厂(场)数(座) Number of Harmless Treatment Plants/ Grounds (unit)	卫生填埋 Sanitary Landfill	焚烧 Incineration	其他 other	无害化处理能力(吨/日) Harmless Treatment Capacity (ton/day)
全 国 National Total	**730333**	**405569**	**19141.87**	**18020.10**	**18750.36**	**890**	**640**	**220**	**30**	**576894**
分类一 Group one										
东部地区 East China	403590	231684	10853.36	10410.74	10733.34	439	263	155	21	343140
中部地区 Central China	202331	107432	4972.64	4513.36	4826.94	272	223	42	7	147433
西部地区 West China	124412	66453	3315.84	3095.70	3190.08	179	154	23	2	86321
分类二 Group two										
东部地区 East China	385401	222879	10467.90	10043.37	10353.07	418	245	152	21	334289
中部地区 Central China	182532	99050	4643.52	4203.59	4504.57	244	197	41	6	136180
西部地区 West China	162400	83640	4030.42	3772.84	3892.72	228	198	27	3	106425
分类三 Group three										
东部地区 East China	348764	209837	9534.70	9255.24	9440.02	387	219	150	18	309602
中部地区 Central China	142091	78361	3630.27	3384.71	3564.32	186	151	33	2	109264
西部地区 West China	162400	83640	4030.42	3772.84	3892.72	228	198	27	3	106425
东北地区 Northeast China	77078	33731	1946.45	1607.01	1853.30	89	72	10	7	51603

National Urban Environmental Sanitation(2015)

Domestic Garbage							粪便 Excrement and Urine		公厕数 (座) Number of Latrines (unit)		市容环卫专用车辆设备总数(台) Number of Vehicles and Equipment Designated for Municipal Environmental Sanitation (unit)	地区名称 Name of Regions
			无害化处理量(万吨) Volume of Harmlessly Treated (10,000 ton)				清运量(万吨) Quantity of Excrement Transported (10,000 ton)	处理量(万吨) Quantity of Excrement Treated (10,000 ton)		三类以上 Grade III and Above		
卫生填埋 Sanitary Landfill	焚烧 Incineration	其他 other		卫生填埋 Sanitary Landfill	焚烧 Incineration	其他 other						
344135	**219080**	**13679**	**18013.01**	**11483.14**	**6175.52**	**354.35**	**1436.77**	**673.67**	**126344**	**93541**	**165725**	**全　国**
												分类一
172522	160457	10161	10381.60	5682.01	4438.86	260.71	956.65	502.76	65475	50801	89343	东部地区
107302	37063	3068	4635.58	3453.90	1093.43	88.24	344.22	119.38	39188	25396	50566	中部地区
64311	21560	450	2995.86	2347.22	643.22	5.41	135.82	51.53	21681	17344	25816	西部地区
												分类二
164871	159257	10161	10001.33	5327.41	4413.19	260.71	947.93	497.41	63979	49431	82299	东部地区
97499	35713	2968	4313.97	3159.55	1067.12	87.29	306.40	101.94	35017	23569	46862	中部地区
81765	24110	550	3697.74	2996.17	695.20	6.36	182.36	74.32	27348	20541	36564	西部地区
												分类三
142995	157477	9130	9112.60	4549.47	4342.87	220.23	858.48	479.95	58923	47592	75764	东部地区
78276	30063	925	3489.56	2552.05	914.07	23.44	116.76	32.81	24757	19733	33266	中部地区
81765	24110	550	3697.74	2996.17	695.20	6.36	182.36	74.32	27348	20541	36564	西部地区
41099	7430	3074	1713.14	1385.44	223.37	104.33	279.09	86.59	15316	5675	20131	东北地区

14-2 2015年按省分列的城市市容环境卫生

地区名称 Name of Regions	道路清扫保洁面积（万平方米）Surface Area of Roads Cleaned and Maintained (10,000 m^2)		生活垃圾								
		机械化 Mechanization	清运量（万吨）Collected and Transported (10,000 ton)	密闭车(箱)清运量 Quantity of Garbage Transported by Airtight Vehicle	处理量（万吨）Volume of Treated (10,000 ton)	无害化处理厂(场)数（座）Number of Harmless Treatment Plants/Grounds (unit)	卫生填埋 Sanitary Landfill	焚烧 Incineration	其他 other	无害化处理能力（吨/日）Harmless Treatment Capacity (ton/day)	卫生填埋 Sanitary Landfill
全　国	**730333**	**405569**	**19141.87**	**18020.10**	**18750.36**	**890**	**640**	**220**	**30**	**576894**	**344135**
北　京	15122	9626	790.33	790.33	788.73	26	14	6	6	23821	8621
天　津	11769	10156	240.68	240.70	223.21	9	4	4	1	10200	5100
河　北	26358	17258	635.88	544.28	620.35	47	35	11	1	22864	12104
山　西	16083	10459	446.97	425.50	434.33	24	18	6		13971	9529
内蒙古	19799	8382	329.12	309.78	322.37	28	26	1	1	11253	9803
辽　宁	36637	13042	933.20	788.15	913.05	31	26	2	3	24687	21876
吉　林	16957	8084	490.25	407.52	482.07	25	20	4	1	13243	8893
黑龙江	23484	12605	523.00	411.40	458.18	33	26	4	3	13673	10330
上　海	17366	12393	613.20	613.20	613.20	12	5	5	2	20530	11230
江　苏	57992	42452	1456.07	1440.02	1456.07	61	30	31		52816	20679
浙　江	39195	23792	1332.63	1317.51	1332.63	59	25	33	1	47855	15220
安　徽	29216	20116	491.94	488.03	489.74	27	18	9		17187	9437
福　建	14881	7909	608.06	607.02	603.14	27	13	14		19105	6805
江　西	14019	5638	329.25	295.90	329.06	17	17			9740	9740
山　东	68631	46746	1377.47	1343.22	1377.47	62	39	21	2	37648	17838
河　南	29490	14261	891.83	788.46	856.08	45	40	5		24307	19457
湖　北	33304	17233	832.15	773.86	818.22	41	28	11	2	22826	10480
湖　南	19979	10654	638.15	613.00	636.89	32	30	2		21233	19633
广　东	92161	37371	2320.40	2206.52	2265.41	73	47	21	5	70206	43226
广　西	18189	8805	385.46	367.38	380.27	21	18	3		8851	7651
海　南	5289	2134	160.06	152.57	159.81	11	7	4		4557	2172
重　庆	15313	8642	440.03	435.66	435.77	18	16	2		9350	5750
四　川	30196	18010	823.57	757.84	801.15	45	33	12		22565	13505
贵　州	7098	4695	268.34	236.18	251.73	17	14	3		7520	5320
云　南	16769	6435	371.04	358.03	361.33	24	19	5		9109	3909
西　藏	5714	3499	32.92	25.15	4.17						
陕　西	15884	9702	522.74	512.69	512.38	20	17	1	2	17591	15641
甘　肃	8294	4431	262.68	244.77	261.00	18	18			5061	5061
青　海	2699	1057	82.24	78.14	79.11	6	6			1930	1930
宁　夏	7956	3337	132.24	99.35	118.91	8	8			3990	3990
新　疆	14489	6645	380.04	347.94	364.53	23	23			9205	9205

Urban Environmental Sanitation by Province (2015)

Domestic Garbage						粪便 Excrement and Urine		公厕数 (座) Number of Latrines (unit)		市容环卫专用车辆设备总数 (台) Number of Vehicles and Equipment Designated for Municipal Environmental Sanitation (unit)	地区名称 Name of Regions
焚烧 Incineration	其他 other	无害化处理量 (万吨) Volume of Harmlessly Treated (10,000 ton)	卫生填埋 Sanitary Landfill	焚烧 Incineration	其他 other	清运量 (万吨) Quantity of Excrement Transported (10,000 ton)	处理量 (万吨) Quantity of Excrement Treated (10,000 ton)		三类以上 Grade Ⅲ and Above		
219080	**13679**	**18013.01**	**11483.14**	**6175.52**	**354.35**	**1436.77**	**673.67**	**126344**	**93541**	**165725**	**全　国**
10400	4800	622.42	325.77	209.38	87.26	204.66	188.84	5401	5401	10747	北　京
4800	300	223.21	109.05	114.16		28.13	7.29	1327	846	3937	天　津
10600	160	610.50	384.93	220.41	5.16	95.69	32.37	6298	3389	5493	河　北
4442		434.33	309.47	124.86		33.99	0.76	3261	1715	4603	山　西
1350	100	321.61	294.35	26.31	0.95	37.81	17.44	4171	1827	3704	内蒙古
1780	1031	888.73	777.94	70.32	40.48	89.44	17.44	5056	1839	6535	辽　宁
3850	500	415.23	290.59	114.49	10.14	67.55	38.79	3643	1168	6323	吉　林
1800	1543	409.18	316.91	38.56	53.71	122.11	30.37	6617	2668	7273	黑龙江
8300	1000	613.20	329.23	249.95	34.02	172.82	60.03	6197	2618	5503	上　海
32137		1456.07	407.31	1048.76		72.49	42.95	11739	10004	12175	江　苏
32435	200	1322.20	548.91	773.28		81.49	58.61	8199	6923	6752	浙　江
7750		489.74	287.81	201.93		15.72	3.36	3223	2813	4593	安　徽
12300		603.14	237.13	366.01		4.08	2.88	3185	3156	2531	福　建
		311.02	311.02			7.92	7.91	1887	1509	1787	江　西
18350	1460	1377.47	749.84	562.24	65.39	107.95	37.74	6351	5505	12666	山　东
4850		856.08	704.15	151.93		36.62	11.73	7540	7040	5682	河　南
11421	925	761.50	348.44	389.62	23.44	15.82	4.3	5475	3974	12710	湖　北
1600		636.89	591.16	45.73		6.70	4.77	3371	2682	3891	湖　南
25770	1210	2124.58	1388.00	708.17	28.40	85.51	48.96	9769	9309	14274	广　东
1200		380.27	354.60	25.67		8.73	5.35	1496	1370	7044	广　西
2385		159.81	69.30	90.51		5.71	0.26	457	441	1686	海　南
3600		433.86	285.59	148.26		61.25	10.62	3208	2354	2791	重　庆
9060		797.10	517.72	279.38		17.16	6.21	4383	3209	4859	四　川
2200		251.73	226.40	25.33		1.03		1440	1187	2619	贵　州
5200		334.05	146.50	187.55		20.99	9.55	2619	2330	2699	云　南
						0.12		317	160	337	西　藏
1500	450	512.38	504.27	2.70	5.41	9.08	7.75	4266	4161	3196	陕　西
		168.74	168.74			18.02	11.9	1518	1202	1923	甘　肃
		71.70	71.70			1.35		691	327	475	青　海
		118.91	118.91			6.77	5.43	746	657	1597	宁　夏
		307.39	307.39			0.06	0.06	2493	1757	5320	新　疆

14-3 2015年按城市分列的城市市容环境卫生

城市名称 Name of Cities	道路清扫保洁面积(万平方米) Surface Area of Roads Cleaned and Maintained (10,000 m^2)		生活垃圾								
		机械化 Mechanization	清运量(万吨) Collected and Transported (10,000 ton)	密闭车(箱)清运量 Quantity of Garbage Transported by Airtight Vehicle	处理量(万吨) Volume of Treated (10,000 ton)	无害化处理厂(场)数(座) Number of Harmless Treatment Plants/ Grounds (unit)	卫生填埋 Sanitary Landfill	焚烧 Incineration	其他 other	无害化处理能力(吨/日) Harmless Treatment Capacity (ton/day)	卫生填埋 Sanitary Landfill
全　国	**730333**	**405569**	**19142.17**	**18020.10**	**18750.64**	**890**	**640**	**220**	**30**	**576894**	**344135**
北　京	**15122**	**9626**	**790.33**	**790.33**	**788.73**	**26**	**14**	**6**	**6**	**23821**	**8621**
天　津	**11769**	**10156**	**240.70**	**240.70**	**223.19**	**9**	**4**	**4**	**1**	**10200**	**5100**
河　北	**26358**	**17258**	**635.88**	**544.28**	**620.36**	**47**	**35**	**11**	**1**	**22864**	**12104**
石家庄	4357	3204	83.25	81.95	83.25	4	1	3		3820	220
晋　州	230	130	4.72	4.72	4.53	1	1			170	170
新　乐	150	115	3.47	3.47	3.36	1	1			220	220
唐　山	2544	1552	58.21		58.21	3	3			1074	1074
遵　化	409	229	11.41	11.41	11.41	1	1			280	280
迁　安	425	214	7.15	7.15	7.15	1	1			200	200
秦皇岛	2017	1615	35.71	35.71	35.71	1		1		1000	
邯　郸	1794	1259	49.35	45.52	49.35	2	2			1500	1500
武　安	595	310	11.68	11.00	11.68	1	1			400	400
邢　台	822	480	28.70	28.70	28.70	4	4			1161	1161
南　宫	301	210	5.31	4.00	5.31	1	1			200	200
沙　河	390	187	14.00	14.00	14.00	1	1			583	583
保　定	2717	1442	49.27	48.08	49.26	5	2	3		3850	1250
涿　州	461	360	21.55	18.35	21.55	1	1			240	240
安　国	235	140	4.76	2.23	4.76	1	1			401	401
高碑店	260	185	8.76	3.50	8.63	1	1			380	380
张家口	1045	475	49.00	49.00	46.55	3	3			1180	1180
承　德	868	638	37.08	36.54	37.02	2	1	1		1000	100
沧　州	950	762	24.00	24.00	24.00	1		1		1100	
泊　头	197	114	6.10	6.10	6.02	1	1			165	165
任　丘	503	307	13.26	13.26	13.26	1	1			650	650
黄　骅	617	500	9.40	9.40	9.40	1	1			300	300
河　间	419	224	5.16	5.16	5.16	1			1	160	
廊　坊	1003	432	21.04	21.04	12.41	1		1		1000	
霸　州	400	210	5.84	4.85	5.58	1	1			150	150
三　河	300	200	12.31	12.27	12.31	1	1			150	150
衡　水	821	697	17.16	17.16	14.19	1		1		400	

Urban Environmental Sanitation by City (2015)

Domestic Garbage						粪便 Excrement and Urine		公厕数 (座) Number of Latrines (unit)		市容环卫专用车辆设备总数 (台) Number of Vehicles and Equipment Designated for Municipal Environmental Sanitation (unit)	城市名称 Name of Cities
焚烧 Incineration	其他 other	无害化处理量 (万吨) Volume of Harmlessly Treated (10,000 ton)	卫生填埋 Sanitary Landfill	焚烧 Incineration	其他 other	清运量 (万吨) Quantity of Excrement Transported (10,000 ton)	处理量 (万吨) Quantity of Excrement Treated (10,000 ton)		三类以上 Grade Ⅲ and Above		
219080	**13679**	**18013.26**	**11483.34**	**6175.53**	**354.39**	**1427.98**	**676.46**	**126344**	**93541**	**165725**	**全　国**
10400	**4800**	**622.42**	**325.77**	**209.38**	**87.27**	**204.66**	**188.84**	**5401**	**5401**	**10747**	**北　京**
4800	**300**	**223.19**	**109.04**	**114.15**		**28.13**	**7.29**	**1327**	**846**	**3937**	**天　津**
10600	**160**	**610.51**	**384.94**	**220.41**	**5.16**	**95.69**	**32.37**	**6298**	**3389**	**5493**	**河　北**
3600		79.65	7.59	72.06		19.82	18.39	514	467	898	石家庄
		4.53	4.53					40	40	24	晋　州
		3.36	3.36			1.00		52	52	47	新　乐
		58.21	58.21					1571	422	491	唐　山
		11.41	11.41			1.31		80	30	55	遵　化
		7.15	7.15			0.28		58	58	31	迁　安
1000		35.71		35.71		4.51		360	168	348	秦皇岛
		49.35	49.35					428	274	448	邯　郸
		11.68	11.68					85	85	100	武　安
		28.70	28.70			17.90		238	137	153	邢　台
		5.31	5.31			0.31	0.31	59		41	南　宫
		14.00	14.00			0.82		45	45	71	沙　河
2600		49.26	16.56	32.70		2.97		228	34	381	保　定
		21.55	21.55					46	46	78	涿　州
		4.76	4.76			0.28		56	50	45	安　国
		8.63	8.63					13		58	高碑店
		46.55	46.55			13.20		532	119	160	张家口
900		30.77	1.43	29.34		3.01		219	55	150	承　德
1100		24.00		24.00		6.16		270	162	276	沧　州
		6.02	6.02			1.27		124	18	40	泊　头
		13.26	13.26			0.13		176	176	148	任　丘
		9.40	9.40			4.20	4.20	152	104	156	黄　骅
	160	5.16			5.16	4.60		69	53	34	河　间
1000		12.41		12.41		6.02	6.02	186	186	239	廊　坊
		5.58	5.58					175	175	46	霸　州
		12.31	12.31			3.00	1.28	80	44	256	三　河
400		14.19		14.19		1.64		163	157	214	衡　水

14-3 续表 1

城市名称 Name of Cities	道路清扫保洁面积(万平方米) Surface Area of Roads Cleaned and Maintained (10,000 m^2)	机械化 Mechanization	生活垃圾 清运量(万吨) Collected and Transported (10,000 ton)	密闭车(箱)清运量 Quantity of Garbage Transported by Airtight Vehicle	处理量(万吨) Volume of Treated (10,000 ton)	无害化处理厂(场)数(座) Number of Harmless Treatment Plants/ Grounds (unit)	卫生填埋 Sanitary Landfill	焚烧 Incineration	其他 other	无害化处理能力(吨/日) Harmless Treatment Capacity (ton/day)	卫生填埋 Sanitary Landfill
冀　州	272	163	4.75	4.75	4.75	1	1			150	150
深　州	254	174	5.32		5.27	1	1			160	160
辛　集	351	216	7.85	7.85	7.27	1	1			260	260
定　州	651	514	20.31	13.11	20.31	1	1			560	560
山　西	**16083**	**10459**	**446.97**	**425.50**	**434.34**	**24**	**18**	**6**		**13971**	**9529**
太　原	4145	3599	174.40	174.40	173.64	2	1	1		4757	3365
古　交	118	78	3.66		3.66	1	1			250	250
大　同	2600	1562	36.96	36.96	36.86	1		1		1000	
阳　泉	629	360	17.66	15.69	15.69	1	1			600	600
长　治	1015	456	17.63	17.63	17.63	1		1		600	
潞　城	285	117	2.42	2.42	2.42	1	1			105	105
晋　城	618	267	17.80	17.80	17.80	1	1			500	500
高　平	156	100	7.98	7.98	7.98	1	1			219	219
朔　州	746	459	20.39	20.39	20.39	2	2			500	500
晋　中	1034	580	19.24	19.24	17.31	1	1			540	540
介　休	343	246	11.06	11.06	11.06	1		1		500	
运　城	666	411	18.00	18.00	18.00	1	1			510	510
永　济	276	152	7.48	7.48	7.48	1	1			310	310
河　津	245	74	8.34	4.75	7.51	1	1			320	320
忻　州	719	576	8.76	8.76	1.75	1		1		700	
原　平	171	84	8.15	8.15	8.15	1	1			250	250
临　汾	532	294	13.46	13.46	13.46	1	1			600	600
侯　马	277	130	9.47		9.47	1	1			260	260
霍　州	155	54	6.96	4.18	6.96	1	1			200	200
吕　梁	378	259	14.60	14.60	14.60	1	1			500	500
孝　义	715	472	15.80	15.80	15.77	1	1			500	500
汾　阳	260	129	6.75	6.75	6.75	1		1		250	
内蒙古	**19799**	**8382**	**329.11**	**309.78**	**322.39**	**28**	**26**	**1**	**1**	**11253**	**9803**
呼和浩特	2592	1900	59.29	59.29	59.29	2	2			1250	1250
包　头	3606	865	52.29	52.29	50.74	4	3	1		2820	1470
乌　海	837	528	21.15	17.60	20.31	3	3			933	933
赤　峰	1700	669	42.03	40.83	42.03	2	2			650	650
通　辽	1218	707	13.66	13.66	13.10	1	1			840	840

continued 1

Domestic Garbage						粪便 Excrement and Urine		公厕数 (座) Number of Latrines (unit)		市容环卫专用车辆设备总数(台) Number of Vehicles and Equipment Designated for Municipal Environmental Sanitation (unit)	城市名称 Name of Cities
焚烧 Incineration	其他 other	无害化处理量(万吨) Volume of Harmlessly Treated (10,000 ton)	卫生填埋 Sanitary Landfill	焚烧 Incineration	其他 other	清运量(万吨) Quantity of Excrement Transported (10,000 ton)	处理量(万吨) Quantity of Excrement Treated (10,000 ton)		三类以上 Grade III and Above		
		4.75	4.75			1.66	0.84	36	24	229	冀　州
		5.27	5.27					15	14	19	深　州
		7.27	7.27			1.60	1.33	87	53	107	辛　集
		20.31	20.31					141	141	150	定　州
4442		**434.34**	**309.48**	**124.86**		**33.99**	**0.76**	**3261**	**1715**	**4603**	**山　西**
1392		173.64	122.83	50.81				664	618	2300	太　原
		3.66	3.66					17	13	48	古　交
1000		36.86		36.86		11.00		1420	18	441	大　同
		15.69	15.69			8.04		227	227	263	阳　泉
600		17.63		17.63		0.75	0.75	50	50	202	长　治
		2.42	2.42			0.02	0.01	10	10	28	潞　城
		17.80	17.80			10.95		76	76	131	晋　城
		7.98	7.98					10	3	28	高　平
		20.39	20.39			0.17		66	36	120	朔　州
		17.31	17.31			0.18		154	151	61	晋　中
500		11.06		11.06				69	39	103	介　休
		18.00	18.00			2.80		49	49	90	运　城
		7.48	7.48					18		24	永　济
		7.51	7.51					18	12	35	河　津
700		1.75		1.75				45	45	76	忻　州
		8.15	8.15					35	35	65	原　平
		13.46	13.46					73	73	112	临　汾
		9.47	9.47					47	47	84	侯　马
		6.96	6.96					22	22	38	霍　州
		14.60	14.60					68	68	77	吕　梁
		15.77	15.77			0.08		75	75	131	孝　义
250		6.75		6.75				48	48	146	汾　阳
1350	**100**	**321.63**	**294.37**	**26.31**	**0.95**	**37.81**	**17.44**	**4171**	**1827**	**3704**	**内蒙古**
		59.29	59.29					373	179	423	呼和浩特
1350		50.74	24.43	26.31		11.90	9.50	289	289	426	包　头
		20.31	20.31			1.63		472	38	236	乌　海
		41.27	41.27			11.20	2.10	209	131	143	赤　峰
		13.10	13.10			1.10		275	115	1042	通　辽

14-3 续表 2

城市名称 Name of Cities	道路清扫保洁面积(万平方米) Surface Area of Roads Cleaned and Maintained (10,000 m^2)	机械化 Mechanization	生活垃圾 清运量(万吨) Collected and Transported (10,000 ton)	密闭车(箱)清运量 Quantity of Garbage Transported by Airtight Vehicle	处理量(万吨) Volume of Treated (10,000 ton)	无害化处理厂(场)数(座) Number of Harmless Treatment Plants/Grounds (unit)	卫生填埋 Sanitary Landfill	焚烧 Incineration	其他 other	无害化处理能力(吨/日) Harmless Treatment Capacity (ton/day)	卫生填埋 Sanitary Landfill
霍林郭勒	413	58	7.86		7.55	1	1			120	120
鄂尔多斯	3943	1056	22.40	21.33	21.46	2	1		1	600	500
呼伦贝尔	950	194	12.07	11.65	11.50	1	1			400	400
满洲里	791	173	6.80	6.80	6.35	1	1			180	180
牙克石	270	80	9.25	8.16	9.20	1	1			370	370
扎兰屯	418	84	5.77	5.66	5.69	1	1			320	320
额尔古纳	80	25	3.26	3.26	3.23	1	1			80	80
根河	93	40	3.03	1.96	2.96	1	1			90	90
巴彦淖尔	780	663	15.98	14.40	15.95	1	1			450	450
乌兰察布	506	253	11.54	11.54	11.13	1	1			400	400
丰镇	162	68	9.19	8.31	8.62	1	1			300	300
乌兰浩特	510	360	15.84	15.84	15.64	1	1			580	580
阿尔山	70	30	2.10	1.60	2.04	1	1			200	200
二连浩特	260	103	7.20	7.20	7.20	1	1			300	300
锡林浩特	600	526	8.40	8.40	8.40	1	1			370	370
辽宁	**36637**	**13042**	**933.24**	**788.15**	**913.08**	**31**	**26**	**2**	**3**	**24687**	**21876**
沈阳	8978	2988	272.46	262.78	272.45	2	2			5000	5000
新民	550	200	13.51	6.94	13.51	1	1			800	800
大连	5733	2266	122.81	87.93	122.81	2	1	1		3300	1800
瓦房店	864	344	19.57	19.57	19.57	1	1			400	400
普兰店	605	145	7.30	7.30	7.30	1		1		280	
庄河	398	187	9.92		9.92	1	1			280	280
鞍山	4117	855	58.13	55.87	58.13	1	1			1500	1500
海城	503	421	16.79	16.79	16.79	1	1			400	400
抚顺	1662	1000	38.22	25.00	38.22	1	1			1400	1400
本溪	870	341	31.76	26.98	27.38	1	1			900	900
丹东	735	364	21.37	17.84	21.37	1	1			850	850
东港	443	16	6.73	3.14	6.73	1	1			260	260
凤城	210	100	9.70	4.90	8.39	1	1			300	300
锦州	1363	369	31.38	22.31	31.38	2			2	750	
凌海	188	150	5.11	2.74	5.11	1	1			220	220
北镇	267	103	10.65	10.64	10.64	1	1			130	130
营口	761	233	27.62	27.62	27.62	1	1			1205	1205
盖州	258	145	12.41	8.78	12.18	1	1			1060	1060

continued 2

Domestic Garbage						粪便 Excrement and Urine		公厕数 (座) Number of Latrines (unit)		市容环卫专用车辆设备总数 (台) Number of Vehicles and Equipment Designated for Municipal Environmental Sanitation (unit)	城市名称 Name of Cities
焚烧 Incineration	其他 other	无害化处理量 (万吨) Volume of Harmlessly Treated (10,000 ton)	卫生填埋 Sanitary Landfill	焚烧 Incineration	其他 other	清运量 (万吨) Quantity of Excrement Transported (10,000 ton)	处理量 (万吨) Quantity of Excrement Treated (10,000 ton)		三类以上 Grade Ⅲ and Above		
		7.55	7.55					27		61	霍林郭勒
	100	21.46	20.51		0.95	2.36	0.02	361	290	242	鄂尔多斯
		11.50	11.50			2.07		93	93	125	呼伦贝尔
		6.35	6.35					440		75	满洲里
		9.20	9.20					50	12	50	牙克石
		5.69	5.69					248	150	240	扎兰屯
		3.23	3.23					15		41	额尔古纳
		2.96	2.96			0.04		19		23	根河
		15.95	15.95			3.00	3.00	325	187	101	巴彦淖尔
		11.13	11.13			1.20	1.20	333	94	150	乌兰察布
		8.62	8.62			1.52	1.40	295	126	74	丰镇
		15.64	15.64			1.53		132		85	乌兰浩特
		2.04	2.04			0.02		19	7	15	阿尔山
		7.20	7.20			0.02		57	51	62	二连浩特
		8.40	8.40			0.22	0.22	139	65	90	锡林浩特
1780	**1031**	**888.76**	**777.96**	**70.32**	**40.48**	**89.44**	**17.44**	**5056**	**1839**	**6535**	**辽宁**
		272.45	272.45			18.54	2.88	871	563	2012	沈阳
		13.51	13.51			1.97	1.97	78		69	新民
1500		122.81	59.79	63.02		2.69	2.69	518	233	972	大连
		19.57	19.57			3.20		175	34	96	瓦房店
280		7.30		7.30		0.58		75	5	66	普兰店
		9.92	9.92			2.40		291	12	66	庄河
		58.13	58.13			8.07		204	164	293	鞍山
		16.79	16.79			0.92		73	8	45	海城
		38.22	38.22			3.39		66	60	413	抚顺
		27.38	27.38			1.02	0.54	245	72	220	本溪
		21.37	21.37			8.84		78	70	324	丹东
		6.73	6.73			2.30	1.40	39		64	东港
		8.39	8.39			0.51	0.51	56	3	66	凤城
	750	31.38			31.38	1.15		151	61	253	锦州
		5.11	5.11			2.43		107	3	50	凌海
		6.44	6.44			1.06	1.06	74	46	58	北镇
		27.62	27.62			3.67		162	19	181	营口
		12.18	12.18			2.17	2.12	211	211	66	盖州

14-3 续表 3

城市名称 Name of Cities	道路清扫保洁面积(万平方米) Surface Area of Roads Cleaned and Maintained (10,000 m^2)		生活垃圾								
		机械化 Mechanization	清运量(万吨) Collected and Transported (10,000 ton)	密闭车(箱)清运量 Quantity of Garbage Transported by Airtight Vehicle	处理量(万吨) Volume of Treated (10,000 ton)	无害化处理厂(场)数(座) Number of Harmless Treatment Plants/Grounds (unit)	卫生填埋 Sanitary Landfill	焚烧 Incineration	其他 other	无害化处理能力(吨/日) Harmless Treatment Capacity (ton/day)	卫生填埋 Sanitary Landfill
大石桥	310	91	11.61	9.86	11.61	1	1			465	465
阜新	1084	78	29.20	29.20	29.20	1	1			1374	1374
辽阳	1075	549	24.30	13.00	24.30	1	1			950	950
灯塔	430	110	6.50	5.20	6.50						
盘锦	986	502	21.35	10.94	21.35	1	1			600	600
铁岭	1074	403	14.63	14.63	14.63	1	1			500	500
调兵山	151	68	9.10	3.90	9.10	1			1	281	
开原	416	228	8.52	8.52	8.52	1	1			210	210
朝阳	992	160	33.00	33.00	33.00	1	1			620	620
北票	319	165	12.02	12.02							
凌源	265	212	13.72	12.40	11.52						
葫芦岛	636	100	25.25	25.25	25.25	2	2			652	652
兴城	394	149	8.60	3.10	8.60						
吉林	**16957**	**8084**	**490.26**	**407.52**	**482.07**	**25**	**20**	**4**	**1**	**13243**	**8893**
长春	7330	5283	145.55	145.55	145.54	4	3	1		4940	3290
榆树	202	30	12.60	10.50	12.60	1	1			250	250
德惠	291	83	11.51	5.38	11.51	1		1		400	
吉林	1686	622	33.83	33.83	33.83	1		1		1000	
蛟河	190	20	8.40	5.40	8.40	1	1			250	250
桦甸	230	90	10.14	10.00	10.14	1			1	500	
舒兰	117		9.76	2.56	9.76	1	1			270	270
磐石	135	100	6.00	5.60	5.70						
四平	701	267	18.00	9.11	17.28	1		1		800	
双辽	220		5.90	2.42	5.90						
辽源	395	160	8.00	6.00	8.00	1	1			220	220
通化	604	290	26.41	22.40	25.80	1	1			509	509
集安	65	26	6.20	5.50	6.20	1	1			200	200
白山	342	43	19.59	17.80	19.20						
临江	132	12	7.50	3.00	7.50						
松原	848	176	21.20	21.20	20.30	1	1			556	556
扶余	120		8.80		7.00	1	1			220	220
白城	435	228	19.00	12.00	18.25	1	1			500	500
洮南	326	30	6.30	0.95	5.73	1	1			260	260
大安	159	80	7.67	7.67	6.83	1	1			260	260

continued 3

Domestic Garbage						粪便 Excrement and Urine		公厕数（座） Number of Latrines (unit)		市容环卫专用车辆设备总数（台） Number of Vehicles and Equipment Designated for Municipal Environmental Sanitation (unit)	城市名称 Name of Cities
焚烧 Incineration	其他 other	无害化处理量（万吨） Volume of Harmlessly Treated (10,000 ton)	卫生填埋 Sanitary Landfill	焚烧 Incineration	其他 other	清运量（万吨） Quantity of Excrement Transported (10,000 ton)	处理量（万吨） Quantity of Excrement Treated (10,000 ton)		三类以上 Grade III and Above		
		11.61	11.61			0.05		59	7	74	大石桥
		29.20	29.20			2.87		342	59	191	阜 新
		24.30	24.30			10.00		269	15	247	辽 阳
		6.50	6.50			2.00		13		68	灯 塔
		21.35	21.35			1.20		77	18	139	盘 锦
		14.63	14.63			0.85		12	4	126	铁 岭
	281	9.10			9.10	0.94	0.94	28	5	25	调兵山
		8.52	8.52			0.34		31		26	开 原
		33.00	33.00					211	98	139	朝 阳
						1.99		309	17	62	北 票
								23	17	35	凌 源
		25.25	25.25			3.20	2.58	119	32	55	葫芦岛
						1.09	0.75	89	3	34	兴 城
3850	**500**	**415.22**	**290.59**	**114.49**	**10.14**	**67.55**	**38.79**	**3643**	**1168**	**6323**	**吉 林**
1650		145.54	85.57	59.97		4.08	0.68	1198	586	3940	长 春
		12.60	12.60			3.00		40	6	95	榆 树
400		11.51		11.51		0.39	0.39	89	15	96	德 惠
1000		25.73		25.73		4.30		269	74	710	吉 林
		8.40	8.40			0.90		62		27	蛟 河
	500	10.14			10.14	2.11	0.35	37	9	45	桦 甸
		9.76	9.76			3.16	3.16	34		16	舒 兰
						0.46	0.23	32		42	磐 石
800		17.28		17.28		9.65		195	95	62	四 平
						1.55	1.55	60		37	双 辽
		8.00	8.00			3.00	3.00	182	70	85	辽 源
		25.80	25.80			3.17	3.17	164	18	214	通 化
		6.20	6.20			1.60	1.60	37	23	22	集 安
						7.50	7.50	175	26	119	白 山
						3.20	3.20	7	3	48	临 江
		20.30	20.30			1.60		129	44	85	松 原
		7.00	7.00			2.70	2.70	39		42	扶 余
		18.25	18.25			1.54		77		93	白 城
		5.73	5.73					39	18	27	洮 南
		6.83	6.83			0.16		135		40	大 安

14-3 续表 4

城市名称 Name of Cities	道路清扫保洁面积(万平方米) Surface Area of Roads Cleaned and Maintained (10,000 m^2)	机械化 Mechanization	生活垃圾								
			清运量(万吨) Collected and Transported (10,000 ton)	密闭车(箱)清运量 Quantity of Garbage Transported by Airtight Vehicle	处理量(万吨) Volume of Treated (10,000 ton)	无害化处理厂(场)数(座) Number of Harmless Treatment Plants/Grounds (unit)	卫生填埋 Sanitary Landfill	焚烧 Incineration	其他 other	无害化处理能力(吨/日) Harmless Treatment Capacity (ton/day)	卫生填埋 Sanitary Landfill
延　吉	620	130	35.00	35.00	34.50	1	1			440	440
图　们	90		5.11	4.60	5.11						
敦　化	337	174	11.00	11.00	11.00	1	1			600	600
珲　春	378	49	8.74	8.74	8.74	1	1			300	300
龙　井	75	16	5.61	3.80	5.61	1	1			190	190
和　龙	90	40	4.30	4.30	4.30	1	1			178	178
公主岭	305	5	16.14	4.91	15.34						
梅河口	534	130	12.00	8.30	12.00	1	1			400	400
黑龙江	**23484**	**12605**	**523.03**	**411.40**	**458.21**	**33**	**26**	**4**	**3**	**13673**	**10330**
哈尔滨	8255	6106	143.26	131.26	131.26	4	2	2		2180	1580
双　城	281	62	7.40	7.40	7.40						
尚　志	260	240	4.25	4.25	4.25	1			1	343	
五　常	180	126	7.30	4.00	7.30	1			1	200	
齐齐哈尔	1599	343	45.38	15.90	31.03	1	1			850	850
讷　河	185	168	4.10	4.10	4.10	1	1			207	207
鸡　西	610	285	36.11	33.58	32.19	1	1			1000	1000
虎　林	135	92	4.50	4.50	4.50	1	1			155	155
密　山	150	70	5.15	5.15	5.15	1	1			200	200
鹤　岗	436	210	23.18	20.35	23.18						
双鸭山	272	132	18.40	15.80	16.93	1	1			847	847
大　庆	3542	2000	43.64	43.64	43.64	2	1		1	1150	150
伊　春	1037	135	28.60	11.30	12.52	3	2	1		530	130
铁　力	186	70	6.10	2.20	5.50	1	1			170	170
佳木斯	1301	417	23.00	19.00	23.00	1	1			1000	1000
同　江	48	31	3.20		3.20	1	1			137	137
富　锦	417	209	6.97	6.97	6.97	1	1			195	195
七台河	559	392	14.87	13.52	14.60	1	1			800	800
牡丹江	1300	364	21.52	21.52	19.79	1	1			1000	1000
绥芬河	260	164	3.65	3.65	3.65	1	1			240	240
海　林	230	200	5.55	5.55	5.55	1	1			152	152
宁　安	189	33	7.00	7.00	7.00	1	1			270	270
穆　棱	92	60	2.80	2.80	2.80	1	1			156	156
黑　河	410	123	6.94	6.94	6.94	1	1			297	297

continued 4

Domestic Garbage						粪便 Excrement and Urine		公厕数 (座) Number of Latrines (unit)		市容环卫专用车辆设备总数(台) Number of Vehicles and Equipment Designated for Municipal Environmental Sanitation (unit)	城市名称 Name of Cities
焚烧 Incineration	其他 other	无害化处理量(万吨) Volume of Harmlessly Treated (10,000 ton)	卫生填埋 Sanitary Landfill	焚烧 Incineration	其他 other	清运量(万吨) Quantity of Excrement Transported (10,000 ton)	处理量(万吨) Quantity of Excrement Treated (10,000 ton)		三类以上 Grade Ⅲ and Above		
		34.50	34.50			4.50	4.50	125	72	171	延　吉
						1.20		70	6	29	图　们
		11.00	11.00			3.00	2.70	120	37	72	敦　化
		8.74	8.74			0.30	0.30	58	20	56	珲　春
		5.61	5.61			0.30		92	3	24	龙　井
		4.30	4.30			1.20	1.20	60	3	22	和　龙
						2.61	2.56	28		49	公主岭
		12.00	12.00			0.37		90	40	55	梅河口
1800	**1543**	**409.21**	**316.93**	**38.56**	**53.72**	**122.11**	**30.37**	**6617**	**2668**	**7273**	**黑龙江**
600		131.26	108.38	22.88		17.80	1.44	1248	1158	3067	哈尔滨
								179		45	双　城
	343	4.25			4.25	2.00		42	18	71	尚　志
	200	7.30			7.30	0.33	0.33	12		40	五　常
		31.03	31.03			19.55		545	15	367	齐齐哈尔
		4.10	4.10			1.48	1.48	88		87	讷　河
		32.19	32.19			4.60	4.60	592	134	419	鸡　西
		4.50	4.50			1.20		66	22	105	虎　林
		1.30	1.30			1.40		71	9	96	密　山
						6.01		447	14	199	鹤　岗
		16.93	16.93			4.40		183	83	152	双鸭山
	1000	43.64	1.47		42.17			243	243	595	大　庆
400		12.52	3.14	9.38		11.94		577	94	363	伊　春
		5.50	5.50			0.90		48	11	54	铁　力
		23.00	23.00			10.00	10.00	515	98	103	佳木斯
		3.20	3.20			1.00		40	3	52	同　江
		6.97	6.97			2.50		86	22	45	富　锦
		14.60	14.60			0.48	0.48	210	151	185	七台河
		19.79	19.79			10.21	10.21	102	36	319	牡丹江
		1.44	1.44			0.20	0.20	25	8	96	绥芬河
		5.55	5.55			1.30		35	5	28	海　林
		7.00	7.00			0.90	0.90	48	2	40	宁　安
		2.80	2.80			1.18		69	15	39	穆　棱
		6.94	6.94			0.73	0.73	90	32	174	黑　河

14-3 续表 5

城市名称 Name of Cities	道路清扫保洁面积(万平方米) Surface Area of Roads Cleaned and Maintained (10,000 m^2)		生活垃圾								
		机械化 Mechanization	清运量(万吨) Collected and Transported (10,000 ton)	密闭车(箱)清运量 Quantity of Garbage Transported by Airtight Vehicle	处理量(万吨) Volume of Treated (10,000 ton)	无害化处理厂(场)数(座) Number of Harmless Treatment Plants/ Grounds (unit)	卫生填埋 Sanitary Landfill	焚烧 Incineration	其他 other	无害化处理能力(吨/日) Harmless Treatment Capacity (ton/day)	卫生填埋 Sanitary Landfill
北　　安	131	30	6.50	6.00	2.39	1	1			234	234
五大连池	53		1.85	1.85	0.20	1	1			20	20
绥　　化	649	292	14.63	12.57	12.47	2	1	1		1160	360
安　　达	242	154	8.40	0.60	8.40	1	1			180	180
肇　　东	230	25	12.50		12.30						
海　　伦	245	72	6.28								
上　　海	**17366**	**12393**	**613.20**	**613.20**	**613.19**	**12**	**5**	**5**	**2**	**20530**	**11230**
江　　苏	**57992**	**42452**	**1456.07**	**1440.02**	**1456.05**	**61**	**30**	**31**		**52816**	**20679**
南　　京	8507	6256	238.68	238.68	238.67	7	5	2		8750	4750
无　　锡	4931	4192	132.44	132.44	132.44	3	1	2		2950	750
江　　阴	849	632	18.15	18.15	18.15	1		1		1200	
宜　　兴	1000	350	21.50	21.50	21.50	1		1		660	
徐　　州	2410	1957	79.78	79.78	79.78	2	1	1		2200	1000
新　　沂	280	30	15.20	15.20	15.20	1	1			400	400
邳　　州	621	171	12.26	8.50	12.26	1		1		600	
常　　州	3278	2974	76.48	76.48	76.48	5	2	3		3910	1260
溧　　阳	360	190	7.18	7.18	7.18	2	1	1		850	400
苏　　州	11586	8121	239.86	239.86	239.86	4	3	1		8497	5130
常　　熟	1053	675	28.61	28.61	28.61	3	1	2		1925	425
张 家 港	590	560	16.16	16.16	16.16	2	1	1		1070	470
昆　　山	98	88	69.25	69.25	69.25	1		1		1810	
太　　仓	797	570	29.94	29.94	29.94	1		1		750	
南　　通	3271	2837	59.88	59.88	59.88	1	1			500	500
启　　东	272	130	6.42	6.42	6.42	1		1		750	
如　　皋	344	241	11.29	11.29	11.29	4	3	1		2260	760
海　　门	390	332	9.06	9.06	9.06						
连 云 港	2167	1700	36.25	36.25	36.25	2	1	1		1300	500
淮　　安	2265	1810	43.26	43.26	43.26	2	1	1		2100	1100
盐　　城	2162	1614	41.18	41.18	41.17	2		2		1800	
东　　台	300	138	11.70	11.70	11.70	1	1			250	250
扬　　州	1985	1498	56.61	47.52	56.61	3	2	1		2110	1110
仪　　征	265	105	12.28	12.28	12.28	1	1			154	154

continued 5

Domestic Garbage						粪便 Excrement and Urine		公厕数 (座) Number of Latrines (unit)		市容环卫专用车辆设备总数(台) Number of Vehicles and Equipment Designated for Municipal Environmental Sanitation (unit)	城市名称 Name of Cities
焚烧 Incinera-tion	其他 other	无害化处理量(万吨) Volume of Harm-lessly Treated (10,000 ton)	卫生填埋 Sanitary Landfill	焚烧 Incinera-tion	其他 other	清运量 (万吨) Quantity of Excrement Tran-sported (10,000 ton)	处理量 (万吨) Quantity of Excrement Treated (10,000 ton)		三类以上 Grade Ⅲ and Above		
		2.39	2.39			4.20		215	100	85	北安
		0.14	0.14			1.45		38		44	五大连池
800		12.47	6.17	6.30		4.50		182	3	204	绥化
		8.40	8.40			4.90		173	14	67	安达
						5.00		402	370	103	肇东
						1.95		46	8	29	海伦
8300	**1000**	**613.19**	**329.22**	**249.95**	**34.02**	**172.82**	**60.03**	**6197**	**2618**	**5503**	**上海**
32137		**1456.05**	**407.30**	**1048.75**		**72.49**	**42.94**	**11739**	**10004**	**12175**	**江苏**
4000		238.67	72.04	166.63		17.62	1.22	1250	1163	1630	南京
2200		132.44	74.11	58.33		2.25		1599	915	1011	无锡
1200		18.15		18.15		1.28	1.28	176	176	277	江阴
660		21.50		21.50		0.15		230	100	149	宜兴
1200		79.78	19.83	59.95		1.20	1.20	759	759	651	徐州
		15.20	15.20			0.04		68	63	18	新沂
600		12.26		12.26		0.21		99	29	38	邳州
2650		76.48	25.21	51.27		1.77	1.77	929	919	520	常州
450		7.18	4.42	2.76		0.15	0.15	86	86	88	溧阳
3367		239.86	96.06	143.80		1.67	1.67	986	843	2747	苏州
1500		28.61	2.22	26.39		3.39		359	331	379	常熟
600		16.16	0.79	15.37		1.34	1.34	73	73	205	张家港
1810		69.25		69.25		1.52	1.52	116	114	222	昆山
750		29.94		29.94		0.93	0.92	93	62	352	太仓
		59.88	3.41	56.47		2.97	2.97	297	297	500	南通
750		6.42		6.42		3.21	3.21	83	83	145	启东
1500		11.29	5.11	6.18		0.86	0.86	64	64	170	如皋
		9.06		9.06		0.84	0.84	80	80	155	海门
800		36.25	2.51	33.74		5.86	1.04	616	301	366	连云港
1000		43.26	5.23	38.03		1.84	1.84	446	446	285	淮安
1800		41.17		41.17		1.59	1.59	605	580	280	盐城
		11.70	11.70			1.19	1.19	120	120	59	东台
1000		56.61	18.68	37.93		4.00	4.00	491	491	282	扬州
		12.28	12.28			0.45	0.45	79	79	66	仪征

14-3 续表 6

城市名称 Name of Cities	道路清扫保洁面积（万平方米） Surface Area of Roads Cleaned and Maintained (10,000 m^2)		生活垃圾								
		机械化 Mechanization	清运量（万吨） Collected and Transported (10,000 ton)	密闭车（箱）清运量 Quantity of Garbage Transported by Airtight Vehicle	处理量（万吨） Volume of Treated (10,000 ton)	无害化处理厂（场）数（座） Number of Harmless Treatment Plants/Grounds (unit)	卫生填埋 Sanitary Landfill	焚烧 Incineration	其他 other	无害化处理能力（吨/日） Harmless Treatment Capacity (ton/day)	卫生填埋 Sanitary Landfill
高　邮	316	188	17.83	17.83	17.83	1	1			220	220
镇　江	1622	1449	36.40	36.40	36.40	1		1		1450	
丹　阳	555	211	25.89	25.89	25.89	1		1		650	
扬　中	251	140	9.23	9.23	9.23	1		1		250	
句　容	456	117	7.37	5.14	7.37	1	1			450	450
泰　州	2072	1314	29.15	28.18	29.15	1		1		1000	
兴　化	437	162	7.88	7.88	7.88	1	1			600	600
靖　江	189	60	14.25	14.25	14.25						
泰　兴	350	158	7.85	7.85	7.85	1		1		350	
宿　迁	1963	1482	26.80	26.80	26.80	2	1	1		1050	450
浙　江	**39195**	**23792**	**1332.66**	**1317.51**	**1332.62**	**59**	**25**	**33**	**1**	**47855**	**15220**
杭　州	7246	4935	351.98	351.98	351.98	6	2	4		7571	3771
建　德	135	114	3.44	3.44	3.44	1	1			300	300
临　安	262	190	12.77	12.77	12.77	1		1		450	
宁　波	3470	2221	111.00	111.00	111.00	4	1	3		4300	800
余　姚	736	350	47.93	47.93	47.93	1		1		1500	
慈　溪	1578	1017	27.88	27.88	27.88	1		1		1500	
奉　化	340	184	26.22	26.22	26.22	1	1			718	718
温　州	2825	2440	111.29	108.91	111.29	4		4		2785	
瑞　安	612	302	11.98	11.98	11.98	1		1		1300	
乐　清	371	171	13.39	13.39	13.38	3	2	1		1680	480
嘉　兴	1865	1610	33.39	33.39	33.39	1		1		1900	
海　宁	614	446	9.43	9.43	9.43	3	1	1	1	798	98
平　湖	490	274	10.36	10.36	10.36	1		1		900	
桐　乡	703	334	9.67	9.67	9.67	1		1		800	
湖　州	1535	1039	45.77	45.77	45.77	1		1		1600	
绍　兴	2500	1525	82.02	82.02	82.02	5	2	3		3100	1000
诸　暨	850	509	11.57	11.57	11.57	2	1	1		760	360
嵊　州	632	357	12.31	12.31	12.31	1	1			530	530
金　华	1911	748	45.72	45.72	45.72	2	1	1		1650	600
兰　溪	649	404	10.89	10.89	10.89	2	1	1		750	350
义　乌	1441	499	75.09	75.09	75.08	2	1	1		2659	559
东　阳	1019	375	32.42	32.42	32.42	1	1			800	800

continued 6

Domestic Garbage						粪便 Excrement and Urine		公厕数 (座) Number of Latrines (unit)		市容环卫专用车辆设备总数(台) Number of Vehicles and Equipment Designated for Municipal Environmental Sanitation (unit)	城市名称 Name of Cities
焚烧 Incineration	其他 other	无害化处理量(万吨) Volume of Harmlessly Treated (10,000 ton)	卫生填埋 Sanitary Landfill	焚烧 Incineration	其他 other	清运量(万吨) Quantity of Excrement Transported (10,000 ton)	处理量(万吨) Quantity of Excrement Treated (10,000 ton)		三类以上 Grade Ⅲ and Above		
		17.83	17.83			2.40	2.40	149	149	46	高　邮
1450		36.40		36.40		0.87	0.87	315	234	230	镇　江
650		25.89		25.89		2.37	2.37	140	135	124	丹　阳
250		9.23		9.23		1.30	1.30	43	43	56	扬　中
		7.37	7.37					92	92	110	句　容
1000		29.15		29.15		2.55	2.55	426	422	566	泰　州
		7.88	7.88			0.92	0.92	332	332	46	兴　化
		14.25		14.25		0.29		101	101	60	靖　江
350		7.85		7.85		1.83	1.83	87	87	70	泰　兴
600		26.80	5.42	21.38		3.63	1.64	350	235	272	宿　迁
32435	**200**	**1322.18**	**548.90**	**773.28**		**81.49**	**58.61**	**8199**	**6923**	**6752**	**浙　江**
3800		351.98	239.46	112.52		17.05	0.52	1484	1267	1498	杭　州
		3.44	3.44			0.07		44	43	55	建　德
450		12.77		12.77		0.17	0.17	31	31	80	临　安
3500		111.00	27.76	83.24		12.42	12.42	454	454	729	宁　波
1500		47.93		47.93		1.29	1.29	394	394	164	余　姚
1500		27.88		27.88		3.70	3.70	145	114	79	慈　溪
		26.22	26.22			2.82	2.82	148	42	67	奉　化
2785		111.29		111.29		4.32	4.32	1376	1361	487	温　州
1300		11.62		11.62		0.84	0.84	57	54	47	瑞　安
1200		13.18	1.30	11.88				443	290	267	乐　清
1900		33.39		33.39		4.98	4.98	202	202	244	嘉　兴
500	200	9.43	1.39	8.04		0.96	0.96	85	47	48	海　宁
900		10.36		10.36		2.29	2.21	83	83	60	平　湖
800		9.67		9.67		0.20		57	57	47	桐　乡
1600		45.77		45.77		4.05		283	200	193	湖　州
2100		82.02	32.27	49.75		6.99	6.99	321	231	395	绍　兴
400		11.57	3.15	8.42				52	52	156	诸　暨
		12.31	12.31			1.20	1.20	95	95	59	嵊　州
1050		41.60	18.72	22.88		0.13	0.13	158	158	158	金　华
400		10.56	1.52	9.04		1.54	0.72	62	62	79	兰　溪
2100		75.08	20.41	54.67		1.53	1.53	470	470	223	义　乌
		32.42	32.42					170	170	211	东　阳

14-3 续表 7

城市名称 Name of Cities	道路清扫保洁面积(万平方米) Surface Area of Roads Cleaned and Maintained (10,000 m^2)	机械化 Mechanization	生活垃圾 清运量(万吨) Collected and Transported (10,000 ton)	密闭车(箱)清运量 Quantity of Garbage Transported by Airtight Vehicle	处理量(万吨) Volume of Treated (10,000 ton)	无害化处理厂(场)数(座) Number of Harmless Treatment Plants/Grounds (unit)	卫生填埋 Sanitary Landfill	焚烧 Incineration	其他 other	无害化处理能力(吨/日) Harmless Treatment Capacity (ton/day)	卫生填埋 Sanitary Landfill
永康	613	310	38.33	38.33	38.33	2	1	1		1650	850
衢州	990	481	27.23	27.23	27.23	1	1			500	500
江山	498	181	8.39	8.39	8.39	1	1			320	320
舟山	656	330	29.36	29.36	29.36	1		1		1050	
台州	2408	1278	77.81	69.31	77.80	4	3	1		2880	1880
温岭	516	285	18.08	18.08	18.08	2	1	1		1600	500
临海	641	346	14.27	14.27	14.26	1		1		700	
丽水	784	457	16.10	11.83	16.10	1	1			630	630
龙泉	305	80	6.57	6.57	6.57	1	1			174	174
安徽	**29216**	**20116**	**491.94**	**488.03**	**489.72**	**27**	**18**	**9**		**17187**	**9437**
合肥	7310	5664	122.05	122.05	122.04	2	1	1		4527	2527
巢湖	600	550	13.50	13.50	13.50	1	1			400	400
芜湖	2296	1771	45.54	45.53	45.54	2	1	1		1650	600
蚌埠	2051	1415	29.61	29.61	29.61	1	1			800	800
淮南	2618	1854	32.10	32.10	30.59	2	1	1		1500	500
马鞍山	1200	900	22.91	22.91	22.91	1	1			400	400
淮北	908	863	21.75	21.75	21.75	1		1		800	
铜陵	811	513	10.74	10.74	10.74	1		1		300	
安庆	1349	695	27.48	26.50	27.18	1		1		800	
桐城	230	140	6.50	6.50	6.50	1		1		500	
黄山	658	334	12.61	12.61	12.61	2	2			523	523
滁州	1461	1134	12.57	12.57	12.57	1	1			400	400
天长	426	102	6.60	6.60	6.59	1	1			343	343
明光	307	180	6.66	6.66	6.66	1	1			303	303
阜阳	1042	533	25.23	24.36	25.23	2	1	1		1280	580
界首	260	160	6.58	6.58	6.21	1	1			286	286
宿州	1465	558	20.51	20.51	20.51	1	1			500	500
六安	868	610	19.28	19.28	19.28	1		1		600	
亳州	1548	1230	17.66	17.65	17.64	1	1			375	375
池州	702	490	14.06	12.02	14.06	1	1			280	280
宣城	650	240	11.92	11.92	11.92	1	1			400	400
宁国	456	180	6.08	6.08	6.08	1	1			220	220

continued 7

Domestic Garbage						粪便 Excrement and Urine		公厕数 (座)		市容环卫专用车辆设备总数(台) Number of Vehicles and Equipment Designated for Municipal Environmental Sanitation (unit)	城市名称 Name of Cities
焚烧 Incineration	其他 other	无害化处理量(万吨) Volume of Harmlessly Treated (10,000 ton)	卫生填埋 Sanitary Landfill	焚烧 Incineration	其他 other	清运量 (万吨) Quantity of Excrement Transported (10,000 ton)	处理量 (万吨) Quantity of Excrement Treated (10,000 ton)	Number of Latrines (unit)	三类以上 Grade Ⅲ and Above		
800		37.18	8.85	28.33		1.38	1.38	95	95	146	永　康
		27.23	27.23			0.40	0.40	194	194	63	衢　州
		8.39	8.39			0.07	0.07	72	67	23	江　山
1050		28.48		28.48		2.69	2.66	231	89	137	舟　山
1000		75.47	60.78	14.69		8.27	8.27	569	339	580	台　州
1100		18.08	1.68	16.40		0.32	0.32	163	43	119	温　岭
700		14.26		14.26		0.38	0.38	87	87	134	临　海
		15.13	15.13			0.33	0.33	135	127	152	丽　水
		6.47	6.47			1.10		39	5	52	龙　泉
7750		**489.72**	**287.80**	**201.92**		**15.72**	**3.36**	**3223**	**2813**	**4593**	**安　徽**
2000		122.04	70.32	51.72		2.79	2.79	234	234	1770	合　肥
		13.50	13.50			1.35		120	118	120	巢　湖
1050		45.54	19.79	25.75				202	202	343	芜　湖
		29.61	29.61					360	352	327	蚌　埠
1000		30.59	12.96	17.63		0.45		262	235	189	淮　南
		22.91	22.91			0.61		94	94	68	马鞍山
800		21.75		21.75		0.29		60	60	425	淮　北
300		10.74		10.74				121	96	146	铜　陵
800		27.18		27.18		0.60	0.57	181	160	58	安　庆
500		6.50		6.50				10	6	33	桐　城
		12.61	12.61					59	39	97	黄　山
		12.57	12.57					174	113	72	滁　州
		6.59	6.59					166	144	37	天　长
		6.66	6.66					19	19	24	明　光
700		25.23	3.86	21.37		3.47		112	51	205	阜　阳
		6.21	6.21			1.08		37	37	39	界　首
		20.51	20.51			0.56		138	110	132	宿　州
600		19.28		19.28		3.90		282	266	111	六　安
		17.64	17.64			0.29		282	209	112	亳　州
		14.06	14.06			0.33		140	99	95	池　州
		11.92	11.92					131	131	142	宣　城
		6.08	6.08					39	38	48	宁　国

14-3 续表 8

城市名称 Name of Cities	道路清扫保洁面积(万平方米) Surface Area of Roads Cleaned and Maintained (10,000 m^2)	机械化 Mechanization	生活垃圾								
			清运量(万吨) Collected and Transported (10,000 ton)	密闭车(箱)清运量 Quantity of Garbage Transported by Airtight Vehicle	处理量(万吨) Volume of Treated (10,000 ton)	无害化处理厂(场)数(座) Number of Harmless Treatment Plants/ Grounds (unit)	卫生填埋 Sanitary Landfill	焚烧 Incineration	其他 other	无害化处理能力(吨/日) Harmless Treatment Capacity (ton/day)	卫生填埋 Sanitary Landfill
福　　建	**14881**	**7909**	**608.08**	**607.02**	**603.15**	**27**	**13**	**14**		**19105**	**6805**
福　　州	2626	1880	105.90	105.90	105.90	2	1	1		3450	1650
福　　清	416	158	21.50	21.50	21.32	1		1		600	
长　　乐	160	127	8.40	8.10	8.40	1	1			160	160
厦　　门	3780	1578	161.56	161.56	161.56	5	2	3		3760	2160
莆　　田	821	653	42.57	42.57	42.21	1		1		1050	
三　　明	265	102	11.45	11.40	11.28	2	1	1		850	250
永　　安	130	52	6.03	6.02	5.94	1	1			200	200
泉　　州	1950	867	51.40	51.40	50.72	1	1			975	975
石　　狮	356	256	30.30	30.30	29.90	1		1		1400	
晋　　江	747	373	32.52	32.52	32.08	1		1		1800	
南　　安	432	310	17.33	17.33	17.07	1		1		600	
漳　　州	1004	402	22.24	22.24	22.17	2	1	1		1450	400
龙　　海	151	51	11.62	11.62	11.44						
南　　平	385	118	12.37	12.37	12.00	2	1	1		900	300
邵　　武	111	62	4.30	4.00	4.20	1	1			150	150
武 夷 山	159	75	4.02	4.02	3.95						
建　　瓯	142	81	5.15	5.15	5.15						
龙　　岩	473	389	23.84	23.44	23.74	1		1		600	
漳　　平	110	68	3.81	3.81	3.76	1	1			200	200
宁　　德	359	183	14.17	14.17	13.67	1		1		600	
福　　安	126	54	8.49	8.49	8.00	1	1			170	170
福　　鼎	178	70	9.11	9.11	8.69	1	1			190	190
江　　西	**14019**	**5638**	**329.27**	**295.90**	**329.08**	**17**	**17**			**9740**	**9740**
南　　昌	3099	1597	63.69	63.68	63.69	1	1			2400	2400
景 德 镇	387	151	14.78		14.78	1	1			380	380
乐　　平	215		6.86		6.86	1	1			255	255
萍　　乡	648	258	15.84	15.84	15.84	1	1			503	503
九　　江	1339	682	21.57	21.57	21.57	1	1			800	800
瑞　　昌	422	240	5.84	5.84	5.84						
共 青 城	102	39	4.50	4.50	4.50						
新　　余	1063	448	16.10	16.10	16.10	1	1			640	640
鹰　　潭	175	50	8.54	7.68	8.54	1	1			400	400

continued 8

Domestic Garbage						粪便 Excrement and Urine		公厕数 (座) Number of Latrines (unit)		市容环卫专用车辆设备总数(台) Number of Vehicles and Equipment Designated for Municipal Environmental Sanitation (unit)	城市名称 Name of Cities
焚烧 Incineration	其他 other	无害化处理量(万吨) Volume of Harmlessly Treated (10,000 ton)	卫生填埋 Sanitary Landfill	焚烧 Incineration	其他 other	清运量(万吨) Quantity of Excrement Transported (10,000 ton)	处理量(万吨) Quantity of Excrement Treated (10,000 ton)		三类以上 Grade III and Above		
12300		**603.15**	**237.14**	**366.01**		**4.08**	**2.88**	**3185**	**3156**	**2531**	**福　建**
1800		105.90	52.10	53.80		0.08		928	928	457	福　州
600		21.32		21.32				63	63	39	福　清
		8.40	8.40					76	76	40	长　乐
1600		161.56	103.36	58.20				602	602	770	厦　门
1050		42.21		42.21				131	131	191	莆　田
600		11.28	11.28			2.88	2.88	77	77	50	三　明
		5.94	5.94					67	67	46	永　安
		50.72	21.94	28.78				436	420	177	泉　州
1400		29.90		29.90				41	36	46	石　狮
1800		32.08		32.08				114	114	144	晋　江
600		17.07		17.07				54	54	97	南　安
1050		22.17		22.17				121	121	78	漳　州
		11.44		11.44				38	38	44	龙　海
600		12.00	7.67	4.33				84	84	66	南　平
		4.20	4.20					43	38	31	邵　武
		3.95		3.95		0.19		22	22	33	武夷山
		5.15		5.15		0.93		30	30	34	建　瓯
600		23.74	1.80	21.94				134	134	103	龙　岩
		3.76	3.76					20	20	11	漳　平
600		13.67		13.67				41	38	34	宁　德
		8.00	8.00					34	34	23	福　安
		8.69	8.69					29	29	17	福　鼎
		311.03	**311.03**			**7.92**	**7.91**	**1887**	**1509**	**1787**	**江　西**
		63.69	63.69			0.22	0.22	80	77	648	南　昌
		14.78	14.78					199		30	景德镇
		6.86	6.86					93	93	15	乐　平
		15.84	15.84			1.62	1.62	146	146	85	萍　乡
		21.57	21.57			0.60	0.59	263	223	228	九　江
		5.84	5.84					42	42	27	瑞　昌
		4.13	4.13					5	5	17	共青城
		16.10	16.10					91	50	89	新　余
		8.54	8.54					23	23	25	鹰　潭

14-3 续表 9

城市名称 Name of Cities	道路清扫保洁面积（万平方米） Surface Area of Roads Cleaned and Maintained (10,000 m²)		生活垃圾								
		机械化 Mechanization	清运量（万吨） Collected and Transported (10,000 ton)	密闭车（箱）清运量 Quantity of Garbage Transported by Airtight Vehicle	处理量（万吨） Volume of Treated (10,000 ton)	无害化处理厂（场）数（座） Number of Harmless Treatment Plants/Grounds (unit)	卫生填埋 Sanitary Landfill	焚烧 Incineration	其他 other	无害化处理能力（吨/日） Harmless Treatment Capacity (ton/day)	卫生填埋 Sanitary Landfill
贵　溪	190	98	5.40	5.40	5.40						
赣　州	1059	471	37.63	37.63	37.63	2	2			1329	1329
瑞　金	502	115	10.90	10.90	10.90	1	1			338	338
吉　安	380	322	16.65	16.65	16.65	1	1			445	445
井冈山	108	32	3.18	3.18	3.18	1	1			40	40
宜　春	833	334	16.75	16.75	16.75	1	1			350	350
丰　城	557	4	10.81		10.81	1	1			260	260
樟　树	189	54	8.66	8.66	8.66						
高　安	232	88	9.02	9.02	9.02						
抚　州	1268	361	22.34	22.34	22.34	1	1			650	650
上　饶	1114	267	27.76	27.76	27.57	1	1			800	800
德　兴	137	27	2.45	2.40	2.45	1	1			150	150
山　东	**68631**	**46746**	**1377.49**	**1343.22**	**1377.49**	**62**	**39**	**21**	**2**	**37648**	**17838**
济　南	6621	5794	137.28	137.28	137.28	2	1	1		2868	868
章　丘	675	375	8.81	8.75	8.81	1	1			300	300
青　岛	5795	2269	184.97	184.96	184.97	5	2	3		3316	916
胶　州	711	343	18.94	18.94	18.94	1	1			600	600
即　墨	894	510	25.02	25.02	25.02	1	1			600	600
平　度	589	423	36.67	36.67	36.67	1	1			366	366
莱　西	527	246	15.51	15.51	15.51	1	1			543	543
淄　博	3976	2224	53.49	53.49	53.49	2		2		2900	
枣　庄	1889	1314	46.25	46.25	46.25	4	4			1540	1540
滕　州	853	497	13.49	13.49	13.49	1	1			450	450
东　营	2917	1854	22.32	21.52	22.32	2	1	1		680	80
烟　台	3406	2023	119.91	119.91	119.90	1	1			1400	1400
龙　口	546	355	12.41	12.41	12.41	1	1			560	560
莱　阳	350	332	19.41	19.41	19.41	1	1			220	220
莱　州	290	240	22.84	22.84	22.84	1	1			350	350
蓬　莱	299	212	7.30	7.30	7.30	1	1			350	350
招　远	443	422	6.86	6.86	6.86	1	1			250	250
栖　霞	180	102	5.75	5.75	5.75	1	1			160	160
海　阳	303	214	8.44	8.44	8.44	1	1			100	100
潍　坊	3190	2890	47.43	47.43	47.43	1		1		1000	

continued 9

Domestic Garbage						粪便 Excrement and Urine		公厕数 (座) Number of Latrines (unit)		市容环卫专用车辆设备总数 (台) Number of Vehicles and Equipment Designated for Municipal Environmental Sanitation (unit)	城市名称 Name of Cities
焚烧 Incineration	其他 other	无害化处理量 (万吨) Volume of Harmlessly Treated (10,000 ton)	卫生填埋 Sanitary Landfill	焚烧 Incineration	其他 other	清运量 (万吨) Quantity of Excrement Transported (10,000 ton)	处理量 (万吨) Quantity of Excrement Treated (10,000 ton)		三类以上 Grade Ⅲ and Above		
		5.40	5.40					20	20	24	贵 溪
		37.63	37.63			3.83	3.83	169	116	155	赣 州
		10.90	10.90			0.67	0.67	22	22	27	瑞 金
		16.65	16.65					121	117	33	吉 安
		3.18	3.18					4	4	20	井冈山
		16.75	16.75			0.56	0.56	113	113	80	宜 春
		10.81	10.81			0.07	0.07	45	45	42	丰 城
						0.11	0.11	60	48	34	樟 树
						0.24	0.24	22	17	44	高 安
		22.34	22.34					208	199	69	抚 州
		27.57	27.57					131	119	77	上 饶
		2.45	2.45					30	30	18	德 兴
18350	**1460**	**1377.49**	**749.84**	**562.25**	**65.40**	**107.95**	**37.74**	**6351**	**5505**	**12666**	**山 东**
2000		137.28	52.83	84.45		40.79	3.70	851	631	1057	济 南
		8.81	8.81			7.00	7.00	139	138	500	章 丘
2400		184.97	105.14	79.83		8.19	5.87	529	528	3184	青 岛
		18.94	18.94					19	19	139	胶 州
		25.02	25.02			0.90	0.90	43	43	262	即 墨
		36.67	36.67					32	32	91	平 度
		15.51	15.51			0.47	0.47	41	41	274	莱 西
2900		53.49		53.49		3.05		307	272	490	淄 博
		46.25	46.25			0.35	0.35	338	280	230	枣 庄
		13.49	13.49			6.12		150	120	144	滕 州
600		22.32	3.52	18.80				172	165	325	东 营
		119.90	119.90			4.61	1.20	186	186	398	烟 台
		12.41	12.41			0.13	0.13	48	48	82	龙 口
		19.41	19.41			0.85	0.85	56	56	71	莱 阳
		22.84	22.84					60	60	52	莱 州
		7.30	7.30			0.48	0.48	42	42	49	蓬 莱
		6.86	6.86					63	50	90	招 远
		5.75	5.75			0.30		18	11	22	栖 霞
		8.44	8.44			1.20	1.20	24	24	54	海 阳
1000		47.43		47.43				180	180	397	潍 坊

14-3 续表 10

城市名称 Name of Cities	道路清扫保洁面积(万平方米) Surface Area of Roads Cleaned and Maintained (10,000 m^2)		生活垃圾								
		机械化 Mechanization	清运量(万吨) Collected and Transported (10,000 ton)	密闭车(箱)清运量 Quantity of Garbage Transported by Airtight Vehicle	处理量(万吨) Volume of Treated (10,000 ton)	无害化处理厂(场)数(座) Number of Harmless Treatment Plants/Grounds (unit)	卫生填埋 Sanitary Landfill	焚烧 Incineration	其他 other	无害化处理能力(吨/日) Harmless Treatment Capacity (ton/day)	卫生填埋 Sanitary Landfill
青　州	1130	860	11.79	11.79	11.79	1	1			340	340
诸　城	1361	582	16.79	16.79	16.79	1		1		500	
寿　光	1116	1012	12.60	12.60	12.60	1	1			850	850
安　丘	834	736	20.08	20.08	20.08	1	1			450	450
高　密	520	390	8.50	8.50	8.50	1	1			200	200
昌　邑	520	416	5.06	5.06	5.06	1	1			300	300
济　宁	2692	2065	49.05	41.39	49.05	1		1		1500	
曲　阜	372	160	7.30	7.30	7.30						
邹　城	1540	770	10.85	10.85	10.85	1	1			400	400
泰　安	1643	576	31.71	31.71	31.71	1		1		800	
新　泰	600	510	17.57	17.57	17.57	1	1			400	400
肥　城	395	184	7.19	7.19	7.19	1		1		200	
威　海	2575	2354	41.35	41.35	41.35	3	2	1		2192	1492
荣　成	1137	1080	15.24	15.24	15.24	2	1	1		1150	450
乳　山	416	330	6.43	6.43	6.43	1		1		500	
日　照	1901	733	25.54	25.54	25.54	3	2	1		1300	700
莱　芜	1420	1109	22.12	22.12	22.12	1	1			800	800
临　沂	5389	4128	86.20	86.20	86.20	2	1	1		2400	900
德　州	1509	1229	30.29	30.29	30.29	1		1		700	
乐　陵	495	214	11.08	4.96	11.08	1	1			303	303
禹　城	760	684	7.78	7.78	7.78	1		1		350	
聊　城	1723	1184	40.74	40.74	40.74	2	1	1		800	200
临　清	310	223	11.00	11.00	11.00	1	1			400	400
滨　州	1929	1687	27.99	27.99	27.99	1			1	800	
菏　泽	1890	891	40.15	20.52	40.15	2		1	1	1460	
河　南	**29490**	**14261**	**891.85**	**788.46**	**856.09**	**45**	**40**	**5**		**24307**	**19457**
郑　州	4720	3776	206.96	206.96	206.96	2	1	1		4700	2400
巩　义	318	193	9.58	9.58	9.58	1	1			350	350
荥　阳	450	420	7.92	7.92	7.92						
新　密	322	67	9.94		9.93	1	1			230	230
新　郑	190	130	8.40	8.40	8.40	1	1			160	160
登　封	345	2	7.72	0.08	6.98	1	1			200	200
开　封	1925	1185	31.62	31.62	31.62	1		1		1050	

continued 10

Domestic Garbage						粪便 Excrement and Urine		公厕数 (座) Number of Latrines (unit)		市容环卫专用车辆设备总数 (台) Number of Vehicles and Equipment Designated for Municipal Environmental Sanitation (unit)	城市名称 Name of Cities
焚烧 Incineration	其他 other	无害化处理量 (万吨) Volume of Harmlessly Treated (10,000 ton)	卫生填埋 Sanitary Landfill	焚烧 Incineration	其他 other	清运量 (万吨) Quantity of Excrement Transported (10,000 ton)	处理量 (万吨) Quantity of Excrement Treated (10,000 ton)		三类以上 Grade III and Above		
		11.79	11.79			0.51	0.51	59	59	212	青州
500		16.79		16.79		3.36	3.36	98	98	77	诸城
		12.60	12.60					83	73	664	寿光
		20.08	20.08			1.84		41	41	68	安丘
		8.50	8.50					25	22	54	高密
		5.06	5.06			0.52		14	12	114	昌邑
1500		49.05		39.01	10.04			242	141	496	济宁
		7.30		7.30		0.38	0.38	104	104	47	曲阜
		10.85	10.85			0.35	0.35	49	49	92	邹城
800		31.71		31.71		2.43	2.43	134	134	188	泰安
		17.57	17.57					101	31	65	新泰
200		7.19		7.19		1.47	1.47	83	83	48	肥城
700		41.35	17.65	23.70		3.22		182	182	402	威海
700		15.24	0.65	14.59				43	43	160	荣成
500		6.43		6.43				74	74	50	乳山
600		25.54	21.16	4.38		1.85		122	122	261	日照
		22.12	22.12			1.31	1.31	199	188	136	莱芜
1500		86.20	47.23	38.97		3.26	0.59	638	599	536	临沂
700		30.29		30.29		1.94	1.94	81	74	239	德州
		11.08	11.08			2.15	2.15	10		50	乐陵
350		7.78		7.78				18	14	84	禹城
600		40.74	3.41	37.33		1.10	1.10	244	244	371	聊城
		11.00	11.00			0.50		146	11	30	临清
	800	27.99			27.99	1.32		122	47	195	滨州
800	660	40.15		12.78	27.37	6.00		141	134	116	菏泽
4850		**856.09**	**704.16**	**151.93**		**36.62**	**11.73**	**7540**	**7040**	**5682**	**河南**
2300		206.96	127.97	78.99				966	966	2355	郑州
		9.58	9.58			0.08		37	36	43	巩义
		7.92		7.92		0.81		50	50	62	荥阳
		9.93	9.93					56	52	80	新密
		8.40	8.40					104	92	78	新郑
		6.98	6.98					48	42	18	登封
1050		31.62		31.62		1.70	1.70	872	842	277	开封

14-3 续表 11

城市名称 Name of Cities	道路清扫保洁面积（万平方米）Surface Area of Roads Cleaned and Maintained (10,000 m^2)	机械化 Mechanization	生活垃圾 清运量（万吨）Collected and Transported (10,000 ton)	密闭车（箱）清运量 Quantity of Garbage Transported by Airtight Vehicle	处理量（万吨）Volume of Treated (10,000 ton)	无害化处理厂（场）数（座）Number of Harmless Treatment Plants/Grounds (unit)	卫生填埋 Sanitary Landfill	焚烧 Incineration	其他 other	无害化处理能力（吨/日）Harmless Treatment Capacity (ton/day)	卫生填埋 Sanitary Landfill
洛　阳	2851	1476	71.39	50.71	65.93	3	3			2332	2332
偃　师	200	60	8.44	7.00	8.44	1	1			230	230
平顶山	1090	600	30.30	30.30	28.14	1	1			800	800
舞　钢	148	27	5.30	5.30	5.30	1	1			180	180
汝　州	372	112	9.50	8.70	8.80	1	1			220	220
安　阳	1020	976	54.51	54.51	54.51	1	1			700	700
林　州	414	200	9.69	6.79	9.69	1	1			260	260
鹤　壁	695	8	15.96	8.00	14.82	2	2			650	650
新　乡	1090	700	38.43	38.43	38.43	1	1			865	865
卫　辉	249		7.95		7.95	1	1			210	210
辉　县	188		7.85		7.85	1	1			300	300
焦　作	1591	390	27.88	27.88	27.19	2	1	1		1070	970
沁　阳	249	3	4.78		4.50	1	1			190	190
孟　州	289	118	4.46	4.46	4.11	1	1			150	150
濮　阳	668	273	21.90	21.90	21.70	1	1			600	600
许　昌	550	88	23.33	23.33	22.52	3	2	1		1660	760
禹　州	545	225	13.45	13.45	8.92	1	1			240	240
长　葛	170	140	7.14	4.17	6.55	1	1			300	300
漯　河	714	252	22.00	21.38	21.50	1	1			840	840
三门峡	389	141	15.86	13.17	14.31	2	2			560	560
义　马	227		5.68	5.58	4.28	1	1			210	210
灵　宝	181	50	8.10	8.10	7.96	1	1			220	220
南　阳	2249	909	49.25	47.71	41.98	1	1			1150	1150
邓　州	520	130	13.30		12.18	1	1			320	320
商　丘	882	345	28.17	23.71	25.49	1	1			700	700
永　城	570	332	14.71	14.00	13.78	1	1			400	400
信　阳	671	320	27.11	27.11	26.30	1	1			600	600
周　口	612	306	14.86	13.43	14.57	1		1		500	
项　城	470	51	10.59	7.40	10.59	1	1			290	290
驻马店	849	107	18.86	18.42	17.45	1	1			570	570
济　源	507	149	18.96	18.96	18.96	1	1			300	300

continued 11

Domestic Garbage						粪便 Excrement and Urine		公厕数 (座) Number of Latrines (unit)		市容环卫专用车辆设备总数 (台) Number of Vehicles and Equipment Designated for Municipal Environmental Sanitation (unit)	城市名称 Name of Cities
焚烧 Incineration	其他 other	无害化处理量 (万吨) Volume of Harmlessly Treated (10,000 ton)	卫生填埋 Sanitary Landfill	焚烧 Incineration	其他 other	清运量 (万吨) Quantity of Excrement Transported (10,000 ton)	处理量 (万吨) Quantity of Excrement Treated (10,000 ton)		三类以上 Grade Ⅲ and Above		
		65.93	65.93			0.48	0.48	575	570	316	洛 阳
		8.44	8.44					35	35	21	偃 师
		28.14	28.14			0.78	0.78	400	400	141	平 顶 山
		5.30	5.30			0.62		75	43	45	舞 钢
		8.80	8.80			0.50		44	37	46	汝 州
		54.51	54.51			0.53		421	421	228	安 阳
		9.69	9.69					43	43	37	林 州
		14.82	14.82			2.00		76	76	45	鹤 壁
		38.43	38.43			1.36	1.36	290	290	102	新 乡
		7.95	7.95			0.15		21	18	23	卫 辉
		7.85	7.85			4.58		46	46	28	辉 县
100		27.19	24.44	2.75				173	173	128	焦 作
		4.50	4.50					27	27	24	沁 阳
		4.11	4.11					17		18	孟 州
		21.70	21.70			0.12	0.12	141	141	172	濮 阳
900		22.52	6.44	16.08		0.76	0.69	261	261	119	许 昌
		8.92	8.92					50	50	86	禹 州
		6.55	6.55					29	17	50	长 葛
		21.50	21.50			4.80	4.50	333	333	100	漯 河
		14.31	14.31			1.44	1.44	165	78	61	三 门 峡
		4.28	4.28					30	30	29	义 马
		7.96	7.96					45	45	17	灵 宝
		41.98	41.98			13.44		660	631	367	南 阳
		12.18	12.18					90	90	90	邓 州
		25.49	25.49					302	165	82	商 丘
		13.78	13.78					111	86	39	永 城
		26.30	26.30			0.66	0.66	366	366	127	信 阳
500		14.57		14.57				123	117	54	周 口
		10.59	10.59			0.26		58	53	32	项 城
		17.45	17.45			1.05		289	207	78	驻 马 店
		18.96	18.96			0.50		111	111	64	济 源

14-3 续表 12

城市名称 Name of Cities	道路清扫保洁面积（万平方米）Surface Area of Roads Cleaned and Maintained (10,000 m²)	机械化 Mechanization	生活垃圾 清运量（万吨）Collected and Transported (10,000 ton)	密闭车（箱）清运量 Quantity of Garbage Transported by Airtight Vehicle	处理量（万吨）Volume of Treated (10,000 ton)	无害化处理厂（场）数（座）Number of Harmless Treatment Plants/Grounds (unit)	卫生填埋 Sanitary Landfill	焚烧 Incineration	其他 other	无害化处理能力（吨/日）Harmless Treatment Capacity (ton/day)	卫生填埋 Sanitary Landfill
湖　北	**33304**	**17233**	**832.15**	**773.86**	**818.26**	**41**	**28**	**11**	**2**	**22826**	**10480**
武　汉	17730	7982	330.68	330.66	330.68	8	2	5	1	9650	1600
黄　石	757	479	29.20	29.20	29.20	2	1	1		1479	679
大　冶	250	143	8.76	8.76							
十　堰	872	629	38.70	36.10	38.70	2	2			770	770
丹江口	174	128	6.74	6.74	6.74						
宜　昌	1118	689	31.43	29.71	30.28	2	2			582	582
宜　都	402	52	6.05	5.99	5.93	1	1			166	166
当　阳	212	124	6.11	6.11	6.11	1	1			244	244
枝　江	173	41	6.18	6.18	4.98	1	1			250	250
襄　阳	2065	1652	34.33	34.33	34.18	1		1		1000	
老河口	170	88	7.93	5.52	7.39	1	1			288	288
枣　阳	580	487	9.80	9.80	9.80						
宜　城	190	95	6.21	3.20	6.21	1	1			170	170
鄂　州	452	379	17.85	15.85	17.85	1	1			500	500
荆　门	430	318	14.86	14.86	14.86	1	1			500	500
钟　祥	390	312	10.33	8.80	10.33						
孝　感	536	476	16.40	16.40	16.40	1	1			450	450
应　城	145	80	5.00	5.00	5.00	1	1			250	250
安　陆	188	90	10.32	7.43	9.46	1	1			300	300
汉　川	220	60	11.95	9.96	11.05	1	1			351	351
荆　州	1117	465	23.51	23.51	23.51	1		1		1000	
石　首	150	30	6.38	4.92	6.38						
洪　湖	380	31	18.00	16.46	18.00						
松　滋	182	164	5.48	5.48	5.48						
黄　冈	407	318	18.76	18.76	18.76	1	1			500	500
麻　城	201	90	9.16	6.39	8.98	1	1			250	250
武　穴	232	83	12.32	10.13	12.32	1		1		300	
咸　宁	529	293	15.26	15.26	15.26	1		1		600	
赤　壁	320	54	14.20	6.20	14.20	1		1		371	
随　州	497	144	21.29	1.21	21.26	2	2			530	530
广　水	200		11.23	11.23	11.23	1	1			200	200
恩　施	320	240	11.96	11.96	11.96	2	1		1	425	200
利　川	172	119	7.67	7.67	7.67	1	1			150	150
仙　桃	479	276	18.89	18.89	18.89	1	1			650	650
潜　江	654	342	12.78	12.78	12.78	1	1			300	300
天　门	410	280	16.43	12.41	16.43	1	1			600	600

continued 12

		Domestic Garbage				粪便 Excrement and Urine		公厕数		市容环卫专用车辆设备总数（台） Number of Vehicles and Equipment Designated for Municipal Environmental Sanitation (unit)	城市名称 Name of Cities
焚烧 Incineration	其他 other	无害化处理量（万吨） Volume of Harmlessly Treated (10,000 ton)	卫生填埋 Sanitary Landfill	焚烧 Incineration	其他 other	清运量（万吨） Quantity of Excrement Transported (10,000 ton)	处理量（万吨） Quantity of Excrement Treated (10,000 ton)	（座） Number of Latrines (unit)	三类以上 Grade Ⅲ and Above		
11421	**925**	**761.53**	**348.46**	**389.63**	**23.44**	**15.82**	**4.30**	**5475**	**3974**	**12710**	**湖　北**
7350	700	330.68	48.02	260.96	21.70			1383	1038	8690	武　汉
800		29.20		29.20				293	265	189	黄　石
								29	29	43	大　冶
		38.70	38.70					288	120	241	十　堰
						0.40		50	50	19	丹江口
		30.28	30.28					290	250	234	宜　昌
		5.93	5.93					54	54	37	宜　都
		6.11	6.11					16	16	52	当　阳
		4.98	4.98			2.62		39	39	25	枝　江
1000		34.18		34.18				321	321	1456	襄　阳
		7.39	7.39			0.76	0.70	98	25	18	老河口
								40	40	45	枣　阳
		6.21	6.21					24		25	宜　城
		17.85	17.85			2.00	2.00	318		108	鄂　州
		14.86	14.86					136	136	79	荆　门
								84	84	60	钟　祥
		16.40	16.40					71	71	82	孝　感
		5.00	5.00					47	47	15	应　城
		9.46	9.46			0.02		46		39	安　陆
		11.05	11.05					70	70	28	汉　川
1000		23.51		23.51				238	238	154	荆　州
						0.09		51	33	20	石　首
								181	181	57	洪　湖
								34	17	29	松　滋
		18.76	18.76					81	78	141	黄　冈
		8.98	8.98			3.92	1.09	85	84	51	麻　城
300		12.32		12.32		2.10		70		162	武　穴
600		15.26		15.26				112	112	97	咸　宁
371		14.20		14.20				32	32	58	赤　壁
		21.26	21.26					179	49	48	随　州
		11.23	11.23			3.40		129	23	27	广　水
	225	11.96	10.22		1.74			126	121	82	恩　施
		7.67	7.67					27	27	27	利　川
		18.89	18.89			0.51	0.51	190	190	141	仙　桃
		12.78	12.78					139	108	83	潜　江
		16.43	16.43					104	26	48	天　门

14-3 续表 13

城市名称 Name of Cities	道路清扫保洁面积(万平方米) Surface Area of Roads Cleaned and Maintained (10,000 m^2)		生活垃圾								
		机械化 Mechanization	清运量(万吨) Collected and Transported (10,000 ton)	密闭车(箱)清运量 Quantity of Garbage Transported by Airtight Vehicle	处理量(万吨) Volume of Treated (10,000 ton)	无害化处理厂(场)数(座) Number of Harmless Treatment Plants/Grounds (unit)	卫生填埋 Sanitary Landfill	焚烧 Incineration	其他 other	无害化处理能力(吨/日) Harmless Treatment Capacity (ton/day)	卫生填埋 Sanitary Landfill
湖　南	**19979**	**10654**	**638.17**	**613.00**	**636.90**	**32**	**30**	**2**		**21233**	**19633**
长　沙	4020	2364	203.04	203.04	203.04	1	1			6342	6342
浏　阳	320	192	19.20	16.00	19.20	1	1			500	500
株　洲	1124	834	38.19	38.19	38.18	2	1	1		2100	1100
醴　陵	501	195	8.62	8.62	8.62	1	1			50	50
湘　潭	1046	539	30.42	18.50	30.42	1	1			1000	1000
湘　乡	160	73	12.52	12.52	12.52	1	1			400	400
韶　山	124	12	2.08	2.08	2.08	1	1			100	100
衡　阳	1750	1173	43.82	43.82	43.82	1	1			1375	1375
耒　阳	292	98	20.35	20.35	20.35	1	1			760	760
常　宁	133		8.76	8.76	8.76	1	1			300	300
邵　阳	1200	360	17.42	17.42	17.07	1	1			720	720
武　冈	260	150	5.34	5.34	5.34	1	1			270	270
岳　阳	1022	750	29.28	29.28	29.28	2	2			1200	1200
汨　罗	234	11	8.76	8.76	8.27	1	1			400	400
临　湘	123	65	12.83	12.83	12.83	1	1			500	500
常　德	898	284	26.81	26.81	26.81	1		1		600	
津　市	392	163	5.75	5.75	5.75	1	1			220	220
张家界	359	330	12.43	12.43	12.43	2	2			400	400
益　阳	1002	434	17.19	17.19	17.19	1	1			400	400
沅　江	188	94	6.08	6.08	6.08	1	1			300	300
郴　州	1364	682	21.78	21.78	21.78	1	1			500	500
资　兴	210	59	4.77	4.77	4.77	1	1			200	200
永　州	1195	772	18.85	18.85	18.85	1	1			860	860
怀　化	925	437	18.50	18.50	18.50	1	1			506	506
洪　江	95	73	2.92		2.92	1	1			110	110
娄　底	495	210	14.50	14.50	14.50	1	1			250	250
冷水江	219	88	8.89	7.56	8.59	1	1			300	300
涟　源	88	52	9.27	9.27	9.15	1	1			250	250
吉　首	240	160	9.80	4.00	9.80	1	1			320	320

continued 13

		Domestic Garbage				粪便 Excrement and Urine		公厕数 (座) Number of Latrines (unit)		市容环卫专用车辆设备总数 (台) Number of Vehicles and Equipment Designated for Municipal Environmental Sanitation (unit)	城市名称 Name of Cities
焚烧 Incineration	其他 other	无害化处理量 (万吨) Volume of Harmlessly Treated (10,000 ton)	卫生填埋 Sanitary Landfill	焚烧 Incineration	其他 other	清运量 (万吨) Quantity of Excrement Transported (10,000 ton)	处理量 (万吨) Quantity of Excrement Treated (10,000 ton)		三类以上 Grade III and Above		
1600		**636.90**	**591.17**	**45.73**		**6.70**	**4.77**	**3371**	**2682**	**3891**	**湖　南**
		203.04	203.04					536	536	1021	长　沙
		19.20	19.20					59	59	58	浏　阳
1000		38.18	19.26	18.92				289	289	266	株　洲
		8.62	8.62					87	87	81	醴　陵
		30.42	30.42					326	201	342	湘　潭
		12.52	12.52					31	31	44	湘　乡
		2.08	2.08					5		9	韶　山
		43.82	43.82					363		227	衡　阳
		20.35	20.35					42	42	113	耒　阳
		8.76	8.76					20	6	40	常　宁
		17.07	17.07					142	142	120	邵　阳
		5.34	5.34			0.17		45	35	29	武　冈
		29.28	29.28					99	1	160	岳　阳
		8.27	8.27					19	19	30	汨　罗
		12.83	12.83					45	25	39	临　湘
600		26.81		26.81				239	220	90	常　德
		5.75	5.75			0.50		40	40	40	津　市
		12.43	12.43					41	41	73	张家界
		17.19	17.19			1.26		148	148	146	益　阳
		6.08	6.08					26	16	24	沅　江
		21.78	21.78			1.94	1.94	219	219	256	郴　州
		4.77	4.77					15	15	45	资　兴
		18.85	18.85			2.83	2.83	135	131	154	永　州
		18.50	18.50					129	129	208	怀　化
		2.92	2.92					19	9	7	洪　江
		14.50	14.50					138	138	108	娄　底
		8.59	8.59					38	38	49	冷水江
		9.15	9.15					11		42	涟　源
		9.80	9.80					65	65	70	吉　首

14-3 续表 14

城市名称 Name of Cities	道路清扫保洁面积(万平方米) Surface Area of Roads Cleaned and Maintained (10,000 m^2)	机械化 Mechanization	生活垃圾 清运量(万吨) Collected and Transported (10,000 ton)	密闭车(箱)清运量 Quantity of Garbage Transported by Airtight Vehicle	处理量(万吨) Volume of Treated (10,000 ton)	无害化处理厂(场)数(座) Number of Harmless Treatment Plants/ Grounds (unit)	卫生填埋 Sanitary Landfill	焚烧 Incineration	其他 other	无害化处理能力(吨/日) Harmless Treatment Capacity (ton/day)	卫生填埋 Sanitary Landfill
广　东	**92161**	**37371**	**2320.40**	**2206.52**	**2265.46**	**73**	**47**	**21**	**5**	**70206**	**43226**
广　州	19469	6105	455.84	455.84	434.15	7	5	2		14830	11540
韶　关	960	335	21.76	21.76	21.76	2	2			1200	1200
乐　昌	320		4.93		4.93	1			1	200	
南　雄	129	45	4.99	4.99	4.93						
深　圳	22139	8611	574.83	574.81	574.83	10	4	6		15748	8388
珠　海	4602	2142	81.50	81.50	81.50	2	1	1		2450	1700
汕　头	1710	626	78.76	71.61	72.93	3	2	1		1810	1360
佛　山	3751	1798	93.84	93.84	93.84	4	2	2		6020	2420
江　门	1968	950	45.67	45.67	45.66	1	1			2440	2440
台　山	451	81	6.55	3.10	6.55	1	1			400	400
开　平	570	51	9.48	6.71	9.48	1	1			400	400
鹤　山	316	146	6.74	6.40	6.74	1	1			350	350
恩　平	248	37	7.51	4.92	7.51	1	1			300	300
湛　江	1685	464	37.63	37.63	37.63	1	1			1000	1000
廉　江	285	87	9.09	8.00	7.78						
雷　州	228	40	12.05	11.65	12.05						
吴　川	291	76	8.57	6.40	8.57	1	1			332	332
茂　名	451	204	22.12	17.38	22.12	2		1	1	1100	
高　州	250	99	9.52	8.30	9.52	1	1			300	300
化　州	110	16	7.00	6.50	7.00	1	1			200	200
信　宜	135	35	8.00	2.10	8.00	1	1			300	300
肇　庆	1720	647	27.76	27.76	27.76	1	1			900	900
四　会	456	36	9.45	9.45	9.45	1	1			400	400
惠　州	3651	2210	95.29	95.29	95.29	5	4	1		1740	1140
梅　州	760	299	21.57	21.57	21.57	1	1			646	646
兴　宁	224	105	10.50	10.50	10.50	1	1			250	250
汕　尾	350	69	9.13	9.13	9.13	1	1			250	250
陆　丰	150		12.05								
河　源	540	316	21.34	21.34	21.34	1	1			500	500
阳　江	1154	274	22.82	18.86	22.82	1	1			732	732
阳　春	118	37	7.15	0.64	7.15	1			1	300	
清　远	1242	1193	30.65	30.65	30.65	1	1			823	823
英　德	460	322	7.67	5.11	7.67	1			1	210	
连　州	162	67	3.15	3.15	3.15	2	1		1	350	150

continued 14

Domestic Garbage 焚烧 Incineration	Domestic Garbage 其他 other	无害化处理量(万吨) Volume of Harmlessly Treated (10,000 ton)	卫生填埋 Sanitary Landfill	焚烧 Incineration	其他 other	粪便 Excrement and Urine 清运量(万吨) Quantity of Excrement Transported (10,000 ton)	粪便 Excrement and Urine 处理量(万吨) Quantity of Excrement Treated (10,000 ton)	公厕数(座) Number of Latrines (unit)	三类以上 Grade Ⅲ and Above	市容环卫专用车辆设备总数(台) Number of Vehicles and Equipment Designated for Municipal Environmental Sanitation (unit)	城市名称 Name of Cities
25770	**1210**	**2124.61**	**1388.03**	**708.18**	**28.40**	**85.51**	**48.96**	**9769**	**9309**	**14274**	**广　东**
3290		434.15	334.97	99.18		24.55	24.55	1251	1251	4335	广　州
		21.76	21.76			1.32	1.32	90	90	100	韶　关
	200	4.93			4.93	1.46	1.46	10	8	9	乐　昌
								13	13	19	南　雄
7360		574.83	306.17	268.66		8.25	8.25	2610	2610	1724	深　圳
750		81.50	60.97	20.53		0.24	0.24	195	169	436	珠　海
450		72.93	56.07	16.86		1.86		661	661	383	汕　头
3600		93.84	72.86	20.98		0.68	0.68	512	501	1163	佛　山
		45.66	45.66			1.92		376	367	190	江　门
		6.55	6.55			1.29	0.29	34	34	34	台　山
		9.48	9.48			0.13	0.13	27	27	54	开　平
		6.74	6.74					11	11	62	鹤　山
		7.51	7.51					28	28	44	恩　平
		37.63	37.63			0.32	0.32	158	158	512	湛　江
								15		30	廉　江
						1.08	1.08	13		14	雷　州
		8.57	8.57			0.42	0.42	26	15	75	吴　川
800	300	22.12		14.72	7.40	2.10		102	50	122	茂　名
		9.52	9.52			0.08		44	44	39	高　州
		7.00	7.00					24	18	36	化　州
		8.00	8.00			0.65	0.65	33	31	45	信　宜
		27.76	27.76			0.26	0.01	72	66	185	肇　庆
		9.45	9.45			3.70	3.70	15	15	33	四　会
600		95.29	78.86	16.43		0.05	0.05	157	144	267	惠　州
		21.57	21.57			2.97	2.97	170	170	99	梅　州
		10.50	10.50					24		23	兴　宁
		9.13	9.13					15		25	汕　尾
						3.16		9		15	陆　丰
		21.34	21.34			1.20	1.20	133	133	117	河　源
		22.82	22.82			0.05		41	41	91	阳　江
	300	7.15			7.15			17	17	19	阳　春
		30.65	30.65					42	42	146	清　远
	210	7.67			7.67	0.75	0.75	23		40	英　德
	200	3.15	1.90		1.25			23	23	35	连　州

14-3 续表 15

城市名称 Name of Cities	道路清扫保洁面积(万平方米) Surface Area of Roads Cleaned and Maintained (10,000 m^2)	机械化 Mechanization	生活垃圾 清运量(万吨) Collected and Transported (10,000 ton)	密闭车(箱)清运量 Quantity of Garbage Transported by Airtight Vehicle	处理量(万吨) Volume of Treated (10,000 ton)	无害化处理厂(场)数(座) Number of Harmless Treatment Plants/ Grounds (unit)	卫生填埋 Sanitary Landfill	焚烧 Incineration	其他 other	无害化处理能力(吨/日) Harmless Treatment Capacity (ton/day)	卫生填埋 Sanitary Landfill
东　　莞	16604	8033	390.43	386.42	390.43	8	3	5		8800	1900
中　　山	1477	866	24.97	24.97	24.97	3	1	2		2370	350
潮　　州	655	241	51.94	12.01	41.18	1	1			1128	1128
揭　　阳	822	363	33.49	33.49	31.81	1	1			872	872
普　　宁	662	178	19.53	12.88	17.97						
云　　浮	637	142	10.76	10.76	10.76	1	1			255	255
罗　　定	249	25	4.38	3.43	4.38	1	1			300	300
广　　西	**18189**	**8805**	**385.47**	**367.38**	**380.29**	**21**	**18**	**3**		**8851**	**7651**
南　　宁	5317	3213	107.44	107.44	107.44	1	1			1200	1200
柳　　州	2920	1325	49.83	40.22	49.83	1	1			600	600
桂　　林	1666	962	38.42	38.42	38.42	1	1			1000	1000
梧　　州	596	33	18.59	17.50	18.59	1	1			400	400
岑　　溪	214	64	5.33	3.30	5.32	1	1			200	200
北　　海	1356	615	24.74	24.74	24.74	1	1			700	700
防 城 港	636	399	7.91	7.71	7.91	1	1			300	300
东　　兴	230	143	5.98	5.14	5.14	1	1			121	121
钦　　州	1114	419	15.62	15.62	15.62	1	1			530	530
贵　　港	489	256	26.13	26.13	26.13	2	1	1		980	380
桂　　平	165	100	5.79	5.79	5.79	1	1			200	200
玉　　林	708	381	23.18	23.18	23.18	1	1			650	650
北　　流	402	99	9.69	9.69	9.69	1	1			200	200
百　　色	582	414	6.47	6.47	6.47	1	1			230	230
靖　　西	112		2.29	2.29	1.26	1	1			160	160
贺　　州	440	110	9.40	8.30	9.40	1	1			180	180
河　　池	170	62	4.83	4.83	4.83	1	1			400	400
宜　　州	127		3.91	3.91	3.91						
来　　宾	592	127	10.12	10.12	10.12	1		1		500	
合　　山	53		1.12		0.99						
崇　　左	180	43	5.01	3.11	3.11	1	1			200	200
凭　　祥	120	40	3.67	3.47	2.40	1		1		100	

continued 15

		Domestic Garbage				粪便 Excrement and Urine		公厕数 (座)		市容环卫专用车辆设备总数(台)	
焚烧 Incineration	其他 other	无害化处理量(万吨) Volume of Harmlessly Treated (10,000 ton)	卫生填埋 Sanitary Landfill	焚烧 Incineration	其他 other	清运量(万吨) Quantity of Excrement Transported (10,000 ton)	处理量(万吨) Quantity of Excrement Treated (10,000 ton)	Number of Latrines (unit)	三类以上 Grade III and Above	Number of Vehicles and Equipment Designated for Municipal Environmental Sanitation (unit)	城市名称 Name of Cities
6900		292.31	66.46	225.85		25.69	0.88	2148	2144	2723	东莞
2020		24.97		24.97		0.59		101	101	595	中山
		41.18	41.18					415	240	190	潮州
		31.81	31.81			0.73		68	64	98	揭阳
								15		32	普宁
		10.76	10.76			0.01	0.01	25	23	79	云浮
		4.38	4.38					23		36	罗定
1200		**380.29**	**354.61**	**25.68**		**8.73**	**5.35**	**1496**	**1370**	**7044**	**广西**
		107.44	107.44			1.97	1.97	212	201	4551	南宁
		49.83	49.83			1.80	1.80	304	290	493	柳州
		38.42	38.42					308	308	423	桂林
		18.59	18.59					67	38	123	梧州
		5.32	5.32					7	7	13	岑溪
		24.74	24.74			0.75		111	111	138	北海
		7.91	7.91					22	18	221	防城港
		5.14	5.14			2.10		30	9	19	东兴
		15.62	15.62			0.16		75	75	78	钦州
600		26.13	13.21	12.92		0.35		44	44	107	贵港
		5.79	5.79					23	23	60	桂平
		23.18	23.18					55	55	65	玉林
		9.69	9.69			1.00	1.00	22	22	31	北流
		6.47	6.47			0.58	0.58	87	86	305	百色
		1.26	1.26			0.02		15		22	靖西
		9.40	9.40					22		71	贺州
		4.83	4.83					27	26	50	河池
		3.91	3.91					10	10	33	宜州
500		10.12		10.12				24	24	48	来宾
		0.99	0.75	0.24				12	12	27	合山
		3.11	3.11					12	11	129	崇左
100		2.40		2.40				7		37	凭祥

14-3 续表 16

城市名称 Name of Cities	道路清扫保洁面积(万平方米) Surface Area of Roads Cleaned and Maintained (10,000 m^2)		生活垃圾								
		机械化 Mechanization	清运量(万吨) Collected and Transported (10,000 ton)	密闭车(箱)清运量 Quantity of Garbage Transported by Airtight Vehicle	处理量(万吨) Volume of Treated (10,000 ton)	无害化处理厂(场)数(座) Number of Harmless Treatment Plants/ Grounds (unit)	卫生填埋 Sanitary Landfill	焚烧 Incineration	其他 other	无害化处理能力(吨/日) Harmless Treatment Capacity (ton/day)	卫生填埋 Sanitary Landfill
海　南	**5289**	**2134**	**160.06**	**152.57**	**159.81**	**11**	**7**	**4**		**4557**	**2172**
海　口	3100	1211	78.19	78.19	78.19	2	1	1		2200	1000
三　亚	663	465	45.77	45.77	45.62	2	1	1		1200	500
三　沙	1		0.11	0.11	0.11	1	1			4	4
儋　州	395	178	9.84	9.84	9.84	1	1			250	250
五指山	82	49	2.40	2.40	2.40	1	1			67	67
琼　海	325	67	7.85	7.82	7.85	1		1		225	
文　昌	237	71	4.48	2.72	4.48	1		1		260	
万　宁	102	20	5.70		5.60	1	1			190	190
东　方	384	73	5.72	5.72	5.72	1	1			161	161
重　庆	**15313**	**8642**	**440.03**	**435.66**	**435.77**	**18**	**16**	**2**		**9350**	**5750**
四　川	**30196**	**18010**	**823.61**	**757.84**	**801.19**	**45**	**33**	**12**		**22565**	**13505**
成　都	10439	7140	273.55	273.55	273.55	4	1	3		8335	3535
都江堰	880	528	9.49	9.49	9.49	1	1			400	400
彭　州	443	288	9.49	9.49	9.49	1	1			500	500
邛　崃	576	335	6.21	6.21	5.84	1	1			160	160
崇　州	290	150	8.18	8.18	8.18	1	1			200	200
自　贡	1160	737	35.47	35.47	35.47	1		1		800	
攀枝花	635	400	17.91	17.91	17.86	3	3			700	700
泸　州	1092	897	28.64	28.64	28.64	2	2			805	805
德　阳	686	260	18.25	18.25	14.65	1	1			500	500
广　汉	609	30	12.48	8.38	12.40	1	1			180	180
什　邡	235	143	4.55		4.55	1		1		260	
绵　竹	151	131	4.21	4.21	4.21	1		1		200	
绵　阳	1228	657	34.24	34.24	31.39	1	1			800	800
江　油	454	272	8.76	8.76	8.76	1	1			240	240
广　元	586	541	18.66	17.36	16.93	3	3			500	500
遂　宁	1554	699	60.91	24.57	58.00	1	1			450	450
内　江	740	534	16.43	16.43	16.43	1	1			200	200
乐　山	817	459	18.99	18.99	18.91	2	2			410	410
峨眉山	202	113	5.39	5.39	5.39	1	1			300	300
南　充	1410	520	36.95	34.65	36.94	2	1	1		1100	500
阆　中	346	120	10.16	6.47	10.16	1	1			300	300

continued 16

		Domestic Garbage				粪便 Excrement and Urine		公厕数 (座) Number of Latrines (unit)		市容环卫专用车辆设备总数(台) Number of Vehicles and Equipment Designated for Municipal Environmental Sanitation (unit)	城市名称 Name of Cities
焚烧 Incineration	其他 other	无害化处理量(万吨) Volume of Harmlessly Treated (10,000 ton)	卫生填埋 Sanitary Landfill	焚烧 Incineration	其他 other	清运量(万吨) Quantity of Excrement Transported (10,000 ton)	处理量(万吨) Quantity of Excrement Treated (10,000 ton)		三类以上 Grade Ⅲ and Above		
2385		**159.81**	**69.31**	**90.50**		**5.71**	**0.26**	**457**	**441**	**1686**	**海南**
1200		78.19	32.86	45.33		5.30		144	144	385	海口
700		45.62	12.78	32.84				103	103	412	三亚
		0.11	0.11							21	三沙
		9.84	9.84					30	30	96	儋州
		2.40	2.40					10	2	37	五指山
225		7.85		7.85		0.29	0.26	47	47	492	琼海
260		4.48		4.48				25	23	36	文昌
		5.60	5.60			0.12		49	43	20	万宁
		5.72	5.72					49	49	187	东方
3600		**433.86**	**285.60**	**148.26**		**61.25**	**10.62**	**3208**	**2354**	**2791**	**重庆**
9060		**797.14**	**517.74**	**279.40**		**17.16**	**6.21**	**4383**	**3209**	**4859**	**四川**
4800		273.55	116.18	157.37		2.72	0.37	699	563	1354	成都
		9.49	9.49					72	72	39	都江堰
		9.49	9.49					31	24	27	彭州
		5.84	5.84					27	27	220	邛崃
		8.18	8.18					58	57	32	崇州
800		35.47		35.47		0.80	0.80	365	139	274	自贡
		17.86	17.86			0.03	0.03	361	332	176	攀枝花
		28.64	28.64			0.39	0.39	176	126	267	泸州
		14.65	14.65					101	94	97	德阳
		12.40	12.40			4.28		76	58	57	广汉
260		4.55		4.55				33		49	什邡
200		4.21		4.21				18		43	绵竹
		31.39	31.39			0.91	0.91	205	203	158	绵阳
		8.76	8.76					63	63	39	江油
		16.93	16.93					100	55	179	广元
		58.00	58.00			0.20		257	153	150	遂宁
		16.43	16.43			1.60		155	135	178	内江
		15.96	15.96					143	117	132	乐山
		5.39	5.39			0.05		45	45	41	峨眉山
600		36.94	18.10	18.84				360	356	100	南充
		10.16	10.16					121	121	27	阆中

14-3 续表 17

城市名称 Name of Cities	道路清扫保洁面积(万平方米) Surface Area of Roads Cleaned and Maintained (10,000 m²)	机械化 Mechanization	生活垃圾 清运量(万吨) Collected and Transported (10,000 ton)	密闭车(箱)清运量 Quantity of Garbage Transported by Airtight Vehicle	处理量(万吨) Volume of Treated (10,000 ton)	无害化处理厂(场)数(座) Number of Harmless Treatment Plants/Grounds (unit)	卫生填埋 Sanitary Landfill	焚烧 Incineration	其他 other	无害化处理能力(吨/日) Harmless Treatment Capacity (ton/day)	卫生填埋 Sanitary Landfill
眉　　山	981	560	26.17	26.17	20.80	1	1			400	400
宜　　宾	714	436	29.21	29.21	27.40	2	2			900	900
广　　安	883	334	14.34	14.34	14.34	1		1		800	
华　　蓥	189	77	3.56	3.00	3.56						
达　　州	405	328	23.12	13.00	20.35	1		1		700	
万　　源	63	21	5.28	5.28	5.28	1	1			150	150
雅　　安	336	272	15.19	14.51	14.87	2	2			345	345
巴　　中	605	203	15.09	15.09	14.80	2	1	1		500	300
资　　阳	510	420	18.28	18.28	18.28	1	1			310	310
简　　阳	330	120	13.87	13.87	13.87	1	1			420	420
马 尔 康	38		1.20	1.20	1.10						
康　　定	22	3	2.13		2.05	1		1		100	
西　　昌	587	282	17.25	17.25	17.25	1		1		600	
贵　　州	**7098**	**4695**	**268.33**	**236.18**	**251.72**	**17**	**14**	**3**		**7520**	**5320**
贵　　阳	3012	1991	111.88	100.92	106.40	2	2			1600	1600
清　　镇	156	102	5.40	5.35	5.13	1	1			300	300
六 盘 水	500	450	15.94	15.94	15.15	1	1			500	500
遵　　义	552	437	34.51	34.11	32.48	2	1	1		1600	800
赤　　水	152	116	4.20	4.20	3.99	1	1			140	140
仁　　怀	75	61	6.19	6.06	5.88	1	1			140	140
安　　顺	715	459	16.20	16.20	15.24	3	2	1		1170	470
铜　　仁	220	78	12.72	7.01	11.70	1	1			210	210
兴　　义	600	323	13.45	13.07	12.78	1		1		700	
毕　　节	355	284	17.08	17.08	16.24	1	1			425	425
凯　　里	463	253	13.74	13.74	12.41	1	1			340	340
都　　匀	208	141	10.22	2.50	9.32	1	1			250	250
福　　泉	90		6.80		5.00	1	1			145	145
云　　南	**16769**	**6435**	**371.06**	**358.03**	**361.36**	**24**	**19**	**5**		**9109**	**3909**
昆　　明	9885	4176	158.76	158.76	154.14	5	1	4		4680	80
安　　宁	421	179	7.85	7.85	7.85						
曲　　靖	862	172	19.05	19.05	19.05						
宣　　威	318		12.53	9.37	12.53	1	1			250	250

continued 17

		Domestic Garbage				粪便 Excrement and Urine		公厕数 (座) Number of Latrines (unit)		市容环卫专用车辆设备总数(台) Number of Vehicles and Equipment Designated for Municipal Environmental Sanitation (unit)	城市名称 Name of Cities
焚烧 Incinera-tion	其他 other	无害化处理量(万吨) Volume of Harm-lessly Treated (10,000 ton)	卫生填埋 Sanitary Landfill	焚烧 Incinera-tion	其他 other	清运量(万吨) Quantity of Excrement Tran-sported (10,000 ton)	处理量(万吨) Quantity of Excrement Treated (10,000 ton)		三类以上 Grade Ⅲ and Above		
		20.80	20.80					79	77	194	眉　山
		27.40	27.40			3.46	3.19	106		282	宜　宾
800		14.34		14.34				55	20	54	广　安
		3.56		3.56				20	12	19	华　蓥
700		20.35		20.35				201	12	173	达　州
		5.28	5.28			0.52	0.52	52	31	34	万　源
		14.87	14.87			0.28		43	35	108	雅　安
200		14.80	13.39	1.41				48	43	138	巴　中
		18.28	18.28					45	45	50	资　阳
		13.87	13.87			0.32		43	22	39	简　阳
								12	12	13	马尔康
100		2.05		2.05		0.76		13	10	6	康　定
600		17.25		17.25		0.84		200	150	110	西　昌
2200		**251.72**	**226.40**	**25.32**		**1.03**		**1440**	**1187**	**2619**	**贵　州**
		106.40	106.40			0.90		540	540	1203	贵　阳
		5.13	5.13					19	19	67	清　镇
		15.15	15.15					63	63	180	六盘水
800		32.48	25.09	7.39				331	331	318	遵　义
		3.99	3.99					32	32	52	赤　水
		5.88	5.88					44	42	107	仁　怀
700		15.24	10.09	5.15				68	61	290	安　顺
		11.70	11.70			0.06		85	29	29	铜　仁
700		12.78		12.78				101		45	兴　义
		16.24	16.24					66	30	145	毕　节
		12.41	12.41					40	40	65	凯　里
		9.32	9.32			0.07		33		86	都　匀
		5.00	5.00					18		32	福　泉
5200		**334.08**	**146.52**	**187.56**		**20.99**	**9.55**	**2619**	**2330**	**2699**	**云　南**
4600		149.31	2.30	147.01		3.70	3.65	1303	1292	1398	昆　明
						0.41	0.41	103	88	39	安　宁
		19.05		19.05		2.13		185	160	241	曲　靖
		12.53	12.53			3.16		90		33	宣　威

14-3 续表 18

城市名称 Name of Cities	道路清扫保洁面积(万平方米) Surface Area of Roads Cleaned and Maintained (10,000 m²)		生活垃圾								
		机械化 Mechanization	清运量(万吨) Collected and Transported (10,000 ton)	密闭车(箱)清运量 Quantity of Garbage Transported by Airtight Vehicle	处理量(万吨) Volume of Treated (10,000 ton)	无害化处理厂(场)数(座) Number of Harmless Treatment Plants/Grounds (unit)	卫生填埋 Sanitary Landfill	焚烧 Incineration	其他 other	无害化处理能力(吨/日) Harmless Treatment Capacity (ton/day)	卫生填埋 Sanitary Landfill
玉　溪	402	174	10.86	10.86	10.86	1	1			400	400
保　山	267	48	10.95	10.95	9.86	1	1			250	250
腾　冲	210	39	6.23	6.23	6.19	1	1			150	150
昭　通	430	160	14.60	7.84	14.60						
丽　江	240	72	13.79	13.79	12.83	1	1			270	270
普　洱	327	73	7.95	7.95	7.48	1	1			200	200
临　沧	213	38	6.36	5.88	5.92	1	1			150	150
楚　雄	309	71	10.95	10.95	10.29	1	1			350	350
个　旧	100	25	6.73	4.10	6.73	1	1			160	160
开　远	161	54	5.88	5.88	5.88	1	1			200	200
蒙　自	500	114	10.59	10.59	10.59	1	1			200	200
弥　勒	190	80	6.57	6.57	6.57	1	1			220	220
文　山	577	462	10.33	10.33	9.97	1	1			150	150
景　洪	236	30	11.65	11.65	11.65	1	1			319	319
大　理	415	198	21.50	21.50	21.50	1		1		600	
瑞　丽	341	109	7.34	7.34	7.34	2	2			303	303
芒　市	280	133	5.95	5.95	5.48	1	1			145	145
香格里拉	85	28	4.64	4.64	4.05	1	1			112	112
西　藏	**5714**	**3499**	**32.92**	**25.15**	**4.17**						
拉　萨	740	499	23.76	21.00	0.07						
昌　都	30	12	3.50								
日喀则	1200	685	4.13	2.62	2.62						
林　芝	3744	2303	1.53	1.53	1.48						
陕　西	**15884**	**9702**	**522.75**	**512.69**	**512.38**	**20**	**17**	**1**	**2**	**17591**	**15641**
西　安	9365	6716	332.34	332.34	332.34	3	2		1	9251	9101
铜　川	369	242	13.63	13.63	12.30	1	1			363	363
宝　鸡	1208	436	36.54	36.54	36.54	2	2			1320	1320
咸　阳	827	565	30.96	30.96	30.96	2	1	1		2400	900
兴　平	249	45	7.32		7.24	1	1			260	260
渭　南	712	280	20.39	20.39	15.58	3	2		1	880	580
韩　城	143	104	7.33	7.33	7.04	1	1			200	200
华　阴	52	20	4.95	4.95	4.66	1	1			200	200

continued 18

Domestic Garbage						粪便 Excrement and Urine		公厕数 (座) Number of Latrines (unit)		市容环卫专用车辆设备总数(台) Number of Vehicles and Equipment Designated for Municipal Environmental Sanitation (unit)	城市名称 Name of Cities
焚烧 Incineration	其他 other	无害化处理量(万吨) Volume of Harmlessly Treated (10,000 ton)	卫生填埋 Sanitary Landfill	焚烧 Incineration	其他 other	清运量(万吨) Quantity of Excrement Transported (10,000 ton)	处理量(万吨) Quantity of Excrement Treated (10,000 ton)		三类以上 Grade Ⅲ and Above		
		10.86	10.86			1.00	1	38	29	82	玉　溪
		9.86	9.86			0.37	0.37	19	2	44	保　山
		6.19	6.19			0.09	0.09	32	30	60	腾　冲
								49	49	57	昭　通
		12.83	12.83					59	59	88	丽　江
		7.48	7.48			0.50		138	138	61	普　洱
		5.92	5.92					36	9	37	临　沧
		10.29	10.29			1.83	1.83	62	56	55	楚　雄
		6.73	6.73			1.20	1.20	37	33	48	个　旧
		5.88	5.88			0.08	0.08	46	46	48	开　远
		10.59	10.59			0.29	0.29	64	56	61	蒙　自
		6.57	6.57					29	29	61	弥　勒
		9.97	9.97					89	69	35	文　山
		11.65	11.65			0.70	0.61	35	13	55	景　洪
600		21.50		21.50		3.01		96	80	84	大　理
		7.34	7.34					18	17	70	瑞　丽
		5.48	5.48			1.20		75	75	25	芒　市
		4.05	4.05			1.32	0.02	16		17	香格里拉
						0.12		**317**	**160**	**337**	**西　藏**
						0.11		164	160	241	拉　萨
								6		5	昌　都
								125		80	日喀则
						0.01		22		11	林　芝
1500	**450**	**512.38**	**504.27**	**2.70**	**5.41**	**9.08**	**7.75**	**4266**	**4161**	**3196**	**陕　西**
	150	332.34	326.95		5.39	2.85	2.85	2152	2152	1970	西　安
		12.30	12.30			1.49	1.49	170	170	122	铜　川
		36.54	36.54					520	520	192	宝　鸡
1500		30.96	28.26	2.70		2.70	2.70	331	331	196	咸　阳
		7.24	7.24					46	46	45	兴　平
	300	15.58	15.56		0.02	0.20		135	132	126	渭　南
		7.04	7.04					33	33	33	韩　城
		4.66	4.66					50	39	7	华　阴

14-3 续表 19

城市名称 Name of Cities	道路清扫保洁面积（万平方米） Surface Area of Roads Cleaned and Maintained (10,000 m^2)	机械化 Mechanization	生活垃圾 清运量（万吨） Collected and Transported (10,000 ton)	密闭车（箱）清运量 Quantity of Garbage Transported by Airtight Vehicle	处理量（万吨） Volume of Treated (10,000 ton)	无害化处理厂（场）数（座） Number of Harmless Treatment Plants/Grounds (unit)	卫生填埋 Sanitary Landfill	焚烧 Incineration	其他 other	无害化处理能力（吨/日） Harmless Treatment Capacity (ton/day)	卫生填埋 Sanitary Landfill
延　安	330	290	13.21	12.21	12.09	1	1			503	503
汉　中	465	136	13.01	13.01	12.38	1	1			600	600
榆　林	1443	415	15.73	14.30	14.63	1	1			600	600
安　康	223	81	14.12	14.12	14.12	1	1			800	800
商　洛	152	60	7.10	7.10	6.40	1	1			200	200
杨陵区	346	312	6.12	5.81	6.10	1	1			14	14
甘　肃	**8294**	**4431**	**262.68**	**244.77**	**261.00**	**18**	**18**			**5061**	**5061**
兰　州	2903	2125	98.36	98.36	98.23	3	3			741	741
嘉峪关	630	185	7.30	7.30	7.30	1	1			250	250
金　昌	751	390	9.20	9.20	9.20	1	1			250	250
白　银	610	150	15.96	15.96	15.25	2	2			410	410
天　水	290	93	21.78	21.78	21.78	1	1			665	665
武　威	267	160	18.00	18.00	17.91	1	1			300	300
张　掖	520	184	9.89	9.89	9.89	1	1			280	280
平　凉	510	17	13.80	13.78	13.80	1	1			500	500
酒　泉	566	415	12.00	11.50	12.00	1	1			250	250
玉　门	240	84	3.24	3.24	3.24	1	1			134	134
敦　煌	115	37	4.32	4.32	4.32	1	1			150	150
庆　阳	270	210	15.70	8.07	15.27	1	1			350	350
定　西	160	60	6.50	5.00	6.50	1	1			180	180
陇　南	65	13	4.79	4.66	4.79						
临　夏	346	276	18.52	12.28	18.52	1	1			506	506
合　作	51	32	3.32	1.43	3.00	1	1			95	95
青　海	**2699**	**1057**	**82.24**	**78.14**	**79.11**	**6**	**6**			**1930**	**1930**
西　宁	1534	752	55.80	55.80	53.16	3	3			1360	1360
海　东	185	88	7.77	7.57	7.59	2	2			270	270
玉　树	70		3.89		3.66						
格尔木	581	180	11.02	11.02	10.95	1	1			300	300
德令哈	329	37	3.76	3.75	3.75						

continued 19

Domestic Garbage						粪便 Excrement and Urine		公厕数 (座) Number of Latrines (unit)		市容环卫专用车辆设备总数(台) Number of Vehicles and Equipment Designated for Municipal Environmental Sanitation (unit)	城市名称 Name of Cities
焚烧 Incinera-tion	其他 other	无害化处理量(万吨) Volume of Harm-lessly Treated (10,000 ton)	卫生填埋 Sanitary Landfill	焚烧 Incinera-tion	其他 other	清运量 (万吨) Quantity of Excrement Tran-sported (10,000 ton)	处理量 (万吨) Quantity of Excrement Treated (10,000 ton)		三类以上 Grade Ⅲ and Above		
		12.09	12.09			1.08		142	116	133	延　安
		12.38	12.38			0.05		127	116	56	汉　中
		14.63	14.63					387	355	169	榆　林
		14.12	14.12			0.71	0.71	118	96	97	安　康
		6.40	6.40					17	17	29	商　洛
		6.10	6.10					38	38	21	杨陵区
		168.75	**168.75**			**18.02**	**11.90**	**1518**	**1202**	**1923**	**甘　肃**
		11.42	11.42			7.65	7.65	494	479	1267	兰　州
		7.30	7.30					122	108	60	嘉峪关
		9.20	9.20			0.16	0.16	75	62	68	金　昌
		15.25	15.25			0.18	0.18	120	101	102	白　银
		21.13	21.13					48	29	27	天　水
		17.91	17.91					96	70	71	武　威
		9.89	9.89					83	38	15	张　掖
		13.80	13.80			6.00		75	60	25	平　凉
		12.00	12.00			0.51	0.51	110	106	60	酒　泉
		3.24	3.24					29	4	19	玉　门
		4.32	4.32					53	49	16	敦　煌
		15.27	15.27			2.40	2.40	70	52	64	庆　阳
		6.50	6.50					49	44	33	定　西
								47		26	陇　南
		18.52	18.52			1.00	1.00	34		63	临　夏
		3.00	3.00			0.12		13		7	合　作
		71.70	**71.70**			**1.35**		**691**	**327**	**475**	**青　海**
		53.16	53.16			1.35		543	265	331	西　宁
		7.59	7.59					16	5	36	海　东
								29		61	玉　树
		10.95	10.95					67	53	25	格尔木
								36	4	22	德令哈

14-3 续表 20

城市名称 Name of Cities	道路清扫保洁面积（万平方米）Surface Area of Roads Cleaned and Maintained (10,000 m²)	机械化 Mechanization	生活垃圾 清运量（万吨）Collected and Transported (10,000 ton)	密闭车（箱）清运量 Quantity of Garbage Transported by Airtight Vehicle	处理量（万吨）Volume of Treated (10,000 ton)	无害化处理厂（场）数（座）Number of Harmless Treatment Plants/Grounds (unit)	卫生填埋 Sanitary Landfill	焚烧 Incineration	其他 other	无害化处理能力（吨/日）Harmless Treatment Capacity (ton/day)	卫生填埋 Sanitary Landfill
宁　夏	**7956**	**3337**	**132.24**	**99.35**	**118.91**	**8**	**8**			**3990**	**3990**
银　川	4188	1443	51.93	51.93	41.40	1	1			2000	2000
灵　武	277	87	4.99		4.99	1	1			170	170
石嘴山	1366	745	21.77	14.25	21.17	2	2			700	700
吴　忠	695	225	18.05	18.05	17.15	1	1			340	340
青铜峡	298	167	10.30	10.20	9.53	1	1			250	250
固　原	452	90	12.00		12.00	1	1			330	330
中　卫	680	580	13.20	4.92	12.67	1	1			200	200
新　疆	**14489**	**6645**	**380.04**	**347.94**	**364.55**	**23**	**23**			**9205**	**9205**
乌鲁木齐	3024	1866	138.55	138.55	133.59	2	2			3636	3636
克拉玛依	1596	783	16.57	11.36	16.57	3	3			700	700
吐鲁番	508	189	7.20	6.92	6.85	1	1			300	300
哈　密	813	267	10.50	10.50	9.60	1	1			350	350
昌　吉	1275	260	16.06	16.06	15.30	1	1			440	440
阜　康	467	118	4.08	4.08	3.84	1	1			150	150
博　乐	300	165	5.80		5.22	1	1			150	150
阿拉山口	65	32	1.78		1.52						
库尔勒	1213	319	30.18	30.18	28.83	1	1			500	500
阿克苏	600		13.82	13.82	12.70						
阿图什	150	130	5.00	4.00	4.91	1	1			189	189
喀　什	580	301	25.66	25.66	25.16	1	1			500	500
和　田	377	54	22.00	20.50	20.19						
伊　宁	763	499	29.21	29.21	29.21	1	1			600	600
奎　屯	321	132	7.90	7.90	7.90	1	1			600	600
霍尔果斯	124	56	2.04		2.00						
乌　苏	302	86	2.97	2.32	2.88	1	1			165	165
塔　城	138	111	6.72	5.81	6.52	1	1			207	207
阿勒泰	92	60	3.06	3.05	3.03	1	1			140	140
石河子	813	525	19.71	10.80	19.71						
阿拉尔	154	127	3.17	3.17	2.74	2	2			135	135
图木舒克	120		1.32	1.15	1.14	1	1			110	110
五家渠	148	120	3.00		2.88	1	1			250	250
北　屯	473	400	2.35	2.26	2.26	1	1			83	83
铁门关	73	45	1.39	0.64							

continued 20

Domestic Garbage						粪便 Excrement and Urine		公厕数 (座) Number of Latrines (unit)		市容环卫专用车辆设备总数(台) Number of Vehicles and Equipment Designated for Municipal Environmental Sanitation (unit)	城市名称 Name of Cities
		无害化处理量(万吨) Volume of Harmlessly Treated (10,000 ton)				清运量(万吨) Quantity of Excrement Transported (10,000 ton)	处理量(万吨) Quantity of Excrement Treated (10,000 ton)				
焚烧 Incineration	其他 other		卫生填埋 Sanitary Landfill	焚烧 Incineration	其他 other				三类以上 Grade Ⅲ and Above		
		118.91	**118.91**			**6.77**	**5.43**	**746**	**657**	**1597**	**宁　夏**
		41.40	41.40			4.15	4.15	263	263	1100	银　川
		4.99	4.99					24	1	29	灵　武
		21.17	21.17			1.79	0.75	160	135	172	石嘴山
		17.15	17.15					90	90	96	吴　忠
		9.53	9.53			0.53	0.53	69	55	61	青铜峡
		12.00	12.00			0.30		75	48	73	固　原
		12.67	12.67					65	65	66	中　卫
		307.40	**307.40**			**0.06**	**0.06**	**2493**	**1757**	**5320**	**新　疆**
		132.73	132.73			0.06	0.06	1065	747	2997	乌鲁木齐
		16.40	16.40					206	137	304	克拉玛依
		6.85	6.85					25	25	30	吐鲁番
		9.60	9.60					104	39	112	哈　密
		15.30	15.30					117	97	231	昌　吉
		3.84	3.84					20	20	42	阜　康
		5.22	5.22					45		60	博　乐
								3	1	4	阿拉山口
		28.83	28.83					170	170	165	库尔勒
								21	21	26	阿克苏
		4.91	4.91					18	6	21	阿图什
		25.16	25.16					130	120	60	喀　什
								33	10	29	和　田
		29.21	29.21					191	173	574	伊　宁
		7.90	7.90					55		122	奎　屯
								3	3	12	霍尔果斯
		2.88	2.88					15		38	乌　苏
		6.52	6.52					30	30	100	塔　城
		3.03	3.03					57	14	107	阿勒泰
								106	106	153	石河子
		2.74	2.74					15	12	15	阿拉尔
		1.14	1.14					4	2	3	图木舒克
		2.88	2.88					25		54	五家渠
		2.26	2.26					24	13	50	北　屯
								11	11	11	铁门关

主要指标解释

Explanatory Notes on Main Indicators

主要指标解释

人口密度

指城区内的人口疏密程度。计算公式：

$$人口密度=\frac{城区人口+城区暂住人口}{城区面积}$$

人均日生活用水量

指每一用水人口平均每天的生活用水量。计算公式：

$$人均日生活用水量=\frac{居民家庭用水量+公共服务用水量}{用水人口}\div 报告期日历日数\times 1000升$$

用水普及率

指报告期末城区内用水人口与总人口的比率。计算公式：

$$用水普及率=\frac{城区用水人口}{城区人口+城区暂住人口}\times 100\%$$

燃气普及率

指报告期末城区内使用燃气的人口与总人口的比率。计算公式：

$$燃气普及率=\frac{城区用气人口}{城区人口+城区暂住人口}\times 100\%$$

建成区供水管道密度

指报告期末建成区内供水管道分布的疏密程度。计算公式：

$$建成区供水管道=\frac{供水管道长度}{建成区面积}$$

人均道路面积

指报告期末城区内平均每人拥有的道路面积。计算公式：

$$人均道路面积=\frac{城区道路面积}{城区人口+城区暂住人口}$$

建成区排水管道密度

指报告期末建成区内的排水管道分布的疏密程度。计算公式：

$$建成区排水管道密度=\frac{排水管道长度}{建成区面积}$$

污水处理率

指报告期内污水处理总量与污水排放总量的比率。计算公式：

$$污水处理率=\frac{污水处理总量}{污水排放总量}\times 100\%$$

污水处理厂集中处理率

指报告期内通过污水处理厂处理的污水量与污水排放总量的比率。计算公式：

$$污水处理厂集中处理率=\frac{污水处理厂处理的污水量}{污水排放总量}\times 100\%$$

人均公园绿地面积

指报告期末城区内平均每人拥有的公园绿地面积。计算公式：

$$人均公园绿地面积=\frac{城区公园绿地面积}{城区人口+城区暂住人口}\times100\%$$

建成区绿化覆盖率

指报告期末建成区内绿化覆盖面积与建成区面积的比率。计算公式：

$$建成区绿化覆盖率=\frac{建成区绿化覆盖面积}{建成区面积}\times100\%$$

建成区绿地率

指报告期末建成区内绿地面积与建成区面积的比率。计算公式：

$$建成区绿地率=\frac{建成区绿地面积}{建成区面积}\times100\%$$

生活垃圾处理率

指报告期内生活垃圾处理量与生活垃圾产生量的比率。计算公式：

$$生活垃圾处理率=\frac{生活垃圾处理率}{生活垃圾产生量}\times100\%$$

生活垃圾无害化处理率

指报告期内生活垃圾无害化处理量与生活垃圾产生量的比率。计算公式：

$$生活垃圾无害化处理率=\frac{生活垃圾无害化处理量}{生活垃圾产生量}\times100\%$$

在统计时，由于生活垃圾产生量不易取得，用清运量代替。

市区面积

指城市行政区域内的全部土地面积(包括水域面积)。地级以上城市行政区不包括市辖县(市)。

城区面积

指城市的城区包括：(1)街道办事处所辖地域；(2)城市公共设施、居住设施和市政公用设施等连接到的其他镇（乡）地域；（3）常住人口在3000人以上独立的工矿区、开发区、科研单位、大专院校等特殊区域。

连接是指两个区域间可观察到的已建成或在建的公共设施、居住设施、市政设施和其他设施相连，中间没有被水域、农业用地、园地、林地、牧草地等非建设用地隔断。

对于组团式和散点式的城市，城区由多个分散的区域组成，或有个别区域远离主城区，应将这些分散的区域相加作为城区。

城区人口

指划定的城区（县城）范围的人口数。按公安部门的户籍统计为准。

暂住人口

指离开常住户口地的市区或乡、镇，到本市居住半年以上的人员。一般按公安部门的暂住人口统计为准。

建成区面积

城市行政区内实际已成片开发建设、市政公用设施和公共设施基本具备的区域。对核心城市，它包括集中连片的部分以及分散的若干个已经成片建设起来，市政公用设施和公共设施基本具备的地区；对一城多镇来说，它包括由几个连片开发建设起来的，市政公用设施和公共设施基本具备的地区组成。因此建成区范围，一般是指建成区外轮廓线所能包括的地区，也就是这个城市实际建设用地所达到的范围。

城市建设用地面积

指城市用地中除水域与其他用地之外的各项用地面积，即居住用地、公共管理与公共服务用地、商业服务业设施用地、工业用地、物流仓储用地、道路交通设施用地、公共设施用地、绿地与广场用地八大类用地。

城市维护建设资金

指用于城市维护和建设的资金，资金来源包括城市维护建设税、公用事业附加、中央和地方财政拨款、国内贷款、债券收入、利用外资、土地出让转让收入、资产置换收入、市政公用企事业单位自筹资金、国家和省规定收取的用于城市维护建设的行政事业性收费、集资收入以及其他收入。资金支出包括固定资产投资支出、维护支出和其他支出。

本年鉴中仅统计了用于城市维护和建设的财政性资金。

城市维护建设税

指依据《中华人民共和国城市维护建设税暂行条例》开征的一种地方性税种。现行的征收办法是以纳税人实际缴纳的增值税、消费税、营业税税额为计税依据，与增值税、消费税、营业税同时缴纳。根据纳税人所在地不同执行不同的纳税率：市区的税率为百分之七；县城、镇的税率为百分之五；不在市区、县城或镇的税率为百分之一。

城市公用事业附加

指在部分公用事业产品（服务）价外征收的用于城市维护建设的附加收入。包括工业用电、工业用水附加，公共汽车、电车、民用自来水、民用照明用电、电话、煤气、轮渡等附加。

固定资产投资

指建造和购置市政公用设施的经济活动，即市政公用设施固定资产再生产活动。市政公用设施固定资产再生产过程包括固定资产更新（局部更新和全部更新）、改建、扩建、新建等活动。新的企业财务会计制度规定，固定资产局部更新的大修理作为日常生产活动的一部分，发生的大修理费用直接在成本费用中列支。按照现行投资管理体制及有关部门的规定，凡属于养护、维护性质的工程，不纳入固定资产投资统计。对新建和对现有市政公用设施改造工程，应纳入固定资产统计。

新增固定资产

指报告期内交付使用的固定资产价值。包括报告期内建成投入生产或交付使用的工程投资和达到固定资产标准的设备、工具、器具的投资及有关应摊入的费用。

新增生产能力(或效益)

指通过固定资产投资活动而增加的设计能力。计算新增生产能力(或效益)是以能独立发挥生产能力(或效益)的工程为对象。当工程建成，经有关部门验收鉴定合格，正式移交投入生产，即应计算新增生产能力(或效益)。

供水设计综合生产能力

指按供水设施取水、净化、送水、出厂输水干管等环节设计能力计算的综合生产能力。包括在原设计能力的基础上，经挖、革、改增加的生产能力。计算时，以四个环节中最薄弱的环节为主确定能力。

供水管道长度

指从送水泵至用户水表之间所有管道的长度。在同一条街道埋设两条或两条以上管道时，应按每条管道的长度计算。

供水总量

指报告期供水企业（单位）供出的全部水量。包括有效供水量和漏损水量。

有效供水量指水厂将水供出厂外后，各类用户实际使用到的水量。包括售水量和免费供水量。售水量指收费供应的水量。免费供水量指无偿供应的水量。

漏损水量指在供水过程中由于管道及附属设施破损而造成的漏水量、失窃水量以及水表失灵少计算的水量。

按用水用途可分为生产运营用水、公共服务用水、居民家庭用水和消防及其他特殊用水四类。

生产运营用水指在城市范围内生产、运营的农、林、牧、渔业、工业、建筑业、交通运输业等单位在生产、运营过程中的用水。

公共服务用水指为城市社会公共生活服务的用水。包括行政事业单位、部队营区和公共设施服务、社会服务业、批发零售贸易业、旅馆饮食业等单位的用水。

居民家庭用水指城市范围内所有居民家庭的日常生活用水。包括城市居民、农民家庭、公共供水站用水。

消防及其他特殊用水指城市灭火以及除居民家庭、公共服务、生产运营用水范围以外的各种特殊用水。包括消防用水、深井回灌用水、其他用水。

新水取用量

指取自任何水源被第一次利用的水量。新水量就一个城市来说，包括城市供水企业新水量和社会各单位的新水量。

用水重复利用量

指各用水单位在生产和生活中，循环利用的水量和直接或经过处理后回收再利用的水量之和。

节约用水量

指报告期新节水量，通过采用各项节水措施(如改进生产工艺、技术、生产设备、用水方式、换装节水器具、加强管理等)后，用水量和用水效益产生效果，而节约的水量。

人工煤气生产能力

指报告期末燃气生产厂制气、净化、输送等环节的综合生产能力，不包括备用设备能力。一般按设计能力计算，如果实际生产能力大于设计能力时，应按实际测定的生产能力计算。测定时应以制气、净化、输送三个环节中最薄弱的环节为主。

供气管道长度

指报告期末从气源厂压缩机的出口或门站出口至各类用户引入管之间的全部已经通气投入使用的管道长度。不包括煤气生产厂、输配站、液化气储存站、灌瓶站、储配站、气化站、混气站、供应站等厂（站）内的管道。

供气总量

指报告期燃气企业（单位）向用户供应的燃气数量。包括销售量和损失量。

汽车加气站

指专门为燃气机动车（船舶）提供压缩天然气、液化石油气等燃料加气服务的站点。

供热能力

指供热企业（单位）向城市热用户输送热能的设计能力。

供热总量

指在报告期供热企业（单位）向城市热用户输送全部蒸汽和热水的总热量。

供热管道长度

指从各类热源到热用户建筑物接入口之间的全部蒸汽和热水的管道长度。不包括各类热源厂内部的管道长度。

城市道路

指城市供车辆、行人通行的，具备一定技术条件的道路、桥梁、隧道及其附属设施。城市道路由车行道和人行道等组成。在统计时只统计路面宽度在 3.5 米（含 3.5 米）以上的各种铺装道路，包括开放型工业区和住宅区道路在内。

道路长度

指道路长度和与道路相通的桥梁、隧道的长度，按车行道中心线计算。

道路面积

指道路面积和与道路相通的广场、桥梁、隧道的面积（统计时，将人行道面积单独统计）。

人行道面积按道路两侧面积相加计算，包括步行街和广场，不含人车混行的道路。

桥梁

指为跨越天然或人工障碍物而修建的构筑物。包括跨河桥、立交桥、人行天桥以及人行地下通道等。

道路照明灯盏数

指在城市道路设置的各种照明用灯。一根电杆上有几盏即计算几盏。统计时，仅统计功能照明灯，不统计景观照明灯。

防洪堤长度

指实际修筑的防洪堤长度。统计时应按河道两岸的防洪堤相加计算长度，但如河岸一侧有数道防洪堤时，只计算最长一道的长度。

污水排放总量

指生活污水、工业废水的排放总量，包括从排水管道和排水沟（渠）排出的污水量。

（1）可按每条管道、沟（渠）排放口的实际观测的日平均流量与报告期日历日数的乘积。

（2）有排水测量设备的，可按实际测量值计算。

（3）如无观测值，也可按当地供水总量乘以污水排放系数确定。

城市分类污水排放系数

城市污水分类	污水排放系数
城市污水	0.7～0.8
城市综合生活污水	0.8～0.9
城市工业废水	0.7～0.9

排水管道长度

指所有排水总管、干管、支管、检查井及连接井进出口等长度之和。

污水处理量

指污水处理厂（或污水处理装置）实际处理的污水量。包括物理处理量、生物处理量和化学处理量。

污水处理厂干污泥产生量

指报告期内污水处理厂在污水处理过程中干污泥的最终产生量。干污泥是指污水处理过程中分离出来的固体。折算为含水率为 0 的重量。

污水处理厂干污泥处置量

指报告期内经过污泥消化、调理、浓缩、脱水等手段进行处理后，采用土地填埋、焚烧等方法对污泥进行最终安全处置的量。

绿化覆盖面积

指城市中的乔木、灌木、草坪等所有植被的垂直投影面积。包括公园绿地、防护绿地、生产绿地、附属绿地、其他绿地的绿化种植覆盖面积、屋顶绿化覆盖面积以及零散树木的覆盖面积。乔木树冠下重迭的灌木和草本植物不能重复计算。

绿地面积

指报告期末用作园林和绿化的各种绿地面积。包括公园绿地、生产绿地、防护绿地、附属绿地和其他绿地的面积。

公园绿地

城市中向公众开放的、以游憩为主要功能，有一定的游憩设施和服务设施，同时兼有健全生态、美化景观、防灾减灾等综合作用的绿化用地。它是城市建设用地、城市绿地系统和城市市政公用设施的重要组成部分。

公园

指常年开放的供公众游览、观赏、休憩、开展科学、文化及休闲等活动，有较完善的设施和良好的绿化环境、景观优美的公园绿地。包括综合性公园、儿童公园、文物古迹公园、纪念性公园、风景名胜公园、动物园、植物园、带状公园等。不包括居住小区及小区以下的游园。统计时只统计市级和区级的综合公园、专类公园和带状公园。

国家级风景名胜区

风景名胜区指风景名胜资源集中、自然环境优美、具有一定规模和游览条件，供人游览、观赏、休息和进行科学文化活动的地域。国家级风景名胜区指经国务院审定公布的风景名胜区。

风景名胜区面积

指经政府审定批准所确定的风景名胜区规划面积。

供游览面积

指报告期末风景名胜区内实际可供游人游览的面积。

道路清扫保洁面积

指报告期末对城市道路和公共场所（主要包括城市行车道、人行道、车行隧道、人行过街地下通道、道路附属绿地、地铁站、高架路、人行过街天桥、立交桥、广场、停车场及其他设施等）进行清扫保洁的面积。一天清扫保洁多次的，按清扫保洁面积最大的一次计算。

生活垃圾、粪便清运量

指报告期收集和运送到各生活垃圾、粪便处理场（厂）和生活垃圾、粪便最终消纳点的生活垃圾、粪便的数量。统计时仅计算从生活垃圾、粪便源头和从生活垃圾转运站直接送到处理场和最终消纳点的清运量，对于二次中转的清运量不要重复计算。

公共厕所

指供城市居民和流动人口使用，在道路两旁或公共场所等处设置的厕所。分为独立式、附属式和活动式三种类型。统计时只统计独立式和活动式，不统计附属式公厕。

独立式公共厕所按建筑类别应分为三类，活动式公共厕所按其结构特点和服务对象应分为组装厕所、单体厕所、汽车厕所、拖动厕所和无障碍厕所五种类别。

市容环卫专用车辆设备

指用于环境卫生作业、监察的专用车辆和设备，包括用于道路清扫、冲洗、洒水、除雪、垃圾粪便清运、市容监察以及与其配套使用的车辆和设备。如垃圾车、扫路机（车）、洗路车、洒水车、真空吸粪车、除雪机、装载机、推土机、压实机、垃圾破碎机、垃圾筛选机、盐粉撒布机、吸泥渣车和专用船舶等。对于长期租赁的车辆及设备也统计在内。

Explanatory Notes on Main Indicators

Population Density

It refers to the quality of being dense for population in a given zone. The calculation equation is:

$$\text{Population Density}=\frac{\text{Population in Urban Areas} + \text{Urban Temporary Population}}{\text{Urban Area}}$$

Daily Domestic Water Use Per Capita

It refers to average amount of daily water consumed by each person. The calculation equation is:

Daily Domestic Water Use Per Capita=

(Water Consumption by Households + Water Use for Public Service)

÷Population with Access to Water Supply ÷Calendar Days in Reported Period×1000 liters

Water Coverage Rate

It refers to proportion of urban population supplied with water to urban population. The calculation equation is:

$$\text{Water Coverage}=\frac{\text{Urban Population with Access to Water Supply}}{\text{Urban Permanent Population} + \text{Urban Temporary Population}}\times 100\%$$

Gas Coverage Rate

It refers to the proportion of urban population supplied with gas to urban population. The calculation equation is:

$$\text{Gas Coverage}=\frac{\text{Urban Population with Access to Gas}}{\text{Urban Permanent Population} + \text{Urban Temporary Population}}\times 100\%$$

Surface Area of Roads Per Capita

It refers to the average surface area of roads owned by each urban resident at the end of reported period. The calculation equation is:

$$\text{Surface Area of Roads Per Capita}=\frac{\text{Surface Area of Roads in Given Urban Areas}}{\text{Urban Permanent Population} + \text{Urban Temporary Population}}$$

Density of Road Network

It refers to the extent which roads cover given urban area built-up districts at the end of reported period. The calculation equation is:

$$\text{Density of Road Network}=\frac{\text{Length of Roads}}{\text{Floor Area of Given Urban Area (Built-up Districts)}}$$

Density of Drainage Pipelines

It refers to the extent which drainage pipelines cover given urban area (built-up districts) at the end of reported period. The calculation equation is:

$$\text{Density of Drainage Pipelines}=\frac{\text{Length of Drainage Pipelines}}{\text{Floor Area of Given Urban Area (Built-up Districts)}}$$

Wastewater Treatment Rate

It refers to the proportion of the quantity of wastewater treated to the total quantity of wastewater discharged at the end of reported period. The calculation equation is:

$$\text{Wastewater Treatment Rate}=\frac{\text{Quantity of Wastewater Treated}}{\text{Quantity of Wastewater Discharged}}\times 100\%$$

Centralized Treatment Rate of Wastewater Treatment Plants

It refers to the proportion of the quantity of wastewater treated in wastewater treatment plants to the total quantity of wastewater discharged at the end of reported period. The calculation equation is:

$$\text{Centralized Treatment Rate of Wastewater Treatment Plants} = \frac{\text{Quantity of wastewater treated in wastewater treatment facility}}{\text{Quantity of wastewater discharged}} \times 100\%$$

Public Recreational Green Space Per Capita

It refers to the average public recreational green space owned by each urban dweller in given areas. The calculation equation is:

$$\text{Public Recreational Green Space Per Capita} = \frac{\text{Public green space in given urban areas}}{\text{Urban Permanent Population} + \text{Urban Temporary Population}} \times 100\%$$

Green Coverage Rate of Built Districts

It refers to the ratio of green coverage area of built districts to surface area of built districts at the end of reported period. The calculation equation is:

$$\text{Green Coverage Rate of Built Districts} = \frac{\text{Green Coverage Area of Built Districts}}{\text{Area of Built Districts}} \times 100\%$$

Green Space Rate of Built Districts

It refers to the ratio of area of parks and green land of built districts to the area of built up districts at the end of reported period. The calculation equation is:

$$\text{Green Space Rate of Built Districts} = \frac{\text{Area of parks and green land of built districts}}{\text{Area of Built Districts}} \times 100\%$$

Domestic Garbage Treatment Rate

It refers to the ratio of quantity of domestic garbage treated to quantity of domestic garbage produced at the end of reported period. The calculation equation is:

$$\text{Domestic Garbage Treatment Rate} = \frac{\text{Quantity of Domestic Garbage Treated}}{\text{Quantity of Domestic Garbage Produced}} \times 100\%$$

Domestic Garbage Harmless Treatment Rate

It refers to the ratio of quantity of domestic garbage treated harmlessly to quantity of domestic garbage produced at the end of reported period. The calculation equation is:

$$\text{Domestic Garbage Harmless Treatment Rate} = \frac{\text{Quantity of Domestic Garbage Treated Harmlessly}}{\text{Quantity of Domestic Garbage Produced}} \times 100\%$$

Urban District Area

It refers to the total land area (including water area) under jurisdiction of cities.

Urban Area

Urban area of a city includes: (1) areas administered by neighborhood office; (2) other towns (villages) connected to city public facilities, residential facilities and municipal utilities; (3) Independent Industrial and Mining District, Development Zones, special areas like research institutes, universities and colleges with permanent residents of 3000 above.

Towns (villages) connected to city public facilities, residential facilities and municipal utilities means that towns and urban centers are connected with public facilities, residential facilities and municipal utilities that are constructed or under construction, and not cut off by non-construction land like water area, agricultural land, parks, woodland or pasture.

As to conurbation or cities organized in scattered form, urban area should include the separated or decentralized area.

Urban Permanent Population

It refers to permanent residents in urban areas, which are in compliance with the number of permanent residents registered in public security authorities.

Temporary Population

Temporary population includes people who leave permanent address, and live for over half one year in a place, which are in compliance with the number of temporary residents registered in public security authorities.

Area of Built District

It refers to large scale developed quarters within city jurisdiction with basic public facilities and utilities. For a nucleus city, the built-up district consists of large-scale developed quarters with basic public facilities and utilities, which are either centralized or decentralized. For a city with several towns, the built- up district consists of several developed quarters attached in succession with basic public facilities and utilities. Range of built-up district is the area encircled by the limits of the built-up district, i.e. the range within which the actual developed land of this city exists.

Area of Urban Land for development Purpose

It refers to area of land except water area and land for other purposes, including land for residential development, Administration and Public Services, Commercial and Business Facilities, Industrial, Manufacturing, Logistics and Warehouse, Road, Street and Transportation, Municipal Utilities, Green Space and Square.

Urban Maintenance and Construction Fund

It refers to fund used for urban construction and maintenance, including urban maintenance and construction tax, extra-charges for public utilities, financial allocation from the central government and local governments, domestic loan, securities revenue, foreign investment, revenue from land transfer and assets replacement, self-raised fund by municipal utilities, charges by administrative and institutional units for urban maintenance and construction, pooled revenue and other revenues.

Urban Maintenance and Construction Tax

It is one of local taxes imposed according to *Temporary Regulations of People's Republic of China on Urban Maintenance and Construction Tax*. It is levied based on actual value-added tax, consumption tax and business tax paid by a taxpayer. It is also paid with value-added tax, consumption tax and business tax at the same time. Different rates apply different places. The rate comes to 7% in urban areas, 5% in counties and towns and 1% beyond these places.

Extra Charge from Urban Utilities

It is additional revenue obtained from additional fees imposed on provision of products and service of such urban utilities as power generation, water supply for the industry, operation of public bus and trolley bus, taped water supply, electricity for lightening, telephone operation, gas and ferry etc. for the purpose of urban construction and maintenance.

Investment in Fixed Assets

It is the economic activities featuring construction and purchase of fixed assets, i.e. it is an essential means for social reproduction of fixed assets. The process of reproducing fixed assets includes fixed assets renovation (part and full renovation), reconstruction, extension and new construction etc. According to the new industrial financial accounting system, cost of major repairs for part renovation of fixed assets is covered by direct cost. According to the current investment management and administrative regulations, any repair and maintenance works are not included in statistics as investment in fixed assets. Innovation projects on current municipal service facilities should be included in statistics.

Newly Added Fixed Assets

They refer to the newly increased value of fixed assets, including investment in projects completed and put into operation in the reported period, and investment in equipment, tools, vessels considered as fixed assets as well as relevant expenses should be included in.

Newly Added Production Capacity (or Benefits)

It refers to newly added design capacity through investment in fixed assets. Newly added production capacity or benefits is calculated based on projects which can independently produce or bring benefits once projects are put into operation.

Integrated Water Production Design Capacity

It refers to a comprehensive capacity based on the design capacity of components of the process, including water collection, purification, delivery and transmission through mains. The integrated capacity also includes added capacity through reform and renovation of water system based on the original design capacity. In calculation, the capacity of weakest component is the principal determining capacity.

Length of Water Pipelines

It refers to the total length of all pipes from the pumping station to individual water meters. If two or more pipes line in parallel in a same street, the length of water pipelines is the length sum of each line.

Total Quantity of Water Supplied

It refers to the total quantity of water delivered by water suppliers during the reported period, including accounted water and unaccounted water.

Accounted water refers to the actual quantity of water delivered to and used by end users, including water sold and free. Water sold refers to the quantity of water billed. Free water refers to water supplied without charge.

Unaccounted water refers to sum of water leakage, theft water due to degeneration of water pipes and accessories as well as non-billed water due to malfunction of water meters.

Water supplied are classified into four types due to different purposes: water for production and operation, water for public service, water for domestic use, water for fire control and other special purposes.

Water for production and operation refers to the quantity of water used by units in sectors of agriculture, forestry, animal husbandry, industry, construction, and transportation for production and operation within cities.

Water for public service refers to water used for public services by units in administration, military, utilities, retails, hotel and food services etc.

Water for domestic use refers to daily water quantity consumed by all urban households, such as urban dwellers, farmers. It also includes water used by public water supply stations.

Water for fire control and other special purposes refers to water used for fire control within cities and other specific purposes, including deep-well recharge, other than for domestic, public service, production and operation purposes.

Quantity of Fresh Water Used

It refers to the quantity of water obtained from any water source for the fist time. As for a city, it includes the quantity of fresh water used by urban water suppliers and customers in different industries and sectors.

Quantity of Recycled Water

It refers to the sum of water recycled, reclaimed and reused by customers.

Quantity of Water Saved

It refers to the water saved in the reported period through efficient water saving measures, e.g. improvement of production methods, technologies, equipment, water use behavior or replacement of defective and inefficient devices, or strengthening of management etc.

Integrated Gas Production Capacity

It refers to the combined capacity of components of the process such as gas production, purification and delivery with an exception of the capacity of backup facilities at the end of reported period. It is usually calculated based on the design capacity. Where the actual capacity surpluses the design capacity, integrated capacity should be calculated based on the actual capacity, mainly depending on the capacity of the weakest component.

Length of Gas Supply Pipelines

It refers to the length of pipes operated in the distance from a compressor's outlet or a gas station exit to pipes connected to individual households at the end of reported period, excluding pipes through coal gas production plant, delivery station, LPG storage station, bottled station, storage and distribution station, air mixture station and supply station.

Quantity of Gas Supplied

It refers to amount of gas supplied to end users by gas suppliers at the end of reported period. It includes sales amount and loss amount.

Gas Stations for Gas- Fueled Motor Vehicles

They are designated stations that provide such fuels as compressed natural gas, LPG to gas-fueled motor vehicles.

Heating Capacity

It refers to the design capacity of heat delivery by heat suppliers to urban customers.

Total Quantity of Heat Supplied

It refers to the total quantity of heat obtained from steam and hot water, which is delivered to urban users by heat suppliers during the reported period.

Length of Heating Pipelines

It refers to the total length of pipes for delivery of steam and hot water from heat sources to entries of buildings, excluding lines within heat sources.

Urban roads

They refer to roads, bridges, tunnels and auxiliary facilities that are provided to vehicles and passengers for transportation. Urban roads consist of drive lanes and sidewalks. Only paved roads with width with and above 3.5 m, including roads within on-limits industrial parks and residential communities are included in statistics.

Length of Roads

It refers to the length of roads and bridges and tunnels connected to roads. It is calculated based on the length of centerlines of traffic lanes.

Surface Area of Roads

It refers to surface area of roads and squares, bridges and tunnels connected to roads (surface area of sidewalks is calculated separately). Surface area of sidewalks is the area sum of each side of sidewalks including pedestrian streets and squares, excluding car-and-pedestrian mixed roads.

Bridges

They refer to constructed works that span natural or man-made barriers. They include bridges spanning over rivers, flyovers, overpasses and underpasses.

Number of Road Lamps

It refers to the sum of road lamps only for illumination, excluding road lamps for landscape lightening.

Length of Flood Control Dikes

It refers to actual length of constructed dikes, which sums up the length of dike on each bank of river. Where each bank has more than one dike, only the longest dike is calculated.

Quantity of Wastewater Discharged

It refers to the total quantity of domestic sewage and industrial wastewater discharged, including effluents of sewers, ditches, and canals.

(1) It is calculated by multiplying the daily average of measured discharges from sewers, ditches and canals with calendar days during the reported period.

(2) If there is a device to read actual quantity of discharge, it is calculated based on reading.

(3) If without such ad device, it is calculated by multiplying total quantity of water supply with wastewater drainage coefficient.

Category of urban wastewater	Wastewater drainage coefficient
Urban wastewater	0.7-0.8
Urban domestic wastewater	0.8-0.9
Urban industrial wastewater	0.7-0.9

Length of Drainage Pipelines

The total length of drainage pipelines is the length of mains, trunks, branches plus distance between inlet and outlet in manholes and junction wells.

Quantity of Wastewater Treated

It refers to the actual quantity of wastewater treated by wastewater treatment plants and other treatment facilities in a physical, or chemical or biological way.

Quantity of Dry Sludge Produced in Wastewater Treatment Plants

It refers to the final quantity of dry sludge produced in the process of wastewater treatment plants. Dry sludge is the solid mass with moisture below 85%, which is separated from the wastewater treatment process.

Quantity of Dry Sludge Treated in Wastewater Treatment Plants

It refers to total quantity of dry sludge that has been treated through land fill or incinerated after being digested, conditioned, densified and dewatered at reported period.

Green Coverage Area

It refers to the vertical shadow area of vegetation such as trees (arbors), shrubs and grasslands. It is the area sum of public recreational green space, shelter belt green land for production, attached green space and other green space, roof greening and scattered trees coverage. The coverage area of bushes and herbs under the shadow of trees should not be counted for repetitively.

Area of Green Space

It refers to the area of all spaces for parks and greening at the end of reported period, which includes area of public recreational green space, green land for production, shelter belt, attached green spaces, and other green space.

Public Recreational Green Space

It refers to green space with recreation and service facilities. It also serves some comprehensive functions such as improving ecology and landscape and preventing and mitigating disasters. It is an important part of urban construction land, urban green space system and urban service facilities.

Parks

They refer to places open to the public for the purposes of tourism, appreciation, relaxation, and undertaking scientific, cultural and recreational activities. They are fully equipped and beautifully landscaped green spaces. There are different kinds of parks, including general park, Children Park, park featuring historic sites and culture relic, memorial park, scenic park, zoo, botanic garden, and belt park.

Recreational space within communities is not included in statistics, while only general parks, theme parks and belt parks at city or district level are included in statistics.

State-level Scenic Spots and Historic Sites

Scenic spots and historic sites are areas boasting concentrated natural beauty and resources of historic interests, where people could tour, sightsee, rest or conduct scientific and cultural activities. State-level scenic spots and historic sites are scenic spots and historic sites approved and publicized by the State Council.

Area of Scenic Spots and Historic Sites

It is the planned area of scenic spots and historic sites that has been examined and approved by the state council.

Tourism Area

It is the actual area for tourists in scenic spots and historic sites at the end of the reported period.

Area of Roads Cleaned and Maintained

It refers to the area of urban roads and public places cleaned and maintained at the end of reported period, including drive lanes, sidewalks, drive tunnels, underpasses, green space attached to roads, metro stations, elevated roads, flyovers, overpasses, squares, parking areas and other facilities. Where a place is cleaned and maintained several times a day, only the time with maximum area cleaned is considered.

Quantity of Domestic Garbage and Soil Transferred

It refers to the total quantity of domestic garbage and soil collected and transferred to treatment grounds. Only quantity collected and transferred from domestic garbage and soil sources or from domestic garbage transfer stations to treatment grounds is calculated with exception of quantity of domestic garbage and soil transferred second time.

Latrines

They are used by urban residents and flowing population, including latrines placed at both sides of a road and public place. They usually consist of detached latrine movable latrine and attached latrine. Only detached latrines rather than latrines attached to public buildings are included in the statistics.

Detached latrine is classified into three types. Moveable latrine is classified into fabricated latrine, separated latrine, motor latrine, trail latrine and barrier-free latrine.

Specific Vehicles and Equipment for Urban Environment Sanitation

They refer to vehicles and equipment specifically for environment sanitation operation and supervision, including vehicles and equipment used to clean, flush and water the roads, remove snow, clean and transfer garbage and soil, environment sanitation monitoring, as well as other vehicles and equipment supplemented, such as garbage truck, road clearing truck, road washing truck, sprinkling car, vacuum soil absorbing car, snow remover, loading machine, bulldozer, compactor, garbage crusher, garbage screening machine, salt powder sprinkling machine, sludge absorbing car and special shipping. Vehicles and equipment for long-term lease are also included in the statistics.